U0802578

图解植物学词典

PLANT IDENTIFICATION TERMINOLOGY

An Illustrated Glossary

〔美〕詹姆斯·吉·哈里斯
米琳达·沃尔芙·哈里斯 著

王宇飞 赵良成
冯广平 李承森 等译

王文采 审校

科学出版社

2001

内 容 简 介

本书是一本图文并茂的植物学工具书。全书涵盖了绝大部分在植物鉴定和描述中涉及的词汇,共有 2 400 余条,并配以 1 900 余幅精美的插图,解释简明扼要,插图特征明显,便于读者准确、直观地理解词义。全书共分两篇,第一篇为按字母排序的词汇总论;第二篇为按植物器官包括根、茎、叶、花序、花、果实等分类的词汇分论。

本书可供生物学、农学、林学、园艺学等学科及其相关学科的院校师生、研究人员和技术人员使用。

James G.Harris & Melinda Woolf Harris

PLANT IDETIFICATION TERMINOLOGY:An Illustrated Glossary

Spring Lake Publishing

First Printing 1994

图字:01-200-0314 号

图书在版编目(CIP)数据

图解植物学词典/〔美〕哈里斯等著;王宇飞等译. -北京:科学出版社,2001.9

ISBN 978-7-03-009579-4

Ⅰ.图… Ⅱ.①哈… ②王… Ⅲ.植物学-图解词典 Ⅳ.Q94-61

中国版本图书馆 CIP 数据核字(2001)第 041396 号

科学出版社 出版

北京东黄城根北街 16 号

邮政编码:100717

http://www.sciencep.com

北京凌奇印刷有限责任公司印刷

科学出版社发行 各地新华书店经销

*

2001 年 9 月第 一 版 开本:787×1092 1/16

2025 年 1 月第六次印刷 印张:20

字数:448 000

定价:120.00 元

(如有印装质量问题,我社负责调换)

《图解植物学词典》翻译组

主　　译：王宇飞　赵良成　冯广平　李承森

审　　校：王文采

翻　　译：（以姓氏笔画为序）

王宇飞　冯广平　吕　静　李承森　杨　永　杨　健

陈立群　赵良成　徐景先　荚铁梅　萨　仁　颜平辉

To Chinese Readers

We are very pleased that "*PLANT IDENTIFICATION TERMINOLOGY: An Illustrated Glossary*" is now available in the Chinese language. Due to a lack of information, Western botanists often do not fully appreciate the antiquity and magnitude of Chinese botanical study. Language and cultural barriers have made communication between the world's botanists difficult. Even today, much of the work of Chinese botanists is not readily available to Western botanists, and the reverse is certainly also true.

The need to catalog and understand the world's flora is great, particularly since a large portion of it is currently endangered by human expansion. China is a large and botanically diverse country and an understanding of its flora is essential to an understanding of the flora of the world. It is our hope that this volume will help facilitate and encourage greater communication and collegiality between Chinese and Western botanists.

James G. Harris
Melinda Woolf Harris
August 23, 2001

致中国读者

获悉《图解植物学词典》（*PLANT IDENTIFICATION TERMINOLOGY：An Illustrated Glossary*）中文版一书即将面世，我们非常高兴。由于缺乏交流，西方植物学家常常无法欣赏中国植物学研究的博大精深。语言和文化的障碍使得世界植物学家之间交流困难重重。时至今日，中国植物学家的许多工作仍不为西方植物学家所知，反之亦然。

在目前人类的扩张正迫使大范围的植物处于濒危状态情形下，对世界范围植物区系的认知和编目的要求已经变得极为艰巨。中国是植物多样性极大丰富的国家，对中国植物区系的研究是认知世界植物区系的重要组成部分。我们衷心希望本书中文版本起到协助和促进中国和西方植物学家之间扩大交流与合作的作用。

詹姆斯·吉·哈里斯

米琳达·沃尔芙·哈里斯

2001年8月23日

再版前言

本书新版本除增加了大约 300 个新词外，还增加了不少新插图。新插图除解释新词外，还替换了不少旧插图。我们相信这些新插图不仅有益于词汇的准确理解，而且更为赏心悦目。本版在插图的标号排列上更便于读者查阅。

由于以图解词是本书的创新和特色，同时希望本书服务于不同专业程度的读者，我们在新版本中增加了插图的数量。当然，也会有读者认为本书插图过多，至少专业的植物学家会有此感受，但是为了有益于青年学生和初学者对词汇的理解，我们甘冒风险，决定本书插图宁多勿缺。

了解本书第一版的读者会发现另一个明显的变化，即第二篇起了新名字。我们觉得“Terminology by Category”比原先的“Specific Terminology”更恰当。除了命名上的新变化和替换了几个插图外，第二篇的内容基本没有改变。

我们非常高兴，且又十分惊讶地看到本书第一版受到植物学家们如此热烈地欢迎和广泛地接受。显然，它的成功在于植物学名词图文并茂的解释形式。我们希望第二版比第一版本更为出色，更受欢迎。

詹姆斯·吉·哈里斯

米琳达·沃尔芙·哈里斯

前　言

本书是一本图文并茂的植物描述术语手册，旨在提供全面的图解植物系统学术语指南。植物分类学者面临的一项首要而艰巨的任务是，在使用检索表之前需要掌握大量的专业术语。虽然大部分的检索表后均备有词汇表，但由于技术处理上的限制，其所提供的多数植物学术语词汇的释义价值很有限。使用者可能发现某些词在表达复杂的植物学名词的精髓要义时不准确，或者该词定义可能还包含有两个或三个其他词，这些词也需要加以定义来保障其原义。研究者在检索和鉴定植物标本的过程中，往往会感到枯燥乏味、烦躁沮丧，乃至彻底失去对植物鉴定的满腔热情。

通常所言，方便快捷地表达植物学名词含义不过是提供一个简单的图解。本书中提供的词汇包括了绝大部分在植物检索表中遇到的词汇，所有我们认为有必要的名词都配备了线条图加以图示。

为方便使用，我们尽可能把图文放在同一页上。例如词汇“花托”、“萼片”、“花冠”、“雄蕊”、“雌蕊”可在文中同一线条图上加以图示。相反，当一个词汇有多个含义时，也可能安排多幅插图，分别予以解释。我们相信这样的处理方式可使本书的使用变得更方便。

本书共分两篇。第一篇是本书的核心，收集了 2 400 余条在植物描述和鉴定中经常使用的词汇，并按照字母顺序加以排列。第二篇主要为研究者设计，将相关的词汇分组以方便研究和比较。

在查看植物检索表和描述时，时常会发现不同的作者对同样的词汇往往给予相当不同的解释。例如，某些植物学家用蝎尾状一词来描述卷曲如蝎子尾巴形状的偏向一侧的穗状花序，而其他人用蝎尾状一词来描述一种“之”字形轴的花序。从历史考证而言，蝎尾状一词在植物学文献中有两种含义至少已经有 150 年之久。

在现代用法中，人们似更偏向于将蝎尾状一词解释作“之”字形。那些坚持蝎尾状为卷曲如蝎子尾巴形状的学者从文字考据来讲，蝎尾状，这个希腊字的原意肯定是支持蝎尾状卷曲而非“之”字形弯曲的释义。

植物系统学，也许还有其他的植物学分支学科，包含了长期的历史发展因素。例如，一个分类学家的研究之根可以追溯到阿莎格雷或其他上一世纪（指 19 世纪）的著名植物学家，这在植物学界是司空见惯的事情。有些植物学名词出现不同的现代用法是历史上几代师徒相传的结果，有其独立的专业来源和渠道。

我们无意解决这些名词术语释义上的争端，这也非本书写作的目的。相反，我们试图包容这些词汇的不同用法。这样，无论在检索表中还是在描述上作者如何进行解释，本书对植物学的研究者都能使用。

詹姆斯·吉·哈里斯

米琳达·沃尔芙·哈里斯

译者的话

规范化术语是学术交流的基础。詹姆斯·吉·哈里斯和米琳达·沃尔芙·哈里斯的《图解植物学词典》（*PLANT IDENTIFICATION TERMINOLOGY：An Illustrated Glossary*）一书是一本优秀的植物学工具书，其中译本的出版有助于加强东西方植物学领域的学术交流。

众所周知，植物分类学包含了大量复杂的词汇。对于初学者而言，这些词汇仅仅从字面上理解是有一定难度的，即使植物学家也常常需要用几年的时间来掌握这些术语。而图是形象化的语言，许多植物学词汇的含义在配有图解时不言自明。该书的特色是不仅涵盖了 2 400 多个植物鉴定和描述词汇，更以 1 700 多幅精美插图引人入胜。

中国作为一个大国，地域横跨寒温带、温带、暖温带、亚热带、热带，植物多样性极为丰富。中国植物学家已经和正在做出大量杰出的研究成果。在新的世纪里，中国年轻一代不仅要从西方学习科学与技术，而且必将对世界做出中国人的贡献。中国需要了解世界，世界也需要了解中国。该书中译本出版的目的正是为了推动使用规范术语，消除学术语言障碍，促进中西方科学与文化交流。为达到这个目标，承蒙美国 Spring Lake 出版社惠允，中译本保留了该书全部术语的英文释义，以便读者从英汉两种语言的角度准确理解这些术语。

在全书的翻译过程中，译者主要参考了科学出版社出版的《英汉植物学词汇》(1978)、《英汉生物学词汇》(1997)、《植物学拉丁文》(1980) 及全国科学技术名词审定委员会公布的《植物学名词》(1991) 等工具书，术语译法上尽可能地保持与前人一致 。不过，对于某些先前译法明显不妥的术语，还是做了必要改动，如 Coenocarpium 一词，前人均译为“聚合果”，而英文解释是由整个花序形成的果实，故应译为“聚花果”。同时，对于书中某些术语，首次给予了中译名，如 Spray，英文解释为具有叶、花或果实的纤细枝条，译者将其译作“叶花〔果〕梢”，诸此等等，提供读者参考使用。此外，对原书中的某些术语，译者在参阅 B．D．Jackson (1928) 的 *A Glossary of Botanic Terms* 及 R．J．Little 和 C．E．Jones (1980) 的 *A Dictionary of Botany* 等国外重要植物学辞书的基础上，以脚注的形式额外做了补充说明。

本译书的出版得到了中国科学院（生物科学与技术研究特别支持项目 STZ-1-01，STZ-00-30）、科学出版社和英国系统学协会的联合资助（Supported by Chinese Academy of Sciences STZ-1-01 & STZ-00-30, Science Press in P. R. China and Systematics Association in Great Britain）和大力支持，特此致谢！

译者

于北京香山

2001年3月

目　　录

被子植物营养器官和生殖器官构造多种多样。数百年来，外国植物学家给出的术语很多，这是一门极为复杂的学问。

我对 Harris 的著作给予高度评价。有了这本书，再进行种子植物的描述就有了依据和标准。在这方面这本书起的作用实在很大。尤其值得称道的是图多，一个术语一个图，这表明两位作者为读者服务的诚意，令人钦佩！

王文采

中国科学院院士

中国科学院植物研究所研究员

2001 年 3 月 31 日

第一篇

图解词汇

A- (prefix) **A-**(前缀) Meaning without or lacking. 无或缺乏。

Abaxial **远轴的** The side away from the axis. Figure 1. (compare **adaxial**) 远离轴的一面(图 1)。(对比**近轴的**)

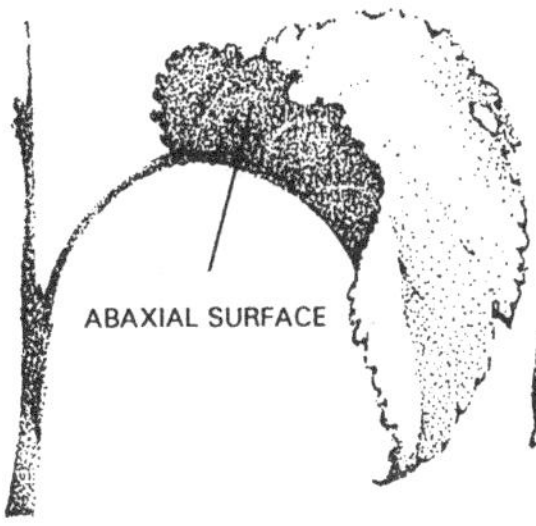

图 1

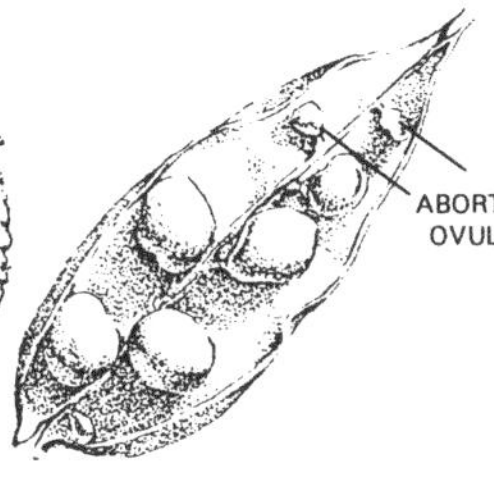

图 2

Aberrant **异常的** Different from the usual; atypical; abnormal. 不同于通常的;非典型的;不正常的。

Abortion **败育** The failure of a structure or organ to develop. 结构或器官发育终止。

Abortive **败育的** Not fully or properly developed; rudimentary. Figure 2. 发育不完全的;不发育的。图 2。

Abrupt **突然的** Terminating suddenly. Figure 3. (compare **truncate**) 骤然终止(图 3)。(对比**截形的**)

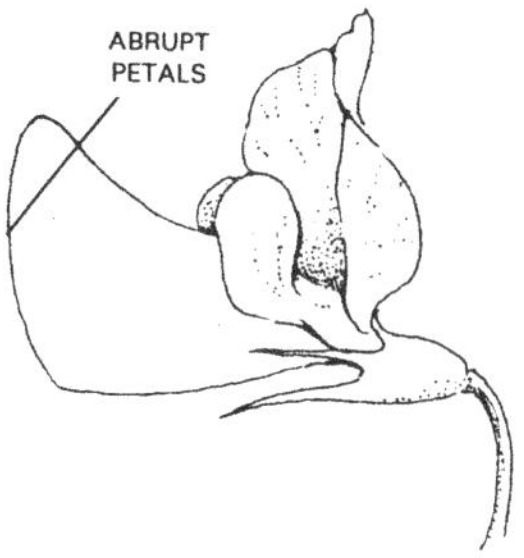

图 3

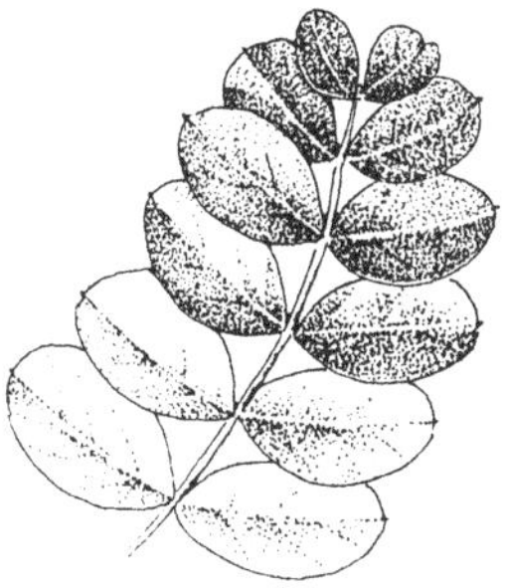

图 4

Abruptly pinnate **偶数羽状的**(指复叶) Pinnate without an odd leaflet at the tip. Figure 4. (same as **even pinnate**) 顶端不具奇数小叶的羽状复叶(图 4)。(等同**偶数羽状的**)

Abscission **脱离** The falling away of a leaf or other organ caused by the breakdown of thin-walled cells at the base of the structure. 由于叶或其他器官基部的薄壁细胞的分离而导致的脱落。

Acantha **刺** A thorn or spine. Figure 5. 棘或刺(图 5)。

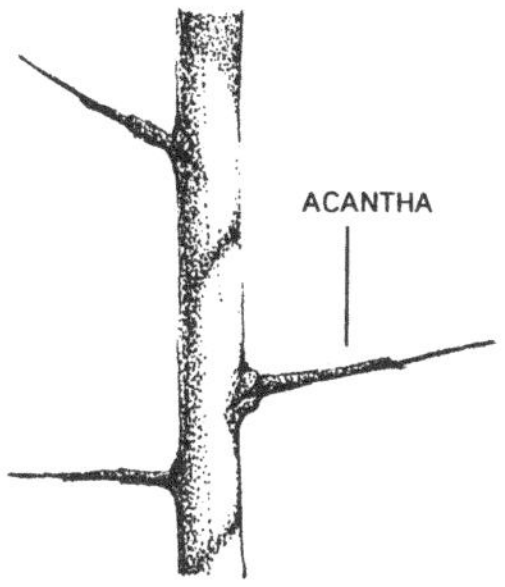

图 5

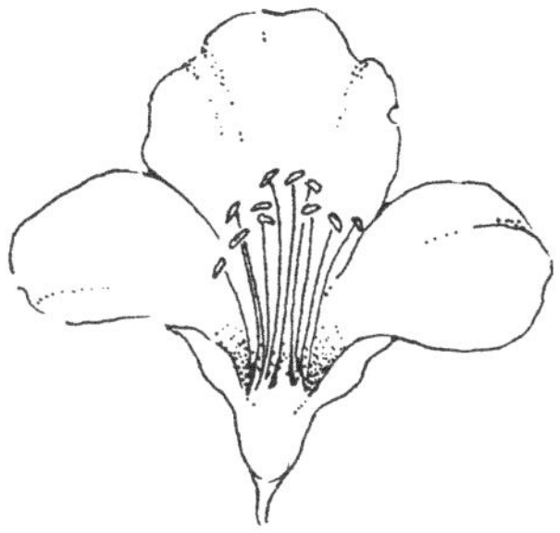

图 6

Acarpic **无果实的** Without fruit. 没有果实。

Acarpous **无果实的** Without carpels; lacking a gynoecium. Figure 6. 没有心皮;缺少雌蕊群。图 6。

Acaulescent **无茎的** Without a stem, or the stem so short that the leaves are apparently all basal, as in the dandelion. Note: the peduncle should not be confused with the stem. Figure 7. 没有茎或茎非常短小以致叶子似乎完全基生,如蒲公英。注:不要将花(序)梗与茎混淆。图 7。

Accessory bud **副芽** An extra bud in a leaf axil. Figure 8. 腋芽旁侧的芽(图 8)。

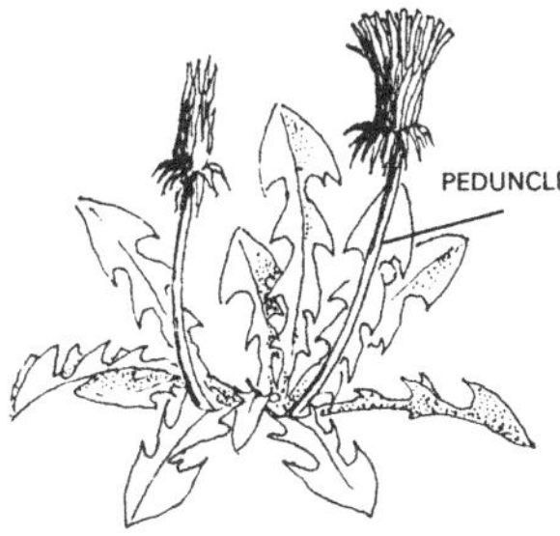

图 7

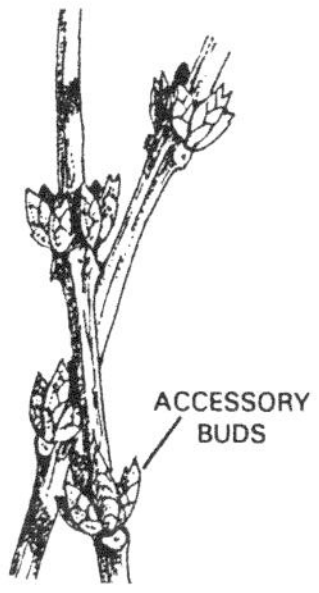

图 8

Accessory fruit **附果** A fleshy fruit developing from a succulent receptacle rather than the pistil. The ripened ovaries are small achenes on the surface of the receptacle, as in the strawberry. Figure 9. 由肉质花托而不是雌蕊发育而成的果实。成熟子房为着生在花托表面上的小瘦果,如草莓(图 9)。

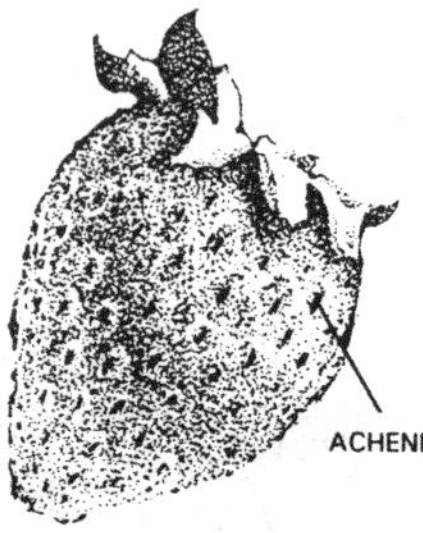

图 9

图 10

Accrescent **渐增的,花后膨大的** Becoming larger with age, as a calyx which continues to enlarge after anthesis. Figure 10. 逐渐变大,如花期后继续增大的花萼(图 10)。

Accumbent cotyledons **缘倚子叶** Cotyledons lying against the radicle along one edge. Figure 11. (compare **incumbent cotyledons**) 子叶一边倚着胚根(图 11)。(对比**背倚子叶**)

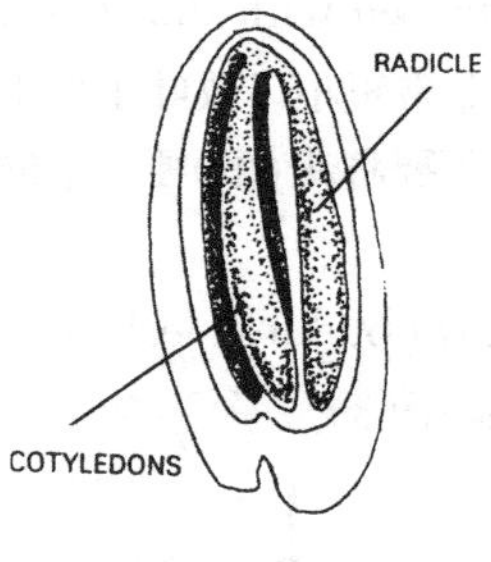

图 11

图 12

Acephalous **无头的** Headless, or with the heads much reduced. 没有头或头部极度退化。

Aceriform **枫叶状的** Shaped like a maple leaf. Figure 12. 形似枫叶(图 12)。

Acerose **针状的** Needle-shaped, as the leaves of pine or spruce. Figure 13. 针形,如云杉或松树的叶子(图 13)。

Achene **瘦果** A small, dry, indehiscent fruit with a single locule and a single seed (ovule), and with the seed attached to the ovary wall at a single point, as in the sunflower. Figure 14. 单室、单种子(胚珠)的不开裂小干果,种子仅在一点与子房壁相连,如向日葵(图 14)。

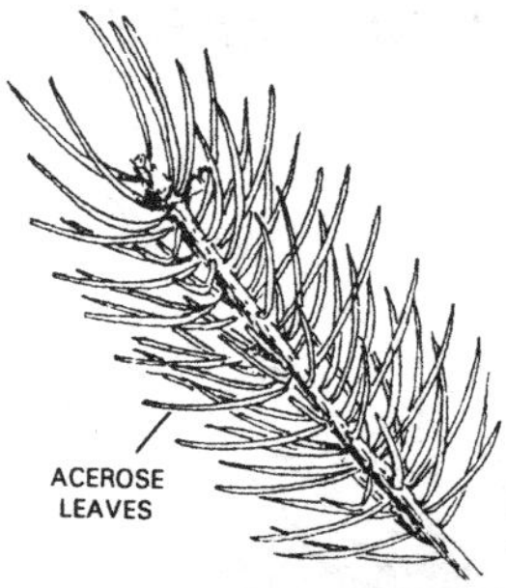

图 13

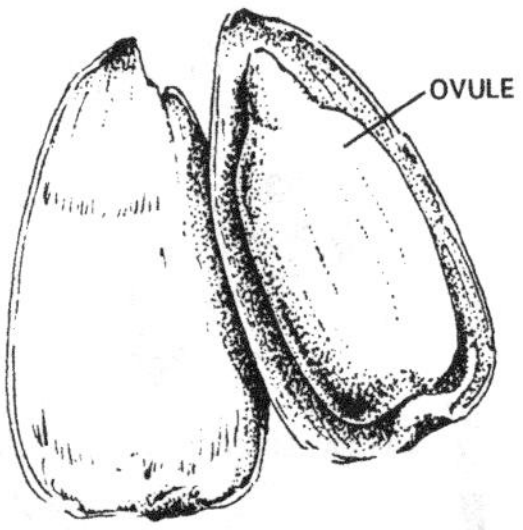

图 14

Achenodium **双瘦果** 见分果(**schizocarp**)。

Achilary **无唇瓣的** Lacking a lip, as in some orchid blossoms. Figure 15. 没有唇瓣,如某些兰花(图 15)。

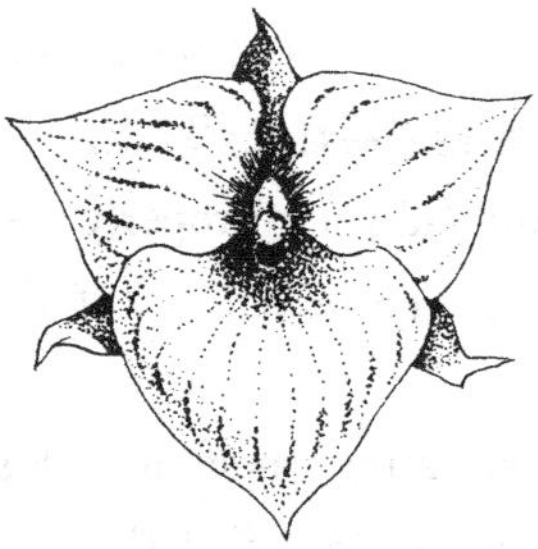

图 15

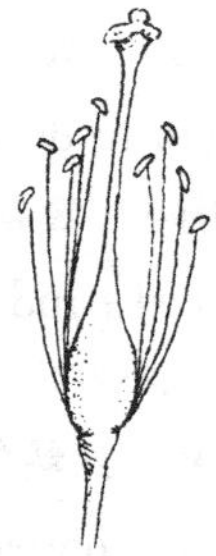

图 16

Achlamydeous **无花被的** Lacking a perianth. Figure 16. 花被缺失(图 16)。

Achlorophyllous **无叶绿素的** Without chlorophyll, as in plants or plant structures which are not green. 不含叶绿素,如非绿色的植物或植物结构。

Acicula **针** A small needle-like or bristle-like structure. Figure 17. 形似小针或小刚毛的结构(图 17)。

Acicular **针状的** Needle-shaped. (see **acerose**) 针形。见**针状的**。

Aciculate **①粗面的 ②针状的** Marked as with pinpricks or needle scratches; needle-shaped. Figure 13. 具针刺小孔或针状划痕;针形(图 13)。

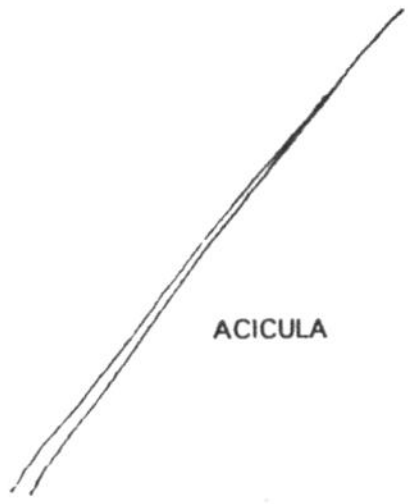

图 17

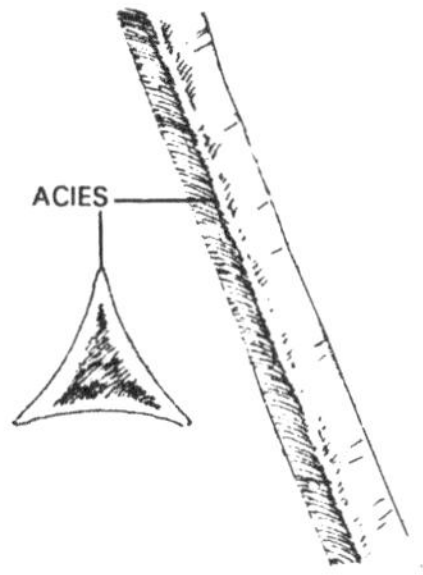

图 18

Acidophilous 嗜酸的 Acid loving, as in a plant which prefers acidic soils. 喜酸,如适于酸性土壤的植物。

Acies 棱缘 The ! edge of some angled stems. Figure 18. 某些棱茎的边缘(图 18)。

Acorn 槲果 The hard, dry, indehiscent fruit of oaks, with a single, large seed and a cuplike base. Figure 19. 橡树的不开裂坚硬干果,具单个大的种子和一个杯状基部(图 19)。

Acotyledonous 无子叶的 Without cotyledons. 没有子叶。

Acrid 辛辣 A sharp, bitter, or biting taste. 强烈刺激的味道。

Acrogen 惟顶生植物 A non-flowering plant which grows only at the apex, as in a fern. 仅具顶端生长的隐花类植物,如蕨类植物。

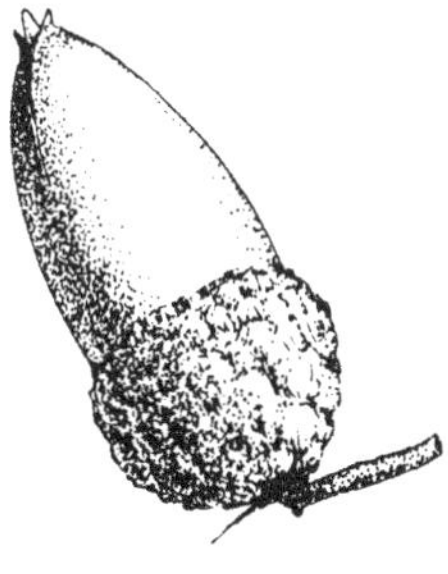

图 19

图 20

Acrogenic 顶生的 见顶生的(**acrogenous**)。

Acrogenous 顶生的 Growing form the apex. 从顶端长出。

Acropetal 向顶的 Near the tip rather than the base; produced sequentially from the base to the apex, as the flowers in an indeterminate inflorescence. Figure 20. 靠近顶部而非基部;从基部到顶部依次产生,如无限花序上的花(图 20)。

Acroscopic 向上的 Facing the tip or apex. Figure 21. 向着末端或顶部(图 21)。

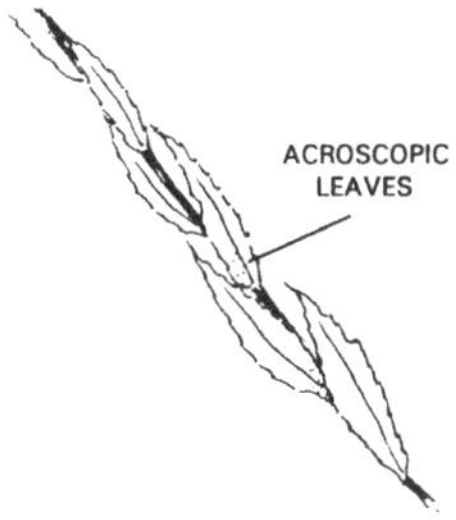

图 21

Actinomorphic 辐射对称的 Radially symmetrical, so that a line drawn through the middle of the structure along any plane will produce a mirror image on either side. Figure 22. (compare **zygomorphic**, and see **regular**) 辐射状对称,通过结构中央的任一平面都能将其分成互为镜像的两部分(图 22)。(对比**两侧对称的**,并见**整齐的**)

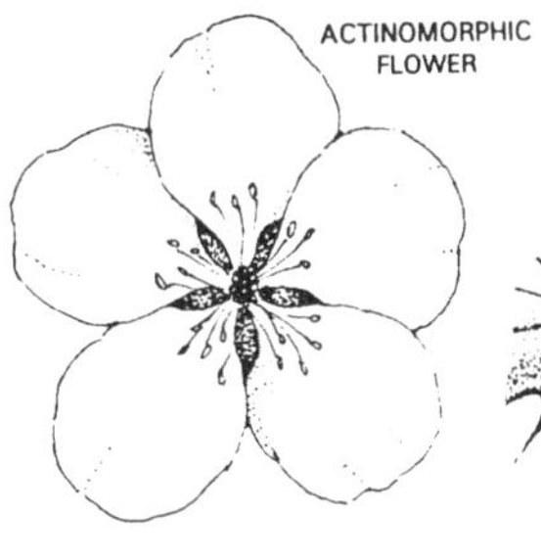

图 22

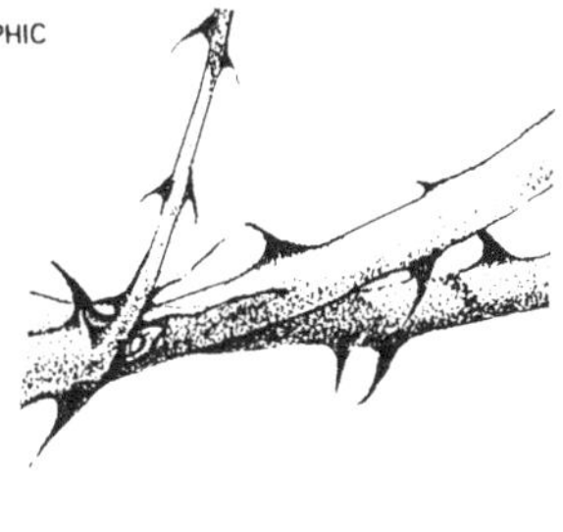

图 23

Actinomorphous 辐射对称的 见辐射对称的(**actinomorphic**)。

Aculeate 具皮刺的 Prickly; covered with prickles. Figure 23. 有皮刺;被覆皮刺。图 23。

Aculeolate 具小皮刺的 Minutely prickly; covered with tiny prickles. Figure 24. 有细小皮刺;被覆小皮刺。图 24。

Acumen 渐尖头 Apex. Figure 25. 顶尖(图 25)。

Acuminate 渐尖的 Gradually tapering to a sharp

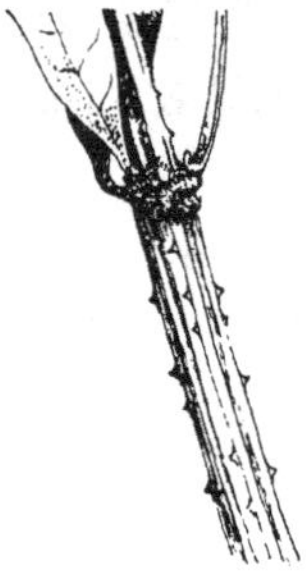

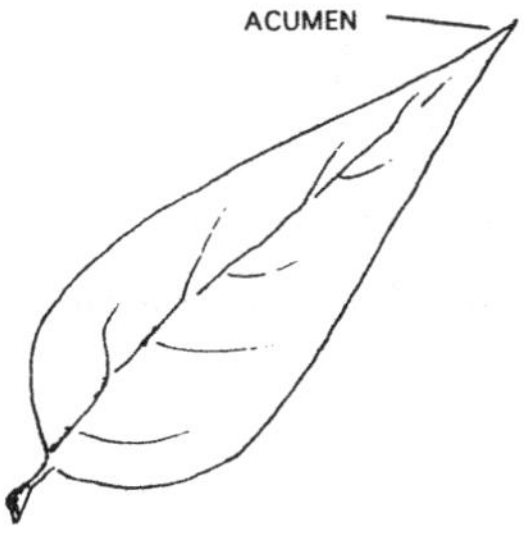

图 24　　图 25

point and forming concave sides along the tip. Figure 26.　顶部逐渐变尖锐,两侧向顶端形成内凹的边缘(图 26)。

Acute　**急尖的**　Tapering to a pointed apex with more or less straight sides. Figure 27.　顶部尖锐,两侧边缘近直(图 27)。

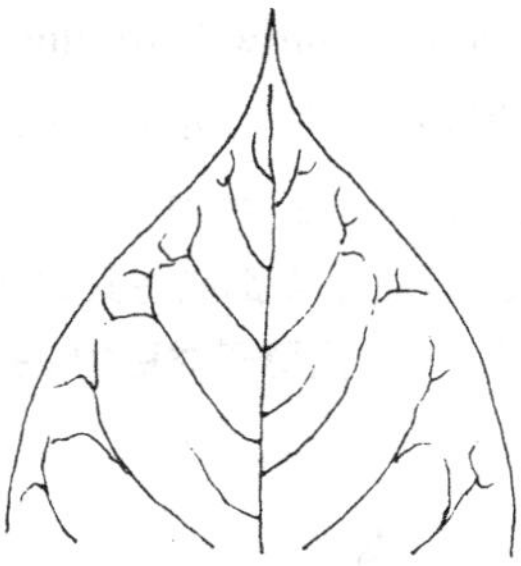

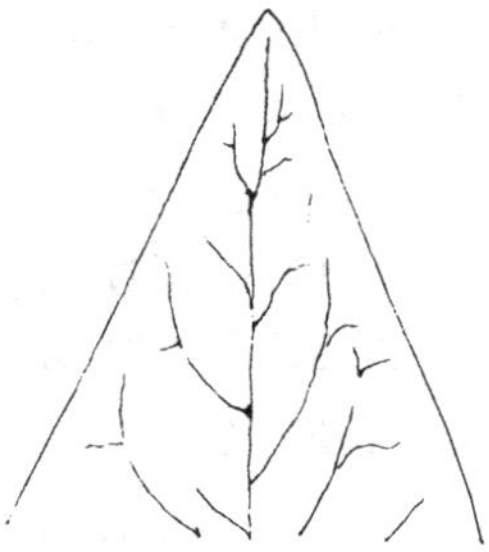

图 26　　图 27

Acyclic　**非轮列的**　With the floral parts arranged spirally rather than in whorls. Figure 28.　具螺旋状而非轮状排列的花的部分(图 28)。

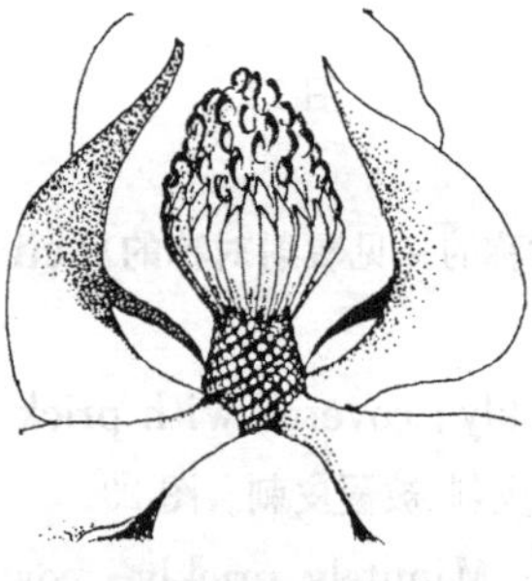

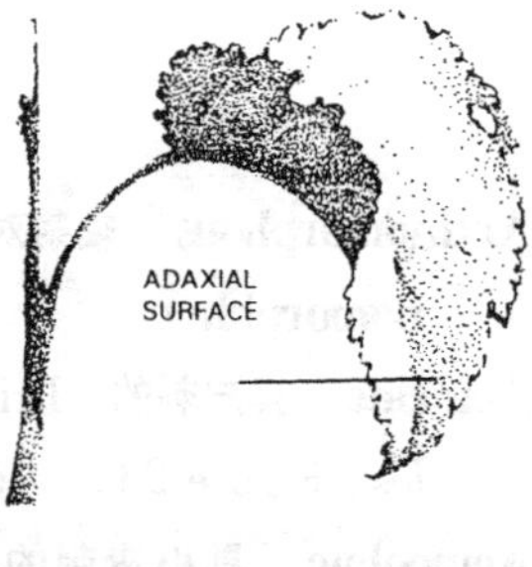

图 28　　图 29

Ad-(prefix)　**Ad-**(前缀)　Meaning to or toward. 向,近。

Adaxial　**近轴的**　The side toward the axis. Figure 29. (compare **abaxial**)　朝向轴的一面(图 29)。(对比**远轴的**)

Adenophorous　**具腺体的**　Gland-bearing.　生有腺体。

Adherent　**附着的**　Sticking together of unlike parts, as the anthers to the style. The attachment is not as firm or solid as adnate.　不同部分粘在一起,如花药附着于花柱。连接的牢固程度不及**贴生的**。

Adnate　**贴生的**　Fusion of unlike parts, as the stamens to the corolla. Figure 30. (compare **connate**)　不同部分结合在一起,如雄蕊贴生于花冠(图 30)。(对比**合生的**)

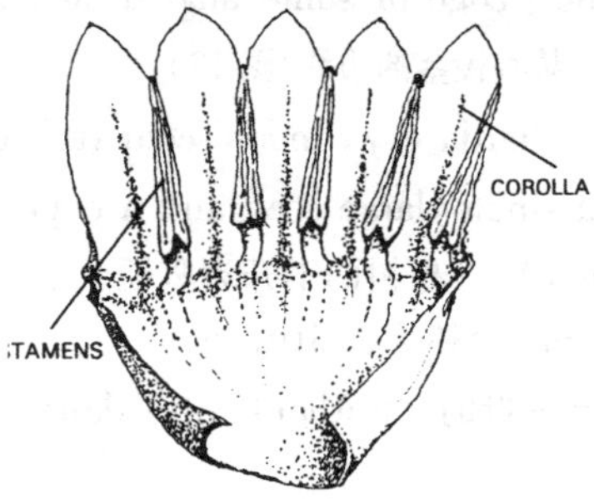

图 30　　图 31

Adpressed　**紧贴的**　Lying close to another organ, but not fused to it.　靠近另一器官,但不愈合。

Adscendent　**上升的**　见向上升的(**ascending**)。

Adsurgent　**上升的**　见向上升的(**ascending**)。

Aduncate　**具钩的**　Hooked. Figure 31.　有钩(图 31)。

Adventitious　**不定的**　Structures or organs developing in an unusual position, as roots originating on the stem. Figure 32.　在非正常位置上发育的结构或器官,如茎上生出的根(图 32)。

Adventive　**外来的**　Not native; introduced and beginning to spread in the new region.　非本地的;引入后在新地区扩散。

Aequilateral　**两侧相等的**　Equal-sided, as opposed to oblique (in leaves). Figure 33.　两侧相等的,与偏斜的相反(用于叶)(图 33)。

Aerial　**气生的**　Occurring above ground or water.　发生在地面或水面之上。

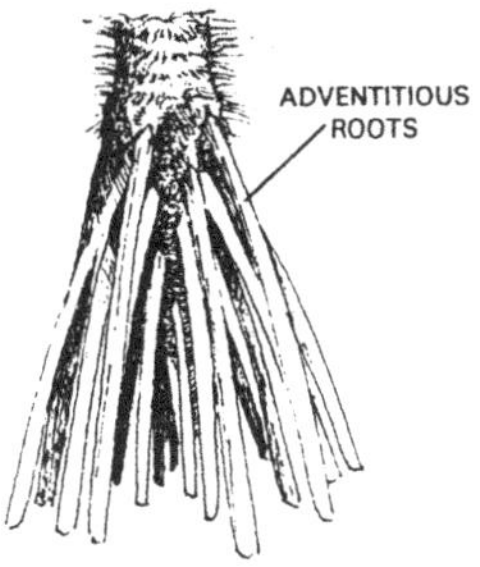

图 32

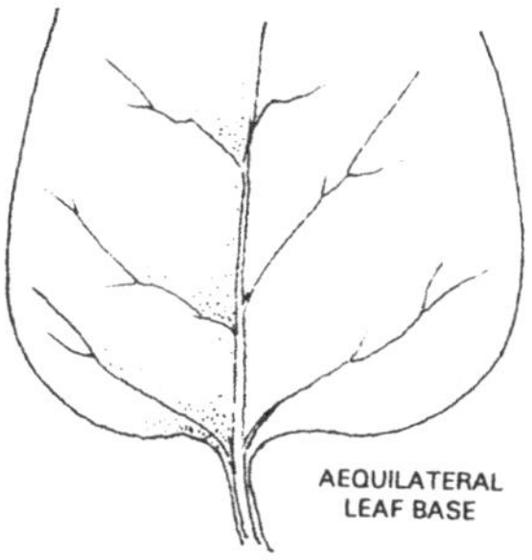

图 33

Aestival **夏季的** Flowering or appearing in the summer. 在夏季开花或显现。

Aestivation **花被卷叠式** The arrangement of floral parts in a bud. 花部在花芽中的排列方式。

Afoliate **无叶的** Without leaves. 没有叶子。

Agamospecies **无融种,无性种** A species which usually produces seeds asexually, by agamospermy. 通过无配子种子生殖方式产生种子的物种。

Agamospermy **无配子种子生殖** Formation of seed without fertilization. 不经过受精过程而产生种子。

Agglomerate **团集的** Crowded into a dense cluster. Figure 34. 聚集成密集的一簇(图 34)。

Aggregate **聚生的** Densely clustered. Figure 34. 密集成簇(图 34)。

图 34

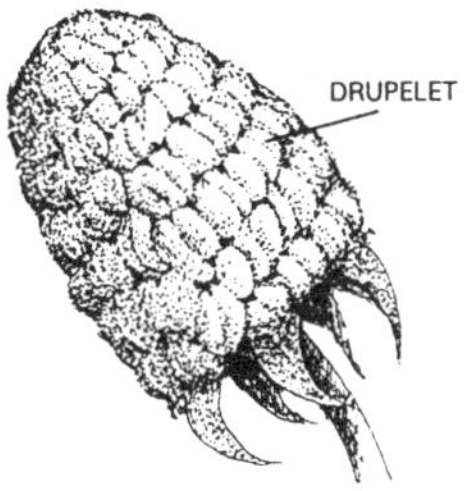

图 35

Aggregate fruit **聚合果** Usually applied to a cluster or group of small fleshy fruits originating from a number of separate pistils in a single flower, as in the clustered drupelets of the raspberry. Figure 35. 通常指由单花的许多离生雌蕊形成的一簇或一组的小型肉质果。如悬钩子的簇生小核果(图 35)。

Agynic **①无雌蕊的 ②离雌蕊的** Lacking a gynoecium. Figure 6; free from the pistil. Figure 36. 雌蕊缺失(图 6);与雌蕊分离(图 36)。

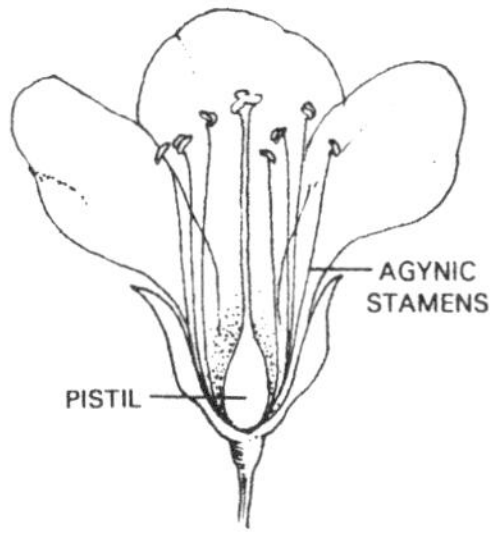

图 36

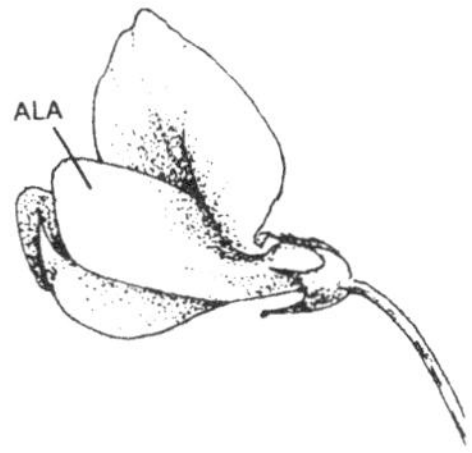

图 37

Aianthous **经常开花的** Flowering constantly. 持续开花。

Akene **瘦果** 见瘦果(**achene**)。

Ala(pl. **alae**) **①翼状体 ②翼瓣** A winglike extension or process; one of the two lateral petals of a papilionaceous corolla. Figure 37. 翅状延伸或突起;蝶型花冠的两侧花瓣(图 37)。

Alate **具翅的** Winged. Figure 38. 有翅(图 38)。

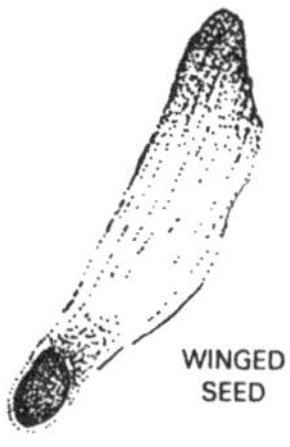

图 38

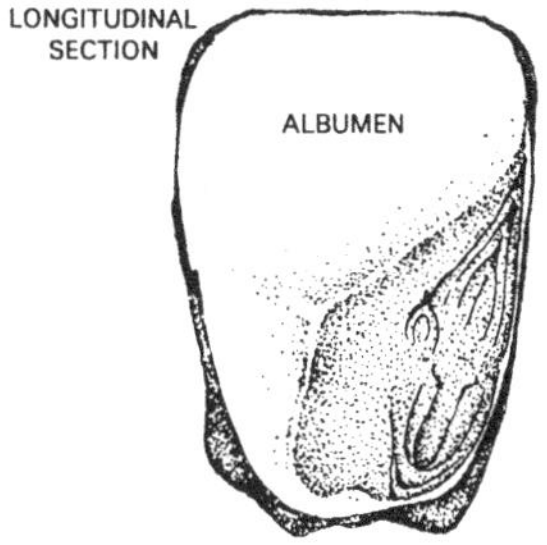

图 39

Albumen **胚乳** The nutritive tissue in a seed. Figure 39. 种子的营养组织(图 39)。

Albuminous **具胚乳的** With albumen. Figure 39. 有胚乳(图 39)。

Aliferous **具翼的** With wings. Figure 38. 有翅(图 38)。

Alkaline **碱性的** Material that is basic rather than acidic; having a pH greater than 7.0. 碱性而非酸性的物质;pH 值大于 7.0。

Alliaceous 具蒜味的 Having the smell or taste of garlic. 有蒜的气味或味道。

Allogamous 异花受精的 Reproducing by cross-fertilization. 靠异花传粉受精繁殖。

Allogamy 异花受精 Cross-pollination. 异花授粉。

Allopatric 分布区不重叠的 Occupying different geographic regions.(compare **sympatric**) 占据不同的地域。(对比**同域的**)。

Allotropous flower 广适性花 A flower shaped so that its nectar is readily available to pollinators. 花形易于传粉者采集花蜜的花。

Alluvial 冲〔淤〕积的 Of or pertaining to alluvium (i.e. organic or inorganic materials deposited by running water). 与冲(淤)积层相关(如被水流堆积的有机或无机物)。

Alpine 高山的 Of or pertaining to areas above timberline; growing above timberline. 与林线之上的区域相关;生长在林线之上。

Alternate 互生的 Borne singly at each node, as leaves on a stem. Figure 40; borne between rather than over other organs, as stamens between the petals. Figure 41. (compare **opposite**) 每个节处着生一个,如茎上着生的叶(图40);着生于其他器官之间而不是这些器官上面,如雄蕊着生在花瓣之间(图41)。(对比**对生的**)

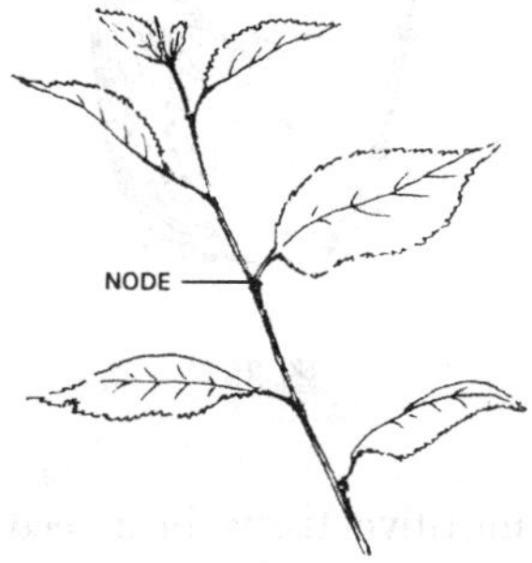

图 40

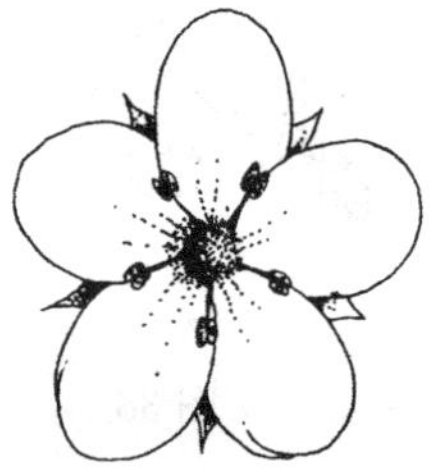

图 41

Alveola (pl. **alveolae, alveolas**) 蜂窝状小窝 Pits arranged in a honeycomb-like pattern. Figure 42. 蜂窝状样式排列的凹穴(图42)。

Alveolar 蜂窝状的 见蜂窝状的(**alveolate**)。

Alveolate 蜂窝状的 Honeycombed, with pits separated by thin, ridged partitions. Figure 42. 形似蜂窝,具由薄的、脊状隔膜分隔的凹陷(图42)。

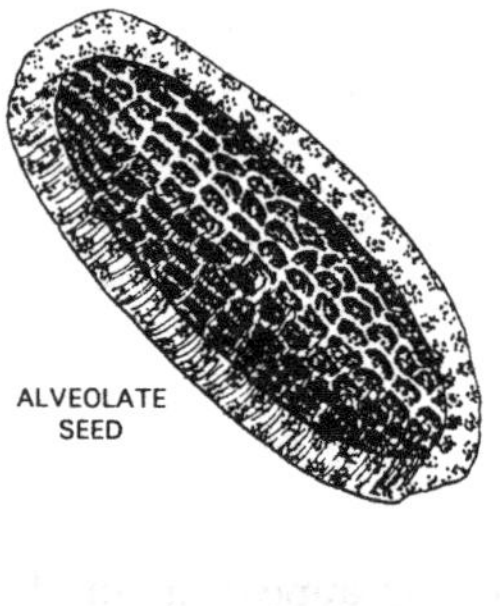

图 42

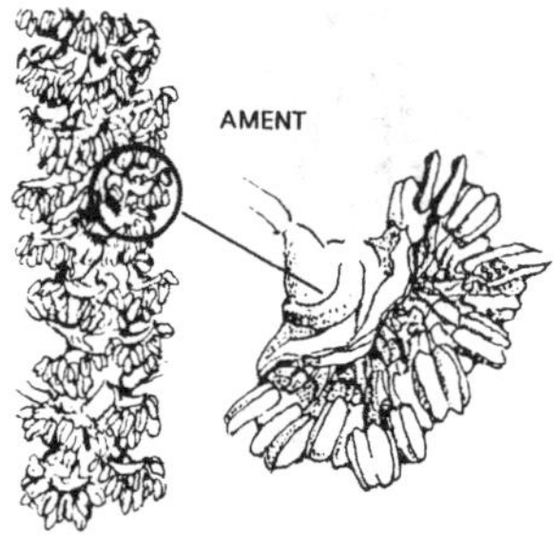

图 43

Alveole 蜂窝状小窝 见蜂窝状小窝(**alveola**)。

Alveolus(pl. **alveoli**) 蜂窝状小窝 见蜂窝状小窝(**alveola**)。

Ament 柔荑花序 An inflorescence consisting of a dense spike or raceme of apetalous, unisexual flowers, as in Salicaceae and Betulaceae; a catkin. Figure 43. 由无被的单性花组成的穗状或总状花序,如杨柳科和桦木科(图43)。

Amentaceous ①柔荑花序状的 ②具柔荑花序的 Ament-like, or ament-bearing. 形似柔荑花序或具柔荑花序。

Amentiferous 柔荑花序的 Ament-bearing. 具柔荑花序。

Amentum 柔荑花序 见柔荑花序(**ament**)。

Amethystine 紫罗兰色的 Amethyst-colored; purplish. 紫色;或紫色。

Ammophilous 喜沙的 Sand-loving. 喜欢在沙地生长。

Amorphous 无定形的 Without any definite form; shapeless; lacking symmetry. 没有固定形状;不定形;无对称性。

Amphibious 两栖的 Living both in water and on land. 在水中和陆地均能生活。

Amphicarpous 具两种果实的 Producing two types of fruit. 产生两种类型的果实。

Amphitropous ovule 曲生胚珠 An ovule which is halfinverted and straight, with the hilum lateral. Figure 44. 直且半倒置、种脐位于侧面的胚珠(图44)。

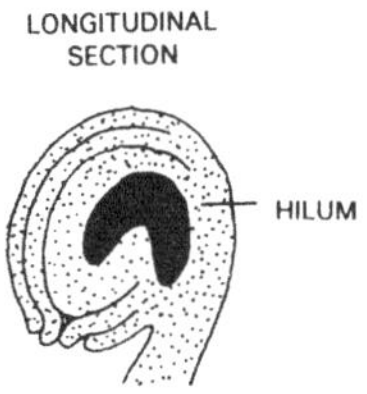

图 44

图 45

Amphora **盖果基** The lower portion of a pyxis. Figure 45. 盖果的下部(图 45)。

Amplectant **抱茎的** 见抱茎的(**amplexicaul**)。

Amplexicaul **抱茎的** Clasping the stem, as the base or stipules of some leaves. Figure 46. 抱着茎干,如某些叶子的叶基或托叶(图 46)。

图 46

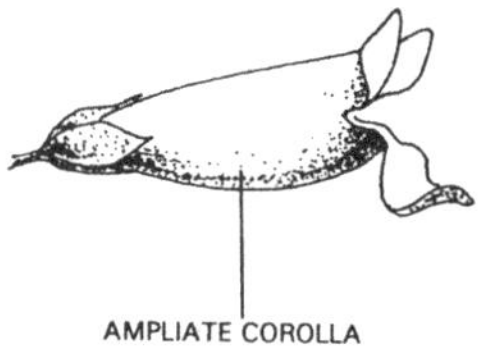

图 47

Ampliate **扩大的** Enlarged or expanded. Figure 47. 增大或扩展(图 47)。

Ampulla **捕虫囊** A bladder or swelling. Figure 48. 囊袋或膨胀体(图 48)。

Ampullaceous **瓶状的** Swelling out like a bottle or bladder. Figure 48. 瓶状或膀胱状突出(图 48)。

图 48

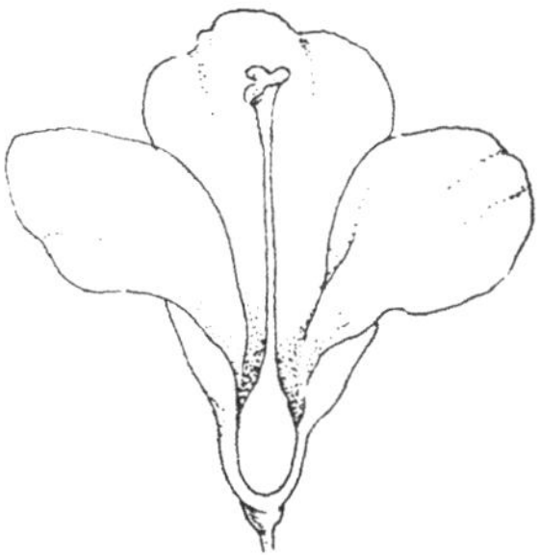

图 49

Anandrous **无雄蕊的** Without stamens; lacking an androecium. Figure 49. 没有雄蕊;雄蕊群缺失。图 49。

Ananthous **无花的** Without flowers. 没有花。

Anastomosing **网结的** Rejoining after branching and forming an intertwining network, as in some leaf veins. Figure 50. 分支后又再次联合形成相互盘结的网,如某些叶脉(图 50)。

图 50

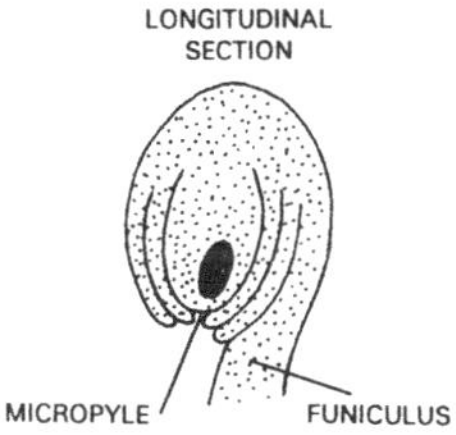

图 51

Anatropous ovule **倒生胚珠** An ovule which is inverted and straight with the micropyle situated next to the funiculus. Figure 51. 直且倒置,珠孔紧邻珠柄的胚珠(图 51)。

Ancipital **两棱的** Two-edged, as the winged stem of *Sisyrinchium*. Figure 52. 具两棱,如庭菖蒲属具翅的茎(图 52)。

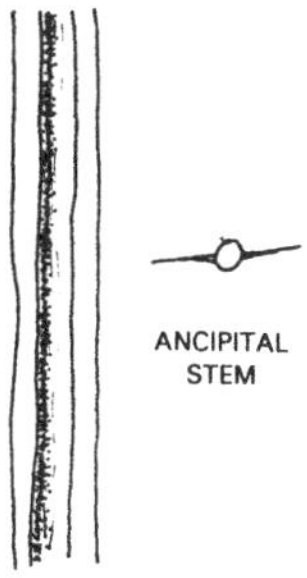

图 52

Androclinium **药窝** 见药窝(**clinandrium**)。

Androecium **雄蕊群** All of the stamens in a flower, collectively. 一朵花内的所有雄蕊的总称。

Androgynophore **雌雄蕊柄** Stalk supporting the androecium and gynoecium in some flowers. Figure 53. 某些花中支撑雌蕊和雄蕊的柄(图 53)。

Androgynous **雄雌同序的** With both staminate and pistilate flowers, the staminate flowers borne above the pistilate, as in the inflorescence of some *Carex* species. Figure 54. (compare **gynaecandrous**) 同时具有雄花和雌花,雄花生长在雌花上部,如薹草属某些种的花序

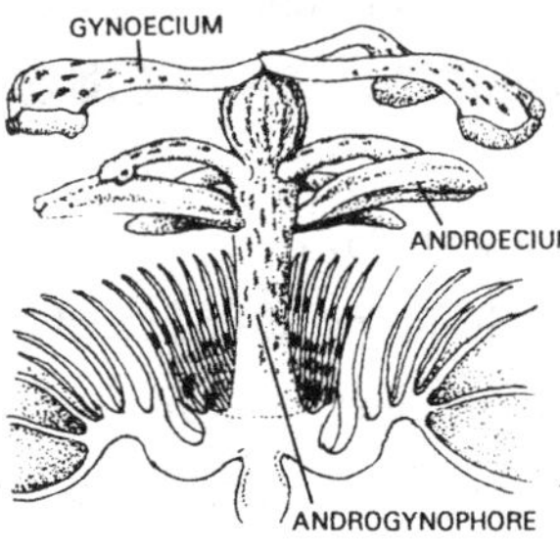

图 53

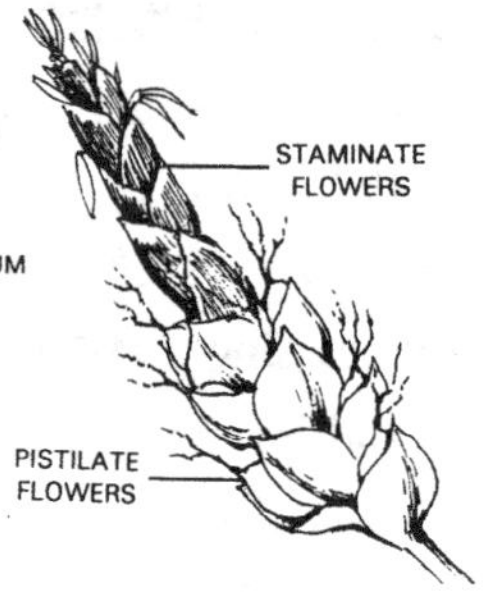

图 54

(图 54)。(对比雌雄同序的)

Androphore 雄蕊柄 Stalk supporting a group of stamens. Figure 55. 着生一组雄蕊的柄(图 55)。

Andro-dioecious 雄全异株,雄花两性花异株 Having staminate and perfect flowers on separate plants. 雄花和完全花分别在不同的植株上。

Andro-monoecious 雄全同株,雄花两性花同株 见雄全同株,雄花两性花同株(**andro-polygamous**)。

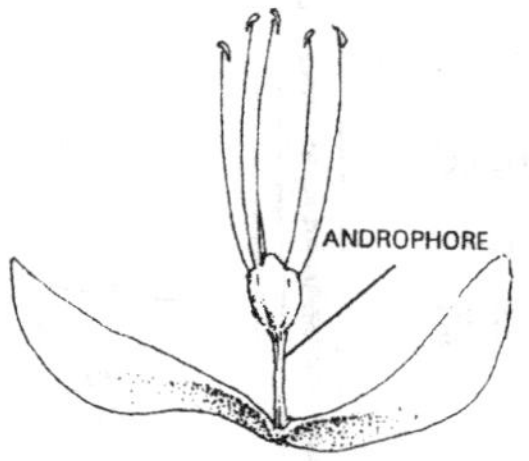

图 55

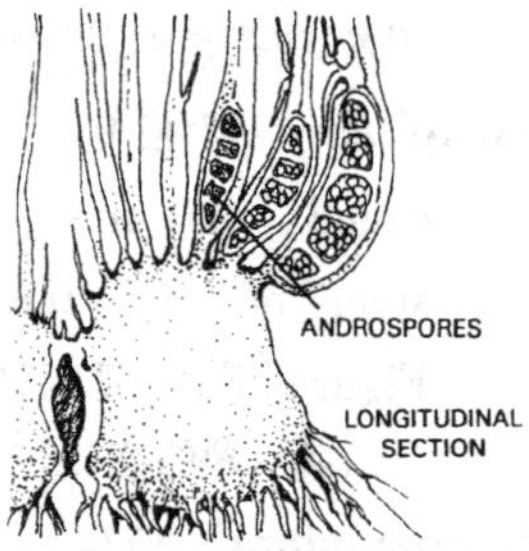

图 56

Andro-polygamous 雄全同株,雄花两性花同株 Having staminate and perfect flowers on the same plant. 雄花和完全花在同一植株上。

Androspore 产雄器孢子 A male spore of *Isoetes*. Figure 56. 水韭属的雄性孢子(图 56)。

Anemophilous 风媒的 Wind pollinated; producing windborne pollen. 靠风传粉的;产生风媒性花粉。

Angiosperm 被子植物 A plant producing flowers and bearing ovules (seeds) in an ovary (fruit). 开花并在子房(果实)中产生胚珠(种子)的植物。

Angulate 具棱的 Angled. Figure 57. 有棱角(图 57)。

Angustiseptate 果实狭隔的 Of a fruit flattened at right angles to the septum; the septum crosses the narrowest diameter. Figure 58. 果实以与隔膜成直角的方向扁平;隔膜通过果实最狭直径。(图 58)。

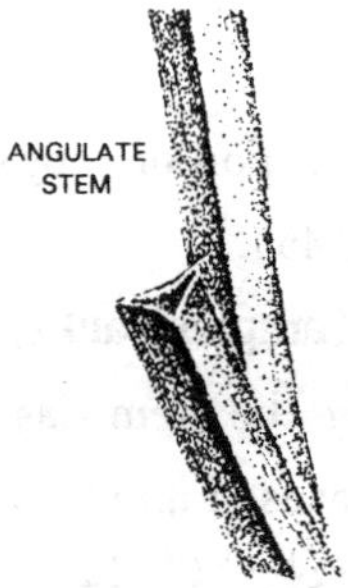

图 57

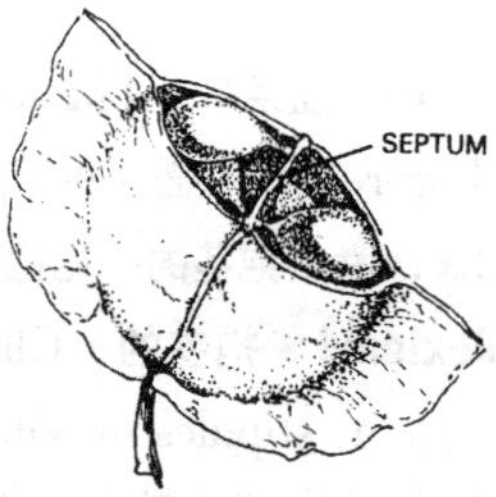

图 58

Anisomerous 不同数的 With a different number of parts (usually less) than the other floral whorls, as in a flower with five sepals and petals, but only two stamens. Figure 59. 花部中某些轮的数目不同于(通常少于)其它轮的数目,如一朵花具有五枚萼片和花瓣,却只有两枚雄蕊(图 59)。

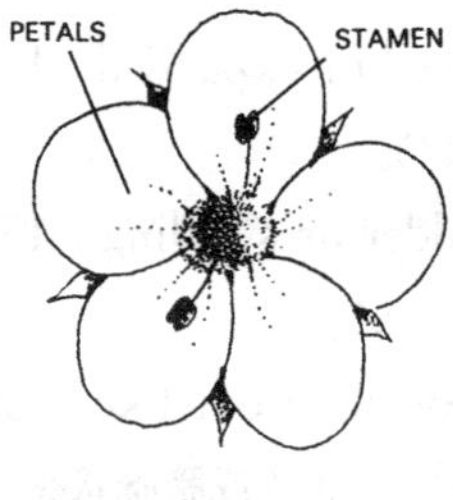

图 59

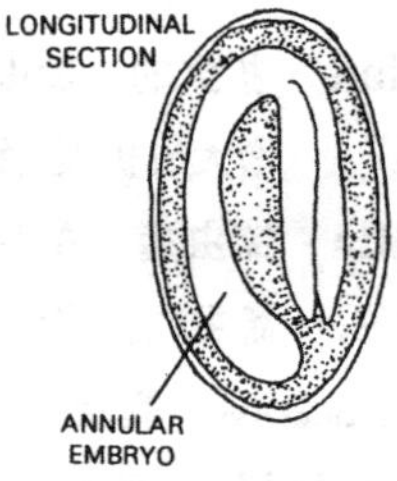

图 60

Annotinal 一年生的 Appearing annually. 每年出现一次。

Annual 一年生植物 A plant which germinates from seed, flowers, sets seed, and dies in the same year. 在一年内完成从种子萌发、开花、结实到死亡的植物。

Annular 环状的 In the form of a ring. Figure 60. 环形(图 60)。

Annulate 环状的 In the form of a ring. Figure

60; with rings or ringlike markings. 环形(图 60);具环或环状痕迹。

Annulus ①环带 ②环形物 A row of specialized, thick-walled cells along one side of a fern sporangium which aids in the dispersal of spores. Figure 61; a ring-shaped structure. 沿蕨类孢子囊一侧的一条特化的厚壁细胞带,有利于孢子散发(图 61);环状结构。

Anomocytic stomate 无规则型气孔 A stomate lacking differentiated subsidiary cells. 无副卫细胞的气孔。

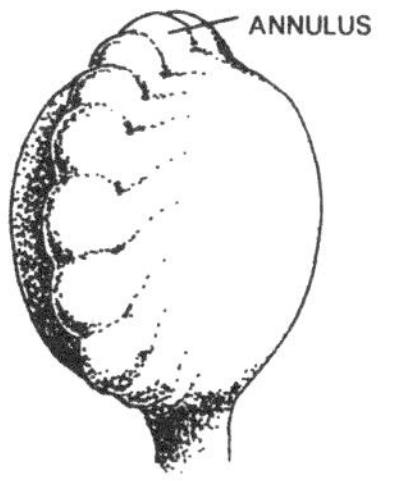

图 61

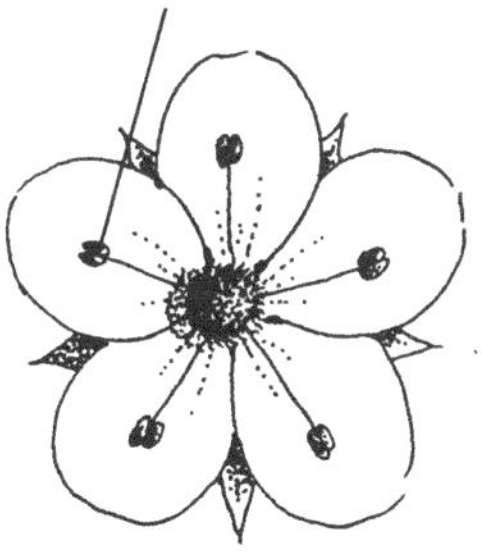

图 62

Antarctic 南极的 Distributed in those regions of the earth lying between the Antarctic Circle and the South Pole. 分布在地球南极和南极圈之间的区域。

Antepetalous 对瓣的 Directly in front of (opposite) the petals. Figure 62. 正对着花瓣着生(图 62)。

Anterior 前〔面,部,端〕的 In the front; on the side away from the axis, as the lower lip of a bilabiate corolla. Figure 63. (compare **posterior**) 在前面;离轴的一面,如唇形花冠的下唇(图 63)。(对比**后面的**)

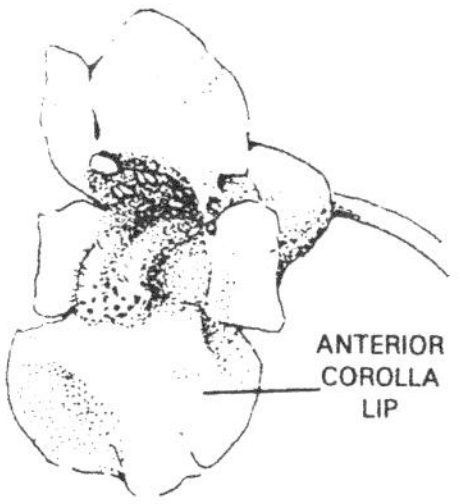

图 63

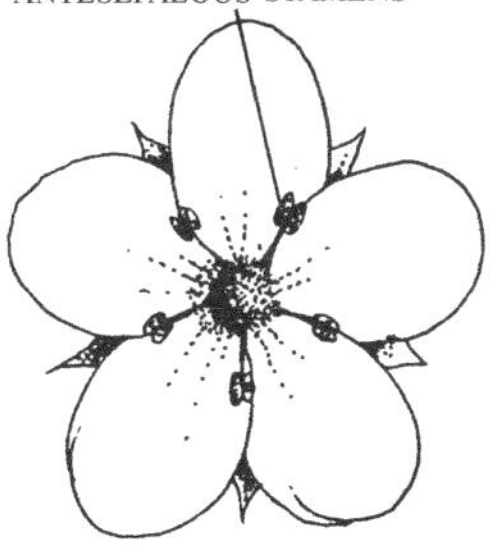

图 64

Antesepalous 对萼的 Directly in front of (opposite) the sepals. Figure 64. 正对着萼片着生(图 64)。

Anthela 长侧枝聚伞花序 An inflorescence with lateral flowering branches exceeding the main axis, as in some species in the genus *Juncus*. Figure 65. 侧花枝超过主轴的花序,如灯心草属的一些种(图 65)。

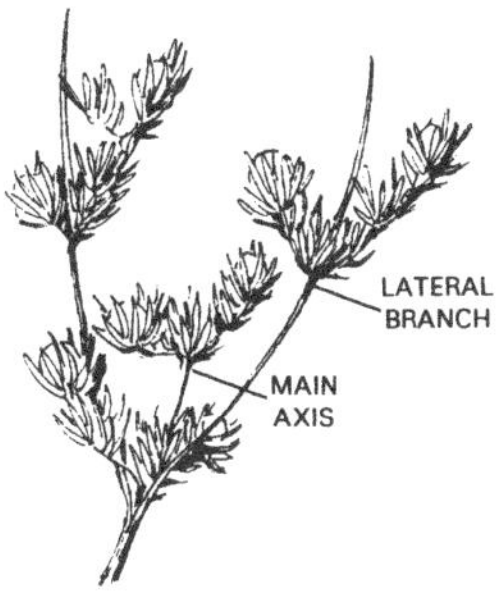

图 65

Anthelate 具长侧枝聚伞花序的 With the inflorescence in the form of an anthela. Figure 65. 有长侧枝聚伞花序(图 65)。

Anthemia 花簇 见花簇(**anthemy**)。

Anthemy 花簇 A flower-cluster. 一簇花。

Anther 花药 The expanded, apical, pollen bearing portion of the stamen. Figure 66. 雄蕊顶端产生花粉的膨大部分(图 66)。

Anther sac 药囊 One of the pollen bearing chambers of the anther. Figure 67. 花药中产生花粉的腔室(图 67)。

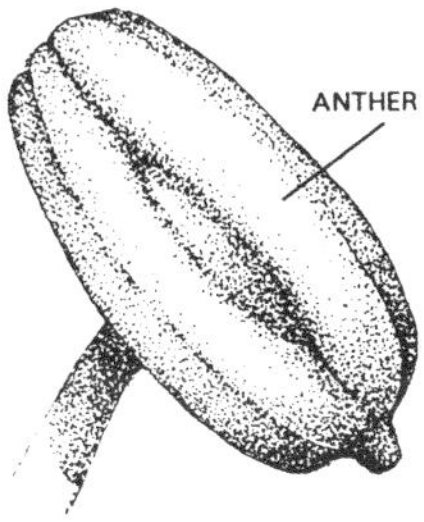

图 66

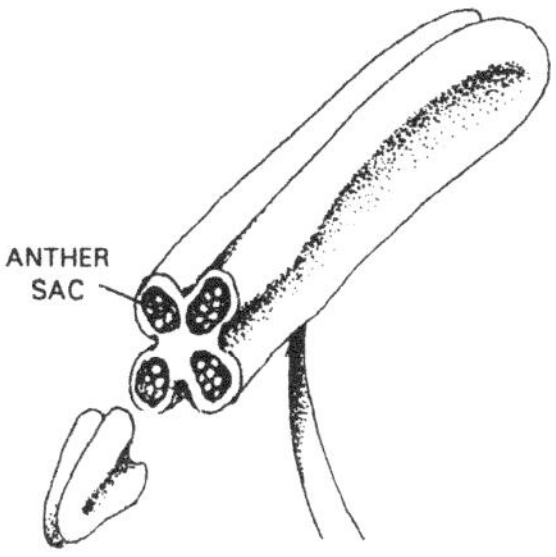

图 67

Antherid 精子器 见精子器(**antheridium**)。

Antheridium(pl. **antheridia**)精子器 The male reproductive structure in moss and fern gametophytes. Figure 68. 苔藓和蕨类配子体中的雄性生殖结构(图 68)。

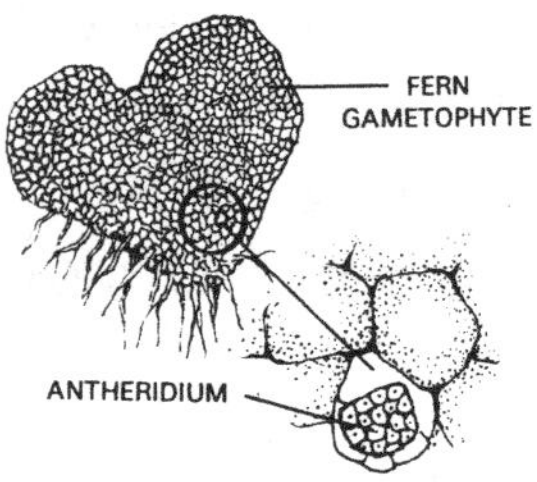

图 68

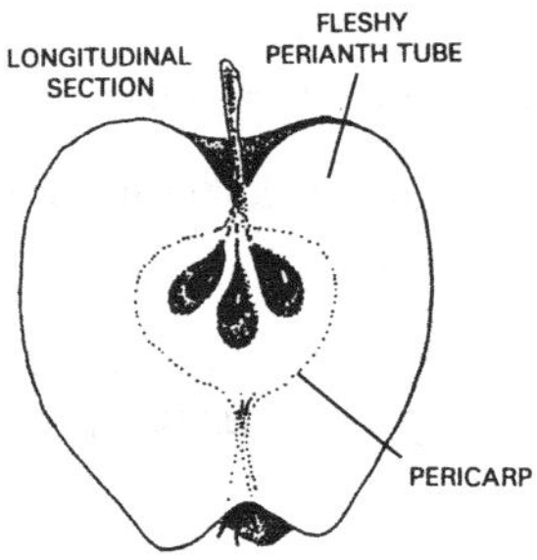

图 69

Antheriferous **具花药的** Bearing anthers. 有花药。

Antheroid **花药状的** Anther-like. 形似花药。

Antherozoid **游动精子** Male sexual cells. 雄性性细胞。

Anthesis **开花期** The flowering period, when the flower is fully expanded and functioning. 花开期,此时花充分展开并具有功能。

Anthesmotaxis **花部排列次序** The arrangement of the various flower parts. 花的各部分排列。

Anthocarp **掺花果** A fruit with some portion of the flower besides the pericarp persisting, as in a pome with the fleshy perianth tube surrounding the pericarp. Figure 69. 除果皮外,还有花的某些部分共同参与形成的果实,如梨果中果皮周围的肉质花被筒(图 69)。

Anthocarpous **假果的** Of or pertaining to anthocarps; bearing anthocarps. Figure 69. 假果的或与假果相关;长有假果。图 69。

Anthocyanic **具花色素的** Containing anthocyanin pigments. 含有花色素。

Anthocyanin **花色素苷** Water-soluble pigments (blue, purple, or red). 水溶性的色素(蓝色、紫色或红色)。

Anthophore **花冠柄** An elongated stalk (stipe) bearing the corolla, stamens, and pistil above the receptacle and calyx. Figure 70. 在花托和花萼之上支承花冠、雌蕊和雄蕊的伸长柄(图 70)。

Anthotaxy **花序列** The arrangement of flowers on the flowering axis; inflorescence. 花在花轴上的排列方式;花序。

Anthoxanthin **花黄素** Water-soluble pigments (yellow, orange, or red). 水溶性色素(黄色、橘黄色或红色)。

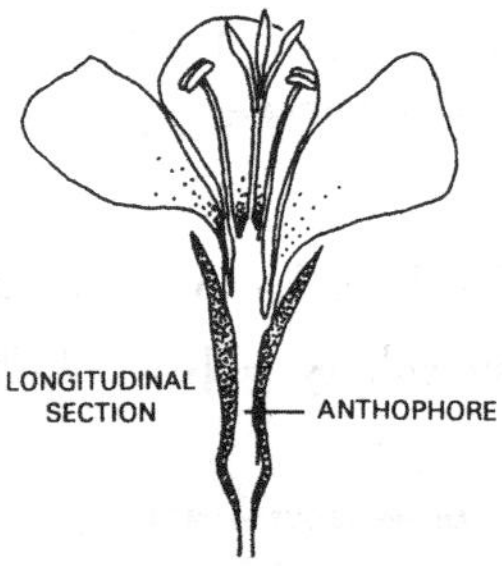

图 70

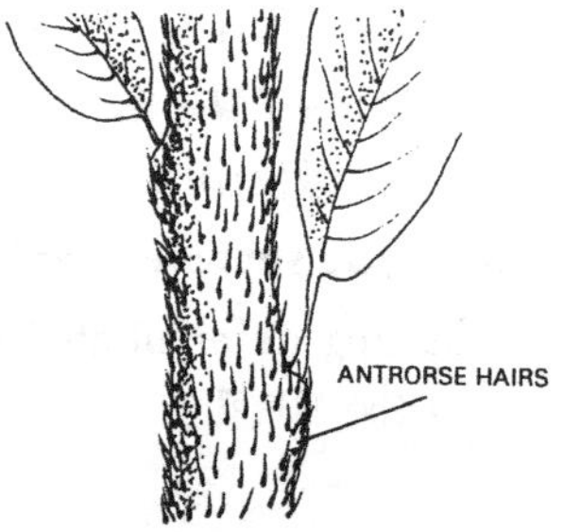

图 71

Anthracine **炭黑色** Coal-black. 墨黑的。

Antipetalous **对瓣的** 见对瓣的(**antepetalous**)。

Antisepalous **对萼的** 见对萼的(**antesepalous**)。

Antrorse(adv. **antrorsely**) **顺向的,向上的** Directed forward or upward. Figure 71. (compare **retrorse**) 向前或向上的(图 71)。(对比逆向的,向后的)

Aperturate **有孔的** With one or more openings or apertures. In pollen grains, these apertures may be only thin spots rather than actual perforations. Figure 72. 具有一个或多个开口或孔。在花粉粒中,这些孔可能仅是一些薄的区域而不是真正的穿孔(图 72)。

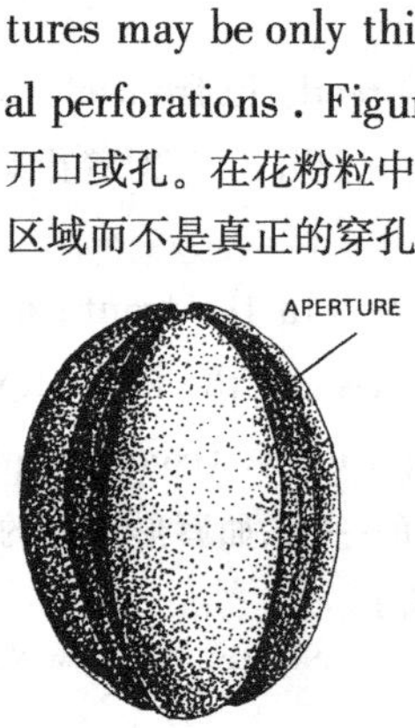

图 72

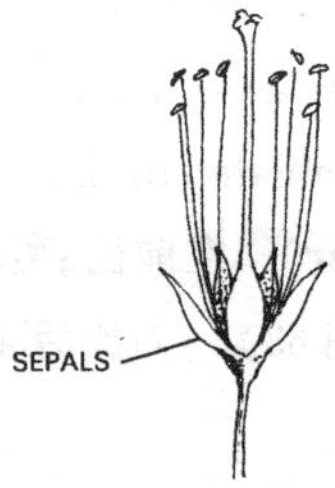

图 73

Apetalous **无花瓣的** Without petals. Figure 73. 没有花瓣(图 73)。

Apex(pl. **apices**) **顶端** The tip; the point farthest from the point of attachment. Figure 74. 尖端;距附着处最远的点。图 74。

图 74

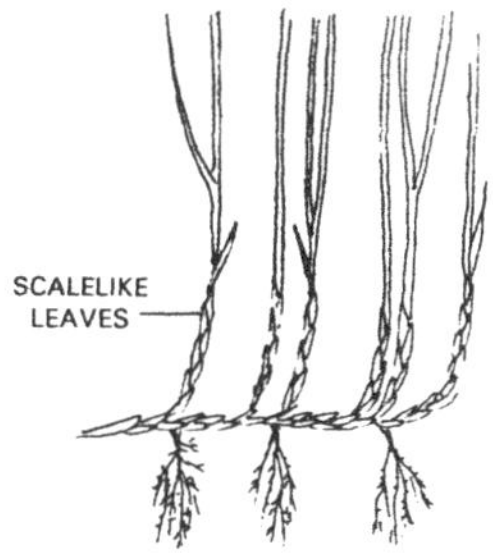

图 75

Aphyllopodic **基生叶退化的** Having the lowermost leaves reduced to small scales. Figure 75.(compare **phyllopodic**) 最下部叶退化成小鳞片(图 75)。(对比**基生叶发达的**)

Aphyllous **无叶的** Without leaves. 没有叶。

Apical **顶端的** Located at the apex or tip. Figure 76. 位于顶或尖端的(图 76)。

Apicula **细尖** 见细尖(**apiculus**)。

Apiculate **具细尖的** Ending abruptly in a small, slender point. Figure 77. 先端骤然终止于细尖(图 77)。

Apiculation **细尖** 见细尖(**apiculus**)。

Apiculus **细尖** A small, slender point. Figure 77. 小而细长的尖(图 77)。

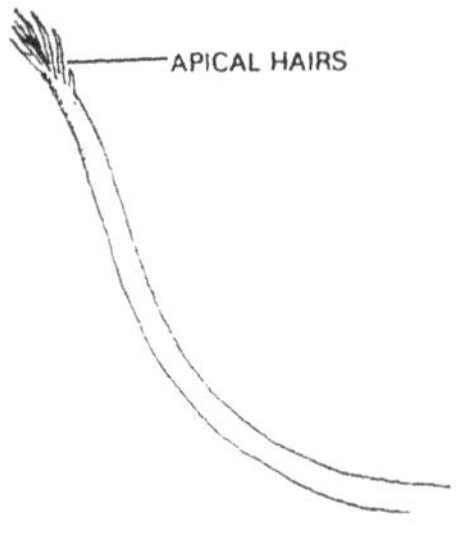

图 76

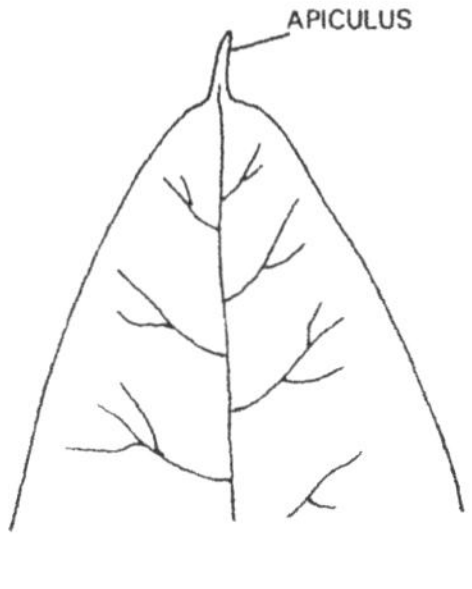

图 77

Apocarp **离心皮果** A flower with carpels forming separate pistils. as in a buttercup. Figure 78.(compare **syncarp**) 花的心皮多数,形成离生雌蕊,如毛茛(图 78)。(对比**合心皮果**)

Apocarpous **离心皮的** Of or pertaining to apocarps; with separate carpels. Figure 78.(compare **syncarpous**) 与离生心皮相关;具离生心皮。图 78。(对比**合心皮的**)

Apogamous **无配子生殖的** 见无融合生殖的(**apomictic**)。

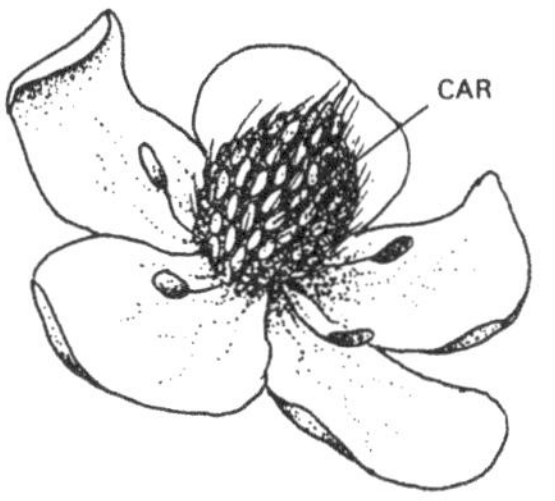

图 78

Apogamy **无配子生殖** 见无融合生殖(**apomixes**)。

Apomictic **无融合生殖的** Of or pertaining to apomixis. 无融合生殖的或与无融合生殖相关。

Apomixis **无融合生殖** Defined broadly as any form of asexual reproduction and narrowly, and more commonly, as seed production without fertilization (agamospermy). 广义指任何形式的无性繁殖,狭义更多地指不经受精产生种子(无配子种子生殖)。

Apopetalous **离瓣的** Having separate petals. Figur 79.(same as **polypetalous**; compare **sympetalous** and **gamopetalous**) 花瓣分离(图 79)。(等同**重瓣的**;对比**合瓣的**)

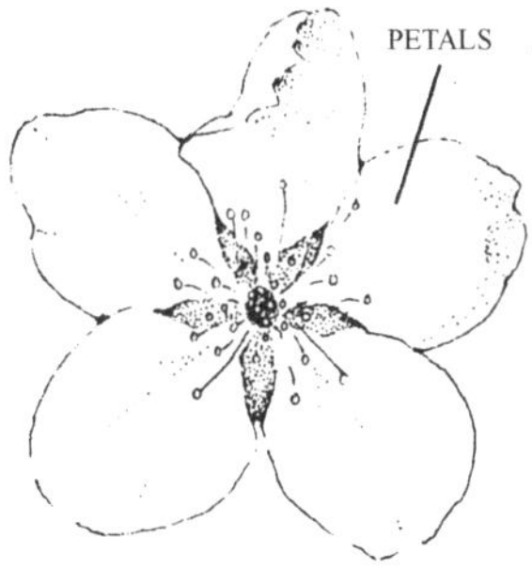

图 79

图 80

Apophysis **鳞盾** A projection or protuberance; that portion of a cone scale that is exposed when the cone is closed. Figure 80. 突起或隆起;球果未张开时露在外面的鳞片部分。图 80。

Apospory **无孢子形成** Development of gametophytes from somatic cells. 配子体由体细胞发育而成。

Apostemonous 离生雄蕊的 With separate stamens. Figure 81. 具有离生的雄蕊(图 81)。

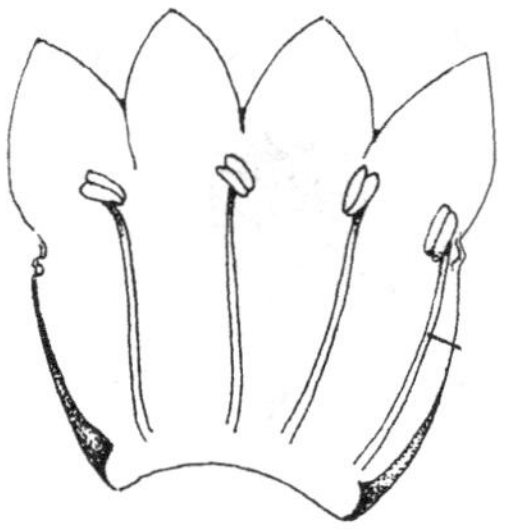

图 81

Appendage 附属物 A secondary part attached to a main structure. Figure 82. 附着于主体结构上的次级部分(图 82)。

Appendiculate 附着的 Bearing appendages. Figure 82. 有附属物(图 82)。

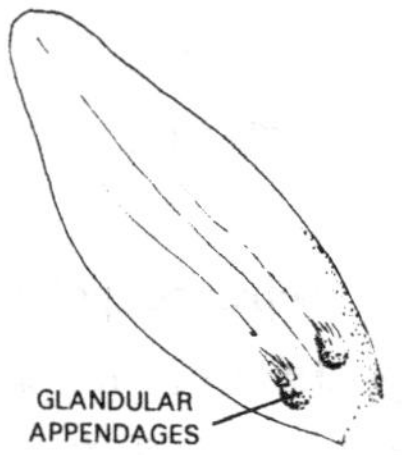

图 82

图 83

Applanate 扁平的 Flattened. Figure 83. 扁平(图 83)。

Appressed 贴伏的 Pressed close or flat against another organ. Figure 84. 紧贴或平靠在另一器官上(图 84)。

Approximate 紧靠的 Borne close together, but not fused. 紧密生长在一起,但不愈合。

Apterous 无翅的 Wingless. 没有翅。

Apyrene 无种子的 Seedless. 没有种子。

Aquatic 水生的 Growing in water. 在水中生长。

Arachnoid 蛛丝状的 Bearing long, cobwebby, entangled hairs. Figure 85. 具缠结的蛛丝状长毛(图 85)。

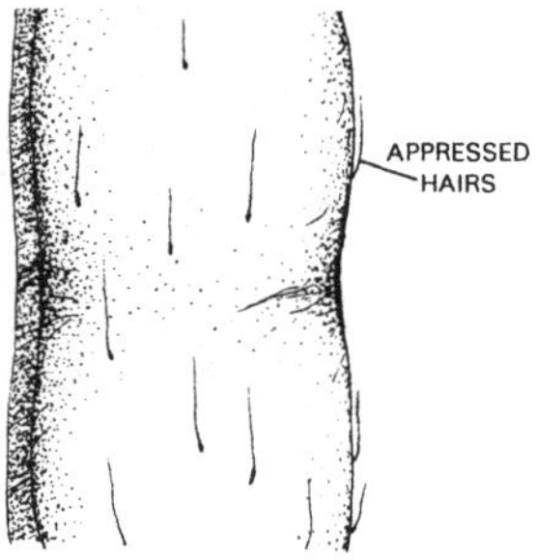

图 84

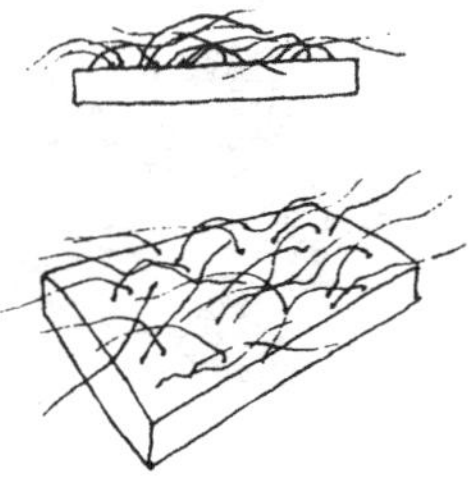

图 85

Araneose 蛛网状的 见蛛丝状的(**arachnoid**)。

Arboreal 乔木的 见乔木状的(**arborescent**)。

Arboreous 乔木状的 见乔木状的(**arborescent**)。

Arborescent 乔木状的 Tree-like. 形似树。

Arbuscula 灌木 A shrub with a tree-like form. 乔木状灌木。

Archegone 颈卵器 见颈卵器(**archegonium**)。

Archegonium(pl. **archegonia**) 颈卵器 The female reproductive structure in moss and fern gametophytes. Figure 86. 苔藓和蕨类的配子体中的雌性生殖结构(图 86)。

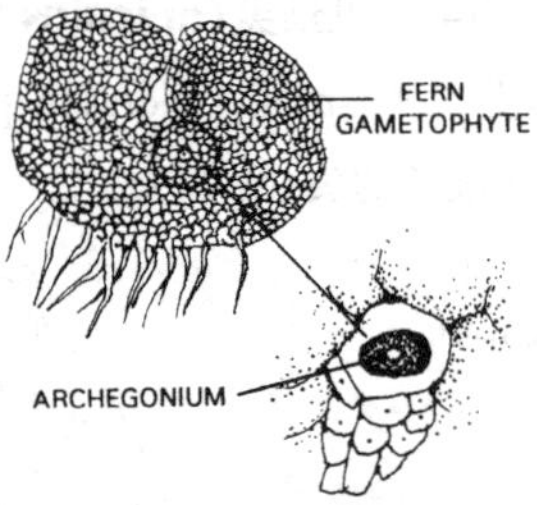

图 86

Arctic 北极的 Distributed in those regions of the earth lying between the Arctic Circle and the North Pole. 分布在地球上北极圈和北极之间的区域。

Arcuate 弧曲的 Curved into an arch, like a bow. Figure 87. 弯成拱形,像弓(图 87)。

Arenaceous 沙质的,沙生的 Sandy; growing in sand. 沙的;在沙中生长。

Arenicolous 沙生的 Growing in sand. 生长在沙中。

Areola(pl. **areolae**, **areolas**) ①网隙,脉间区 ②着生面 A small, well-defined area on a surface, as the area between the veinlets of a leaf or the region of a cactus bearing the flowers and /or spines. Figure 88. 表面上小的、界限清楚的区域,如细叶脉间的区域或仙人掌着生花或刺的部位(图 88)。

Areolate **具网隙的** Marked with areolae. Figure 88. 有网状隙(图 88)。

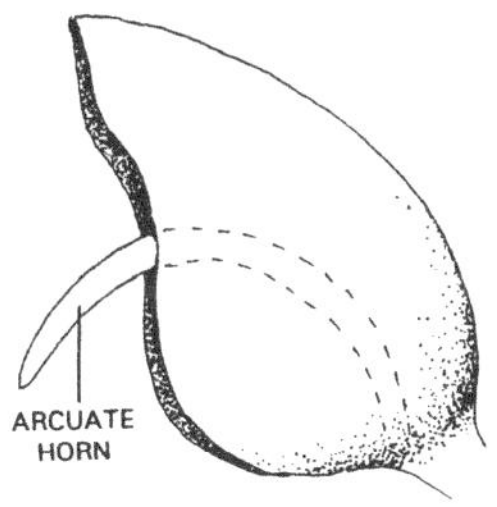

图 87

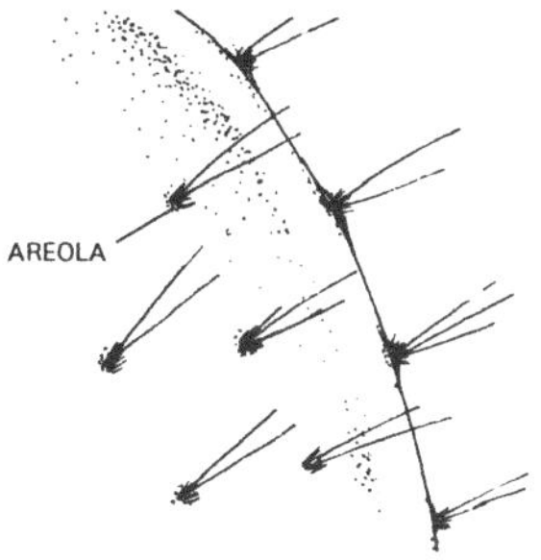

图 88

Areole **网隙,脉间区** 见网隙,脉间区(**areola**)。

Argenteous **银灰色的** Silvery 具银色光泽的。

Argillaceous **黏土的** Clayey; of or pertaining to plants growing on clay soils. 黏土的;生于黏质土中的植物,与生于黏土质土的植物相关。

Argillicolous **〔生于〕黏土的** Growing on clay soils. 在黏土质土壤里生长。

Argute **锐尖的** Sharp. 尖的。

Arhizous **无根的** Without roots. 没有根。

Aril **假种皮** An appendage growing at or near the hilum of a seed; fleshy thickening of the seed coat, as in *Taxus*. Figure 89. 长在种脐上或其周围的附属物;种皮的肉质加厚部分,如红豆杉。图 89。

Arillate **具假种皮的** Possessing an aril. Figure 89. 有假种皮(图 89)。

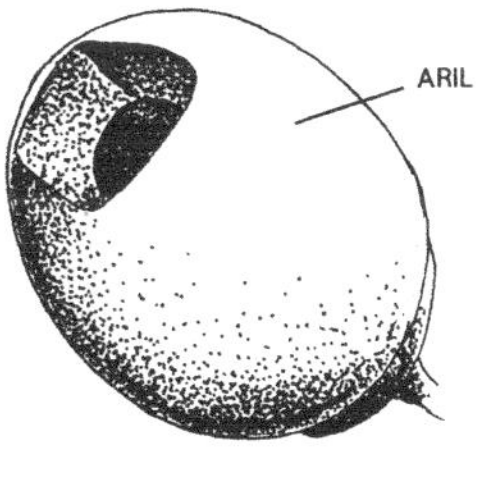

图 89

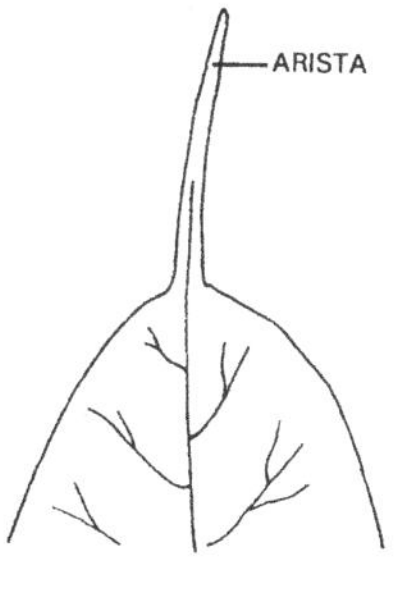

图 90

Arilliform **假种皮状的** Aril-like. 形似假种皮。

Arillode **拟假种皮的** A false aril. 不是真正的假种皮。

Arista(pl. **aristae**) **芒** An awn or bristle. Figure 90. 芒或刚毛(图 90)。

Aristate **具芒的** Bearing an awn or bristle at the tip. Figure 90. 顶尖具芒或刚毛(图 90)。

Aristiform **芒状的** Awn-like. 形似芒。

Aristulate **具小芒的** Bearing a minute awn or bristle at the tip. Figure 91. 顶尖具小芒或刚毛(图 91)。

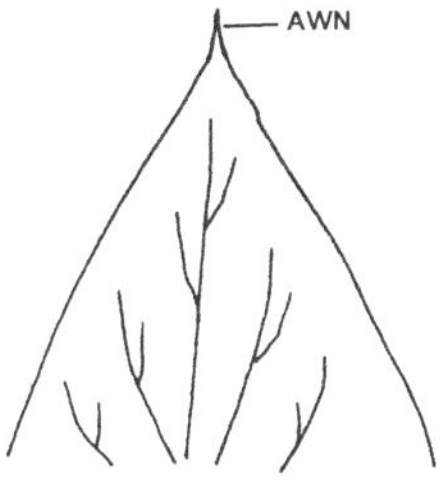

图 91

图 92

Armature **刺** Thorns, spines, barbs, or prickles. Figure 92. 棘、刺、倒刺或皮刺(图 92)。

Arm-cell **臂形细胞** Cells with incomplete septae extending inward, as in the leaf mesophyll cells of some members of the grass family. (细胞壁)向内突入,形成不完全分隔的细胞,如某些禾本科植物的叶肉细胞。

Armed **具刺的** Bearing thorns, spines, barbs, or prickles. Figure 92. 具棘、刺、倒刺或皮刺(图 92)。

Article **节** Section of a fruit separated from others by a constricted joint. Figure 93. 果实上相邻缢缩之间的部分(图 93)。

Articulate **有节的** Jointed. Figure 93; separating at maturity along a well-defined line of dehiscence. Figure 94. 关节的(图 93);成熟时沿明显的缝线开裂(图 94)。

Articulation **节** A joint or point of attachment. Figure 93. 关节或连接的点(图 93)。

Arundinaceous **芦苇状的** Reedlike in form. 形似芦苇。

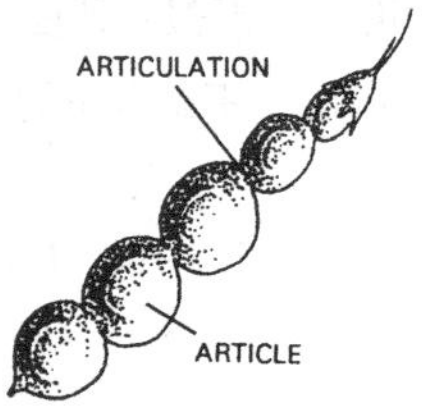

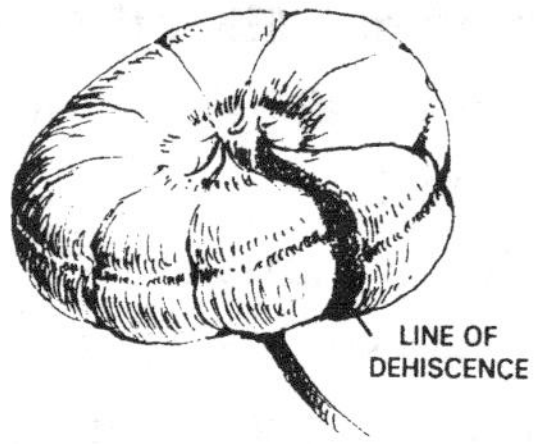

图 93　　图 94

Ascendent　上升的　见上升的(**ascending**)。

Ascending　上升的　Growing obliquely upward, usually curved. Figure 95.　向上偏斜的生长，常弯曲(图 95)。

图 95

Asepalous　无花萼的　Without sepals. Figure 96.　萼片缺失(图 96)。

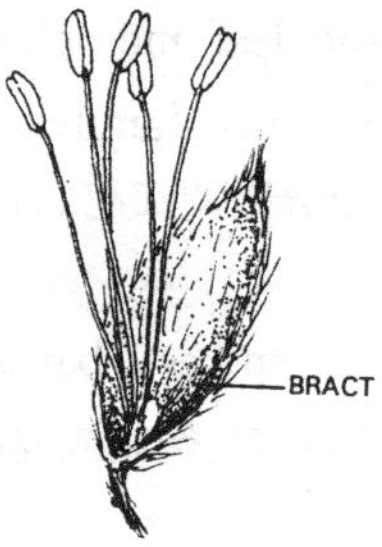

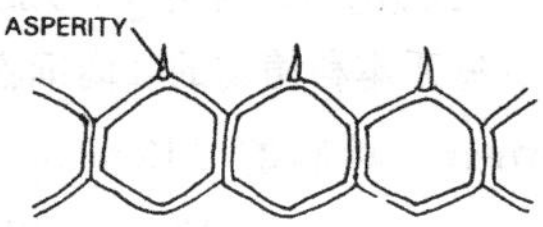

图 96　　图 97

Asexual　无性的　Reproducing without sexual union.　生殖不经精卵结合。

Asperity　微刺　A tiny projection or hairlike prickle of an epidermal cell. Figure 97.　表皮细胞上的微小突起或毛状刺(图 97)。

Asperous　粗糙的　Rough to the touch. 手感粗糙。

Assumentum(pl. **assumenta**)　长角裂爿　A valve of a silique. Figure 98.　长角果的裂爿(图 98)。

Assurgent　上升的　见上升的(**ascending**)。

Astemonous　无雄蕊的　Without stamens. Figure 99.　没有雄蕊(图 99)。

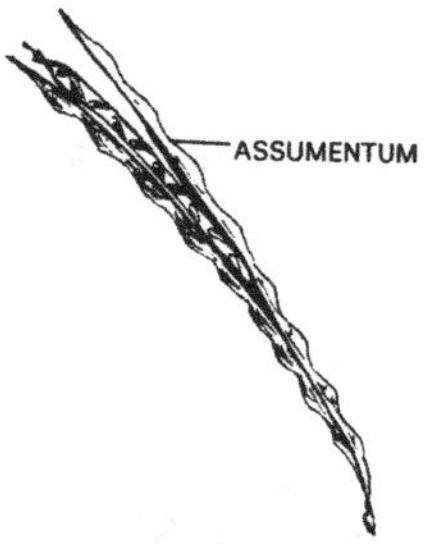

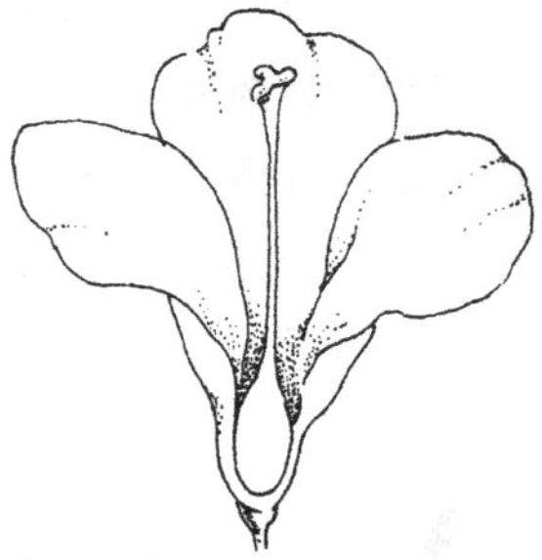

图 98　　图 99

Astringent　收敛的　Constricting or contracting. 缢缩或收缩。

Astylocarpellous　心皮无柱无柄的　Lacking a style and a stipe. Figure 100.　没有花柱以及连接子房与花托的柄(图 100)。

Astylocarpepodic　心皮无柱有柄的　Without a style, but with a stipe. Figure 101.　没有花柱，但子房与花托之间有柄(图 101)。

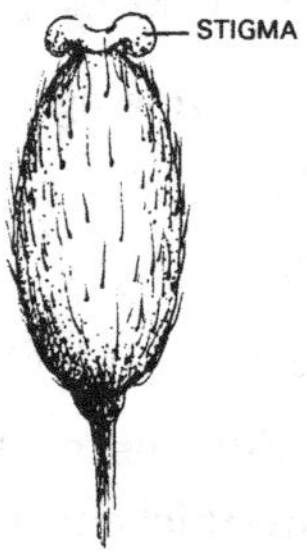

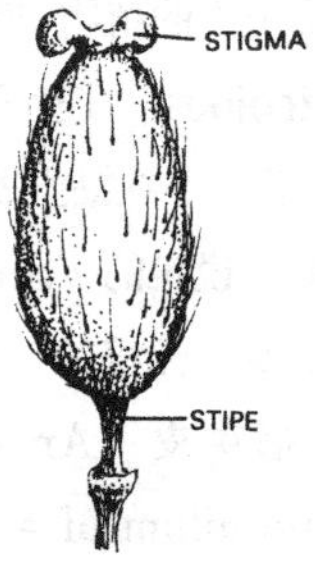

图 100　　图 101

Astylous　无花柱的　Without a style. Figure 100.　没有花柱(图 100)。

Asymmetric　不对称的　Not divisible into equal halves, as in some leaves. Figure 102; irregular in shape.　不能被分成两个相等的部分，如某些叶子(图 102)；形状不规则。

Atomate　具〔近〕无柄腺体的　Bearing sessile or subsessile glands. Figure 103.　有无柄或近无柄腺体(图 103)。

Atomiferous　具〔近〕无柄腺体的　见具〔近〕无柄腺体的(**atomate**)。

图 102

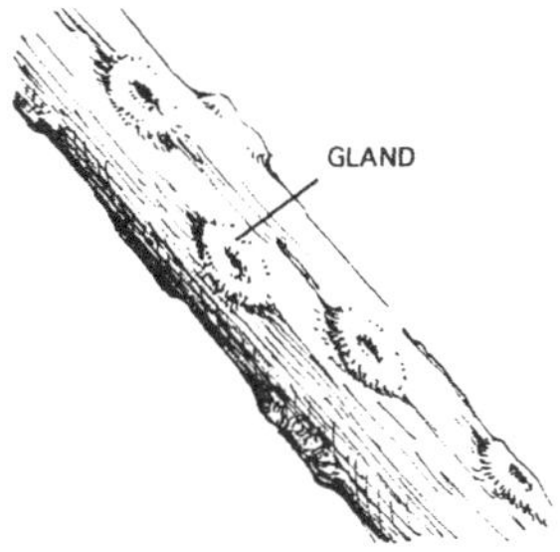

图 103

Atratous **呈黑色的** Blackened or turning black. 变黑的。

Atro-(prefix) **Atro**-(前缀) Dark or blackish. 发暗或深色的。

Atropous ovule **直生胚珠** 见直生胚珠(**orthotropous ovule**)。

Atropurpurea **紫黑色的** Dark purple, often almost blackish. 深紫,通常几近黑色。

Attenuate **渐狭** Tapering gradually to a narrow tip or base. Figure 104. 向顶端或基部逐渐变窄(图 104)。

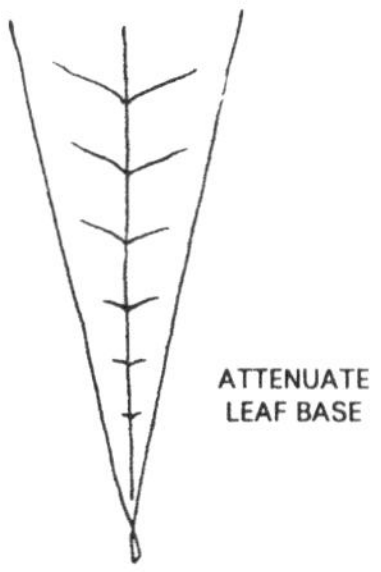

图 104

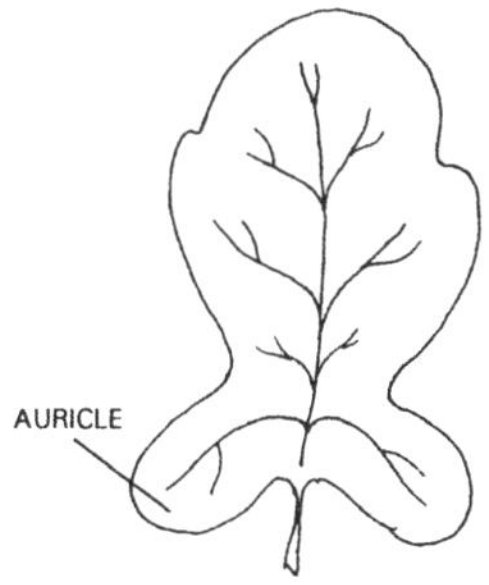

图 105

Atypical **非典型的** Not typical. 不典型。

Auricle **耳状物** A small, ear-shaped appendage. Figure 105. 小的耳状附属物(图 105)。

Auriculate **耳状的** With auricles. Figure 105. 具有耳状的附属物(图 105)。

Auriculate-clasping **耳状抱茎** With earlike lobes at the base of a leaf, encircling the stem. Figure 106. 叶基具耳状裂片,环绕茎干(图 106)。

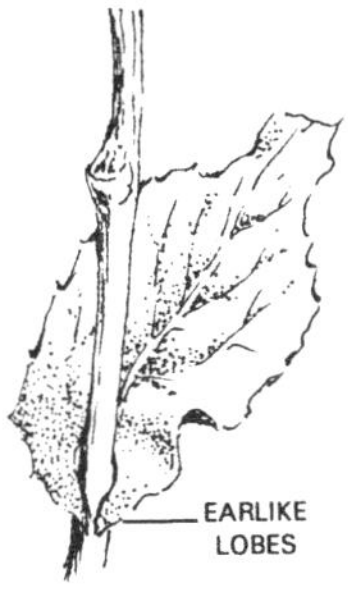

图 106

Austral **南方的** Southern. (compare **boreal**) 南方的。(对比**北方的**)

Autocarp **自花结实果** A fruit produced through self-fertilization. 通过自花受精结的果实。

Autogamous **自花受精的** Self-fertilized. 自株传粉。

Autogamy **自花受精** Self-fertilization. 自株传粉。

Autophilous **自花授粉的** Self-pollinated. 自花传粉。

Autophytic **自养的** 见自养的(**autotrophic**)。

Autotrophic **自养的** Producing its own nutritive substances; containing chlorophyll and, therefore, green; photosynthetic. 产生自身所需的营养物质;含叶绿素,绿色;具光合作用。

Autumnal **秋花的,秋生的** Flowering or appearing in the autumn. 在秋季开花或出现的。

Awl-shaped **锥形的** Short, narrowly triangular, and sharply pointed like an awl. Figure 107. 短的,窄三角形的,锐尖如锥(图 107)。

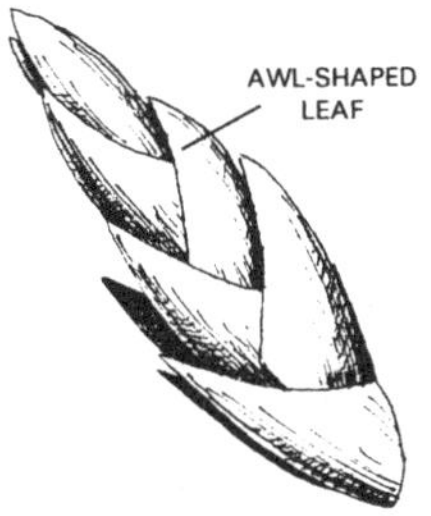

图 107

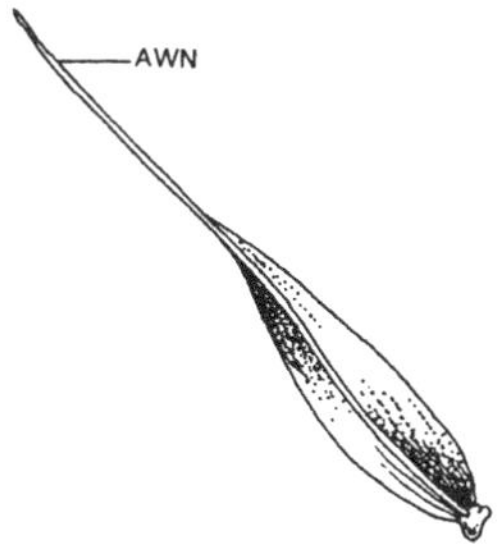

图 108

Awn **芒** A narrow, bristlelike appendage, usually at the tip or dorsal surface. Figure 108. 窄的,刚毛状的附属物,通常位于尖端或背面(图 108)。

Awned **具芒的** Possessing an awn. Figure 108. 有芒(图 108)。

Axial **轴** 见轴的(**axile**)。

Axil **腋** The point of the upper angle formed between the axis of a stem and any part (usually a leaf) arising from it. Figure 109. 茎

轴与由它发生的部分(通常是叶)之间形成的呈向上夹角度的部位(图 109)。

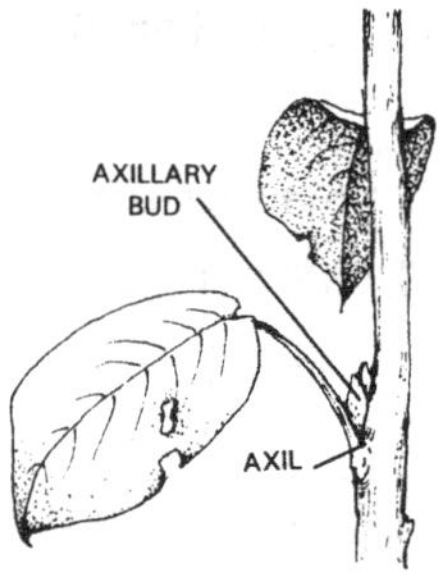

图 109

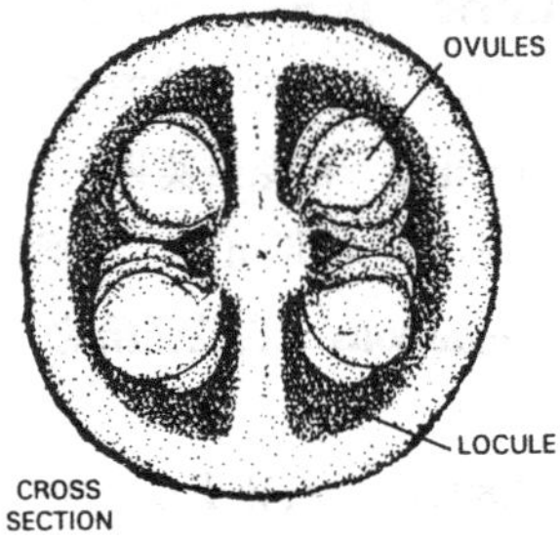

图 110

Axile 轴的 Positioned on the axis; pertaining to the axis. 位于轴上的;与轴相关联的。

Axile placentation 中轴胎座式 Ovules attached to the central axis of an ovary with two or more locules. Figure 110. 胚珠着生在二室或多室子房的中轴上(图 110)。

Axillary 腋生的 Positioned in or arising in an axil. Figure 109. 着生于或发自腋部(图 109)。

Axis(pl. **axes**) 轴 The longitudinal, central supporting structure or line around which various organs are borne, as a stem bearing leaves. Figure 111. 各种器官着生的纵向中央支撑结构,如着生叶的茎(图 111)。

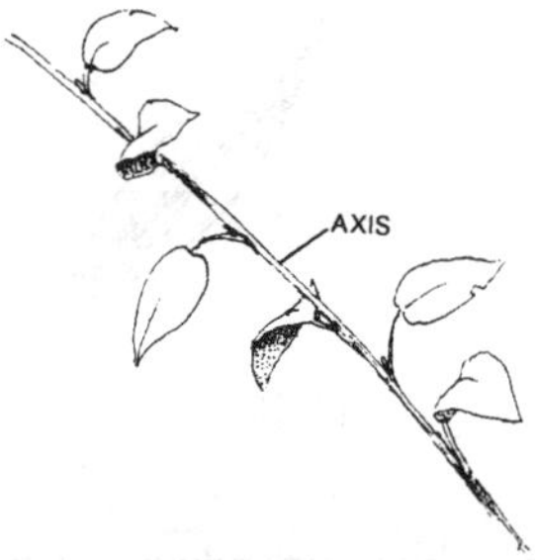

图 111

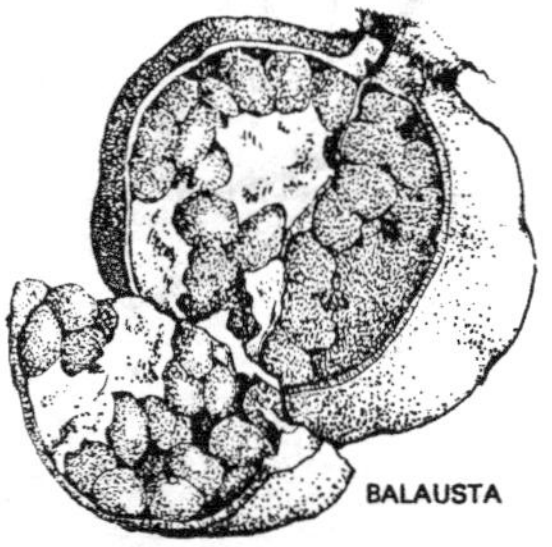

图 112

Baccate 浆果状的 Berrylike and soft. 形似浆果且软。

Balausta 安石榴果 A pomegranate fruit. Figure 112. 石榴的果实(图 112)。

Balsam 树胶 A fragrant, sticky exudate from any of various tree species, especially those of the genus *Commiphora*. 树木分泌的芳香、发黏的物质,尤其在没药属植物中。

Balsamiferous 树胶的 Producing balsam; balsam-like. 产树胶的;树胶。

Banded 条纹状的 Striped. Figure 113. 条斑纹(图 113)。

图 113

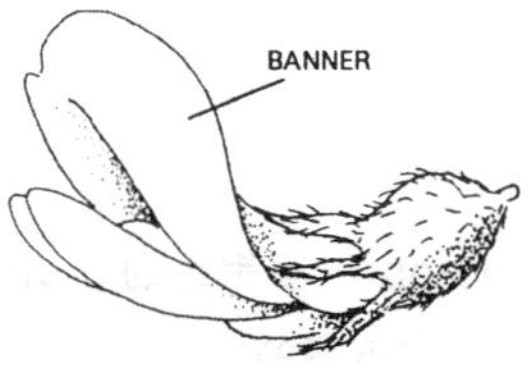

图 114

Banner 旗瓣 The upper and usually largest petal of a papilionaceous flower, as in peas and sweet peas. Figure 114. 蝶形花冠上方通常最大的花瓣,如豌豆和香豌豆(图 114)。

Barbate 具髯毛的 Bearded or tufted with long, stiff hairs. Figure 115. 具有成簇的长硬毛(图 115)。

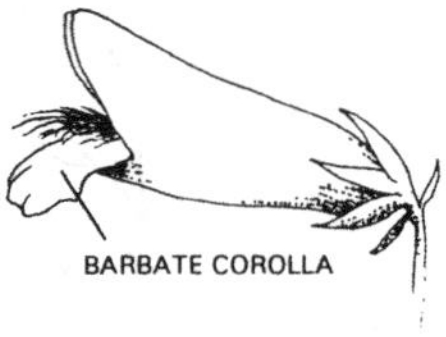

图 115

图 116

Barbed 具倒刺的 With short, rigid, reflexed points, like the barb of a fishhook. Figure 116. 具反折、刚硬的短尖头,像鱼钩的倒刺(图 116)。

Barbellate 具倒刺毛的 With short, stiff hairs or barbs. Figure 117. 具有短而硬的毛或倒刺毛(图 117)。

Barbellulate 具小倒刺毛的 With very tiny short, stiff hairs or barbs. Figure 118. 具微小短而硬的毛或倒刺毛(图 118)。

Bark 树皮 The outermost layers of a woody

图 117

图 118

stem including all of the living and nonliving tissues external to the cambium . Figure 119 . 木质茎的最外层,包括形成层以外的全部活的和死的组织(图 119)。

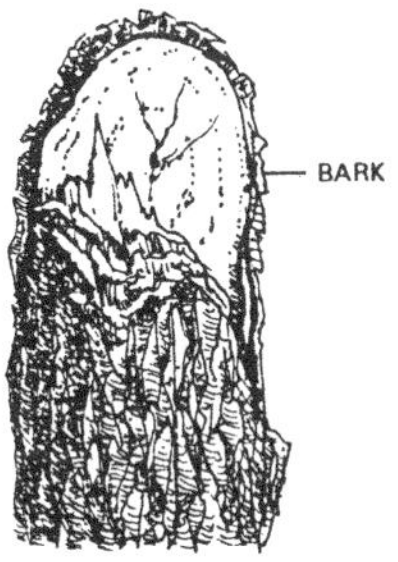

图 119

图 120

Basal 基部的 Positioned at or arising from the base, as leaves arising from the base of the stem . Figure 120 . 位于或从基部发出的,如叶从茎的基部发生(图 120)。

Basal placentation 基生胎座式 Ovules positioned at the base of a single-loculed ovary . Figure 121 . 胚珠着生在单室子房的基部(图 121)。

Basifixed 基着的 Attached by the base . Figure 122 . (compare **versatile** and **dorsifixed**) 从基部着生(图 122)。(对比**丁字着的**和**背着的**)

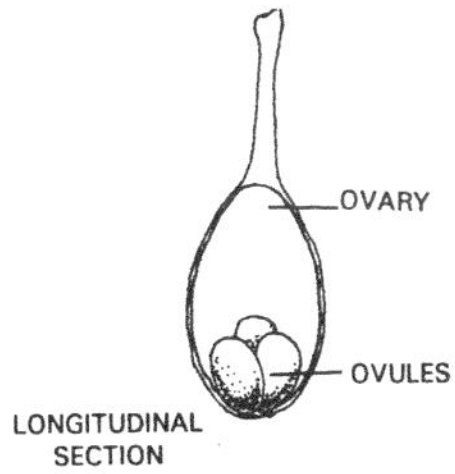

图 121

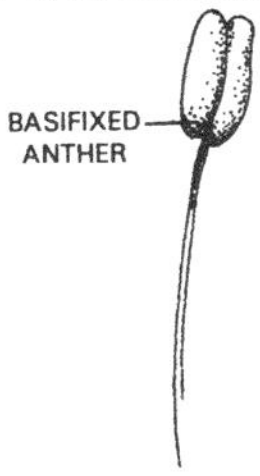

图 122

Basinerved 基出脉的 With veins arising from the base . Figure 123 . 具自基部发出的脉(图 123)。

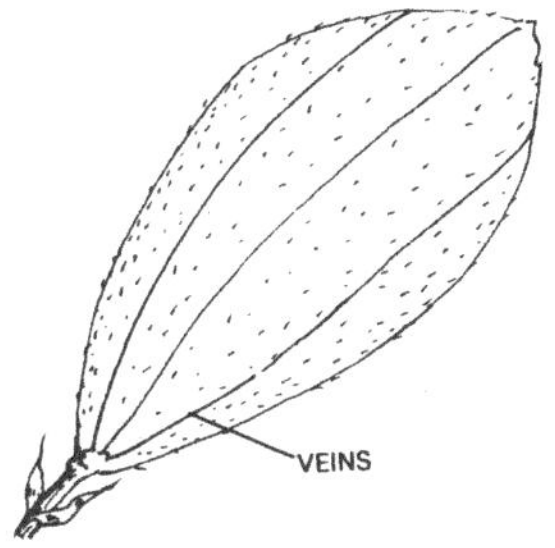

图 123

Basipetal 向基的 Near the base rather than the tip ; produced sequentially from the apex toward the base ,as the flowers in a determinate inflorescence . Figure 124 . 靠近基部而非顶端;从顶向基渐次发生,如有限花序的花。(图 124)。

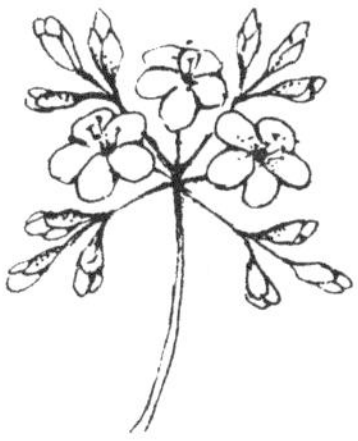

图 124

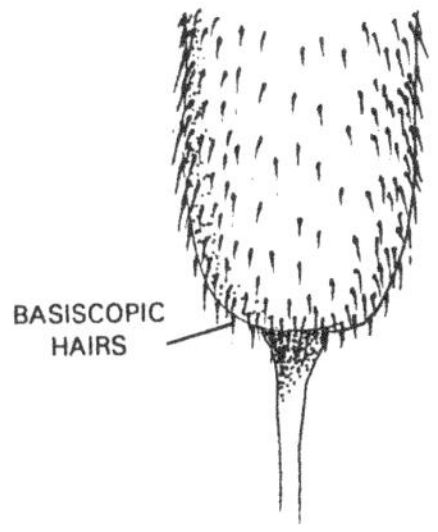

图 125

Basiscopic 下侧的 Facing toward the base . Figure 125 . 面向基部(图 125)。

Bast 韧皮部 The fibrous inner bark of some trees ; phloem . 某些树种含纤维性的内树皮;韧皮部。

Beak 喙 A narrow or prolonged tip , as on some fruits and seeds . Figure 126 . 细长的尖端,如

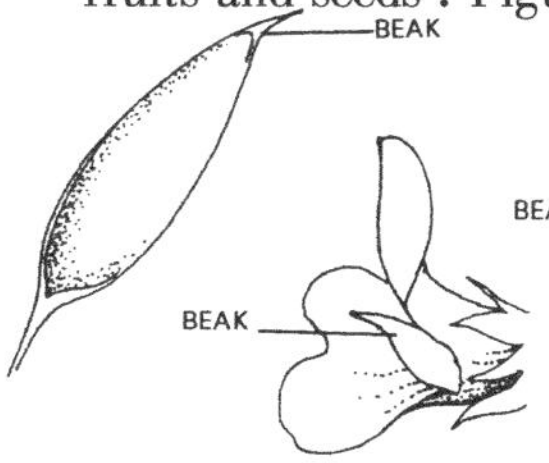

图 126

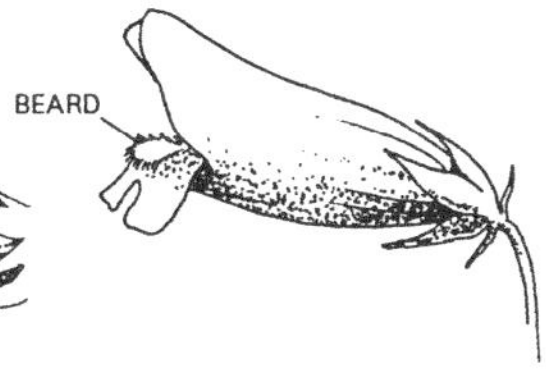

图 127

某些果实和种子上(图 126)。

Beaked　具喙的　Bearing a beak. Figure 126.　有喙(图 126)。

Bearded　具髯毛的　Bearing one or more tufts of long hairs. Figure 127.　具一丛或多丛长毛(图 127)。

Belly (or **bellying**)　**一面臌的**　A swelling on one side, as in some corollas in the Labiatae. Figure 128.　一侧膨胀,如唇形科的某些花冠(图 128)。

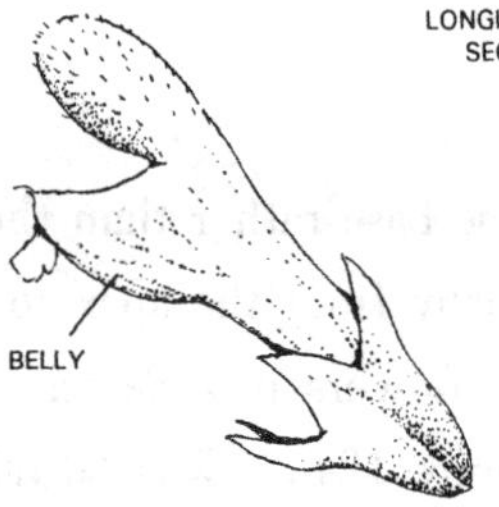

图 128

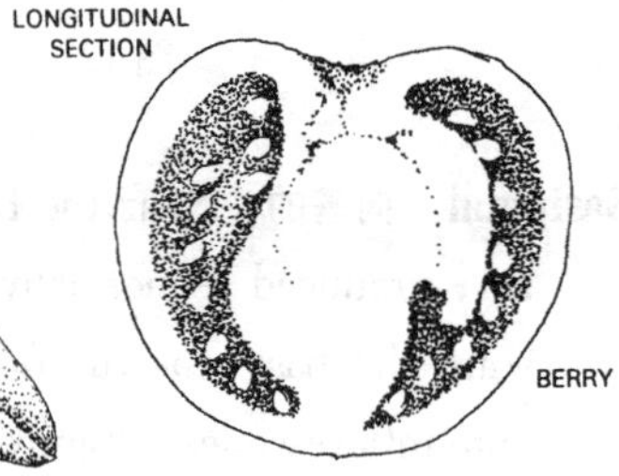

图 129

Berry　浆果　A fleshy fruit developing from a single pistil, with several or many seeds, as the tomato. Sometimes applied to any fruit which is fleshy or pulpy throughout, i.e. lacking a pit or core. Figure 129.　由单个雌蕊发育成的肉质果实,具有几个或多个种子,如西红柿。有时也泛指通体多汁或肉质的果实,无果核(图 129)。

Betacyanin　β花青素　Betalain pigment varying from blue to red.　从蓝到红变化的甜菜拉因类色素。

Betalain　甜菜拉因　Water-soluble, nitrogen-containing pigments.　水溶性,含氮色素。

Betaxanthin　甜菜黄素　Betalain pigment varying from yellow to red.　从黄到红变化的甜菜拉因类色素。

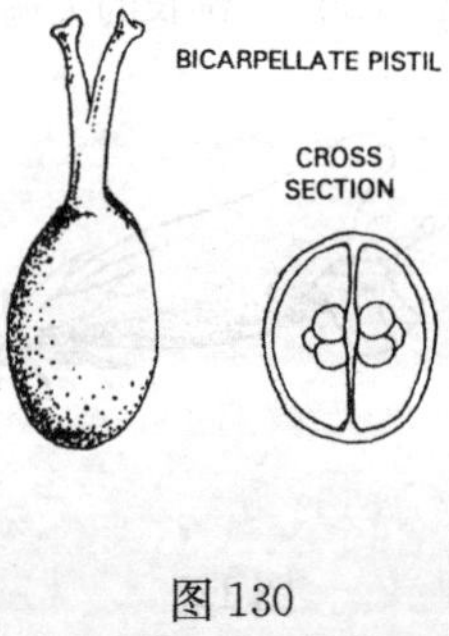

图 130

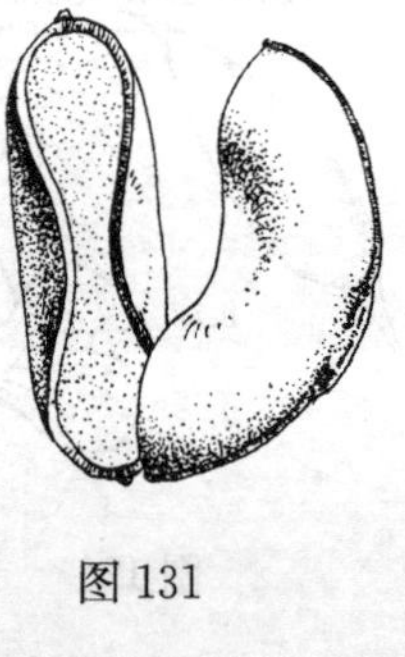

图 131

Bi- (prefix)　**Bi-** (前缀)　Meaning two or twice.　两个或两次。

Bicarpellary　双心皮的　见双心皮的(**bicarpellate**)。

Bicarpellate　双心皮的　With two carpels. Figure 130.　具二心皮(图 130)。

Bicolored　二色的　Of two distinct colors.　具两种明显不同的颜色。

Biconcave　双凹的　Concave on both sides. Figure 131.　两面凹入(图 131)。

Biconvex　双凸的　Convex on both sides. Figure 132.　两面凸起(图 132)。

Bicrenate　具重圆〔锯〕齿的　Doubly crenate, as when the teeth of a crenate leaf are also crenate. Figure 133.　有两级圆(锯)齿,如叶缘的圆(锯)齿上还有圆(锯)齿(图 133)。

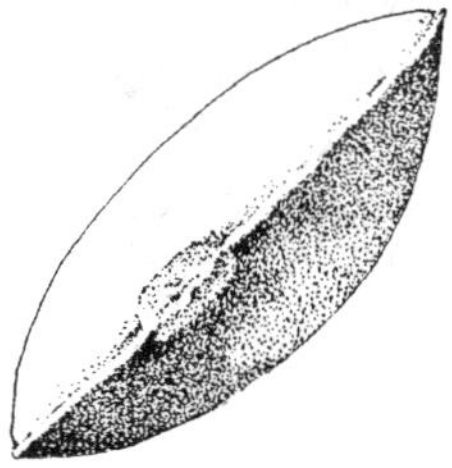

图 132

图 133

Bicuspidate　具双尖头的　With two sharp points. Figure 134.　有二个尖突(图 134)。

Bidentate　具双齿的　With two teeth. Figure 135.　有两个齿(图 135)。

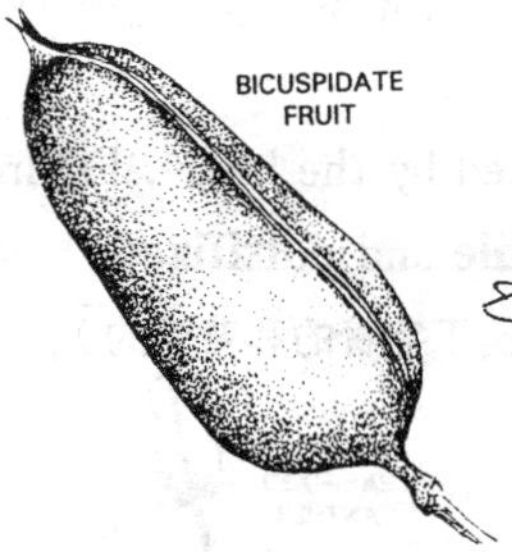

图 134

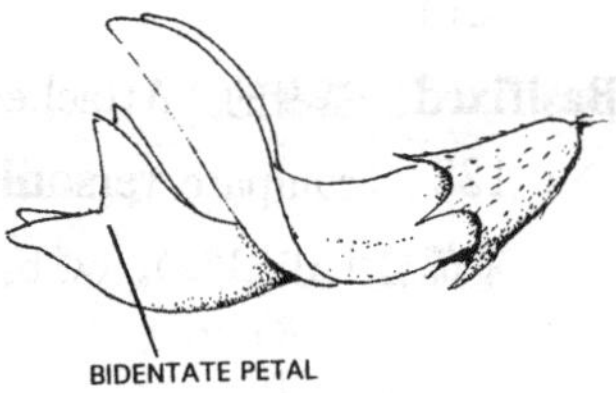

图 135

Biduous　两天寿命的　Lasting two days.　持续两天的。

Biennial　二年生植物　A plant which lives two

years, usually forming a basal rosette of leaves the first year and flowers and fruits the second year. 寿命仅两年的植物,通常在第一年长出基生莲座叶丛,而在第二年开花结果。

Bifacial 异面的 With the opposite surfaces different in color or texture, as in some leaves. 具颜色或质地不同的相对两个面,如某些叶子。

Bifarious 二列的 In two vertical rows. Figure 136. 成两纵行(图 136)。

Biferous 二熟的 Appearing twice annually. 每年出现两次。

Bifid 二裂的 Deeply two-cleft or two-lobed, usually from the tip. Figure 137. 通常从顶部二深裂(图 137)。

图 136

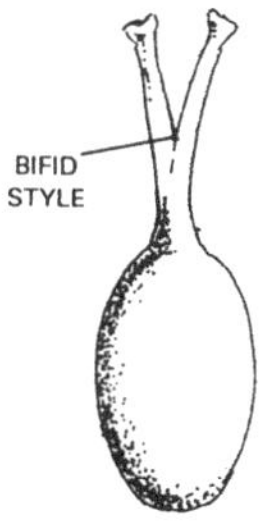

图 137

Biflorous 两次开花的 Flowering in the spring and again in the autumn. 春季开花后秋季再次开花。

Bifoliate 具两叶的 With two leaves or two leaflets. Figure 138. 具两片叶或两片小叶(图 138)。

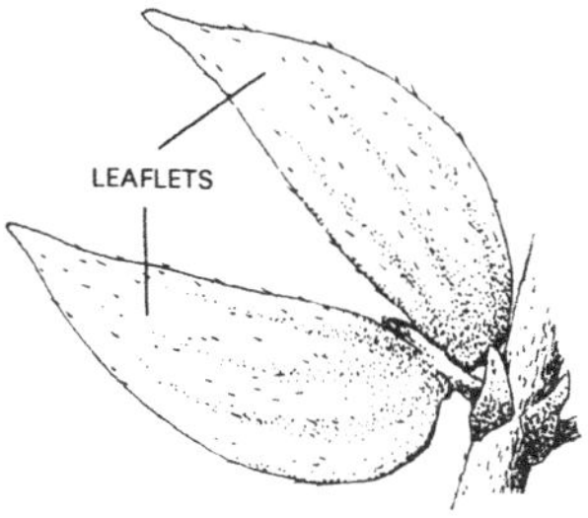

图 138

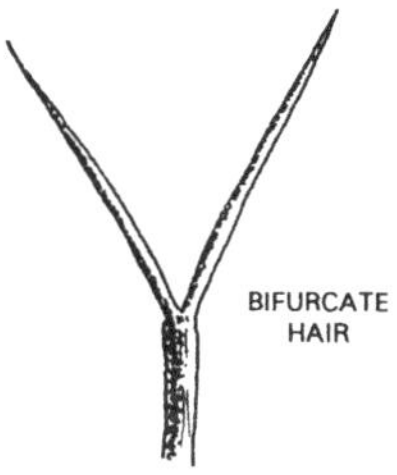

图 139

Bifurcate 二叉的 Two-forked; divided into two branches. Figure 139. 两叉的;分成两枝。图 139。

Bigeminate 重对的 Twice divided into equal pairs. Figure 140. 两次两等分(图 140)。

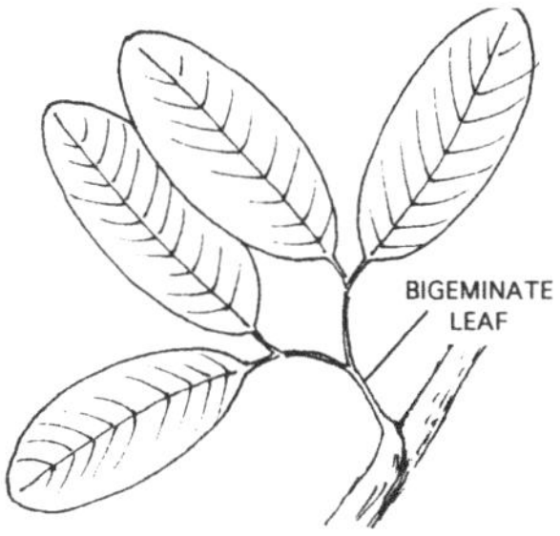

图 140

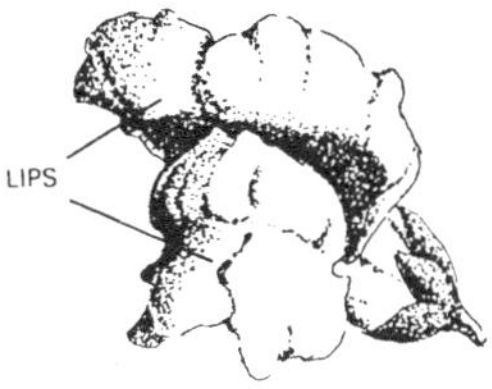

图 141

Bijugate 重对的 见重对的(**bigeminate**)。

Bijugous 重对的 见重对的(**bigeminate**)。

Bilabiate 二唇形的 Two-lipped, as in many irregular flowers. Figure 141. 具二唇,如许多不整齐花(图 141)。

Bilateral 两侧的 Arranged on two sides, as leaves on a stem. Figure 142. 排列在两边,如茎上着生的叶(图 142)。

[译者按:bilateral 在植物分类学中除了"两侧的"含义外,还有"双面的"意思,如罂粟科角茴香属(*Hypecoum*)和荷包牡丹属(*Dicentra*)的花均具有两个对称面,这种现象称为"双面对称"。]

图 142

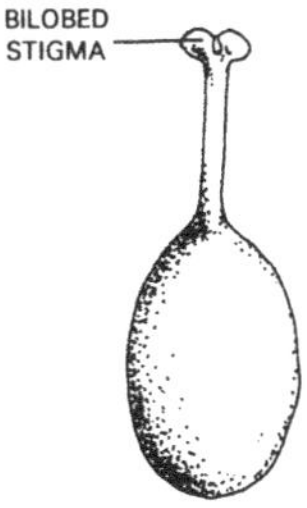

图 143

Bilobate 两浅裂片的 见两浅裂片的(**bilobed**)。

Bilobed 两浅裂片的 Diveded into two lobes. Figure 143. 分成两个圆裂片(图 143)。

Bilocellate 具两分室的 Divided into two locelli or secondary locules, as when a main locule of an ovary is partitioned into two cavities. Figure 144. 分成两个小室或次级室,如子房主室被分成两个小室(图 144)。

Bilocular 具二室的 With two locules, as in

some ovaries . Figure 145 .　有两个室，如某些(植物的)子房(图 145)。

Biloculate　具二室的　见具二室的(**bilocular**)。

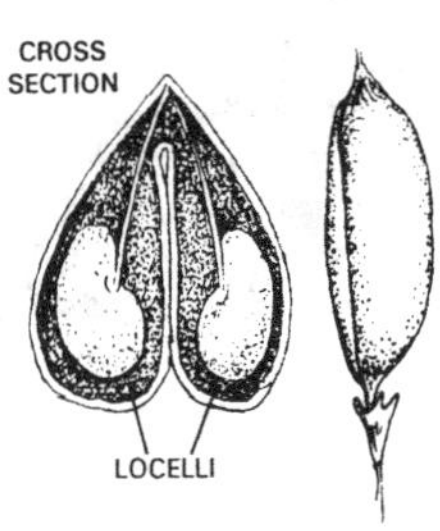

图 144

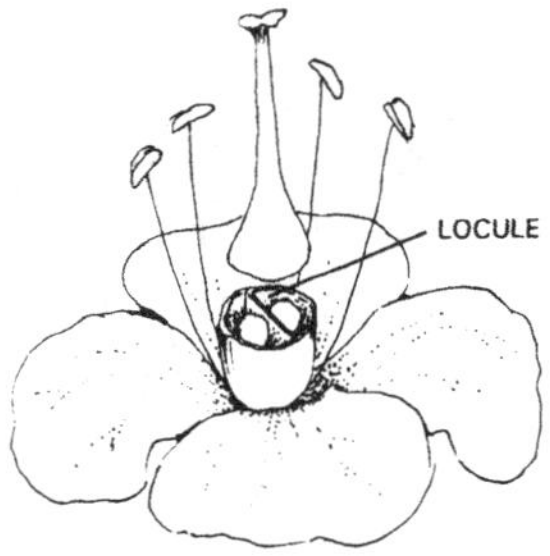

图 145

Bimestrial　持续两个月的　Lasting two months ; occurring every two months .　持续两个月；每两个月发生一次。

Binate　成对的　Borne in pairs . Figure 146 .　成对着生(图 146)。

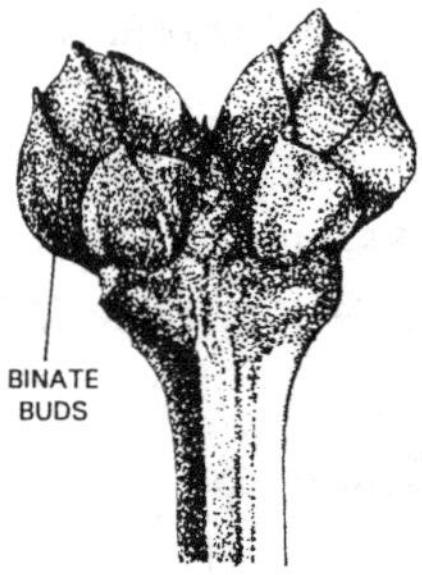

图 146

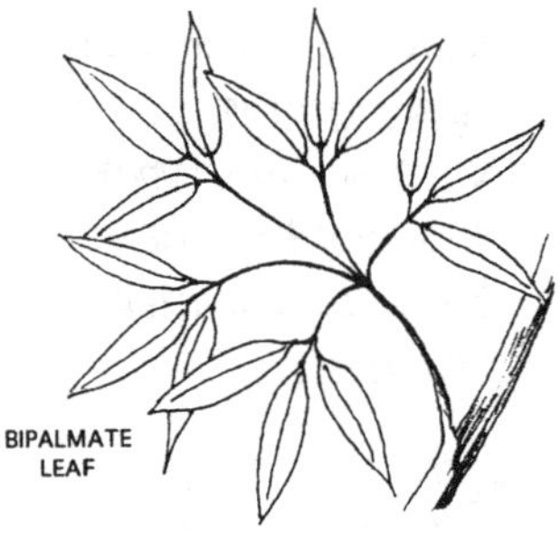

图 147

Bipalmate　二回掌状的　Twice Palmate ; with the divisions again palmately divided . Figure 147 .　二回掌状(复叶)；具两次掌状的分裂。图 147。

Bipartite　二深裂的　Divided almost to the base into two divisions . Figure 148 .　二裂几近叶片基部(图 148)。

图 148

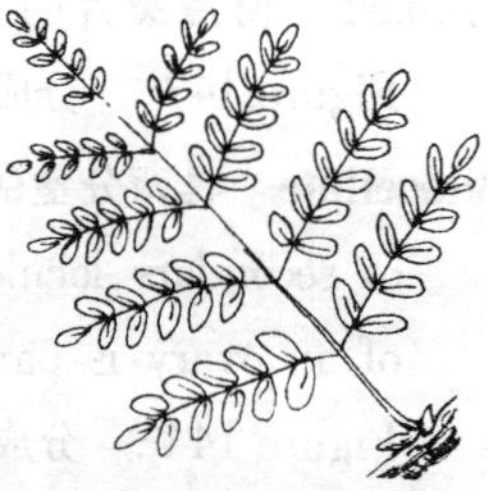

图 149

Bipetalous　具双瓣的　With two petals .　具两枚花瓣。

Bipinnate　二回羽状的　Twice pinnate ; with the divisions again pinnately divided . Figure 149 .　二回羽状复叶；二回羽裂。图 149。

Bipinnatifid　二回羽状全裂的　Twice pinnately cleft . Figure 150 .　两回羽状半裂(图 150)。

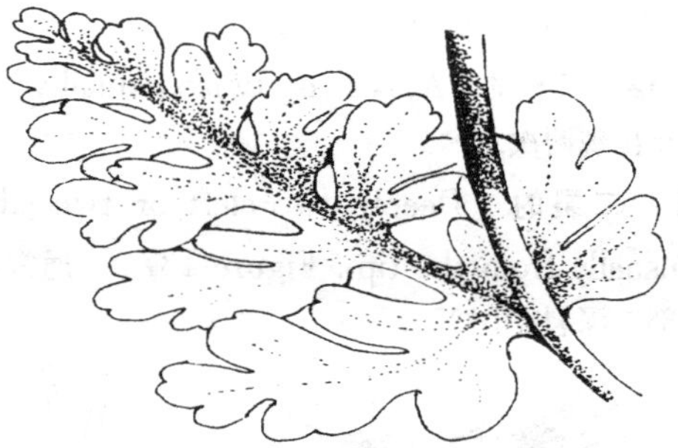

图 150

Bis-(prefix) **Bis-**(前缀)　见两(**bi-**)。

Bisected　二全裂的　Split into two parts .see **bifid** and **bipartite** .　裂成两部分。见**二裂的**和**二深裂的**。

Biserial　双列的　见双列的(**biseriate**)。

Biseriate　双列的　Arranged in two rows or series . Figure 151 .　排列成两排(图 151)。

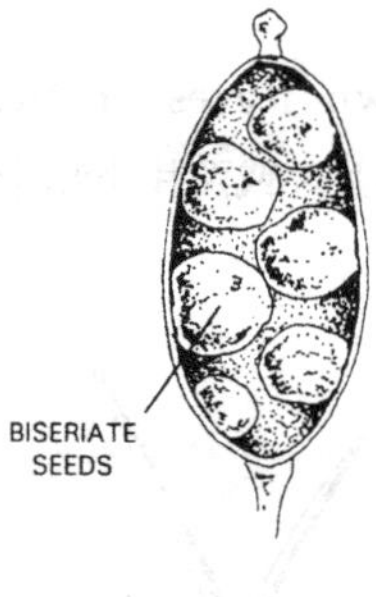

图 151

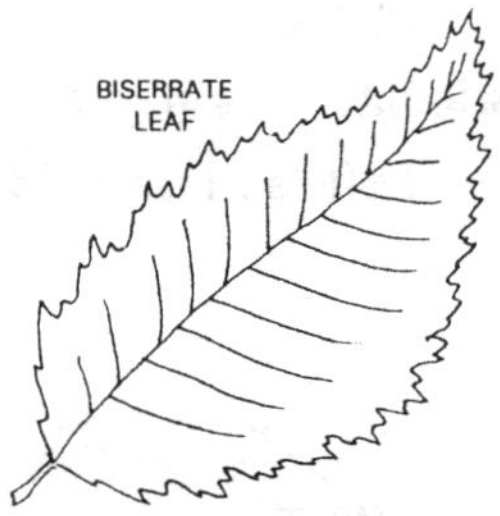

图 152

Biserrate　重锯齿的　Doubly serrate , as when the teeth of a serrate leaf are also serrate . Figure 152 .　叶缘的锯齿上再具(小)锯齿(图 152)。

Bisexual　两性的　A flower with both male and female reproductive organs (stamens and pistils) . Figure 153 . (same as **perfect**)　同一朵花内具有雄性和雌性生殖器官(雌蕊和雄蕊)(图

153)。(等同**完全的**)

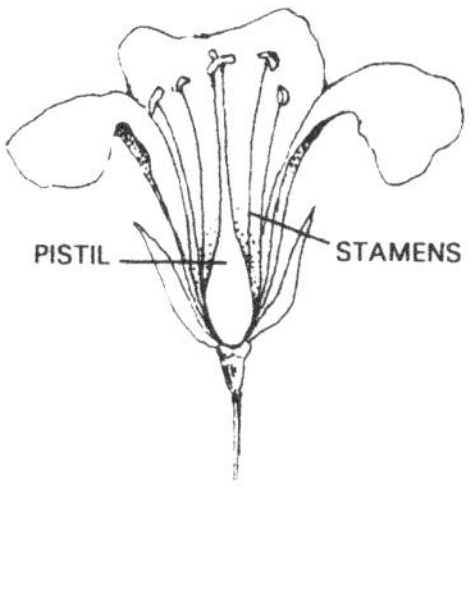

图 153

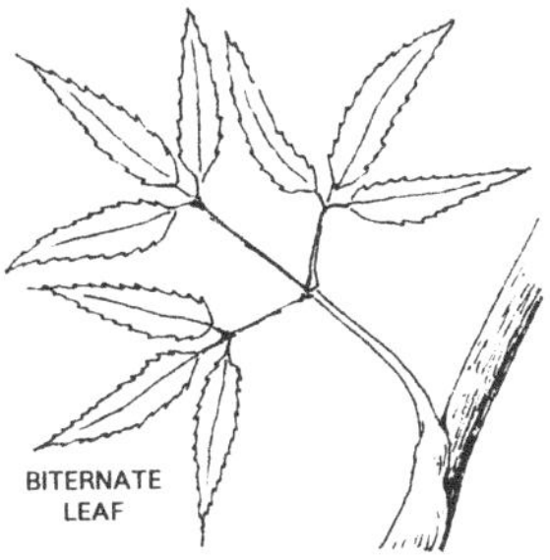

图 154

Biternate **二回三出的** Doubly ternate with the ternate divisions again ternately divided. Figure 154. 二回三出叶;二回三出分裂。图 154。

Biturbinate **双锥形** Top-shaped, but with the widest part some distance from one end. Figure 155. 陀螺形,但最宽的部分靠近一端(图 155)。

图 155

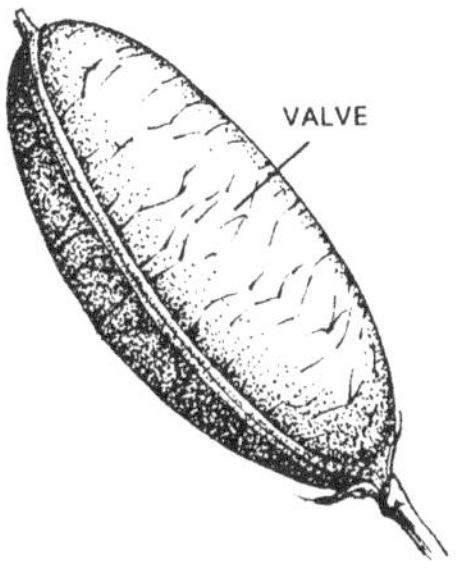

图 156

Bivalvular **两瓣裂的** With two valves. Figure 156. 具两个活瓣(图 156)。

Bladder **囊,泡** A structure which is thin-walled and inflated. Figure 157. 壁薄而膨胀的结构(图 157)。

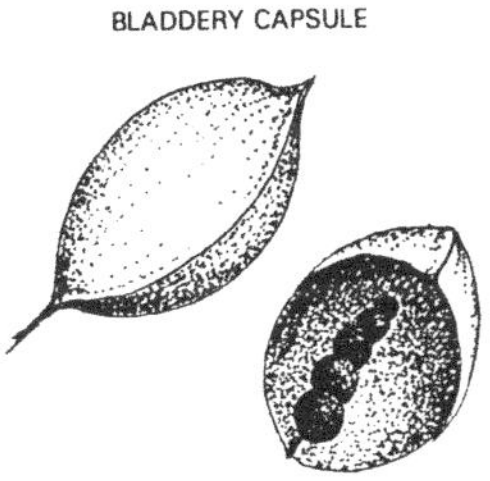

图 157

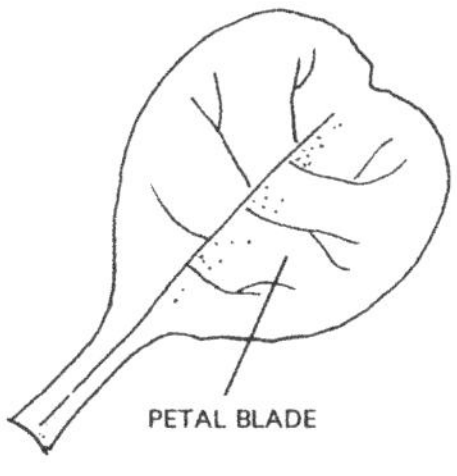

图 158

Bladderlike **囊状的** Thin-walled and inflated. Figure 157. 壁薄且膨胀(图 157)。

Bladdery **囊状的见囊状的** (**bladderlike**)。

Blade **〔叶,瓣〕片** The broad part of a leaf or petal. Figure 158. 叶子或花瓣的宽展部分(图 158)。

Bloom **①蜡被 ②花** A whitish, waxy, powdery coating on a surface; the flower. 表面上的白色腊质粉状覆盖层;花。

Blossom **花** A flower. 花。

Blotched **斑点的** Marked with irregular spots or blots. Figure 159. 具不规则的点或斑点(图 159)。

图 159

Bole **树干** The trunk of a tree. Figure 160. 树的茎干(图 160)。

Bordered **具缘的** With the edge of a different color than the main body of the organ or structure. Figure 161. 具与器官或结构主体不同色彩的边缘(图 161)。

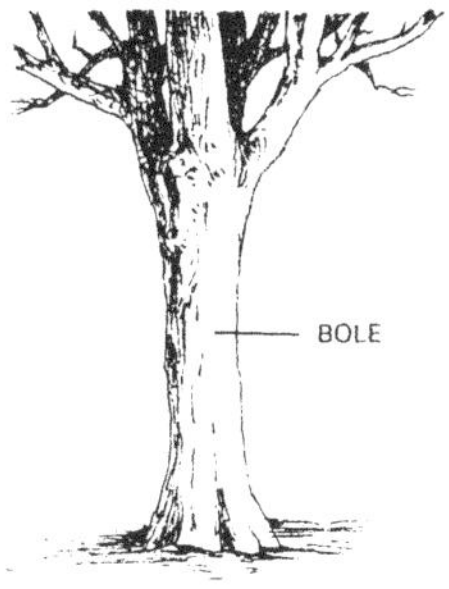

图 160

图 161

Boreal **北方的** Northern. (compare **austral**) 北方的,北部的。(对比**南方的**)

Boss **圆形突出** A protuberance or projection from a surface or organ. Figure 162. 在表面或器官上的突出或隆起(图 162)。

Botuliform **香肠状** Sausage-shaped. Figure 163. 形似香肠(图 163)。

Brachiate **双展枝的** With paired branches di-

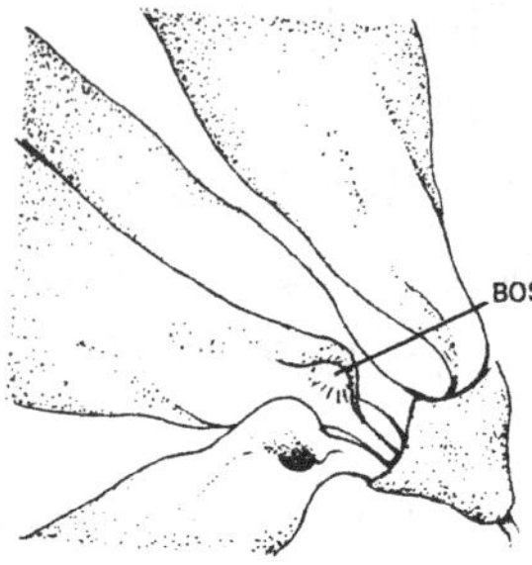

图 162

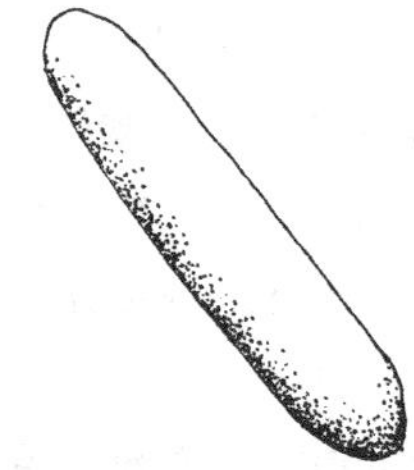

图 163

verging from the stem at nearly right angles . Figure 164 .　具有一对与主茎近垂直的分枝(图 164)。

Brachyblast　短枝　A short , spur branch . Figure 165 .　短的枝条(图 165)。

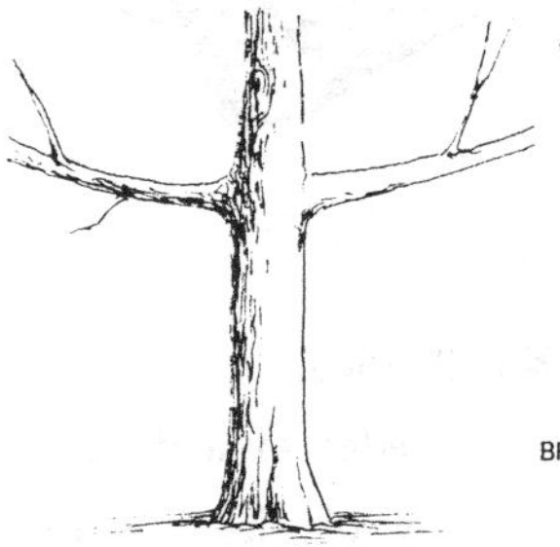

图 164

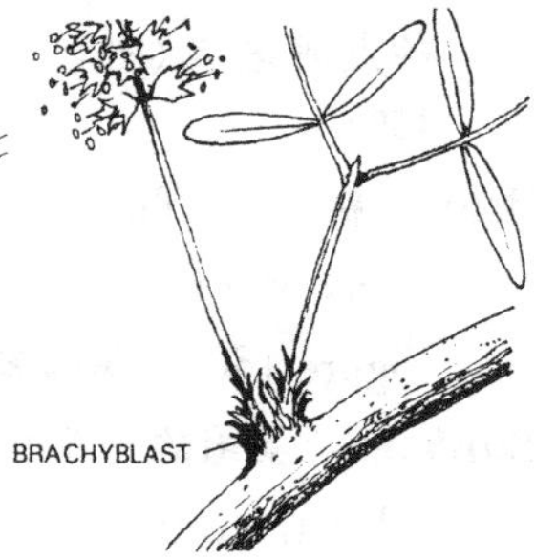

图 165

Brackish　稍咸的　Somewhat saline .　略含盐。

Bract　苞片　A reduced leaf or leaflike structure at the base of a flower or inflorescence . Figure 166 ; in conifers , one of the main structures arising from the cone axis .Figure 167 . 在花或花序基部的退化的叶或叶状结构(图 166); 在松柏类植物中,从球果轴上长出的主要结构之一(图 167)。

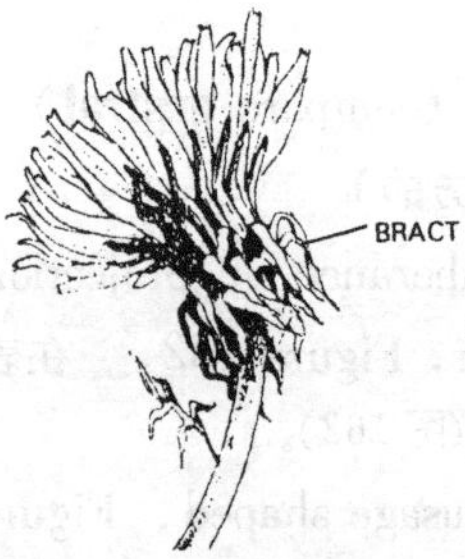

图 166

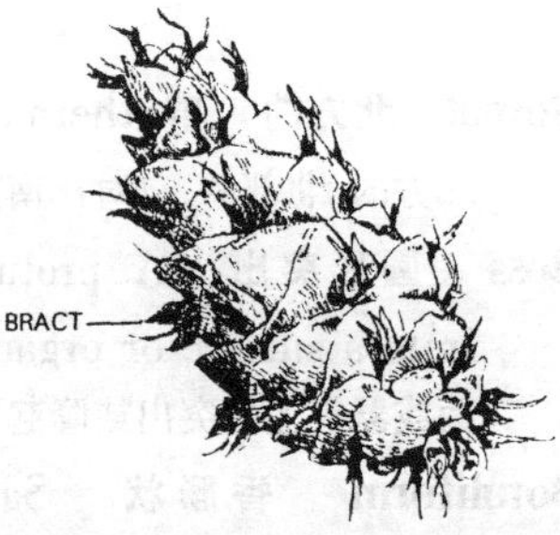

图 167

Bracteal　苞片的　Of or pertaining to bracts ; bracteate .　与苞片相关;具苞片的。

Bracteate　具苞片的　With bracts .　有苞片。

Bracteiform　苞片状的　Bractlike .　形似苞片。

Bracteody　苞片化　With bracts mimicking floral whorls . Figure 168 .　具花轮状苞片(图 168)。

Bracteolate　具小苞片的　With bracteoles . Figure 169 .　有小苞片(图 169)。

Bracteole　小苞片　A small bract , often secondary in nature ; a bractlet . Figure 169 . 小的苞片,性质上通常是次生的;小苞片。图 169。

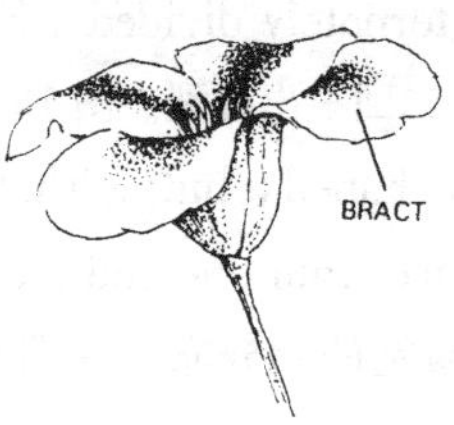

图 168

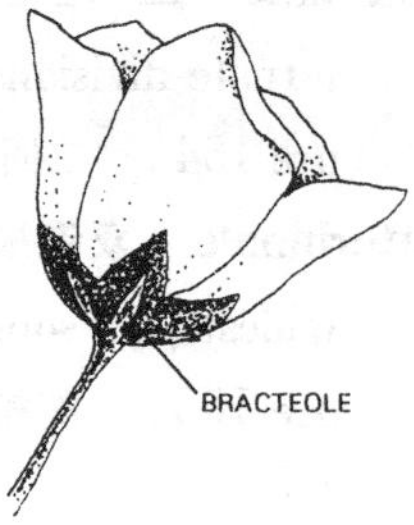

图 169

Bracteose　多苞片的,苞片显著的　With many bracts or with conspicuous bracts .　具多数苞片或引人注目的苞片。

Bractlet　小苞片　见小苞片(**bracteole**)。

Branch　枝　A major division of the stem or trunk. Figure 170 .　茎或主干的主分支(图 170)。

Branchlet　小枝　A small branch growing from a larger branch . Figure 170 .　从大枝条上长出的小枝条(图 170)。

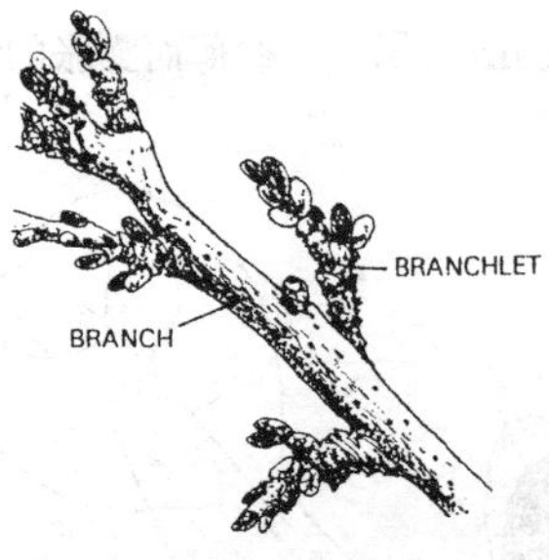

图 170

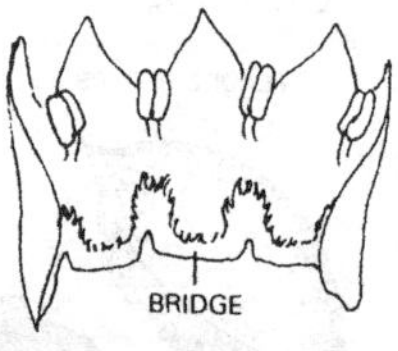

图 171

Bridge　鳞桥　A band of tissue connecting the corolla scales , as in *Cuscuta* . Figure 171 .

连接花冠鳞片的带状结构,如菟丝子属(图 171)。

Bristle 刚毛 A short, stiff hair or hairlike structure. Figure 172. 硬的短毛或毛状结构(图 172)。

Bristly 具刚毛的 Covered with bristles. (same as **setose**) 被覆刚毛。(等同**具刚毛的**)

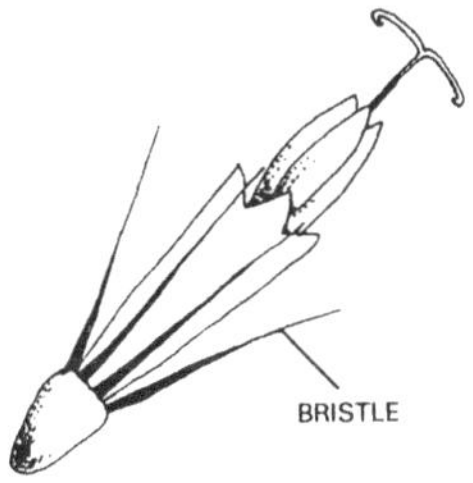

图 172

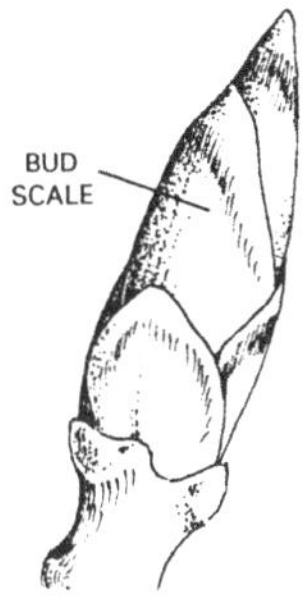

图 173

Brunescent 褐色的 Brownish. 颜色发褐。

Bud 芽 An undeveloped shoot or flower. Figure 173. 未展开的枝条或花(图 173)。

Bud scales 芽鳞 Modified scale-like leaves covering a bud, Figure 173. 覆盖在芽上的鳞状变态叶(图 173)。

Bulb 鳞茎 An underground bud with thickened fleshy scales, as in the onion. Figure 174. 具有增厚肉质鳞片的地下芽,如洋葱(图 174)。

图 174

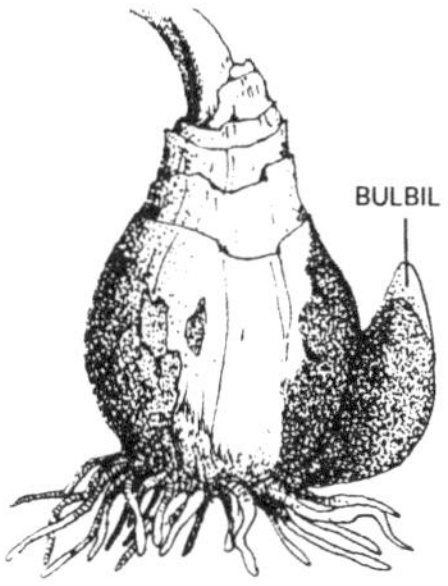

图 175

Bulbel 珠芽 见珠芽(**bulbil**)。

Bulbiferous 具鳞茎的 Producing bulbs 产生鳞茎。

Bulbil 珠芽 A small bulb arising from the base of a larger bulb. Figure 175. 从大鳞茎的基部长出的小鳞茎(图 175)。

Bulblet 小珠芽 A small bulb; a bulblike structure borne above ground, usually in a leaf axil. Figure 176; bulbil. 小的鳞茎;在地表之上的鳞茎状结构,通常位于叶腋部(图 176);鳞茎。

Bulbose 鳞茎状的 Bulblike; with bulbs; of or pertaining to bulbs. 形似鳞茎;具鳞茎;与鳞茎相关。

Bulbous 鳞茎状的 见鳞茎状的(**bulbose**)。

图 176

Bulbule 小鳞茎 A little bulb. 小的鳞茎。

Bulbus 鳞茎状的 见鳞茎状的(**bulbose**)。

Bullate 具泡状隆起的 With rounded, blistery projections covering the surface, as in a leaf with the surface raised above the veins. Figure 177. 表面被覆有圆形的疱状突起物,见于叶表面突起在叶脉之上的叶(图 177)。

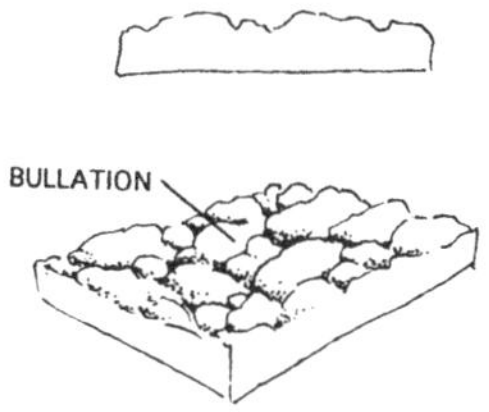

图 177

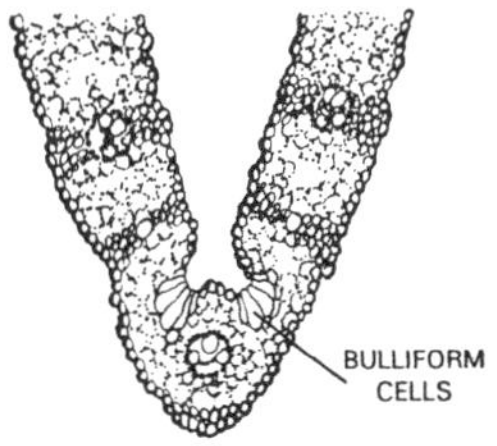

图 178

Bullation 泡状隆起 A bullate structure. Figure 177. 泡状结构(图 177)。

Bulliform cells 泡状细胞 Large, thin-walled epidermal cells of the intercostal zone of the leaf blade in some members of the grass family. Figure 178. 某些禾本科植物叶片脉间区的大而薄壁的表皮细胞(图 178)。

Bundle scar 维管束痕 Scar left on a twig by the vascular bundles when a leaf falls. Figure 179. 叶脱落时维管束遗留在枝条上的疤痕(图 179)。

Bur(or **burr**) ①刺果 ②刺球状花序 A structure armed with often hooked or barbed spines or appendages. Figure 180. 常带钩、倒刺或附属物的结构(图 180)。

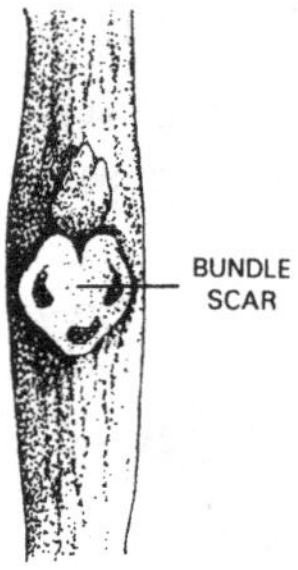

图 179

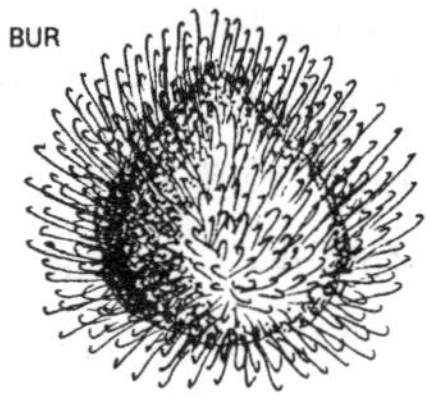

图 180

Bursicle 囊 A pouch-like or purse-like structure. Figure 181. 袋状或包状结构(图 181)。

图 181

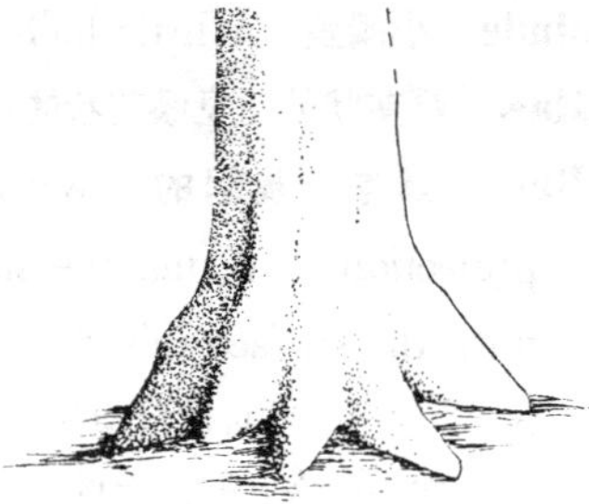

图 182

Bursiculate 小囊状的 Pouch-like or purse-like in form. Figure 181. 形似袋状或包状(图 181)。

Bursicule(pl. **bursicula**) 小囊 A small bursicle. 小的囊。

Bursiform 囊状的 见小囊状的(**bursiculate**)。

Bush 灌木 见灌木(**shrub**)。

Buttressed 板根的 With props or supports, as in the flared trunks of some trees. Figure 182. 具有支柱或支撑物,如某些树的板状树干(图 182)。

Caducous 早落的 Falling off very early compared to similar structures in other plants. 较其他植物相似结构很早脱落。

Caerulescent 浅蓝色的 Bluish. 颜色浅蓝。

Caespitose 丛生的 Growing in dense tufts. Figure 183. 密集成丛地生长(图 183)。

Calathiform 杯状的 Basket-shaped or cup-shaped. Figure 184. 篮形或杯形(图 184)。

Calcar 距 A spur or spurlike appendage. Figure 185. 距或距状附属物(图 185)。

Calcarate 具距的 With a calcar; spurred. Figure 185. 有距(图 185)。

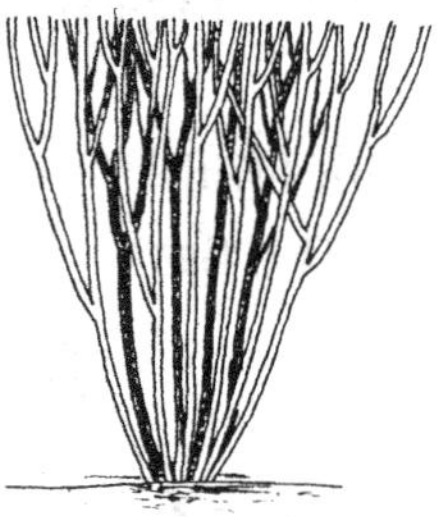

图 183

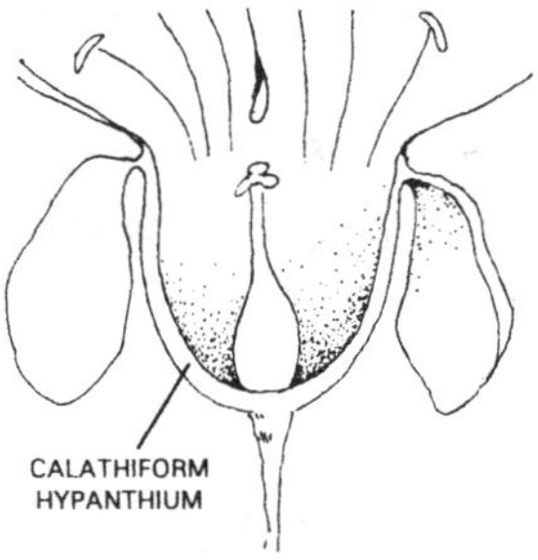

图 184

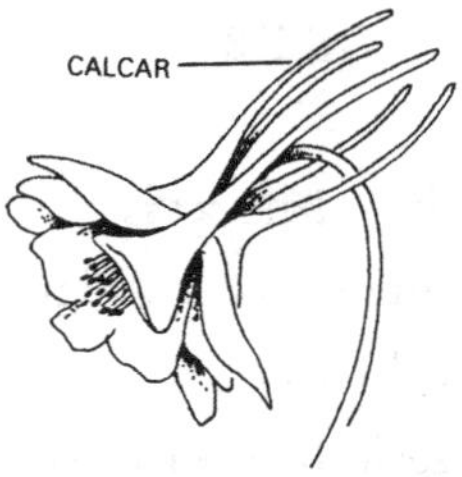

图 185

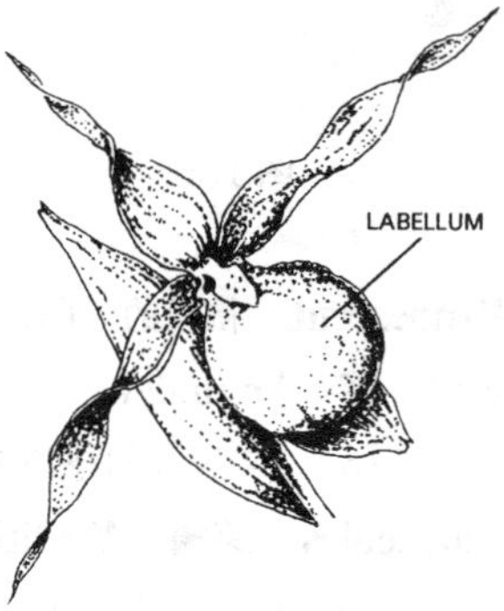

图 186

Calceiform 拖鞋状的 见拖鞋状的(**calceolate**)。

Calceolate 拖鞋状的 Shoe-shaped or slipper-shaped, as the labellum of some orchids. Figure 186. 鞋或拖鞋状,如某些兰花的唇瓣(图 186)。

Calcicole 钙生植物 A plant growing on calcareous soil. 生长在钙质土壤上的植物。

Calcifuge 嫌钙植物 A plant which avoids calcareous soil. 不适宜生长在钙质土壤上的植物。

Calciphilous 适钙的 Lime-loving. 喜钙。

Calicate 具萼的 见具萼的(**calycate**)。

Caliciform 杯状的 Cup-shaped. Figure 184. 杯形(图 184)。

Callose 胼胝质的 见胼胝状的(**callous**)。

Callosity 胼胝体 A hardened or thickened area; the condition of being callous. 硬化或加厚的区域;具胼胝的状态。

Callous 胼胝状的 Hardened or thickened; having a callus 硬化或增厚;具胼胝体。

Callus ①胼胝体 ②基盘 A hard thickening or protuberance; the thickened basal extension of the lemma in many grasses. Figure 187. 坚硬的加厚或突出物;许多禾草外稃基部的增厚延伸。(图 187)。

图 187

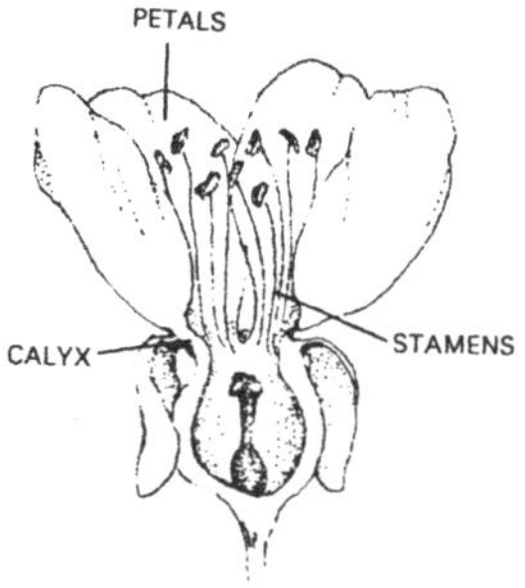

图 188

Calycanthemous 花萼瓣化的 With a petaloid calyx. 具花瓣状的花萼。

Calycate 具萼的 With a calyx. 有花萼。

Calycifloral 花瓣雄蕊贴生花萼的 见花瓣雄蕊贴生花萼的(**calyciflorous**)。

Calyciflorate 花瓣雄蕊贴生花萼的 见花瓣雄蕊贴生花萼的(**calyciflorous**)。

Calyciflorous 花瓣雄蕊贴生花萼的 With the petals and stamens adnate to the calyx. Figure 188. 花瓣雄蕊贴生在花萼上(图 188)。

Calyciform 花萼状的 Calyx-like in form. 形似花萼。

Calycinal 花萼状的 见花萼状的(**calycine**)。

Calycine 花萼状的 Of or pertaining to the calyx; calyx-like. 与花萼相关的;形似花萼。

Calycle 副萼 A row of bracts around the calyx, resembling an outer calyx. Figure 189. 围绕花萼的一轮苞片,看似外层花萼(图 189)。

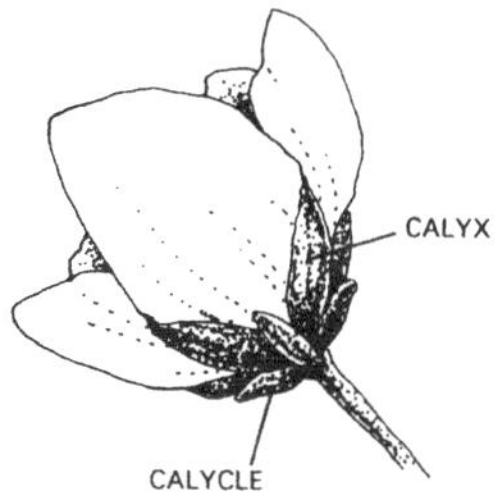

图 189

Calycoid 花萼状的 Calyx-like 形如花萼。

Calyculate 具副萼的 With small bracts around the calyx, as if possessing an outer calyx. Figure 189; with small bracts around the base of the involucre. 具有环绕花萼的小苞片,如同外层花萼(图 189);在总苞基部环绕有小苞片。

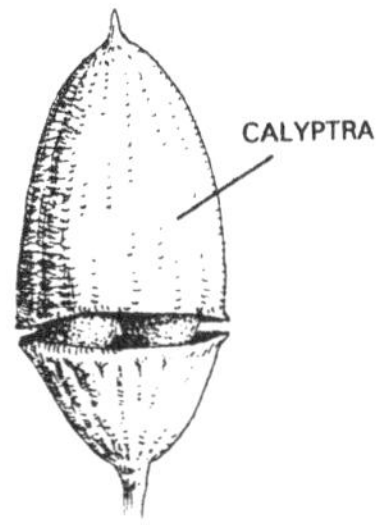

图 190

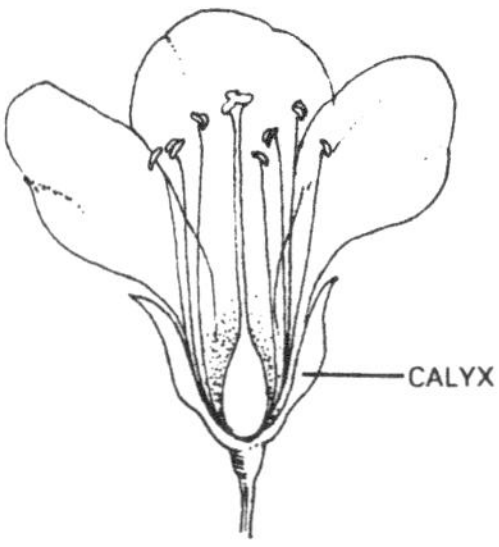

图 191

Calycule 副萼 见副萼(**calycle**)。

Calyptra 帽状体 A hood or lid. Figure 190. 兜或盖(图 190)。

Calyx(pl. **calyces**, **calyxes**) 花萼 The outer perianth whorl; collective term for all of the sepals of a flower. Figure 191. 外轮花被;一朵花内的所有萼片的总称。图 191。

Calyx limb 萼檐 见萼裂片(**calyx lobe**)。

Calyx lobe 萼裂片 One of the free portions of a calyx of united sepals. Figure 192. 合生萼的未联合部分(图 192)。

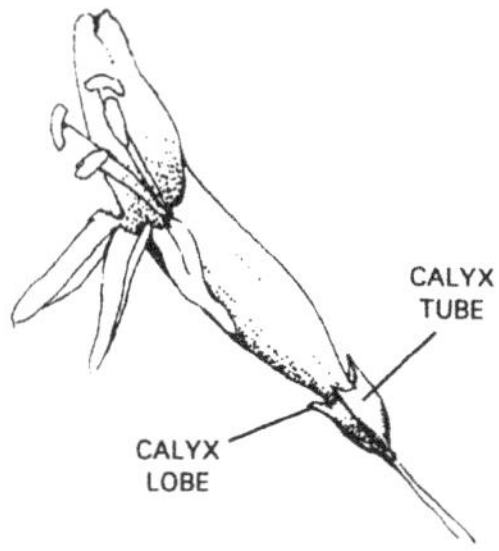

图 192

Calyx tooth 萼齿 见萼裂片(**calyx lobe**)。

Calyx tube 萼筒 The tubelike united portion of a calyx of united sepals. Figure 192. 合生花萼的筒状联合部分(图 192)。

Cambium 形成层 A tissue composed of cells capable of active cell division, producing xylem to the inside of the plant and phloem to the outside; a lateral meristem. Figure 193. 具有活跃分生能力的组织,向内产生木质部,向外产

生韧皮部;一种侧生分生组织(图 193)。

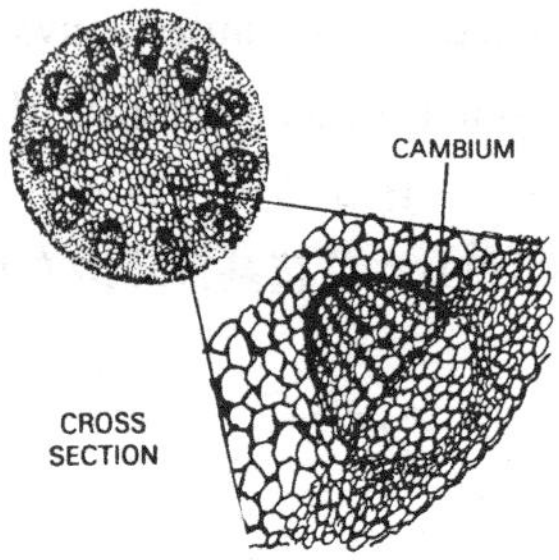

图 193

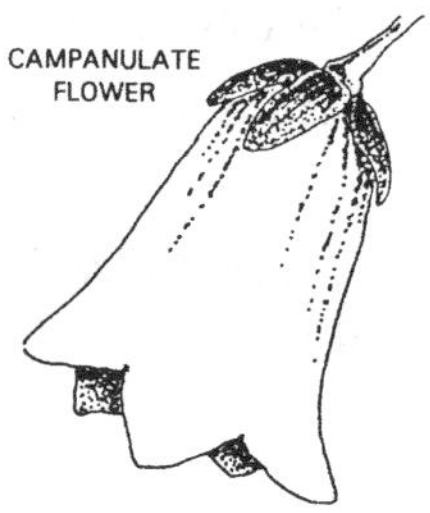

图 194

Campanulate 钟状的 Bell-shaped. Figure 194. 形如钟(图 194)。

Campylotropous ovule 弯生胚珠 An ovule which is curved so that the micropyle is positioned near the funiculus and the chalaza. Figure 195. 珠孔邻近珠柄和合点的弯曲胚珠(图 195)。

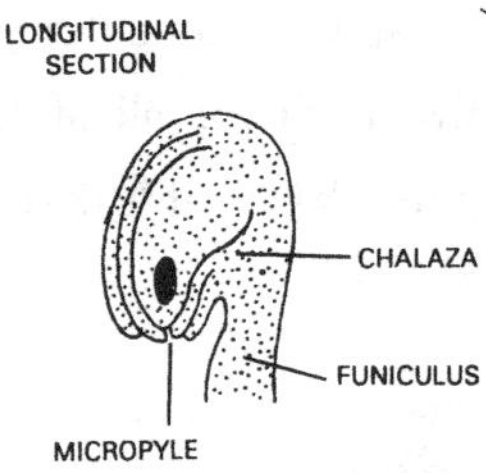

图 195

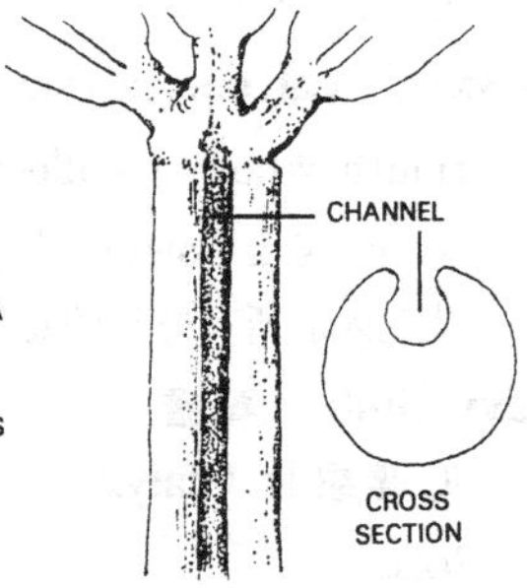

图 196

Canaliculate 具沟的 With longitudinal channels or grooves. Figure 196. 具有纵向的沟或槽(图 196)。

Cancellate 格状的 Latticed with a fine, regular, reticulate pattern. Figure 197. 具有细小、规则的网状格(图 197)。

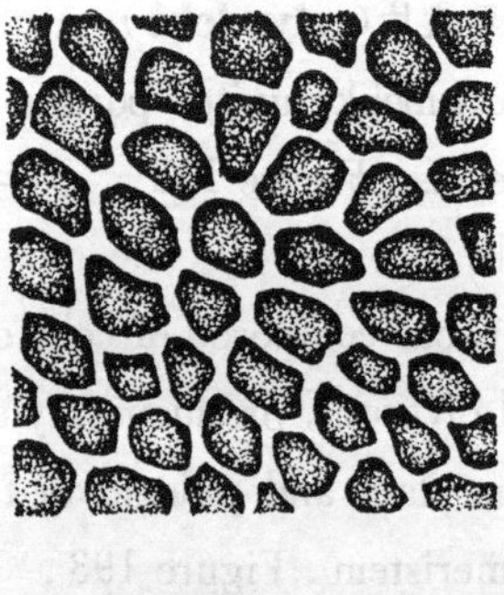

图 197

图 198

Cane 秆 A slender, hollow, and often jointed stem, as in a reed. Figure 198; any straight, woody stem arising directly from the ground, as in the raspberry. 细长中空且常具关节的茎,如芦苇(图 198);直接从地表发出的直的木质茎,如悬钩子。

Canescence 灰白毛 A covering of short, fine gray or white hairs producing a gray or white color. Figure 199. 灰色或白色的短毛层(图 199)。

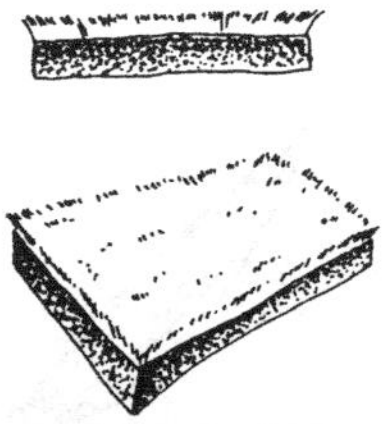

图 199

Canescent 被灰白毛的 Gray or white in color due to a covering of short, fine gray or white hairs. Figure 200. 由于被覆短而细的灰色或白色毛而呈灰色或白色(图 200)。

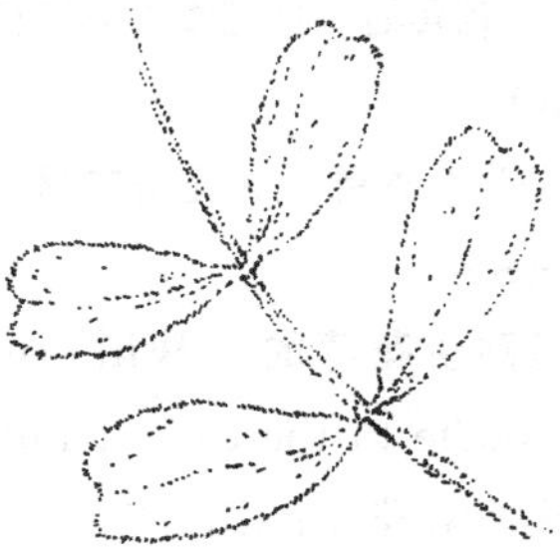

图 200

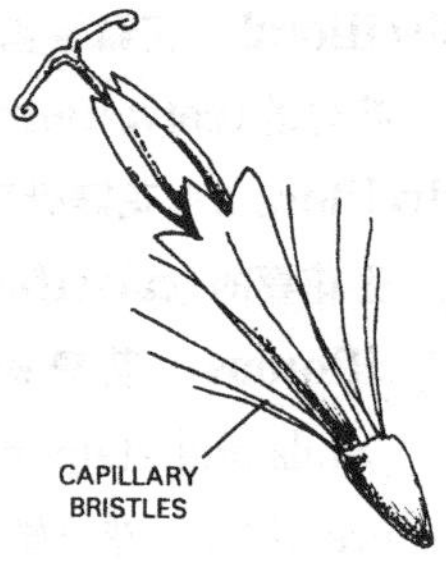

图 201

Capillary 发状的 Hair-like; very slender and fine. Figure 201. 形似毛发;非常纤细。图 201。

Capitate 头状的 Head-like, or in a head-shaped

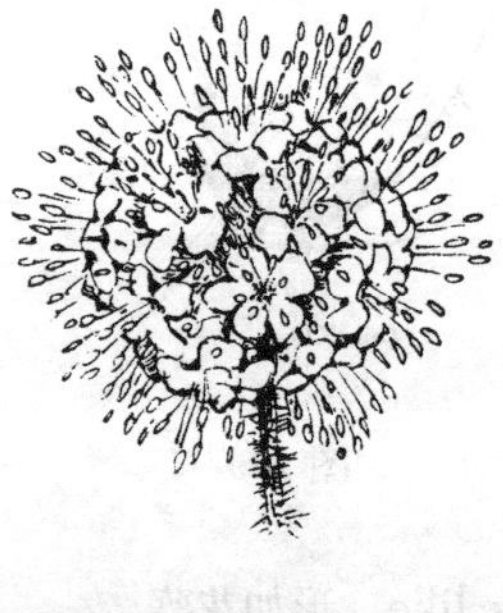

图 202

图 203

cluster, as the flowers in many plant groups (Figure 202), but especially those in the dense capitate inflorescences of the Compositae (Asteraceae). Figure 203. 形似头或头状呈簇,如许多植物的花(图 202),尤指菊科密集的头状花序(图 203)。

Capitellate 小头状的 With small head-like structures, or with parts in very small head-shaped clusters. Figure 204. 具小头状的结构或多个非常小的头形簇(图 204)。

Capitulum 小头状花序 A small flower head. Figure 204. 小的头状花序(图 204)。

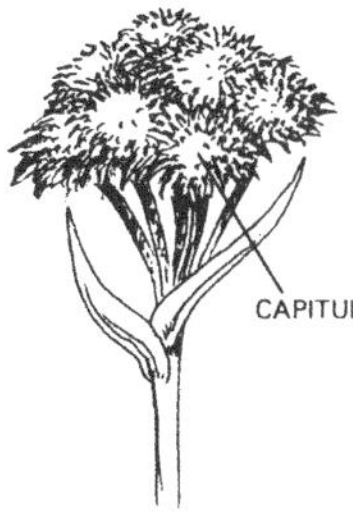

图 204

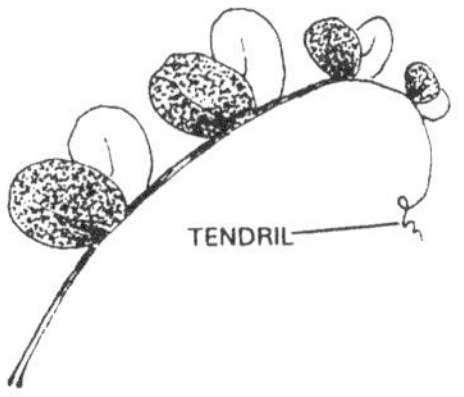

图 205

Capreolate 具卷须的 With tendrils. Figure 205. 有卷须(图 205)。

Capsular 蒴果的 Of or pertaining to a capsule; capsulelike. 与蒴果相关的;形似蒴果。

Capsule 蒴果 A dry, dehiscent fruit composed of more than one carpel. Figure 206. 由两个或多个心皮形成的开裂干果(图 206)。

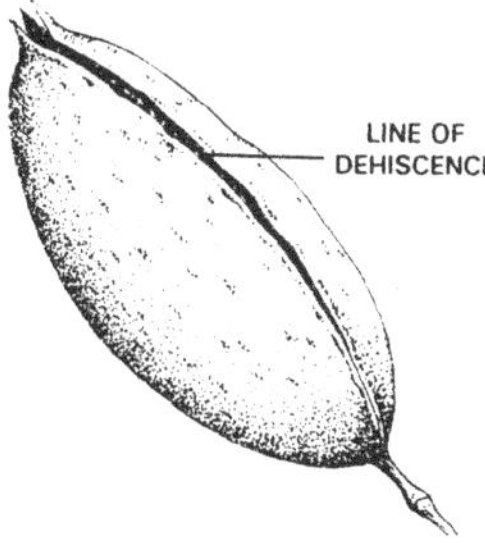

图 206

Carina 龙骨状突起 A keel or ridge. Figures 207 and 208. 龙骨状隆起或脊(图 207 和图 208)。

Carinal 具龙骨状隆起的 见具龙骨状隆起的(**carinate**)。

Carinate 具龙骨状隆起的 Keeled with one or more longitudinal ridges. Figures 207 and 208. 有一或多条纵向脊状隆起(图 207 和图 208)。

Cariopsis 颖果 见颖果(**caryopsis**)。

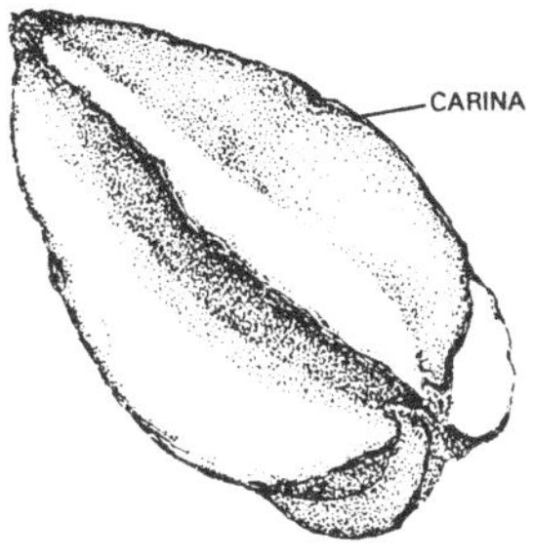

图 207

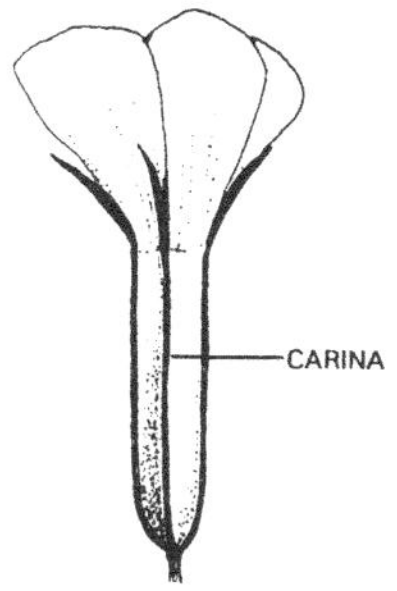

图 208

Carneous 肉色的 Flesh-color. 肉色。

Carnose 肉质的 With a fleshy texture. 具肉的质地。

Carotene 胡萝卜素 Yellow, orange, or red fat-soluble pigments. 黄色、橘黄色或红色的脂溶性色素。

Carotenoid pigment 类胡萝卜素 A carotene or xanthophyll pigment. 胡萝卜素或叶黄素。

Carpel 心皮 A megasporophyll. Figure 209; a simple pistil fromed from one modified leaf, or that part of a compound pistil formed from one modified leaf. Carpel number of a compound pistil is determined by counting the number of stigmas, styles, locules, and placentae. Carpel number is indicated by whichever of these parts is found in the greatest number. 大孢子叶(图 209);组成单雌蕊或复合雌蕊的变态叶。复合雌蕊的心皮数取决于柱头、花柱、子房室和胎座的数目。上述结构中的最大数目指示心皮数。

Carpellate 具心皮的 Of or pertaining to carpels; with carpels. 与心皮相关联;有心皮。

Carpophore 心皮柄,果瓣柄 A slender prolongation of the receptacle forming a central axis between the carpels, as in the fruits of some members of the Umbelliferae (Apiaceae) and the Geraniaceae. Figure 210. 花托在心皮之间的细长延伸,作为中轴,如某些伞形科和牻牛儿苗科的果实(图 210)。

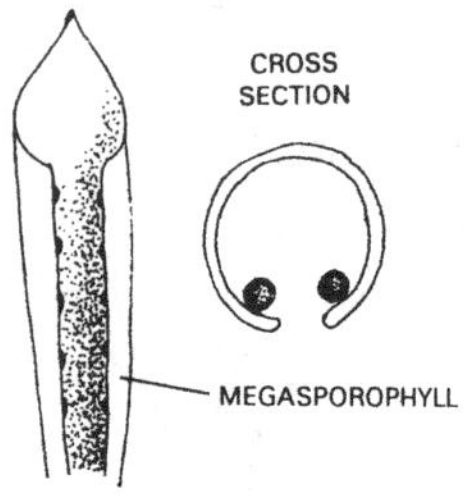

图 209

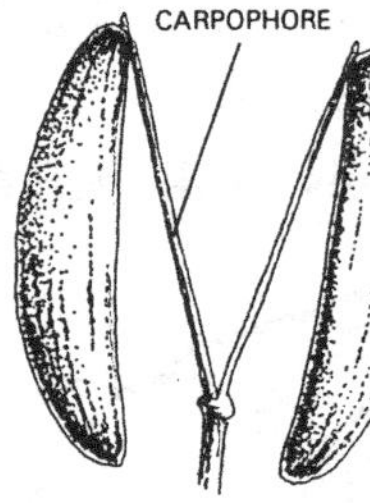

图 210

Carpopodium **果柄** A stipe supporting an ovary. Figure 211. (same as **gynophore**) 支撑子房的柄(图 211)。(等同**雌蕊柄**)

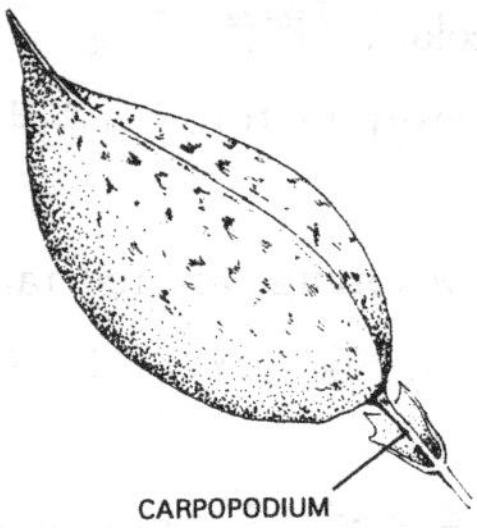

图 211

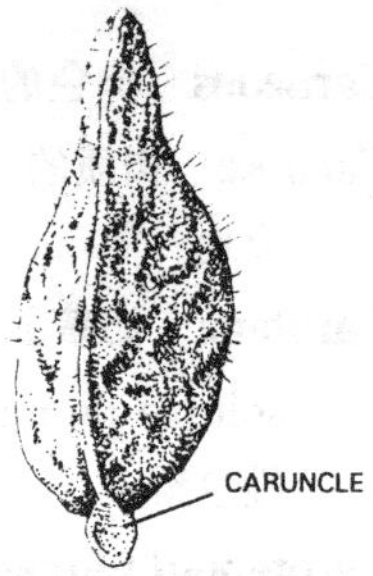

图 212

Cartilaginous **软骨质的** Tough and firm but elastic and flexible, like cartilage. 坚硬,如软骨般有弹性和柔韧性。

Caruncle **种阜** A protuberance or appendage near the hilum of a seed. Figure 212. 在种脐边的隆起或附属物(图 212)。

Caruncular **种阜的** Of or pertaining to a caruncle; caruncle-like. 与种阜相关的,形似种阜。

Carunculate **具种阜的** With caruncles. 有种阜。

Caryopsis **颖果** A dry, one-seeded, indehiscent fruit with the seed coat fused to the pericarp, as in the fruits of the grass family; a grain. Figure 213. 果皮和种皮愈合,仅具单种子的不开裂干果,如禾本科的果实;谷粒。图 213。

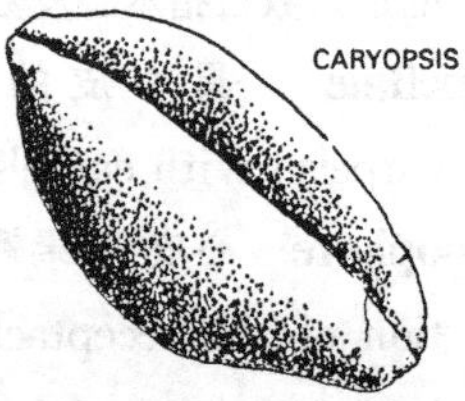

图 213

Castaneous **栗色的** Chestnut-colored; dark reddish-brown in color. 栗子色;暗红褐色。

Cataphyll **低出叶,芽苞叶** Brown or colorless scale-like structures believed to be modified leaves. 褐色或无色的鳞片状结构,被认为是变态叶。

Cataphylloid **似低出叶的,似芽苞叶的** Cataphyll-like. 形似低出叶或芽苞叶。

Catkin **柔荑花序** An inflorescence consisting of a dense spike or raceme of apetalous, unisexual flowers as in Salicaceae and Betulaceae; an ament. Figure 214. 由无被的单性花组成的密集穗状或总状花序,如杨柳科和桦木科(图 214)。

图 214

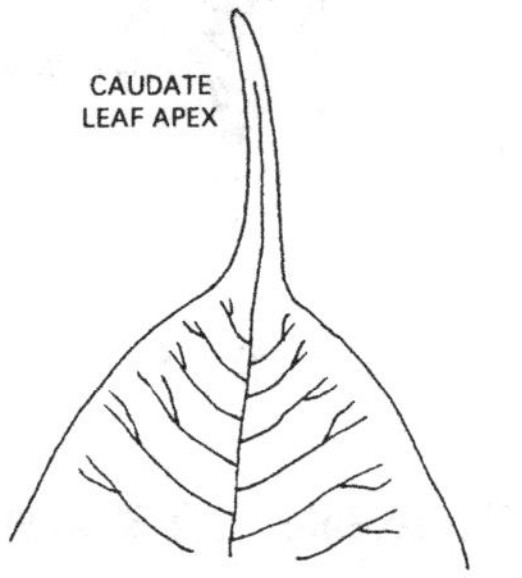

图 215

Caudate **尾状的** With a tail-like appendage. Figure 215. 具尾状附属物(图 215)。

Caudex (pl. **caudices**, **caudexes**) **茎基** The persistent and often woody base of a herbaceous perennial. Figure 216. 多年生草本植物宿存的木质化的基部(图 216)。

Caudicle **花粉块柄** The stalk connecting the pollinia to the stigma in the Orchidaceae.

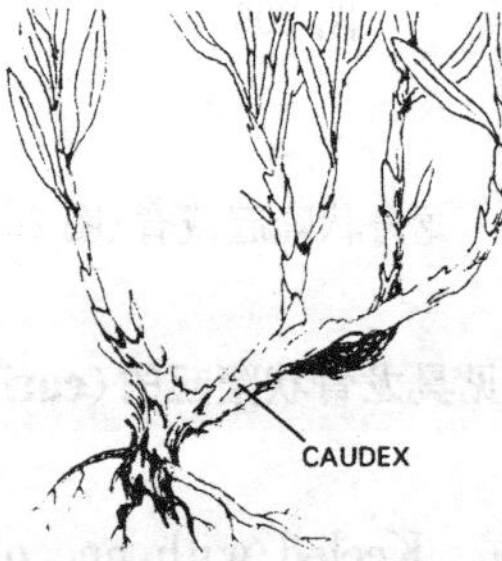

图 216

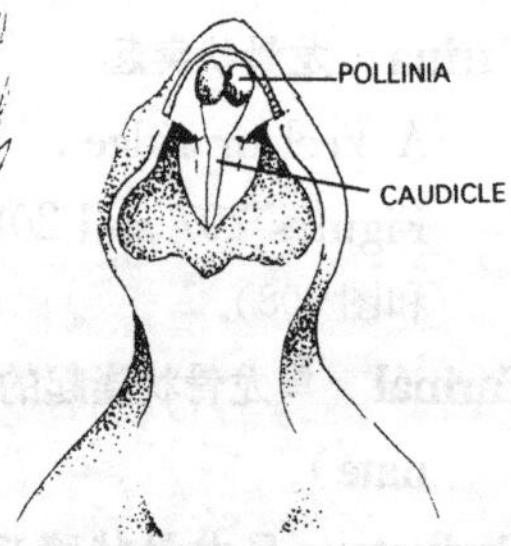

图 217

Figure 217. 兰科植物中,连接花粉块和柱头的柄(图 217)。

Caulescent **具茎的** With an obvious leafy stem rising above the ground. Figure 218. (Compare **acaulescent**) 地表之上具有显著的具叶的茎(图 218)。(对比**无茎的**)

Caulicle **幼茎** A small stem; a rudimentary stem. 小的茎;未发育的茎。

图 218

图 219

Cauliferous **具茎的,具柄的** With a stem or stalk. 有茎或有柄。

Cauliflorous **茎生花的** Bearing flowers on the stem or trunk. Figure 219. 在茎或树干生花(图 219)。

Cauliflory **茎生花现象** The production of flowers on the stem or trunk. Figure 219. 茎或树干生花 。图 219

Cauliform **茎状的** Stem-like. 形似茎。

Cauline **茎生的** Of, on, or pertaining to the stem, as leaves arising from the stem above ground level. Figure 220. 茎、茎上或与茎相关。如叶从茎的地上部分发出(图 220)。

Caulis **茎** The main stem of a herbaceous plant. 草本植物的主茎。

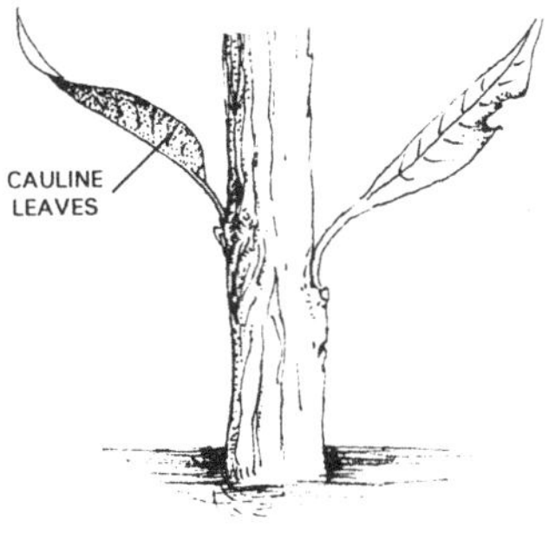

图 220

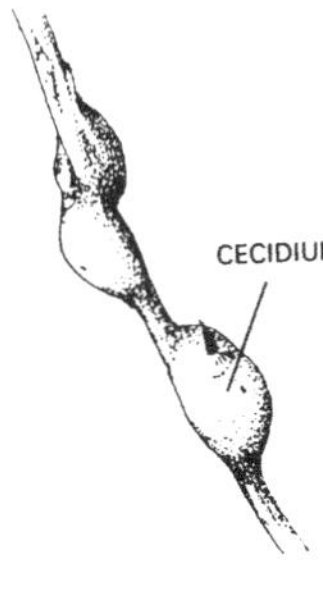

图 221

Caulocarpic **具多年生茎的** With the stem living for several years. 有生活多年的茎。

Cauloid **假茎** Stem-like. 形似茎。

Cecidium **①虫瘿 ②菌瘿** An abnormal growth caused by insects or fungal infection. Figure 221. 由于昆虫或真菌的感染而导致的异常生长(图 221)。

Cell **室** As used in plant identification, a hollow cavity or compartment within a structure, as the cavity of the anther containing pollen or the cavity of the ovary containing ovules; a locule. Figure 222. 植物鉴定时,指某一结构内的空腔或小室,如具花粉的花药腔,或者子房中包含胚珠的室;小室。图 222。

Cellular **室的** Made up of small cavities or compartments. 由小空腔或小室组成。

Cement Disk **黏盘** 见着粉腺(**retinaculum**)。

Cenanthy **空花现象** The absence of stamens and pistils in a flower, i.e. the perianth is empty. 在一朵花中雌蕊和雄蕊缺如,即只剩花被。

Centrifugal inflorescence **离心花序** A flower cluster developing from the center outward, as in a cyme. Figure 223. 由中心向外逐渐开放的花序,如聚伞花序(图 223)。

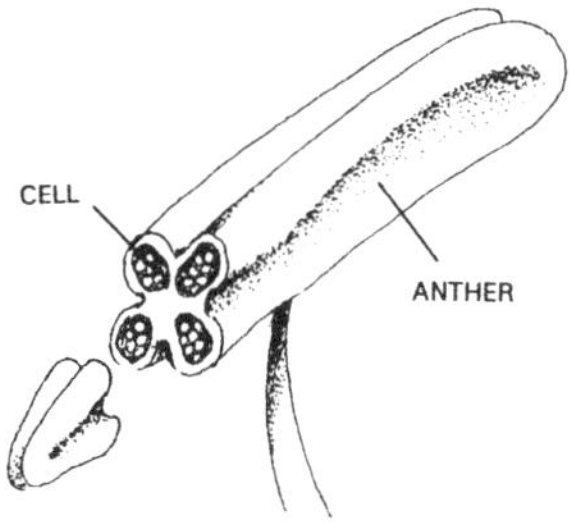

图 222

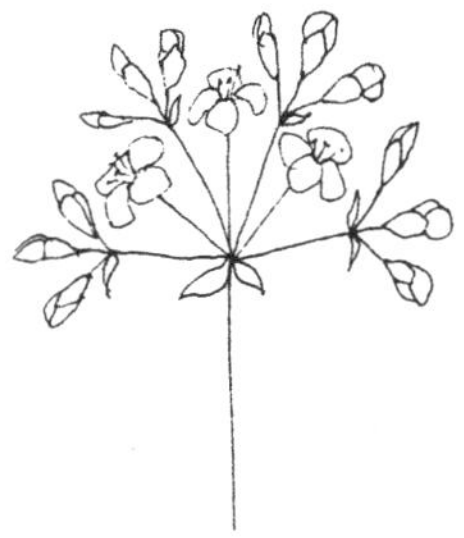

图 223

Centripetal inflorescence **向心花序** A flower cluster developing from the edge toward the center, as in a corymb. Figure 224. 由外缘向中心逐渐开放的花序,如伞状花序(图 224)。

Ceraceous **蜡质** Waxy in texture or appearance. 外形和质地呈蜡质。

Ceriferous **产蜡的** 见产蜡的(**cerogenous**)。

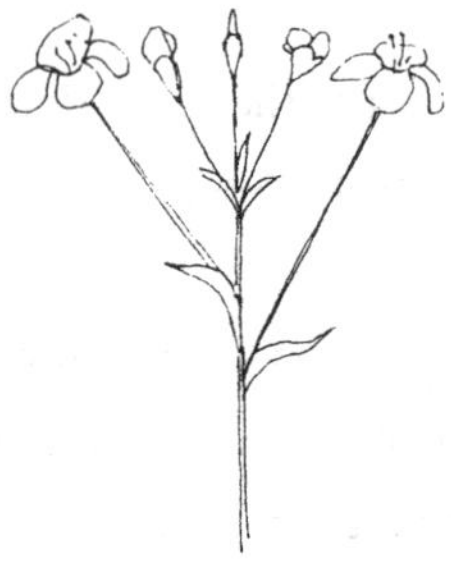

图 224

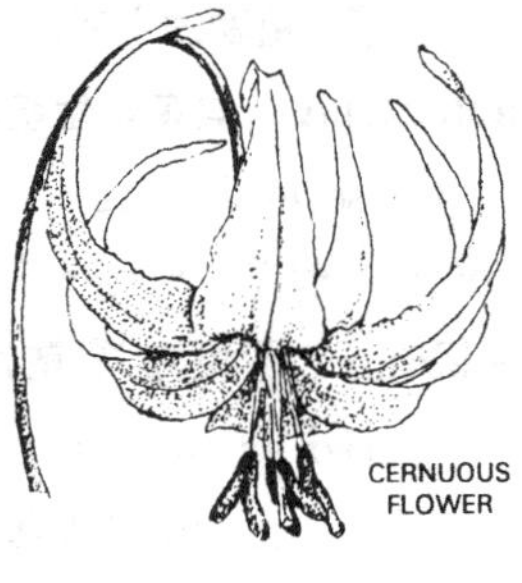

图 225

Cernuous 俯垂的 Drooping or nodding. Figure 225. 下垂的或悬垂(图 225)。

Cerogenous 产蜡的 Wax producing. 产生蜡。

Cerulescent 浅蓝色的 见浅蓝色的(**caerulescent**)。

Cespitose 丛生的 见丛生的(**caespitose**)。

Chaff 膜片 Thin dry scales or bracts, as the bracts on the receptacle of the heads of the Compositae (Asteraceae). Figure 226. 薄而干的鳞片或苞片,如菊科头状花序花托上的苞片(图 226)。

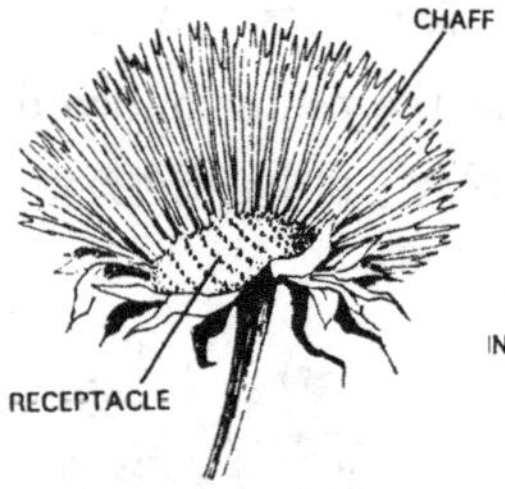

图 226

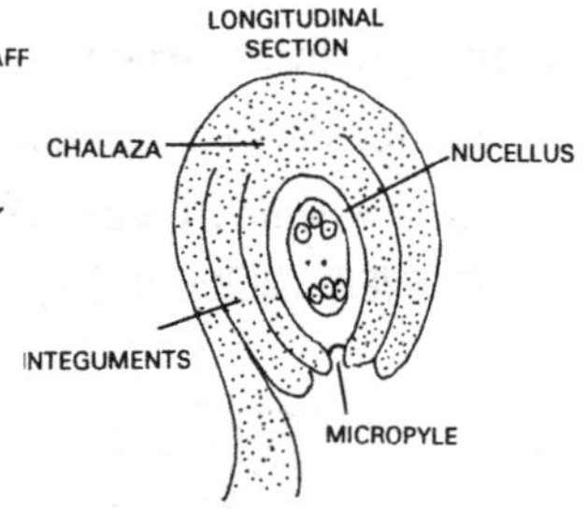

图 227

Chaffy ①具膜片的 ②膜片状的 With chaff; chaff-like. 具膜片;形似膜片。

Chalaza 合点 The part of an ovule or seed where the integuments are connected to the nucellus, at the opposite end from the micropyle. Figure 227. 在胚珠或种子中珠被与珠心的联合部分,在珠孔相反的一端(图 227)。

Chamaephyte 地上芽植物 A plant which produces resting buds just above the ground. 仅在地上产生休眠芽的植物。

Chambered 分室的 With hollow spaces. Figure 228. 具多个空腔(图 228)。

Channeled 具沟的 With one or more deep longitudinal grooves. Figure 229. 具一条或多条深的纵沟(图 229)。

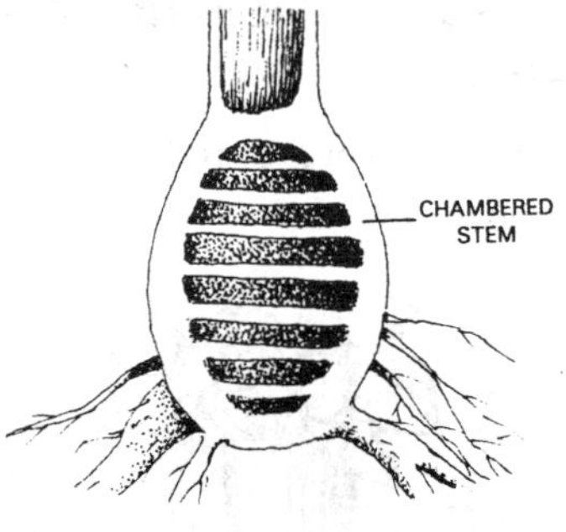

图 228

图 229

Chaparral 查帕拉尔群落 A vegetation type consisting of dense thickets of evergreen shrubs. 由浓密常绿的灌木丛组成的植被类型。

Chartaceous 纸质的 With a papery texture, usually not green. 具有纸的质地,通常非绿色。

Chasmogamous 开花受精的 Applied to flowers which open before fertilization and are usually cross-pollinated. (compare **cleistogamous**) 指受精前开放的花,通常是异花传粉。(对比**闭花受精的**)

Chasmogamy 开花受精 The state or condition of being chasmogamous. 开花受精的状态。

Chlamydeous 单被的 With, or pertaining to, a floral whorl. 具一轮花被。

Chloranthous 具绿花的 With green, leaf-like flowers. 具绿色叶状的花。

Chloranthy 〔花〕绿叶化 The state or condition of having green, leaf-like flowers. 具绿色的叶状花的状态。

Chlorophyll 叶绿素 The green pigment of plants associated with photosynthesis. 与光合作用相关的植物绿色色素。

Chlorophyllous 含叶绿素的 Of or containing chlorophyll; green. 与叶绿素相关的;绿色。

Chlorotic 萎黄病的 Lacking chlorophyll. 缺乏叶绿素

Choripetalous 离瓣的 见离瓣的(**apopetalous**)或离瓣的(**polypetalous**)。

Chorisantherous 具离生雄蕊的 见离生雄蕊的(**apostemonous**)。

Chorisepalous 离萼的 见离萼的(**polysepalous**)。

Chrysanthine 具黄花的 见具黄花的(**chrysanthous**)。

Chrysanthous 具黄花的 With yellow flowers. 具黄色的花。

Chrysocarpous 具金色果的 With yellow fruit. 具黄色的果实。

Cicatrice 瘢痕 A scar, such as the scar produced when a leaf separates from the stem. Figure 230. 痕,如叶从茎上脱落后留下的疤痕(图 230)。

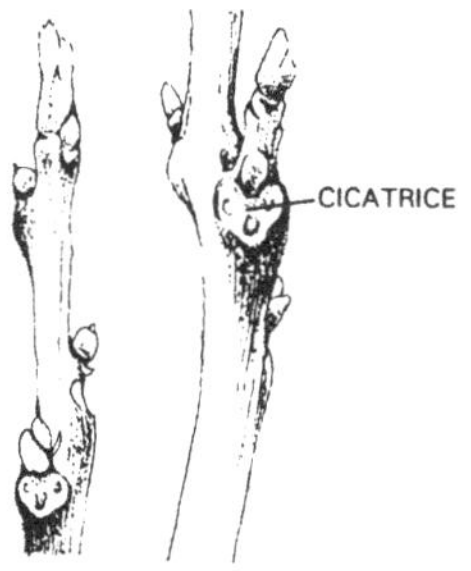

图 230

Cicatrix 瘢痕 见瘢痕(**cicatrice**)。

Ciliate 具缘毛的 With a marginal fringe of hairs. Figure 231. 边缘具流苏状毛(图 231)。

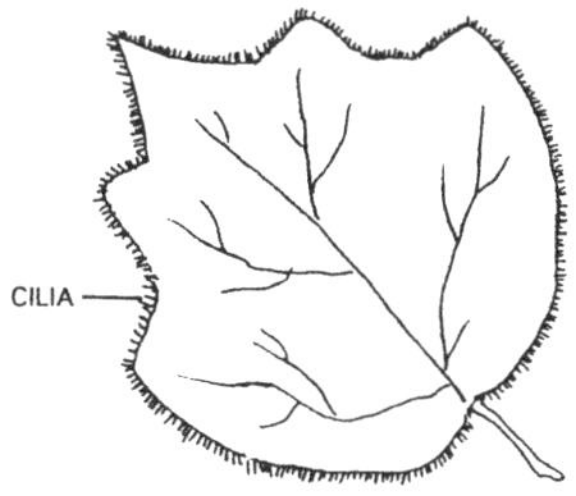

图 231

图 232

Ciliolate 具短缘毛的 With a marginal fringe of minute hairs. Figure 232. 边缘具流苏状细短毛(图 232)。

Cilium(pl. **cilia**) 纤毛 A small hair or hairlike process, usually along the margin of a structure. Figure 231. 短毛或毛状突起,通常沿结构的边缘分布(图 231)。

Cincinnus 蝎尾状聚伞花序 A dense helicoid cyme with the pedicels short on the developed side. Figure 233 and 234. 密集的螺旋状聚伞花序,花梗在花序发育一侧渐短(图 233 和图 234)。

Cinereous 灰色的 Ash-colored; grayish due to a covering of short hairs. 灰色的;由于被覆短毛呈灰色。

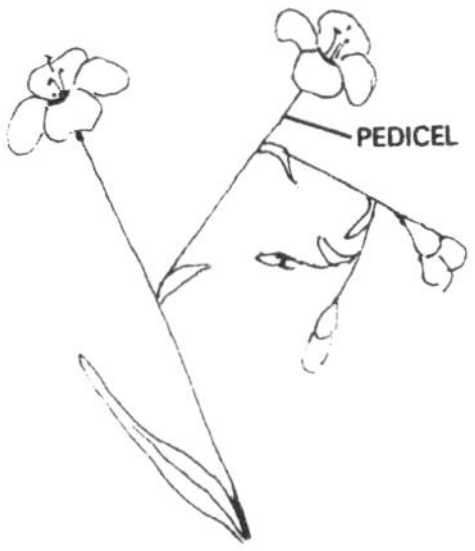

图 233

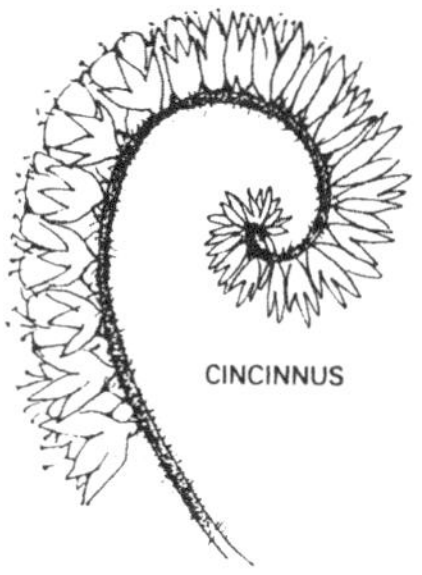

图 234

Circinate 拳卷的 Coiled from the tip downward, as in the young leaves of a fern. Figure 235. 由顶端向下卷曲,如真蕨的幼叶(图 235)。

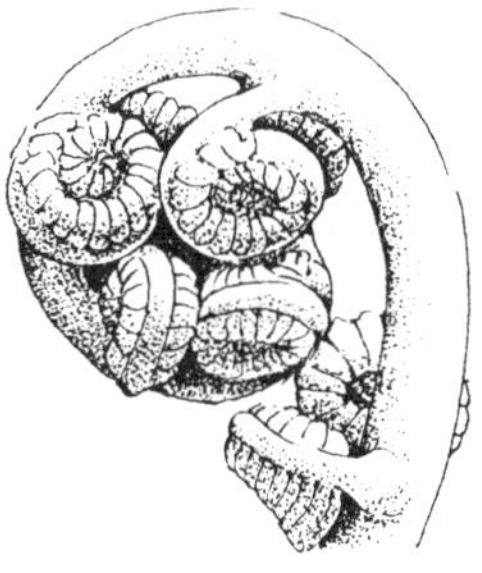

图 235

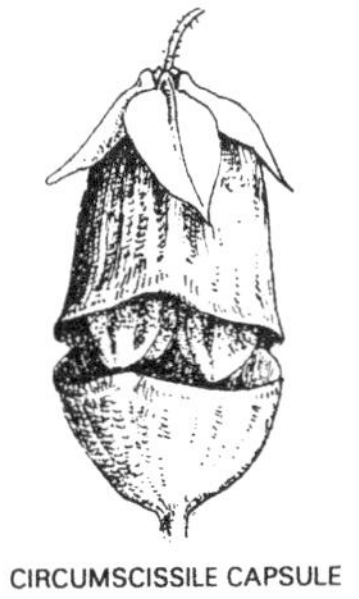

图 236

Circum-(prefix) **Circum-**(前缀) Meaning around, as around an object or structure 环绕,如围绕着一个物体或结构。

Circumscissile 周裂的 Dehiscing along a transverse circular line, so that the top separates like a lid. Figure 236. 沿横向的环状缝线开裂,顶部分离成盖状(图 236)。

Cirrate 具卷须的 With cirri. Figure 237. 有卷须(图 237)。

Cirrhiferous 具卷须的 见具卷须的(**cirriferous**)。

Cirrhous 卷须状的 见具卷须的,卷须状的(**cirrose**)。

Cirriferous 具卷须的 Bearing a tendril. Figure

237. 有卷须(图 237)。

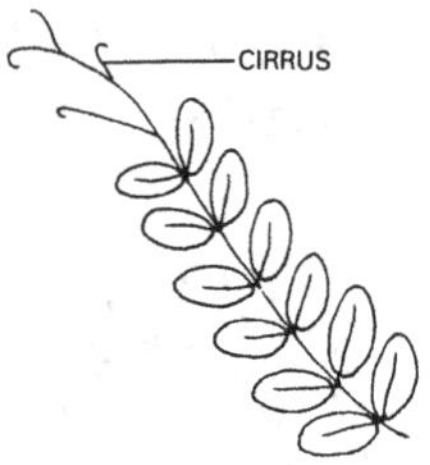

图 237　　图 238

Cirrose　**①具卷须的 ②卷须状的**　With cirri. Figure 237; resembling a cirrus. Figure 238. 具卷须(图 237);似卷须(图 238)。

Cirrus(pl. **cirri**)　**卷须**　A tendril. Figure 237. 卷须(图 237)。

Citreous　**柠檬黄色的**　Lemon-yellow. 柠檬般的黄色。

Cladode　**叶状枝**　见叶状枝(**cladophyll**)。

Cladodium(pl. **cladodia**)　**叶状枝**　见叶状枝(**cladophyll**)。

Cladophyll　**叶状枝**　A stem with the form and function of a leaf. Figures 239 and 240. (same as **phylloclade**)　具有叶的形状和功能的枝(图 239 和图 240)。(等同**叶状枝**)

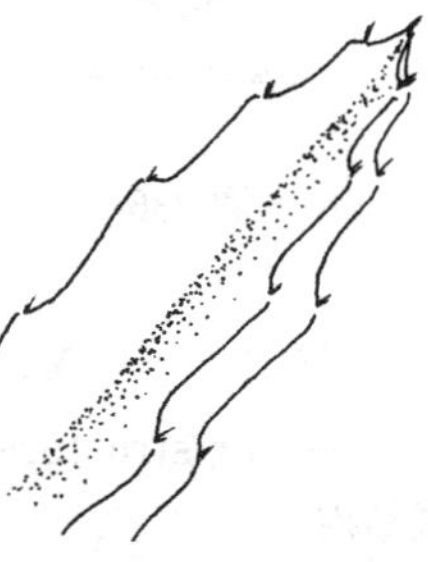

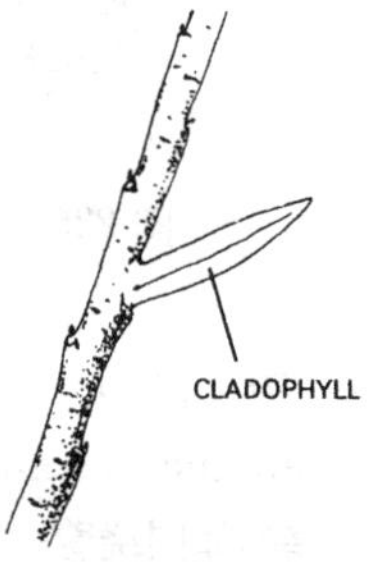

图 239　　图 240

Cladoptosic　**枝叶同落的**　Dropping the leaves, branches, and stems at one time, as in *Taxodium*. 叶、枝和茎同时脱落,如在落羽杉属。

Clambering　**攀援的**　Weakly climbing on other plants or surrounding objects. 松散地沿其他植物或周围的物体攀爬。

Clammy-pubescent　**具黏腺毛的**　With sticky glandular hairs. 具黏质的腺毛。

Clasping　**抱茎的**　Wholly or partly surrounding the stem. Figure 241. 全部或部分围绕着茎干(图 241)。

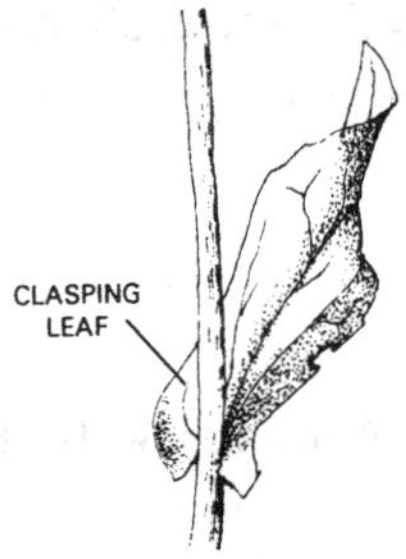

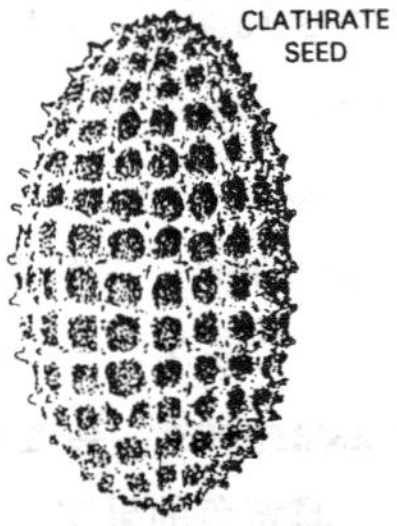

图 241　　图 242

Clathrate　**粗筛孔状**　Lattice-like in appearance. Figure 242. 外形如网格(图 242)。

Clavate　**棍棒状的**　Club-shaped, gradually widening toward the apex. Figures 243 and 244. 棒形,向顶渐宽(图 243 和图 244)。

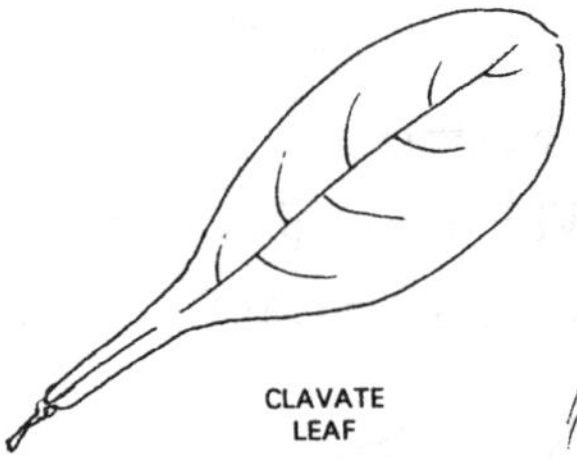

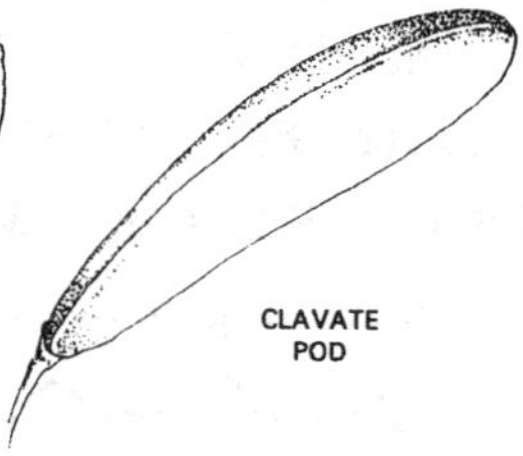

图 243　　图 244

Clavellate　**小棍棒状的**　Diminutive of clavate. 小的棍棒状结构。

Clavicle　**卷须**　A tendril. Figure 237. 卷须(图 237)。

Claviculate　**具卷须的**　With tendrils. Figure

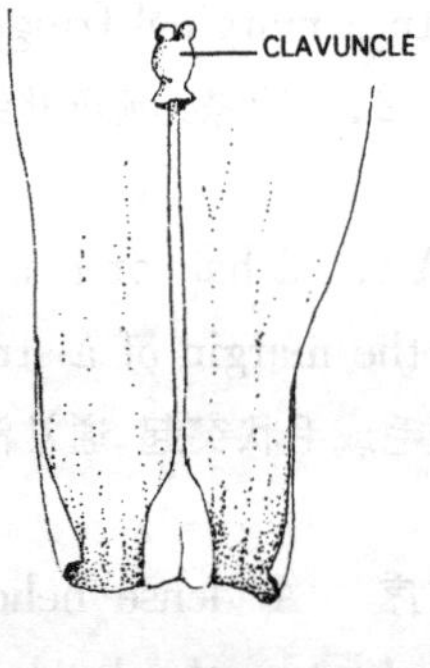

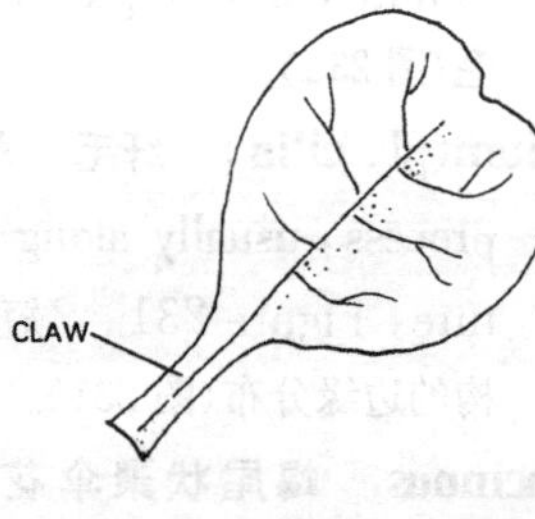

图 245　　图 246

237. 有卷须(图 237)。

Claviform **棍棒状的** 见棍棒状的(**clavate**)。

Clavuncle **柱帽** A stigmatic cap. Figure 245. 柱头上的帽状结构(图 245)。

Claw **〔瓣〕爪** The narrowed base of some petals and sepals. Figure 246. 某些花瓣和萼片变窄的基部(图 246)。

Cleft **半裂的** Cut or split about half-way to the middle or base. Figures 247 and 248. 裂开至近中部或至基部的一半(图 247 和图 248)。

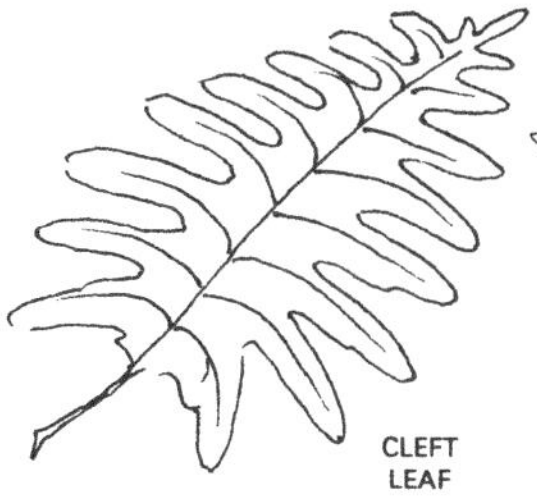

图 247

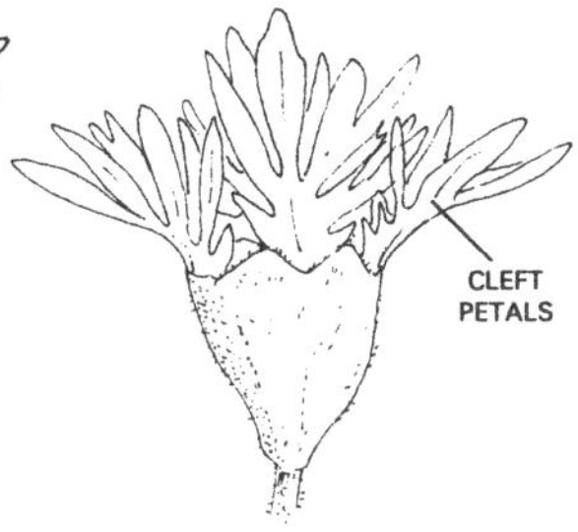

图 248

Cleistogamous **闭花受精的** Flowers which self-fertilize without opening. (compare **chasmogamous**) 在未开放时,进行自花受精的花。(对比**开花受精的**)。

Cleistogamy **闭花受精** The state or condition of being cleistogamous. 闭花受精的状态。

Cleistogene **闭花受精植物** A plant which bears cleistogamous flowers. 具闭花受精花的植物。

Cleistogenous **闭花受精的** 见闭花受精的(**cleistogamous**)

Cleistogeny **闭花受精** 见闭花受精(**cleistogamy**)

Climbing **攀缘的** Growing more or less erect by leaning or twining on another structure for support. Figure 249. 依靠或缠绕在其他支撑物上直立生长(图 249)。

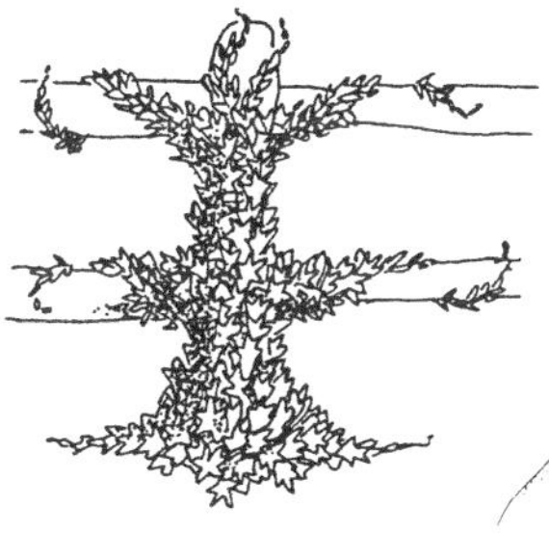
图 249

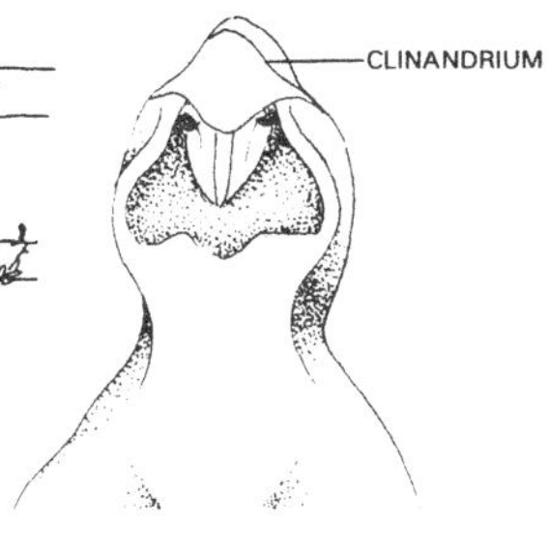

图 250

Clinandrium **药窝** The portion of an orchid column in which the anther is concealed. Figure 250. 兰科植物的合蕊柱上包藏着花药的部分(图 250)。

Clinanthium **花序托** The inflorescence receptacle in the Compositae (Asteraceae). Figure 251. 菊科的花序托(图 251)。

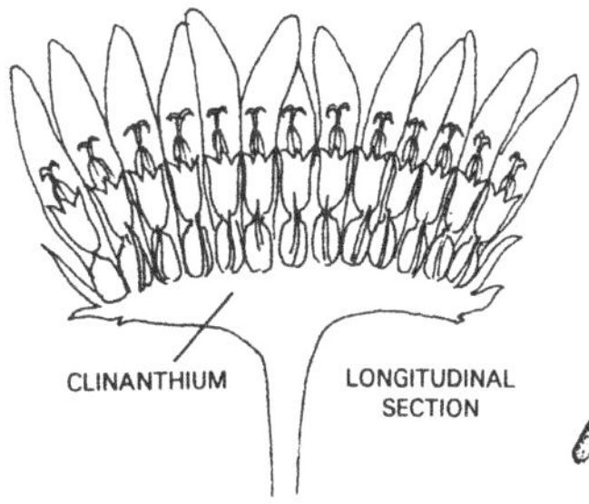

图 251

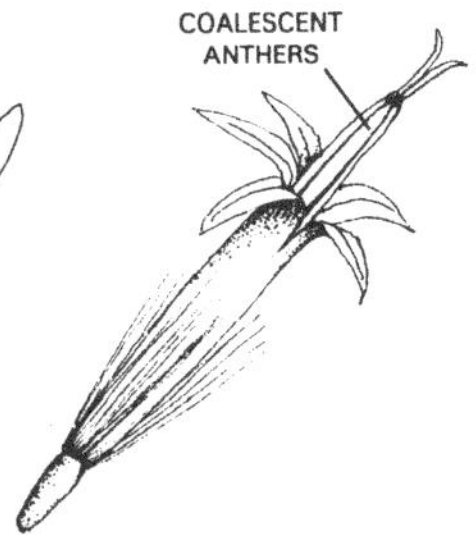

图 252

Clinanthus **花序托** 见花序托(**clinanthium**)。

Clinium **花序托** 见花序托(**clinanthium**)。

Clone **无性系** A group of individuals originating from a single parent plant by vegetative reproduction. 通过无性繁殖产生的来源于单个亲本植物的个体群。

Clouded **有暗影的** Blended with patches of another color. 混合有另一种颜色的斑块。

Coalescence **愈合,粘联** The state or condition of being coalescent. 愈合的状态。

Coalescent **愈合的** United together to form a single unit. Figure 252. 联合在一起形成一个单位(图 252)。

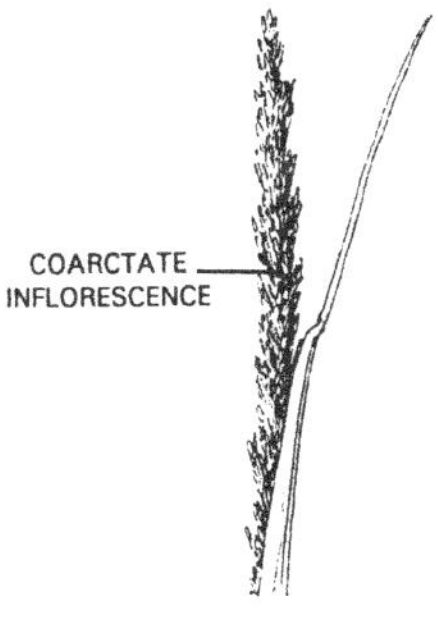

图 253

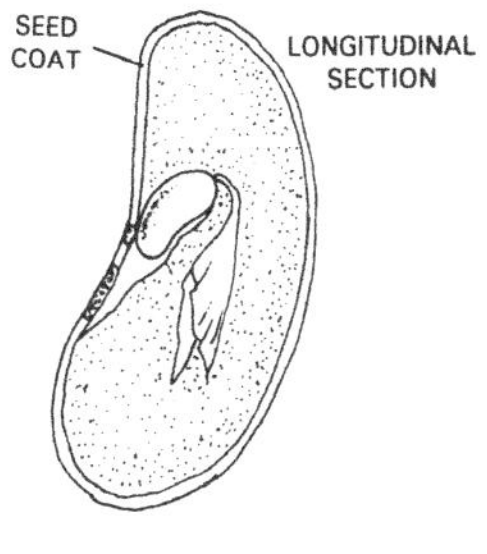

图 254

Coarctate　密集的　Densely pressed together. Figure 253.　紧密地排列在一起(图 253)。

Coat　①种皮 ②表层　The covering of a seed. Figure 254; the outer covering of an organ or structure.　种皮(图 254);一个器官或结构的外被。

Coccus (pl. **cocci**)　①分果爿 ②浆果　One of the segments (carpels) of a dry fruit, such as a schizocarp. Figure 255; a berry.　干果中的一个裂片(心皮),如一个分果(图 255);浆果。

Cochleate　螺卷的　Shaped like the coiled shell of a snail. Figure 256.　形似蜗牛的螺旋壳(图 256)。

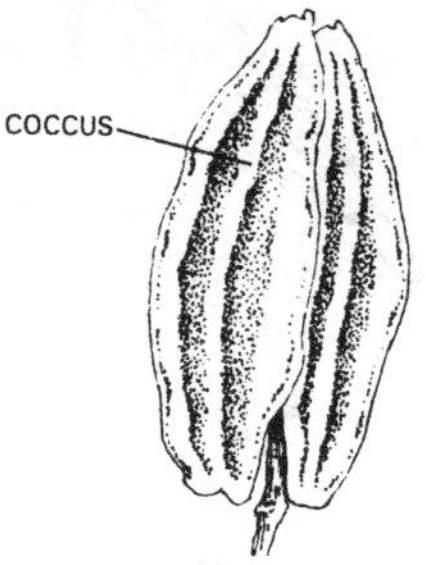

图 255

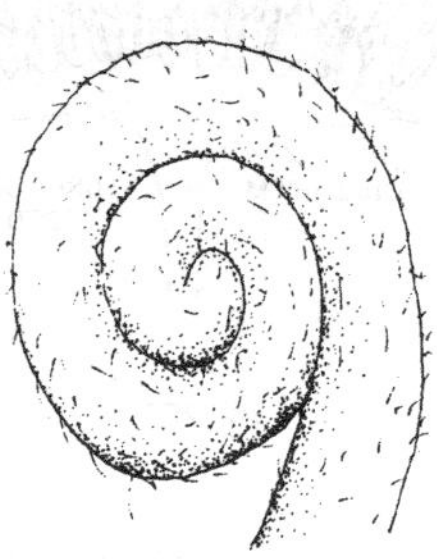

图 256

Coelospermous　①中空种子的 ②弯种子的(用于伞形科)　Hollow-seeded; with the seeds or seed-like carpels hollowed on one side. Figure 257.　中空种子的;单侧中空的种子或种子状心皮(图 257)。

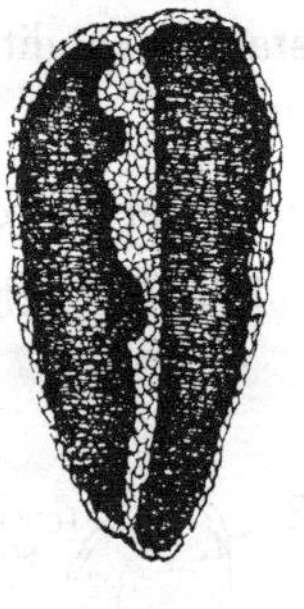

图 257

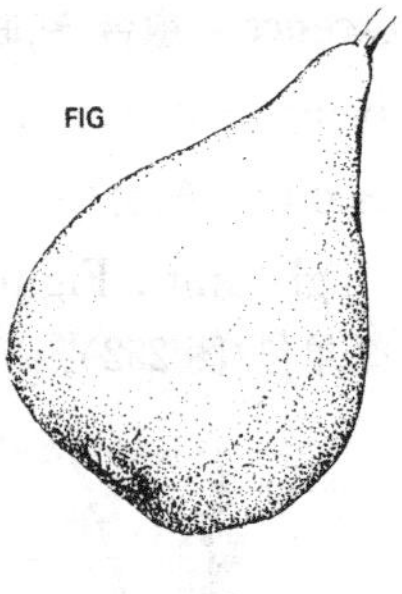

图 258

Coenocarpium　聚花果　A fruit formed from an entire inflorescence, as in the fig or pineapple; a syconium or multiple fruit. Figure 258.　由整个花序发育形成的果实,如无花果或菠萝;隐头果或复合果(图 258)。

Coerulean　蓝色〔的〕　Blue or bluish.　蓝色或带蓝色的。

Coerulescent　变为蓝色的　见蓝色〔的〕(**coerulean**)。

Coetaneous　花叶同放的　With the leaves and flowers developing at the same time.　花和叶在同一时期发育。

Coherent　连着的　United by cohesion. Figure 259.　通过粘附联合在一起(图 259)。

Cohesion　连着　Sticking together of like parts. The attachment is not as firm or solid as connate.　相似的部分联合在一起。其联合程度不如合生的紧密。

Coleoptile　胚芽鞘　The sheath protecting the stem tip in monocotyledons. Figure 260.　单子叶植物中保护茎尖的鞘(图 260)。

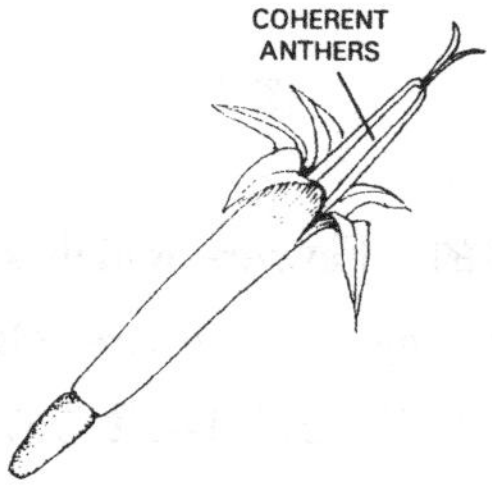

图 259

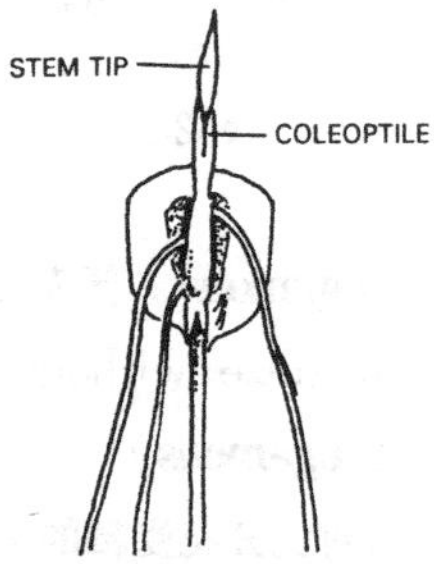

图 260

Coleorhiza　胚根鞘　The sheath which surrounds and is penetrated by the radicle in some seeds. Figure 261.　某些种子中包围在胚根外并被胚根穿透的外鞘(图 261)。

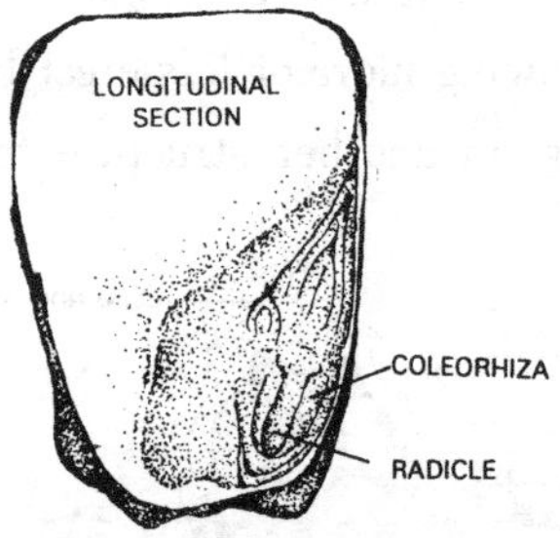

图 261

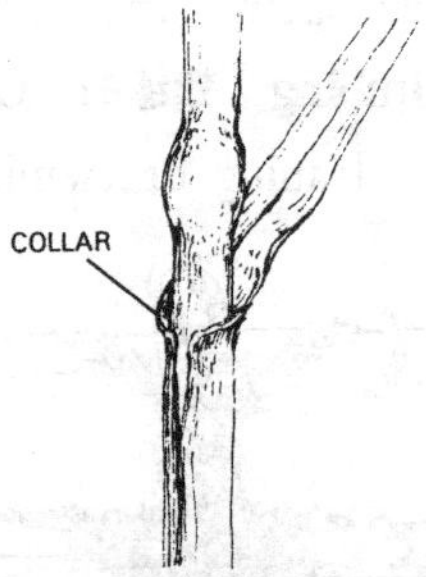

图 262

Collar　叶颈　The area on the outside of a grass leaf at the juncture of the blade and sheath.

Figure 262. 禾草叶片和叶鞘连接处的外延部分(图 262)。

Collateral **并生的** Situated side by side. Figure 263. 在同一位置上并排排列(图 263)。

Colleter **黏液毛** A glandular hair. Figure 264. 一种腺毛(图 264)。

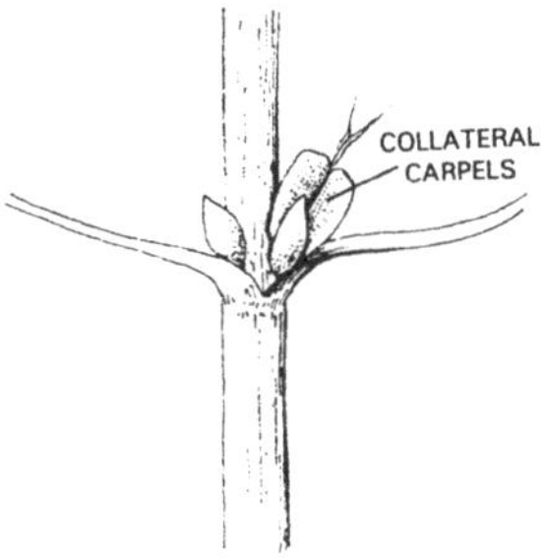

图 263

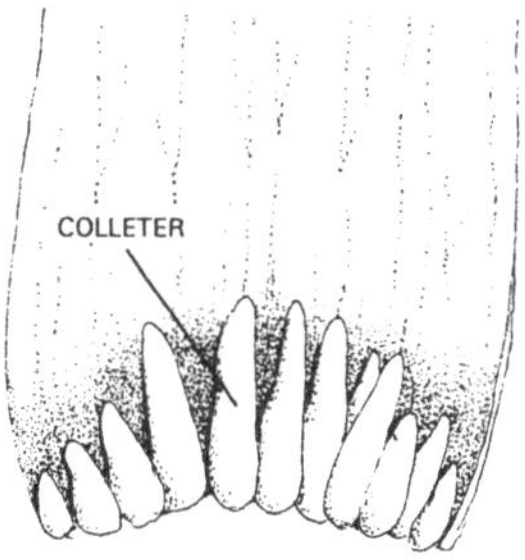

图 264

Colonial **集群的** Forming colonies; usually refers to groups of plants connected to one another by underground organs. 形成群体;通常指通过地下器官相互连接的植物群丛。

Column **合蕊柱** A structure formed by the union of staminal filaments, as in many members of the Malvaceae; the united filaments and style in the Orchidaceae. Figures 265 and 266. 雄蕊花丝联合所形成的结构,如许多锦葵科植物;兰科植物中花丝和花柱的联合体(图 265 和图 266)。

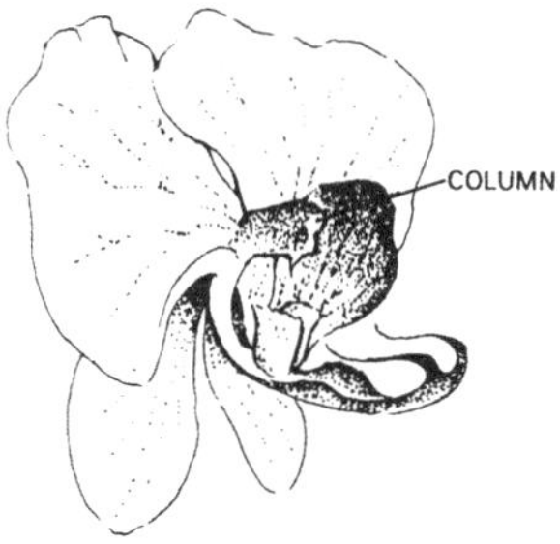

图 265

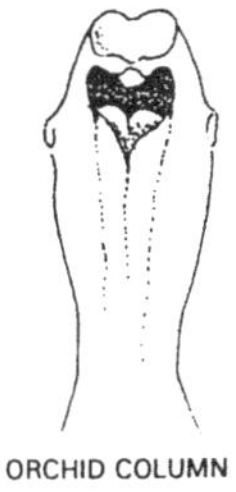

图 266

Columnar **柱状的** Shaped like a column. 形似圆柱。

Coma **①种缨 ②序缨 ③树冠** A tuft of hairs, especially on the tip of a seed. Figure 267; the tuft of bracts on a pineapple. Figure 268; the head of a tree. Figure 269. 簇毛,尤指长在种子顶部的一簇毛(图 267);菠萝顶部的一簇苞片(图 268);树木的冠部(图 269)。

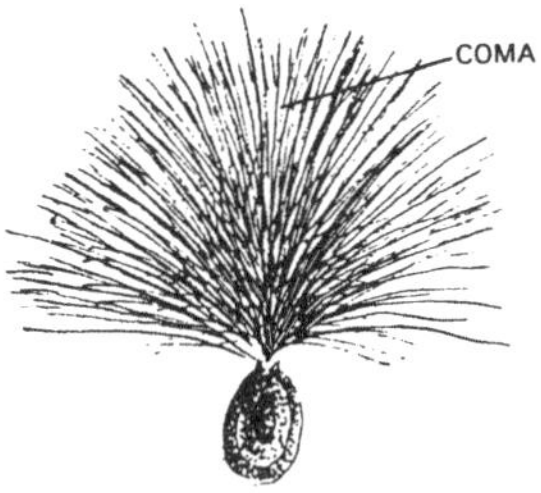

图 267

图 268

Comal **①种缨的 ②序缨的 ③树冠的** Of or pertaining to a coma. 种缨的,序缨的,树冠似的或与种缨、序缨或树冠相关的。

Comatose **丛毛的** 见具丛毛的(**comose**)。

图 269

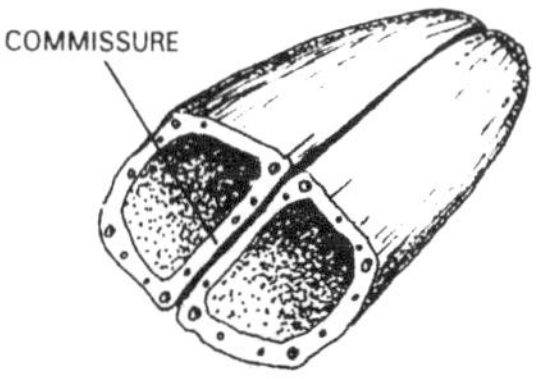

图 270

Commissural **联合的** Of or pertaining to a commissure. 与接着面相关的。

Commissure **接着面** The face by which two carpels join one another, as in the Umbelliferae (Apiaceae). Figure 270. 两个心皮彼此连接的面,如伞形科植物(图 270)。

Comose **具丛毛的** With a coma. Figures 267, 268 and 269; of or pertaining to a coma; coma-like. 具丛毛(图 267、图 268 和图 269);丛毛的或与丛毛相关的;似丛毛。

Complanate **扁平的** Flattened. Figure 271. 扁平(图 271)。

Complete **完全的** With all of the parts typically belonging to it present, as a flower with sepals, petals, stamens, and pistils. Figure

272． 花的各部分齐全，如一朵花具有萼片、花瓣、雄蕊和雌蕊（图 272）。

Complicate 褶叠的 Folded together．（see **conduplicate**） 折叠在一起。（见**对折的**）。

图 271

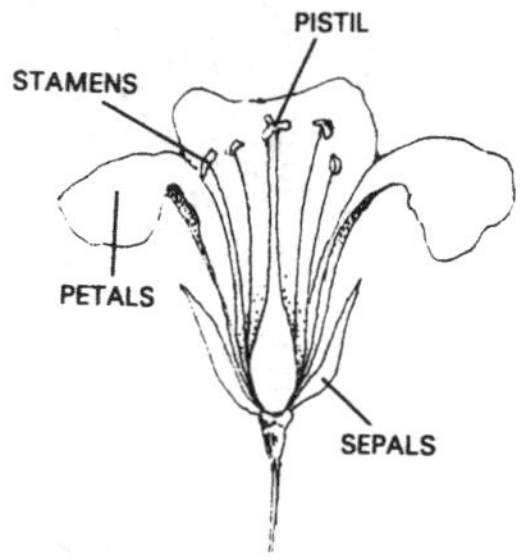

图 272

Compound 复合的 With two or more like parts in one organ． 同一器官中具有两个或两个以上相似部分。

Compound leaf 复叶 A leaf separated into two or more distinct leaflets．Figure 273． （可分成）两枚或两枚以上小叶的叶（图 273）。

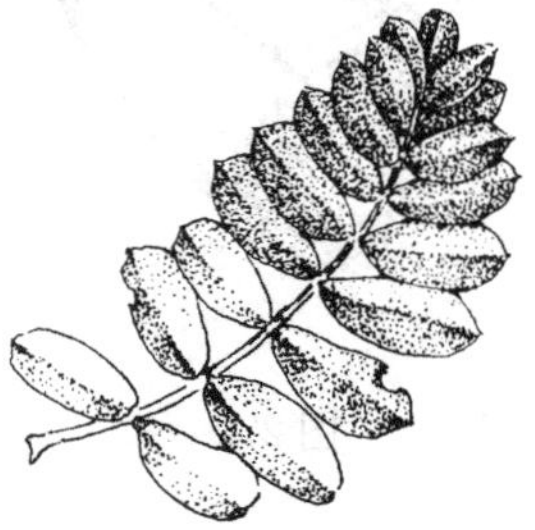

图 273

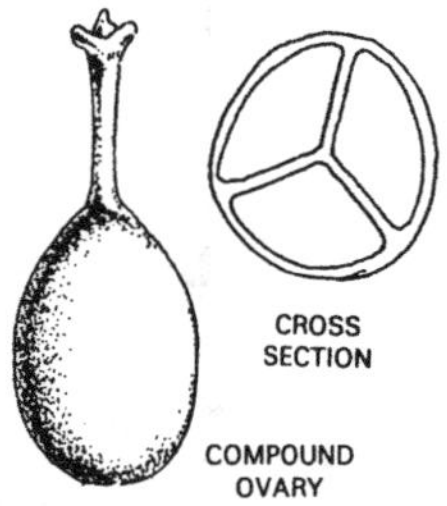

图 274

Compound ovary 复〔合〕子房 An ovary of two or more carpels．Figure 274． 由两个或两个以上心皮形成的子房（图 274）。

［译者按：原文解释欠妥，由心皮形成的雌蕊包括子房、花柱和柱头三个部分。复子房是由两个或两个以上心皮的主要部分而不是整个心皮形成的。］

Compressed 压扁的 Flattened．Figure 271． 扁平（图 271）。

Concave 凹的 Hollowed out or curved inward．Figure 275． 向内弯曲（图 275）。

Concavo-concave 双凹的 Concave on both sides．Figure 276． 两面均向内凹（图 276）。

Concavo-convex 凹凸的 Concave on one side and convex on the other．Figure 277． 一面内凹，另一面外凸（图 277）。

图 275

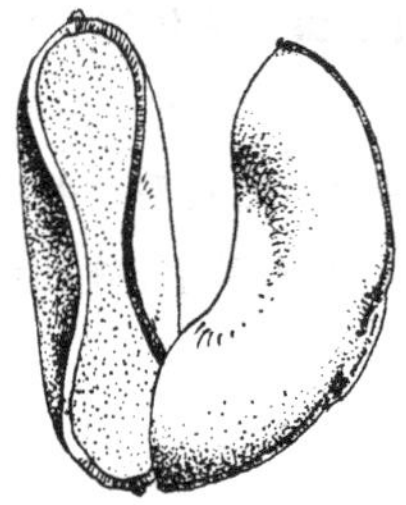

图 276

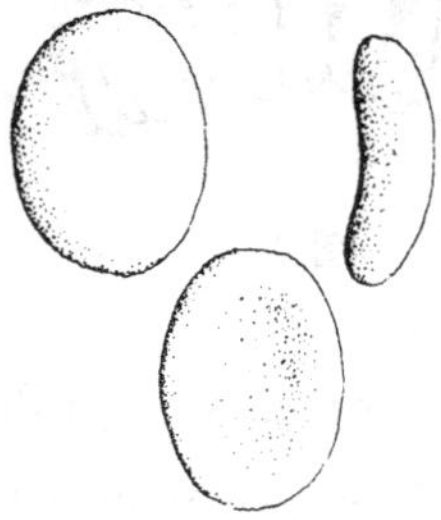

图 277

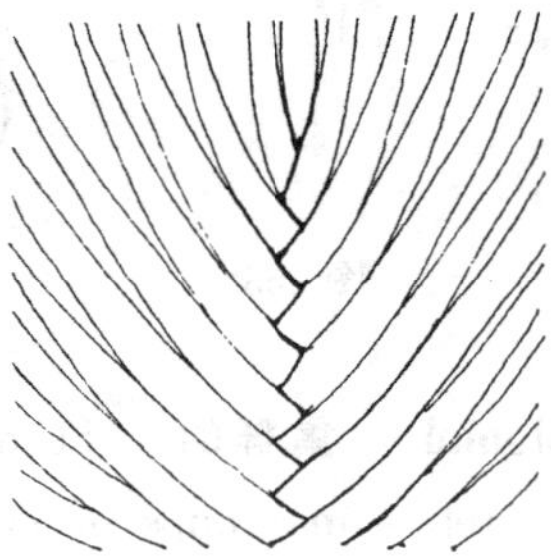

图 278

Concolored（adj．**concolorous**） 同色的 With all parts of uniform color． 所有的部分具同一种颜色。

Conduplicate 对折的 Folded together lengthwise with the upper surface within，as the leaves of many grasses．Figure 278． 上表面沿长轴折叠在一起，如许多禾草叶（图 278）。

Cone ①球花 ②球果，孢子叶球 A dense cluster of sporophylls on an axis；a strobilus．Figure 279． 轴上密集的孢子叶簇；孢子叶球，球果（图 279）。

Conelet 小球果 A small cone． 小的球果。

图 279

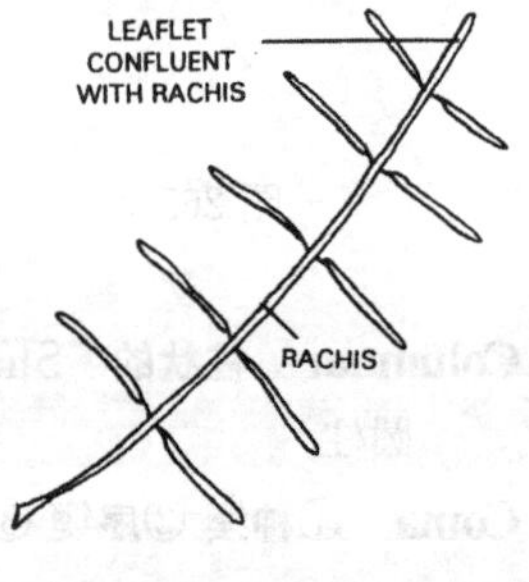

图 280

Confert 密集的 见密集的(**congested**)。

Confluent 汇合的 Running together or blending of one part into another. Figure 280. 两个部分逐渐混生成为一体,或者一个部分混生入另一部分(图 280)。

Congested 密集的 Densely crowded. Figure 281. 浓密集生(图 281)。

Conglomerate 簇生的 Densely clustered. Figure 281. 密集成簇(图 281)。

图 281

图 282

Conic 圆锥形的 Cone-shaped, with the point of attachment at the broad end. Figure 282. 球果状的,连接点在宽的末端(图 282)。

Conical 圆锥状的 见圆锥形的(**Conic**)。

Coniferous 具球果的 Bearing cones or strobili. 具球果或孢子叶球。

Conjugate 成对的 Coupled; in a single pair, as in a compound leaf with only two leaflets. Figure 283. 对生的;单对的,如复叶中仅具两个小叶(图 283)。

Connate 合生的 Fusion of like parts, as the fusion of staminal filaments into a tube. Figure 284. (compare **adnate**) 相似各部分的愈合,如雄蕊的花丝愈合成筒(图 284)。(对比**贴生的**)

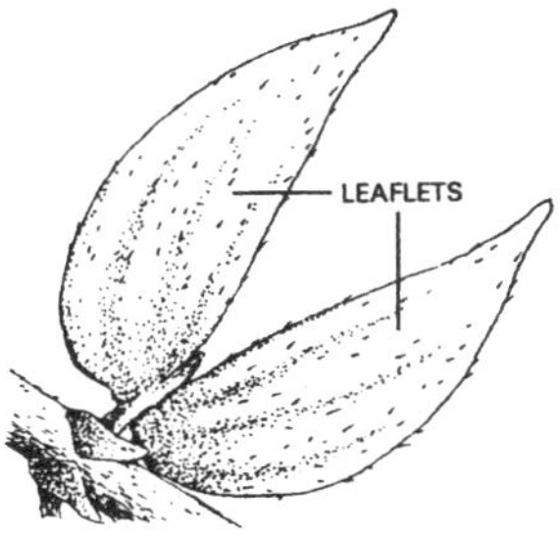

图 283

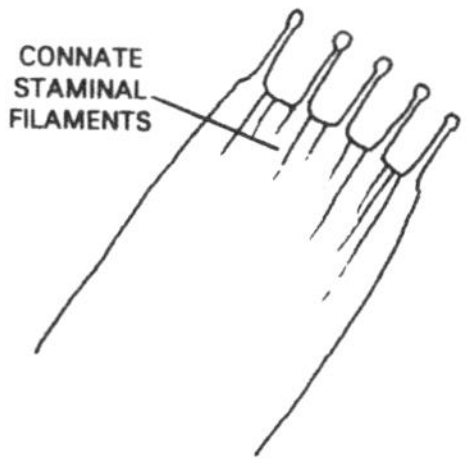

图 284

Connate-perfoliate 对生连基抱茎的 With the bases of opposite leaves fused around the stem. Figure 285. 对生叶基部联合生围绕茎干(图 285)。

Connective 药隔 The portion of the stamen connecting the two pollen sacs of an anther. Figure 286. 雄蕊上连接花药两个花粉囊的部分(图 286)。

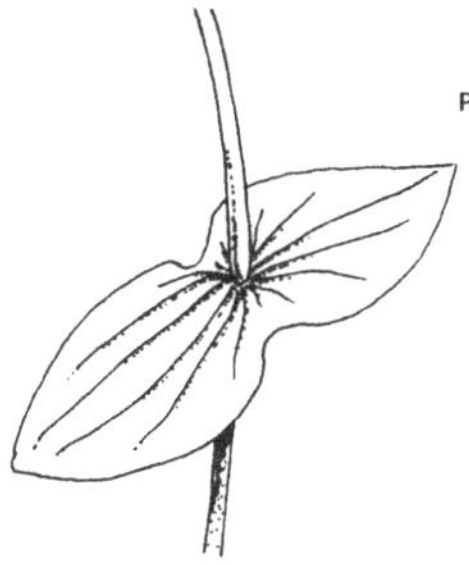

图 285

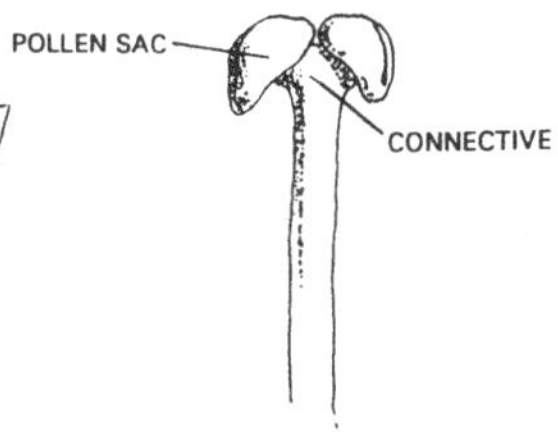

图 286

Connivent 靠合的 Converging, but not actually fused or united. Figure 287. 聚合,但并非真正结合或联合在一起(图 287)。

Conocarp 聚合果 A composite fruit of many carpels on a conical receptacle, as the strawberry. Figure 288. 多个(离生)心皮聚生于一圆锥形花托上所组成的果实,如草莓(图 288)。

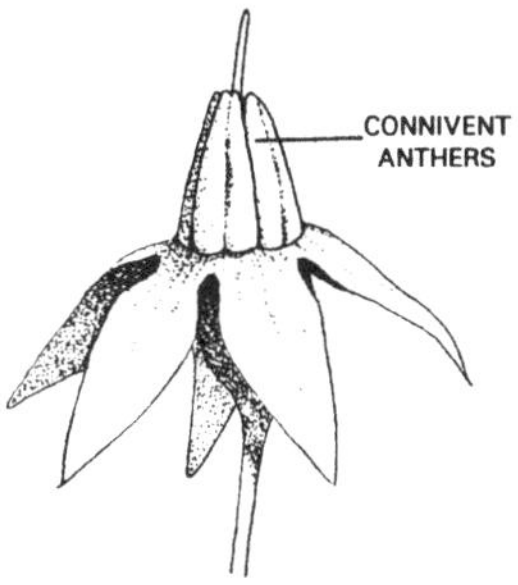

图 287

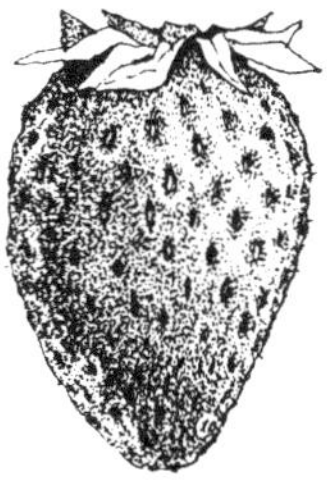

图 288

Conocarpium 聚合果 见聚合果(**conocarp**)。

Conocarpous 聚合果的 With a conic fruit. Figure 282. 具圆锥形果实(图 282)。

Conoidal 圆锥状的 见圆锥形的(**conic**)。

Conopodium 圆锥花托 A conical receptacle. Figure 289. 圆锥状花托(图 289)。

Consimilar 互似的 Similar to one another. 彼

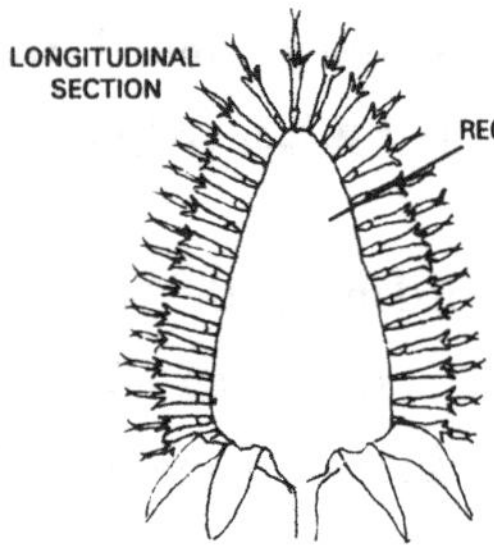

图 289

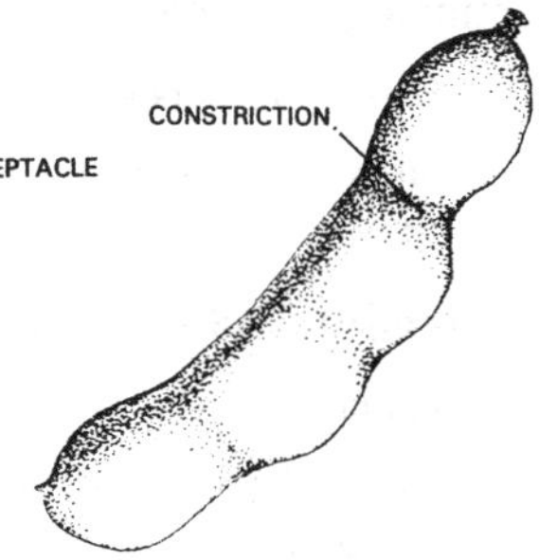

图 290

此相似。

Conspecific　同种的　Of the same species.　同一种内的。

Constipate　团聚的　Crowded together. Figure 281.　聚集在一起(图 281)。

Constricted　缢缩的　Drawn together or narrowed. Figure 290.　收缩到一起或变窄(图 290)。

Contiguous　邻接的　Adjoining; touching.　邻接;相接触。

Continuous　连续的　Not jointed; not separating at maturity along a well- defined line of dehiscence.　不具关节的;成熟时不沿着开裂线分离。

Contorted　①扭曲的 ②旋转的　Twisted or bent. Figure 291; convolute.　扭曲(图 291);旋绕。

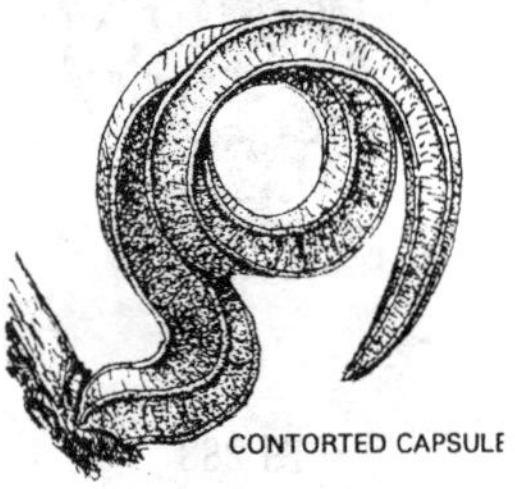

图 291

图 292

Contracted　收缩的,紧缩的　Narrowed; narrow, thick, and dense, as an inflorescence with crowded, short or appressed branches. Figure 292.　变窄的;窄、厚、密,如具密而短并紧贴在一起的分枝的花序。图 292。

Convergent　会聚的　Meeting together, as leaf veins which come together at the leaf apex. Figure 293.　会合在一起,如叶脉在叶尖聚集在一起(图 293)。

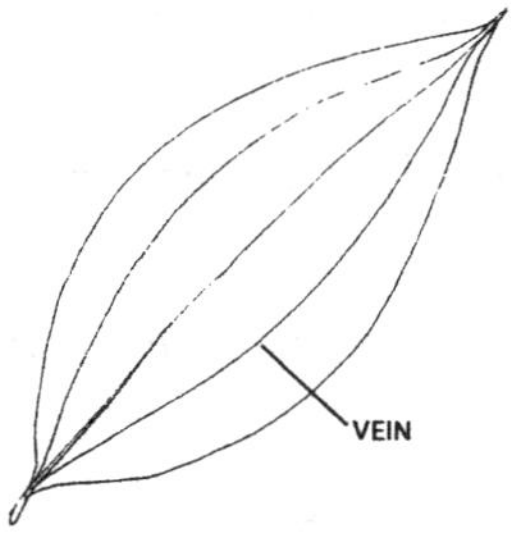

图 293

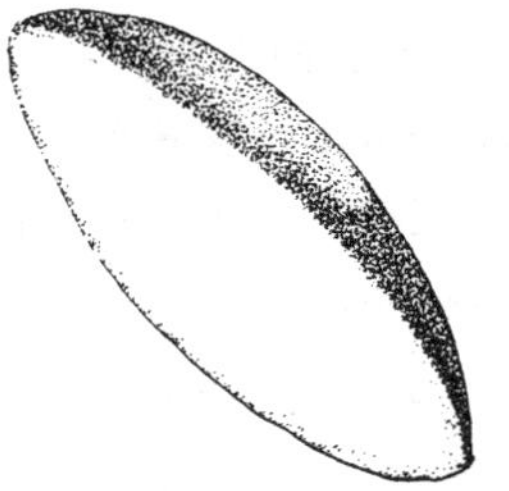

图 294

Convex　凸的　Rounded and curved outward on the surface. Figure 294.　表面弧形向外弯曲(图 294)。

Convolute　①席卷的 ②旋转的　Rolled up longitudinally. Figure 295; with parts in an overlapping arrangement like shingles on a roof, as petals arranged as to be partially covered by one adjacent petal and partially overlapping the other adjacent petal. Figure 296.　纵向上卷(图 295);有如屋顶上的木瓦叠覆排列,如花瓣的排列,一个花瓣被相邻的花瓣部分遮盖,同时又部分遮盖相邻的另一个花瓣(图 296)。

图 295

图 296

Copious　大量的,丰富的　Large in number or quantity; abundant.　数目或数量多;丰富的。

Coppice　①矮林 ②萌生林　A thicket of bushes or small trees; sprouts arising from a stump.　灌木丛或矮树丛;从树桩长出的苗芽。

Copse　①矮林 ②树林　A thicket of bushes or small trees; woods.　灌木丛或矮树丛;树林。

Coracoid **乌喙状的** Shaped like the beak of a crow. Figure 297. 形似乌鸦的喙(图 297)。

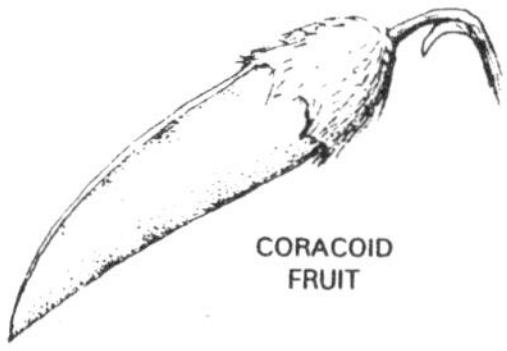

图 297

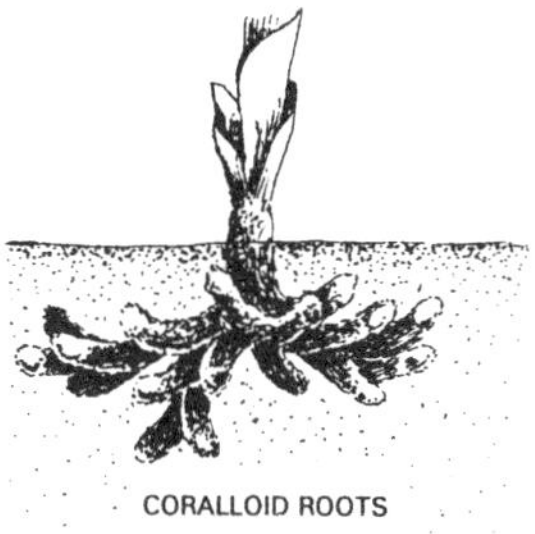

图 298

Coralloid **珊瑚状的** Coral-like. Figure 298. 形状似珊瑚(图 298)。

Cordate **心形的** Heart-shaped, with the notch at the base. Figure 299. 形似心脏,基部内凹(图 299)。

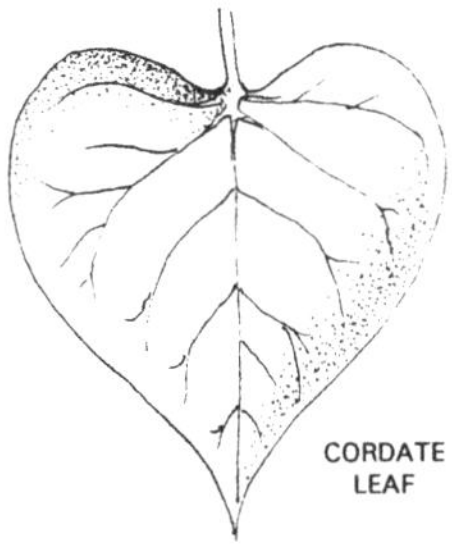

图 299

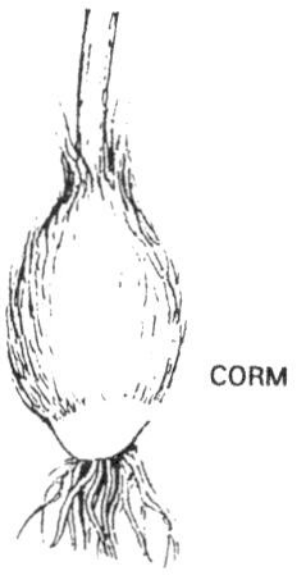

图 300

Cordiform **心形的** 见心形的(**cordate**)。

Coreaceous **革质的** 见革质的(**coriaceous**)。

Coriaceous **革质的** With a leathery texture. 具有皮革般的质地。

Corm **球茎** A short, solid, vertical underground stem with thin papery leaves. Figure 300. (compare **bulb**) 短小实心,直立生长的地下茎,上生有纸质叶(图 300)。(对比**鳞茎**)。

Cormatose **具球茎的** 见具球茎的(**cormous**)。

Cormel **小球茎** A small Form arising at the base of a larger corm. 长在大球茎基部的较小球茎。

Cormoid **似球茎的** Corm-like. 形似球茎。

Cormous **具球茎的** With corms. 具球茎。

Corneous **角质的** Horny. Figure 301. 角质(图 301)。

Cornet **角状体** A horn-like structure. Figure 301. 形状像角的结构(图 301)。

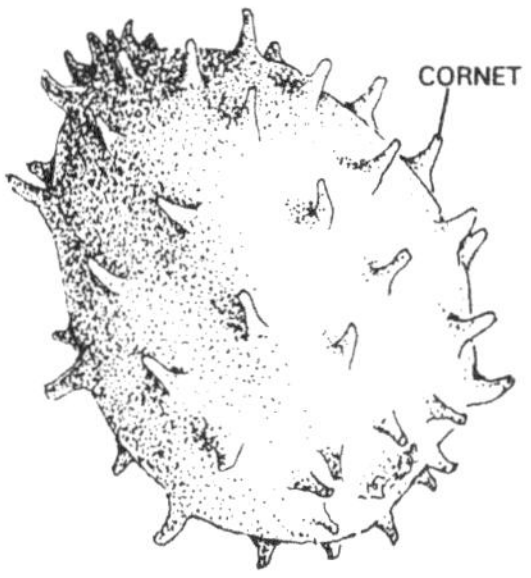

图 301

Corniculate **具小角状突起的** With small horn-like protuberances. Figure 301. 具有小的角状突起物(图 301)。

Cornute **具角状突起的** Horned. Figure 301. 角状的(图 301)。

Corolla **花冠** The collective name for all of the petals of a flower; the inner perianth whorl. Figure 302. 一朵花内所有花瓣的总称;内轮花被。(图 302)。

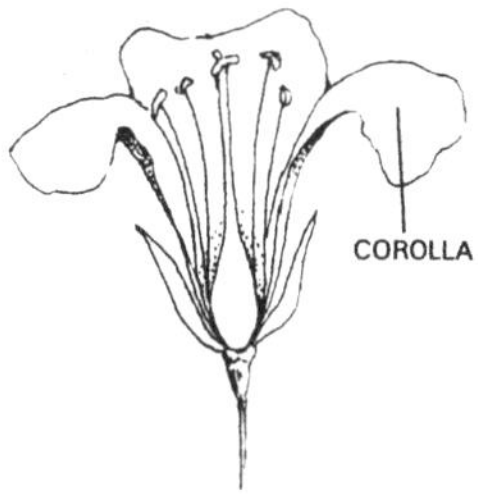

图 302

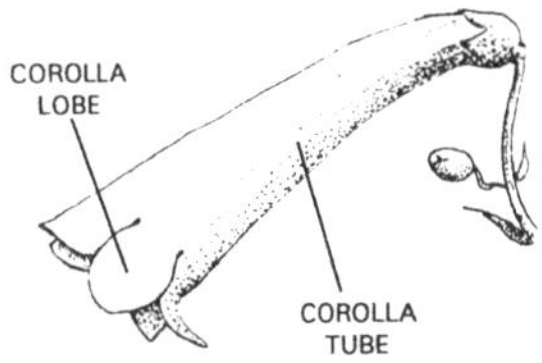

图 303

Corolla lobe **花冠裂片** One of the free portions of a corolla of united petals. Figure 303. 合生花冠的分离部分(图 303)。

Corolla tube **花冠筒** The hollow, cylindric portion of a corolla of united petals. Figure 303. 合生花冠的中空筒状部分(图 303)。

Corollate **具花冠的** With a corolla. 具花冠。

Corolliferous **具花冠的** 见具花冠的(**corollate**)。

Corolliform **花冠状的** 见花冠状的(**corolloid**)。

Corolloid **花冠状的** Corolla-like in appearance 形似花冠。

Corona **副花冠** Petal-like or crown-like structure between the petals and stamens in some flowers. Figure 304; a crown. Figure 305. 某些花中在雄蕊和花瓣之间存在的花瓣状或冠状

结构(图 304);花冠(图 305)。

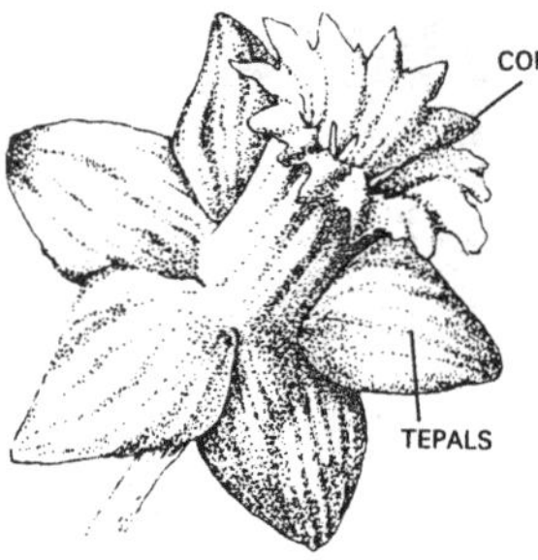

图 304

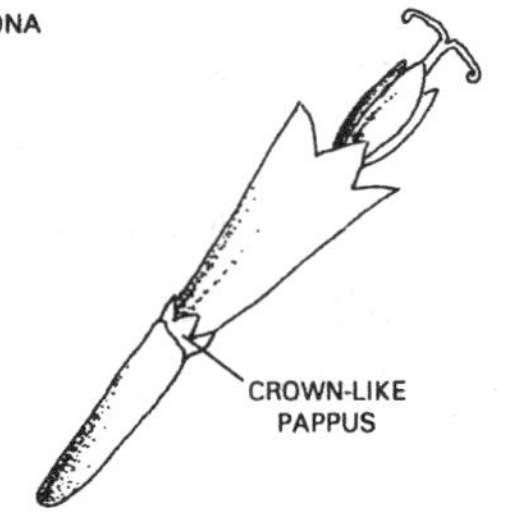

图 305

Coronate **具副花冠的** With a corona. 有副花冠。

Coroniform **冠状的** Crown-shaped. Figures 304 and 305. 形状似花冠(图 304 和图 305)。

Corpusculum **着粉腺** A gland associated with the pollinium in the Asclepiadaceae. Figure 306. 萝摩科植物中与花粉块连在一起的腺体(图 306)。

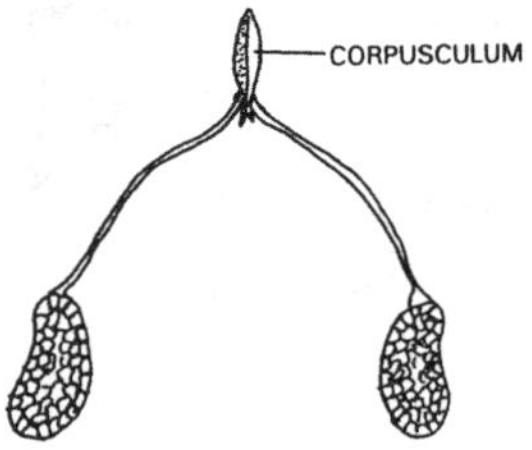

图 306

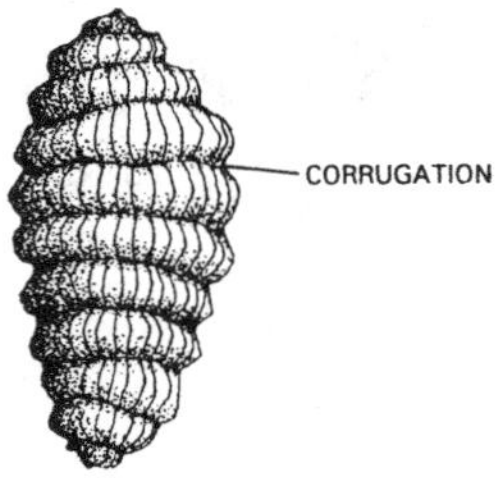

图 307

Corrugated **具皱褶的** Wrinkled or folded into alternating furrows and ridges. Figures 307 and 308. 起皱或折叠成交错的沟和脊(图 307 和图 308)。

Corrugation **皱褶** A wrinkle, fold, furrow, or ridge. Figures 307 and 308. 褶皱,折叠,沟或脊(图 307 和图 308)。

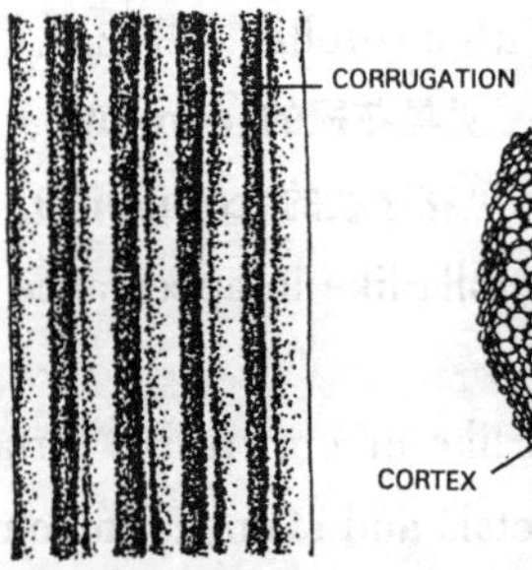

图 308

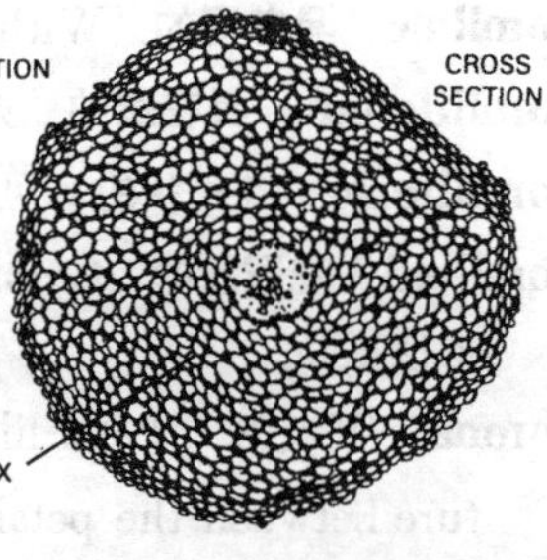

图 309

Cortex **皮层** Bark or rind; root tissue between the epidermis and the stele. Figure 309. 树皮;根表皮和中柱之间的组织。图 309。

Cortical **皮层的** Of or pertaining to the cortex 皮层的,树皮的或与树皮、皮层相关的。

Corymb **伞房花序** A flat- topped or round-topped inflorescence, racemose, but with the lower pedicels longer than the upper. Figures 310 and 311. 顶部平或圆的花序,总状但下部花梗长于上部花梗(图 310 和图 311)。

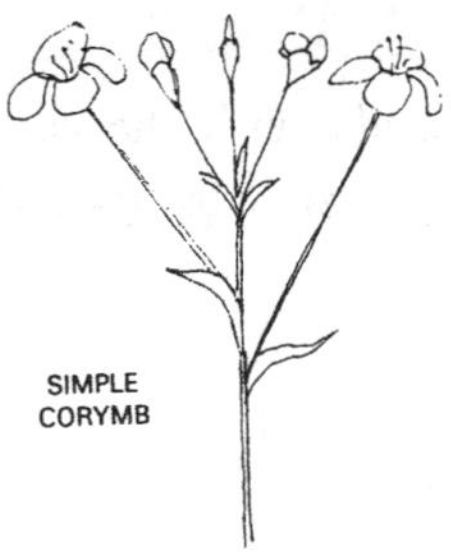

图 310

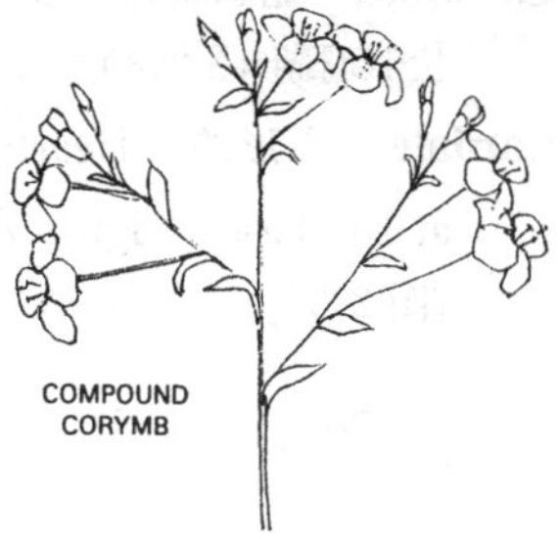

图 311

Corymbiform **伞房花序状的** An inflorescence with the general appearance, but not necessarily the structure, of a true corymb. 花序外形似伞房花序,但结构不一定是真正的伞房花序。

Corymbose **伞房的** Having flowers in corymbs. The term is sometimes used in the same sense as **corymbiform**. 花呈伞房花序,此术语有时和**伞房花序状**的同义。

Costa(pl. **costae**) **肋,中脉** A rib or prominent mid-vein. Figure 312. 肋或凸起的中脉(图 312)。

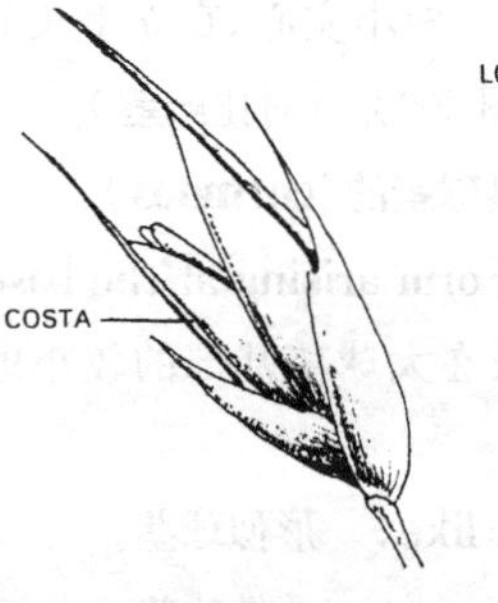

图 312

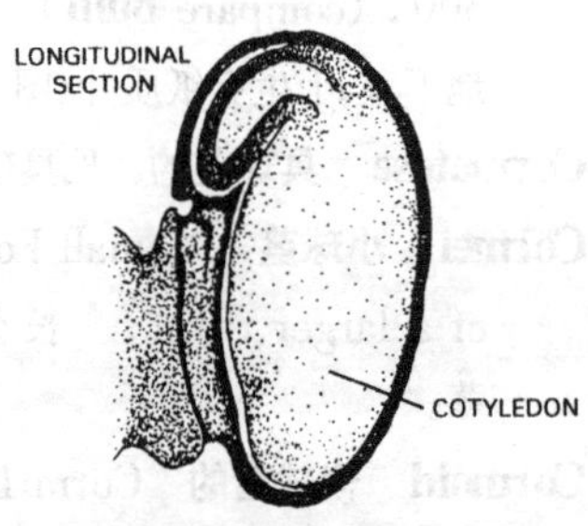

图 313

Costate **具中脉的,具肋的** Ribbed. Figure 312. 具肋纹的(图 312)。

Costular **肋的,脉的** Pertaining to the ribs or veins. 与肋或脉相关。

Cotyledon **子叶** A primary leaf of the embryo; a seed leaf. Figures 313 and 314. 胚的初生叶;种子的叶。图 313 和图 314。

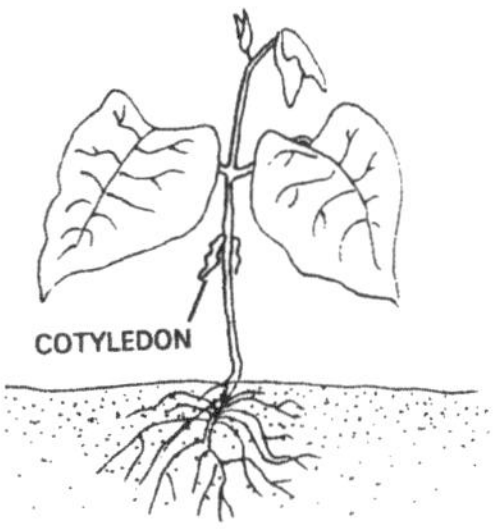

图 314

图 315

Cotyliform **碟状的** Cup-shaped. Figure 315. 形似杯子(图 315)。

Crampon **支持根** An adventitious root serving as a support, as in ivy. Figure 316. 营支持作用的不定根,如常春藤(图 316)。

Crateriform **量杯状的** Bowlshaped. Figure 315. 形似碗(图 315)。

Creeping **匍匐的** Growing along the surface of the ground, or just beneath the surface, and producing roots, usually at the nodes. Figure 317. 沿着地表或紧靠着地面生长,通常在节处生根(图 317)。

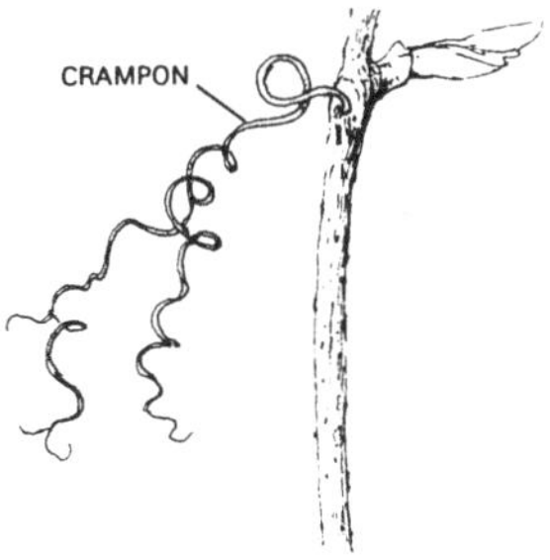

图 316

Cremocarp **双悬果** 见分果(**schizocarp**)。

Crena **圆齿** 见圆齿(**crenation**)。

Crenate **具圆齿的** With rounded teeth along the margin. Figure 318. 叶缘具圆形齿(图 318)。

Crenation **圆齿** A rounded projection or tooth along the margin of a leaf. Figure 318. 叶缘上的圆凸或圆齿(图 318)。

Crenature **圆齿** 见圆齿(**crenation**)。

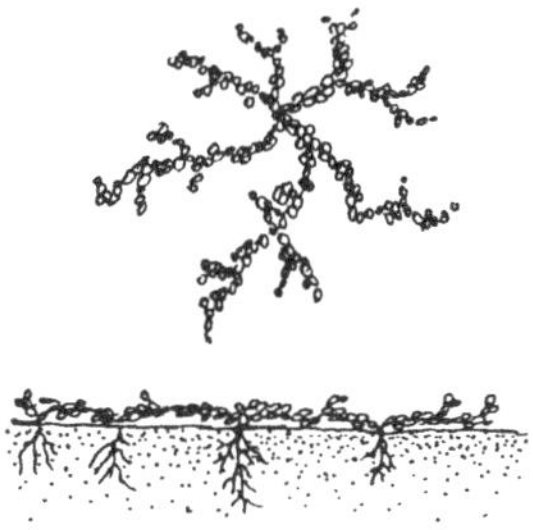
图 317

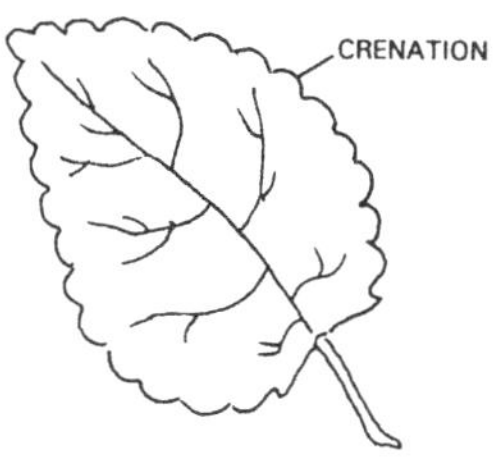

图 318

Crenulate **具细圆齿的** With very small rounded teeth along the margin. Figure 319. 边缘具很小的圆齿(图 319)。

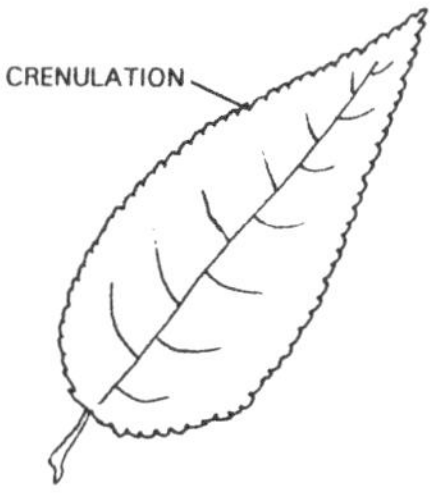

图 319

Crenulation **细圆齿** A very small rounded tooth along a margin; a minute crenation. Figure 319. 边缘的小圆齿;小圆锯齿。图 319。

Creosote **杂酚油,木馏油** An oily liquid with a strong, penetrating odor. 一种具有刺鼻气味的油性液体。

Crescentic **新月形的** Crescent-shaped. Figure 320. 形似新月(图 320)。

图 320

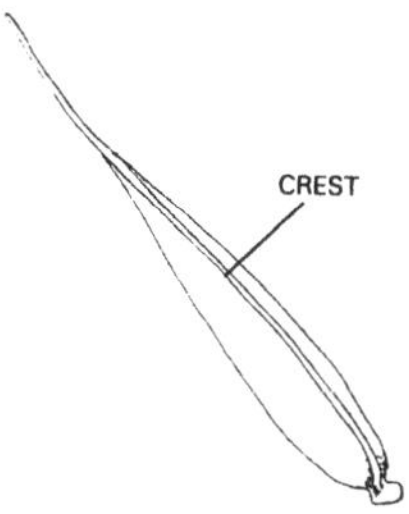

图 321

Crest **①脊 ②鸡冠状突起** An elevated ridge or rib on a surface. Figure 321; a tuft of short, stiff hairs. Figure 322. 表面隆起的脊或肋状凸起(图 321);一簇短而硬的毛(图 322)。

Crested **①具脊的 ②具鸡冠状突起的** With a

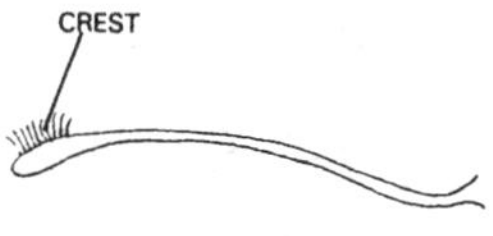

图 322

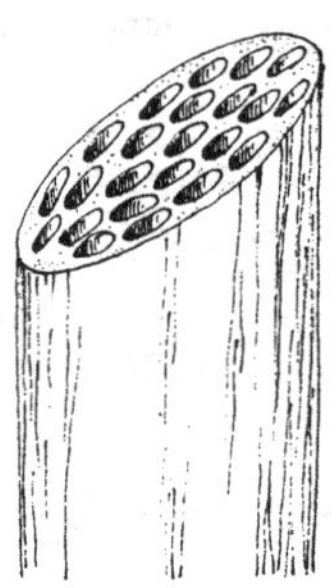

图 323

crest, usually on the back or at the summit. Figures 321 and 322. 具脊或鸡冠状突起,通常位于背部或顶端(图 321 和 图 322)。

Cribriform 筛状的 Sieve-like. Figure 323. 形状似筛子(图 323)。

Cribrose 筛状的 见筛状的(**cribriform**)。

Cribrous 筛状的 见筛状的(**cribriform**)。

Crinite 具长柔毛的 With tufts of long, soft hairs. Figure 324. 具簇生的长而软的毛(图 324)。

Crinkled 皱曲的 Flattened and somewhat twisted, kinked, or curled. Figure 325. 扁平并微具弯曲、扭曲或卷曲(图 325)。

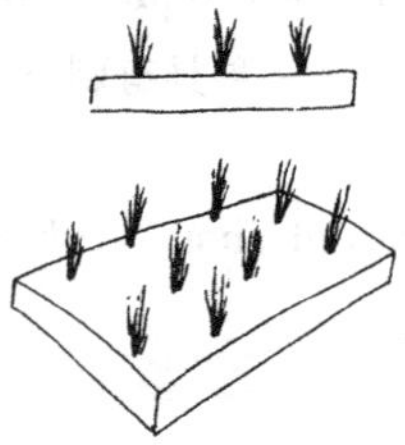

图 324

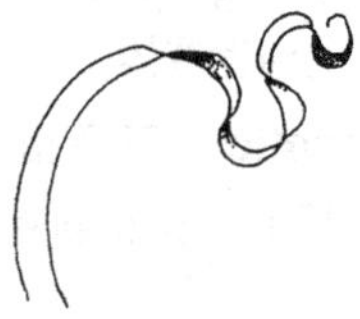

图 325

Crispate 皱波状的 见皱波状的(**crisped**)。

Crisped 皱波状的 Curled, wavy or crinkled. Figure 326. 弯曲、波状或褶皱状(图 326)。

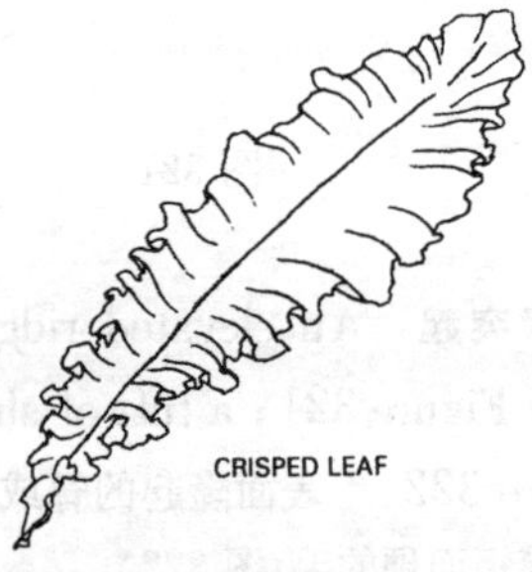

图 326

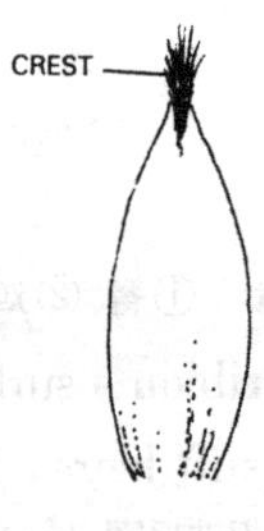

图 327

Cristate 鸡冠状的 With a terminal tuft or crest. Figure 327. 端部具簇状或冠状突起(图 327)。

Cristulate 小鸡冠状的 With a small terminal tuft or crest. 端部具小的簇状或冠状突起。

Crosier 拳卷叶芽 The curled top of a young fern frond. Figure 328. 真蕨幼叶卷曲的顶端。图 328。

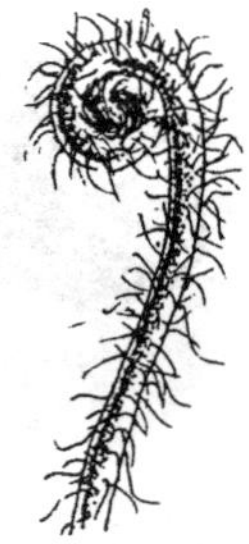

图 328

图 329

Crown ①根颈 ②树冠 ③副〔花〕冠 The persistent base of a herbaceous perennial. Figure 329; the top part of a tree. Figure 330; a corona. Figure 331. 多年生草本植物宿存的基部(图 329);树木的顶端部分(图 330);副花冠(图 331)。

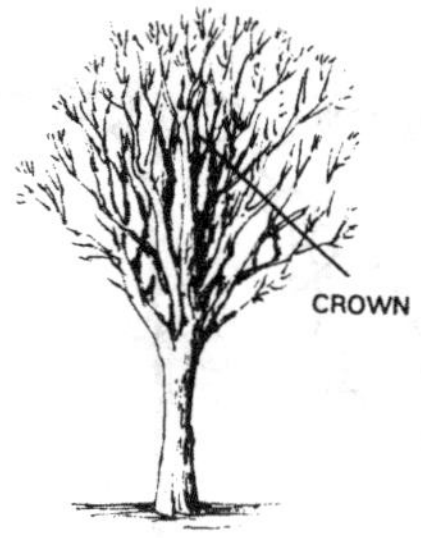

图 330

图 331

Cruciate 十字形的 见十字形的(**cruciform**)。

Cruciform 十字形的 Cross-shaped. Figure 332. 十字交叉状(图 332)。

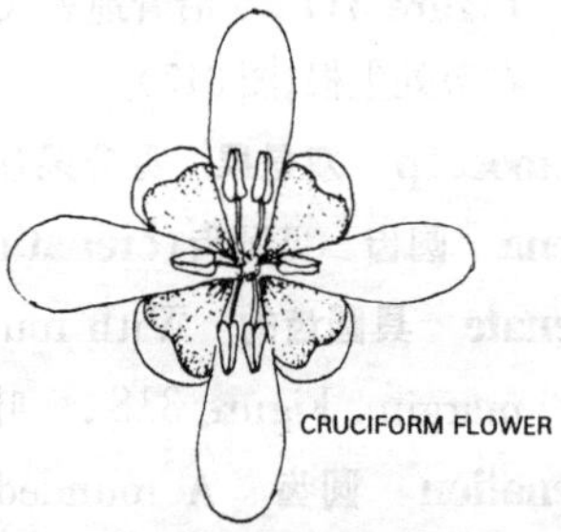

图 332

Crustaceous 壳质的 Dry and brittle.

干而脆。

Crustose **壳状的** Hard and brittle. 硬而脆。

Cryptanthous **雄蕊内藏的** With the flower hidden; cleistogamous. 具内藏的花;闭花受精的。

[译者按:实际上是雄蕊不伸出花冠之外,并非花隐藏起来]

Cryptogam **隐花植物** A plant that does not produce seeds. (compare **phanerogam**) 不产生种子的植物。(对比**显花植物**)。

Cryptophyte **隐花植物** 见**隐花植物**(**cryptogam**)。

[译者按:该术语除了"隐花植物"的含义外,更常用作"隐芽植物"。]

Ctenoid **篦齿状的** 见**篦齿状的**(**pectinate**)。

Cucullate **兜状的** Hooded or hood-shaped. Figure 333. 具兜的或兜形(图 333)。

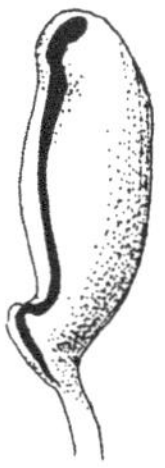

图 333

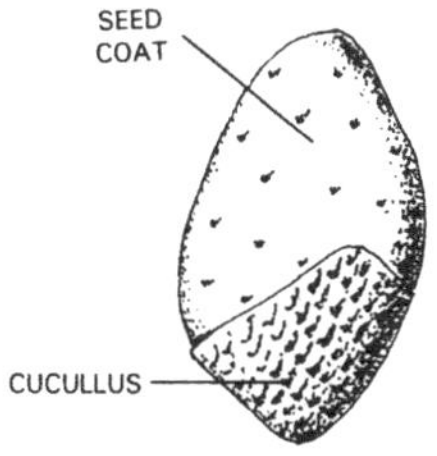

图 334

Cucullus **盔帽** A hood. Figure 333; a seed covering external to the seed coat. Figure 334. 兜状瓣(图 333);种皮外的覆盖层(图 334)。

Cucumiform **黄瓜形** Cucumber-shaped; cylindrical with rounded ends. Figure 335. 形似黄瓜;端部为圆形的圆筒状。图 335。

图 335

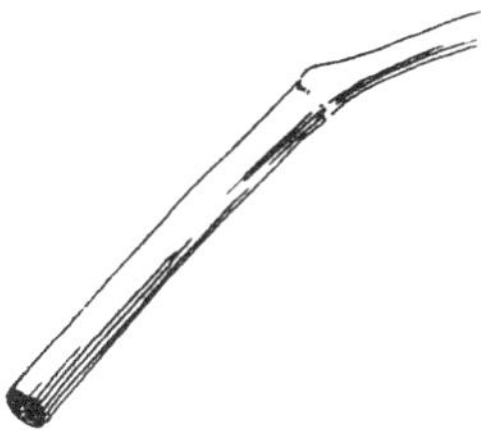

图 336

Culm **秆** A hollow or pithy stalk or stem, as in the grasses, sedges, and rushes. Figure 336. 中空并具髓的秆或茎,如禾草、莎草和灯心草(图 336)。

Cultivar **栽培品系** A form of plant originating under cultivation. 由栽培而产生的一类植物。

Cultrate **刀片状的** Shaped like a knife blade. Figure 337. 形似刀片(图 337)。

图 337

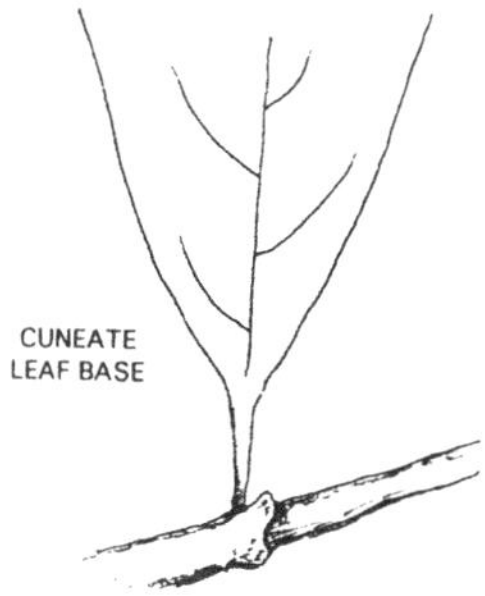

图 338

Cuneate **楔形的** Wedge-shaped, triangular and tapering to a point at the base. Figure 338. 形状似楔,三角锥形且基部渐尖(图 338)。

Cuneifoliate **楔形叶的** With cuneate leaves. 具楔形叶。

Cuneiform **楔形的** 见**楔形的**(**cuneate**)。

Cupulate **杯状的** Cup-shaped; with a small cup-like structure. Figure 339. 形似杯子;具小杯状结构(图 339)。

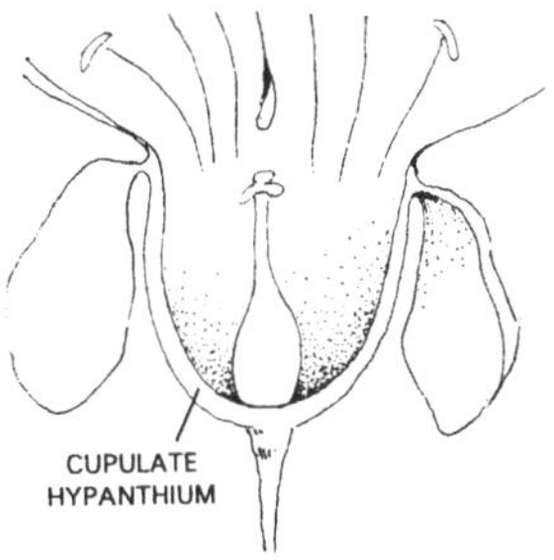

图 339

图 340

Cupule **壳斗** A cup-shaped involucre, as in an acorn. Figures 340 and 341. 杯状总苞,如槲果(图 340 和图 341)。

Cupuliform **杯形的** Cup-shaped. Figure 339. 形似杯子(图 339)。

Cusp **尖突** A short, sharp, abrupt point, usually at the tip of a leaf or other organ. Figure 342. 叶子或其他器官顶部短而骤尖的尖端(图 342)。

Cuspidate 骤尖的 Tipped with a short, sharp, abrupt point (cusp). Figure 342. 先端短且急尖(图 342)。

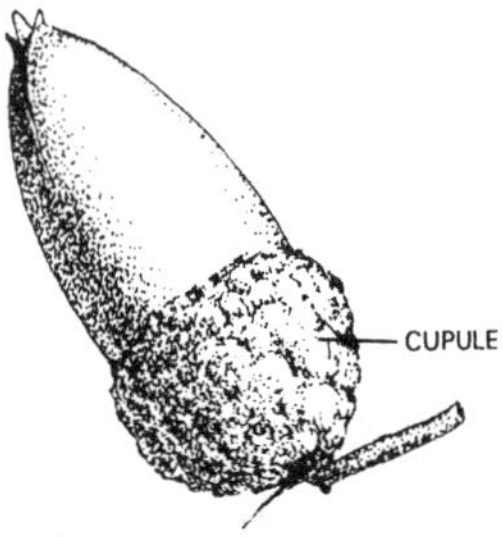

图 341

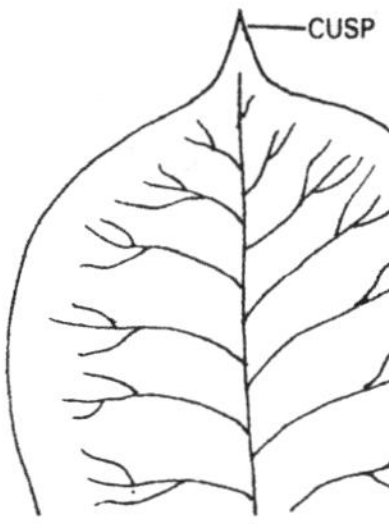

图 342

Cuticle 角质层 The waxy layer on the surface of a leaf or stem. 叶或茎表面所覆盖的蜡质层。

Cyathiform 杯状的 With the form of a cyathium; cup-shaped. 具杯状聚伞花序的形式;杯状。

Cyathium (pl. **cyathia**) 杯状聚伞花序 The inflorescence in the genus *Euphorbia*, consisting of a cup-like involucre containing a single pistil and male flowers with a single stamen. Figure 343. 大戟属植物由杯状总苞组成的花序,总苞中具一朵单雌蕊的雌花和多朵单雄蕊的雄花(图 343)。

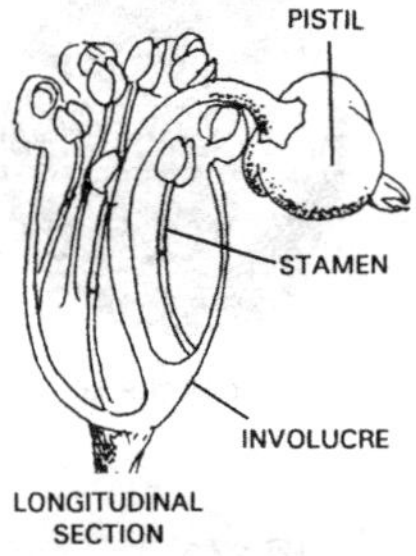

图 343

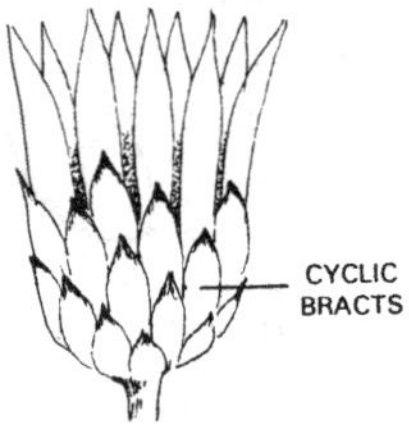

图 344

Cyclic 轮列的 Occurring in apparent cycles or whorls. Figure 344. 明显地成环形或轮状排列(图 344)。

Cylindric 圆筒状的 Cylinder-shaped; elongate and round in cross section. Figure 345. 形似圆柱;长形且横切面为圆形(图 345)。

Cylindrical 圆筒状的 见圆筒状的(**cylindric**)。

Cylindroid 近圆筒状的 Shaped like a cylinder, but elliptic in cross-section. Figure 346. 形似圆柱,但横切面是椭圆形(图 346)。

图 345

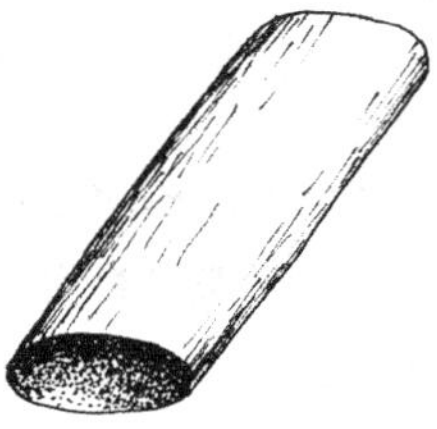

图 346

Cymbiform 舟状的 Boat-shaped. Figure 347. 形似船(图 347)。

Cyme 聚伞花序 A flat-topped or round-topped determinate inflorescence, paniculate, in which the terminal flower blooms first. Figure 348. 顶部平或圆形的有限花序,圆锥状,顶端花先开放(图 348)。

Cymose 聚伞状的 With flowers in a cyme. Figure 348; cyme-like. 花排列成聚伞花序(图 348);似聚伞花序的。

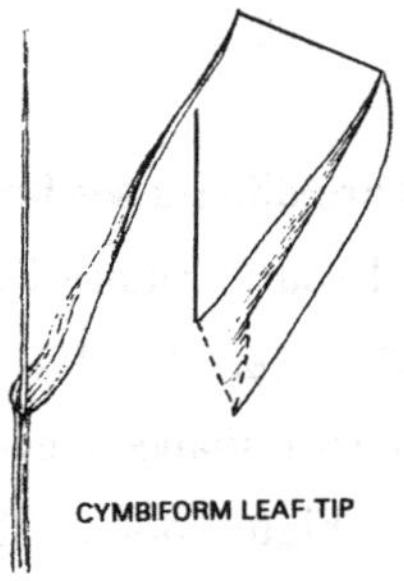

图 347

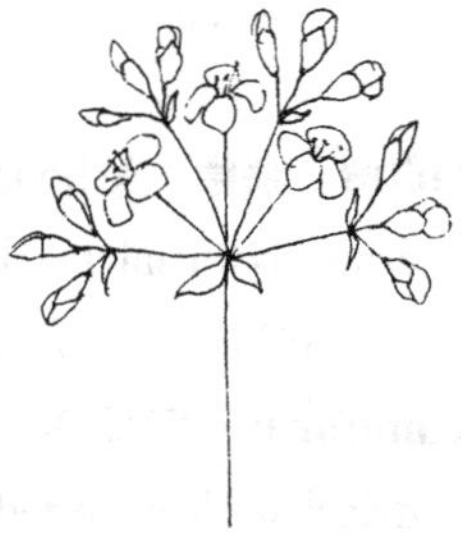

图 348

Cymule 小聚伞花序 A small cyme or a small section of a compound cyme. Figure 349. 小的聚伞花序或复合聚伞花序的一小部分(图 349)。

Cynarrhodium 蔷薇果 A fleshy, hollow fruit enclosing achenes, as the rose hip. Figure 350. 内含有多个瘦果的肉质果实,如玫瑰的蔷薇果(图 350)。

Cypsela 连萼瘦果 A dry, single-seeded, indehiscent fruit with an adnate calyx, as in some achenes in the Compositae (Asteraceae).

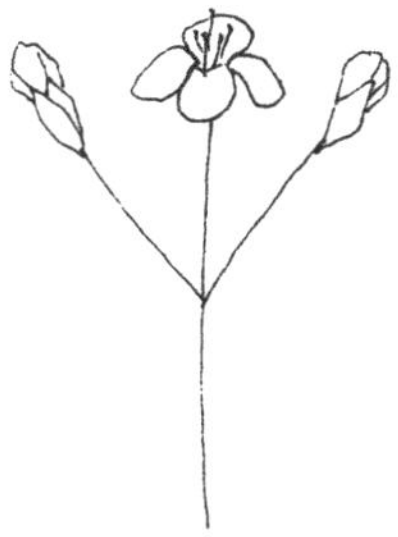

图 349

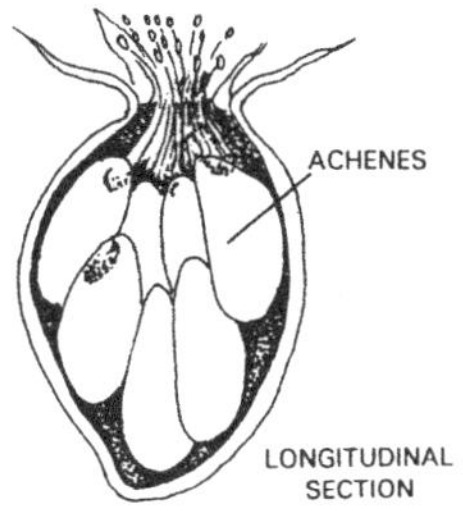

图 350

Figure 351. 具连生花萼和单个种子的不开裂干果,如菊科植物的某些瘦果(图 351)。

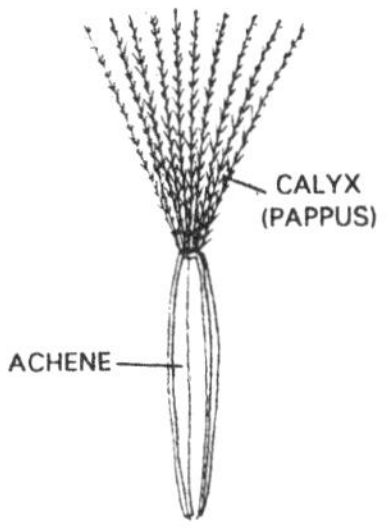

图 351

图 352

Dasyphyllous **具绵毛叶的** With hairy or woolly leaves. Figure 352. 具毛的或绵状毛的叶(图 352)。

Deca-(prefix) **Deca-**(前缀) Meaning ten. 十。

Decamerous **十数的** With parts arranged in sets or multiples of ten. 具以十或十的倍数成组排列的多个部分。

Decandrous **具十雄蕊的** With ten stamens. 具十个雄蕊。

Decantherous **具十花药的** With ten anthers. 具十个花药。

Decapetalous **具十花瓣的** With ten petals. 具十个花瓣。

Decaphyllous **具十叶的** Ten-leaved. 具十片叶子。

Cecasepalous **具十萼片的** With ten sepals. 具十个萼片。

Decaspermal **具十个种子的** 见具十种子的(**decaspermous**)。

Decaspermous **具十种子的** With ten seeds. 具十个种子。

Deciduous **脱落的** Falling off, as leaves from a tree; not evergreen; not persistent. 凋落,如叶从树上脱落;不常绿;不宿存。

Declinate **下倾的** 见下弯的(**declined**)。

Declined **下弯的** Curved downward. Figure 353. 向下弯曲(图 353)。

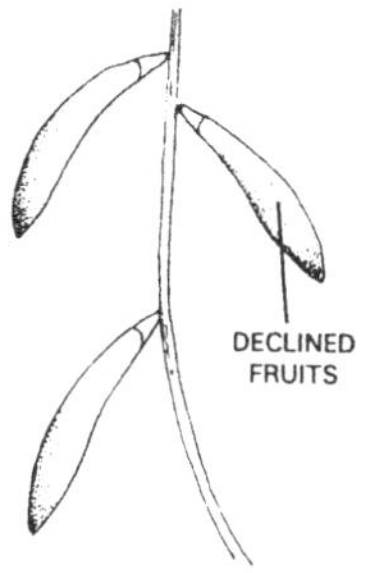

图 353

Decompound **多回复出的** More than once-compound, the leaflets again divided. Figure 354. 多于一次的重复,小叶多级(图 354)。

图 354

图 355

Decumbent **外倾的** Reclining on the ground but with the tip ascending. Figure 355. 匐于地面生长但端部向上(图 355)。

Decurrent **下延的** Extending downward from the point of insertion, as a leaf base that extends down along the stem. Figure 356. 从着生点向下延伸,如叶基部沿茎干向下延伸(图 356)。

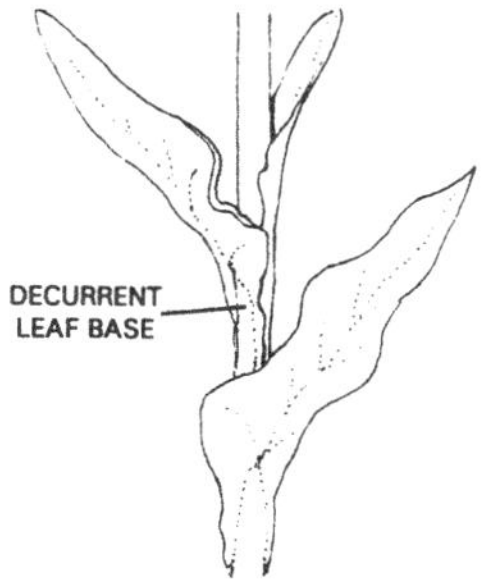

图 356

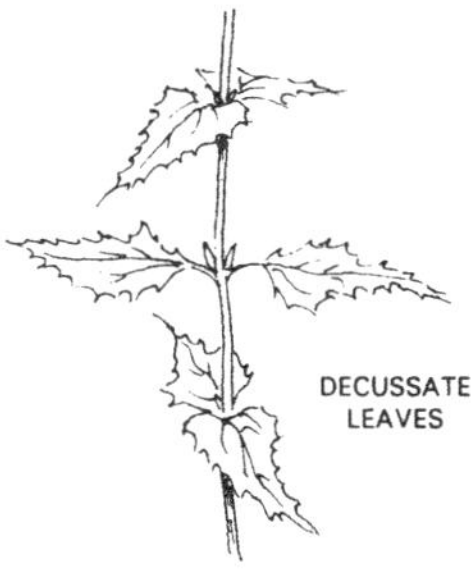

图 357

Decurved　下弯的　见下弯的(**declined**)。

Decussate　交互对生的　Arranged along the stem in pairs, with each pair at right angles to the pair above or below. Figure 357. 沿茎干成对排列,相邻各对之间彼此成直角(图 357)。

图 358

Deflexed　外折的　Bent abruptly downward. Figure 358.　突然地向下弯曲(图 358)。

Deflorate　落花的　Past the flowering time.　过了开花期。

Defoliation　落叶　The shedding of leaves.　叶的凋落。

Dehiscence　开裂　The opening at maturity of fruits and anthers.　果实和花药在成熟时裂开。

Dehiscent　开裂的　Opening at maturity or when ripe to release the contents, as a fruit or an anther. Figure 359.　成熟时或成熟至散放内容物时开裂,如果实或花药(图 359)。

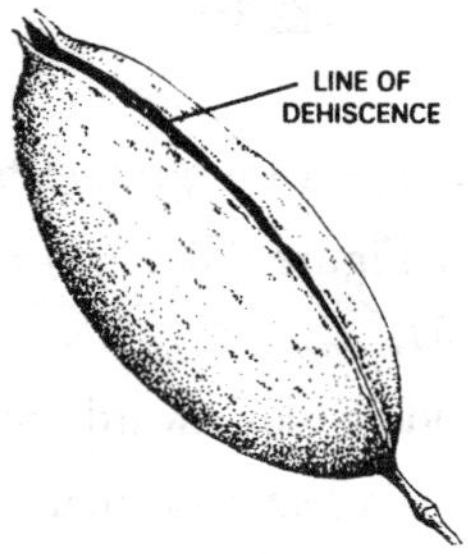

图 359

图 360

Deliquescent　歧散的(指茎)　An irregular pattern of branching without a well defined central axis from bottom to top. Figure 360.　没有规则的分枝样式,从底部到顶部无固定的中心轴(图 360)。

Deltate　正三角形的　见正三角形的(**deltoid**)。

Deltoid　正三角形的　With the shape of the Greek letter delta; shaped like an equilateral triangle. Figures 361 and 362.　形如"Δ";形似等边三角形。图 361 和图 362。

Dendriform　树状的　With a tree-like form.　具树状的形态。

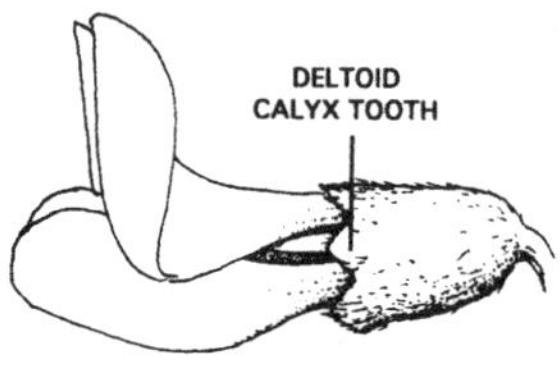

图 361　　图 362

Dendritic　树枝状的　With a branching pattern similar to that in a tree, as in some hairs in the Cruciferae (Brassicaceae). Figure 363. 具与树木相似的分枝样式,如十字花科具有的某些毛(图 363)。

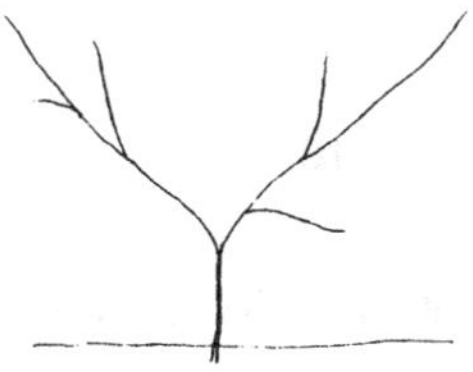

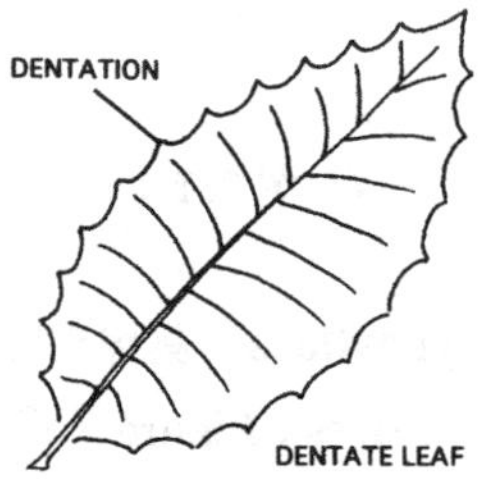

图 363　　图 364

Dendroid　树木状的　见树状的(**dendriform**)。

Dentate　具牙齿的　Toothed along the margin, the teeth directed outward rather than forward. Figure 364.　边缘具齿,齿尖朝外但不是向前(图 364)。

Dentation　①齿状 ②牙齿　The state of being dentate; a tooth along a margin, as in a leaf. Figure 364.　具牙齿的状态;沿边缘的牙齿,如叶中。图 364。

Denticle　小齿,小齿状突出物　A small tooth or toothlike projection. Figure 365.　小齿或齿状的突出物(图 365)。

Denticulate　具细牙齿的　Dentate with very small teeth. Figure 365.　具有细小的牙齿状齿(图 365)。

Denticulation　小齿　The state of being denticulate; a denticle. Figure 365. 具细牙齿的状态;小齿。图 365。

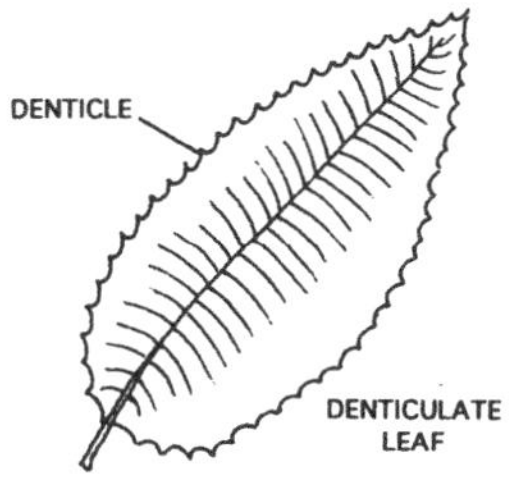

图 365

Dentiform 齿状的 Tooth-shaped. Figure 364. 形似牙齿(图 364)。

Dentoid 齿状的 见齿状的(**dentiform**)。

Denudate 裸的 Stripped bare; denuded. 露出的;裸露的。

Depauperate 发育不全的 Stunted or poorly developed, usually due to adverse environmental conditions. 生长受阻碍或发育不良,通常是由于不利的环境条件。

Deplanate 扁平的 Flattened. Figure 366. 扁平的(图 366)。

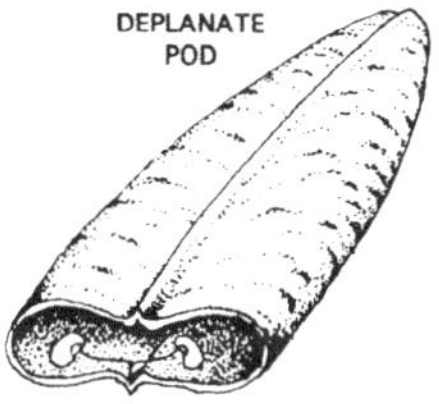

图 366

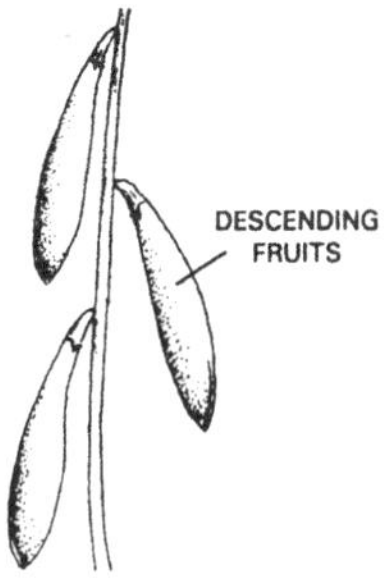

图 367

Depressed 背腹扁平的,顶基扁的 Flattened down from above. Figure 366. 从上到下扁平(图 366)。

Dermal 皮的 Of or pertaining to the epidermis. 表皮的或表皮性的。

Descending 下斜的 Directed downward at a moderate angle. Figure 367. 以一定的角度下垂(图 367)。

Determinate 有限的 Describes an inflorescence in which the terminal flower blooms first, halting further elongation of the main axis. Figure 368. 指末端花先开,阻止主轴进一步延伸的花序(图 368)。

Dextrorse 右旋的 Turned to the right or spirally arranged to the right, as in the leaves on some stems. Figure 369. (compare **sinistrorse**) 向右转或向右螺旋排列,如某些植物茎上的叶(图 369)。(对比**左旋的**)。

Di-(prefix) **Di-**(前缀) Meaning two or twice. 二、联、双。

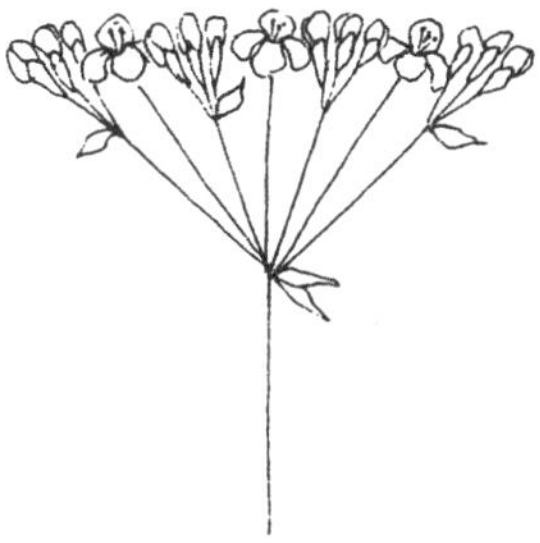

图 368

图 369

Diadelphous 二体雄蕊的 Stamens united into two, often unequal, sets by their filaments. Figures 370 and 371. 雄蕊由花丝联合成通常数目不等的两束(图 370 和图 371)。

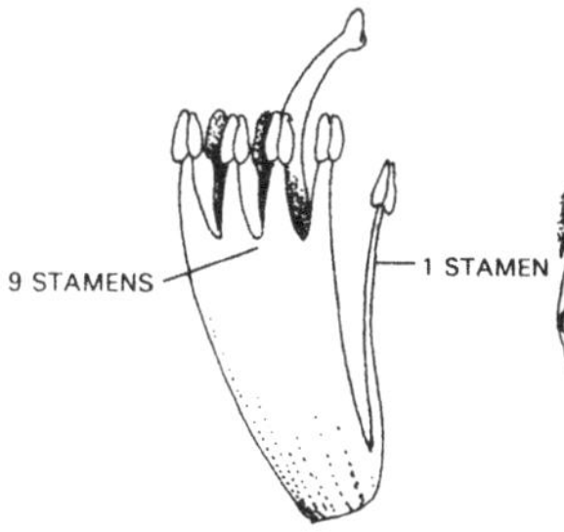

图 370

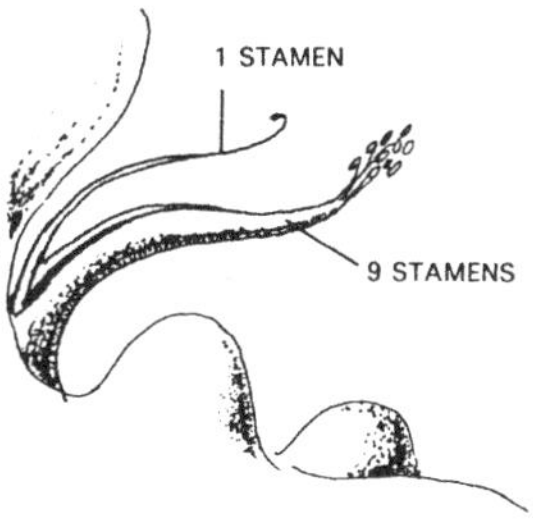

图 371

Dialycarpel 离生果实 An ovary or fruit with separate carpels. Figure 372. 具离生心皮的子房或果实(图 372)。

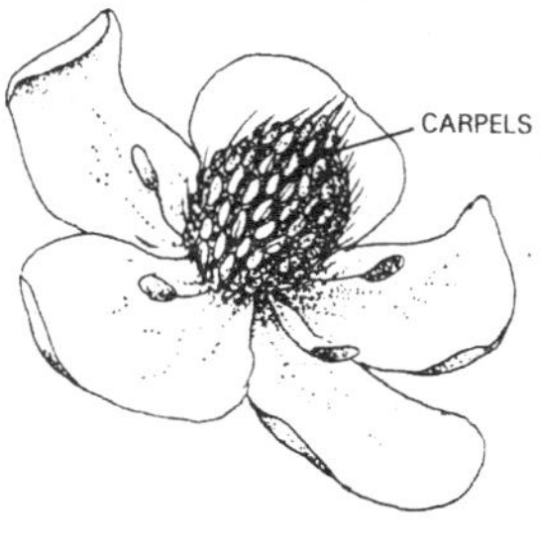

图 372

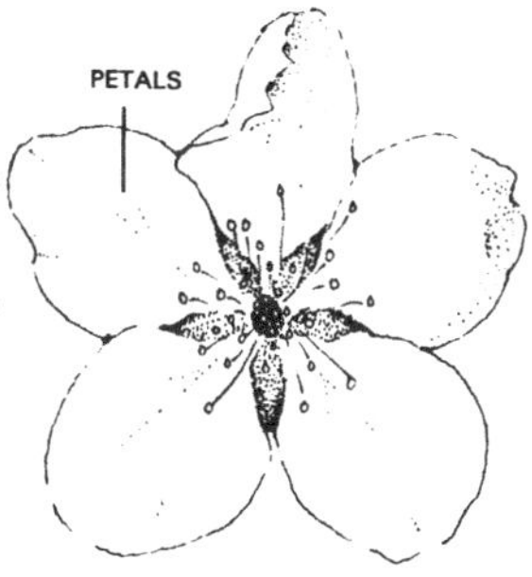

图 373

Dialycarpic　离果瓣的　见离生心皮的（**dialycarpous**）。

Dialycarpous　离生心皮的　With separate carpels. Figure 372.　具离生心皮(图 372)。

Dialypetalous　离瓣的　With separate petals. Figure 373.（same as **polypetalous** and **apopetalous**）具离生花瓣(图 373)。(等同**离瓣的**和**离生花瓣的**)。

Dialyphyllous　离生叶的　With the leaves distinct.　具有离生的叶。

Dialysepalous　离萼的　With separate sepals. Figure 374.（same as **polysepalous**）具离生的萼片(图 374)。(等同**离萼的**)。

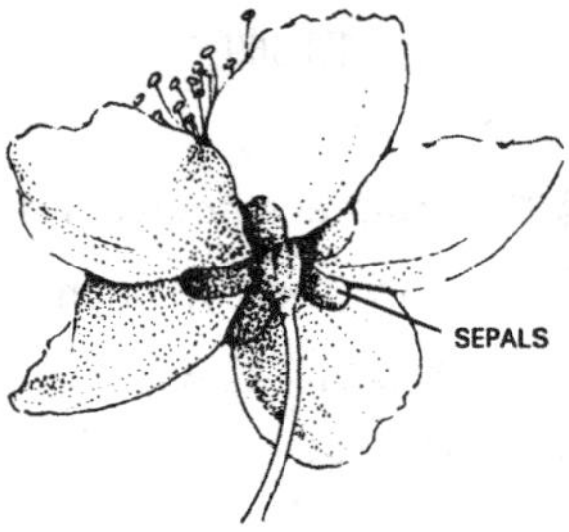

图 374

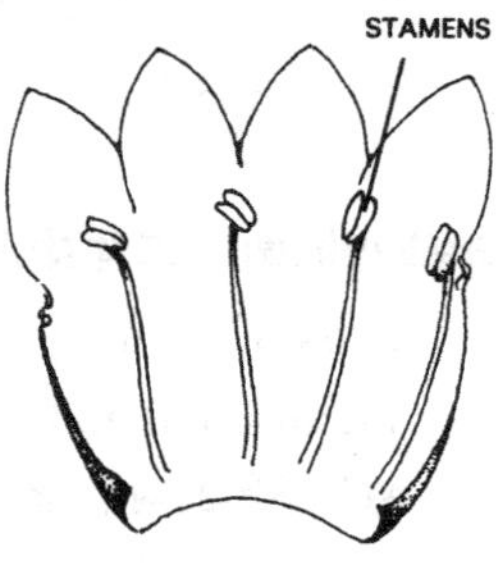

图 375

Dialystaminous　离生雄蕊的　With separate stamens. Figure 375.　具离生的雄蕊(图 375)。

Diandrous　具两雄蕊的　With two stamens.　具两枚雄蕊。

Diaphanous　半透明的　Translucent.　半透明。

Dicarpellary　具两心皮的　见双心皮的(**bicarpellate**)。

Dicarpellate　具两心皮的　见双心皮的(**bicarpellate**)。

Dichasium　二歧聚伞花序　A cymose inflorescence in which each axis produces two opposite or subopposite lateral axes. Figure 376. 每个花轴具两个对生或近对生侧轴的聚伞状花序(图 376)。

Dichlamydeous　两被的　With two types of perianth whorls, i.e., calyx and corolla. Figure 377.　具两轮不同类型的花被,即花萼和花冠(图 377)。

Dichogamic　雌雄〔蕊〕异熟的　见**雌雄〔蕊〕异熟的**（**dichogamous**）。

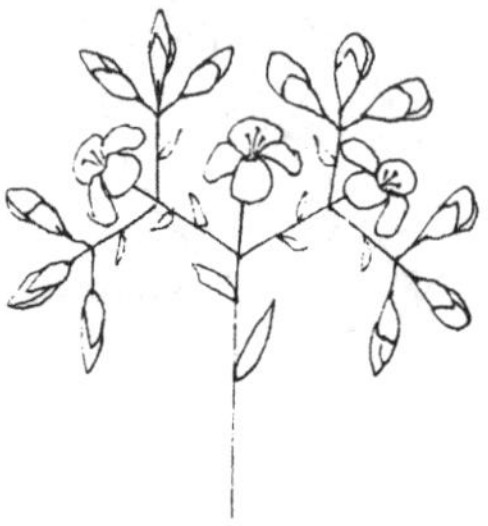

图 376

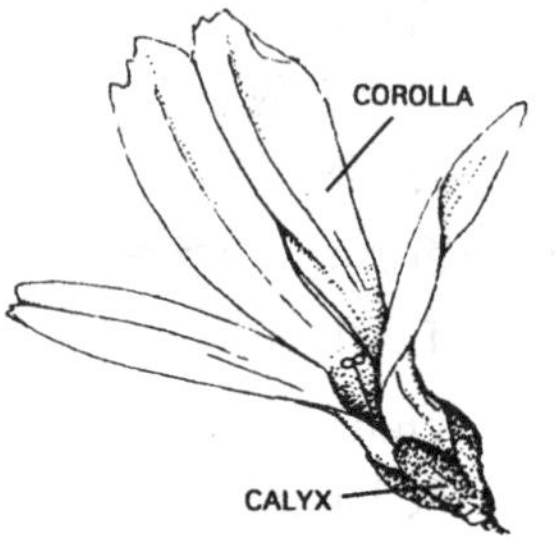

图 377

Dichogamous　雌雄〔蕊〕异熟的　With the pistils and stamens maturing at different times to prevent self-fertilization.（compare **homogamous**）雌蕊和雄蕊在不同的时间成熟以避免自花受精。(对比**雌雄同熟的**)。

Dichogamy　雌雄〔蕊〕异熟　Having dichogamous flowers.　具雌雄异熟花。

Dichotomous　二岐的　Branched or forked into two more or less equal divisions. Figure 378. 具多少相等的两个分支或分叉(图 378)。

图 378

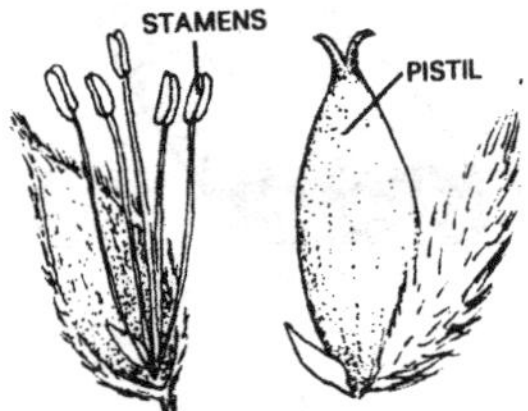

图 379

Diclinous　雌雄〔蕊〕异花的　With the stamens and pistils in separate flowers; imperfect. Figure 379.　雌蕊和雄蕊位于不同的花上;不完全的。图 379。

Dicotyledonous　双子叶的　With two cotyledons. Figure 380. 具两个子叶(图 380)。

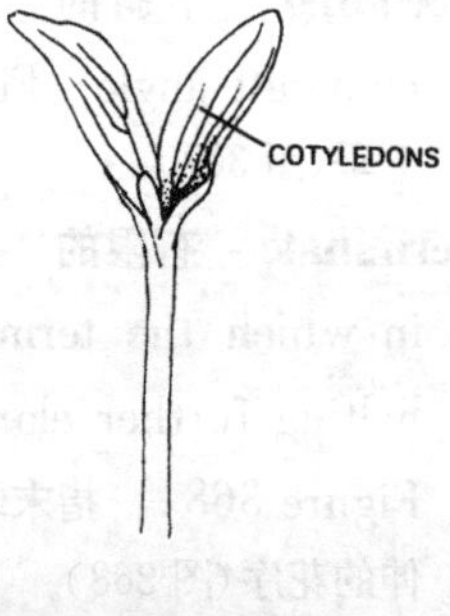

图 380

Dicyclic　二轮列的　With two

whorls. 具两轮。

Didymous **成双的** Developing or occurring in pairs; twin. Figure 381. 成对发生或发育;双胞的。图 381。

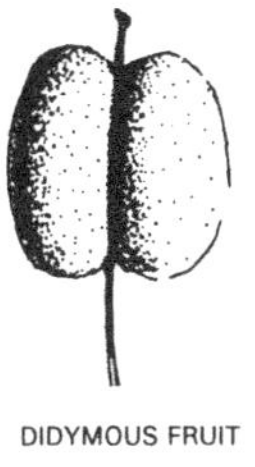

图 381

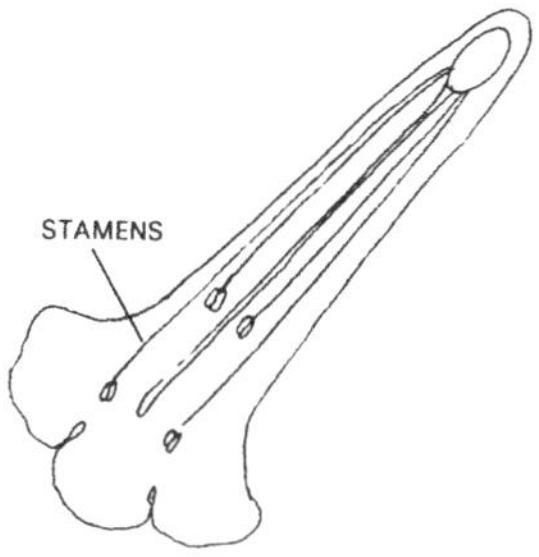

图 382

Didynamous **二强雄蕊的** With two pairs of stamens of unequal length; occurring in pairs. Figure 382. 具有两对不等长的雄蕊;成对出现。图 382。

Diecious **雌雄异株的** 见雌雄异株的(**dioecious**)。

Diffuse **铺散的** Widely or loosely spreading. Figure 383. 广或松散散开(图 383)。

Digitate **指状的** Lobed, veined, or divided from a common point, like the fingers of a hand. Figure 384. (same as **palmate**) 自同一点上如手掌状分开(图 384)。(等同**掌状的**)。

Digitation **指状分裂,指状突起** A digit-like lobe or division. Figure 384. 手指状的圆裂片或裂片(图 384)。

Digitiform **指状的** Finger-like. 形似手指。

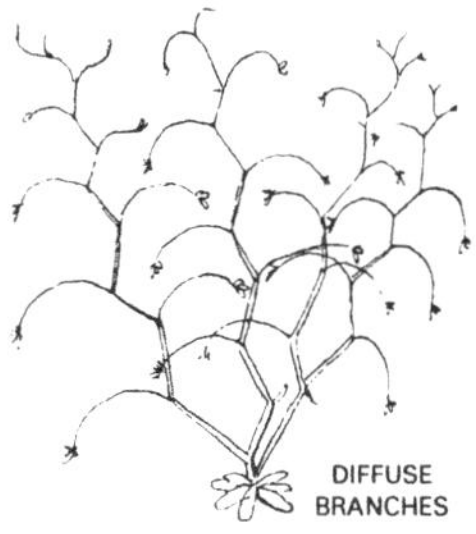

图 383

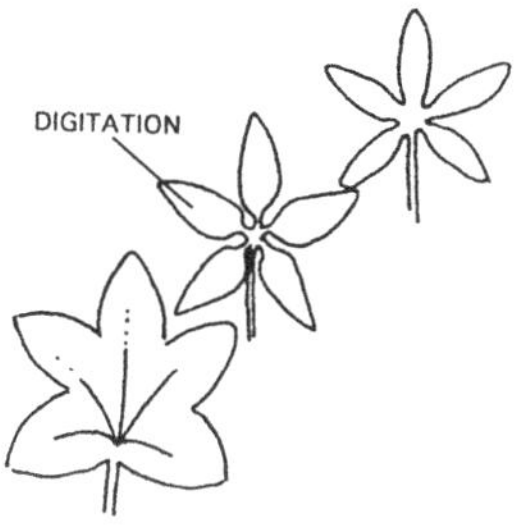

图 384

Digonous **两棱的** With two angles, as the stems of some cacti. Figure 385. 具两个棱角,如某些仙人掌的茎(图 385)。

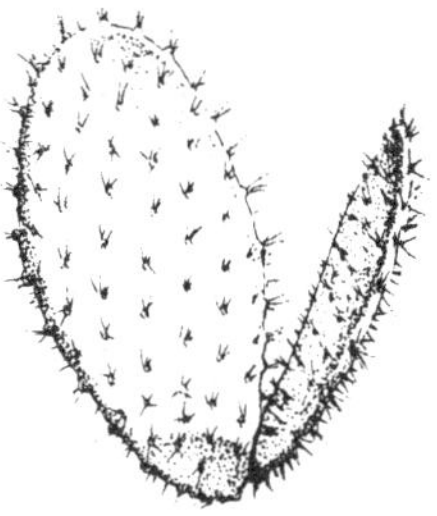

图 385

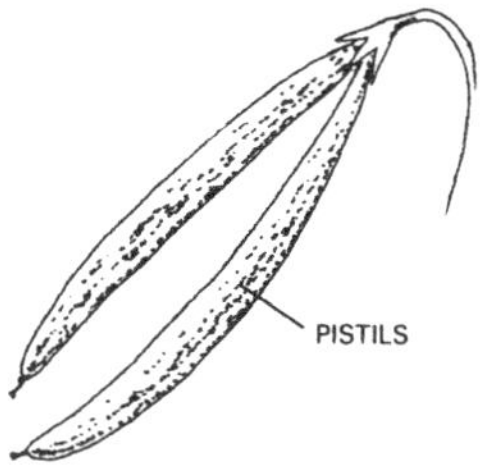

图 386

Digynous **具两心皮的** With two pistils. Figure 386. 具两个雌蕊(图 386)。

Dilated **膨大的** Flattened or expanded. Figure 387. 扁平或膨大(图 387)。

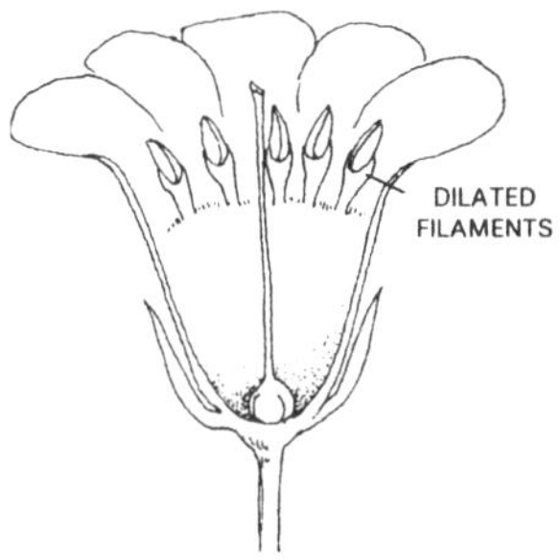

图 387

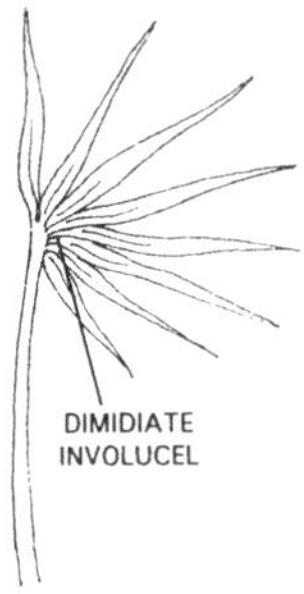

图 388

Dimerous **二基数的** With parts arranged in sets or multiples of two. 以二的倍数成组排列。

Dimidiate **对开的** Divided unequally into halves, so that one half is so reduced as to appear lacking. Figure 388. 分成不等的两半,其中一半非常小,似乎缺失(图 388)。

Dimorphic **二形的** With two forms. 具两种形态。

Dimorphous **二形的** 见二形的(**dimorphic**)。

Dioecious **雌雄异株的** Flowers imperfect, the staminate and pistillate flowers borne on different plants. (compare **monoecious**). 不完全花,雄花和雌花生长于不同的植株上。(对比**雌雄同株的**)。

Dioicous **雌雄异株的** 见雌雄异株的(**dioecious**)。

Dipetalous **两花瓣的** 见具双瓣的(**bipetalous**)。

Diploid **二倍体** With two full sets of chromosomes in each cell. 每个细胞中具有两套完整

的染色体。

Diplostemonous　**①具外轮对萼雄蕊的**(指雄蕊群)②**具外轮对萼的**(指花或植物)　With two series of stamens, the outer series opposite the sepals and the inner series opposite the petals; with twice as many stamens as petals. Figure 389. 具两轮雄蕊,外轮对着萼片,内轮对着花瓣;雄蕊数是花瓣数的两倍。图 389。

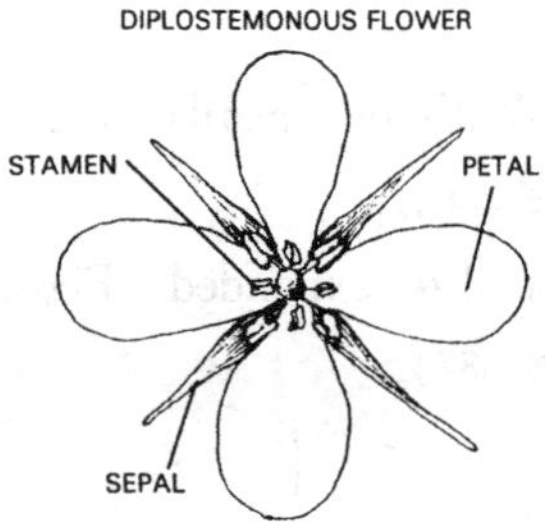

图 389

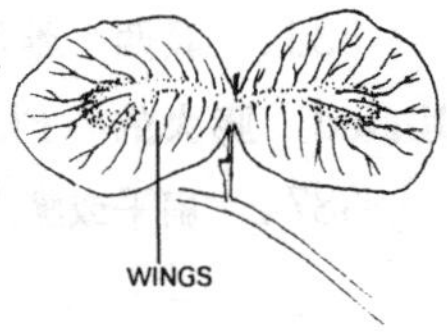

图 390

Dipterous　**具双翅的**　With two wings. Figure 390.　具两翅(图 390)。

Disarticulating　**脱节的**　Separating at maturity at a joint. Figure 391. 成熟时在关节处分开(图 391)。

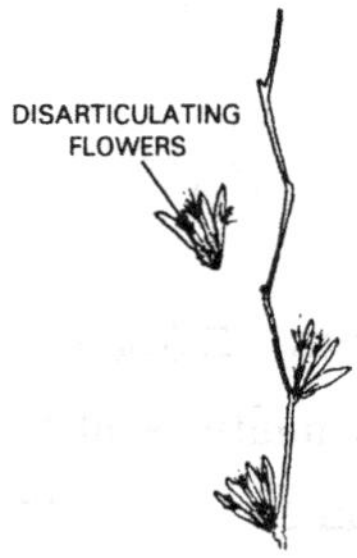

图 391

Disc　**花盘**　见花盘(**disk**)。

Disciform　**盘状的**　In the form of a disk. Figure 392.　形状像盘(图 392)。

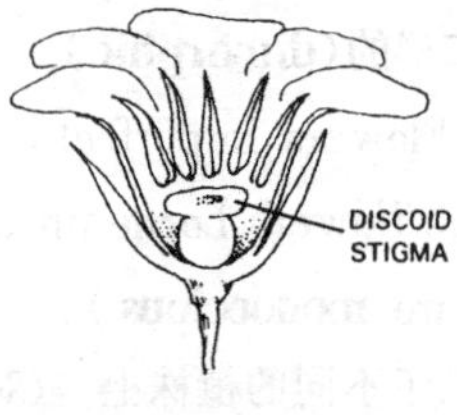

图 392

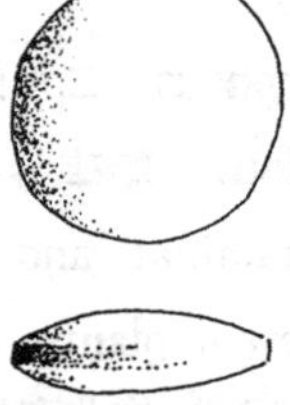

图 393

Discoid　**盘状的**　Resembling a disk. Figures 392 and 393; with disk flowers, as in an involucrate head of the Compositae (Asteraceae) which lacks ray flowers. Figure 394.　类似盘(图 392 和图 393);具盘花,见于菊科植物中具总苞但无边花的头状花序(图 394)。

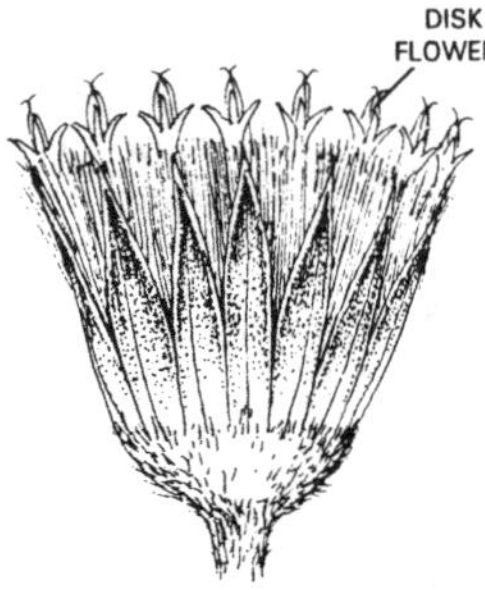

图 394

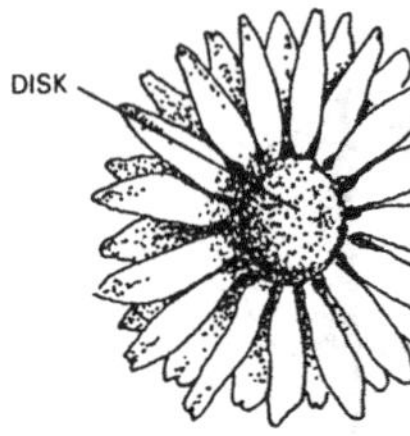

图 395

Disjunct　**间断的**　Occurring in widely separated geographic areas.　分布于间隔遥远的地理区域。

Disk　**花盘**　An enlargement or outgrowth of the receptacle around the base of the ovary; in the Compositae (Asteraceae) the central portion of the involucrate head bearing tubular or disk flowers. Figure 395.　子房基部花托的膨大或扩展构造;菊科植物具总苞头状花序中着生管状花或盘花的中央部分。图 395。

Disk flower　**盘花**　A regular flower of the Compositae (Asteraceae). Figure 396. (compare **ray flower**)　菊科植物的整齐花(图 396)。(对比**边花**)。

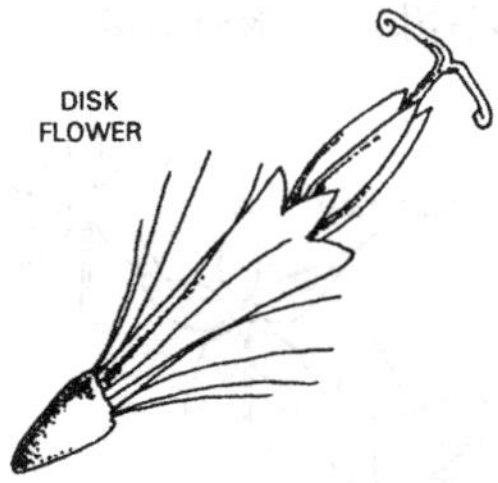

图 396

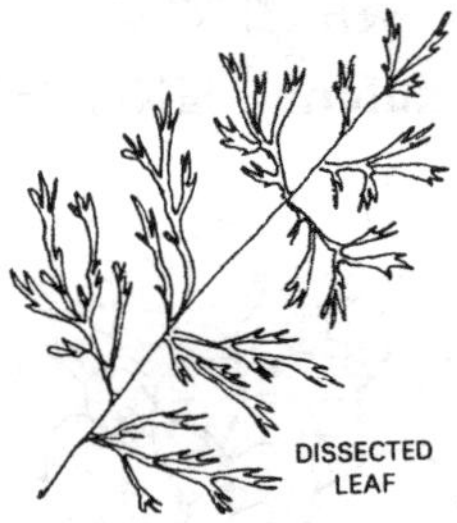

图 397

Dispermous　**具双种子的**　Two-seeded.　有两个种子。

Dissected　**多裂的**　Deeply divided into many narrow segments. Figure 397.　深裂成许多狭裂片(图 397)。

Dissepiment 隔膜 见隔膜(**septum**)。

Dissilient 爆裂的 Bursting open or apart at maturity, as in some ripe fruits. Figure 398. 成熟时爆开或分开,如某些成熟的果实(图 398)。

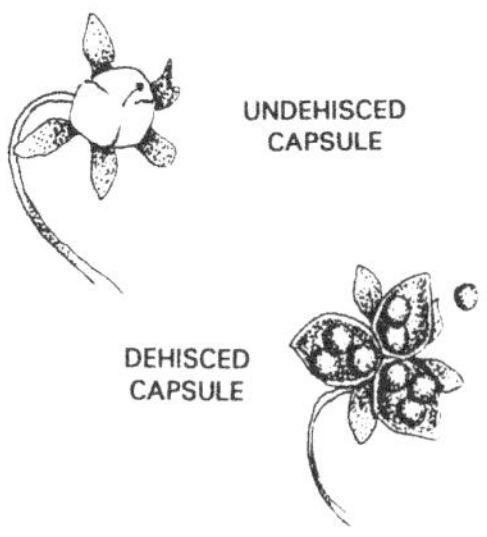

图 398

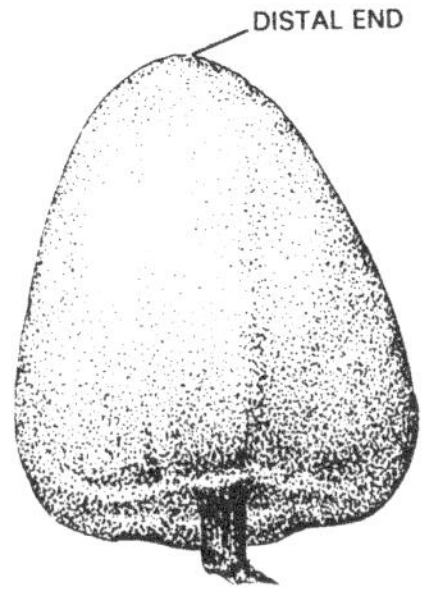

图 399

Distal 远基的,远轴的 Toward the tip, or the end of the organ opposite the end of attachment. Figure 399. (compare **proximal**) 朝向顶端的,或对着器官着生位置的另一端。(对比**近基的,近轴的**)。

Distended 膨胀的 Stretched or swollen. 伸长的或膨胀的。

Distichous 二列的 In two vertical ranks or rows on opposite sides of an axis; two-ranked. Figure 400. 在轴的相对两侧呈竖的行或列排列;两列的。图 400。

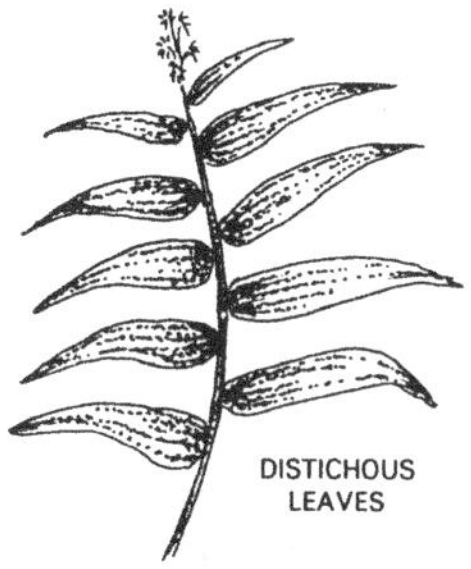

图 400

图 401

Distinct 离生的 Separate; not attached to like parts. Figure 401. (compare **connate**) 分离的;不与相似的部分联合。图 401。(对比**合生的**)。

Dithecal anthers 二室花药 Anthers lacking septi between the loculi, so that there are only two anther cells. Figure 402. 两个花粉囊之间的隔膜缺失,仅具两个药室的花药(图 402)。

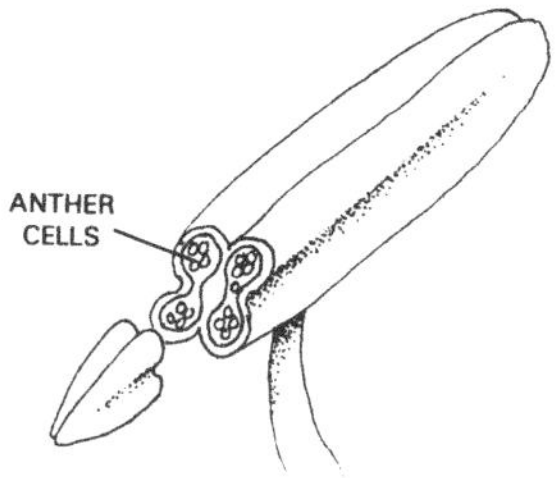

图 402

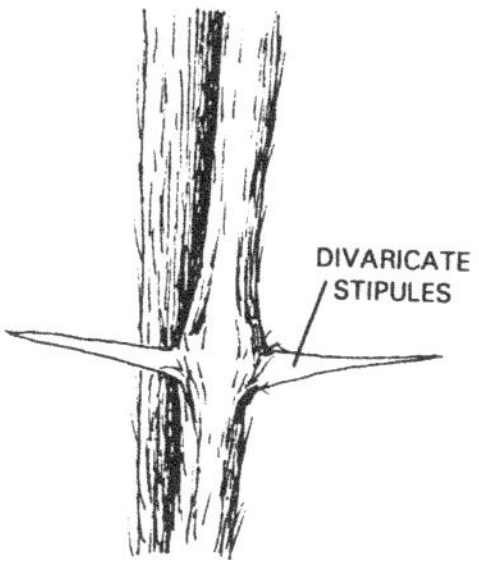

图 403

Diurnal 昼开性的 Occurring or opening in the daytime. 在白天发生或开放。

Divaricate 极叉开的 Widely diverging or spreading apart. Figure 403. 分叉较宽的,舒展开的(图 403)。

Divergent 略叉开的 Diverging or spreading. Figure 404. 叉开或展开(图 404)。

图 404

图 405

Divided 全裂的(指叶) Cut or lobed to the base or to the midrib. Figure 405. 分开或裂至基部或中脉(图 405)。

Dodeca-(prefix) **Dodeca-**(前缀) Meaning twelve 十二。

Dodecagynous 十二雌蕊的 With twelve pistils or styles. 具十二个雌蕊或花柱。

Dodecamerous 十二基数的 With parts arranged in sets or multiples of twelve. 以十二的倍数成组排列。

Dodecandrous 十二雄蕊的 With twelve stamens. 具十二个雄蕊。

Dolabriform 斧形的 Ax-shaped or cleaver-shaped; pick-shaped; attached at some point other than the base, usually near the middle. Figure 406. 形状像斧或劈刀,通常在近中部而不是基部的某点连接(图 406)。

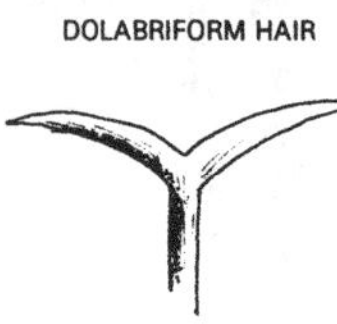

图 406

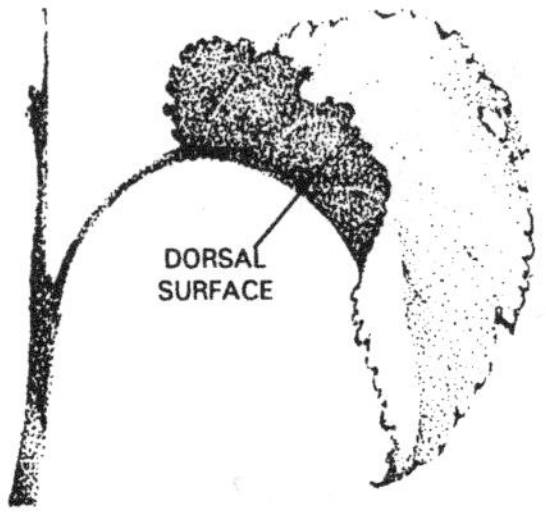

图 407

Dorsal **背侧的,背面的** Pertaining to the back or outward surface of an organ in relation to the axis, as in the lower surface of a leaf; abaxial. Figure 407. (compare **ventral**) 背面,或与轴相关的器官的外表面,如叶子的下表面;离轴的。图 407。(对比**腹面的,腹侧的**)。

Dorsiferous **背生的** Borne on the back. Figure 408. 生于背部(图 408)。

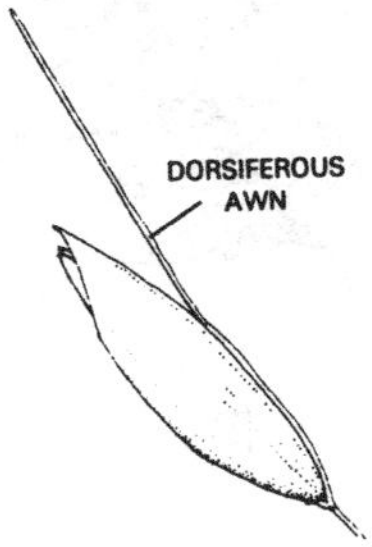

图 408

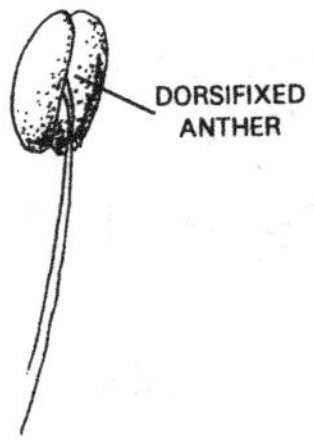

图 409

Dorsifixed **背着的** Attached at the back. Figure 409. (compare **versatile** and **basifixied**) 以背部着生(图 409)。(对比**丁字着的和基着的**)。

Dorsiventral **背腹的** Having an upper and a lower surface; flattened from top to bottom. Figure 410. 有上下表面;从顶到底压扁。图 410。

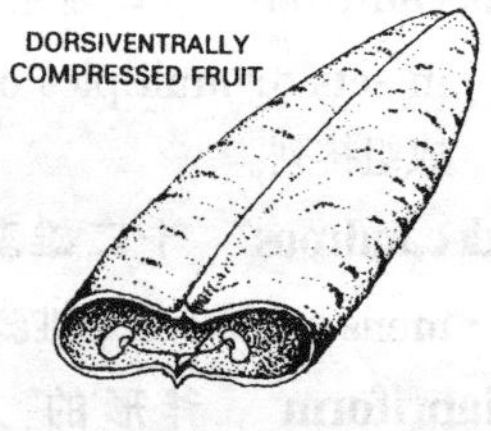

图 410

Dorsoventral **背腹的** 见背腹的(**dorsiventral**)。

Double **重瓣的** Having a larger number of petals than usual. 花瓣数目较通常多出许多。

Double-serrate **重锯齿的** 见重锯齿的(**biserrate**)。

Downy **具短绒毛的** Covered with soft, fine hairs. Figure 411. 被覆有软而细小的毛(图 411)。

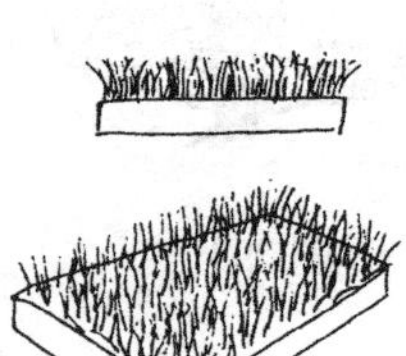

图 411

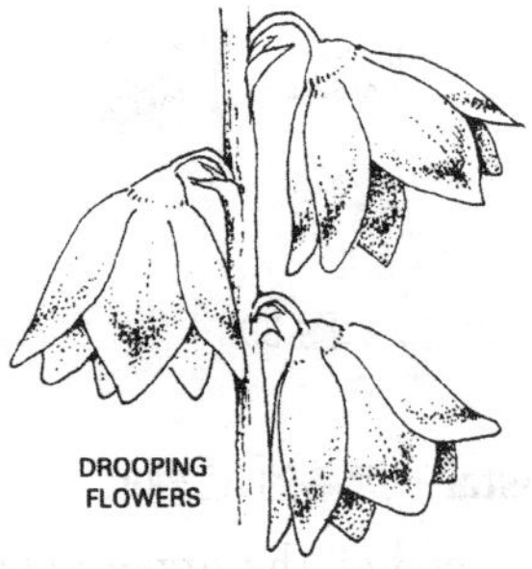

图 412

Drepaniform **镰形的** 见镰刀状的(**falcate**)。

Drooping **俯垂的** Bending or hanging down. Figure 412. 弯曲或下垂(图 412)。

Drupaceous **①具核果的 ②核果状的** Bearing drupes; resembling a drupe or consisting of drupes. 具核果;类似核果或由核果组成。

Drupe **核果** A fleshy, indehiscent fruit with a stony endocarp surrounding a usually single seed, as in a peach or cherry. Figure 413. 通常具单个种子并由石质内果皮包围的不开裂肉质果实,如樱桃和桃(图 413)。

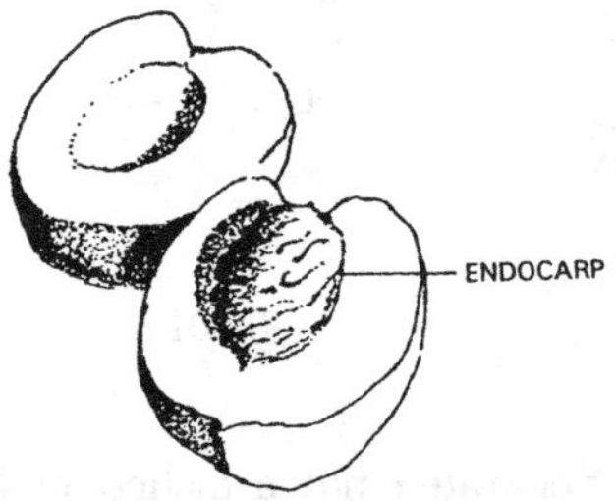

图 413

图 414

Drupecetum **聚合核果** An aggregate fruit composed of many coalesced drupelets. Figure 414. 由多个联合的小核果组成的聚合果(图 414)。

Drupel **小核果** 见小核果(**drupelet**)。

Drupelet **小核果** A small drupe, as in the individual segments of a raspberry fruit. Figure 414. 小的核果,如在悬钩子植物果实中的单个果(图 414)。

Drupeole **小核果** A little drupe. 小的核果。

Drupiferous **具核果的** Bearing drupes. 具核果。

Dumetose **灌木状的** Bush-like in form. 形态像灌木。

Dumose **多灌丛的** Full of bushes; bush-like. 全为灌木;灌木状。

Dyad **①二分体 ②二联体** A group of two. Figure 415. 两个一组(图 415)。

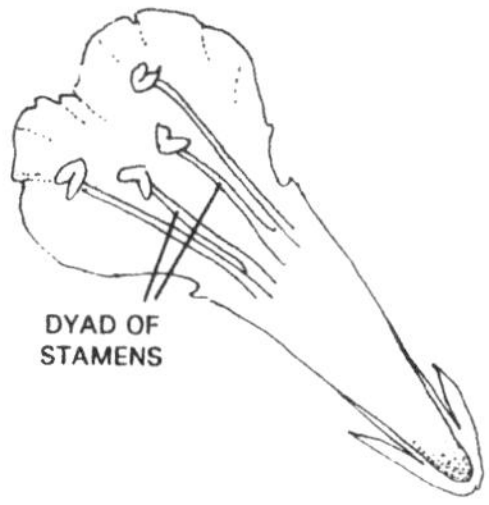

图 415

E-(prefix) **E-**(前缀) Meaning without, or from, or away from. 没有或来自或远离。

Eared **有耳的** 见耳状的(**auriculate**)。

Ebeneous **似乌木的,黑色的** Ebony in color; black. 乌木色;黑色。

Ebracteate **无苞片的** Without bracts. 不具苞片。

Ebracteolate **无小苞片的** Without bracteoles. 不具小苞片。

Eburneous **象牙色的** Ivory-white. 象牙白。

Eccentric **离心的** off-center; not positioned directly on the central axis. Figure 416. 偏离中心的;不位于中轴上。图 416。

Echinate **具刺的** With prickles or spines. Figure 417. 具皮刺或刺(图 417)。

Echinulate **具小刺的** With very small prickles or spines. Figure 418. 具非常小的皮刺或刺(图 418)。

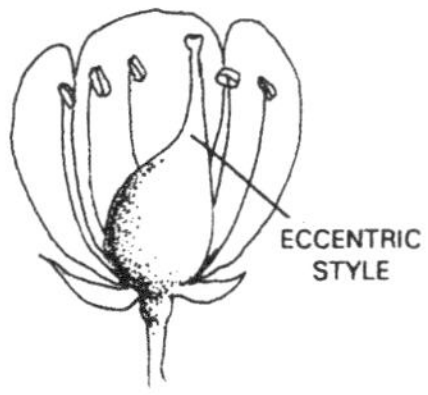

图 416

图 417

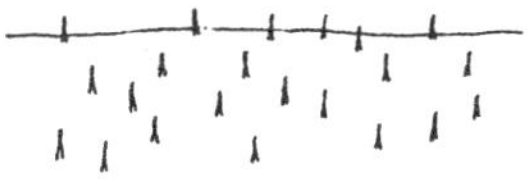

图 418

Ecostate **无中脉的** Without a midrib. 没有中脉。

Ecotype **生态型** Those individuals adapted to a specific environment. 适应于某种特定环境的个体的总称。

Ectocarp **外果皮** 见外果皮(**exocarp**)。

Edaphic **土壤的** Due to, or pertaining to, the soil. 由土壤决定或与土壤相关的。

Edentate **无齿的** Without teeth. Figure 419. 不具齿(图 419)。

Efflorescence **①开花 ②开花期** The production of flowers; the period of flowering. 产生花;开花的时期。

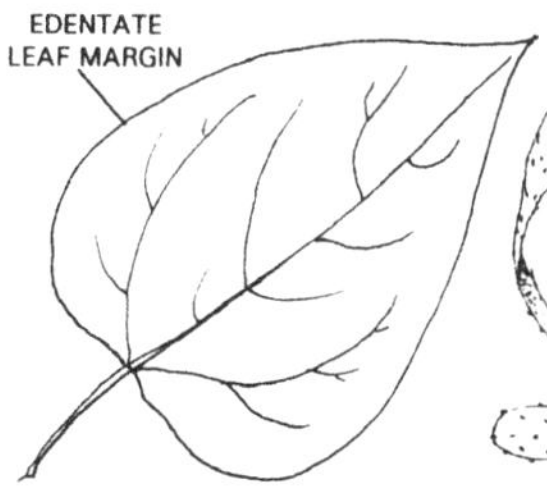

图 419

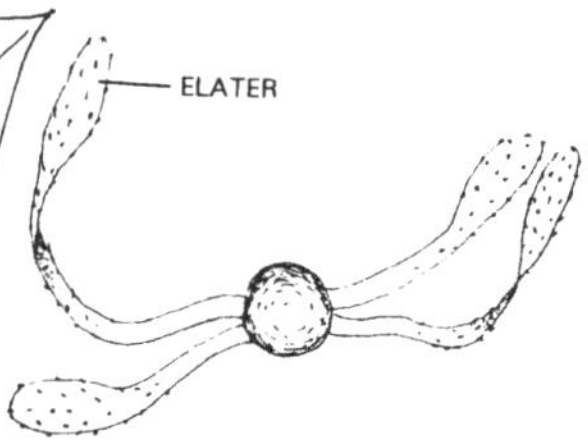

图 420

Effuse **平展的** 见展开的(**patulous**)。

Eglandular **无腺体的** Without glands. 没有腺体。

Elaminate **无叶片的** Without a blade. 没有叶片。

Elater **弹丝** Structures attached to spores to aid in dispersal. Figure 420. 附着于孢子上帮助孢子散布的结构(图 420)。

Ellipsoid **椭圆体形** A solid body elliptic in long section and circular in cross section. Figure 421. 实心的卵圆体,纵切面为卵圆形,横切面为圆形(图 421)。

Elliptic **椭圆形的** In the shape of an ellipse, or a narrow oval; broadest at the middle and narrower at the two equal ends. Figure 422. 椭圆或窄卵圆形;中部最宽,两端较窄。图 422。

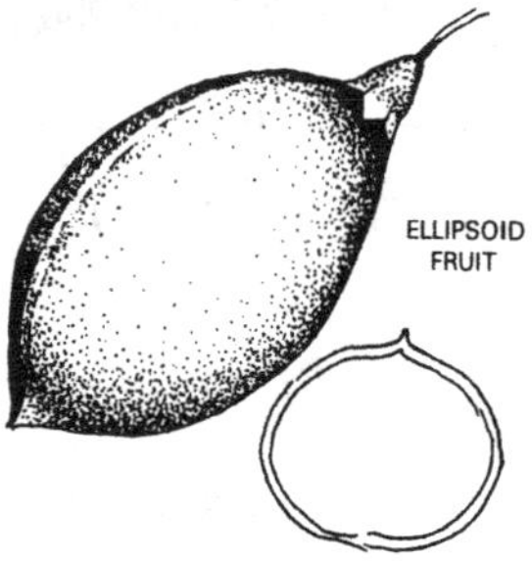

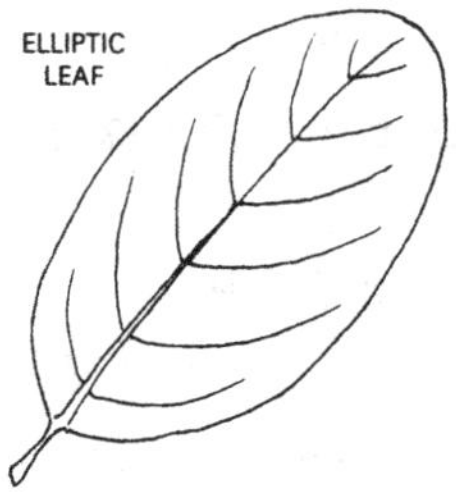

图 421　　图 422

Elliptical　椭圆形的　见椭圆形的(**elliptic**)。

Elongate　长形的　Drawn out; lengthened.　拉长的;变长的。

Emarginate　微缺的　With a notch at the apex. Figure 423.　先端略内凹(图 423)。

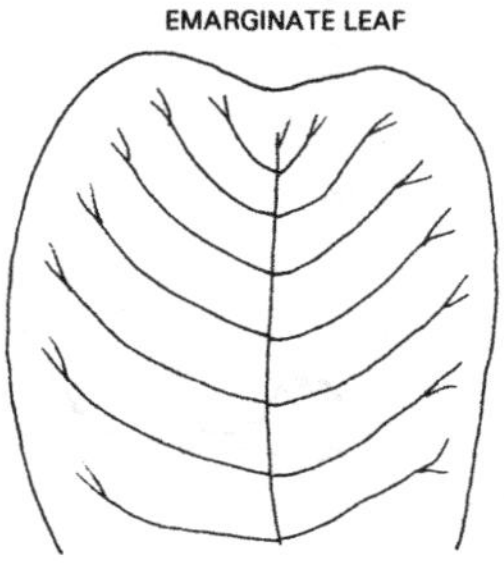

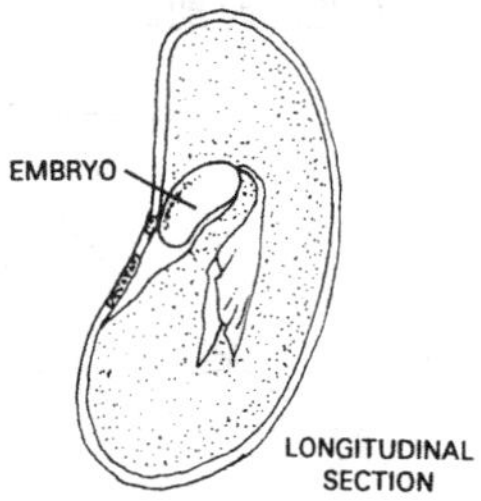

图 423　　图 424

Embryo　胚　The young plant within a seed. Figure 424.　种子中的幼小植物体(图 424)。

Embryo sac　胚囊　The megagametophyte within the ovule of a flowering plant. Figure 425.　有花植物胚珠内的雌配子体(图 425)。

Emergent　发出的　见出水的(**emersed**)。

Emersed　出水的　Rising from, or standing out of, water.　从水中长出或挺出。

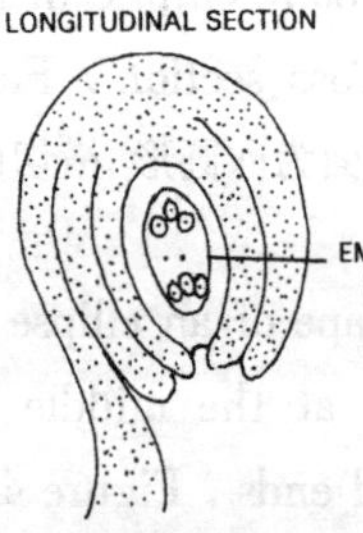

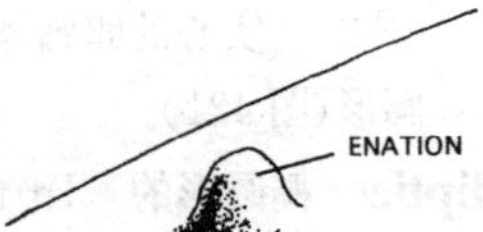

图 425　　图 426

Enation　耳状突起　A projection or outgrowth from the surface of an organ or structure. Figure 426.　器官或结构表面的突出物(图 426)。

Endemic　特有的　Peculiar to a specific geographic area or edaphic type.　特有的特定地理区域或土壤类型。

Endocarp　内果皮　The inner layer of the pericarp of a fruit. Figure 427. (compare **mesocarp** and **exocarp**)　果实果皮的内层(图 427)。(对比**中果皮和外果皮**)。

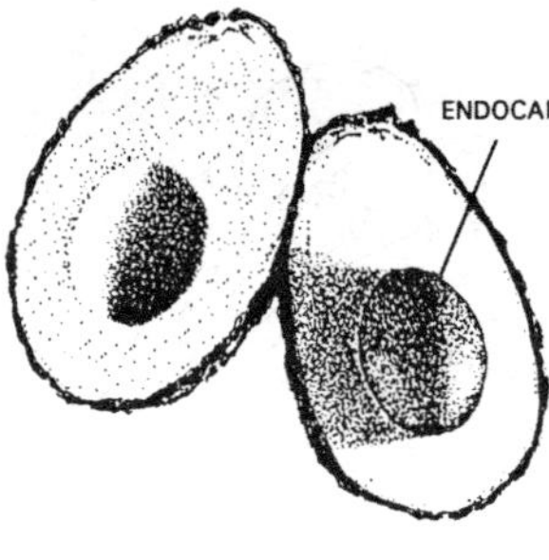

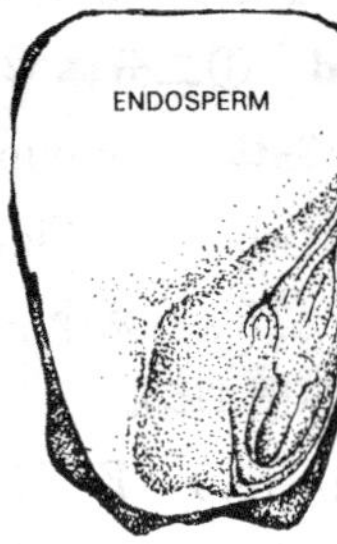

图 427　　图 428

Endogenous　内生的　Growing from, or originating from, within.　生长或起源于内部。

Endosperm　胚乳　The nutritive tissue surrounding the embryo of a seed derived from the fusion of a sperm cell with the polar nuclei of the embryo sac. Figure 428.　种子中包围着胚的营养组织,源于胚囊中极核与精子的融合(图 428)。

Ensiform　剑形的　Sword-shaped, as an *Iris* leaf. Figure 429.　形状如剑,如鸢尾属植物的叶(图 429)。

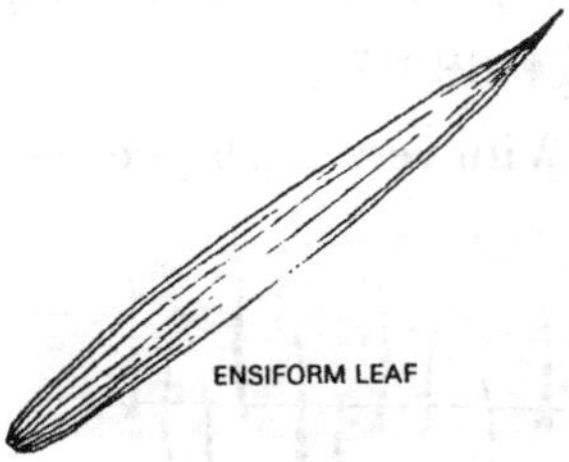

图 429　　图 430

Entire 全缘的 Not toothed, notched, or divided, as the continuous margins of some leaves. Figure 430. 无齿、缺刻或裂片,如某些叶的边缘(图 430)。

Entomophagous 食虫的 Insect-eating; insectivorous. 以昆虫为食;食虫的。

Entomophilous 虫媒的 Insect pollinated. 靠昆虫传粉。

Epappose 无冠毛的 Without a pappus. Figure 431. 没有冠毛(图 431)。

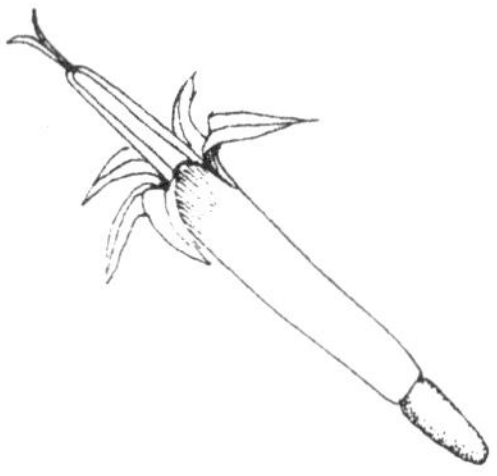

图 431

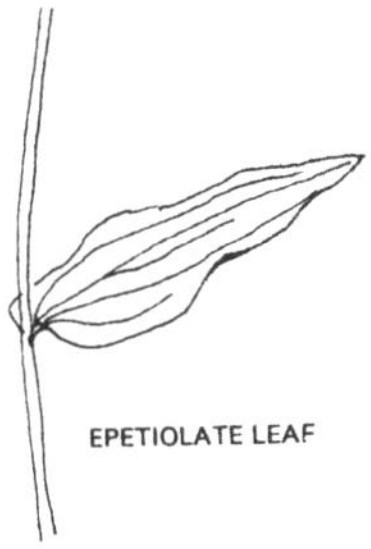

图 432

Epetiolate 无叶柄的 Without a petiole, as in a sessile leaf. Figure 432. 没有叶柄,如无柄叶(图 432)。

Epetiolulate 无小叶柄的 Without a petiolule, as in a sessile leaflet. Figure 433. 没有小叶柄,如无柄小叶(图 433)。

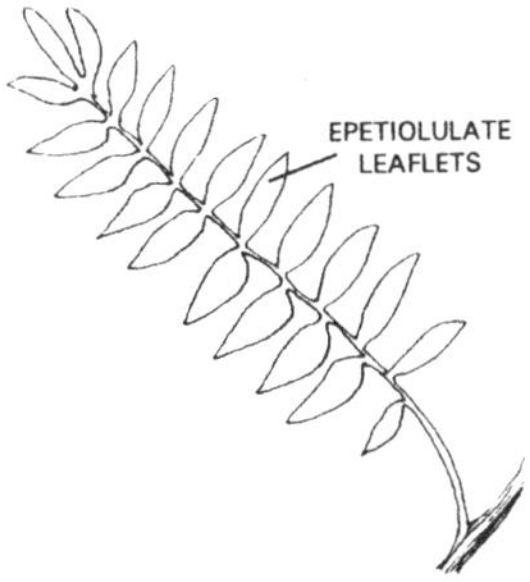

图 433

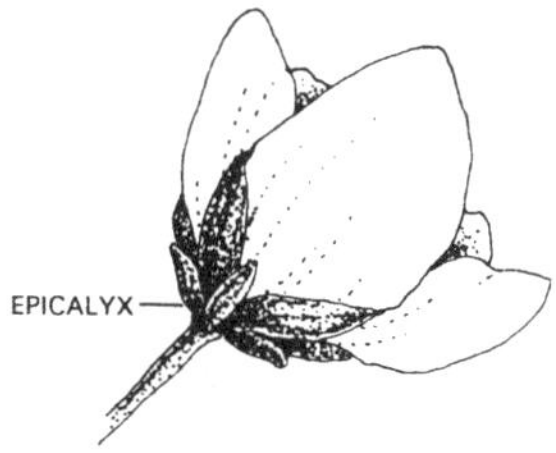

图 434

Ephemeral 短生的 Lasting a very short time. 持续很短的时间。

Epi-(prefix) **Epi-**(前缀) Meaning upon. 在……上面。

Epiblast 外胚叶 A small flap of tissue on the embryo of some members of the grass family. 某些禾本科植物胚上的小片状组织。

Epicalyx 副萼 An involucre which resembles an outer calyx, as in *Malva*. Figure 434. 类似于外层花萼的总苞,如锦葵属植物(图 434)。

Epicarp 外果皮 见外果皮(**exocarp**)。

Epicotyl 上胚轴 That portion of the embryonic stem above the cotyledons. Figure 435. 子叶着生处以上的胚轴部分(图 435)。

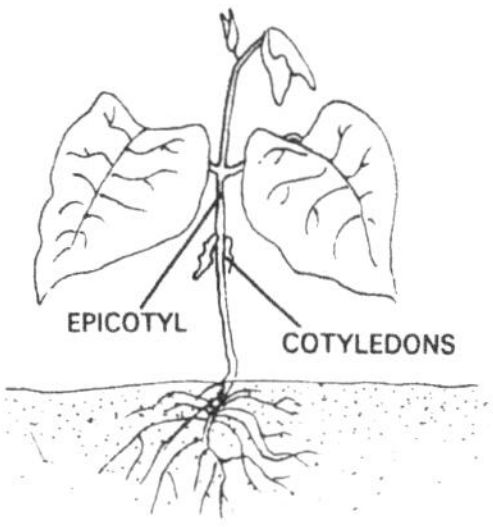

图 435

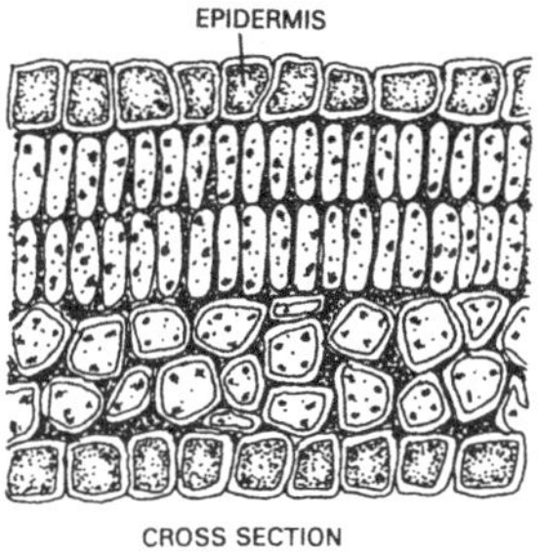

图 436

Epidermis 表皮 The outermost cellular layer of a nonwoody plant organ. Figure 436. 非木质化植物器官的最外细胞层(图 436)。

Epigaeal 生地上 见地面生的,出土的(**epigeous**)。

Epigaeous 出土的(指子叶) 见地面生的,出土的(**epigeous**)。

Epigenous 表面生的 Growing on the surface, as a fungus growing on the surface of a leaf. 生长在表面上,如生于叶表面的真菌。

Epigeous 地面生的,出土的(指子叶) Growing near the ground; said of a seeding which raises its cotyledons above the ground. Figure 437. 近地面生长;子叶伸出地表的植物幼苗。图 437。

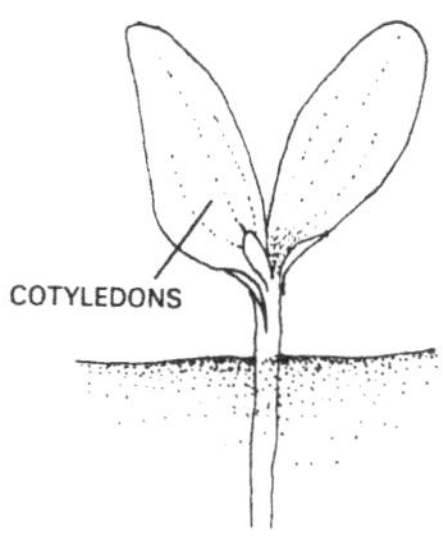

图 437

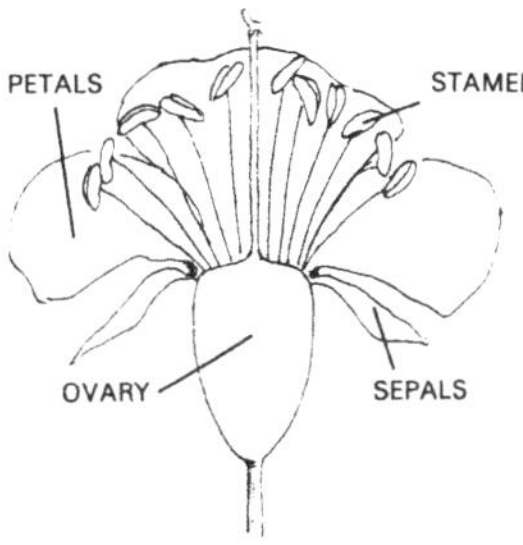

图 438

Epigynous **上位的** With stamens, petals, and sepals attached to the top of the ovary, the ovary inferior to the other floral parts. Figure 438. 雄蕊、花瓣和萼片着生于子房的顶部,子房位置低于花的其他部分(图 438)。

Epigyny **上位式** An epigynous condition. 上位的形式。

Epipetalous **花瓣上着生的** Attached to the petals. Figure 439. 着生于花瓣上(图 439)。

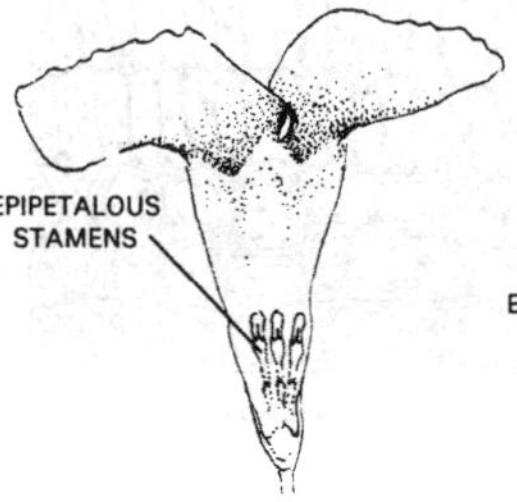

图 439

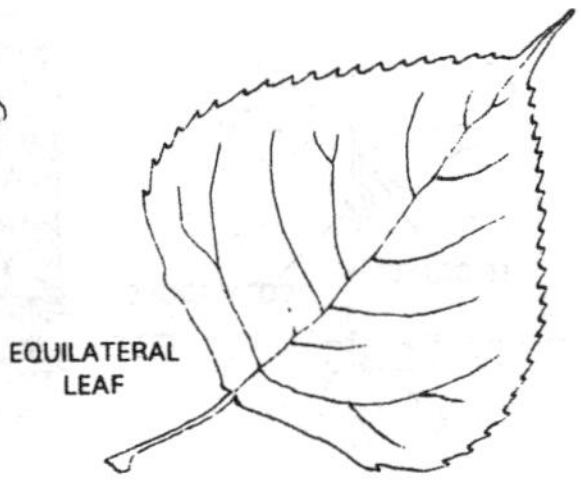

图 440

Epipetric **岩生的** Growing on a rock. 生长在岩石上。

Epiphyte **附生植物** A plant which grows upon another plant but does not draw food or water from it. (compare **parasite**) 生长于其他植物体上但并不从该植物体内吸取养分或水的植物。(对比**寄生物**)。

Episepalous **萼上的** Attached to the sepals. 附着于萼片上。

Epistemonous **雄蕊上的** Attached to the stamens. 附着于雄蕊上。

Equilateral **两侧相等的** With sides of equal shape and length. Figure 440. 具形状和长度相同的两边(图 440)。

Equinoctial **定时开花的** With flowers that open regularly at a particular hour of the day. 具有规律性地在一天中特定时间开放的花。

Equisetoid **似木贼的** Resembling *Equisetum*. 像木贼属植物。

Equitant **套折的** Overlapping or straddling in two ranks, as the leaves of *Iris*. Figure 441. 相互交叠成二列,如鸢尾属植物的叶(图 441)。

Eramous **不分枝的** With unbranched stems. Figure 442. 具不分枝的茎(图 442)。

Erect **直立的** Vertical, not declining or spreading. Figure 443. 垂直的,不倾斜不展开(图 443)。

图 441

图 442

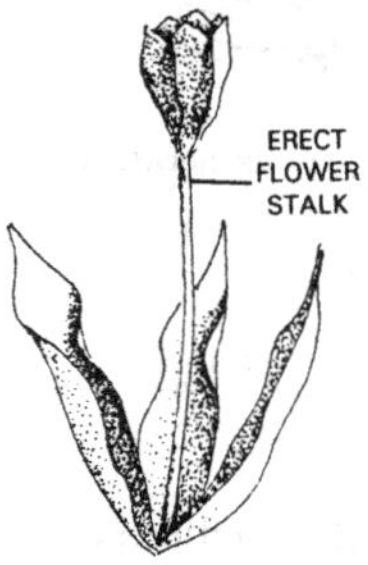

图 443

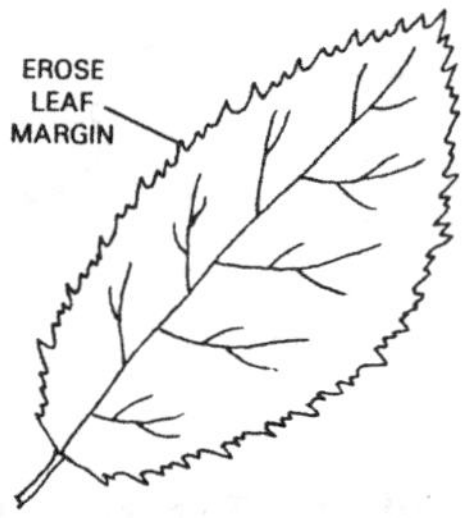

图 444

Erose **啮蚀状的** With the margin irregularly toothed, as if gnawed. Figure 444. 边缘具参差不齐的齿,好像被啃过似的(图 444)。

Erosulate **浅啮蚀状的** More or less erose. 多少有些啮蚀状。

Esculent **可食的** Edible. 可食用。

Estipellate **无小托叶的** Without stipels. Figure 445. 没有小托叶(图 445)。

Estipitate **无柄的** Without a stipe. Figure 446. 没有连接子房与花托的柄(图 446)。

Estipulate **无托叶的** With out stipules. Figure 445. 没有托叶(图 445)。

Estival **夏季的** 见夏季的(**aestival**)。

Estivation **夏眠** 见夏眠(**aestivation**)。

Etiolated **白化的** White due to a lack of chlorophyll. 由于缺乏叶绿素而呈白色。

Eu-(prefix) **Eu-**(前缀) Meaning true or real. 真或真正。

Evanescent **隐失的** Fleeting; remaining only a

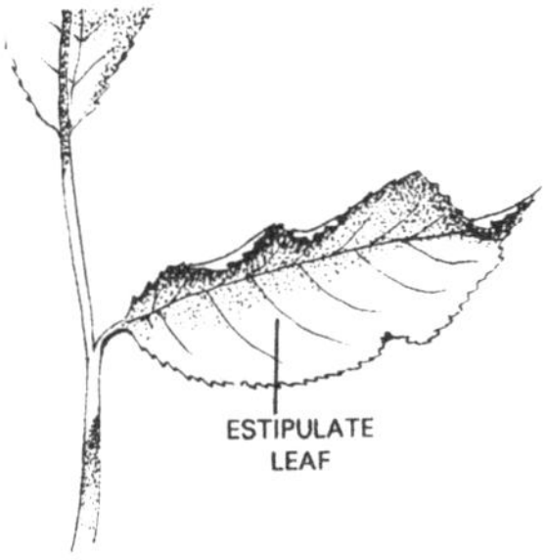

图 445

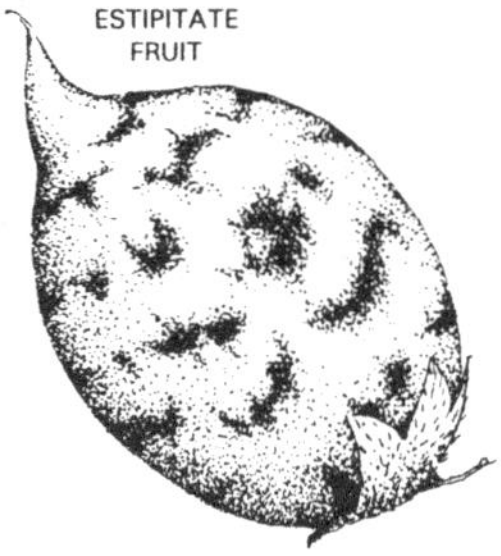

图 446

very short time. 很快消失;仅存留很短的时间。

Even-pinnate **偶数羽状的**(指复叶) Pinnately compound with a terminal pair of leaflets or a tendril rather than a single terminal leaflet, so that there is an even number of leaflets. Figures 447 and 448. 顶端长有一对小叶或卷须的羽状复叶,因而小叶数为偶数(图 447 和图 448)。

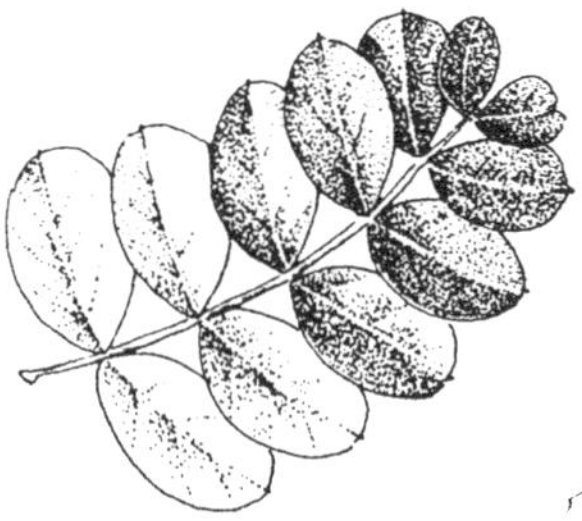

图 447

图 448

Evergreen **常绿的** Having green leaves through the winter; not deciduous. 在冬季也具绿色的叶;非落叶的。

Ex-(prefix) **Ex-**(前缀) Same as **e-**. 与"**e-**"同义。

Exalbuminous **无胚乳的**(指种子) Without albumen. 没有胚乳。

Exasperate **具硬突起的** Roughened with short, stiff points. Figure 449. 具短而硬的尖突而显粗糙(图 449)。

Excavated **凹入的** Hollowed out or concave, as the surface of some seeds. Figure 450. 内凹,如某些种子的表面(图 450)。

Excentric **偏心的** 见**偏心的(eccentric)**。

Excrescence **突出体** An irregular growth or protuberance. Figure 451. 不规则的生长物或突起(图 451)。

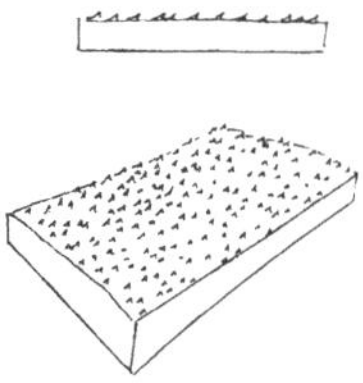

图 449

图 450

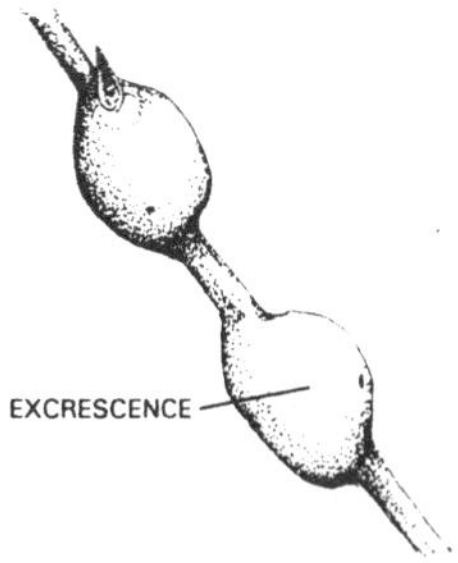

图 451

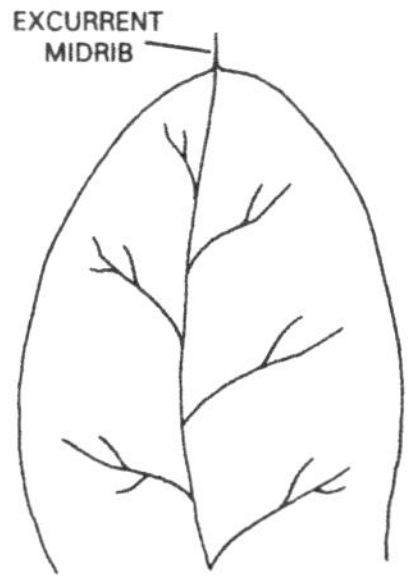

图 452

Excurrent **①延伸的 ②贯顶的**(指茎) Extending beyond the apex, as the midrib in some leaves. Figure 452; extending beyond what is typical, as in a leaf base which extends down the stem. Figure 453; with a prolonged main axis from which lateral branches arise. Figure 454. 伸出顶端,如某些树叶的中脉(图 452);具超常延伸,如某些叶基沿茎干下延(图 453);具有延伸的主轴,侧枝从主轴上分出(图 454)。

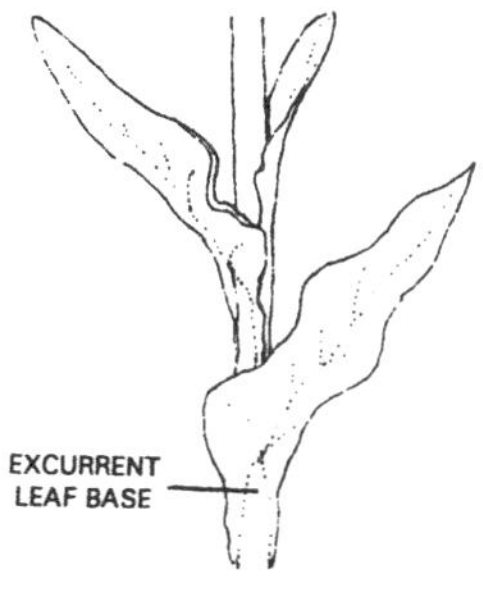

图 453

图 454

Excurved **外弯的** Curving outward, away from the axis. Figures 455 and 456. 远离中轴，向外弯曲(图 455 和图 456)。

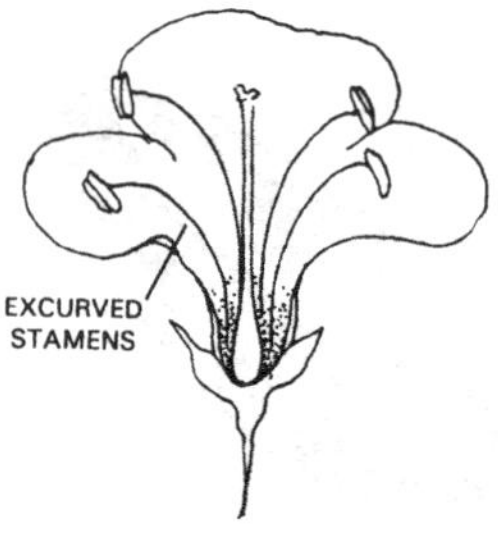

图 455

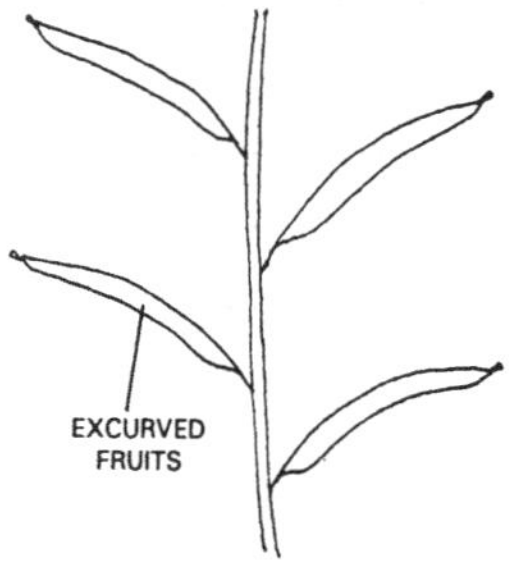

图 456

Exfoliate **片状剥落的** To peel off in flakes or layers, as the bark of some trees. Figure 457. 成薄片或成层剥落，如某些树的树皮(图 457)。

图 457

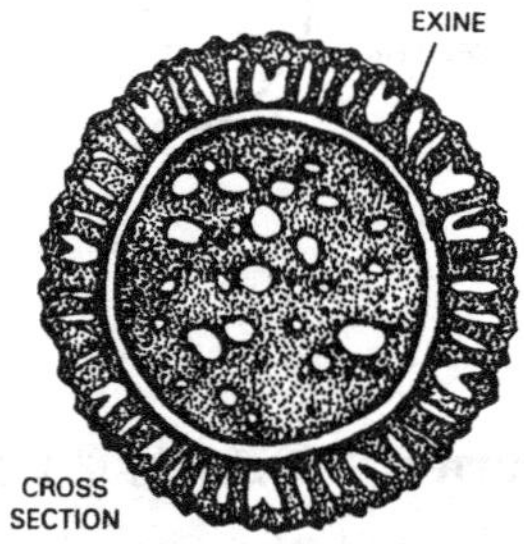

图 458

Exine **外壁** The outer layer of the two-layered wall of a pollen grain. Figure 458. 花粉粒两层壁的外层(图 458)。

Exocarp **外果皮** The outer layer of the pericarp of a fruit. Figure 459. (compare **mesocarp** and **endocarp**) 果实果皮的外层(图 459)。(对比中果皮和内果皮)。

Exogenous **外生的** Growing from, or originating from, without. 生长或起源于外部。

Exomorphic **外形性的** Pertaining to the external form. 与外部形态相关的。

Exotic **外来的** Not native; introduced from elsewhere, but not completely naturalized. 非本地的；从别的地方引进，但并没有完全归化。

Explanate **平展的** Spread out flat. Figure 460. 平向外伸展(图 460)。

Exserted **外露的** Projecting beyond the surrounding parts, as stamens protruding form a corolla; not included.

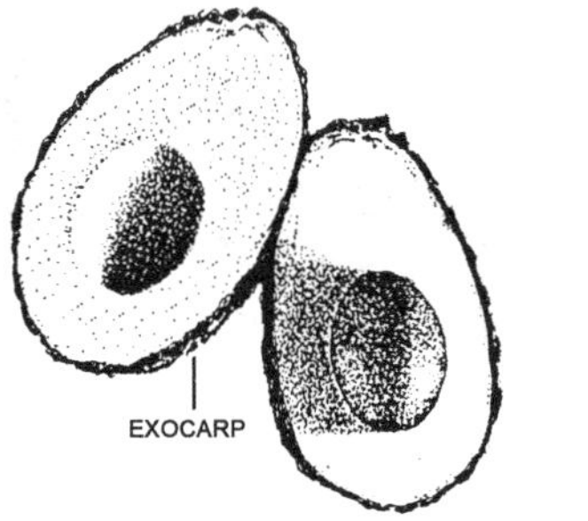

图 459

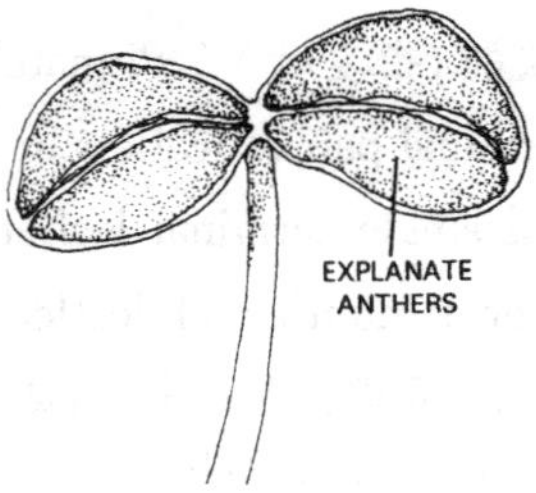

图 460

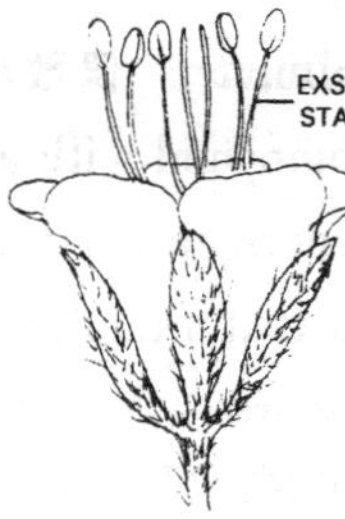

图 461

Figure 461. 突出于周围部分之上，如雄蕊伸出花冠之外，而不是被包围在内(图 461)。

Exstipellate **无托叶的** 见无小托叶的(**estipellate**)。

Exstipulate **无托叶的** 见无托叶的(**estipulate**)。

Extra-(prefix) **Extra-**(前缀) Meaning outside or beyond. 向外的，……之上的。

Extra-axillary **腋外生的** Outside of but close to the axil. 靠近叶腋但位于叶腋外。

Extrafloral **花外的** Outside of the flower. 花的外侧。

Extrastaminal **雄蕊外的** Outside of the stamens. 雄蕊的外侧。

Extrorse **外向的** Turned outward, away from the axis; opening outward. Figure 462. (compare **introrse**) 离轴，朝外；朝外开放。图 462。(对比内向的)。

Exudate **溢泌物，分泌物** A substance exuded or excreted from a plant. 从植物体内流出或分泌出的物质。

Faboid **似豆的** Bean-like. 形状似豆。

Faceted 具小平面的 With many plane surfaces, like a cut gem, as in some seeds. Figure 463. 具许多平的表面,像切割的宝石,如某些种子(图463)。

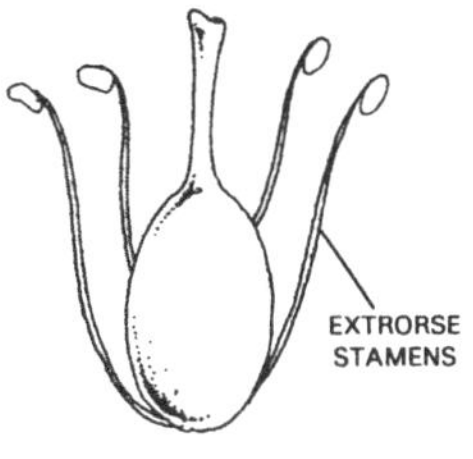

图 462

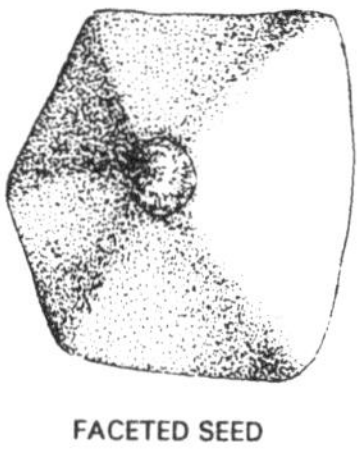

图 463

Facial 表面的 Pertaining to or on the face, rather than the sides or edges. 与表面有关,在表面上而非在边缘。

Falcate 镰刀形的 Sickle-shaped; hooked; shaped like the beak of a falcon. Figure 464. 镰刀状的;钩状的;形似鹰喙。图 464。

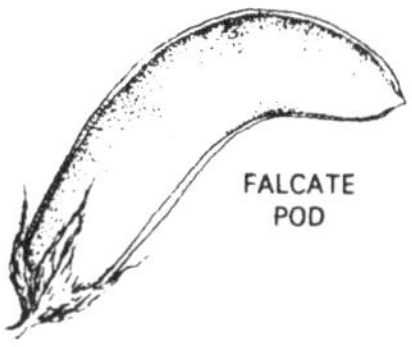

图 464

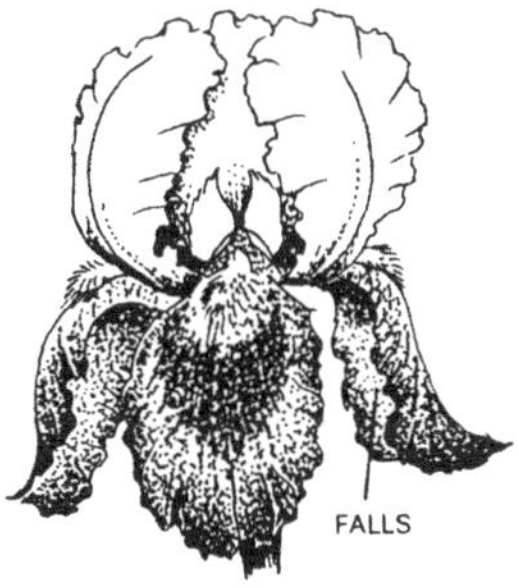

图 465

Falciform 镰刀状的 见镰刀形的(**falcate**)。

Falls 下垂萼片 The sepals of an *Iris*. Figure 465. 鸢尾属植物的萼片(图 465)。

Farinaceous 粉质的,具粉的 Mealy in texture; starchy. Figure 466. 质地粉状;含淀粉的。图 466。

图 466

图 467

Farinose 被粉的 Covered with a mealy, powdery substance. Figure 467. 被覆粉状物(图467)。

Fasciated 扁化的 Compressed into a bundle or band; grown closely together; with the stems malformed and flattened as if several separate stems had been fused together. Figure 468. 压成束状或带状;紧密地生长;茎畸形扁化好像几个分离的茎干融合在一起。图 468。

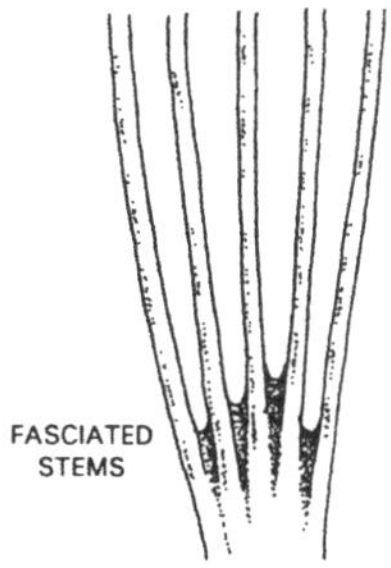

图 468

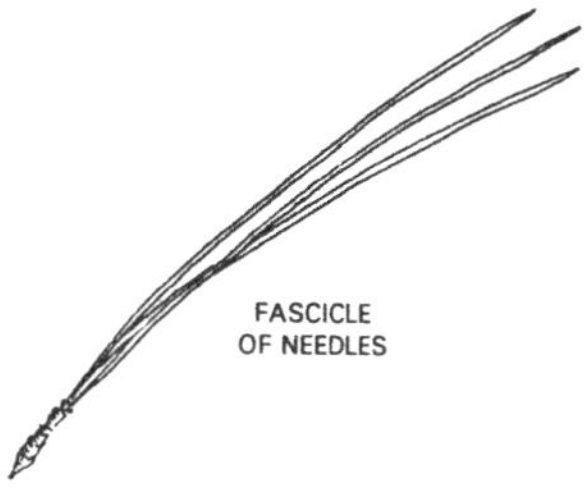

图 469

Fascicle 束簇 A tight bundle or cluster. Figure 469. 紧密的束或簇(图 469)。

Fasciculate 束状的 Arranged in fascicles. Figure 469. 成束排列(图 469)。

Fastigiate 帚状的 Clustered, parallel, and erect, giving a broom-like appearance. Figure 470. 成簇,平行且直立,外形扫帚状(图470)。

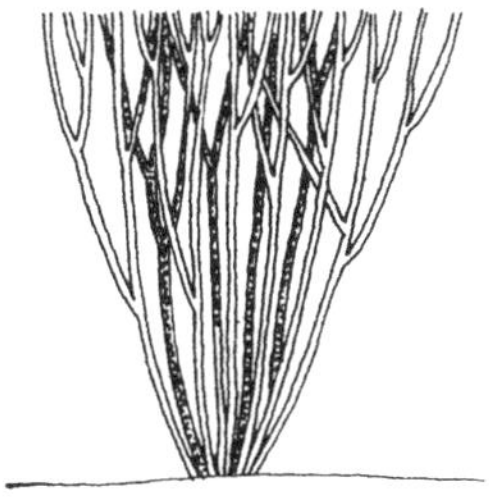

图 470

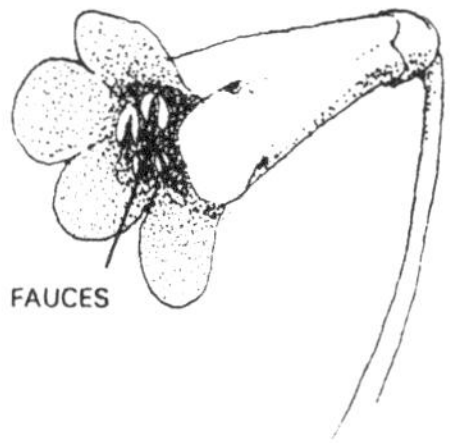

图 471

Faucal 喉的 Of or pertaining to the throat of a calyx or corolla. 花萼和花冠喉部的或与花萼和花冠喉部相关的。

Fauces 喉 The throat of a calyx or corolla. Figure 471. 花萼或花冠的喉部(图 471)。

Faveolate 蜂窝状的 Honeycombed or pitted;

alveolate. Figure 472. 蜂窝状或具凹痕;多小孔的。图 472。

Favose **蜂窝状的** 见蜂窝状的(**faveolate**)。

图 472

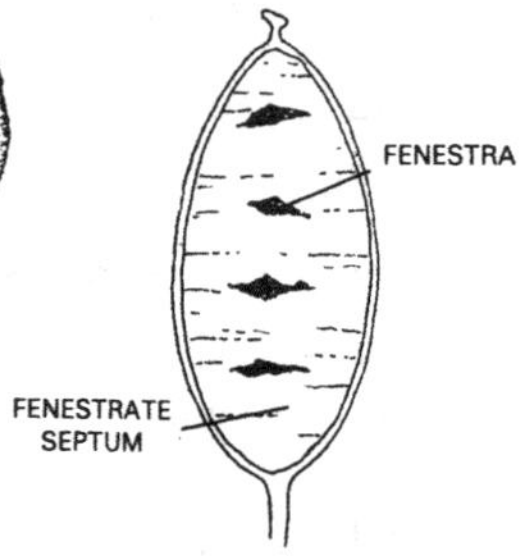

图 473

Fenestra(pl. **fenestrae**) **窗孔** A window-like perforation, opening, or translucent area. Figure 473. 窗形的穿孔、开口或透明的区域(图 473)。

Fenestrate **具窗孔的** With fenestrae. Figure 473. 具窗孔(图 473)。

Ferruginous **铁锈色的** Rust-colored. 铁锈色。

Fertile **能育的** Capable of bearing seeds; capable of bearing pollen. 能够产生种子;能够产生花粉。

Festucoid **似羊茅的** Resembling the grass *Festuca*; a member of the Festucoideae group of grasses. 像羊茅属植物;羊茅亚科植物中的一个成员。

Fetid **臭的** With an offensive odor; stinking. 具刺鼻的气味;臭的。

Fibriform **纤维状的** Fiber-like. 形似纤维。

Fibril **小纤维,纤丝** A delicate fiber or hair. Figure 474. 纤细的纤维或毛(图 474)。

Fibrilla **小纤维,纤丝** 见小纤维,纤丝(**fibril**)。

Fibrillate **小纤维的** 见小纤维,纤丝(**fibrillose**)。

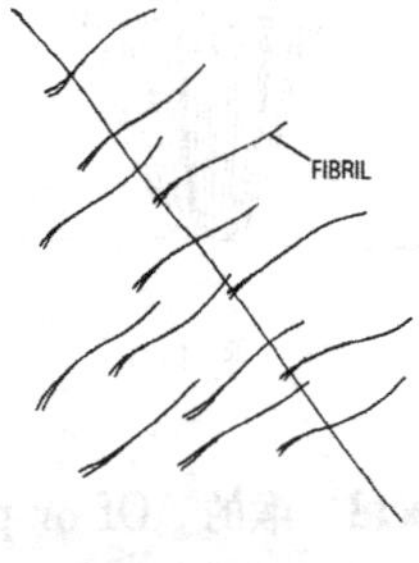

图 474

Fibrillose **具细纤维的** Bearing fibrils. Figure 474. 具小纤维(图 474)。

Fibrous **具纤维的,纤维状的** Bearing or resembling fibers. 具纤维或像纤维。

Fibrous roots **须根** A root system with all of the branches of approximately equal thickness, as in the grasses and many other monocots. Figure 475. (compare **taproot**) 由粗细相近无主次之分的根组成的根系,如禾草和其他许多单子叶植物的根(图 475)。(对比**直根**)。

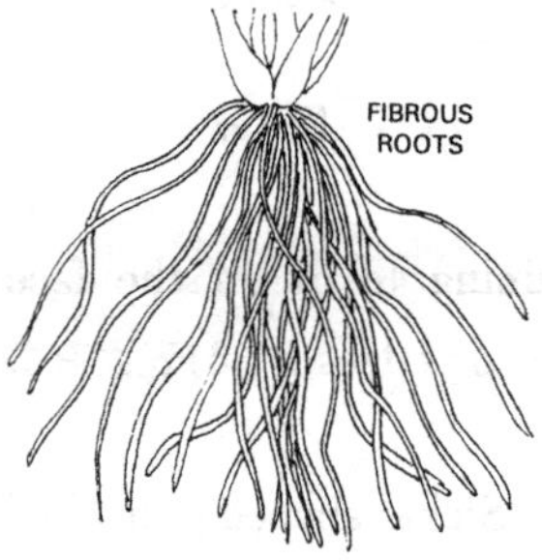

图 475

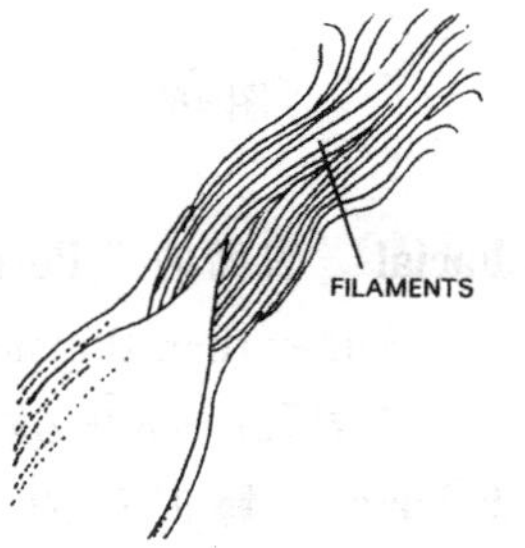

图 476

Filament **① 丝状体 ②花丝** A thread-like structure. Figure 476; the stalk of the stamen which supports the anther. Figure 477. 细丝状结构(图 476);雄蕊中着生花药的柄(图 477)。

Filamentose **线状的** 见丝状的(**filamentous**)。

Filamentous **丝状的** Bearing or resembling filaments. Figure 476. 具丝状体或像丝状体(图 476)。

Filantherous **显花丝和花药的** Of a stamen with a distinct anther and filament. Figure 477. 雄蕊具明显的花丝和花药(图 477)。

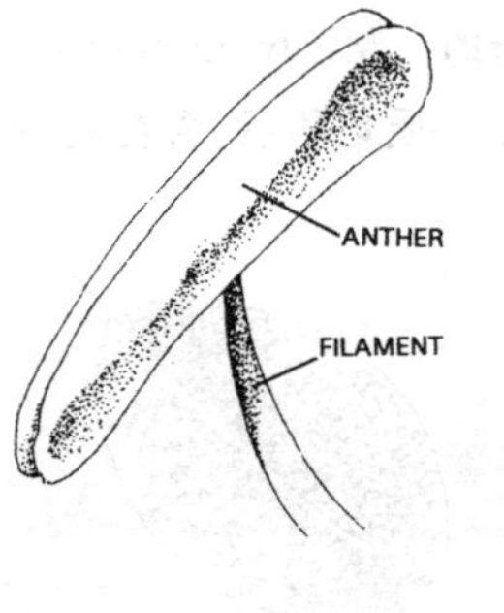

图 477

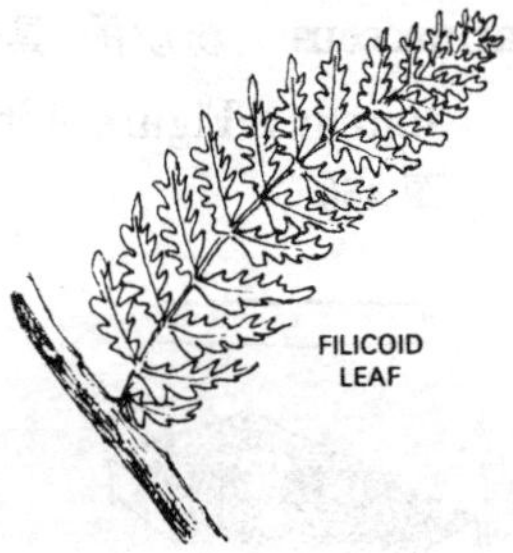

图 478

Filical **蕨状的** Of or pertaining to ferns; filicoid. 蕨类的或与蕨类相关的;似蕨的。

Filicoid 似蕨的 Fern-like in appearance. Figure 478. 外形似蕨类植物(图 478)。

Filiferous 具丝状体的 Bearing filaments or filament-like growths. Figure 476. 具丝状体或类似丝状体的生长物(图 476)。

Filiform 丝状的 Thread-like; filamentous. Figure 476. 形似线;丝状的。图 476。

Fimbria 缕缘 A fringe. Figure 479. 缘缨(图 479)。

Fimbriate 流苏状的 Fringed, usually with hairs or hair-like structures (fimbrillae) along the margin. Figure 479. 具流苏,通常由毛或毛状物沿边缘形成(图 479)。

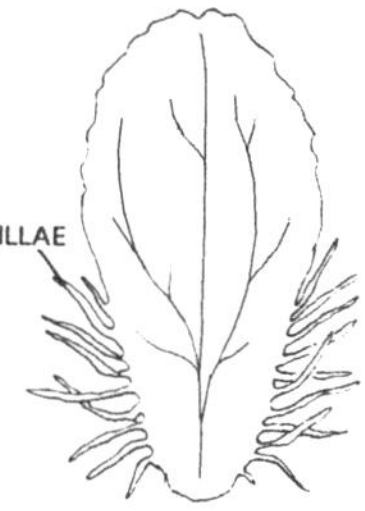

图 479

Fimbriation 流苏 A fringe. Figure 479. 缘缨(图 479)。

Fimbrilla(pl. **fimbrillae**) 小流苏 A single unit of marginal fringe. Figure 479. 缘缨的组成单元(图 479)。

Fimbrillate 具小流苏的 Fringed with very fine hairs. Figure 480. 边缘具很细小的毛(图 480)。

Fimbriolate 具小流苏的 见具小流苏的(**fimbrillate**)。

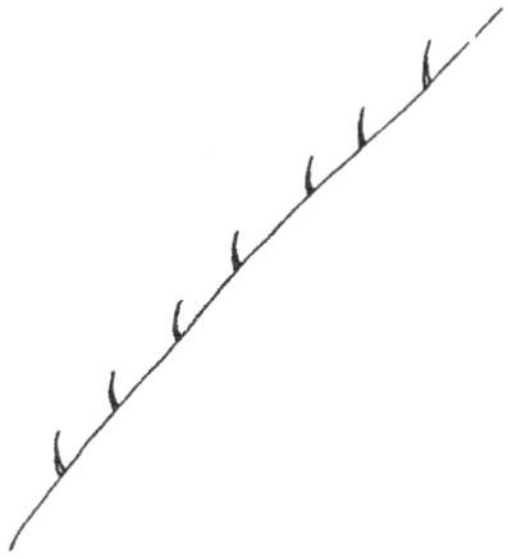
图 480

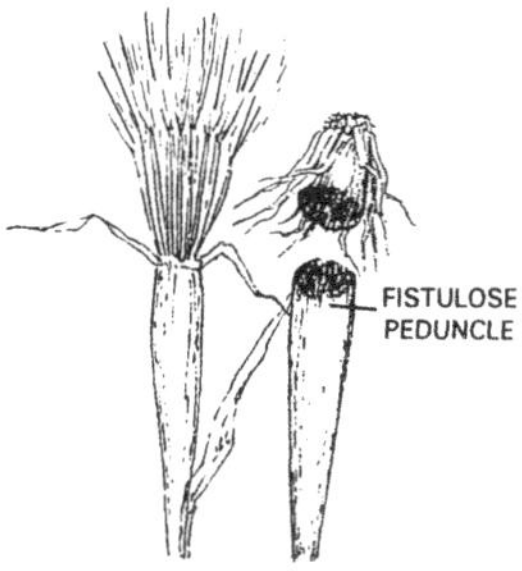

图 481

Fistular 空管的 见空管的(**fistulose**)。

Fistulose 空管的 Hollow and cylindrical; tubular. Figure 481. 中空圆柱状;管状。图 481。

Fistulous 管状的 见空管的(**fistulose**)。

Flabellate 扇形的 Fan-shaped. Figure 482. 形状似扇(图 482)。

Flabelliform 扇形的 见扇形的(**flabellate**)。

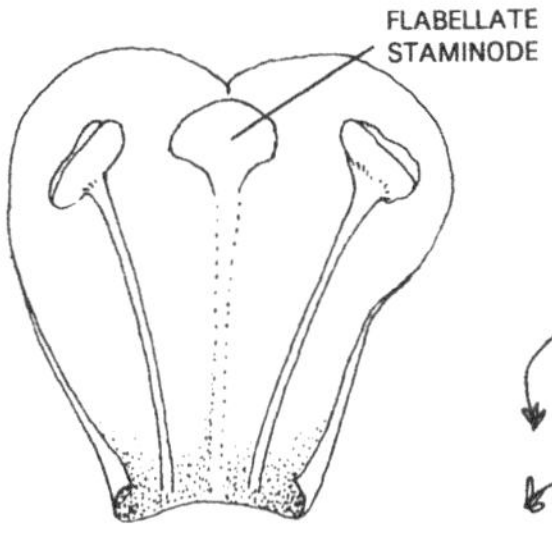

图 482

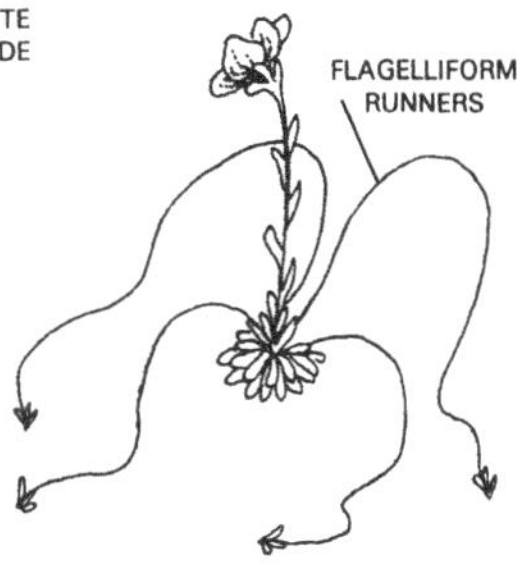

图 483

Flaccid 萎软状的 Limp or flabby; not rigid. 柔软或易曲的;不硬的。

Flagellate 具鞭状匐枝的 With long, slender runners. Figure 483. 具长而细的纤匐枝(图 483)。

Flagelliform 鞭状的 Elongate and slender; whip-like. Figure 483. 长而细;形似鞭子。图 483。

Flange 凸缘 A projecting rim or edge. Figure 484. 凸出的边缘(图 484)。

图 484

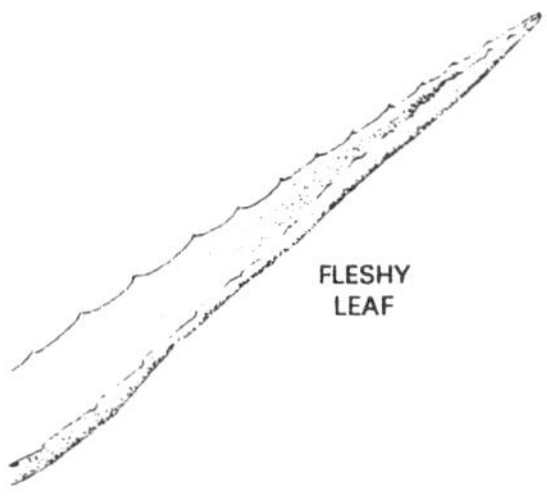

图 485

Flavescent 带黄色的 Yellowish. 淡黄色的。

Fleshy 肉质的 Thick and pulpy; succulent. Figure 485. 厚而多肉;多汁。图 485。

Flexuose 之字形的 With curves or bends; sinuous; somewhat zigzagged. Figure 486. 弯曲或曲折;波状;略微之字形。图 486。

图 486

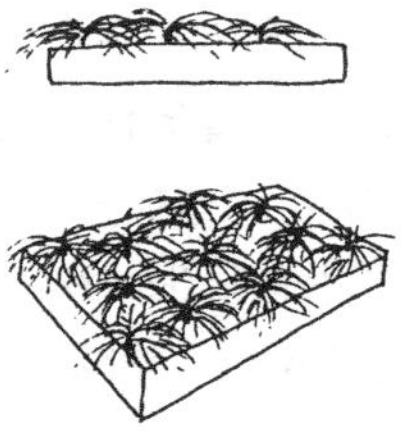

图 487

Flexuous　**之字形的**　见之字形的(**flexuose**)。

Floccose　**被丛卷毛的**　Bearing tufts of long, soft, tangled hairs. Figure 487.　具成丛长软而缠结的毛(图 487)。

Flocculent　**被短丛卷毛的**　Bearing tufts of very fine woolly hairs; floccose. Figure 487.　具成丛的细小绵毛状毛;被丛卷毛的。图 487。

Flocculose　**丛卷毛状的**　见被短丛卷毛的(**flocculent**)。

Floccus(pl. **flocci**)　**丛卷毛**　A tuft of woolly, tangled hairs. Figure 487.　成丛且缠结的绵毛状毛(图 487)。

Floral envelope　**花被**　A collective term for the calyx and corolla. Figure 488; the calyx in a flower lacking a corolla. (same as **perianth**)　花萼和花冠的总称(图 488)。无花冠花的花萼。(等同**花被**)。

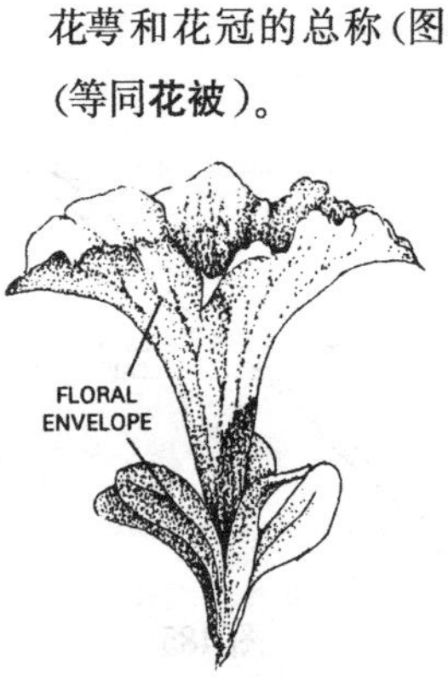

图 488

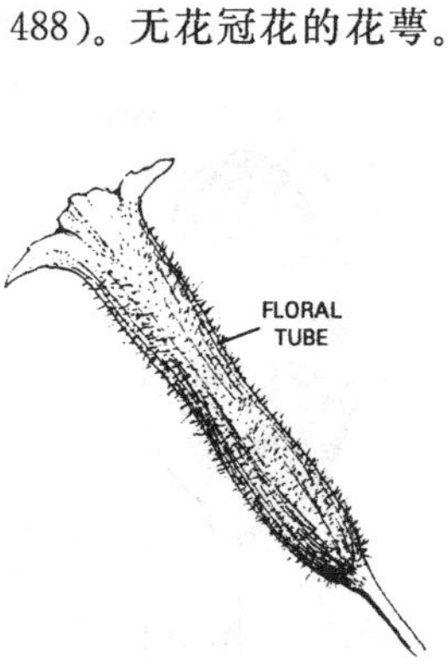

图 489

Floral tube　**花被管**　An elongated tubular portion of a perianth. Figure 489.　花被的长管状部分(图 489)。

Florescence　**开花期**　The flowering period; anthesis.　开花的时期;花期。

Floret　**小花**　A small flower; an individual flower within a dense cluster, as a grass flower in a spikelet, or a flower of the Compositae (Asteraceae) in an involucrate head. Figures 490 and 491.　小花;在密集花簇中的单个花,如禾草小穗中的一朵花,菊科植物头状花序中的一朵花。图 490 和图 491。

Flori-(prefix)　**Flori-**(前缀)　Flower or flowers.　花或多花。

Floricane　**生花茎**　The second-year flowering and fruiting cane (shoot) of *Rubus*. (compare **primocane**)　悬钩子属植物第二年开花结实的茎(枝条)(对比**无花茎**)。

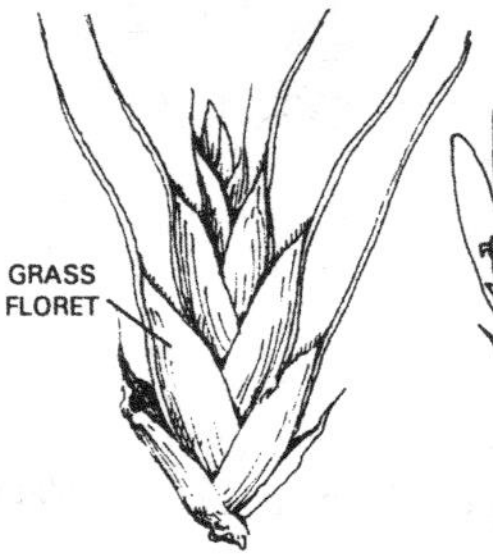

图 490

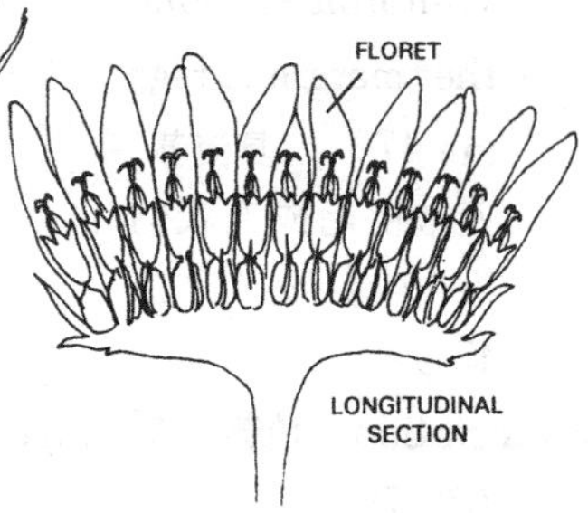

图 491

Florid　**多花的**　Flowery; covered with flowers.　具花的;被覆花的。

Floriferous　**具花的**　Flower-bearing.　有花。

Floscle　**花**　A flower. Figure 492.　一朵花(图 492)。

Floscule　**小花**　见小花(**floret**)。

Flower　**花**　The reproductive portion of the plant, consisting of stamens, pistils, or both, and usually including a perianth of sepals or both sepals and petals. Figure 492.　植物体的生殖部分,具雄蕊、雌蕊,或两者兼具,通常还包括由萼片,或萼片和花瓣组成的花被(图 492)。

Fluted　**具沟的**　With furrows or grooves. Figure 493.　具沟或槽(图 493)。

Foliaceous　**叶状的**　Leaf-like in color and texture; bearing leaves; of or pertaining to

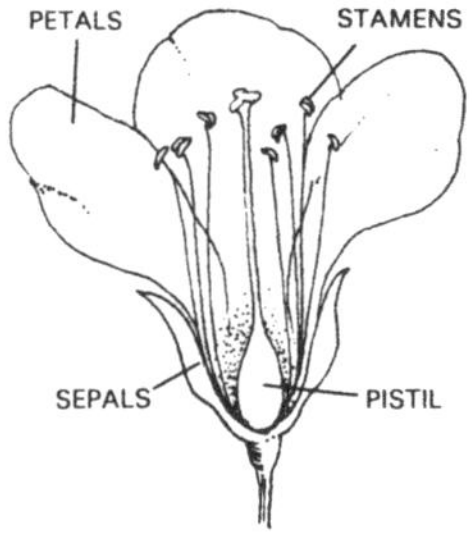

图 492

图 493

leaves. 颜色和质地像叶;具叶;叶的或叶性的。

Foliage 叶 The leaves of a plant, collectively. 植物的叶的总称。

Foliar 叶的 Pertaining to leaves; leaf-like. 叶性的;形似叶的。

Foliate 具叶的,叶状的 Having leaves; leaf-like. 有叶的;形似叶。

Foliated 叶状的 Leaf-shaped. 形似叶。

Foliation ①叶卷叠式 ②幼叶卷叠式 ③叶 The act of producing leaves; the arrangement of leaves within a bud; foliage. 叶子产生的一种方式;叶在芽中的排列方式;叶。

Foliature ①叶簇 ②叶 A leaf cluster; foliage. 叶簇;叶。

Foliolate 具小叶的 Pertaining to or having leaflets; usually used in compounds, such as **bifoliolate** or **trifoliolate**. 小叶的或与小叶相关的;通常用于复合词,如二小叶或三小叶。

Foliolose 具小叶的 见叶状的(**foliose**)。

Foliose 密叶的 Leafy. 多叶的。

Follicle 蓇葖果 A dry, dehiscent fruit composed of a single carpel and opening along a single side, as a milkweed pod. Figure 494. 由单个心皮形成沿一侧开裂的干果,如马利筋属植物(图494)。

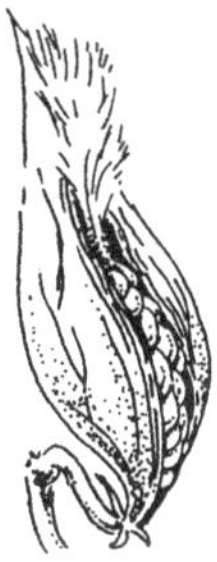

图 494

Follicular 蓇葖的 Of or pertaining to a follicle. 蓇葖的或与蓇葖相关的。

Forb 非禾草类草本植物 A non-grasslike herbaceous plant. 非禾草状的草本植物。

Forcipate 钳状的 Forceps-shaped. Figure 495. 形似钳子(图 495)。

Forked 分叉的,叉状的 Divided into two or more essentially equal branches. Figure 496. 分成两个或两个以上基本相等的分枝(图 496)。

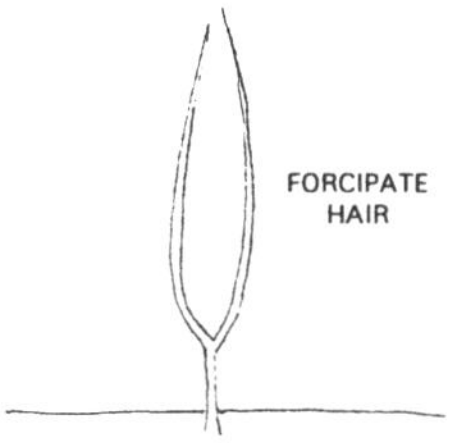

图 495

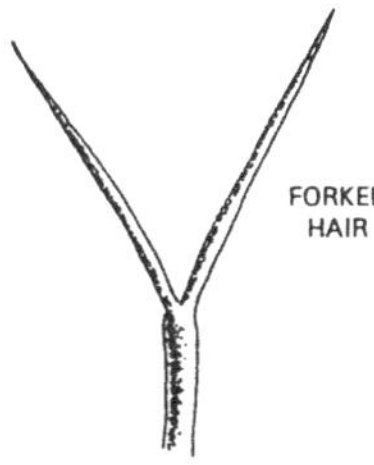

图 496

Fornicate 具冠筒鳞片的 Arched, as in the arched scales (fornices) in the corolla throat of many members of the Boraginaceae. Figure 497. 穹隆形,如许多紫草科植物花冠喉部的穹隆形鳞片(图 497)。

Fornix(pl. **fornices**) 冠筒鳞片 One of a set of small crests or scales in the throat of a corolla, as in many of the Boraginaceae. Figure 497. 花冠喉部着生的多个小突起或鳞片,如许多紫草科植物(图 497)。

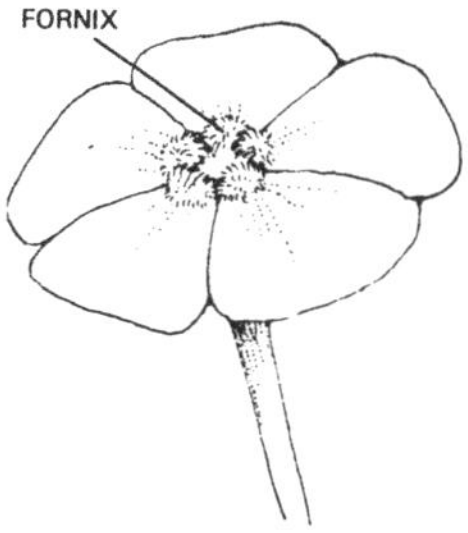

图 497

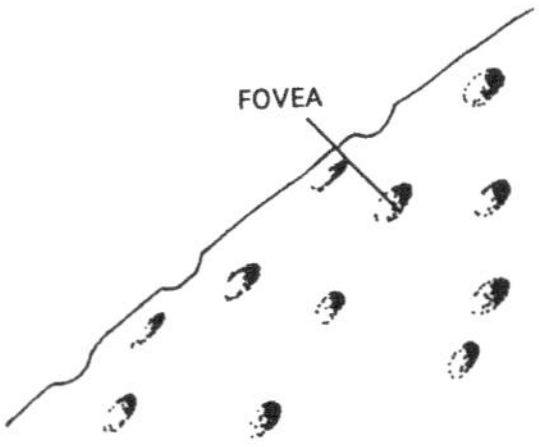

图 498

Fovea(pl. **foveae**) 孔穴 A small pit or depression. Figure 498. 小的凹穴或凹陷(图 498)。

Foveate 具孔穴的 With foveae; pitted. Figure 498. 具孔穴;具凹穴。图 498。

Foveola(pl. **foveolae**) 小孔穴 A little fovea; a very small pit or depression. Figure 499. 小

的孔穴;非常小的凹穴或凹陷。图 499。

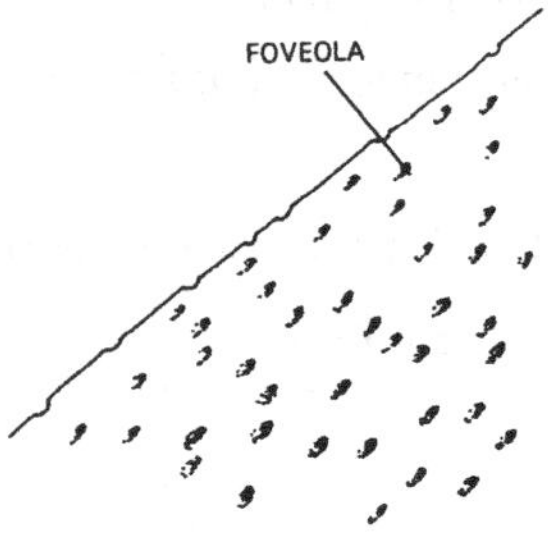

图 499

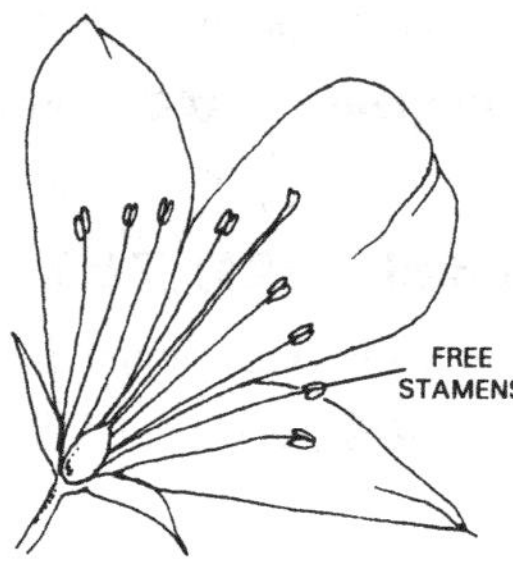

图 500

Foveolate **具小孔穴的** With foveolae; minutely pitted. Figure 499. 具小的孔穴;具小的凹穴。图 499。

Free **分离的** Not attached to other organs. Figure 500. 不与其他器官相连(图 500)。

Free-central placentation **特立中央胎座式** Ovules attached to a free-standing column in the center of a unilocular ovary. Figure 501. 胚珠着生于单室子房中央一直立且与子房上部分离的柱上(图 501)。

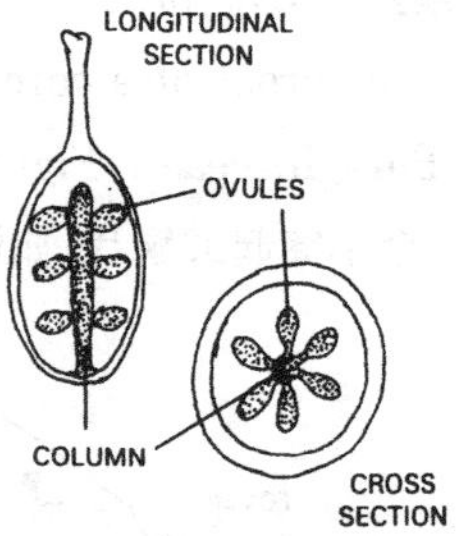

图 501

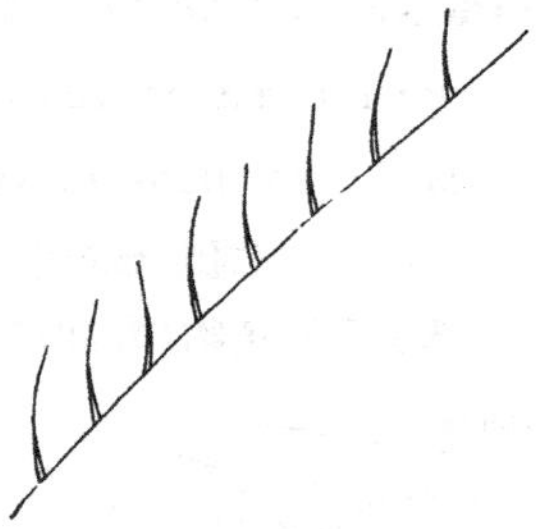

图 502

Fringed **具流苏的** With hairs or bristles along the margin. Figure 502. 沿边缘具毛或刚毛(图 502)。

Frond **叶**(指蕨类、棕榈类、苏铁类) A large, divided leaf; a fern or palm leaf. Figure 503. 大而分裂的叶;蕨类或棕榈的叶。图 503。

Frondose **①具叶的 ②叶状的** With fronds; frond-like. 具叶;形似叶。

Fructescence **结果期** The fruiting period. 结果的时期。

Fructiferous **具果的** Fruit-bearing. 产果的。

Fructification **结实** The fruiting process of a plant; the fruit of a plant. 植物产生果实的过程;植物的果实。

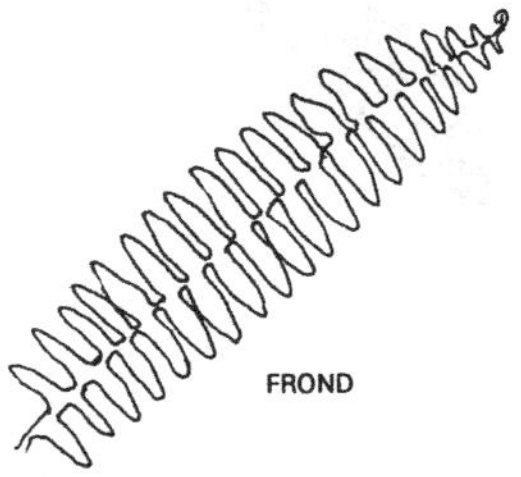

图 503

图 504

Fruit **果实** A ripened ovary and any other structures which are attached and ripen with it. Figure 504. 成熟的子房以及与子房相连并伴随子房一起成熟的其他结构(图 504)。

Frutescent **近灌木状的** Shrubby or shrub-like. 灌木状或像灌木状。

Frutex **灌木** A shrub. 灌木。

Frutical **灌木状的** 见近灌木状的(**frutescent**)。

Fruticose **灌木状的** 见近灌木状的(**frutescent**)。

Fruticulose **小灌木状的** Somewhat shrubby; small and shrubby. 稍灌木状的;小且灌木状。

Fugacious **先落的** Falling or withering early; ephemeral. (compare **caducous**) 很早脱落或凋谢;短生的。(对比**早落的**)。

Fulcrum (pl. **fulcra**) **叶性附属物** A plant appendage, such as a bract, tendril, stipule, etc. 植物的一种附属物,如苞片、卷须、托叶等。

Fulvous **黄褐色的** Tawny; dull yellowish-brown or yellowish-gray. 褐黄色;黄褐色或黄灰色。

Funicle **珠柄** 见珠柄(**funiculus**)。

Funiculate **具珠柄的** With a funiculus. Figure 505. 具珠柄(图 505)。

Funiculus (pl. **funiculi**) **珠柄** The stalk connecting the ovule to the placenta; the stalk of a seed. Figure 505. 连接胚珠和胎座的柄;种子的柄。图 505。

Funnelform **漏斗状的** Gradually widening from base to apex; funnel-shaped. Figure 506. 自基部到端部逐渐变宽;形状像漏斗。图 506。

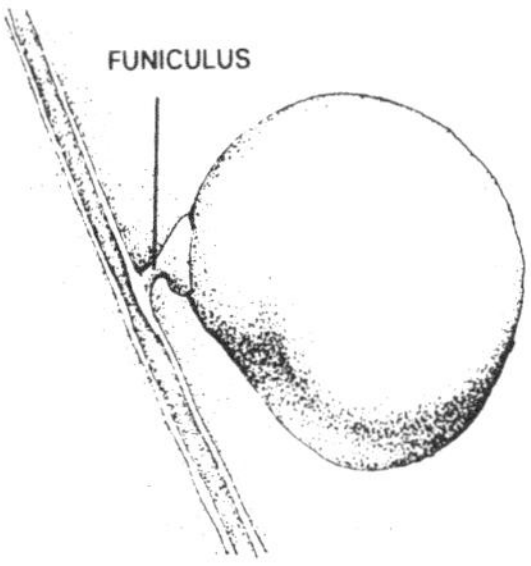

图 505

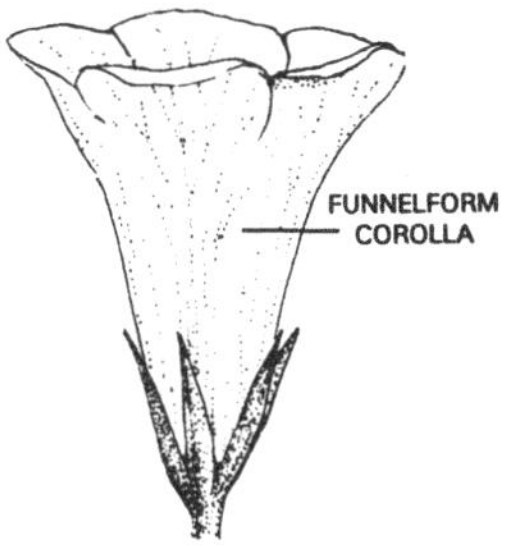

图 506

Furcate **分叉的** Forked; often used in compounds, such as **bifurcate** or **trifurcate**. 叉状的;常用于复合词,如二叉的或三叉的。

Furfuraceous **软鳞片状的,具软鳞片的** Scurfy; bran-like; flaky. Figure 507. 糠秕状的;糠状;薄片状。图 507。

Fuscous **暗褐色的** Dark grayish-brown; dusky. 暗灰褐色;微暗的。

Fusiform **纺锤形的** Spindle-shaped; broadest near the middle and tapering toward both ends. Figure 508. 纺锤状的,中部最宽,两端渐细(图 508)。

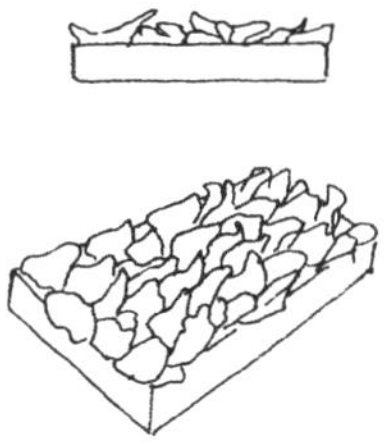

图 507

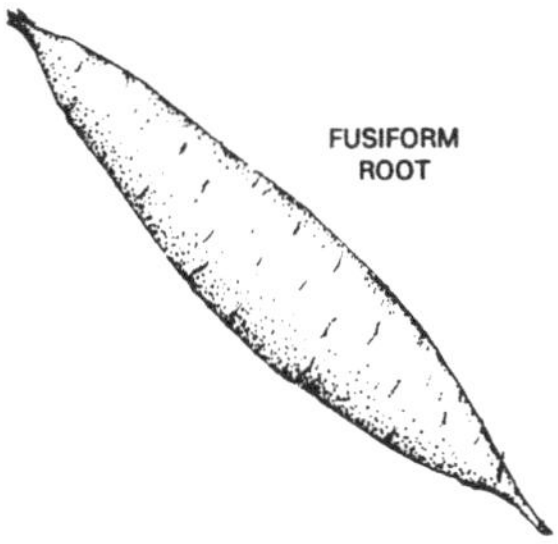

图 508

Galbulus **柏树球果** A cone of cypress. Figure 509. 柏树的球果(图 509)。

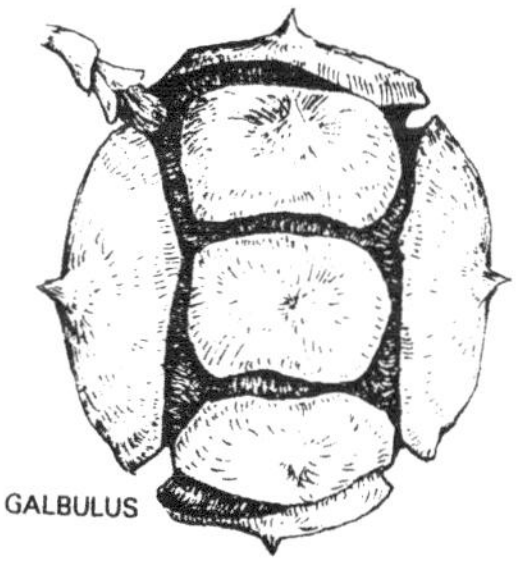

图 509

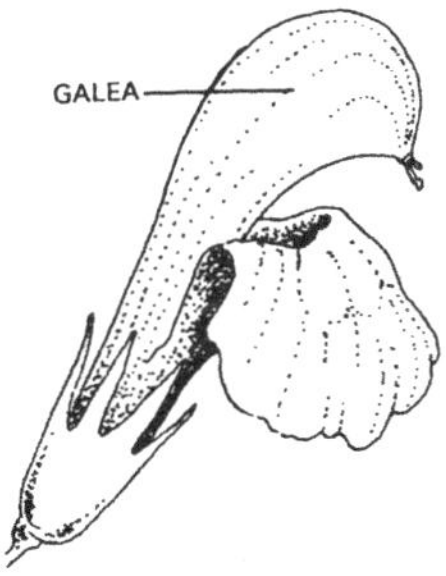

图 510

Galea **盔瓣** The helmet-shaped or hood-like upper lip of some two-lipped corollas. Figure 510. 某些二唇形花冠中,盔形或兜状的上唇瓣(图 510)。

Galeate **盔状的** With a galea. Figure 510; galea-like. 具盔的(图 510);盔瓣形。

Galeiform **盔状的** Helmet-shaped. Figure 510; galea-like. 盔形(图 510);盔瓣状。

Galericulate **帽状的** 见盔状的(**galeate**)。

Gall **虫瘿** An abnormal growth caused by insects. Figure 511. 由昆虫所引起的异常生长(图 511)。

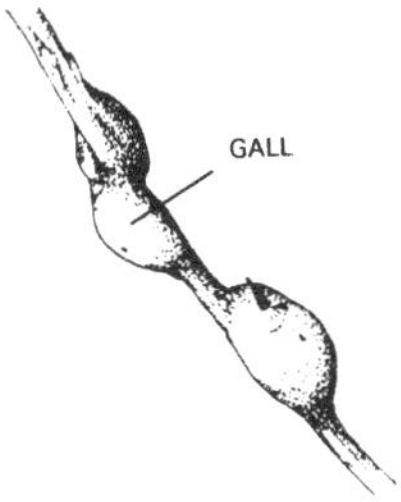

图 511

Gametophyte **配子体** The haploid (1n), gamete-producing generation of the plant reproductive cycle, the reduced and inconspicuous portion of the life cycle in the vascular plants. (compare **sporophyte**) 植物生殖周期中产生配子的单倍体世代,在维管植物的生活史中是简化和不明显的植物体。(对比**孢子体**)。

Gamo-(prefix) **Gamo-**(前缀) Meaning union of like parts. 结合。

Gamopetalous **合瓣的** With the petals united, at least partially. Figure 512. 具联合,或至少是部分联合的花瓣(图 512)。

Gamophyllous **联生叶的** With the leaves united, usually by the margins. 叶联生,通常在叶缘相连。

Gamosepalous **合萼的** With the sepals united. Figure 512. 具联合的萼片(图 512)。

Geitonogamy **同株异花传粉,同株异花受精** Pollination between flowers of the same plant. 同一植物个体上不同花之间的传粉。

Gelatinous **胶质的** Jelly-like in texture. 质地似胶。

Geminate **成对的** In equal pairs like twins. Figure 513. 像孪生般成对的(图 513)。

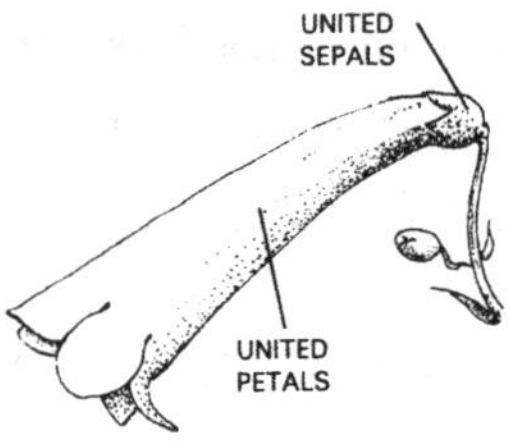

图 512

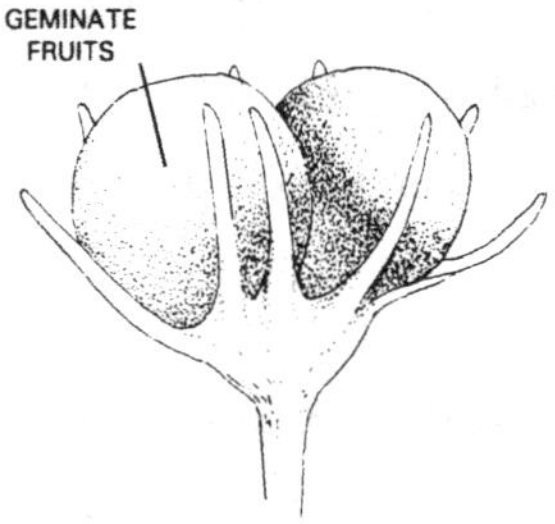

图 513

Gemma(pl. **gemmae**) **芽,胞芽** A bud or bud-like structure, or cluster of cells which separate from the parent plant and propagate off-spring plants. 芽或芽状结构,或从亲本植物上分离的用以繁殖后代的一团细胞。

Gemmate **具胞芽的** With gemmae; reproducing by gemmae. 具胞芽;胞芽繁殖。

Gemmation **出芽生殖** The process of reproduction by gemmae. 通过胞芽进行的生殖过程。

Gemmiferous **具芽的** Producing gemmae or buds. 产生胞芽或芽。

Gemmule **微芽** 见芽,胞芽(**gemma**)。

Geniculate **膝曲的** With abrupt knee-like bends and joints. Figure 514. 具膝状的急弯和关节(图 514)。

Genome **染色体组** A complete chromosome set. 一套完整的染色体。

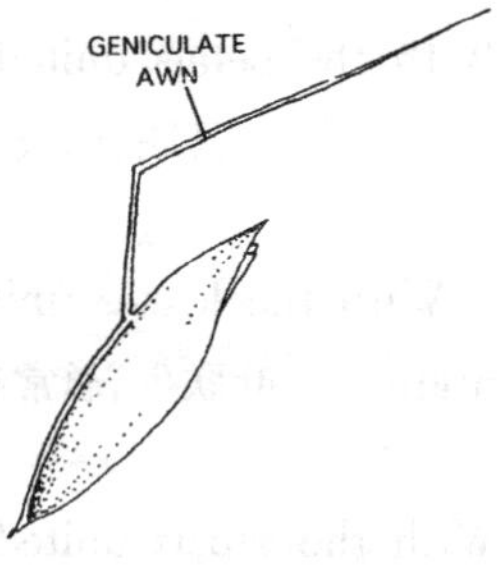

图 514

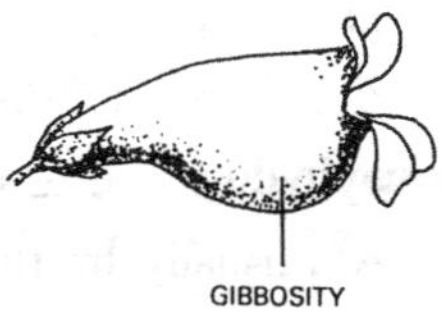

图 515

Gibbosity **隆凸** A swelling or protuberance; the state of being gibbous. Figure 515. 具膨大或隆起;囊状膨大的状态。图 515。

Gibbous **囊状的** Swollen or enlarged on one side; ventricose. Figure 515. 单侧鼓起或增大;一面鼓的。图 515。

Glabrate **脱毛的** Becoming glabrous; almost glabrous. 变无毛的;几近无毛的。

Glabrescent **几无毛的** 见几无毛的(**glabrate**)。

Glabrous **①光滑的 ②无毛的** Smooth; hairless. 光滑;无毛。

Gladiate **剑形的** Sword-shaped; ensiform. Figure 516. 形状似剑;剑形的。图 516。

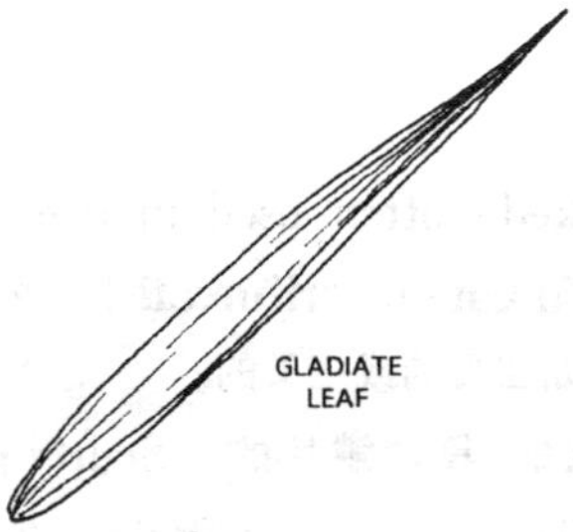

图 516

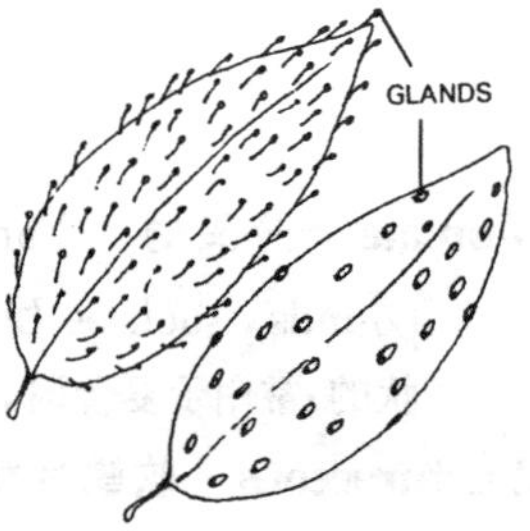

图 517

Gland **腺〔体〕** An appendage, protuberance, or other structure which secretes sticky or oily substances. Figure 517. 分泌黏性或油质物的附属物、突起或其他结构(图 517)。

Glandular **腺的,具腺的** Of or pertaining to a gland; gland-like; bearing glands. Figure 517. 腺的或腺性的;腺状的;具腺的。图 517。

Glanduliferous **具腺的** Bearing glands. Figure 517. 具腺体(图 517)。

Glandulose **腺体的** 见腺的,具腺的(**glandular**)。

Glans **槲果** A dry, indehiscent fruit borne in a cupule, as the acorn. Figure 518. 着生于壳斗内的不开裂干果,如橡树果(图 518)。

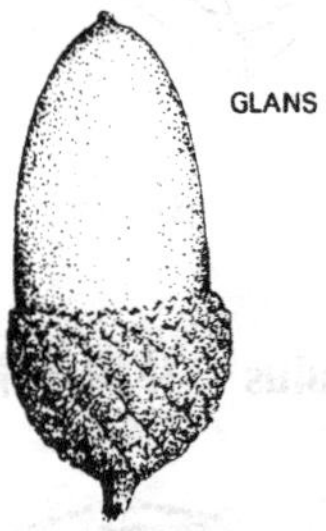

图 518

Glaucescent **带白霜的** Somewhat glaucous; becoming glaucous. 微具白霜;成苍白色的。

Glaucous **具白霜的** Covered with a whitish or bluish waxy coating (bloom), as on the surface of a plum. 被覆白色或蓝色的蜡质层(粉霜),如李子的表面。

Globose **球状的** Globe-shaped; spherical. Figure 519. 球形(图 519)。

Globular **球状的** 见球状的(**globose**)。

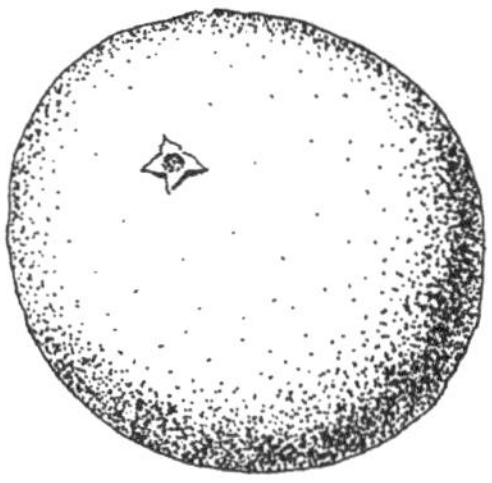

图 519

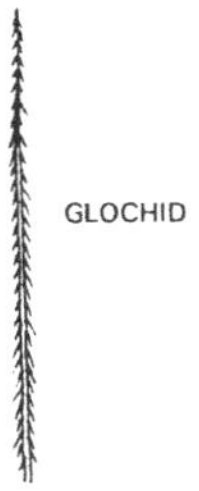

图 520

Glochid(pl. **glochidia**) **钩毛,倒刺毛** A barbed hair or bristle, as the fine hairs in *Opuntia*. Figures 520 and 521. 具倒刺的毛或刚毛,如仙人掌属植物的细毛(图 520 和图 521)。

Glochidiate **具倒刺毛的** Barbed at the tip. Figure 520; bearing glochids. Figure 521. 顶端具倒刺(图 520);具钩毛(图 521)。

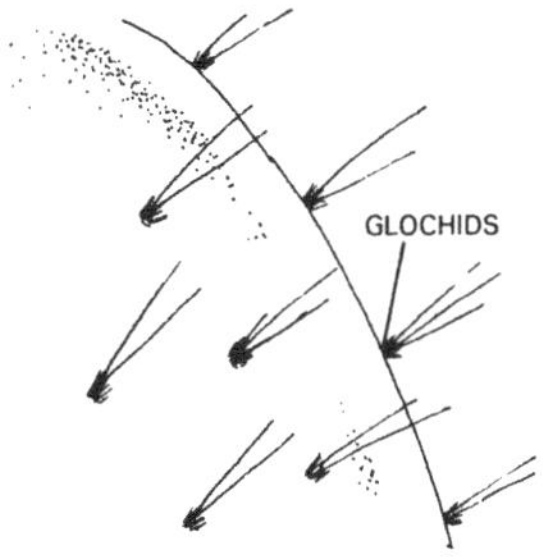

图 521

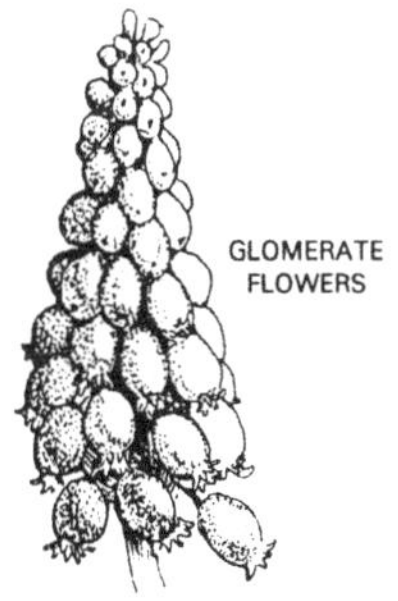

图 522

Glome **团伞花序** 见团伞花序(**glomerule**)。

Glomerate **团集的** Densely clustered. Figure 522. 密集成簇(图 522)。

Glomerulate **团伞状的** Arranged in very small, dense clusters. 非常小而密集地成簇排列。

Glomerule **团伞花序** A dense cluster; a dense, head-like cyme. Figure 523. 头状密集的聚伞花序(图 523)。

Glumaceous **颖状的** Resembling a glume; bearing glumes. 像颖片;具颖片。

Glume **颖片** One of the paired bracts at the base of a grass spikelet. Figure 524; a chaffy bract in the grasses or sedges. 禾草小穗基部的一对苞片;禾草或莎草的膜质苞片。图 524。

Glutinous **胶黏的** Gluey; sticky; gummy; covered with a sticky exudation. 胶质的;黏的;黏性的;被覆黏性分泌物。

Gorge **花喉** The throat of a flower. Figure 525. 花的喉部(图 525)。

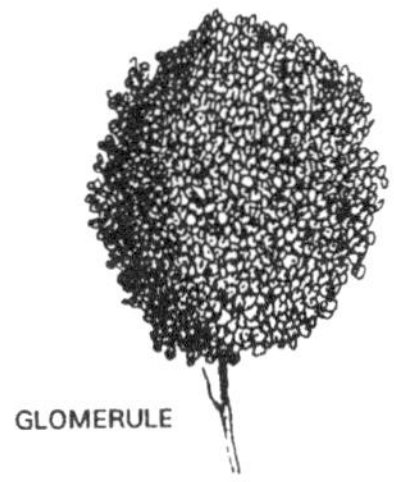

图 523

图 524

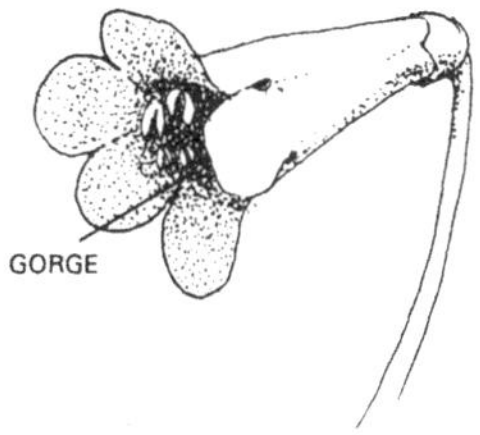

图 525

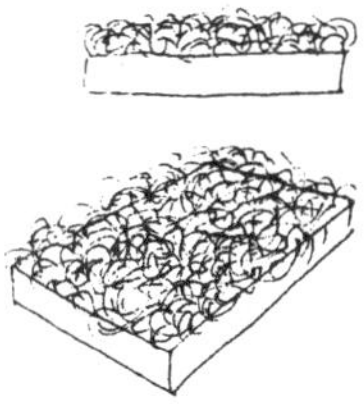

图 526

Gossypine **棉絮状的** Flocculent; cottony. Figure 526. 絮状的;棉质的。图 526。

Gourd **瓠果** 见瓠果(**pepo**)。

Graduate **分开的,分级的** Divided or marked at regular intervals; with parts of progressively different lengths, as in some Compositae (Asteraceae) in which the outer involucral bracts are shorter than the inner. Figure 527. 以规则的间距分开或标记;长度逐渐变化,如在菊科一些类群中外苞片短于内苞片(图 527)。

Grain **①种子状结构 ②颖果** A seed-like structure, as in the fruit of some *Rumex* species; a caryopsis. Figure 528. 一种类似种子的结构,如酸模属某些种的果实;颖果。图 528。

Granular **颗粒状的** With small granules or grains. 具小的颗粒。

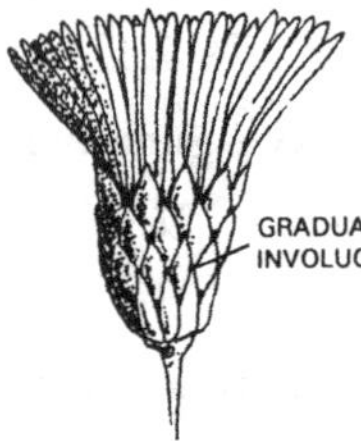

图 527

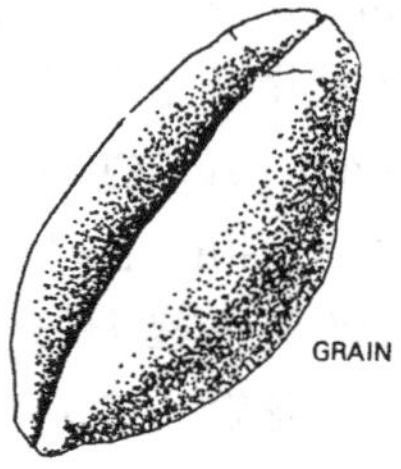

图 528

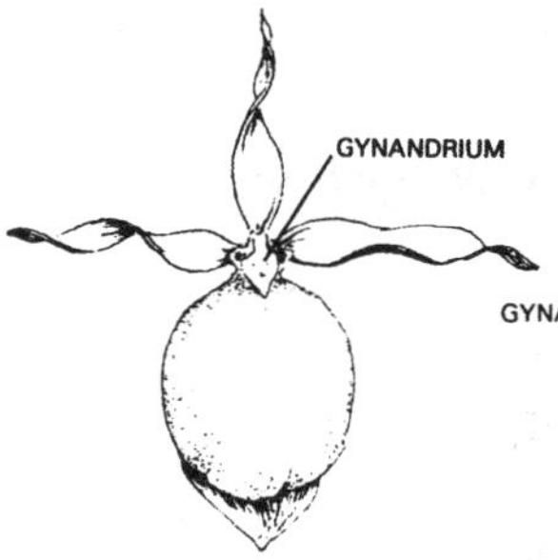

图 530

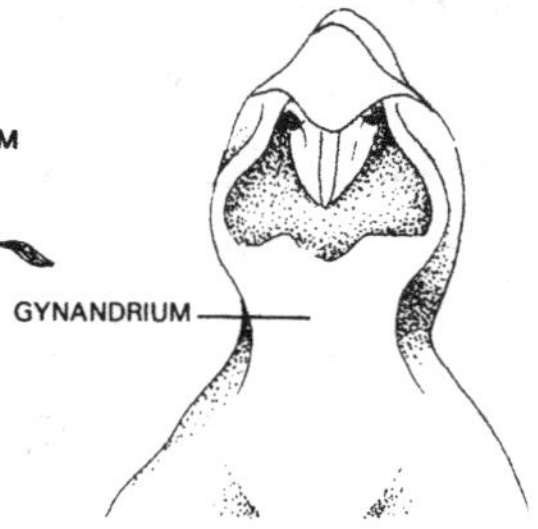

图 531

Granulate 颗粒状的 见颗粒状的(**granular**)。

Granule 小颗粒 A small grain. 小的颗粒。

Granuliferous 具颗粒的 见颗粒状的(**granular**)。

Granulose 颗粒状的 见颗粒状的(**granular**)

Grenadine 亮红色,石榴汁色 Bright red; the color of pomegranate juice. 亮红色;石榴汁色。

Gymnosperm 裸子植物 Plants producing seeds which are not borne in an ovary (fruit), the seeds usually borne in cones. 种子不产生于子房(果实),而通常产生于球果中的植物。

Gynaecandrous 雌雄同序的 With the pistillate flowers borne above the staminate, as in the inflorescence of some *Carex* species. Figure 529. (compare **androgynous**) 雌花着生部位高于雄花的花序,如薹草属植物某些种(图 529)。(对比雄雌同序的)。

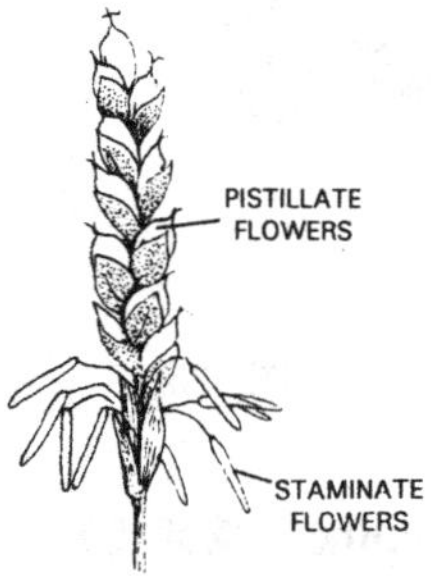

图 529

Gynaeceum 雌蕊群 见雌蕊群(**gynoecium**)。

Gynaecium 雌蕊群 见雌蕊群(**gynoecium**)。

Gynandrial 雌雄蕊合体的 见雌雄蕊合体的(**gynandrous**)。

Gynandrium 合蕊柱 A column bearing stamens and pistils. Figures 530 and 531. 着生有雄蕊和雌蕊的柱状结构(图 530 和图 531)。

Gynandrous 雌雄蕊合体的 With the stamens adnate to the pistil. Figure 531. 雄蕊贴生于雌蕊上(图 531)。

Gynecium 雌蕊群 见雌蕊群(**gynoecium**)。

Gynobase 雌蕊基 An elongation or enlargement of the receptacle, as in the flowers of the Boraginaceae. Figure 532. 花托的伸长或膨大,如紫草科植物的花(图 532)。

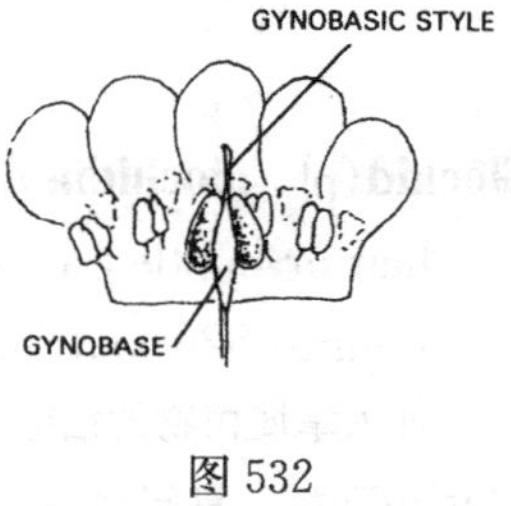

图 532

Gynobasic style 基着式花柱 A style which is attached to the gynobase as well as to the carpels. Figure 532. 既着生于心皮也同时着生于雌蕊基上的花柱(图 532)。

Gynodioecious 雌全异株的,雌花两性花异株的 Having pistillate and perfect flowers on separate plants. 雌花与完全花生于不同的植株上。

Gynoecium 雌蕊群 All of the carpels or pistils of a flower, collectively. Figure 533. 一朵花内所有心皮或雌蕊的总称(图 533)。

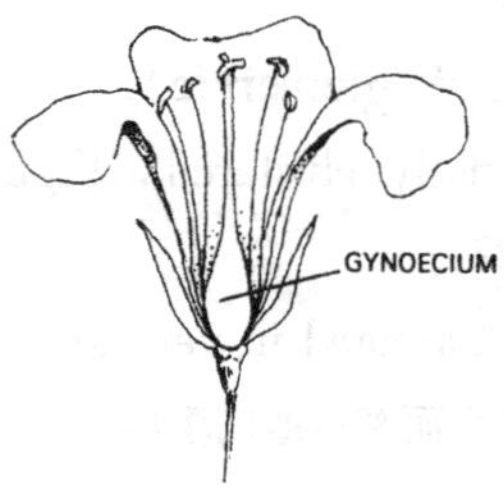

图 533

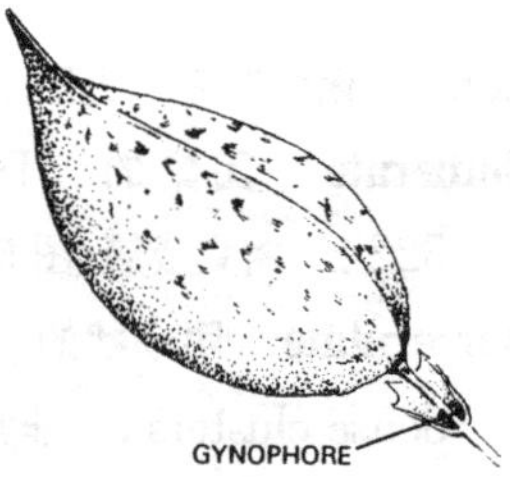

图 534

Gynomonoecious 雌全同株的,雌花两性花同株的 With perfect and pistillate flowers on the same plant. 两性花和雌花位于同一植株上。

Gynophore 雌蕊柄 An elongated stalk bearing

the pistil in some flowers. Figure 534. 某些花中着生雌蕊的伸长的柄(图 534)。

Gynostegium 合蕊冠 A structure formed from the fusion of the anthers with the stigmatic region of the gynoecium, as in the Asclepiadaceae.

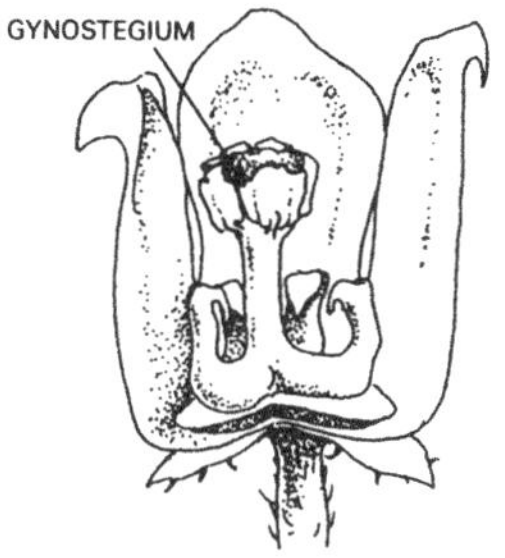

图 535

Figure 535. 花药和雌蕊群柱头愈合而形成的结构,如萝藦科植物(图 535)。

Gynostemial 雌雄蕊合体的 见雌雄蕊合体的(**gynandrous**)。

Gynostemium 合蕊柱 A structure formed from the fusion of the stamens and pistil in the Orchidaceae. Figure 531. 兰科植物中由雄蕊和雌蕊愈合而成的结构(图 531)。

Habit ①习性 ②体型 The general appearance, characteristic form, or mode of growth of a plant. 植物总体的外形、特征或生长方式。

Habitat 生境 The environmental circumstances or kind of place where a plant grows. 适于某种植物生长的环境条件或场所。

Halberd-shaped 戟形的 见戟形的(**hastate**)。

Half-inferior 半下位的 Attached below the lower half, as a flower with a hypanthium that is fused to the lower half of the ovary, giving the appearance that the other floral whorls are arising from about the middle of the ovary. Figure 536. 子房以下半部着生,如子房的下半部与托杯合生,看似其他花轮从子房近中部发生(图 536)。

Halophyte 盐生植物 A plant which grows in salty soil. 生长于盐性土壤中的植物。

Hamate 钩头状的,顶端具钩的 Hook-shaped; hooked at the tip. Figure 537. 形似钩;先端具钩。图 537。

Hamose 具钩的 见钩头状的,顶端具钩的(**hamate**)。

Hamous 具钩的 见钩头状的,顶端具钩的(**hamate**)。

Hapaxanthic 一次开花的 Flowering only once. 仅开花一次。

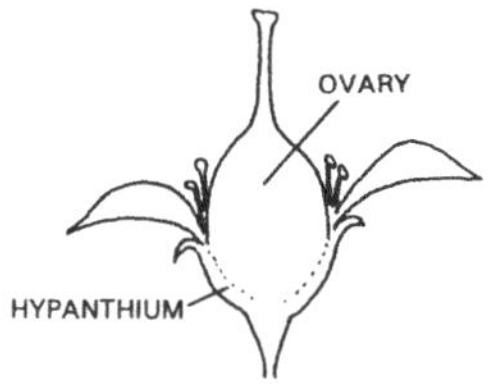

图 536

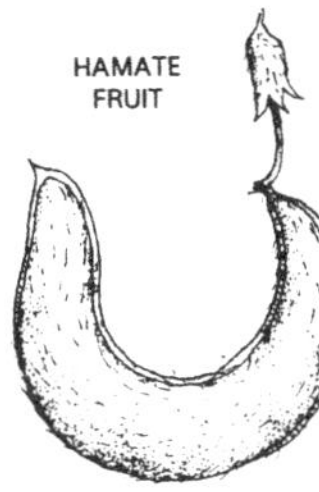

图 537

Haplocaulis 单茎的 With an unbranched stem. Figure 538. 具不分枝的茎(图 538)。

图 538

Haplochlamydeous 单被的 见单被的(**monochlamydeous**)。

Haploid 单倍体 With a single full set of chromosomes in each cell. 每个细胞中仅有一套完整的染色体。

Haplopetalous 单层花瓣的 With a single series of petals. Figure 539. 具单轮花瓣(图 539)。

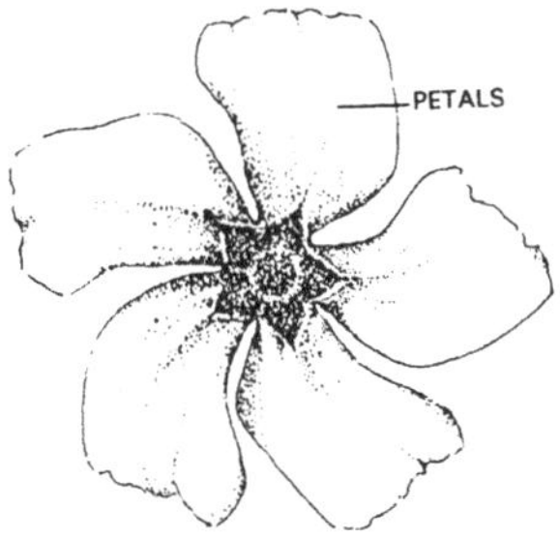

图 539

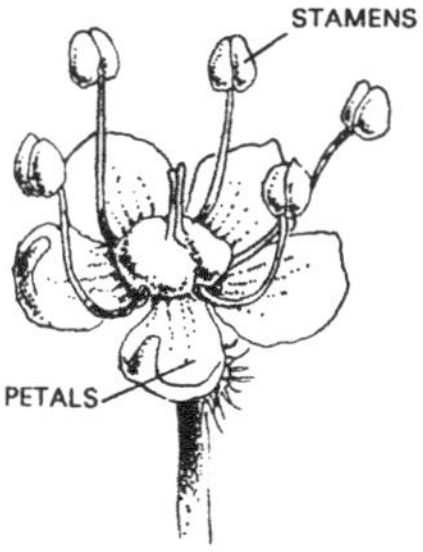

图 540

Haplostemonous 具单轮雄蕊的 With one series of stamens; with as many stamens as petals. Figure 540. 具一轮雄蕊;雄蕊与花瓣数目相同。图 540。

Hastate 戟形的 Arrowhead-shaped, but with the basal lobes turned outward rather than downward; halberd-shaped. Figure 541. (compare **sagittate**) 箭头形,基部裂片向外而非向下;戟形。图 541。(对比**箭头形的**)。

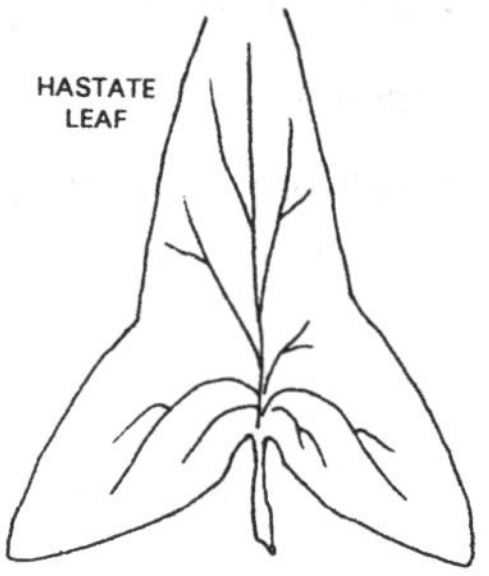

图 541

Hastiform **戟形的** 见**戟形的**(**hastate**)。

Haustorium(pl. **haustoria**) **吸器** A specialized root-like organ used by parasitic plants to draw nourishment from host plants. 寄生植物从寄主吸收营养物质的特化根状器官。

Head **头状花序** A dense cluster of sessile or subsessile flowers; the involucrate inflorescence of the Compositae (Asteraceae). Figures 542 and 543. 由密集成簇的无柄或近无柄花形成的花序;菊科植物中具总苞的花序。图 542 和图 543。

图 542

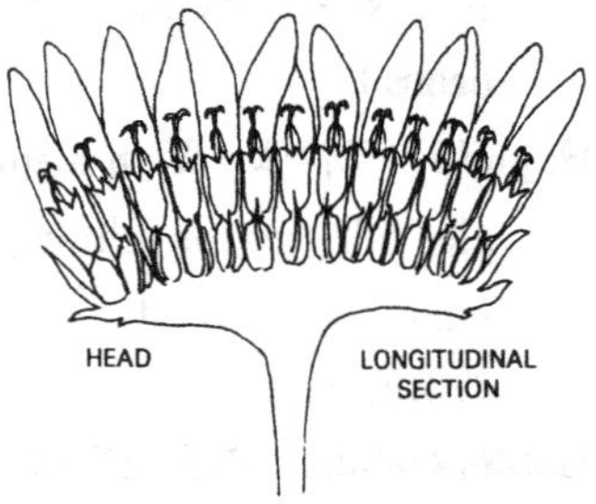

图 543

Heartwood **心材** The innermost, usually somewhat darker wood of a woody stem. Figure 544. 木本茎干最内的颜色通常较深的木材(图 544)。

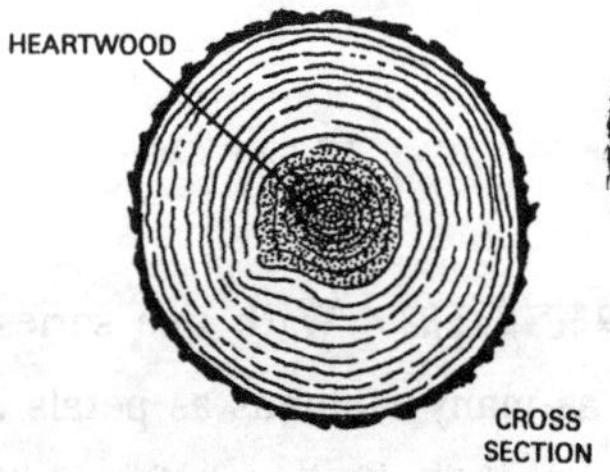

图 544

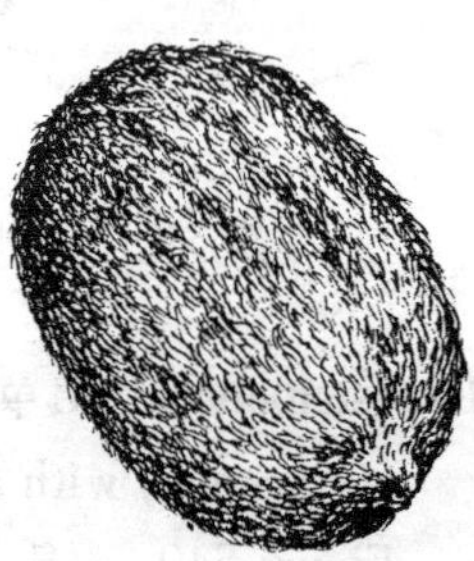
图 545

Hebecarpous **果实被柔毛的** With pubescent fruit. Figure 545. 具有被柔毛的果实(图 545)。

Hebecladous **枝被柔毛的** With pubescent branches. Figure 546. 具有被柔毛的枝(图 546)。

Hebegynous **雌蕊被柔毛的** With pubescent pistils. Figure 547. 具有被柔毛的雌蕊(图 547)。

Hebepetalous **花瓣被柔毛的** With pubescent petals. Figure 547. 具有被柔毛的花瓣(图 547)。

图 546

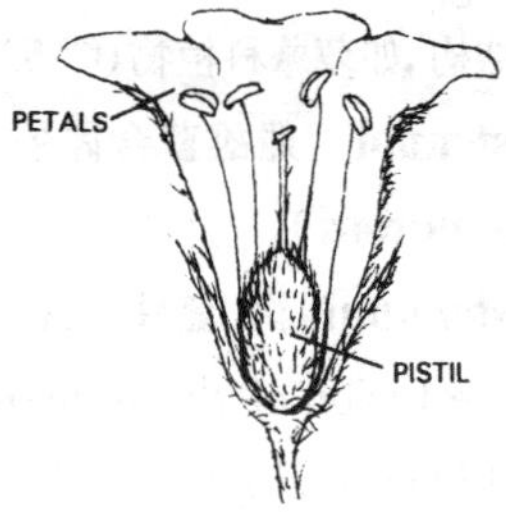

图 547

Helicoid **螺卷状的** Coiled like a spiral or helix, as in some one-sided cymose inflorescences in the Boraginaceae. Figures 548 and 549. 螺旋状卷曲的,如某些紫草科植物的单侧聚伞花序(图 548 和图 549)。

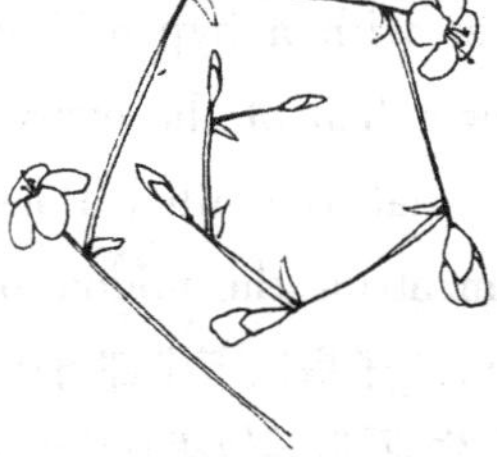
图 548

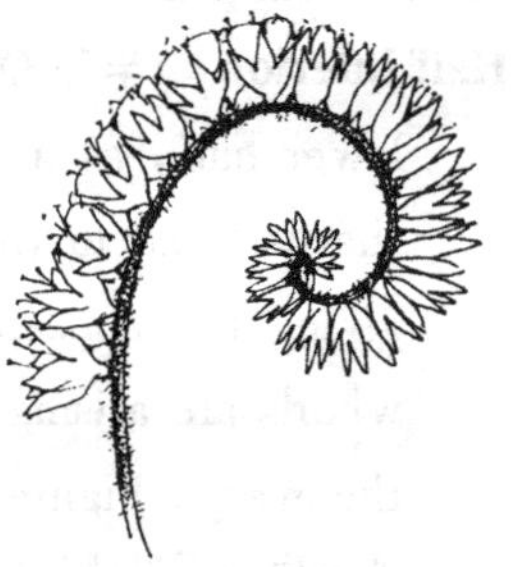
图 549

Helmet **盔瓣** 见**兜状瓣**(**hood**)。

Hemi- (prefix) **Hemi-**(前缀) Meaning half. 半。

Hemianatropous ovule **横生胚珠** 见**横生胚珠**(**hemitropous ovule**)。

Hemicarp **半果,分果** 见**分果瓣**(**mericarp**)。

Hemispheric 半球形的 Shaped like half of a sphere. 形如半个球体。

Hemispherical 半球形的 见半球形的(**hemispheric**)。

Hemispheroidal 半扁球状的 Shaped like half of a spheroid. 形如半个椭球体。

Hemitropous ovule 横生胚珠 An ovule which is half inverted so that the funiculus is attached near the middle with the micropyle at a right angle. Figure 550. 珠柄与胚珠纵轴成直角的半倒置胚珠(图 550)。

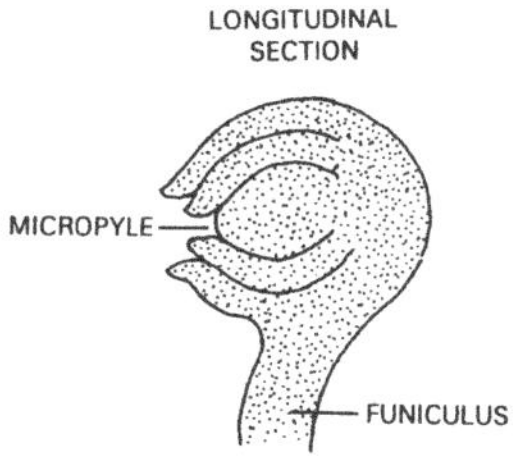

图 550

Hepaticous 肝色的 Liver-colored. 肝色。

Heptamerous 七基数的 With parts in sevens 各部分为七或七的倍数。

Herb 草本 A plant without a persistent aboveground woody stem, the stems dying back to the ground at the end of the growing season. 无宿存的地上木质茎,茎在生长季末期衰亡的植物。

Herbaceous ①草本的 ②草质的 With the characteristics of an herb; not woody. 具有草本特征;非木本的。

Herbage ①营养体 ②草本植物群 The non-reproductive parts of the plant; the non-woody stems, leaves, and roots of a plant. 植物体的非生殖部分;植物体没有木质化的茎、叶和根。

Herbarium 植物标本室 A collection of dried plant specimens. 植物腊叶标本的保存地。

Hermaphrodite 雌雄同株 A hermaphroditic plant. 雌雄同株的植物。

Hermaphroditic 两性的 With pistils and stamens in the same flower; bisexual; monoclinous; perfect. Figure 551. 一朵花内具有雄蕊和雌蕊;两性的;雌雄蕊同花的;完全的。图 551。

Hesperidium 柑果 A fleshy berrylike fruit with a tough rind, as a lemon or orange. Figure 552. 具坚韧果皮的浆果状肉质果实,如柠檬或柑橘(图 552)。

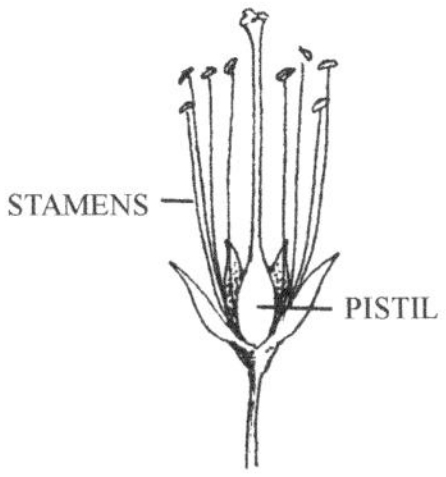

图 551

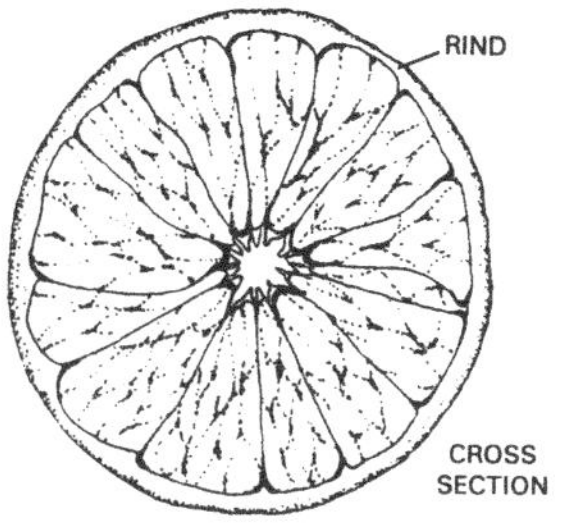

图 552

Heterandrous 雄蕊异长的 With stamens or anthers of different forms or sizes. Figure 553. 具有不同形态或长度的雄蕊或花药(图 553)。

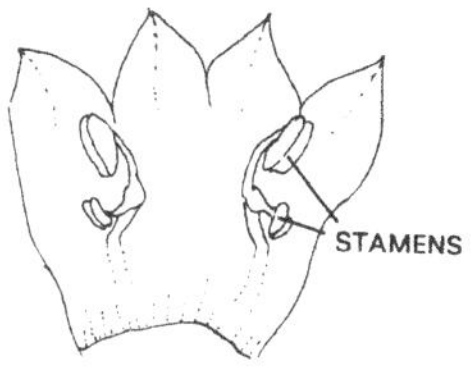

图 553

Hetero-(prefix) **Hetero-**(前缀) Meaning different or other. 异。

Heterocarpous 果实异型的 With fruit of different kinds. 具不同类型的果实。

Heterocephalous 具两种头状花序的 With staminate and pistillate flowers in separate heads, as in some Compositae (Asteraceae). 雄花和雌花分别着生在(同一植株的)不同的头状花序上,如某些菊科植物。

Heterochlamydeous 异形花被的 With a perianth composed of distinctly different calyx and corolla whorls. Figure 554. 具由明显不同的花萼和花冠轮组成的花被(图 554)。

Heterogamous 具两类花的 With flowers of differing sex. 具有不同性别的花。

Heterogamy 异性花性 Having heterogamous flowers. 具不同性别的花。

Heterogonous 花蕊异长的 With two or more different kinds of perfect flowers on different individuals of the same species, the kinds of

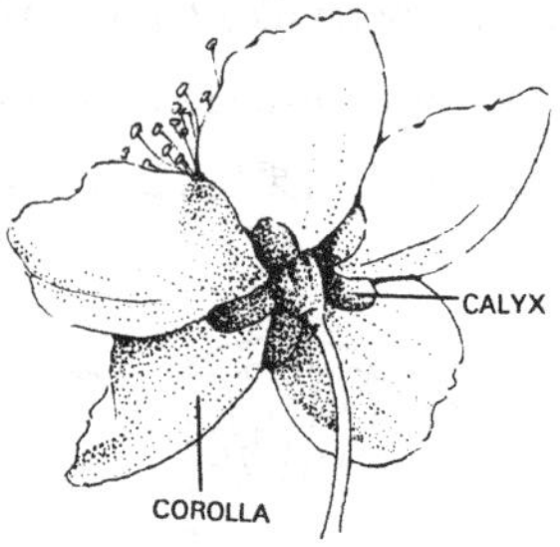

图 554

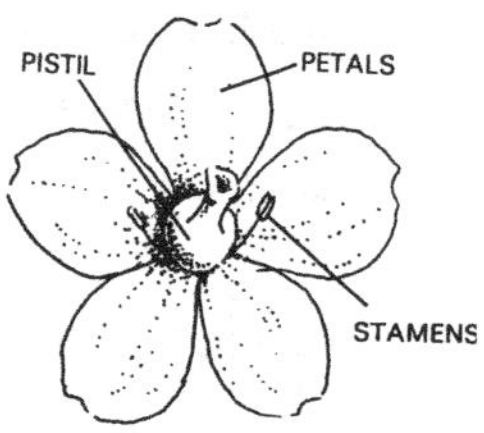

图 555

flowers differing in the relative length of the pistils and stamens. (compare **homogonous**) 同种植物的不同个体具有两种或多种不同类型的两性花，各类型之间的区别在于雌蕊和雄蕊的相对长度。(对比**花蕊同长的**)。

Heterogony　**花蕊异长**　State of being heterogonous.　花蕊异长的状态。

Heteromerous　**异基数的**　With a variable number of parts, as in a flower with a different number of members in each floral whorl. Figure 555.　各花部组成数目有变化，如一朵花的各轮的数目彼此不同(图 555)。

Heteromorphic　**异形的**　Of more than one kind or form.　不止一种类型或样式。

Heteromorphous　**异形的**　见异形的(**heteromorphic**)。

Heterophyllous　**具异形叶的**　With different kinds of leaves on the same plant. Figure 556.　同一植物上具不同形态的叶(图 556)。

Heterosporous　**具异型孢子的**　Having spores of two different kinds, microspores and megaspores. Figure 557.　具小孢子和大孢子两种类型的孢子(图 557)。

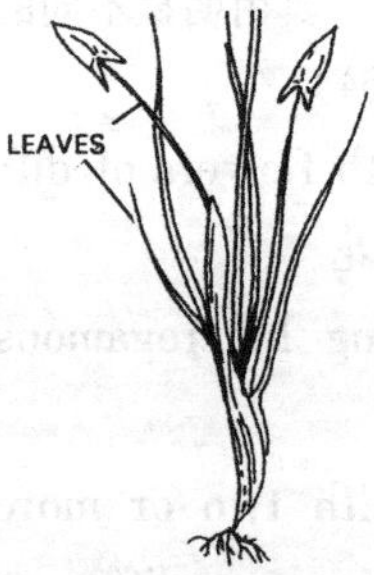

图 556

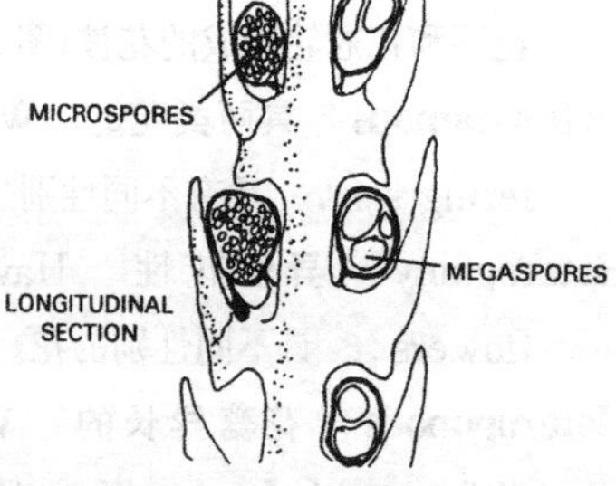

图 557

Heterostylic　**花柱异长的**　With styles of different lengths in flowers of the same species. Figures 558 and 559.　同种植物的花具不等长的花柱(图 558 和图 559)。

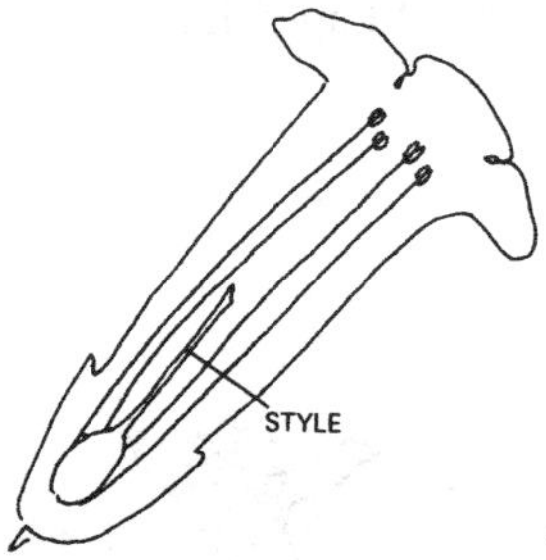

图 558

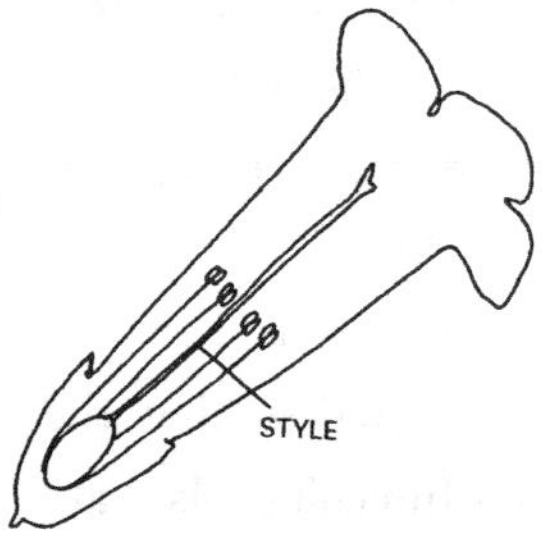

图 559

Heterostylous　**花柱异长的**　见**花柱异长的**(**heterostylic**)。

Hexa- (prefix)　**Hexa-**(前缀)　Meaning six.　六。

Hexagynous　**六雌蕊的**　With six pistils.　具六枚雌蕊。

Hexamerous　**六基数的**　With parts arranged in sets or multiples of six. Figure 560.　以六的倍数成组排列(图 560)。

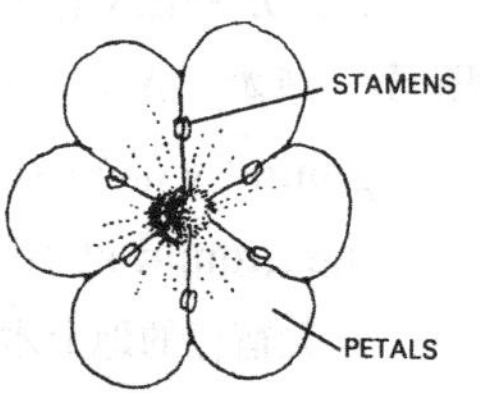

图 560

Hexandrous　**六雄蕊的**　With six stamens. Figure 560.　具六枚雄蕊(图 560)。

Hexapetalous　**六花瓣的**　With six petals. Figure 560.　具六枚花瓣(图 560)。

Hexaphyllous　**具六叶的**　With six leaves.　具六片叶子。

Hexaploid　**六倍体**　With six full sets of chromosomes in each cell.　每个细胞中具六套完整的染色体。

Hibernal　**冬季开花的，冬出的**　Flowering or appearing in the winter.　冬季开花或显现。

Hilum　①**种脐** ②**脐**　A scar on a seed indicating its point of attachment. Figures 561 and 562; a scar indicating the point of attachment of the ovary in grasses.　种子上种子着生点的

疤痕(图 561 和图 562);禾草中子房着生点的痕迹。

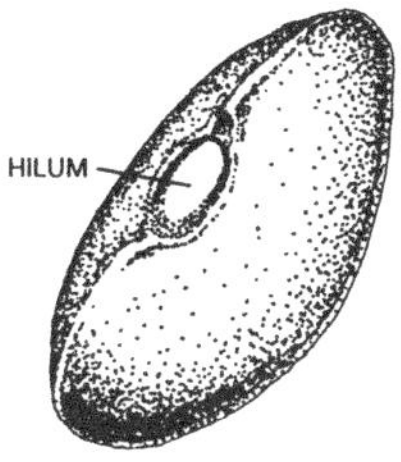

图 561

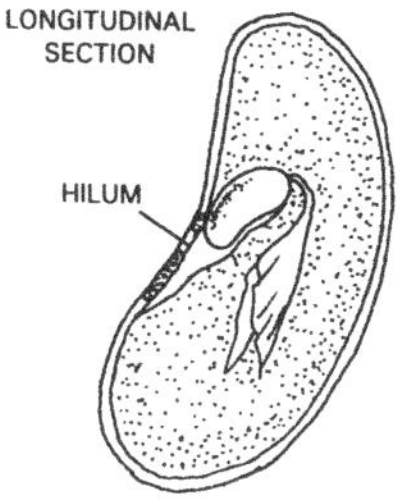

图 562

Hip **蔷薇果** A berry-like structure composed of an enlarged hypanthium surrounding numerous achenes, as in roses. Figures 563 and 564. 由膨大的托杯包围多数瘦果形成的浆果状结构,如蔷薇属植物(图 563 和图 564)。

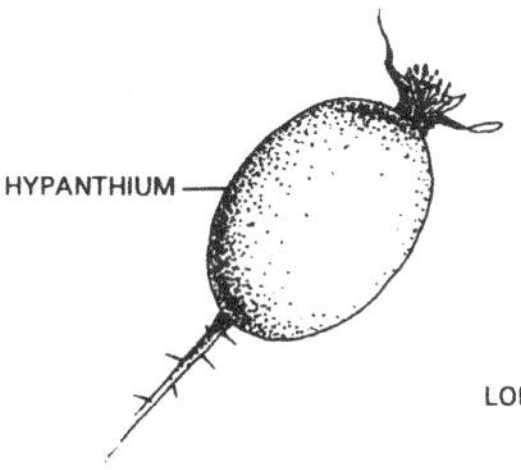

图 563

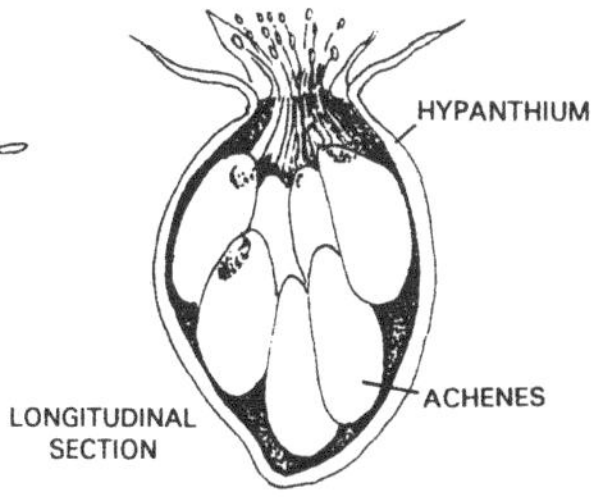

图 564

Hippocrepiform **马蹄形的** Horseshoe-shaped. Figure 565. 形似马蹄(图 565)。

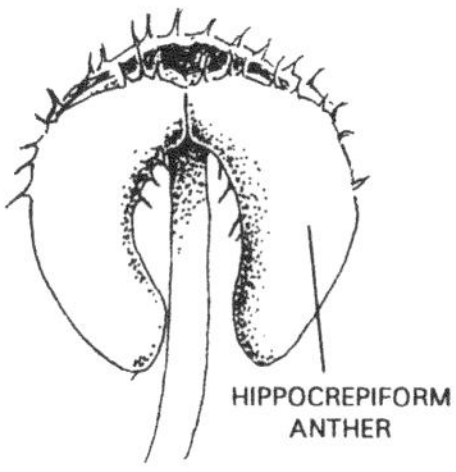

图 565

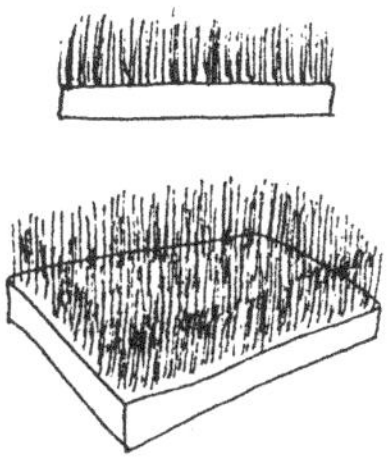

图 566

Hirsute **具长硬毛的** Pubescent with coarse, stiff hairs. Figure 566. 被有粗糙而坚硬的毛(图 566)。

Hirsutulous **具微糙硬毛的** Pubescent with very small, coarse, stiff hairs. Figure 567. 具有非常小的粗糙坚硬的毛(图 567)。

Hirtellate **具微糙硬毛的** 见具微糙硬毛的(**hirsutulous**)。

Hirtellous **具微糙硬毛的** 见具微糙硬毛的(**hirsutulous**)。

Hispid **具糙硬毛的** Rough with firm, stiff hairs. Figure 568. 具粗糙坚硬的毛(图 568)。

Hispidulous **具短硬毛的** Minutely hispid. Figure 569. 细小的硬毛(图 569)。

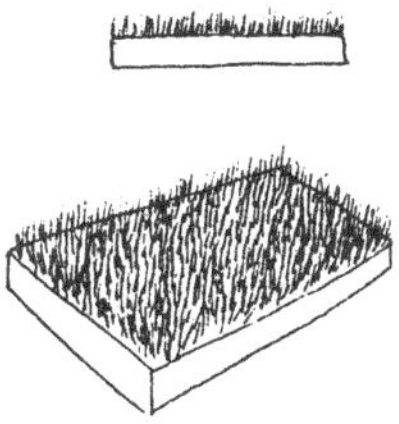

图 567

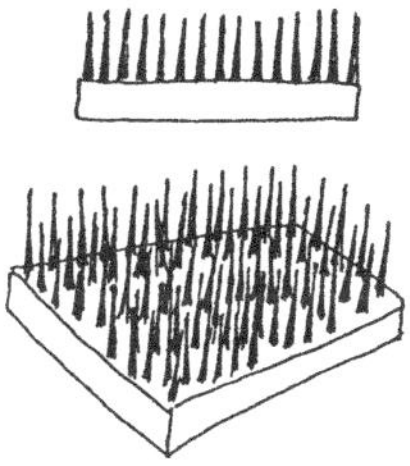

图 568

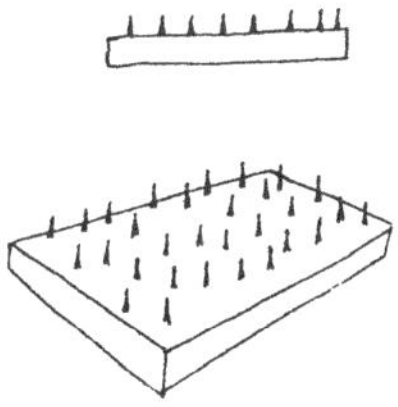

图 569

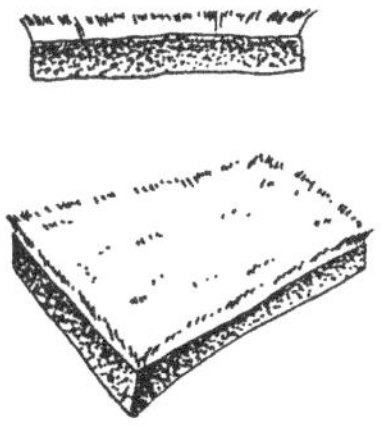

图 570

Hoary **具灰白毛的** With gray or white short, fine hairs. Figure 570. 具有灰色或白色的短细毛(图 570)。

Holosericeous **被细绢毛的** Covered with fine, silky hairs. Figure 571. 被覆细的丝状毛(图 571)。

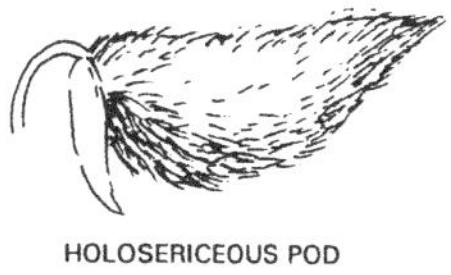

图 571

Homo- (prefix) **Homo-**(前缀) Meaning the same. 同。

Homochromous **同色的** Being all of one color, as the flower heads of some Compositae (Asteraceae). 全为一种颜色,如某些菊科植物的头状花序。

Homoeandrus **同形雄蕊的** With uniform stamens. 具形态一致的雄蕊。

Homogamous **①同性花的** **②雌雄同熟的** With flowers of the same sex; with the pistils and stamens maturing at the same time.（compare **dichogamous**） 花的性别相同；雌蕊和雄蕊同时成熟。(对比**雌雄异熟**)。

Homogamy 雌雄蕊同熟 Having homogamous flowers. 具雌雄蕊同熟的花。

Homogeneous 同形的 With parts all of the same kind; uniform. 具同一类型的各个部分；形态一致。

Homogonous 花蕊同长的 With perfect flowers which do not differ in the relative length of the pistils and stamens.（compare **heterogonous**） 具雌蕊和雄蕊等长的两性花。(对比**花蕊异长的**)。

Homogony 花蕊同长 State of being homogonous. 花蕊同长的状态。

Homomorphic 同形的 All of the same kind or form. 全为同种类型或样式。

Homomorphous 同形的 见同形的（**homomorphic**）。

Homosporous 具同型孢子的 Having spores of one kind. 具一种类型的孢子。

Homostylic 花柱等长的 With styles of more or less constant length in flowers of the same species. 同种植物的花具长度基本一致的花柱。

Homostylous 花柱等长的 见花柱等长的（**homostylic**）。

Hood 兜状瓣 A hollow, arched covering, as the upper petal in *Aconitum*. Figures 572 and 573. 弓曲中空被片，如乌头属植物花的上花瓣(图 572 和图 573)。

[译者按：乌头属花中呈盔状的花被片是"上萼片"，不是"上花瓣"。]

Hooked 具钩的 Hook-shaped; bent like a hook. Figure 574. 钩形；弯曲如钩(图 574)。

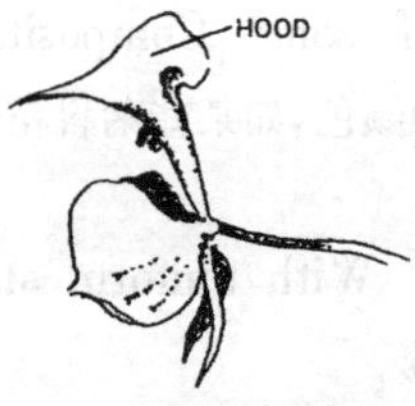

图 572

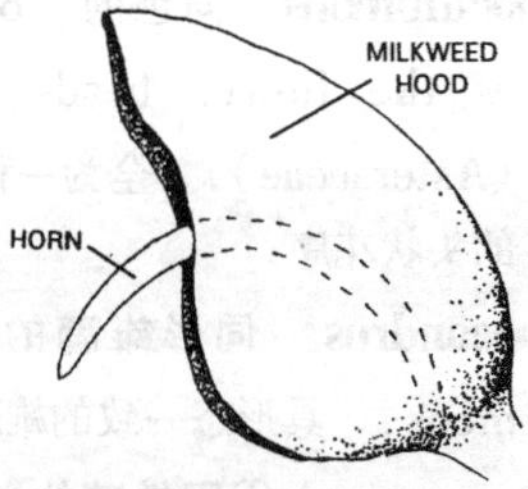

图 573

Horn 角状突起 A tapering projection resembling the horn of a cow. Figure 573. 像牛角一样渐尖的突起物(图 573)。

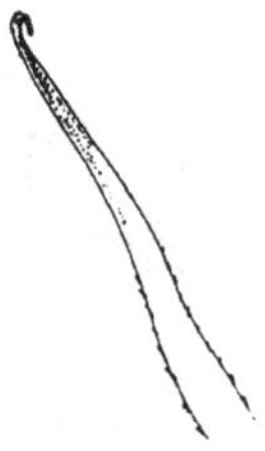

图 574

Host 寄主 A plant providing nourishment to a parasite. 为寄生植物提供营养的植物。

Humifuse 地面扩散的 Spreading along the ground. Figure 575. 沿地面铺开(图 575)。

Humistrate 伏地的 Lying on the ground. Figure 576. 躺在地面上(图 576)。

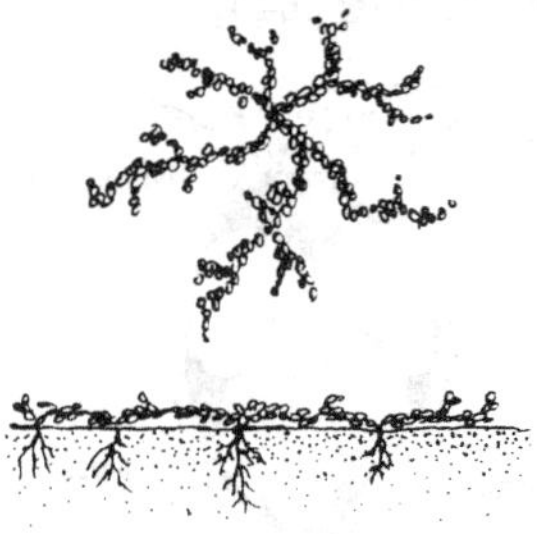

图 575

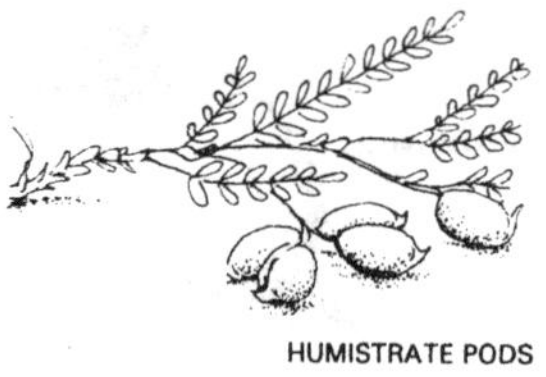

图 576

Husk 外壳，外果壳 A tough outer covering on some fruits and seeds. Figure 577. 某些果实和种子上的坚韧外被层(图 577)。

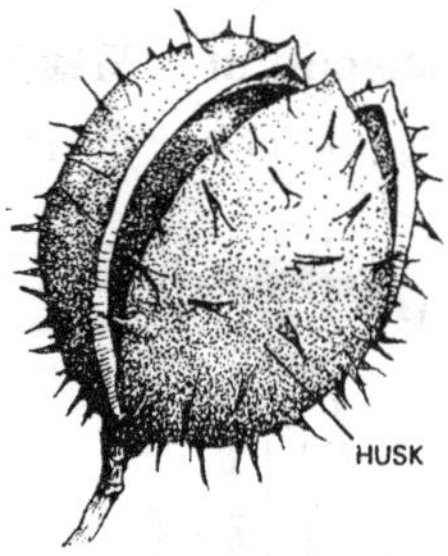

图 577

Hyalescent 稍透明的 Somewhat hyaline. 略微透明。

Hyaline 透明的 Thin, membranous and translucent or transparent. 薄而膜质且半透明或透明的。

Hybrid 杂种 The offspring from a cross between parent plants of different varieties, subspecies, species, or genera. 不同变种、亚种、种或属之间杂交的后代。

Hybrid swarm 杂种群 Hybrid plants which are

back-crossing to the parents and crossing with themselves, so that there is a continuous intergradation of forms in the population. 由于回交和彼此杂交造成形态上连续过渡的植物种群。

Hydathode 排水器 An opening which exudes water, usually from a leaf. 泌水的开口,通常在叶子上。

Hydrophyte 水生植物 A plant growing in water. (compare **mesophyte** and **xerophyte**) 生长于水中的植物(对比**中生植物**和**旱生植物**)。

Hygroscopic 吸湿的 Absorbing moisture from the air and sometimes swelling, shrinking, or changing position due to changes in moisture content. 从空气中吸收潮气,有时会由于湿度变化而膨胀、收缩或改变位置。

Hypanthium 托杯,被丝托 A cup-shaped extension of the floral axis usually formed from the union of the basal parts of the clayx, corolla, and androecium, commonly surrounding or enclosing the pistils. Figure 578. 花轴的杯状延伸,常由花萼、花冠和雄蕊群的基部联合而成,通常包围或包裹雌蕊(图 578)。

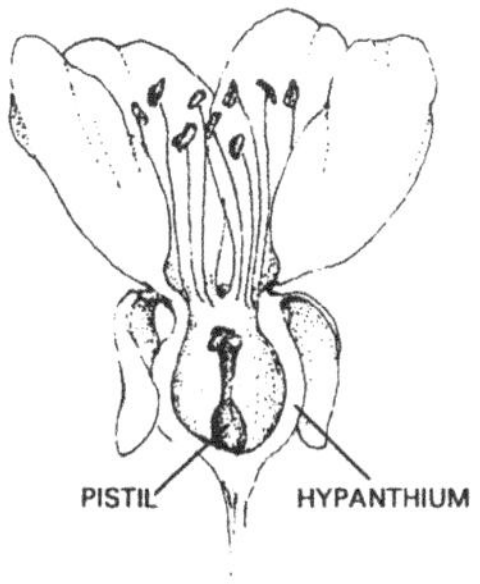

图 578

Hypanthodium 隐头花序 An inflorescence with flowers borne on the walls of a capitulum, as in *Ficus*. Figure 579. 由着生于头状花序壁上的花组成的花序,如榕属植物(图 579)。

Hypo- (prefix) **Hypo-**(前缀) Meaning beneath or under. 在……下,低于。

Hypochil 唇瓣基 The basal portion of the lip of some flowers of the Orchidaceae. Figure 580. 某些兰科植物花的唇瓣基部(图 580)。

Hypochilium 唇瓣基 见唇瓣基(**hypochil**)。

Hypocotyl 下胚轴 That portion of the embryonic stem below the cotyledons. Figures 581 and 582. 子叶着生处以下的胚轴(图 581 和图 582)。

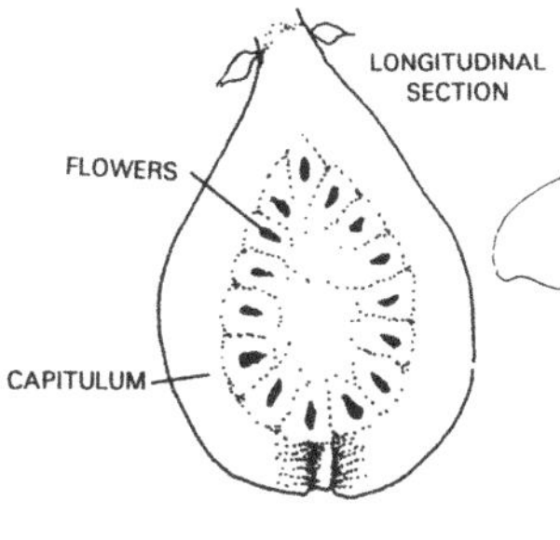

图 579

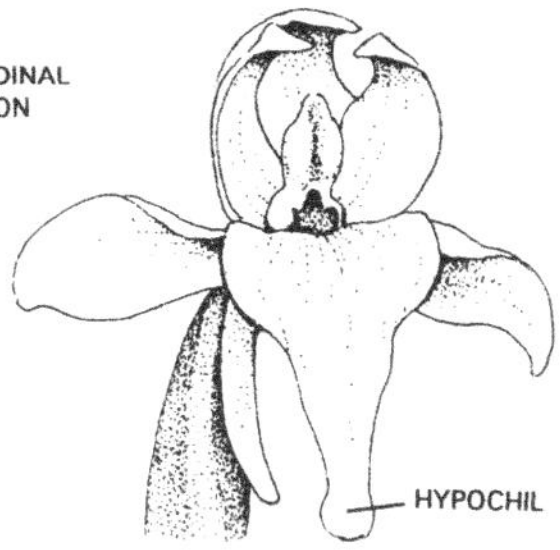

图 580

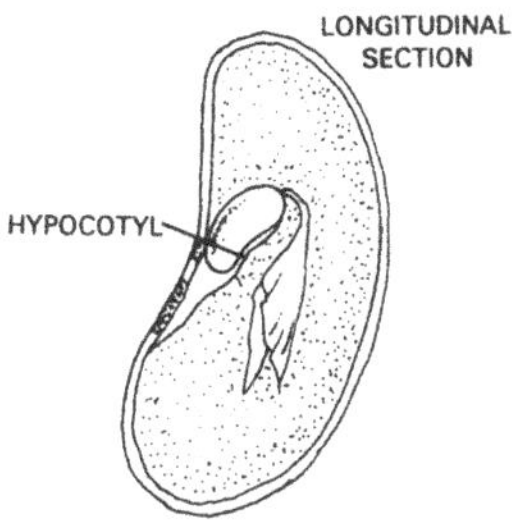

图 581

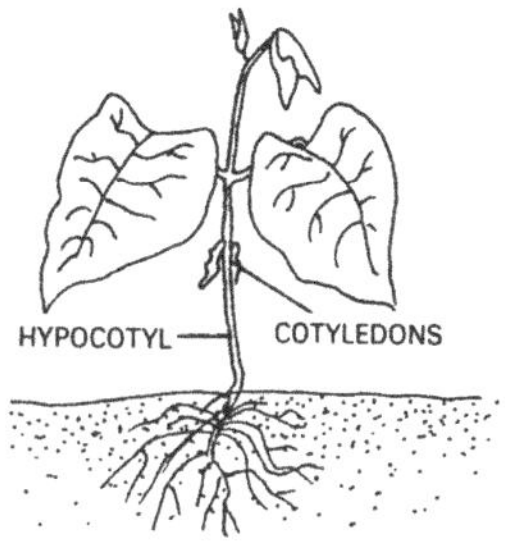

图 582

Hypocrateriform 托盘状的 Platter-shaped. Figure 583. (same as **salverform**) 形似大浅盘。(等同**高脚碟状的**)

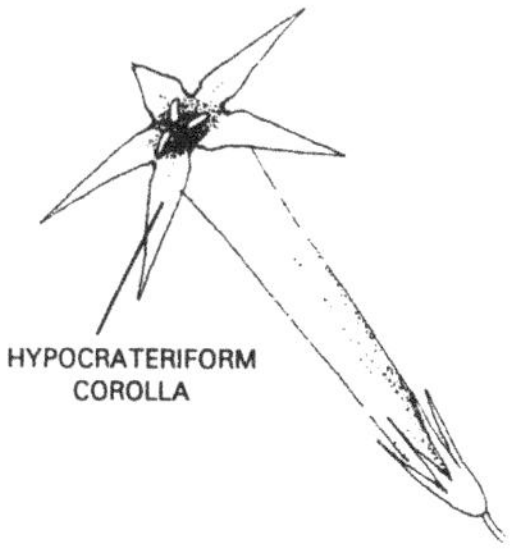

图 583

Hypogaeal 留土的 见留土的(**hypogeous**)。

Hypogaeous 留土的 见留土的(**hypogeous**)。

Hypogeal 留土的 见留土的(**hypogeous**)。

Hypogeous 留土的 Beneath the ground; said of seedling germination in which the cotyledons remain beneath the ground. 位于地面之下;子叶不出土的幼苗萌发。

Hypogynous 下位的 With stamens, petals, and sepals attached below the ovary, the ovary superior to the other floral parts. Figure 584. 雄蕊、花瓣、萼片着生于子房的下部,子房位置高于花的其他各部分(图 584)。

Hysteranthous　先有花的　With the flowers appearing before the leaves.　花出现比叶早。

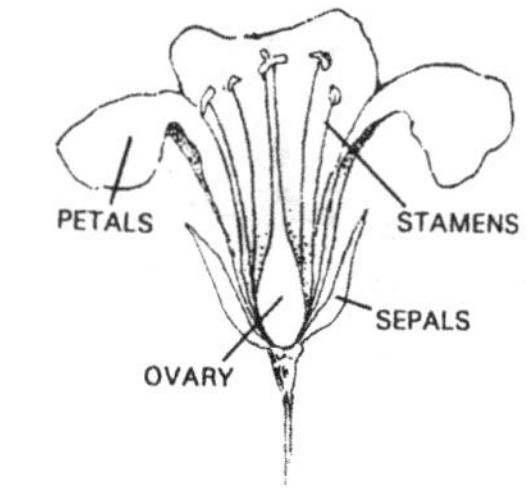

图 584

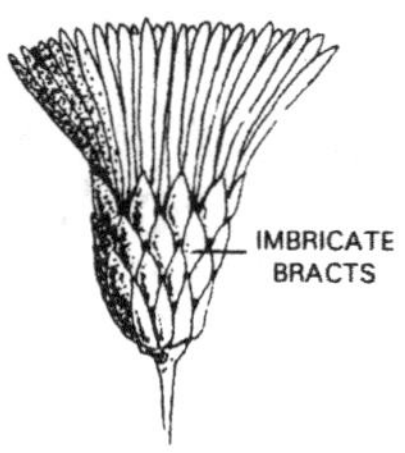

图 585

Imbricate　覆瓦状的　Overlapping like tiles or shingles on a roof. Figure 585.　似屋顶上的瓦片一样重叠(图 585)。

Immersed　沉水的　Growing under water.　生长于水下。

Imparipinnate　奇数羽状的　Odd-pinnate; unequally pinnate. Figure 586.　奇数羽状(指复叶);不等羽状裂。图 586。

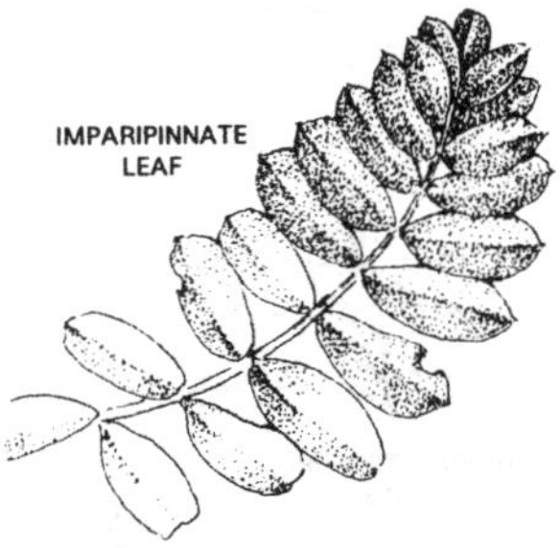

图 586

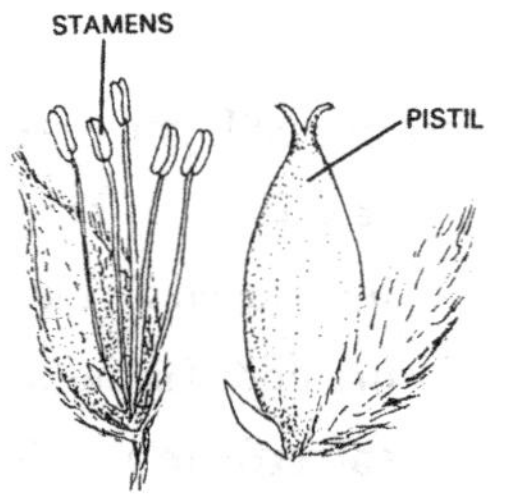

图 587

Imperfect　不完全的,单性的　With either stamens or pistils, but not both; unisexual. Figure 587.　花具雄蕊或雌蕊,但二者不同时出现;单性的。图 587。

Implicate　缠结的,交织的　Twisted together; intertwined. Figure 588.　拧在一起;相互缠绕。

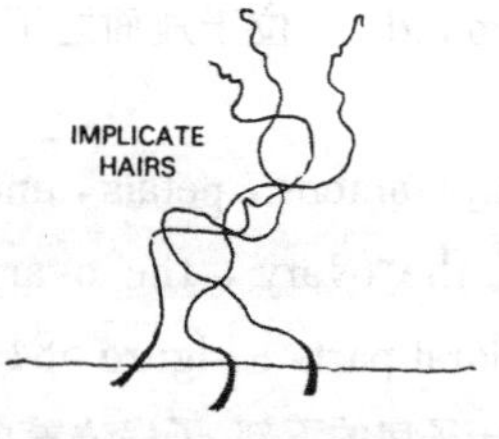

图 588

图 589

图 588。

Impressed　①凹陷的 ②具印痕的　Situated below the surface, as in some leaf veins. Figure 589; bearing marks or depressions which appear to be stamped in, as in some seeds. Figure 590.　位于表面之下,如某些叶脉(图 589);具有印痕或凹陷,如某些种子(图 590)。

Inaequilateral　不等侧的　见不等侧的(**inequilateral**)。

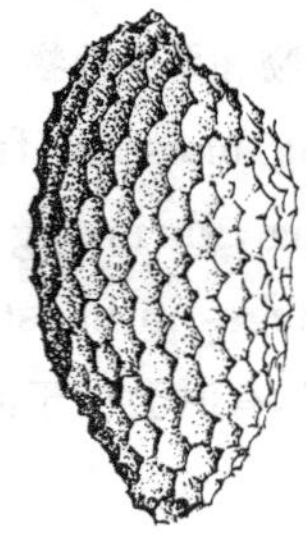

图 590

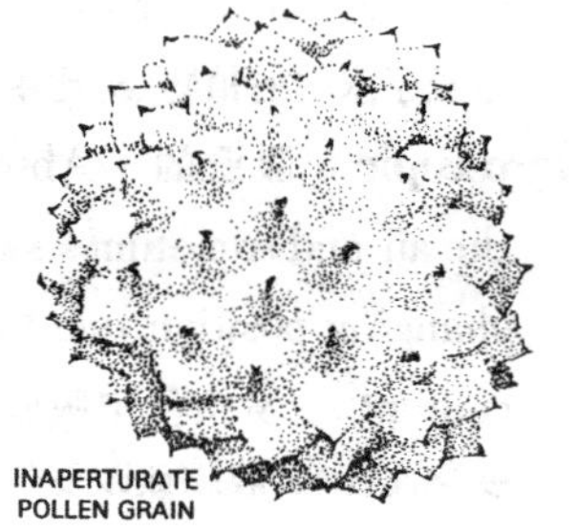

图 591

Inaperturate　无萌发孔的(花粉)　Lacking an aperture. Figure 591.　没有萌发孔(图 591)。

Incanescent　变灰色的　见被灰白毛的(**canescent**)。

Incanous　被灰白毛的　With a whitish pubescence. Figure 592.　被灰白柔毛(图 592)。

图 592

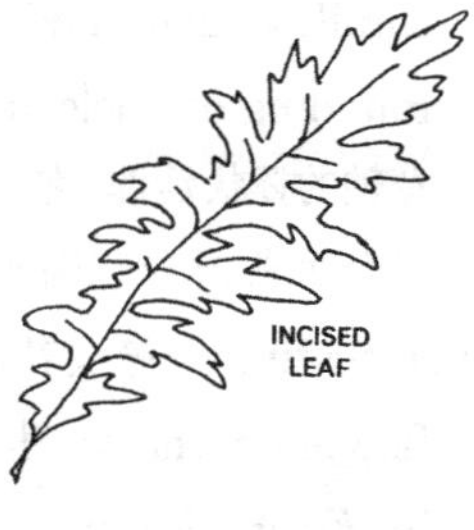

图 593

Incarnate　肉红色的　Flesh-colored.　肉红色。

Incised　锐裂的,具缺刻的　Cut sharply, deeply, and usually irregularly. Figure 593.　通常参差不齐急而深的裂(图 593)。

Inclined　倾斜的　Rising upward at a moderate angle. Figure 594.　以平缓的角度上升(图 594)。

Included　内藏的　Not projecting beyond the sur-

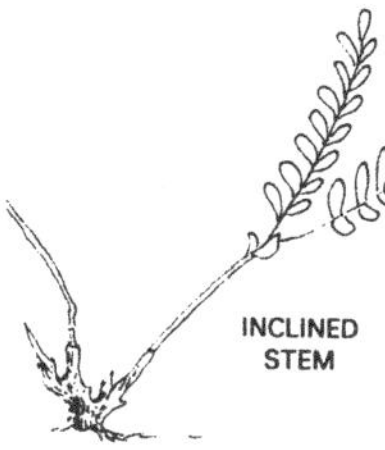

图 594

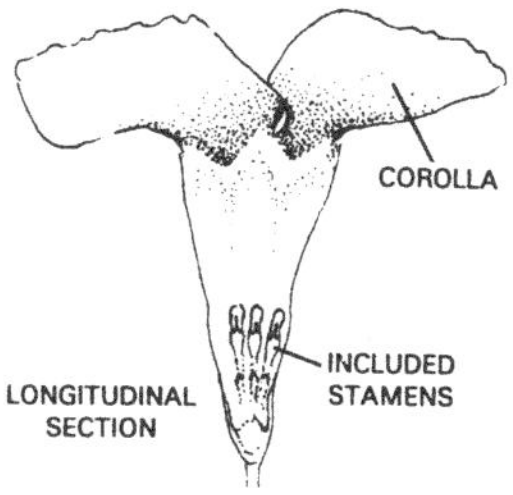

图 595

rounding parts, as stamens contained within a corolla; not excluded. Figure 595. 不超出周围的部分,如雄蕊藏在花冠内;不伸出的。图 595。

Incomplete **不完全的** Lacking an expected part or series of parts, as in a flower lacking one of the floral whorls (i.e. sepals, petals, stamens, or pistils). 缺少某个或多个花的组成部分,如一朵花中缺少一轮花的组成(即萼片、花瓣、雄蕊或雌蕊)。

Incrassate **增厚的** Thickened or swollen. Figure 596. 变厚或膨大(图 596)。

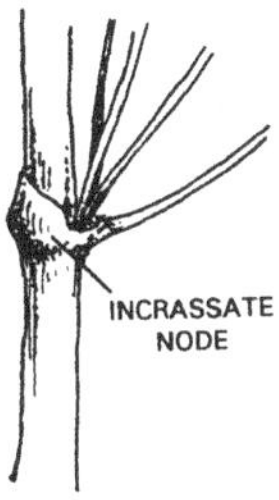

图 596

Incumbent cotyledons **背倚子叶** Cotyledons lying against the radicle along the back of one of the cotyledons. Figure 597. (compare **accumbent cotyledons**) 子叶之一背部靠着胚根(图 597)。(对比**缘倚子叶**)

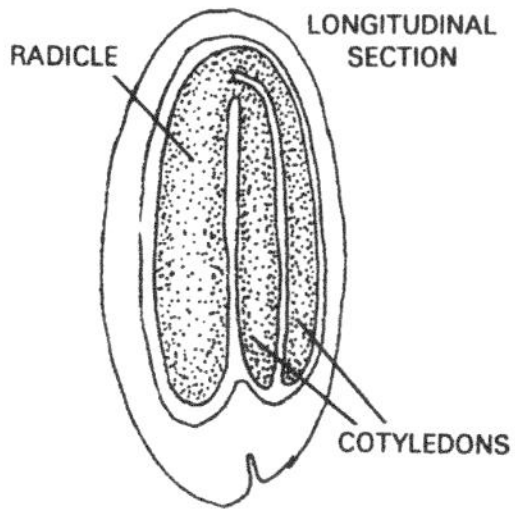

图 597

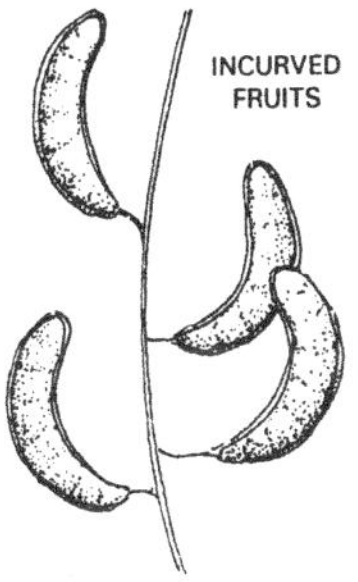

图 598

Incurved **内弯的** Curved inward; curved toward the base or apex. Figure 598. 向内弯曲;向基部或顶部弯曲。图 598。

Indehiscent **不裂的** Not opening at maturity along definite lines or by pores. 成熟时不沿着确定的线或孔开裂。

Indeterminate **无限的** Describes an inflorescence in which the lower or outer flowers bloom first, allowing indefinite elongation of the main axis. Figure 599. 用来描述基部或外侧的花先开放,主轴可以无限延伸的花序(图 599)。

图 599

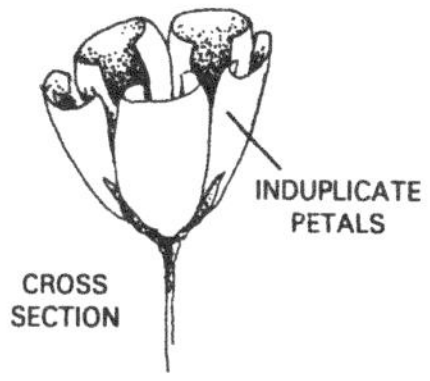

图 600

Indigenous **乡土的,本地产的** Native to a particular area; not introduced. 产于一个特定的地区;非引进的。

Indument **毛状外被** The epidermal coverings of a plant, collectively. 植物表面覆盖物的总称。

Induplicate **内向镊合状的** With the petals or sepals edge to edge along their entire length, the margins rolled inward. Figure 600. 各枚花瓣或萼片边缘向内弯曲,并且相互接触(图 600)。

Indurate **硬化的** Hardened. 变硬。

Indusiate **具囊群盖的** With an indusium. Figure 601. 具囊群盖(图 601)。

Indusium (pl. **indusia**) **囊群盖** A thin epidermal outgrowth from a fern leaf that covers the sorus. Figure 601. 由蕨叶表皮突起形成的覆盖孢子囊群的一层薄膜(图 601)。

Induviate **具残留部的** 见宿存的(**marcescent**)。

Inequilateral **不等侧的** With sides of unequal shape and length. Figure 602. 具形状不对称和长度不相等的两侧(图 602)。

Inermous **无刺的** 见无刺的(**unarmed**)。

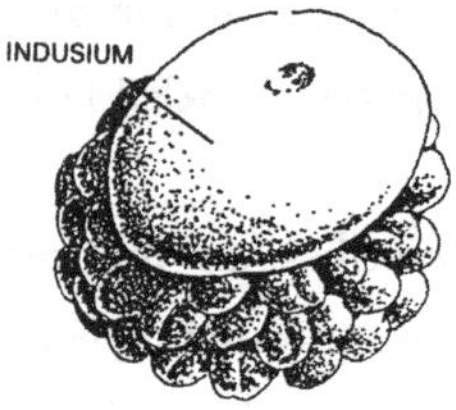

图 601

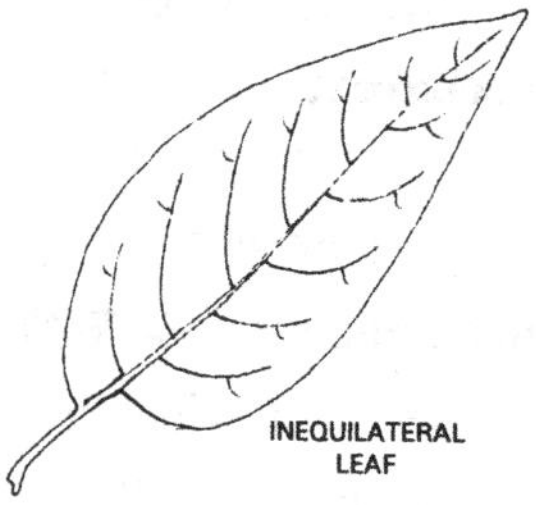

图 602

Inferior　**下位的**　Attached beneath, as an ovary that is attached beneath the point of attachment of the other floral whorls which appear, therefore, to arise from the top of the ovary. Figure 603. (compare **superior**)　下位着生，如在其他花轮着生点以下着生的子房，这些花轮看似从子房顶部发出(图 603)。(对比**上位的**)。

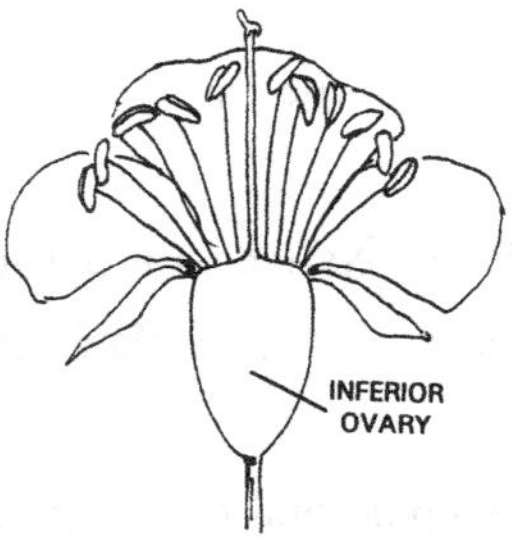

图 603

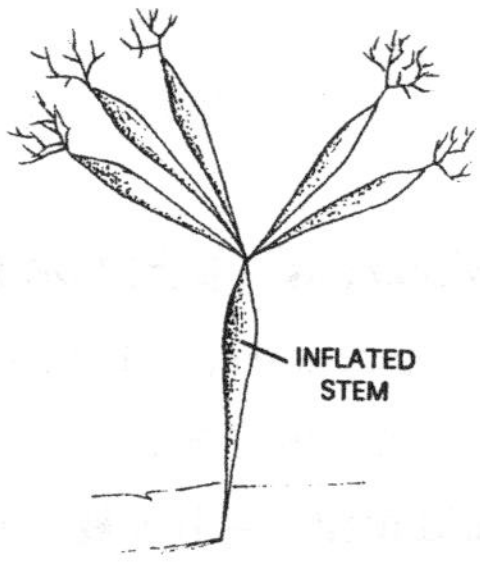

图 604

Infertile　**不育的**　Sterile or inviable.　不育或不能生存。

Inflated　**膨大的**　Swollen or expanded; bladdery. Figure 604.　鼓起或膨胀;膀胱状。图 604。

Inflexed　**内折的**　Bent or turned downward or inward, toward the axis. Figure 605.　向下、向内或向轴弯曲(图 605)。

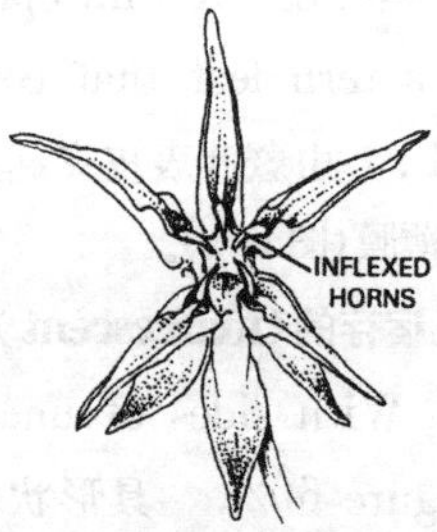

图 605

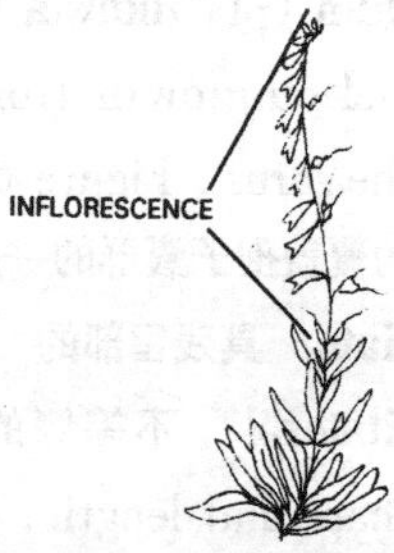

图 606

Inflorescence　**花序**　The flowering part of a plant; a flower cluster; the arrangement of the flowers on the flowering axis. Figure 606.　植物开花的部分;花簇;花在花轴上的排列方式。图 606。

Infra- (prefix)　**Infra-**(前缀)　Meaning below or beneath.　在……下。

Infra-axillary　**腋下生的**　Below the axil.　位于叶腋下。

Inframedial　**中部以下的**　Below the middle.　位于中部以下。

Infrastaminal　**雄蕊下的**　Below the stamens.　位于雄蕊下。

Infrastipular　**托叶下的**　Below the stipules.　位于托叶下。

Infundibular　**漏斗形的**　见漏斗状的(**infundibuliform**)。

Infundibulate　**漏斗形的**　见漏斗状的(**infundibuliform**)。

Infundibuliform　**漏斗状的**　Funnel-shaped. Figure 607.　漏斗形(图 607)。

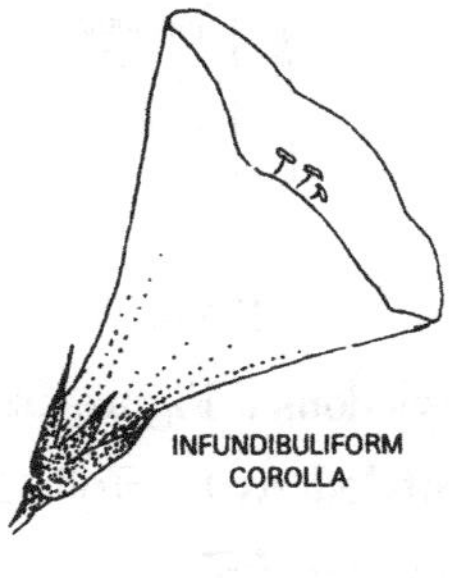

图 607

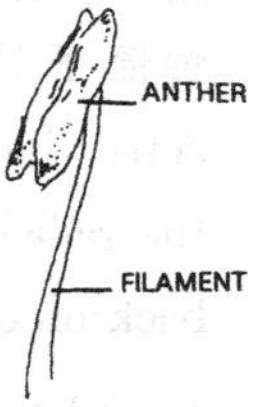

图 608

Innate　**底着的**　Borne at the apex, as an anther at the apex of the filament. Figure 608.　以基部着生于(支持结构)顶端,如花药以基部着生于花丝的顶部(图 608)。

Innocuous　**①无害的 ②无刺的**　Harmless; lacking thorns or spines.　无害的;缺乏棘或刺。

Innovation　**新生枝**　A short, basal offset from the base of a stem. Figure 609.　由茎基部产生的基生短匐枝(图 609)。

Inodorous　**无气味的**　Without an odor.　没有气

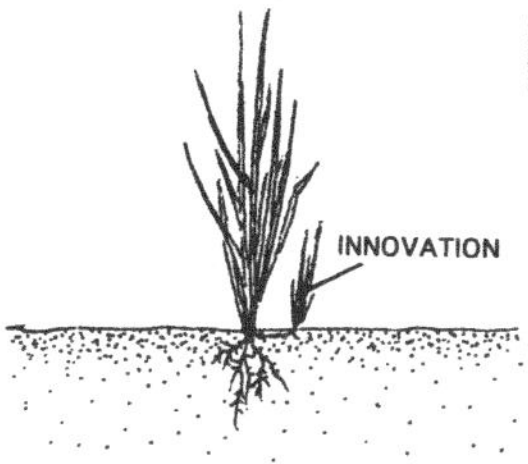

图 609

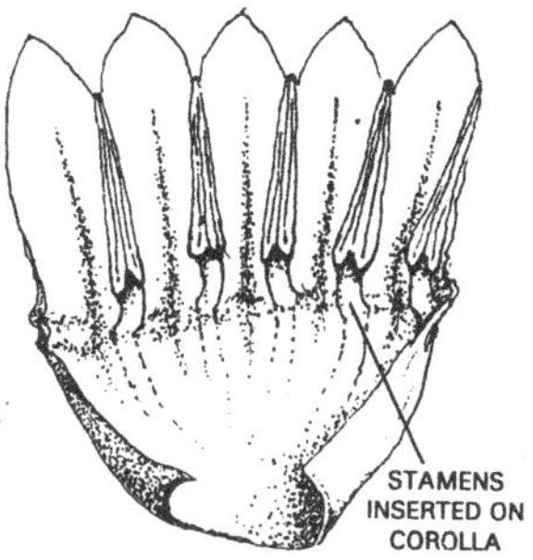

图 610

味。

Inrolled **内卷的** Curled or rolled inward.(see **involute**) 向内弯曲或卷曲。(见**内卷的**)。

Insectivorous **食虫的** Capturing and digesting insects. 捕食昆虫。

Inserted **着生的** Attached to or growing out of. Figure 610. 着生于……的,或从……长出的(图 610)。

Insipid **无味的** Lacking taste or flavor. 没有味道或气味。

Integument **珠被** The covering of the ovule which will become the seed coat. Figure 611. 胚珠的被层,将来发育成种皮(图 611)。

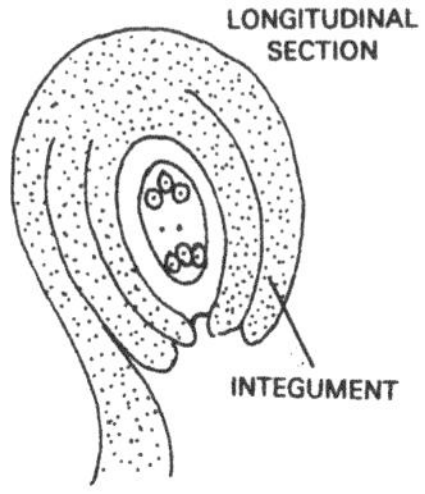

图 611

Inter- (prefix) **Inter-**(前缀) Meaning between or among. 两者之间,或在……中。

Intercostal **脉间的,肋间的** Situated between the ribs or nerves. Figure 612. 位于肋或脉之间(图 612)。

Internerve **脉间** The space between two nerves. Figure 612. 两条脉之间的部分(图 612)。

Internode **节间** The portion of a stem between two nodes. Figure 613. 茎上两个节之间的空隙(图 613)。

Interpetiolar **叶柄间的** Between the petioles. 两个叶柄之间。

Interrupted **间断的** Not continuous. 不连续。

Interruptedly pinnate **参差羽状的** Pinnate with leaflets of various sizes intermixed. Figure 614. 大小不同的小叶混合排列成的复叶(图 614)。

Intervenous **脉间的** Pertaining to the spaces between veins. Figure 612. 脉间的空隙(图 612)。

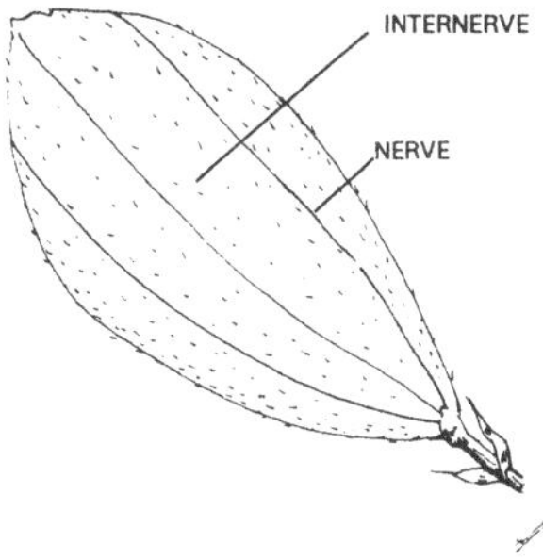

图 612

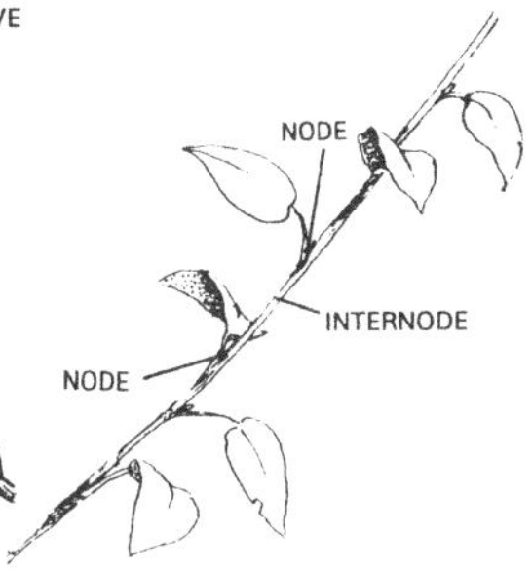

图 613

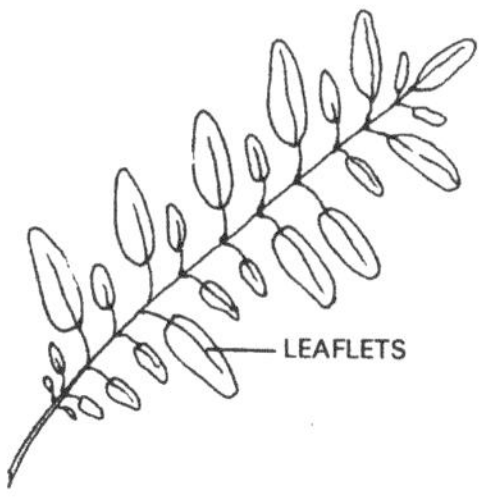

图 614

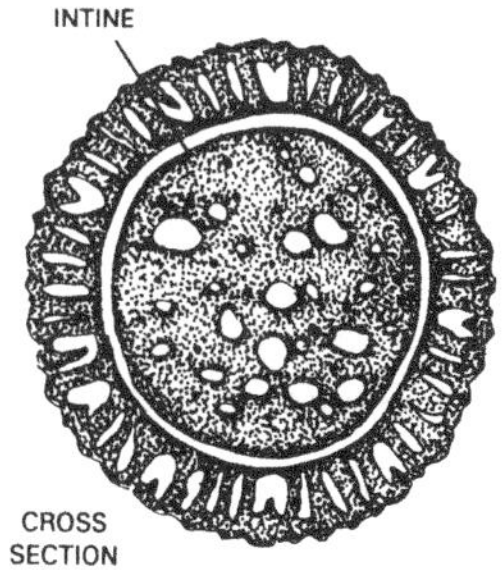

图 615

Intine **内壁** The inner layer of the two-layered wall of a pollen grain. Figure 615. 花粉粒的两层壁的内层(图 615)。

Intolerant **不耐荫的** Not surviving well under a dense forest canopy. 不适合在浓密林冠下生长。

Intra- (prefix) **Intra-**(前缀) Meaning within. 在……之内。

Intracalycine **萼内的** Within the calyx, as in the membrane within the calyx of some members of the Gentianaceae. Figure 616. 位于花萼之内,如某些龙胆科植物花萼内的膜(图

616)。

Intramarginal 近边缘内的 Within or near the margin.在边缘以内或近边缘。

Intrastaminal 雄蕊内的 Within the androecium. 在雄蕊之内。

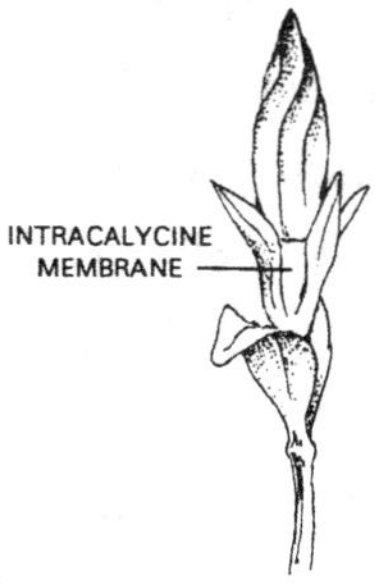

图 616

Intricate 缠结的 Tangled together. Figure 617. 缠在一起(图617)。

Introduced 引进的 Brought intentionally from another area; not native. 有目的的从另一地区引入;非本地的。

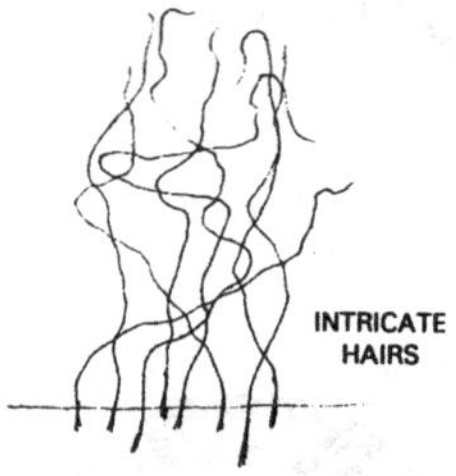

图 617

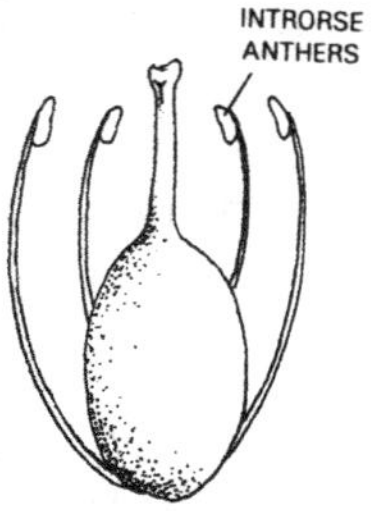

图 618

Introgression 种质渗入 Flow of genetic material between taxa. 类群之间遗传物质的流动。

Introrse 内向的(指花药) Turned inward, toward the axis; opening inward. Figure 618. (compare **extrorse**) 向轴,朝向内侧;朝向内方开裂。图 618。(对比**外向的**)

Intrusion 侵入 Protrusion into, as placentae into the cell of an ovary. Figure 619. 向内突入,如胎座突入子房室(图 619)。

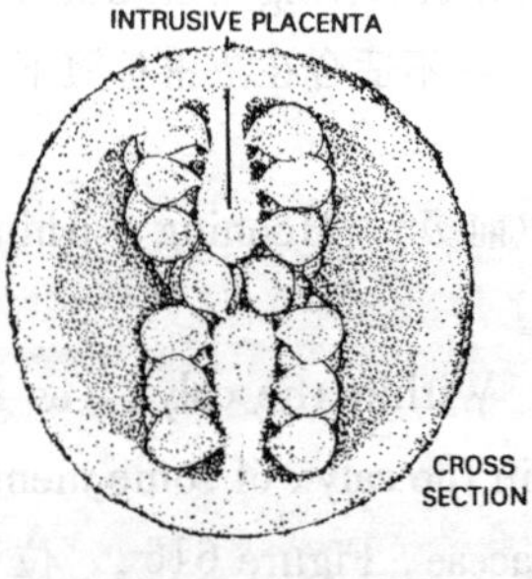

图 619

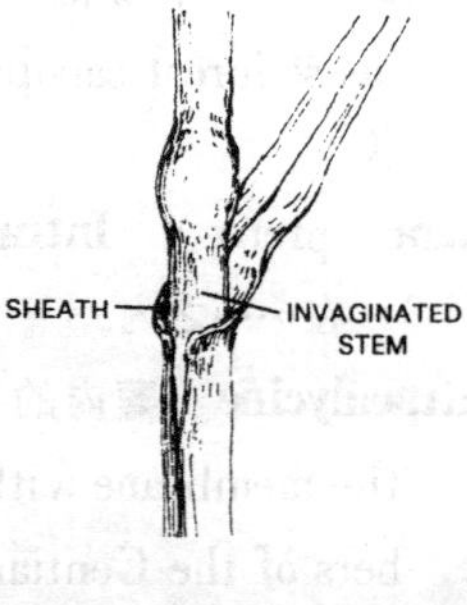

图 620

Intumescent 膨大的 见肿大的(**tumid**)。

Invaginated ①围以鞘的 ②包住的 Sheathed; infolded. Figure 620. 有鞘的;包入的。图 620。

Inverted 倒置的 Positioned opposite the typical direction; reversed. 与典型方向相反的位置;颠倒的。

Investing 包被 Covering or surrounding. Figure 621. 覆盖或包围(图 621)。

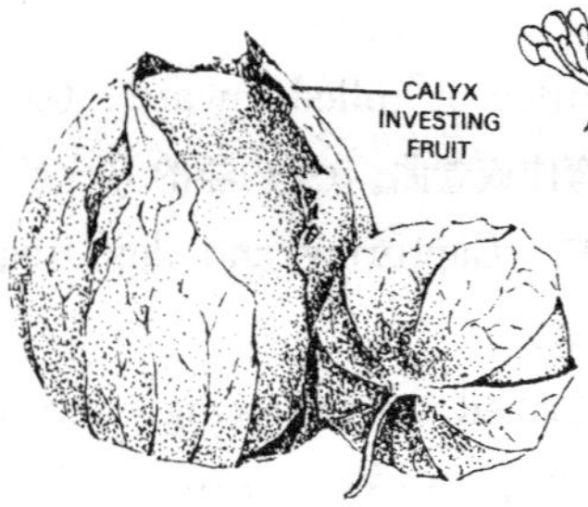

图 621

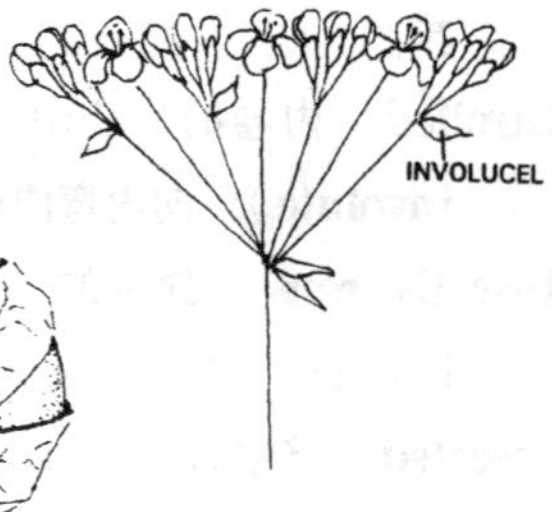

图 622

Involucel 小总苞 A small involucre; a secondary involucre, as in the bracts of the secondary umbels in the Umbelliferae (Apiaceae). Figure 622. 小的总苞;次级总苞,如伞形科植物次级小伞形花序(基部)的苞片。图 622。

Involucellate 具小总苞的 With an involucel. Figure 622. 具小总苞(图 622)。

Involucral 总苞的 Of or pertaining to an involucre. 总苞的或与总苞相关的。

Involucrate 具总苞的 With an involucre. Figure 623. 具有总苞(图 623)。

Involucre 总苞 A whorl of bracts subtending a flower or flower cluster. Figure 623. 包围

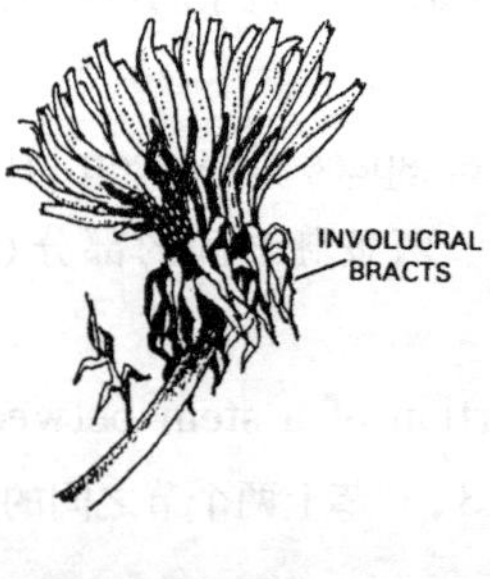

图 623

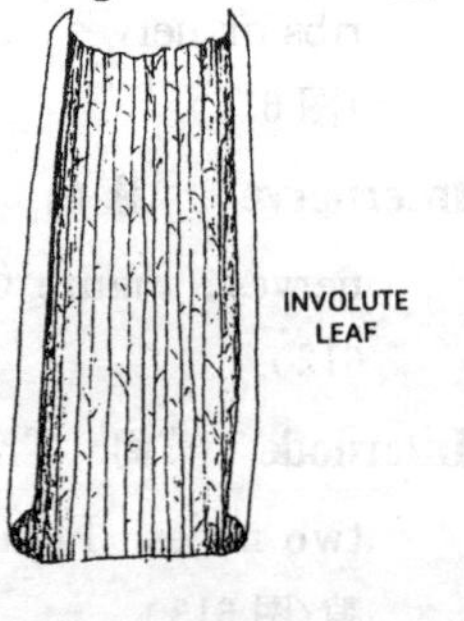

图 624

花或花簇基部的一轮苞片(图 623)。

Involucrum(pl .**involucra**) 总苞 见**总苞**(**involucre**)。

Involute 内卷的 With the margins rolled inward toward the upper side . Figure 624 . (compare **revolute**) 边缘向上内卷(图 624)。(对比**外卷的**)。

Iridescent 虹彩色的 Displaying many colors , as in a rainbow . 多色彩的,如彩虹。

Irregular 不整齐的 Bilaterally symmetrical ; said of a flower in which all parts are not similar in size and arrangement on the receptacle . Figure 625 . (compare **regular**, and see **zygomorphic**) 两侧对称,如花各部分大小及其在花托上的排列方式上均不相似(图 625)。(对比**整齐的**,见**左右对称的**)。

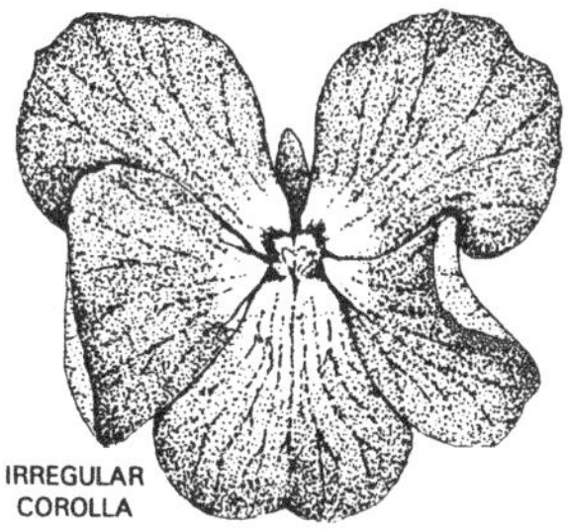

图 625

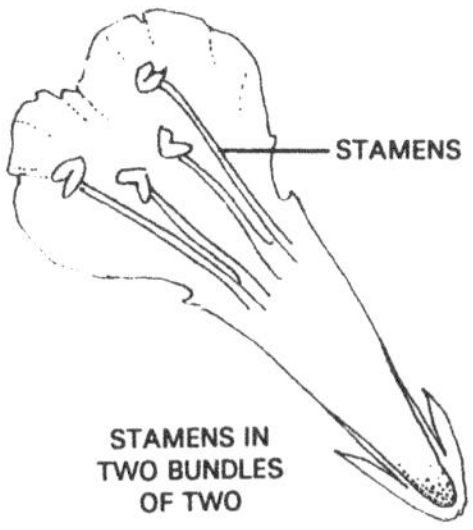

图 626

Isadelphous 两轮同数的 With diadelphous stamens of equal number in each bundle . Figure 626 . 具各束雄蕊数目相同的二体雄蕊(图 626)。

Isandrous 等雄蕊的 With the number of stamens equal to the number of perianth parts . Figure 627 . 具与花被组成部分数目相同的雄蕊(图 627)。

Isanthous 整齐花的 见**整齐的**(**regular**)。

Isogenous 同源的 With the same origin . 具有相同的起源。

Isomerous 等基数的 With an equal number of parts , as in a flower with an equal number of members in each floral whorl . Figure 627 . 具数目相等的各部分,如花的各轮数目相同(图 627)。

Joint ①节 ②关节 The section of a stem from which a leaf or branch arises ; a node , especially on a grass stem . Figure 628 . 茎上发生叶和枝的部分;节,尤见于禾草的秆上。图 628。

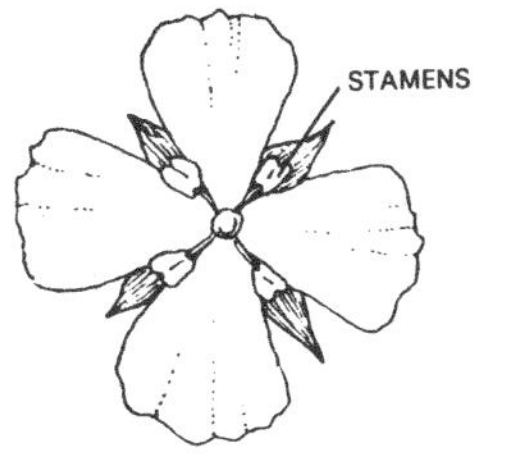

图 627

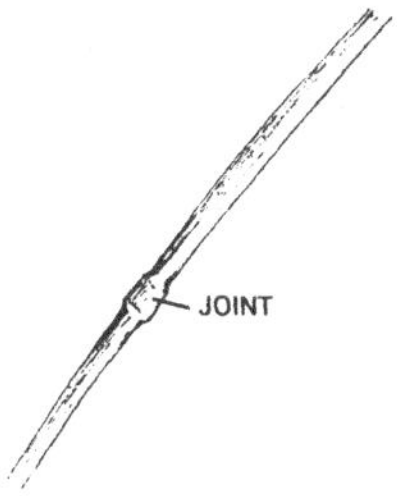

图 628

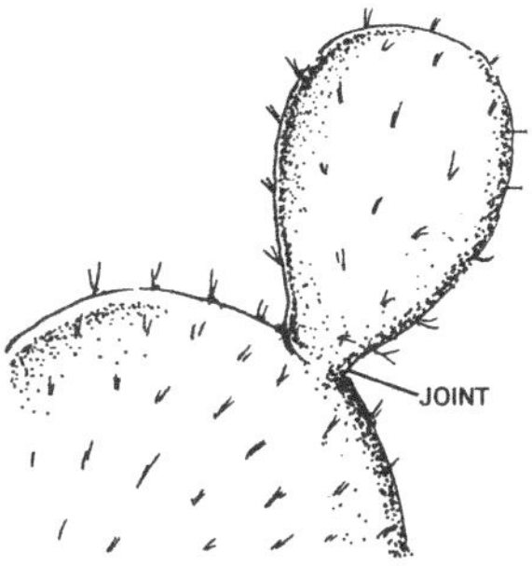

图 629

Jointed ①具节的 ②具关节的 Having nodes or points of articulation , as in the stems of *Opuntia* . Figure 629 . 具有节或关节,如仙人掌属植物的茎(图 629)。

Jugate 成对的 With parts in pairs , as the leaflets of a pinnate leaf . Figure 630 . 具成对的部分,如羽状复叶的小叶(图 630)。

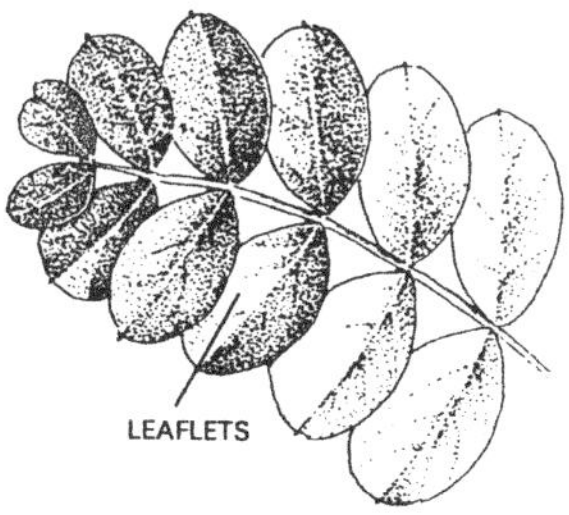

图 630

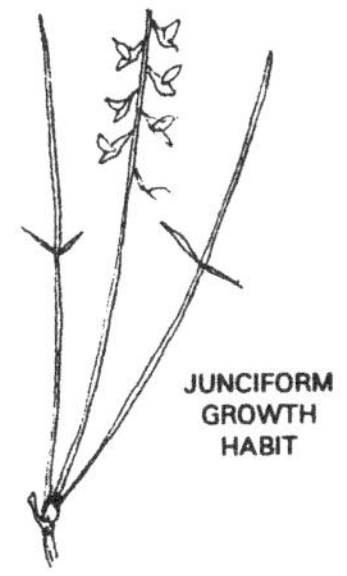

图 631

Julaceous 具柔荑花序的 见**具柔荑花序的**(**amentaceous**)。

Junceous 灯心草形的 见**灯心草状的**(**junciform**)。

Junciform 灯心草状的 Rush-like in form . Figure 631 ; resembling *Juncus* . 形似灯心草(图

631)；像灯心草属植物。

Karyotype 核型 All of the chromosomes within the nucleus, especially the size, shape, and number of these chromosomes. 细胞核内的全部染色体，着重指染色体的大小、形状和数目。

Keel ①龙骨状突起 ②龙骨瓣 A prominent longitudinal ridge, like the keel of a boat. Figure 632; the two lower united petals of a papillonaceous flower. Figure 633. 像船的龙骨似的明显的长脊(图 632)；蝶形花基部两枚联合的龙骨状花瓣(图 633)。

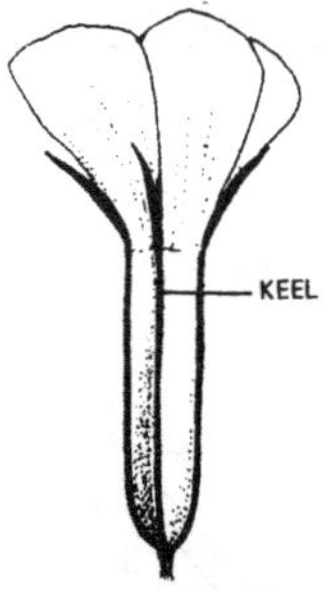

图 632

Keeled 龙骨状的 Ridged, like the keel of a boat. Figure 632. 像船的龙骨(图 632)。

Knee ①关节 ②根膝 A joint or articulation, as in a grass stem. Figure 628; a bent outgrowth of a root which rises above water, as in the bald cypress. Figure 634. 关节，如禾草茎的关节(图 628)；伸出水面的根的突出部分，如秃杉(图 634)。

Krummholz 高山矮曲林 Literally crooked forest; the low wind-contorted forest at timberline. 被强烈扭曲的树木林；生于树线上的被风扭曲的树木林。

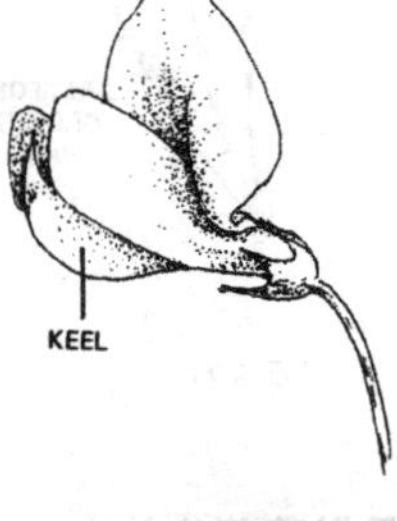

图 633

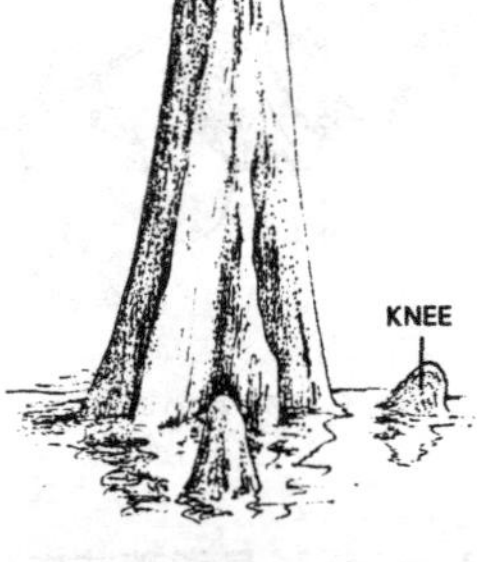

图 634

Label ①小叶 ②唇瓣 One segment of a compound leaf. Figure 635; a labellum. Figure 636. 复叶的一部分(图 635)；(兰花的)唇瓣(图 636)。

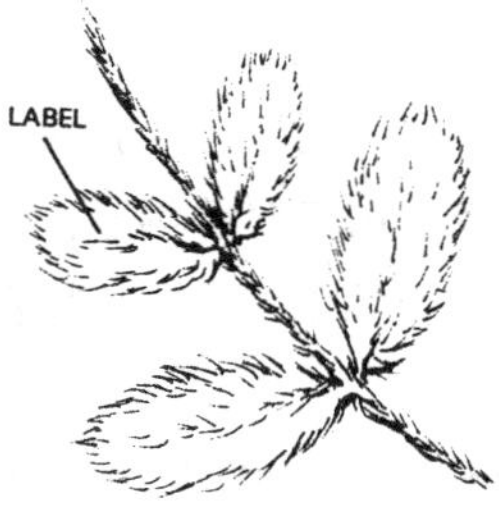

图 635

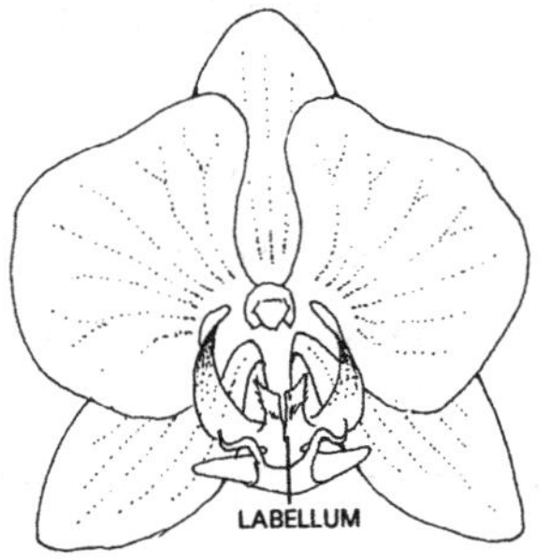

图 636

Labellum 唇瓣 Lip; the exceptional petal of an orchid blossom. Figure 636. 唇；兰科植物花中特化的花瓣。图 636。

Labiate 唇形的 Lipped; with parts which are arranged like lips or shaped like lips. Figures 637 and 638; of or pertaining to a member of the Labiatae (Lamiaceae). 唇状；排列成唇形或形似唇(图 637 和图 638)；唇形科植物或与唇形科植物相关的。

Labium(pl. **labia**) 下唇瓣 The lower lip of a bilabiate corolla. Figures 637 and 638. 唇形花冠的下唇瓣(图 637 和图 638)。

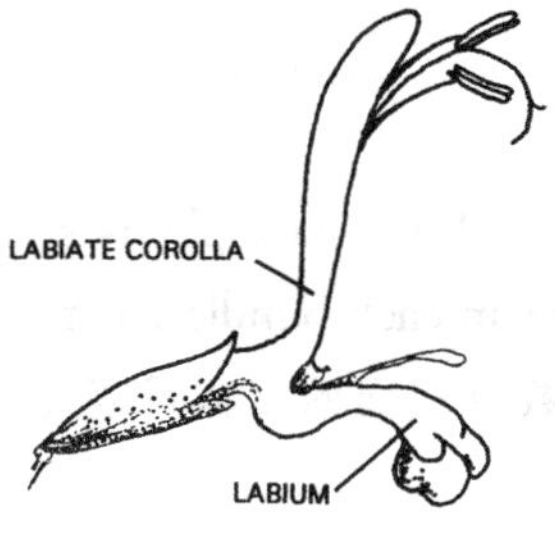

图 637

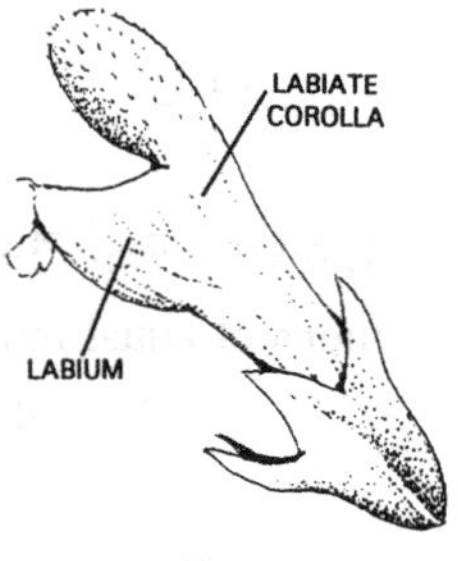

图 638

Lacerate 撕裂状的 Cut or cleft irregularly, as if torn. Figure 639. 不规则的分裂或半裂，好像被撕开似的(图 639)。

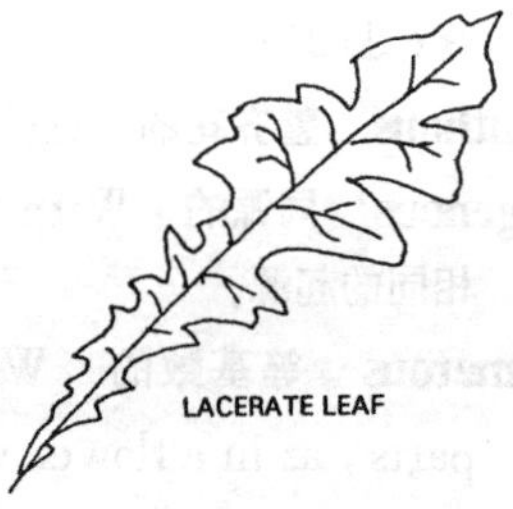

图 639

Laciniate 条裂的

Cut into narrow , irregular lobes or segments . Figure 640 . 裂成窄的不规则的圆裂片或条裂片(图 640)。

Lactiferous 具乳汁的 Bearing or containing a milky latex . 产生或含有乳状汁液。

图 640

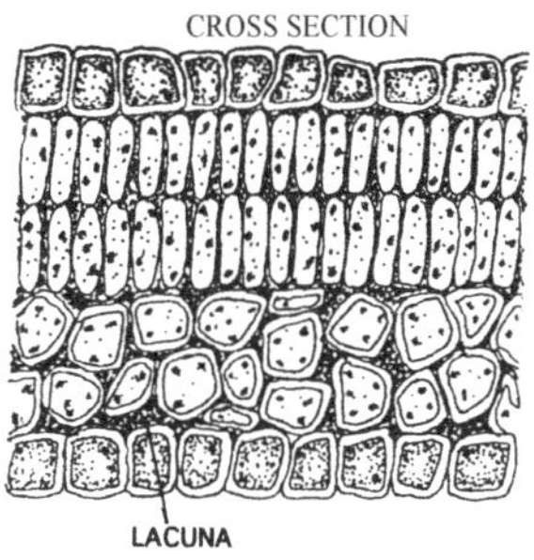

图 641

Lacuna(pl . **lacunae**) 腔隙 An empty air space or gap within a tissue . Figure 641 . 组织内的空腔或间隙(图 641)。

Lacustrine 湖生的 Growing around lakes . 生于湖泊周围。

Laevigate 光滑的 Lustrous ; shining . 有光泽的;发亮的。

Lamella(pl . **lamellae**) ①副花冠裂片 ②片,层 An erect scale inserted on the petal in some corollas and forming part of the corona . Figure 642 ; a flat plate or ridge . Figure 643 . 着生于某些花冠的花瓣上并成为副花冠一部分的直立鳞片(图 642);扁平的板或脊(图 643)。

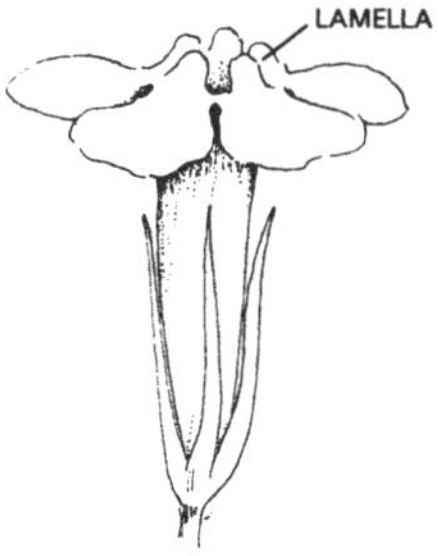

图 642

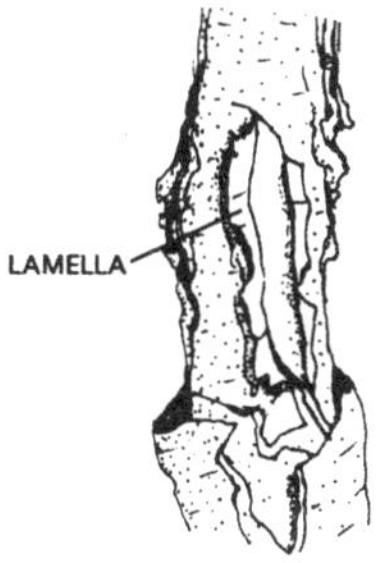

图 643

Lamellar ①片状的 ②层状的 Of or pertaining to lamellae ; with lamellae . Figure 642 ; plate-like . Figure 643 . 与片或层相关的;具片或层的(图 642);片状或层状(图 643)。

Lamellate ①片状的 ②层状的 见片状的,层状的(**lamellar**)。

Lamellose ①片状的 ②层状的 见片状的,层状的(**lamellar**)。

Lamina 〔叶,瓣〕片 The expanded portion , or blade , of a leaf or petal . Figures 644 and 645 . 叶、叶片或花瓣的宽展部分(图 644 和图 645)。

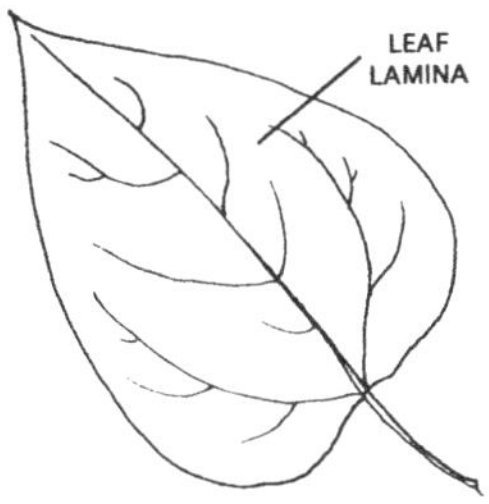

图 644

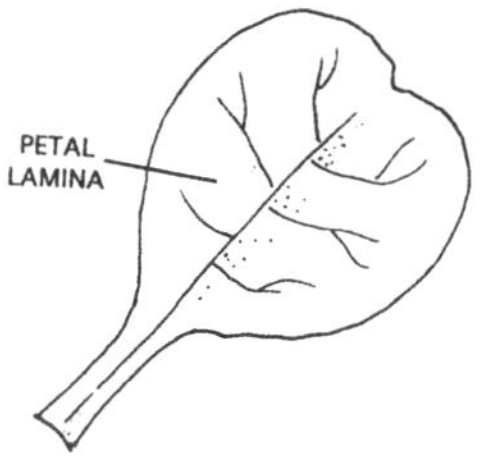

图 645

Laminar 片状的 Thin , flat , and expanded , as the blade of a leaf . Figure 644 . 薄而平展,如叶片(图 644)。

Laminate ①成片的 ②成层的 With plates or layers ; separating into plates or layers . Figure 643 . 具片或层;分片或分层。图 643。

Lanate 具绵状毛的 Woolly ; densely covered with long tangled hairs . Figure 646 . 具绵状毛;密被长卷毛。图 646。

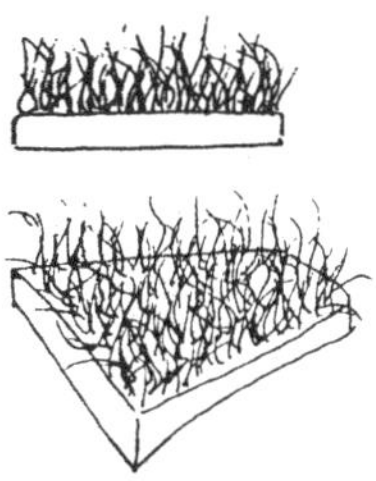

图 646

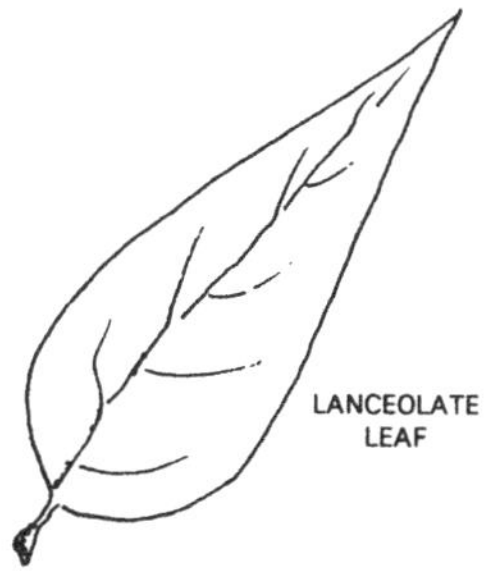

图 647

Lanceolate 披针形的 Lance-shaped ; much longer than wide , with the widest point below the middle . Figure 647 . 矛形;长远大于宽,最宽部在中部之下(图 647)。

Lanose 具绵状毛的 见具绵状毛的(**lanate**)。

Lanuginose 被绵毛的 见被绵毛的(**lanuginous**)。

Lanuginous 被绵毛的 Downy or woolly; with soft downy hairs. Figure 648. 绒毛状的或绵毛状的;具软的绒毛。图 648。

Lanugo 绒毛 A covering of soft downy hairs. Figure 648. 柔软的茸毛层(图 648)。

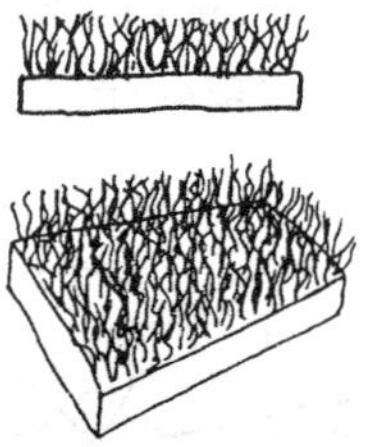

图 648

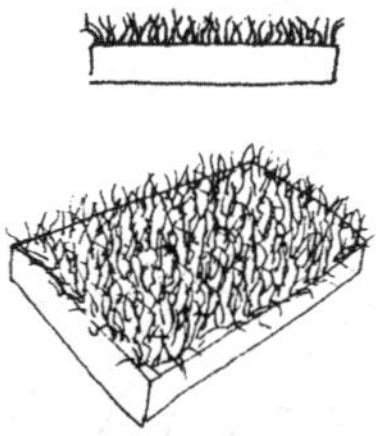

图 649

Lanulose 短绵状毛的 Diminutive of lanate; minutely woolly. Figure 649. 细小的绵状毛;小的绵毛状。(图 649)。

Lateral 侧生的,侧的 Borne on or at the side. Figure 650. 着生于侧面或在侧面(图 650)。

Latex 乳汁 A milky sap. 乳状的汁液。

Laticifer 乳汁管 A tube or channel containing latex. 含乳汁的管或道。

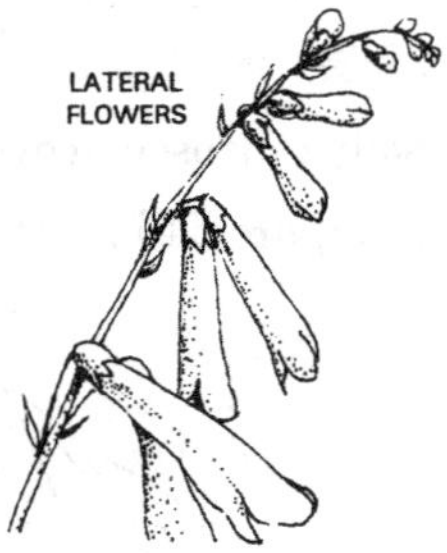

图 650

图 651

Laticiferous 具乳汁的 Bearing or containing latex. 产生乳汁或含有乳汁。

Latifoliate 阔叶的 With broad leaves. Figure 651. 具宽阔的叶(图 651)。

Latifolious 阔叶的 见阔叶的(**latifoliate**)。

Latiseptate 具宽隔膜的 With a broad septum. Figure 652. 具宽的隔膜(图 652)。

Latrorse 侧向纵裂的 Dehiscing longitudinally and laterally. Figure 653. 沿侧面纵向开裂(图 653)。

Lax 疏松的 Loose; with parts open and spreading, not compact. Figure 654. 松散的;各部分散开,不紧密。图 654。

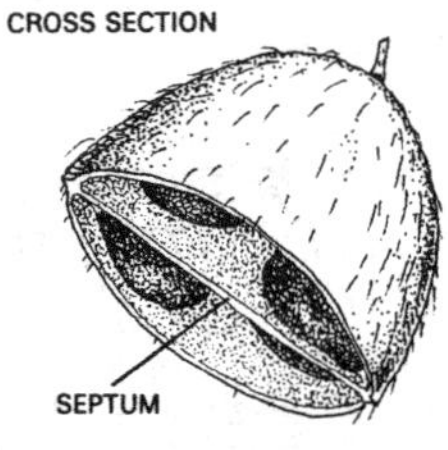

图 652

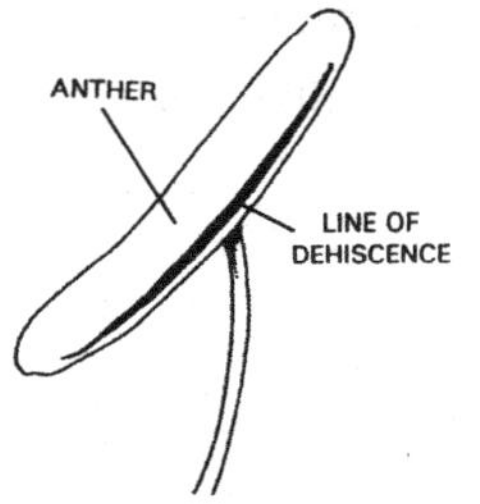

图 653

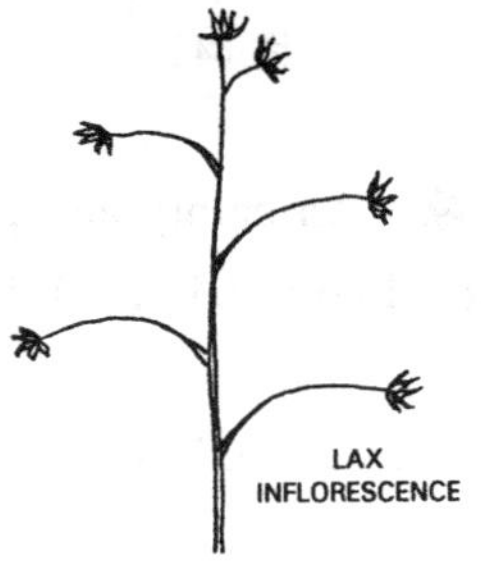

图 654

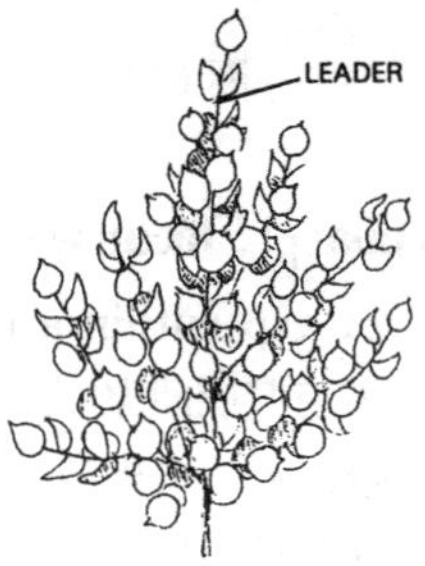

图 655

Leader 顶枝 The terminal shoot of a tree or branch. Figure 655. 乔木或枝条顶端的幼枝(图 655)。

Leaf 叶 An expanded, usually photosynthetic organ of a plant. Figure 656. 通常指能进行光合作用的平展的植物器官(图 656)。

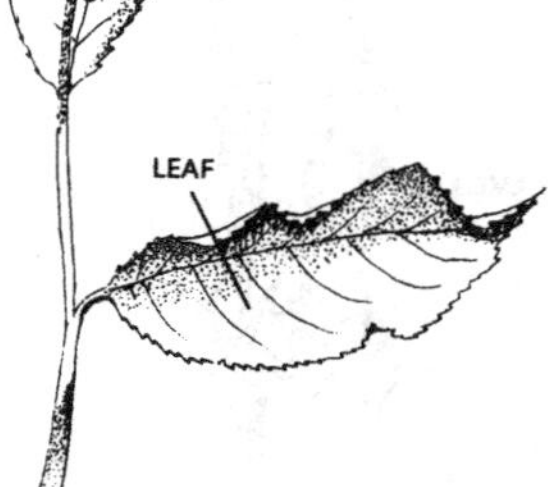

图 656

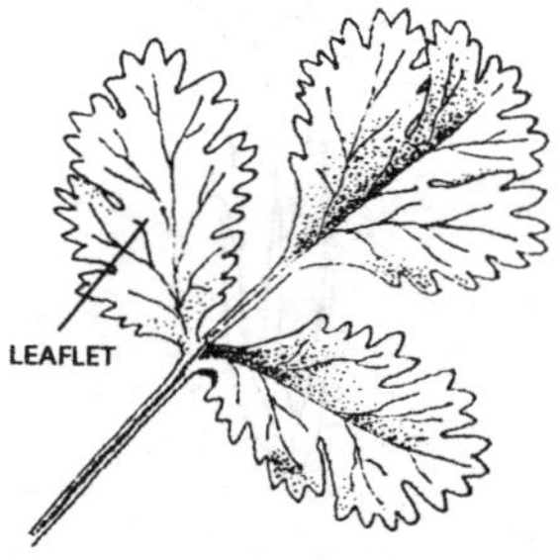

图 657

Leaflet 小叶 A division of a compound leaf. Figure 657. 组成复叶的单位(图 657)。

Leaf scar 叶痕 The scar remaining on a twig

after a leaf falls. Figure 658. 叶子脱落后在枝上留下的痕迹(图 658)。

Leaf sheath 叶鞘 A sheathing stipule. Figure 659. 鞘状托叶(图 659)。

[译者按:此词条的英文描述实质上是"托叶鞘"之义。"叶鞘(leaf sheath)"是指叶片基部或叶柄形成圆筒状而包围茎的部分,而"托叶鞘(ocrea)"是指由托叶形成的鞘。]

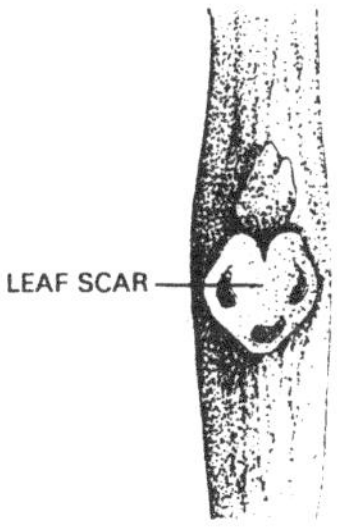

图 658

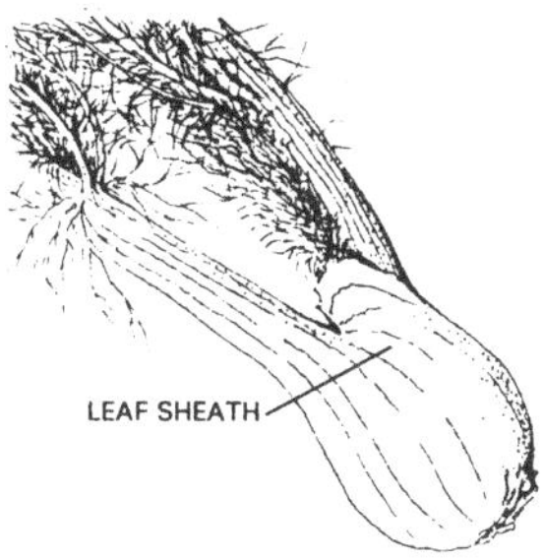

图 659

Legume ①荚果 ②豆科植物 A dry, dehiscent fruit derived from a single carpel and usually opening along two lines of dehiscence, as a pea pod. Figure 660; a plant belonging to the Leguminosae (Fabaceae) family. 由单个心皮形成,通常沿两条缝开裂的干果,如豆荚(图 660);豆科植物。

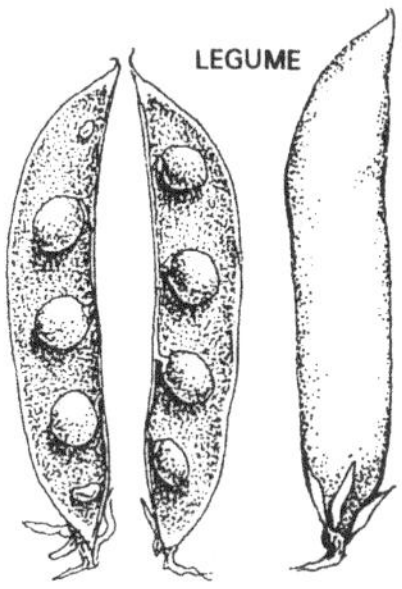

图 660

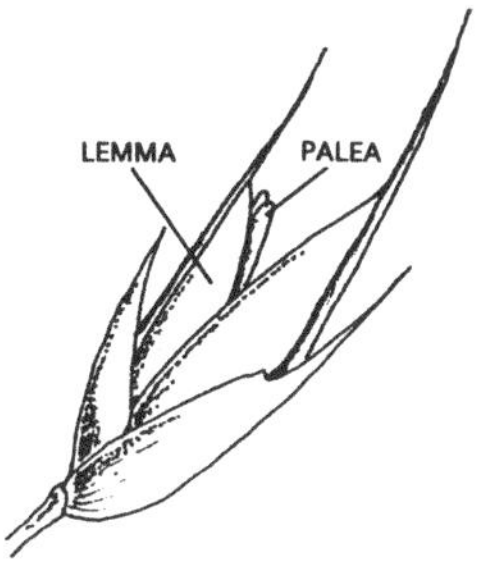

图 661

Leguminous ①荚的 ②豆科的 ③荚状的 Of or pertaining to a legume or a member of the Leguminosae (Fabaceae); legume-like. 豆荚的,豆科植物的;形似豆荚。

Lemma 外稃 The lower of the two bracts (lemma and palea) which subtend a grass floret, often partially surrounding the palea. Figure 661. 包着禾草小花的两个苞片(外稃和内稃)中下面的一个,常部分地包围着内稃(图 661)。

Lenticel 皮孔 A slightly raised, somewhat corky, often lens-shaped area on the surface of a young stem. Figure 662. 幼茎表面略微隆起的区域,常为透镜状且稍微木栓化(图 662)。

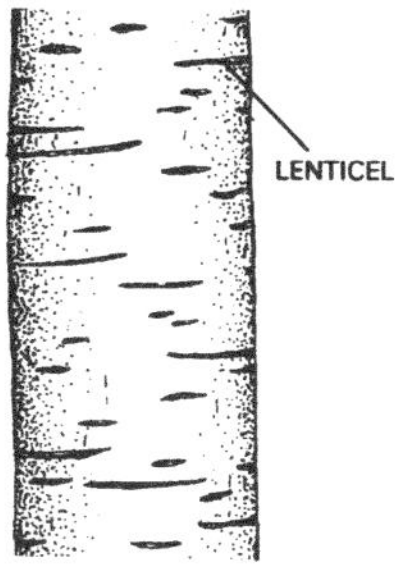

图 662

Lenticellate 具皮孔的 With lenticels. Figure 662. 具皮孔(图 662)。

Lenticular 透镜状的 Lentilshaped (lens-shaped); biconvex. Figure 663. 透镜形;双凸形。图 663。

Lentiform 透镜形的 见透镜状的(**lenticular**)。

Lentiginose 有雀斑的 见具鳞屑的(**scurfy**)。

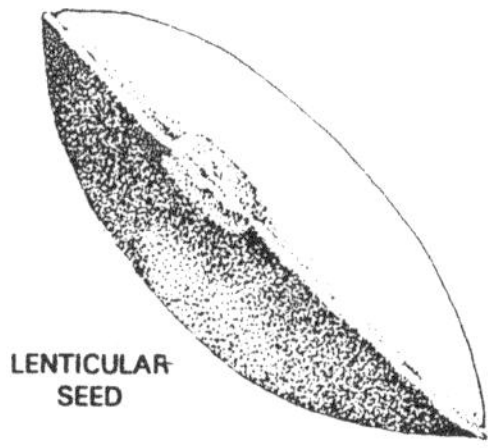

图 663

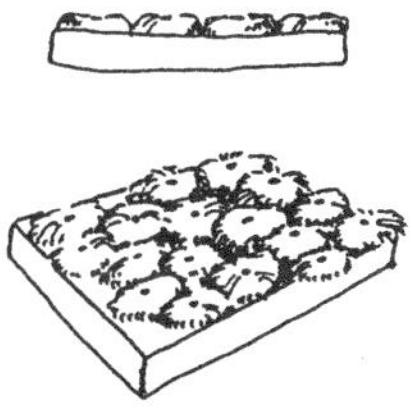

图 664

Lentiginous 有斑点的,雀斑状的 见具鳞屑的(**scurfy**)。

Lepidoid 鳞片状的 scale-like. 形似鳞片。

Lepidote 具鳞片的 Covered with small, scurfy scales. Figure 664. 表面被覆小的、屑状的鳞片(图 664)。

Liana 藤本植物 A woody, climbing vine. 木质攀援藤本。

Ligneous 木质的 Woody. 木质。

Lignified 木质化的 见木质的(**ligneous**)。

Lignose 木质的 见木质的(**ligneous**)。

Ligula 叶舌 见舌状器官,舌片,叶舌(**ligule**)。

Ligulate ①叶舌的 ②舌状的 With a ligule; strap-shaped. Figure 665. 具叶舌;叶舌状(图 665)。

Ligule ①舌状器官 ②舌片 ③叶舌 A strap-shaped

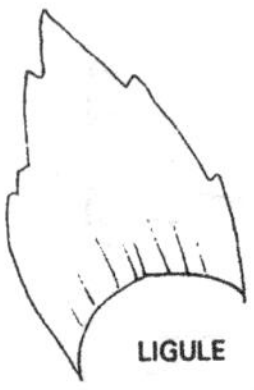

图 665

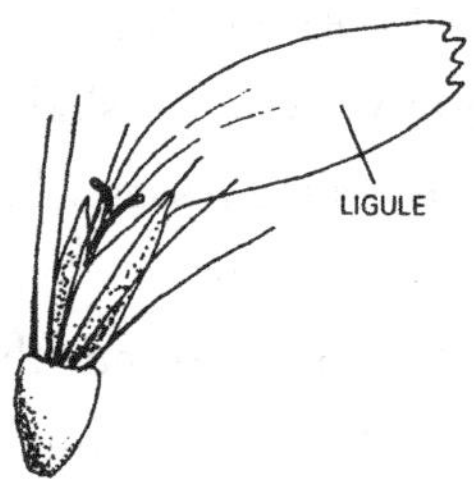

图 666

organ. Figure 665; the flattened part of the ray corolla in the Compositae (Asteraceae). Figure 666; the membranous appendage arising from the inner surface of the leaf at the junction with the leaf sheath in many grasses and some sedges. Figure 667; a tongue-like projection borne at the base of the leaves above the sporangia in *Isoetes*. Figure 668. 舌状器官(图 665);菊科植物边花花冠扁平的部分(图 666);多数禾草和某些莎草叶片和叶鞘交接处内侧的膜质附属物(图 667);着生于水韭叶基部孢子囊上方的舌状突起物(图 668)。

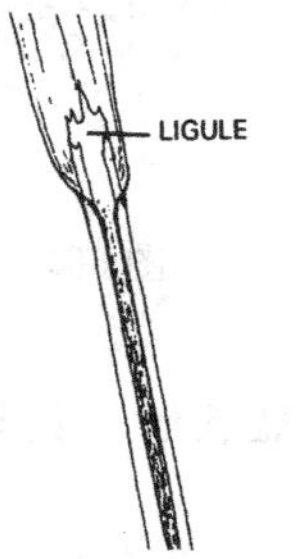

图 667

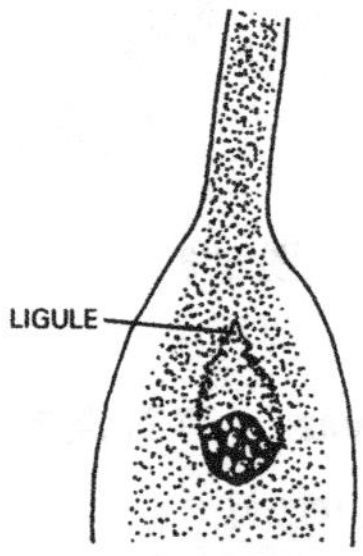

图 668

Liguliform **舌状的** Strap-shaped. Figure 665. 叶舌状(图 665)

Limb **①分枝 ②〔叶,瓣〕片 ③冠檐** A tree branch; the expanded part of a petal or leaf. Figure 669; the expanded part of a sympetalous corolla. Figure 670. 树的分枝;花瓣或叶的宽展部分(图 669);合瓣花冠的平展部分(图 670)。

Limbate **具异色边的** Bordered, as in a leaf or flower in which one color forms an edging or margin around another. Figure 671. 具边,如在叶子或花中一种颜色形成的边围绕着不同颜色的其他部分(图 671)。

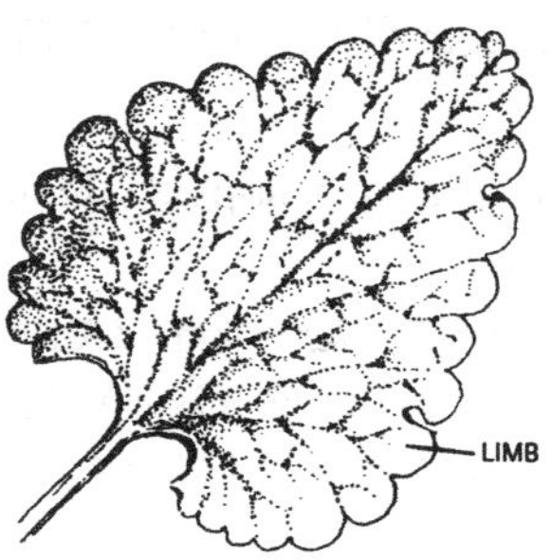

图 669

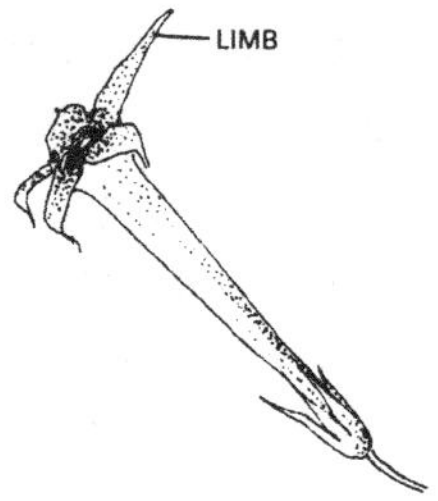

图 670

图 671

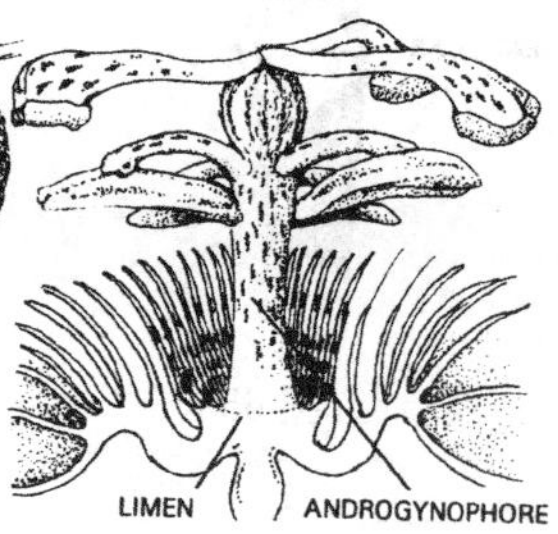

图 672

Limen **蕊柄盘** A cup-like structure at the base of the androgynophore in *Passiflora*. Figure 672. 西番莲属植物雌雄蕊柄基部的杯状结构(图 672)。

Linear **①线形的 ②条形的** Resembling a line; long and narrow with more or less parallel sides. Figure 673. 线状;长且窄,两边近平行。图 673。

Lineate **具线纹的** Marked with lines. 具线状标记。

Linguiform **舌状的** 见舌状的(**lingulate**)。

Lingulate **舌状的** Tongue-shaped. Figure 665. 舌形(图 665)。

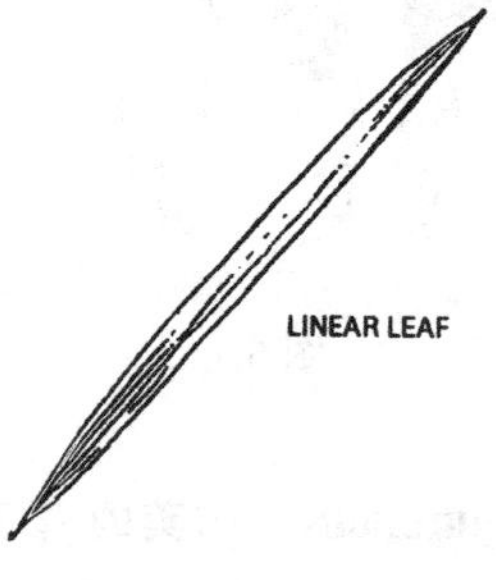

图 673

Lip **唇** One of the two projections or segments of an irregular, two-lipped corolla or calyx. Figure 674; a labium; the exceptional petal of an orchid blossom. Figure 675. 不规则二

唇型花冠或花萼的一个裂片(图 674);下唇瓣;兰花的特化花瓣(图 675)。

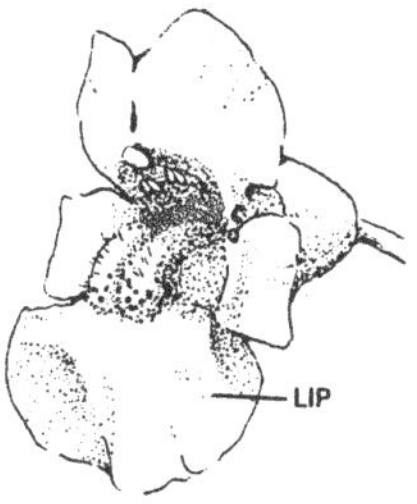

图 674

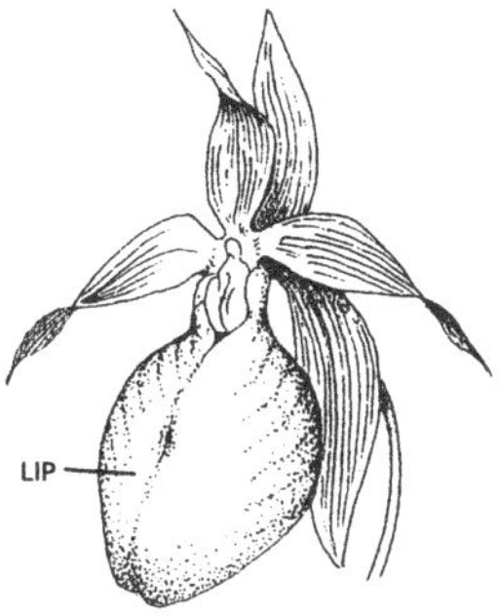

图 675

Litoral **沿岸的** 见沿岸的,海岸的(**littoral**)。

Littoral **沿岸的,海岸的** Growing along the shore. 沿海滨生长。

Livid **铅色的** Pale grayish-blue. 浅灰蓝色。

Lobate **①圆裂片状的 ②浅裂的** In the form of a lobe; lobed. Figure 676. 圆裂片状;圆裂或浅裂。图 676。

Lobe **圆裂片** A rounded division or segment of an organ, as of a leaf. Figure 676. 器官的圆形裂片,如叶的圆裂片(图 676)。

Lobed **浅裂的** Bearing lobes which are cut less than half way to the base or midvein. Figure 676. 裂片的分裂深度不及至基部或中脉的一半(图 676)。

图 676

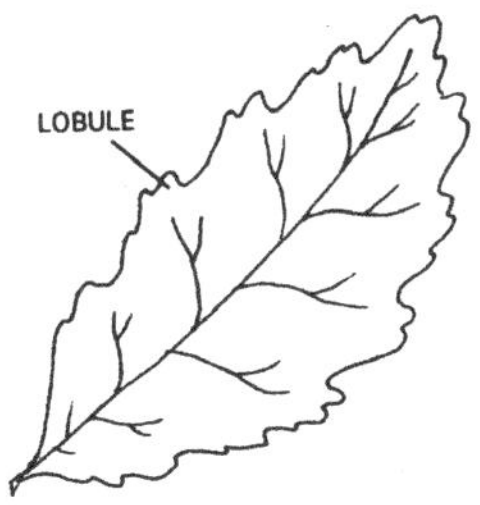

图 677

Lobulate **具小裂片的** With lobules. Figure 677. 具小的裂片(图 677)。

Lobule **小裂片** A small lobe; a lobe-like subdivision of a lobe. Figure 677. 小的圆裂片;次级小圆裂片。图 677。

Locular **室的** Of or pertaining to locules; with locules. Figure 678. 室的或与室相关的;具室。图 678。

Locule **室** The chamber or cavity ("cell") of an organ, as in the cell of an ovary containing the seed or the pollen bearing compartment of an anther. Figure 678. 器官的室或腔,如具种子的子房室或具花粉的花药室(图 678)。

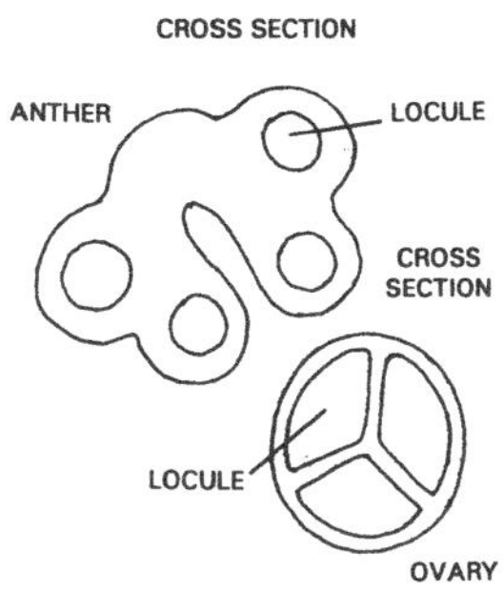

图 678

Loculicidal **室背开裂** Dehiscing through the locules of a fruit rather than through the septa. Figure 679. (compare **septicidal** and **poricidal**) 沿果室而不是沿隔膜开裂(图 679)。(对比**室间开裂的和孔裂的**)

Loculus (pl. **loculi**) **室** 见室(**locule**)。

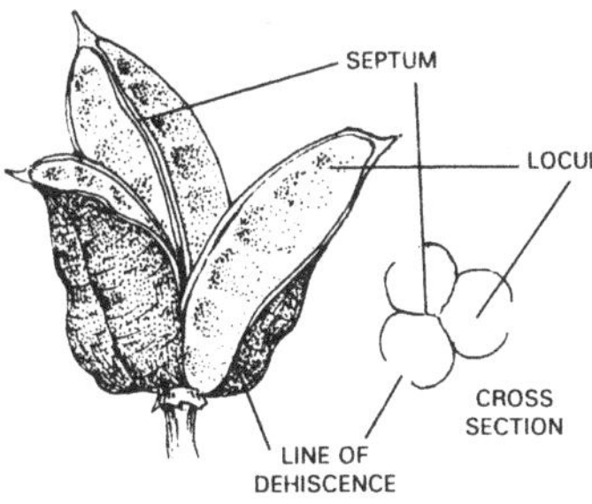

图 679

图 680

Locusta **小穗** The spikelet of grasses. Figure 680. 禾草的小穗(图 680)。

Lodicule **浆片** Paired, rudimentary scales at the base of the ovary in grass flowers. Figure 681. 禾草花中子房基部成对的未发育的鳞片(图 681)。

Loment **节荚** A legume which is constricted between the seeds. Figure 682. 种子之间缢缩的荚果(图 682)。

Lomentaceous **①节荚状的 ②具节荚的** Loment-

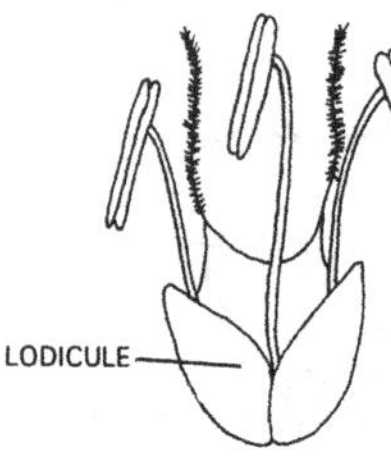

图 681

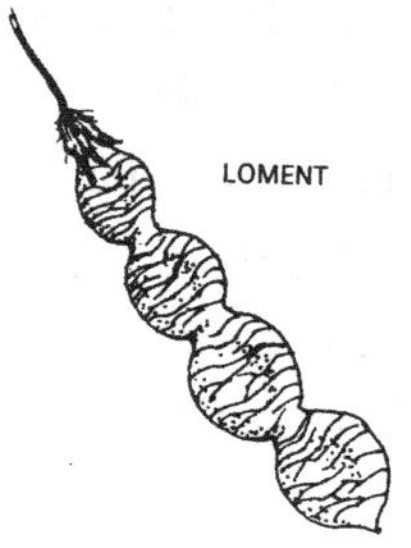

图 682

like; with loments. 形似节荚;具节荚。

Lomentiform **节荚状的** Loment-like. 形似节荚。

Lomentum(pl. **lomenta**) **节荚** 见节荚(**loment**)。

Longitudinal **纵向的** Along the long axis of an organ. Figures 683 and 684. 沿器官长轴方向(图 683 和图 684)。

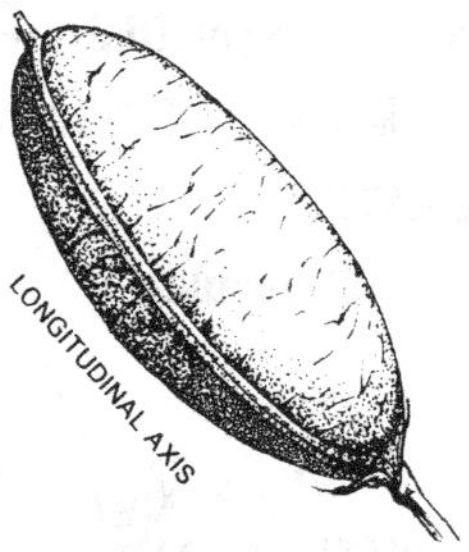

图 683

图 684

Lorate **带状的** 见舌状的(**ligulate**)。

[译者按:在其他植物学著作中"lorate"一词还有"带状的(strap-shaped)之义。]

Lunate **新月形的** Crescent-shaped. Figure 685. 新月形(图 685)。

Lunulate **小新月形的** Diminutive of **lunate**. 小新月形。

Lurid **褐黄的** Pale brown to yellowish-brown in color. 浅褐色至黄褐色。

Lustrous **有光泽的** Shiny or glossy. 发亮或有光泽。

Luteous **黄色的** 见带黄色的(**lutescent**)。

Lutescent **带黄色的** Yellowish. 浅黄色。

Lyrate **①竖琴状的 ②大头羽裂的** Lyre-shaped; pinnatifid, with the terminal lobe large and rounded and the lower lobes much smaller. Figure 686. 竖琴状;羽裂的顶部裂片大而圆,而下部裂片甚小。图 686。

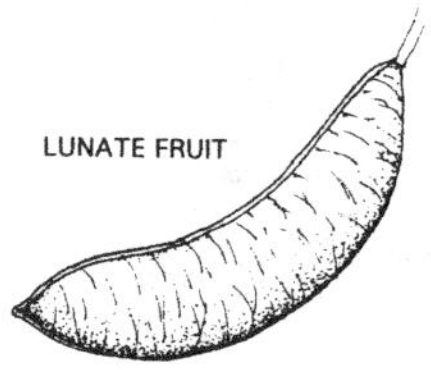

图 685

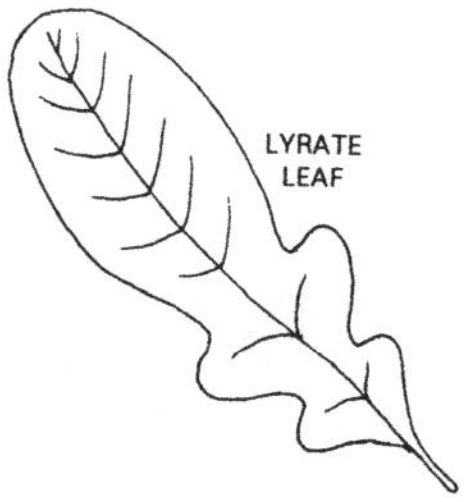

图 686

Lysigenous **溶生的** Formed by the dissolution of tissue. 由组织解体形成。

Machaerantheroid **总苞外弯的** Having involucral bracts with recurved tips. Figure 687. 具先端外弯的总苞片(图 687)。

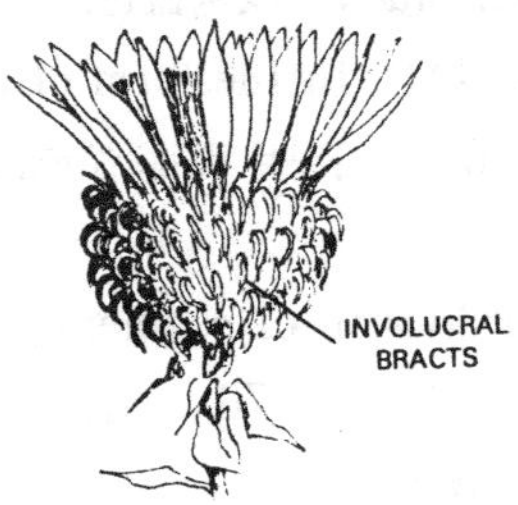

图 687

图 688

Macro-(prefix) **Macro**-(前缀) Meaning large. 大,巨。

Macrocladous **具长枝的** With long branches. 具长的枝。

Macrophyll **大型叶** The relatively large, expanded leaf of higher vascular plants. Figure 688. (compare **microphyll**) 高等维管植物中相对大而宽展的叶(图 688)。(对比**小型叶**)

Macrophyllous **大型叶的** With large leaves or leaflets; with macrophylls. 具大的叶或小叶;具大型叶。

Macrosporangium **大孢子囊** 见大孢子囊(**megasporangium**)。

Macrospore **大孢子** 见大孢子(**megaspore**)。

Macrosporophyll **大孢子叶** 见大孢子叶(**megasporophyll**)。

Macrostylous **长花柱的** With a long style. Figure 689. 具长的花柱(图 689)。

图 689

Macula (pl. **maculae**) **斑,斑点** A spot or blotch. Figure 690. 斑或斑点(图 690)。

Maculate **具斑点的** Spotted or blotched. Figure 690. 具斑或斑点(图 690)。

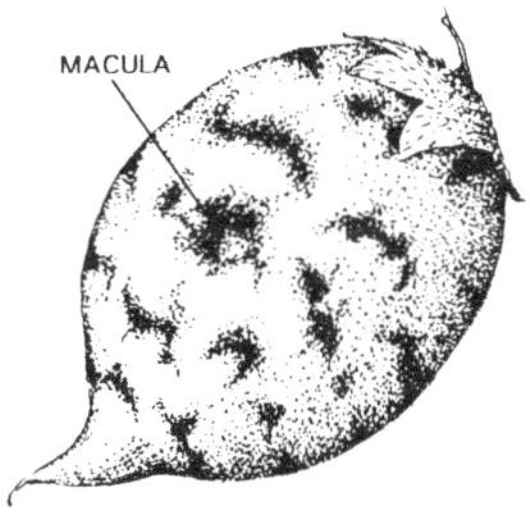

图 690

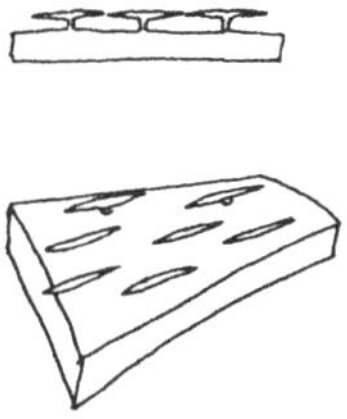

图 691

Malacophyllous **柔叶的** With soft leaves. 具柔软的叶。

Malodorous **恶臭的** Having a disagreeable odor. 有恶臭的气味。

Malpighiaceous hair **马尔皮基毛** 见马尔皮基氏毛(**malpighian hair**)。

Malpighian hair **马尔皮基氏毛** Straight hairs tapering to both free ends and attached near the middle; pick-shaped. Figure 691. (same as **dolabriform**) 中部联合,顶端分离且渐狭的直立毛;镐形。图 691。(等同**斧形的**)

Malvaceous **锦葵型的** Mallow-like. 锦葵型。

Mammiform **乳状的** Breast-shaped. Figure 692. 乳形(图 692)。

Mammilla (pl. **mammillae**) **乳头状突起** A nipple-like protuberance. Figure 693. 形似乳头的突起(图 693)。

Mammillate **具乳突的** With nipple-like protuberances. Figure 693. 具乳头状突起(图 693)。

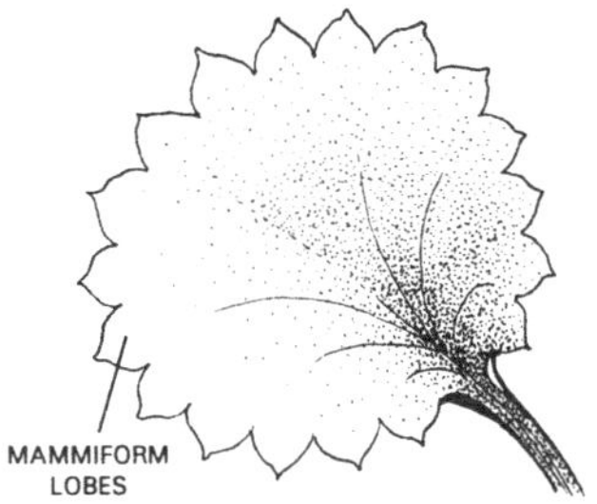

图 692

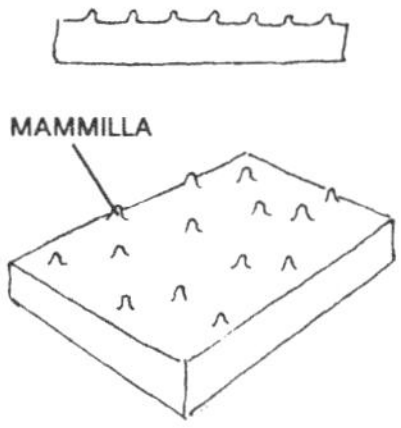

图 693

Mammose **具乳突的** 见具乳突的(**mammillate**)。

Manicate **具毡状毛的** With a thick, interwoven pubescence. Figure 694. 具有厚的相互交织的柔毛(图 694)。

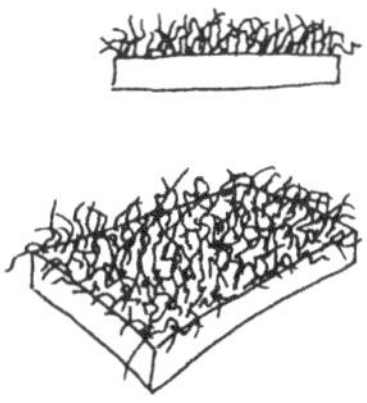

图 694

Many **许多** In botanical descriptions, this term usually means more than ten. 在植物学描述中,该术语常表示多于十(个)。

Marcescent **凋存的** Withering but persistent, as the sepals and petals in some flowers or the leaves at the base of some plants. Figure 695. 凋而不落,如某些花的萼片和花瓣或某些植物基部的叶(图 695)。

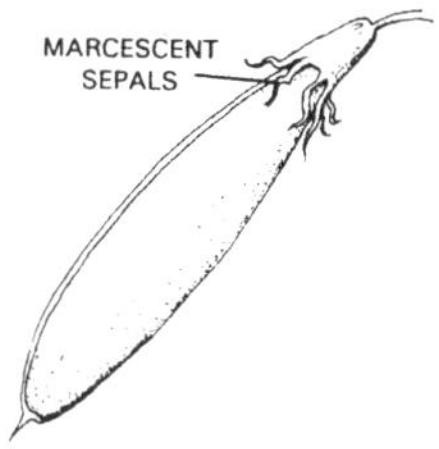

图 695

Margin **边缘** The edge, as in the edge of a leaf blade. Figure 696. 边缘,如叶片的边缘(图 696)。

Marginal placentation **边缘胎座式** Ovules attached to the juxtaposed margins of a simple pistil. Figure 697. 胚珠着生于单心皮的腹缝线上(图 697)。

Marginate **具边的** With a distinct margin. 具

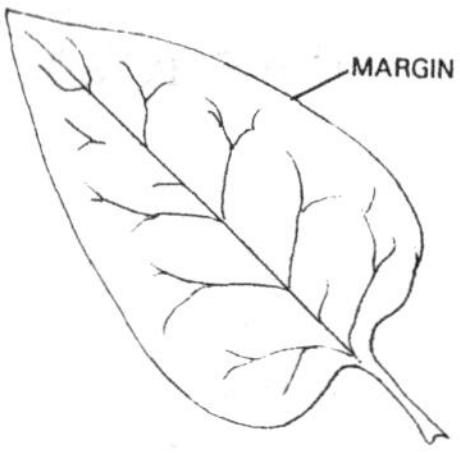

图 696

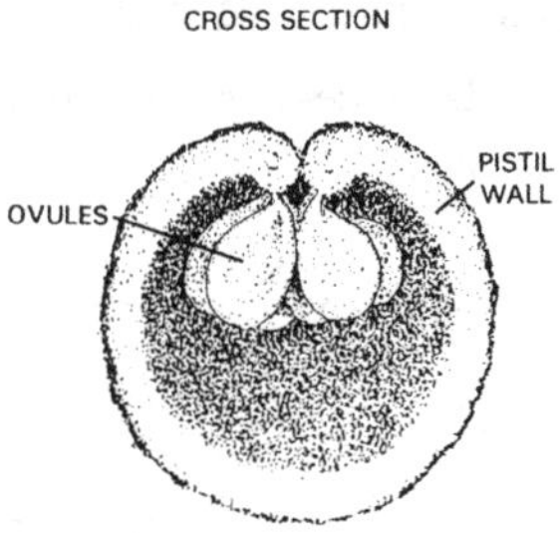

图 697

有明显的边缘。

Maritime　**海岸生的**　Growing near the sea and often being saltwater tolerant．　临海生长，常为耐盐性植物。

Masked　**假面状的**　见假面状的（**personate**）。

Massula　**花粉小块**　见花粉块（**pollinium**）。

Mast　**①坚果　②壳斗**　Nuts used for food，particularly acorns and beechnuts．　用作食物的坚果，尤指槲果和山毛榉坚果。

Mattula　**柄基纤维网**　Dense fibrous material around the petioles of palms．　棕榈植物叶柄周围浓密的纤维性物质。

Matutinal　**晨开性的**　Functioning in the morning，as in flowers which open in the morning．　在早晨具有功能，如花在早晨开放。

Mauve　**淡紫色的**　Bluish or pinkish-purple．　蓝紫色或粉紫色。

Mealy　**粉状的**　With the consistency of meal；powdery，dry，and crumbly．Figure 698．　连续被粉；粉状的，干而易碎。（图 698）。

Medial　**中央的，中间的**　Of the middle；situated in the middle．　中间；位于中央。

Median　**中央的，中间的**　见中央的，中间的（**medial**）。

Mega-（prefix）　**Mega-**（前缀）　Meaning large．　巨，大。

Megaphyllous　**巨形叶的**　With large leaves．　具大的叶子。

Megasporangium（pl．**megasporangia**）　**大孢子囊**　A spore-producing structure（sporangium）which bears megaspores．　产生大孢子的孢子囊（图 699）。

Megaspore　**大孢子**　A female spore which will give rise to the female gametophyte．Figure 699．　产生雌配子体的雌性孢子（图 699）。

图 698

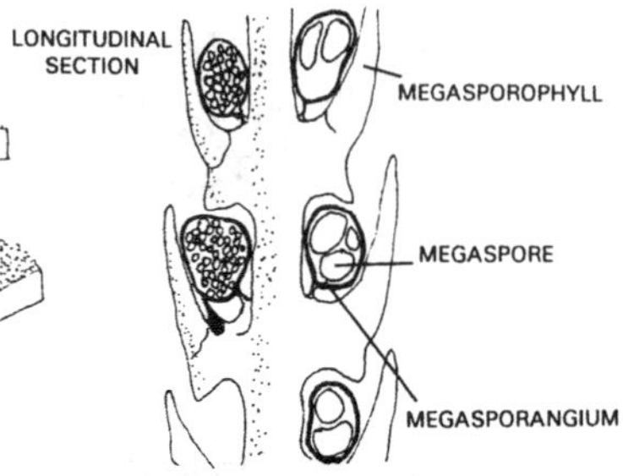

图 699

Megasporophyll　**大孢子叶**　A modified leaf which bears one or more megasporangia．Figure 699．　着生大孢子囊的变态叶（图 699）。

Melanophyllous　**具暗绿色叶的**　With dark leaves．　具深色叶。

Melanoxylon　**暗色木材**　Dark wood．　深色木材。

Membranaceous　**膜状的，膜质的**　见膜的，膜质的（**membranous**）。

Membranous　**膜的，膜质的**　Thin，soft，flexible，and more or less translucent，like a membrane．　薄而柔软，有韧性且多少呈半透明，薄膜状。

Meniscoid　**凹凸面的**　Concavo-convex；one side concave and the other convex．Figure 700．　具凹凸面；一面凹陷，另一面凸起。图 700。

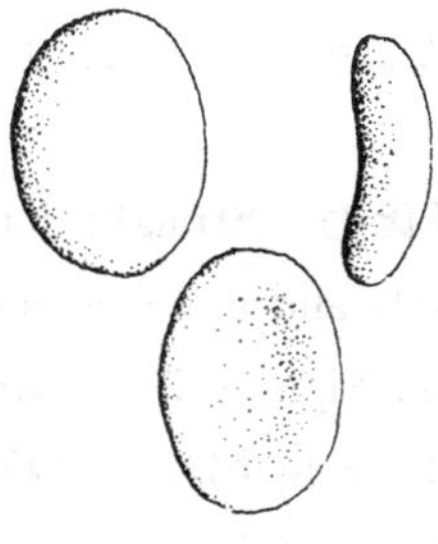

图 700

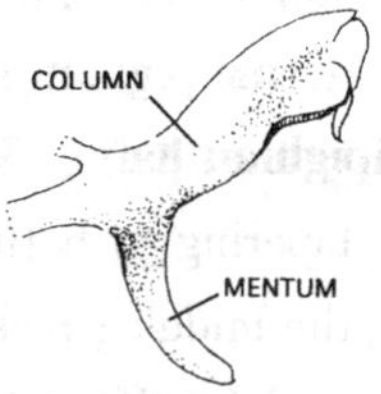

图 701

Mentum　**萼囊**　A projection formed by the extension of the base of the column in some orchids．Figure 701．　某些兰科植物的合蕊柱基部延伸形成的突起（图 701）。

Mephitic **臭的** Having a strong, disagreeable odor. 具强烈的难闻的气(臭)味。

Mericarp **分果爿,分果瓣** A section of a schizocarp; one of the two halves of the fruit in the Umbelliferae (Apiaceae). Figure 702. 分果的一部分;伞形科植物果实的两瓣之一。图 702。

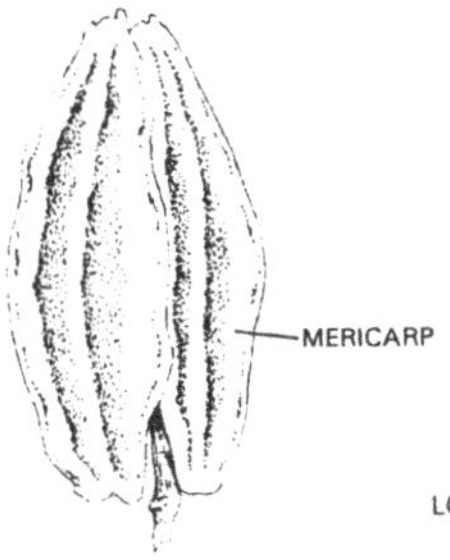

图 702

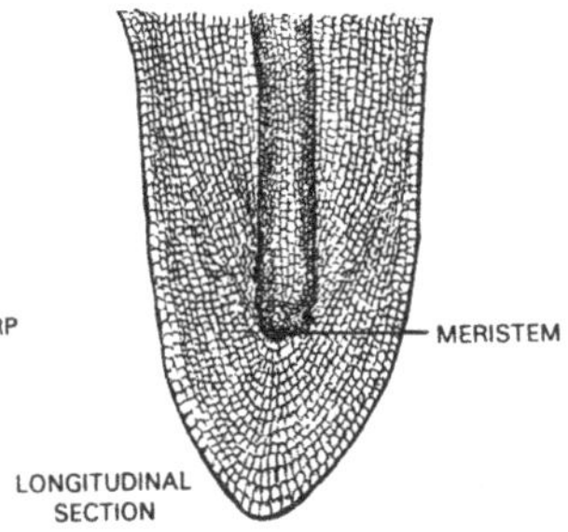

图 703

Meristem **分生组织** Undifferentiated, actively dividing tissues at the growing tips of shoots and roots. Figure 703. 位于苗端和根端生长点,有活跃分裂能力的组织(图 703)。

Meristematic **分生组织的** Of or pertaining to the meristem. 分生组织的或来自分生组织。

-merous(suffix)**-merous**(后缀) Meaning parts of a set. A 5-merous corolla would have five petals. 指每套或每组的数目;如五基数花冠有五个花瓣。

Mesic **湿生的** Moist. 潮湿的。

Meso-(prefix) **Meso** -(前缀) Meaning middle. 中,中间。

Mesocarp **中果皮** The middle layer of the pericarp of a fruit. Figure 704. (compare **endocarp** and **exocarp**) 果实果皮的中层(图 704)。(对比**内果皮**和**外果皮**)

Mesocotyl **中胚轴** That portion of the embryonic stem between the coleoptile and the scutellum in a grass embryo. Figure 705. 禾草植物幼胚中位于胚芽鞘和盾片之间的胚轴部分(图 705)。

Mesophyll **叶肉** The central tissues of a leaf between the upper and lower epidermis. Figure 706. 叶片上下表皮之间的主要组织(图 706)。

Mesophyte **中生植物** A plant growing in average moisture conditions. (compare **hydrophyte** and **exrophyte**) 生长于平均湿度(既不潮湿也不很干燥)条件下的植物。(对比**水生植物**和**旱生植物**)

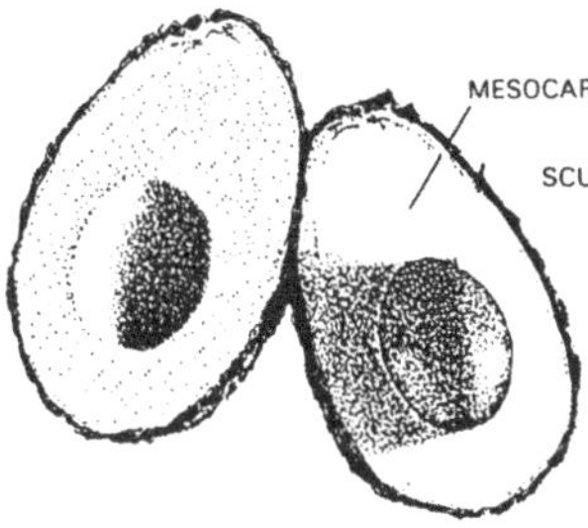

图 704

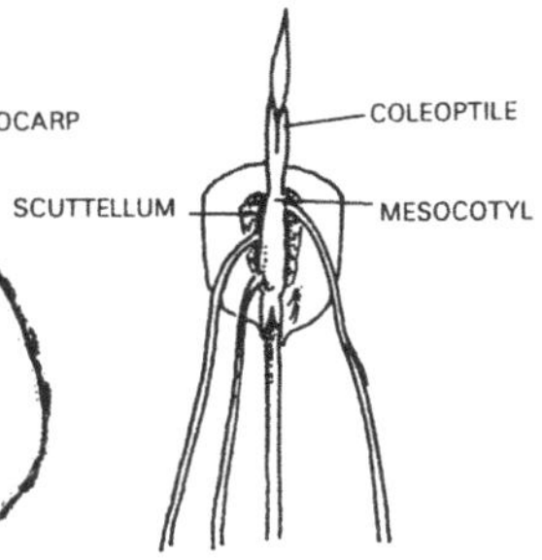

图 705

图 706

Metandry **雌花先熟** Female flowers maturing before the male flowers; protogyny. 雌花先于雄花成熟;雌蕊先熟。

Micro- (prefix) **Micro** -(前缀) Meaning small. 小,微。

Microphyll **小型叶** The relatively small, narrow, single-veined leaf of some lower vascular plants. Figure 707. (compare **macrophyll**)低等维管植物中相对窄小的单脉叶(图 707)。(对比**大型叶**)

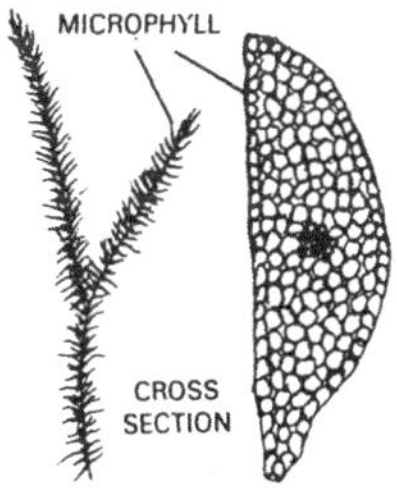

图 707

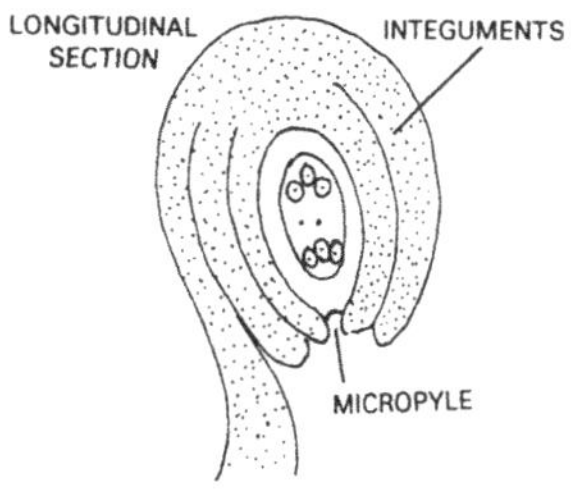

图 708

Micropyle 珠孔 The opening in the integuments of the ovule. Figure 708. 胚珠珠被上的开口(图 708)。

Microsporangium(pl. **microsporangia**) 小孢子囊 A spore-producing structure (sporangium) which bears microspores. Figure 709. 产生小孢子的孢子囊(图 709)。

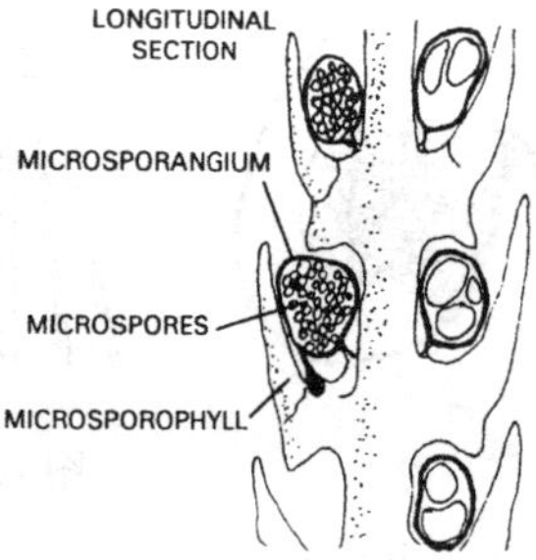

图 709

Microspore 小孢子 A male spore which will give rise to the male gametophyte. Figure 709. 产生雄配子体的雄性孢子(图 709)。

Microsporophyll ①小孢子叶 ②雄蕊 A modified leaf which bears one or more microsporangia. Figure 709; a stamen. 着生小孢子囊的变态叶(图 709);雄蕊。

Midlobe 中裂片 The central lobe. Figure 710. 中央的裂片(图 710)。

图 710

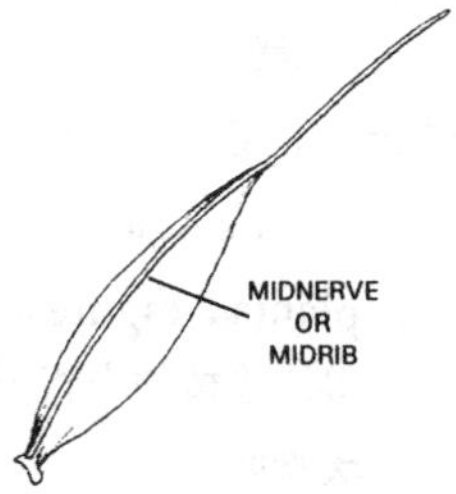

图 711

Midnerve 中脉 The central nerve. Figure 711. 中央的脉(图 711)。

Midrib 中脉 The central rib or vein of a leaf or other organ. Figure 711. 叶或其他器官的中央肋或中央脉(图 711)。

Midvein 中脉 The central vein. Figure 712. 中央的叶脉(图 712)。

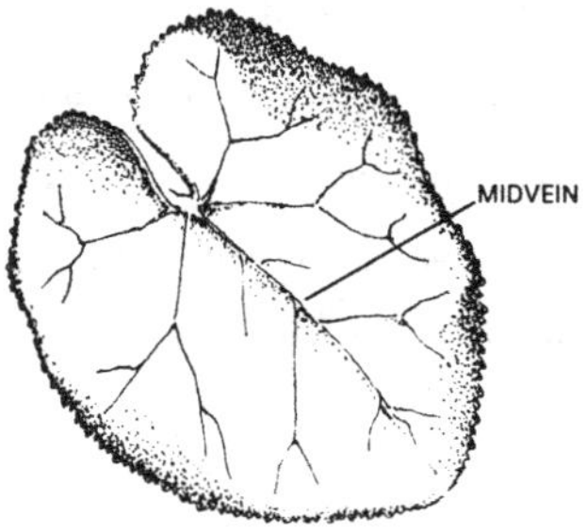

图 712

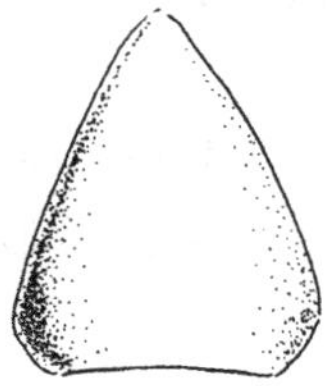

图 713

Mitriform 钟状的 Shaped like a mitra. Figure 713. 形似钟(图 713)。

Mixed bud 混合芽 A bud which produces both leaves and flowers. 既产生叶又产生花的芽。

Mixed inflorescence 混合花序 An inflorescence with both racemose and cymose portions. 既有总状部分也有聚伞部分的花序。

Molendinaceous 磨帆状的 With large, wing-like developments. Figure 714. 具大的翼状生长物(图 714)。

图 714

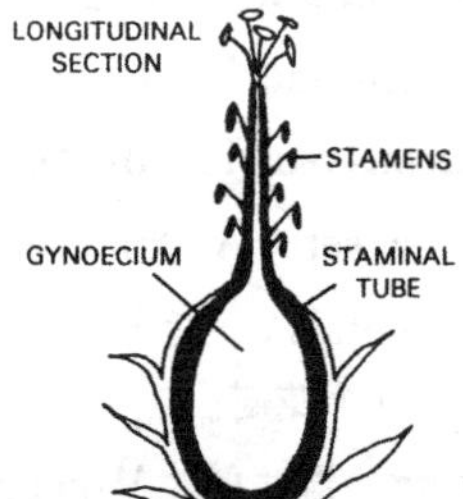

图 715

Monad 单分体 A single individual that is free from other such individuals rather than being united into a group. 彼此独立而非连合成一体的相同个体。

Monadelphous 单体雄蕊的 Stamens united by the filaments and forming a tube around the gynoecium. Figures 715 and 716. 雄蕊的花丝联合成管包围雌蕊群(图 715 和图 716)。

Monandrous 单雄蕊的 With a single stamen. 具单枚雄蕊。

Monanthous 单花的 One-flowered. 单朵花。

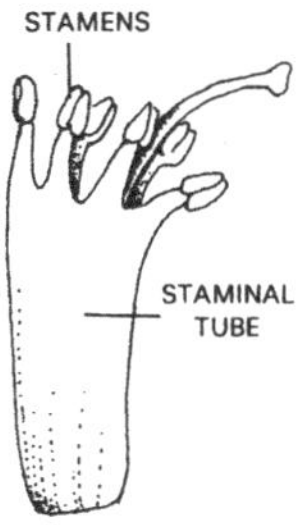

图 716

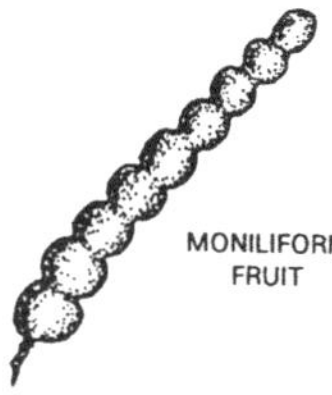

图 717

Monecious 雌雄同株的 见雌雄同株的(**monoecious**)。

Moniliform 念珠状的 Cylindrical and constricted at regular intervals, giving a beaded necklace-like appearance. Figure 717. 以规则的间隔缢缩的圆柱体,形如串珠项链(图 717)。

Mono-(prefix) **Mono-**(前缀) Meaning one. 单,一。

Monocarpic 一次结果的 Flowering and bearing fruit only once and then dying. The term may be applied to perennials, biennials, or annuals. 只开花和结实一次后便死亡。该术语可用于多年生、二年生或一年生植物。

Monocarpous 一心皮的 With one carpel. 具一个心皮。

Monocephalous 具单头状花序的 With one head. 具一个头状花序。

Monochasial 单歧聚伞状的 With the form of a monochasium. 具单歧聚伞花序的形式。

Monochasium 单歧聚伞花序 A type of cymose inflorescence with only a single main axis. Figure 718. 具单一主轴的聚伞花序(图 718)。

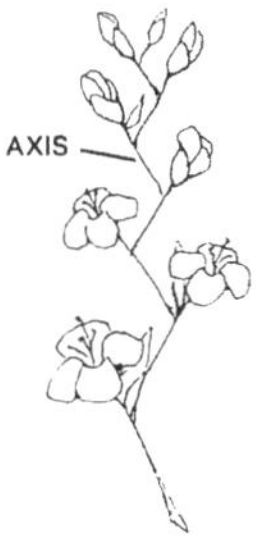

图 718

Monochlamydeous 单被的 With only one type of perianth member. Figure 719. 仅具花被组分的一种(图 719)。

Monochromatic 单色的 Of a single color. 单色。

Monoclinous 雌雄蕊同花的 With pistils and stamens in the same flower; perfect. Figure 720. 一朵花内具雄蕊和雌蕊;两性。图 720。

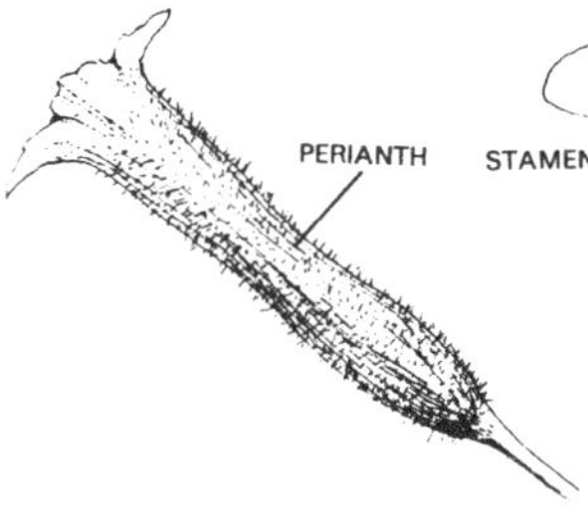

图 719

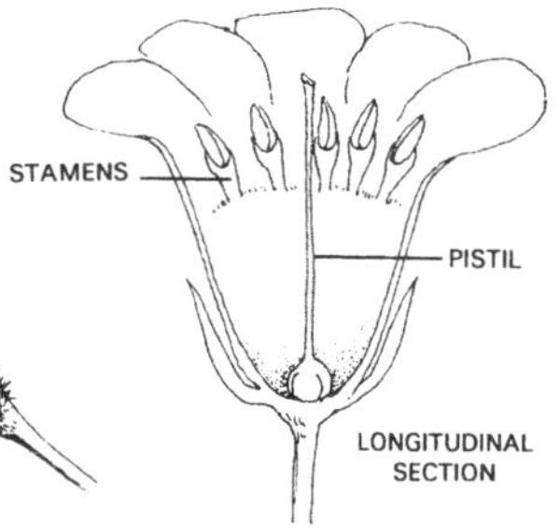

图 720

Monocotyledon 单子叶植物 Plants with a single seed leaf, or cotyledon. Figure 721. 仅有一枚子叶的植物(图 721)。

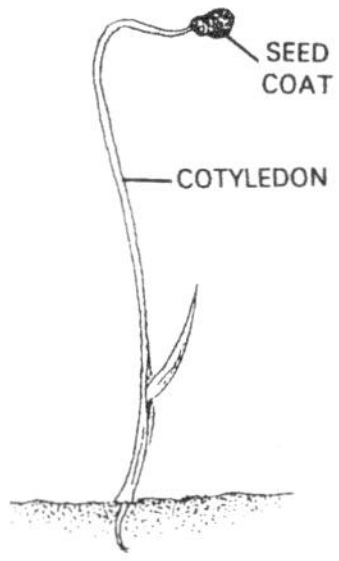

图 721

Monocotyledonous 单子叶的 With a single cotyledon. Figure 721. 具单枚子叶(图 721)。

Monocyclic 单轮的 With a single whorl. Figure 722. 仅具一轮(图 722)。

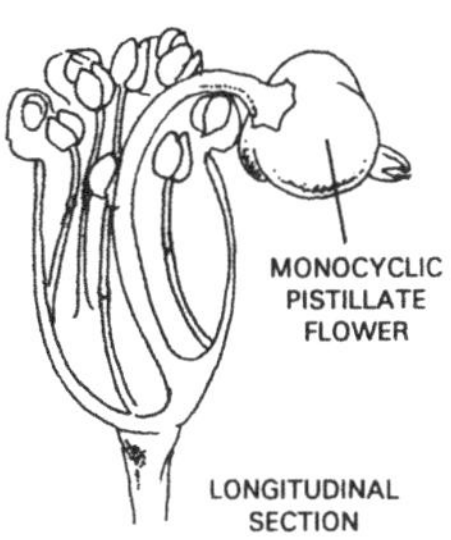

图 722

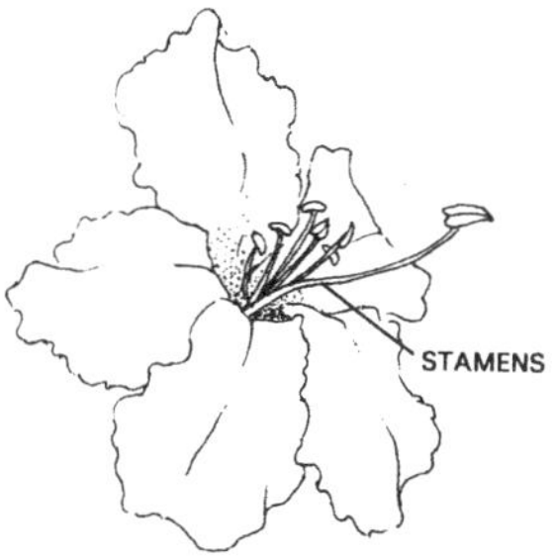

图 723

Monodynamous 具单强雄蕊的 With one stamen distinctly larger than the others. Figure 723. (在一朵花中)其中一枚雄蕊大于其他雄蕊(图 723)。

Monoecious 雌雄同株的 Flowers imperfect, the staminate and pistillate flowers borne on the same plant. (compare **dioecious**) 花单性,雄

花和雌花生于同一植株上。(对比**雌雄异株的**)

Monogynous　单雌蕊的　With one carpel. Figure 724.　具一个心皮(图 724)。

[译者按:单雌蕊既可由一个心皮组成,也可由多个心皮组成]

Monolocular　①单室的 ②单腔的　With a single cell or chamber; unilocular. Figure 725.　单室或腔(图 725)。

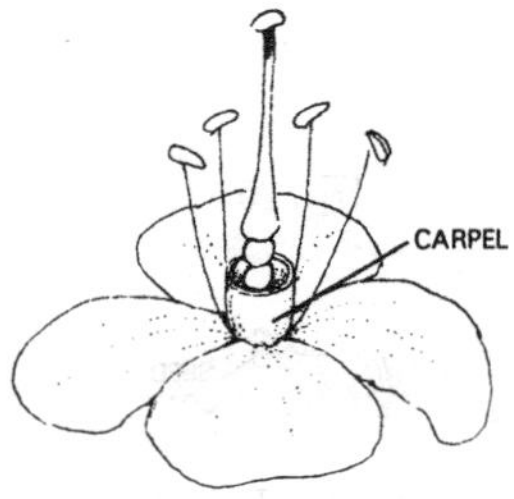

图 724

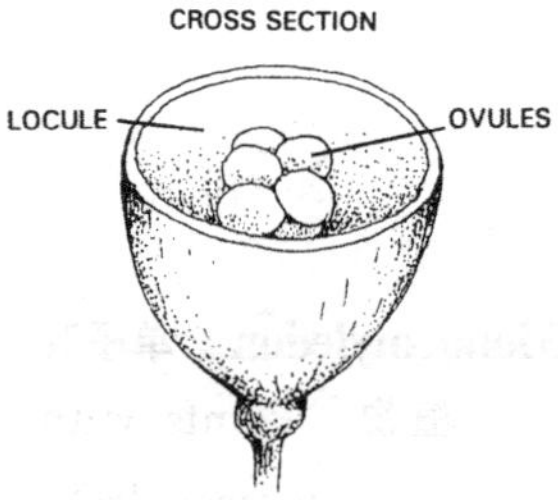

图 725

Monomerous　一基数的　With a single member, as in a floral whorl with only one part. Figure 722.　仅具一个成员,如一个花轮仅具一个部分(图 722)。

Monomorphic　①单态的,单型的 ②单形的　With a single form; all alike in appearance.　具单一样式;形态上均相似。

Monopetalous　合瓣的　见合瓣的(**sympetalous** or **gamopetalous**)。

Monophyllous　具一叶的　Of a single leaf; with simple leaves; said of plants that have simple leaves though their relatives have compound leaves.　具单片叶;具单叶;植物具单叶,尽管其近缘类群具复叶。

Monopodial　单轴的　Of or pertaining to a monopodium; with the branches arising from a single main axis. Figure 726.　单轴或与单轴相关的;具从单一主轴上发生的侧枝。(图 726)。

Monopodium(pl. **monopodia**)　单轴　A single main axis giving rise to lateral branches. Figure 726. (compare **sympodium**)　产生侧枝的单一主轴(图 726)。(对比**合轴**)

Monopterous　单翅的　With a single wing. Figure 727.　具单翅(图 727)。

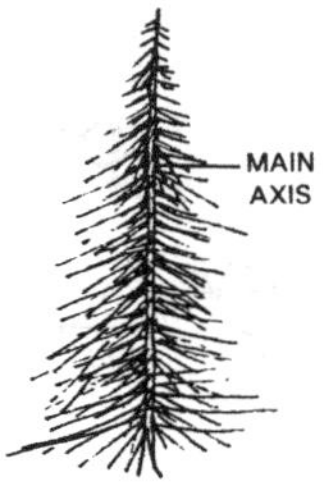

图 726

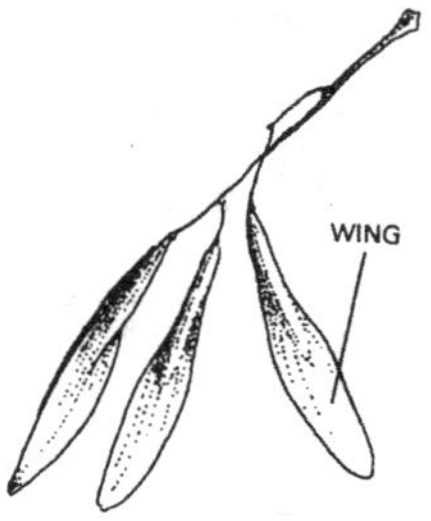

图 727

Monosepalous　合萼的　见合萼的(**gamosepalous**)。

Monospermous　单种子的　One-seeded.　一个种子。

Monostachous　单穗序的　With flowers arranged in a single spike. 具排列成单个穗状花序的花。

Monostichous　单列的　In a single vertical rank or row. Figure 728.　排列为一直行或列(图 728)。

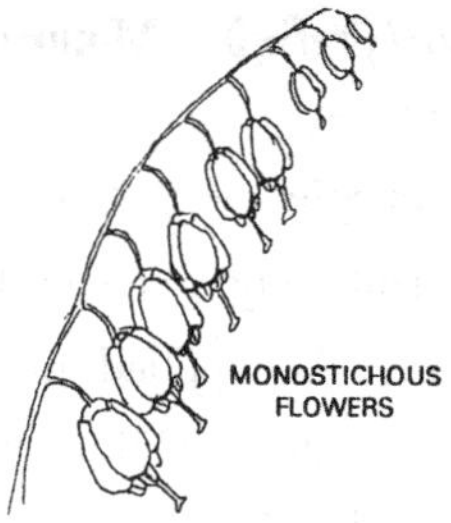

图 728

Monostylous　单花柱的　With a single style. Figure 729.　具单个花柱(图 729)。

Monosymmetrical　单面对称的　Bilaterally symmetrical; zygomorphic. Figure 730.　两侧(面)对称;左右对称。(图 730)。

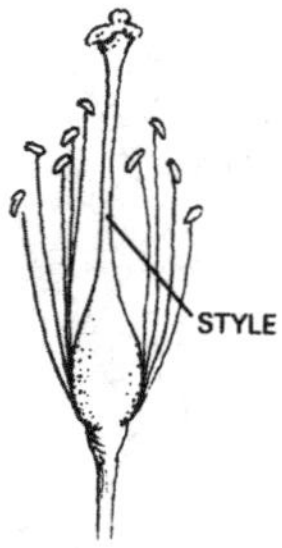

图 729

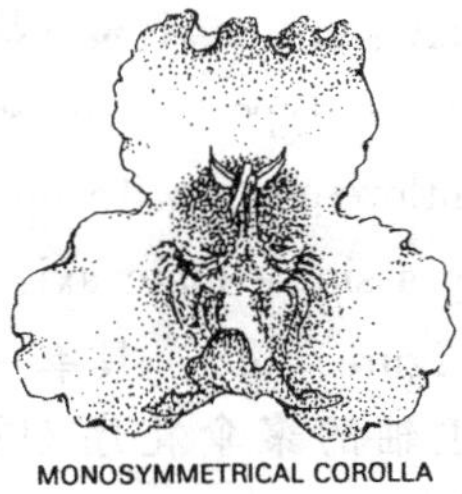

图 730

Monotrichous　单鞭毛的　With a single bristle. Figure 731.　具单个鞭毛(图 731)。

Monotypic　①单型的 ②单种的　A taxon with only a single representative, as a genus with a single species or a family with a single genus. 仅有一个代表的分类单位,如只有一个种的属(单种属)或只有一个属的科(单属科)。

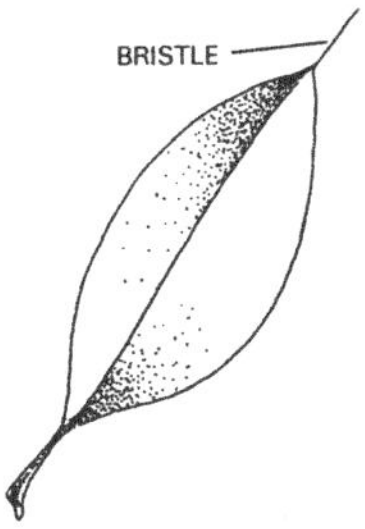

图 731

Montane 山地的,山上生的 A plant growing in the mountains. 在山地生长的植物。

Moschate 麝香味的 With a musky scent. 具麝香味。

Mottled 具斑点的 With colored spots or blotches. Figure 732. 具有色斑点或斑块(图 732)。

图 732

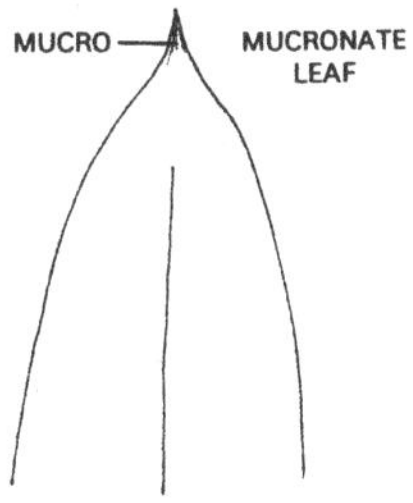

图 733

Mucilaginous 黏的,黏液的 Slimy and moist; mucilage-like. 黏而潮湿;黏液状的。

Mucro 短尖头 A short, sharp, abrupt point, usually at the tip of a leaf or other organ. Figure 733. 叶或其他器官先端短而骤尖的尖突(图 733)

Mucronate 短尖的 Tipped with a short, sharp, abrupt point (mucro). Figure 733. 先端具短而急尖的尖突(图 733)。

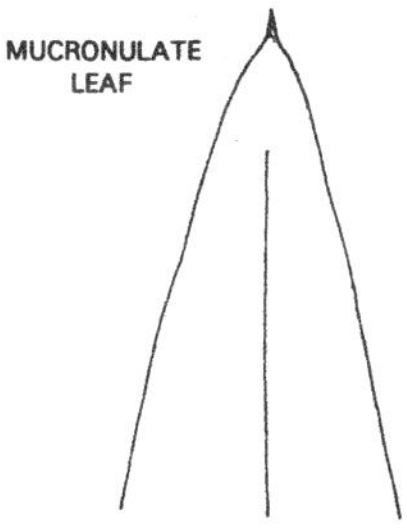

图 734

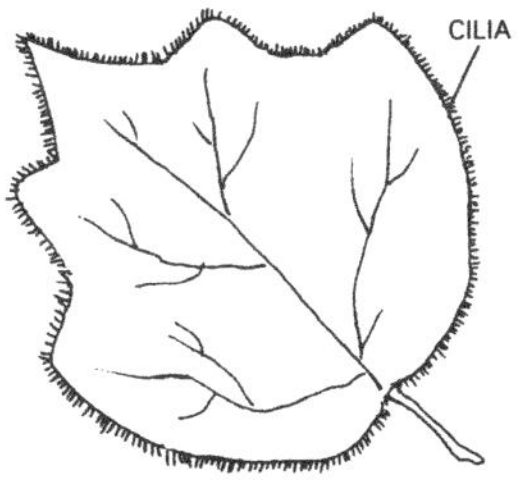

图 735

Mucronulate 具小短尖的 Tipped with a very small mucro. Figure 734. 先端具极小的短尖头(图 734)。

Multi-(prefix) **Multi-**(前缀) Meaning many. 多,多数。

Multiciliate 多纤毛的 With many cilia. Figure 735. 具很多纤毛(图 735)。

Multicipital 多头的 Many-headed, as the crown of a root divided into a number of caudices. Figure 736. 多头,如根颈分成多个茎基(图 736)。

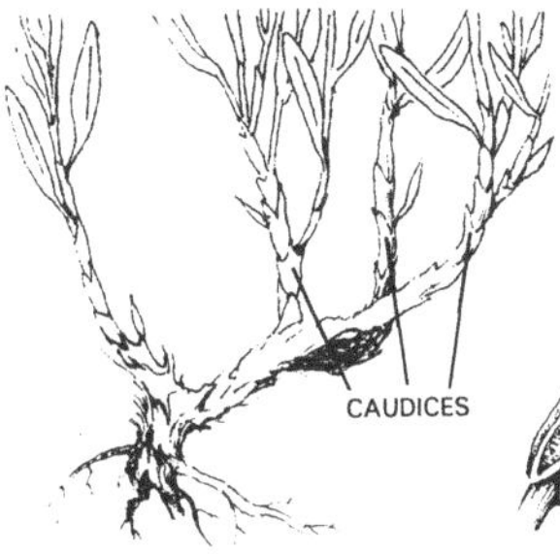

图 736

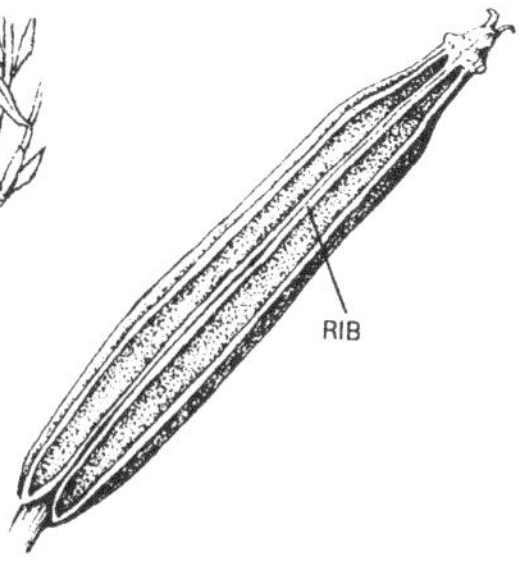

图 737

Multicostate 多肋的 With many ribs. Figure 737. 具多条肋(图 737)。

Multifid 多裂的 Cleft into many narrow segments or lobes. Figure 738. 半裂成许多狭窄的条状裂片或圆裂片(图 738)。

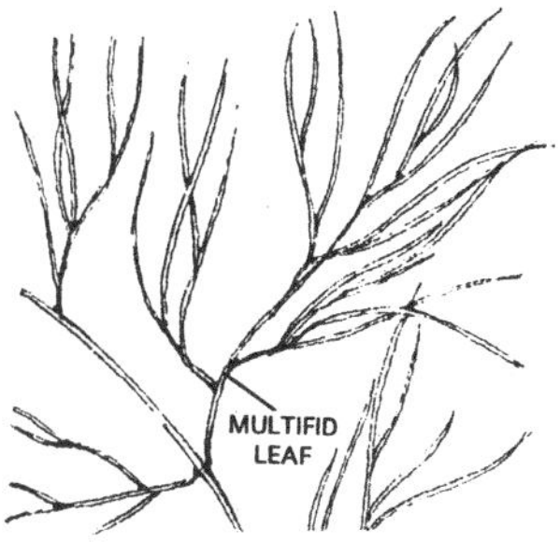

图 738

Multiflorous 多花的 Bearing many flowers. 着生有多朵花。

Multifoliate 多叶的 Bearing many leaves or leaflets. 着生有多枚叶或小叶。

Multiparous 多出的 A cyme with many lateral axes. 具多个侧枝的聚伞花序。

Multipartite 多回深裂的 见多裂的(**multifid**)。

Multiperennial 多年生的 见一次性开花结实的(**pliestesial**)。

Multiple fruit 复果,聚花果 A fruit formed from several separate flowers crowded on a single axis, as a mulberry or pineapple. Figure 739. 由聚集在单个花轴上的几个分离花形成的果实,如桑葚或菠萝(图 739)。

图 739

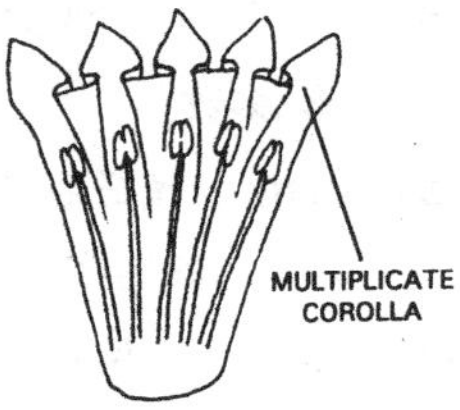

图 740

Multiplicate **重叠的,多褶的** Repeatedly folded. Figure 740. 反复折叠(图 740)。

Multiradiate **多射线的** With many rays. Figure 741. 具多条射线(图 741)。

图 741

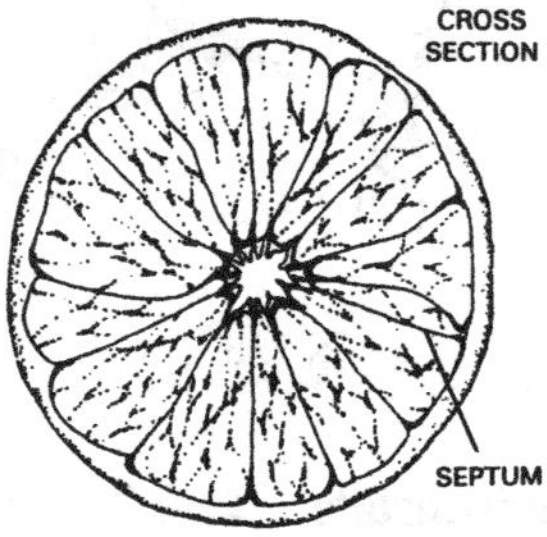

图 742

Multiseptate **多隔膜的** With many septae or partitions. Figure 742. 具多数隔膜或分隔(图 742)。

Muricate **粗糙的** Rough with small, sharp projections or points. Figure 743. 因具小而尖的突起而显粗糙(图 743)。

Murication **小突起** A small, sharp projection or point. Figure 743. 小而尖锐的突起或尖突(图 743)。

Muriculate **微糙的** Very finely muricate. Figure 744. 略粗糙(图 744)。

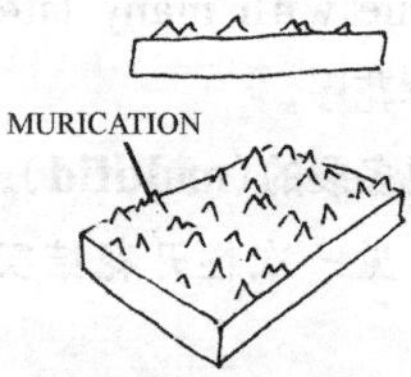

图 743

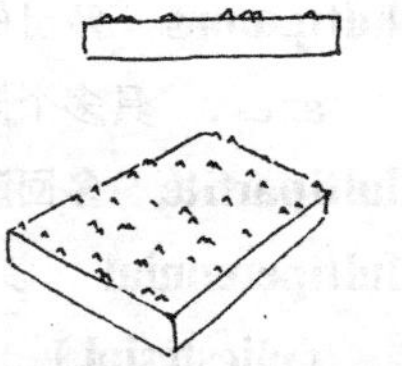

图 744

Muticous **钝的** Blunt, without a point or spine. Figure 745. 钝,没有尖或刺(图 745)。

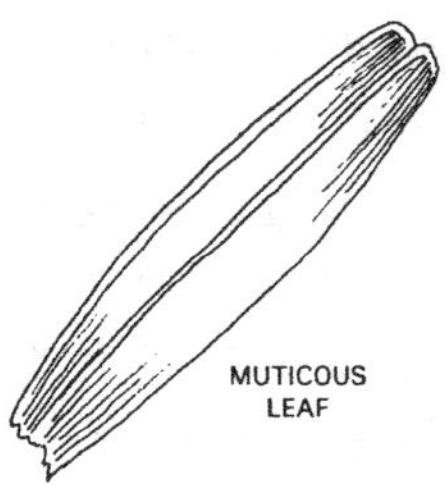

图 745

Mycorrhiza (pl. **mycorrhizae**) **菌根** A symbiotic relationship between a fungus and the root of a plant. 真菌和植物根之间形成的共生结构。

Mycotrophic **菌根营养的** Modified by a mycorrhizal relationship. 由菌根共生关系演变形成的。

Myochrous **鼠色的** Mouse-colored. 鼠色。

Nacreous **具珍珠光泽的** With a pearly luster; pearlescent. 具珍珠般的光泽,珍珠般的。

Naked **裸露的** Lacking hairs, structures, or appendages typically present, as in a flower lacking a perianth; nude. 缺乏正常存在的毛、结构或附属物,如无被花;裸的。

Naked bud **裸芽** A bud lacking scales. 无鳞片(包被)的芽。

Napaceous **芜菁状的** 见芜菁状的(**napiform**)。

Napiform **芜菁状的** Turnip-shaped. Figure 746. 芜菁形(图 746)。

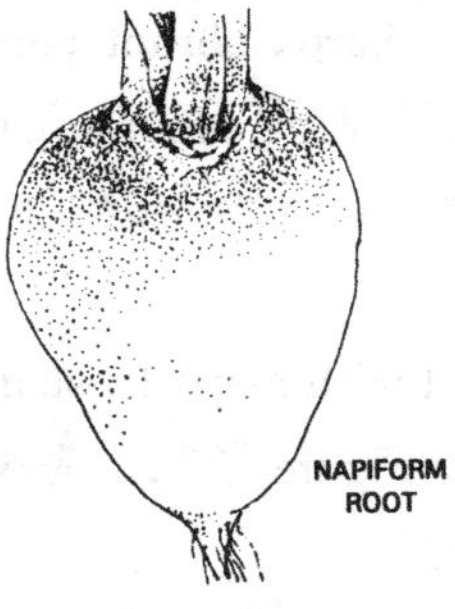

图 746

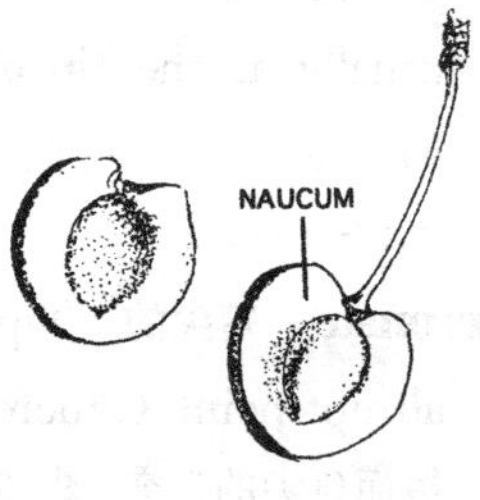

图 747

Nascent **新生的** Beginning to develop, but not yet fully formed. 开始发育,但尚未完全形成。

Natant **浮游的** Floating in water; immersed. 在水里漂浮;沉水的。

Naturalized **驯化的** Plants introduced from elsewhere, but now established. 由其他地方引

进,但现已归化的植物。

Naucum **核果肉** The soft, fleshy part of a drupe. Figure 747. 核果的柔软而肉质的部分(图 747)。

Nautiloid **螺壳状的** Spiral-shaped, like a *Nautilus* shell. Figure 748. 螺壳形,似鹦鹉螺的壳(图 748)。

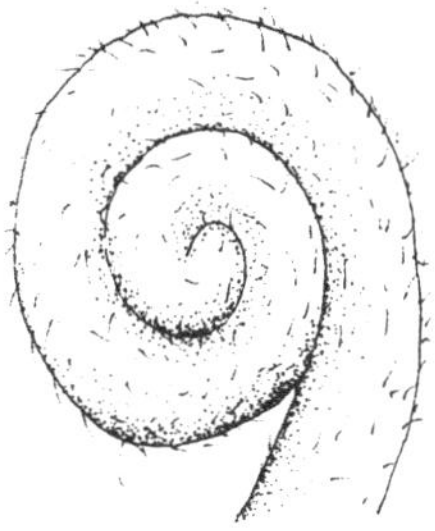

图 748

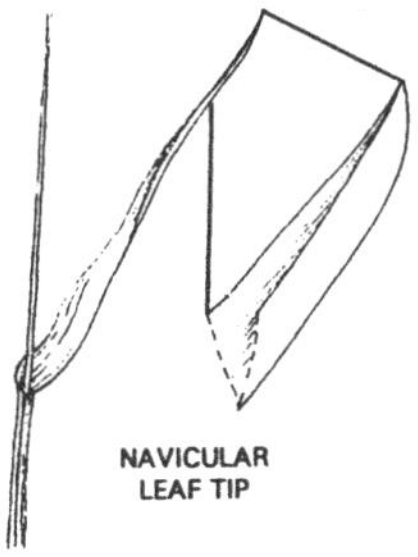

图 749

Navicular **舟形的** Boat-shaped. Figure 749. 舟形(图 749)。

Nebulose **朦胧的,雾状的** Indistinct, as in a fine, diffuse inflorescence. Figure 750. 不清晰,如纤细而分散的花序(图 750)。

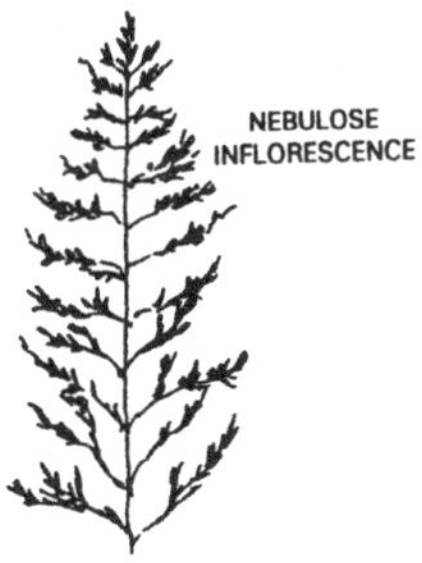

图 750

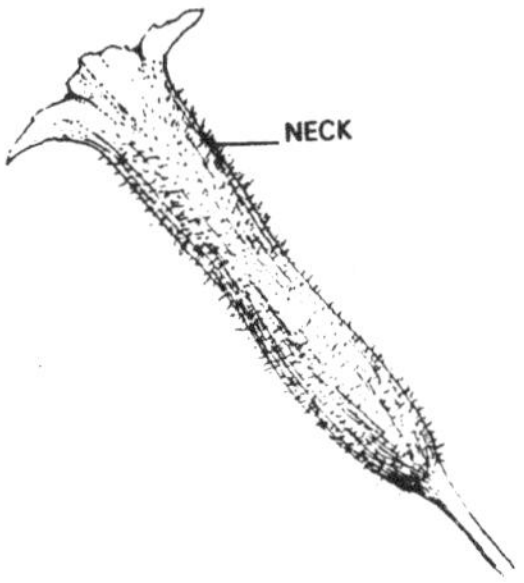

图 751

Neck **颈** Any constricted part of a plant, as the narrowed section of a perianth, or the point where the blade joins the sheath in some grass leaves. Figures 751 and 752. 植物体上任何缢缩的部分,如花被片上变窄的区域,或某些禾草叶片和叶鞘的连接点(图 751 和图 752)。

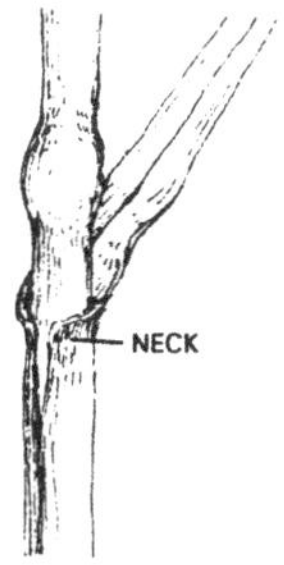

图 752

Nectar **花蜜** A sugary, sticky fluid secreted by many plants. 许多植物分泌的甜而黏质的液体。

Nectar gland **蜜腺** 见蜜腺(**nectary**)。

Nectar guides **花蜜指示标** Lines or spots, often invisible except in ultraviolet light, directing pollinators toward the nectaries. Figure 753. 引导传粉者确定蜜腺位置的线或点,常在紫外光下才可见到(图 753)。

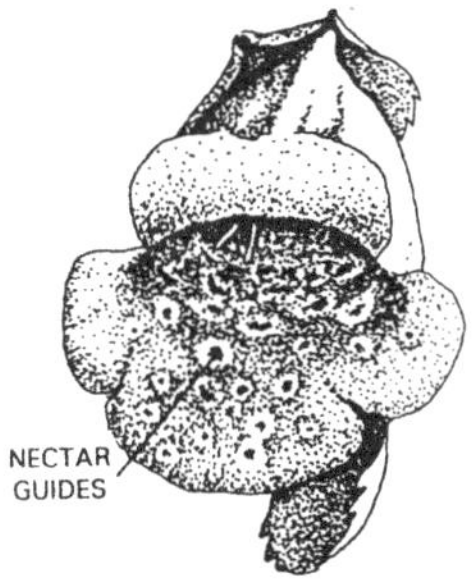

图 753

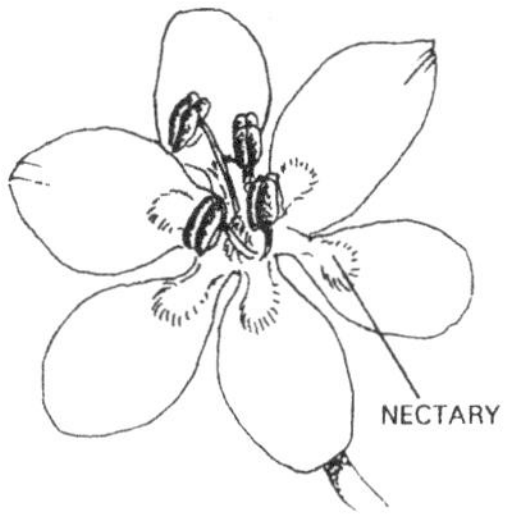

图 754

Nectariferous **分泌蜜汁的** With nectar. 具花蜜。

Nectary **蜜腺** A tissue or organ which produces nectar. Figure 754. 产生花蜜的组织或器官(图 754)。

Needle **针叶** A slender, needle-shaped leaf, as in the pinaceae. Figure 755. 细的针形叶,如松科植物的叶(图 755)。

Nema(pl. **nemata**) **花丝** A filament or thread. 花丝或线。

Nephroid **肾形的** Kidney-shaped; reniform. Figure 756. 肾形或肾状(图 756)。

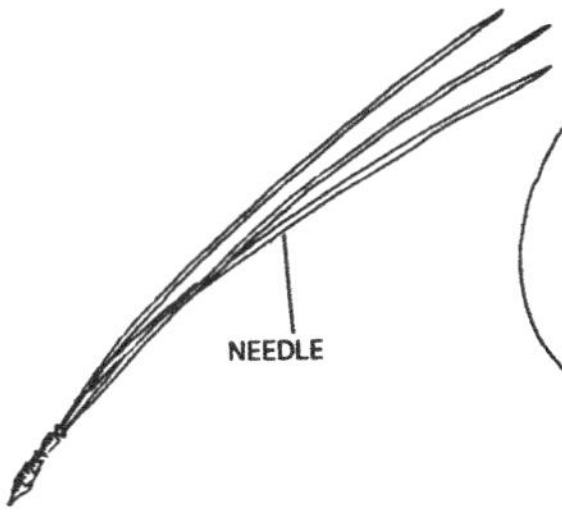

图 755

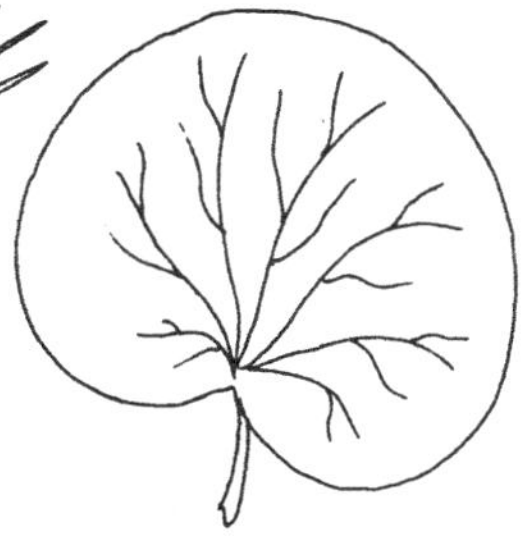

图 756

Nervation 脉序 The arrangement of nerves or veins in an organ. Figure 757. 器官中脉的排列方式(图 757)。

Nerve 脉 A prominent, simple vein or rib of a leaf or other organ. Figure 757. 叶或其他器官上凸起的单个脉或肋(图 757)。

Nerviform 脉状的 Resembling a nerve. 形似脉。

Nervose 显脉的 With prominent nerves. Figure 757. 具显著的脉(图 757)。

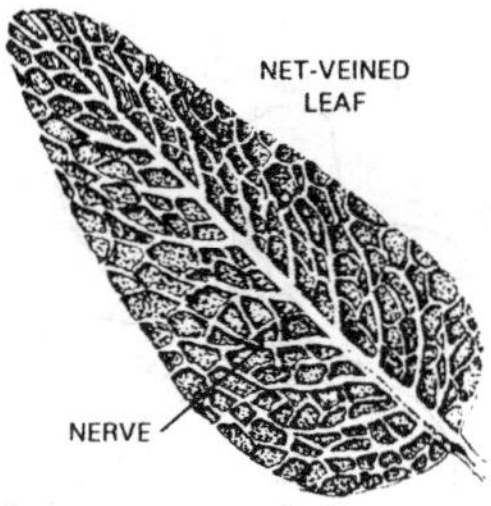

图 757

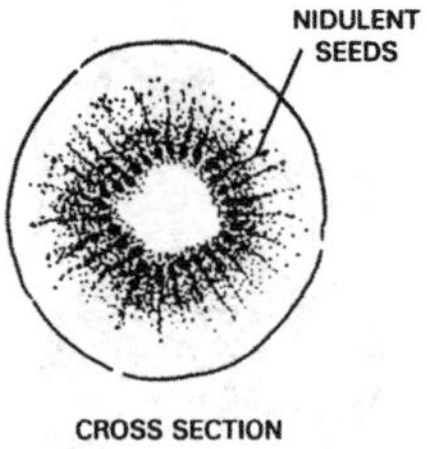

图 758

Netted 网状的 见网状脉的(**net-veined**)。

Net-veined 网状脉的 In the form of a network; reticulate. Figure 757. 网络状;网状。图 757。

Neuter 中性的 Lacking functional stamens or pistils. 花缺少有功能的雄蕊或雌蕊。

Neutral 中性的 见中性的(**neuter**)。

Nidulent 腔中的 Lying within a cavity; embedded within a pulp. Figure 758. 在腔中;嵌在髓中。图 758。

Nigrescent 带黑色的 Blackish. 稍黑色的。

Nitid 有光泽的 Lustrous; shining. 有光泽;发亮的。

Niveous 雪白的 White. 雪白。

Nocturnal 夜开性的 Functioning at night, as in flowers which open at night. 在夜间具有功能,如花在夜间开放。

Nodal 节的 Of, on, or pertaining to a node. Figure 759. 节的、节上的或与节相关的(图 759)。

Nodding 下垂的 Bent to one side and downward. Figure 760. 朝一侧下弯的(图 760)。

Node 节 The position on the stem where leaves or branches originate. Figure 759. 茎上叶和枝发生的部位(图 759)。

Nodiferous 具节的 With nodes. Figure 759. 有节(图 759)。

Nodiform 结节状的 见具小节的,具小瘤的(**nodulose**)。

Nodose 有节的 With knobs or nodules. Figures 761 and 762; with nodes. Figures 759. 具节或瘤(图 761 和图 762);具节(图 759)。

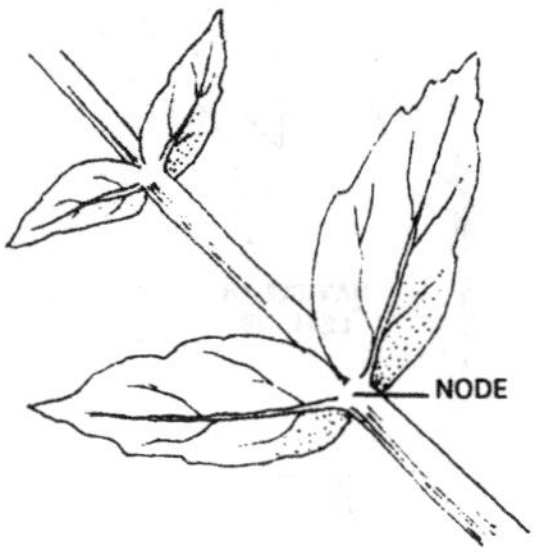

图 759

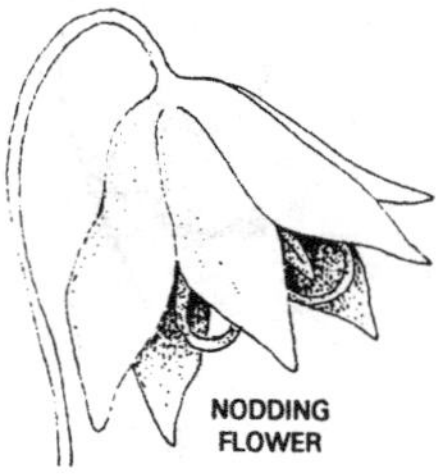

图 760

Nodule ①瘤 ②节 A swelling or knob. Figure 761. 瘤突或结节(图 761)。

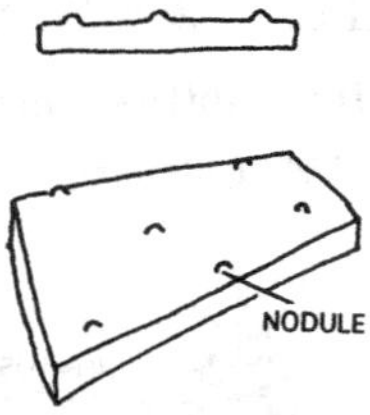

图 761

Nodulose 具小节的,具小瘤的 With minute knobs or nodules. Figure 763. 具有小的结节或瘤突(图 763)。

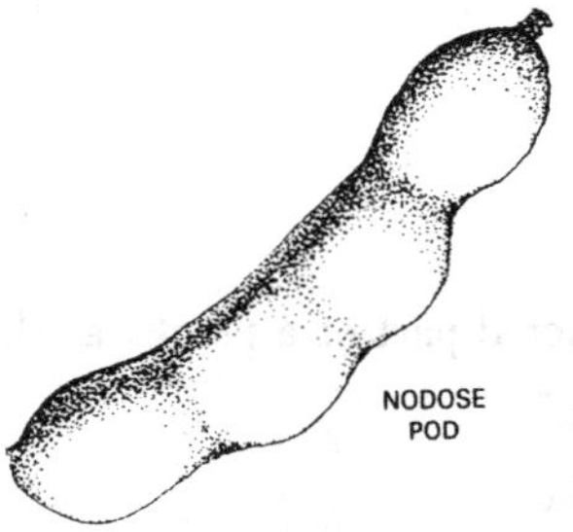

图 762

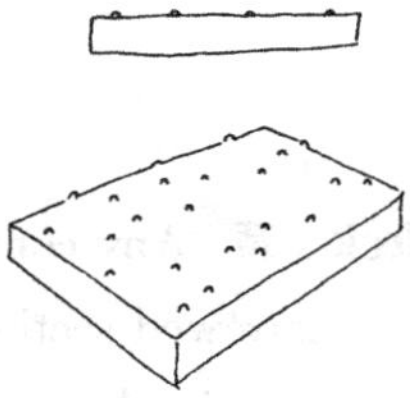

图 763

Nomad 牧场植物 A plant growing in pastures. 生长在牧场上的植物。

Nomophilous 牧场的 Growing in pastures. 生长在牧场。

Notate 具斑〔点〕的 Marked with lines or spots.

Figure 764. 具线斑或点斑(图 764)。

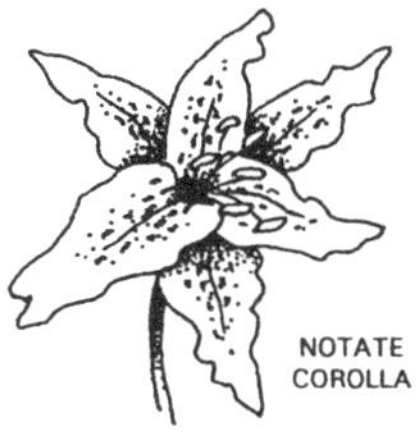

图 764

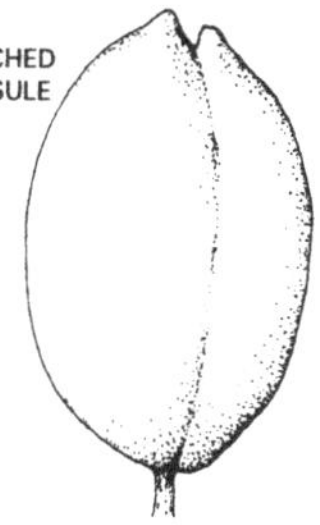

图 765

Notched **具缺刻的** With a small cut or notch. Figure 765. 具小的缺刻(图 765)。

Nucamentaceous **①柔荑花序状的 ②不开裂的** Catkin-like; indehiscent. 似柔荑花序;不开裂。

Nucamentum **柔荑花序** A catkin or ament. Figure 766. 柔荑花序(图 766)。

图 766

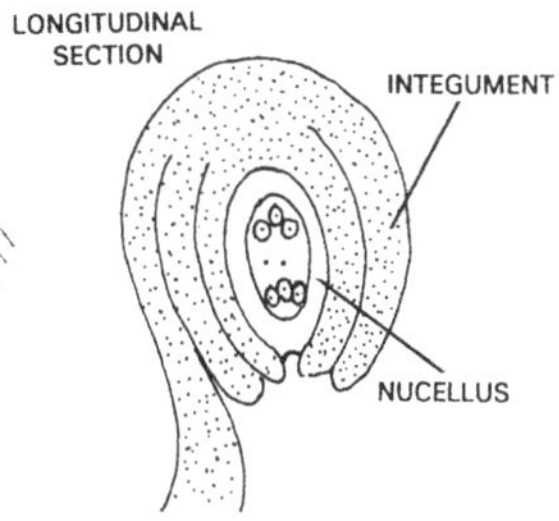

图 767

Nucellus **珠心** The part of the ovule just beneath the integuments and surrounding the female gametophyte. Figure 767. 胚珠中紧邻珠被下方并包围雌配子体的部分(图 767)。

Nuciferous **具坚果的** Bearing nuts. 生有坚果。

Nude **裸露的** 见裸露的(**naked**)。

Nudicaul **裸茎的** With leafless stems. 具无叶的茎。

Numerous **多数的** In botanical descriptions, this term usually means more than ten. 在植物学描述中,该术语通常指大于 10 的值。

Nut **坚果** A hard, dry, indehiscent fruit, usually with a single seed. Figure 768. 不开裂,通常具单个种子的坚硬干果(图 768)。

Nutant **下垂的,俯垂的** Drooping; nodding. Figure 769. 下垂;悬垂。图 769。

图 768

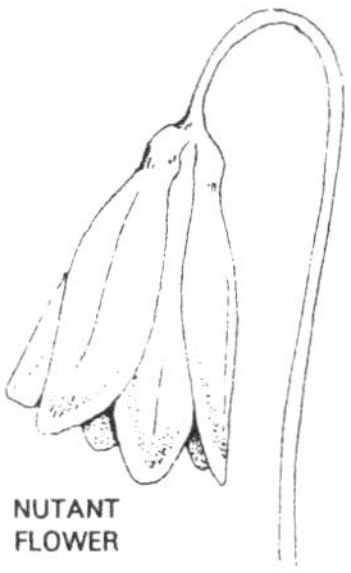

图 769

Nutlet **小坚果** A small nut; one of the lobes or sections of the mature ovary of some members of the Boraginaceae, Verbenaceae, and Labiatae (Lamiaceae). Figure 770. 小的坚果;某些紫草科、马鞭草科和唇形科成熟子房的裂瓣之一。图 770。

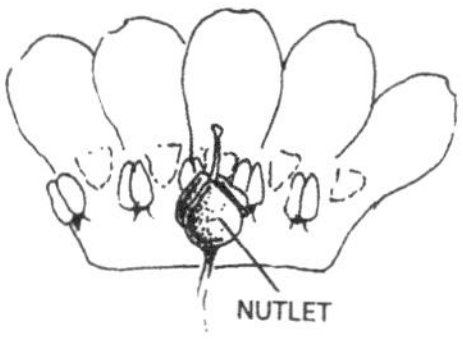

图 770

Nux **坚果** A nut. Figure 768. 坚果(图 768)。

Nyctanthous **夜间开花的** Night-flowering. 夜间开花。

Nyctigamous **夜开的** Opening at night. 在夜间开放。

Nyctitropic **感夜性的** Movement or positioning of plant organs at night that is unlike those occurring during the day. 植物器官在夜间的运动与定位与白天不同。

Ob- (prefix) **Ob-**(前缀) Meaning inversion; in a reverse direction. 倒转;相反的方向。

Obclavate **倒棍棒形的** Club-shaped, with the attachment at the broad end. Figure 771. 棍棒形,连接点在宽的末端(图 771)。

Obcompressed **前后扁的** Compressed opposite the usual way, as in a structure which is flattened dorsoventrally when similar structures are flattened laterally. Figure 772. 与通常方式相反的压扁,如某种结构为背腹扁平,与其相似的结构为两侧扁平(图 772)。

Obconic or obconical **倒圆锥形的** Conical or cone-shaped, with the attachment at the nar-

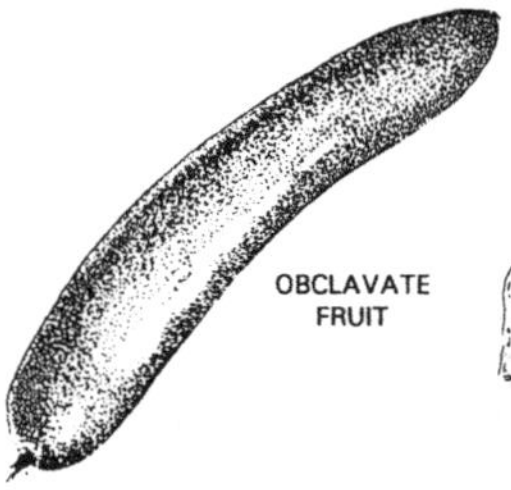

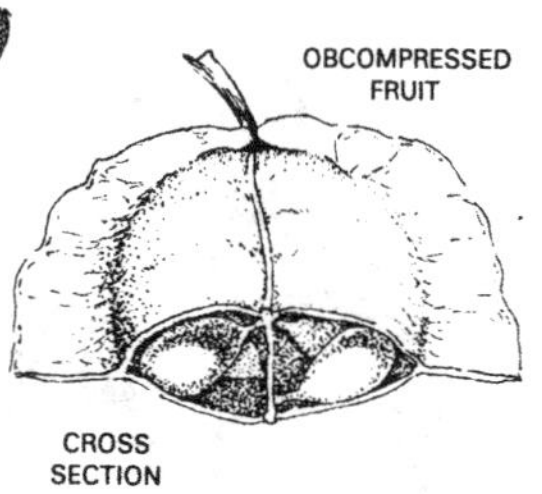

图 771　　图 772

row end . Figure 773 . 圆锥形或锥形,连接点在窄的末端(图 773)。

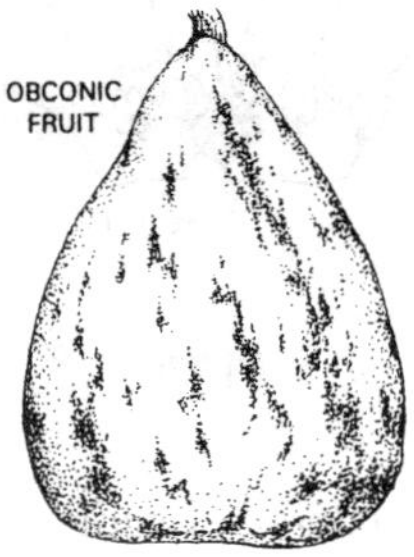

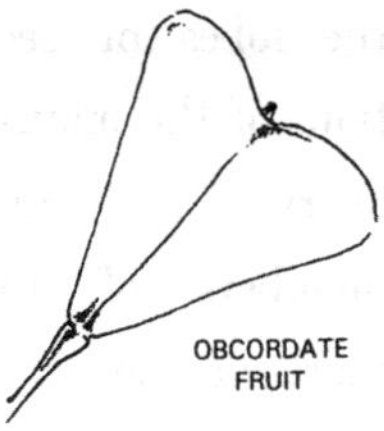

图 773　　图 774

Obcordate 倒心形的 Inversely cordate , with the attachment at the narrower end . Figure 774 ; sometimes refers to any leaf with a deeply notched apex . Figure 775 . 倒置心形,连接点在窄的末端(图 774);有时泛指具深缺刻顶端的叶子(图 775)。

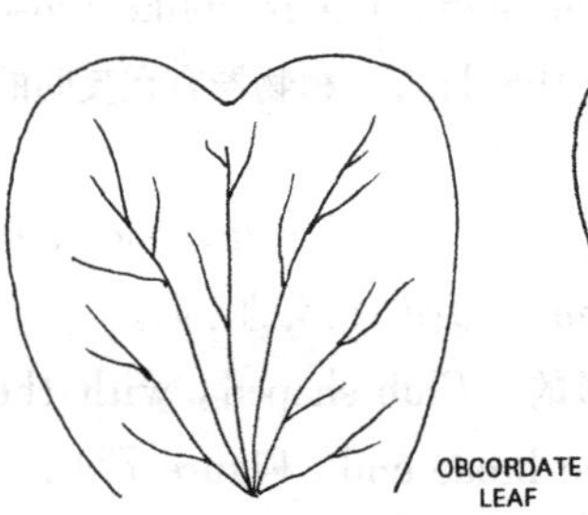

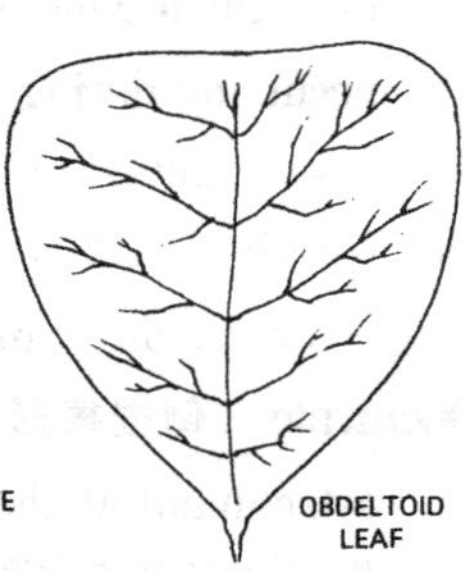

图 775　　图 776

Obcordiform 倒心形的 见倒心形的(**obcordate**)。

Obdeltoid 倒正三角形的 Deltoid , with the attachment at the pointed end . Figure 776 . 正三角形,连接点在末端(图 776)。

Obdiplostemonous 具外轮对瓣雄蕊的 Having two whorls of stamens , the outer whorls opposite the petals and the inner whorl opposite the sepals . Figure 777 . 具有两轮雄蕊,其中外轮对着花瓣,内轮对着花萼(图 777)。

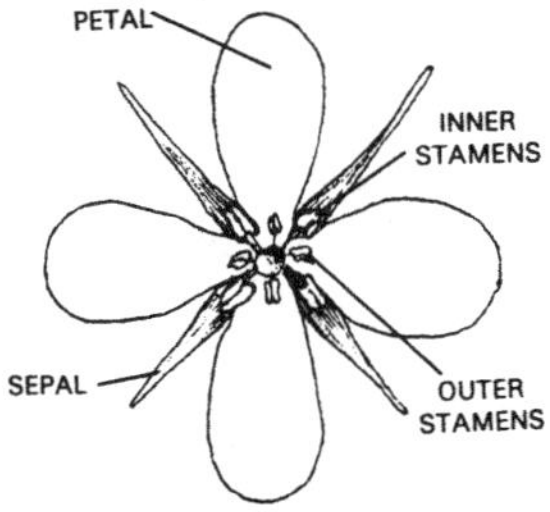

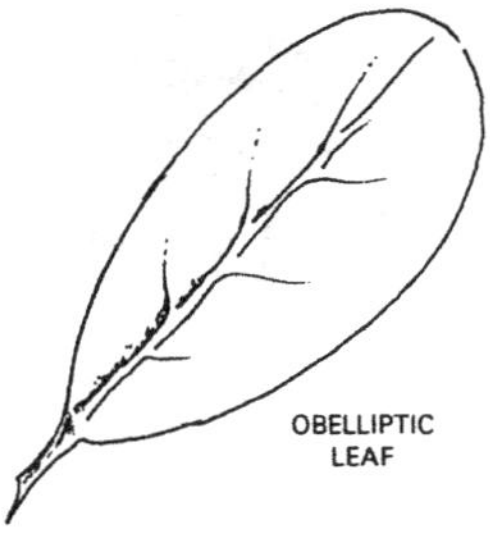

图 777　　图 778

Obelliptic or obelliptical 倒椭圆形的 Almost elliptic , but with the distal end somewhat larger than the proximal end . Figure 778 . 几近椭圆形,但远轴端稍大于近轴端(图 778)。

Oblanceolate 倒披针形的 Inversely lanceolate , with the attachment at the narrower end . Figure 779 . 倒置披针形,连接点在窄的末端(图 779)。

Oblate 扁球形的 Spheroidal and flattened at the poles . Figure 780 . 呈球形,但在两极部分扁平(图 780)。

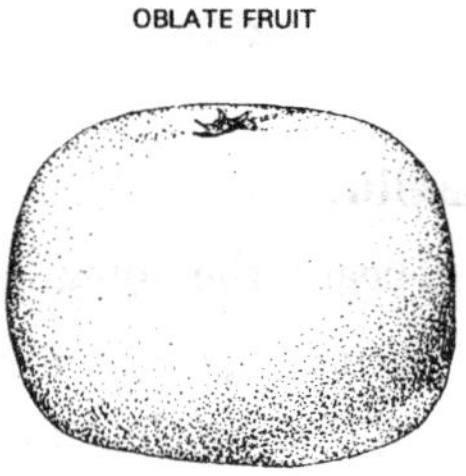

图 779　　图 780

Obligate 专性的 Restricted to particular conditions or circumstances , as a parasite incapable of independent survival . 局限于特定的条件或环境,如不能独立生活的寄生物。

Oblique 偏斜的 With unequal sides , especially a leaf base . Figure 781 ; slanting . 具不相等的边,尤指叶基部(图 781);斜的。

Oblong 长圆形的 Two to four times longer than broad with nearly parallel sides . Figure 782 .

两边近平行，长二至四倍于宽(图 782)。

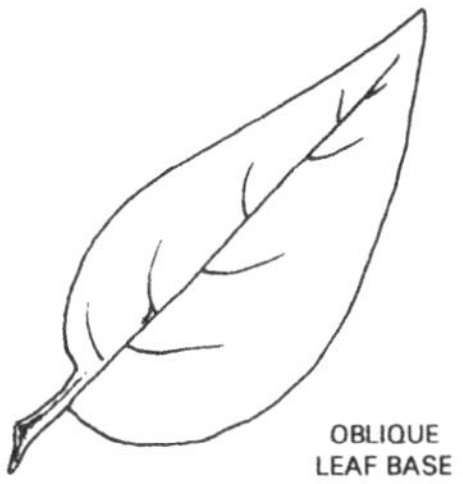

图 781

图 782

Obovate 倒卵形的 Inversely ovate, with the attachment at the narrower end. Figure 783. 倒置卵形，连接点在窄的末端(图 783)。

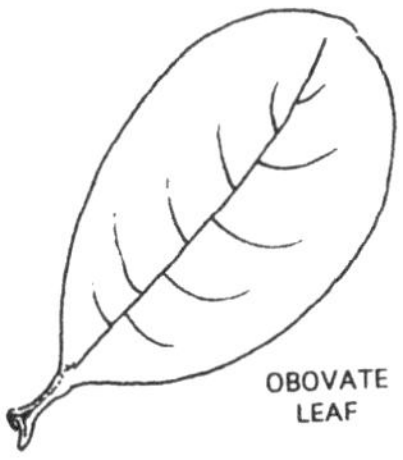

图 783

图 784

Obovoid 倒卵球形的 Inversely ovoid, with the attachment at the narrower end. Figure 784. 倒置卵球形，连接点在窄的末端(图 784)。

Obpyramidal 倒金字塔形的 Inversely pyramidal, with the attachment at the narrower end. Figure 785. 倒置锥形，连接点在窄的末端(图 785)。

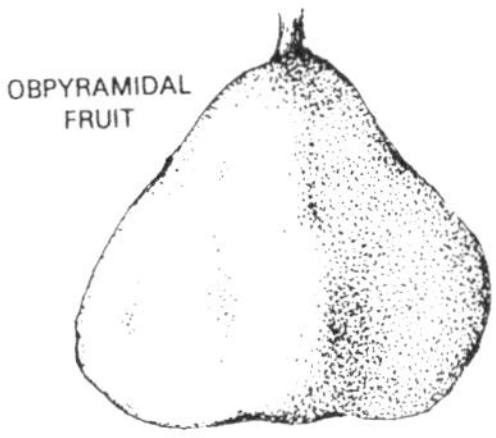

图 785

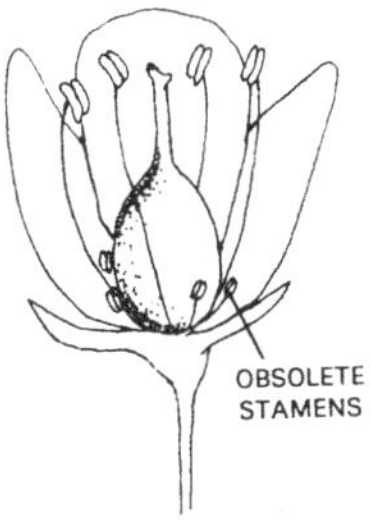

图 786

Obsolescent 几废退的 见废退的(**obsolete**)。

Obsolete 废退的 An organ or structure which is much reduced and likely nonfunctional, though believed at one time to have been more perfectly formed; vestigial. Figure 786. (某些)器官或结构尽管在某个时期曾发育较完善，但(最终)极度退化并可能失去功能；废退的。图 786。

Obturator 珠孔塞 A small glandular structure attached to the pollinia of members of the Asclepiadaceae and Orchidaceae which closes the opening to the anther. Figure 787. 附着于萝摩科和兰科花粉块上用来关闭花药开口的小的腺体结构(图 787)。

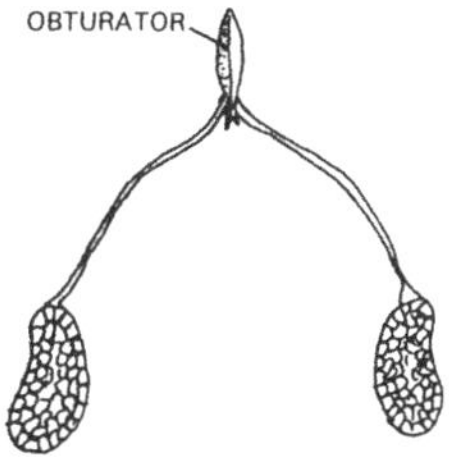

图 787

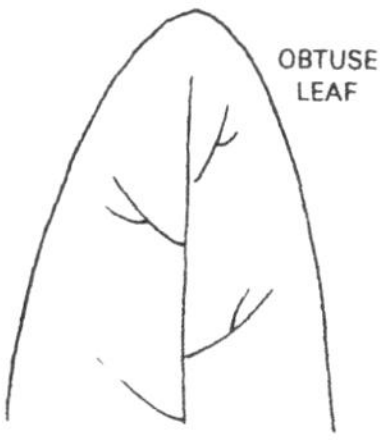

图 788

Obtuse 钝的 Blunt or rounded at the apex; with the sides coming together at the apex at an angle greater than 90 degrees. Figure 788. 先端钝或圆形；顶角大于 90 度。图 788。

Obvolute 跨褶的，卷压的 A vernation in which two leaves are overlapping in bud such that one half of each is external and the other half is internal. Figure 789. 叶芽中两片叶子互相重叠的多叶卷叠式，每片叶子一半在外侧，一半在内侧(图 789)。

Ocellus 眼状斑 An eye-like marking, as in a spot of color encircled by a band of another color. Figure 790. 眼状斑纹，如一种颜色的色斑被另一种颜色的带所环绕(图 790)。

Ochraceous 赭色的 Ochre-colored. 赭石色。

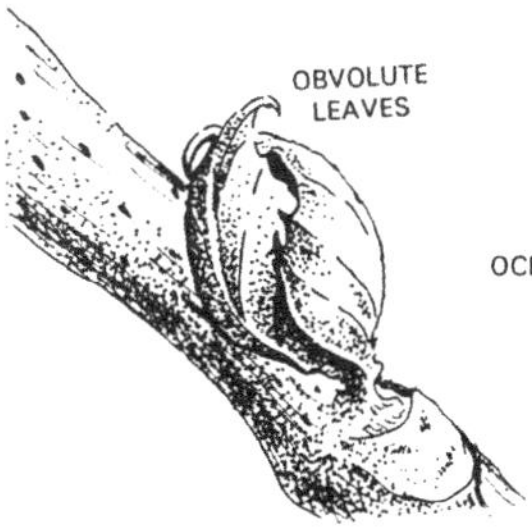

图 789

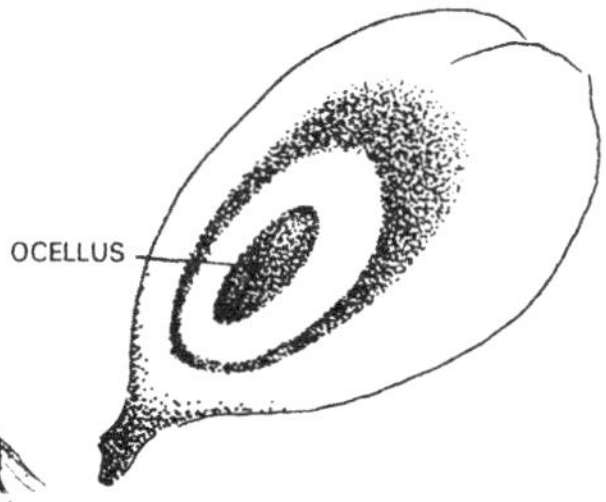

图 790

Ochrea(pl. **ochreae**)　托叶鞘　见托叶鞘(ocrea)。

Ochreate　具托叶鞘的　见具托叶鞘的(**ocreate**)。

Ochroleucous　淡黄色的，奶油色的　Yellowish-white; cream-colored. 淡黄色的；奶油色的。

Ocrea(pl. **ocreae**)　托叶鞘　A sheath around the stem formed from the stipules, as in many members of the Polygonaceae. Figure 791. 由托叶环绕茎形成的鞘，如许多蓼科植物(图 791)。

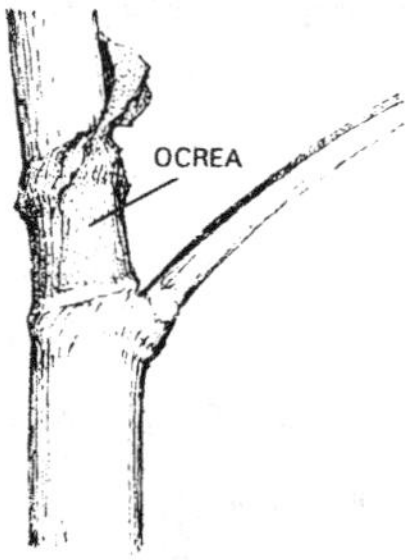

图 791

Ocreate　具托叶鞘的　With sheathing stipules. Figure 791. 具鞘状托叶(图 791)。

Ocreola(pl. **ocreolae**)　小托叶鞘　A minute stipular sheath around the secondary divisions of the inflorescence in some members of the Polygonaceae. Figure 792. 某些蓼科植物中，围绕花序次级分枝的小的托叶鞘(图 792)。

Ocreolate　具小托叶鞘的　With minute sheathing stipules; often applied to bract bases. Figure 792. 具小的鞘状托叶；常指苞片的基部。(图 792)。

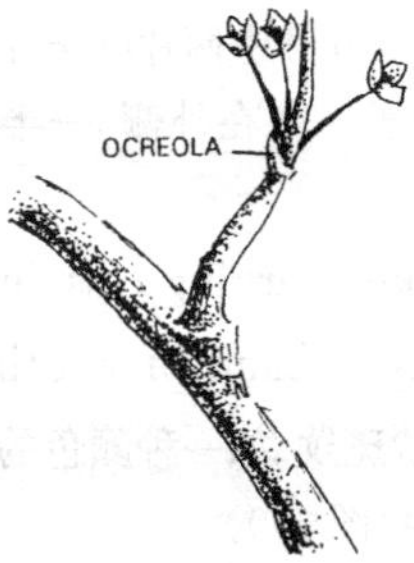

图 792

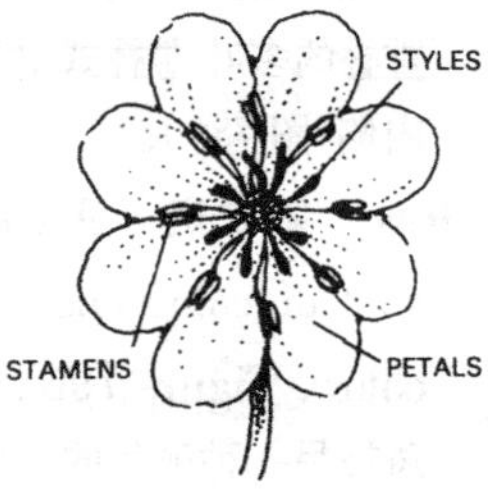

图 793

Octandrous　八雄蕊的　With eight stamens. Figure 793. 具八枚雄蕊(图 793)。

Octogynous　①八雌蕊的 ②八花柱的　With eight pistils or styles. Figure 793. 具八个雌蕊或花柱(图 793)。

Octolocular　八室的　With eight locules. Figure 794. 具八个室(图 794)。

Octopetalous　八瓣的　With eight petals. Figure 793. 具八枚花瓣(图 793)。

Octoradiate　八辐射的　With eight ray flowers. Figure 795. 具八个边花(图 795)。

Octosepalous　八萼的　With eight sepals. Figure 796. 具八枚萼片(图 796)。

Octostemonous　八雄蕊的　With eight stamens. Figure 793. 具八枚雄蕊(图 793)。

Octostichous　八列的　In eight ranks or rows. 八列或八排。

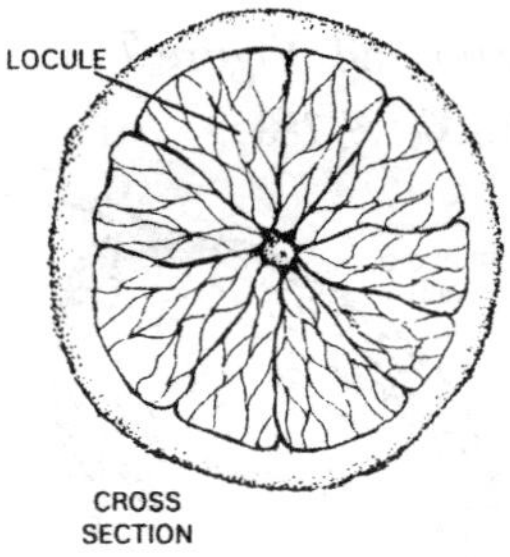

图 794

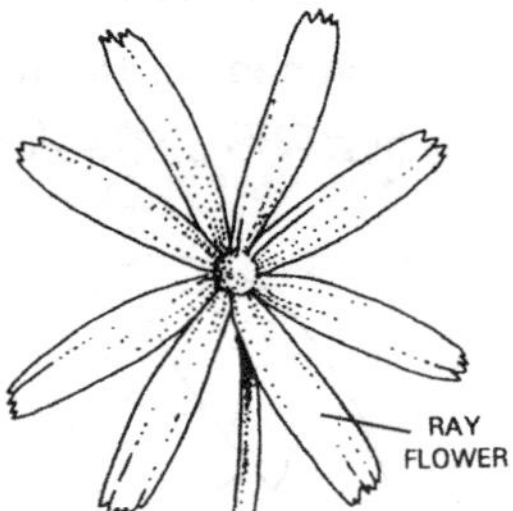

图 795

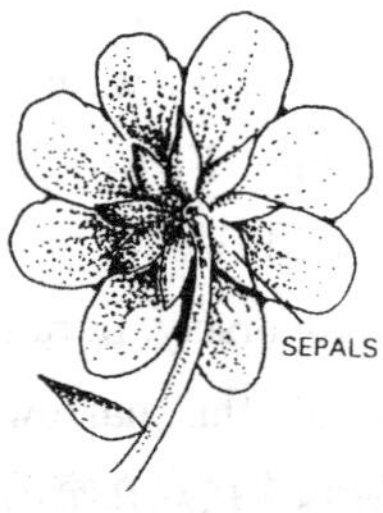

图 796

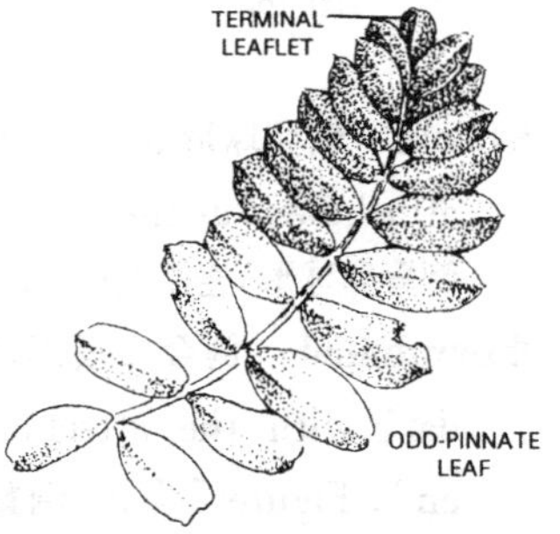

图 797

Odd-pinnate　奇数羽状的　Pinnately compound with a terminal leaflet rather than a pair of leaflets or a tendril, so that there is an odd number of leaflets. Figure 797. 顶生单枚小叶而非一对小叶或卷须的羽状复叶，因而小叶数为奇数(图 797)。

Odoriferous　有气味的　With a distinct odor. 具显著的气味。

Offset　短匐茎　A short, often prostrate, shoot originating near the ground at the base of another shoot. Figure 798. 由近地面的茎的基

部产生的短的匍匐茎(图 798)。

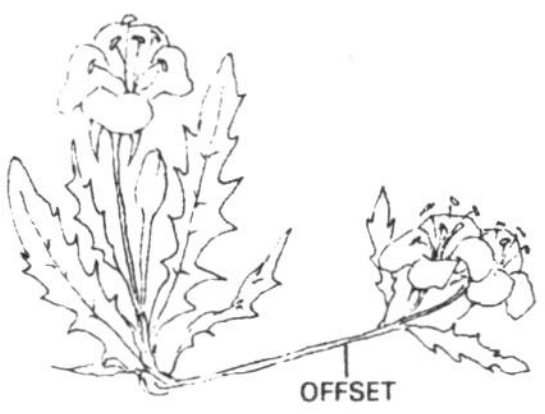

图 798

图 799

Offshoot 分株 A shoot or branch arising from a main stem. Figure 799. 从主茎上分出的苗或枝(图 799)。

Oil tube 油管 Narrow ducts in the walls of the fruit of many members of the Umbelliferae (Apiaceae) containing volatile oils. Figure 800. 多数伞形科植物果实壁上含挥发油的窄的油管(图 800)。

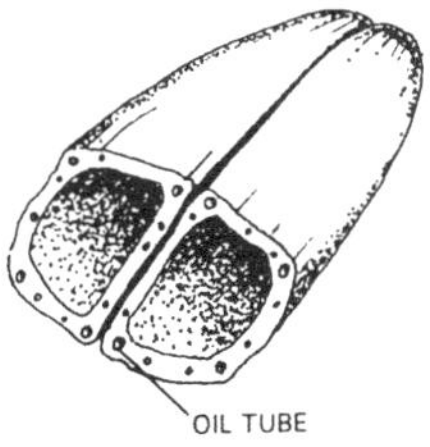

图 800

Oleaginous ①油质的 ②产油的 Oily; oilproducing. 多油的;产油的。

Oleiferous 含油的 Oil-bearing. 生油。

Oligandrous 少雄蕊的 With few stamens. 没有几枚雄蕊。

Oligocarpic 少果的 见少果的(**oligocarpous**)。

Oligocarpous 少果的 Bearing less than the typical amount of fruit. 具少于典型数目的果实。

Oligomerous 少基数的 With less than the typical number of parts. 具少于典型数目的组成部分。

Oligophyllous 少叶的 With few leaves. 没有几片叶子。

Oligospermous 少种子的 With few seeds. 没有几个种子。

Olivaceous 橄榄色的 Olive-green; olive-like 橄榄绿;像橄榄。

Operculate 具盖的 With an operculum. Figure 801. 具盖(图 801)。

Operculum 盖 A small lid, such as the deciduous cap of a circumscissile capsule. Figure 801. 小的盖,如周裂蒴果的脱落盖(图 801)。

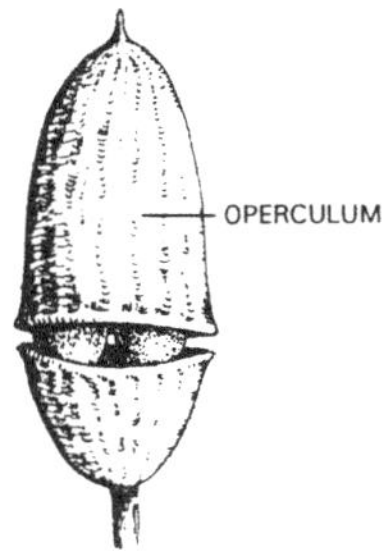

图 801

Opposite 对生的 Borne across from one another at the same node, as in a stem with two leaves per node. Figure 802; borne over, or on the same radius as other organs rather than between other organs, as a stamen in a front of a petal. Figure 803. (compare **alternate**). 在同一节上的相对两侧着生,如每一节着生两片叶子的茎(图 802);与其他器官着生在同一半径轴上,而不是在它们之间,如对着花瓣着生的雄蕊(图 803)。(对比**互生的**)

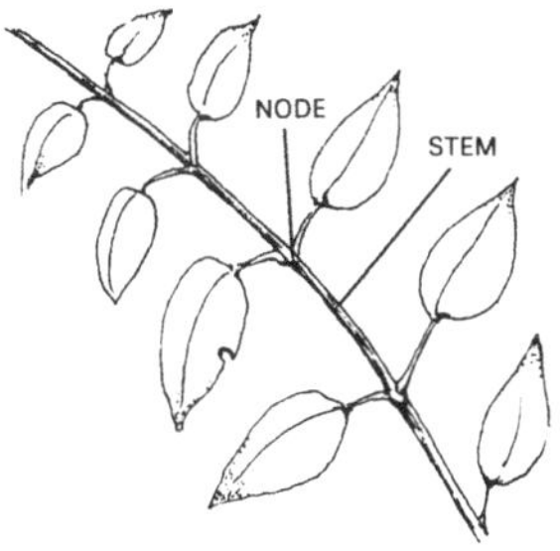

图 802

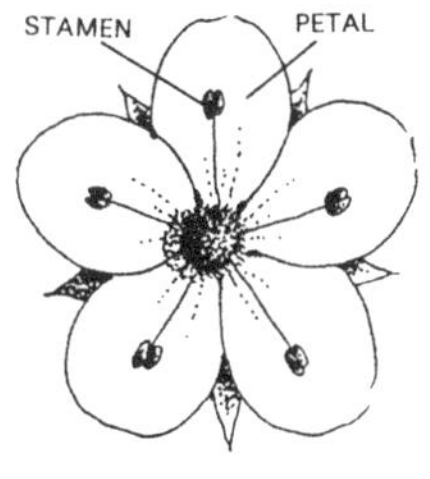

图 803

Oppositiflorous 对生花〔序〕梗的 With opposite pedicels or peduncles. Figure 804. 具对生的花梗或花序梗(图 804)。

Oppositifolious 对生叶的 With opposite leaves. Figure 802. 具对生的叶子(图 802)。

Orbicular 正圆形的 Approximately circular in outline. Figure 805. (compare **spherical**) 轮廓近圆形(图 805)。(对比**球形的**)

Orbiculate 圆盘状的 见正圆形的(**orbicular**)。

Orchioid 似兰花的 Orchid-like. 形似兰花。

Organ 器官 A plant part with a specific function, as a leaf. 植物体具有特定功能的部分,如叶子。

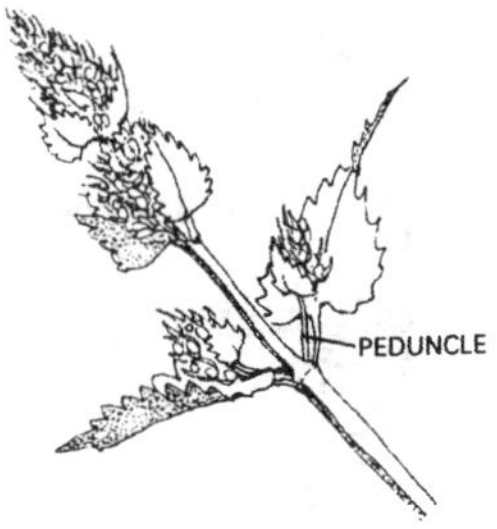

图 804

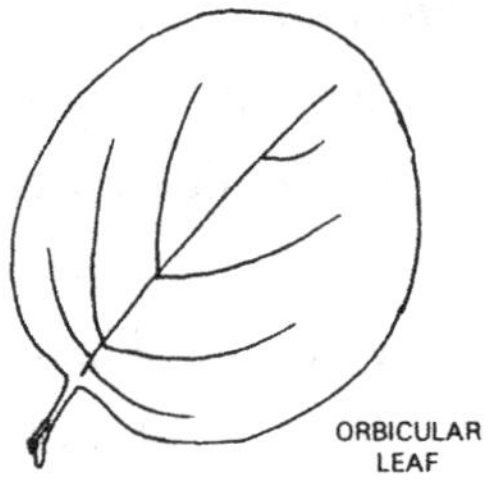

图 805

Orifice 孔,口 An opening or mouth, as the mouth-like opening of a tubular corolla. Figure 806. 开口,如管状花冠的口状张开(图 806)。

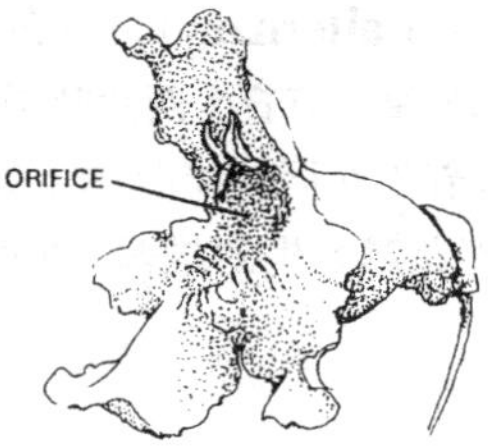

图 806

图 807

Ornithophilous 鸟媒的 Pollinated by birds. 靠鸟传粉。

Orophilous 山地生的 Growing in mountainous areas. 生长在山区。

Orthocladous 直枝的 With straight branches. Figure 807. 具直的枝条(图 807)。

Orthopterous 直翅的 Straight-winged. Figure 808. 有直翅(图 808)。

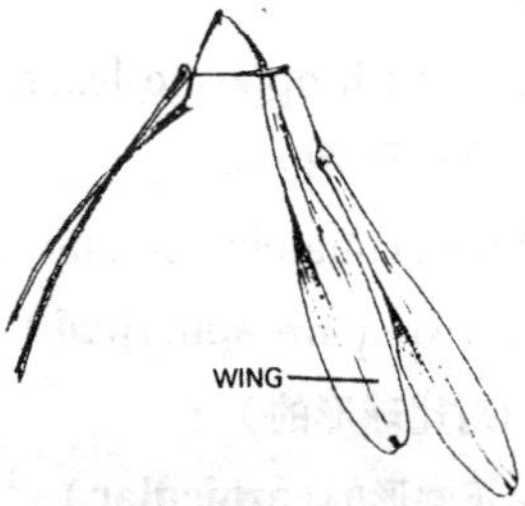

图 808

图 809

Orthostichous 直列的 With parts arranged in straight ranks or rows. Figure 809. 具排列成直行或直列的部分(图 809)。

Orthotropic 直生的 Of, pertaining to, or exhibiting an essentially vertical growth habit. Figure 810. 表现出基本垂直生长的习性(图 810)。

图 810

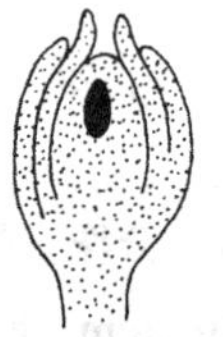

图 811

Orthotropous ovule 直生胚珠 An ovule which is straight and erect. Figure 811. 竖直的胚珠(图 811)。

Osseous 骨质的 Bony. 骨质的。

Ossiculus ①果核 ②分核 ③小坚果 The stone or pit of a drupe; a pyrene. Figure 812. 核果的核;分核,小坚果。图 812。

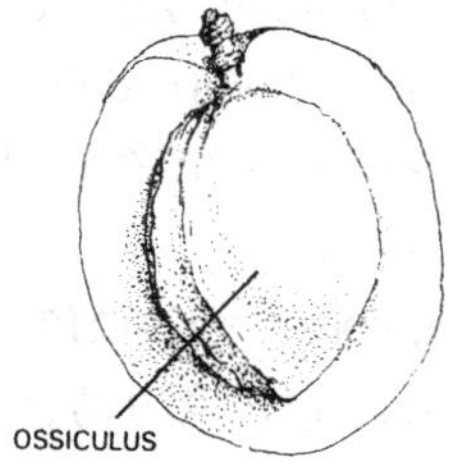

图 812

Ossified 骨质化的 Becoming bony. 变为骨质的。

Outcross 异花传粉 To transfer pollen from the anthers of the flowers of one plant to the stigma of the flower of another plant. 一个植株花药的花粉传送到另一植株花的柱头上。

Oval 广椭圆形的 Broadly elliptic, the width

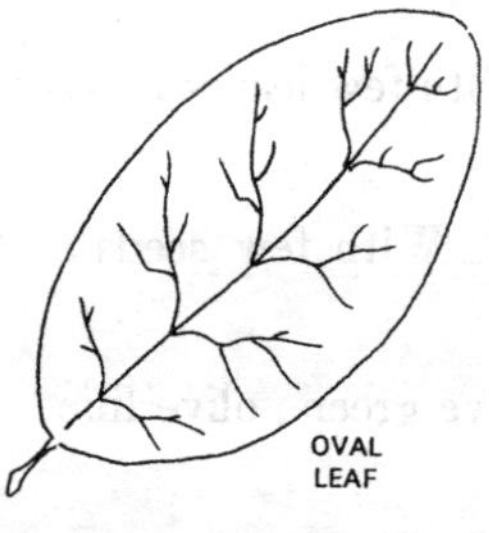

图 813

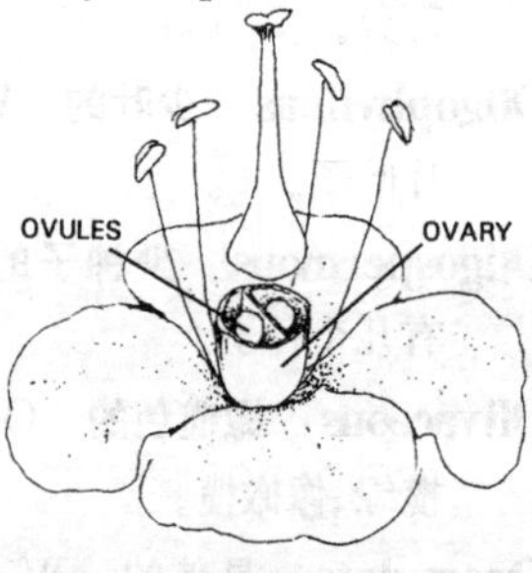

图 814

over one-half the length. Figure 813. 宽椭圆形,宽超过长的1/2(图813)。

Ovary 子房 The expanded basal portion of the pistil that contains the ovules. Figure 814. 雌蕊膨大的基部,内含胚珠(图814)。

Ovate 卵形的 Egg-shaped in outline and attached at the broad end (applied to plane surfaces). Figure 815. (compare **ovoid**) 轮廓卵形,连接点在宽的端部(指平面结构)(图815)。(对比**卵球形的**)

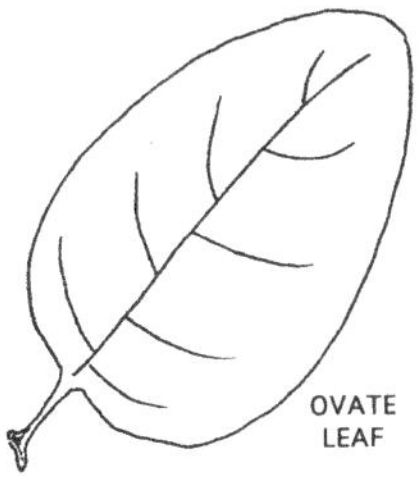

图815

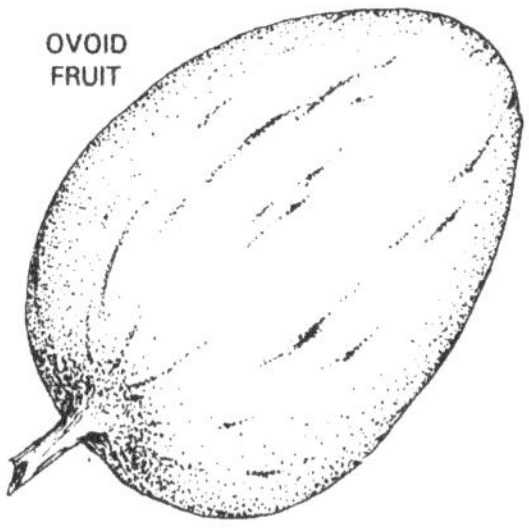

图816

Ovoid 卵球形的 Egg-shaped (applied to three-dimensional structures). Figure 816. 卵形(指三维立体结构)(图816)。

Ovulate 具胚珠的 Of or pertaining to ovules; producing ovules. 胚珠的或与胚珠相关的;产胚珠的。

Ovule 胚珠 An immature seed; the megasporangium and surrounding integuments of a seed plant. Figure 817. 未成熟的种子;种子植物的大孢子囊及其周围的被层。图817。

Ovuliferous 具胚珠的 Bearing ovules. 具胚珠。

Oxylophyte 适酸植物 A plant growing on acidic soils. 生长在酸性土壤中的植物。

Pachycarpous 厚果皮的 With large, thick fruit. 具大而厚的果实。

Pachycladous 粗枝的 With thick branches. 具肥粗的枝条。

Pachyphyllous 厚叶的 With thick leaves. 具厚的叶子。

Pagina 平坦面 A flat surface, such as the blade of a leaf. Figure 818. 平的表面,如叶子的叶片(图818)。

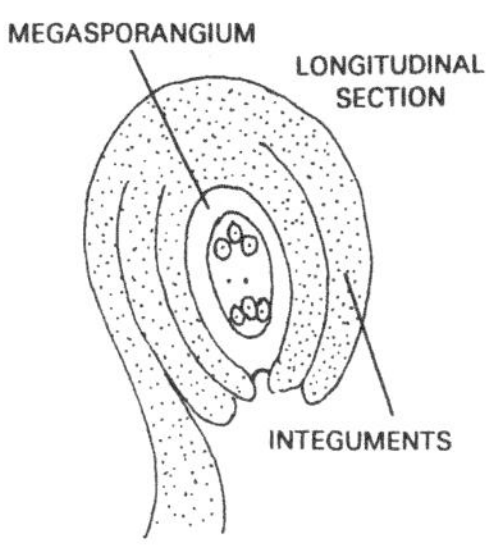

图817

图818

Palate 喉凸 A raised appendage on the lower lip of a corolla which partially or completely closes the throat. Figure 819. 花冠下唇上凸起的用来部分或完全堵塞(花冠)喉部的附属物(图819)。

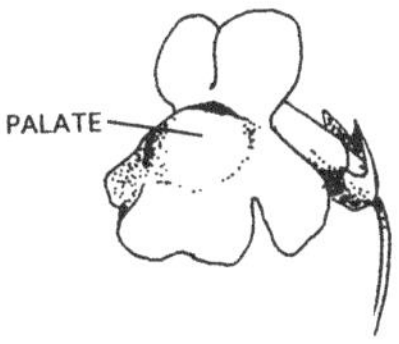

图819

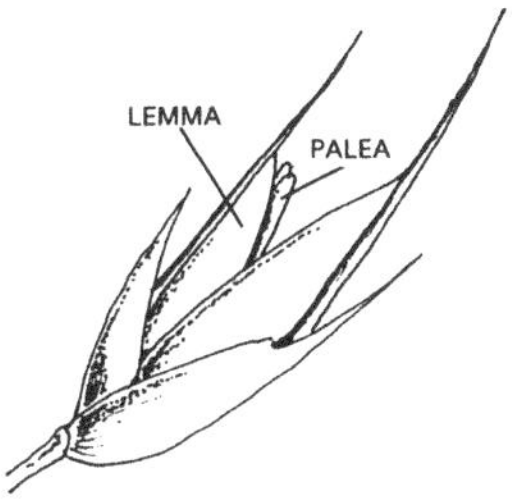

图820

Pale ①内稃 ②托苞 见托苞,内稃(**palea**)

Palea(pl. **paleae**) ①托苞 ②内稃 A chaffy scale or bract; the uppermost of the two bracts (lemma and palea) which subtend a grass floret, often partially surrounded by the lemma. Figure 820. 膜质鳞片或苞片;包被禾草小花两个苞片(外稃和内稃)中上方的一个,常被外稃部分地包围(图820)。

Paleaceous ①稃状的 ②具膜片的 Chaffy; with chaffy scales. Figure 821. 膜质的;具膜质鳞片。图821。

Paleola(pl. **paleolae**) ①小膜片 ②浆片 A tiny palea; a lodicule. Figure 822. 微小的膜片;浆片。图822。

Paleolate 具浆片的 With a lodicule. Figure 822. 具浆片(图822)。

Paleomorphic 不对称的 Lacking symmetry. 缺乏对称性。

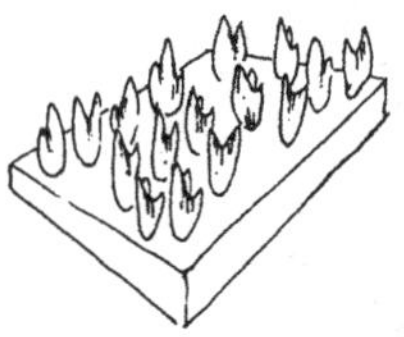

图 821

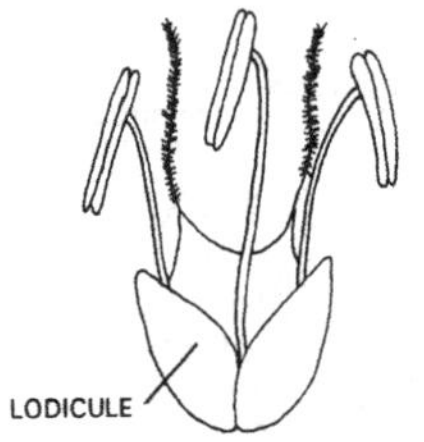

图 822

Palet　①托苞 ②内稃　见托苞,内稃(**palea**)。

Pallid　灰白色的　Pale.　苍白。

Palmate　掌状的　Lobed, veined, or divided from a common point, like the fingers of a hand. Figures 823 and 824. (compare **pinnate**)　自同一点如手掌状分出(图 823 和 图 824)。(对比**羽状的**)

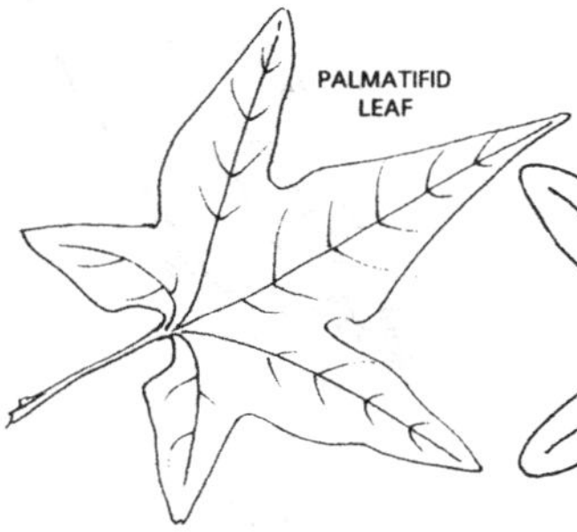

图 823

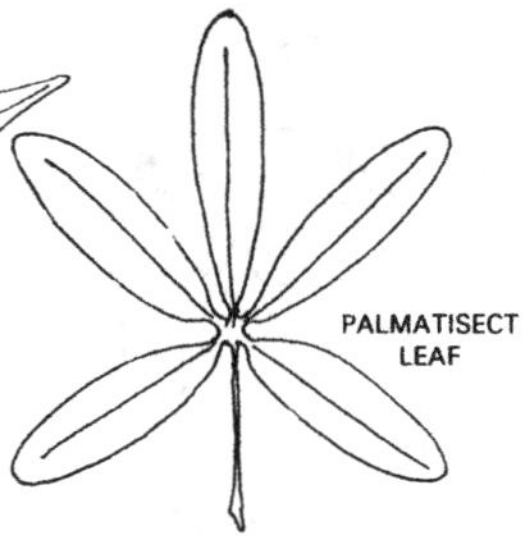

图 824

Palmate-pinnate　掌状 羽状分裂的　With the primary leaflets palmately arranged and the secondary leaflets pinnately arranged. Figure 825.　第一回小叶掌状排列,第二回小叶羽状排列(图 825)。

Palmatifid　掌状裂的　Palmately cleft or lobed. Figure 823.　掌状半裂或浅裂(图 823)。

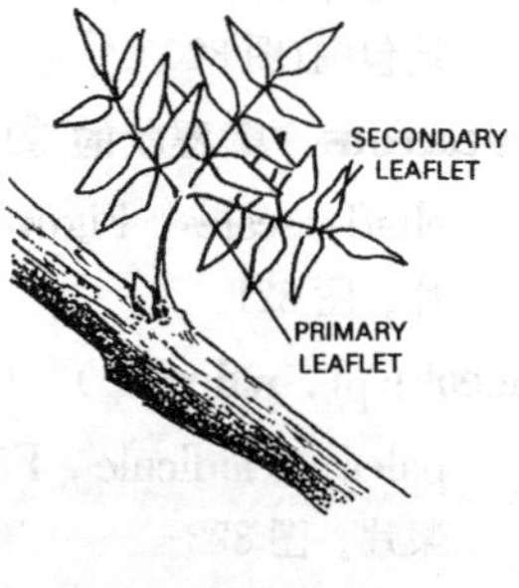

图 825

Palmatisect　掌状全裂的　Palmately divided. Figure 824.　掌状全裂(图 824)。

Paludose　沼地生的　Growing in wet meadows or marshes. (same as **palustrine**)　生长在湿草甸或沼泽地。(等同**沼生的**)

Palustrine　沼生的　见沼地生的(**paludose**)。

Pampiniform　卷须状的　Tendril-like.　形似卷须。

Pampinus　卷须　A tendril. Figure 826.　卷须(图 826)。

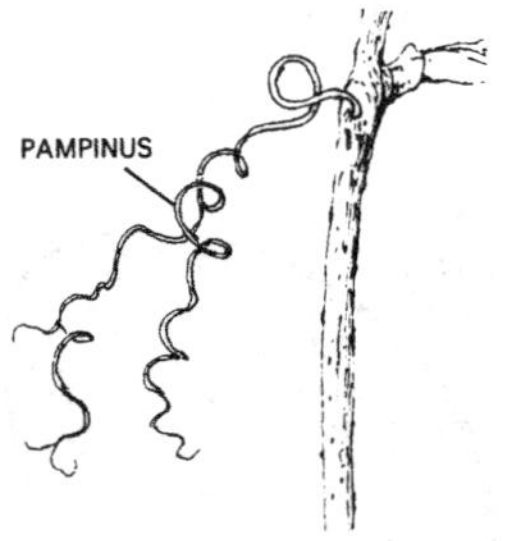

图 826

图 827

Pandurate　提琴形的　Fiddle-shaped. Figure 827.　提琴形(图 827)。

Panduriform　提琴形的　见提琴形的(**pandurate**)。

Panicle　圆锥花序　A branched, racemose inflorescence with flowers maturing from the bottom upwards. Figure 828.　花自基部向上依次成熟的具分枝总状花序(图 828)。

Paniculate　圆锥状的　Having flowers in panicles. Figure 828.　花排列成圆锥花序(图 828)。

Paniculiform　圆锥花序状的　An inflorescence with the general appearance, but not necessarily the structure, of a true panicle.　外形似圆锥花序,但结构不一定是真正的圆锥花序。

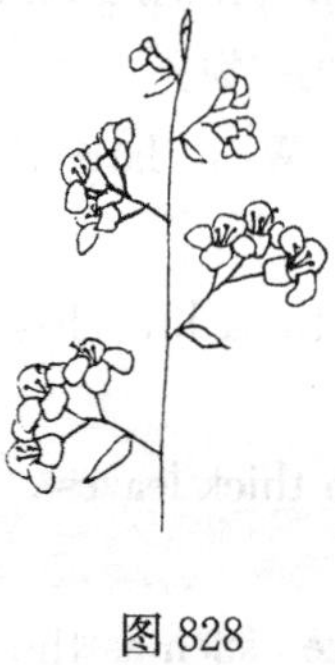

图 828

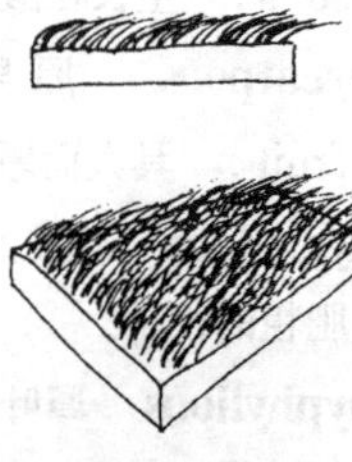

图 829

Panniform　毡毛状的　见毡毛状的(**pannose**)。

Pannose **毡毛状的** Covered with a short, dense, felt-like tomentum. Figure 829. 被覆短而密的毡状绒毛(图 829)。

Papaveraceous **似罂粟的** Resembling a poppy; belonging to the Papaveraceae. 像罂粟;属于罂粟科。

Papilionaceous **蝶形的** Butterfly-like, as the irregular corolla of a pea, with a banner petal, two wing petals, and two fused keel petals. Figure 830. 形似蝴蝶,如豌豆的由一枚旗瓣、两枚翼瓣及两枚愈合的龙骨瓣组成的不规则花冠(图 830)。

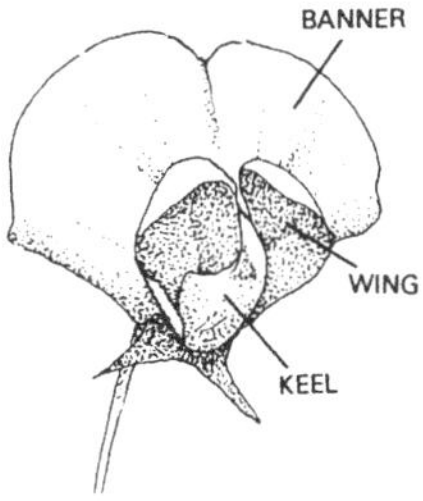

图 830

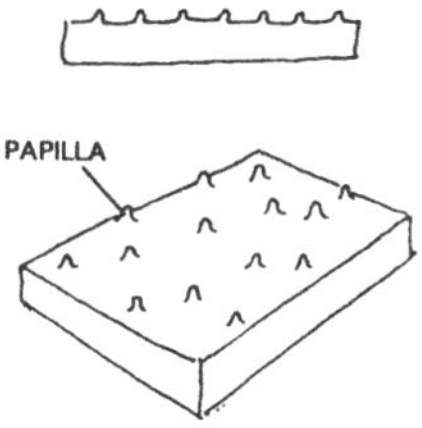

图 831

Papilla(pl. **papillae**) **乳突** A short, rounded nipple-like bump or projection. Figure 831. 短而圆的乳突状隆起或突起(图 831)。

Papillary **乳突状的** Resembling papillae. 像乳突。

Papillate **具乳突的** Having papillae. Figure 831. 有乳突(图 831)。

Papillose **具小乳突的** Having minute papillae. Figure 832. 有微小的乳突(图 832)。

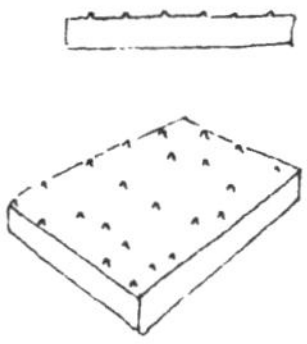

图 832

Papillose-hispid **具乳突状硬毛的** With stiff hairs borne on swollen, nipple-like bases. Figure 833. 具基部隆起成乳突状的硬毛(图 833)。

Pappiferous **具冠毛的** Pappusbearing. Figure 834. 生有冠毛(图 834)。

Pappose **具冠毛的** Pappusbearing. Figure 834. 生有冠毛(图 834)。

Pappus **冠毛** The modified calyx of the Compositae (Asteraceae), consisting of awns, scales, or bristles at the apex of the achene. Figure 834. 菊科植物变态的花萼,位于瘦果顶端,由芒、鳞片或刚毛组成(图 834)。

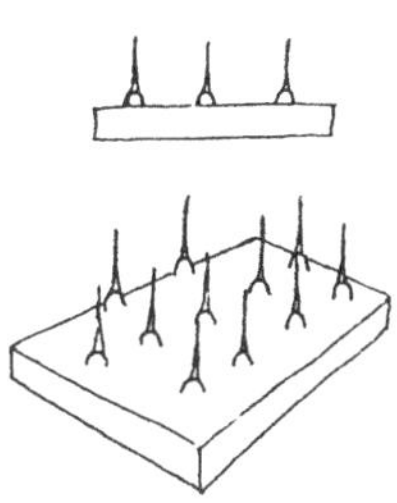

图 833

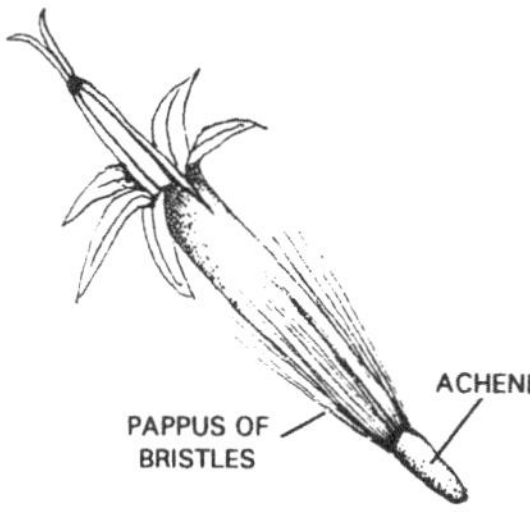

图 834

Papyraceous **纸质的** Papery in texture and usually color 质地和颜色通常似纸。

Paracarp **不育子房** An aborted ovary. 败育的子房。

Paracarpium **不育心皮** 见不育子房(**paracarp**)。

Parallelodromous **平行脉的** 见平行脉的(**parallel-veined**)。

Parallel-veined **平行脉的** With the main veins parallel to the leaf axis or to each other. Figure 835. (compare **net-veined**) 主脉平行于叶轴或主脉彼此平行(图 835)。(对比**网状脉的**)

图 835

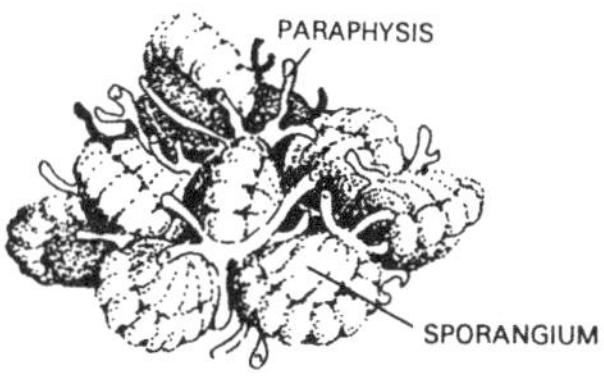

图 836

Paranema **隔丝** 见隔丝(**paraphysis**)。

Paraphyllum **托叶** 见托叶(**stipule**)。

Paraphysis(pl. **paraphyses**) **隔丝** A sterile filament occurring among the sporangia of some ferns. Figure 836. 某些蕨类植物孢子囊中的不育丝状体(图 836)。

Parasite **寄生物** An organism that obtains its food or water, at least partly, from a host organism. (compare **epiphyte**) 完全或部分地依靠寄主获取食物或水分的有机体。(对比**附生植物**)

Parastemon **不育雄蕊** 见不育雄蕊 (**staminode**)。

Parietal **周壁的,周缘的** Positioned along the edges or wall, rather than on the axis 位于边缘或壁上而非轴上。

Parietal placentation **侧膜胎座式** Ovules attached to the walls of the ovary. Figure 837. 胚珠着生于子房周缘壁上(图 837)。

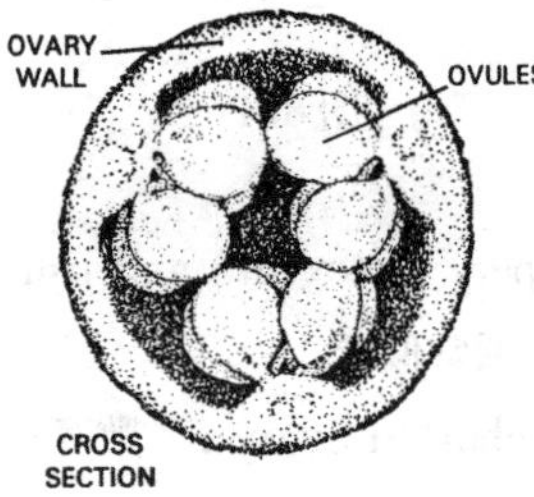

图 837

图 838

Paripinnate **偶数羽状的** Even-pinnate; lacking a terminal leaflet. Figure 838. 偶数羽状;无顶生小叶。图 838。

Parted **深裂的** Deeply cleft, usually more than half the distance to the base or midvein. Figure 839. 深裂,裂深常超过至基部或中脉的一半(图 839)。

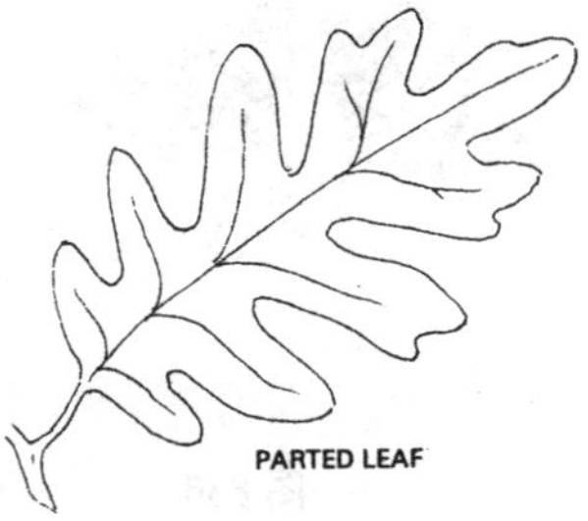

图 839

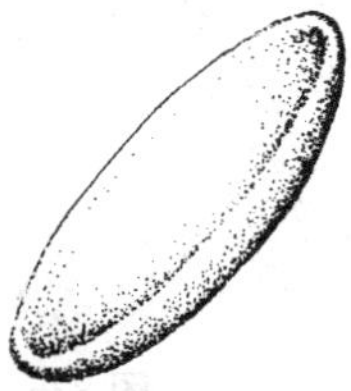

图 840

Parthenocarpy **单性结实** Development of a fruit without fertilization or seed production. 果实的发育不经过受精或产生种子的过程。

Parthenogenesis **孤雌生殖** Development from the egg without fertilization. 由不经受精的卵发育而成。

Parti-colored **杂色的** Of different colors; variegated. 不同颜色的;斑驳的。

Patelliform **小盘状** Shaped like a kneecap. Figure 840. 形似膝盖骨(图 840)。

Patent **开展的,伸展的** Spreading or expanded, as in widely spreading branches or broadly expanded petals. Figures 841 and 842. 开展或张开,如阔展的枝条或宽展的花瓣(图 841 和图 842)。

图 841

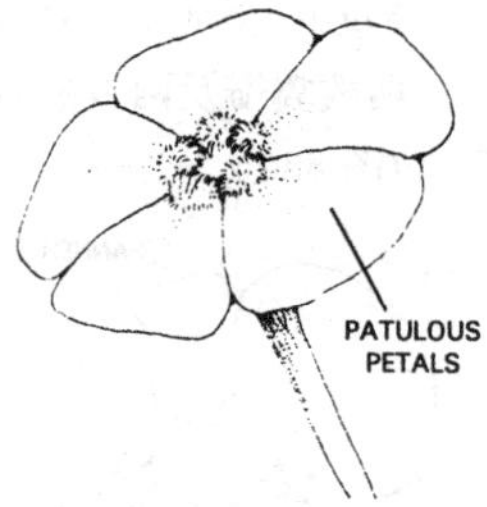

图 842

Patulous **展开的** Open or spreading. Figures 841 and 842. 开放或开展(图 841 和图 842)。

Pectinate **篦齿状的** Comb-like; with close, regularly spaced divisions, appendages, or hairs, often in a single row, like the teeth of a comb. Figure 843. 形似梳子;通常如梳齿状排成一行间距密而规则的裂片、附属物或毛。图 843。

图 843

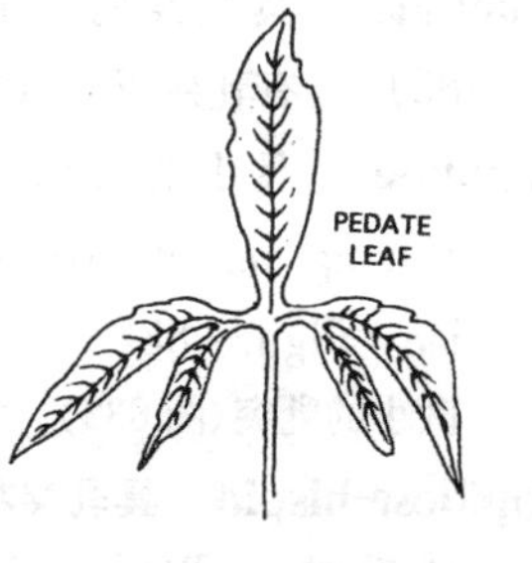

图 844

Pedate **鸟足状的** Palmately divided, with the lateral lobes 2-cleft. Figure 844. 掌状全裂,外侧裂片二裂(图 844)。

Pedatifid **鸟足状裂的** Pedately cleft. Figure 845. 鸟足状分开(图 845)。

Pedicel **花梗** The stalk of a single flower in an

inflorescence, or of a grass spikelet. Figure 846. 花序中单朵花的柄,或禾草小穗的柄(图 846)。

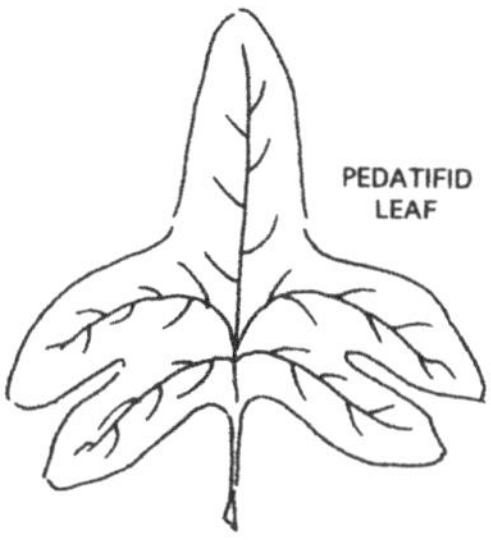

图 845

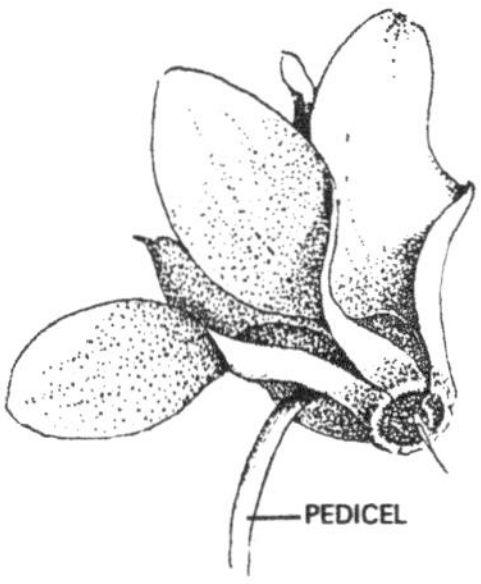

图 846

Pedicellate 具花梗的 With a pedicel. Figures 846 and 847. 具花梗(图 846 和图 847)。

Pedicle 花梗 见花梗(**pedicel**)。

图 847

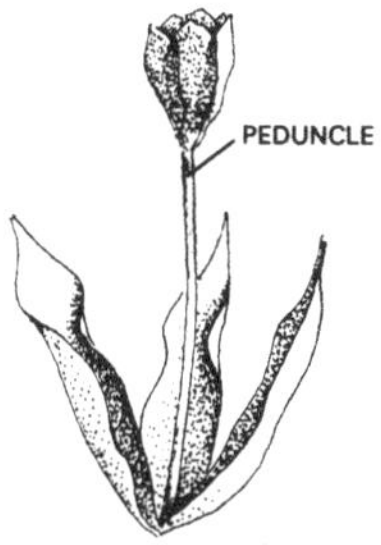

图 848

Pediculus 花梗 见花梗(**pedicel**)。

Peduncle 花序梗 The stalk of a solitary flower or of an inflorescence. Figures 848 and 849. 单生花或(整个)花序的柄(图 848 和图 849)。

Pedunculate 具花序梗的 With a peduncle. Figures 848 and 849. 具花序梗(图 848 和图 849)。

Pellicle 表膜 A thin, membranous or skin-like covering. 薄膜质或薄层状覆盖层。

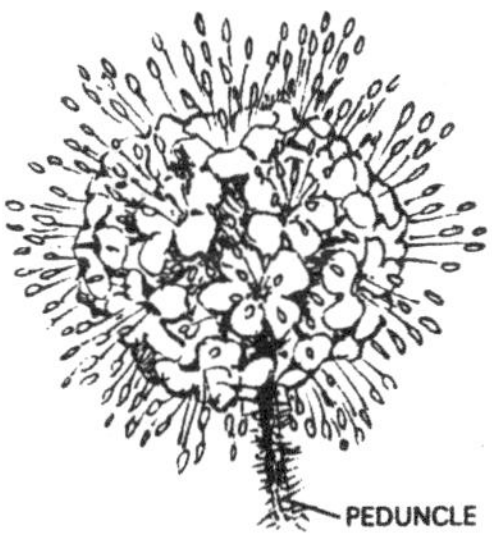

图 849

Pellucid 透明的 Transparent or translucent. 透明或半透明。

Peloria 反常整齐花 Radial symmetry in flowers normally bilaterally symmetrical. 两侧对称花中异常的辐射对称类型。

Pelta 盾状鳞片,盾状苞片 A scale or bract attached at the middle. 着生点在中部的鳞片或苞片。

Peltafid 盾状半裂的 Paltate and divided into segments. Figure 850. 盾状分裂成多个部分(图 850)。

图 850

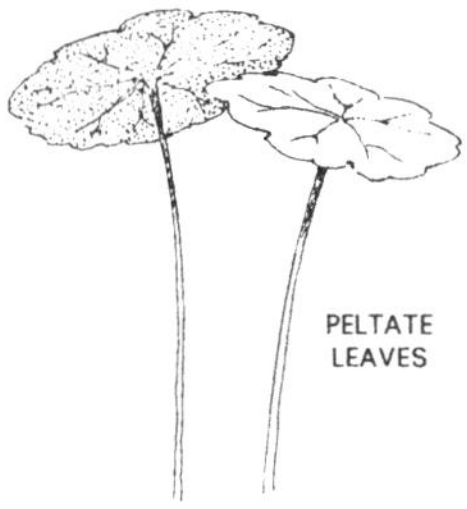

图 851

Peltate 盾状的 Shield-shaped; a flat structure borne on a stalk attached to the lower surface rather than to the base or margin. Figure 851. 盾形;以下表面着生于柄上的扁平结构(图 851)。

Peltiform 盾状的 见盾状的(**peltate**)。

Pencilled 具毛撮的 见具毛撮的(**penicillate**)。

Pendent 下垂的 见下垂的(**pendulous**)。

Pendulous 下垂的 Hanging or drooping downward. Figure 852. 悬挂或向下垂(图 852)。

Penicil 毛撮 A brush-like tuft of short hair. Figure 853. 刷子状的短毛簇(图 853)。

Penicillate 具毛撮的 With a tuft of short hairs at the end, like a brush; with a penicil or penicils. Figure 853. 末端具短的毛簇,形似刷子;具一个或多个毛撮。图 853。

Pennate 羽状的 见羽状的(**pinnate**)。

Pennatifid 羽状半裂的 见盾状半裂的(**pinnatifid**)。

Penni-parallel 羽状脉的 见羽状脉的(**penniveined**)。

Penniveined 羽状脉的 With parts arising parallel to one another from a main axis, like the

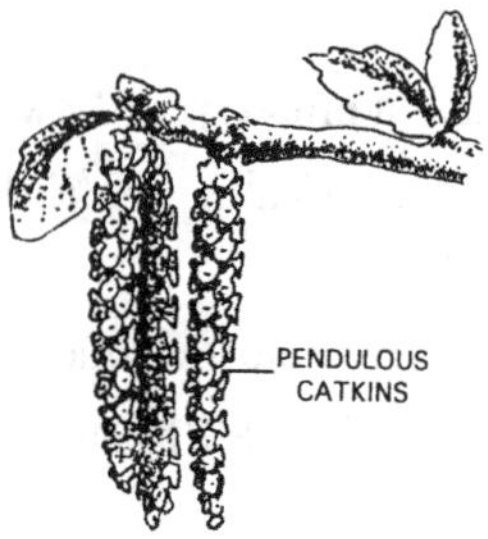

图 852

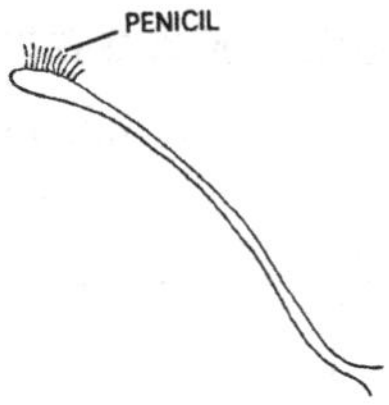

图 853

veins of a feather. Figure 854. 自主轴分出彼此平行的部分,像羽毛的肋(图 854)。

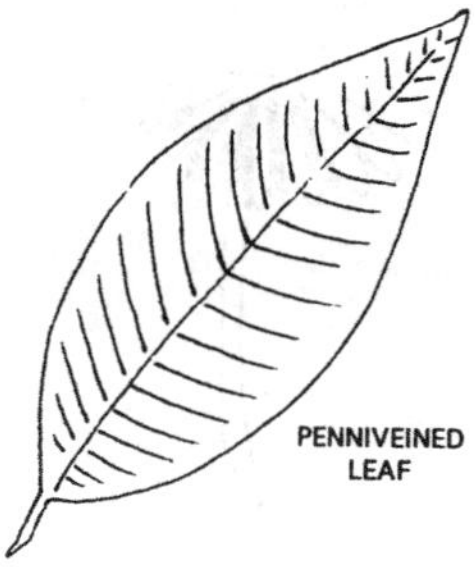

图 854

Penta-(prefix) **Penta-**(前缀) Meaning five. 五。

Pentacamerous 具五室的 With five locules. Figure 855. 具五个室(图 855)。

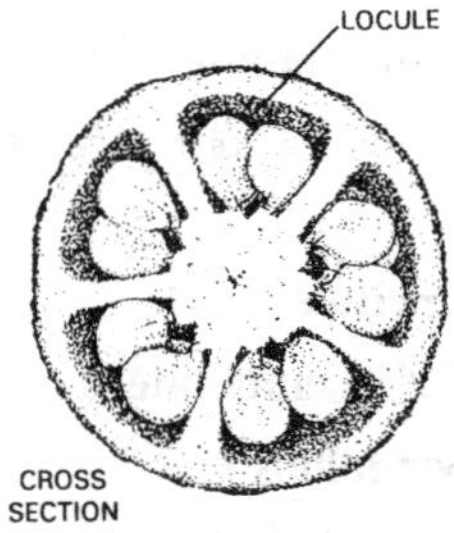

图 855

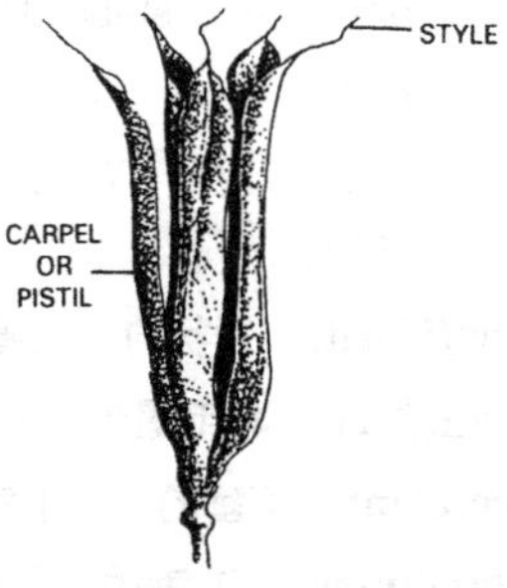

图 856

Pentacarpellary 具五心皮的 With five carpels. Figure 856. 具五个心皮(图 856)。

Pentacyclic 五轮列的 With five whorls. 具五轮。

Pentadactylous 五指状的 Divided into five finger-like segments. Figure 857. 分裂成五个指状的部分(图 857)。

Pentadelphous 五体雄蕊的 With the stamens arranged into five groups or clusters. 雄蕊呈五组或五束排列。

Pentagonal 五边形的 Five-angled. Figure 858. 五角的(图 858)。

Pentagynous ①五雌蕊的 ②五花柱的 With five pistils or styles. Figure 856. 具五个雌蕊或花柱(图 856)。

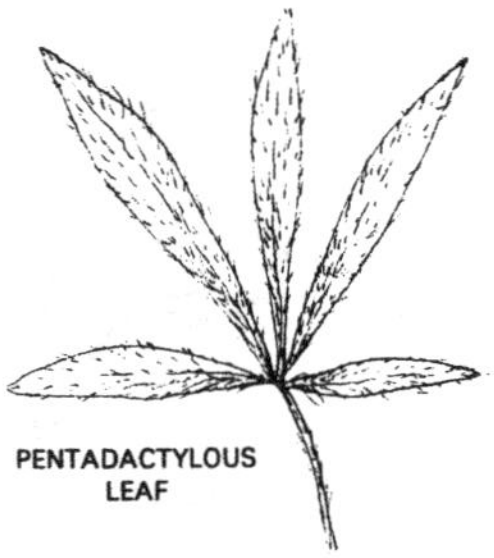

图 857

图 858

Pentamerous 五基数的 With parts arranged in sets or multiples of five. Figure 859. 以五的倍数成组排列(图 859)。

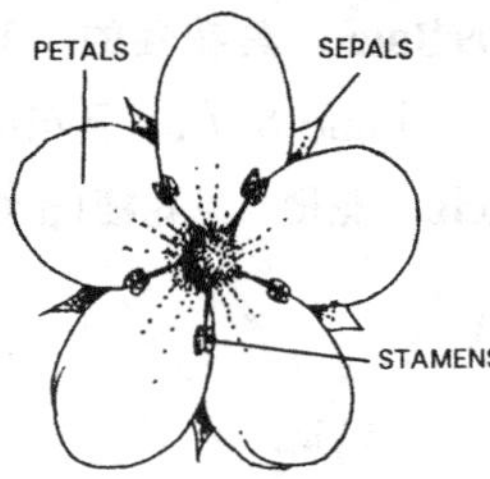

图 859

Pentandrous 五雄蕊的 With five stamens. Figure 859. 具五枚雄蕊(图 859)。

Pentapetalous 五花瓣的 With five petals. Figure 859. 具五枚花瓣(图 859)。

Pentapterous 五翅的 With five wings 具五个翅。

Pentasepalous 五萼片的 With five sepals. Figure 859. 具五枚萼片(图 859)。

Pentastichous 五列的 In five vertical rows or ranks. 排成五纵行或五列。

Pepo 瓠果 A fleshy, indehiscent, many-seeded fruit with a tough rind, as a melon or a cucumber. Figure 860. 具坚韧果皮和多数种子的不开裂肉质果实,如甜瓜或黄瓜(图 860)。

Perennate 全年生的 To renew, as when lateral shoots arise from a caudex. 不断更新,如侧枝条自主轴不断生出。

Perennial 多年生植物 A plant that lives three or more years. 能够生活三年或更久的植物。

Perfect 完全的 With both male and female reproductive organs (stamens and pistils); bi-

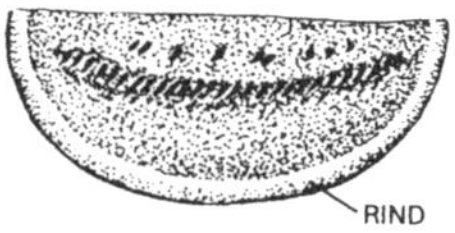

图 860

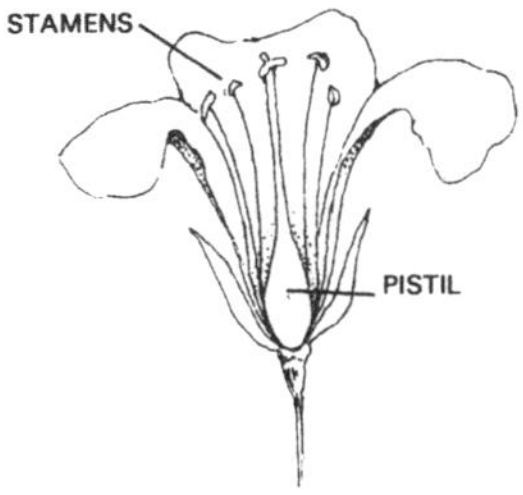

图 861

sexual. Figure 861. 同一朵花内具雄性和雌性生殖器官(雄蕊和雌蕊);两性。图 861。

Perfoliate **茎穿叶的** A leaf with the margins entirely surrounding the stem, so that the stem appears to pass through the leaf. Figure 862. 叶边缘完全包围茎,使茎看似从叶片中穿过(图 862)。

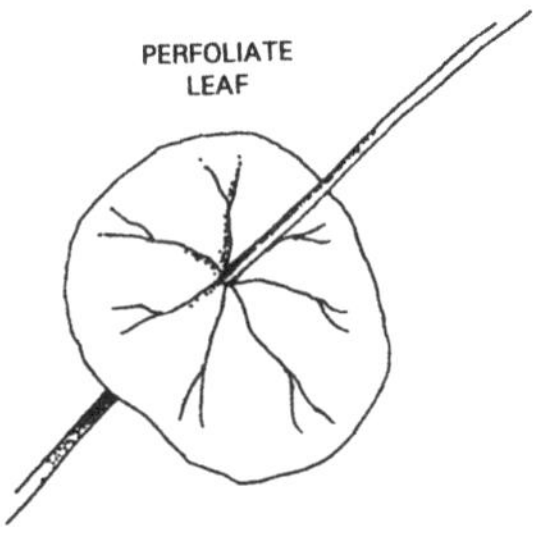

图 862

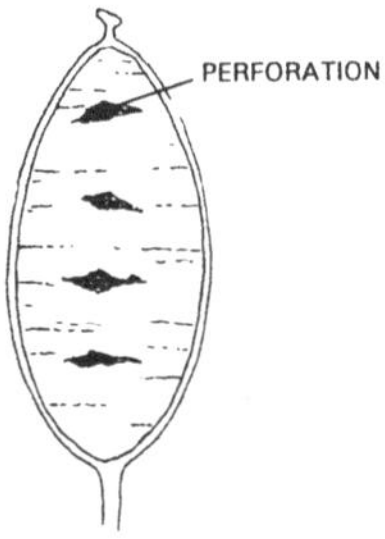

图 863

Perforate **具孔的** With holes or perforations. Figure 863. 具孔或穿孔(图 863)。

Perianth **花被** The calyx and corolla of a flower, collectively, especially when they are similar in appearance. Figure 864. 花萼与花冠的总称,尤指二者外形相似时(图 864)。

Pericarp **果皮** The wall of the fruit. Figure 865. 果实的壁(图 865)。

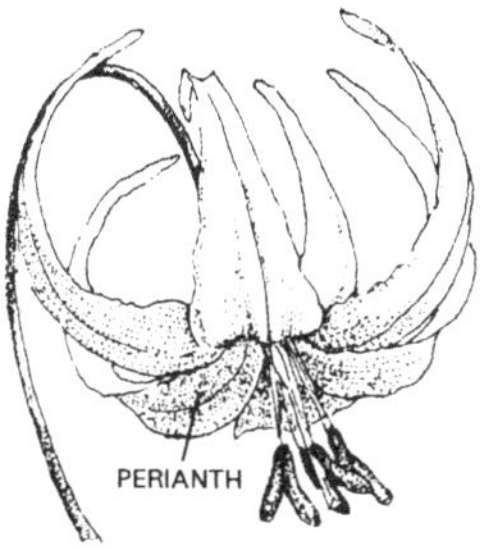

图 864

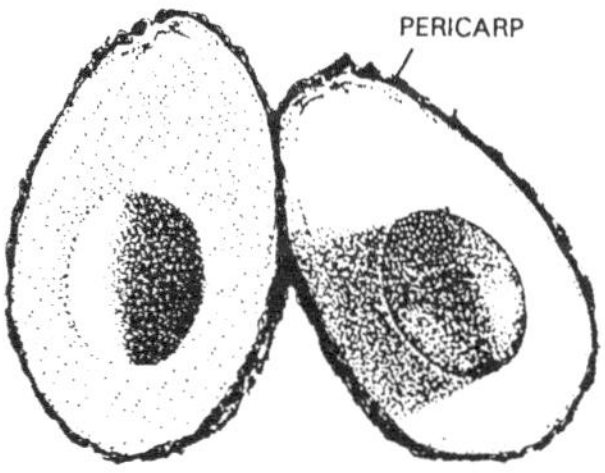

图 865

Periclinium **总苞** An involucre. Figure 866. 总苞(图 866)。

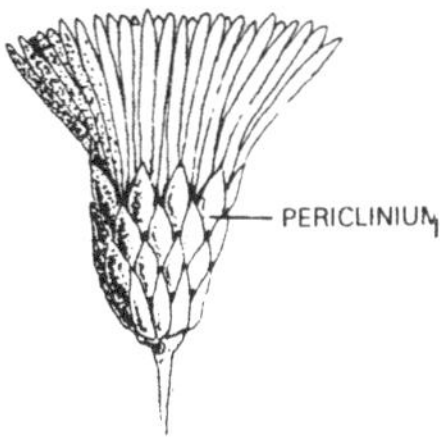

图 866

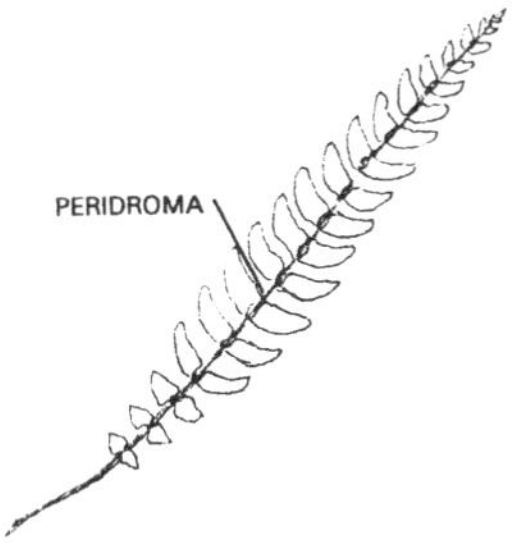

图 867

Peridroma **蕨叶轴** The rachis of a fern frond. Figure 867. 蕨类植物叶的叶轴(图 867)。

Perigynium (pl. **perigynia**) **雌器苞** A scale-like bract enclosing the pistil in *Carex*. Figure 868. 薹草属植物中包被雌蕊的鳞片状苞片(图 868)。

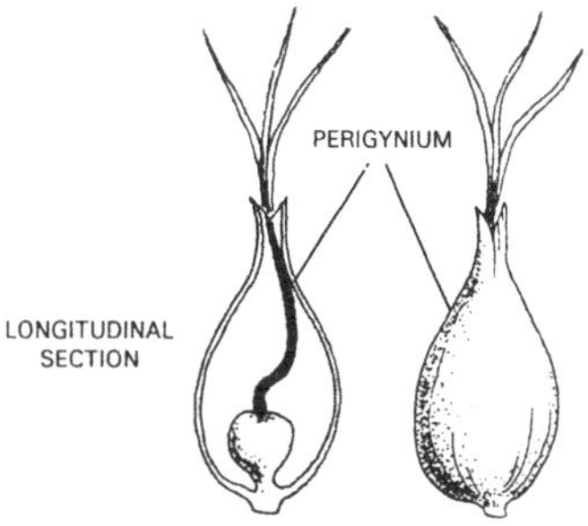

图 868

Perigynous **周位的** With stamens, petals, and sepals borne on a calyx tube (hypanthium) surrounding, but not actually attached to, the superior ovary. Figure 869. 雄蕊、花瓣及萼片着生于花萼筒(托杯)上,但并不真正接触上位的子房(图 869)。

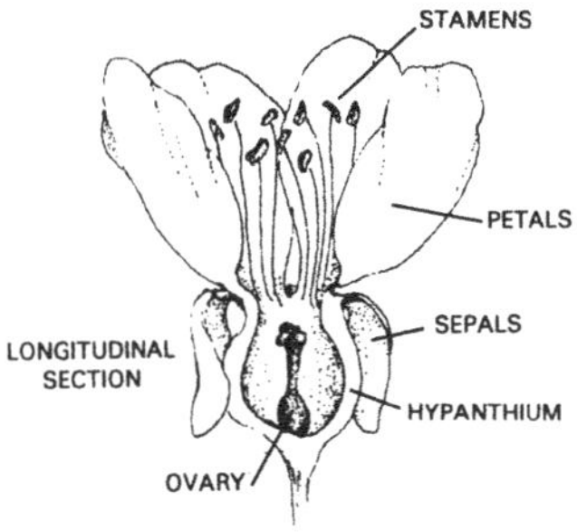

图 869

Peripheral **①外周的 ②外缘的** Outside of or external to; at the margin. 在外面或外部;在边缘。

Peripterous **周翅的** With a surrounding border or wing. Figure 870. 周围具边或翅(图 870)。

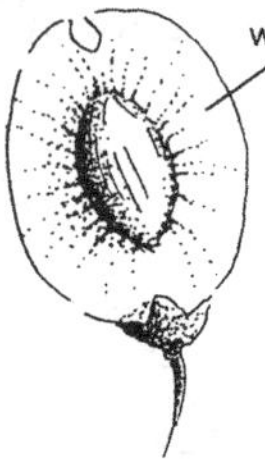

图 870

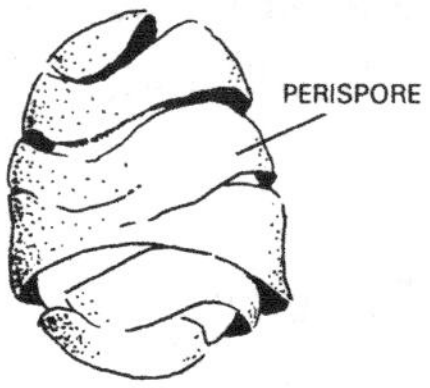

图 871

Perisperm　**外胚乳**　Food storage tissue in some seeds, arising from the nucellus.　某些种子中来源于珠心的储藏营养的组织。

Perispore　**孢子周壁**　A membrane surrounding a spore, as in *Equisetum* spores. Figure 871.　围绕孢子的膜,如麻黄属的孢子(图 871)。

Pernicious　**恶性的**　Harmful, destructive, or deadly in nature.　有害的或本质上致命的。

Persicicolor　**桃红色的**　Peach-colored.　桃色。

Persistent　**宿存的**　Remaining attached after similar parts are normally dropped, after the function has been completed.　(某一结构)当功能完成,相似部分正常脱落后,仍能存留。

Personate　**假面状的**　Two-lipped, with the throat closed by a prominent projection (palate). Figure 872; masked.　(花冠)具二唇,喉部被显著的凸起(喉凸)封闭(图 872);假面的。

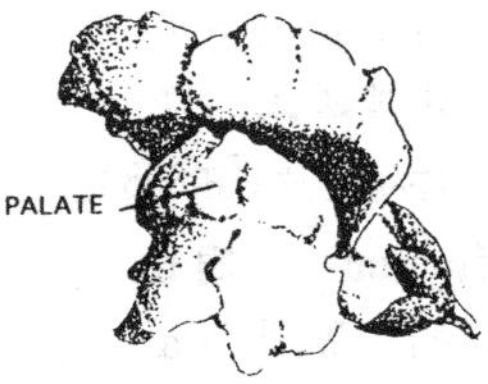

图 872

Perspicuate　**透明的**　见透明的(**perspicuous**)。

Perspicuous　**透明的**　Transparent.　透明。

Perula　**芽鳞**　见芽鳞(**perule**)。

Perulate　**①具鳞片的 ②具萼囊的**　With a perule. Figures 873 and 874.　具牙鳞(图 873 和图 874)。

Perule　**①芽鳞 ②萼囊**　A leaf-bud scale. Figure 873; a sac or projection formed by the enlargement of two united sepals in some members of the Orchidaceae. Figure 874.　叶芽鳞(图 873);某些兰科植物中,由两个合生萼片扩大而形成的囊或突起(图 874)。

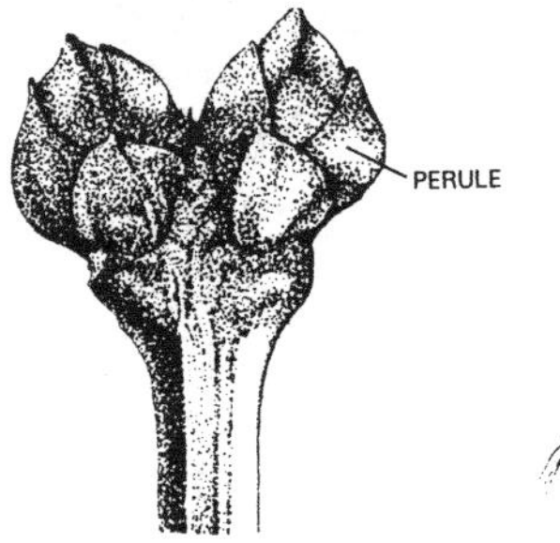

图 873

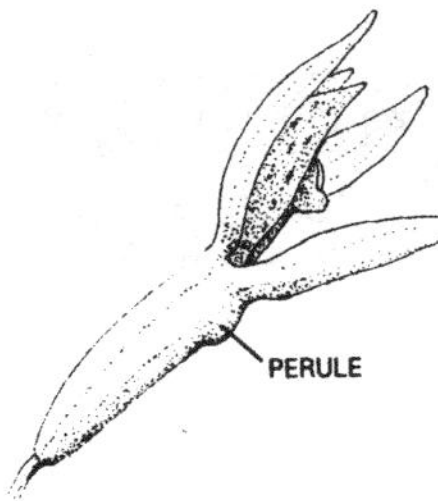

图 874

Petal　**花瓣**　An individual segment or member of the corolla, usually colored or white. Figure 875.　花冠的单个裂片或部分,常有色或白色(图 875)。

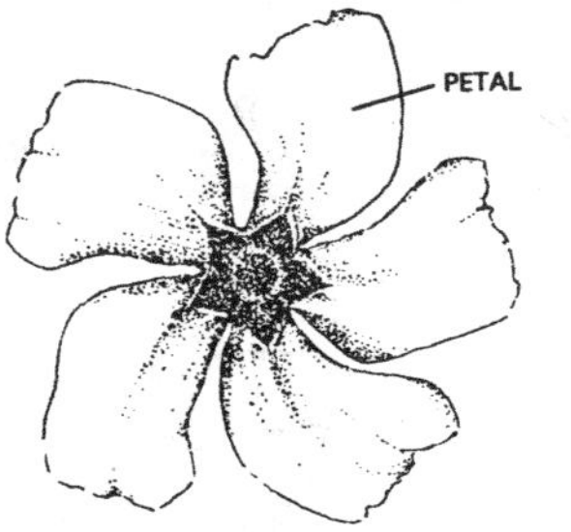

图 875

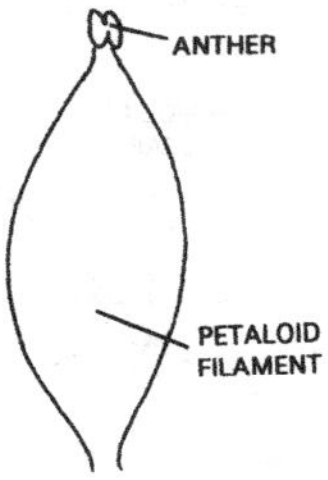

图 876

Petalantherous　**瓣状雄蕊的**　Of a stamen with a petaloid filament. Figure 876.　具瓣状花丝的雄蕊(图 876)。

Petaliferous　**具花瓣的**　Bearing petals. Figure 875.　具花瓣(图 875)。

Petaline　**①花瓣的 ②花瓣状的**　Of or pertaining to a petal; petaloid.　花瓣的或与花瓣相关的;花瓣状的。

Petalode　**假花瓣**　An organ (usually a stamen) which resembles a petal. Figure 876.　类似花瓣的器官(常为雄蕊)(图 876)。

Petalody　**花瓣化**　A condition in which various organs in a flower, such as stamens, become petals or become petaloid, as in some double flowers.　花中不同的器官(如雄蕊)变为花瓣或花瓣状,如某些重瓣花。

Petaloid　**花瓣状的**　Petal-like in appearance.　外

形似花瓣。

Petalostemonous **雄蕊附着花冠的** With the staminal filaments fused to the corolla and the anthers free. Figure 877. 雄蕊的花丝与花冠结合,花药与花冠分离(图 877)。

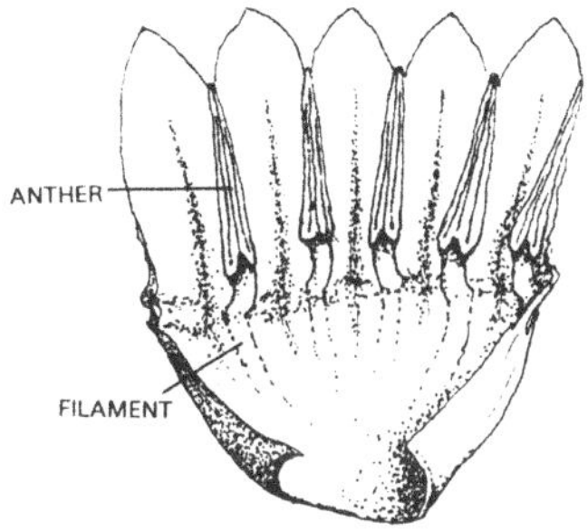

图 877

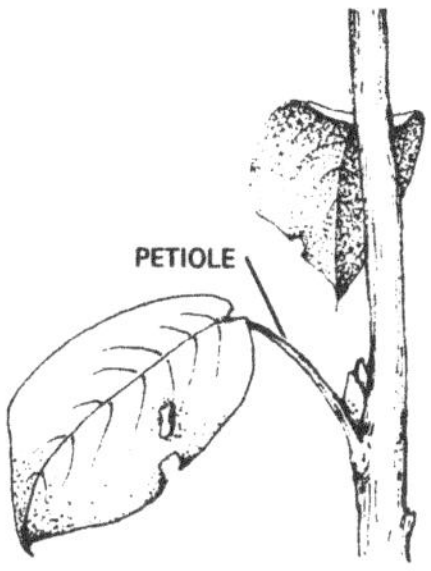

图 878

Petalous **具花瓣的** With petals. Figure 875. 具花瓣(图 875)。

Petiolar **叶柄的** Pertaining to the petiole; growing from the petiole. Figure 878. 与叶柄相关;自叶柄上生出(图 878)。

Petiolate **具叶柄的** With a petiole. Figure 878. 具叶柄(图 878)。

Petiole **叶柄** A leaf stalk. Figure 878. 叶子的柄(图 878)。

Petioled **具叶柄的** 见具叶柄的(**petiolate**)。

Petioliform **柄状的** Resembling a petiole. 像叶柄。

Petiolulate **具小叶柄的** With a petiolule. Figure 879. 具小叶柄(图 879)。

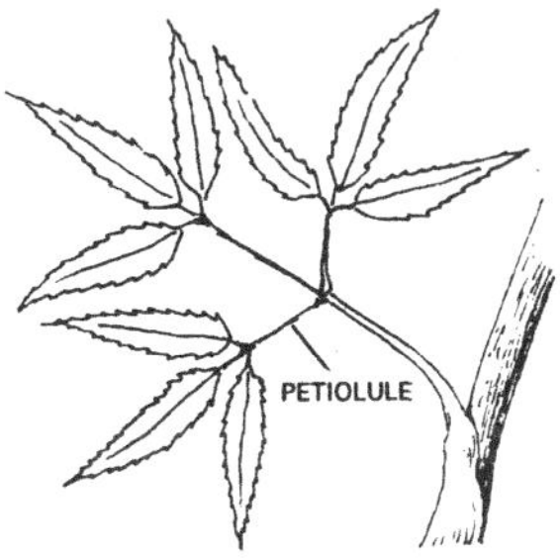

图 879

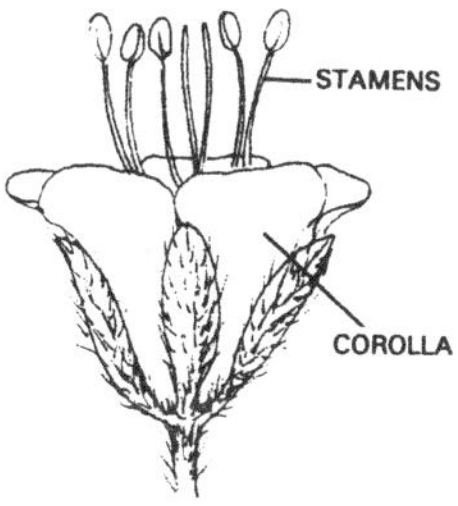

图 880

Petiolule **小叶柄** The stalk of a leaflet of a compound leaf. Figure 879. 复叶中小叶的柄(图 879)。

Phaenantherous **显雄蕊的** With stamens exserted from the corolla. Figure 880. 具伸出花冠的雄蕊(图 880)。

Phaenocarpous **显果的** With the ovary (fruit) free from the surrounding floral parts. Figure 881. 子房(果实)与围绕它的花的各个部分相分离(图 881)。

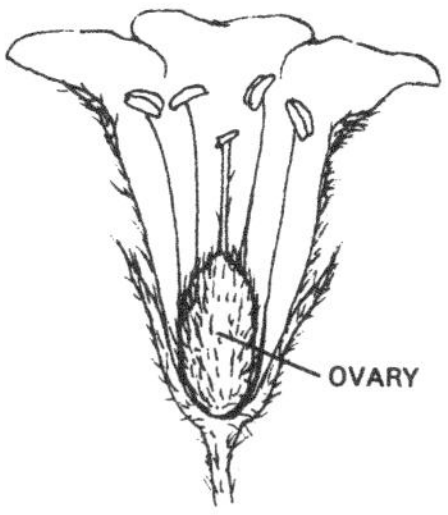

图 881

Phalange **雄蕊束** Two or more stamens joined by their filaments. Figure 882. 由花丝联合在一起的两枚或多枚雄蕊(图 882)。

Phalanx **雄蕊束** 见雄蕊束(**phalange**)。

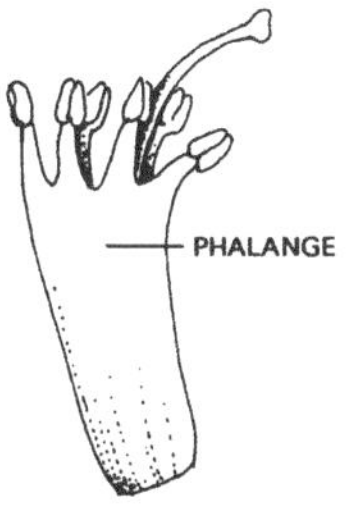

图 882

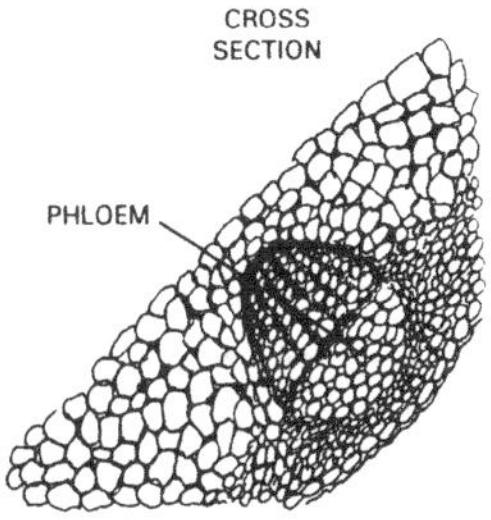

图 883

Phanerogam **显花植物** A plant which produces seeds. (compare **cryptogam**) 能产生种子的植物。(对比**隐花植物**)

Phellem **木栓** Cork. 木栓。

Phloem **①韧皮部 ②树皮** The food conducting tissue of vascular plants; bark. Figure 883. 维管植物的传输营养物质的组织;树皮。(图 883)。

Phoeniceous **鲜红色的** Bright red. 亮红色。

Phoranthium **头状花序托** The receptacle of the flower head of the Compositae (Asteraceae). Figure 884. 菊科植物头状花序的托(图 884)。

Phragma(pl. **phragmata**) **隔障,假隔膜** A septum or partition. Figure 885. 隔膜或隔(图 885)。

Phreatophyte **地下水湿生植物** A plant with its

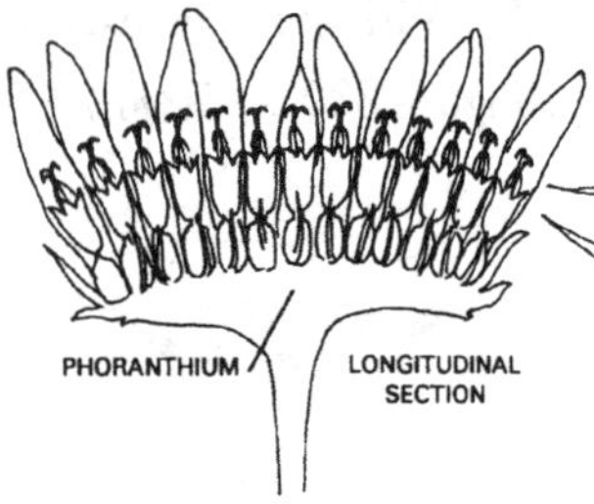

图 884

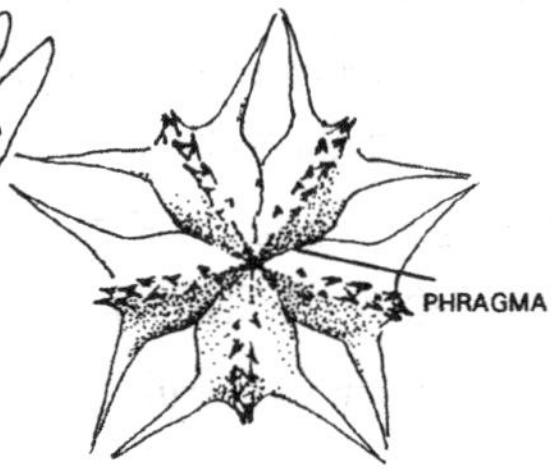

图 885

root system typically in soil saturated with water. 根系通常生在水分饱和的土壤中的植物。

Phyllary 总苞片 An involucral bract of the Compositae (Asteraceae). Figure 886. 菊科植物总苞的苞片(图 886)。

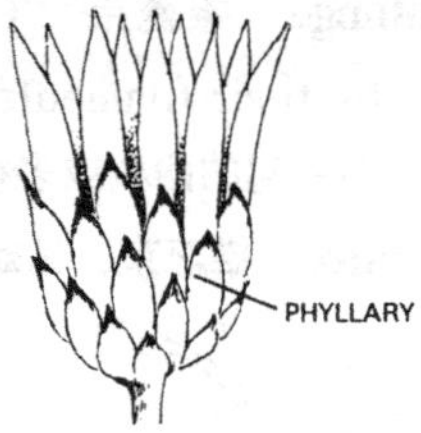

图 886

Phylloclad 叶状枝 见叶状枝(**phylloclade**)。

Phylloclade 叶状枝 Part of a stem with the form and function of a leaf. Figure 887. (same as **cladophyll**) 具有叶的形态和功能的茎的部分(图 887)。(等同**叶状枝**)

Phyllode 叶状柄 An expanded, leaf-like petiole lacking to a true leaf blade. Figure 888. 无叶片但膨大且呈叶子状的叶柄(图 888)。

Phyllodic 具叶状柄的 Of or pertaining to a phyllode; with a phyllode. Figure 888. 叶状叶柄的;具叶状叶柄。图 888。

图 887

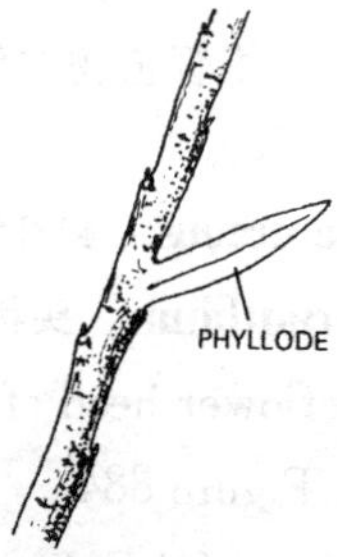

图 888

Phyllodium(pl. **phyllodia**) 叶状柄 见叶状柄(**phyllode**)。

Phylloid 叶状的 Leaf-like. 形似叶子。

Phyllome 叶性器官 A leaf. Figure 889. 叶子(图 889)。

图 889

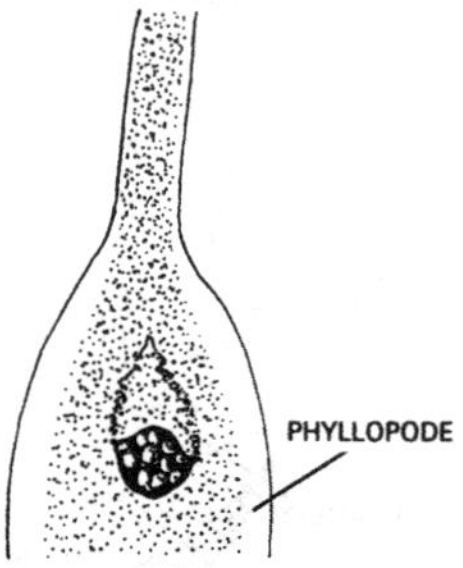

图 890

Phyllopode 叶足 The dilated leaf base of an *Isoetes* leaf. Figure 890. 水韭属植物扩大的叶基部(图 890)。

Phyllopodic 基生叶茂盛的 With the lowest leaves well developed, not reduced to scales. Figure 891. (compare **aphyllopodic**) 最底下的叶子发育良好,没有退化成鳞片(图 891)。(对比**基生叶退化的**)

图 891

Phyllotaxis 叶序 见叶序(**phyllotaxy**)。

Phyllotaxy 叶序 The arrangement of leaves on a stem. When expressed as a fraction, the numerator indicates the number of turns around the stem, and the denominator indicates the number of internodes between two leaves in direct vertical alignment on the stem. 叶子在茎上的排列方式。当表示为分数时,分母代表叶绕茎的圈数,分子代表沿茎的同一条垂直线上排列的相邻两片叶之间的节间数。

Phytomere 禾草节间单元 A section of a grass shoot including an internode, the leaf and a portion of the node at the top of the internode, and a portion of the node at the bottom of the internode. Figure 892. 包括叶、节间

及节间上下两端节的部分的禾草茎部分(图 892)。

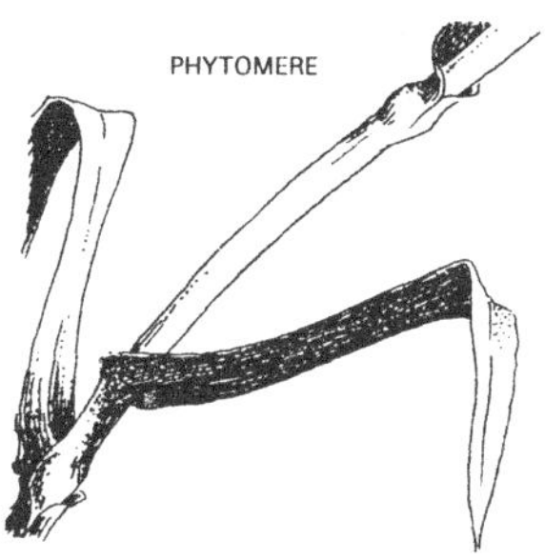

图 892

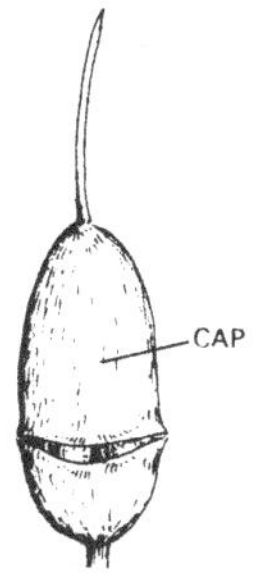

图 893

Pileate **具盖的** With a cap. Figure 893. 具帽(图 893)。

Piliferous **具毛的** Tipped with a fine hair-like structure. Figure 894. 顶端具纤细的毛状结构(图 894)。

Piliform **毛状的** With the form of a hair. 具毛的形态。

Piloglandulose **腺毛的** With glandular hairs. Figure 895. 具腺毛(图 895)。

图 894

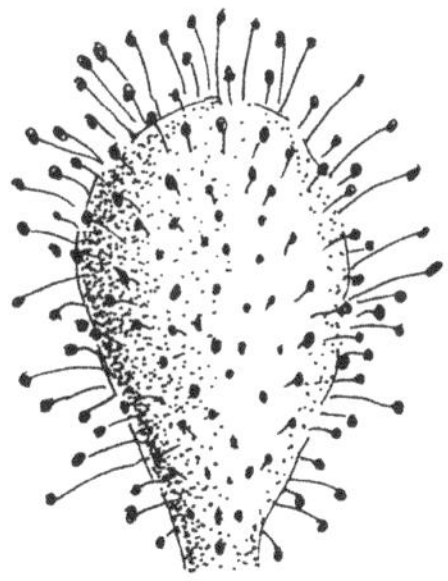

图 895

Pilose **具柔毛的** Bearing long, soft, straight hairs. Figure 896. 具长、软、直的毛(图 896)。

Pilosulose **具小柔毛的** Bearing minute, long, soft, straight hairs. Figure 897. 具微小的长、软、直的毛(图 897)。

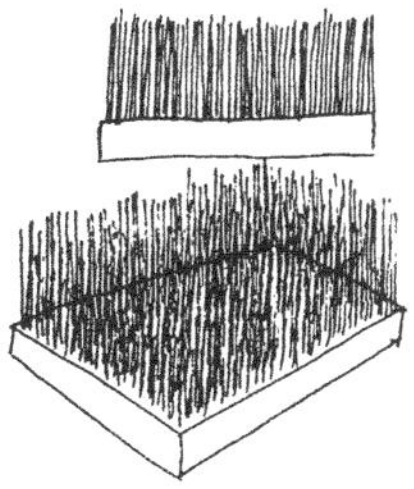

图 896

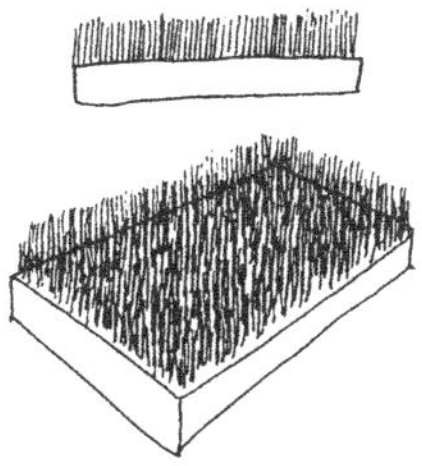

图 897

Pilosulous **具小柔毛的** 见具小柔毛的(**pilosulose**)。

Pin **针式型〔花〕** A heterostylic flower with a fairly long style and short stamens. Figure 898. (compare **thrum**) 具长花柱和短雄蕊的花柱异长的花(图 898)。(对比**线式型**)

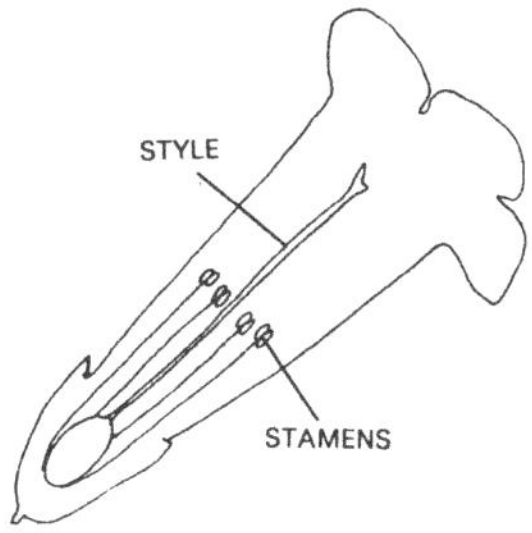

图 898

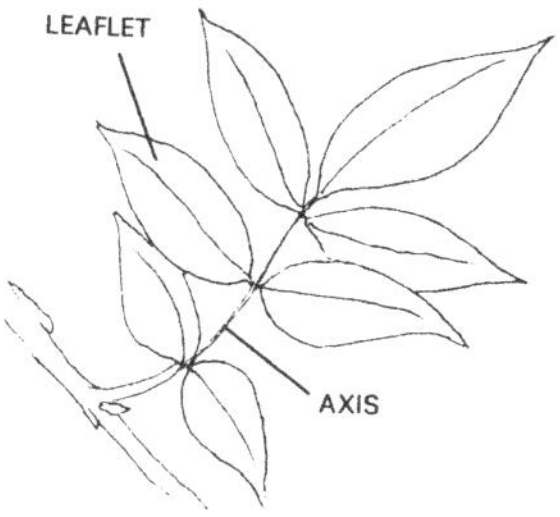

图 899

Pinna(pl. **pinnae**) **羽片** One of the primary divisions or leaflets of a pinnate leaf. Figure 899. 羽状复叶的一回分裂羽叶或小叶(图 899)。

Pinnate **羽状的** Resembling a feather, as in a compound leaf with leaflets arranged on opposite sides of an elongated axis. Figure 899. 像羽毛,如小叶沿长轴两侧相对排列的复叶(图 899)。

Pinnatifid **羽状半裂的** Pinnately cleft or lobed half the distance or more to the midrib, but not reaching the midrib. Figure 900. 羽状半裂或浅裂至中脉的一半或更多,但未达中脉(图 900)。

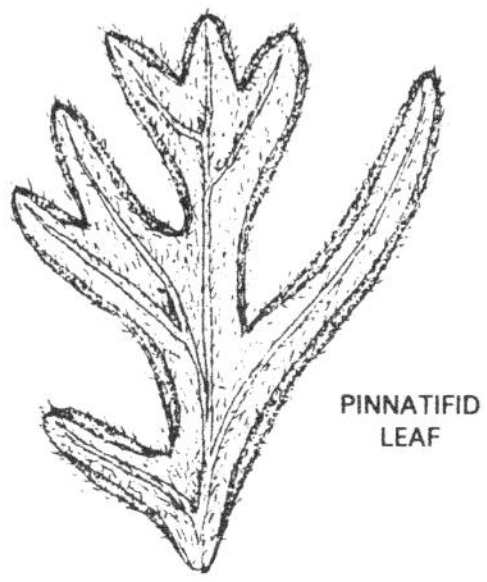

图 900

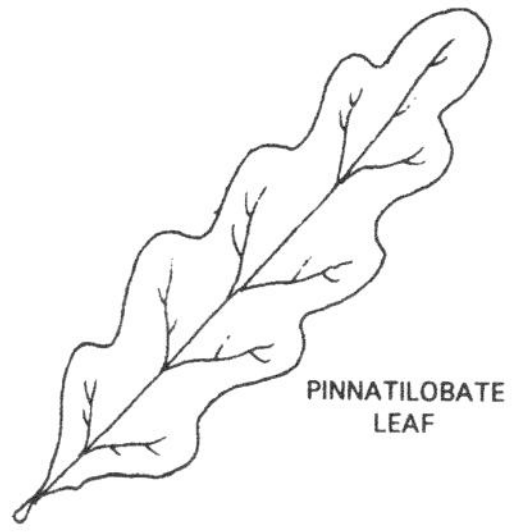

图 901

Pinnatilobate **羽状浅裂的** With pinnately arranged lobes. Figure 901. 具羽状排列的浅裂片(图 901)。

Pinnation **羽状** Pinnate condition or development. 呈羽状分裂的状态。

Pinnatipartite **羽状深裂的** Pinnately parted. Figure 902. 羽状深裂(图 902)。

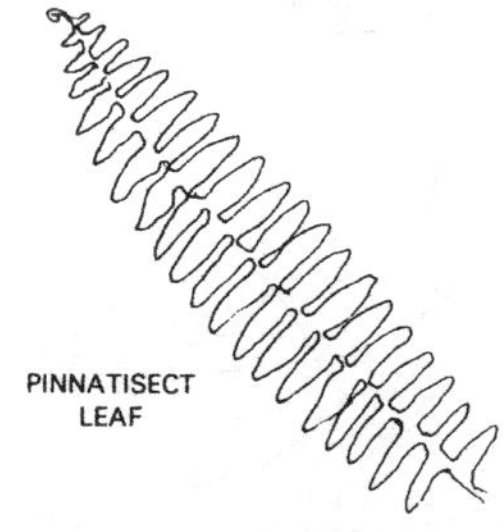

图 902

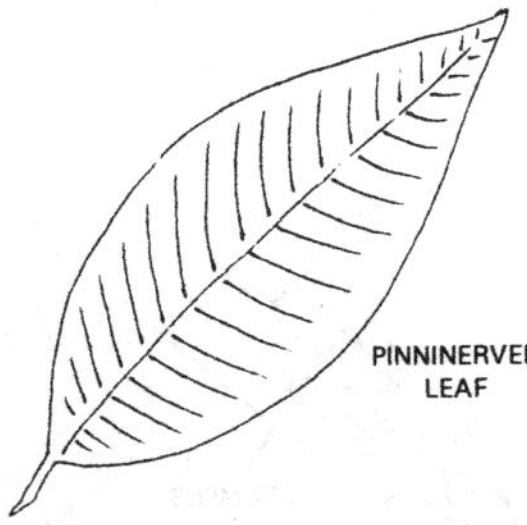

图 903

Pinnatisect **羽状全裂的** Pinnately cleft to the midrib. Figure 901. 羽状裂至中脉。图 902。

Pinninerved **羽状脉的** Pinnately veined. Figure 903. 脉呈羽状(图 903)。

Pinnipalmate **羽状掌状的** Intermediate between pinnate and palmate, as in a leaf with the first pair of veins larger and more distinctive than the others. Figure 904. 羽状及掌状分裂之间的中间类型,如第一对叶脉比其他叶脉大而明显的叶子(图 904)。

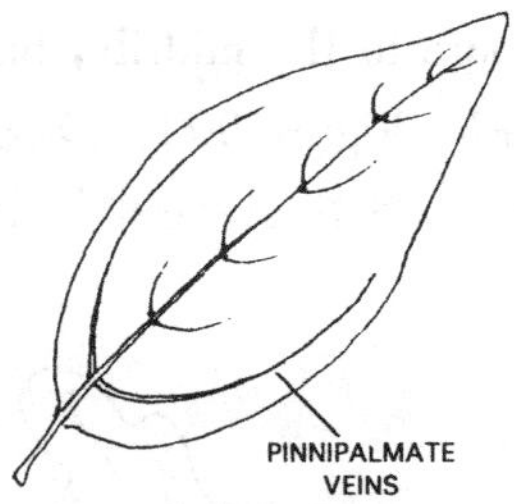

图 904

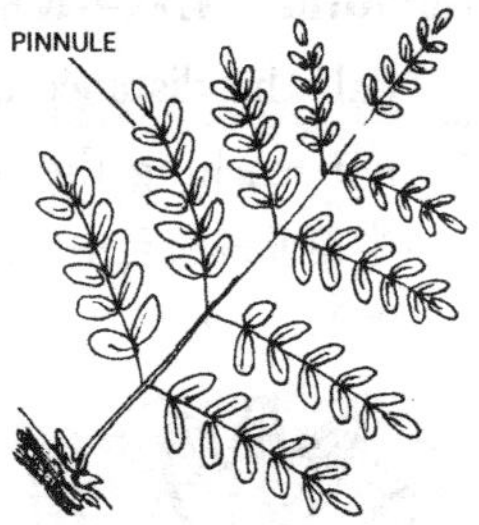

图 905

Pinnule **小羽片** The pinnate division of a pinna in a bipinnately compound leaf, or the ultimate divisions of a leaf which is more than twice pinnately compound. Figure 905. 二回或二回以上羽状复叶的末级羽片(图 905)。

Pip **①种子(用于苹果和梨)②果瓣 ③小花** A small seed of a fleshy fruit. Figure 906; one segment of a pineapple. Figure 907; a small blossom. Figure 908; short form of **pippin**. 肉质果实的小种子(图 906);菠萝的一个节(图 907);小的花(图 908)。Pippin 的缩写。

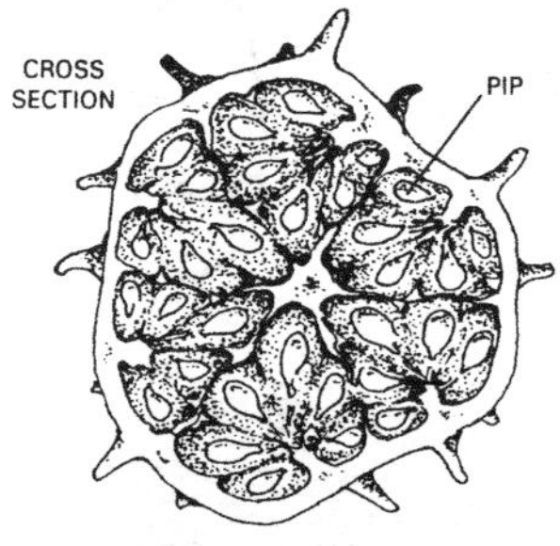

图 906

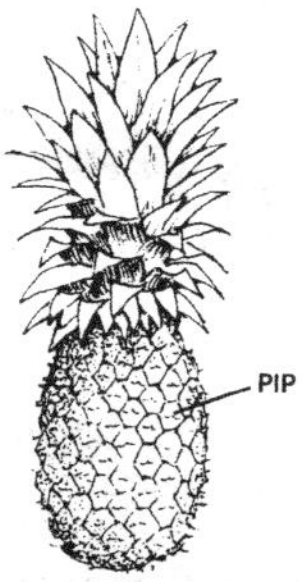

图 907

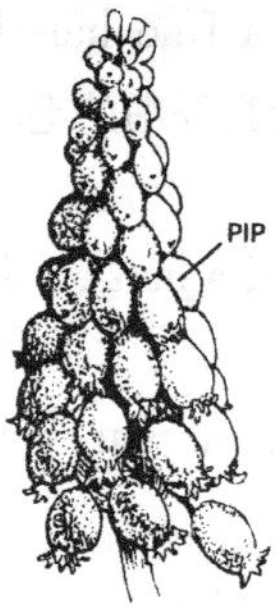

图 908

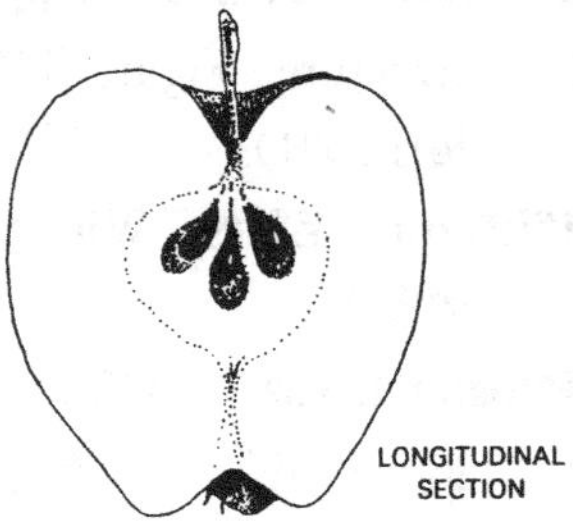

图 909

Pippin **①种子 ②苹果** A seed or pip. Figure 906; an apple. Figure 909. 种子(图 906);苹果(图 909)。

Piriform **梨状的** Pear-shaped. Figure 910. 梨形(图 910)。

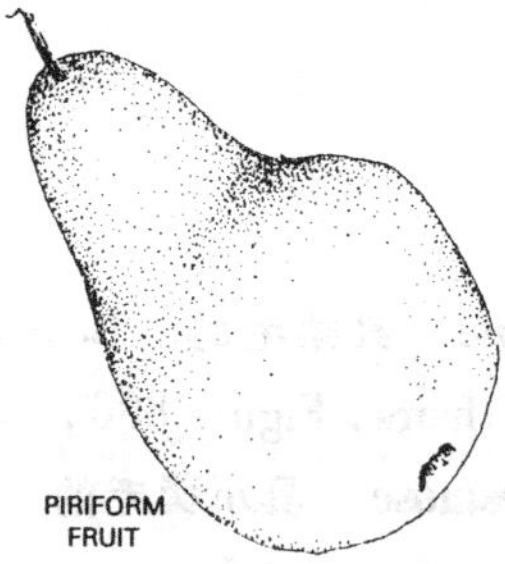

图 910

Pisaceous **豆绿色的** Pea-green. 豌豆绿色。

Pisiferous **具豌豆的** Bearing peas. 具豌豆。

Pisiform **豌豆状的** Pea-shaped. Figure 911. 豌豆形(图 911)。

Pistil **雌蕊** The female reproductive organ of a flower, typically consisting of a stigma, style, and ovary. Figure 912. (compare **gynoecium**) 花的雌性生殖器官,典型的花由柱头、

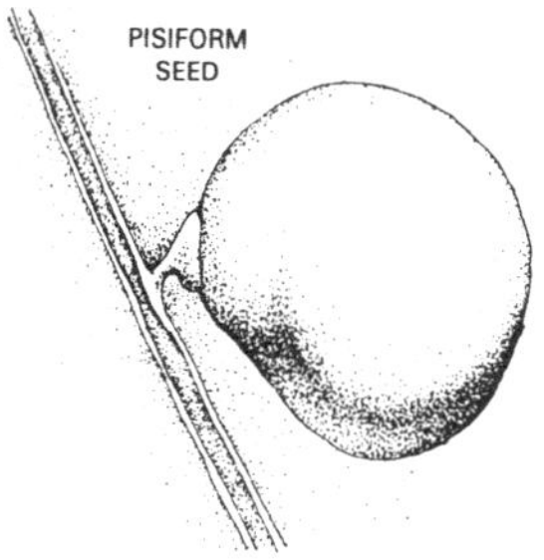

图 911

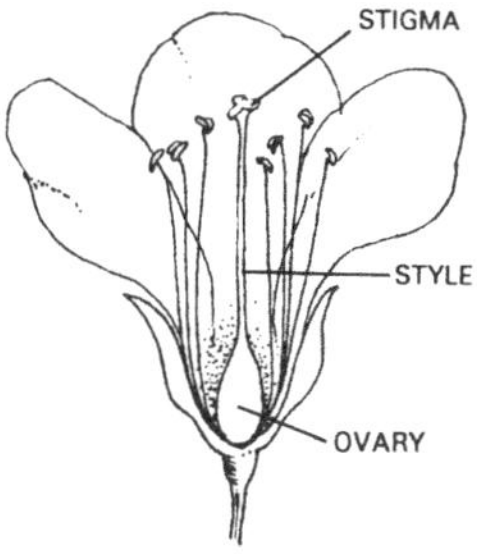

图 912

花柱和子房组成(图 912)。(对比**雌蕊群**)

Pistillate 雌蕊的 Bearing a pistil or pistils, but lacking stamens. Figure 913. (same as **carpellate**; compare **staminate**) 具有一枚或多枚雌蕊,但无雄蕊(图 913)。(等同**具心皮的**;对比**雄蕊的**)

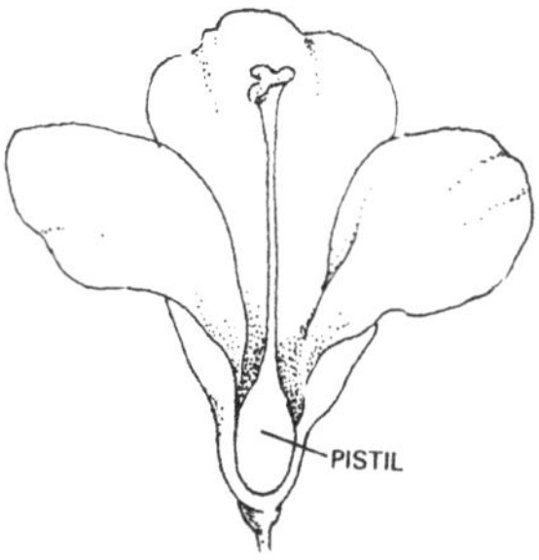

图 913

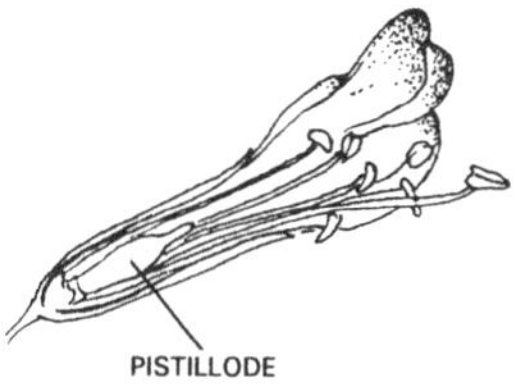

图 914

Pistillode 退化雌蕊 A sterile, rudimentary pistil in an otherwise staminate flower. Figure 914. 雄(蕊)花中不育的、退化的雌蕊(图 914)。

Pit ①凹穴 ②果核 ③纹孔 A small depression. Figure 915; the stony endocarp of a drupe, as in a peach or cherry. Figure 916; the small openings in the walls of tracheids and vessel elements which allow water to move from cell to cell. Figure 917. 小的凹陷(图 915);核果的石质内果皮,如桃子和樱桃(图 916);管胞和导管分子壁上能让水在细胞间自由流动的小的开口(图 917)。

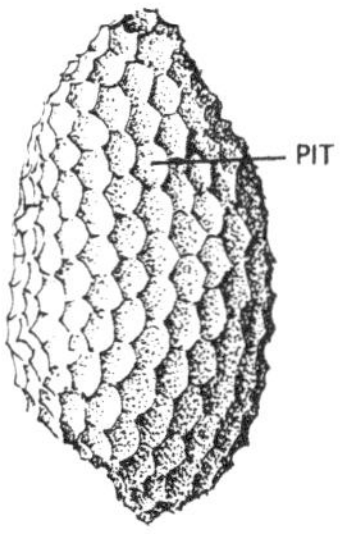

图 915

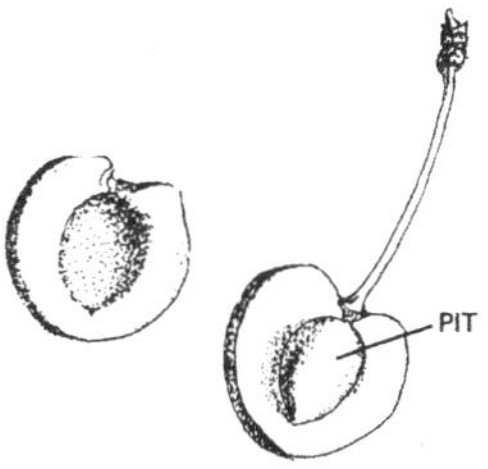

图 916

Pith 髓 The spongy, parenchymatous central tissue in some stems and roots. Figure 918. 某些植物茎和根中央的海绵状薄壁组织(图 918).

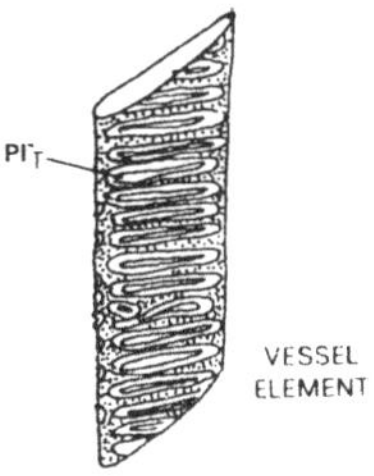

图 917

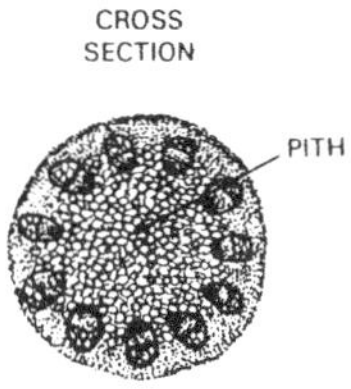

图 918

Pitted 具洼点的 With small pits or depressions. Figure 915. 具小的洼点或凹陷(图 915)。

Placenta (pl. **placentae**) **胎座** The portion of the ovary bearing ovules. Figure 919. 子房中着生胚珠的部分(图 919)。

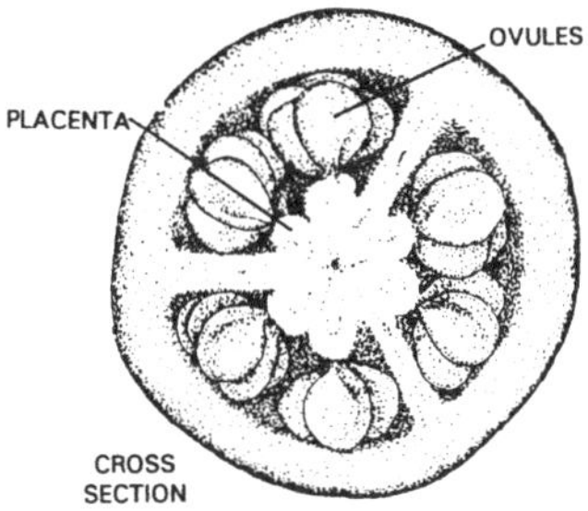

图 919

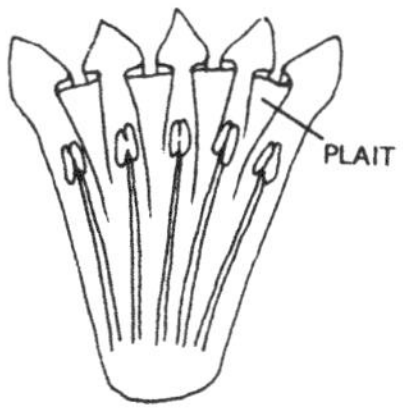

图 920

Placentation 胎座式 The arrangement or configuration of the placentae. (see **axile**, **basal**, **free central** and **parietal** placentation) 胎座的排列和样式。(见**中轴**、**基生**、**特立中央**、**侧膜胎座式**)

Plait 褶皱 A fold or pleat, as in some corollas. Figure 920. 叠或褶,如某些花冠中(图 920)。

Plane 平面的 With a flat surface. 具平的表面。

Plano-compressed 平扁的 Compressed and flattened. Figure 921. 扁而平(图 921)。

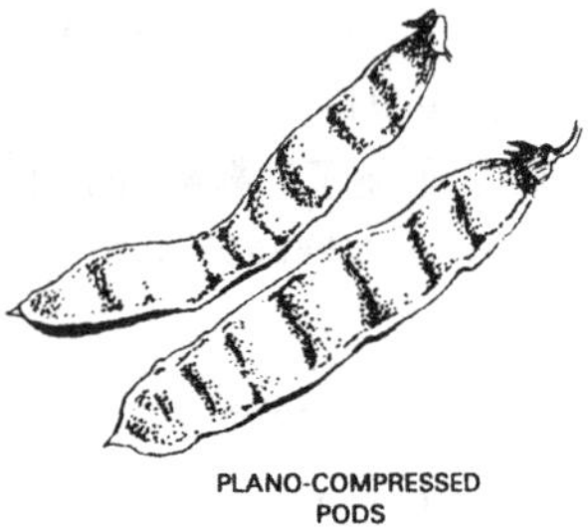

图 921

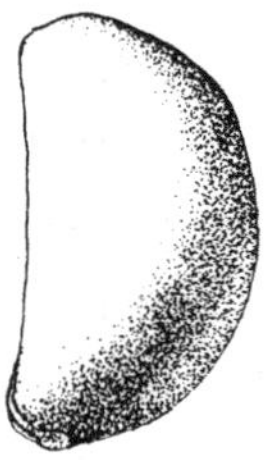

图 922

Plano-convex 平凸的 Flat on one side and convex on the other. Figure 922. 一边平一边凸(图 922)。

Pleiochasium 多歧聚伞花序 A cymose inflorescence with more than two branches from the main axis. Figure 923. 从主轴分出两个以上分枝的聚伞花序(图 923)。

图 923

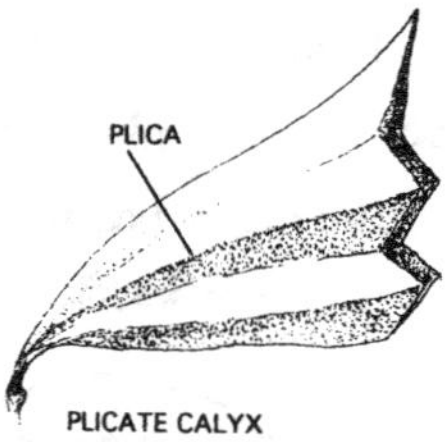

图 924

Pleiomery 多基数式 The condition of having more than the usual number of floral whorls. 花轮数较通常多的情形。

Pleiopetalous 多花瓣的 With many petals. 具多枚花瓣。

Pleiosepalous 多萼片的 With many sepals. 具多枚萼片。

Pleiospermous 多种子的 With many seeds. 具多个种子。

Plica (pl. **plicae**) 皱襞 A plait or fold. Figure 924. 褶皱或折叠(图 924)。

Plicate 折扇状的 Plaited or folded, as a folding fan. Figure 924. 褶皱或折叠,如折叠扇(图 924)。

Pliestesial 一次性开花结实的 Living several years before flowering and fruiting, and then dying, as in *Agave*. 生长多年后开花结果,随即死亡,如龙舌兰属植物。

Plococarpium 环轴蓇葖 A fruit consisting of follicles around an axis. Figure 925. 由环绕轴的几个蓇葖果组成的果实(图 925)。

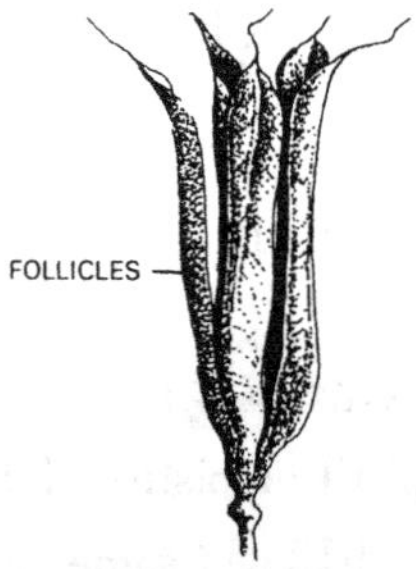

图 925

图 926

Plumbeous 铅色的 Lead-colored. 铅色。

Plumose 羽状的 Feathery; with hairs or fine bristles on both sides of a main axis, as a plume. Figure 926. 羽毛状的;主轴两侧具毛或细刚毛,如羽毛。图 926。

Plumule 胚芽 The portion of the embryo above the point of attachment of the cotyledon(s) which gives rise to the shoot. Figure 927. (same as **epicotyl**) 胚中子叶着生点以上将来发生苗的部分(图 927)。(等同**上胚轴**)

Pluri- (prefix) **Pluri-** (前缀) Meaning many or several. 多数或几个。

Pluricellular 多室的 Of many cells. Figure 928. 多个分室(图 928)。

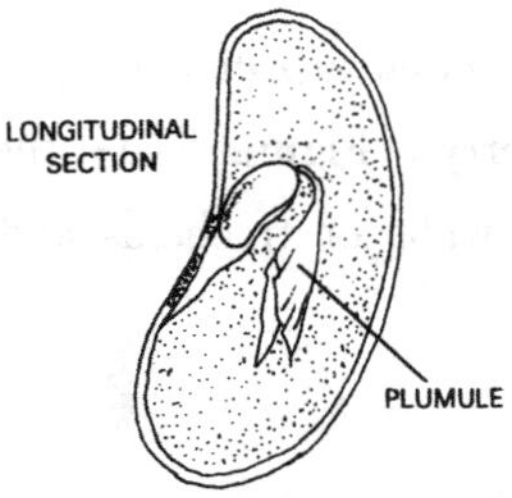

图 927

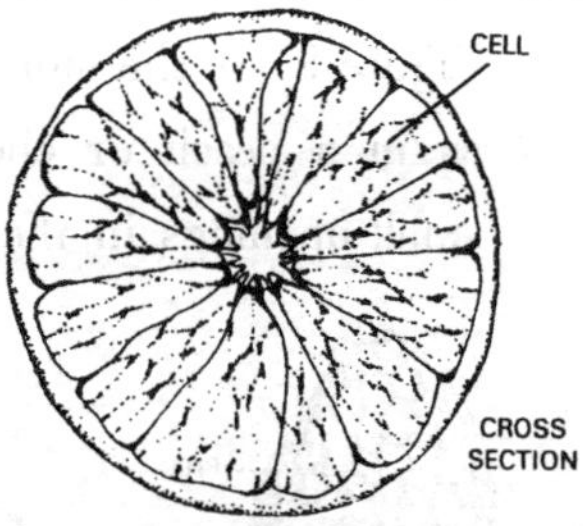

图 928

Pluricipital 多头的 With many heads, as in a highly branched caudex. Figure 929. 具多个头,如强烈分枝的茎基(图 929)。

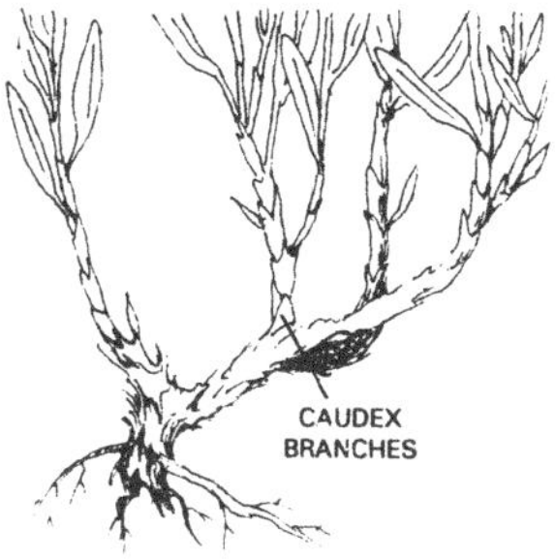

图 929

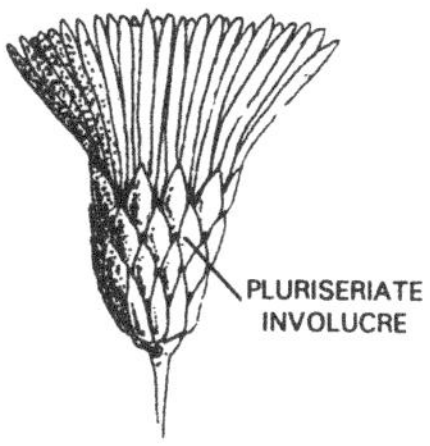

图 930

Plurilocular 多室的 见多室的(**pluricellular**)。

Pluriovulate 多胚珠的 With many ovules. 具多个胚珠。

Pluriseriate 多列的 In many series or rows. Figure 930. 成多列或多排(图 930)。

Pod 荚果 Any dry, dehiscent fruit, especially a legume of follicle. Figure 931. 任何开裂的干果,尤指荚果或蓇葖果(图 931)。

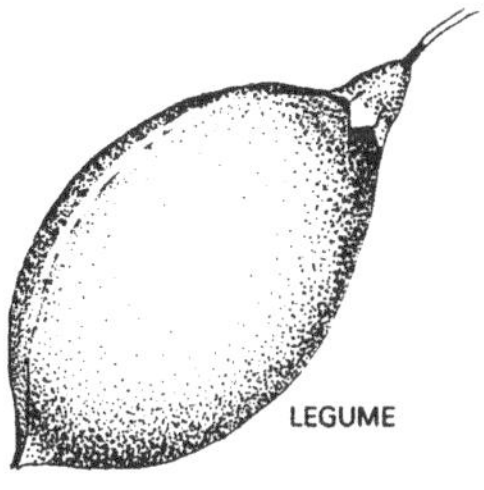

图 931

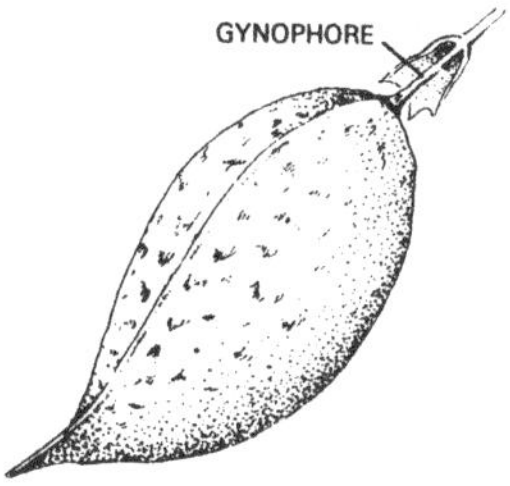

图 932

Podocarp 具柄果 A fruit borne on a gynophore. Figure 932. 着生在雌蕊柄上的果实(图 932)。

Podogyne 果柄 见果柄(**carpopodium**)。

Pollen 花粉 The mature microspores or developing male gametophytes of a seed plant, produced in the microsporangium of a gymnosperm or in the anther of an angiosperm. Figure 933. 在裸子植物的小孢子囊,或被子植物的花药中产生的成熟小孢子或正在发育的雄配子体(图 933)。

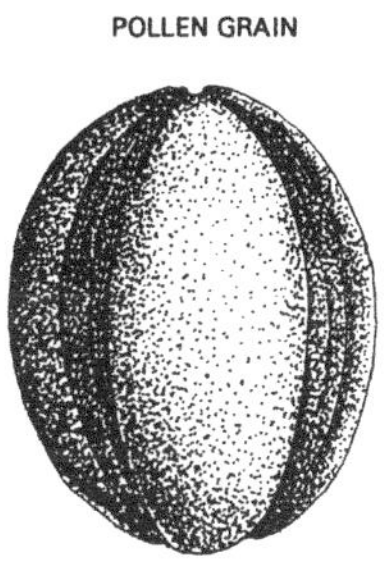

图 933

Pollination 传粉 The transfer of pollen from the anther to the stigma. 将花粉由花药传至柱头的过程。

Polliniferous 具花粉的 Bearing pollen. 具花粉。

Pollinium(pl. **pollinia**) 花粉块 A mass of waxy pollen grains transported as a unit in many members of the Orchidaceae and Asclepiadaceae. Figures 934 and 935. 许多兰科和萝藦科植物中,作为传粉单位的蜡质花粉粒团(图 934 和图 935)。

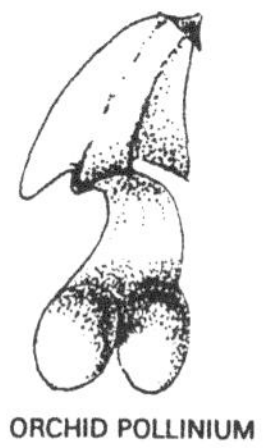

图 934

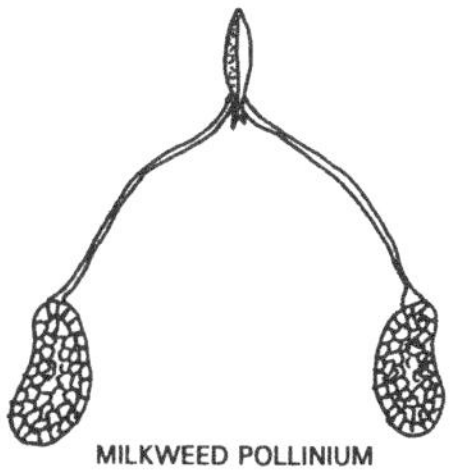

图 935

Polsterform 垫状的 Shaped like a low, compact mound. Figure 936. 形似矮垫(图 936)。

Poly-(prefix) **Poly**-(前缀) Meaning many. 多,聚。

Polyadelphous 多体的 Borne in several distinct groups, as the stamens of some flowers. Figure 937. (compare **monadelphous** and **diadelphous**) 分离成几束着生,如某些花的雄蕊(图 937)。(对比**单体的**和**二体的**)

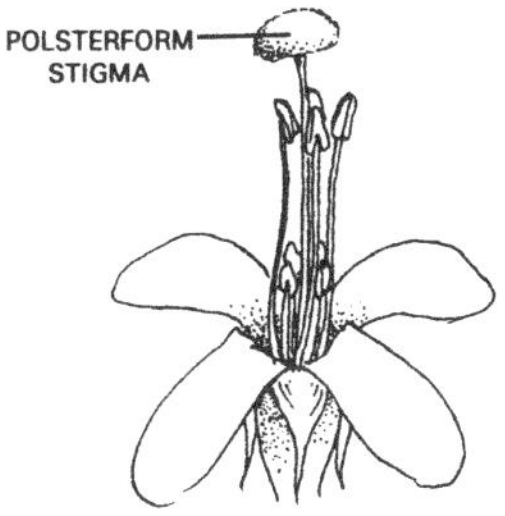

图 936

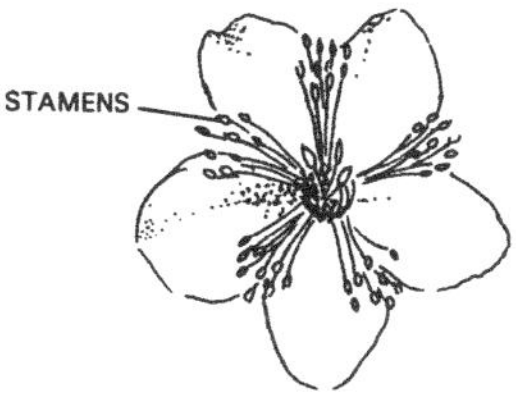

图 937

Polyandrous 多雄蕊的 With many stamens (usually more than ten). Figure 938. 具多枚雄蕊(通常多于十)(图 938)。

Polyanthous 多花的 With many flowers, especially when clustered together in an involucre. Figure 939. 具许多朵花,尤指(它们)在总苞内簇生在一起时(图 939)。

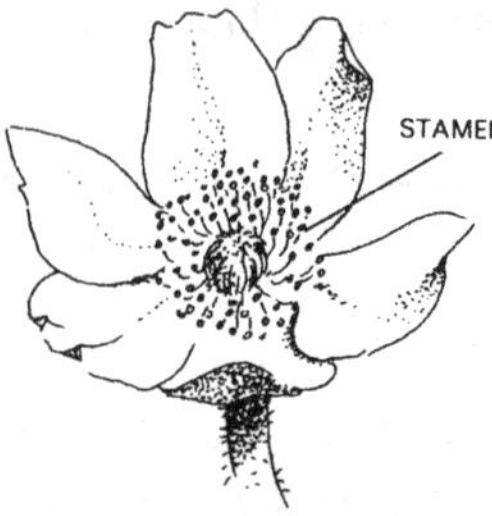

图 938

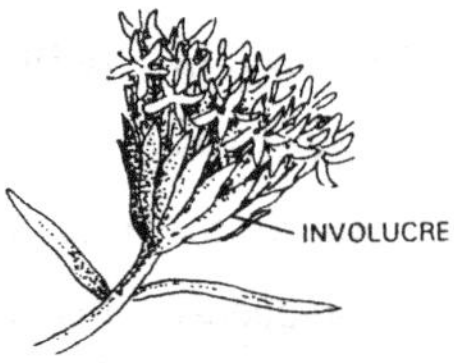

图 939

Polycarpic 结多次果的 见多年生的(**perennial**)。

Polycarpous 多心皮的 With many carpels. Figure 940. 具多个心皮(图 940)。

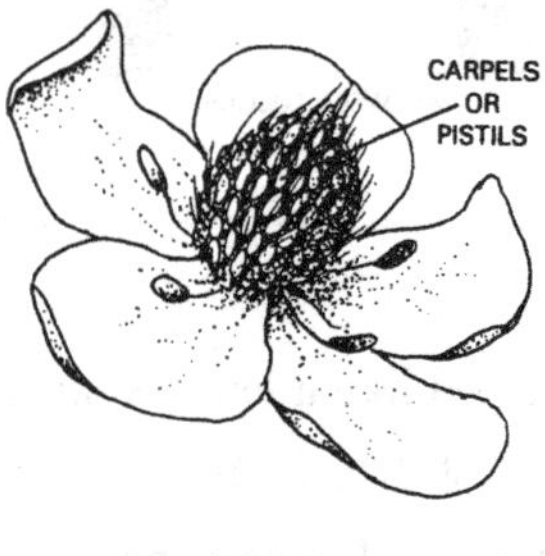

图 940

图 941

Polycephalous 具多数头状花序的,多头的 With many flower heads. Figure 941. 具许多头状花序(图 941)。

Polychasium 多歧聚伞花序 A cymose inflorescence in which each axis produces more than two lateral axes. Figure 942. 每个轴能产生两个以上侧轴的聚伞花序(图 942)。

Polychrome 多色的 Many colored. 许多颜色。

Polycyclic 多轮的 With many whorls. 具多轮。

Polygamo-dioecious 杂性异株的 Mostly dioecious, but with some perfect flowers. 以雌雄异株为主,夹杂完全花。

Polygamo-monoecious 杂性同株的 Mostly monoecious, but with some perfect flowers. 以雌雄同株为主,夹杂完全花。

Polygamous 杂性的 With unisexual and bisexual flowers on the same plant. 单性花和两性花生于同一植株上。

Polygonal 多边形的 Many-angled. 多角的。

Polygynous ①多雌蕊的 ②多花柱的 With many pistils or styles. Figure 940. 具多个雌蕊或花柱(图 940)。

Polymerous 多基数的 With many parts, as in a floral whorl with many members. 具多个组成部分,如一花轮中具多个成员。

Polymorphic 多态的 Variable; with many forms. 可变的;具多种形式。

Polymorphous 多态的 见多态的(**polymorphic**)。

Polypetalous 离瓣的 A corolla of completely separate petals. Figure 943. (same as **apopetalous**; compare **gamopetalous** and **sympetalous**) 花瓣完全分离的花冠(图 943)。(等同离瓣的;对比合瓣的和合瓣的)

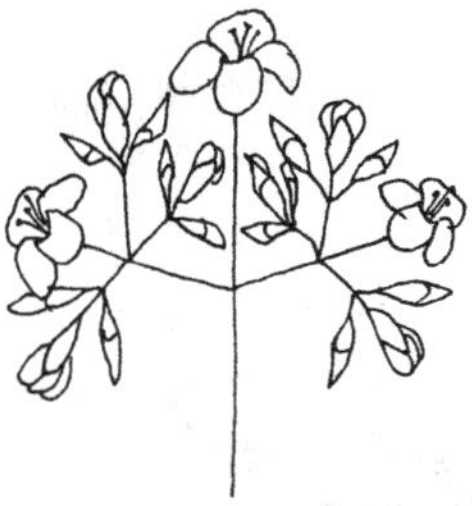

图 942

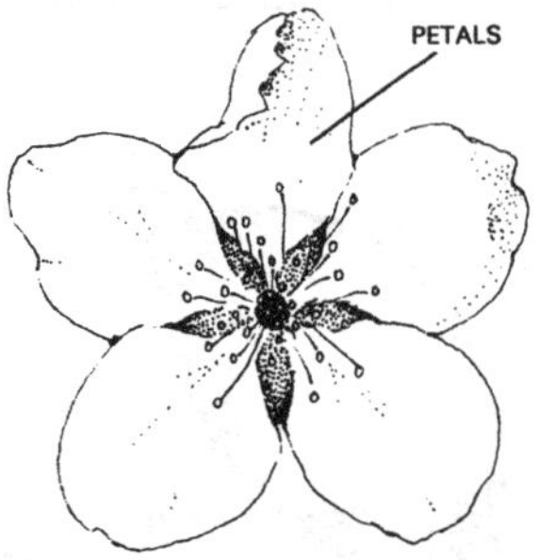

图 943

Polyploid 多倍体 With three or more complete sets of chromosomes in each cell. 在每个细胞中都具有三套或更多套完整的染色体。

Polysepalous 离萼的 A calyx of separate sepals. Figure 944. (compare **synsepalous** and **gamosepalous**) 萼片分离的花萼(图 944)。(对比合萼的和合萼的)

Polystachyous 多穗状花序的 With many spikes, as in a grass with many ears or spikes. 具多个穗状花序,如具许多小穗或穗状花序的禾草。

Polystemonous 多雄蕊的 With many stamens (more than twice the number of petals or sepals). Figure 945. 具多枚雄蕊(雄蕊数为花瓣或萼片数的两倍以上)(图 945)。

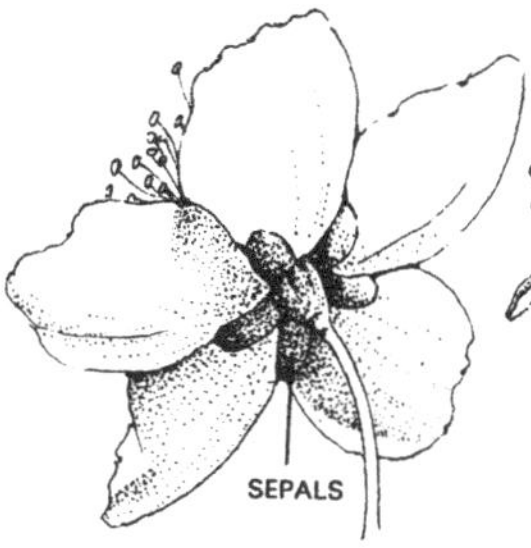

图 944

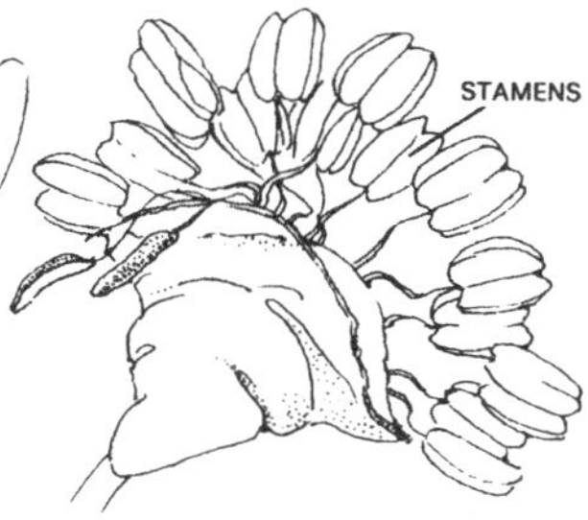

图 945

Polystichous 多列的 Arranged into several rows. 排列成几排。

Polystigmous 多柱头的 With many stigmas. 具许多柱头。

Polystyllous 多花柱的 With many styles. Figure 946. 具许多花柱(图 946)。

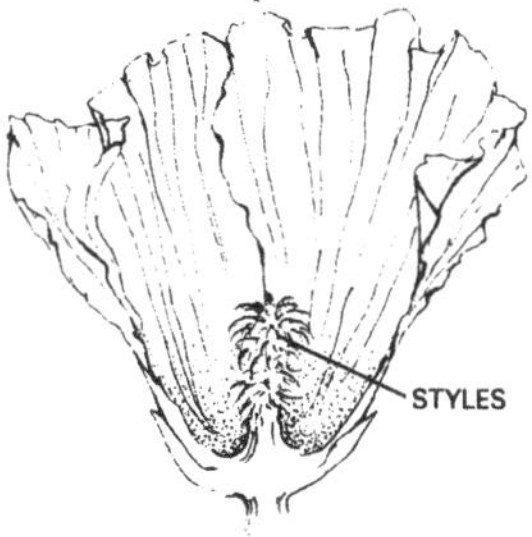

图 946

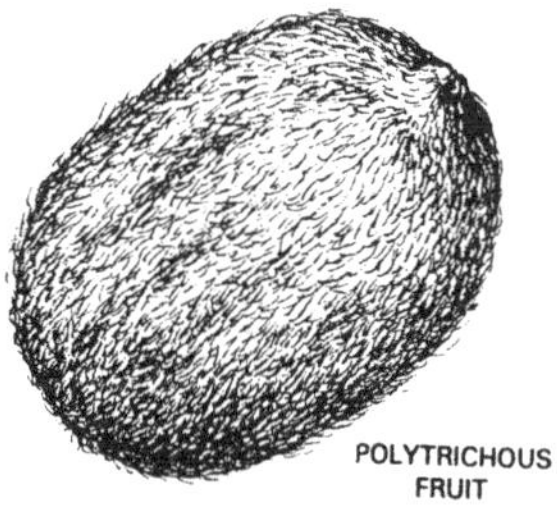

图 947

Polytrichous 多毛的 Hairy. Figure 947. 具毛(图 947)。

Pomaceous 梨果的 Of or relating to a pome; pome-like. 梨果的或与梨果相关的;形似梨果。

Pome 梨果 A fleshy, indehiscent fruit derived from an inferior, compound ovary, consisting of a modified floral tube surrounding a core,

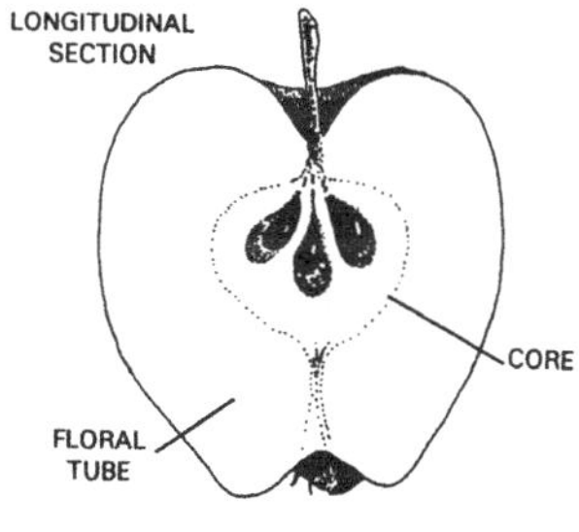

图 948

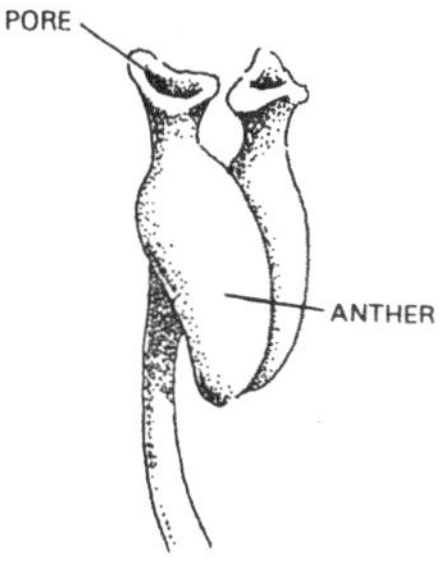

图 949

as in an apple. Figure 948. 下位复合子房形成的不开裂肉质果实,由围绕果核的变态花筒组成,如苹果(图 948)。

Porandrous 孔药的 With anthers opening by pores. Figure 949. 具有多个小孔开裂的花药(图 949)。

Pore 孔 A small opening. Figure 950. 小的开口(图 950)。

Poricidal 孔裂的 Opening by pores, as in a poppy capsule. Figure 950. 由多个孔开裂,如罂粟的蒴果(图 950)。

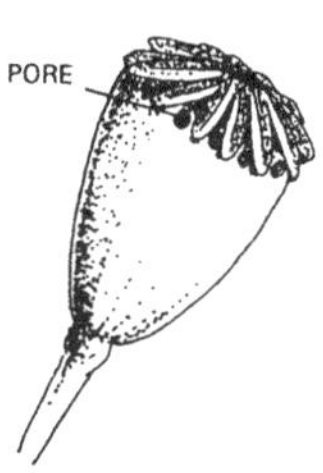

图 950

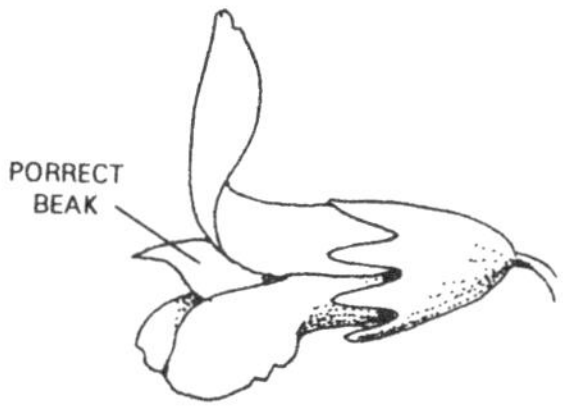

图 951

Porose 有孔的 With pores. Figure 950. 具孔(图 950)。

Porrect 前伸的 Extended forward; resembling a parrot beak. Figure 951. 向前延伸;类似鹦鹉的喙。图 951。

Posterior 后面的 At the back; on the side toward the axis, as the upper lip of a bilabiate corolla. Figure 952. (compare **anterior**) 在后面;在近轴面,如二唇型花冠的上唇。图 952。(对比**前面的**)

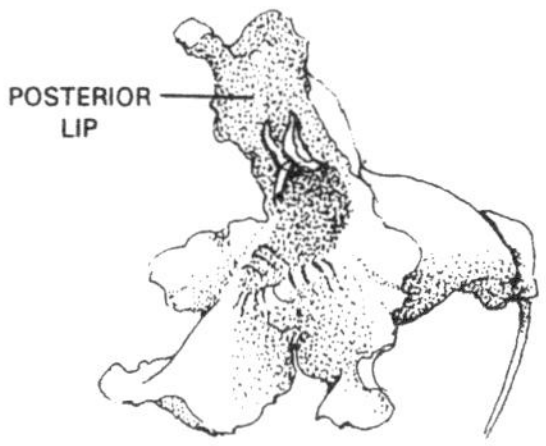

图 952

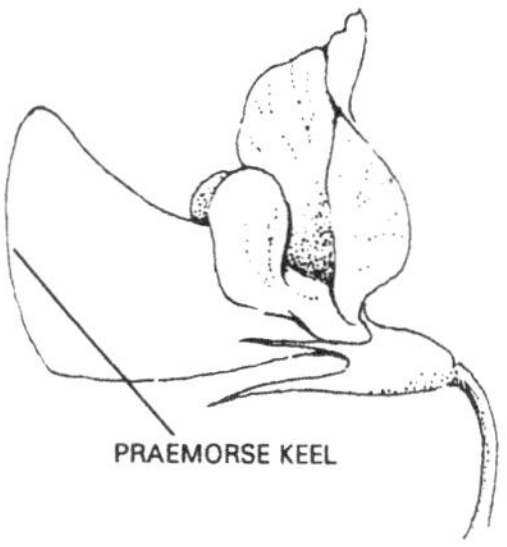

图 953

Praemorse 啮蚀状的 Terminating abruptly, as if bitten off. Figure 953. 骤然终止,如同被咬断(图 953)。

Precocious　①早熟的　②先有花的　Developing or appearing very early; with the flowers developing before the leaves.　很早发育或出现;花在抽叶前开放。

Prehensile　捕握的　Adapted for grasping, as in a tendril. Figure 954.　适于抓、握,如卷须(图954)。

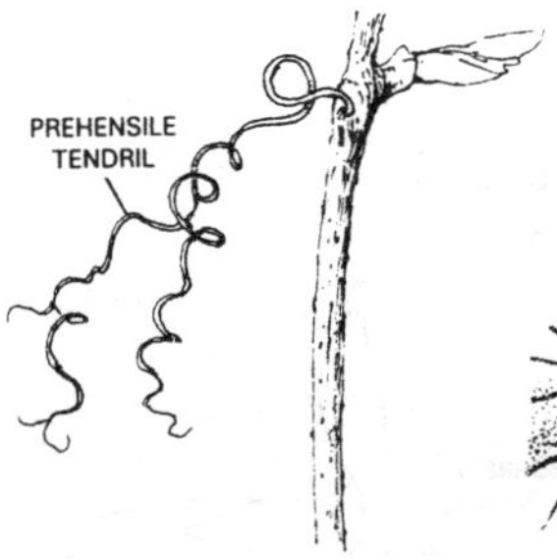

图 954

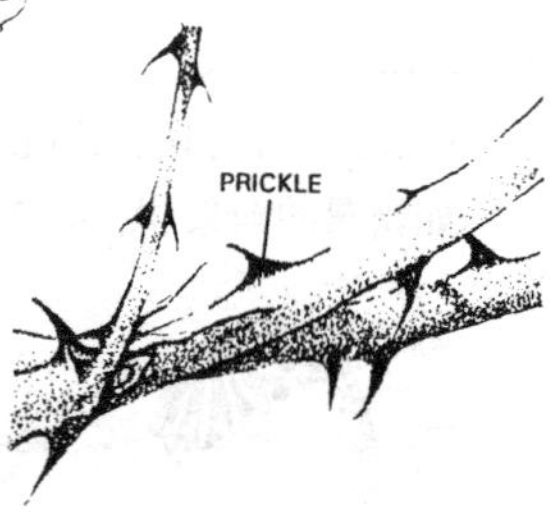

图 955

Prevernal　①早春的 ②早春开花的　Pre-spring; flowering in early spring.　早春;在早春开花。

Prickle　皮刺　A small, sharp outgrowth of the epidermis or bark. Figure 955. (compare **spine** and **thorn**)　表皮或树皮上小而尖的突起(图955)。(对比**刺**和**棘刺**)

Primary　初生的,初级的　First, as the first division of a leaf which is more than once compound. Figure 956.　第一的,如多回复叶的第一回裂叶(图956)。

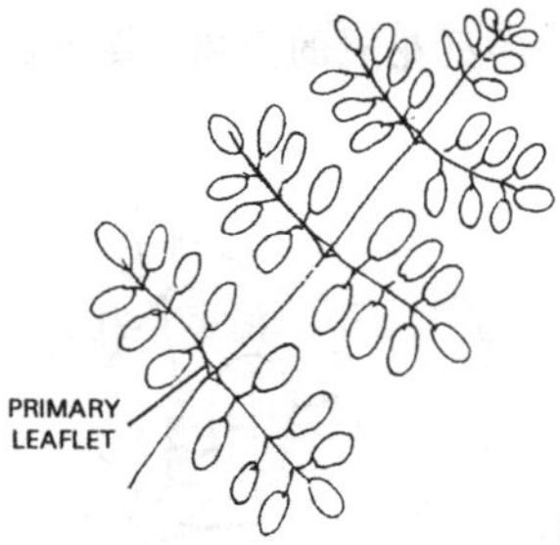

图 956

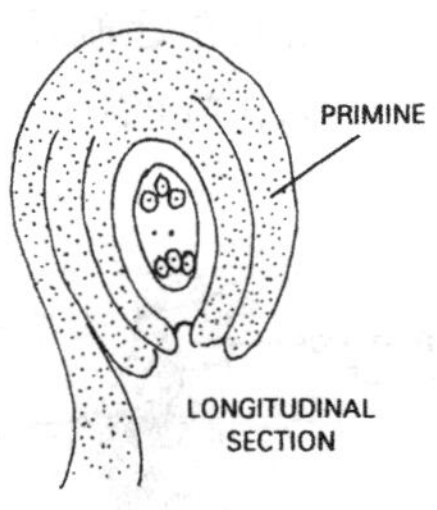

图 957

Primine　外珠被　The outer integument layer of an ovule. Figure 957.　胚珠珠被的外层(图957)。

Primocane　无花茎　The first-year, usually flowerless, cane (shoot) of *Rubus*. (compare **floricane**)　悬钩子属植物第一年通常无花的细长枝条。(对比**生花茎**)

Prismatic　棱柱状的　With sharp, definite angles and flat sides, like a prism. Figure 958; brilliant.　具尖而明确的角和平的表面,似棱柱(图958);发亮的。

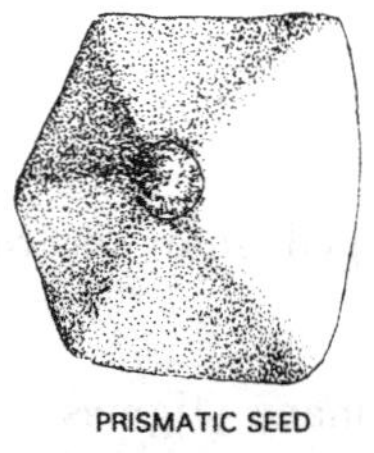

图 958

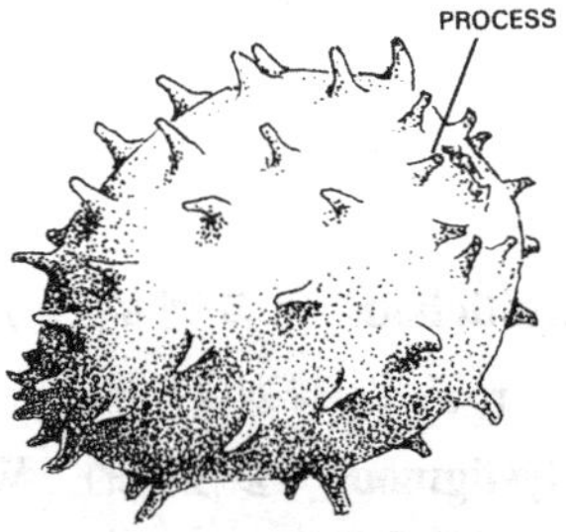

图 959

Process　突起　An outgrowth or appendage. Figures 959 and 960.　突起物或附加物(图959和图960)。

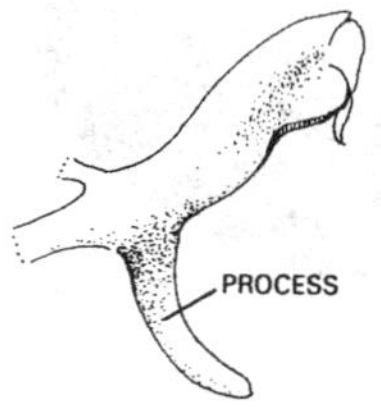

图 960

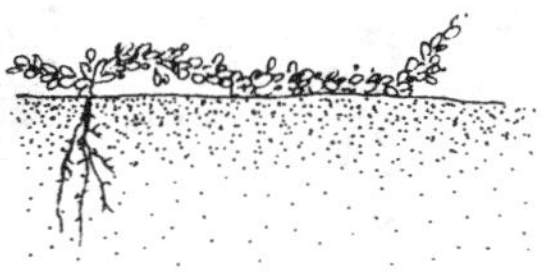

图 961

Procumbent　平卧的　Lying or trailing on the ground, but not rooting at the nodes. Figure 961.　茎沿地面生长,但节处不生根(图961)。

Projected　凸出的　Extending outward. Figure 962.　向外延伸(图962)。

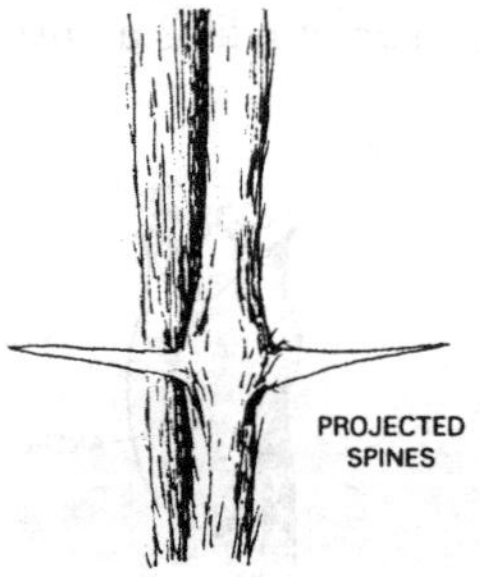

图 962

图 963

Proliferous 多育的 Bearing plantlets or bulblets, usually from the leaves. Figure 963. 通常从叶子上产生小植株或小鳞茎(图 963)。

Prominent 突出的 Standing out from the surrounding surface, as raised veins on the surface of a leaf. Figure 964. 自周围的表面凸出,如叶子表面上凸起的叶脉(图 964)。

图 964

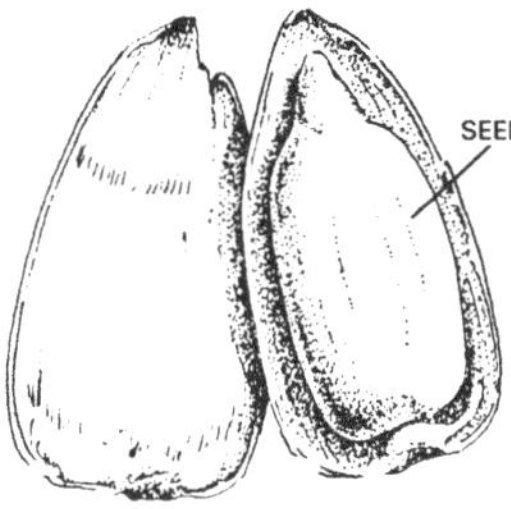

图 965

Propagule 繁殖体 A structure, such as a seed or spore, which gives rise to a new plant. Figure 965. 种子或孢子等能够产生新植物体的结构(图 965)。

Prophyll 先出叶 One of the paired bracteoles subtending the flowers in some *Juncus* species. Figure 966. 某些灯心草属植物中包围花的成对小苞片(图 966)。

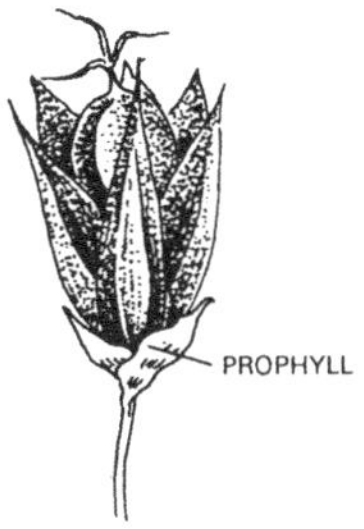

图 966

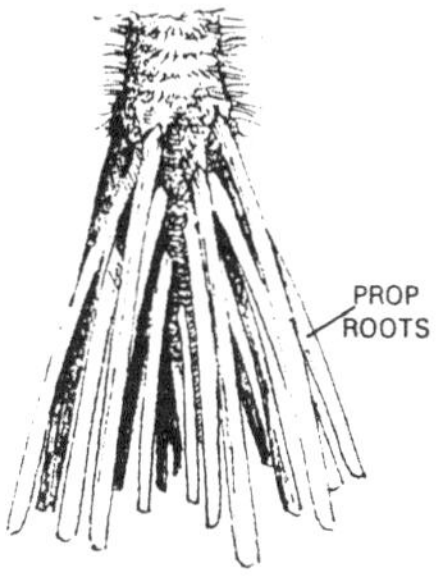

图 967

Prophyllate 具先出叶的 With prophylls. 具先出叶。

Prophyllum 先出叶 见先出叶(**prophyll**)。

Prop root 支柱根 Adventitious roots arising from lower nodes and providing support to a stem. Figure 967. 由下部茎节发出的用来支撑茎的不定根(图 967)。

Prostrate 平卧的 Lying flat on the ground. Figure 968. 平躺在地面上(图 968)。

Protandry(adj. **protandrous**) 雄蕊先熟 The anthers releasing pollen before the stigma is receptive. 花药在柱头可以受粉前即释放花粉。

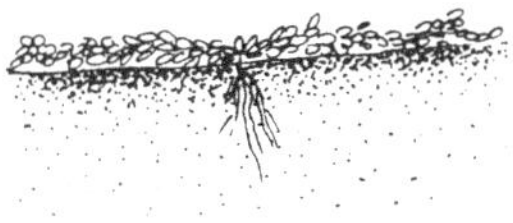

图 968

Proterandry (adj. **proterandrous**) 雄蕊先熟 见雄蕊先熟(**protandry**)。

Proteranthy(adj. **proteranthous**) 花先生现象 With the flowers developing before the leaves. 花的发育早于叶。

Proterogyny(adj. **proterogynous**) 雄蕊先熟 见雄蕊先熟(**protogyny**)。

Prothallium 原叶体 见原叶体(**prothallus**)。

Prothallus (pl. **prothallia**) 原叶体 The small, usually flat, thallus-like growth germinating from a spore; the gametophyte generation in the alternation of generations. Figure 969. 由孢子萌发形成的小而通常扁平的叶状体;世代交替中的配子体世代。(图 969)。

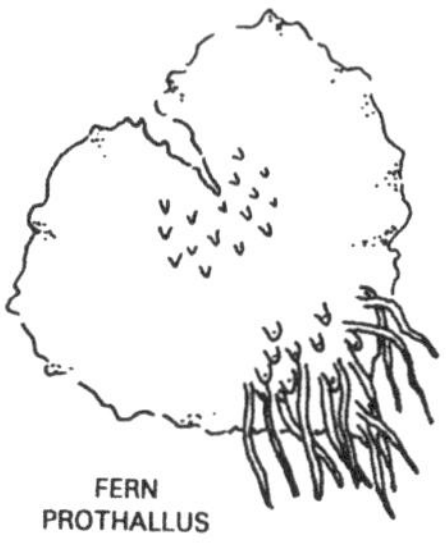

图 969

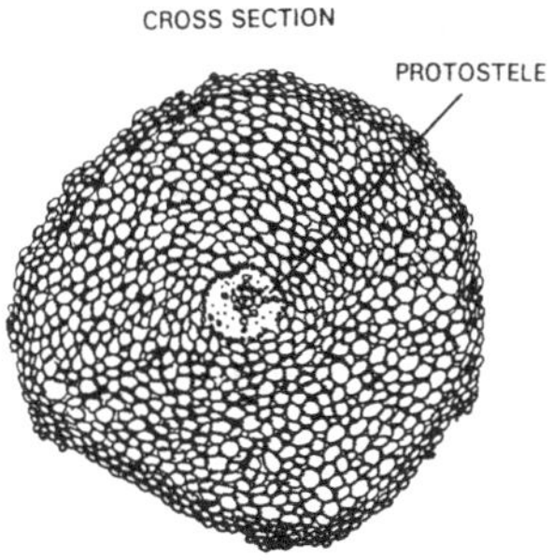

图 970

Protogyny (adj. **protogynous**) 雌蕊先熟 The stigma receptive before the anthers release pollen. 在花药释放花粉前柱头即可受粉。

Protostele 原生中柱 A stele with a solid core of vascular tissue, lacking a pith. Figure 970. 维管组织集中在中心的实心中柱,无髓(图 970)。

Protuberance 突起,突出〔物〕 A rounded bulge, swelling, or projection. Figure 971. 圆形的凸起、隆起或突出(图 971)。

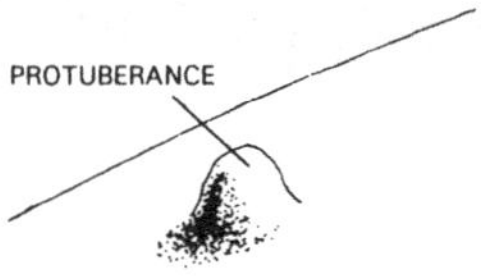

图 971

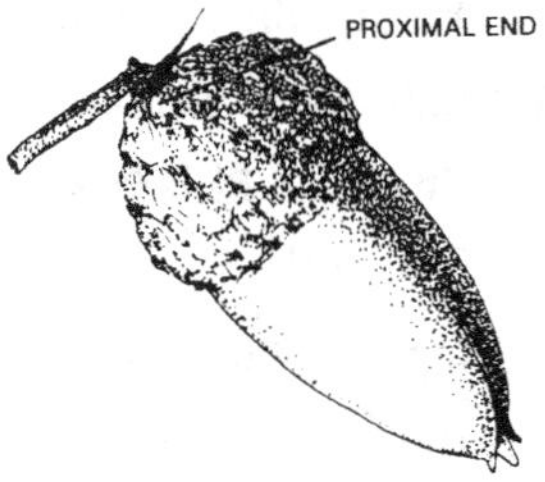

图 972

Proximal　近端的,近基的　Toward the base, or the end of the organ by which it is attached. Figure 972. (compare **distal**)　器官以近基部或末端相连接(图 972)。(对比**远端的**)

Pruinate　具粉霜的　见具粉霜的(**pruinose**)。

Pruinose　具粉霜的　With a waxy, powdery, usually whitish coating (bloom) on the surface; conspicuously glaucous, like a prune. 表面被蜡质白粉;明显具白霜,如梅干。

Pruniform　核果状的　Plum-shaped. Figure 973. 核果形(图 973)。

图 973

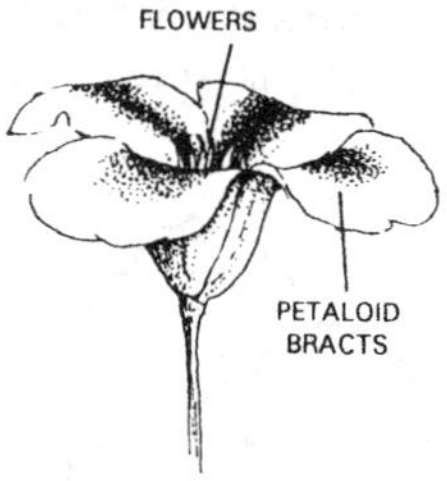

图 974

Prurient　致痒的　Causing itching.　引起瘙痒。

Psammophyte　沙生植物　A plant growing in sand.　长在沙地的植物。

Pseudanthium　假单花花序　A compact inflorescence of many small flowers which simulates a single flower. Figures 974 and 975.　由许多小花形成的外观似一朵花的密集花序(图 974 和图 975)。

Pseudo-(prefix)　**Pseudo-**(前缀)　Meaning false. 假、伪、拟。

Pseudobulb　假鳞茎　A bulbous thickening on the stems of many epiphytic orchids. Figure 976.　许多附生兰科植物茎上的鳞茎状加厚(图 976)。

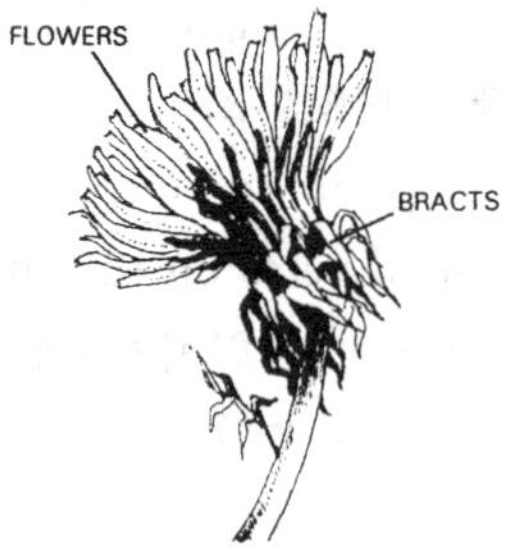

图 975

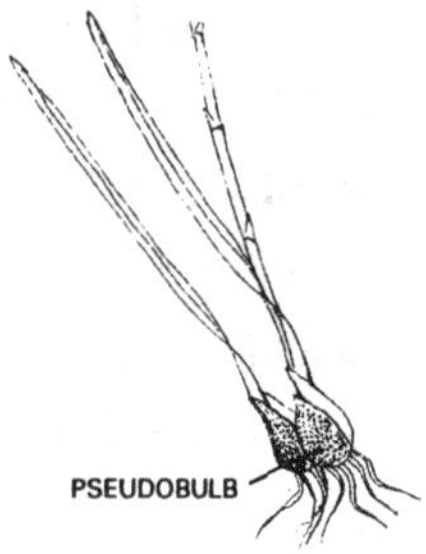

图 976

Pseudocarp　假果　A fruit which develops from the receptacle rather than from the ovary, as in a pome. Figure 977.　不是由子房而是由花托发育形成的果实,如梨果(图 977)。

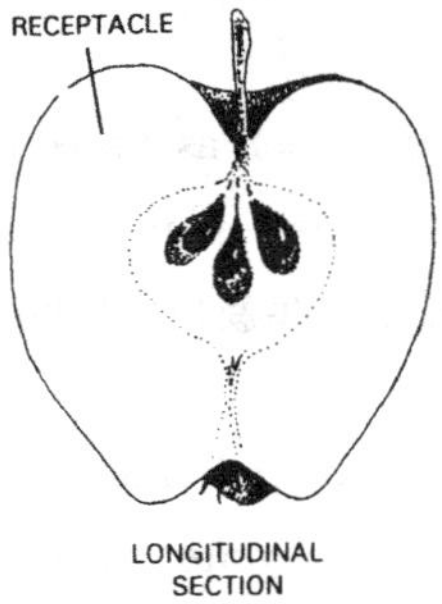

图 977

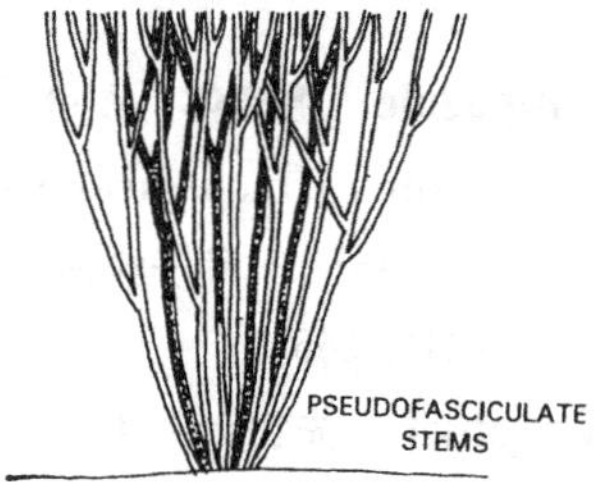

图 978

Pseudofasciculate　假簇生的　Closely clustered, but not actually joined into a bundle. Figure 978.　紧密簇生,但不真正结合成一束(图 978)。

Pseudomonomerous　假单基数的　A structure which appears to be simple, though actually derived from the fusion of separate structures, as a pistil which appears to be composed of a single carpel, though actually composed of two or more carpels.　实由离生结构愈合而成却看似单一的结构,如一些看似单心皮的雌蕊,实由两个或多个心皮组成。

Pseudoscape　假花葶　A false scape, where not all of the leaves are truly basal in origin though, superficially, they appear to be so. Figure 979.　假的花葶,并非所有的叶子都基生,但看似如此(图 979)。

Pseudoverticillate　假轮生的　Not actually

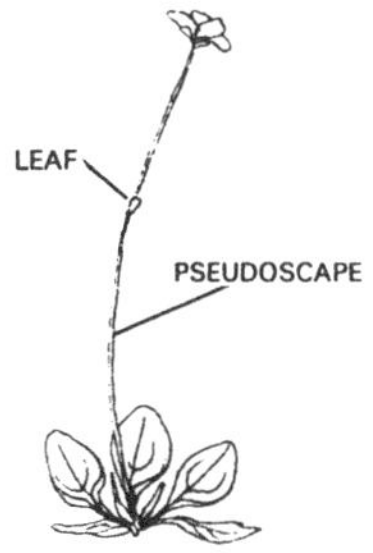

图 979

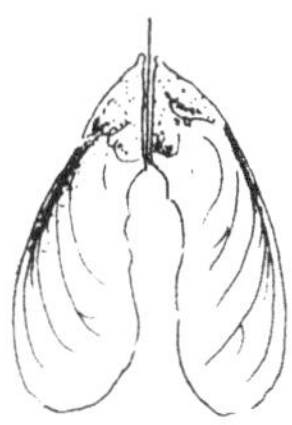

图 980

whorled, but appearing so. 看似轮生,但并非真正的轮生。

Pterocarpous 具翅果的 With winged fruits. Figure 980. 具带翅的果实(图 980)。

Pterocaulous 具翅茎的 With winged stems. Figure 981. 具带翅的茎(图 981)。

Pterospermous 具翅种子的 With winged seeds. Figure 982. 具带翅的种子(图 982)。

Pterygopous 具翅花梗的 With winged peduncles. 具带翅的花梗。

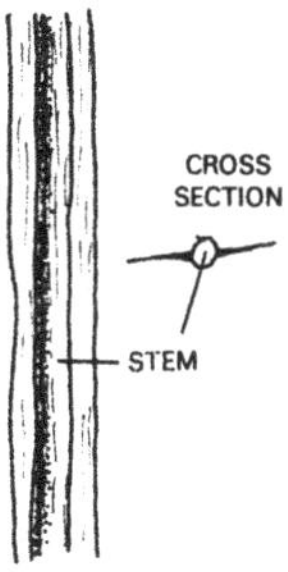

图 981

图 982

Puberulence 微柔毛 Fine, short hairs. Figure 983. 纤细而短的毛(图 983)。

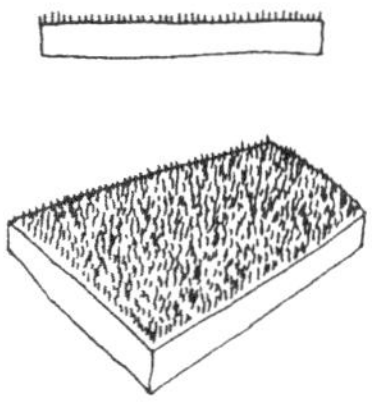

图 983

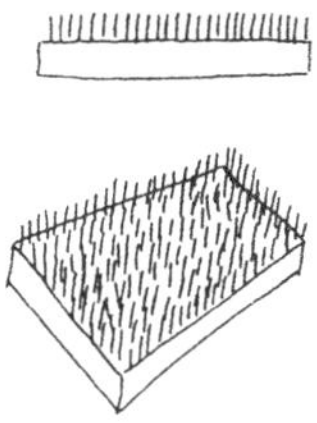

图 984

Puberulent 被微柔毛的 Minutely pubescent; with fine, short hairs. Figure 983. 细小微柔毛;具纤细的短毛。图 983。

Puberulous 被微柔毛的 见被短柔毛的(**puberulent**)。

Pubescence 短柔毛 Hairiness; short, soft hairs. Figure 984. 有毛;短而软的毛。图 984。

Pubescent 被短柔毛的 Covered with short, soft hairs. Figure 984; bearing any kind of hairs. 被覆短而柔软的毛(图 984);生有各种毛。

Pulveraceous 粉状的 见粉状的(**pulverulent**)。

Pulverulent 粉状的 Appearing dusty or powdery. 呈灰尘状或粉状。

Pulvinate 垫状的,枕状的 Cushion-like or mat-like. Figure 985. 垫状或枕状(图 985)。

图 985

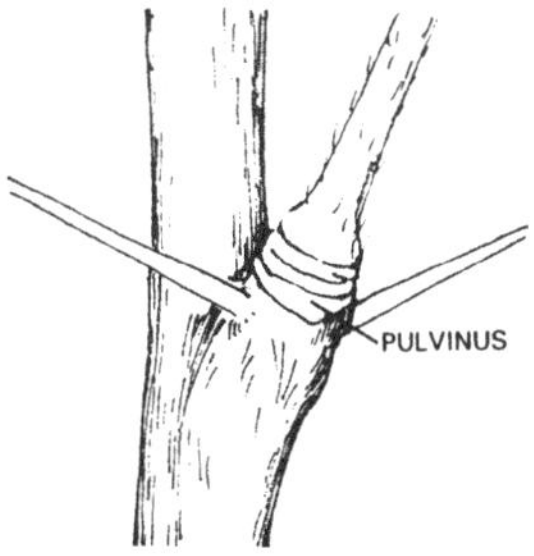

图 986

Pulviniform 垫状的 见垫状的,枕状的(**pulvinate**)。

Pulvinule 小叶枕 A small pulvinus at the base of a petiolule. 小叶柄基部的小的叶枕。

Pulvinus(pl. **pulvini**) 叶枕 A swelling or enlargement at the base of a petiole or petiolule. Figure 986. 叶柄或小叶柄基部的膨大或扩大部分(图 986)。

Punctate 具点的 Dotted with pits or with translucent, sunken glands or with colored dots. Figure 987. 由凹穴或半透明下陷的腺体或色斑形成的斑点(图 987)。

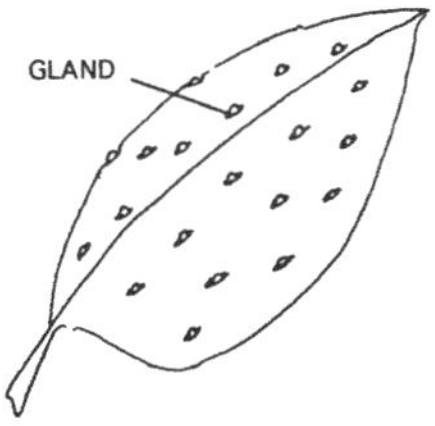

图 987

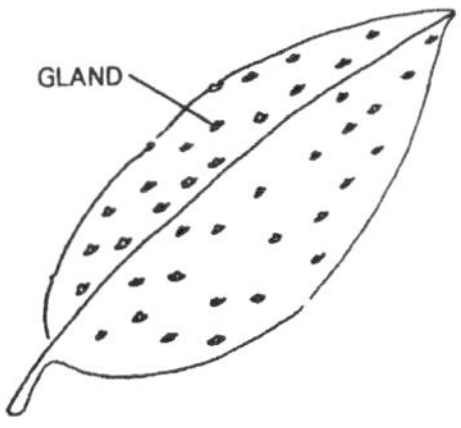

图 988

Puncticulate **具小点的** Minutely punctate. Figure 988. 具小的斑点(图 988)。

Punctiform **点状的** Reduced to a point. 缩减为一点。

Pungent **①锐尖的 ②辛辣的** Tipped with a sharp, rigid point. Figure 989; with a sharp, acrid odor or taste. 先端具尖而硬的尖突(图 989);具强烈刺激性的气味或味道。

图 989

Puniceous **深红色的** Crimson colored. 颜色深红。

Purpurescent **变紫色的** Becoming purplish. 变成紫色。

Pustular **多疱状突起的** **见具小疱状突起的(pustulose)。**

Pustulate **多疱状突起的** **见具小疱状突起的(pustulose)。**

Pustule **小疱状突起** Small blisterlike elevations. Figure 990. 小的水疱状突起(图 990)。

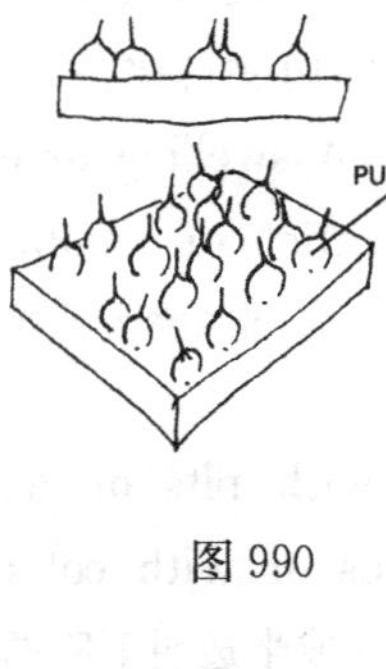

图 990

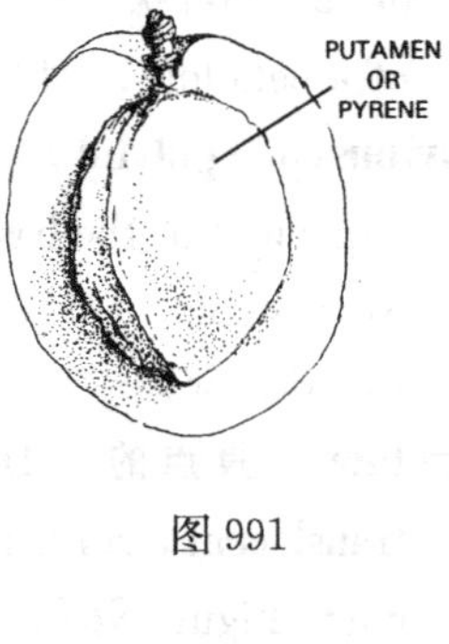

图 991

Pustuliferous **具小疱状突起的** **见具小疱状突起的(pustulose)。**

Pustulose **具小疱状突起的** With small blisters or pustules, often at the base of a hair. Figure 990. 在毛的基部通常具有小水疱状或小疱状突起(图 990)。

Putamen **①核 ②核壳** The hard stony endocarp of some fruits. Figure 991; a nut shell. Figure 992. 某些果实的石质内果皮(图 991);坚果壳(图 992)。

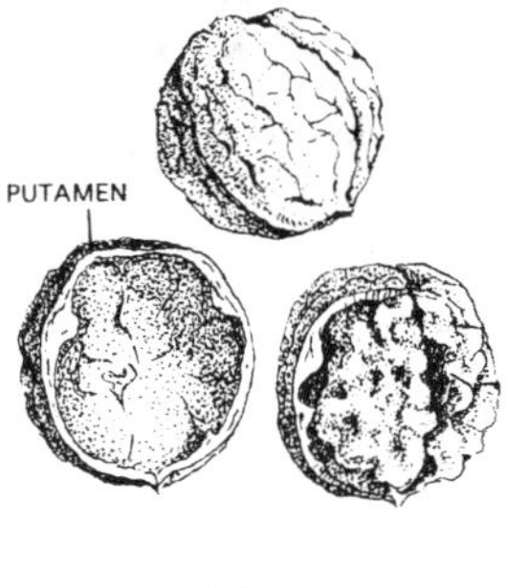

图 992

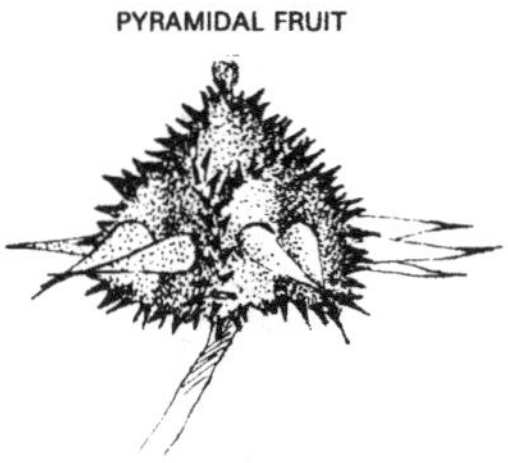

图 993

Pyramidal **金字塔形的** Tetrahedral; pyramid-shaped. Figure 993. 四面体;金字塔形。(图 993)。

Pyrene **①分核 ②小坚果** The stone or pit of a drupe or drupelet. Figure 991; a nutlet. Figure 994. 核果或小核果的核(图 991);小坚果(图 994)。

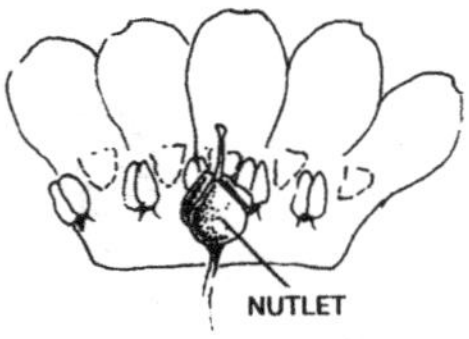

图 994

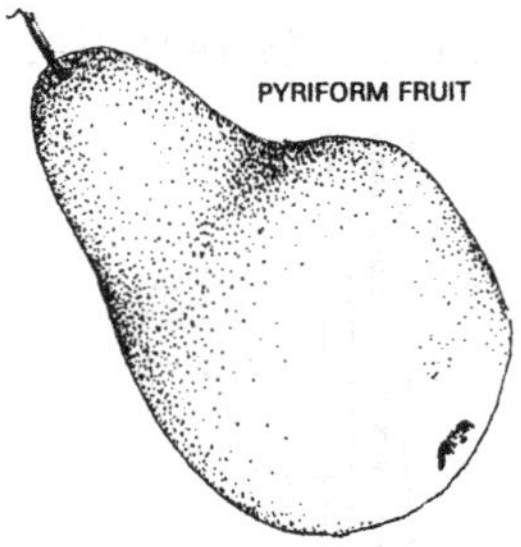

图 995

Pyriform **梨形的** Pear-shaped. Figure 995. 梨形(图 995)。

Pyxidate **具盖的** With a pyxis. Figure 996. 具盖(图 996)。

Pyxidium **盖果** 见盖果(**pyxis**)。

Pyxis **盖果** A circumscissile capsule, the top coming off as a lid. Figure 996. 周裂的蒴果,顶端盖状脱落(图 996)。

Quadrangular **四棱的** Four-angled. Figure 997. 具四棱角的(图 997)。

Quadrangulate **四棱的** 见四棱的(**quadrangular**)。

Quadrate **①方形的 ②直角的** Square; rectangular. 方形;成直角。

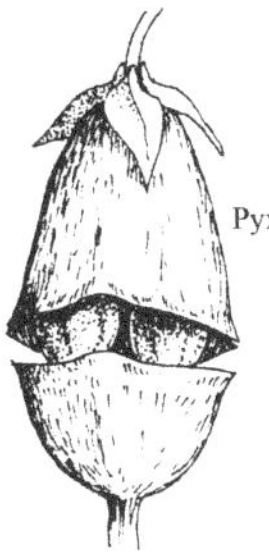

图 996

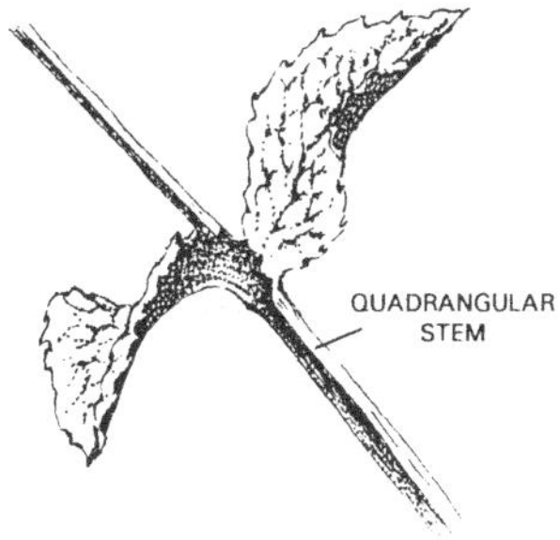

图 997

Quadri-(prefix) **Quadri-**(前缀) Meaning four. 四。

Quadrifoliate 四叶的 With four leaves or four leaflets. Figure 998. 具四片叶子或四片小叶(图 998)。

图 998

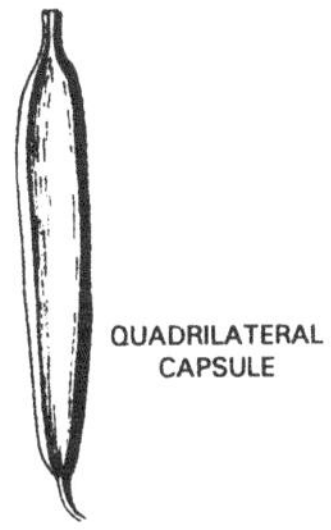

图 999

Quadrilateral 四边的 With four sides. Figure 999. 具四个边(图 999)。

Quadripinnatifid 四回羽状裂的 Four times pinnately cleft. Figure 1000. 四次羽状的分裂(图 1000)。

Quilled 筒状的 With tubular florets, especially in cases where the florets are typically ligulate, as in some members of the Compositae (Asteraceae). Figure 1001. 具筒状小花,尤其是小花为典型的舌状花时,如某些菊科植物(图 1001)。

[译者按:原文的解释有矛盾之处,筒状花由舌状花演变而来,但并非典型的舌状花,图 1001 中均为筒状花,而非典型的舌状花。]

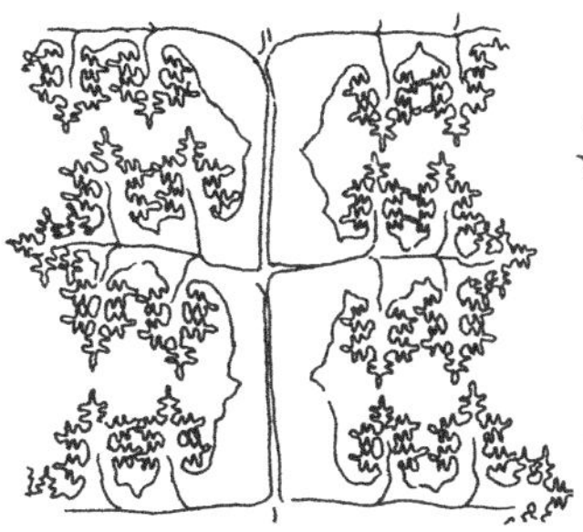

图 1000

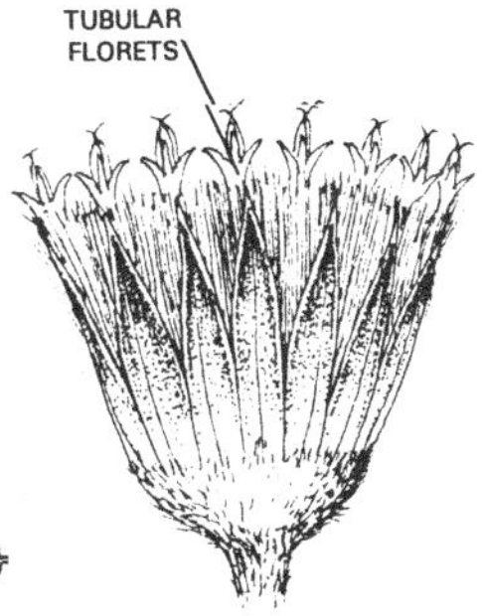

图 1001

Quinary 五的 In fives. Figure 1002. 五个(图 1002)。

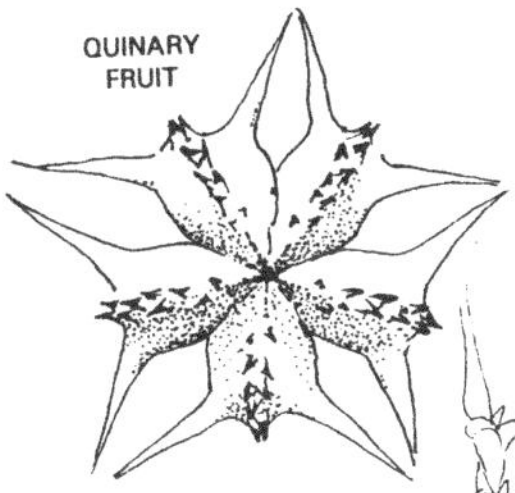

图 1002

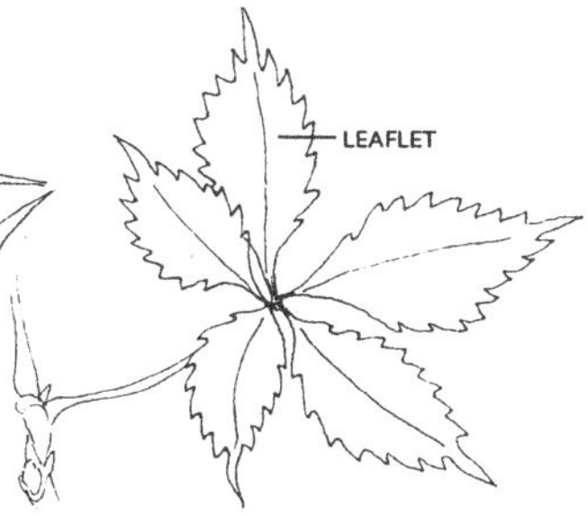

图 1003

Quinate 五分的 Five-parted. Figure 1003. 五深裂(图 1003)。

Quincuncial 五列的 With a five-ranked leaf arrangement. Figure 1004. 叶子以五列排列(图 1004)。

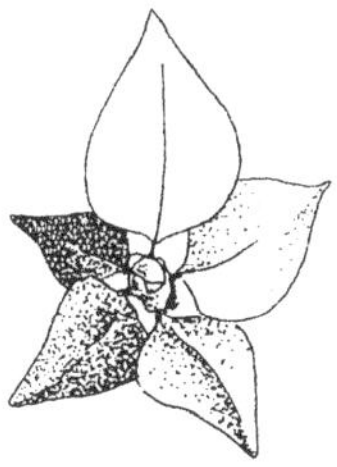

图 1004

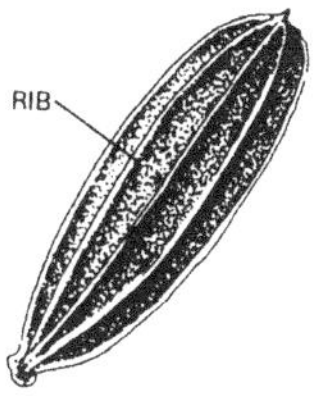

图 1005

Quinquecostate 五中脉的 With five ribs. Figure 1005. 具五条肋(图 1005)。

Quinquefarious 五列的 Arranged in five ranks. Figure 1006. 排列成五列(图 1006)。

Quinquefoliate 五叶的 With five leaves or five leaflets. Figure 1003. 具五片叶子或五片小叶(图 1003)。

Quinquejugate 五对的 Arranged in five pairs. Figure 1007. 成五对排列(图 1007)。

Quinquelocular 五室的 With five cells or

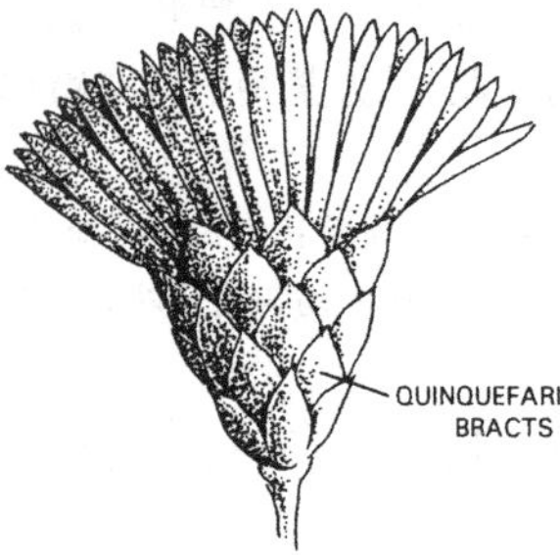

图 1006

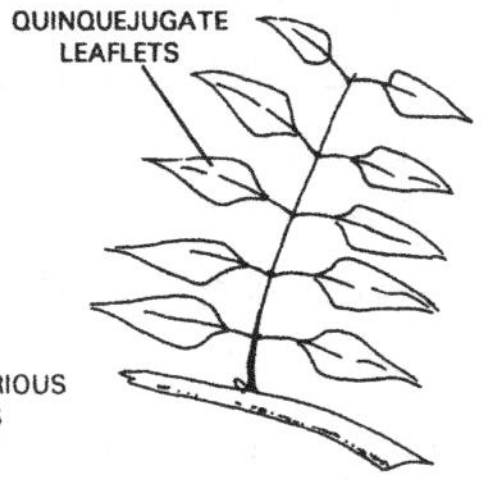

图 1007

locules. Figure 1008. 具五室(图 1008)。

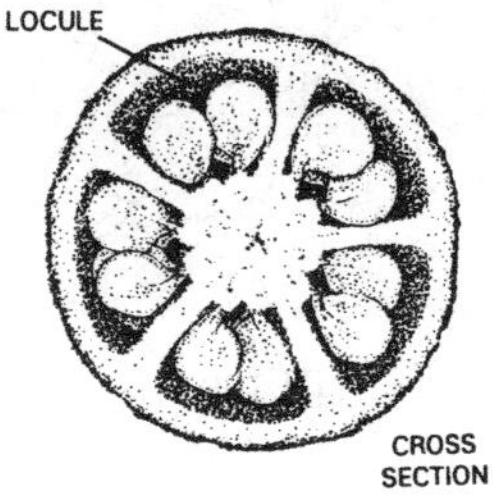

图 1008

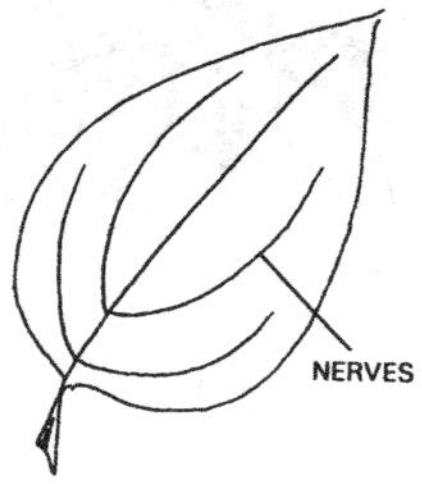

图 1009

Quinquenerved 五脉的 With five main nerves. Figure 1009. 具五条主脉(图 1009)。

Quinquepartite 五深裂的 Divided into five parts. Figure 1003. 分裂成五个部分(图 1003)。

Raceme 总状花序 An unbranched, elongated inflorescence with pedicellate flowers maturing from the bottom upwards. Figure 1010. 花具柄,由基向上渐次成熟,长而不分枝的花序(图 1010)。

Racemiferous 具总状花序的 见总状的(**racemose**)。

Racemiform 总状花序状的 An inflorescence with the general appearance, but not necessarily the structure, of a true raceme. 形似总状花序,结构上不一定是真正的总状花序。

图 1010

Racemose 总状的 Having flowers in racemes. The term is sometimes used in the same sense as **racemiform**. Figure 1010. 花排列成总状花序。该词有时等同**总状花序状**的(图 1010)。

Rachilla 小穗轴 The axis of a grass or sedge spikelet. Figure 1011; a small rachis. 禾草或莎草小穗的轴(图 1011);小轴。

图 1011

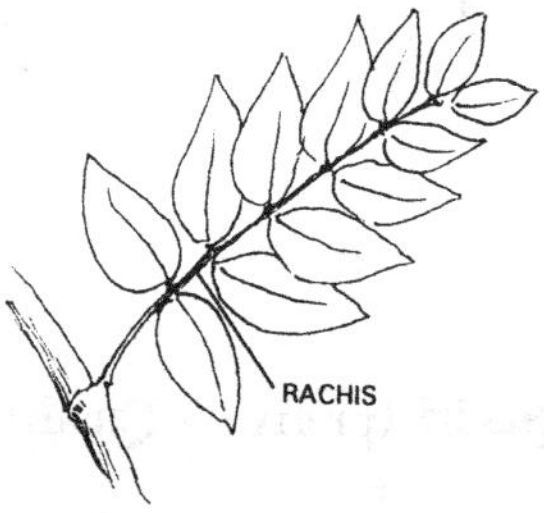

图 1012

Rachis 轴 The main axis of a structure, such as a compound leaf or an inflorescence. Figures 1012 and 1013. 复叶或花序等结构的主轴(图 1012 和图 1013)。

Radial 辐射状的 With structures radiating from a central point, as spokes on a wheel. Figure 1014; the lateral spines of a cactus. Figure 1015. 具从中心点向四周辐射的结构,犹如车轮上的辐条(图 1014);仙人掌的边刺(图 1015)。

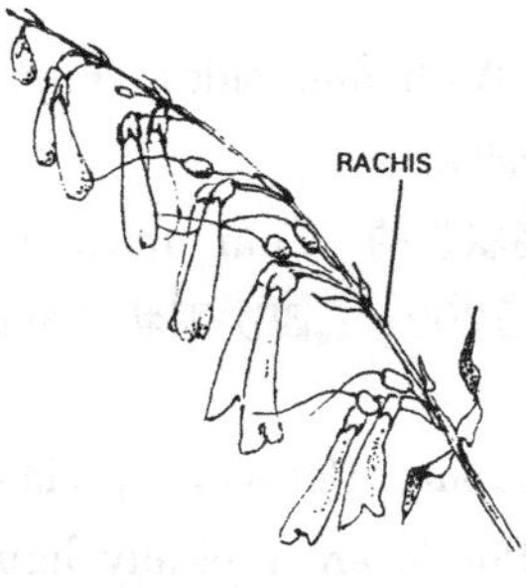

图 1013

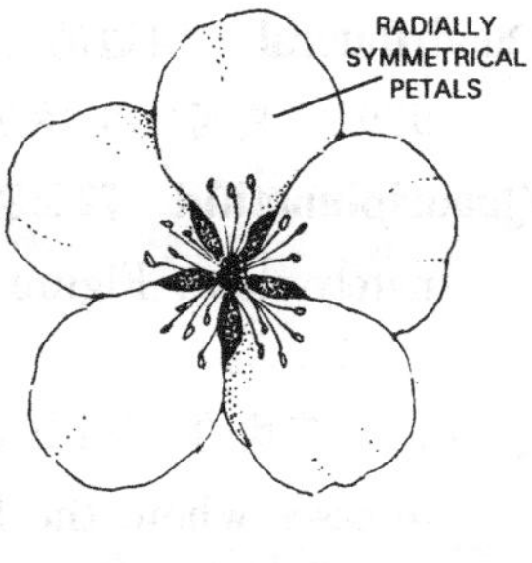

图 1014

Radiant 辐射状的 见辐射状的(**radiate**)。

Radiate 辐射状的 With parts spreading from a central point. Figure 1016; in the Compositae (Asteraceae), with some of the flowers of the involucrate head ligulate (the petals united into a strap-like corlla). Figure 1017. 从中心点向四周辐射的结构(图 1016);在菊科中,具总苞的头状花序的辐射状舌状花(瓣片合生成舌状

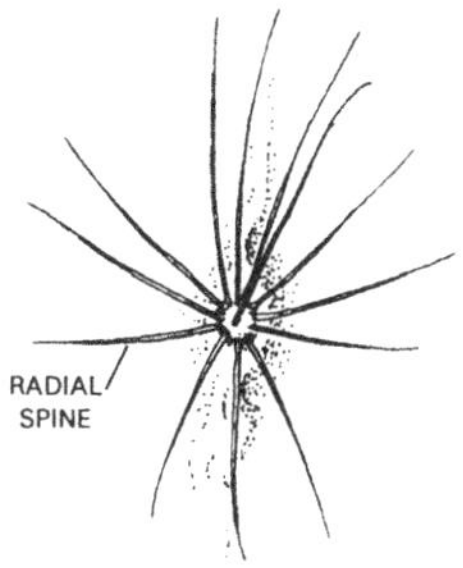

图 1015

图 1016

花冠)(图 1017)。

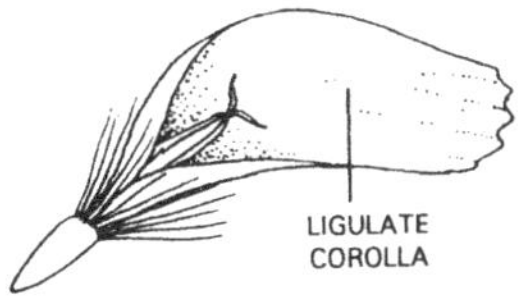

图 1017

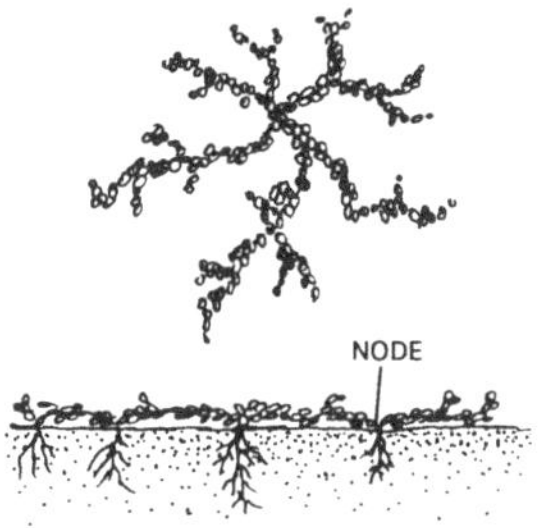

图 1018

Radical 根生的 Pertaining to the root; arising from, or near, the roots. 与根相关;从根上或接近根部发出。

Radicant 生根的 Rooting from the node of a prostrate stem or from a leaf. Figure 1018.根从匍匐茎的节上或从叶上发出(图 1018)。

Radicicolous 根出的 With the flower positioned directly upon the root crown. Figure 1019.花直接着生在根颈上(图 1019)。

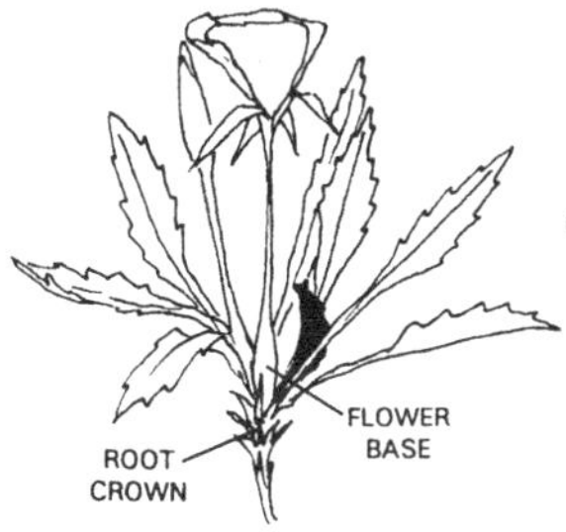

图 1019

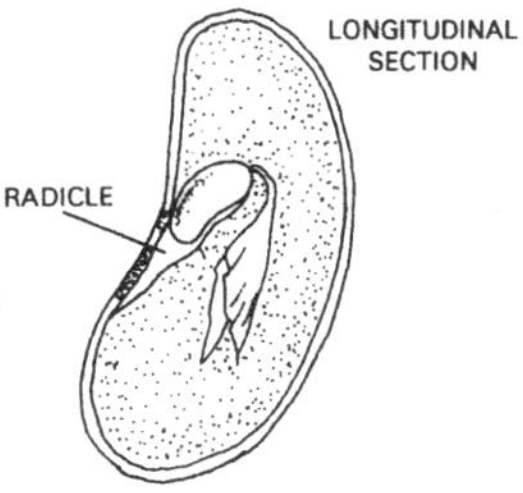

图 1020

Radicle 胚根 The part of the plant embryo which will develop into the primary root. Figure 1020. 植物胚中发育形成主根的部分(图 1020)。

Ramal 枝条的 见枝条的(**rameal**)。

Rameal 枝条的 Pertaining to the branches. 与枝条相关。

Ramentaceous 具小鳞片的 Having ramentum. Figure 1021. 有小鳞片(图 1021)。

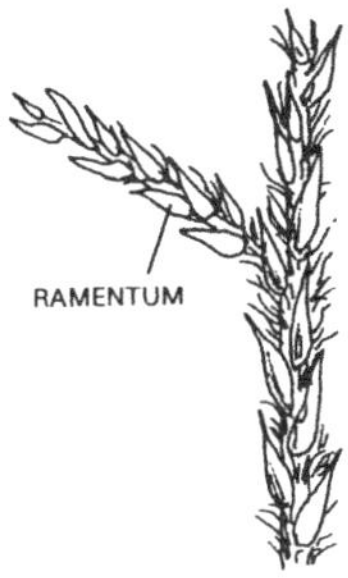

图 1021

图 1022

Ramentum 小鳞片 The flattened, scaly outgrowths on the epidermis of the stem and leaves of some ferns. Figure 1021. 某些蕨类植物叶和茎表皮上的扁平、鳞片状的突起(图 1021)。

Ramification 分枝式 The arrangement of branching parts. 枝条的排列方式。

Ramiform 枝状的 Branch-like in form; branched. 枝条状;分枝。

Romose 多枝的 With many branches; branching. Figure 1022. 具多分枝;分枝(图 1022)。

Ramous 多枝的 见多枝的(**ramose**)。

Ramulose 多小枝的 见多枝的(**ramose**)。

Range 分布区 The area of distribution of a plant. 植物分布的范围。

Rank 列 A vertical row, as in a plant with 2-ranked leaves arranged into two rows. Figure 1023. 竖行,如具有排列成两竖行叶片的植物(图 1023)。

图 1023

Ranked **成列的** Arranged into vertical rows. Figure 1023. 排列成竖行(图 1023)。

Raphal **脊的** Of or pertaining to the raphe. 脊或与脊相关。

Raphe(pl. **raphae**) **种脊** A ridge on the seed formed by the portion of the funiculus fused to the seed coat. Figure 1024. 由珠柄的一部分与种皮合生形成的种子表面的脊状突起(图 1024)。

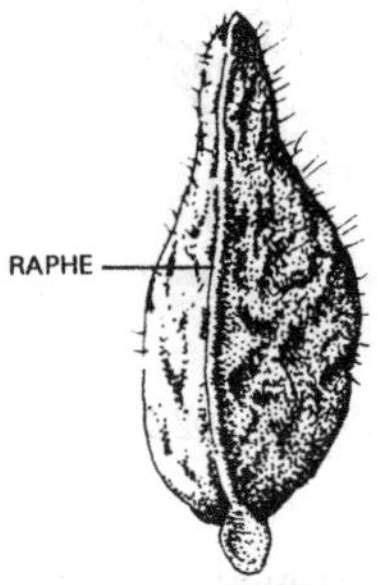

图 1024

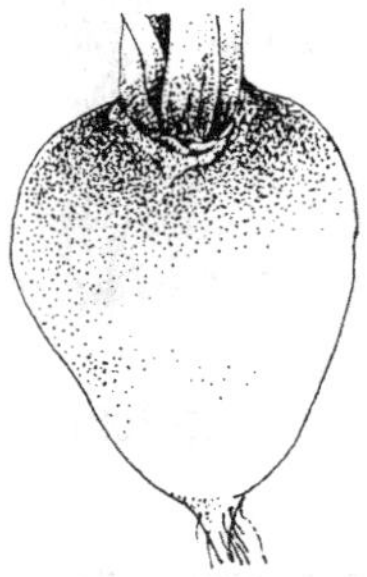
图 1025

Rapiformis **芜菁根形的** Turnip-shaped. Figure 1025. 形似芜菁根(图 1025)。

Ratoon **截根苗** A shoot arising from the root of a plant that has been cut down. Figure 1026. 被砍伐植物根部长出的苗(图 1026)。

图 1026

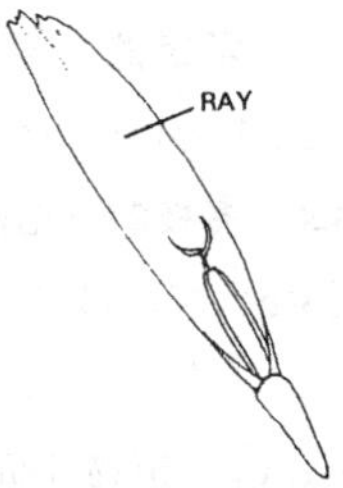

图 1027

Ray **①舌状花冠,舌状花 ②伞辐** The strap-like portion of a ligulate flower (or the ligulate flower itself) in the Compositae (Asteraceae). Figure 1027; a branch of an umbel. Figure 1028. 菊科舌状花的舌形部分(或舌状花本身)(图 1027);伞形花序分枝(图 1028)。

Ray flower **边花** A ligulate flower of the Compositae (Asteraceae). Figure 1027. (compare **disk flower**) 菊科的舌状花(图 1027)。(对比**心花**)

Receptacle **花托** The portion of the pedicel upon which the flower parts are borne. Figure 1029; in the Compositae (Asteraceae), the part of the peduncle where the flowers of the head are borne. Figure 1030. 着生花部器官的花梗部分(图 1029);菊科中,着生头状花序花的花序梗部分(图 1030)。

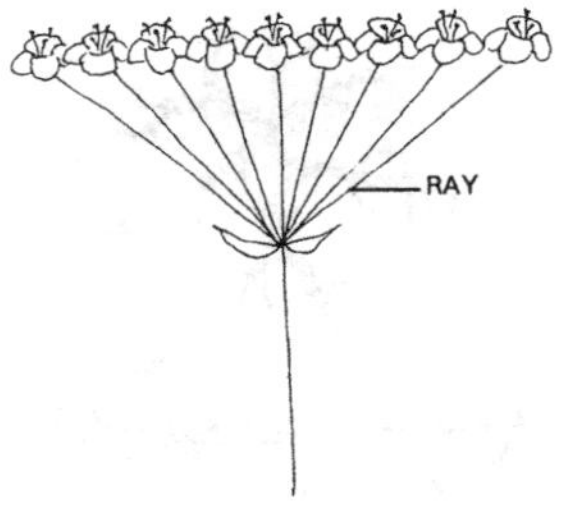

图 1028

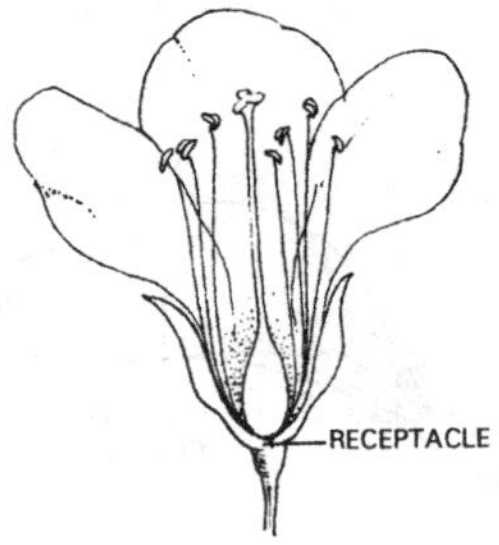

图 1029

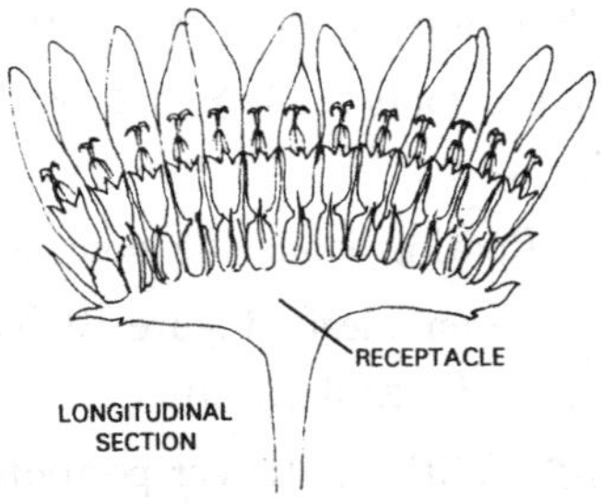

图 1030

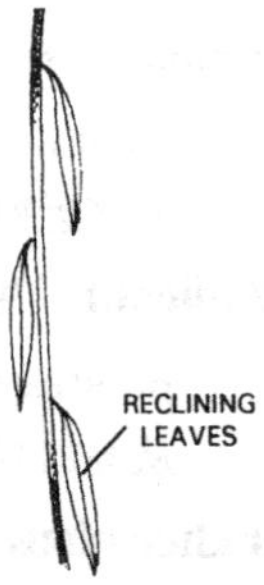

图 1031

Reclinate **拱垂** Bent abruptly downward. Figure 1031. 向下陡然弯曲(图 1031)。

Reclining **拱垂的** Bending or curving downward. Figure 1031; lying upon something and being supported by it. 向下弯曲(图 1031);靠着某物并由其支撑。

Recumbent **横卧的** Leaning or resting on the ground; prostrate. Figure 1032. 倚靠或躺在地面上;平卧。图 1032。

Recurved **下弯的** Curved backward. Figure 1033. 向后弯曲(图 1033)。

Reduced **①缩减的 ②退化的** Diminished in size.

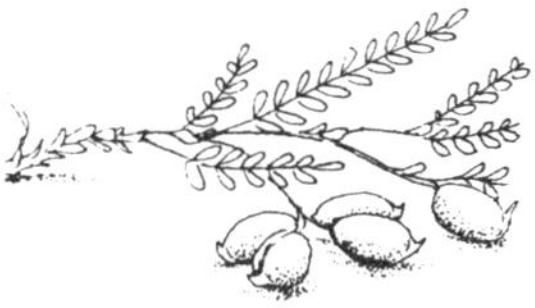

图 1032

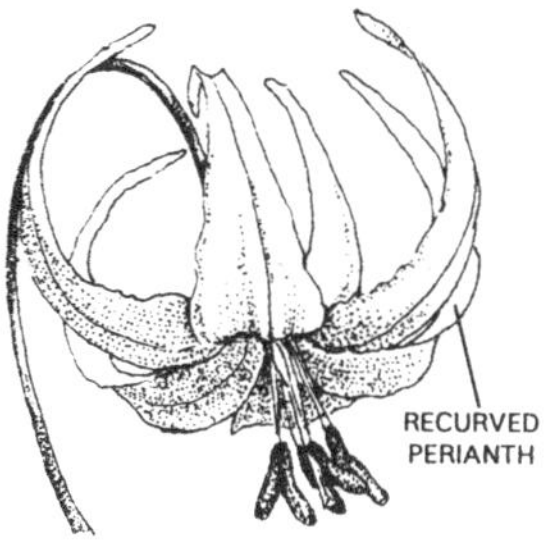

图 1033

体积上减小。

Reduplicate **外向镊合状** Valvate with the edges reflexed. Figure 1034. (花瓣)边缘反折的镊合状排列式样(图 1034)。

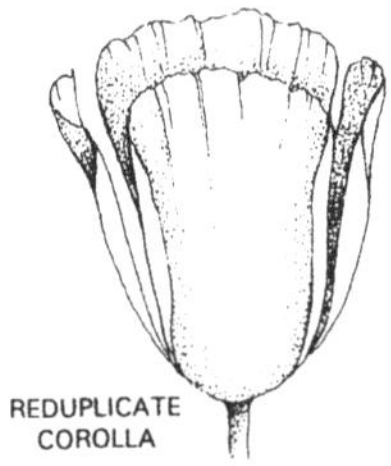

图 1034

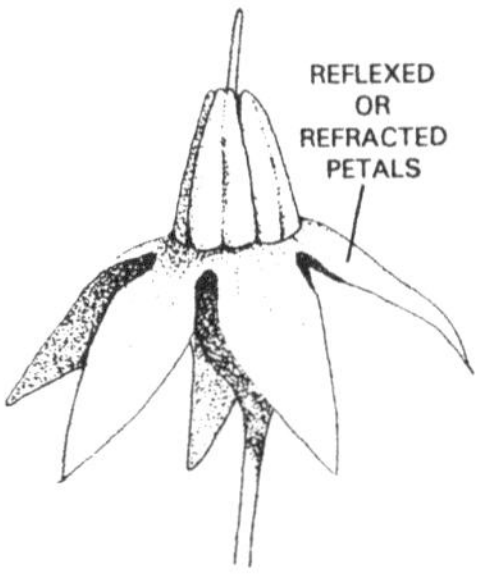

图 1035

Reflexed **反折的** Bent backward or downward. Figure 1035. 向后或向下弯曲(图 1035)。

Refoliate **重新生叶** To produce leaves again, as after rain, wind, or disease. 经历风雨或病虫害后,再次长出叶。

Refracted **骤折的** Bent backward from the base. Figure 1035. 从基部起向后弯曲(图 1035)。

Regma(pl. **regmata**) **弹裂蒴果** A dry fruit of three or more carpels which separate at maturity. Figure 1036; a type of schizocarp. 由三个或多个心皮组成,成熟时开裂的干果(图 1036);分果的一种类型。

Regular **整齐的** Radially symmetrical; said of a flower in which all parts are similar in size and arrangement on the receptacle. Figure 1037. (compare **irregular**, and see **actinomorphic**) 辐射对称;花各部分的大小及其在花托上的排列方式相似(图 1037)。(对比**不整齐的**,并参见**辐射对称的**)

图 1036

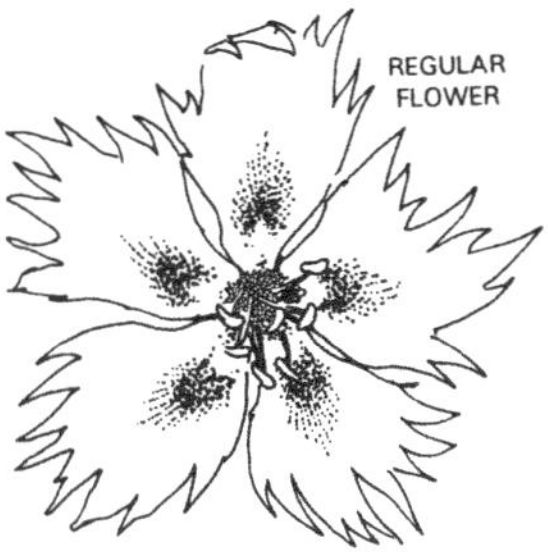

图 1037

Regularly **整齐地** Evenly or uniformly. 一致或相同。

Relict **孑遗** A plant which has survived from an earlier flora or from a past geologic epoch. 经历早期植物区系或过去地质时期而残存的植物。

Remote **远离的** Distantly spaced. 远离。

Reniform **肾形的** Kidney-shaped. Figure 1038. 形似肾(图 1038)。

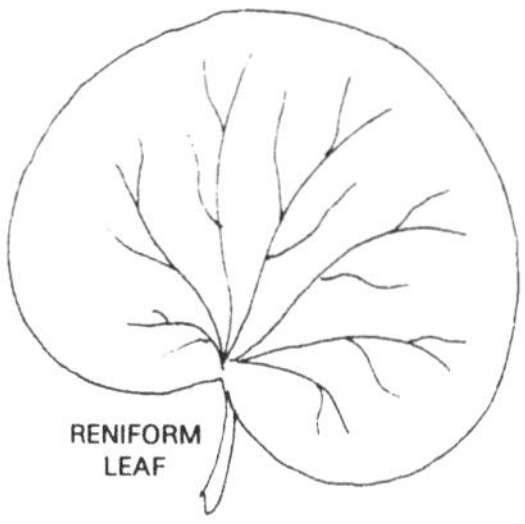

图 1038

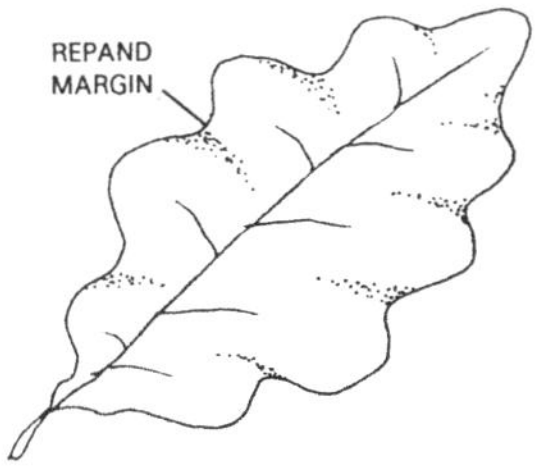

图 1039

Repand **浅波状的** With a slightly wavy or weakly sinuate margin; undulate. Figure 1039. 边缘有些波状或微弱的弯曲;波状。图 1039。

Repent **匍匐生根的** Prostrate; creeping. Figure 1040. 横卧;爬行。图 1040。

Replicate **反叠的** Folded backward. Figure 1035. 向后折叠(图 1035)。

Replum **假隔膜** Partition or septum between the two valves or compartments of silicles or siliques in the Cruciferae (Brassicaceae). Figure 1041. 十字花科植物长角果或短角果一室两心皮(假二室)之间的隔膜(图 1041)。

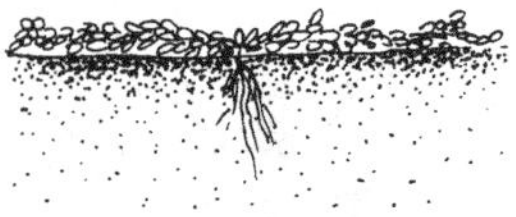

图 1040

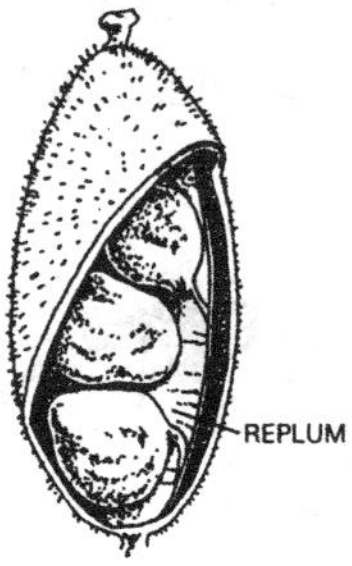

图 1041

Reptant　匍匐生根的　见匍匐生根的(**repent**)。

Resiniferous　具树脂的　见树脂的(**resinous**)。

Resinous　树脂的　Bearing resin and often, therefore, sticky. 具树脂,常有黏性。

Resupinate　倒置的　Upside down duo to twisting of the pedicel, as the flowers of some orchids. Figure 1042. 由于花柄扭曲形成花位置反转现象,如某些兰科的花(图 1042)。

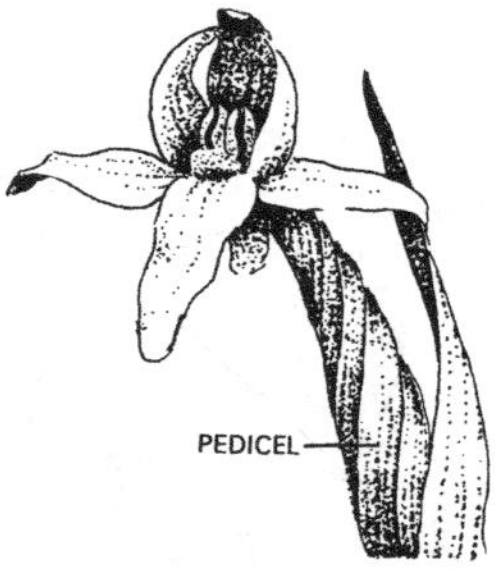

图 1042

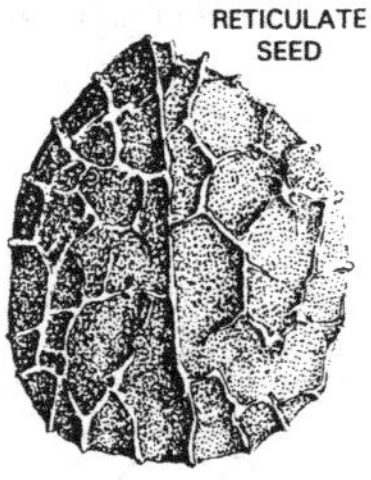

图 1043

Reticulate　网状的　In the form of a network. Figure 1043; net-veined. Figure 1044. 网络状(图 1043);网状脉(图 1044)。

Reticulation　网状　见网(**reticulum**)。

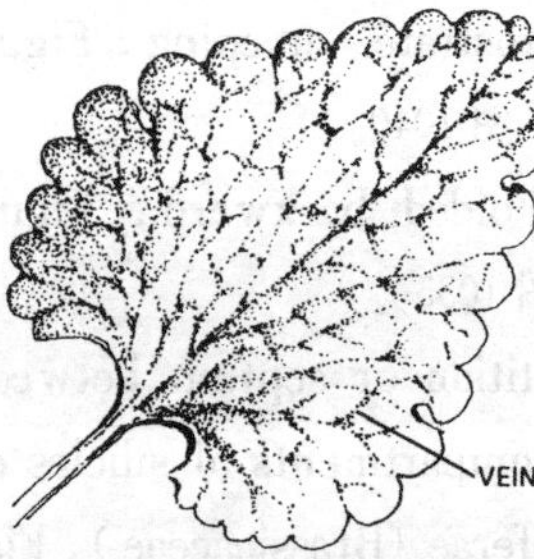

图 1044

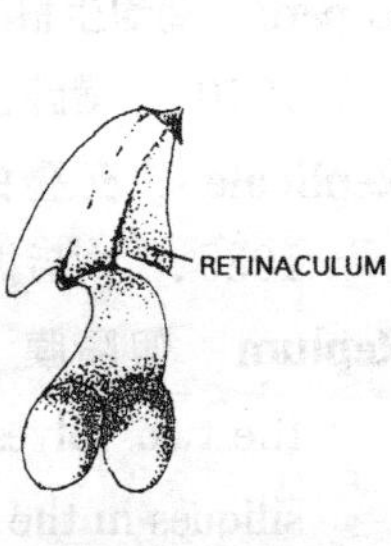

图 1045

Reticulum(pl. **reticula**)　网　A network of veins or fibers. Figures 1043 and 1044. 叶脉或纤维组成的网(图 1043 和图 1044)。

Retinaculum　着粉腺　The sticky gland attached to the pollinia of the Orchidaceae. Figure 1045. 着生在兰科植物花粉块上的黏性腺体(图 1045)。

Retrocurved　反弯的　见下弯的(**recurved**)。

Retroflexed　反折的　见反折的(**reflexed**)。

Retrorse(adv. **retrorsely**)　向后的,倒向的　Directed downward or backward. Figure 1046. (compare **antrorse**)　向下或向后(图 1046)。(对比**向前的,顺向的**)

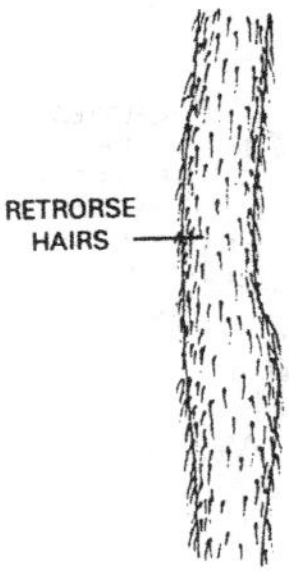

图 1046

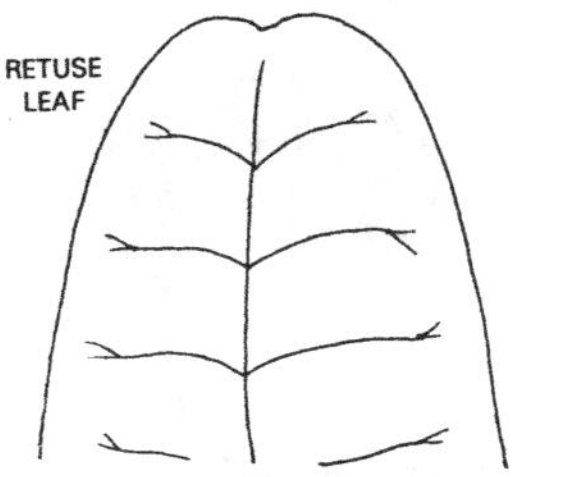

图 1047

Retuse　微凹的　With a shallow notch in a round or blunt apex. Figure 1047. 圆或钝圆的先端上具浅缺刻(图 1047)。

Revolute　外卷的　With the margins rolled backward toward the underside. Figure 1048. (compare **involute**)　具向下向后卷曲的边缘(图 1048)。(对比**内卷的**)

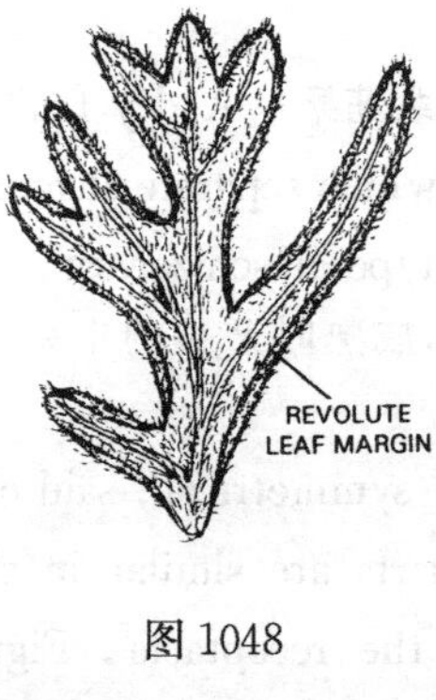

图 1048

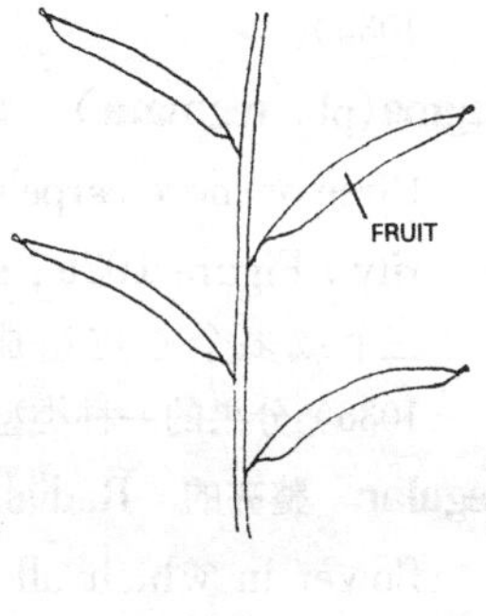

图 1049

Rhabdocarpous　棒状果的　With long rod-shaped

fruits. Figure 1049. 具长棒状的果实(图 1049)。

Rhachilla 小穗轴 见小穗轴(**rachilla**)。

Rhachis 轴 见轴(**rachis**)。

Rhaphe 脊 见脊(**raphe**)。

Rhipidium 扇形聚伞花序 A flattened, fan-shaped cyme. Figure 1050. 扁平、扇形的聚伞花序(图 1050)。

图 1050

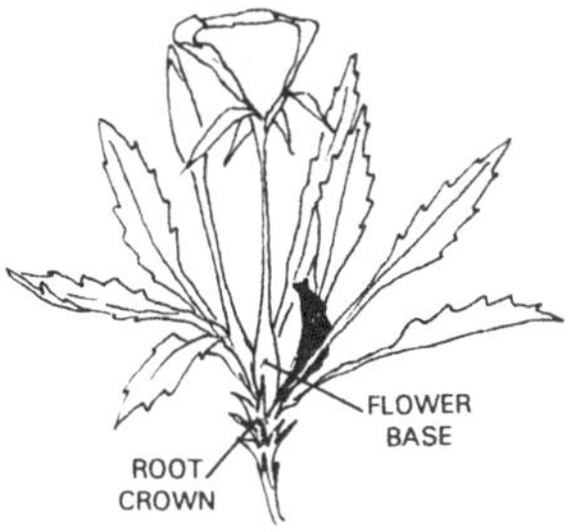

图 1051

Rhizanthous 根生花的 With the flowers arising so close to the ground that they appear to be arising from the root. Figure 1051. 花葶看似从根部,实际从接近地表处抽出(图 1051)。

Rhizocarpic 宿根的 With the roots living for several to many years and the stems dying each year. 具多年生的根,一岁一枯荣的茎。
[译者按:该词除了"宿根的"含义之外,还有"根生果的"意思]

Rhizocarpous 宿根的 见宿根的(**rhizocarpic**)。

Rhizogenic 生根的 Root producing. 产生根。

Rhizoid 假根 A root-like structure lacking conductive tissues (xylem and phloem). 无输导组织(木质部和韧皮部)的根状结构。

Rhizomatous 根状茎的 Rhizome-like; with rhizomes. Figure 1052. 形似根状茎;具根状茎。图 1052。

Rhizome 根状茎 A horizontal underground stem; rootstock. Figure 1052. 横生的地下茎;根状的茎。图 1052。

Rhizomorphous 根状的 Root-like in appearance. 外形似根。

Rhizophyllous 具叶出根的 With roots arising from the leaves. Figure 1053. 具从叶上长出的根(图 1053)。

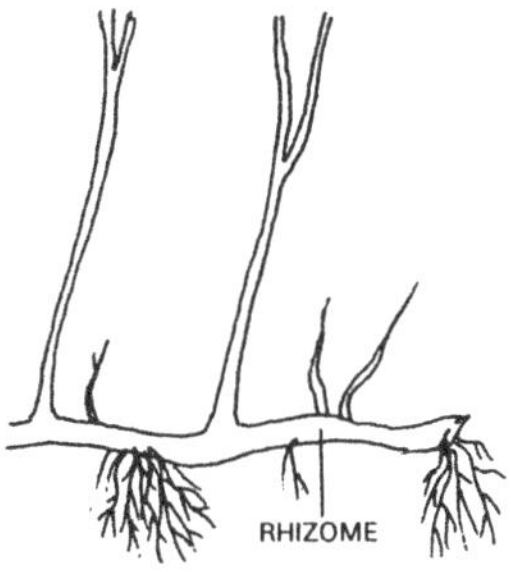

图 1052

图 1053

Rhizotaxis 根序 见根序(**rhizotaxy**)。

Rhizotaxy 根序 The type of arrangement of roots on a plant. 植物根的排列类型。

Rhombic 菱形的 Diamond-shaped. Figure 1054. 形如钻石(图 1054)。

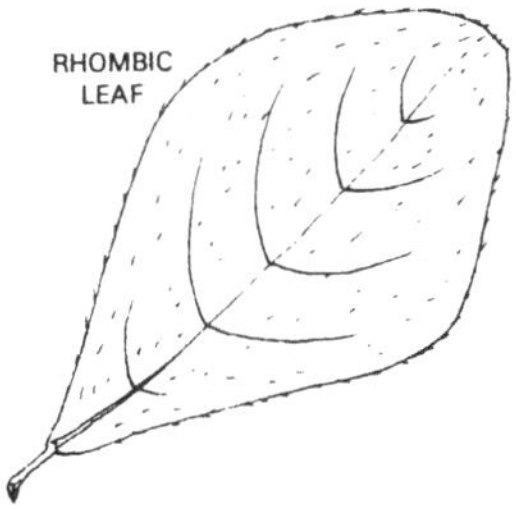

图 1054

图 1055

Rhomboid 斜方形的 见斜方形的(**rhomboidal**)。

Rhomboidal 斜方形的 Quadrangular, nearly rhombic, with obtuse lateral angles. Figure 1055. 近菱形,侧面为钝角的四边形(图 1055)。

Rib 肋 A main longitudinal vein in a structure, particularly if raised above the surrounding surface, as in some leaves and other organs.

图 1056

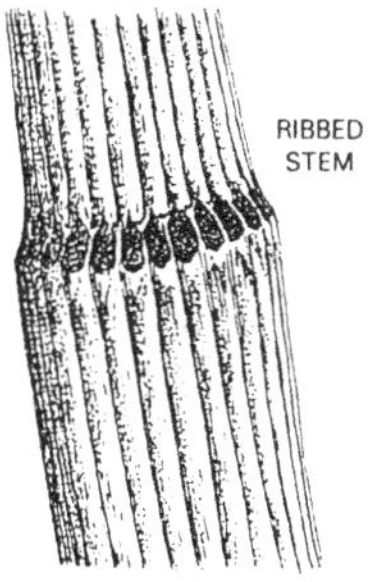

图 1057

Figures 1056 and 1057. 叶片和其他器官结构中隆起于表面的纵向主脉(图 1056 和图 1057)。

Ribbed **具肋的** With prominent ribs or veins. Figures 1056 and 1057. 具有隆起的肋或脉(图 1056 和图 1057)。

Rictus **唇口** The mouth of a bilabiate corolla. Figure 1058. 唇形花冠的开口(图 1058)。

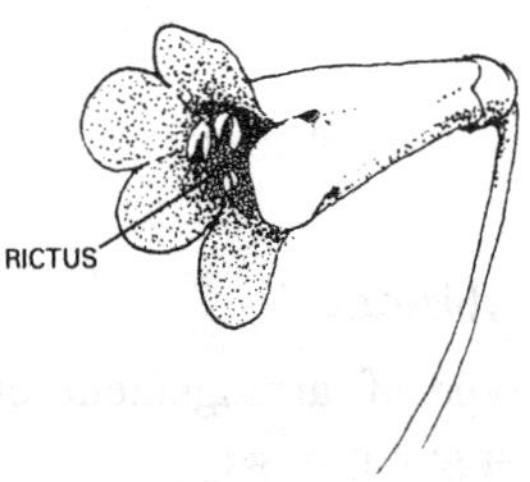

图 1058

图 1059

Rigescent **硬化** Becoming rigid. 变坚硬。

Rigid **硬质的** Stiff and inflexible. 坚硬,无柔韧性。

Rim **凸缘** A projecting edge or flange. Figure 1059. 突起的边或边缘(图 1059)。

Rimose **龟裂的,裂缝的** With fissures or cracks, as in the bark of some trees. Figure 1060. 具裂缝或裂隙,如某些树皮(图 1060)。

Rimous **龟裂的,裂缝的** 见龟裂的,裂缝的(**rimose**)。

Rind **①树皮 ②果皮** A thick outer covering, as in the tough outer layer of a pepo. Figure 1061. 厚外被层,如瓠果硬而厚的外层(图 1061)。

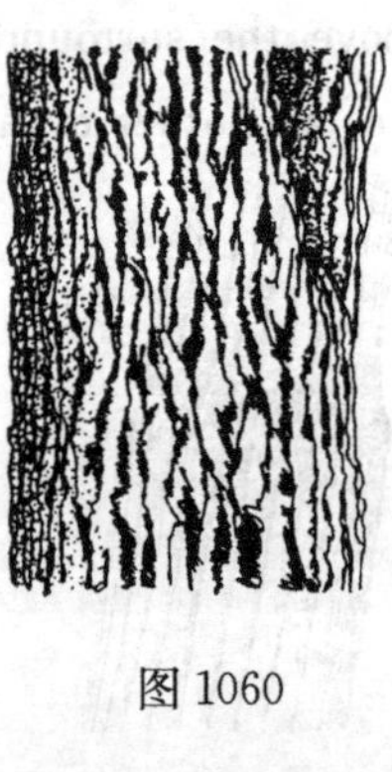

图 1060

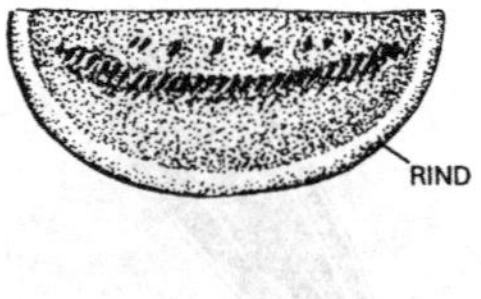

图 1061

Ringent **开口的** Gaping; with widely spreading lips, as in some corollas. Figure 1062. 张开的;具开口很宽的唇瓣,如某些花冠。图 1062。

Riparian **岸栖的** Growing along the banks of streams, springs, or seeps. 沿溪流、泉水岸边生长。

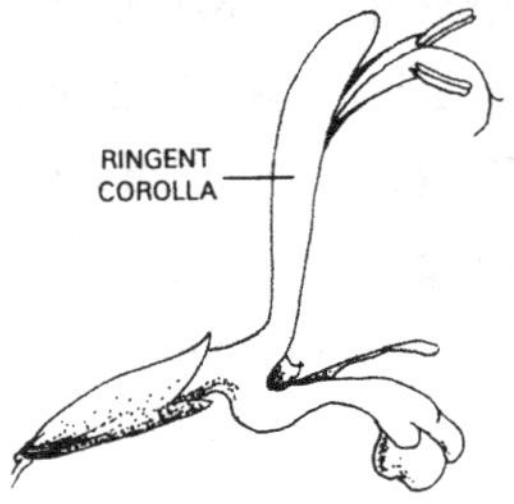

图 1062

Riparious **岸栖的** 见岸栖的(**riparian**)。

Ripe **成熟的** Fully developed and mature. 发育完全并成熟。

Rivulose **流纹状的** With meandering channels or marked with sinuous lines resembling a rivulet. Figure 1063. 具溪流般蜿蜒曲折的纹理(图 1063)。

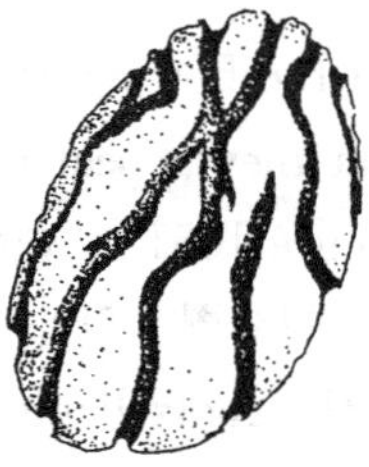

图 1063

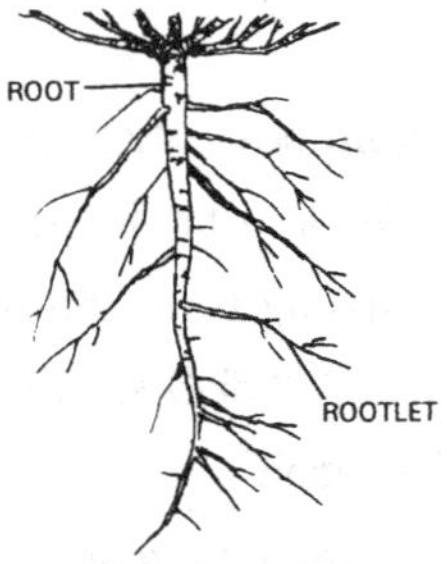

图 1064

Root **根** That portion of the plant axis lacking nodes and leaves and usually found below ground. Figure 1064. 植物体轴上无节和叶的部分,通常在地下(图 1064)。

Rootlet **小根** A small root. Figure 1064. 小的根(图 1064)。

Rootstock **根状茎** 见根状茎(**rhizome**)。

Roridulate **露湿状的** With a covering of waxy platelets, appearing moist. 具看似湿润的蜡质小板状覆盖层。

Roseate **粉红的** Tinged with red; rosy. 微染红色;玫瑰红。

Rosette **莲座丛** A dense radiating cluster of leaves (or other organs), usually at or near ground level. Figure 1065. 叶(或其他器官)通常在地面或近地面上密集辐射状排列的丛(图

1065)。

Rostellate 具小喙的 With a tiny, short, stout, terminal beak. Figure 1066. 先端具有微小、短粗的喙(图 1066)。

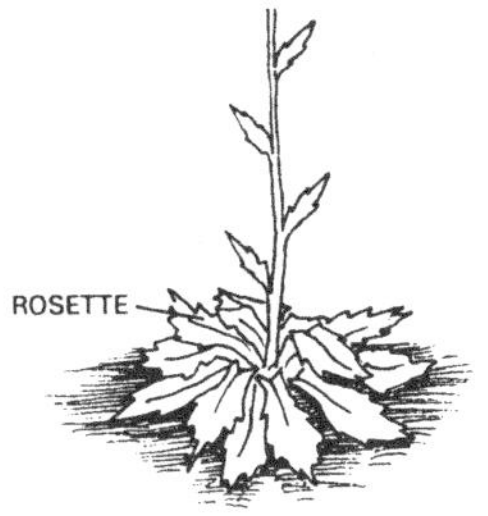

图 1065

Rostellum ①小喙 ②蕊喙 A small beak. Figure 1066; an extension from the upper edge of the stigma in orchids. Figure 1067. 小的喙(图 1066);兰科柱头上边缘的突起(图 1067)。

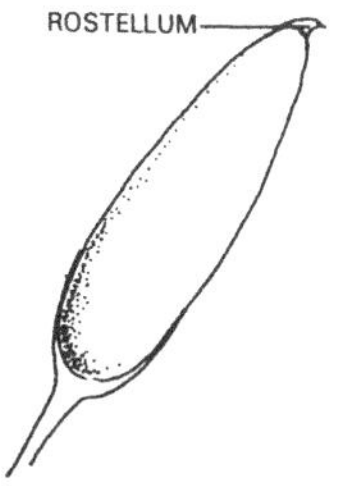

图 1066

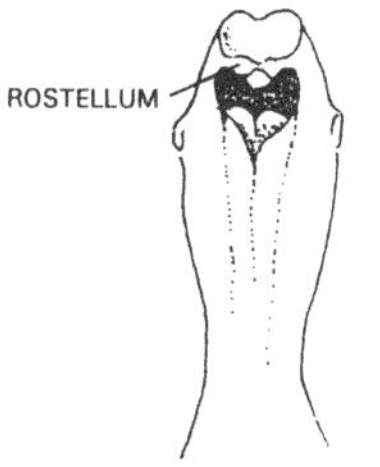

图 1067

Rostrate 具喙的 With a short, stout, terminal beak. Figure 1068. 先端具有短粗的喙(图 1068)。

Rostrum 喙 A beak-like structure. Figure 1068. 鸟嘴状的结构(图 1068)。

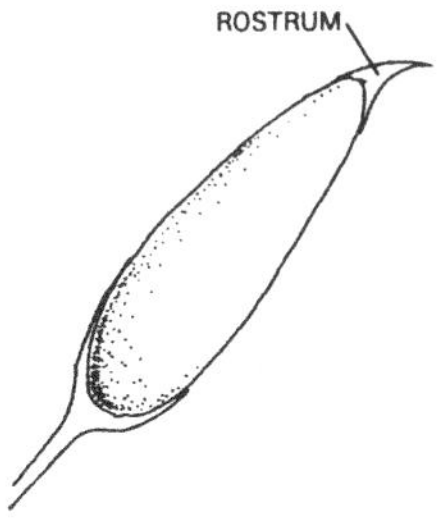

图 1068

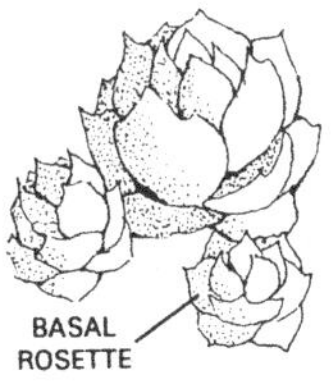

图 1069

Rosulate 莲座状的 With the leaves arranged in basal rosettes, the stem very short or lacking. Figure 1069. 叶基生莲座状排列,茎干极短或无(图 1069)。

Rotate 辐状的 Disc-shaped; flat and circular, as a sympetalous corolla with widely spreading lobes and little or no tube. Figure 1070. 圆盘形;平而圆,如合瓣花冠裂片平展,冠筒很短或无。图 1070。

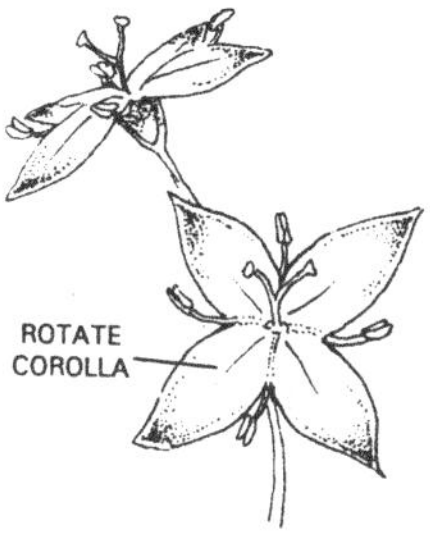

图 1070

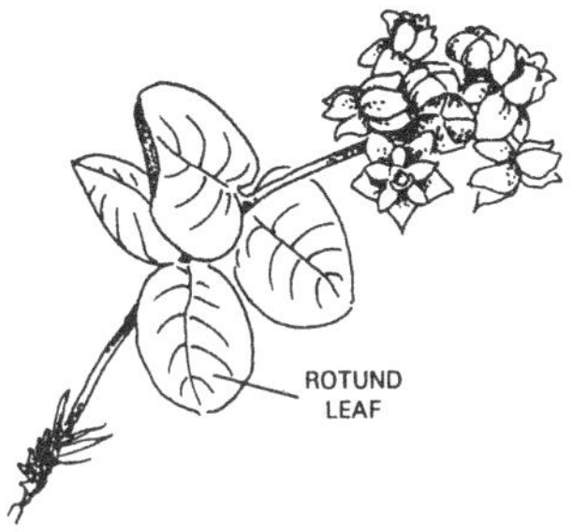

图 1071

Rotund 圆形的 Round or rounded in outline. Figure 1071. 轮廓呈圆形(图 1071)。

Rotundifolious 圆叶的 With round leaves. Figure 1071. 具圆形叶(图 1071)。

Rubescent 变红的 Becoming red or reddish. 变成红色或带红色。

Rubiginose 锈红色的 见锈红色的(**rubiginous**)。

Rubiginous 锈红色的 Rust-colored. 呈铁锈色。

Ruderal 杂草的 Growing in disturbed habitats; weedy. 生长在人为扰动栖息地;杂草丛生。

Rudimentary 不发育的 Imperfectly developed; vestigial. Figure 1072. 发育不完全,退化(图 1072)。

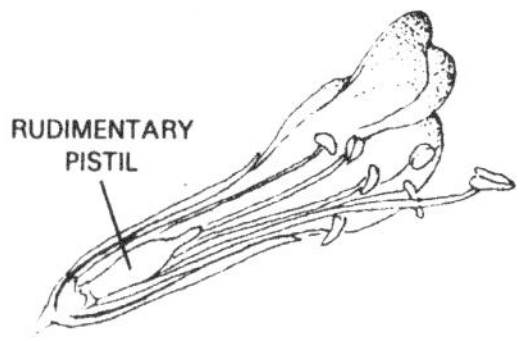

图 1072

Rufescent 变红的 见变红的(**rubescent**)。

Rufous 红棕色 Reddish-brown. 带红色的棕色。

Rufus 红棕色 见红棕色(**rufous**)。

Ruga (pl. **rugae**) 皱 A fold or wrinkle. Figure 1073. 皱折或皱纹(图 1073)。

Rugate 具皱纹的 见具皱的(**rugose**)。

Rugose 具皱的 Wrinkled. Figure 1073. 起皱(图 1073)。

Rugulose 微皱的 Slightly wrinkled. Figure 1074. 稍起皱(图 1074)。

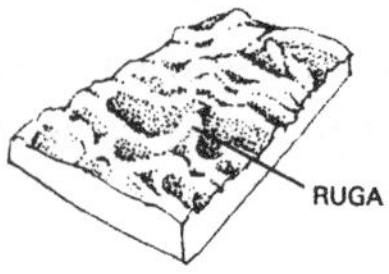

图 1073

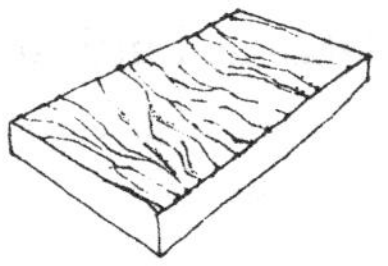

图 1074

Ruminate 嚼烂状的 Roughly wrinkled, as if chewed. Figure 1075. 粗糙起皱,好像被嚼烂(图 1075)。

图 1075

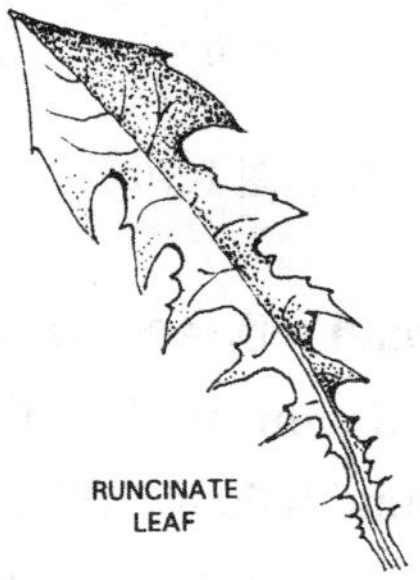

图 1076

Runcinate 倒向羽裂的 Sharply pinnatifid or cleft, the segments directed downward. Figure 1076. 急羽裂或半裂,裂片向下(图 1076)。

Runner 纤匍茎 A slender stolon or prostrate stem rooting at the nodes or at the tip. Figure 1077. 在节处或茎的先端生根的纤细匍匐茎(图 1077)。

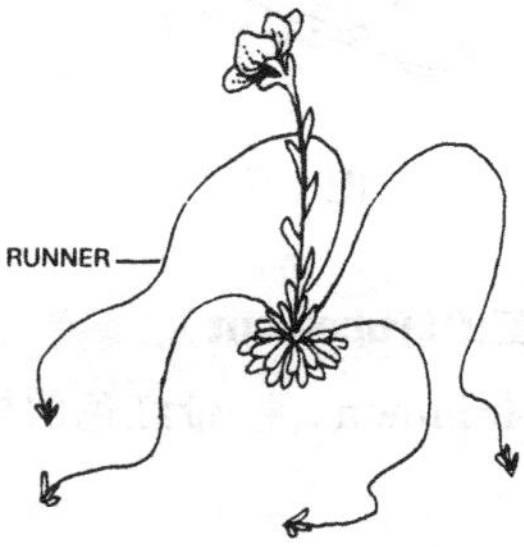

图 1077

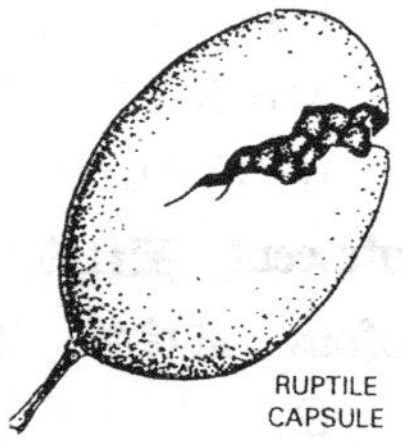

图 1078

Ruptile 破裂的 Dehiscing irregularly. Figure 1078. 不规则地裂开(图 1078)。

Rush-like 灯心草状的 Grass-like in appearance, with inconspicuous flowers. Figure 1079. 外形似禾草,具不明显的花(图 1079)。

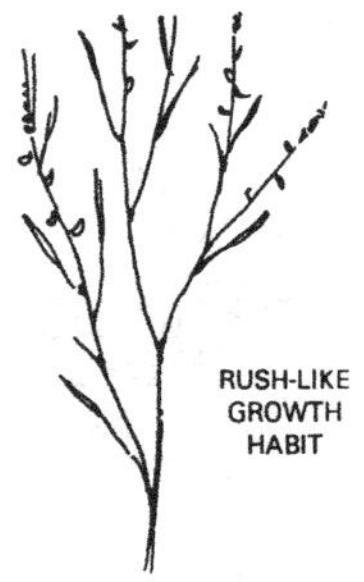

图 1079

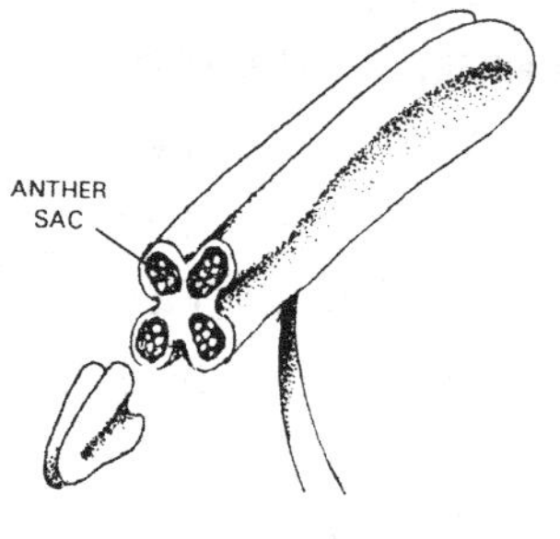

图 1080

Sac 囊 A bag-shaped compartment, as the cavity of an anther or the lower lip of some corollas. Figures 1080 and 1081. 袋状小室,如花药腔或某些花冠的下唇瓣(图 1080 和图 1081)。

Saccate 囊状的 With a sac, or in the shape of a sac; bag-shaped. Figure 1081. 具囊,呈囊形;袋状。图 1081。

Sacciform 囊状的 见囊状的(**saccate**)。

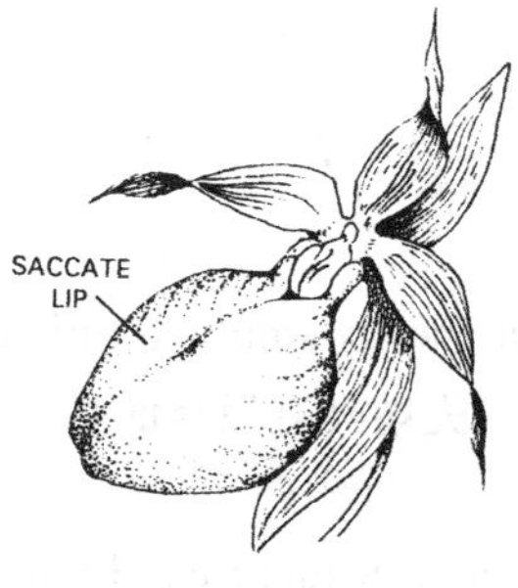

图 1081

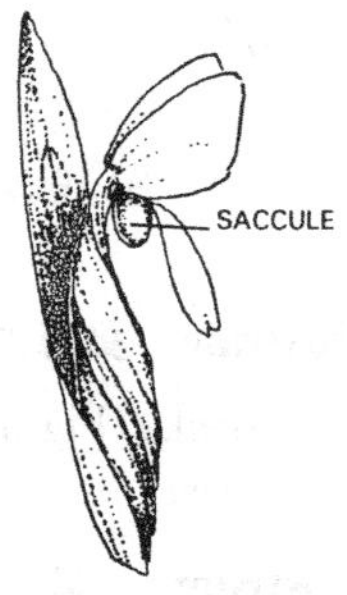

图 1082

Sacculate 小囊状的 With a saccule, or in the shape of a saccule. Figure 1082. 具小囊,或有小囊形状(图 1082)。

Saccule 小囊 A very small sac or cavity. Figure 1082. 很小的囊或腔室(图 1082)。

Sacculus(pl. **sacculi**) 小囊 见小囊(**saccule**)。

Sagittate 箭头形的 Arrowhead-shaped, with the basal lobes directed downward. Figure 1083.(compare **hastate**) 形如箭头,基裂片向下(图 1083)。(对比戟状的)

Sagittiform 箭头状的 见箭头形的(**sagittate**)。

Salient 凸起的 Projecting outward. Figure 1084. 向外突起(图 1084)。

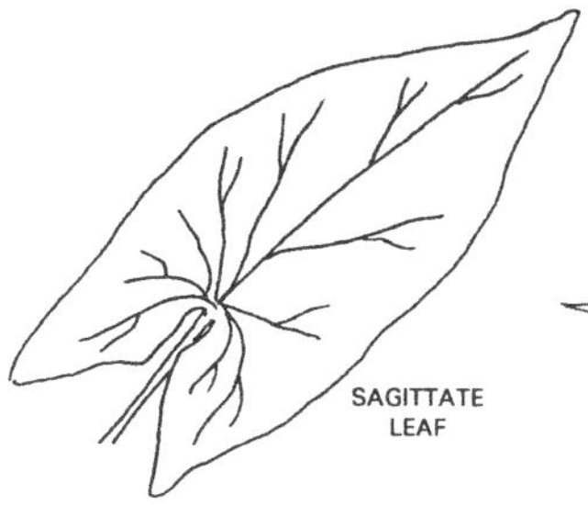

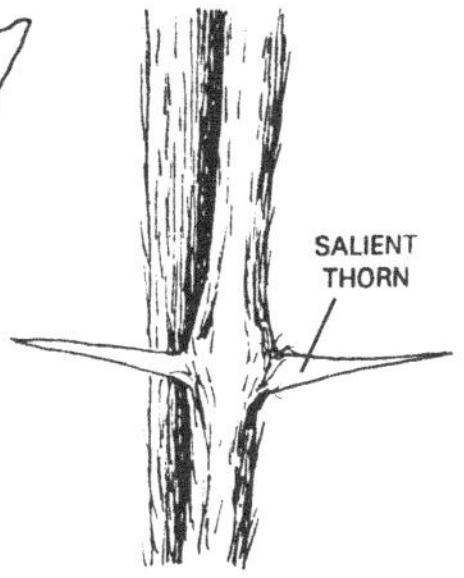

图 1083　　图 1084

Salverform 高脚碟状的 With a slender tube and an abruptly spreading, flattened limb. Figure 1085. (花冠)筒细长,上部扁平的冠檐陡然开展(图 1085)。

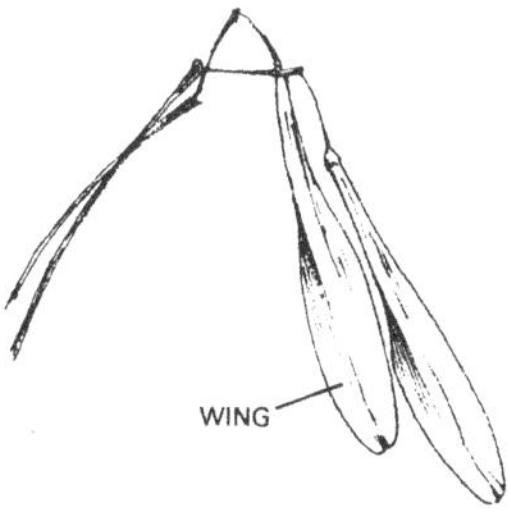

图 1085　　图 1086

Samara 翅果 A dry, indehiscent, winged fruit. Figure 1086. 具翅不开裂的干果(图 1086)。

Samaroid 翅果状的 Samara-like. 形似翅果。

Sanguine 血红色 Blood red. 红得像鲜血。

Sanguineous 血红色的 Blood red. 红得像鲜血。

Sap 汁,液 The juice of a plant; the fluids circulated throughout a plant. 植物的浆液;在植物体内循环的液体。

Sapid 有香味的 With an agreeable taste. 具令人愉快的气味。

Saponaceous 似肥皂的 Soapy, as in a substance or object slippery to the touch. 肥皂似的,如手感光滑的物体。

Sapor 芳香的 The flavor or taste of a plant or plant substance. 植物或植物制品的香味。

Saprobe (adj. **saprobic**) 腐生生物 见腐生植物(**saprophyte**)。

Saprophyte (adj. **saprophytic**) 腐生植物 A plant living on dead organic matter, lacking chlorophyll. (compare **parasite**) 缺乏叶绿素,靠死亡的有机体为生的植物。(对比**寄生植物**)

Sapwood 边材 The outer, newer, usually somewhat lighter, wood of a woody stem; the wood that is actively transporting water; alburnum. Figure 1087. 木本茎中产生的颜色较淡的木材;具有输导水分功能的木材;边材。图 1087。

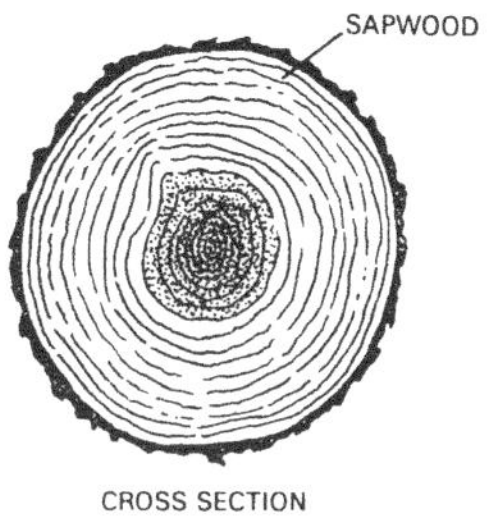

图 1087

Sarcocarp 果肉 The fleshy portion (mesocarp) of a fleshy fruit. Figure 1088. 肉果中肉质的部分(中果皮)(图 1088)。

Sarcocaulous 肉茎的 With fleshy stems. Figure 1089. 具肉质茎(图 1089)。

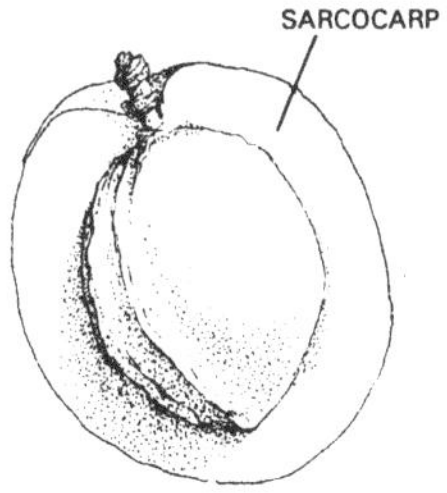

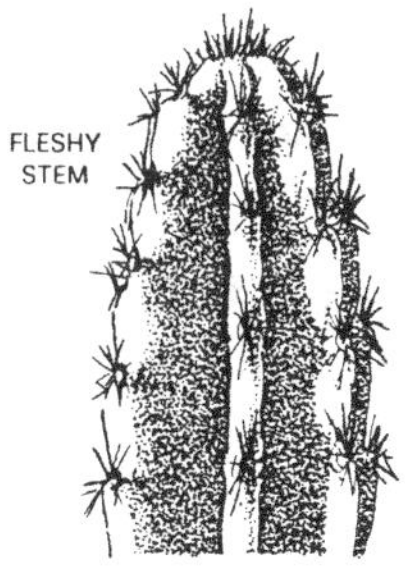

图 1088　　图 1089

Sarcous 肉质的 Fleshy. Figure 1090. 多肉的(图 1090)。

Sarment 长匍茎 A long, slender runner. Figure 1091. 细长的纤匐茎(图 1091)。

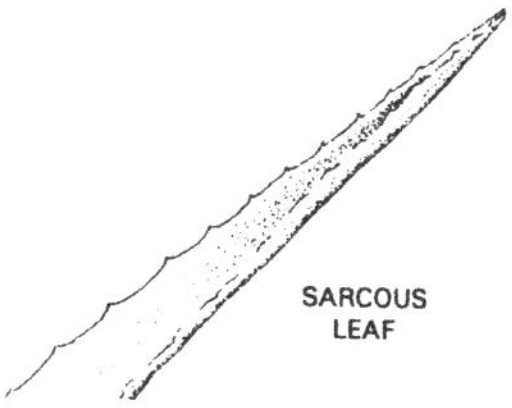

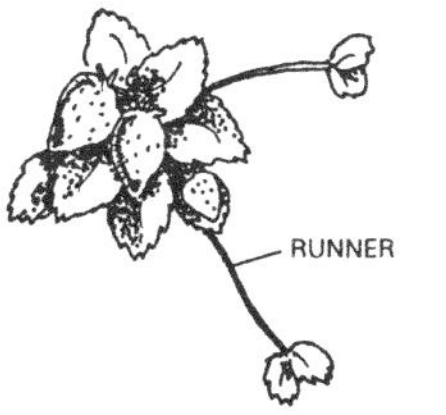

图 1090　　图 1091

Sarmentose　长匐茎的　With long, slender runners. Figure 1091.　具细长的纤匐茎(图 1091)。

Scaberulent　微糙的　见微糙的(**scaberulose**)。

Scaberulose　微糙的　Slightly rough to the touch, due to the structure of the epidermal cells, or to the presence of short stiff hairs. Figure 1092.　由于表皮细胞的结构或存在短硬毛,手感微糙(图 1092)。

图 1092

图 1093

Scaberulous　微糙的　见微糙的(**scaberulose**)。

Scabrellate　微糙的　见微造的(**seaberulose**)

Scabrid　粗糙的　Roughened.　粗糙。

Scabridulous　微糙的　Minutely roughened.　微粗糙。

Scabrous　粗糙的　Rough to the touch, due to the structure of the epidermal cells, or to the presence of short stiff hairs. Figure 1093.　由于表皮细胞的结构或存在短硬毛,手感粗糙(图 1093)。

Scalariform　梯状的　Ladder-like. Figure 1094.　形似梯子(图 1094)。

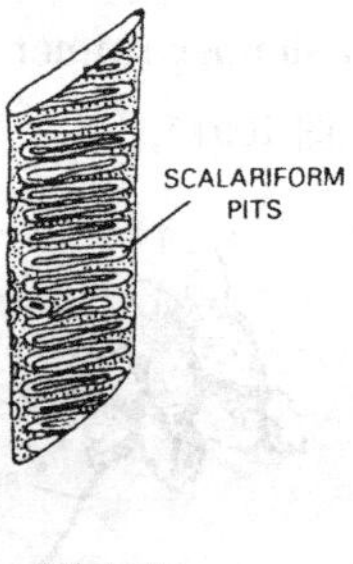

图 1094

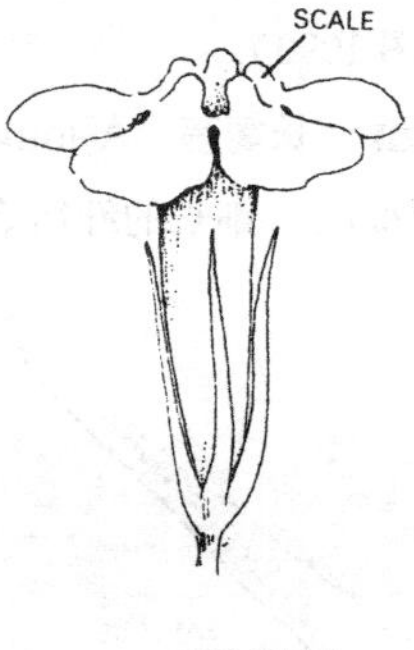

图 1095

Scale　鳞片　Any thin, flat, scarious structure. Figures 1095 and 1096.　任何薄而扁平的膜质结构(图 1095 和图 1096)。

Scandent　攀援的　Climbing. Figure 1097.　攀爬(图 1097)。

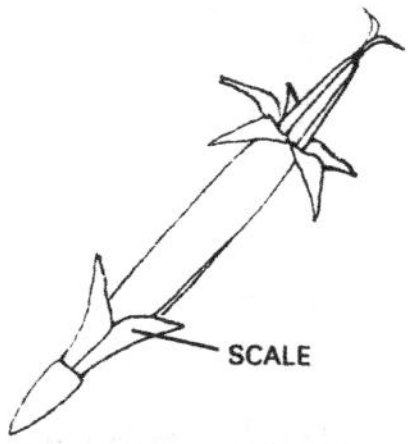

图 1096

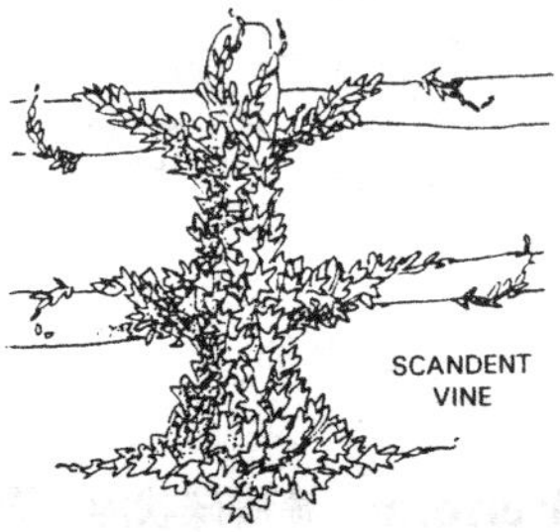

图 1097

Scape　花葶　A leafless peduncle arising from ground level (usually from a basal rosette) in acaulescent plants. Figure 1098.　无茎植物从地表(通常是自基生莲座)抽出的无叶花序梗(图 1098)。

Scaphoid　船形的　Boat-shaped. Figure 1099.　形似小船(图 1099)。

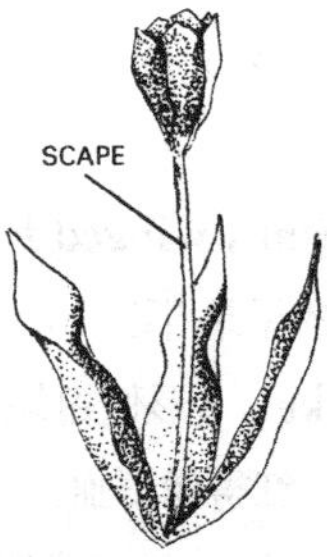

图 1098

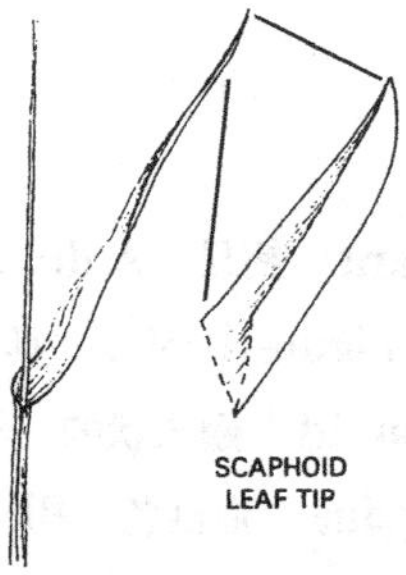

图 1099

Scapiflorous　具花葶花的　见具花葶的(**scapose**)。

Scapiform　花葶状的　scape-like but not entirely leafless. Figure 1100.　形似花葶,但并非完全无叶子(图 1100)。

Scapose　具花葶的　With flowers borne on a scape. Figure 1098; scape-like. Figure 1100.　具着生在花葶上的花(图 1098);形似花葶(图 1100)。

Scar　痕　The mark left on a seed after detachment from the placenta. Figure 1101; the mark left on a stem after leaf abscission. Fig-

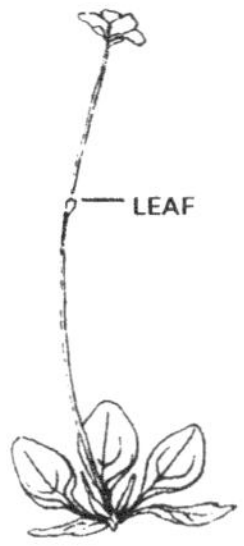

图 1100

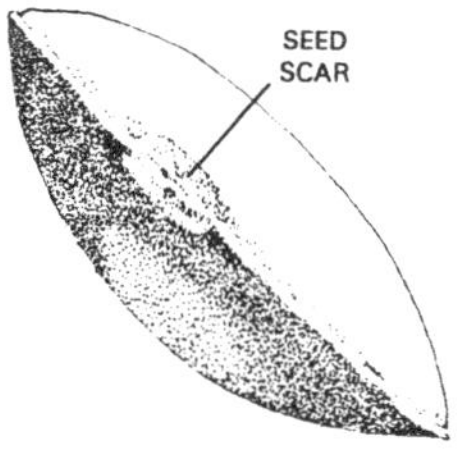

图 1101

ure 1102. 从胎座脱落后在种子上留下的痕迹(图 1101);叶子脱落后在茎上留下的痕迹(图 1102)。

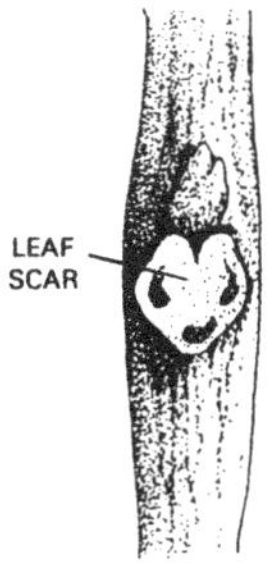

图 1102

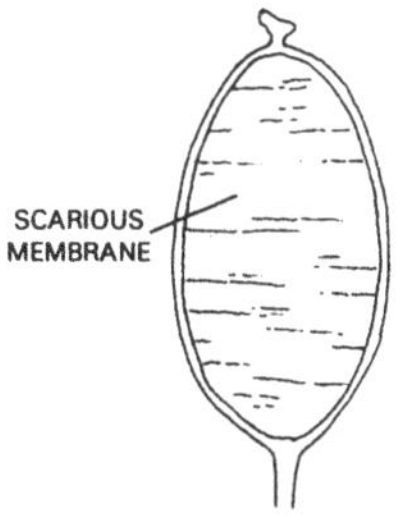

图 1103

Scarious **干膜质的** Thin, dry, and membranous in texture, not green. Figure 1103. 膜质,干而薄,非绿色(图 1103)。

Scattered **星散的** Irregularly, and usually sparsely, arranged. Figure 1104. 不规则地,通常稀疏地排列(图 1104)。

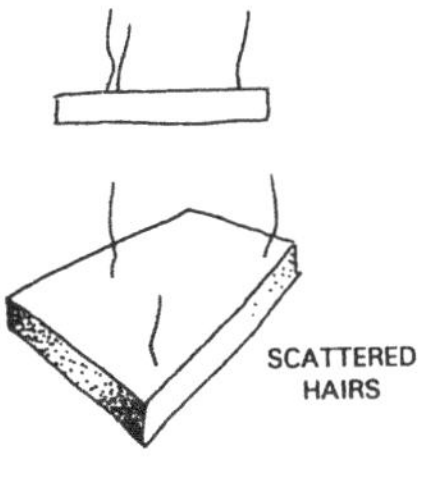

图 1104

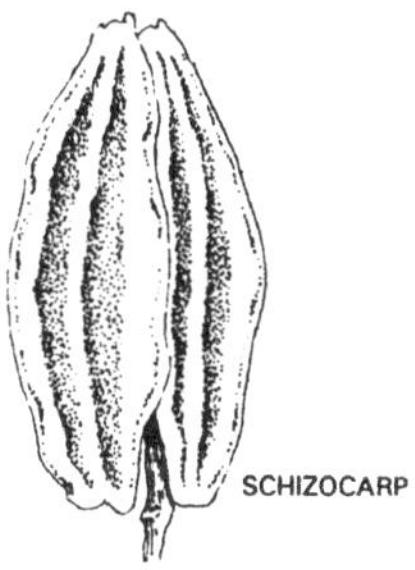

图 1105

Schizocarp **分果** A dry, indehiscent fruit which splits into separate one-seeded segments (carpels) at maturity. Figure. 1105. 不开裂的干果,成熟时分成数个具单种子的果瓣(心皮)(图 1105)。

Schizogenous **裂生的** Formed by the splitting or separation of tissue. 由组织分离或裂开而成。

Schizopetalous **裂瓣的** With cut petals. Figure 1106. 具裂生的花瓣(图 1106)。

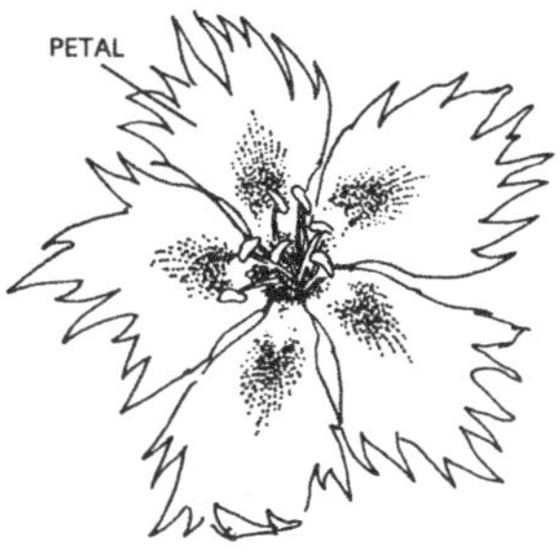

图 1106

Scissile **裂开的** Splitting easily. 易分离。

Sciuroid **松鼠尾状的** Shaped like the tail of a squirrel, as in some grass inflorescences. Figure 1107. 形似松鼠尾巴,如某些禾草的花序(图 1107)。

Scleranthium **宿萼瘦果** An achene enclosed within a hardened calyx tube. Figure 1108. 硬化的萼筒内包裹的瘦果(图 1108)。

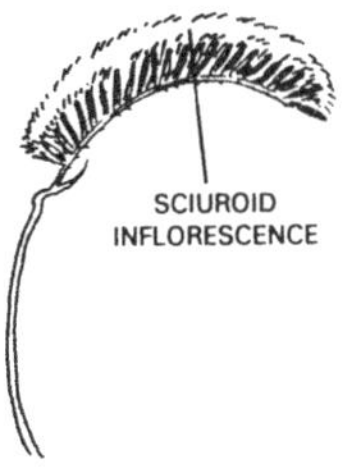

图 1107

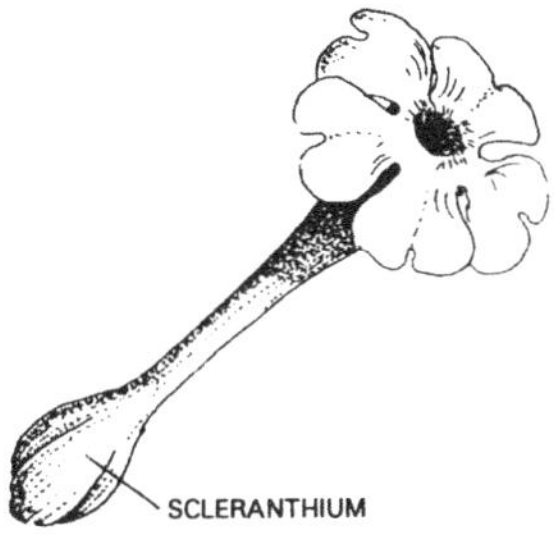

图 1108

Scleroid **硬化的** 见硬化的(**sclerotic**)。

Sclerophyll **硬叶** A stiff, firm leaf which retains its stiffness even when wilted. 坚硬的叶子,甚至在枯萎后仍坚硬。

Sclerophyllous **硬叶的** With stiff, firm leaves; with sclerophylls. 具有坚硬的叶子;具硬叶。

Sclerosis **硬化** A hardening or thickening of tissue duo to lignification. 由于木质化过程造成组织加厚或变硬。

Sclerotic **硬化的** Hardened or thickened. 硬化或加厚。

Sclerous **硬化的** 见硬化的(**sclerotic**)。

Scobiform 锯屑状的 Sawdust-like in appearance. 外形似锯屑。

Scobina 小穗轴 The zigzag rachilla of some grass spikelets. Figure 1109. 某些禾草花序小穗的之字型小轴(图 1109)。

Scobinate 粗锉状的 With a roughened surface, as though rasped. Figure 1110. 具粗糙表面,好像被锉过样子(图 1110)。

图 1109

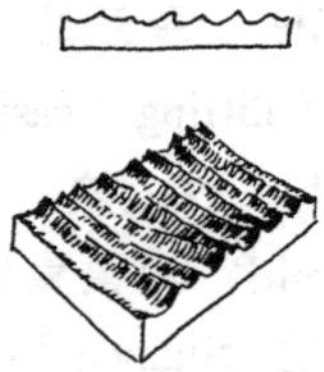

图 1110

Scorpioid 蝎尾状的 Shaped like a scorpion's tail, as in some coiled cymes. Figure1111; a determinate inflorescence with a zigzag rachis. Figure 1112. 形似蝎尾,如某些卷曲的聚伞花序(图 1111);具之字形轴的有限花序(图 1112)。

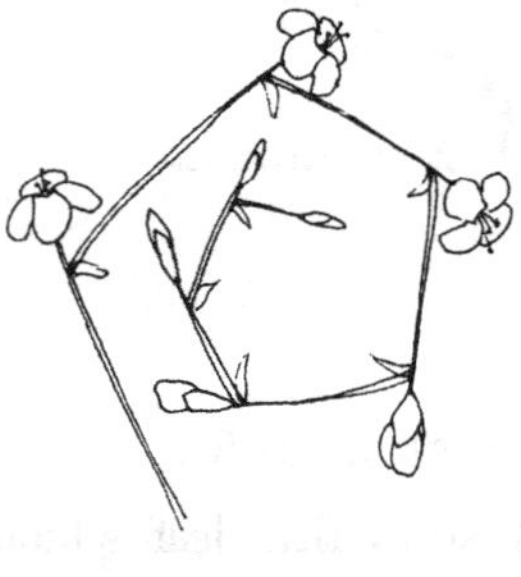

图 1111

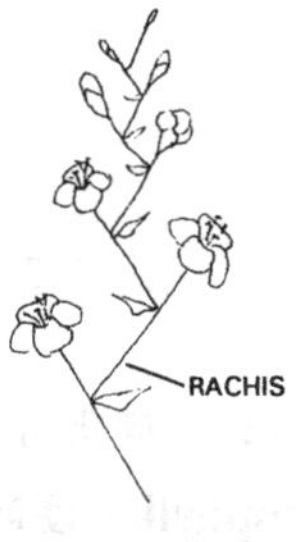

图 1112

Scrobiculate 具小网眼的 Pitted or furrowed. Figures 1113 and 1114. 具凹陷或槽(图 1113 和图 1114)。

Scrotiform 囊状的 Scrotum-like in appearance. Figure 1115; pouch-shaped. 外形似囊(图 1115);袋状。

Scurf 鳞屑 Small bran-like scales. Figure 1116. 小的糠状鳞片(图 1116)。

Scurfy 具鳞屑的 Covered with small, bran-like scales. Figure 1116. 被覆小的糠状鳞片(图 1116)。

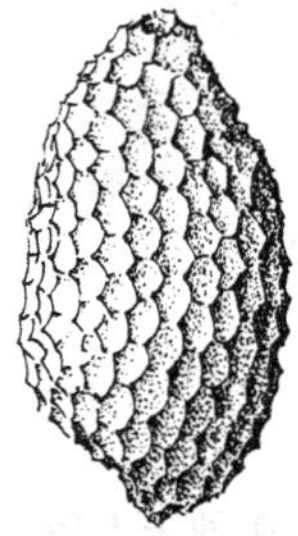

图 1113

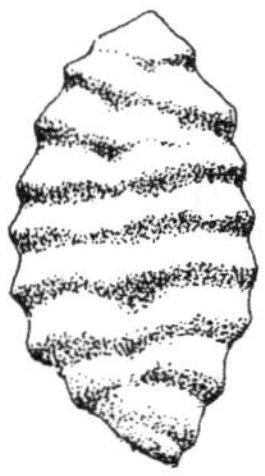

图 1114

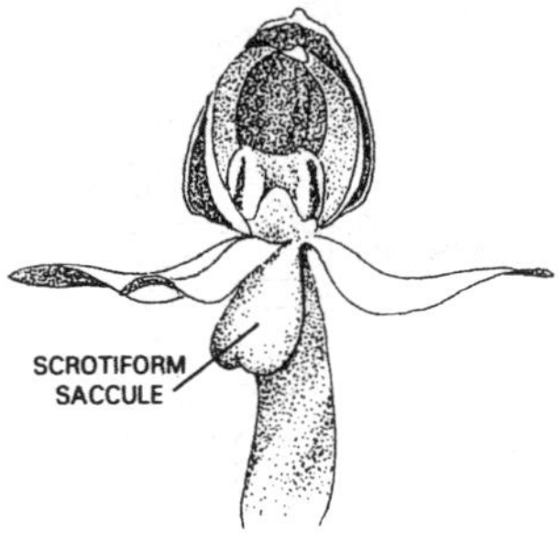

图 1115

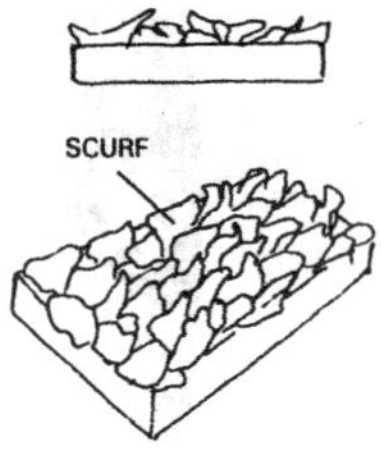

图 1116

Scutate 长圆盾状的 Shaped like a small shield. Figure 1117. 形似小盾(图 1117)。

Scutellate 圆盾状的 With scutella; saucer-shaped or shield-shaped. Figure 1117. 具盾片的;碟形或盾形(图 1117)。

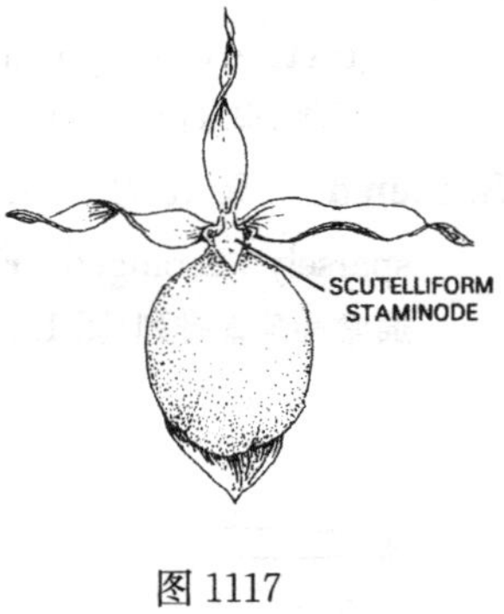

图 1117

Scutelliform 圆盾状的 Saucer-shaped or shield-shaped. Figure 1117. 碟形或盾形(图 1117)。

Scutellum(pl. **scutella**) 盾片 A small plate-like or shield-like structure, as in some monocot seeds. Figures 1118 and 1119. 小碟形或盾形的结构,如某些单子叶植物种子中(图 1118 和图 1119)。

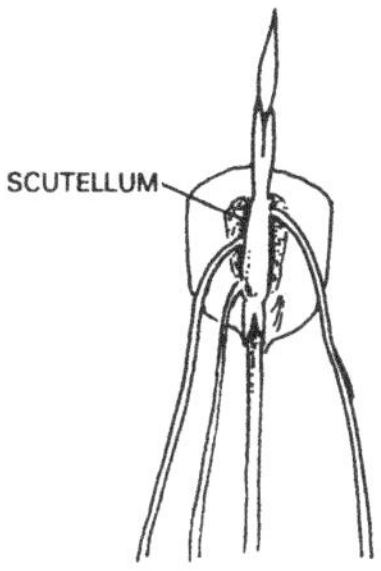

图 1118

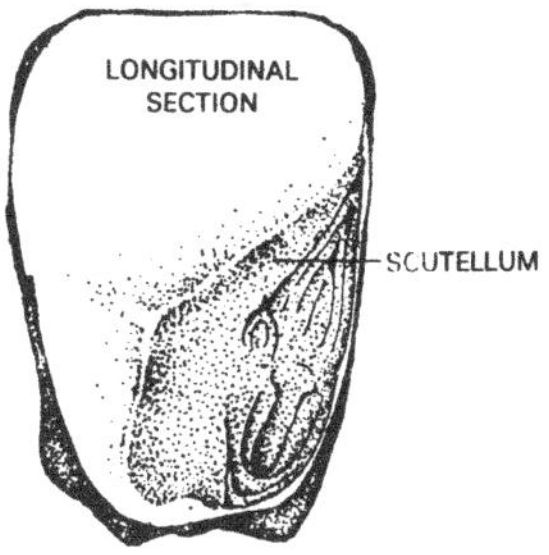

图 1119

Scutum **盾状体** An expanded style tip, as in *Asclepias*. Figure 1120. 花柱顶部膨大的结构,如马利筋植物(图 1120)。

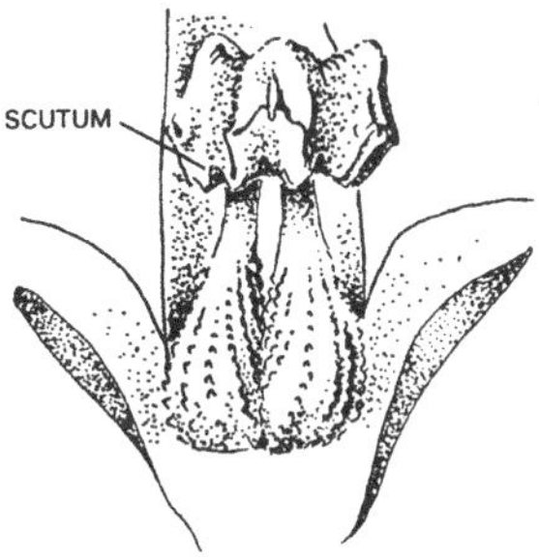

图 1120

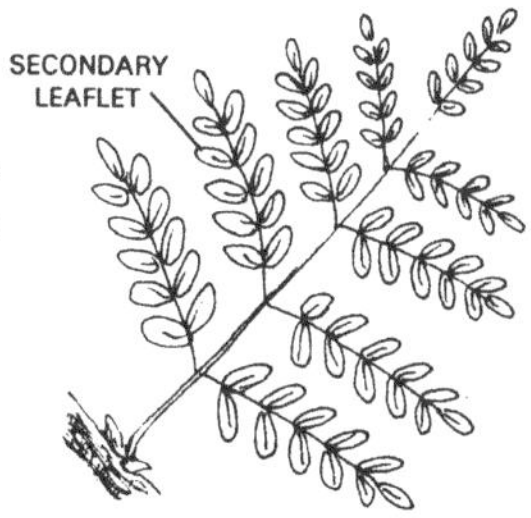

图 1121

Sebaceous **油脂状的** Tallowy or fatty. 脂状或油状。

Secondary leaflet **次级小叶** A division of a primary leaflet. Figure 1121. 一回小叶的分裂部分(图 1121)。

Secondary peduncle **副花梗** An inflorescence branch. Figure 1122. 花序分枝(图 1122)。

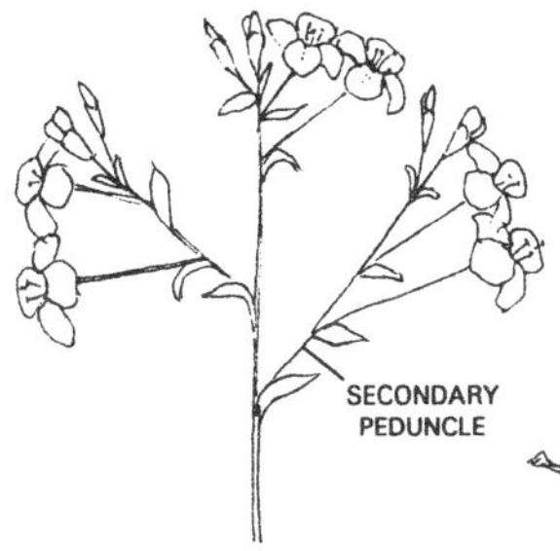

图 1122

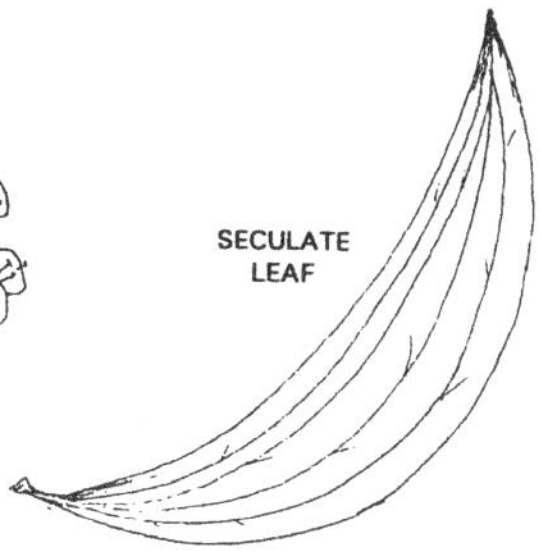

图 1123

Seculate **镰形的** Sickle-shaped. Figure 1123. 形似镰刀(图 1123)。

Secund **偏向的** Arranged on one side of the axis only. Figure 1124. 仅排列在轴的一侧(图 1124)。

图 1124

Secundine **内珠被** The inner integument of the ovule. Figure 1125. 胚珠珠被的内层(图 1125)。

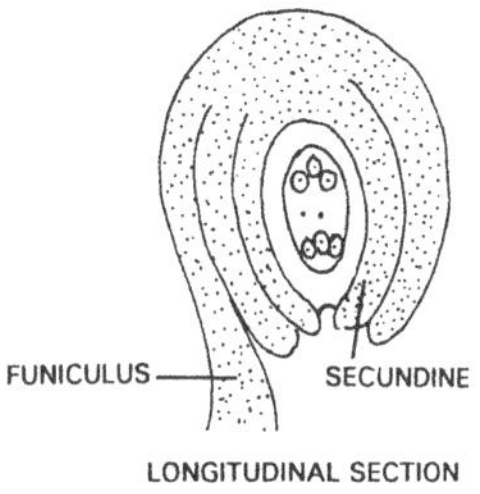

图 1125

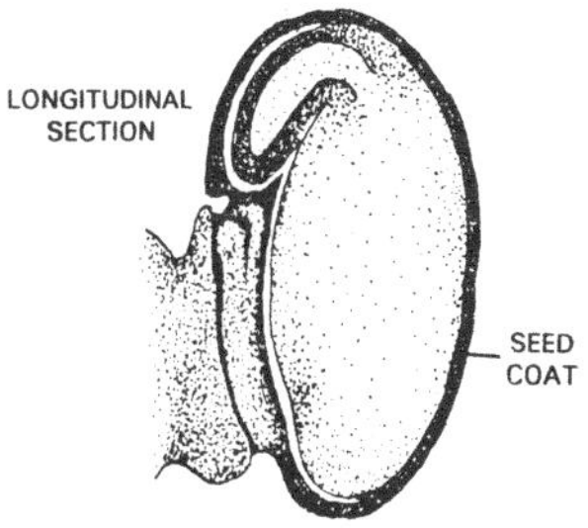

图 1126

Seed **种子** A ripened ovule. Figure 1126. 成熟的胚珠(图 1126)。

Seed coat **种皮** The outer covering of the seed, from the integuments of the ovule. Figure 1126. 种子的外层包被,源于胚珠的珠被(图 1126)。

Seed leaf **子叶** A cotyledon. Figure 1127. 子叶(图 1127)。

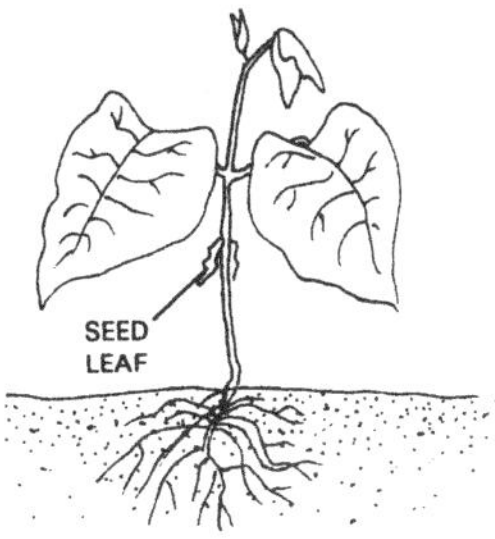

图 1127

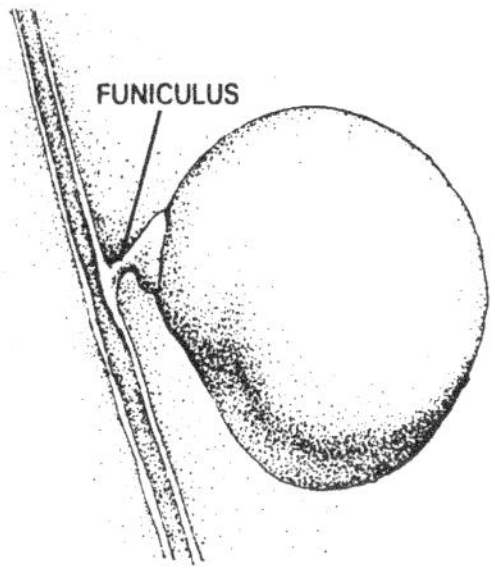

图 1128

Seed stalk **种柄** The funiculus. Figures 1125 and 1128. 珠柄(图 1125 和图 1128)。

Segment **节片** A section or division of an organ.

Figures 1129. 器官的一段或一部分(图 1129)。

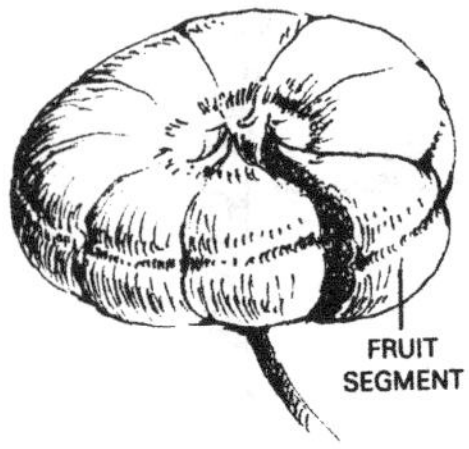

图 1129

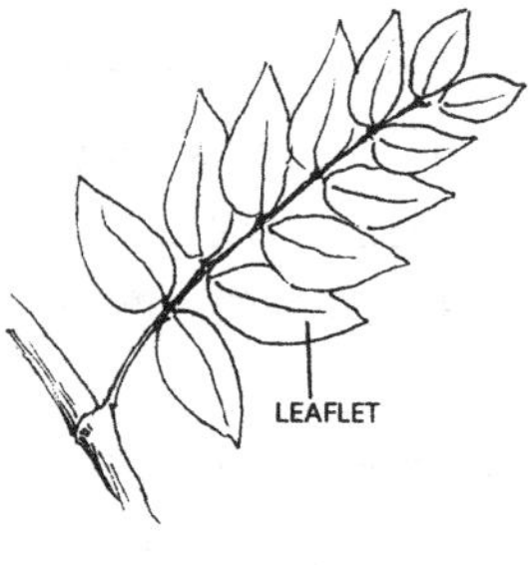

图 1130

Sejugous 六对的 With six pairs of leaflets. Figure 1130. 具六对小叶(图 1130)。

Seleniferous 含硒的 Bearing selenium. 有硒。

Selenophyte 喜硒植物 A plant that grows on seleniferous soils and takes up selenium from these soils. 生长在含硒的土壤中并吸收土中硒元素的植物。

Self-pollination 自花传粉 Transfer of pollen from the anthers to the stigma of the same flower or to the stigma of another flower on the same plant. 花中花粉传播到同一朵花的柱头或同株植物其他花的柱头。

Semen 种子 A seed. Figure 1131. 种子(图 1131)。

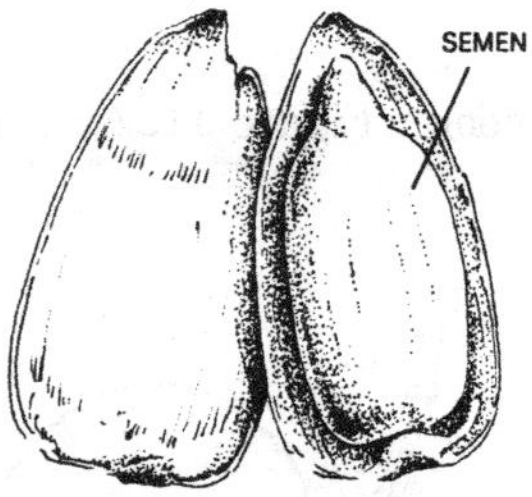

图 1131

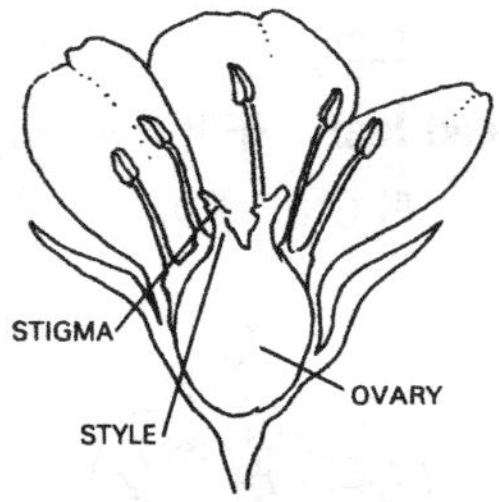

图 1132

Semi- (prefix) **Semi-**(前缀) Half; partly or almost. 一半;部分或近乎全部。

Semicarpous 半离心皮的 With ovaries of carpels partly fused, the styles and stigmas separate. Figure 1132. 具心皮部分结合的子房,花柱和柱头分离(图 1132)。

Seminiferous 具种子的 Seed-bearing. 有种子。

Semitropical 亚热带 见亚热带(**subtropical**)。

Semperflorous 四季开花的 Flowering throughout the year. 全年都开花。

Sensitive 敏感的 Responsive to touch. 对触摸有反应。

Sepal 萼片 A segment of the calyx. Figure 1133. 花萼的裂片(图 1133)。

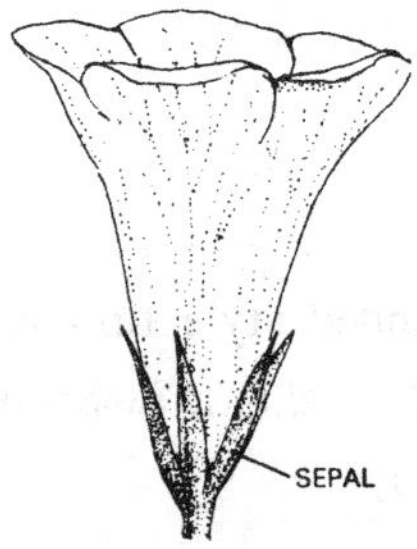

图 1133

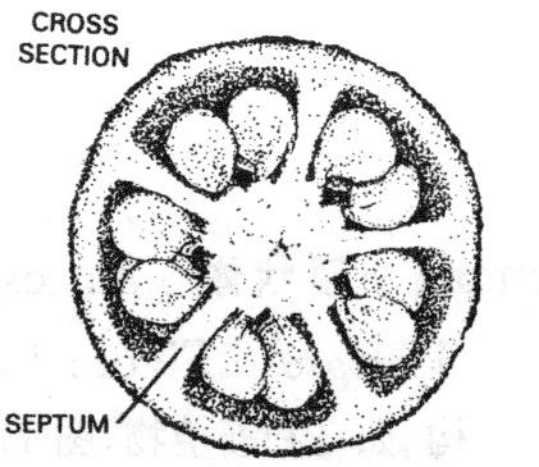

图 1134

Sepaloid 萼片状的 Sepal-like in color and texture. 在颜色和质地上像萼片。

Septate 具隔的 Divided by one or more partitions (septa). Figure 1134. 被一个或多个隔膜分开(图 1134)。

Septenate 七出的 With parts in sevens. Figure 1135. 具七的倍数(图 1135)。

图 1135

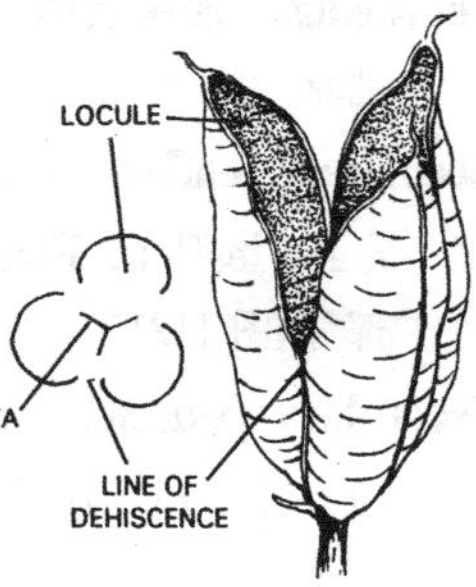

图 1136

Septicidal 室间开裂的 Dehiscing through the septa and between the locules. Figure 1136. (compare **loculicidal** and **poricidal**) 沿隔膜和室间开裂(图 1136)。(对比**室背开裂**和**孔裂**)

Septiferous 具隔的 With a septum or septa. Figure 1137. 有一片或数片隔膜(图 1137)。

Septifolious 七叶的 With seven leaves or seven leaflets. Figure 1135. 具七片叶或七片小叶

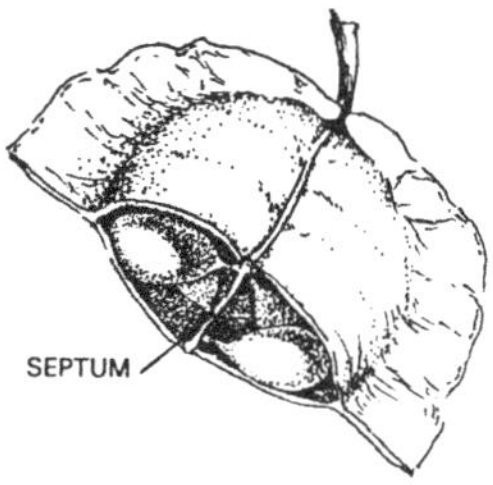

图 1137

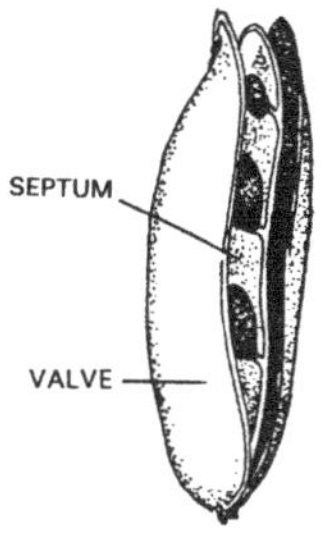

图 1138

(图 1135)。

Septifragal **室轴开裂的** With valves separating from the septa at dehiscence. Figure 1138. 裂瓣开裂时,从隔膜处分离(图 1138)。

Septum(pl. **septa**) **隔膜** A partition, as the partitions separating the locules of an ovary. Figure 1134. 隔,如子房室中的隔(图 1134)。

Seriate **成列的** Arranged in rows or series. Figure 1139. 排列成行或列(图 1139)。

Sericeous **被绢毛的** Silky, with long, soft, slender, somewhat appressed hairs. Figure 1140. 丝质的,具贴伏、细软长毛(图 1140)。

Serotinal **迟季的** 见迟季的(**serotinous**)。

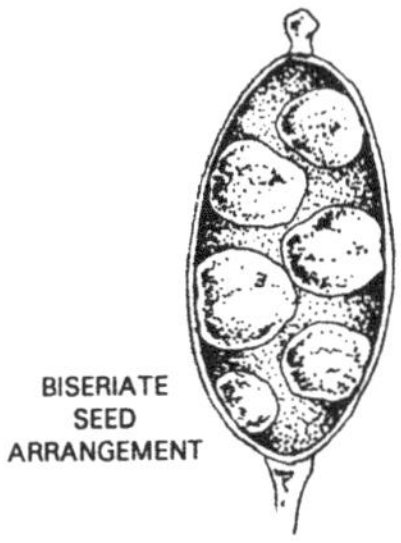

图 1139

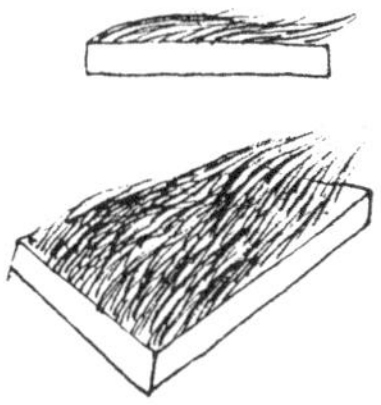

图 1140

Serotinous **迟季的** Late; late in flowering or leafing; with flowers developing after the leaves are fully developed. 晚;开花或生叶迟;在叶子发育完全后才开始花的发育。

Serra(pl. **serrae**) **锯齿** A tooth of a serrate leaf. Figure 1141. 锯齿叶片上的齿(图 1141)。

Serrate **有锯齿的** Saw-like; toothed along the margin, the sharp teeth pointing forward. Figure 1141. 锯状的;叶缘具齿,齿尖朝前。图 1141。

Serration **锯齿式** A serrated margin. Figure 1141; one of the teeth along a serrated margin; a serrated condition. 有锯齿的叶缘(图 1141);锯齿叶缘的一个齿;有锯齿的状态。

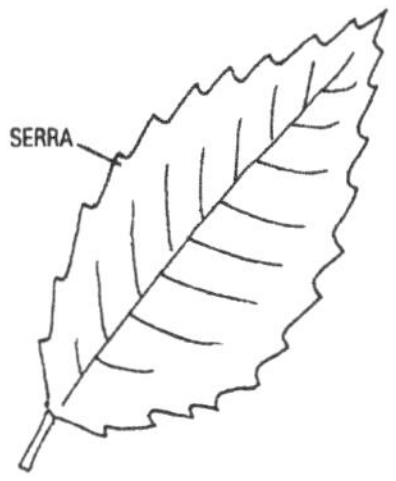

图 1141

Serriform **锯齿状的** 见有锯齿的(**serrate**)。

Serrulate **有细锯齿的** Toothed along the margin with minute, sharp, forward-pointing teeth. Figure 1142. 叶缘有细小的尖齿,齿尖朝前(图 1142)。

Serrulation **细锯齿式** A serrulate margin. Figure 1142; one of the teeth along a serrulate margin; a serrulate condition. 具细锯齿的叶缘(图 1142);细锯齿叶缘的齿;有细锯齿的状态。

Sessile **无柄的** Attached directly, without a supporting stalk, as a leaf without a petiole. Figure 1143. 直接着生,无梗柄,如无叶柄的叶子(图 1143)。

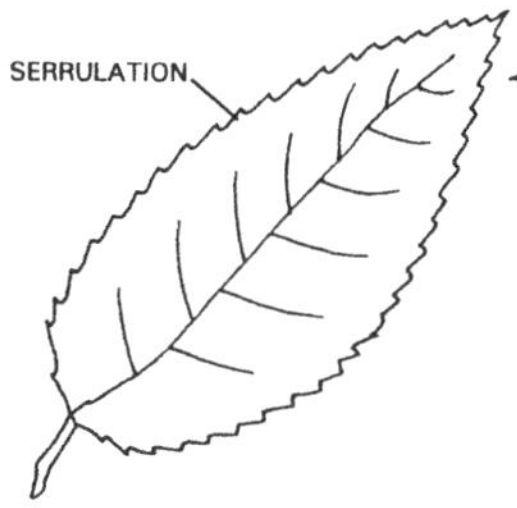

图 1142

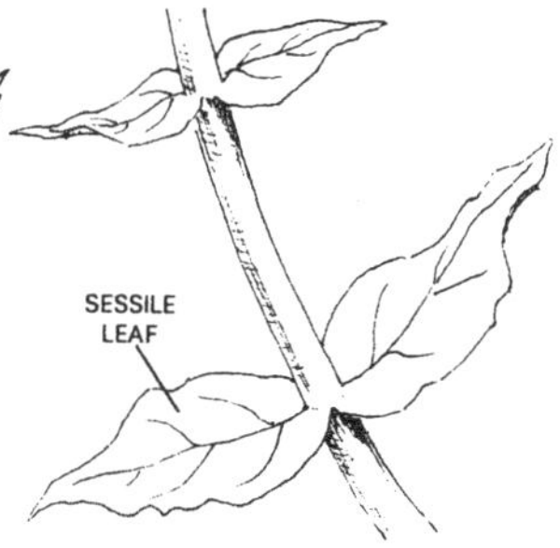

图 1143

Seta(pl. **setae**) **刚毛** A bristle. Figure 1144. 刺毛(图 1144)。

Setaceous **刚毛状的** Bristle-like; with bristles. Figure 1144. 似刚毛;具刚毛。图 1144。

Setiferous **具刚毛的** Bristle-bearing. Figure 1144. 有刚毛(图 1144)。

Setiform **刚毛状的** Bristle-like. 形似刚毛。

Setose **具刚毛的** Covered with bristles. Figure 1144. 被覆刚毛(图 1144)。

Setule 细刚毛 A small bristle. Figure 1145. 小的刚毛(图 1145)。

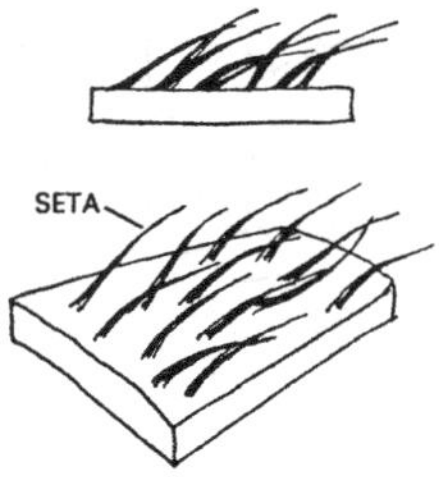

图 1144

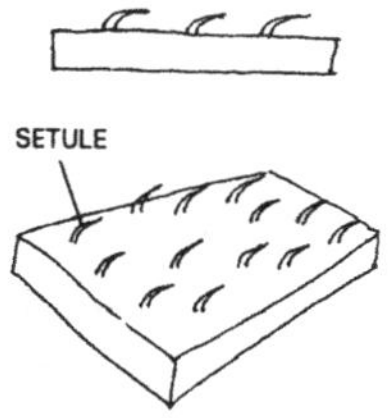

图 1145

Setulose 具细刚毛的 Covered with minute bristles. Figure 1145. 被覆小的刚毛(图 1145)。

Sheath 鞘 The portion of an organ which surrounds, at least partly, another organ, as the leaf base of a grass surrounds the stem. Figure 1146. 一器官包裹(至少部分包裹)另一器官的部分,如禾草包裹着茎的叶基部(图 1146)。

Sheathing 具鞘的 Forming a sheath, as the leaf base of a grass forms a sheath as it surrounds the stem. Figure 1146. 形成鞘,如禾草的叶基部形成包裹着茎的鞘(图 1146)。

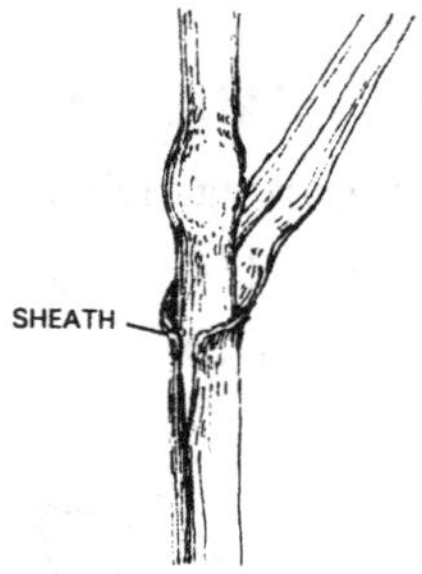

图 1146

Shield 盾 The staminode of *Cypripedium*. Figure 1147; the outermost portion of a cone scale of a conifer cone. Figure 1148. 杓兰属的退化雄蕊(图 1147);松柏类球果鳞片的最外部分(图 1148)。

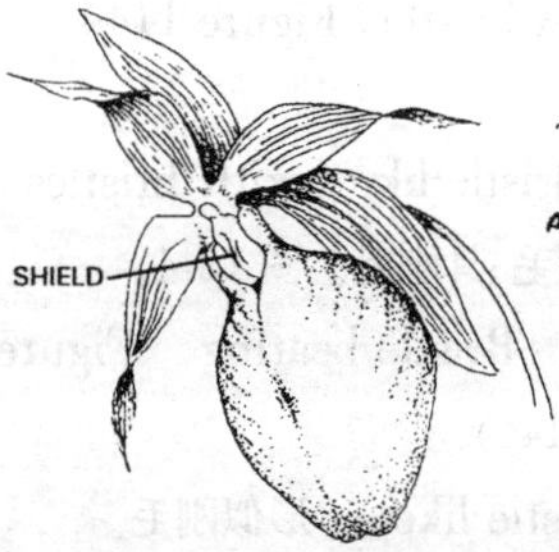

图 1147

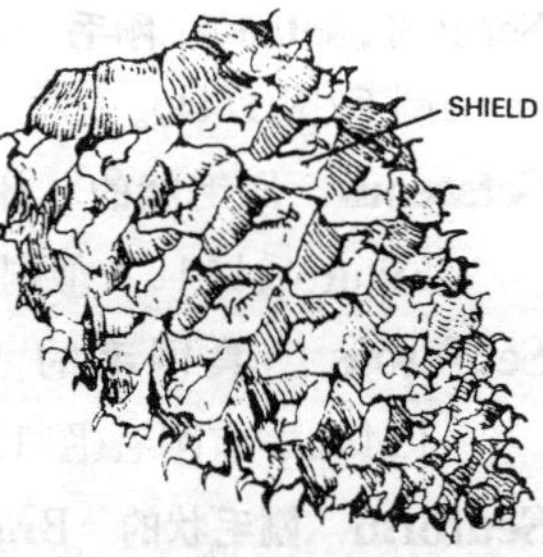

图 1148

Shoot 苗 A young stem or branch. Figure 1149. 幼茎或幼枝(图 1149)。

Shrub 灌木 A woody plant, with several stems, that is shorter than a typical tree. Figure 1150. 具多条茎干的木本植物,比典型的树矮(图 1150)。

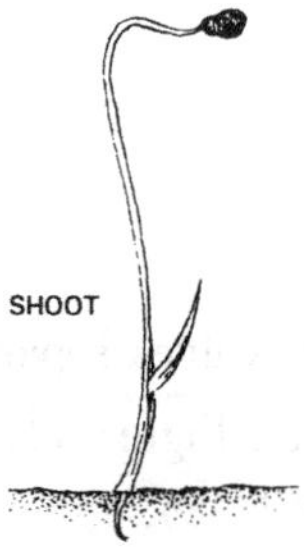

图 1149

图 1150

Sigmoid S 形的 S-shaped; doubly curved, like the letter S. Figure 1151. S 形;呈双弯曲,形似字母 S。图 1151。

Siliceous 硅质的 Relating to, or containing silica. 与硅相关或含有硅。

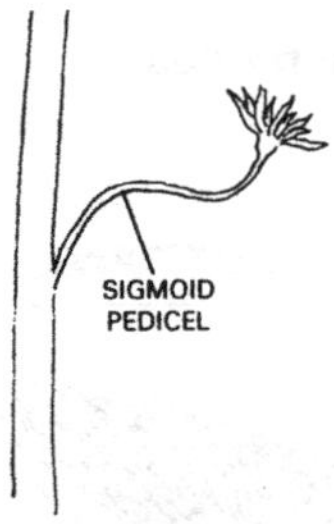

图 1151

图 1152

Silicious 硅质的 见硅质的(**siliceous**)。

Silicle 短角果 A dry, dehiscent fruit of the Cruciferae (Brassicaceae), typically less than twice as long as wide, with two valves separating from the persistent placentae and septum (replum). Figures 1152 and 1153. 十字花科的一种开裂的干果类型,果长小于 2 倍果宽,两个心皮瓣片从宿存的胎座和假隔膜处分开(图 1152 和图 1153)。

Silique 长角果 A dry, dehiscent fruit of the Cruciferae (Brassicaceae), typically more than twice as long as wide, with two valves separating from the persistent placentae and septum (replum). Figure 1154. 十字花科的一种开裂的干果类型,果长大于2倍果宽,两个心皮瓣片从宿存的胎座和假隔膜处分开(图1154)。

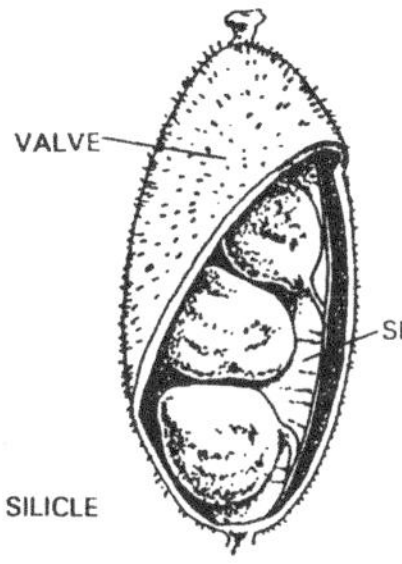

图 1153

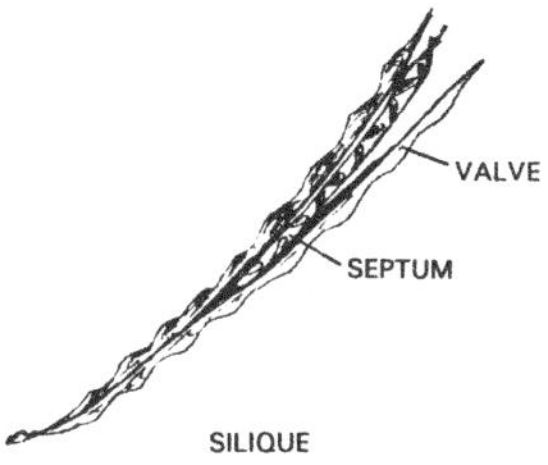

图 1154

Silk **穗丝** The hair-like styles in maize. Figure 1155. 玉米丝发状的花柱(图1155)。

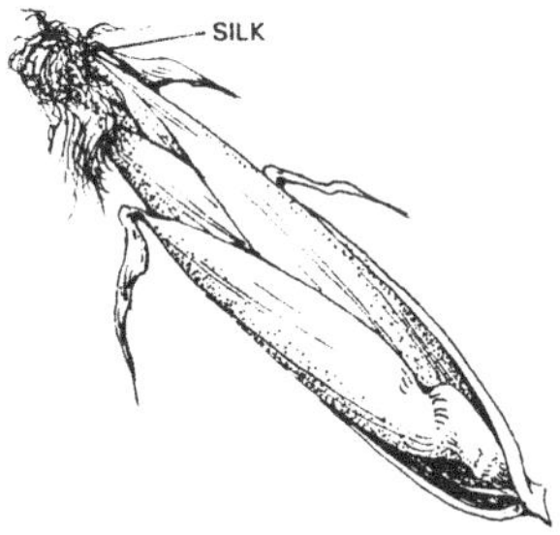

图 1155

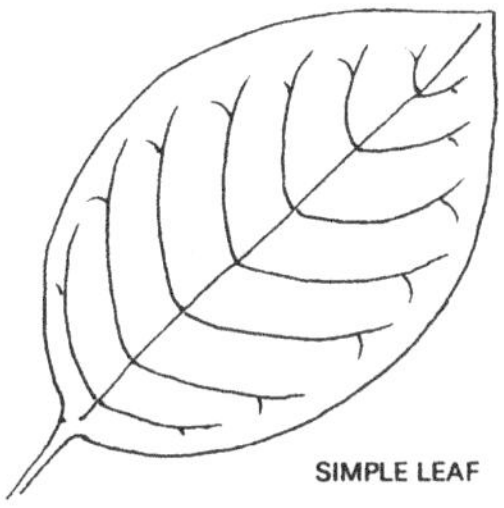

图 1156

Silky **绢状的** Silk-like in appearance or texture; sericeous. 外观或质地丝状;被绢毛。

Simple **单的** Undivided, as a leaf blade which is not separated into leaflets (though the blade may be deeply lobed or cleft). Figures 1156 and 1157; single, as a pistil composed of only one carpel. Figure 1158; unbranched, as a stem or hair. Figure 1159. 完整的,如叶片不分成小叶(虽然叶片可以深裂或具缺刻)(图1156和图1157);单个的,如雌蕊仅由一枚心皮组成(图1158);不分枝,如单一的茎干或毛(图1159)。

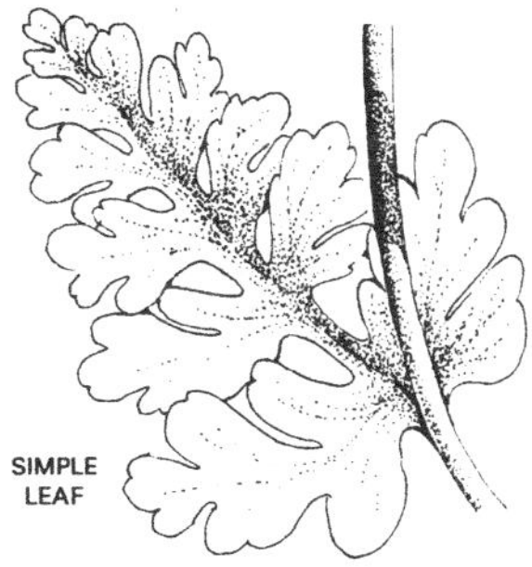

图 1157

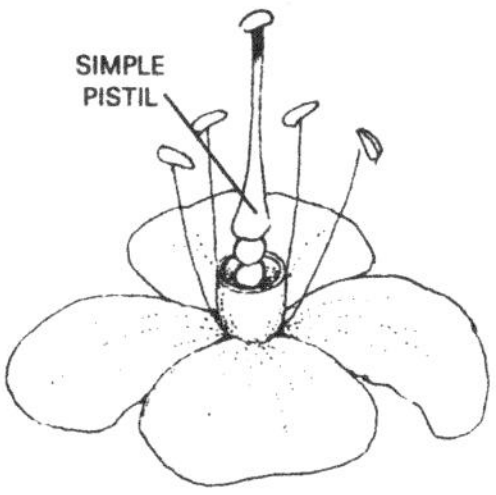

图 1158

Sinistrorse **左旋的** Turned to the left or spirally arranged to the left, as in the leaves on some stems. Figure 1160. (compare **dextrorse**) 向左转或向左螺旋排列,如某些茎上的叶子(图1160)。(对比**右旋的**)

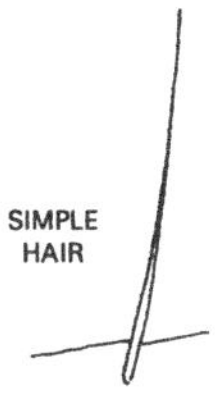

图 1159

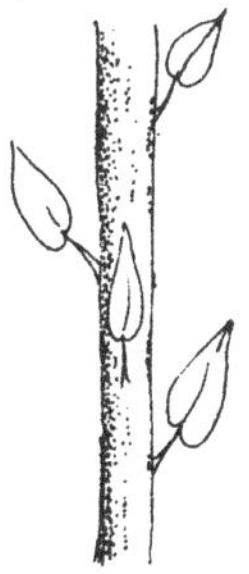

图 1160

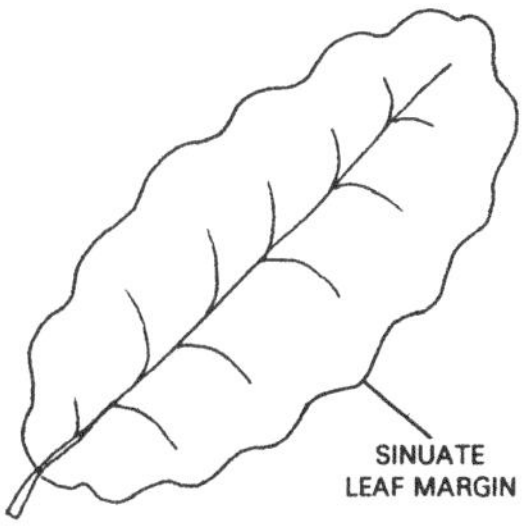

图 1161

Sinuate **具深波状的** With a strongly wavy margin. Figure 1161. (compare **undulate** or **repand**) 具强烈波浪状弯曲的边缘(图1161)。(对比**波状的或浅波状的**)

Sinuous **波状的** Of a wavy or serpentine form. Figure 1162. 呈波浪或蛇行状(图1162)。

Sinus **凹缺** The cleft, depression, or recess between two lobes of an expanded organ such as

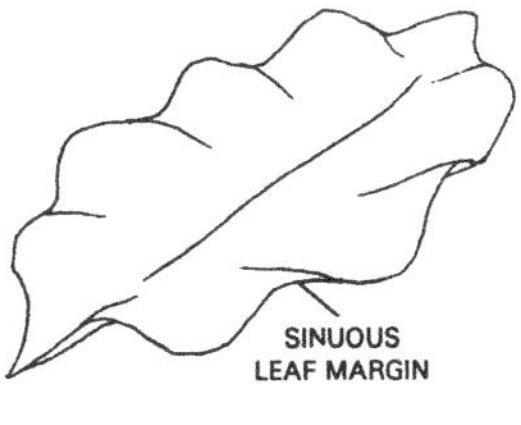

图 1162

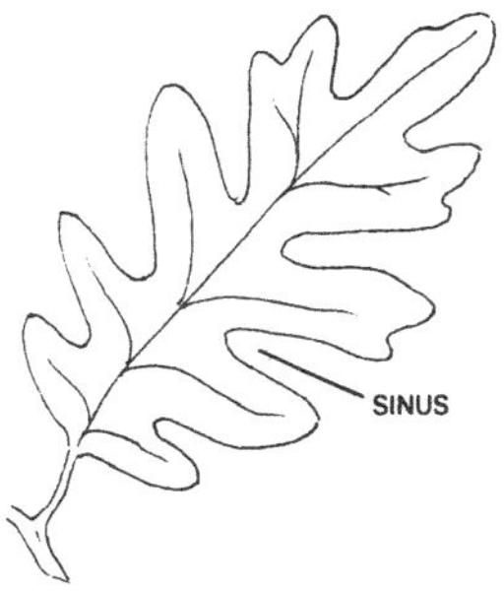

图 1163

a leaf or petal. Figure 1163. 叶片或花瓣等器官上两裂片之间的裂缺,凹陷或缺口(图 1163)。

Smooth　光滑的　With an even surface; not rough to the touch. 表面平滑;手感不糙。

Sobol　根出条　Elongated caudex branches; a shoot arising from the base of a stem or from the rhizome. Figure 1164. 茎基的长枝条;从茎的基部或根状茎长出的枝条(图 1164)。

Sobole　根出条　见根出条(**sobol**)。

Soboliferous　具根出条的　Of or pertaining to sobols; bearing sobols. Figure 1164. 根出条或与根出条相关,有根出条(图 1164)。

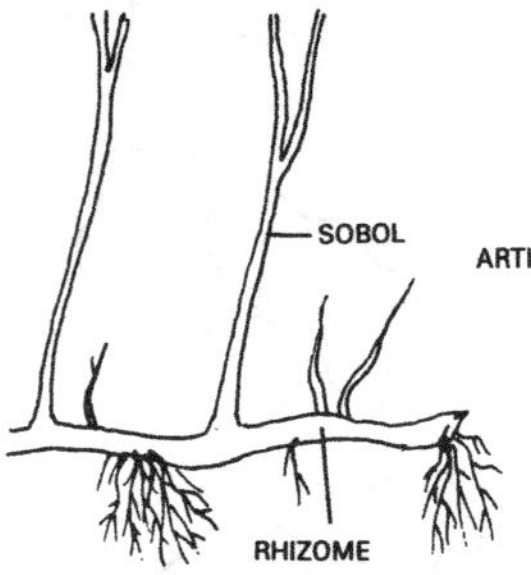

图 1164

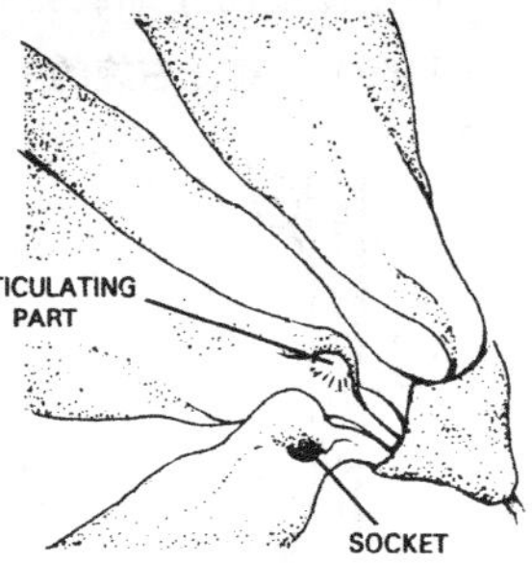

图 1165

Socket　空槽　A hollowed area formed to receive an articulating part. Figure 1165. 为容纳嵌合部分形成的中空区域(图 1165)。

Sole　基底　That end of the carpel most distant from the apex. Figure 1166. 心皮远离顶部的末端(图 1166)。

Solitary　单生的　Occurring singly and not borne in a cluster or group. Figure 1167. 单独出现,不成群或成束(图 1167)。

Somatic　体细胞的　Pertaining to or of the body, as all of the cells of a plant except the egg and sperm. 植物体除卵子和精子外的所有细胞。

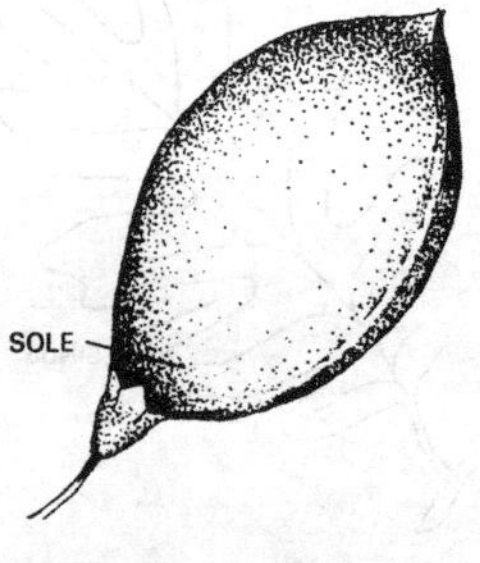

图 1166

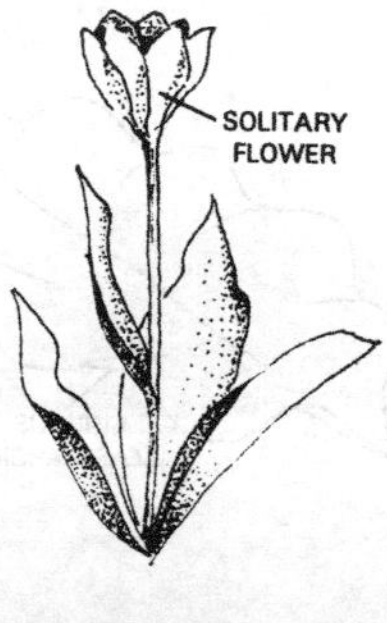

图 1167

Sordid　发污的　Of a dull, dingy, or muddy color. 具浑浊或污泥颜色。

Sorose　椹果　见椹果(**sorosis**)。

Sorosis　椹果　A fleshy multiple fruit arising from many flowers, as in the mulberry or pineapple. Figure 1168. 多花形成的肉质复合果,如桑葚或凤梨(图 1168)。

图 1168

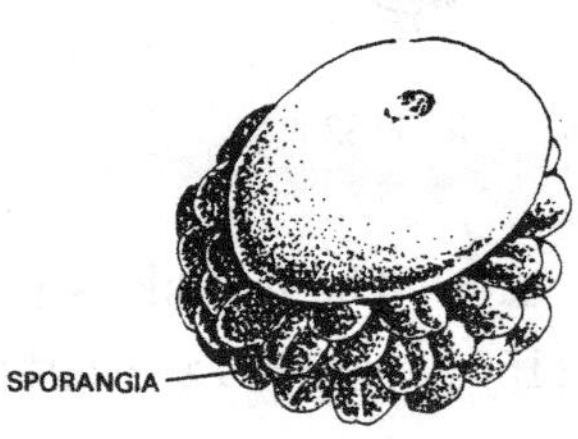

图 1169

Sorus(pl. **sori**)　**囊群**　A cluster of sporangia on the surface of a fern leaf. Figure 1169. 蕨类植物叶片表面的一群孢子囊(图 1169)。

Spadiceous　佛焰花序的,肉穗花序的　Spadix bearing. Figure 1170; spadix-like. 具佛焰花序(图 1170);形似佛焰花序。

Spadix　佛焰花序,肉穗花序　A spike with small flowers crowded on a thickened axis. Figure 1170. 小花在肥厚花轴上密生的穗状花序(图 1170)。

Spananthus　疏花的　With few flowers. 没有几朵花。

Spathaceous　佛焰苞的　Spathe bearing. Figure 1170; spathe-like. 具佛焰苞(图 1170);形似佛焰苞。

Spathe　佛焰苞　A large bract or pair of bracts subtending and often enclosing an inflorescence. Figure

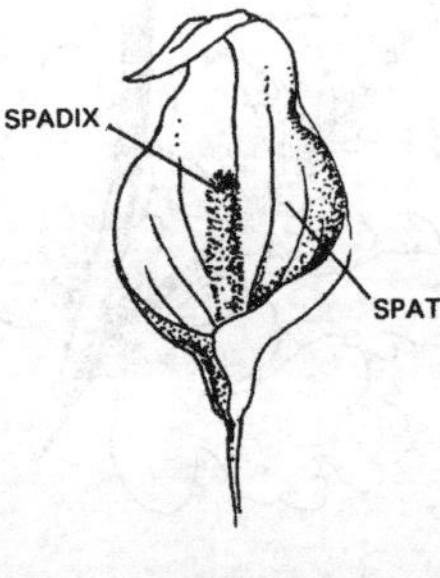

图 1170

1170. 侧展半包或全包花序的一个或一对大苞片(图 1170)。

Spathella **小佛焰苞** An archaic term referring most commonly to the lemma of a grass flower, but occasionally referring to a glume of a grass spikelet. Figures 1171 and 1172. 一个古老名词,最常见用法是指禾草花的外稃,偶尔指禾草小穗的颖片(图 1171 和图 1172)。

Spathellula **内稃** The palea of a grass flower. Figures 1171 and 1172. 禾草花的内稃(图 1171 和图 1172)。

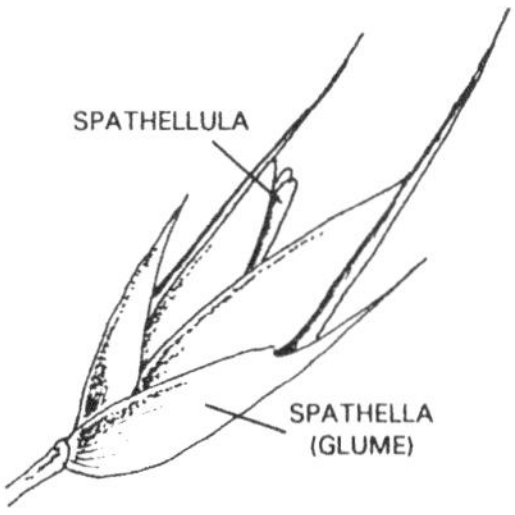

图 1171

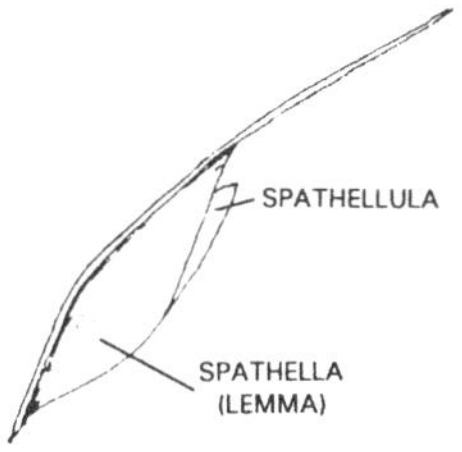

图 1172

Spathiform **佛焰苞状的** With the form of a spathe. 具佛焰苞的形态。

Spathulate **匙形的** 见匙形的(**spatulate**)。

Spatulate **匙形的** Like a spatula in shape, with a rounded blade above gradually tapering to the base. Figure 1173. 形如匙,先端圆形向基部渐细(图 1173)。

Speiranthy **旋花式** The condition of having twisted flowers. Figure 1174. 花呈扭转的状态(图 1174)。

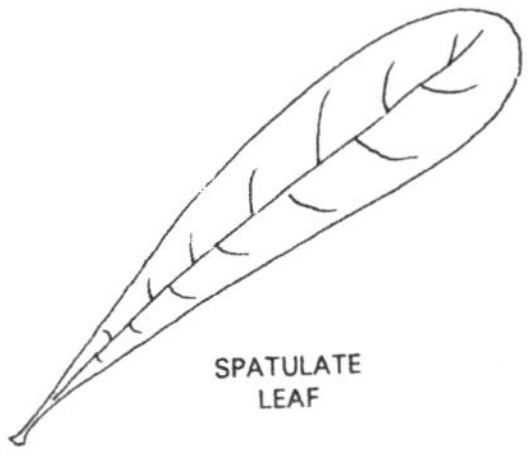

图 1173

图 1174

Spermatophyte **种子植物** Plants reproducing by seeds. 用种子繁殖的植物。

Spermophyte **种子植物** 见种子植物(**spermatophyte**)。

Sphenoid **楔形的** Wedge-shaped; cuneate. Figure 1175. 形似楔子;楔形。图 1175。

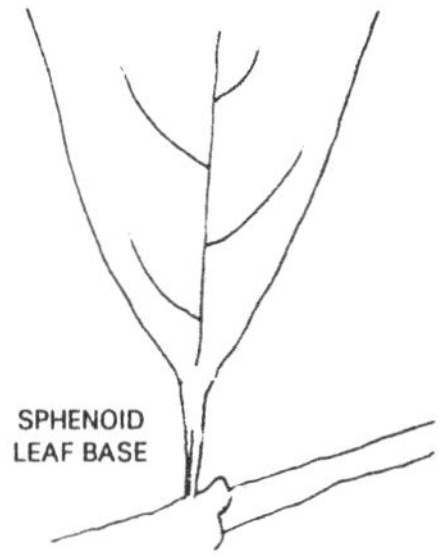

图 1175

Spherical **球形的** A three dimensional, isodiametrical structure, round in outline. Figure 1176. (same as **globose**) 轮廓圆形,三维立体等直径的结构(图 1176)。(等同**球状的**)

Spheroidal **近球形的** Almost spherical, but elliptical in cross section. Figure 1177. 接近球形,但横切面为椭圆形(图 1177)。

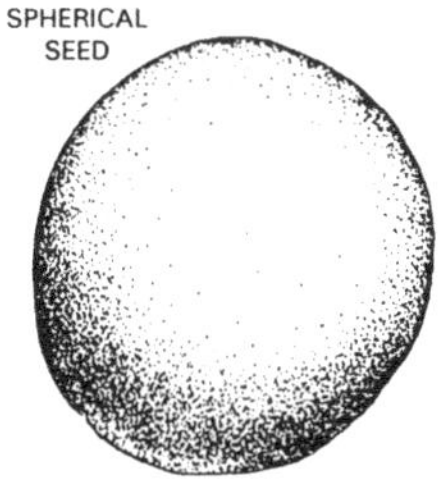

图 1176

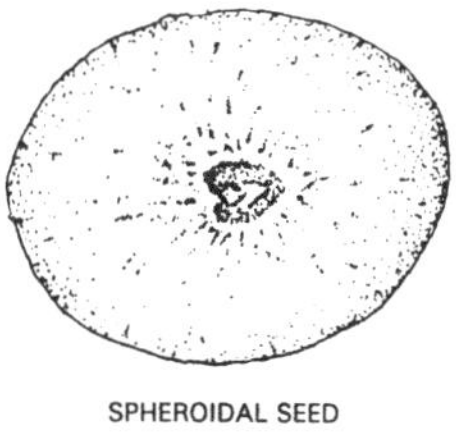

图 1177

Spicate **穗状花序的** Arranged in a spike. Figure 1178; spike-like. 排列成穗状花序(图 1178);形似穗状花序。

Spiciform **穗状花序状的** An inflorescence with the general appearance, but not necessarily the structure, of a true spike. 形似穗状花序,在结构上不一定是真正的穗状花序。

Spicula(pl. **spiculae**) **细刺** 见细刺(**spicule**)。

Spicular **具细刺的** 见细刺的(**spiculate**)。

Spiculate **细刺的** Spicule-like; bearing spicules. Figure 1179. 细刺状;有细刺。图 1179。

Spicule **细刺** A short pointed, epidermal projection. Figure 1179. 短尖的表皮突起(图 1179)。

Spiculiform **细刺状的** With the form of a

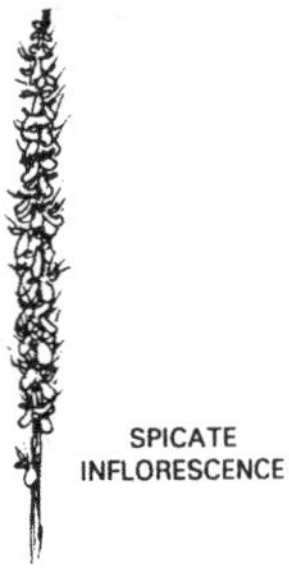

图 1178

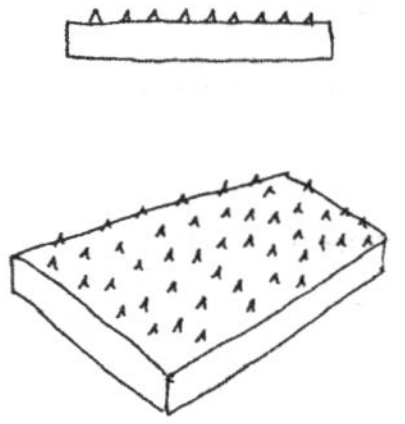

图 1179

spicule. 具细刺的形态。

Spiculose 具细刺的 见细刺的(**spiculate**)。

Spiculum(pl. **spiculae**) 细刺 见细刺(**spicule**)。

Spike 穗状花序 An unbranched, elongated inflorescence with sessile or subsessile flowers or spikelets maturing from the bottom upwards. Figure 1180. (compare **raceme**) 花或小穗无柄或近无柄,由基向上渐次成熟,长而不分枝的花序(图 1180)。(对比**总状花序**)

图 1180

Spikelet 小穗 A small spike or secondary spike; the ultimate flower cluster of grasses and sedges, consisting of 1-many flowers subtended by two bracts (glumes). Figure 1181. 小穗状花序或次级穗状花序;由两枚苞片(颖片)包裹的 1 至多花组成的禾草和莎草的末级花簇。图 1181。

Spindle-shaped 纺锤形的 Broadest near the middle and tapering toward both ends, as in some roots. (see **fusiform**) 近中部最宽,朝两端渐尖,如某些植物的根。(见**纺锤形**)

Spine 刺 A stiff, slender, sharp-pointed structure arising from below the epidermis, representing a modified leaf or stipule; any structure with the appearance of a true spine. Figure 1182. 从表皮下发出的尖细且硬的结构,为变态的叶或托叶;泛指貌似真刺的结构。图 1182。

图 1181

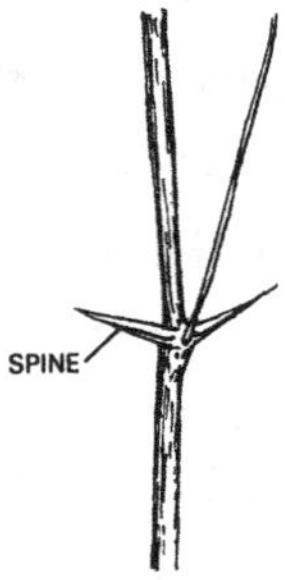

图 1182

Spinescent 具刺的 Bearing a spine or a spinelike point at the tip; bearing spines. Figure 1182. 有刺或顶端尖刺状;有刺。图 1182。

Spiniferous 具刺的 见具刺的(**spinose**)。

Spinose 具刺的 Bearing spines. Figure 1183. 有刺(图 1183)。

Spinous 具刺的 见具刺的(**spinose**)。

Spinule 小刺 A small spine. Figure 1184. 小的刺(图 1184)。

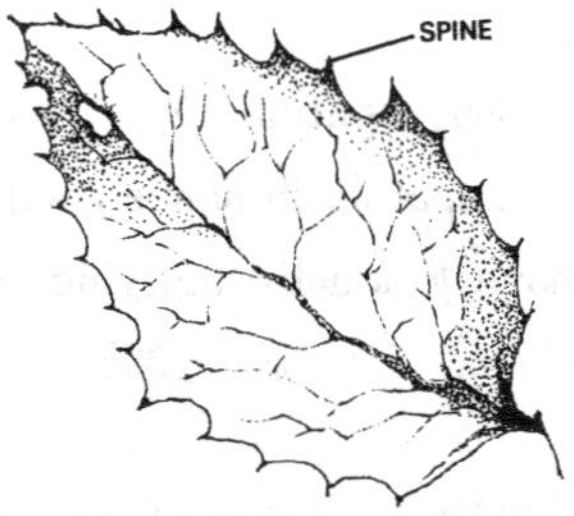

图 1183

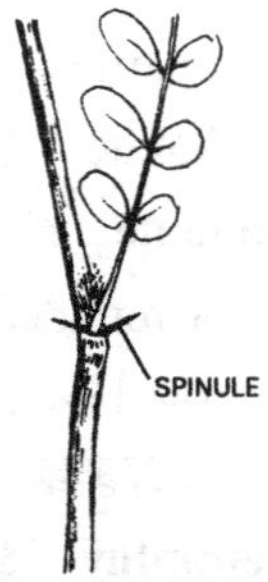

图 1184

Spinulose 具微刺的 Bearing spinules. Figure 1184. 有小刺(图 1184)。

Spiny 具刺的 With spines. Figure 1183. 有刺(图 1183)。

Spiricle 螺旋丝 A small, coiled thread in the coat of some seeds and ach-

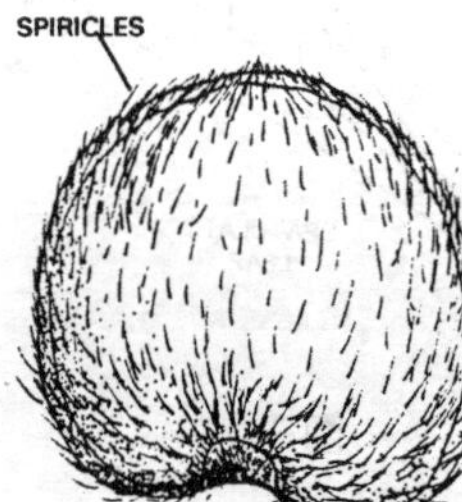

图 1185

enes which uncoils when moistened. Figure 1185. 在某些种子和瘦果外被上的一种小而卷曲的丝,浸湿后会伸直(图 1185)。

Spongiose **海绵质的** Soft and spongy. 软而蓬松有弹性。

Sponsalia **花开期** 见花开期(**anthesis**)。

Sporadic **星散的** Occurring in a scattered distribution rather than in a continuous range. 以不连续的方式散开地分布。

Sporangiophore **孢囊柄** A stalk bearing sporangia. Figure 1186. 着生孢子囊的梗或柄(图 1186)。

Sporangium(pl. **sporangia**) **孢子囊** A spore-bearing case or sac. Figures 1186, 1187 and 1188. 产生孢子的囊状结构(图 1186、图 1187 和图 1188)。

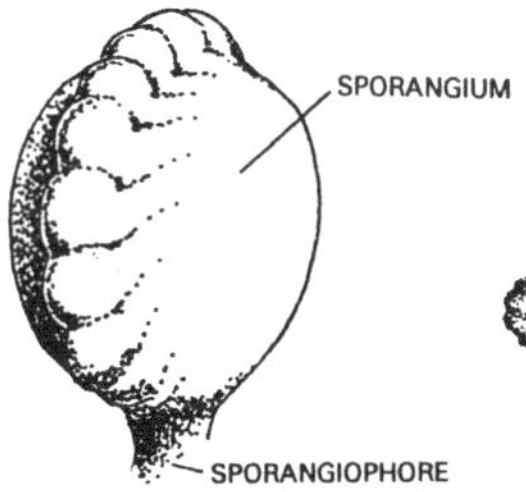

图 1186

图 1187

Spore **孢子** A reproductive cell resulting from meiotic cell division in a sporangium, representing the first cell of the gametophyte generation. Figure 1189. 孢子囊中(孢子母细胞)减数分裂产生的生殖细胞,代表配子体世代的第一个细胞(图 1189)。

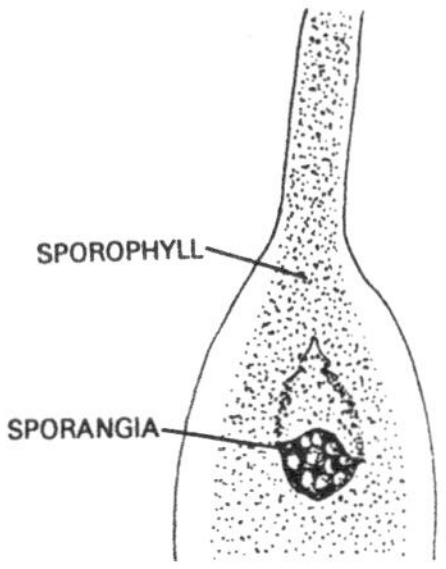

图 1188

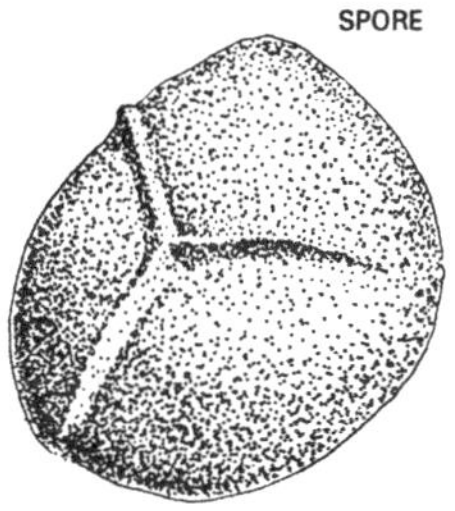

图 1189

Sporiferous **具孢子的** Bearing spores. 有孢子。

Sporocarp **孢子果** A specialized structure containing sporangia. Figure 1190. 容纳孢子囊的特化结构(图 1190)。

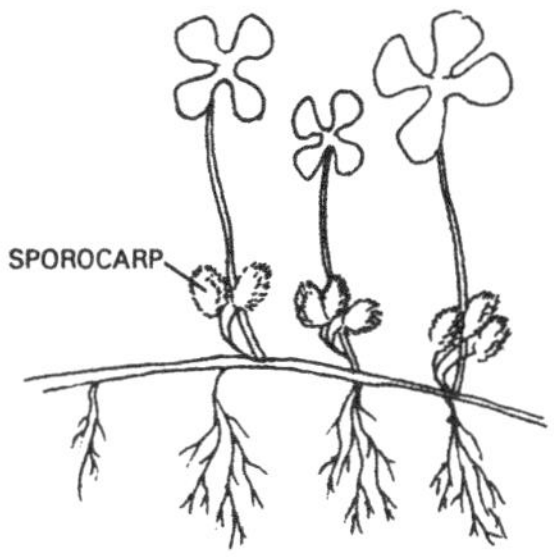

图 1190

Sporophyll **孢子叶** A sporangium-bearing leaf, often modified in structure. Figure 1188. 着生孢子囊的叶子,通常结构上变态(图 1188)。

Sporophyte **孢子体** The diploid (2n), spore-producing generation of the plant reproductive cycle, the dominant and conspicuous plant in the vascular plants. (compare **gametophyte**) 植物世代交替中产生孢子的二倍体世代,在维管植物中是占明显优势的植物体。(对比**配子体**)

Sprawling **拱垂的** Bending or curving downward. Figure 1191; lying upon something and being supported by it. 向下弯曲(图 1191);靠着某物并由其支撑。

Spray **叶花〔果〕梢** A slender shoot or branch with its leaves, flowers, or fruits. Figure 1192. 具有叶、花或果实的纤细枝条(图 1192)。

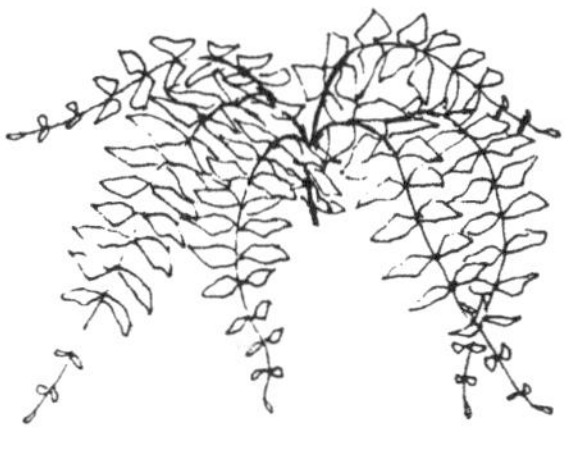

图 1191

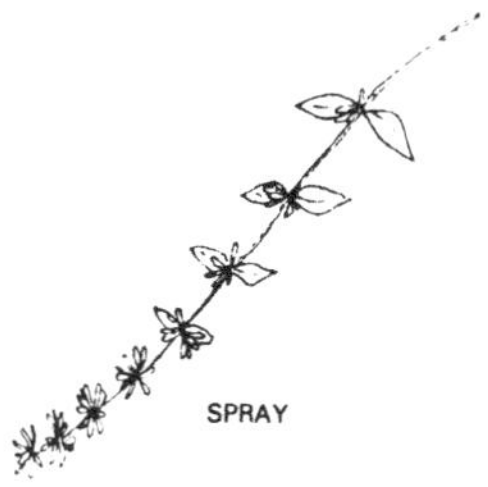

图 1192

Spreading **平展的** Extending nearly to the horizontal. Figure 1193; almost prostrate. 接近水平伸展(图 1193);近平卧。

Spumose **泡沫状的** Frothy or foamy. 多泡或起泡沫。

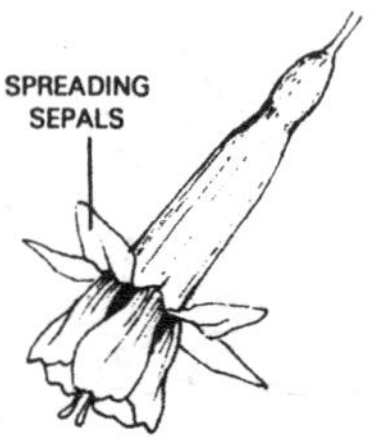

图 1193

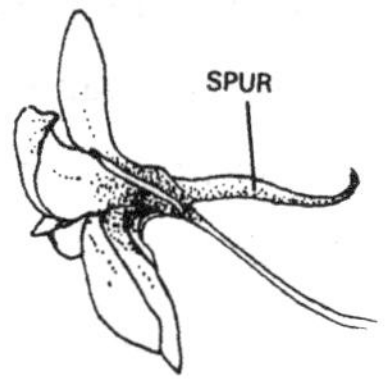

图 1194

Spur ①距 ②短枝 A hollow, slender, sac-like appendage of a petal or sepal, or of the calyx or corolla. Figure 1194; a short shoot bearing leaves or flowers and fruits. Figure 1195. 花瓣或萼片上的细小、囊状中空的附属结构(图1194);着生叶子或花和果实的短枝(图1195)。

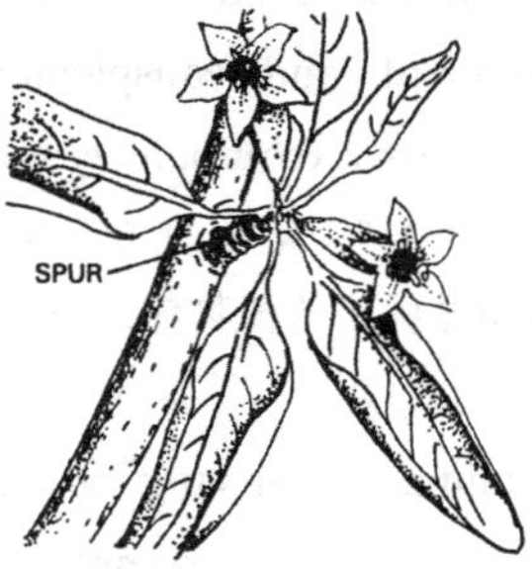

图 1195

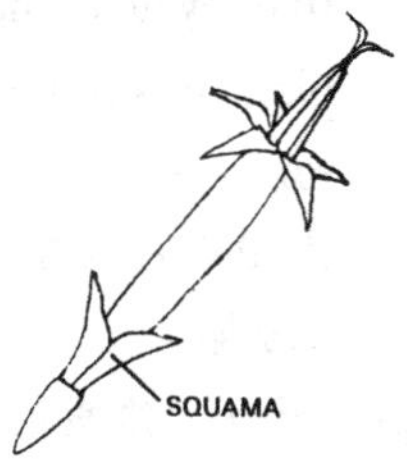

图 1196

Spurred 具距的 Bearing a spur or spurs. Figures 1194 and 1195. 有一个或多个距(图1194和图1195)。

Squama(pl. **squamae**) 鳞片 A scale, as in some types of pappus in the Compositae (Asteraceae). Figure 1196. 鳞片,如菊科冠毛的某些类型(图1196)。

Squamaceous 鳞片的 见具鳞片的(**squamate**)。

Squamate 具鳞片的 Covered with scales (squamae). Figure 1197. 被覆鳞片(图1197)。

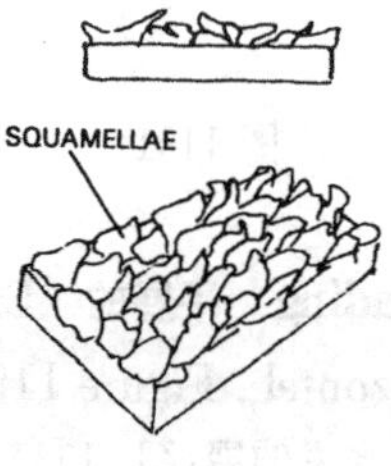

图 1197

Squamella (pl. **squamellae**) 小鳞片 A small scale or squama. Figure 1197. 小的鳞片(图1197)。

Squamellate 具小鳞片的 With squamellae. Figure 1197. 有小鳞片(图1197)。

Squamiform 鳞片状的 Scale-like. 形似鳞片。

Squamose 具鳞片的 见具鳞片的(**squamate**)。

Squamous 具鳞片的 见具鳞片的(**squamate**)。

Squamule 小鳞片 The lodicule of a grass flower. Figure 1198. 禾草花的浆片(图1198)。

Squamulose 具小鳞片的 With minute squamellae. 有小的鳞片。

Squarrose ①具糙鳞的 ②糠秕状的 Abruptly recurved or spreading above the base; rough or scurfy due to the presence of recurved or spreading processes. Figure 1199. 在基部上方陡然反曲或平展;由于反曲或平展的突起,显出糠秕状粗糙。图1199。

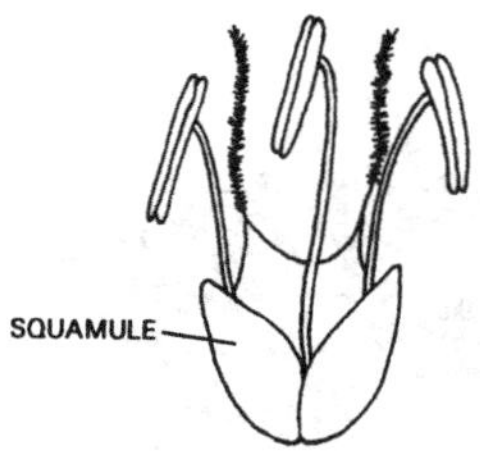

图 1198

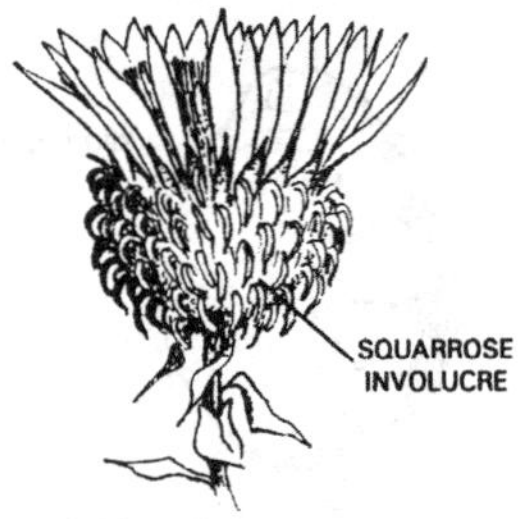

图 1199

Squarrulose 具小糠秕状的 With minute recurved processes. 有小的反曲突起。

Stalk 柄 The supporting structure of an organ, usually narrower in diameter than the organ. Figure 1200. 器官的支撑结构,通常直径比该器官细小(图1200)。

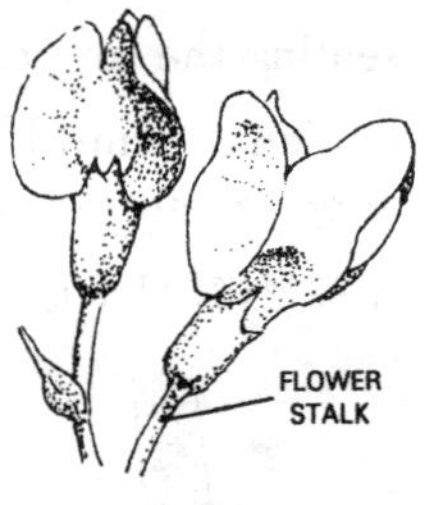

图 1200

Stamen(pl. **stamens**, **stamina**) 雄蕊 The male reproductive organ of a flower, consisting of an anther and filament. Figure 1201; the angiosperm microsporophyll. 花的雄性生殖器官,由花药和花丝组成(图1201);被子植物的小孢子叶。

Staminal **雄蕊的** Of or pertaining to the stamens. 与雄蕊相关。

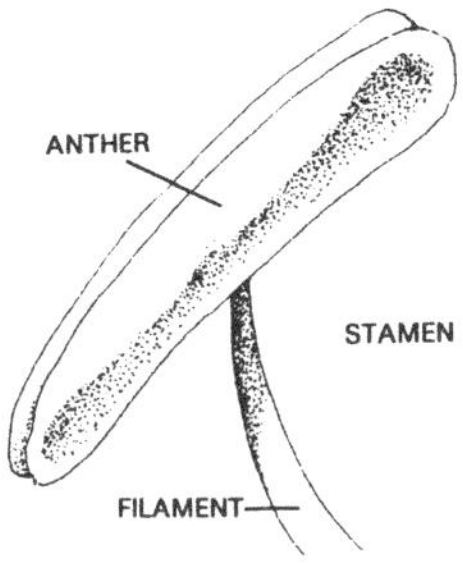

图 1201

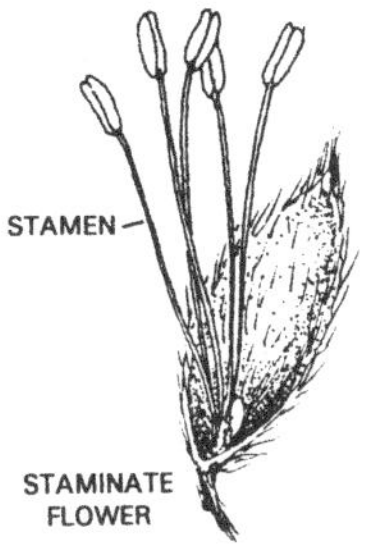

图 1202

Staminate **雄〔蕊〕的** Bearing stamens but not pistils, as a male flower which does not produce fruit or seeds. Figure 1202. (compare **pistillate**); bearing stamens. 具有雄蕊但不具雌蕊,如不产生果实或种子的雄花(图 1202)。(对比**雌蕊的**);有雄蕊。

Stamineal **雄蕊的** 见雄蕊的(**staminal**)。

Staminiferous **雄〔蕊〕的** 见雄〔蕊〕的(**staminate**)。

Staminode(pl. **staminodia**) **退化雄蕊** A modified stamen which is sterile, producing no pollen. Figure 1203. 不育、不产生花粉的变态雄蕊(图 1203)。

Staminodium **退化雄蕊** 见退化雄蕊(**staminode**)。

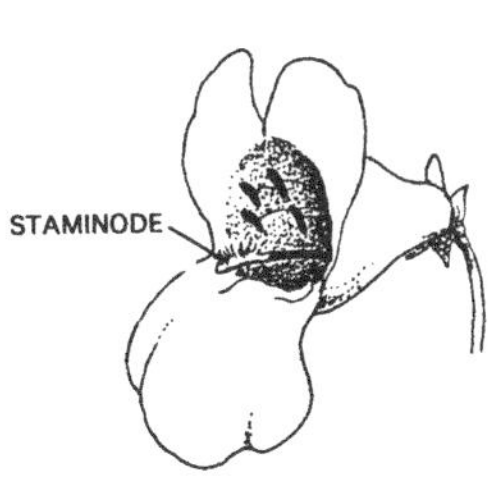

图 1203

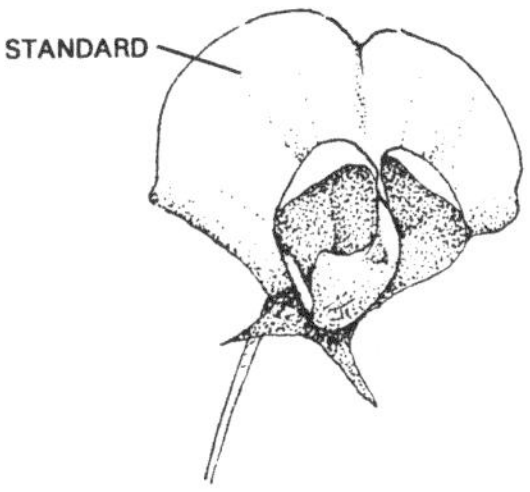

图 1204

Staminody **雄蕊化** A condition in which other organs, such as petals or sepals, become stamens. 指其他器官如花瓣或萼片变成雄蕊的情形。

Standard **旗瓣** The upper and usually largest petal of a papilionaceous flower, as in peas and sweet peas. Figure 1204. 蝶形花冠上方的通常最大的花瓣,如豌豆和香豌豆(图 1204)。

Stegium **丝状附器** A covering of thread-like hairs on the styles of some members of the Asclepiadaceae. 某些萝摩科植物花柱表面上着生的一层丝状毛。

Stele **中柱** The primary vascular structure of a stem or root, including the vascular tissues and all tissues internal to the vascular tissues. Figure 1205. 茎或根的初生维管结构,包括维管组织和维管组织内的所有组织(图 1205)。

Stelipilous **具星状毛的** With stellate hairs. Figure 1206. 有星状的毛(图 1206)。

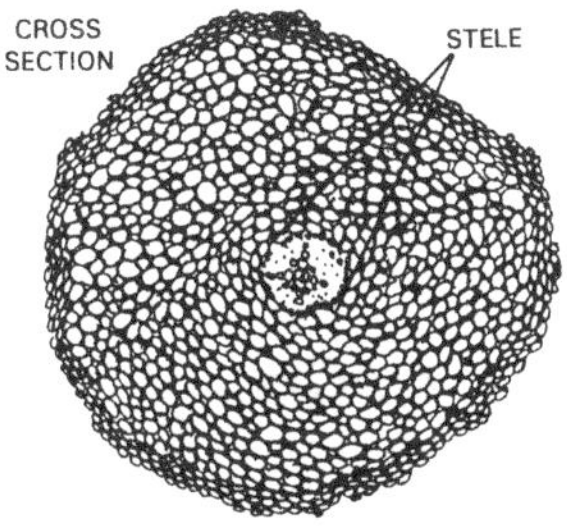

图 1205

图 1206

Stellate **星状的** Star-shaped, as in hairs with several to many branches radiating from the base. Figure 1206. 星形,如从基部辐射状分枝的毛(图 1206)。

Stelliform **星状的** Star-shaped. Figure 1206. 星形(图 1206)。

Stem **茎** The portion of the plant axis bearing nodes, leaves, and buds and usually found above ground. Figure 1207. 植物体轴上具节、叶和芽的部分,一般在地表之上(图 1207)。

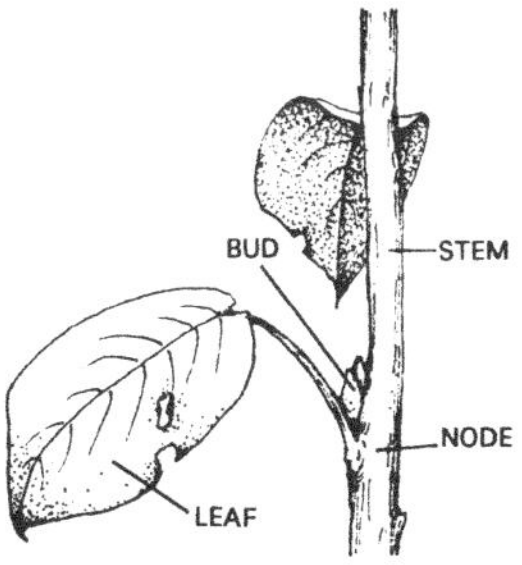

图 1207

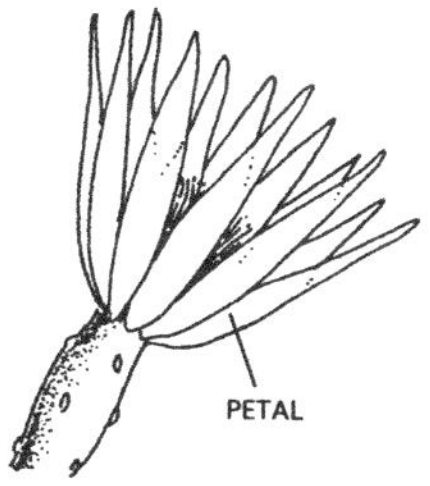

图 1208

Stenopetalous　狭瓣的　With narrow petals. Figure 1208.　具窄的花瓣(图 1208)。

Stenophyllous　狭叶的　With narrow leaves. Figure 1209.　具窄的叶片(图 1209)。

Steppe　干草原,草原　Grassland; plain; prairie. 草原;平原;大草原。

Stereomorphic　立体对称的　Radially symmetrical, so that a line drawn through the middle of the structure along any plane will produce a mirror image on either side; essentially the same as **actinomorphic**. Figure 1210.　辐射状对称,通过结构中央任何一平面都能将其分成互为镜像的两部分,实际上等同**辐射对称**(图 1210)。

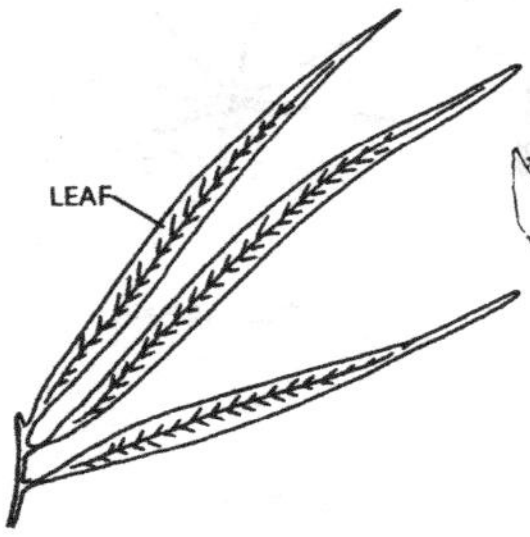

图 1209

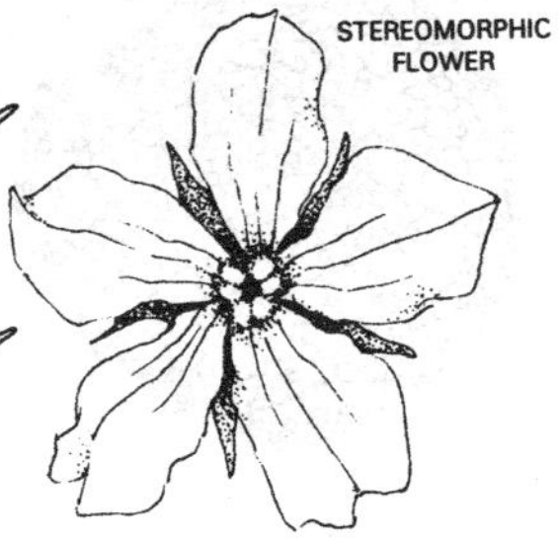

图 1210

Sterigma　叶座　The persistent leaf base of the leaves of some coniferous trees. Figure 1211. 某些松柏类植物叶子宿存的叶基(图 1211)。

Sterile　不育的　Infertile, as a stamen that does not bear pollen, or a flower that does not bear seed. Figure 1212.　不育,如不产生花粉的雄蕊,或不产生种子的花(图 1212)。

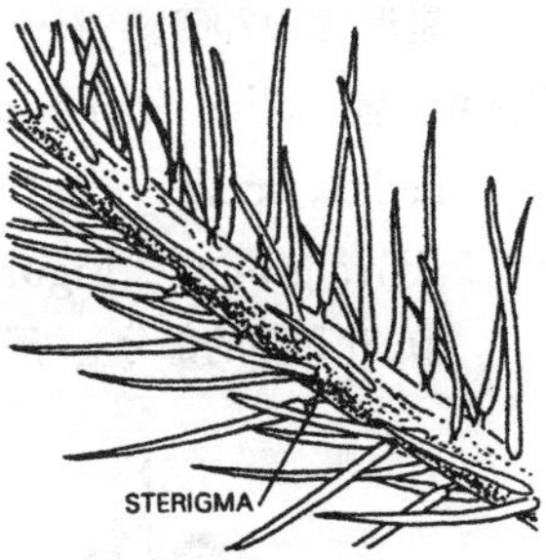

图 1211

Stigma　柱头　The portion of the pistil which is receptive to pollen. Figure 1213.　雌蕊接受花粉的部分(图 1213)。

Stigmatic　柱头的　Belonging to the stigma or having the characteristics of a stigma.　属于柱头或有柱头特征。

Stigmatiferous　具柱头的　Bearing a stigma. Figure 1213.　有柱头(图 1213)。

Stipe　柄,梗　A stalk supporting a structure, as the stalk attaching the ovary to the receptacle in some flowers. Figure 1214.　支撑某个结构的柄或梗,如某些花中连接子房与花托的柄(图 1214)。

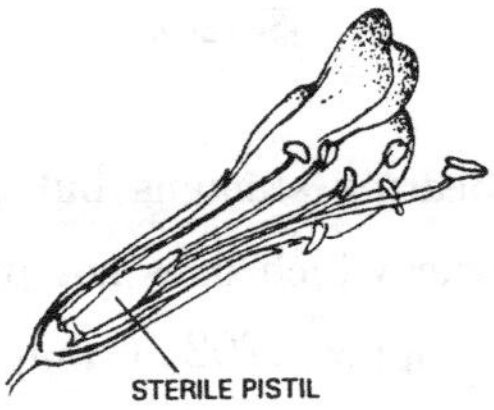

图 1212

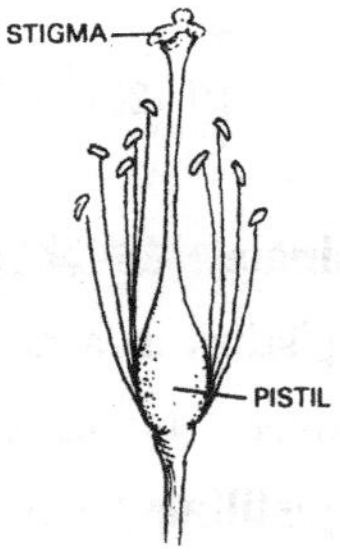

图 1213

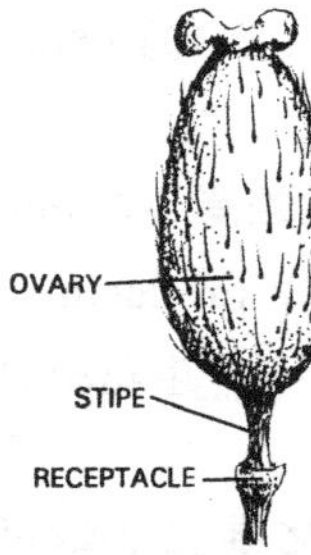

图 1214

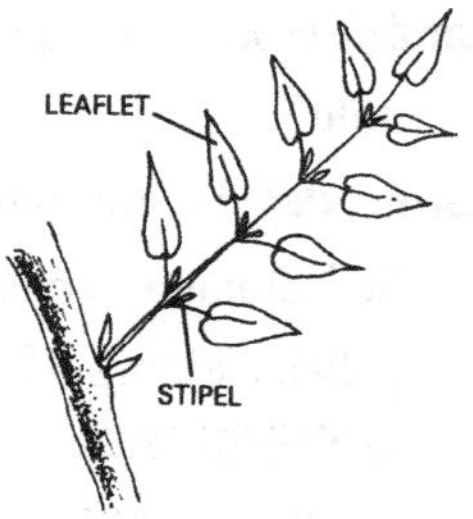

图 1215

Stipel　小托叶　A small, stipule-like structure at the base of a leaflet. Figure 1215.　(复叶的)小叶基部小的托叶状结构(图 1215)。

Stipellate　具小托叶的　Bearing stipels. Figure 1215.　有小托叶(图 1215)。

Stipellule　小托叶　见小托叶(**stipel**)。

Stipitate　具柄的　Borne on a stipe or stalk. Figure 1214.　着生在柄或梗上(图 1214)。

Stipitate-glandular　具柄腺体的　Bearing stalked glands. Figure 1216.　具有柄的腺体(图 1216)。

Stipitiform　柄状的　With the form of a stipe. 具柄的形态。

Stipular **托叶的** Of or pertaining to a stipule. 与托叶相关。

Stipulate **具托叶的** Bearing stipules. Figure 1217. 有托叶(图 1217)。

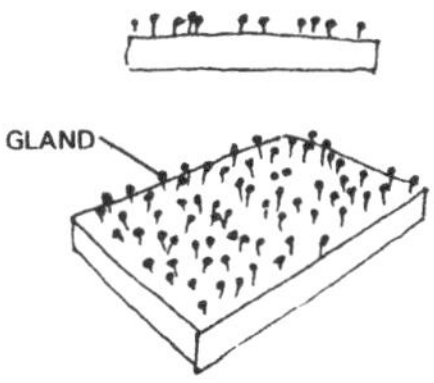

图 1216

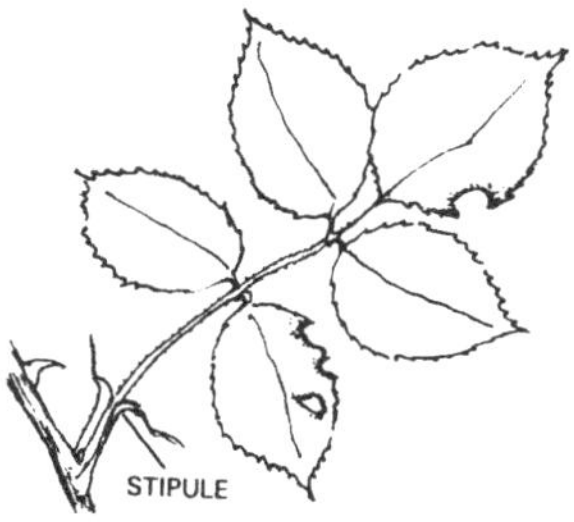

图 1217

Stipule **托叶** One of a pair of leaf-like appendages found at the base of the petiole in some leaves. Figure 1217. 某些植物叶柄基部成对的叶状附属物(图 1217)。

Stipuliform **托叶状的** Stipule-shaped. 形似托叶。

Stipulose **具大托叶的** 见具托叶的(**stipulate**)。

Stolon **匍匐茎** An elongate, horizontal stem creeping along the ground and rooting at the nodes or at the tip and giving rise to a new plant. Figure 1218. 沿地表横生的长茎,在节处或端部生根并长出新植株(图 1218)。

Stoloniferous **具匍匐茎的** Bearing stolons. Figure 1218. 有匍匐茎(图 1218)。

Stoloniform **匍匐茎状的** Stolon-like. 形似匍匐茎。

Stoma **气孔** 见气孔(**stomate**)。

Stomate(pl. **stomata**) **气孔** A pore or aperture, surrounded by two guard cells, which allows gaseous exchange. Figure 1219. 由两个保卫细胞围绕的孔或开口,执行气体交换功能(图 1219)。

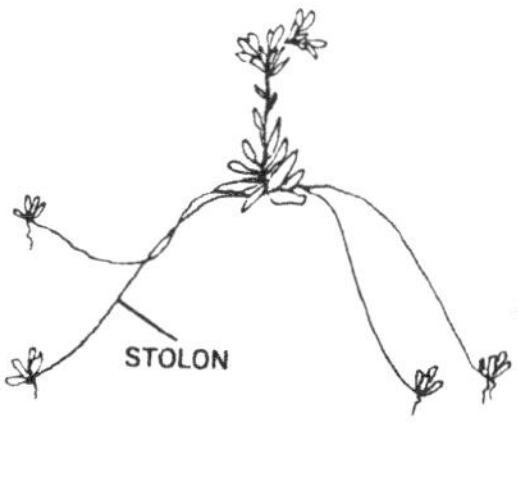

图 1218

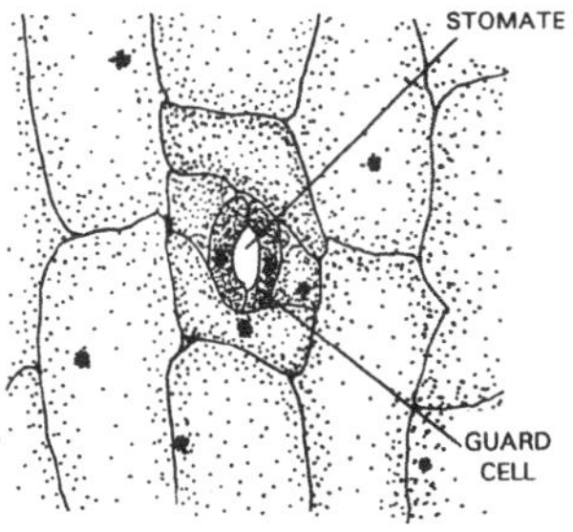

图 1219

Stomatiferous **具气孔的** Bearing stomata. Figure 1219. 有气孔(图 1219)。

Stone **核** The hard, woody endocarp enclosing the seed of a drupe. Figure 1220. 包裹核果种子的木质坚硬内果皮(图 1220)。

Stone fruit **核果** A drupe; a fruit with a stony pit. Figure 1220. 核果;具石质果核的果实(图 1220)。

Stool **根株** The base of plants which produce new stems each year. Figure 1221; a group of stems arising from a single root. 每年生出新茎的植物体基部(图 1221);从单一根上长出的一簇茎。

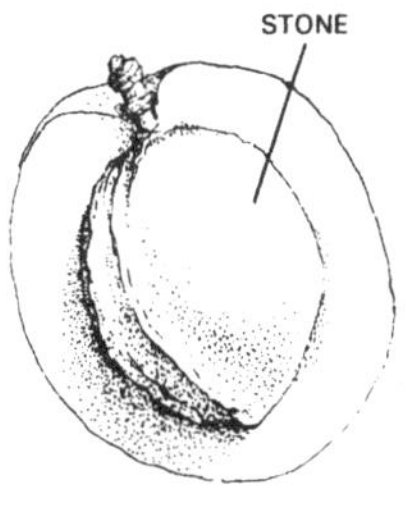

图 1220

图 1221

Stramineous **①麦秆质的 ②麦秆色的** Straw-like in color or texture. 颜色或质地上像麦秆。

Strap **舌片** The ligule of a ray flower in the Compositae (Asteraceae). Figure 1222. 菊科头状花序边花的舌状花冠(图 1222)。

Strap-shaped **舌状的** Elongated and flat. Figure 1222. 长而平(图 1222)。

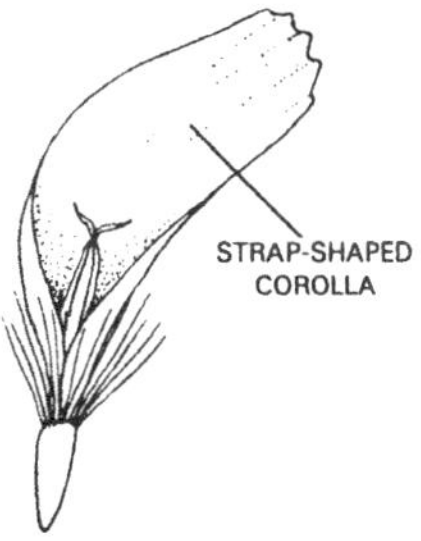

图 1222

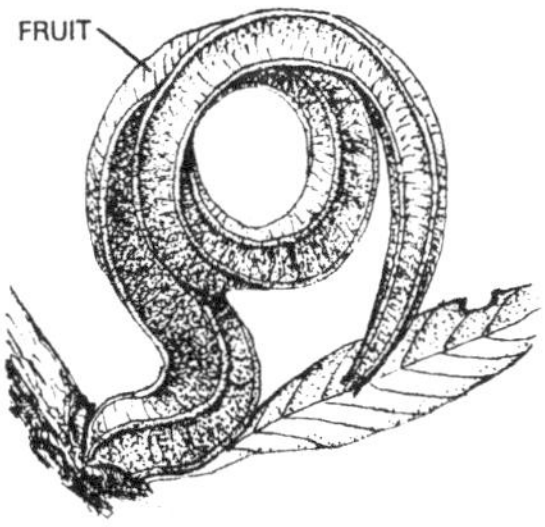

图 1223

Streptocarpous 果扭曲的 With twisted fruits. Figure 1223. 具扭卷果实(图 1223)。

Stria(pl. **striae**) 条纹 A fine line or groove. Figure 1224. 细的线条或沟(图 1224)。

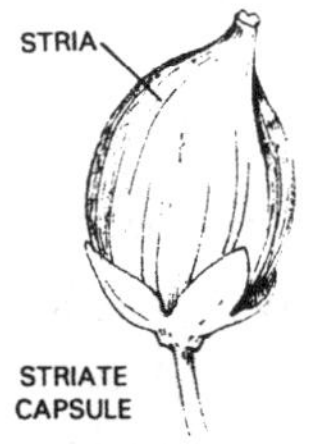

图 1224

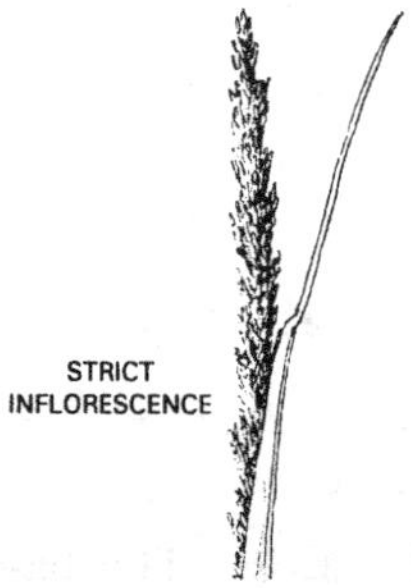

图 1225

Striate 具条纹的 Marked with fine, ususlly parallel lines or grooves. Figure 1224. 有细的、通常平行的线或沟(图 1224)。

Strict 笔直的 Very straight and upright, not at all spreading. Figure 1225. 直,垂直,一点不平展(图 1225)。

Striga 糙伏毛 A bristle; a straight, stiff, sharp, appressed hair. Figure 1226. 刚毛;直而尖硬的贴伏毛。图 1226。

Strigillose 具短糙伏毛的 Minutely strigose. Figure 1227. 有小的糙伏毛(图 1227)。

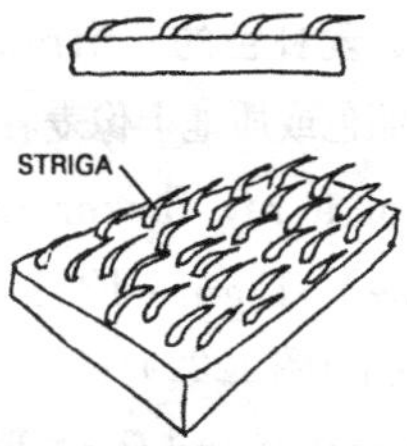

图 1226

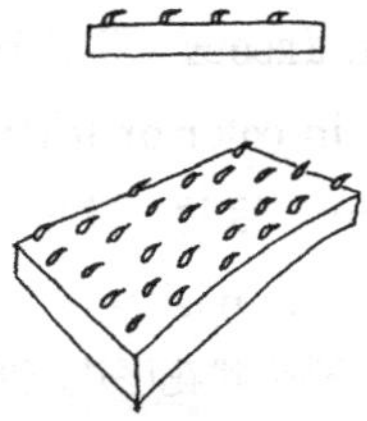

图 1227

Strigose 具糙伏毛的 Bearing straight, stiff, sharp, appressed hairs. Figure 1226. 有直而尖硬的贴伏毛(图 1226)。

Strigulose 具短糙伏毛的 见具短糙伏毛的(**strigillose**)。

Strobilaceous ①球果的 ②似球果的 Of or pertaining to a cone; cone-like. 与球果相关;形似球果。

Strobile ①孢子叶球 ②球穗花序 A cone or an inflorescence resembling a cone, as in hops. Figure 1228. 孢子叶球或外形像球果的花序,如蛇麻子(图 1228)。

Strobilus(pl. **strobili**) ①孢子叶球 ②球果 A cone-like cluster of sporophylls on an axis. Figure 1229; a cone. Figure 1230. 孢子叶聚生在轴上形成的球果状结构(图 1229);球果(图 1230)。

图 1228

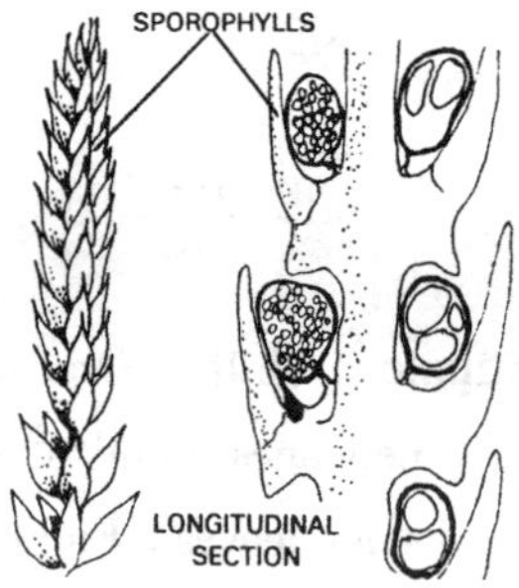

图 1229

图 1230

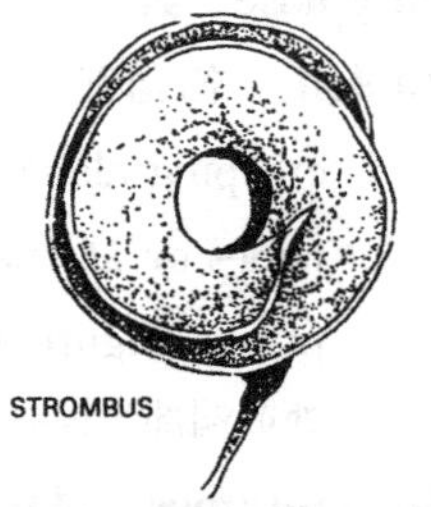

图 1231

Strombus 螺旋状荚果 A legume which is spirally coiled, as in *Medicago*. Figure 1231. 螺旋状卷曲的荚果,如苜蓿属(图 1231)。

Strophiole 种阜 An appendage at the hilum in some seeds. Figure 1232. 某些种子种脐处的附属物(图 1232)。

Struma (pl. **strumae**) 瘤突 A cushion-like swelling. Figure 1233. 垫状的隆起(图 1233)。

Strumose 瘤状的 With a covering of cushion-like swellings; bullate. Figure 1233. 具垫状隆起的盖层;泡状。图 1233。

Stylar 花柱的 Of or pertaining to a style. 与花

柱相关。

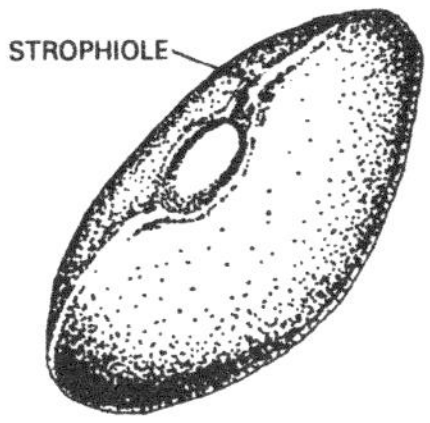

图 1232

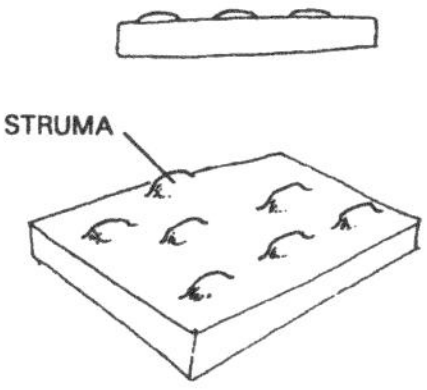

图 1233

Style **花柱** The usually narrowed portion of the pistil connecting the stigma to the ovary. Figure 1234. 雌蕊中连接柱头和子房的通常变窄部分(图 1234)。

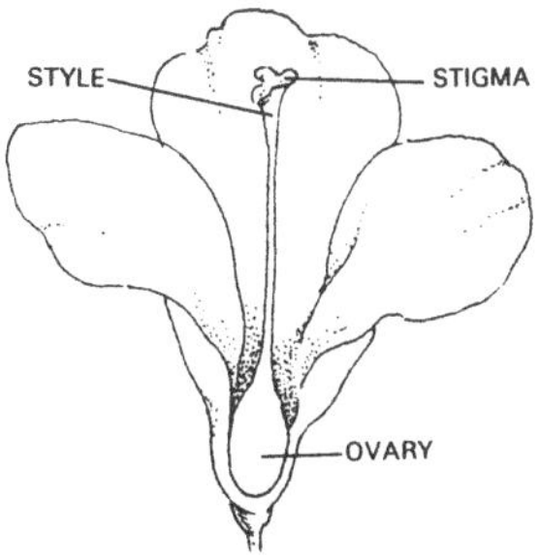

图 1234

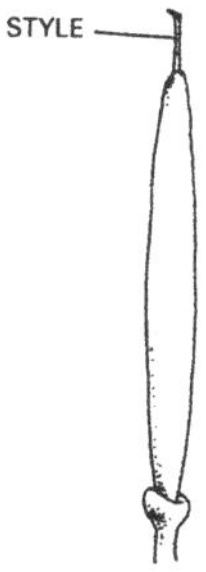

图 1235

Stylocarpellous **心皮有柱无柄的** With a style, but without a stipe. Figure 1235.(compare **astylocarpellous**, and see **stylocarpepodic**) 有花柱,但子房与花托之间无柄。图 1235。(对比**心皮无柱无柄的**,并见**心皮有柱有柄的**)

Stylocarpepodic **心皮有柱有柄的** With a style and a stipe. Figure 1236.(compare **astylocarpepodic**, and see **stylocarpellous**) 有花柱,且子房与花托之间有柄(图 1236)。(对比**心皮无柱无柄的**,并见**心皮有柱无柄的**)

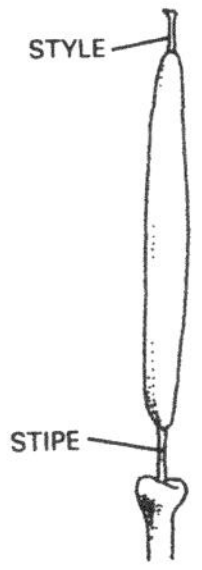

图 1236

图 1237

Stylodious **单心皮的** 见单心皮的(**unicarpellous**)。

Stylodium(pl. **stylodia**) **分枝花柱** A stigma branch, as in some members of the Geraniaceae. Figure 1237. 柱头分枝,如某些牻牛儿苗科植物(图 1237)。

Stylopod **花〔柱〕基** 见花〔柱〕基(**stylopodium**)。

Stylopodic **具花柱基的** With a stylopodium. Figure 1238. 有花柱基(图 1238)。

Stylopodium **花〔柱〕基** A disklike expansion or enlargement at the base of the style in the Umbelliferae (Apiaceae). Figure 1238. 伞形科植物花柱基部的盘状膨大构造(图 1238)。

Suaveolent **芳香的** Fragrant. 有香味。

Sub-(prefix) **Sub-**(前缀) Meaning under, slightly, somewhat, or almost. 在……之下,有些,有点,或接近。

Subacute **亚尖的,近尖的** Slightly acute. Figure 1239. 稍尖锐(图 1239)。

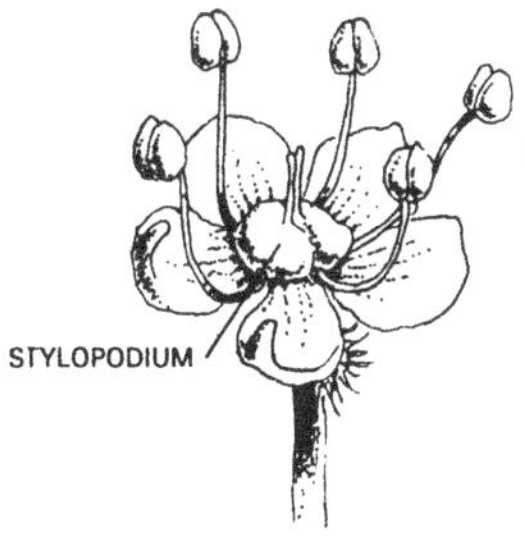

图 1238

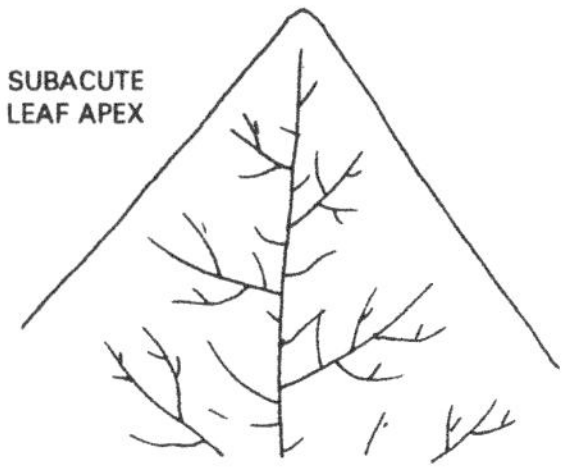

图 1239

Subalpine **亚高山的** Growing in the mountains below the alpine zone and above the montane zone. 生长在山区山地带之上高山带以下。

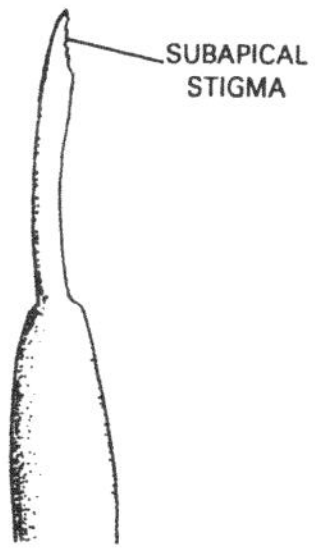

图 1240

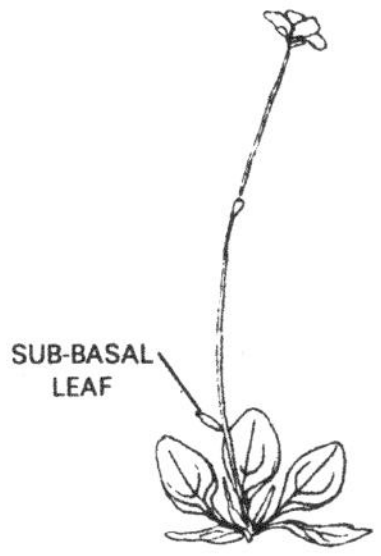

图 1241

Subapical 近尖端的 Near the apex. Figure 1240. 接近顶端(图 1240)。

Sub-basal 近基部的 Near the base. Figure 1241. 接近基部(图 1241)。

Subcapitate 近头状的 Almost capitate. Figure 1242. 几近头状(图 1242)。

Subcordate 近心形的 Almost cordate. Figure 1243. 几近心形(图 1243)。

图 1242

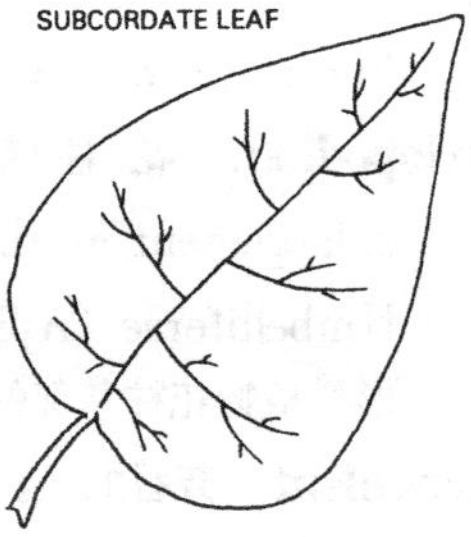

图 1243

Subcorymbose 近伞房状的 Almost corymbose. 几近伞房状 。

Subcylindric 近圆筒状的 Almost cylindric in shape. Figure 1244. 形状几近圆筒状(图 1244)。

Subentire 近全缘的 Almost entire. Figure 1245. 几近全缘(图 1245)。

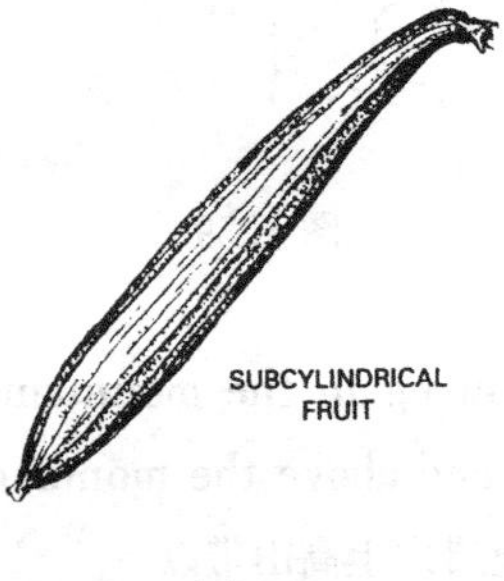

图 1244

图 1245

Suber 木栓 Cork. 木栓。

Suberose 栓质的 Corky in texture. 质地像木栓。

Suberous 栓质的 见栓质的(**suberose**)。

Subfoliaceous 近叶状的 Almost foliaceous. 几近叶状。

Subglabrate 近无毛的 Almost glabrous. Figure 1246. 几近无毛(图 1246)。

Sublignous 近木质的 Almost woody. 几近木质。

Submersed 沉水的 Submerged. 水下,沉水。

Suborbicular 近圆形的 Almost orbicular in shape. Figure 1247. 形态上接近圆形(图 1247)。

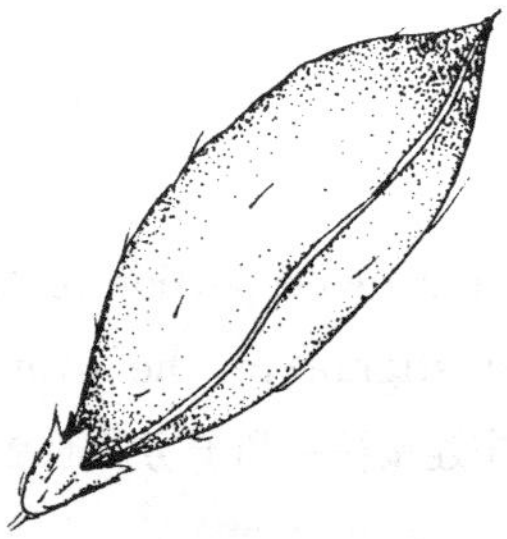

图 1246

图 1247

Subrhizomatous 近根状茎状的 Almost rhizomatous. 几近根状茎。

Subscapose 近花葶状的 Almost scapose. Figure 1241. 几近花葶状(图 1241)。

Subshrub 半灌木 A suffrutescent perennial plant; a small shrub. 略呈灌木状的多年生植物;小的灌木。

Subspicate 近穗状的 Almost spicate, but with short pedicels on some or all of the flowers or florets. Figure 1248. 几近穗状,但全部的或部分的花或小花具短的梗(图 1248)。

Subtend 包着 To be below and close to, as a bract may subtend an inflorescence. Figure 1249. 位于(被包结构)下方且靠近它,如苞片包着花序(图 1249)。

图 1248

Subterete 近圆柱状的 Almost terete. Figure 1250. 几近圆柱状(图 1250)。

Subterranean 地下的 Below the surface of the ground. 位于地表之下。

Subterraneous 地下的 见地下的(**subterranean**)。

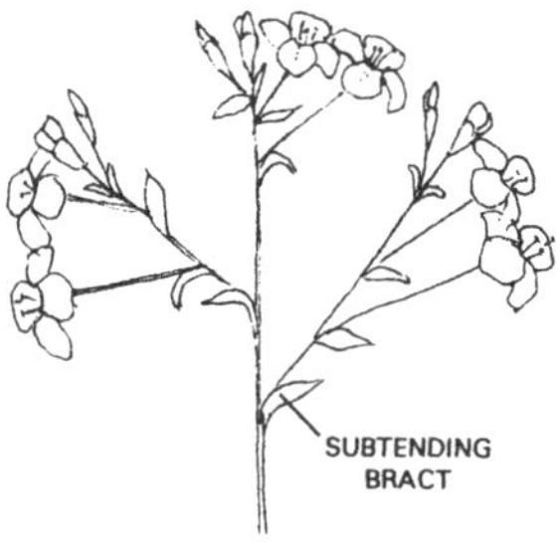

图 1249

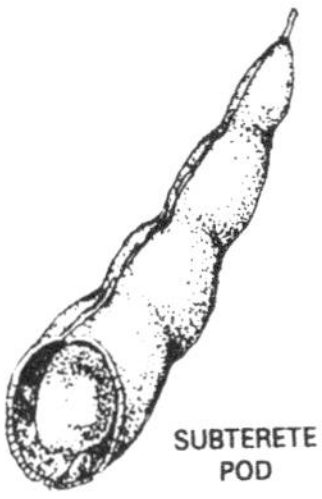

图 1250

Subtropical **亚热带的** Distributed in areas intermediate between tropical and temperate regions; nearly tropical. 分布于热带与温带之间的地区;近热带的。

Subula **细尖突** A fine, sharp point. Figure 1251. 细的尖突(图 1251)。

Subulate **钻形的** Awl-shaped. Figure 1251. 锥形(图 1251)

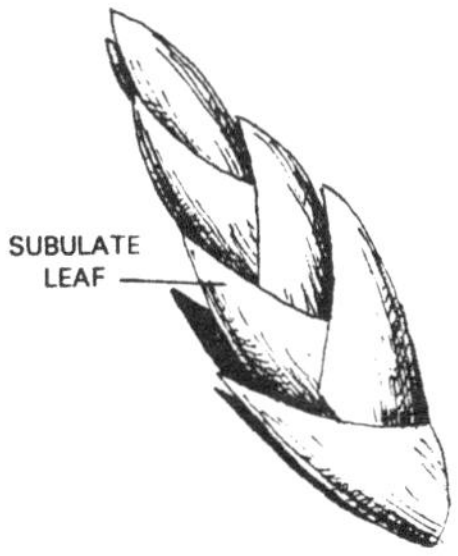

图 1251

Succulent **肉质的,多汁的** Juicy and fleshy, as the stem of a cactus or the leaves of *Aloe*. Figure 1252 and 1253. 肉质多汁,如仙人掌的茎或芦荟的叶(图 1252 和图 1253)。

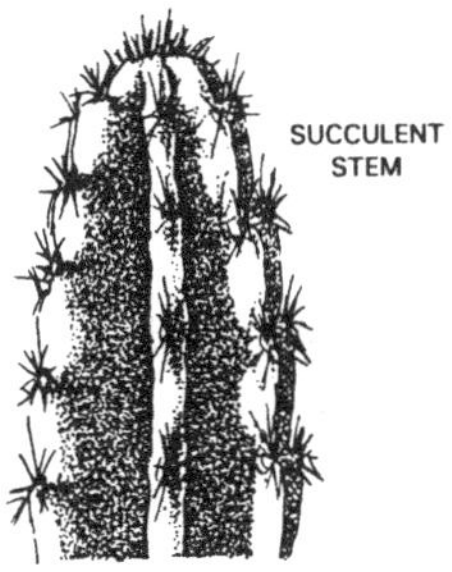

图 1252

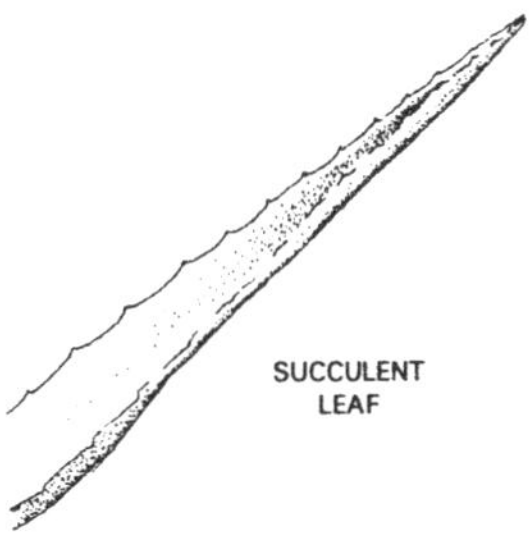

图 1253

Sucker **根出条** A shoot originating from below ground. Figure 1254. 从地下长出的枝条(图 1254)。

Suffrutescent **半灌木状的** Somewhat shrubby; slightly woody at the base. 略微灌木状;基部轻度木质化。

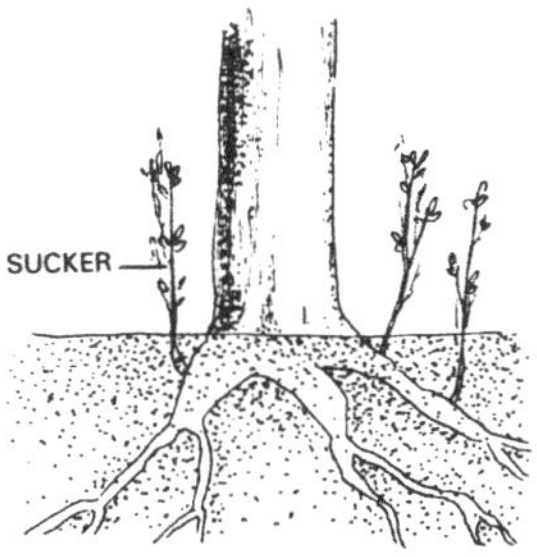

图 1254

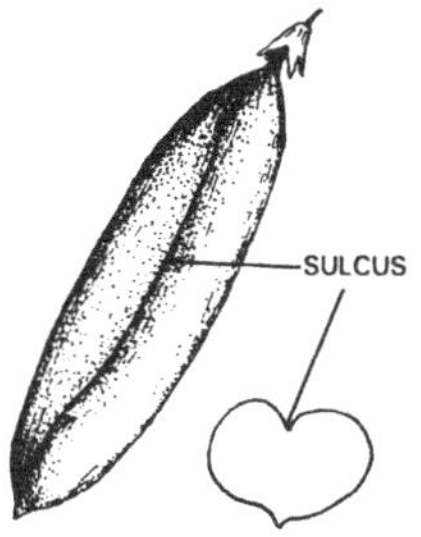

图 1255

Suffruticose **半灌木的** Somewhat woody. 略微木质。

Suffruticulose **半灌木的** 见半灌木的(**suffruticose**)。

Suffused **有色的** Tinted or tinged. 色彩的或有色。

Sulcate **具槽的** With longitudinal grooves or furrows. Figure 1255. 具纵向沟或槽(图 1255)。

Sulcus(pl. **sulci**) **沟槽** A groove or furrow. Figure 1255. 沟或槽(图 1255)。

Sulfureous **硫磺色的** Sulfur-colored. 硫磺色。

Summer annual **夏性一年生植物** A plant with seeds germinating in spring or early summer and completing flowering and fruiting in late summer or early fall and then dying. 种子在春天或初夏萌发,在(同年)夏末或秋初开花结实并死亡的植物。

Superaxillary **腋上的** Attached above the axil. 着生在叶腋的上方。

Superior **上位的** Attached above, as an ovary that is attached above the point of attachment of the other floral whorls. Figure 1256.(compare **inferior**) 上位着生,如花部各轮结合点以上着生的子房(图 1256)。

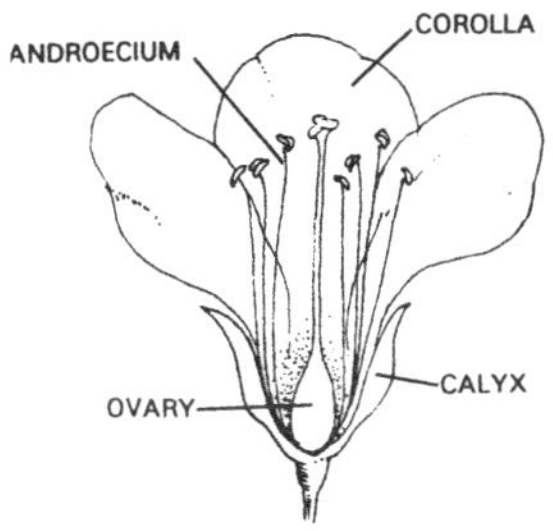

图 1256

Supra-axillary　腋上的　见腋上的（**superaxillary**）。

Supraligular　叶舌上的　Attached above the ligule．着生在叶舌之上。

Surculose　具根出条的　Producing suckers or runners from the base or from rootstocks．Figure 1257．从基部或根状茎上长出根出条或纤匐茎（图 1257）。

Surculose-proliferous　根出条繁殖的　Reproducing by suckers or runners．Figure 1257．靠根出条或纤匐茎繁殖（图 1257）。

Surculum　蕨根状茎　A fern rhizome．Figure 1258．蕨类的根状茎（图 1258）。

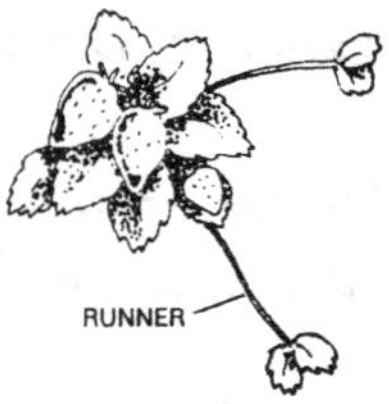

图 1257

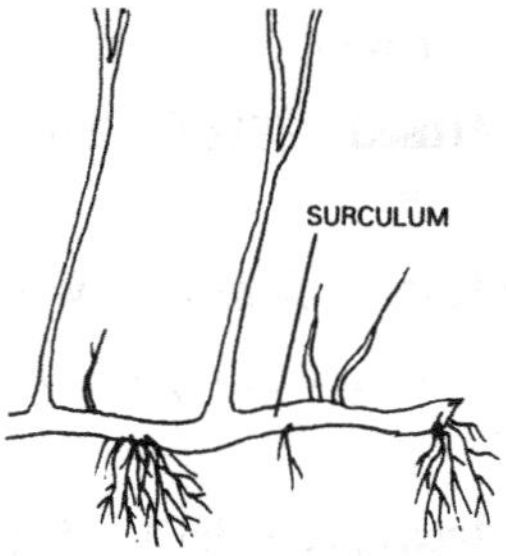

图 1258

Surcurrent　翅状伸张的　Extending upward from the point of insertion，as a leaf base that extends up along the stem．Figure 1259．从着生点向上延伸；如沿着茎向上延伸的叶基（图 1259）。

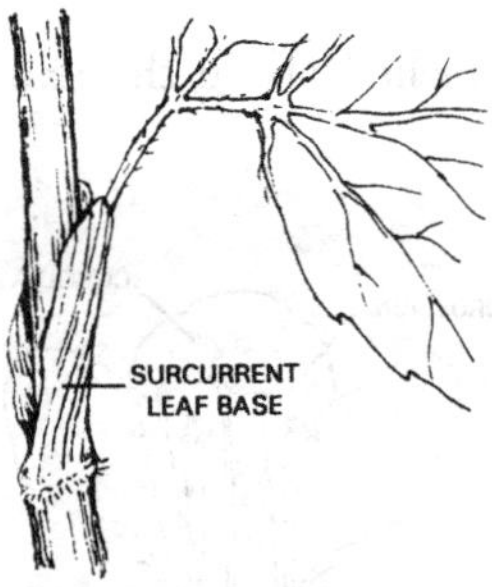

图 1259

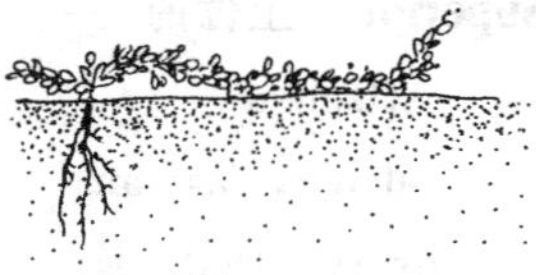
图 1260

Surficial　地表的　Growing near the ground，or spread over the surface of the ground．Figure 1260．在近地面或地面上蔓生（图 1260）。

Suspensor　胚柄　A filament by which the embryo is suspended in some seeds．某些种子支撑胚的基部的丝状结构。

Suture　缝　A line of fusion；The line of dehiscence of a fruit or anther．Figure 1261．愈合线；果实或花药的开裂线。图 1261。

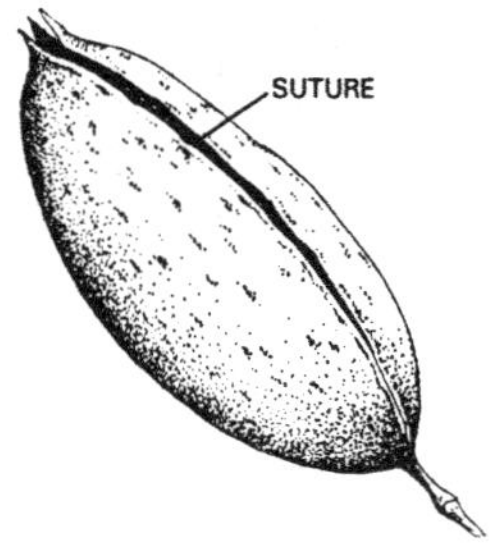

图 1261

Syconium（pl．**syconia**）　隐头果　The fruit of a fig，consisting of an entire ripened inflorescence with a hollow，inverted receptacle bearing flowers internally．Figure 1262．无花果的果实，由具中空内陷花托的整个成熟花序形成，花着生于花序托内部（图 1262）。

Symmetric　对称的　Said of a flower having the same number of parts in each floral whorl．Figure 1263．花部各轮数目相同（图 1263）。

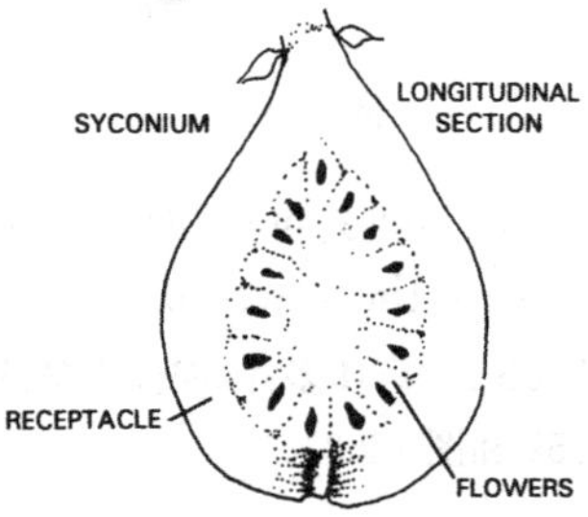

图 1262

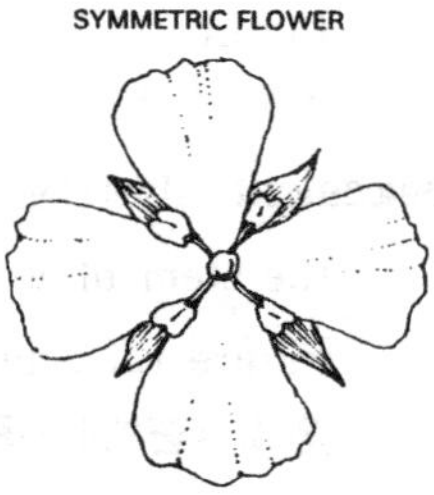

图 1263

Sympatric　同域的　Occupying the same geographic region．（compare **allopatric**）　分布在相同的地理区域。（对比**异域的**）

Sympetalous　合瓣的　With the petals united，at least near the base．Figure 1264．（same as compare **gamopetalous**；compare **apopetalous** and **polypetalous**）　花瓣联合，至少在近基部处联合（图 1264）。（等同**合瓣的**；对比**离瓣的**和**重瓣的**）

Symphysis　合生　The fusion or coalescence of like parts as in a sympetalous corolla．Figure 1264．相同部分愈合或联合，如合瓣花的花冠

(图 1264)。

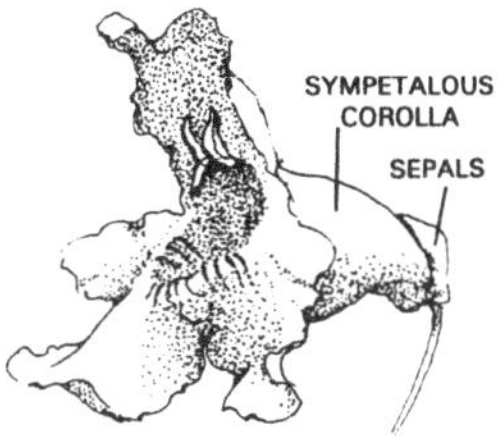

图 1264

图 1265

Sympodial **合轴的** Of or pertaining to a sympodium; in the form of a sympodium. 与合轴相关的;合轴的形式。

Sympodium **合轴** A main axis appearing to be simple, but actually consisting of a number of short axillary branches rather than a continuation of the main axis. Figure 1265. (compare **monopodium**) 主轴看似单轴,但实际上由许多短的腋生枝相继发育联合而成,而不是由单一顶芽延续而成(图 1265)。(对比**单轴**)

Syn-, sym- (prefix). **Syn-, sym-** (前缀) Meaning united. 连、合

Synandrous **聚药的** With united anthers. Figure 1266. 具联合的花药(图 1266)。

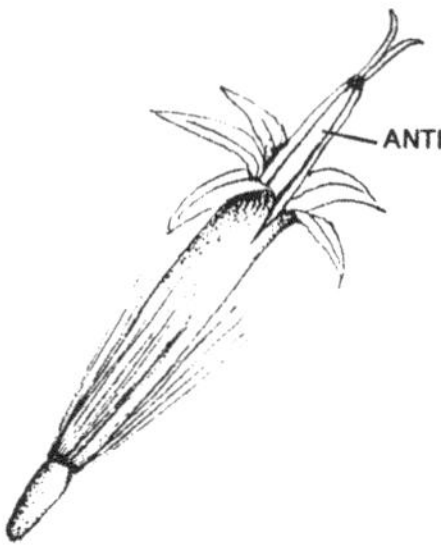

图 1266

Synantherous **聚药的** 见聚药的(**synandrous**)。

Synanthesis **雌雄蕊同熟的** The male and female parts of a flower maturing simultaneously. (compare **protandry** and **protogyny**) 花的雌雄部分同时成熟。(对比**雌蕊先熟和雄蕊先熟**)

Synanthious **花叶同现的** With leaves appearing simultaneously with the flowers. 叶和花同时出现。

Synanthous **花叶同现的** 见花叶同现的(**synanthious**)。

Synanthy **联生花** The abnormal fusion of two or more flowers. 两朵或多朵花非正常联合。

Syncarp **合心皮果** A multiple fruit. Figure 1267; An aggregate fruit. Figure 1268. 复果(图 1267);聚合果(图 1268)。

图 1267

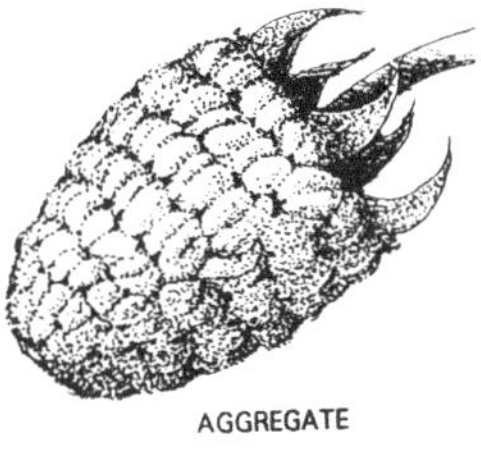

图 1268

Syncarpous **合心皮的** Of or pertaining to a syncarp; with united carpels. Figure 1269. (compare **apocarpous**) 与合心皮果有关的;具联合的心皮(图 1269)。(对比**离心皮的**)

Synema **花丝柱** The column composed of united filaments in a flower with monadelphous stamens. Figure 1270. 由单体雄蕊花的花丝联合形成的柱(图 1270)。

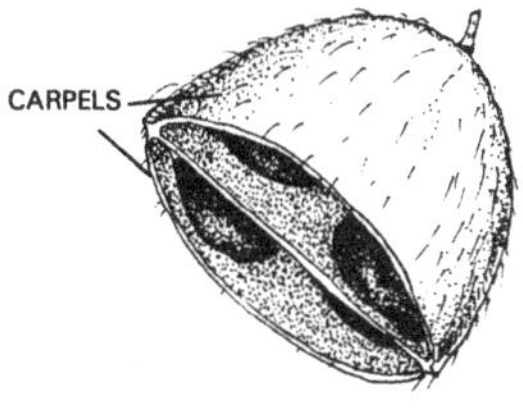

图 1269

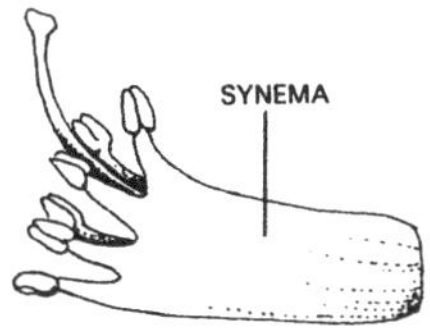

图 1270

Syngenesious **聚药的** With stamens united by their anthers. Figure 1266. 具有花药联合的雄蕊(图 1266)。

Synobasic **基部合生的** With a united base. 具联合的基部。

Synoecious **雌雄同序的** With staminate and pistillate flowers together in the same head. Figure 1271. 雄花和雌花长在同一头状花序上(图 1271)。

Synsepalous **合萼的** With united sepals. Figure

1264. (same as **gamosepalous**; compare **polysepalous**) 具联合的萼片(图 1264)。(等同合萼的;对比离萼的)

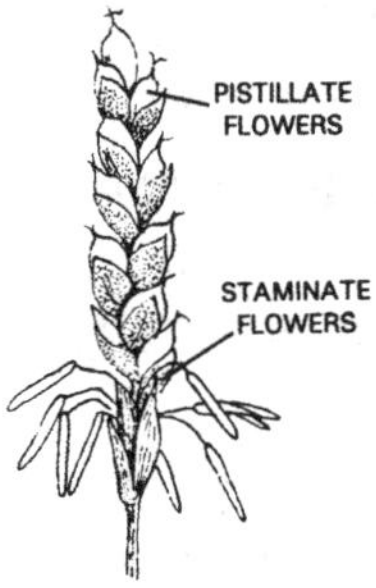

图 1271

Tailed 具尾的 With a tail-like appendage or appendages. Figure 1272. 具尾状的附属物(图 1272)。

Taproot 直根 The main root axis from which smaller root branches arise; a root system with a main root axis and smaller branches, as in most dicots. Figure 1273. (compare **fibrous roots**) 具有侧根的主根轴,由主根和侧根组成的根系,如大多数双子叶植物(图 1273)。(对比须根)

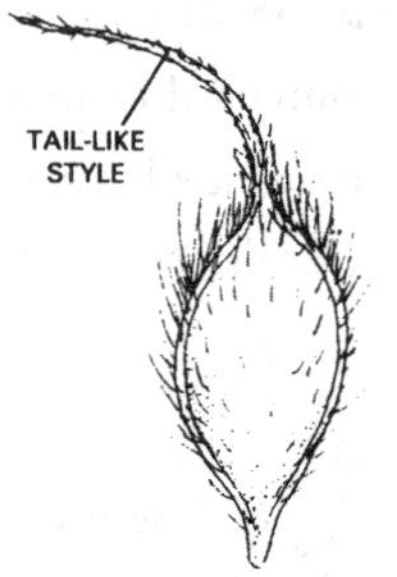

图 1272

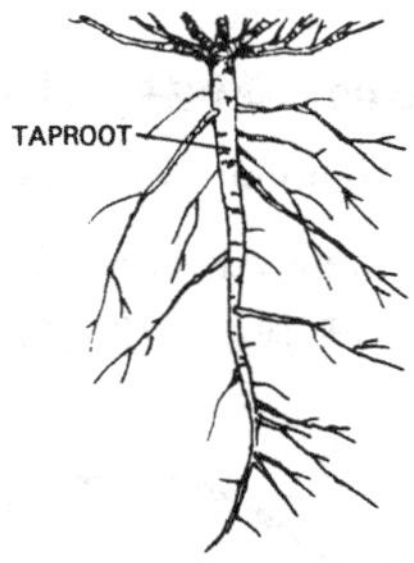

图 1273

Tassel 雄穗 The staminate inflorescence in corn (*Zea*). Figure 1274. 玉米的雄花序(图 1274)。

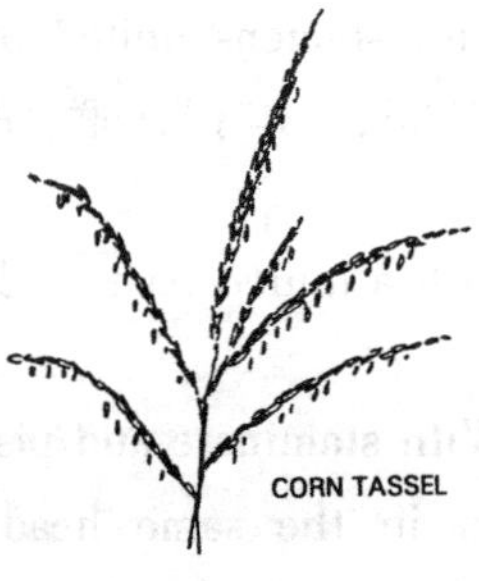

图 1274

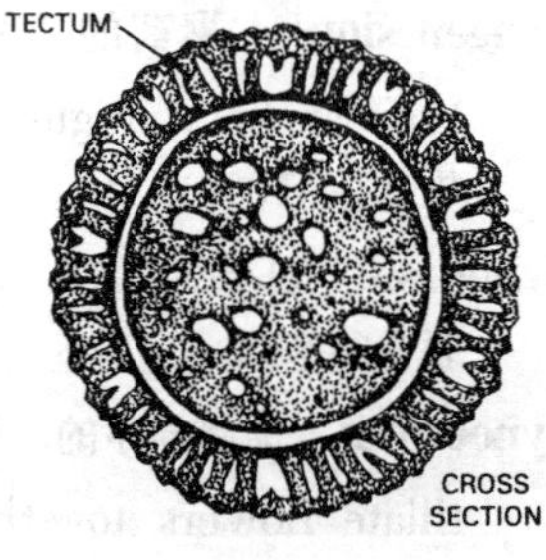

图 1275

Tawny 褐黄色的 Tan in color. 褐黄色。

Taxon(pl. **taxa**) **分类群** A taxonomic entity of any rank, such as order, family, genus, or species. 分类学上各等级的统称,如目、科、属或种。

Tectum 覆盖层 The outermost layer of a pollen grain. Figure 1275. 花粉粒最外面的一层(图 1275)。

Tegule 总苞片 One of the bracts of the involucre in the Compositae (Asteraceae). Figure 1276. 指菊科总苞的一枚苞片(图 1276)。

Temperate 温带的 Distributed in those regions of the earth lying between the tropic of Cancer (23 1/2 degrees north latitude) and the Arctic Circle (66 2/3 degrees north latitude) or between the tropic of Capricorn (23 1/2 degrees south latitude) and the Antarctic Circle (66 2/3 degrees south latitude). 分布在地球北极圈(北纬 66 2/3 度)与北回归线(北纬 23 1/2 度)之间和南极圈(南纬 66 2/3 度)与南回归线(南纬 23 1/2 度)之间的地区。

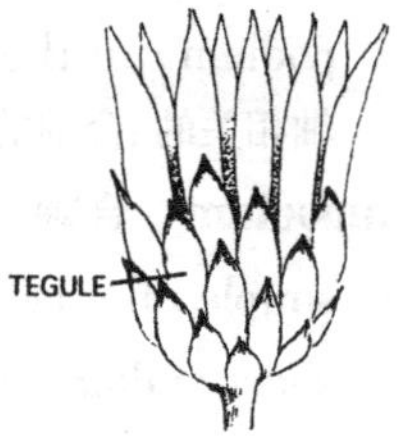

图 1276

Tendril 卷须 A slender, twining organ used to grasp support for climbing. Figure 1277. 柔软并具缠绕性的器官,用以抓住支撑物攀缘生长(图 1277)。

Tendril-pinnate 卷须羽状复叶 Pinnately compound, but ending in a tendril, as in the

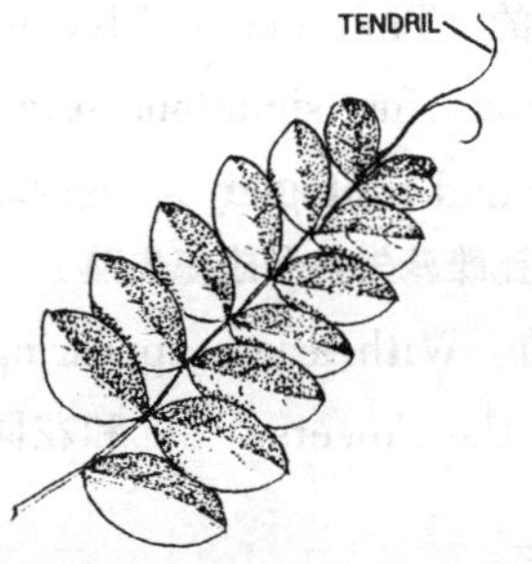

图 1277

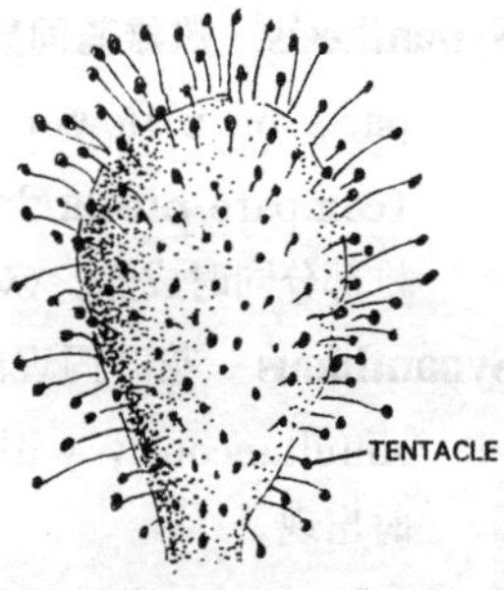

图 1278

sweet pea. Figure 1277. 羽状复叶顶端为卷须,如香豌豆(图 1277)。

Tentacle **触须** A sensitive filament, as the glandular hairs of *Drosera*. Figure 1278. 敏感的细丝,如茅膏菜属的腺毛(图 1278)。

Tentacular **具触须的** Bearing tentacles. Figure 1278. 生有触须(图 1278)。

Tenuous **纤细的** Slender or thin. 细或薄。

Tepal **花被片** A segment of a perianth which is not differentiated into calyx and corolla; a sepal or petal. Figure 1279. 无花萼和花冠之分的花被片;萼片或花瓣。图 1279。

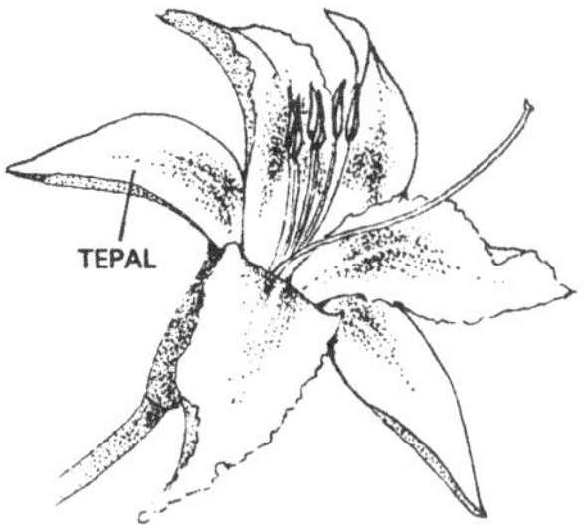

图 1279

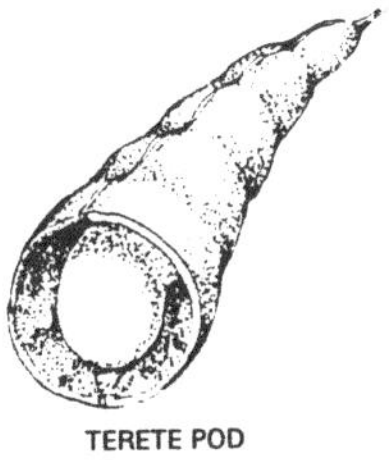

图 1280

Terete **圆柱状的** Round in cross section; cylindrical. Figure 1280. 横切面圆形,圆筒状(图 1280)。

Tergeminate **三对的** Thrice divided into equal pairs; paired leaflets ternately compound. Figure 1281. 分裂成三对相等的裂片;三出复叶上为三对小叶。图 1281。

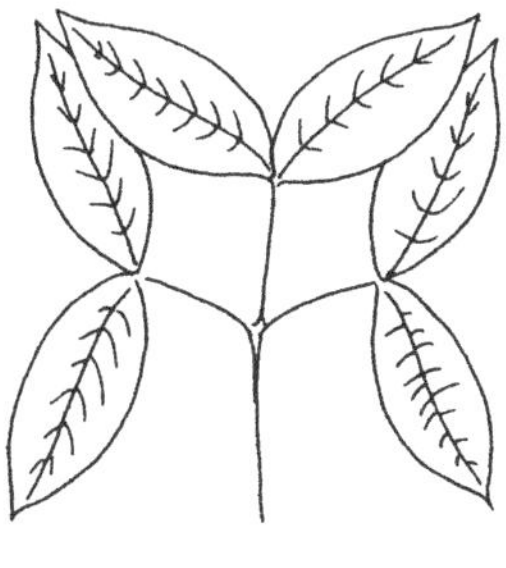

图 1281

Terminal **顶生的** At the tip or apex. 位于顶端或顶部。

Ternary **三基数** Consisting of threes or involving threes; triple. 由三或三的倍数组成;三倍。

Ternate **三出的** In threes, as a leaf which is divided into three leaflets. Figure 1282. 以三的数目,如分成三枚小叶的叶(图 1282)。

Terrestrial **陆生的** Growing on ground; not aquatic. 生长于陆地而非水生。

Tesselate **具网格斑纹的** With a checkered pattern. Figure 1283. 具有棋盘格状式样(图 1283)。

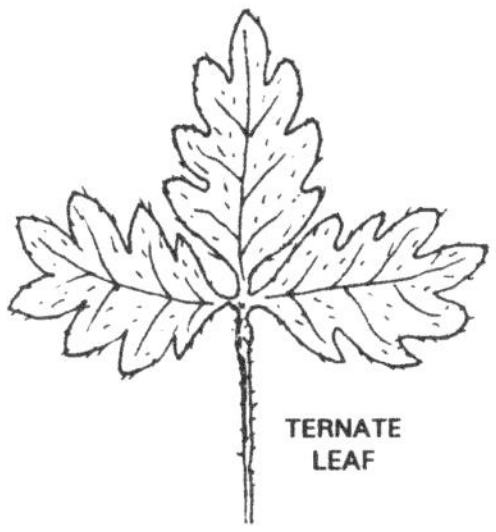

图 1282

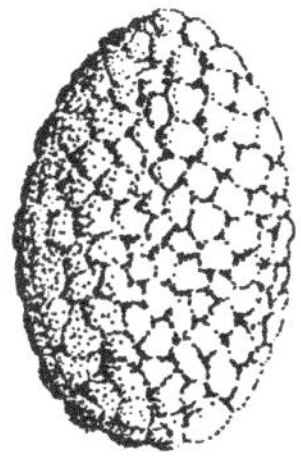

图 1283

Testa (pl. **testae**) **种皮** The seed coat, from the integuments of the ovule. Figure 1284. 种子的被层,来自胚珠的珠被(图 1284)。

Testaceous **褐黄色** Brick-red or brownish-red in color. 砖红色或棕红色的。

Testiculate **睾丸状的** Resembling testicles. Figure 1285. 似睾丸状的(图 1285)。

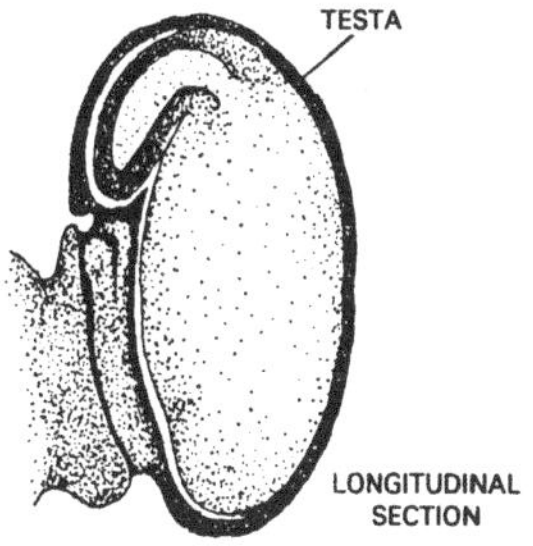

图 1284

图 1285

Tetra- (prefix) **Tetra-** (前缀) Meaning four. 四。

Tetracyclic **四轮生的** With four whorls. Figure 1286. 具四轮(图 1286)。

Tetrad **四分体** A group of four. 四个为一组。

Tetradinous **四分体时期的** Occurring in tetrads. 发生于四分体时期。

Tetradymous **四室的** With four cells. 具四室。

Tetradynamous **四强雄蕊的** Having four long and two short stamens, as in most members of the Cruciferae (Brassicaceae). Figure 1287 and 1288. 具四枚长的和二枚短的雄蕊。如大多数十字花科植物(图 1287 和图 1288)。

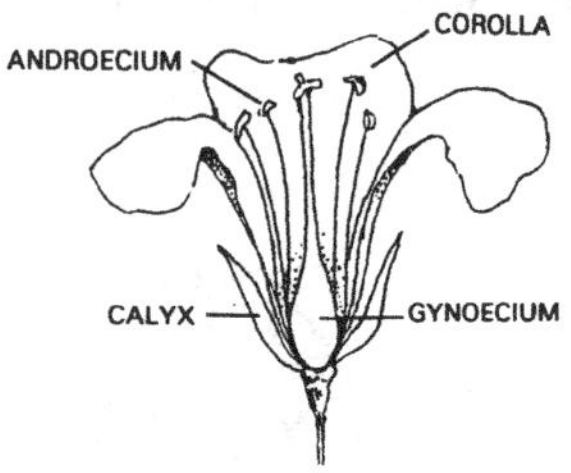

图 1286

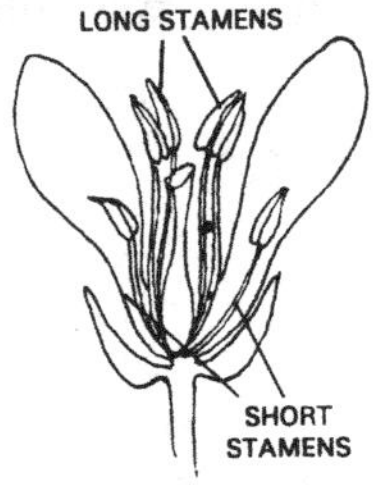

图 1287

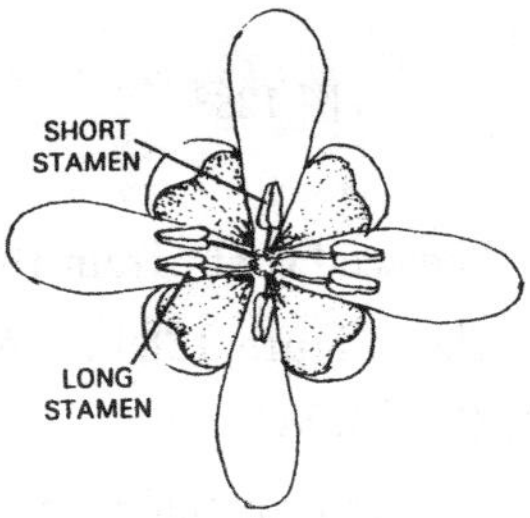

图 1288

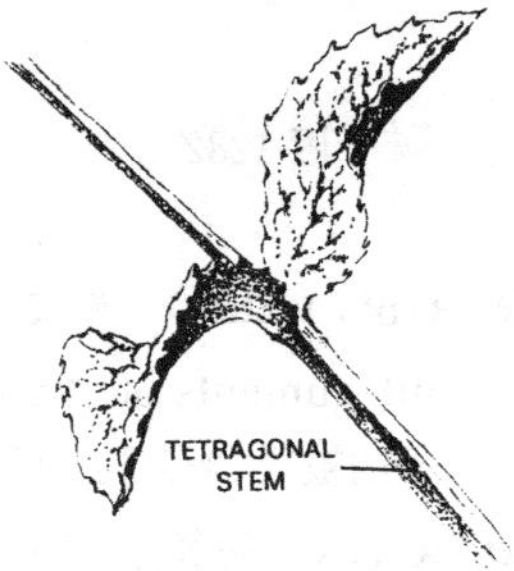

图 1289

Tetragonal **四棱的** Four-angled. Figure 1289. 具四角(图 1289)。

Tetrahedral **四分同裂的** Four-sided, each side triangular. Figure 1290. (四分体)有四个侧面,每一面为三角形(图 1290)。

Tetramerous **四基数的** With parts arranged in sets or multiples of four. Figure 1291. 以四或四的倍数成组排列(图 1291)。

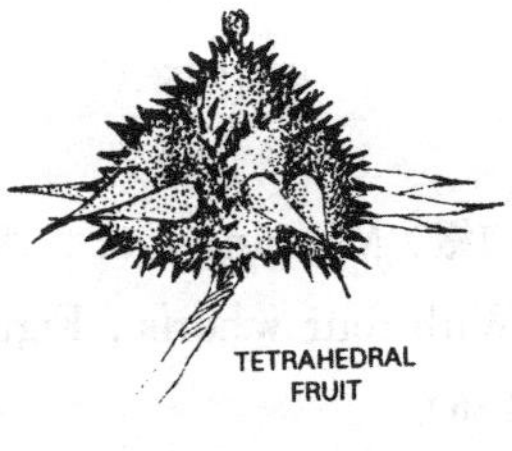

图 1290

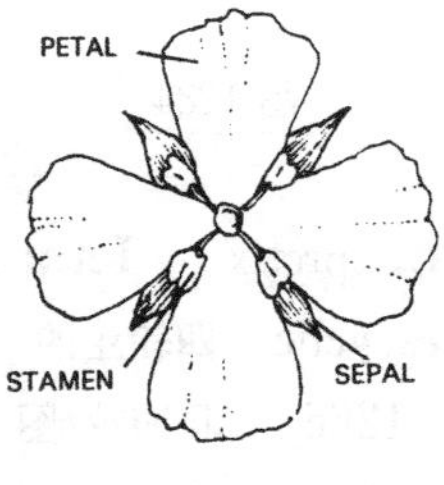

图 1291

Tetrandrous **四雄蕊的** With four stamens. Figure 1291. 具四枚雄蕊(图 1291)。

Tetrangular **四角的** With four angles. Figure 1289. 具四个角(图 1289)。

Tetrapetalous **四花瓣的** With four petals. Figure 1291. 具四枚花瓣(图 1291)。

Tetraploid **四倍体** With four representatives of each type of chromosome, or four complete sets of chromosomes, in each cell; 4x. (compare **diploid** and **haploid**) 在每一细胞中均有四套染色体;4X。(对比**二倍体**和**单倍体**)

Tetrapterous **具四翅的** With four wings or wing-like appendages. Figure 1292. 具四个翅或翅状附属物(图 1292)。

Tetrasepalous **具四萼的** With four sepals. Figure 1291. 具四枚萼片(图 1291)。

Tetrastachyous **具四穗的** With four spikes. 具四个穗状花序。

Tetrastichous **四列的** In four vertical ranks or rows on an axis. Figure 1293. 呈四列或四行排列在轴上(图 1293)。

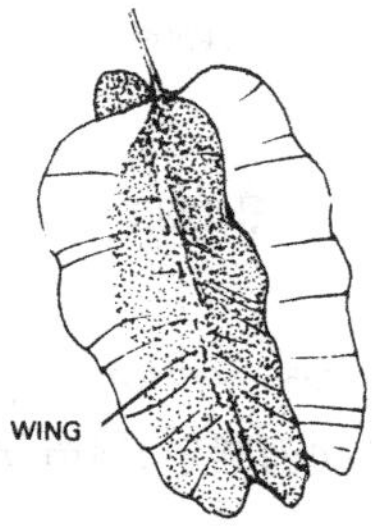

图 1292

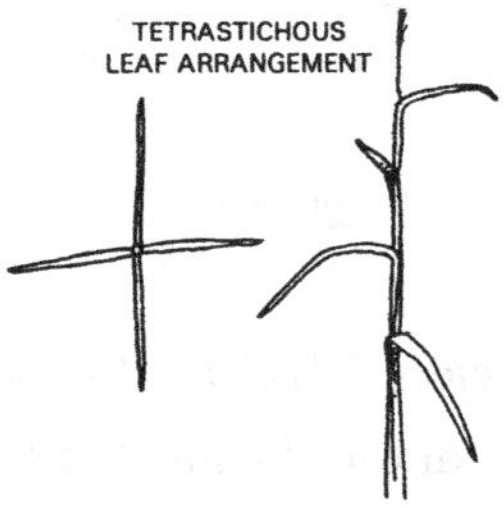

图 1293

Thalamous **花托** 见花托(**thalamus**)。

Thalamus **花托** The receptacle of a flower. Figure 1294. 花的承载结构(图 1294)。

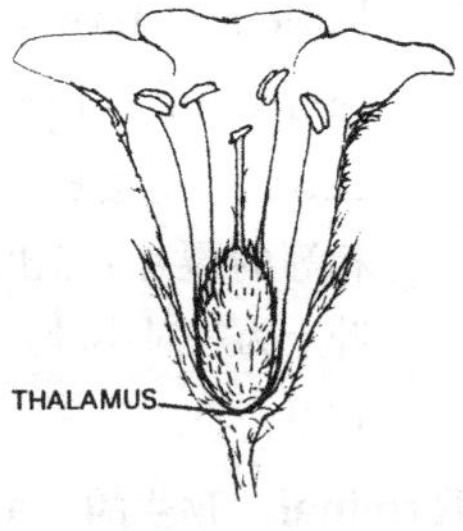

图 1294

Thalloid **似叶状体的** Consisting of a thallus; resembleing a thallus. 由原植体组成;似原植体。

Thallus(pl. **thalli**) **原植体** A plant body which is not obviously differentiated into stems, roots, and leaves. Figure 1295. 没有明显根、茎、叶分化的植物体(图 1295)。

Theca(pl. **thecae**) ①囊 ②室 A pollen sac or cell of the anther. Figure 1296. 雄蕊的花粉囊或花药室(图 1296)。

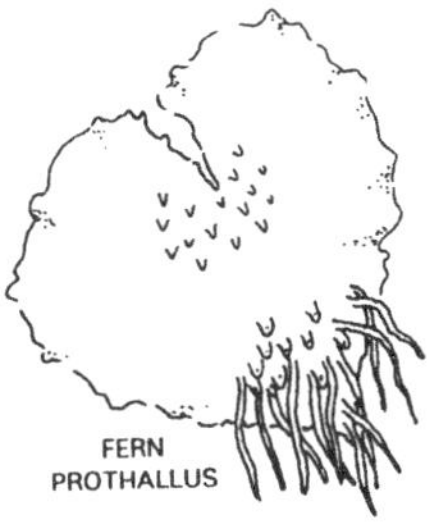

图 1295

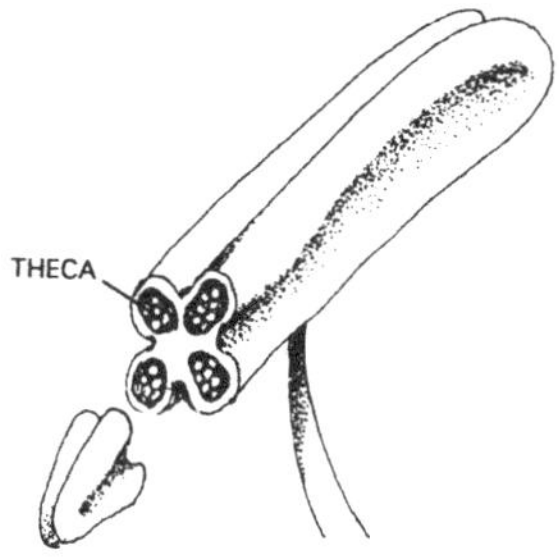

图 1296

Thecate 囊的,室的 With a theca. Figure 1296. 具囊(图 1296)。

Thelephoroid 似乳突的 见似乳突的(**thelephorous**)。

Thelephorous 被乳突的 With nipple-like protuberances. Figure 1297. 具乳头状的突起(图 1297)。

Thorn 刺 A stiff, woody, modified stem with a sharp point; sometimes applied to any structure resembling a true thorn. Figure 1298. (compare **spine** and **prickle**) 具尖突的木质变态茎;有时泛指类似真刺的结构(图 1298)。(对比**刺和皮刺**)

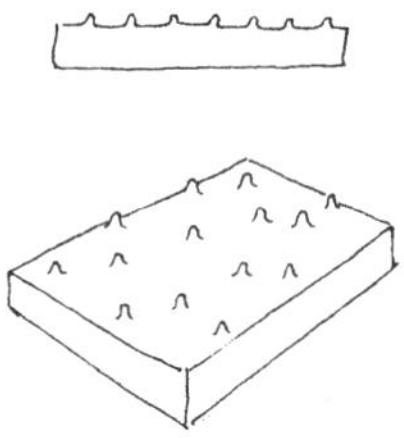

图 1297

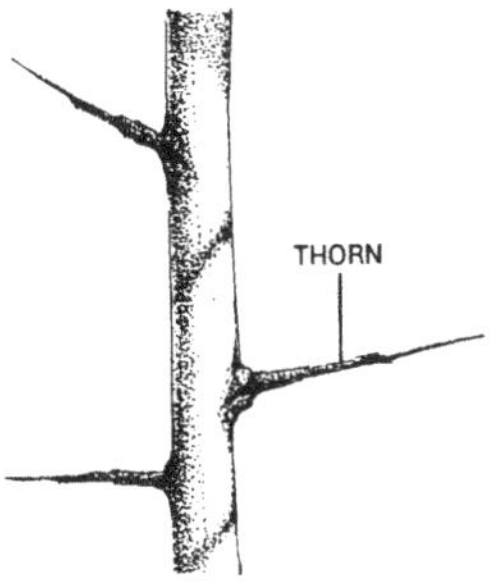

图 1298

Three-ranked 三列的 In three vertical ranks or rows around an axis. Figure 1299. 围绕轴排成三列或三纵行(图 1299)。

Throat 喉 The orifice of a gamopetalous corolla or gamosepalous calyx. Figure 1300; the expanded portion of the corolla between the limb and the tube. Figure 1301; the upper margin of the leaf sheath in grasses. Figure 1302. 合瓣花冠或合生萼的开口(图 1300);冠筒与冠檐之间的宽展部分(图 1301);禾草叶鞘的上边缘(图 1302)。

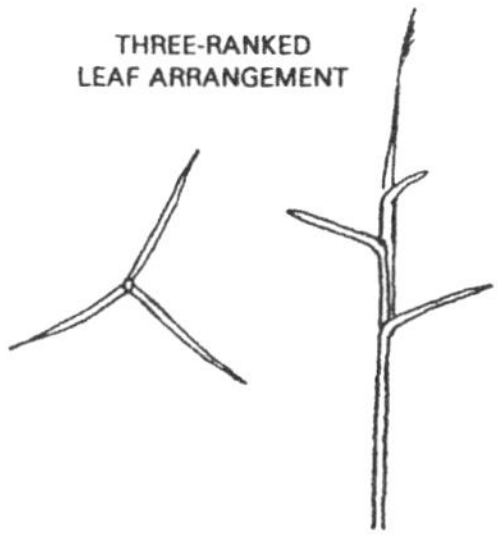

图 1299

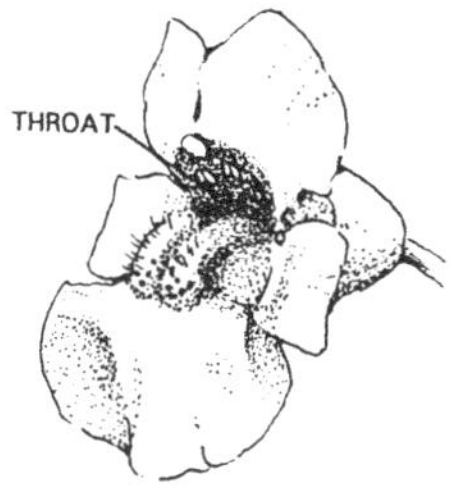

图 1300

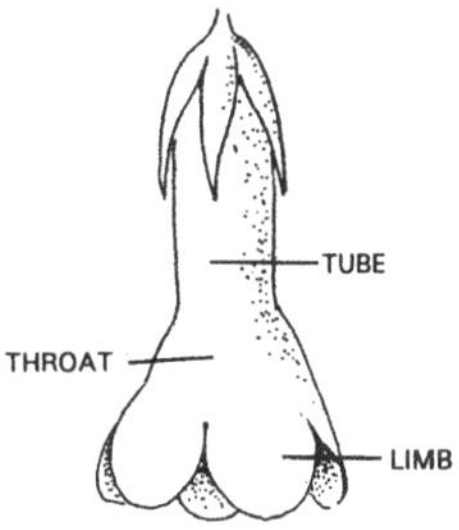

图 1301

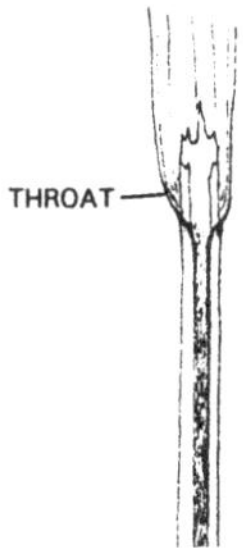

图 1302

Thrum 线式型〔花〕 A heterostylic flower with a fairly short style and long stamens. Figure 1303. (compare **pin**) 具很短的花柱和长雄蕊的花柱异长花(图 1303)。(对比**针式型**)。

Thyrse 聚伞圆锥花序 A compact, cylindrical, or ovate panicle with an indeterminate main axis and cymose sub-axes. Figure 1304. 具无限主轴和聚伞状侧轴,圆柱状或卵形的密集圆锥花序

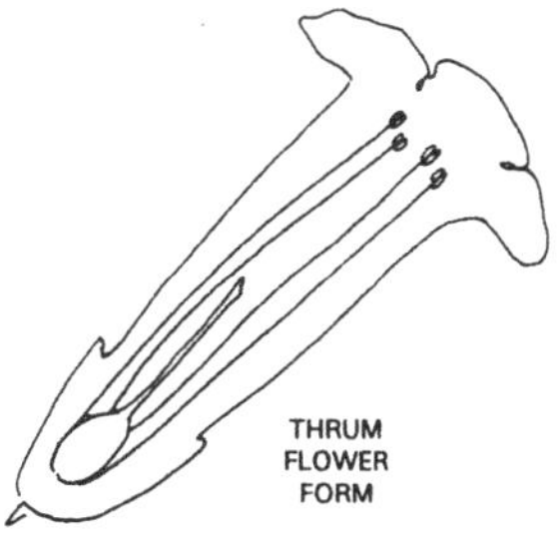

图 1303

图 1304

(图 1304)。

Thyrsoid **聚伞圆锥状** Thyres-like. 形似聚伞圆锥花序。

Thyrsula **轮状聚伞花序** A small cyme borne in the leaf axil, as in many members of the Labiatae (Lamiaceae). Figure 1305. 生于叶腋的小的聚伞花序,如许多种唇形科植物(图 1305)。

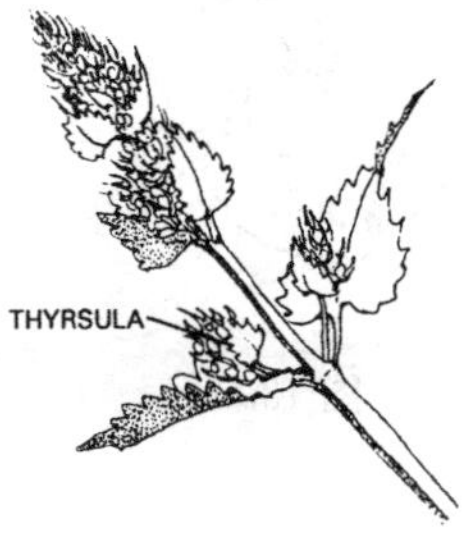

图 1305

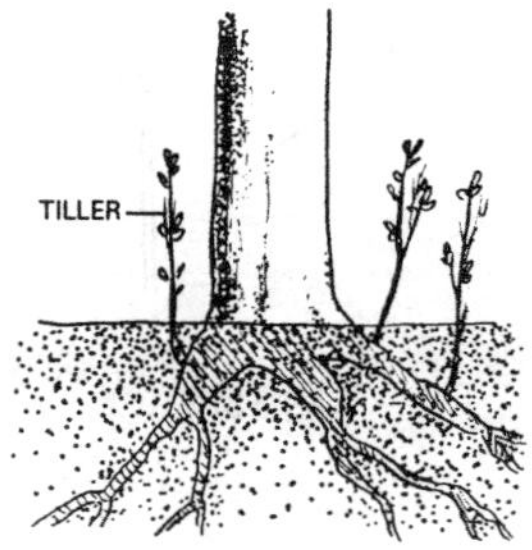

图 1306

Thyrsus **聚伞圆锥花序** 见聚伞圆锥花序(**thyrse**)。

Tiller **分蘖** A basal or subterranean shoot which is more or less erect. Figure 1306. (compare **stolon** and **rhizome**) 基生的或地下发生的多少直立的枝条(图 1306)。(对比**地下茎**和**匍匐茎**)。

Tillering **分蘖的** A type of vegetative reproduction accomplished by tiller production. Figure 1306. 通过分蘖而完成的一种营养繁殖形式(图 1306)。

Tissue **组织** A group of cells organized to perform a specific function, as epidermal tissue or vascular tissue. Figure 1307. 执行某种特定功能的细胞群,如表皮组织或维管组织(图 1307)。

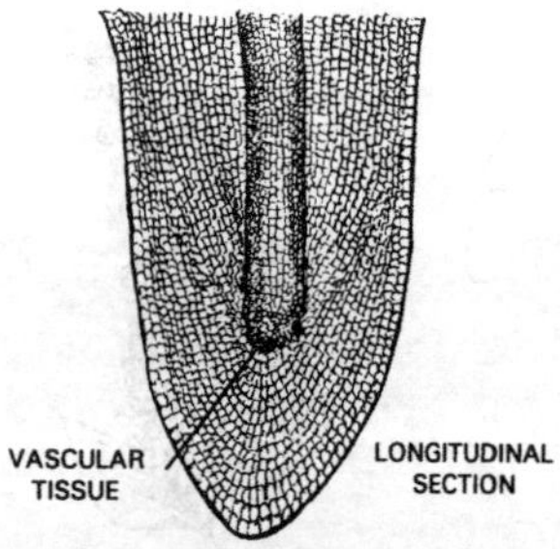

图 1307

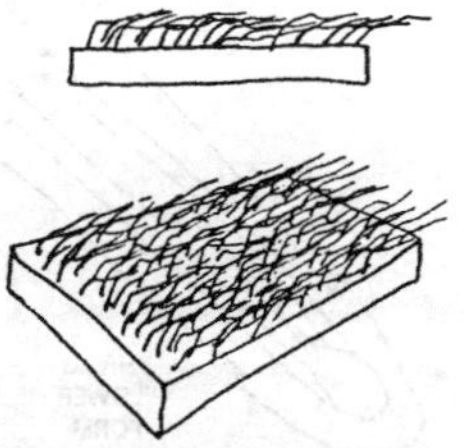

图 1308

Tolerant **阴性的** Capable of growing in the shade. 能在荫蔽处生长。

Tomentellous **被短绒毛的** 见微被绒毛的(**tomentulose**)。

Tomentose **被绒毛的** With a covering of short, matted or tangled, soft, wooly hairs; with tomentum. Figure 1308. (compare **lanate** and **canescent**) 被覆短毡状或缠结柔软的绵状毛;具绒毛。图 1308。(对比**具绵毛状的**和**被灰白毛的**)

Tomentulose **微被绒毛的** Slightly tomentose. Figure 1309. 稍具绒毛(图 1309)。

Tomentum (pl. **tomenta**) **绒毛层** A covering of short, soft, matted, wooly hairs. Figure 1308. 短而柔软的毡状绵毛层(图 1308)。

Tongue **叶舌** Ligule. Figure 1310. 叶舌(图 1310)。

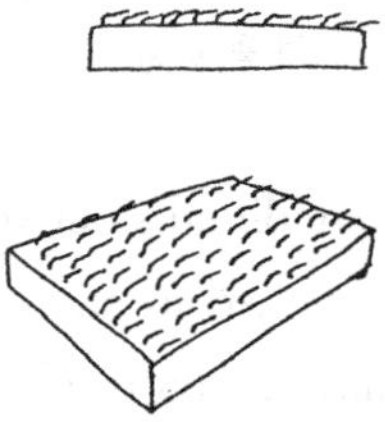

图 1309

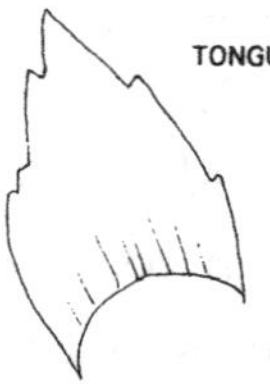

图 1310

Tooth **齿** Any small lobe or point along a margin. Figure 1311. 边缘上的小裂片或尖突(图 1311)。

Toothed **具齿的** Dentate. Figure 1311. 具牙齿(图 1311)。

Torose **念珠状的** Cylindrical with alternate swellings and contractions. Figure 1312. 膨胀和缢缩交互出现的圆柱体(图 1312)。

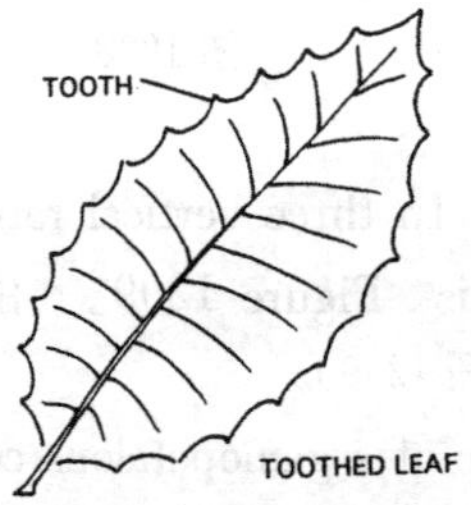

图 1311

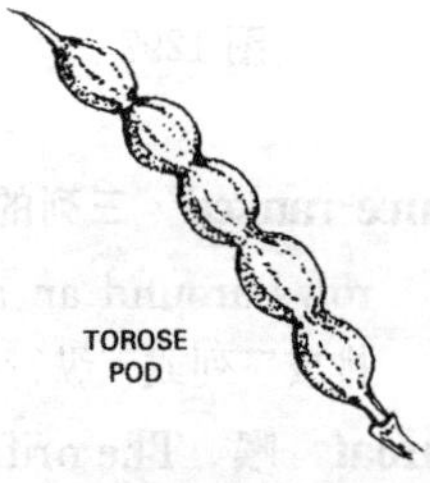

图 1312

Tortuous 扭曲的 Twisted or bent. Figure 1313. 扭曲或弯曲(图 1313)。

Torulose 近念珠状的 Slightly torose, as in a small fruit which is constricted between the seeds. Figure 1314. 近念珠状,如种子间有缢缩的小果实(图 1314)。

图 1313

图 1314

Torus(pl. **tori**) 花托 The receptacle of a flower. Figure 1315. 花的承载结构(图 1315)。

Trabecula(pl. **trabeculae**) 横隔片 A structure resembling a beam or crossbar. Figure 1316. 类似梁条或横梁的结构(图 1316)。

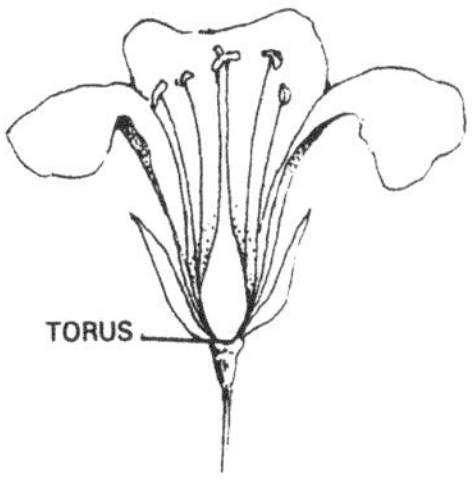

图 1315

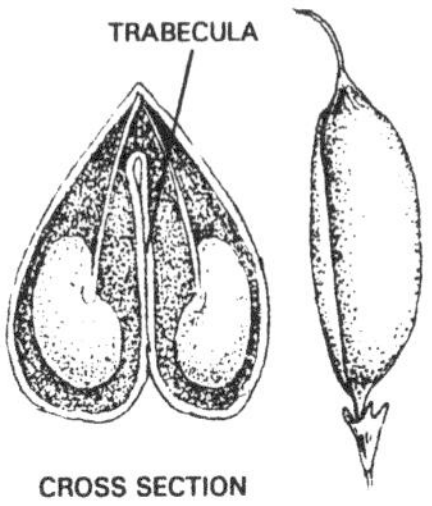

图 1316

Trabecular 横隔的 Of or pertaining to trabeculae. 横隔片的或与横隔有关的。

Trabeculate 具横隔的 With a crossbar. Figure 1316. 具横条(图 1316)。

Trace 〔脉〕迹 A vein. Figure 1317. 脉(图 1317)。

Tracheid 管胞 A xylem cell which is long, slender, and tapered at the ends. Figure 1318. 纤长且端部渐尖的木质部细胞(图 1318)。

Trachycarpous 粗糙果的 Rough-fruited. 果皮粗糙。

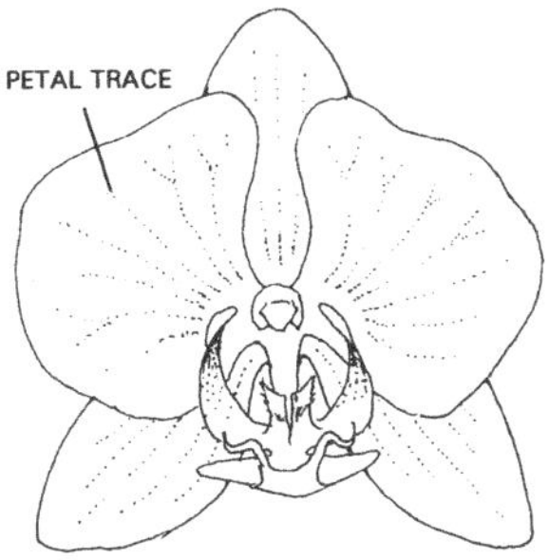

图 1317

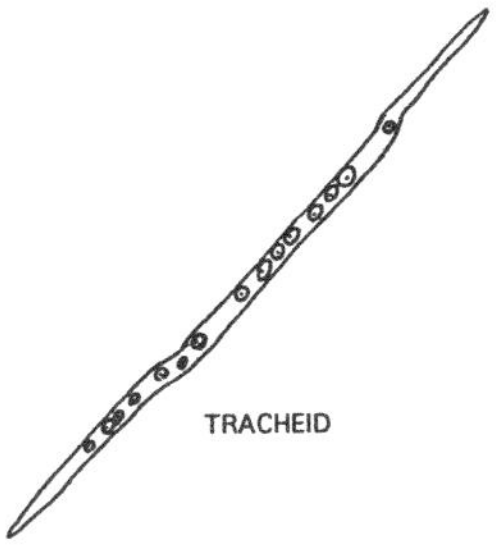

图 1318

Trachyspermous 粗糙种子的 Rough-seeded. 种皮粗糙。

Trailing 蔓生的 Prostrate and creeping but not rooting. Figure 1319. 平卧匍匐,但不生根(图 1319)。

Transcorrugated 横皱缩的 Corrugated transversely to the axis. Figure 1320. 以与轴垂直的方向皱缩(图 1320)。

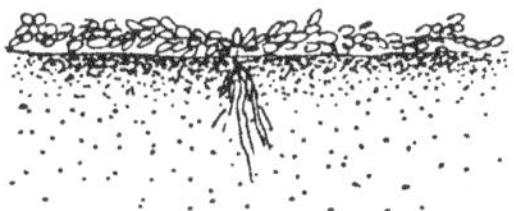

图 1319

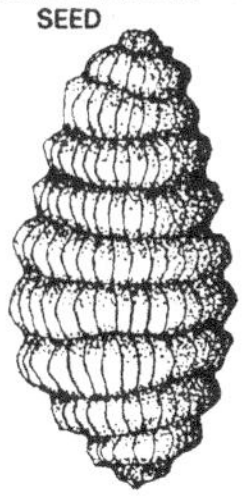

图 1320

Translator 载粉器 The connecting structure between the pollinia of adjacent anthers in the Asclepiadaceae. Figure 1321. 萝藦科植物相邻花药花粉块之间的连接结构(图 1321)。

Translucent 半透明的 Almost transparent. Figure 1322. 几乎透明(图 1322)。

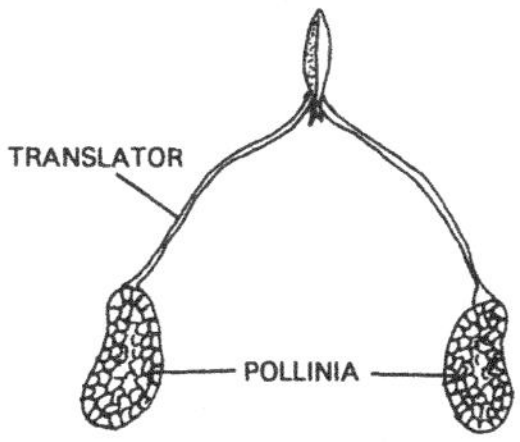

图 1321

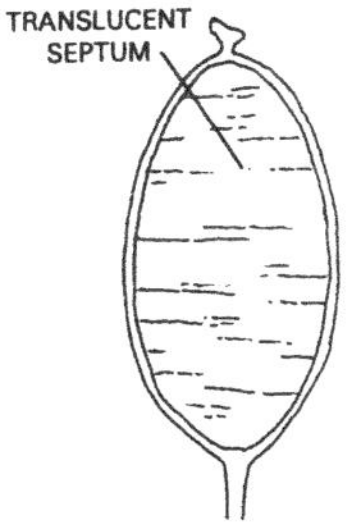

图 1322

Transpiration 蒸腾 Emission of water vapor from the leaves, primarily through the stomata. 水蒸气从叶面的散发,主要通过气孔。

Transverse 横的 At a right angle to the longitudinal axis of a structure. Figure 1323 and 1324. 与结构长轴成直角的方向(图1323和图1324)。

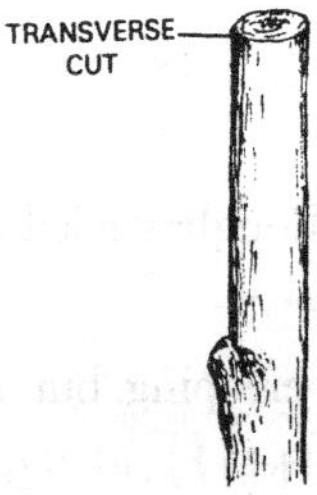

图1323

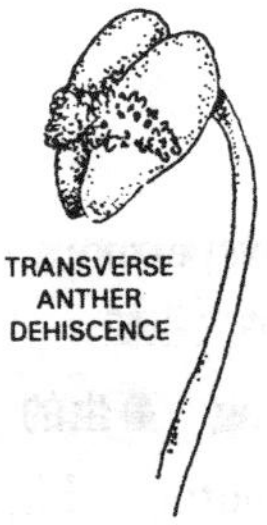

图1324

Tree 乔木 A large woody plant, usually with a single main stem or trunk. Figure 1325. 大型木本植物,常具单一主茎或树干(图1325)。

Tri-(prefix) **Tri-(前缀)** Meaning three. 三。

Triachaenium 三分小瘦果 A fruit consisting of three achenes. 由三个瘦果组成的果实。

Triad 三分体 A group of three. Figure 1326. 三个为一组(图1326)。

Triadelphous 三体雄蕊的 With stamens arranged into three groups. Figure 1326. 具排列成三组的雄蕊(图1326)。

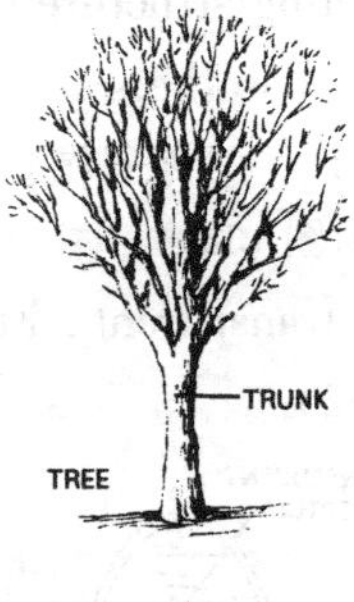

图1325

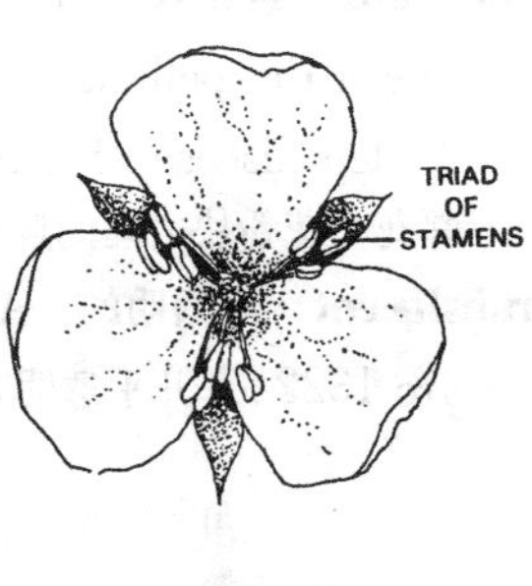

图1326

Triandrous 三雄蕊的 With three stamens. Figure 1327. 具三枚雄蕊(图1327)。

Triangulate 三棱的 Three-angled. Figure 1328. 具三个棱角(图1328)。

Triaristate 三芒的 Three-awned. Figure 1329. 具三根芒(图1329)。

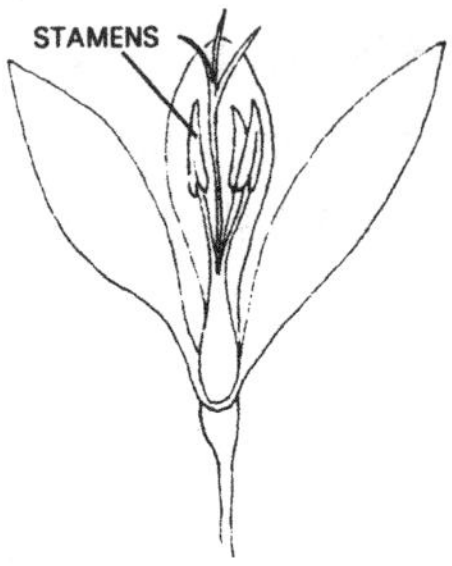

图1327

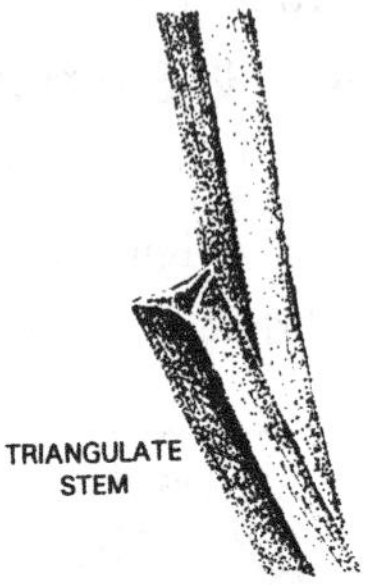

图1328

Tricamarous 三小室的 With three locules. Figure 1330. 具三室(图1330)。

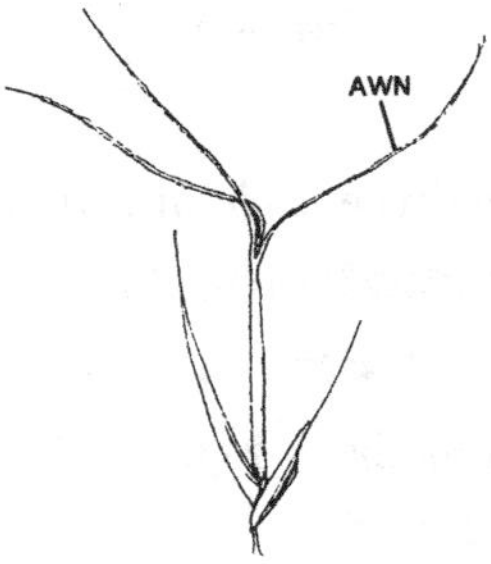

图1329

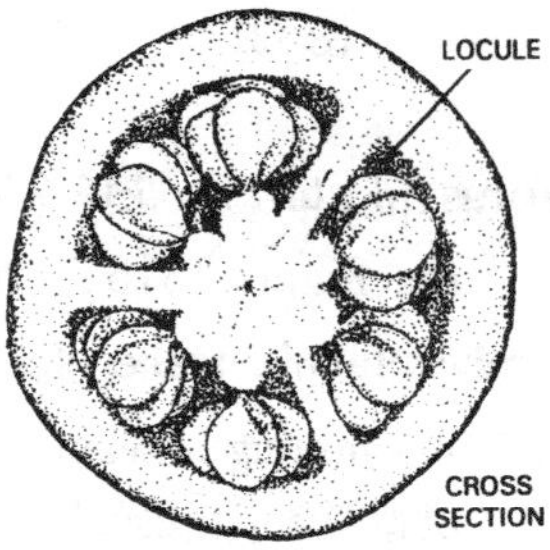

图1330

Tricarinate 三脊的 With three ridges or keels. Figure 1331. 具三条脊或龙骨(图1331)。

Tricarpellary 三心皮的 With three carpels. Figure 1332. 具三个心皮(图1332)。

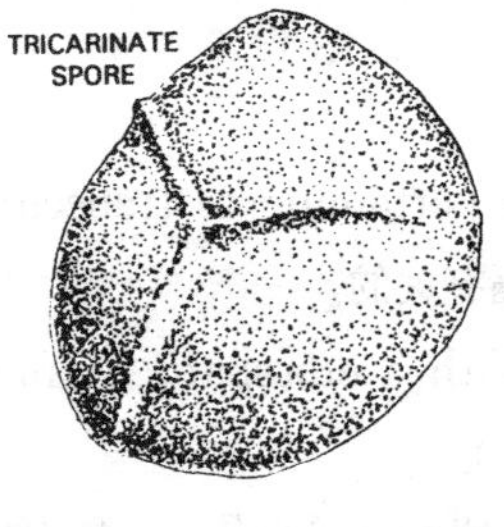

图1331

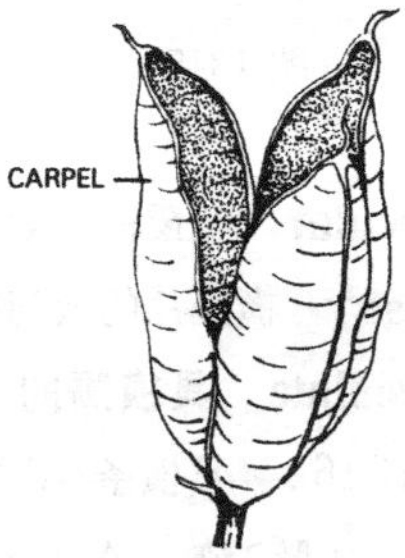

图1332

Trichasium 三歧聚伞花序 A cymose inflorescence with three branches. Figure 1333. 具三个分枝的聚伞花序(图1333)。

Trichocarpous 毛果的 With hairy fruit. Figure 1334. 具带毛的果实(图1334)。

图 1333

图 1334

Trichome **毛状体** A hair or hair-like outgrowth of the epidermis. Figure 1335. 在表皮上长出的毛或毛状物(图 1335)。

Trichotomous **三歧式** Three-forked. Figure 1336. 三分叉(图 1336)。

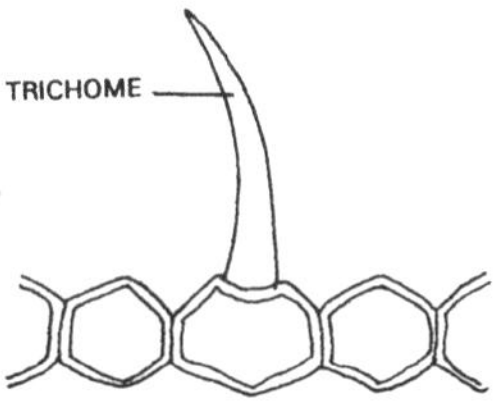

图 1335

图 1336

Tricolor **三色** With three colors. 具三种颜色。

Tricussate **交互三出的** With whorls of three leaves, each alternating with leaves at the nodes above and below. Figure 1337. 三叶轮生在上下节点间叶片交互排列(图 1337)。

Tricyclic **三轮生的** With three whorls. as in a flower with calyx. androecium, and gynoecium. Figure 1338. 具三轮,如一朵花具花萼,雄蕊群和雌蕊群(图 1338)。

Tridentate **三齿的** Three-toothed. Figure

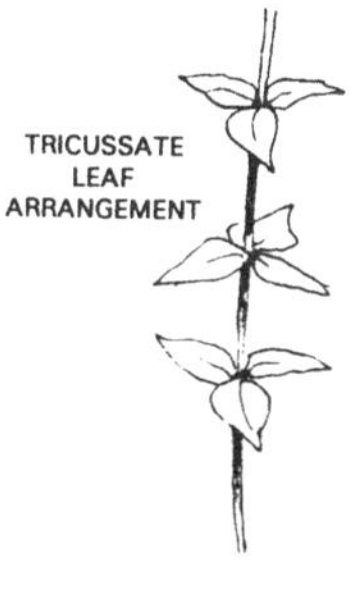

图 1337

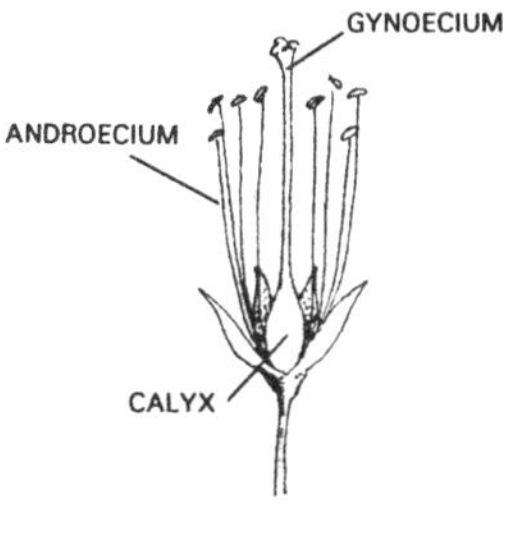

图 1338

1339. 具三齿(图 1339)。

Tridigitate **三出掌状的** Divided into three finger-like lobes or divisions. Figure 1340. 分成三个指状的浅裂片或深裂片(图 1340)。

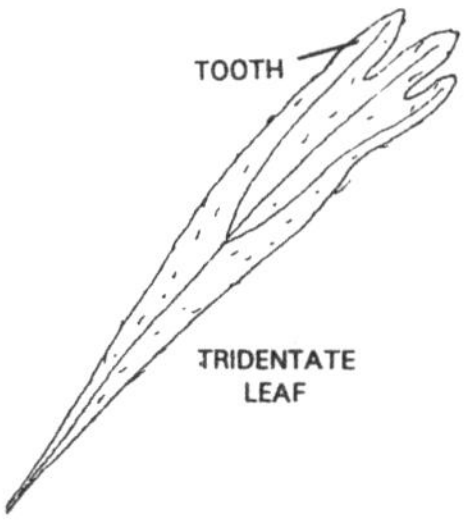

图 1339

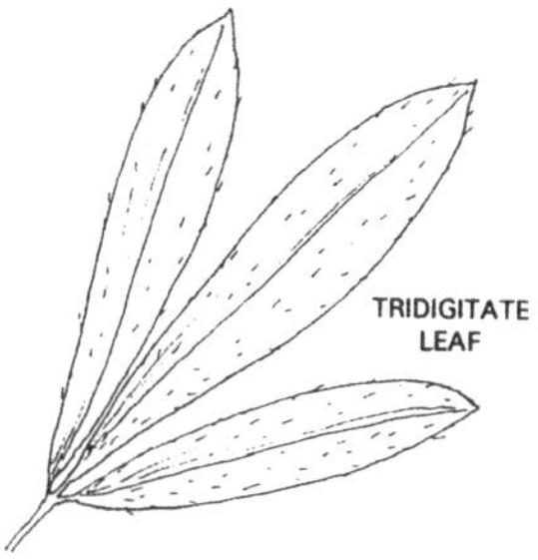

图 1340

Tridynamous **三强雄蕊的** With stamens arranged in two groups of three, one group often longer than the other. Figure 1341. 具两束雄蕊,每束三枚,其中一束常比另一束长(图 1341)。

Triecious **雌雄异株的** 见雌雄异株的(**trioecious**)。

Trifid **三裂的** Three-cleft. Figure 1342. 三半裂(图 1342)。

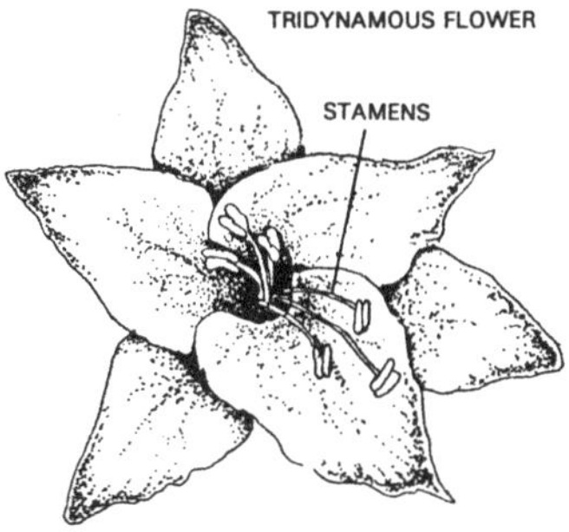

图 1341

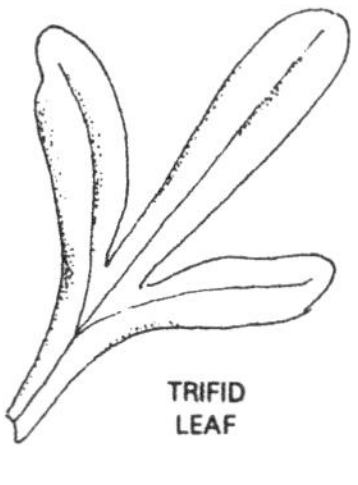

图 1342

Trifoliate **具三叶的** With three leaves or three leaflets. Figure 1343. 具三片叶的或三片小叶的(图 1343)。

Trifoliolate **具三小叶的** 见具三叶的(**trifoliate**)。

Trifurcate **三叉的** Three-forked; divided into three branched. Figure 1344. 三分叉;分为三个分枝。(图 1344)。

Trigamous **具三种花的** With three kinds of flowers, as in a plant with staminate, pistillate, and perfect flowers. 具三种花,如同时

有雌花、雄花和完全花的植物。

Trigeminate 具三对小叶的 With three pairs of leaflets. Figure 1345. 有三对小叶(图 1345)。

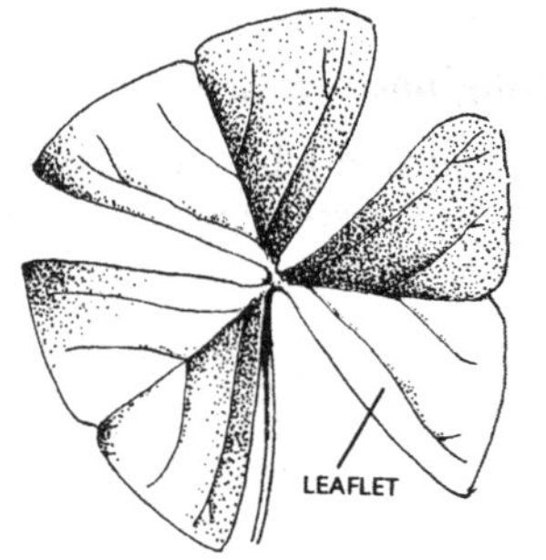

图 1343

Trigeminous 具三对小叶的 见具三对小叶的(**trigeminate**)。

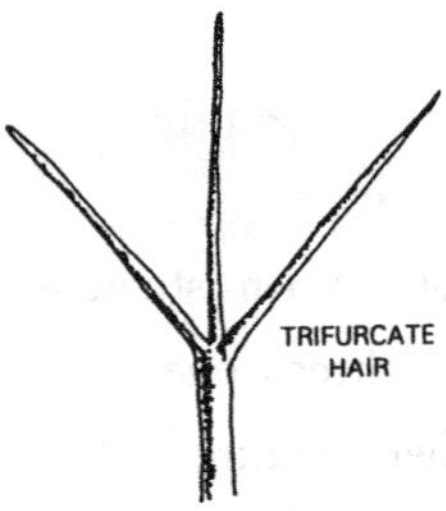

图 1344

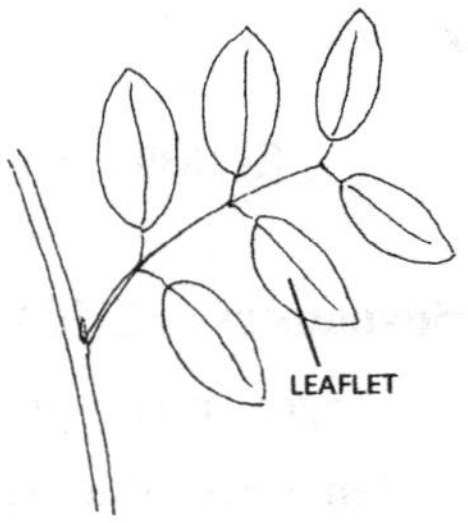

图 1345

Trigonal 三棱的 见三棱的(**trigonous**)。

Trigonous 三棱的 Three-angled. Figure 1346. 具三个棱角(图 1346)。

Trijugate 具三对小叶的 见具三对小叶的(**trigeminate**)。

Trilobate 三裂片的 With three lobes. Figure 1342. 具个三裂片(图 1342)。

Trilocular 三室的 With three locules. Figure 1347. 具三个室(图 1347)。

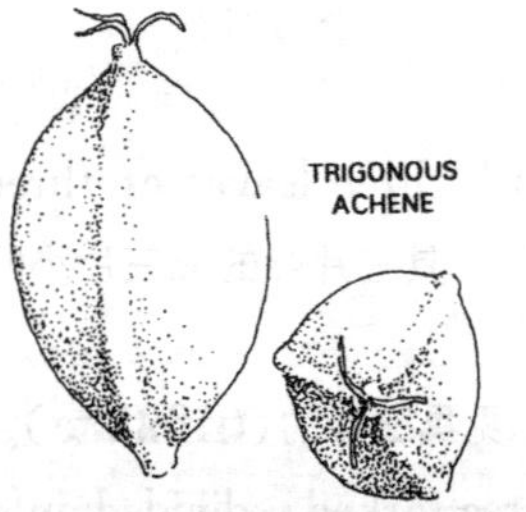

图 1346

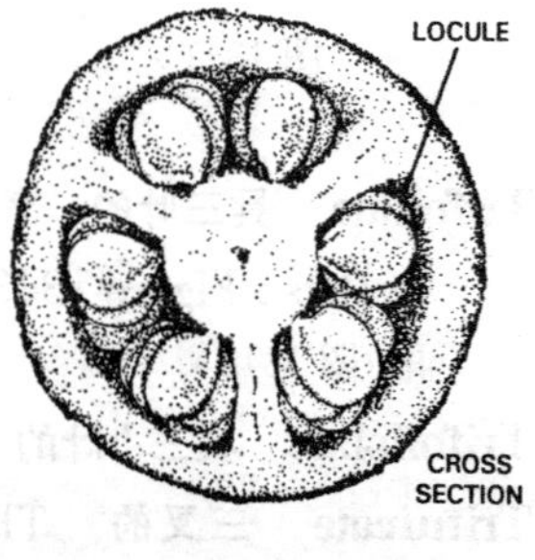

图 1347

Trimerous 三基数的 With parts arranged in sets or multiples of three. Figure 1348. 以三或三的倍数成组排列(图 1348)。

Trimonoecious 三性花同株的 With male, female, and bisexual flowers on the same plant. 在同一株植物上出现雄花、雌花和两性花。

Trimorphic 三形的 With three forms. 具三种形态。

Trinervate 具三脉的 见具三脉的(**trinerved**)。

Trinerved 具三脉的 Three-nerved, with the nerves all arising from near the base. Figure 1349. (compare **triplinerved**) 三脉,都从近基部发出(图 1349)。(对比离基三出脉)

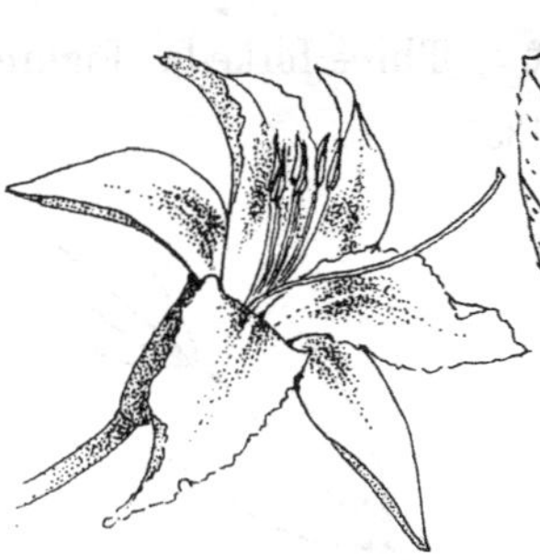

图 1348

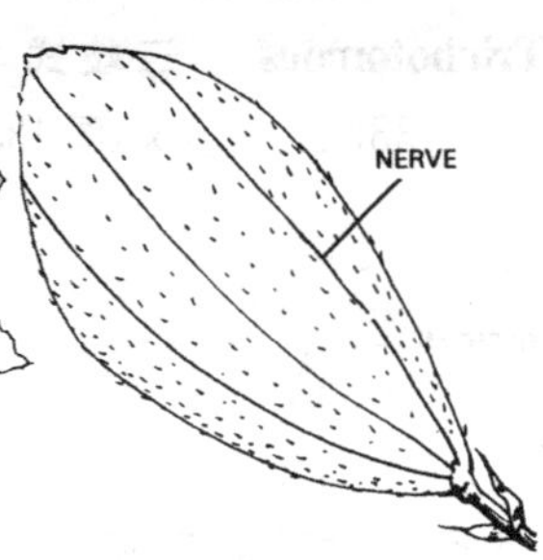

图 1349

Trioecious 单全异株 With male, female, and bisexual flowers on different plants. 雄花、雌花和两性花生于不同的植株上。

Tripalmate 三回掌状的 Palmately compound three times. Figure 1350. 三回掌状复叶(图 1350)。

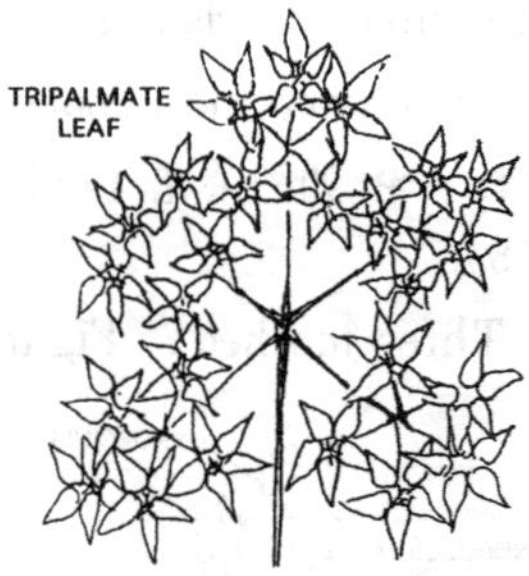

图 1350

图 1351

Tripartite 三深裂的 Three-parted. Figure 1351. 三深裂(图 1351)。

Tripetalous 三花瓣的 With three petals. Figure 1352. 具三枚花瓣(图 1352)。

Triphyllous 三叶的 With three leaves. 具三片叶子。

Tripinnate 三回羽状的 Pinnately compound three times, with pinnate pinnules. Figure 1353. 具羽状小羽片的三回羽状复叶(图 1353)。

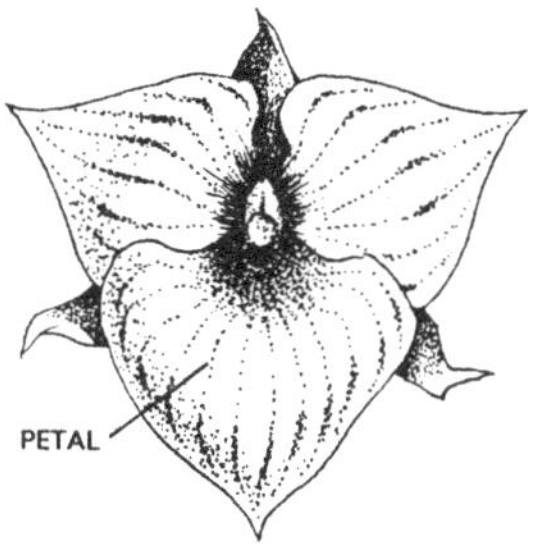

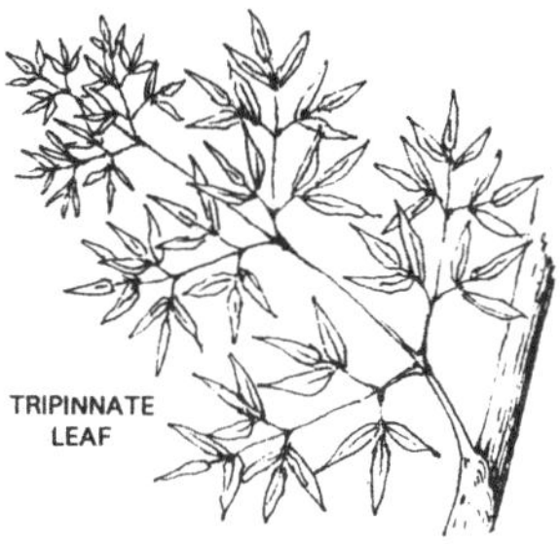

图 1352　　图 1353

Tripinnatifid 三回羽状半裂的 Thrice pinnately cleft. Figure 1354. 三次羽状半裂(图 1354)。

Triple-nerved 离基三出脉的 见离基三出脉的(**triplinerved**)。

Triplinerved 离基三出脉的 Three-nerved, with the two lateral nerves arising from the mid-nerve above the base. Figure 1355.(compare **trinerved**) 三脉,两侧脉从中脉基部的上方分出(图 1355)。(对比三出脉)

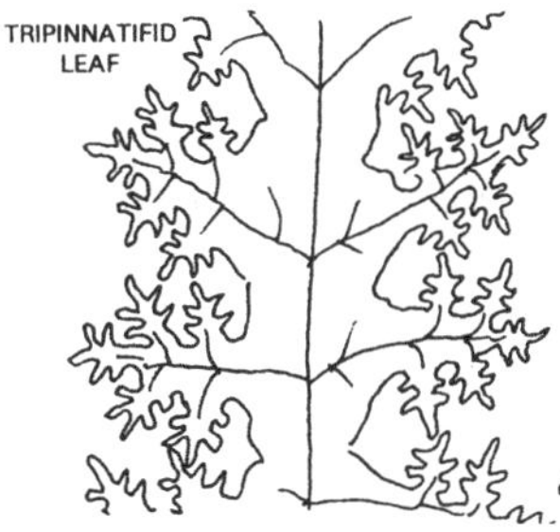

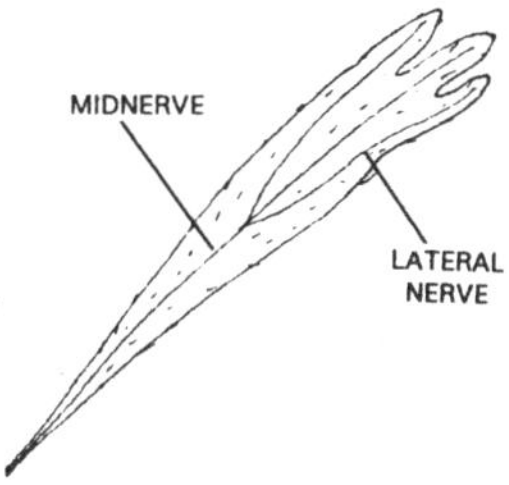

图 1354　　图 1355

Tripterous 三翅的 With three wings or wing-like appendages. Figure 1356. 具三个翅或翅状附属物(图 1356)。

Triquetrous 三棱的 Three-edged; with three protruding angles. Figure 1357. 具三边;具三个向外伸的角。图 1357。

Trispermous 三种子的 Three-seeded. 具三粒种子。

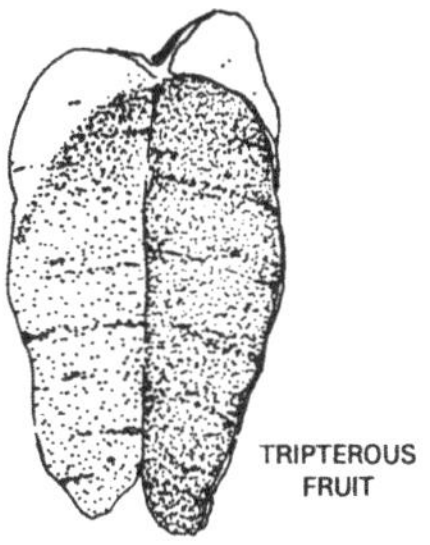

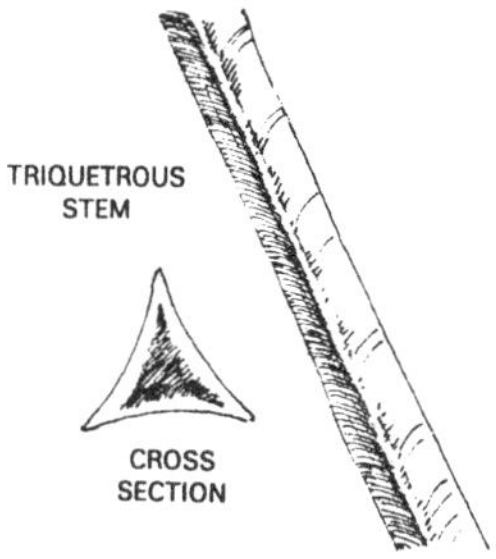

图 1356　　图 1357

Tristichous 三列的 In three vertical ranks or rows; three ranked. Figure 1358. 三纵行或三列(图 1358)。

Tristylous 三花柱的 With three styles. Figure 1359. 具三个花柱(图 1359)。

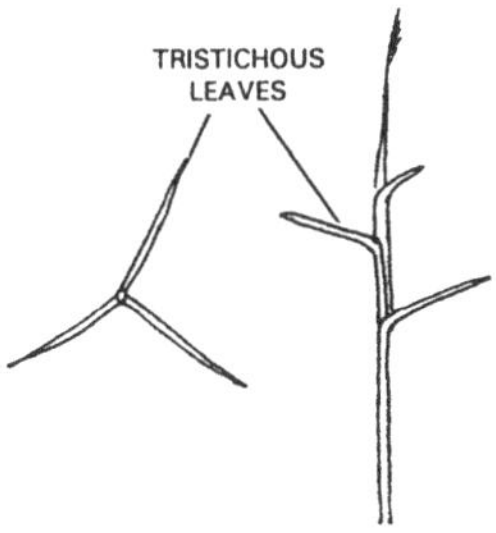

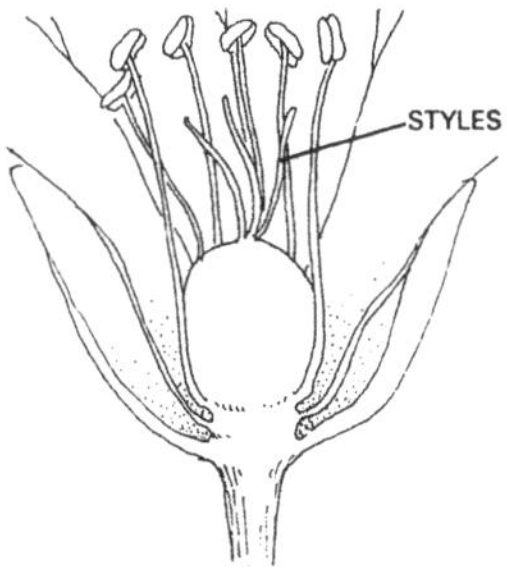

图 1358　　图 1359

Trisulcate 具三槽的 With three furrows or grooves. Figure 1360. 具三条沟或槽(图 1360)。

Triternate 三回三出的 Triply ternate. Figure 1361. 三回三出(图 1361)。

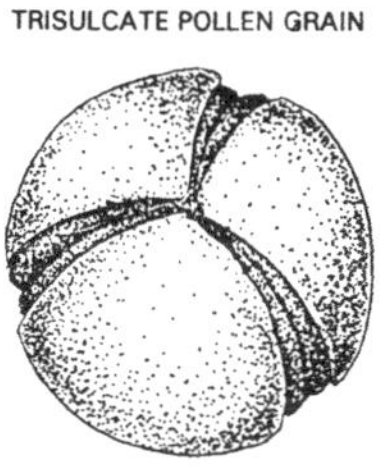

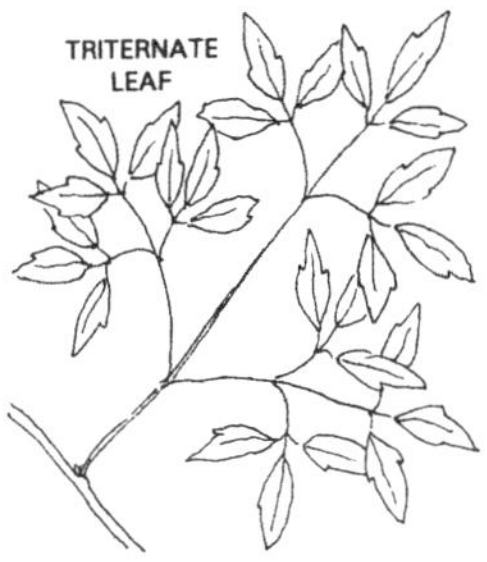

图 1360　　图 1361

Tropical 热带的 Distributed in the tropics (i.e.

between the tropic of Cancer and the tropic of Capricorn, or between 23 1/2 degrees north latitude and 23 1/2 degrees south latitude). 分布在热带地区(在南北回归线之间的地区或南、北纬 23 1/2 度的地区。)

Truncate **截形的** With the apex or base squared at the end as if cut off. Figure 1362. 先端或基部平截,似刀切状(图 1362)。

Trunk **树干** The main stem of a tree below the branches. Figure 1363. 树的分枝以下的主茎(图 1363)。

图 1362

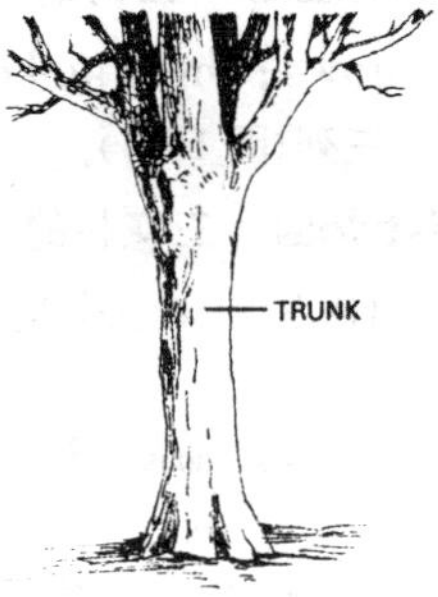

图 1363

Tryma **核果状坚果** A drupe-like nut with a fleshy, dehiscent exocarp, as a walnut or hickory nut. Figure 1364. 具肉质开裂外果皮的核果状坚果,如核桃或山核桃(图 1364)。

Tube **管** A hollow, cylindrical structure, as the constricted basal portion of some gamopetalous corollas. Figure 1365. 中空的圆筒状结构,如某些合瓣花冠的缢缩的基部(图 1365)。

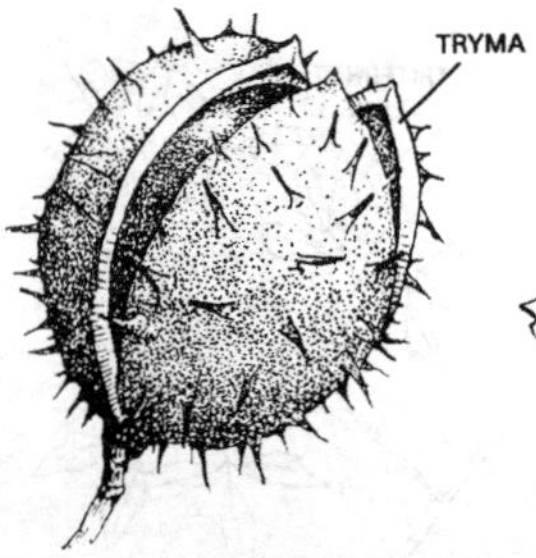

图 1364

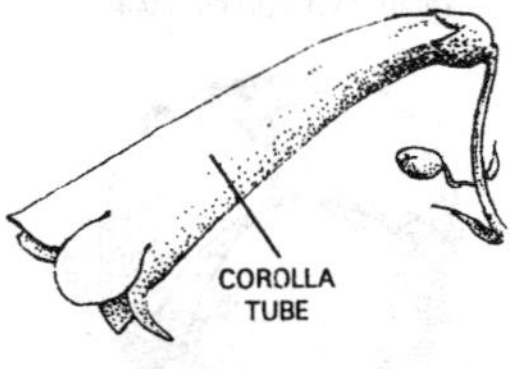

图 1365

Tuber **块茎** The thickened portion of a rhizome bearing nodes and buds; underground stem modified for food storage. Figure 1366. 具节和芽的地下茎的增粗部分;特化的贮存养分的地下茎。图 1366。

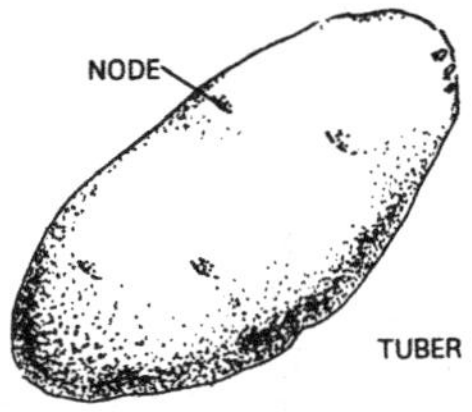

图 1366

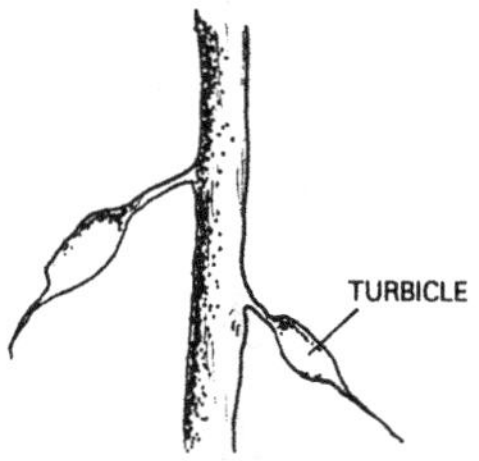

图 1367

Tubercle **小瘤,突起** A small tuber-like swelling or projection. Figures 1367 and 1368; the base of the style in some members of the Cyperaceae. Figure 1369. 小块茎状的膨大或突起(图 1367 和图 1368);某些莎草科植物花柱的基部(图 1369)。

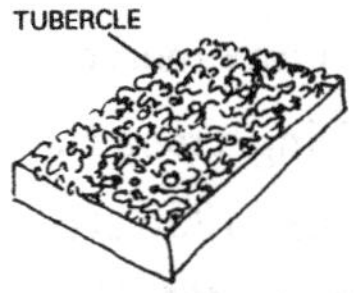

图 1368

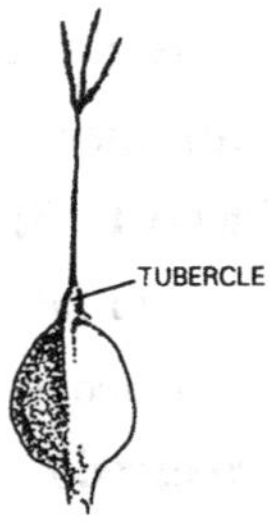

图 1369

Tubercular **瘤状的** Of or pertaining to tubercles; tubercle-like. 小瘤的或与小瘤相关的;小瘤状。

Tuberculate **具瘤的** Bearing tubercles. 生有小瘤

Tuberculation **小瘤** 见小瘤(**tubercle**)。

Tubercule **瘤** A nodule, as on the roots of some legumes. Figure 1370. 瘤,如某些豆科植物根上的瘤(图 1370)。

Tuberiferous **具瘤的** 见具瘤的(**tuberculate**)。

Tuberiform **块茎状的** Resembling a tuber. 似块茎。

Tuberoid **块根** A thickened root which resembles a tuber. 与块茎相似的加厚的根。

Tuberous **块茎状的** Resembling a tuber; producing tubers. 具块茎,似块茎,产生块茎。

Tubular 管状的,筒状的 With the form of a tube or cylinder. Figure 1371. 形状如管或圆筒(图 1371)。

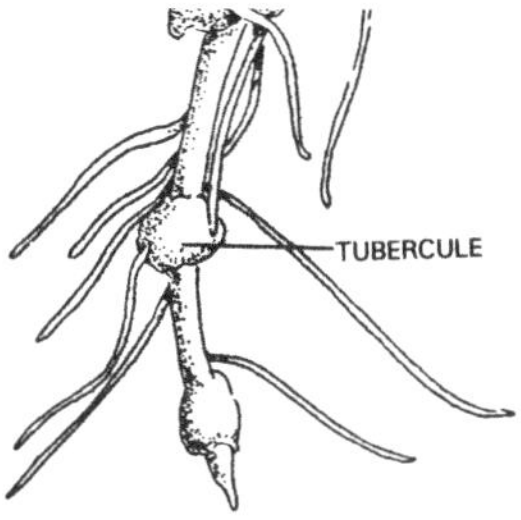

图 1370

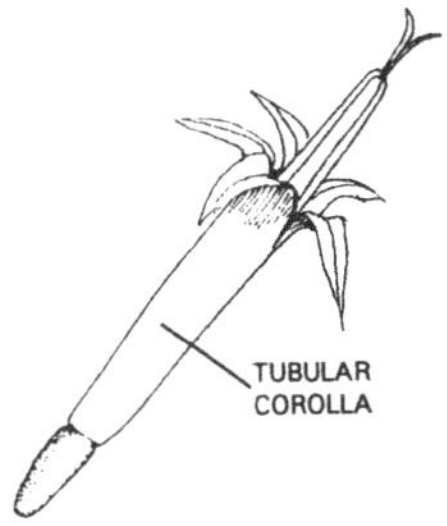

图 1371

Tubuliflorous 管状花的 Having tubular corollas in the perfect flowers of a head, as in some members of the Compositae (Asteraceae). Figure 1372. 头状花序两性花中的管状花冠,如某些菊科植物(图 1372)。

Tubulous 具管状花的 With tubular flowers. Figure 1372. 具管状花(图 1372)。

Tufted 簇生的 Arranged in a dense cluster. Figure 1373. 密集成簇排列(图 1373)。

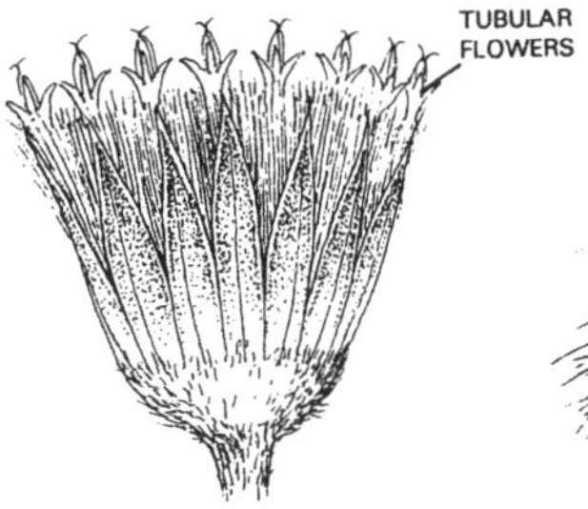

图 1372

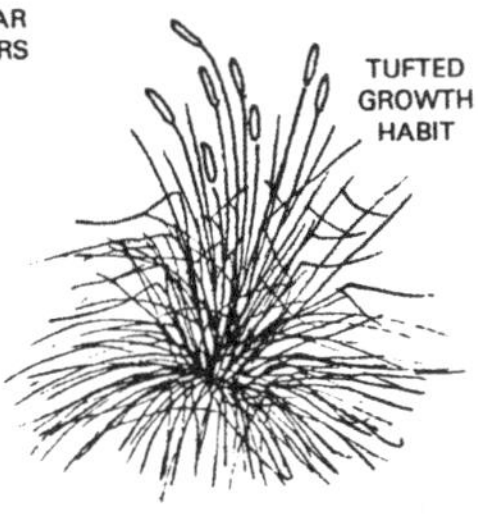

图 1373

Tumescent 肿胀的 Somewhat tumid; swelling. Figure 1374. 稍隆起;膨大。图 1374。

Tumid 肿胀的 Swollen. Figure 1375. 鼓起(图 1375)。

Tunic ①膜被 ②鳞茎皮 An integument; the outer coating of a seed or bulb. Figure 1376. 外被;种子或鳞茎的外被层。图 1376。

Tunicate 具膜被的 Arranged in sheathing, concentric layers, as the leaves of an onion bulb. Figure 1377. 鞘状分层同心排列,如洋葱鳞茎的叶(图 1377)。

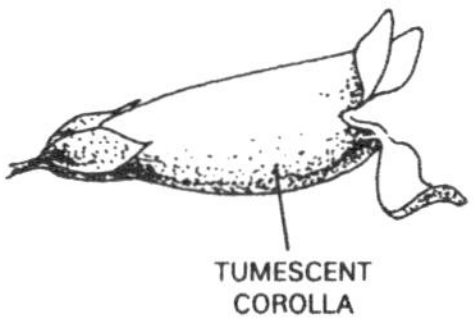

图 1374

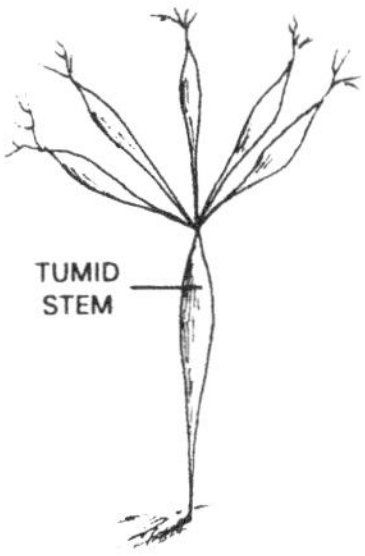

图 1375

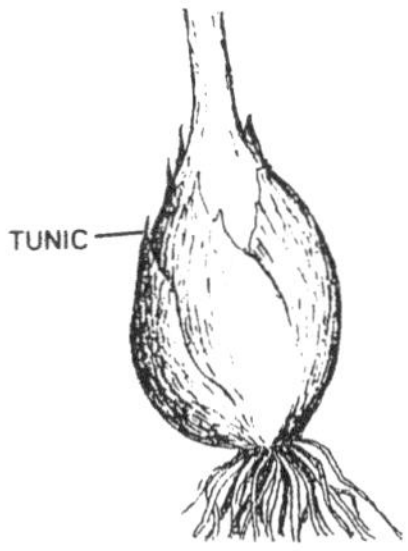

图 1376

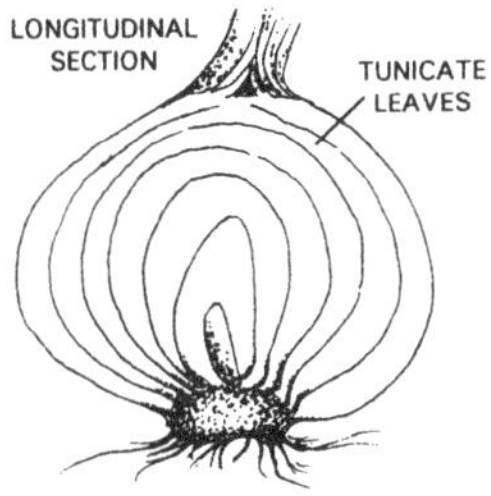

图 1377

Turbinate 陀螺状的 Top-shaped. Figure 1378. 陀螺状(图 1378)。

Turgescent 膨胀的 见膨胀的(**turgid**)。

Turgid 膨胀的 Swollen; expanded or inflated. Figure 1379. 膨大;增大或肿胀。图 1379。

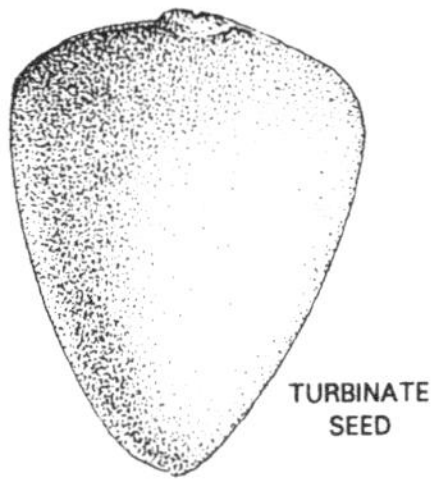

图 1378

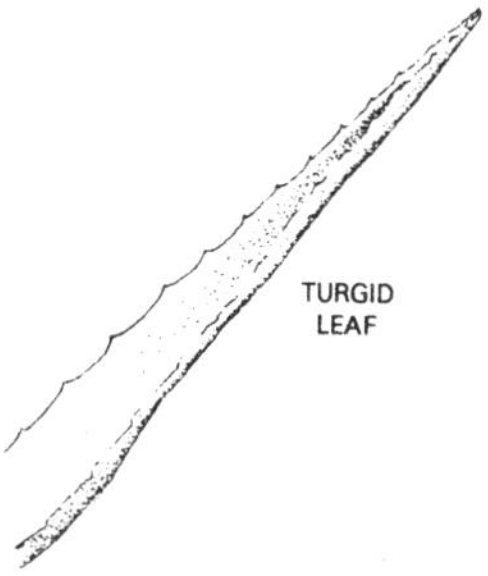

图 1379

Turion 具鳞根出条 A small shoot which often over winters, as in *Asparagus* and in some species of *Epilobium*. Figure 1380. 常能越冬的小枝条,如天门冬属和柳叶菜属的某些种(图 1380)。

Tussock 生草丛 A tuft or clump of grasses or sedges. Figure 1373. 由禾草或莎草形成的丛

(图 1373)。

Twig　小枝　A small shoot or branch form a tree.　Figure 1381.　树上的小枝条(图 1381)。

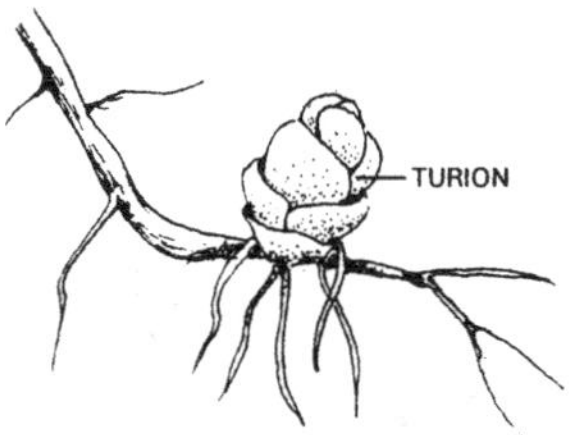

图 1380

Twining　缠绕的　Coiling or spiraling around a support (usually another stem) for climbing. Figure 1382.　卷绕或盘绕支撑物(常为其他茎)攀缘生长(图 1382)。

图 1381

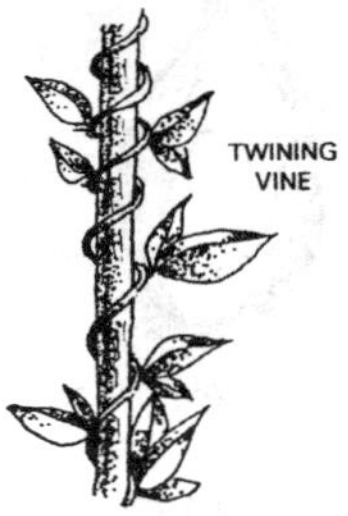

图 1382

Two-ranked　二纵列的　In two vertical ranks or rows on opposite sides of an axis; distichous. Figure 1383.　在轴的两侧的二垂直的纵行或列;二纵列的。图 1383。

Type　模式标本　The specimen that serves as the basis for a plant name.　用作植物学名根据的标本。

Ubiquitous　广布的　Widespread; occurring in a wide variety of habitats.　分布广泛的,多生境的。

Ultimate　末级　The final section or division of a structure. Figure 1384.　结构的最后一级或部分(图 1384)。

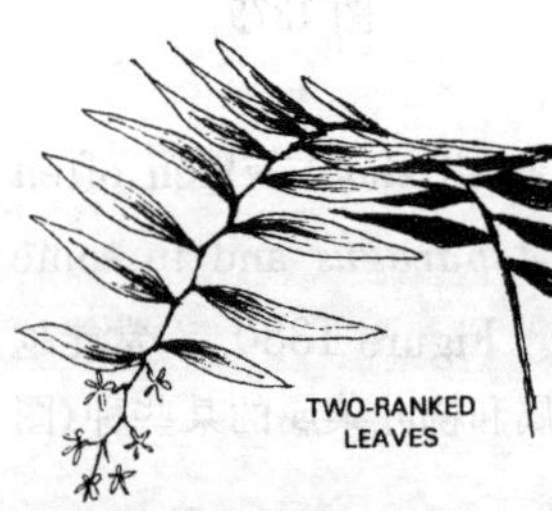

图 1383

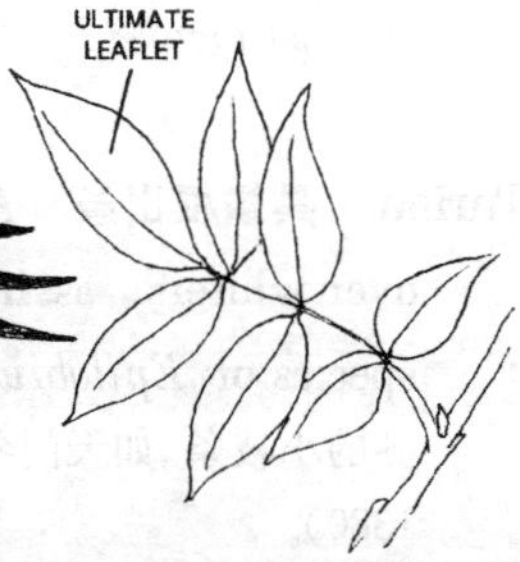

图 1384

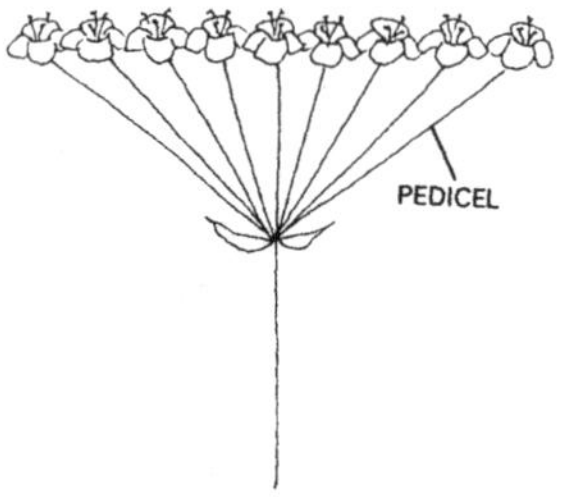

图 1385

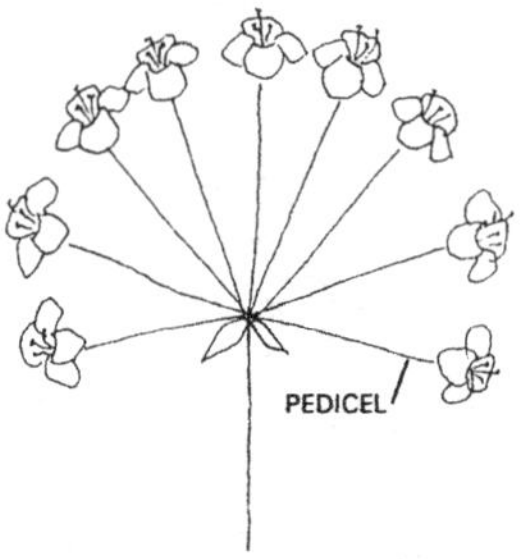

图 1386

Umbel　伞形花序　A flat-topped or convex inflorescence with the pedicels arising more or less from a common point, like the struts of an umbrella. Figures 1385 and 1386; a highly condensed raceme.　平顶或凸顶,花梗大致从一点发出,呈伞辐状的花序(图 1385 和图 1386);高度密集的总状花序。

Umbellate　伞形的　In umbels; umbel-like.　排列成伞形花序;伞形花序状。

Umbellet　小伞〔形花序〕　An ultimate umbellate cluster of a compound umbel.　Figure 1387.　复伞形花序的末级伞形簇(图 1387)。

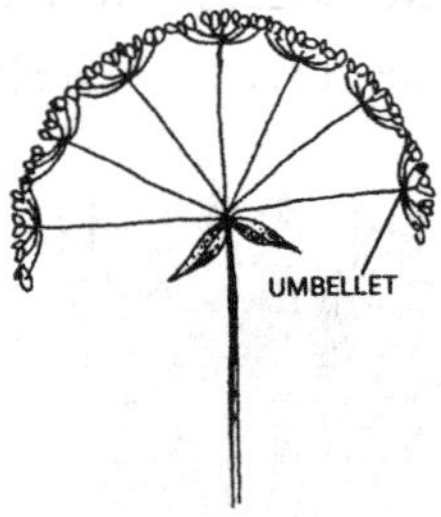

图 1387

Umbelliferous　具伞形花序的　Bearing umbels; pertaining or belonging to the Umbelliferae (Apiaceae) family.　具伞形花序;伞形科的或与伞形科相关的。

Umbelliform　伞形花序状的　An inflorescence with the general appearance, but not necessarily the structure, of a true umbel. The term is often applied to inflorescences which are condensed cymes rather than condensed racemes.　外形似伞形花序,但结构不一定是真正的伞形花序,此术语常指密集聚伞花序,而不是密集总状花序。

Umbellule　小伞〔形花序〕　见小伞〔形花序〕(**umbel-**

let)。

Umbilicate 脐状的 With a depression in the middle, like a navel. Figure 1388. 在中部有一个凹陷似肚脐(图 1388)。

Umbilicus 脐 A navel-like structure, as the hilum of a seed. Figure 1389. 脐状结构,如种脐(图 1389)。

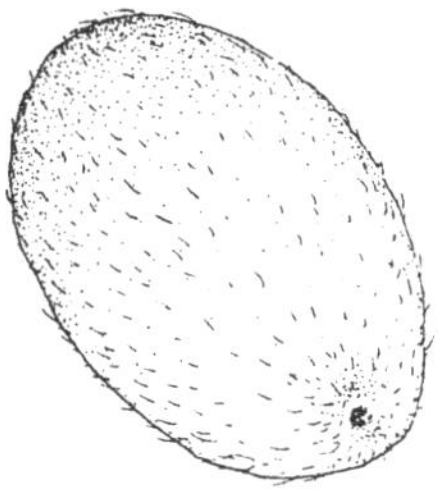

图 1388

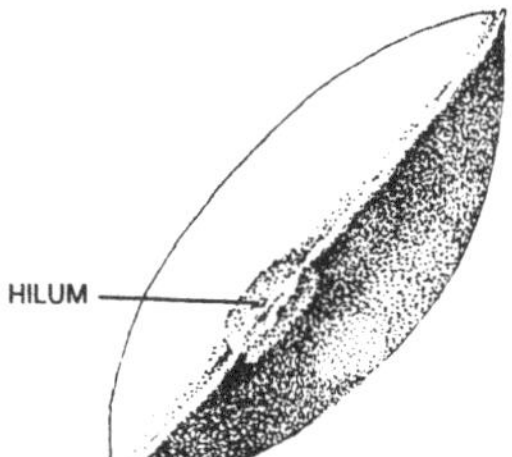

图 1389

Umbo 〔鳞〕脐 A blunt or rounded protuberance, as on the ends of the scales of some pine cones. Figure 1390. 钝或圆的突起,如某些松塔鳞片的顶部(图 1390)。

Umbonate 具鳞脐的 Possessing an umbo. Figure 1390. 有鳞脐(图 1390)。

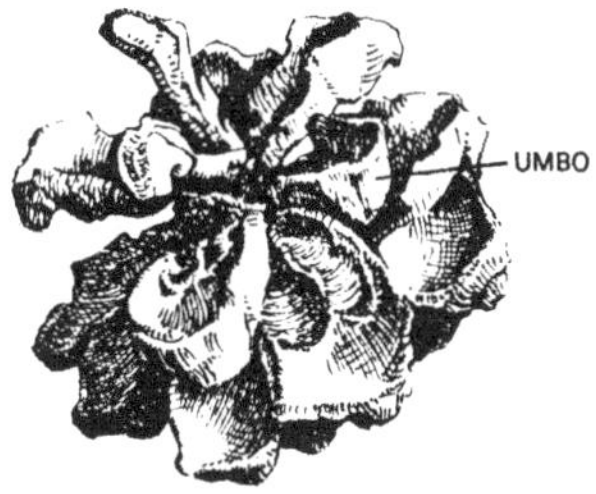

图 1390

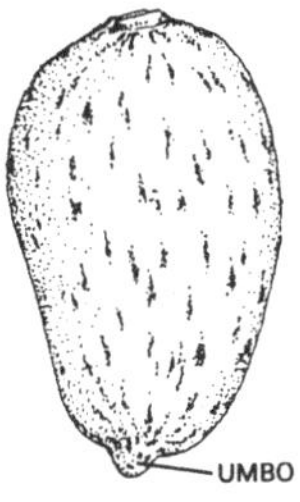

图 1391

Umbonulate 具小鳞脐的 With a very small umbo. Figure 1391. 具一很小的鳞脐(图 1391)。

Umbraculate 伞形的 Umbrella-shaped. Figure 1392. 伞形(图 1392)。

Umbraculiferous 伞盖状的 Bearing umbrella-shaped structures. Figure 1392. 具伞形结构(图 1392)。

Umbraculiform 伞状的 见伞状的(**umbraculate**)。

Unarmed 无刺的 Lacking spines, prickles, or thorns. 无刺、皮刺或棘。

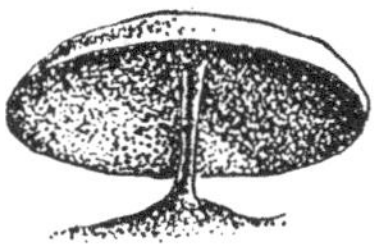

图 1392

图 1393

Uncate 具钩的 见具钩的(**uncinate**)。

Uncinate 具钩的 Hooked at the tip. Figure 1393. 顶端具钩(图 1393)。

Unctuous 油脂的 Greasy; oily. 油脂的;多油的。

Undate 波状的 见波状的(**undulate**)。

Undershrub 半灌木 见半灌木(**subshrub**)。

Undulate 波状的 Wavy, but not so deeply or as pronounced as sinuate. Figure 1394. (Same as **repand**) 波浪形,波曲的程度不及深波状明显(图 1394)。(等同**浅波状的**)

Unequally pinnate 奇数羽状的 见奇数羽状的(**odd-pinnate**)。

Unguicular 具爪的 见具爪的(**unguiculate**)。

Unguiculate 具爪的 Clawed. Figure 1395. 具爪的(图 1395)。

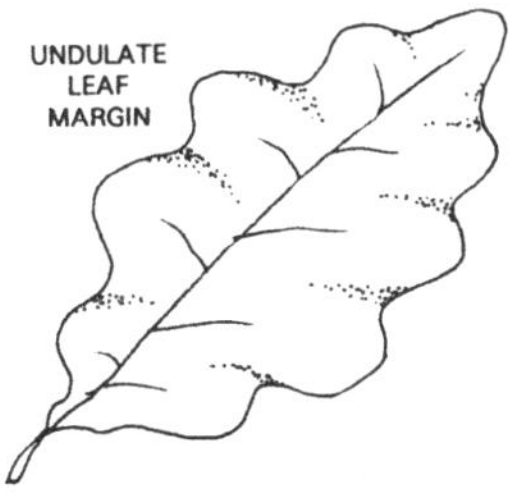

图 1394

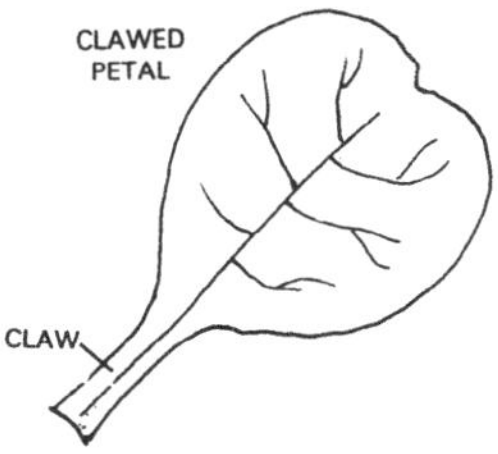

图 1395

Ungulate 具爪的 见具爪的(**unguiculate**)。

Uni-(prefix) **Uni-**(前缀) Meaning one. 一。

Uniaperturate 单孔的 With a single aperture or opening. Figure 1396. 具单个孔或开口(图 1396)。

Uniaristate 单芒的 One-awned. Figure 1397. 具一芒(图 1397)。

Uniaxial　单轴的　With a single unbranched stem terminating in a flower. Figure 1398.　具单一不分枝的茎，终止于花(图 1398)。

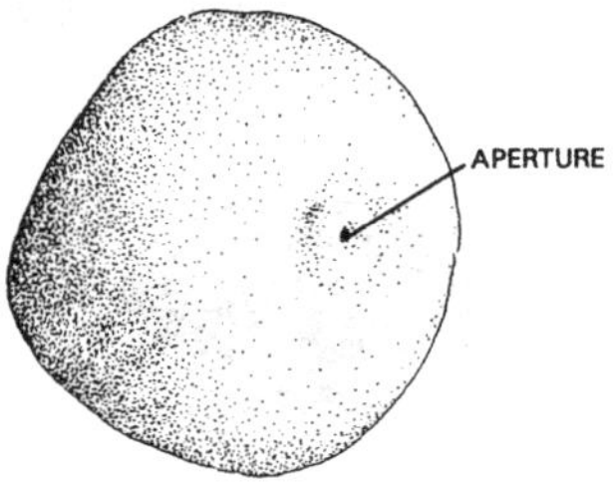

图 1396

Unicarpellate　单心皮的　见单心皮的(**unicarpellous**)。

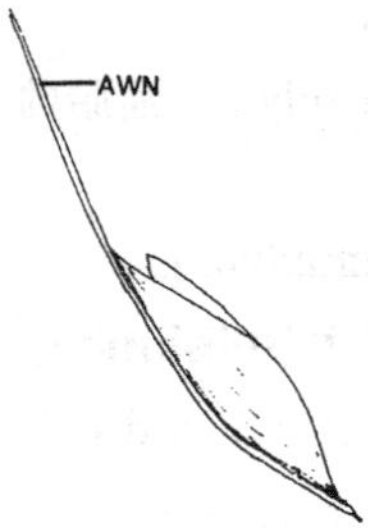

图 1397

图 1398

Unicarpellous　单心皮的　With a single, free carpel. Figure 1399.　具单个离生心皮(图 1399)。

Unicostate　单一主脉的　With a single obvious rib, as in some leaves. Figure 1400.　具单一明显的肋，如某些叶子(图 1400)。

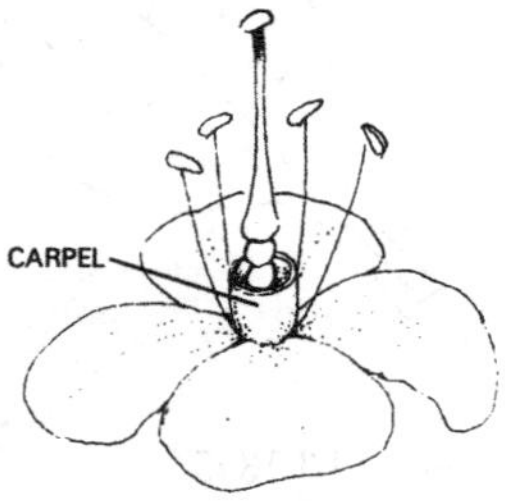

图 1399

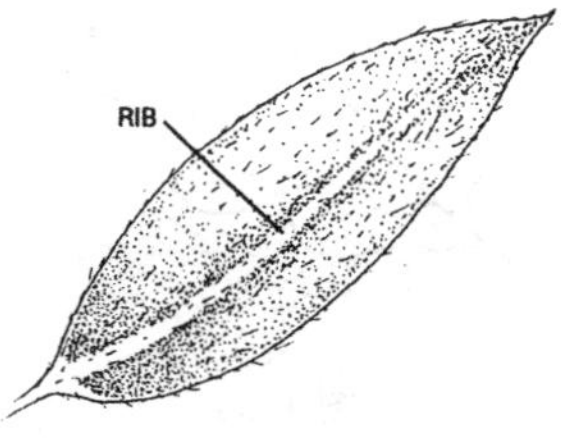

图 1400

Uniflorous　单花的　With a single flower. Figure 1398.　具一朵花(图 1398)。

Unifoliate　单叶的　With a single leaf; unifoliolate. Figure 1401.　具一片叶；具一小叶。图 1402。

Unifoliolate　具一小叶的　A leaf theoretically compound, though only expressing a single leaflet and appearing simple, as in *Cercis*. Figure 1402.　理论上是复叶，实际为单个小叶，看似一枚单叶的叶子，如紫荆属(图 1402)。

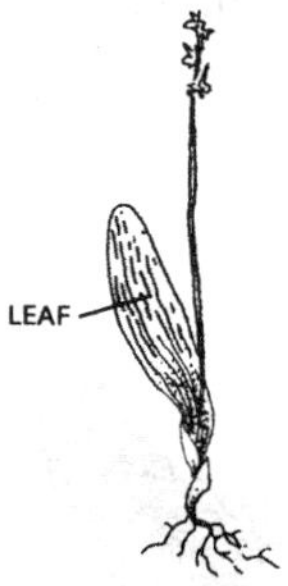

图 1401

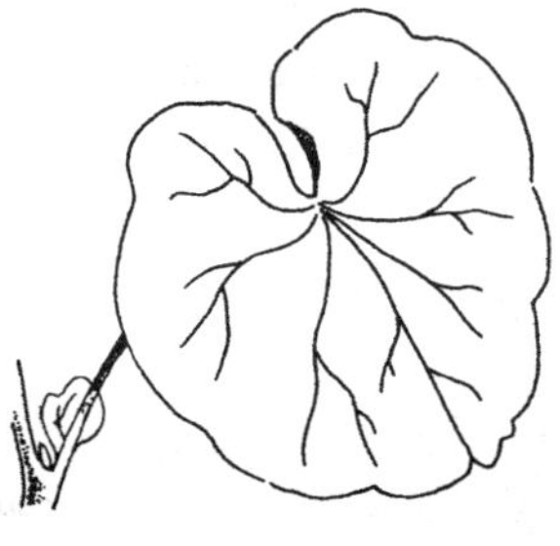

图 1402

Unijugate　具一对小叶的　A leaf pinnately compound, but consisting of only two leaflets. Figure 1403.　羽状复叶，但仅由两片小叶组成(图 1403)。

Unilateral　单侧的　One-sided, as in an inflorescence with the flowers all on one side of the axis. Figure 1404.　单面的，如所有的花在轴的一侧排列的花序(图 1404)。

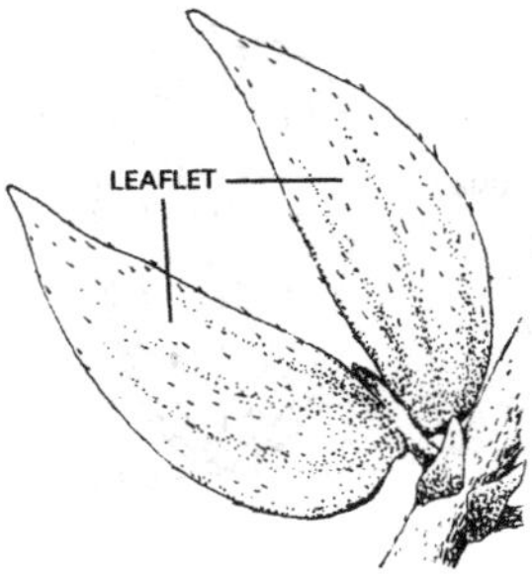

图 1403

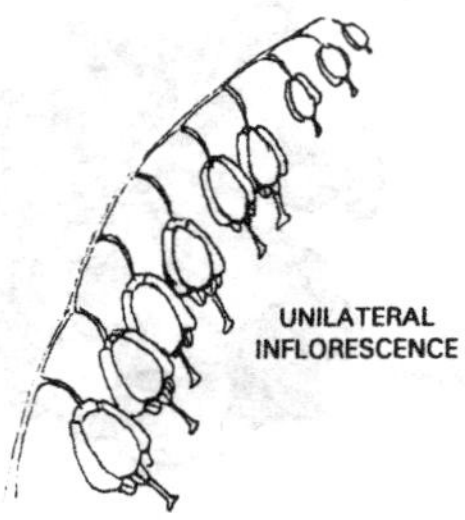

图 1404

Unilocular　单室的　With a single locule or compartment, as in some ovaries. Figure 1405.　具单室，如某些子房(图 1405)。

Uniovulate　单胚珠的　With a single ovule. Figure 1406.　具单个胚珠(图 1406)。

Uniparous　单出聚伞状的　With only a single axis produced at each branching, as in some cymes. Figure 1407.　在每一分枝上仅产生单个轴，如某些聚伞花序(图 1407)。

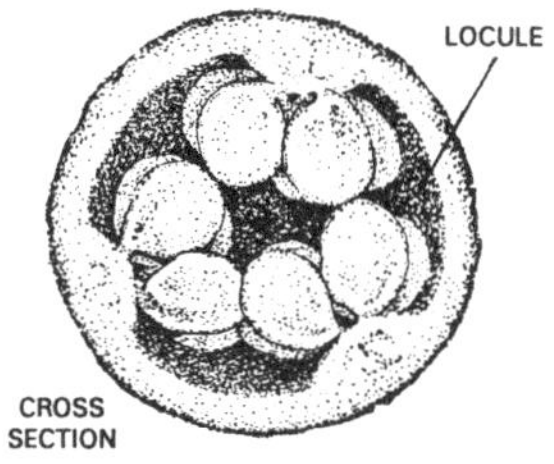

图 1405

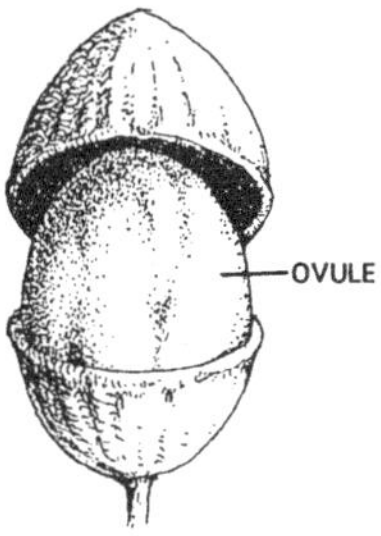

图 1406

Unipetalous 单瓣的 With only a single petal. 仅有一枚花瓣.

Uniseptate 单隔膜的 With only one septum, as in a silicle or silique. Figure 1408. 仅具一片隔膜,如在长荚果或短荚果中(图 1408)。

图 1407

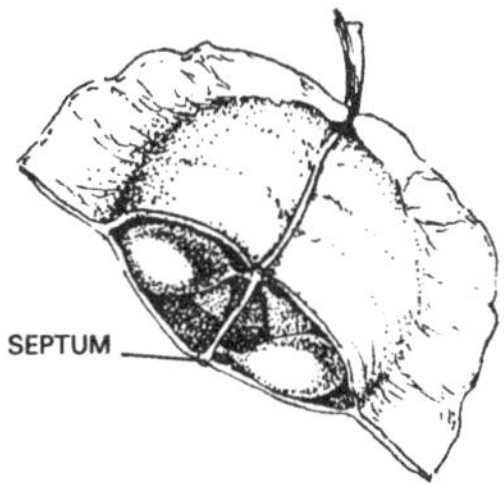

图 1408

Uniseriate 单列的 Arranged in a single row or series. Figure 1409. 单列或单行排列(图 1409)。

Unisexual 单性的 A flower with either male or female reproductive parts, but not both. The term is also applied to plants possessing such flowers. Figure 1410.(compare **bisexual** and **perfect**) 一朵花仅具有雄性或雌性生殖器官,该词也指具单性花的植物(图 1410)。(对比**两性花**和**完全花**)

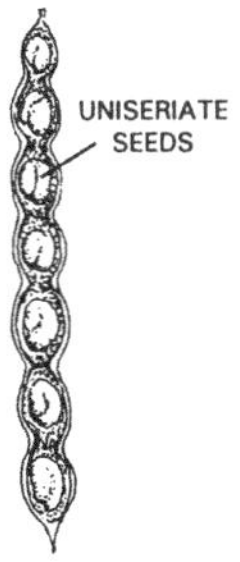

图 1409

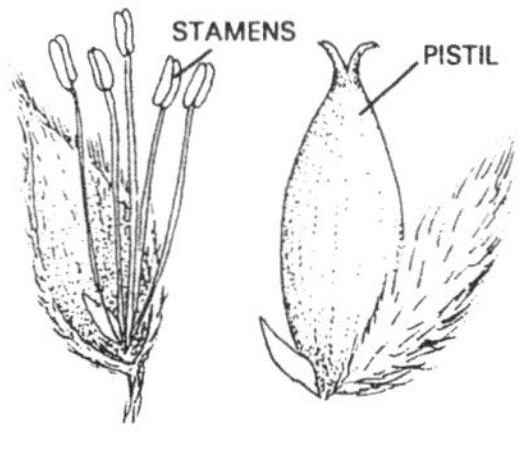

图 1410

Urceolate 坛状的 Pitcher-like; hollow and contracted near the mouth like a pitcher or urn. Figure 1411. 形似水罐;中空且口部缢缩呈缸或坛状。图 1411。

Urceolus ①雌器苞 ②瓶状体 The perigynium in *Carex*. Figure 1412; Any structure resembling a small pitcher. 薹草属植物的雌器苞(图 1412);任何形似小瓶的结构。

Urceus 瓶状体 Any structure resembling a pitcher. Figure 1411 and 1412. 任何形似小瓶的结构(图 1411 和图 1412)。

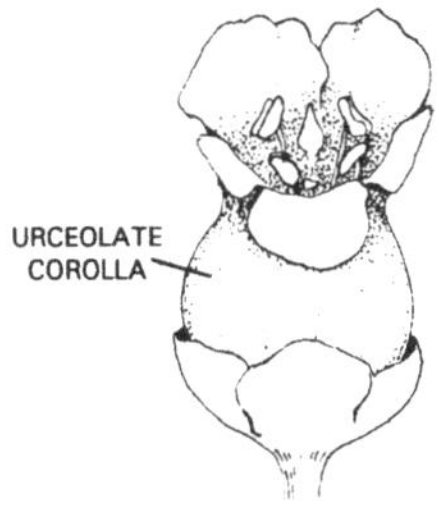

图 1411

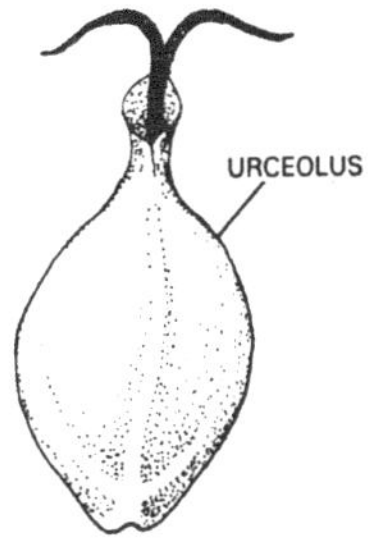

图 1412

Urent 刺人的 Stinging. Figure 1413. 刺(图 1413)。

Urn 盖果基 The basal portion of a pyxis. Figure 1414. 盖果的基部(图 1414)。

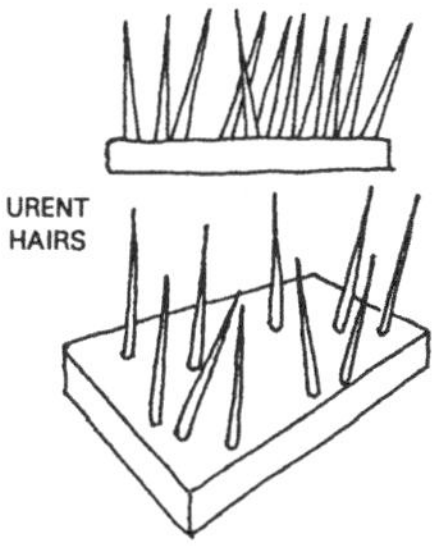

图 1413

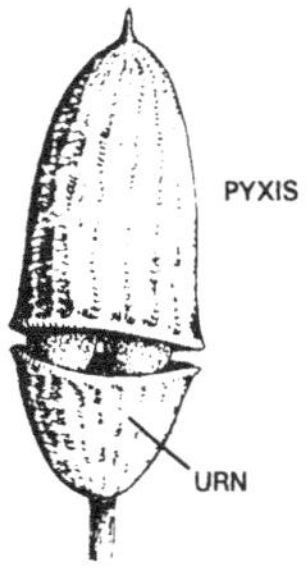

图 1414

Urn-shaped 坛状的 见坛状的(**urceolate**)。

Utricle 胞果 A small, thin-walled, one-seeded, more or less bladdery-inflated fruit. Figure 1415. 果皮薄,含单粒种子并多少呈膀胱状膨胀的小的果实(图 1415)。

Utricular 具胞果的 Of or pertaining to a utricle; bladder-like. Figure 1415. 胞果的或与胞果相关的(图 1415)。

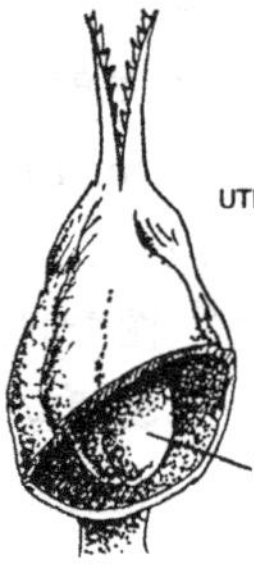

图 1415

Vagina ①叶鞘 ②鞘 A sheath, as the sheathing petiole in grasses. Figure 1416. 鞘,如禾草的鞘状叶柄(图 1416)。

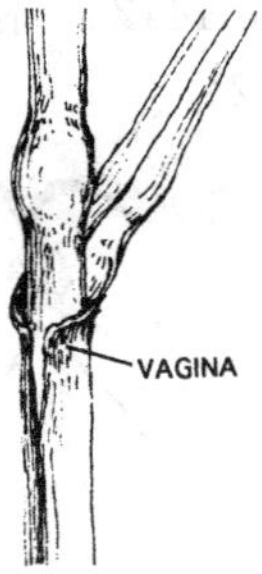

图 1416

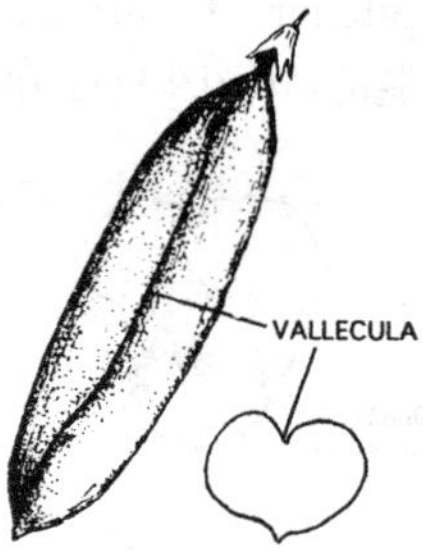

图 1417

Vaginate 具鞘的 Sheathed. Figure 1416. 具鞘(图 1416)。

Vaginiferous 具鞘的 Bearing sheaths. 生有鞘。

Vallecula (pl. **valleculae**) 线沟 A furrow, groove or depression. Figure 1417. 沟,槽或凹痕(图 1417)。

Vallecular 线沟的 Of or pertaining to the valleculae. 线沟的或与线沟相关的。

Valleculate 具线沟的 Having valleculae. Figure 1417. 有线沟(图 1417)。

Valvate ①瓣裂的 ②镊合状的 Opening by valves, as in many dehiscent fruits. Figure 1418; a flower with the petals or sepals edge to edge along their entire length, but not overlapping. Figure 1419. 通过瓣片开裂,如许多裂果(图 1418);边缘相互接触,但并不覆盖的花瓣或萼片(图 1419)。

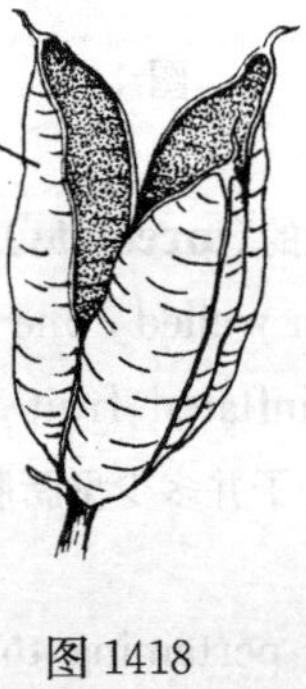

图 1418

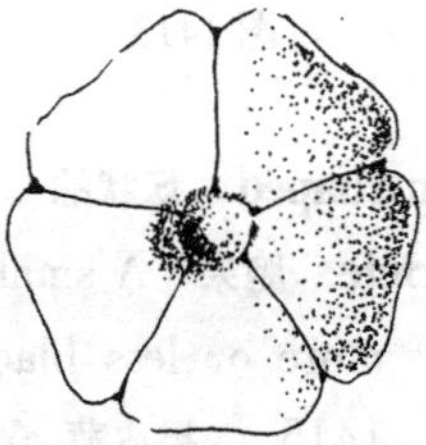

图 1419

Valve 裂爿 One of the segments of a dehiscent fruit, separating from other such segments at maturity. Figure 1418. 裂果的一个瓣片,成熟时与其他瓣片分离(图 1418)。

Valvular ①瓣的 ②瓣裂的 Of or pertaining to valves; anther dehiscence through flap-covered pores. Figure 1420. 瓣的或与瓣相关的;通过瓣下的小孔开裂的花药。图 1420。

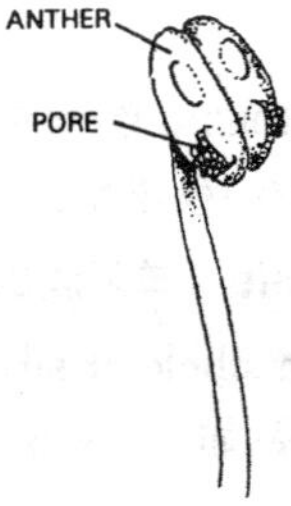

图 1420

Varicose 脉肿的 Swollen or enlarged in palces. Figure 1421. 间隙肿胀或增大(图 1421)。

Variegated 杂斑的 Marked with patches or spots of different colors. Figure 1422. 具有不同颜色的斑块或斑点(图 1422)。

Variety 变种 A category in the taxonomic hierarchy below the species and subspecies level. 在分类阶层系统中位于种及亚种等级之下的一种分类群。

图 1421

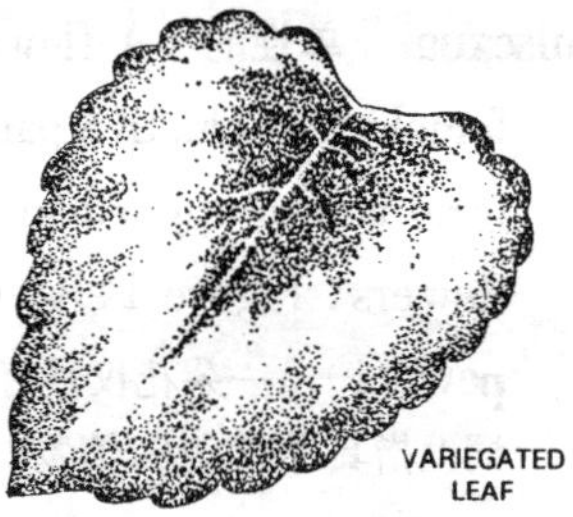

图 1422

Vascular 维管的 Of or pertaining to conductive tissue (i.e., xylem and phloem); of or pertaining to plants possessing conductive tissue. 输导组织的或与输导组织(即木质部和韧皮部)相关的;与具输导组织相关的植物。

Vascular bundle 维管束 A cluster or group of

vascular tissues. Figure 1423. 一束或一组维管组织(图 1423)。

Vegetative **营养体的** Of or pertaining to the non-floral parts of a plant. 指与植物非花部分相关的。

Vein **脉** A vascular bundle, usually visible externally, as in leaves. Figure 1424. 维管束,常可见,如叶脉(图 1424)。

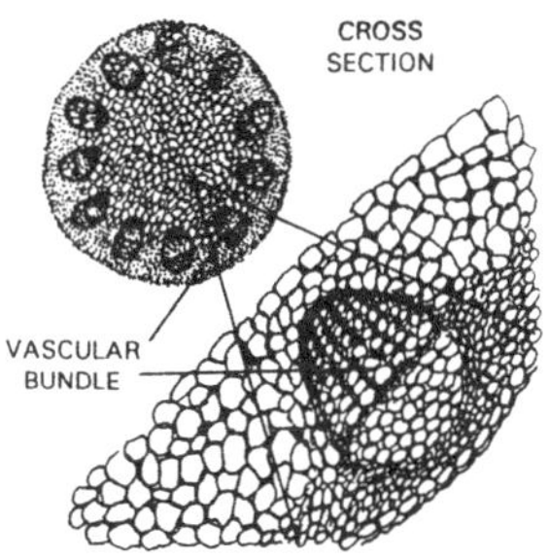

图 1423

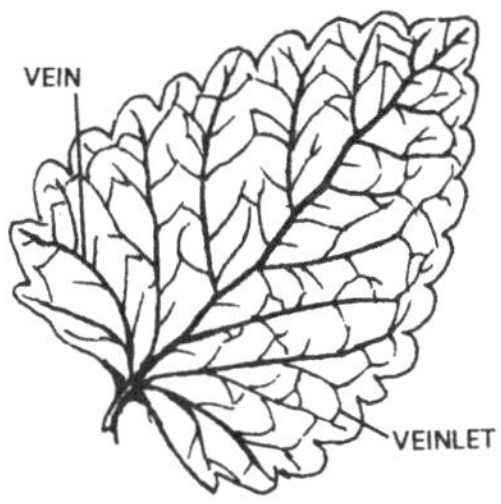

图 1424

Veinlet **细脉** A small vein. Figure 1424 and 1425. 小的叶脉(图 1424 和图 1425)。

Velamen(pl. **velamina**) **根被** The thick, spongy integument layer on the roots of some epiphytic orchids. 某些附生兰花根上厚的海绵状的被层。

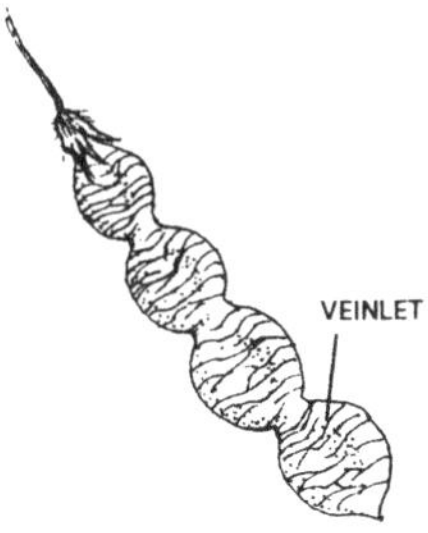

图 1425

Velum **缘膜** The membranous flap of tissue partially covering the sporangium of *Isoetes*. Figure 1426. 部分覆盖水韭属植物孢子囊的膜质瓣(图 1426)。

Velumen **短绒毛层** A covering of short, soft hairs. Figure 1427. 短绒毛被层(图 1427)。

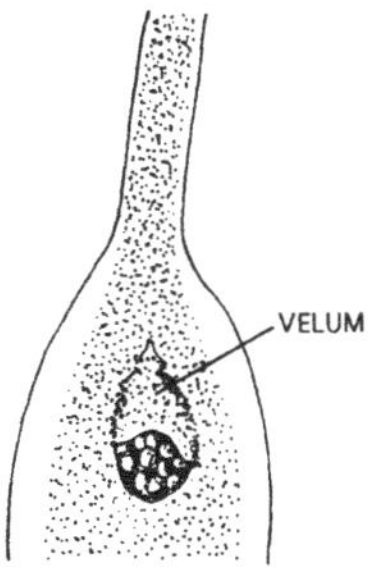

图 1426

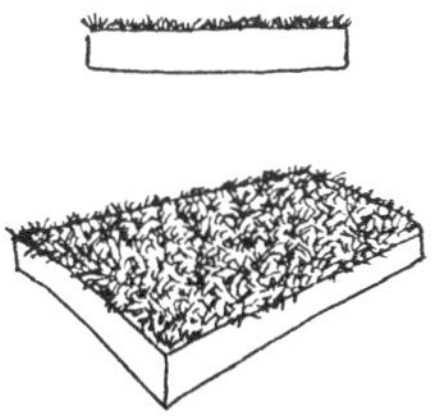

图 1427

Velutinous **被短绒毛的** Velvety; covered with short, soft, spreading hairs. Figure 1427. 被茸毛的;被覆短而柔软的绒毛。图 1427。

Venation **叶脉型** The pattern of veining on a leaf. Figure 1424.叶的脉式(图 1424)。

Venenose **有毒的** 见有毒的(**venomous**)。

Venomous **有毒的** Poisonous. 有毒。

Venose **具脉的** Veiny; venous. Figures 1424 and 1425. 具脉的;脉的。(图 1424 和图 1425)。

Venous **脉状的** Of or pertaining to veins; vein-like. 脉的或与脉相关的;形似脉。

Ventral **腹面的** Pertaining to the front or inward surface of an organ in relation to the axis, as in the upper surface of a leaf; adaxial. Figure 1428.(compare **dorsal**) 相对轴而言,指器官的正面或向轴的一面,如叶的上表面;向轴的。图 1428。(对比**背面的**)

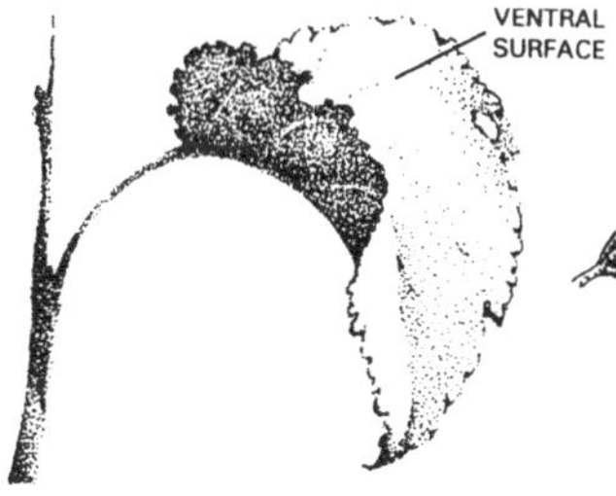

图 1428

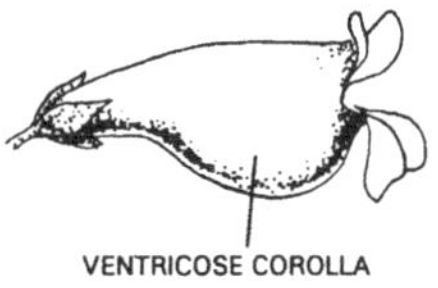

图 1429

Ventricose **一侧臌的** Inflated or swollen on one side only, as in some corollas, especially in the genus *Penstemon*. Figure 1429. 仅在一侧膨胀或肿胀,如某些花冠,尤其是钓钟柳属植物(图 1429)。

Venulation **细脉序** Diminutive of venation, referring to the pattern of veinlets on a leaf. Figure 1424. 小脉序,指叶上小脉的样式(图 1424)。

Venule **细脉** 见细脉(**veinlet**)。

Venulose **多小脉的** With veinlets. Figure 1424 and 1425. 具多个小脉(图 1424 和图 1425)。

Venulous **多小脉的** 见多小脉的(**venulose**)。

Vermicular **蠕虫形的** 见蠕虫形的(**vermiform**)。

Vermiform 蠕虫形的 Worm-shaped. Figure 1430. 蠕虫形(图1430)。

Vermiformous 蠕虫形的 见蠕虫形的(**vermiform**)。

Vernal 春季开花的 Flowering or appearing in the spring. 在春天开花或出现。

Vernation 幼叶卷叠式 The arrangement of leaves within the bud. 叶子在芽内的排列方式。

Vernicose 具光泽的 Shiny; with a varnished appearance and texture. 光泽的;具光亮的外形和质地。

Verrucose 瘤状的 Warty; covered with wart-like elevations. Figure 1431. 具瘤的;被覆瘤状突起。图1431。

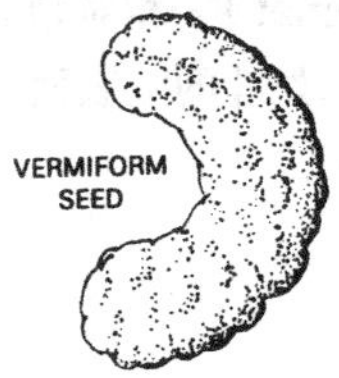

图1430

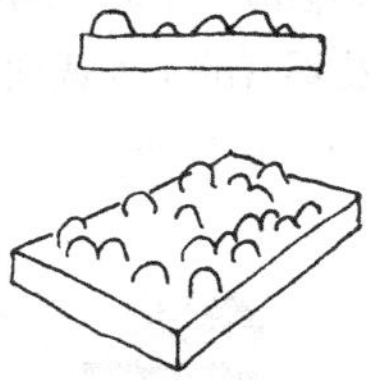

图1431

Verruculose 小瘤状的 Covered with very small wart-like elevations. Figure 1432. 被覆有极小的瘤状突起(图1432)。

Versatile 丁字着的 Attached near the middle rather that at one end, as some anthers. Figure 1433. (compare **basifixed** and **dorsifexed**) 以近中部而非端部着生,如某些花药(图1433)。(对比基着的和背着的)

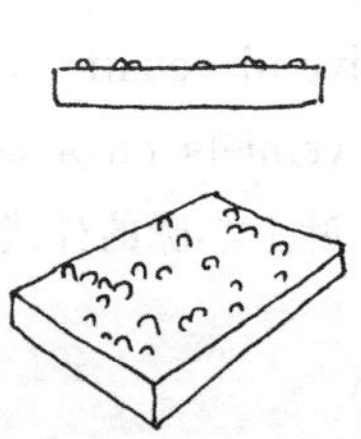

图1432

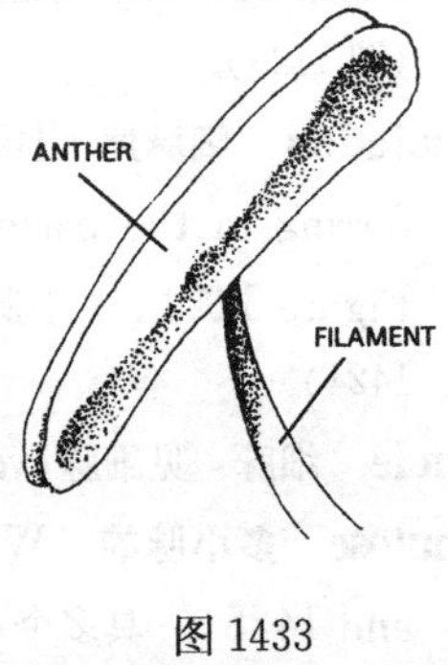

图1433

Versicolor 变色的 Of various colors; changeable in color. 多种颜色的,颜色可变的。

Vertical 垂直的 Positioned lengthwise, in the same direction as the axis; leaves positioned with the blade perpendicular, so that neither surface is obviously the upper or lower. Figure 1434. 直立且长轴与主轴方向一致,如直立叶片的叶子,没有明显上下表面之分(图1434)。

Verticil 轮 An arrangement of similar parts around a central axis or point of attachment; a whorl. Figure 1435. 相似的部分环绕中轴或着生点的排列方式;轮。图1435。

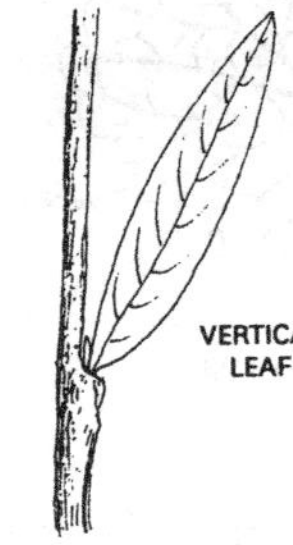

图1434

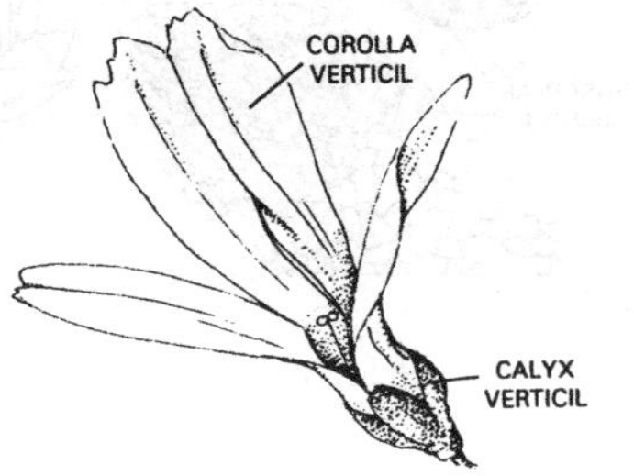

图1435

Verticillaster 轮状聚伞花序 A pair of axillary cymes arising from opposite leaves or bracts and forming a false whorl. Figure 1436. 从对生叶或苞片腋部长出的一对假轮生的聚伞花序(图1436)。

Verticillate 轮生的 Arranged in verticils; whorled. Figure 1437. 成轮排列;轮生。图1437。

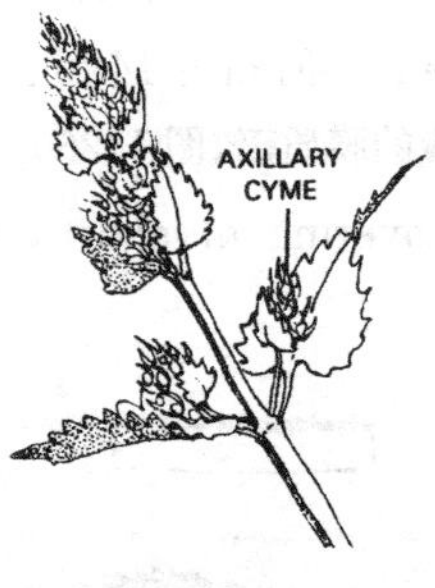

图1436

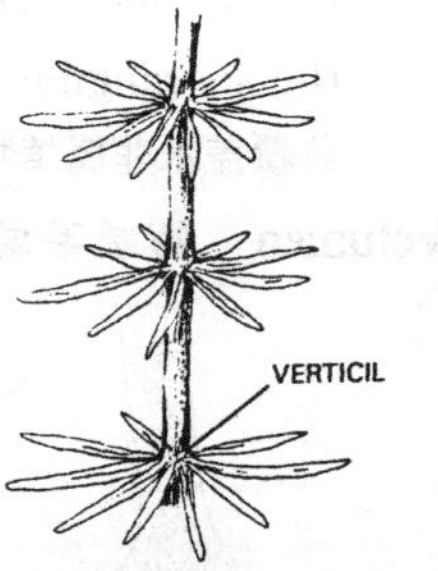

图1437

Vesicle 小泡,泡囊 A small blader-like structure. Figure 1438. 一种小的膀胱状的结构(图1438)。

Vesicular **泡状的** Of or pertaining to vesicles. 泡囊的或与泡囊相关的。

Vespertine **暮开性的** Opening, or functioning, in the evening. 在傍晚开放或起作用。

Vessel **导管** A tube-like xylem structure composed of vessel elements attached end to end. 导管分子端部相互联接而形成的管状木质部结构。

Vessel element **导管分子** A short, thick xylem cell with blunt ends. Figure 1439. 短而粗的两端钝尖的木质部细胞(图 1439)。

Vessel member **导管分子** 见导管分子(**vessel element**)。

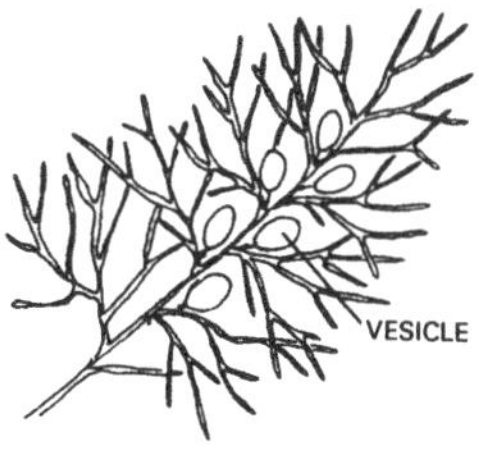

图 1438

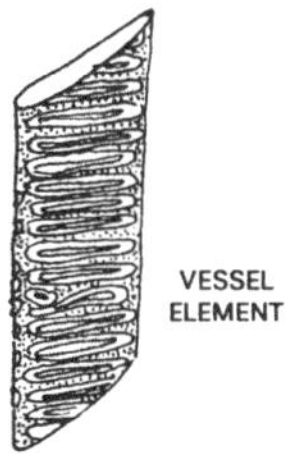

图 1439

Vestigial **残迹的,废退的** An organ or structure which is much reduced and likely nonfunctional, though believed at one time to have been more perfectly formed. Figure 1440, 1441, and 1442. (see **rudimentary** and **obsolete**) 器官或结构尽管在某个时期可能曾较完整地形成,但最终极度退化并可能失去功能(图 1440、图 1441 和图 1442)。(见**不发育的**和**废退的**)

Vestiture **表被** The epidermal coverings of a plant, collectively. 植物的表皮覆盖层的总称。

Vesture **表被** 见表被(**vestiture**)。

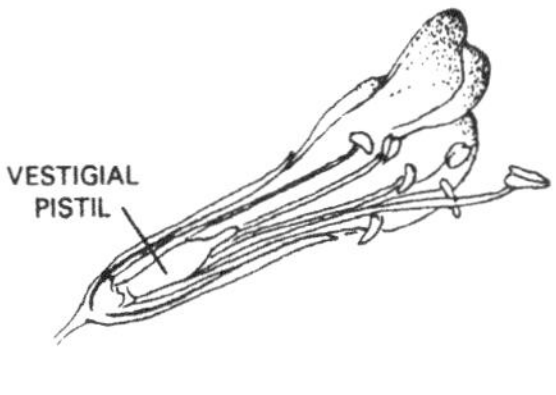

图 1440

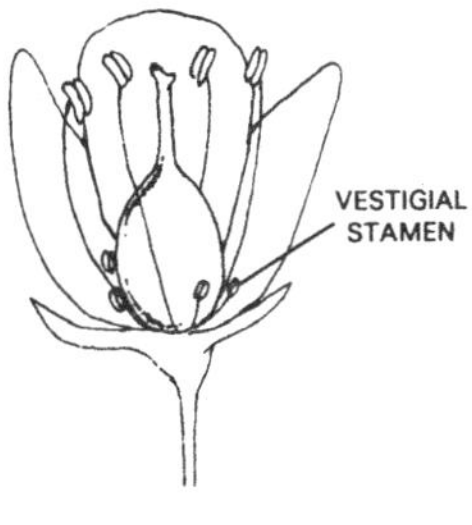

图 1441

Vexillum **旗瓣** The upper and usually largest petal of a papilionaceous flower, as in peas and sweet peas. Figure 1443. 蝶形花冠上方通常最大的花瓣,如豌豆和香豌豆(图 1443)。

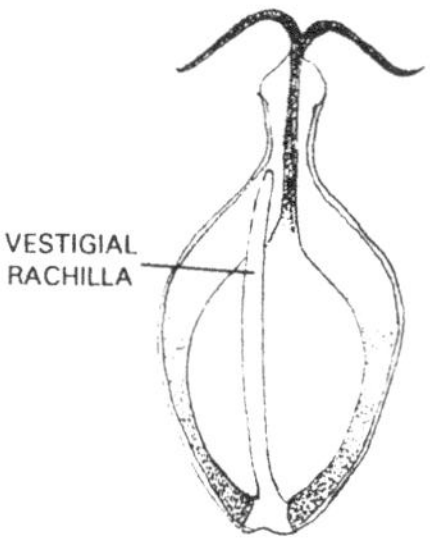

图 1442

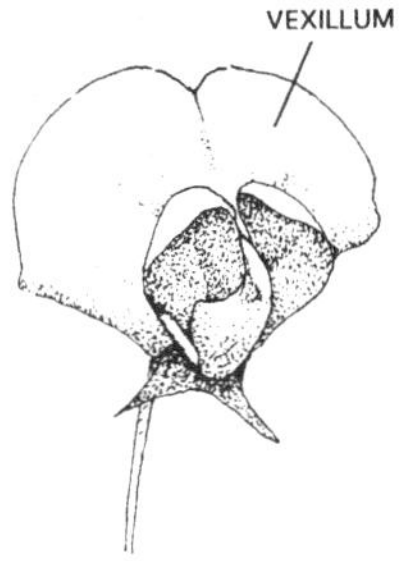

图 1443

Villose **具长柔毛的** 见具长柔毛的(**villous**)。

Villosulous **微毛的** Diminutive if villous. 小柔毛。

Villous **具长柔毛的** Bearing long, soft, shaggy, but unmatted, hairs. Figure 1444. 具非垫状的,蓬松的长软毛(图 1444)。

Villus(pl. **villi**) **长柔毛** A long, soft, shaggy hair. Figure 1434. 蓬松的长软毛(图 1444)。

Vimineous **柔韧枝的** With long, flexible twigs; composed of twigs; twig-like. 具长而柔韧的小枝;由小枝组成;小枝状。

Vinaceous **葡萄酒色的** Wine-colored. 葡萄酒色。

Vine **藤本植物** A plant with the stem not self-supporting. but climbing or trailing on some support. Figure 1445. 具茎却不能自我支撑而需攀援在其他支持物上生长的植物(图 1445)。

Vinicolor **葡萄酒色的** 见葡萄酒色的(**vinaceous**)。

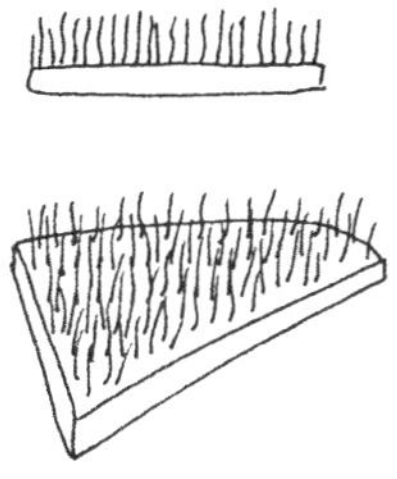

图 1444

图 1445

Violaceous 紫罗兰色的 Violet-colored; of or pertaining to the Violaceae. 紫罗兰色;堇菜色。

Virescence 变绿 The condition of becoming green. 变绿的状态。

Veirscent 变绿的 Becoming green; greenish. 变绿;绿色。

Virgate 帚状的 Wand-like; straght, slender, and erect. Figure 1446. 枝状;细直且直立。图 1446。

Viridescent 变绿的 见变绿的(**virescent**)。

图 1446

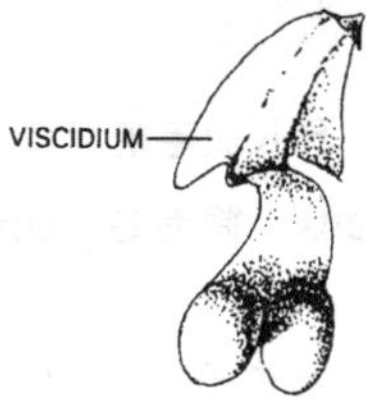

图 1447

Viscid 黏性的 Sticky or gummy. 黏性或胶性。

Viscidium 黏盘 A sticky structure on the pollinia of the Orchidaceae which attaches to a pollinator. Figure 1447. 在兰科植物的花粉块上用来附着传粉者的黏性结构(图 1447)。

Viscidulous 微黏的 Slightly sticky. 稍黏。

Vitreous 透明的 Transparent. 透明。

Vitta(pl. **vittae**) 油道 An oil tube in the carpel walls of the fruits of the Umbelliferae (Apiaceae). Figure 1448. 伞形科植物果实心皮壁上的油管(图 1448)。

Vittate 具油道的 Having vittae. Figure 1448. 有油道(图 1444)。

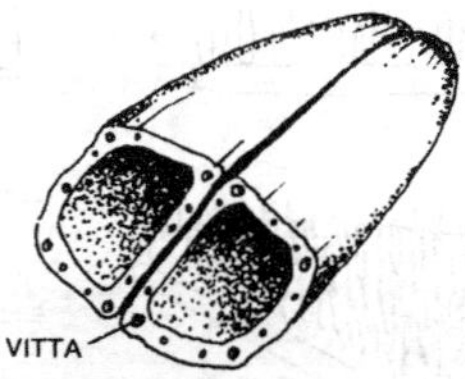

图 1448

Viviparous 胎生的 Sprouting on the parent plant, as the bulblets forming in some inflorescences. Figure 1449. 在母株上萌发,如在某些花序上形成的小鳞茎(图 1449)。

Volute 向上卷的 Rolled up. Figure 1450. 向上卷(图 1450)。

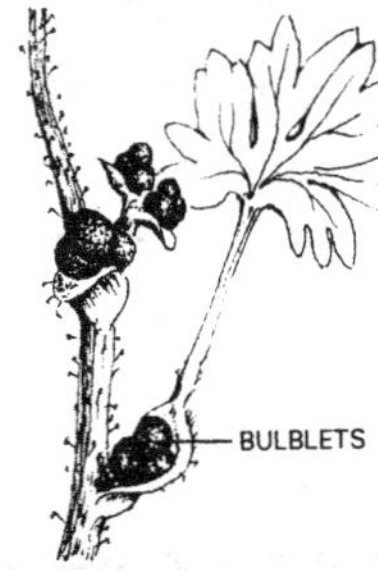

图 1449

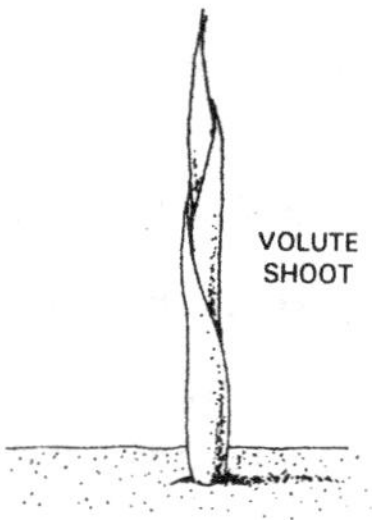

图 1450

Wart 瘤 A firm protuberance. Figure 1451. 坚硬的突起(图 1451)。

Webbed 网状的 With an interlacing network of filaments, fibers, hairs, or veins. Figure 1452. 具由丝、纤维、毛或脉相互交织的网状结构(图 1452)。

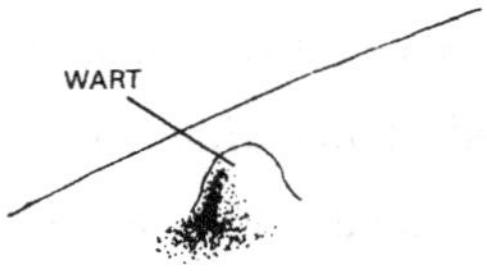

图 1451

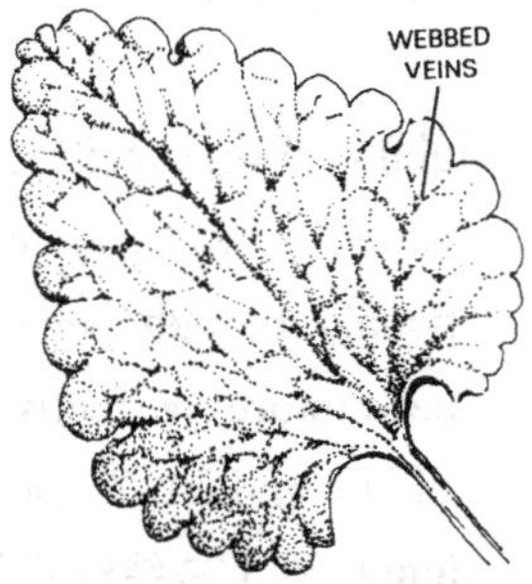

图 1452

Weed 杂草 An aggressive plant which colonizes disturbed habitats and cultivated lands. 广泛分布在人为扰动的生境和农耕地的侵略性植物。

Whorl 轮 A ring-like arrangement of similar parts arising from a common point or node; a verticil. Figure 1453. 相似部分从同一点或节上发出呈环状排列;轮。图 1453。

Whorled 轮生的 With parts arranged in whorls, as in a leaf arrangement with three or more leaves arising from a node. Figure 1454. (same as **verticillate**.) 具轮状排列的各部分,如从同一节上发出的三片或多片叶子的排列方式(图 1454)。(等同**轮生的**)

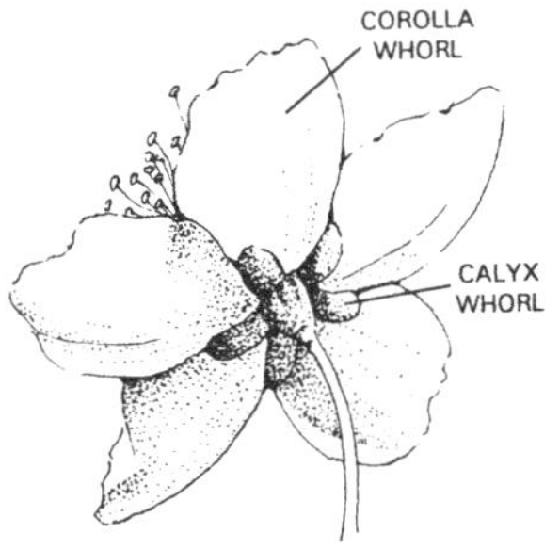

图 1453

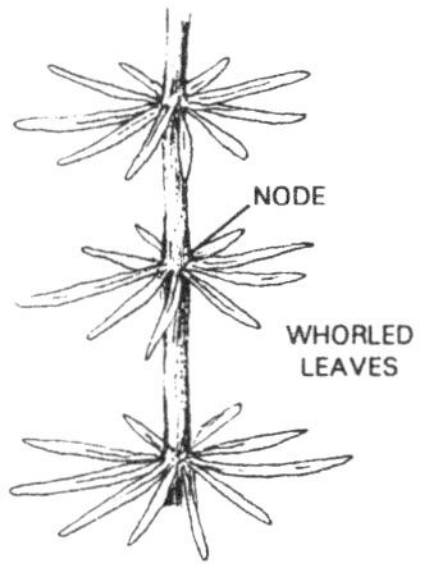

图 1454

Wing ①翅 ②翼瓣 A thin, flat margin bordering or extending from a structure. Figures 1455 and 1456; one of the two lateral petals of a papilionaceous corolla. Figure 1457. 结构上延伸出的薄而扁平的边缘(图 1455 和图 1456);蝶形花冠的侧生花瓣(图 1457)。

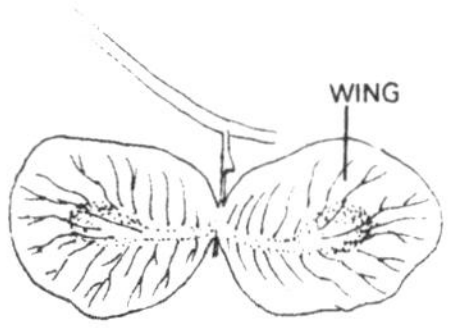

图 1455

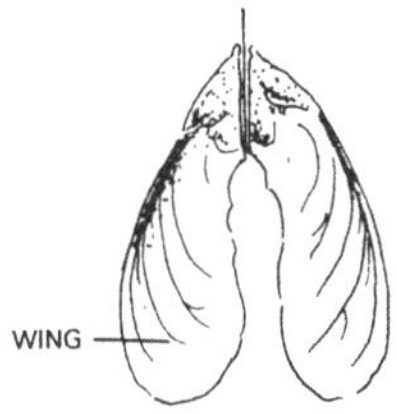

图 1456

Winged 具翅的 Possessing wings. Figure 1455, 1456, and 1457. 有翅(图 1455、图 1456 和图 1457)。

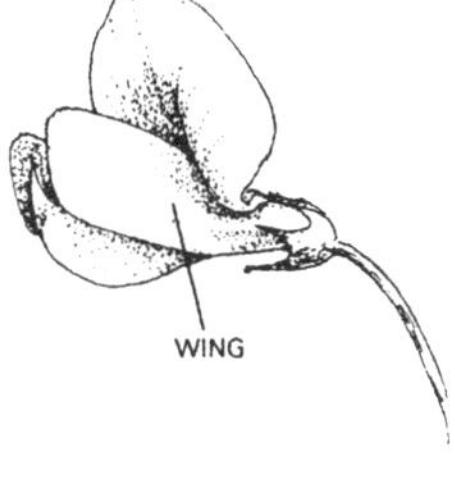

图 1457

Winter annual 冬性二年生植物 A plant with seeds germinating in late summer or fall and completing flowering and fruiting in spring or summer of the following year and then dying. 种子在夏末或秋季萌发,而在次年春夏完成开花结实并死亡的植物。

Winter bud 冬芽 A hibernating vegetative shoot. 冬眠的营养茎端。

Woolly 具绵状毛的 With long, soft, entangled hairs; lanate. Figure 1458. 具缠结的长软毛;绵状毛的。图 1458。

X When placed before a specific epithet, indicates the taxon is of known hybrid origin. 当 X 置于一个种加词之前时,表示该类群是已知的杂种起源。

Xanthic 淡黄色的 Yellowish. 黄色。

Xanthophyll 叶黄素 Yellow, orange, or red fat-soluble pigments. 黄色,橙色或红色的脂溶性色素。

Xenogamy 异花受粉 Pollination between flowers of separate plants. 不同植株之间的传粉。

Xeric 旱生的 Of dry areas. 干旱地区的。

Xero-(prefix) **Xero-**(前缀) Meaning dry. 干燥。

Xeromorphic 旱生结构的 Possessing obvious physical adaptations for a dry environment, such as the succulent, water storing stem of a cactus. 具有明显的对干旱环境的生理适应性,如仙人掌的肉质贮水茎。

Xerophilous 喜旱的 见喜旱的(**xeric**)。

Xerophyte(adj. **xerophytic**) 旱生植物 A plant adapted to life in dry environments. 适于在干旱环境生活的植物。

Xylem 木质部 The water conducting tissue of vascular plants. Figure 1459. 维管植物的水分输导组织(图 1459)。

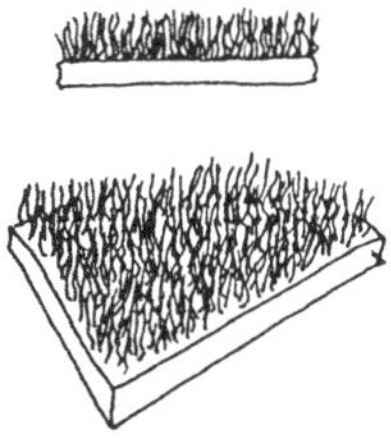

图 1458

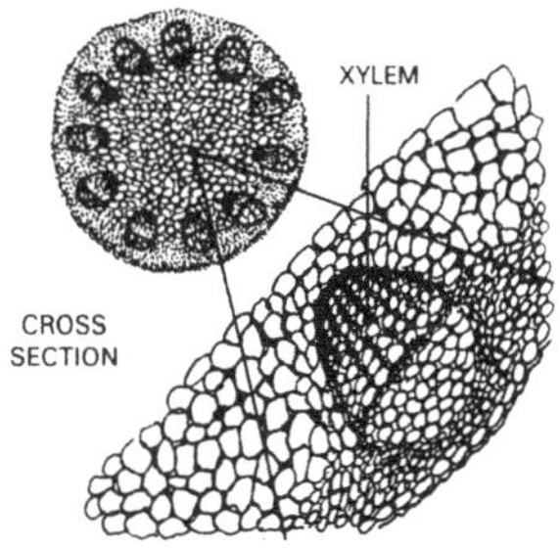

图 1459

Zonate 具环纹的 Marked or colored in circular rings or zones. Figure 1460. 圆环状或带状的有色斑纹(图 1460)。

Zoophilous 动物传粉的 Animal-pollinated. 靠动物传粉。

Zygomorphic 左右对称的 Bilaterally symmetrical, so that a line drawn through the middle of the structure along only one plane will produce a mirror image on either side. Figure 1461. (compare **actinomorphic**, and see **irregular**) 两侧对称，通过结构中央仅有一个平面能将其分成互为镜像的两部分(图 1461)。(对比**辐射对称**，并见**不对称的**)

Zygomorphous 左右对称的 见左右对称的(**zygomorphic**)。

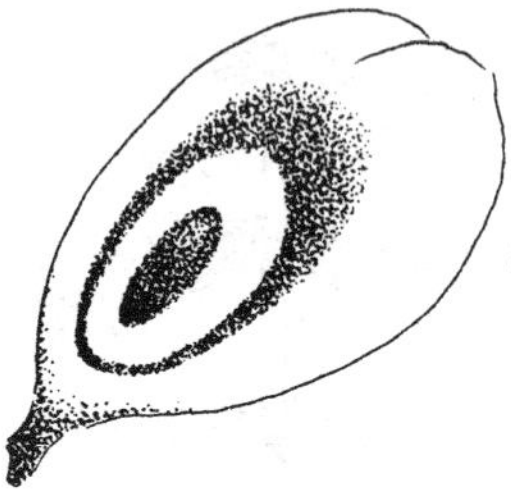

图 1460

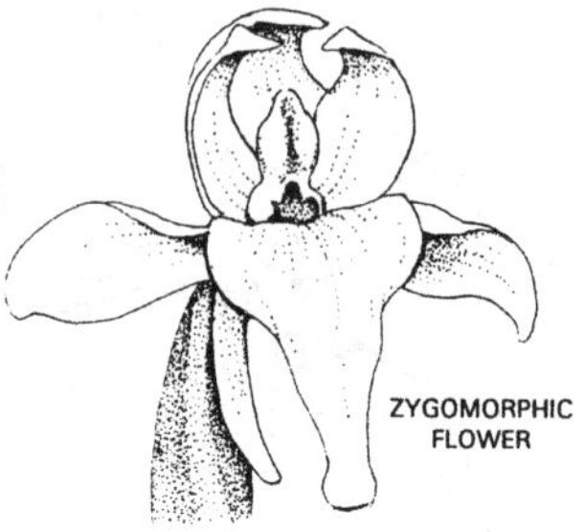

图 1461

第二篇

术语分类

根

That portion of the plant axis lacking nodes and leaves and usually found below ground.
通常位于地下,不长叶、不分节的植物轴性器官。

根的组成

Cortex **皮层** Root tissue between the epidermis and the stele. Figure 1462. 根表皮和中柱之间的组织(图 1462)。

Meristem **分生组织** Undifferentiated, actively dividing tissues at the growing tips of shoots and roots. Figure 1463. 位于苗端和根端生长点的未分化、有活跃分裂能力的组织(图 1463)。

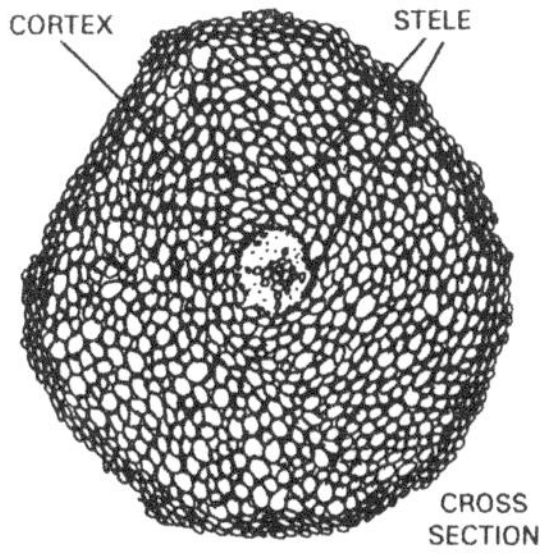

图 1462

Pith **髓** The spongy, parenchymatous central tissue in some roots. Figure 1464. 某些根中央的海绵状薄壁组织(图 1464)。

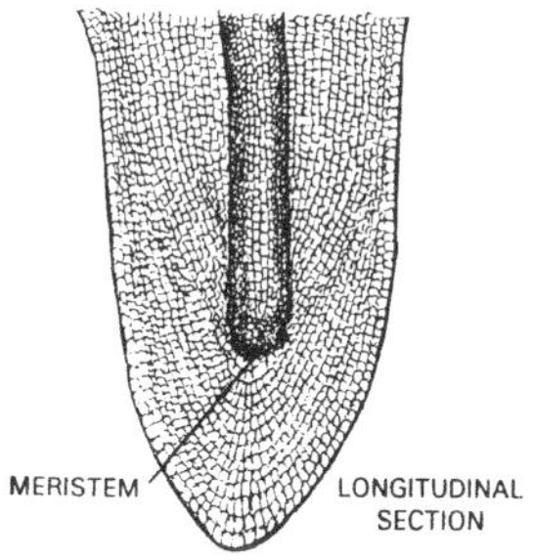

图 1463

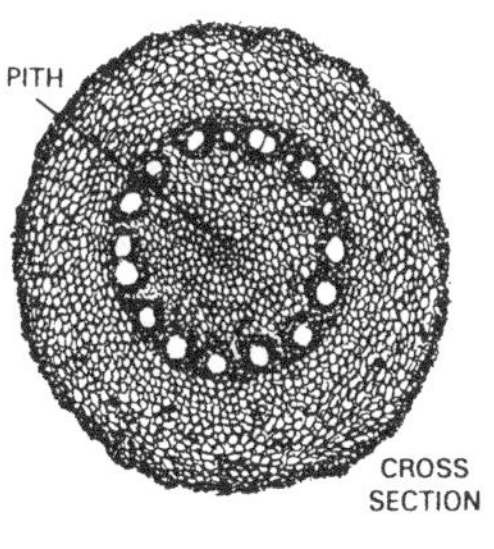

图 1464

Rootlet **小根** A small root. Figure 1465. 小根(图 1465)。

Stele **中柱** The primary vascular structure of a root. Figure 1462. 根的初生维管结构(图 1462)。

Tubercule **根瘤** A nodule, as on the roots of some legumes. Figure 1466. 根瘤,如某些豆科植物根上的瘤(图 1466)。

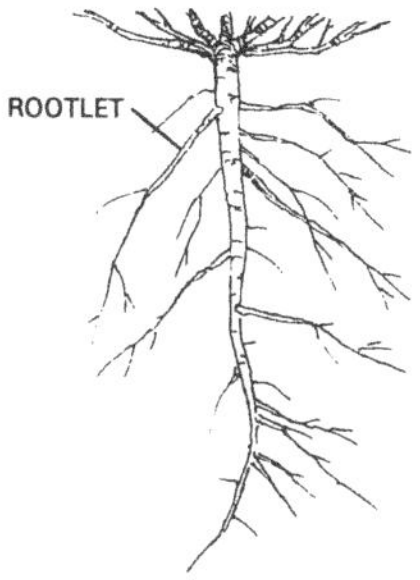

图 1465

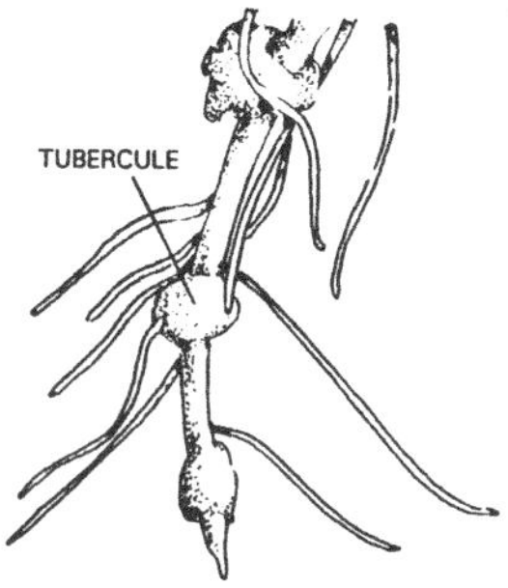

图 1466

根的形态

Fusiform **纺锤形的** Spindle-shaped; broadest near the middle and tapering toward both ends. Figure 1467. 形如纺锤状,中部最宽,两端渐细(图 1467)。

图 1467

Napiform **芜菁状的** Turnip-shaped. Figure 1468. 芜菁根状(图 1468)。

Rapiformis **芜菁状的** 见芜菁状的(**napiform**)。

Spindle-shaped **纺锤形的** 见纺锤形(**fusiform**)。

Turbinate **陀螺状的** Top-shaped. Figure 1469. 陀螺状(图 1469)。

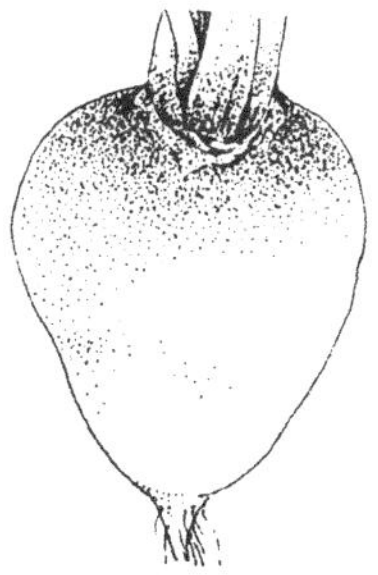

图 1468

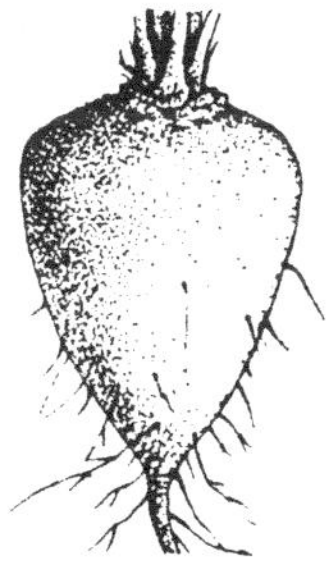

图 1469

根的类型

Adventitious **不定的** Structures or organs developing in an unusual position, as roots originating on the stem. Figure 1470. 在非正常位置上发育出的结构或器官,如茎上长出的根(图 1470)。

Aerial **气生的** Occurring above ground or water. 地面或水面之上发生的。

Buttressed **板根的** With props or supports, as in the flared trunks of some trees. Figure 1471. 用于支柱或支撑,如某些树的板状树干(图 1471)。

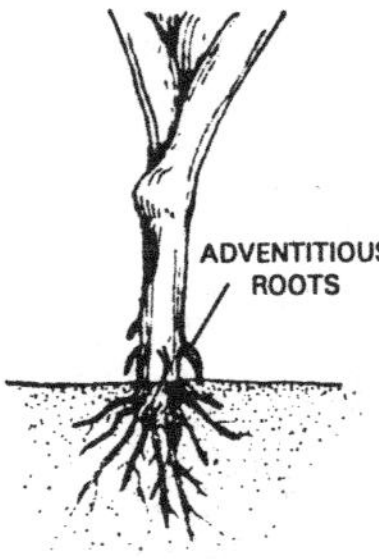

图 1470

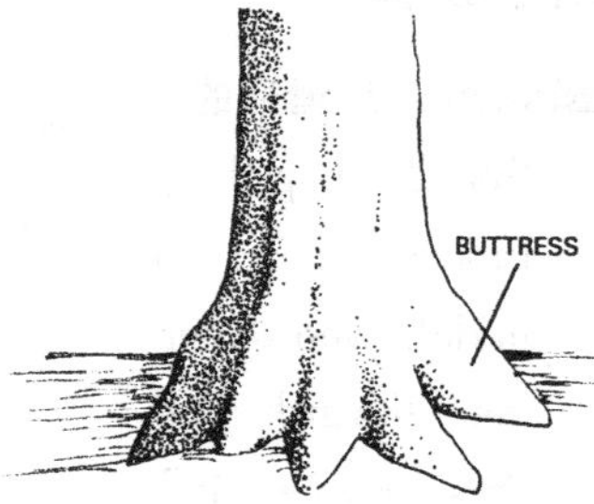

图 1471

Fibrous roots **须根** A root system with all of the branches of approximately equal thickness, as in the grasses and other monocots. Figure 1472. 由粗细相近无主次之分的根组成的根系,如禾草和其他单子叶植物的根(图 1472)。

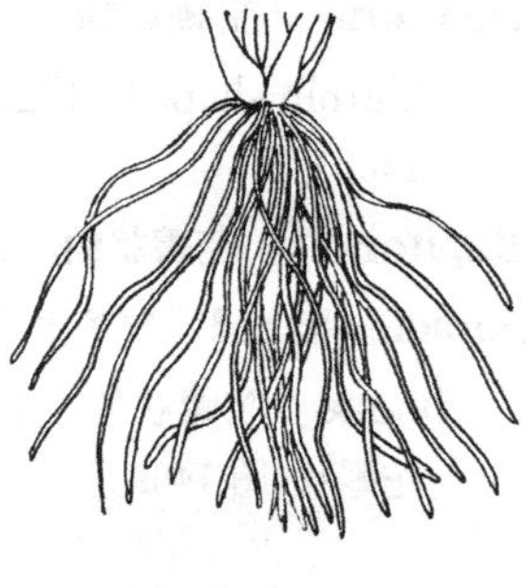

图 1472

Haustorium(pl. **haustoria**) **吸器** A specialized root-like organ used by parasitic plants to draw nourishment from host plants. 寄生植物从寄主吸收营养物质的特化根状器官。

Prop root **支柱根** Adventitious roots arising from lower nodes and providing support to a stem. Figure 1473. 由下部茎节发出,支撑茎的不定根(图 1473)。

Radicant **生根的** A root arising from the node of a prostrate stem. Figure 1474. 匍匐茎节上生出的根(图 1474)。

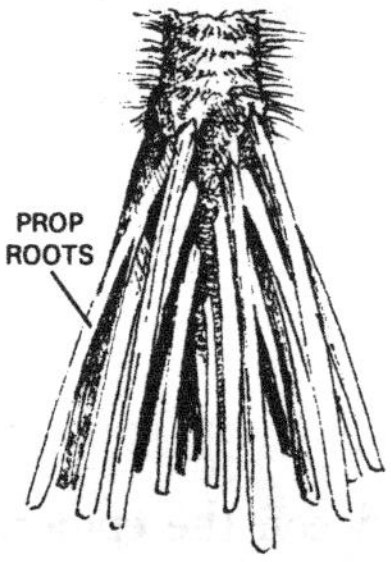

图 1473

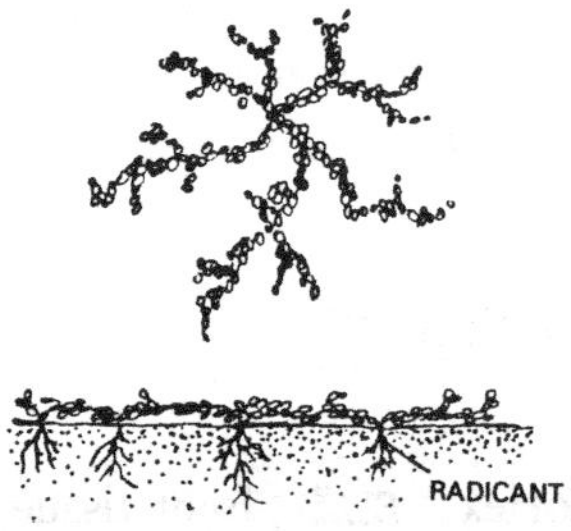

图 1474

Rhizoid **假根** A root-like structure lacking conductive tissues (xylem and phloem). Figure 1475. 无输导组织(木质部和韧皮部)的根状结构(图 1475)。

Rootlet **小根** A small root. Figure 1476. 小根(图 1476)。

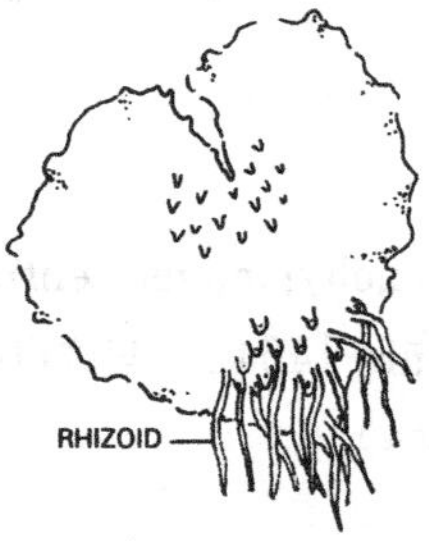

图 1475

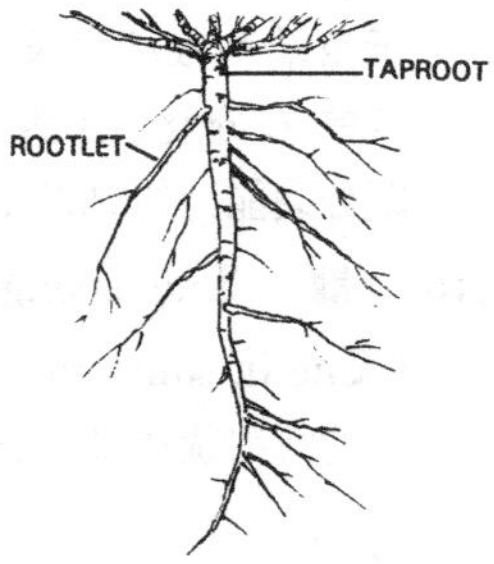

图 1476

Surculum **蕨根状茎** A fern rhizome. Figure 1477. 蕨类的根状茎(图 1477)。

Taproot **直根** The main root axis from which smaller root branches arise; a root system with a main root axis and smaller branches, as in most dicots. Figure 1476. 具有侧

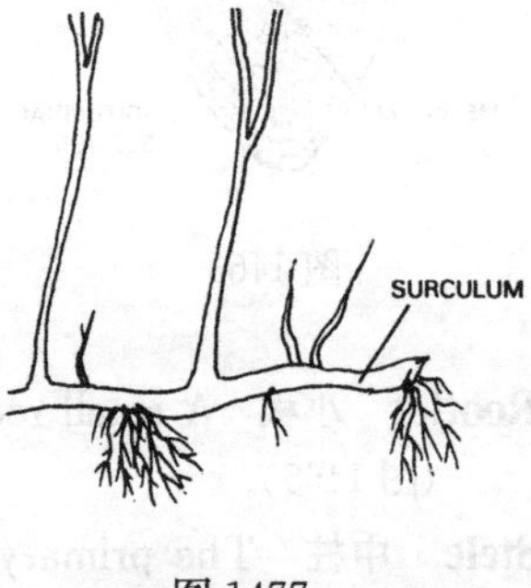

图 1477

根的主根轴;由主根和侧根组成的根系,见于大多数双子叶植物。(图 1476)。

Tuberoid **块状根** A thickened root which resembles a tuber. Figure 1478. 与块茎相似的加厚的根(图 1478)。

Tubercule **根瘤** A nodule, as on the roots of some legumes. Figure 1479. 根瘤,如某些豆科植物根上的瘤(图 1479)。

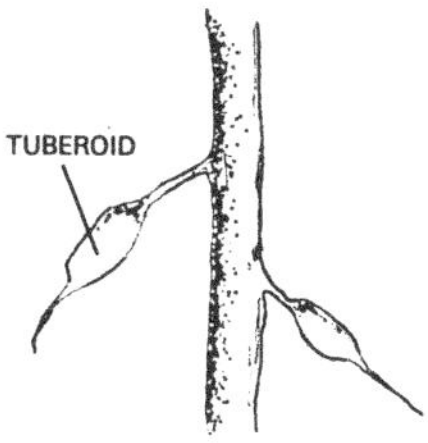

图 1478

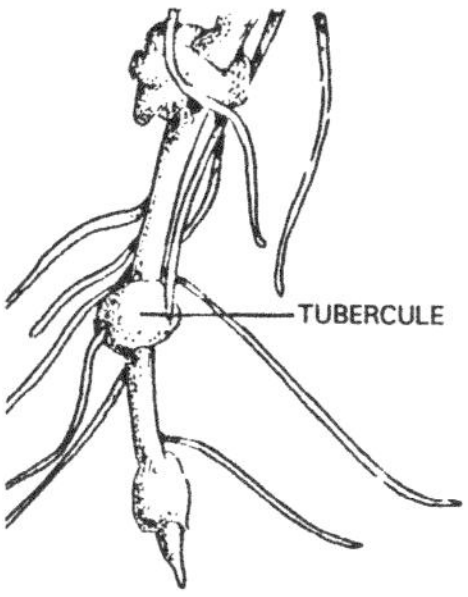

图 1479

茎

The portion of the plant axis bearing nodes, leaves, and buds and usually found above ground.

通常位于地上,着生有节、芽和叶的植物轴性器官。

茎的组成

Bark　**树皮**　The outermost layers of a woody stem including all of the living and nonliving tissues external to the cambium. Figure 1480. 木质茎的最外层,包括形成层以外全部活的和死的组织(图 1480)。

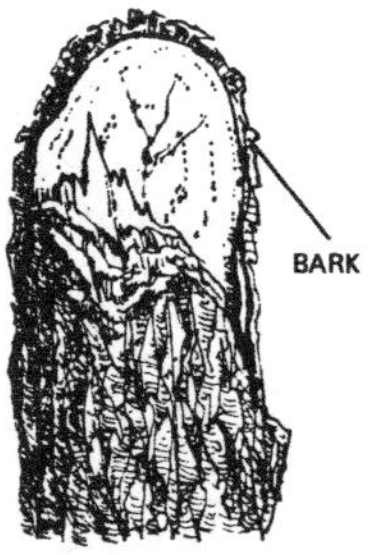

图 1480

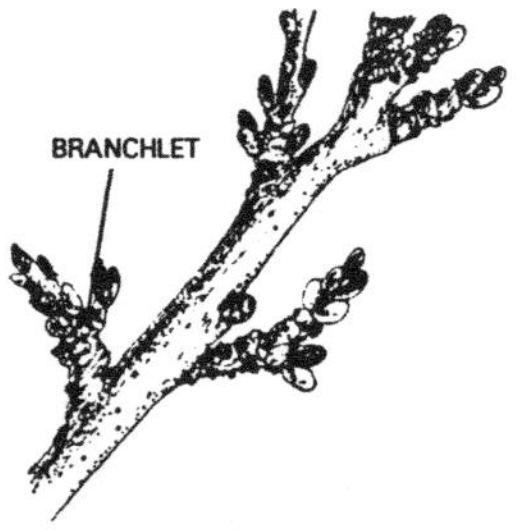

图 1481

Bole　**树干**　见树干(**trunk**)。

Branchlet　**小枝**　A small branch. Figure 1481. 小的分枝(图 1481)。

Bud　**芽**　An undeveloped shoot or flower. Figure 1482. 未发育的枝或花(图 1482)。

Bundle scar　**维管束痕**　Scar left on a twig by the vascular bundles when a leaf falls. Figure 1482. 叶脱落时维管束遗留在枝上的疤痕(图 1482)。

Cambium　**形成层**　A tissue composed of cells capable of active cell division, producing xylem to the inside of the plant and phloem to the outside; a lateral meristem. Figure 1483. 一种具有强烈分生能力的组织,向内产生木质部,向外产生韧皮部;一种侧生分生组织。(图 1483)。

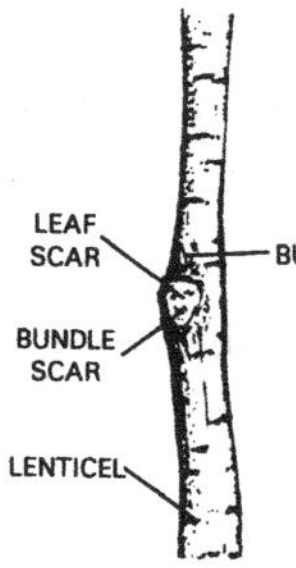

图 1482

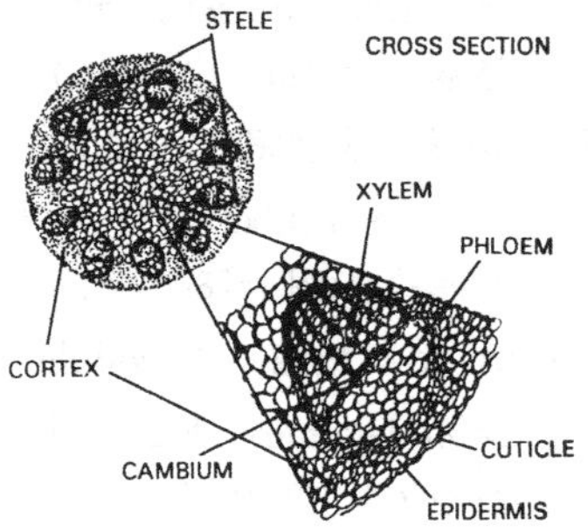

图 1483

Caudex(pl. **caudices, caudexes**)　**茎基**　The persistent and often woody base of a herbaceous perennial. Figure 1484. 多年生草本植物宿存的木质化的基部(图 1484)。

Cortex　**皮层**　Bark or rind; root tissue between the epidermis and the stele. Figure 1483. 树皮;位于根表皮和中柱之间的组织。图 1483。

Crown　**①根颈 ②树冠**　The persistent base of a herbaceous perennial, a caudex. Figure 1484; the top part of a tree. Figure 1485. 多年生草本植物宿存的基部,茎基(图 1484);树的顶部(图 1485)。

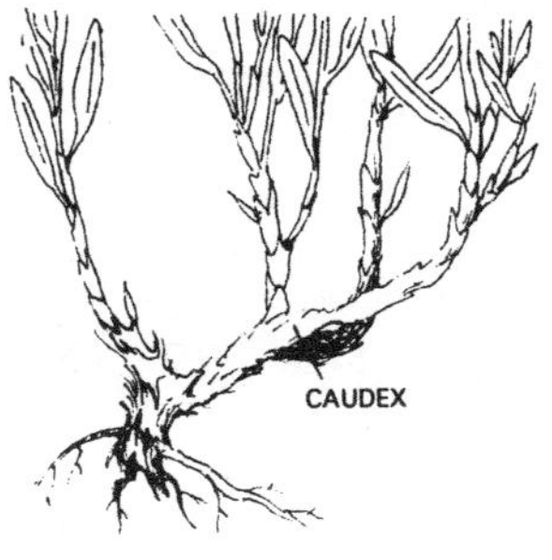

图 1484

图 1485

Cuticle　**角质层**　The waxy layer on the surface of a stem. Figure 1483. 茎表面的蜡质层(图 1483)。

Epicotyl　**上胚轴**　That portion of the embryonic stem above the cotyledons. Figure 1486. 子叶着生处以上的胚轴部分(图 1486)。

Epidermis　**表皮**　The outermost cellular layer of a stem. Figure 1483. 茎最外面的细胞层(图 1483)。

Heartwood **心材** The innermost, usually somewhat darker wood of a woody stem. Figure 1487. 木本茎干最内的颜色通常较深的木材(图 1487)。

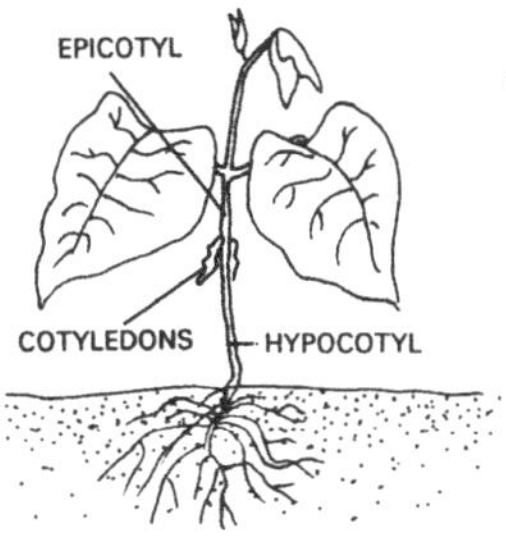

图 1486

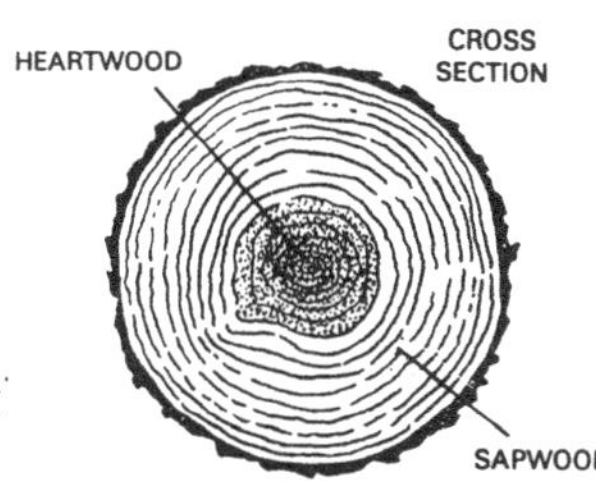

图 1487

Hypocotyl **下胚轴** That portion of the embryonic stem below the cotyledons. Figure 1486. 子叶着生处以下的胚轴部分(图 1486)。

Internode **节间** The portion of a stem between two nodes. Figure 1488. 茎上两个节之间的部分(图 1488)。

Joint **①节 ②关节** The section of a stem from which a leaf or branch arises; a node, especially on a grass stem. Figure 1489. 茎上着生叶或枝的部位;节,尤见于禾草茎。(图 1489)。

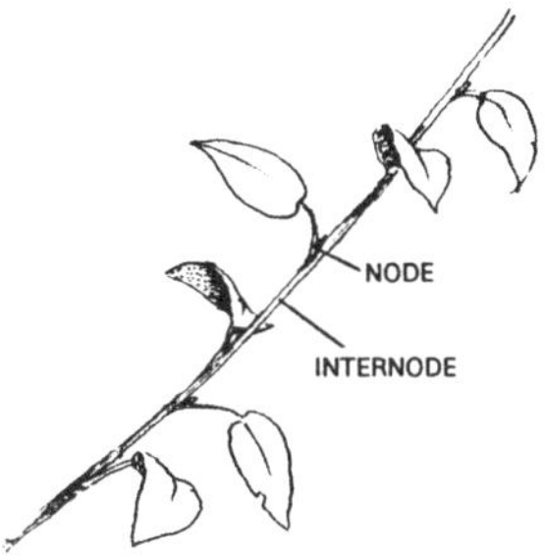

图 1488

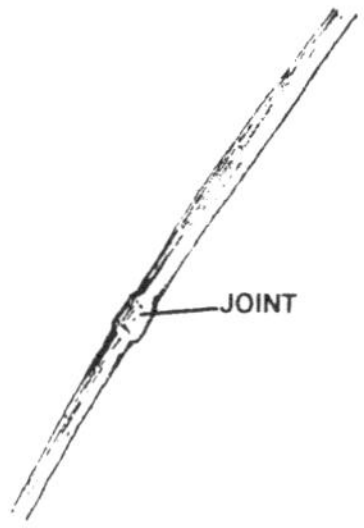

图 1489

Leaf scar **叶痕** The scar remaining on a twig after a leaf falls. Figure 1482. 叶脱落后留在枝上的痕迹(图 1482)。

Lenticel **皮孔** A slightly raised, somewhat corky, often lens-shaped area on the surface of a young stem. Figure 1482. 幼茎表面略隆起的木栓化凸镜状的结构(图 1482)。

Meristem **分生组织** Undifferentiated, actively dividing tissues at the growing tip of a shoot. 苗端生长点未分化的具有活跃分裂能力的组织。

Node **节** The position on the stem where leaves or branches originate. Figure 1490. 茎上叶和枝的发生部位(图 1490)。

Phloem **韧皮部** The food conducting tissue of vascular plants; bark. Figure 1483. 维管植物传输营养物质的组织;树皮。图 1483。

Pith **髓** The spongy, parenchymatous central tissue in some stems and roots. Figure 1491. 某些茎和根中央的海绵状薄壁组织(图 1491)。

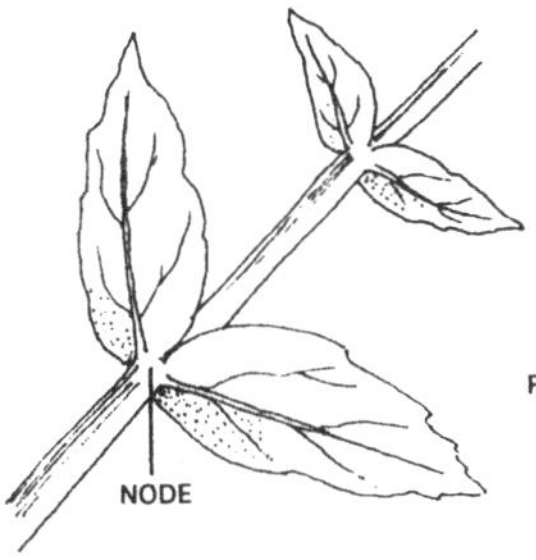

图 1490

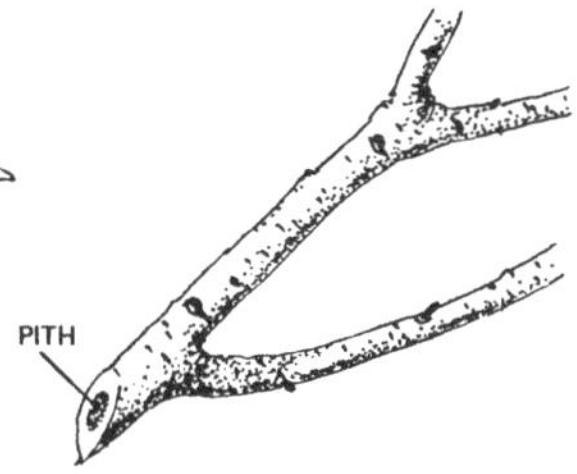

图 1491

Prickle **皮刺** A small, sharp outgrowth of the epidermis or bark. Figure 1492. 表皮或树皮上小而尖的突起(图 1492)。

Sapwood **边材** The outer, newer, usually somewhat lighter, wood of a woody stem; the wood that is actively transporting water; alburnum. Figure 1487. 木本茎中新产生的颜色通常较淡的木材,具有输导水分的功能;边材。图 1487。

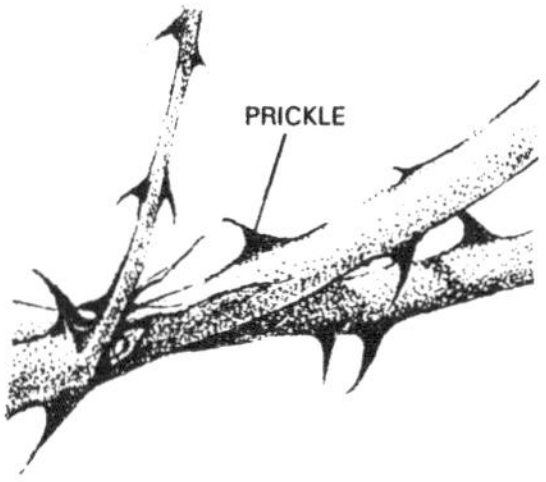

图 1492

Stele **中柱** The primary vascular structure of a stem, including the vascular tissues and all tissues internal to the vascular tissues. Figure 1483. 茎的初生维管结构,包括维管组织和维管组织以内的所有组织(图 1483)。

Trunk **树干** The main stem of a tree below the branches. Figure 1493. 树的分枝以下的主茎

(图 1493)。

Twig 小枝 A small shoot or branch from a tree. Figure 1494. 树上的小枝条(图 1494)。

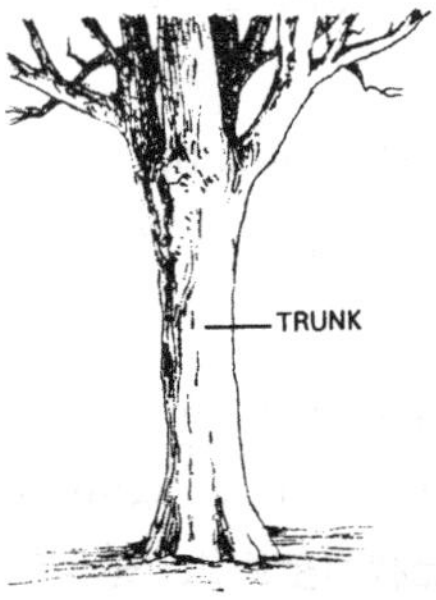

图 1493

图 1494

茎的类型

Bulb 鳞茎 An underground bud with thickened fleshy scales, as in the onion. Figure 1495. 具有增厚肉质鳞片的地下芽,如洋葱(图 1495)。

Bulbel 珠芽 A small bulb arising from the base of a larger bulb. Figure 1496. 从鳞茎基部生出的小鳞茎(图 1496)。

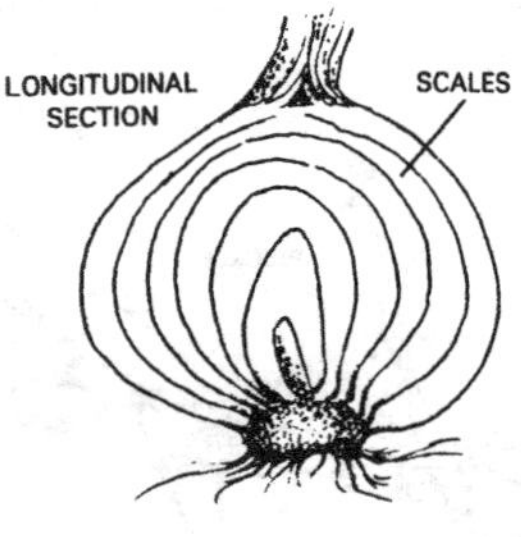

图 1495

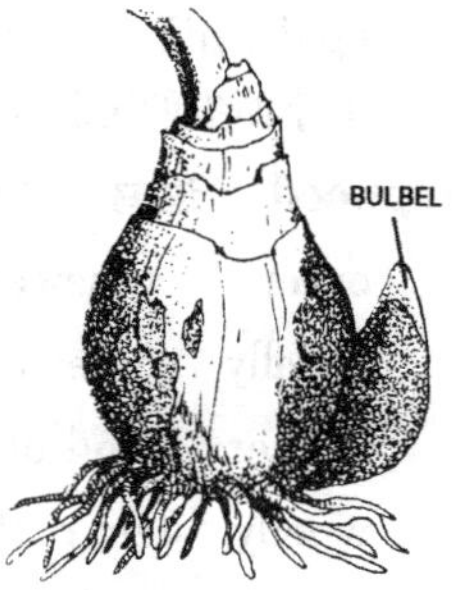

图 1496

Bulbil 珠芽 见小鳞茎(**bulblet**)。

Bulblet 小鳞茎 A small bulb. 小的鳞茎。

Caudex(pl. **caudices**, **caudexes**) 茎基 The persistent and often woody base of a herbaceous perennial. Figure 1497. 多年生草本植物宿存的木质化的基部(图 1497)。

Caulicle 幼茎 A small stem; a rudimentary stem. 小的茎;未发育的茎。

Caulis 茎 The main stem of a herbaceous plant. Figure 1498. 草本植物的主茎(图 1498)。

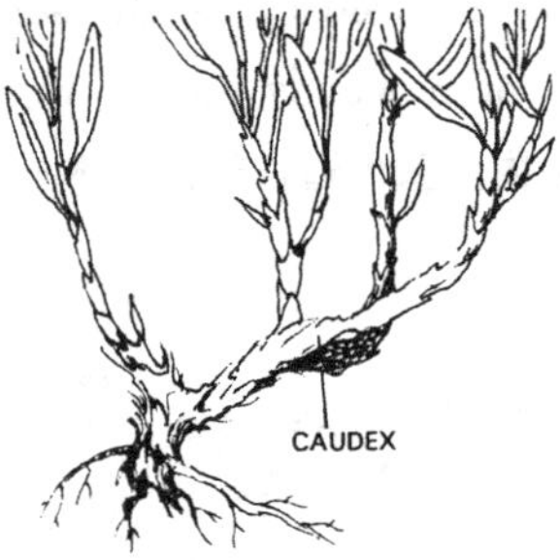

图 1497

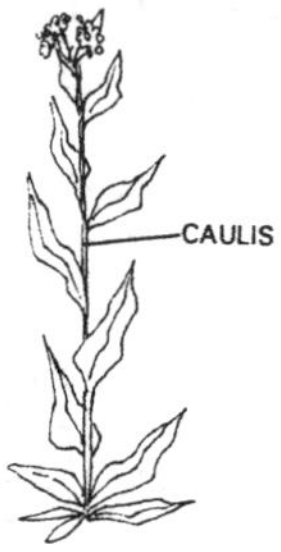

图 1498

Cladode 叶状枝 见叶状枝(**cladophyll**)。

Cladophyll 叶状枝 A stem with the form and function of a leaf. Figures 1499 and 1500. 具有叶的形状和功能的枝(图 1499 和图 1500)。

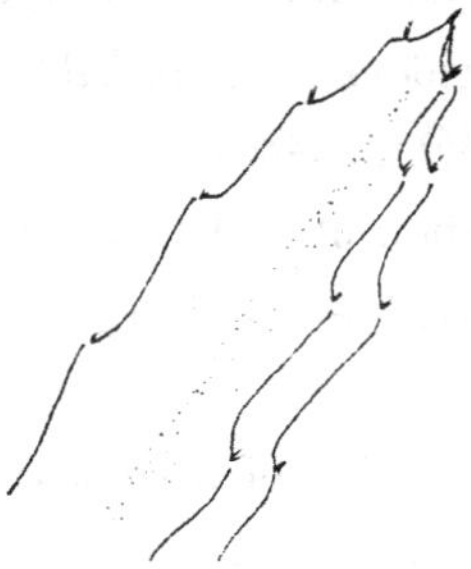

图 1499

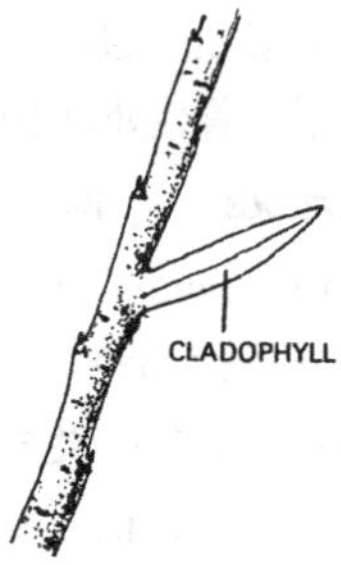

图 1500

Corm 球茎 A short, solid, vertical underground stem with thin papery leaves. Figure 1501. 短小、实心、直立生长的地下茎,具薄纸质的叶(图 1501)。

图 1501

Cormel 小球茎 A small corm arising at the base of a larger corm. 大球茎基部生出的小球茎。

Culm 秆 A hollow or pithy stalk or stem, as in the grasses, sedges, and rushes. Figure 1502. 中空或具髓的茎,如禾草、莎草和灯心草(图 1502)。

Floricane 生花茎 The second-year flowering and fruiting cane (shoot) of *Rubus*. (compare

primocane) 悬钩子属植物第二年开花结果的茎。(对比**无花茎**)。

Liana **藤本植物** A woody, climbing vine. 木质化的攀援藤本。

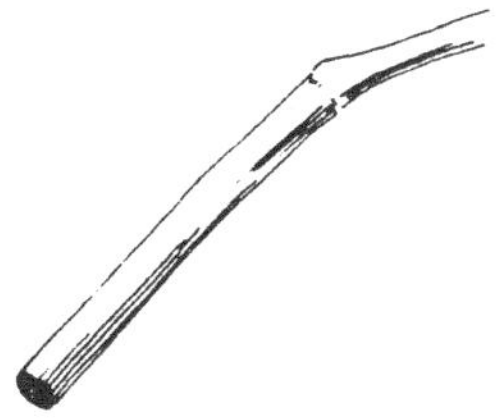

图 1502

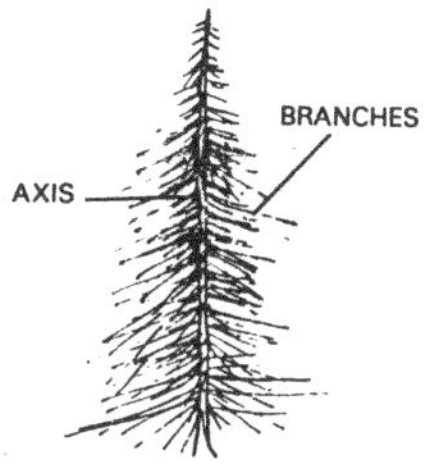

图 1503

Monopodium(pl. **monopodia**) **单轴** A single main axis giving rise to lateral branches. Figure 1503. 所有侧枝由单个主轴产生(图 1503)。

Offset **短匍茎** A short, often prostrate, shoot originating near the ground at the base of another shoot. Figure 1504. 由近地面茎分枝的短的匍匐茎(图 1504)。

Offshoot **分株** a shoot or branch arising from a main stem. Figure 1505. 从主茎上分出的苗或枝(图 1505)。

Phylloclade **叶状枝** 见叶状枝(**cladophyll**)。

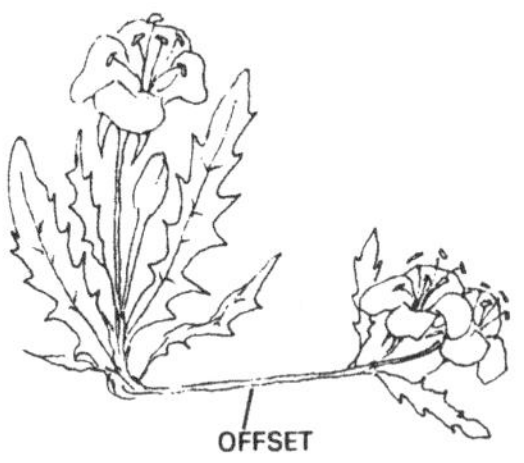

图 1504

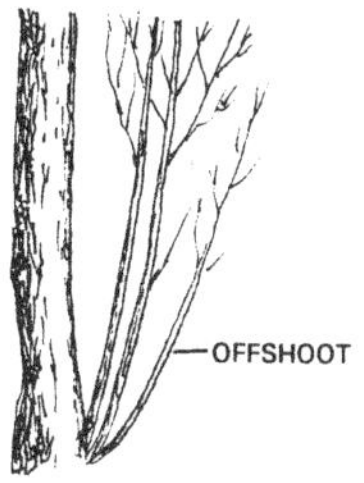

图 1505

Primocane **无花茎** The first-year, usually flowerless, cane(shoot) of *Rubus*. (compare **floricane**) 悬钩子属植物第一年通常无花的茎。(对比**生花茎**)。

Pseudoscape **假花葶** A false scape, where not all of the leaves are truly basal in origin though, superficially, they appear to be so. Figure 1506. 假的花葶,并非所有的叶都基生,仅仅是像基生(图 1506)。

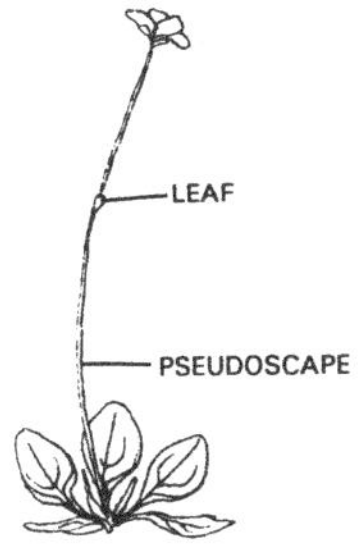

图 1506

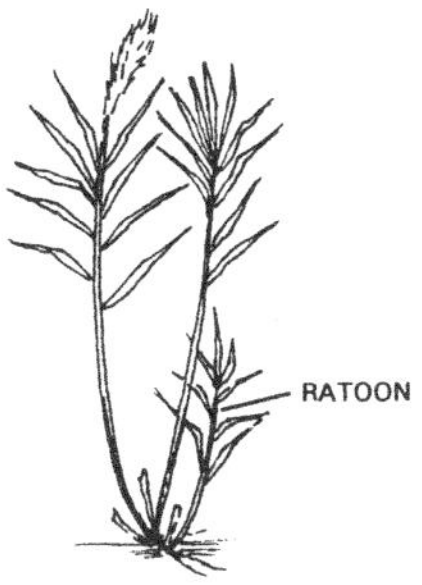

图 1507

Ratoon **截根苗** A shoot arising from the root of a plant that has been cut down. Figure 1507. 从被砍伐植物的根部长出的苗(图 1507)。

Rhizome **根状茎** A horizontal underground stem; rootstock. Figure 1508. 横生的地下茎;根状茎。(图 1508)。

Runner **纤匐茎** A slender stolon or prostrate stem rooting at the nodes or at the tip. Figure 1509. 在节处和茎的先端生根的纤细匍匐茎(图 1509)。

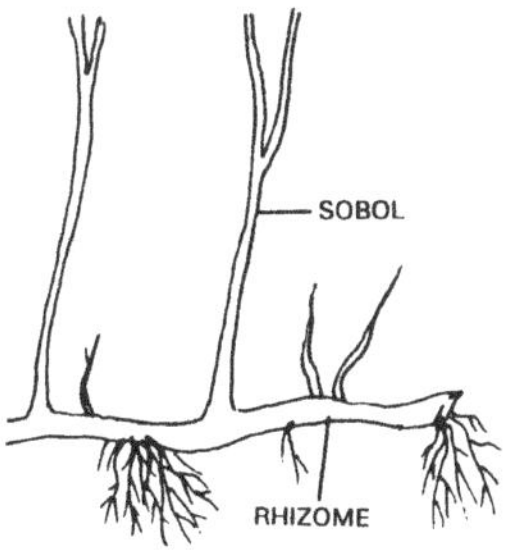

图 1508

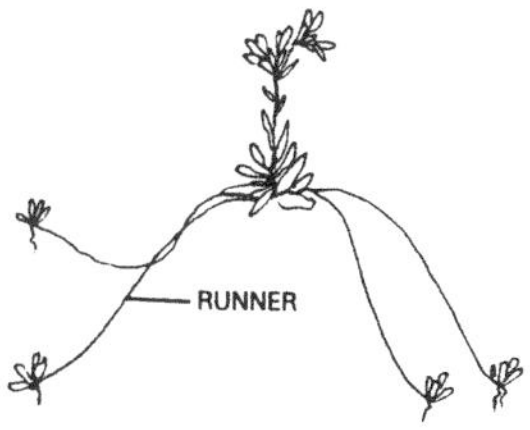

图 1509

Sarment **长匐茎** A long, slender runner. See **runner**. 细长的纤匐茎。见**纤匐茎**。

Shoot **苗** A young stem or branch. Figure 1510. 幼茎或幼枝(图 1510)。

Sobol **根出条** Elongated caudex branches; a shoot arising from the base of a stem or from the rhizome. Figure 1508. 发自茎基的长枝条;从茎的基部或根状茎上长出的枝条。图 1508。

Sobole **根出条** 见根出条(**sobol**)。

Spray **叶花〔果〕梢** A slender shoot or branch with its leaves, flowers, or fruits. Figure 1511. 具有叶、花或果的纤细枝条(图 1511)。

图 1510

图 1511

Stolon　**匍匐茎**　An elongate, horizontal stem creeping along the ground and rooting at the nodes or at the tip and giving rise to a new plant. See **runner**.　沿地面横生的长茎,在节处或端部生根,并产生新的植株。见**纤匐茎**。

Stool　**根株**　The base of plants which produce new stems each year. See **caudex**; a group of stems arising from a single root.　每年生出新茎的植物基部(见**茎基**);从单一根上长出的一簇茎。

Sucker　**根出条**　A shoot originating from below ground. Figure 1512.　从地下长出的枝条(图 1512)。

Sympodium　**合轴**　A main axis appearing to be simple, but actually consisting of a number of short axillary branches rather than a continuation of the main axis. Figure 1513.　主轴看似单轴,但实际上由许多短的腋生枝相继发育而成,而不是由单一顶芽延续而成(图 1513)。

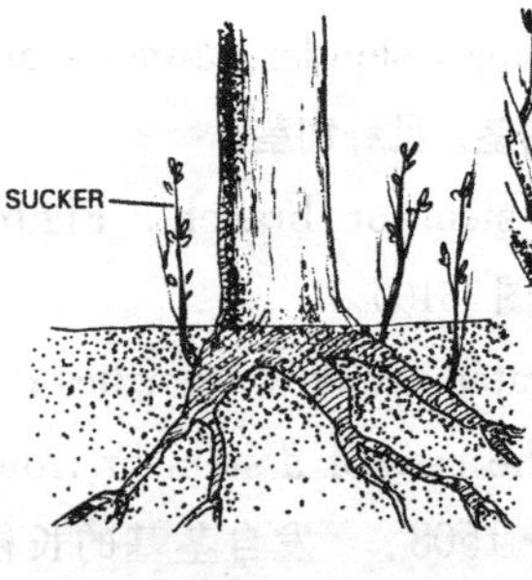

图 1512

图 1513

Thorn　**刺**　A stiff, woody, modified stem with a sharp point; sometimes applied to any structure resembling a true thorn. Figure 1514.　针状的木质变态茎,有时泛指其他类似真刺的结构(图 1514)。

Tiller　**分蘖**　A basal or subterranean shoot which is more or less erect. See **sucker**.　多少直立的基生或地下的枝条。见**根出条**。

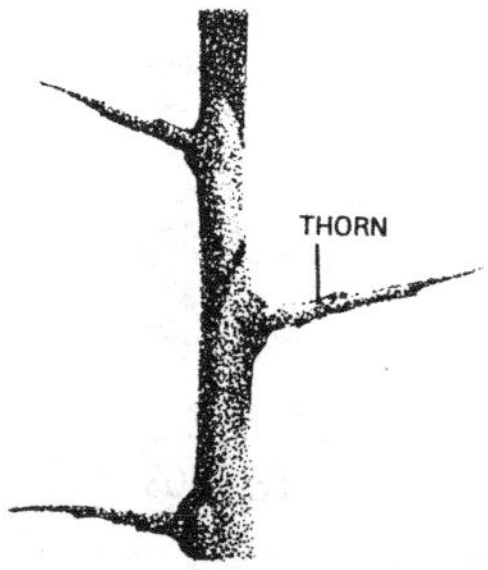

图 1514

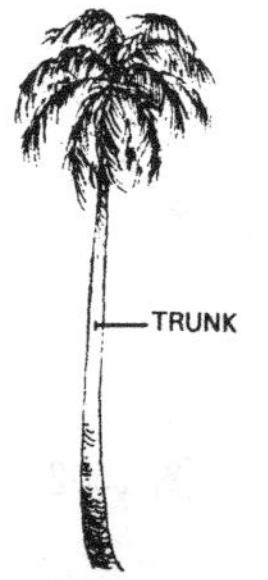

图 1515

Trunk　**树干**　The main stem of a tree below the branches. Figure 1515.　树的分枝以下的主茎(图 1515)。

Tuber　**块茎**　The thickened portion of a rhizome bearing nodes and buds; underground stem modified for food storage. Figure 1516.　节和芽的地下茎的增粗部分;特化为储藏营养的地下茎。图 1516。

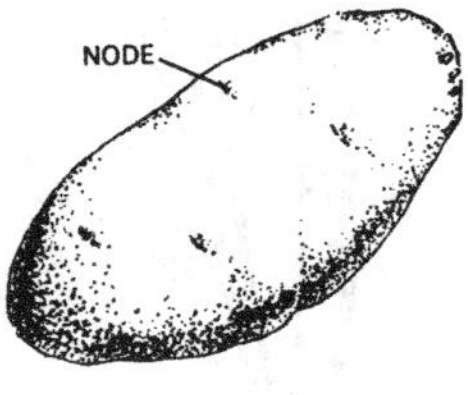

图 1516

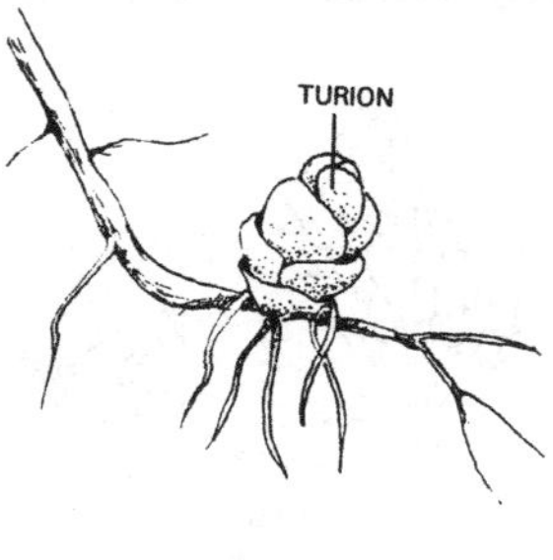

图 1517

Turion　**具鳞根出条**　A small shoot which often over winters, as in some species of *Epilobium*. Figure 1517.　常能越冬的小枝条,如柳叶菜属的某些种(图 1517)。

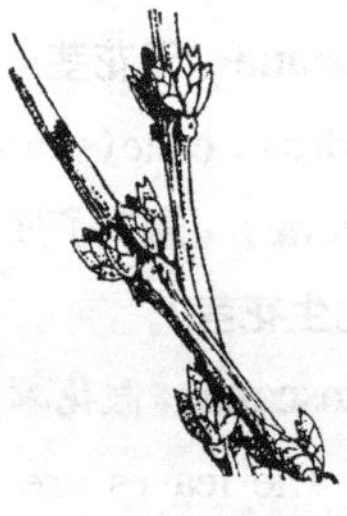

图 1518

Twig 小枝 A small shoot or branch from a tree. Figure 1518. 树上的小枝条(图 1518)。

Vine 藤本植物 A plant with the stem not self-supporting, but climbing or trailing on some support. 具茎但不能自我支撑,而需攀缘在其他支持物上生长的植物。

茎的形态

Acaulescent 无茎的 Without a stem, or the stem so short that the leaves are apparently all basal, as in the dandelion. Note: the peduncle should not be confused with the stem. Figure 1519. 无茎或茎太短以致叶子似乎全为基生,如蒲公英(图 1519)。注意"花序梗"与"茎"的区别。

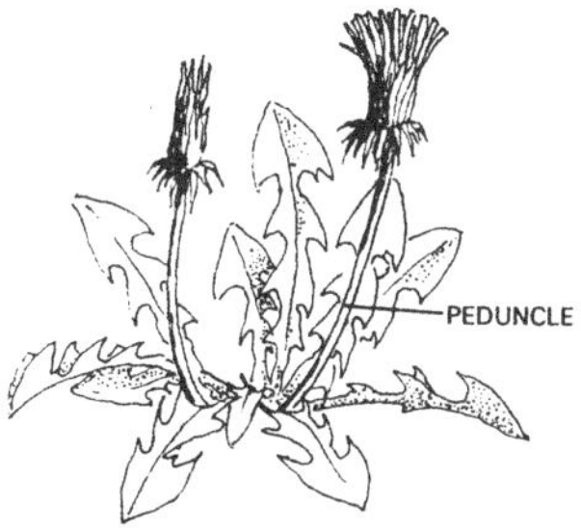

图 1519

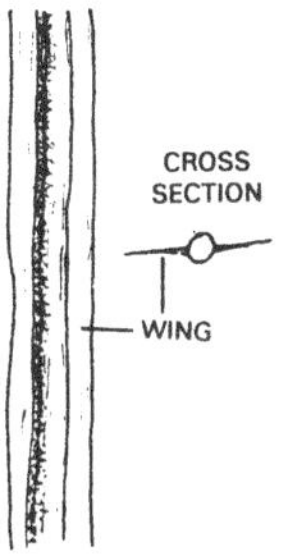

图 1520

Adscendent 上升的 见上升的(**ascending**)。

Adsurgent 上升的 见上升的(**ascending**)。

Alate 具翅的 Winged. Figure 1520. 有翅的(图 1520)。

Ancipital 二棱的 Two-edged, as the winged stem of *Sisyrinchium*. Figure 1520. 具两棱的,如庭菖蒲属的具翅茎(图 1520)。

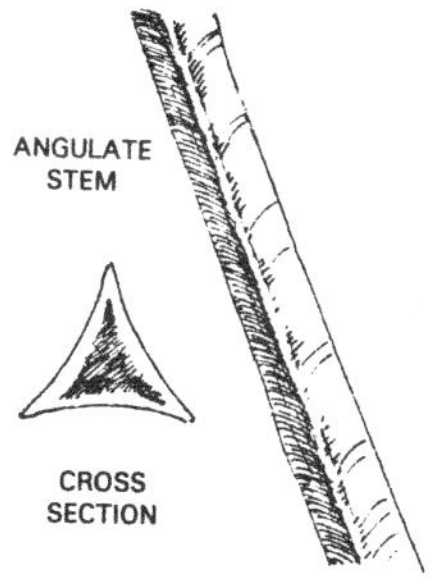

图 1521

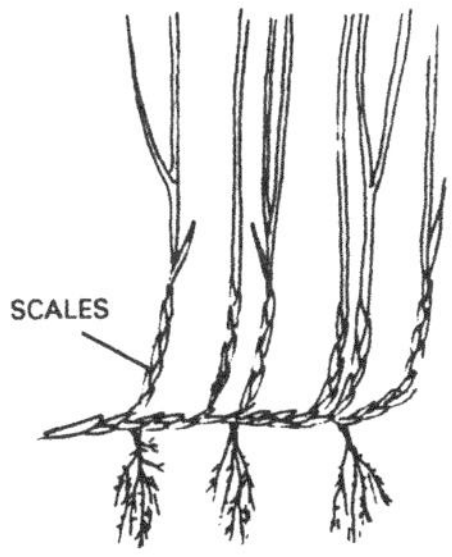

图 1522

Angulate 具棱的 Angled. Figure 1521. 有棱角的(图 1521)。

Aphyllopodic 基生叶退化的 Having the lowermost leaves reduced to small scales. Figure 1522. 最下部的叶退化成小的鳞片(图 1522)。

Aphyllous 无叶的 Without leaves. 没有叶。

Ascendent 上升的 见上升的(**ascending**)。

Ascending 上升的 Growing obliquely upward, usually curved. Figure 1523. 斜向上生长,常有弯曲(图 1523)。

图 1523

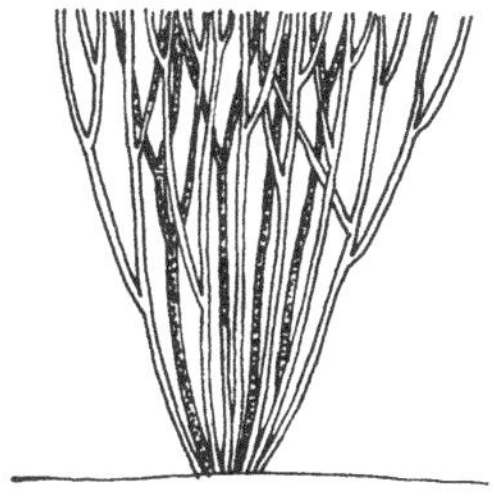

图 1524

Assurgent 上升的 见上升的(**ascending**)。

Caespitose 丛生的 Growing in dense tufts. Figure 1524. 密集呈簇生长(图 1524)。

Caulescent 具茎的 With an obvious leafy stem rising above the ground. 在地上具有明显具叶的茎。

Cauliflorous 茎生花的 Bearing flowers on the stem or trunk. Figure 1525. 茎上或树干上生花(图 1525)。

Cauline 茎生的 Of, on, or pertaining to the stem. 茎的、茎上的或与茎相关的。

Cespitose 丛生的 见丛生的(**caespitose**)。

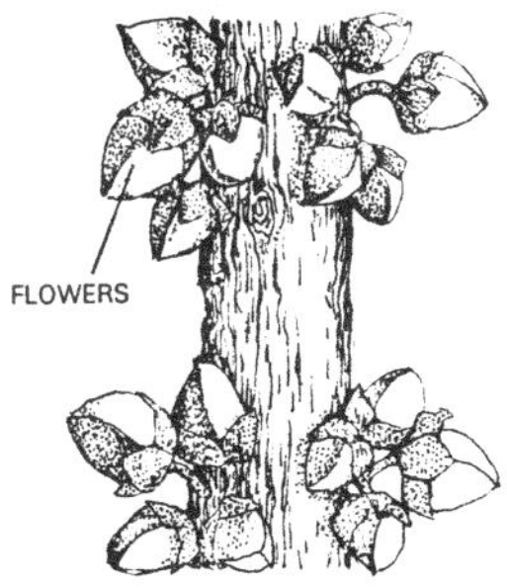

图 1525

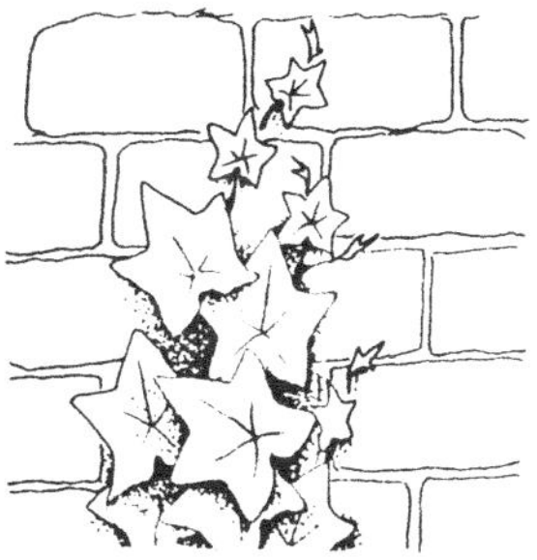

图 1526

Clambering 攀援的 Weakly climbing on other plants or surrounding objects. 松散地沿其他植物或周围物体攀援生长。

Climbing 攀援的 Growing more or less erect by leaning or twining on another structure for support. Figure 1526. 倚靠或缠绕其他支撑物多少直立生长(图 1526)。

Creeping 匍匐的 Growing along the surface of the ground, or just beneath the surface, and producing roots, usually at the nodes. Figure 1527. 沿地表或靠近地面生长,通常在节处生根(图 1527)。

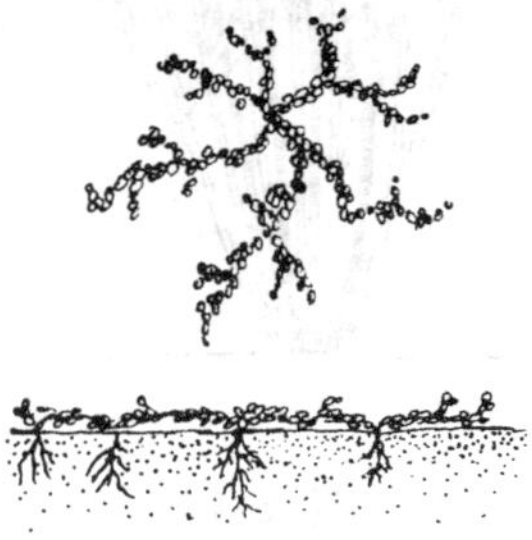

图 1527

图 1528

Decumbent 外倾的 Reclining on the ground but with the tip ascending. Figure 1528. 匍于地面生长,但端部向上(图 1528)。

Deliquescent 歧散的 An irregular pattern of branching without a well defined central axis from bottom to top. Figure 1529. 无规则的分枝形式,从底部到顶部无固定的中心轴(图 1529)。

图 1529

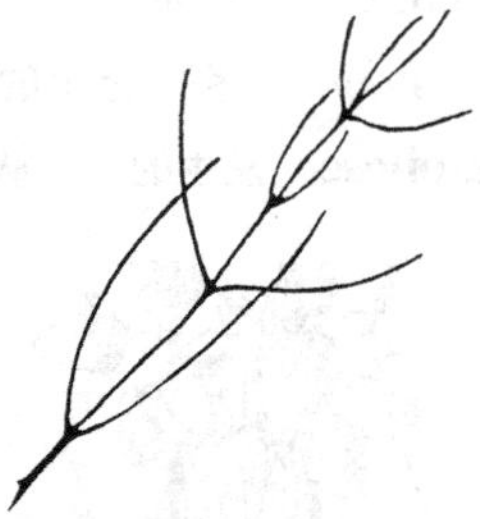

图 1530

Dichotomous 二歧的 Branched or forked into two more or less equal divisions. Figure 1530. 具多少相等的两个分枝或分叉(图 1530)。

Divaricate 极叉开的 Widely diverging or spreading apart. Figure 1531. 宽角度地分叉或展开(图 1531)。

Divergent 分叉的 Diverging or spreading. Figure 1532. 分叉或展开(图 1532)。

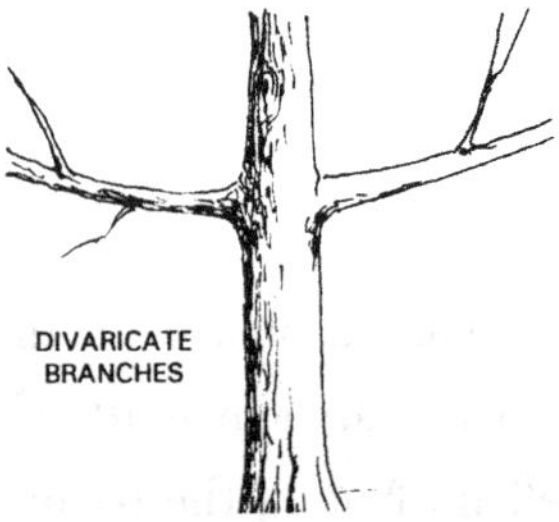

图 1531

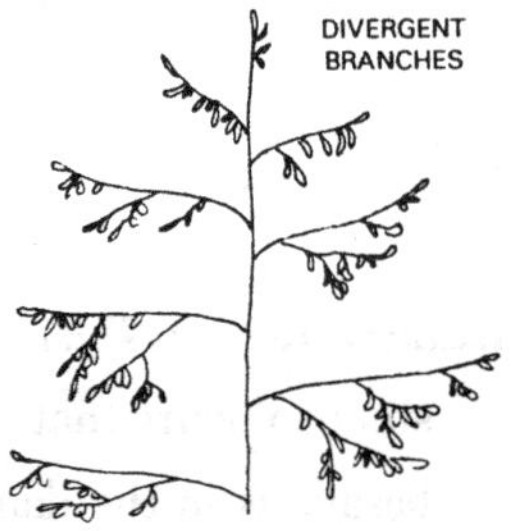

图 1532

Eramous 不分枝的 With unbranched stems. Figure 1533. 茎不分枝(图 1533)。

Erect 直立的 Vertical, not declining or spreading. Figure 1534. 垂直的,不倾斜或不展开(图 1534)。

图 1533

图 1534

Fasciated 扁化的 Compressed into a bundle or band; grown closely together; with the stems malformed and flattened as if several separate stems had been fused together. Figure 1535. 压成束状或带状;紧密地生长在一起;茎畸形扁化,好像几个分离的茎愈合在一起。图 1535。

Fasciculate 束状的 Arranged in fascicles. Figure 1536. 成束排列(图 1536)。

Fastigiate 帚状的 Clustered, parallel, and erect, giving a broom-like appearance. Figure 1524. 成簇,平行且直立,外形扫帚状(图 1524)。

Fleshy 肉质的 Thick and pulpy; succulent. Fig-

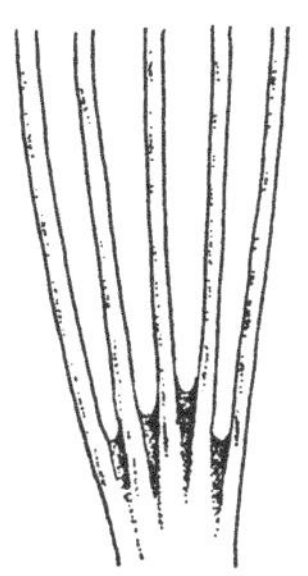

图 1535

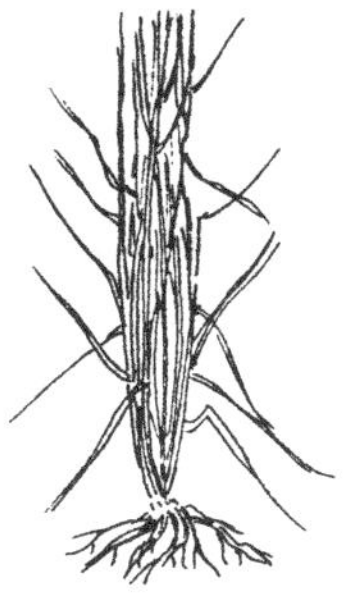

图 1536

ure 1537． 厚而多肉,多汁的(图 1537)。

Frutescent 近灌木状的 Shrubby or shrub-like. 灌木状的或似灌木的。

Fruticose 灌木状的 见近灌木状的(**frutescent**)。

Fruticulose 小灌木状的 Somewhat shrubby; small and shrubby. 稍灌木状;小且灌木状。

Herbaceous 草本的 Not woody. 非木本。

Jointed 具关节的 Having nodes or points of articulation, as in the stems of *Opuntia*. Figure 1538. 具有节或关节,如仙人掌属的茎(图 1538)。

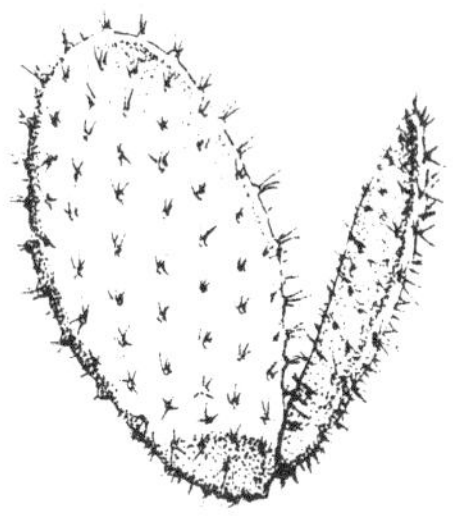

图 1537

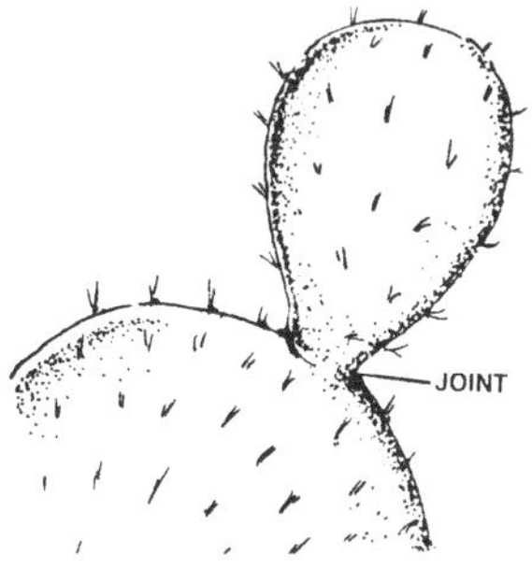

图 1538

Macrocladous 具长枝的 With long branches. 具有长枝。

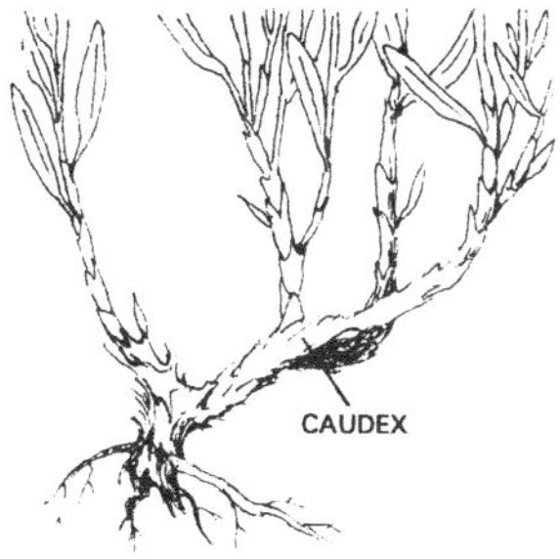

图 1539

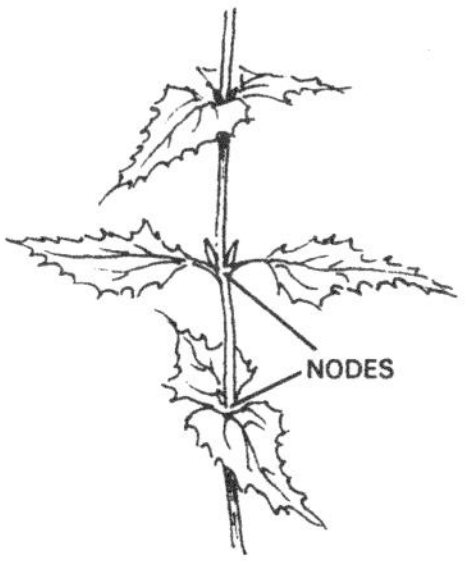

图 1540

Multicipital 多头的 With many heads, as in a highly branched caudex. Figure 1539. 具有多个头,如高度分枝的茎基(图 1539)。

Nodiferous 具节的 见有节的,节状的(**nodose**)。

Nodose 有节的,节状的 With nodes. Figure 1540. 具节(图 1540)。

Nudicaul 裸茎的 With leafless stems. 无叶的茎。

Orthocladous 直枝的 With straight branches. Figure 1541. 具直立的枝条(图 1541)。

图 1541

图 1542

Orthotropic 直生的 Of, pertaining to, or exhibiting an essentially vertical growth habit. Figure 1542. 具有近似或表现出直立生长的习性(图 1542)。

Pachycladous 粗枝的 With thick branches. 具粗壮枝条。

Pluricipital 多头的 见多头的(**multicipital**)。

Procumbent 平卧的 Lying or trailing on the ground, but not rooting at the nodes. Figure 1543. 茎沿地面上生长,但在节处不生根(图 1543)。

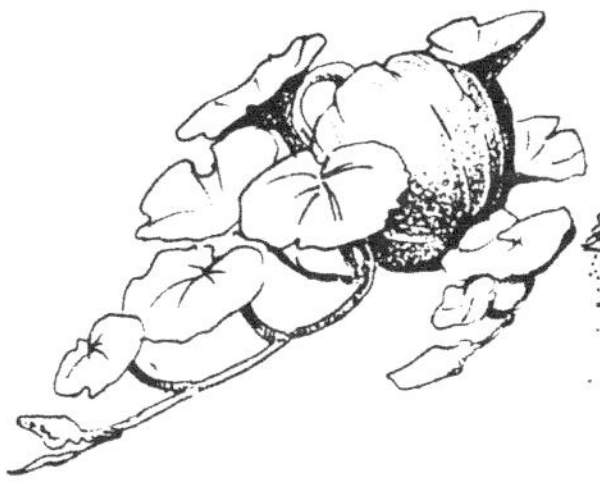

图 1543

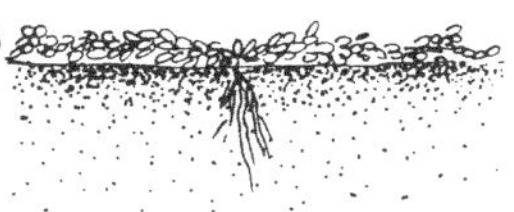

图 1544

Prostrate 平卧的 Lying flat on the ground. Figure 1544. 平铺在地面上(图 1544)。

Pterocaulous 具翅茎的 With winged stems. Figure 1545. 茎具翅(图 1545)。

Pulvinate 垫状的 Cushion-like or mat-like. Figure 1546. 枕状或垫状(图 1546)。

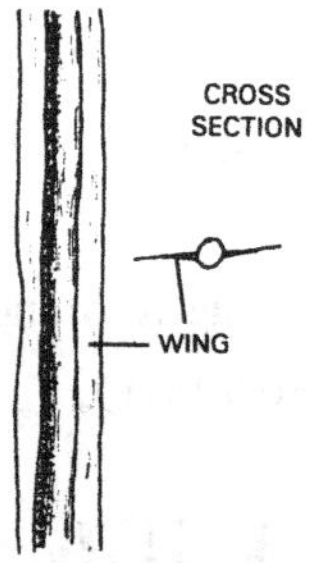

图 1545

图 1546

Pulviniform 垫状的 见垫状的(**pulvinate**)。

Quadrangular 四棱的 Four-angled. Figure 1547. 具四个棱角(图 1547)。

Quadrangulate 四棱的 见四棱的(**quadrangular**)。

Ramiform 枝状的 Branchlike in form; branched. 枝条状的;分枝的。

Ramose 多枝的 With many branches; branching. Figure 1548. 具许多分枝;分枝。图 1548。

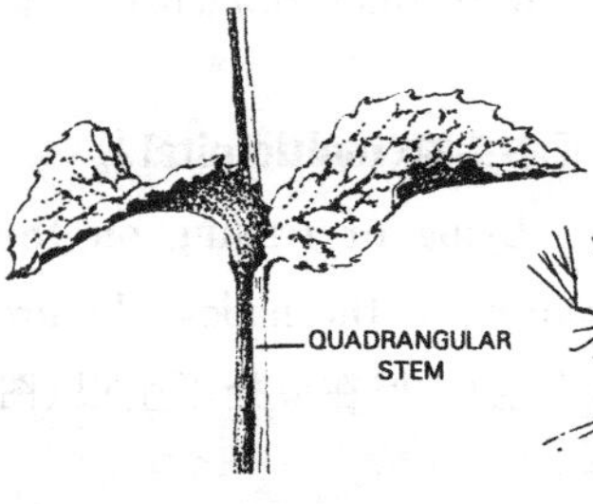

图 1547

图 1548

Ramous 多枝的 见多枝的(**ramose**)。

Ramulose 多小枝的 见多枝的(**ramose**)。

Reclining 拱垂的 Bending or curving downward. Figure 1549; lying upon something and being supported by it. 向下弯曲(图 1549);靠着某物并由其支撑。

Recumbent 横卧的 Leaning or resting on the ground; prostrate. Figure 1550. 依靠或躺在地面;平卧的。图 1550。

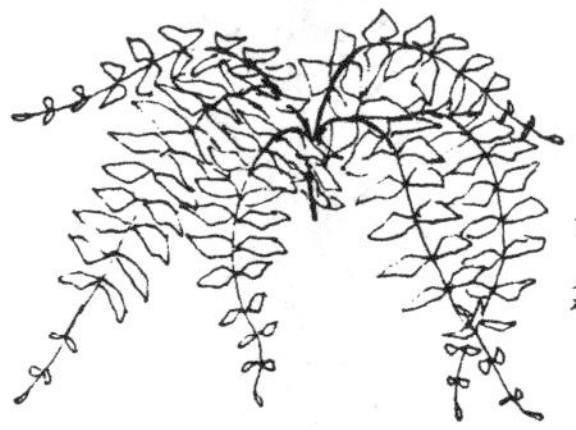

图 1549

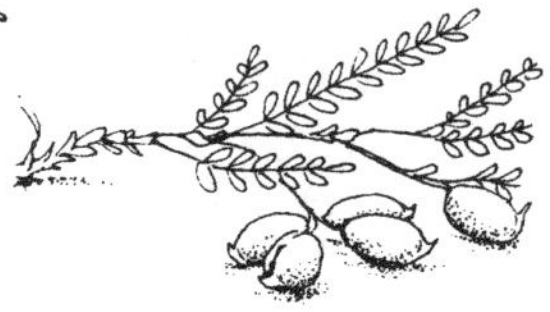

图 1550

Repent 匍匐〔生根〕的 Prostrate; creeping. Figure 1551. 平卧的;匍匐的。图 1551。

Rhizomatous 根状茎的 With rhizomes. Figure 1552. 具根状茎(图 1552)。

图 1551

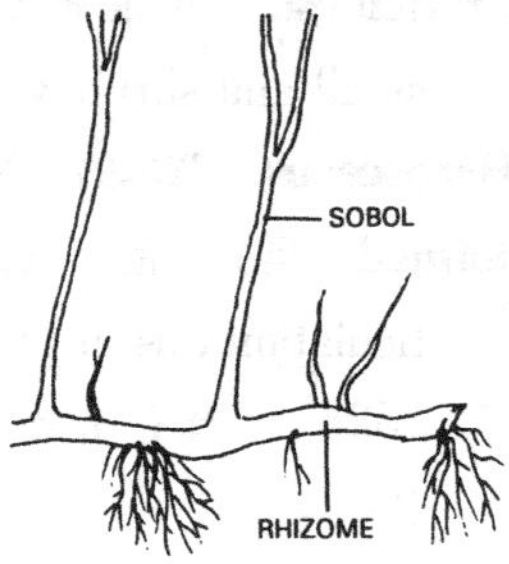

图 1552

Rosulate 莲座状的 With the leaves arranged in basal rosettes, the stem very short or lacking. Figure 1553. 具有莲座状排列的叶,茎干极短或无(图 1553)。

Rush-like. 灯心草状的 Grass-like in appearance, with inconspicuous flowers. Figure 1554. 具有不明显的花,形似禾草(图 1554)。

图 1553

图 1554

Sarcocaulous 肉茎的 With fleshy stems. Figure 1555. 具有肉质的茎(图 1555)。

Sarcous 肉茎的 Fleshy. See **sarcocaulous**. 多肉的。见肉茎的。

Sarmentose 具长匍茎的 With long, slender runners. Figure 1556. 具有细长的纤匍茎(图 1556)。

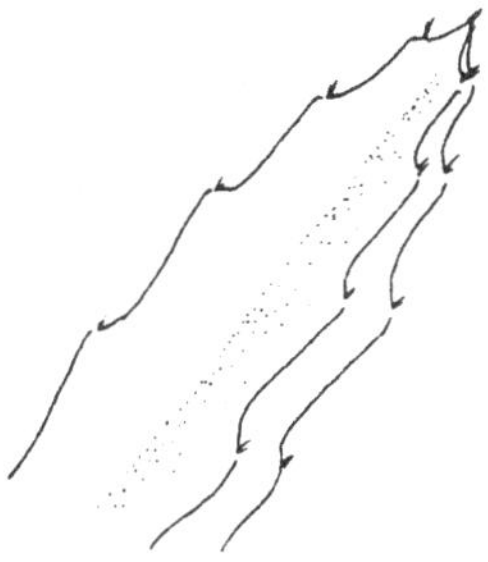

图 1555

Scandent 攀缘的 Climbing. Figure 1557. 攀缘的(图 1557)。

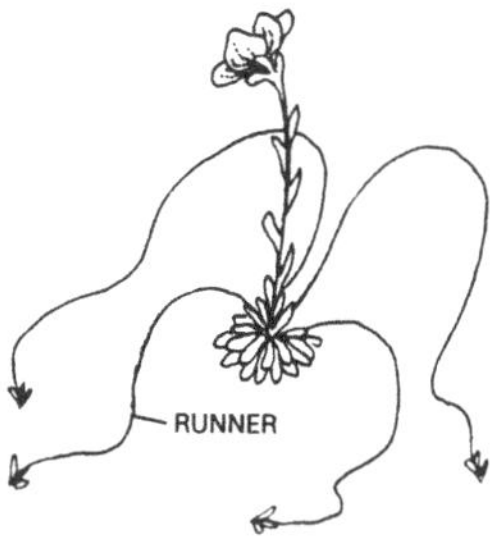

图 1556

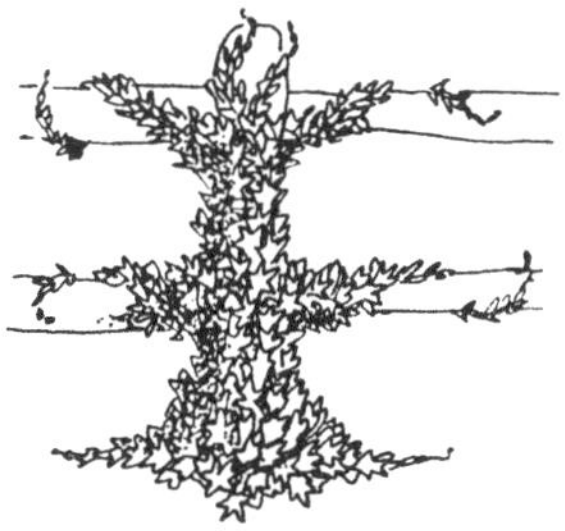

图 1557

Scapiform 花葶状的 Scape-like but not entirely leafless. Figure 1558. 形似花葶,但并非完全无叶(图 1558)。

Simple 单枝的 Unbranched. 不分枝。

Soboliferous 具根出条的 Of or pertaining to sobols; bearing sobols. Figure 1552. 根出条的或与根出条相关的;具根出条。图 1552。

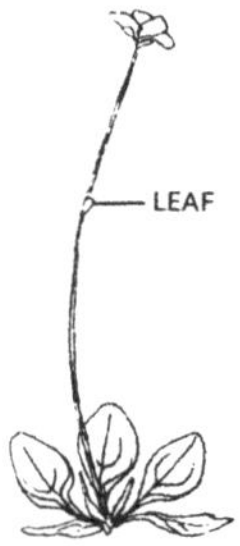

图 1558

Sprawling 拱垂的 Bending or curving downward; lying upon something and being supported by it. See **reclining**. 向下弯曲,靠着某物并由其支撑。见拱垂的。

Spreading 平展的 Extending nearly to the horizontal; almost prostrate. Figure 1559. 接近于水平伸展;几乎平卧。图 1559。

Stoloniferous 具匍匐茎的 Bearing stolons. Figure 1560. 具有匍匐茎。(图 1560)。

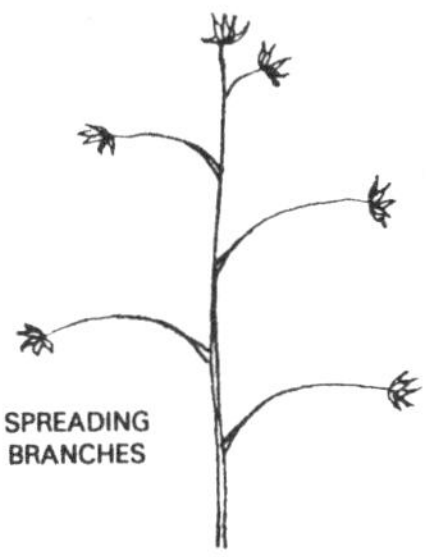

图 1559

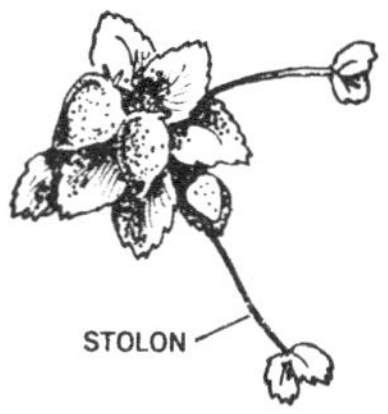

图 1560

Stoloniform 匍匐茎状的 stolon-like. 形似匍匐茎的。

Strict 笔直的 Very straight and upright, not at all spreading. Figure 1561. 竖直,一点不平展(图 1561)。

图 1561

图 1562

Subscapose 近花葶状的 Almost scapose. Figure 1558. 几近花葶状(图 1558)。

Subterranean 地下的 Below the surface of the ground. 位于地面之下。

Subterraneous 地下的 见地下的(**subterranean**)。

Succulent 肉质的 Juicy and fleshy, as the stem of a cactus. Figure 1562. 肉质多汁,如仙人掌的茎(图 1562)。

Suffrutescent 半灌木状 Somewhat shrubby; slightly woody at the base. 略微灌木状,基部轻度木质化。

Suffruticose 半灌木的 Somewhat woody. 轻度木质化。

Suffruticulose 半灌木的 见半灌木的(**suffruticose**)。

Surculose 具根出条的 Producing suckers or runners from the base or from rootstocks. Figure 1563. 从基部或根状茎上长出根出条或纤匐茎(图 1563)。

Surficial 地表的 Growing near the ground, or spread over the surface of the ground. Figure 1564. 在近地面或地面上蔓生的(图 1564)。

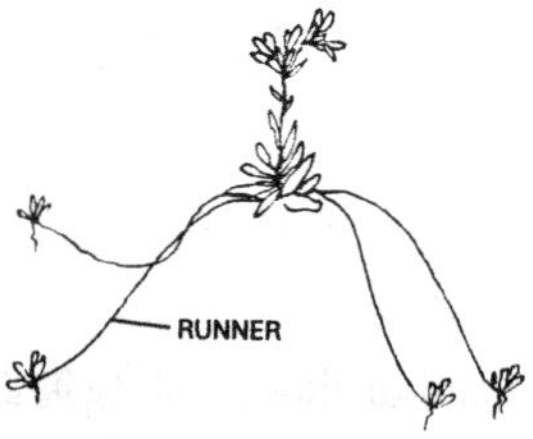

图 1563

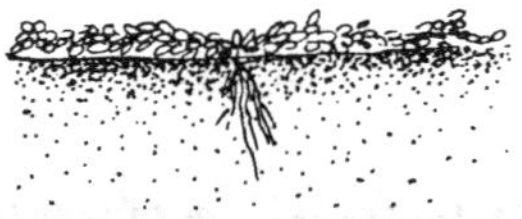

图 1564

Tetragonal 四棱的 Four-angled. Figure 1565. 有四个棱角(图 1565)。

Trailing 蔓生的 Prostrate and creeping but not rooting. Figure 1564. 平卧匍匐生长,但不生根(图 1564)。

Triangulate 三棱的 Three-angled. Figure 1566. 三个棱角(图 1566)。

图 1565

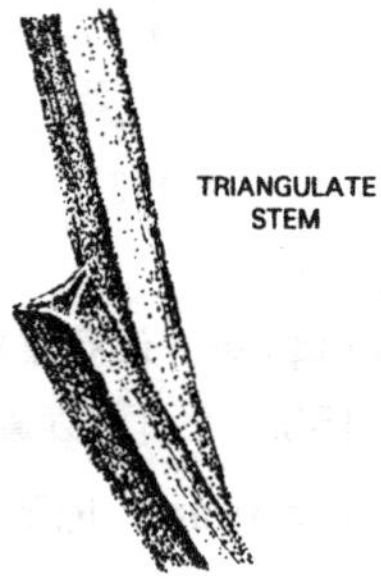

图 1566

Trigonal 三棱的 见三棱的(**trigonous**)。

Trigonous 三棱的 Three-angled. Figure 1566. 有三个棱(图 1566)。

Tufted 丛生的 Arranged in a dense cluster. 密集成簇排列。

Twining 缠绕的 Coiling or spiraling around a support (usually another stem) for climbing. Figure 1567. 围绕一个支撑物(常为另一个茎)攀援生长(图 1567)。

Unarmed 无刺的 Lacking spines, prickles, or thorns. 无刺、皮刺或棘刺。

Uniaxial 单轴的 With a single unbranched stem terminating in a flower. Figure 1568. 单一不分枝的茎,终止于花(图 1568)。

图 1567

图 1568

Vimineous 柔韧枝的 With long, flexible twigs; composed of twigs; twig-like. 具有长而柔韧的小枝;由小枝组成;小枝状。

Virgate 帚状的 Wand-like; straight, slender, and erect. Figure 1569. 棒状的;细直,直立。图 1569。

Winged 具翅的 Possessing wings. Figure 1570. 具有翅(图 1570)。

图 1569

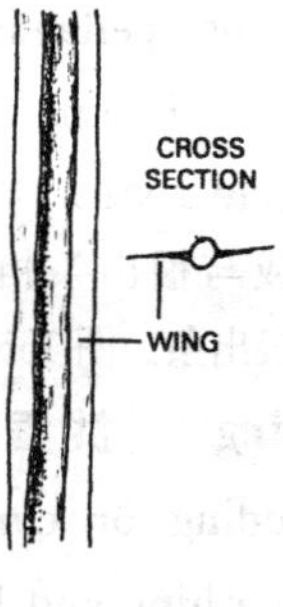

图 1570

叶

The usually expanded, photosynthetic organs of a plant.

通常宽展,具光合作用的植物器官。

叶的组成

Apex **叶尖** The tip; the point farthest from the point of attachment. Figure 1571. 尖端;距叶着生点最远的位点(图 1571)。

Base **叶基** The end of the leaf blade nearest to the point of attachment. Figure 1571. 距叶着生点最近的叶片末端(图 1571)。

Blade **叶片** The broad part of a leaf. Figure 1571. 叶的宽展部分(图 1571)。

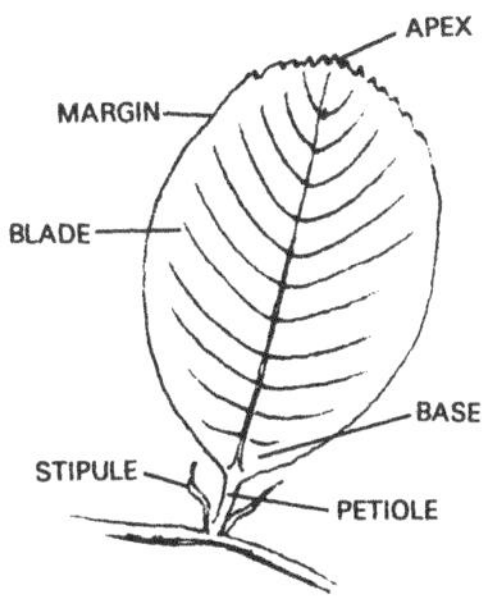

图 1571

Collar **叶颈** The area on the outside of a grass leaf at the juncture of the blade and sheath. Figure 1572. 禾草叶片和叶鞘连接处的外延部分(图 1572)。

Costa (pl. **costae**) **中脉** A rib or prominent midvein of a leaf. See **midvein**. 肋或显著的叶中脉。见**中脉**。

Denticle **小齿** A small tooth or tooth-like projection. Figure 1573. 小齿或齿状突出物(图 1573)。

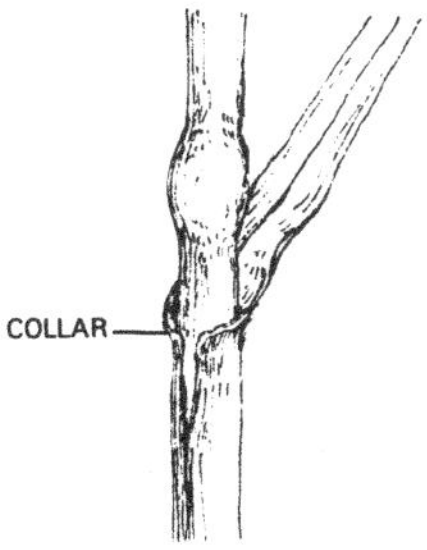

图 1572

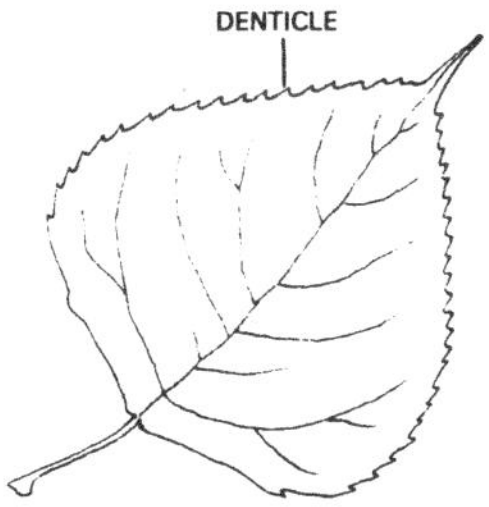

图 1573

Leaflet **小叶** A division of a compound leaf. Figure 1474. 复叶上的小叶(图 1474)。

Limb **叶片** The expanded part of a leaf. See **blade**. 叶的宽展的部分。见**叶片**。

Lobe **裂片** A rounded division or segment of an organ, as of a leaf. Figure 1575. 器官的圆裂片,如叶的裂片(图 1575)。

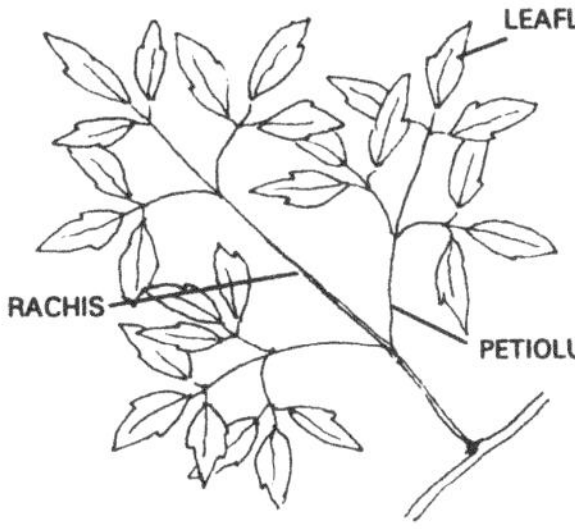

图 1574

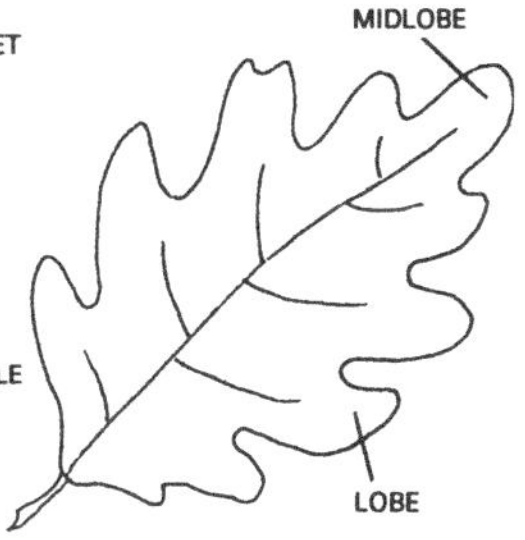

图 1575

Lobule **小裂片** A small lobe; a lobe like subdivision of a lobe. Figure 1576. 小裂片;裂片的次级裂片。(图 1576)。

Margin **叶缘** The edge of a leaf blade. Figure 1571. 叶片的边缘(图 1571)。

Midlobe **中裂片** The central lobe of a leaf. Figure 1575. 叶的中央裂片(图 1575)。

Midnerve **中脉** The central nerve of a leaf. See **midvein**. 叶的中央脉。见**中脉**。

Midrib **中脉** The central rib or vein of a leaf. See **midvein**. 叶的中脉或中肋。见**中脉**。

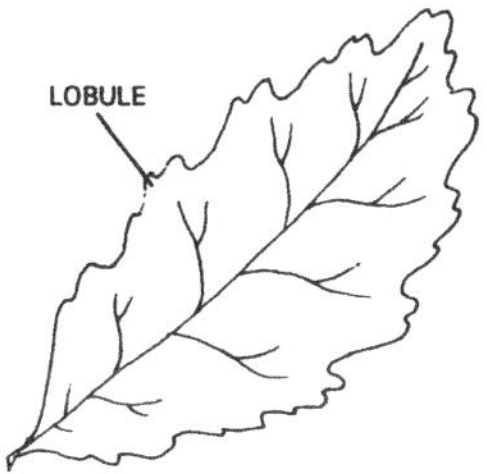

图 1576

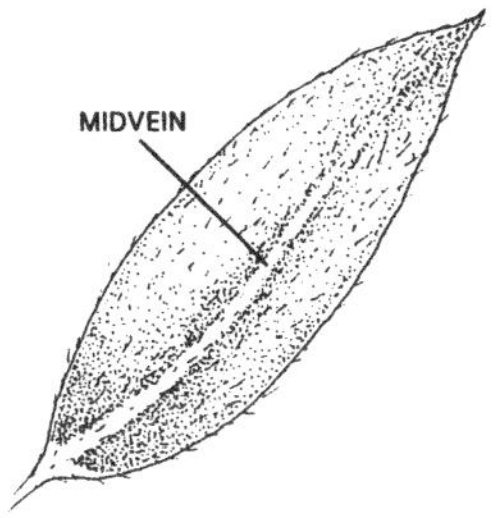

图 1577

Midvein **中脉** The central vein of a leaf. Figure 1577. 叶的中央叶脉(图 1577)。

Mucro **短尖头** A short, sharp, abrupt point,

usually at the tip of a leaf. Figure 1578. 短而骤尖的叶端(图 1578)。

Nerve 叶脉 A prominent, simple vein or rib of a leaf. See illustration for **midvein**. 叶的明显而简单的脉或肋。见**中脉**的插图。

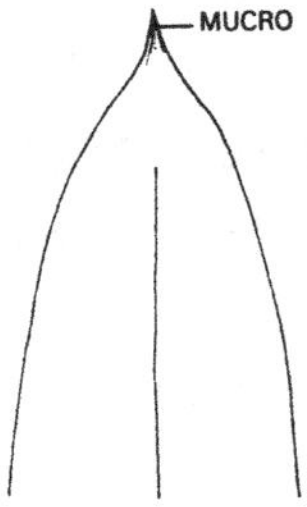

图 1578

Petiole 叶柄 A leaf stalk. Figure 1571. 叶的柄(图 1571)。

Petiolule 小叶柄 The stalk of a leaflet of a compound leaf. Figure 1574. 复叶中小叶的叶柄(图 1574)。

Pinna (pl. **pinnae**) 羽片 One of the primary divisions or leaflets of a pinnate leaf. See illustration for **leaflet**. 羽状复叶的一回羽状小叶。见**小叶**的插图。

Pinnule 小羽片 The pinnate division of a pinna in a bipinnately compound leaf, or the ultimate divisions of a leaf which is more than twice pinnately compound. Figure 1579. 二回或二回以上羽状复叶的末级羽片(图 1579)。

Rachis 叶轴 The main axis of a compound leaf. Figure 1574。 复叶的主轴(图 1574)。

Rhachis 叶轴 见叶轴(**rachis**)。

Rib 肋 A main longitudinal vein in a leaf. See **vein**. 叶片上主要的纵脉。见**叶脉**。

Segment 裂片 A section or division of a leaf. Figure 1580. 叶的裂片(图 1580)。

Sinus 凹缺 The cleft, depression, or recess between two lobes of a leaf. Figure 1580. 叶两裂片之间的缺裂或凹陷(图 1580)。

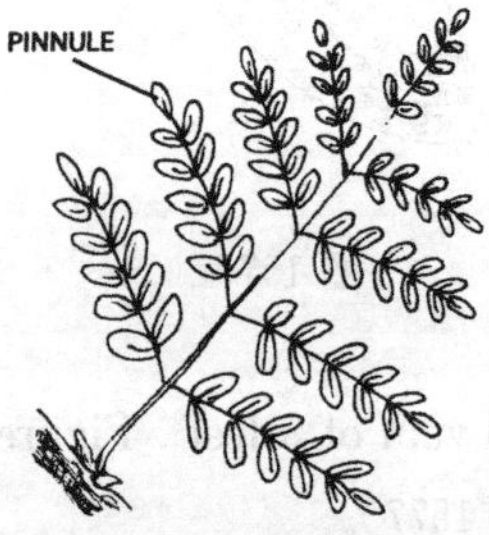

图 1579

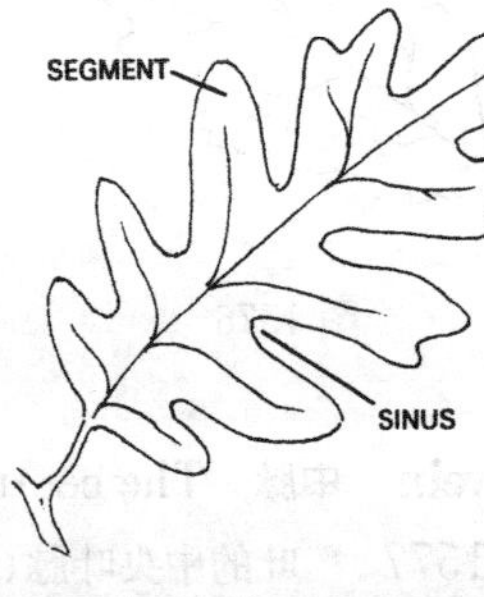

图 1580

Stipule 托叶 One of a pair of leaf-like appendages found at the base of the petiole in some leaves. Figure 1571. 某些叶柄基部成对的叶状附属物(图 1571)。

Tendril 卷须 A slender, twining organ used to grasp support for climbing. Figure 1581. 柔弱并具缠绕性器官,用以抓住支撑物攀缘生长(图 1581)。

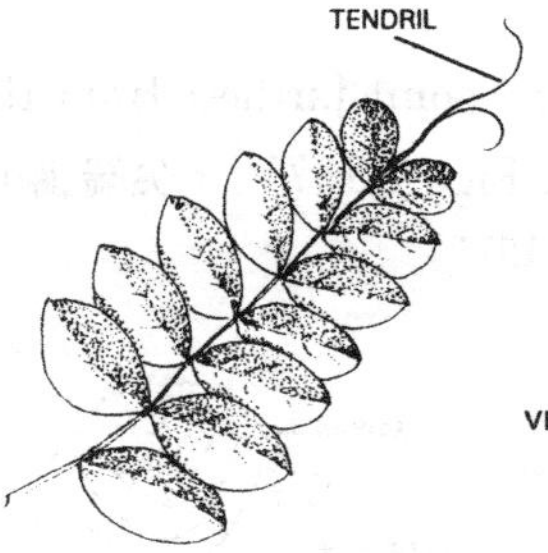

图 1581

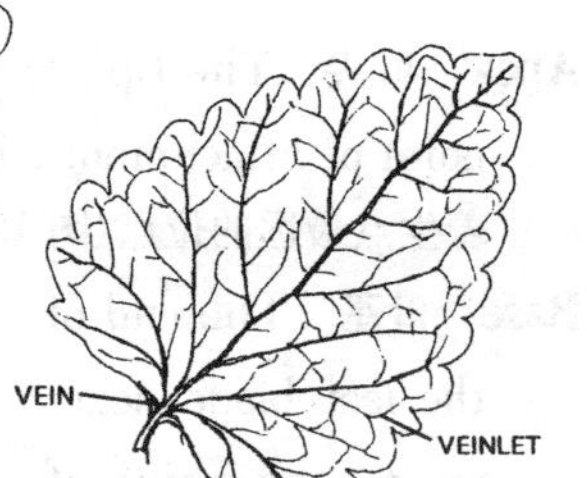

图 1582

Tooth 齿 Any small lobe or point along a margin. See **denticle** illustration. 边缘上的小裂片或尖。见**小齿**的插图。

Vein 脉 A vascular bundle, usually visible externally, as in leaves. Figure 1582. 维管束,通常可见,如叶脉(图 1582)。

Veinlet 细脉 A small vein. Figure 1582. 小的脉(图 1582)。

叶的形态(图 1583)

Acerose 针形的 Needle-shaped, as the leaves of pine or spruce. 针形,如松或云杉的叶。

Awl-shaped 锥形的 Short, narrowly triangular, and sharply pointed like an awl. 短且窄三角形,锐尖如锥。

Cordate 心形的 Heart-shaped, with the notch at the base. 心形,基部内凹。

Deltoid 正三角形的 With the shape of the Greek letter delta; shaped like an equilateral triangle. 如希腊字母"Δ"形,形似等边三角形。

Elliptic 椭圆形的 In the shape of an ellipse, or a narrow oval; broadest at the middle and narrower at the two equal ends. 椭圆或窄卵圆形;中部最宽,两端较窄。

Elliptical 椭圆形的 见椭圆形的(**elliptic**)。

Ensiform 剑形的 Sword-shaped, as an *Iris* leaf. 形似剑,如鸢尾属的叶。

Falcate 镰刀形的 Sickle-shaped; hooked; shaped like the beak of a falcon. 形似镰刀;钩状;鹰喙状。

Flabellate 扇形的 Fan-shaped. 形状如扇。

Flabelliform 扇形的 见扇形的(**flabellate**)。

Gladiate 剑形的 Sword-shaped. 形状如剑。

Halberd-shaped 戟形的 见戟形的(**hastate**)。

Hastate 戟形的 Arrowhead-shaped, but with the basal lobes turned outward rather than downward; halberd-shaped. (compare **sagittate**) 箭头形,基部裂片向外而非向下;戟形。对应**箭头形的**。

Lanceolate 披针形的 Lance-shaped; much longer than wide, with the widest point below the middle. 矛形,长远大于宽,最宽部位于中部之下。

Linear ①线形的 ②条形的 Resembling a line; long and narrow with more or less parallel sides. 线状;长且窄,两边近平行。

Lyrate 大头羽裂的 lyre-shaped; pinnatifid, with the terminal lobe large and rounded and the lower lobes much smaller. 竖琴状;羽状,顶端裂片大而圆,下部裂片甚小。

Obcordate 倒心形的 Inversely cordate, with the attachment at the narrower end; sometimes refers to any leaf with a deeply notched apex. 倒置心形,叶连接点在窄的末端;有时指描述端部具有深缺刻的叶。

Obdeltoid 倒正三角形的 Deltoid, with the attachment at the pointed end. 正三角形,连接点在端点。

Obelliptic or **obelliptical** 倒椭圆形 Almost elliptic, but with the distal end somewhat larger than the proximal end. 几乎为椭圆形,但远轴端略大于近轴端。

Oblanceolate 倒披针形的 Inversely lanceolate, with the attachment at the narrower end. 倒置披针形,连接点在窄的末端。

Oblong 长圆形的 Two to four times longer than broad with nearly parallel sides. 两边近平行,长二至四倍于宽。

Obovate 倒卵形的 Inversely ovate, with the attachment at the narrower end. 倒置卵形,连接点在窄的末端。

Orbicular 圆形的 Approximately circular in outline. 轮廓近圆形。

Orbiculate 圆形的 见圆形的(**orbicular**)。

Oval 卵圆形的 Broadly elliptic, the width over one-half the length. 宽椭圆形,宽超过长的二分之一。

Ovate 卵形的 Egg-shaped in outline and attached at the broad end (applied to plane surfaces). 轮廓卵形,基部宽(平面结构)。

Pandurate 提琴形的 Fiddle-shaped. 形似提琴。

Panduriform 提琴形的 见提琴形的(**pandurate**)。

Peltate 盾形的 Shield-shaped; borne on a stalk attached to the lower surface rather than to the base or margin. 形似盾;叶柄着生在叶的下表面,而不在叶的基部或边缘。

Perfoliate 茎穿叶的 A leaf with the margins entirely surrounding the stem, so that the stem appears to pass through the leaf. 叶边缘完全包围茎,使茎看似由叶片中心穿过。

Quadrate 方形的 Square; rectangular. 正方形;矩形。

Reniform 肾形的 Kidney-shaped. 形似肾。

Rhombic 菱形的 Diamond-shaped. 形似钻石。

Rhomboid 斜方形的 见斜方形的(**rhomboidal**)。

Rhomboidal 斜方形的 Quadrangular, nearly rhombic, with obtuse lateral angles. 近菱形,侧面为钝角的四边形。

Rotund 圆形的 Round or rounded in outline. 轮廓呈圆形。

Sagittate 箭头形的 Arrowhead-shaped, with the basal lobes directed downward. (compare **hastate**) 形似箭头,基部裂片向下(对比**戟形的**)。

Spathulate 匙形的 见匙形的(**spatulate**)。

Spatulate 匙形的 Like a spatula in shape, with

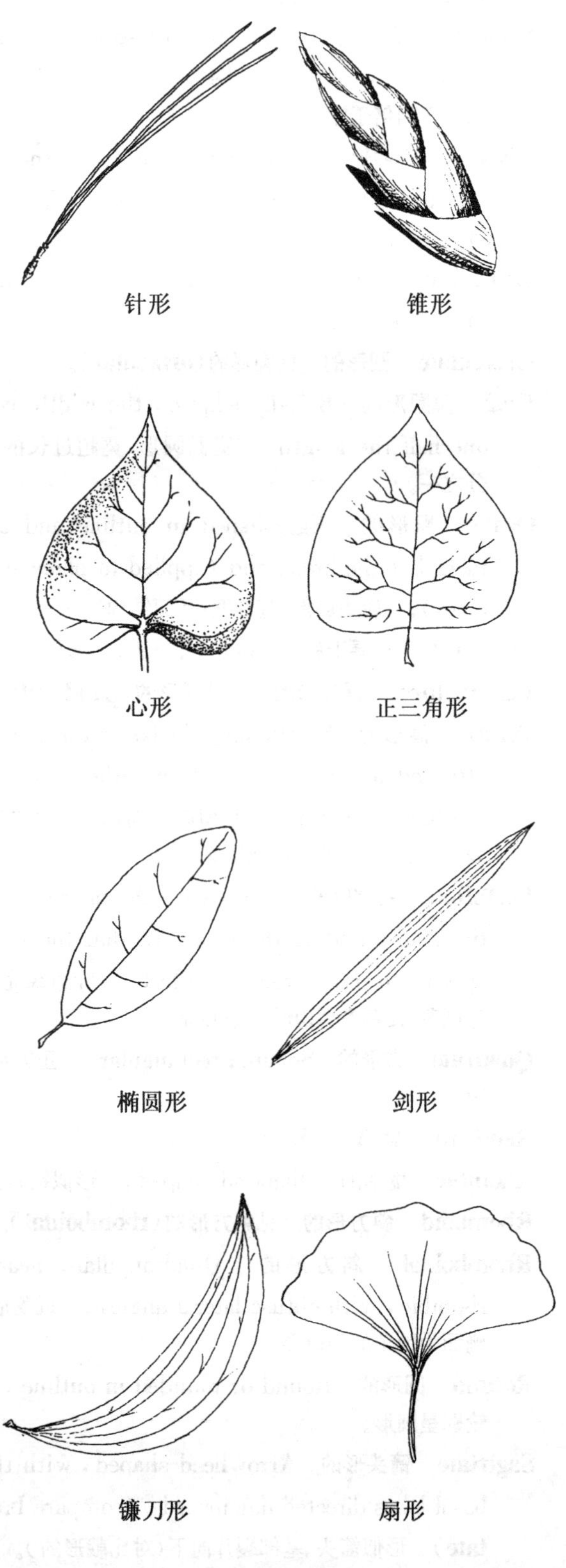

图 1583a

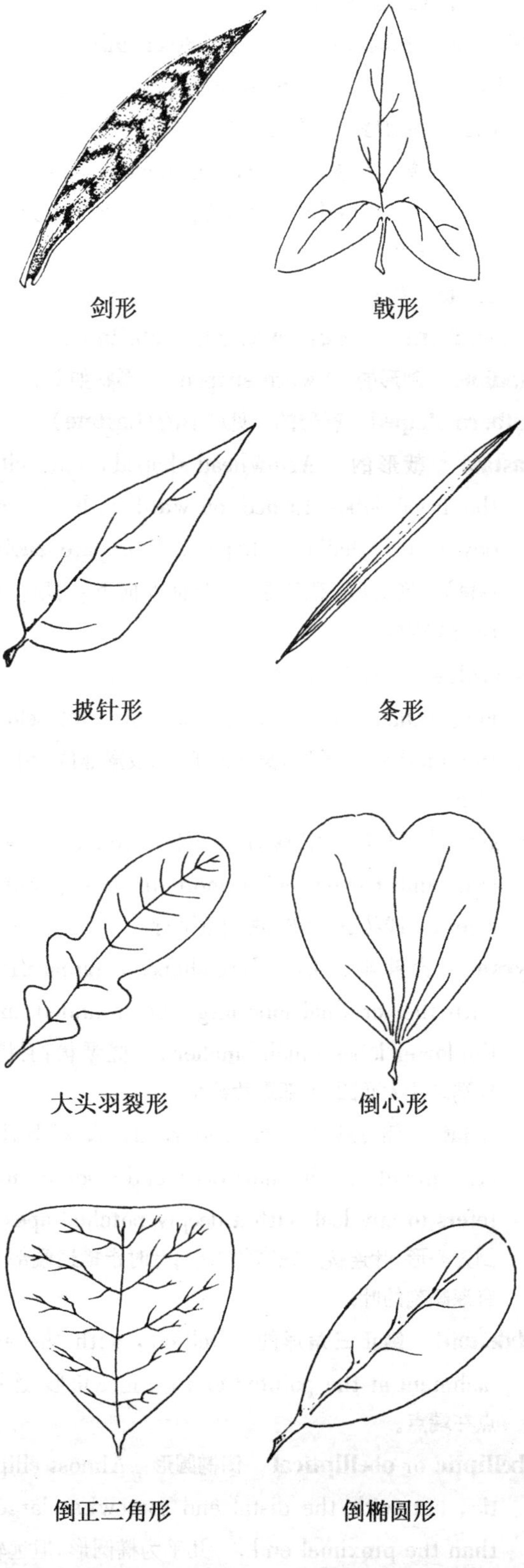

图 1583b

倒披针形

长圆形

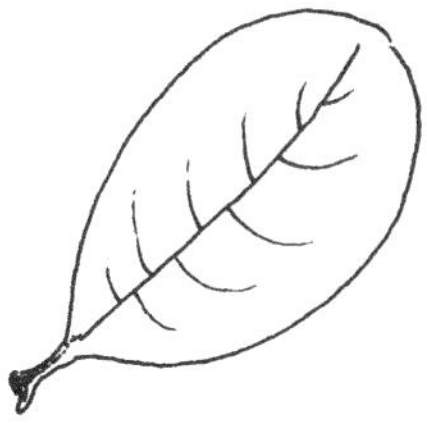

倒卵形

圆形

卵圆形

卵形

提琴形

盾形

图 1583c

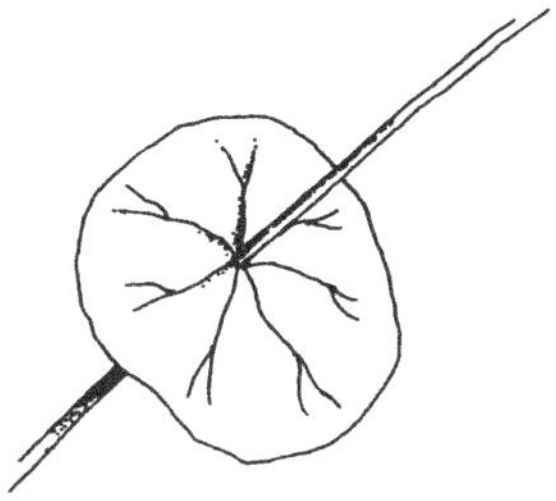

茎穿叶

方形

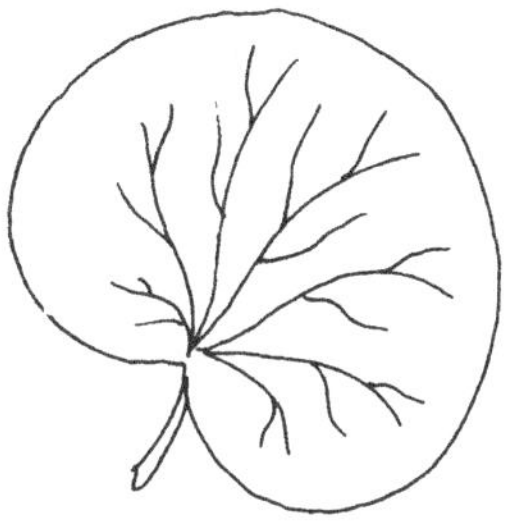

肾形

菱形

圆形

箭头形

匙形

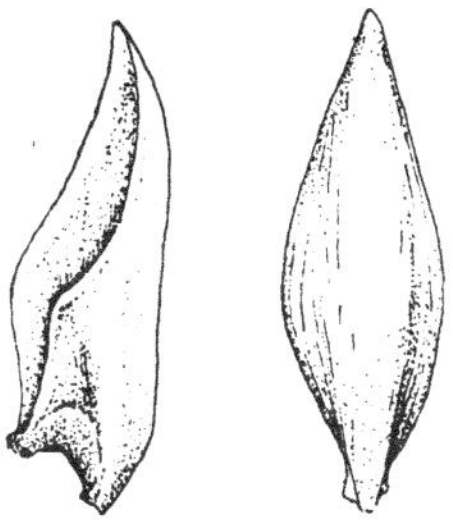

钻形

图 1583d

a rounded blade above gradually tapering to the base. 形似勺，先端圆形向基部变细。

Subulate 钻形的 Awl-shaped. 形状如锥。

叶基(图 1584)

Aequilateral 两侧相等的 Equal-sided, as opposed to oblique. 两边相等，相对于偏斜的。

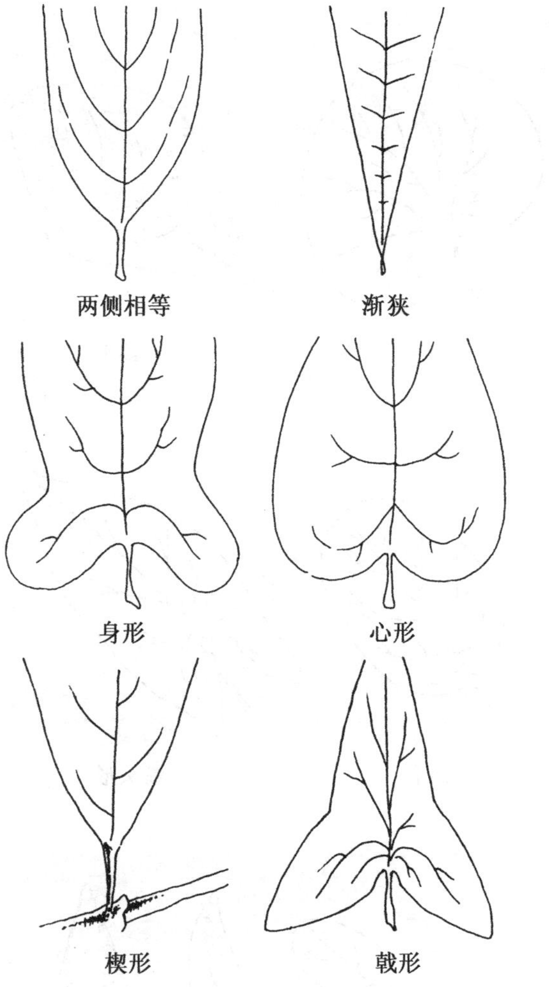

图 1584a

Attenuate 渐狭的 Tapering gradually to a narrow base. 向基部逐渐变窄。

Auriculate 耳形的 With ear-shaped appendages. 具有耳状的附属物。

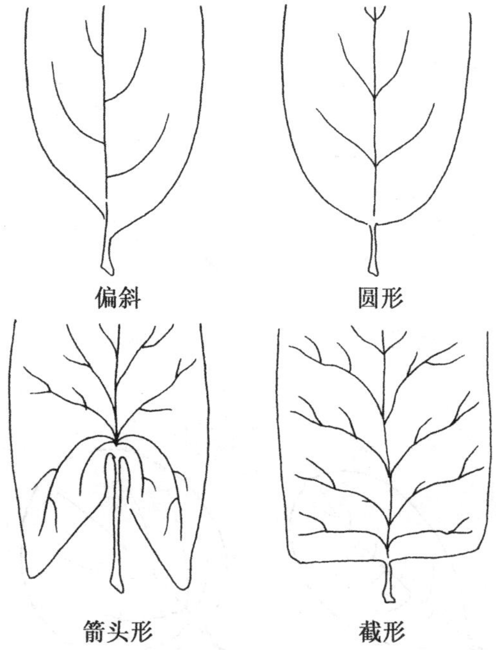

图 1584b

Cordate 心形的 Heart-shaped, with the notch at the base. 心形，基部内凹。

Cuneate 楔形的 Wedge-shaped, triangular and tapering to a point at the base. 形状如楔，三角锥形且基部渐尖。

Eared 耳形的 见耳形的(**auriculate**)。

Halberd-shaped 戟形的 见戟形的(**hastate**)。

Hastate 戟形的 Arrowhead-shaped, but with the basal lobes turned outward rather than downward; halberd-shaped. (compare **sagittate**) 形似箭头，基部裂片向外而非向下；戟形(对比**箭头形的**)。

Inequilateral 不等侧的 见偏斜的(**oblique**)。

Oblique 偏斜的 With unequal sides; slanting. 具不相等的边；斜的。

Rounded 圆形的 With a rounded base. 基部圆形。

Sagittate 箭头形的 Arrowhead-shaped, with the basal lobes directed downward. (compare **hastate**) 形似箭头，基部裂片向下。(对应**戟形的**)。

Truncate 截形的 With the base squared at the end as if cut off. 基部方形，刀切状。

叶尖(图 1585)

Abrupt **突然的** Terminating suddenly. See **truncate**. 骤然终止。见**截形的**。

Acuminate **渐尖的** Gradually tapering to a sharp point and forming concave sides along the tip. 叶顶尖锐,叶尖两侧叶缘内凹。

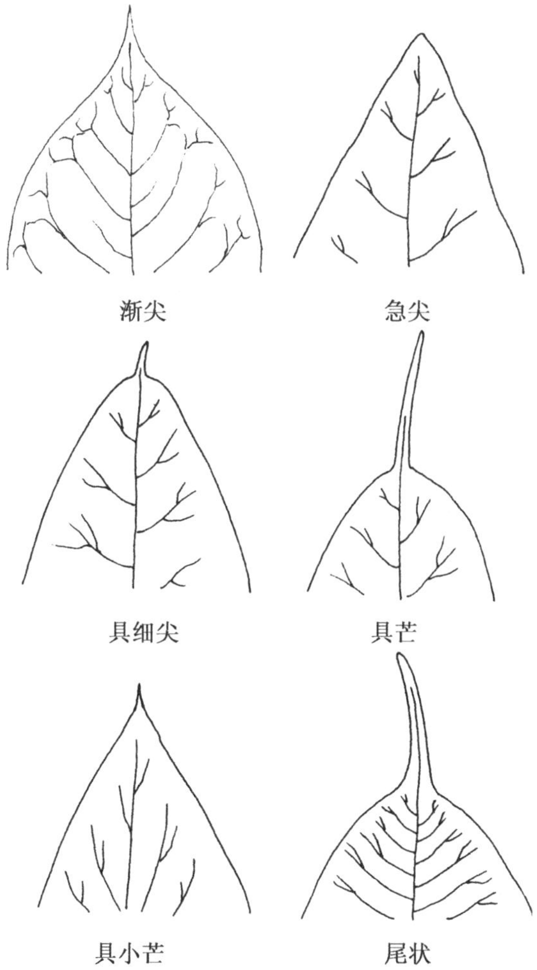

图 1585a

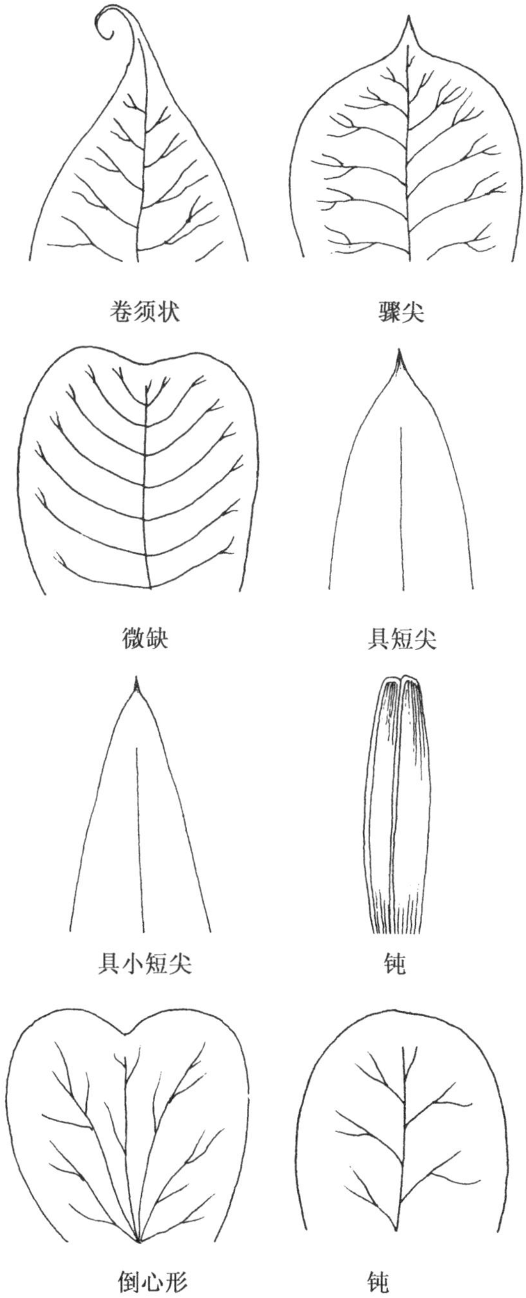

图 1585b

Acute **急尖的** Tapering to a pointed apex with more or less straight sides. 叶顶尖锐,叶尖两侧叶缘近直。

Apiculate **具细尖的** Ending abruptly in a small, slender point. 叶先端骤然终止于细尖。

Aristate **具芒的** Bearing an awn or bristle at the tip. 顶尖具芒或刚毛。

Aristulate **具小芒的** Bearing a minute awn or bristle at the tip. 顶尖具芒或刚毛。

Caudate **尾状的** With a tail-like appendage. 具有尾状的附属物。

Cirrhous **卷须状的** 见有卷须的(**cirrose**)。

Cirrose **有卷须的** With a cirrus (tendril). 具有卷须。

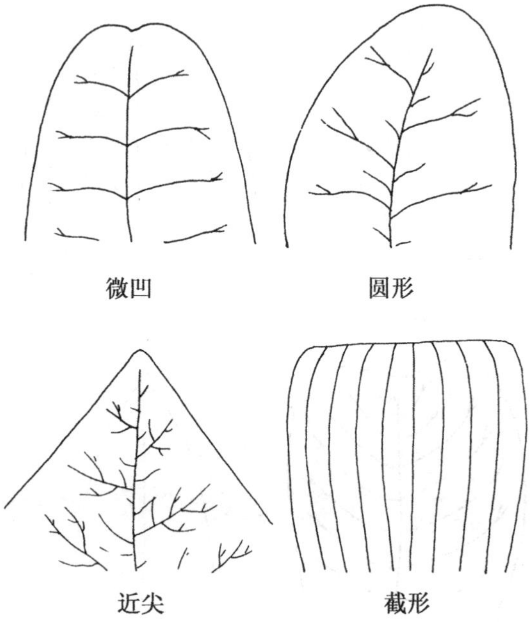

图 1585c

Cuspidate **骤尖的** Tipped with a short, sharp, abrupt point (cusp). 先端短而急尖(尖突)。

Emarginate **微缺的** With a notch at the apex. 先端略内凹。

Mucronate **短尖的** Tipped with a short, sharp, abrupt point (mucro). 先端短而急尖(短尖头)。

Mucronulate **具小短尖的** Tipped with a very small mucro. 先端具极小短尖头。

Muticous **钝的** Blunt, without a point or spine. 钝,没有叶尖或刺。

Obcordate **倒心形的** With a deeply notched apex. 先端具深缺刻。

Obtuse **钝的** Blunt or rounded at the apex; with the sides coming together at the apex at an angle greater than 90 degrees. 先端钝圆;顶角大于90度。

Praemorse **齿蚀状** Terminating abruptly, as if bitten off. See **truncate**. 骤然终止,如同被咬断的。见**截形的**。

Pungent **①锐尖的②辛辣的** Tipped with a sharp, rigid point; with a sharp, acrid odor or taste. 先端坚硬;气味或味道强烈刺激。

Retuse **微凹的** With a shallow notch in a round or blunt apex. 圆或钝的先端具浅缺刻。

Rounded **圆形的** With a rounded apex. 先端圆形。

Subacute **亚尖的,近尖的** Slightly acute. 稍急尖。

Truncate **截形的** With the apex squared at the end as if cut off. 先端方形,刀切状。

叶裂类型(图 1586)

Abruptly pinnate **偶数羽状的** Pinnate without an odd leaflet at the tip. Same as **even-pinnate**. 顶端不具奇数小叶的羽状复叶。等同**偶数羽状的**。

Bifoliate **两叶的** With two leaves or two leaflets. 具有两片叶或小叶。

Bipinnate **二回羽状的** Twice pinnate; with the divisions again pinnately divided. 二回复叶;二回羽裂。

Biternate **二回三出的** Doubly ternate with the ternate divisions again ternately divided. 二回三出分裂。

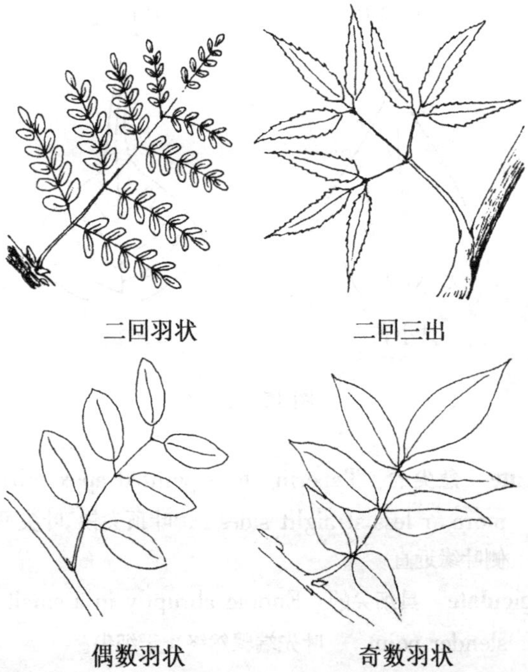

图 1586a

图 1586b

Compound leaf 复叶 A leaf separated into two or more distinct leaflets. 具两枚或两枚以上小叶的叶。

Decompound 多回复叶 More than once-compound, the leaflets again divided. 一回以上的复叶,小叶多级。

Even-pinnate 偶数羽状的 Pinnately compound with a terminal pair of leaflets or a tendril rather than a single terminal leaflet, so that there is an even number of leaflets. 顶生一对小叶或卷须而非单枚顶生小叶的羽状复叶,因而小叶数为偶数。

Foliolate 具小叶的 Pertaining to or having leaflets; usually used in compounds, such as **bifoliolate** or **trifoliolate**. 具小叶或与小叶相关的;常用于复合词,如**具二小叶的**或**具三小叶的**。

Imparipinnate 奇数羽状的 Odd-pinnate; unequally pinnate. 奇数羽状复叶;不等的羽状裂。

Interruptedly pinnate 参差羽状的 Pinnate with leaflets of various sizes intermixed. 大小不同的小叶混合排列成的复叶。

Odd-pinnate 奇数羽状的 Pinnately compound with a terminal leaflet rather than a pair of leaflets or a tendril, so that there is an odd number of leaflets. 顶生单枚小叶而非一对小叶或卷须的羽状复叶,因而小叶数为奇数。

Palmate 掌状的 Lobed, veined, or divided from a common point, like the fingers of a hand. (compare **pinnate**) 自同一点上如手掌状分出的。(对比**羽状脉的**)

Pinnate 羽状的 A compound leaf with leaflets arranged on opposite sides of an elongated axis. (compare **palmate**) 小叶沿长轴两侧相对排列的复叶。(对比**掌状的**)。

Simple 单叶的 Undivided, as a leaf blade which is not separated into leaflets (though the blade may be deeply lobed or cleft). 完整的,如叶片不分成小叶(但叶片可能深裂或具缺刻)。

Tendril-pinnate 卷须羽状复叶 Pinnately compound, but ending in a tendril, as in the sweet pea. 羽状复叶,但顶端为卷须,如香豌豆。

Ternate 三出的 In threes, as a leaf which is divided into three leaflets. 以三的数目,如具三枚小叶的复叶。

Trifoliate 具三叶的 With three leaves or three leaflets. 具三叶或三小叶。

Trifoliolate 具三小叶的 见具三叶的(**trifoliate**)。

Tripinnate 三回羽状的 Pinnately compound three times, with pinnate pinnules. 具羽状小羽片的三回羽状复叶。

Triternate 三回三出的 Triply ternate. 三回三出

Unequally pinnate 奇数羽状的 见奇数羽状的(**odd-pinnate**)。

Unifoliate 具一小叶的 A leaf theoretically compound, though only expressing a single leaflet and appearing simple, as in *Cercis*. 理论上是复叶,实际为单个小叶,看似一枚单叶的叶子,如紫荆。

常见叶裂类型检索表

1 Leaf blade not divided into separate leaflets 叶片不分成彼此独立的小叶 ………………………… **Simple** 单叶

1 Leaf blade divided into separate leaflets (**Compound**) 叶片分成彼此独立的小叶(**复叶**)

　2 Leaflets arising from a common point, like the fingers of a hand (**Palmate**) 小叶自同一点上 如手掌状分出(**掌状**)

　　3 Leaflets simple 小叶简单

　　　4 Leaflets three 小叶三枚 ………………………… **Ternate, Trifoliate** 三出掌状

　　　4 Leaflets more than three 小叶多于三枚 ………………………… **Palmate** 掌状

　　3 Leaflets divided into secondary leaflets (**Decompound**) 小叶分裂成次级小叶(**多回复叶**)

　　　5 Leaves twice divided 叶两回分裂 ………………………… **Biternate** 二回三出

　　　5 Leaves thrice divided 叶三回分裂 ………………………… **Triternate** 三回三出

　2 Leaflets arising from opposite sides of an elongated axis (**Pinnate**) 小叶沿长轴两侧相对排列(**羽状复叶**)

　　6 Leaflets simple 小叶简单

　　　7 Leaflets even in number 小叶偶数

　　　　8 Leaf ending in a tendril 叶端为卷须 ………………………… **Tendril-pinnate** 卷须羽状

　　　　8 Leaf not ending in a tendril 叶端不为卷须 ………………………… **Even-pinnate, Abruptly pinnate** 偶数羽状

　　　7 Leaflets odd in number 小叶奇数 7

　　　　9 Leaflets three 小叶三枚 ………………………… **Ternate, Trifoliate** 三出羽状

　　　　9 Leaflets more than three 小叶多于三枚 ………………………… **Odd-pinnate, Unequally pinnate, Imparipinnate** 奇数羽状

　　6 Leaflets divided into secondary leaflets (**Decompound**) 小叶分裂成次级小叶(**多回复叶**)

　　　10 Leaflets twice divided 小叶二回分裂 ………………………… **Bipinnate** 二回羽状

　　　10 Leaflets thrice divided 小叶三回分裂 ………………………… **Tripinnate** 三回羽状

叶脉式

The pattern of veining on a leaf.
叶片的脉式。

Costate 具中脉的 Ribbed. Figure 1587. 具肋纹(图 1587)。

Net-veined 网状脉的 In the form of a network; reticulate. Figure 1588. 网络状;网状。图 1588。

Parallel-veined 平行脉的 With the main veins parallel to the leaf axis or to each other. Figure 1589. (compare **net-veined**) 主脉平行于叶轴或彼此平行(图 1589)。(对比**网状脉的**)

Pinnipalmate 羽状掌状的 Intermediate between pinnate and palmate, as in a leaf with the

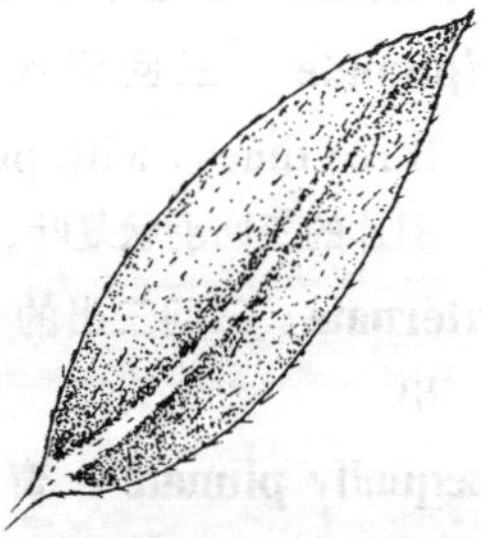
图 1587

图 1588

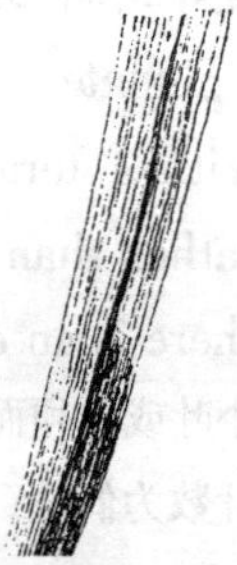
图 1589

first pair of veins larger and more distinctive than the others. Figure 1590. 羽状和掌状之间的中间类型,叶片的第一对脉比其他的脉大而明显(图1590)。

图 1590

Reticulate **网状的** In the form of a network; net-veined. Figure 1588. 呈网络;网状脉。图1588。

Ribbed **具肋的** With prominent ribs or veins. See illustration for **costate**. 具明显的肋状突起或脉纹。见**具中脉的**的图解。

Trinerved **具三脉的** Three-nerved, with the nerves all arising from near the base. Figure 1591.(compare **triplinerved**) 三脉,都从近基处发出(图1591)。(对比**离基三出脉的**)。

Triplinerved **离基三出脉的** Three-nerved, with the two lateral nerves arising from the mid-nerve above the base. Figure 1592.(compare **trinerved**) 三脉,两侧脉从中脉基部的上方分出(图1592)。(对比**具三脉的**)

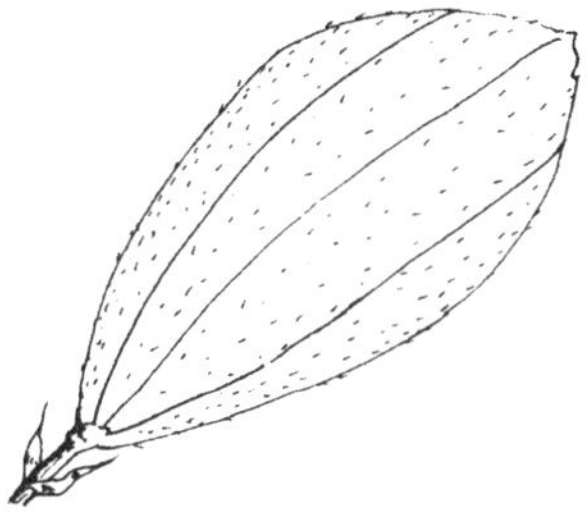

图 1591

图 1592

Venose **具脉的** Veiny. Figure 1588. 具脉纹(图1588)。

叶缘(图1593)

Bidentate **具二齿的** With two teeth. 具两个齿。

Bifid **二裂的** Deeply two-cleft or two-lobed, usually from the tip. 通常从顶端二深裂。

Bilobed **两浅裂片的** Divided into two lobes. 分成两个圆裂片。

Bipartite **二深裂的** Divided almost to the base into two divisions. 二裂几近叶片的基部。

Bipinnatifid **二回羽状裂的** Twice pinnately cleft. 两次羽状半裂。

Bisected **二裂的** Split into two parts. 裂成两部分。

Biserrate **具重锯齿的** Doubly serrate, as when the teeth of a serrate leaf are also serrate. 叶缘锯齿上再具小锯齿。

Cleft **半裂的** Cut or split about half-way to the middle or base. 裂至基部或中部的一半。

Crenate **具圆齿的** With rounded teeth along the margin. 叶缘具圆形的齿。

Crenulate **具细圆齿的** With very small rounded teeth along the margin. 叶缘具很小的圆齿。

Crisped **皱波状的** Curled, wavy or crinkled. 弯曲,波状或皱褶状。

Dentate **具齿的** Toothed along the margin, the teeth directed outward rather than forward. 叶缘具齿,尖朝外而非朝前。

Denticulate **具细牙齿的** Dentate with very small teeth. 叶缘具很小的牙齿。

Digitate **①指状的 ②掌状复出的** Lobed, veined, or divided from a common point, like the fingers of a hand.(same as **palmate**). 从一个点上浅裂,具脉或裂片,好像一只手的手指一样。(等同**掌状的**)。

Dissected **多裂的** Deeply divided into many narrow segments. 深裂为多个狭的裂片。

Divided **全裂的** Cut or lobed, essentially to the base or to the midrib. 分裂至叶基或中脉。

Edentate **无齿的** Without teeth. 不具齿。

Entire **全缘的** Not toothed, notched, or divided, as the continuous margins of some leaves. 无齿、缺刻或裂片,如某些叶的边缘。

Erose **啮蚀状的** With the margin irregularly toothed, as if gnawed. 叶缘具参差不齐的齿,好像被啃过似的。

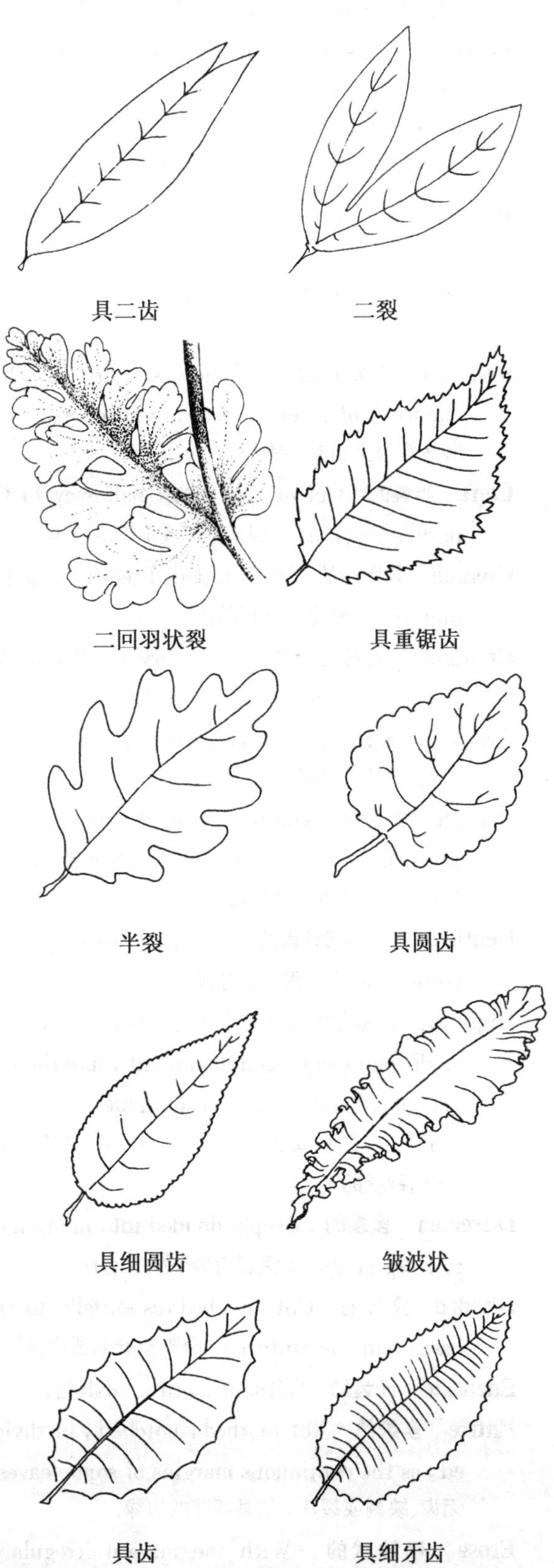

图 1593a

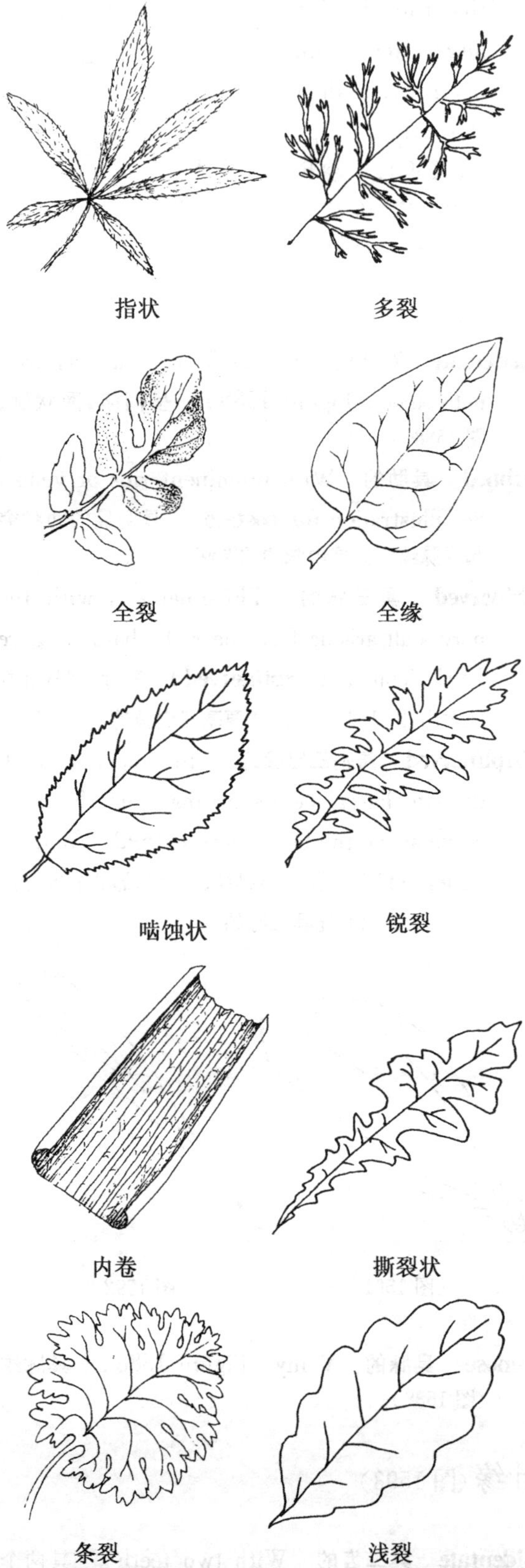

图 1593b

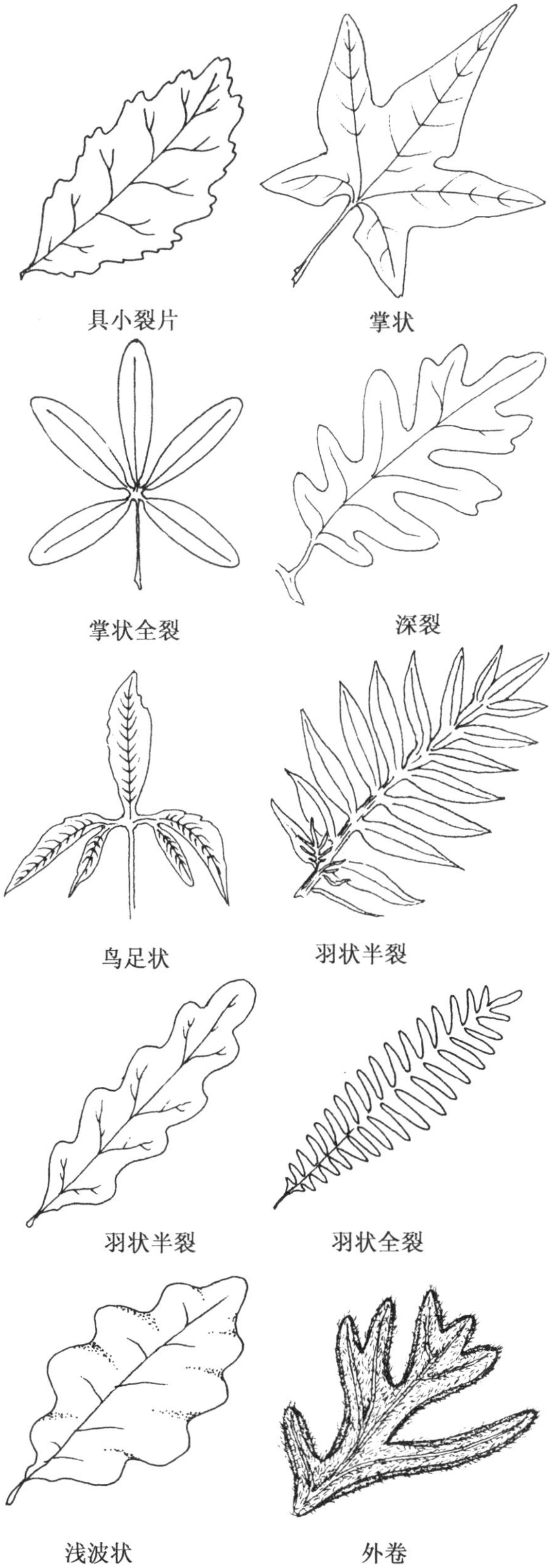

图 1593c

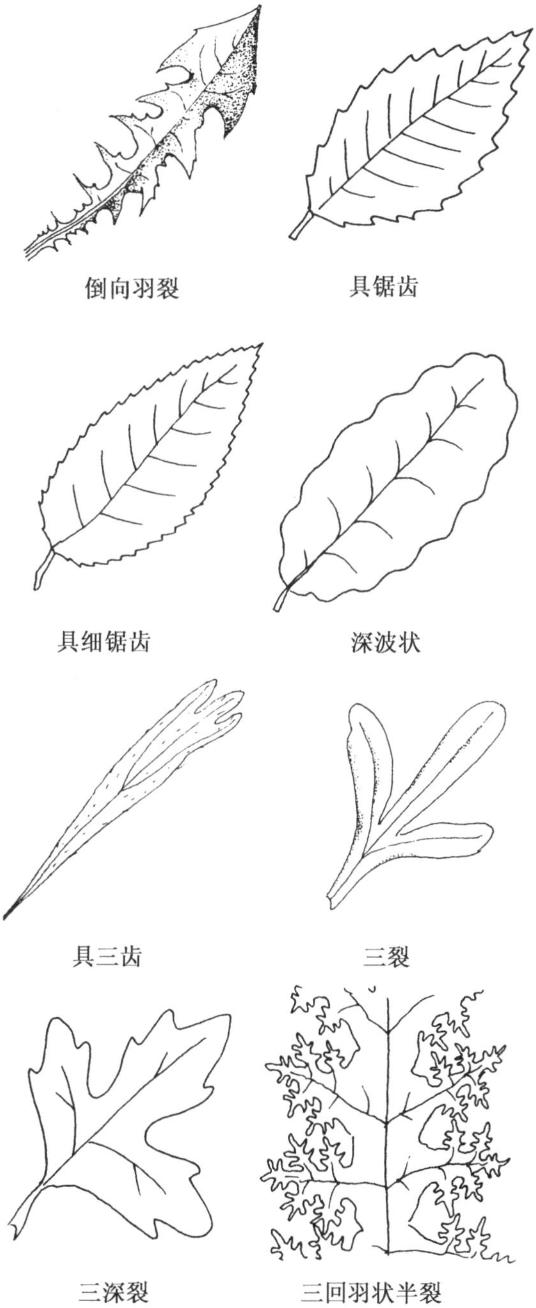

图 1593d

Erosulate　浅啮蚀状的　More or less erose.　多少有些啮蚀状。

Incised　①具缺刻的 ②锐裂的　Cut sharply, deeply, and usually irregularly.　通常参差不齐、急而深的裂。

Inrolled　内卷的　Curled or rolled inward; involute.　向内弯曲或卷曲;内卷。

Involute　内卷的　With the margins rolled inward toward the upper side. (compare **revolute**) 边缘向上内卷。(对比**外卷的**)。

Lacerate　撕裂状的　Cut or cleft irregularly, as if torn.　不规则的分裂或半裂,好像被撕开似的。

Laciniate　条裂的　Cut into narrow, irregular lobes or segments.　裂成窄的不规则的圆裂片或条裂片。

Lobed　浅裂的　Bearing lobes which are cut less than half way to the base or midvein.　裂片分裂不及基部或中脉的一半。

Lobulate　具小裂片的　with lobules.　具有小裂片。

Multifid　多裂的　Cleft into many narrow segments or lobes.　半裂成许多狭窄的条裂片或圆裂片。

Palmate　掌状的　Lobed, veined, or divided from a common point, like the fingers of a hand. (compare **pinnate**).　自同一点上如手掌状分出。(对比**羽状的**)。

Palmatifid　掌状裂的　Palmately cleft or lobed. 掌状半裂或浅裂。

Palmatisect　掌状全裂的　Palmately divided.　掌状全裂。

Parted　深裂的　Deeply cleft, usually more than half the distance to the base or midvein.　深裂,通常超过至基部或中脉的一半。

Pedate　鸟足状的　Palmately divided, with the lateral lobes 2-cleft.　掌状全裂,外侧的裂片二裂。

Pinnatifid　羽状半裂的　Pinnately cleft or lobed half the distance or more to the midrib, but not reaching the midrib.　羽状半裂或浅裂至中脉的一半或更多,但未达到中脉。

Pinnatilobate　羽状浅裂的　With pinnately arranged lobes.　具羽状排列的浅裂片。

Pinnatisect　羽状全裂的　Pinnately cleft to the midrib.　羽状裂至中脉。

Quadripinnatifid　四回羽状裂的　Four times pinnately cleft.　四次羽状的分裂。

Repand　浅波状的　With a slightly wavy or weakly sinuate margin. Same as **undulate**.　边缘有些波状或微弱的弯曲。等同**波状的**。

Revolute　外卷的　With the margins rolled backward toward the underside. (compare **involute**)　边缘向下后卷。(对比**内卷的**)。

Runcinate　倒向羽裂的　Sharply pinnatifid or cleft, the segments directed downward.　急羽裂或半裂,裂片向下。

Serrate　有锯齿的　Toothed along the margin, the sharp teeth pointing forward.　叶缘具齿,尖齿向前。

Serrulate　有细锯齿的　Toothed along the margin with minute, sharp, forward-pointing teeth.　叶缘有细小的尖齿,尖齿向前。

Sinuate　具深波状的　With a strongly wavy margin.　具强烈波状弯曲的边缘。

Sinuous　波状的　Of a wavy or serpentine form. See illustration for **sinuate**.　波浪或蛇行的形状。见**深波状**的插图。

Tridentate　三齿的　Three-toothed.　三齿。

Trifid　三裂的　Three-cleft.　三裂

Tripartite　三深裂的　Three-parted.　三深裂。

Tripinnatifid　三回羽状半裂的　Thrice pinnately cleft.　三次羽状半裂。

Undulate　波状的　Wavy, but not so deeply or as pronounced as **sinuate**. See illustration for **repand**.　波浪状,但波曲程度不及**深波状**。见**浅波状的**的插图。

常见叶缘类型检索表

1 Margin continuous, not toothed, notched, lobed, or divided 叶缘不具齿、缺刻、或深、浅裂片 ……… **Entire** 全缘

1 Margin toothed, notched, lobed, or divided 叶缘具齿、缺刻、或深、浅裂片

2 Leaf toothed, notched, lobed, or incised less than half the distance to the base or midvein 叶片具齿、缺刻、浅裂或缺刻状的深度不及基部或中脉的一半

3 Margin not distinctly toothed or lobed, merely wavy 叶缘不具明显的齿或裂片,仅波状弯曲

4 Margin tightly wavy, producing a crinkled appearance 叶缘密集地波状弯曲,呈皱缩状 …………… **Crisped** 皱波状的

4 Margin loosely wavy, producing a smoother appearance 边缘松散地波状弯曲,呈平滑状 …………… **Repand, Sinuate** 浅波状的,深波状的

3 Margin distinctly toothed or lobed 叶缘具明显的齿或裂片(注:此条目为译者依据上下文要求而加)

5 Leaf toothed or lobed only at the apex 仅在顶端具齿或裂片

6 Apex with two teeth or lobes 顶端具两个齿或裂片 …………… **Bidentate** 具二齿的

6 Apex with three teeth or lobes 顶端具三个齿或裂片 …………… **Tridentate** 具三齿的

5 Leaf toothed or lobed below the apex 顶端以下具齿或裂片

7 Margin coarsely lobed or cleft 叶缘具粗的浅裂片或半裂

8 Margin irregularly cleft 叶缘不规则地半裂 …………… **Cleft** 半裂的

8 Margin regularly lobed 叶缘规则地浅裂……… **Lobed, Pinnatilobate** 浅裂的,羽状浅裂的

7 Margin finely toothed or lobed 叶缘具细小的齿或裂片

9 Margin not sharply toothed 叶缘不具尖齿 …………… **Crenate** 具圆齿的

9 Margin sharply toothed 叶缘具尖齿

10 Margin irregularly toothed 叶缘具参差不齐的齿 …………… **Erose** 啮蚀状的

10 Margin regularly toothed 边缘具整齐的齿

11 Teeth directed forward 齿尖向前 …………… **Serrate** 具锯齿的

11 Teeth directed outward 齿尖向外 …………… **Dentate** 具牙齿的

2 Leaf lobed, divided, or incised half or more the distance to the base or midvein 叶片浅裂、深裂深度达基部或超过至中脉的一半

12 Leaf parted or divided only at the apex 叶片仅在顶端深裂或全裂

13 Leaf divided at the apex into two sections 叶从顶端分成两部分 …………… **Bipartite** 二深裂的

13 Leaf divided at the apex into three sections 叶从顶端分成三部分…………… **Trifid** 三深裂的

12 Leaf parted or divided below the apex 叶片在顶端以下深裂或全裂

14 Leaf palmately lobed or divided 叶掌状浅裂或深裂

15 Leaf divisions resembling the fingers of a hand 叶裂像手指 …………… **Digitate** 指状的

15 Leaf divisions not particularly resembling the fingers of a hand 叶裂不特别像手指 …………… **Palmatifid** 掌状裂的

14 Leaf pinnately lobed or divided 叶羽状浅裂或分裂

16 Leaf irregularly cleft or divided 叶不规则半裂或分裂

17 Leaf divided into many very narrow segments 叶分裂成许多非常狭窄的裂片 …………… **Dissected** 多裂的

17 Leaf divided more broadly 叶分裂形成的裂片更宽些

18 Leaf segments directed outward or forward 叶裂片指向外部或前方 …………… **Incised, Lacerate** 锐裂的,条裂的

18 Leaf segments directed backward 叶裂片指向后 …………… **Runcinate** 倒向羽裂的

16 Leaf regularly cleft or divided 叶不规则半裂或深裂

19 Leaf cleft to the midvein 叶全裂至中脉 ································ **Pinnatisect** 羽状全裂的
19 Leaf not cleft to the midvein 叶不全裂至中脉 ···················· **Pinnatifid** 羽状半裂的

叶的着生方式

Amplexicaul 抱茎的 Clasping the stem, as the base or stipules of some leaves. Figure 1594. 抱茎,如某些叶子的基部或托叶紧抱着茎干(图1594)。

Auriculate-clasping 耳状抱茎的 Earlike lobes at the base of a leaf, encircling the stem. Figure 1595. 叶基具耳状裂片,环绕着茎干(图1595)。

图 1594

图 1595

Clasping 抱茎的 Wholly or partly surrounding the stem. Figure 1594. 全部或部分围绕着茎干(图1594)。

Connate-perfoliate 对生连基抱茎的 With the bases of opposite leaves fused around the stem. Figure 1596. 对生叶的基部联合并围绕茎干(图1596)。

Decurrent 下延的 Extending downward from the point of insertion, as a leaf base that extends down along the stem. Figure 1597. 从着生点向下延伸,如叶基沿茎干向下延伸(图1597)。

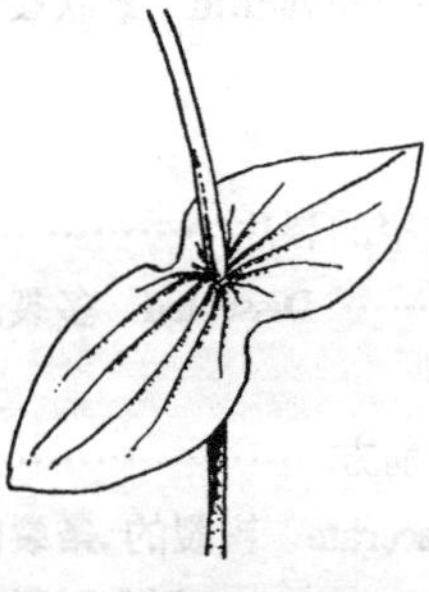

图 1596

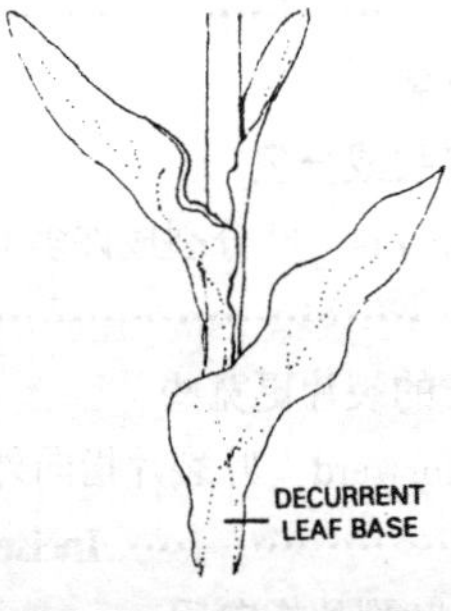

图 1597

Excurrent 延伸的 Extending beyond what is typical, as in a leaf base which extends down the stem. See illustration for **decurrent**. 超常延伸,如叶基沿茎干下延。见下延的的插图。

Ocreate 具托叶鞘的 With sheathing stipules. Figure 1598. 具鞘状托叶(图1598)。

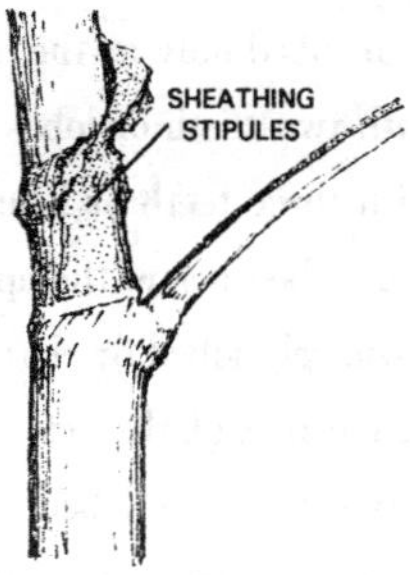

图 1598

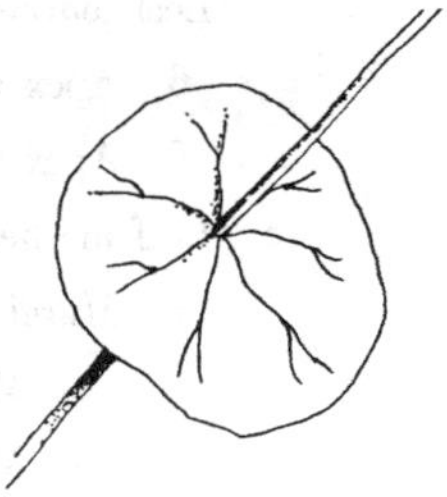

图 1599

Perfoliate 茎穿叶的 A leaf with the margins entirely surrounding the stem, so that the stem appears to pass through the leaf. Figure 1599. 叶边缘完全包围绕着茎,使茎看似从叶中穿过(图1599)。

Petiolate 具叶柄的 With a petiole. Figure 1600. 叶具柄(图1600)。

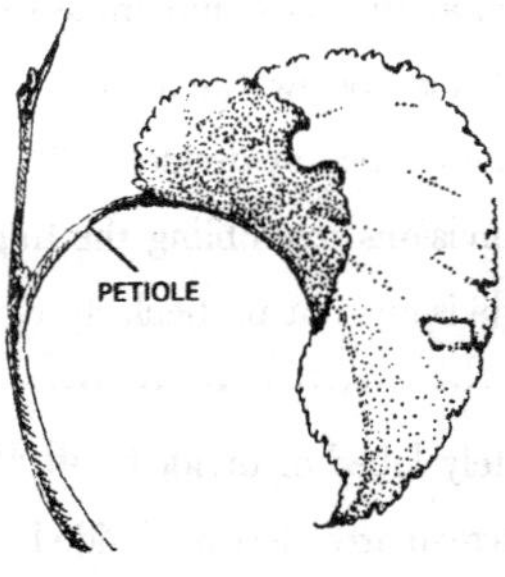

图 1600

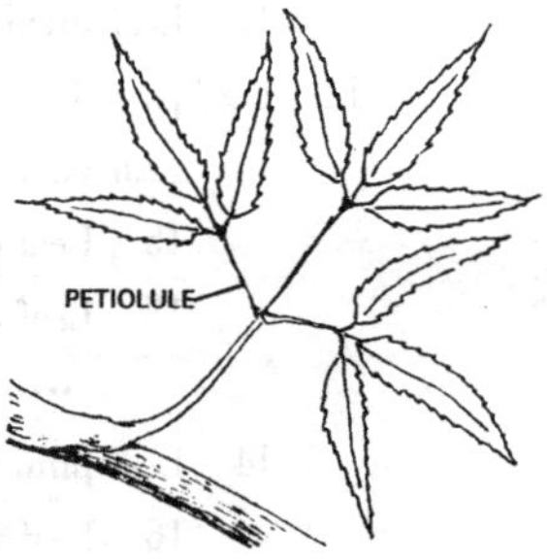

图 1601

Petioled 具叶柄的 见具叶柄的(**petiolate**)。

Petiolulate 具小叶柄的 With a petiolule. Figure 1601. 小叶具柄(图1601)。

Sessile 无柄的 Attached directly, without a

supporting stalk, as a leaf without a petiole. Figure 1602. 直接着生,无梗、柄,如无柄的叶子(图 1602)。

Sheathing 具鞘的 Forming a sheath, as the leaf base of a grass forms a sheath as it surrounds the stem. Figure 1603. 形成鞘,如禾草叶基部形成包裹着围茎的鞘(图 1603)。

图 1602

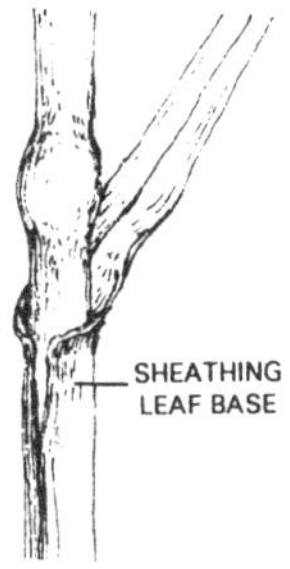

图 1603

叶的排列方式(图 1604)

Alternate 互生的 Borne singly at each node, as leaves on a stem. (compare **opposite**) 每个节上着生一个,如茎上着生的叶。(对比**对生的**)

Basal 基生的 Positioned at or arising from the base, as leaves arising from the base of the stem. 位于或从基部发出,如叶从茎的基部发出。

Bilateral 两侧的 Arranged on two sides, as leaves on a stem. 排列在两边,如茎上着生的叶。

Cauline 茎生的 Leaves arising from the stem above ground level. 叶从茎的地上部分发出。

Decussate 交互对生的 Arranged along the stem in pairs, with each pair at right angles to the pair above or below. 在茎上成对排列,相邻各对之间彼此呈直角。

Dextrorse 右旋的 Turned to the right or spirally arranged to the right, as in the leaves on some stems. 向右转或向右螺旋排列,如叶片在一些茎干上的排列方式。

Distichous 二列的 In two vertical ranks or rows on opposite sides of an axis. 在轴的相对两侧呈垂直的行或列排列。

Equitant 套折的 Overlapping or straddling in two ranks, as the leaves of *Iris*. 相互交叠成二列,如鸢尾属的叶。

Opposite 对生的 Borne across from one another at the same node, as in a stem with two leaves per node. (compare **alternate**) 在同一节的相对两侧着生,如茎的一个节上着生两片叶子。(对比**互生的**)。

Ranked 成列的 Arranged into vertical rows. 排列成竖行。

Rosette 莲座丛 A dense radiating cluster of leaves usually at or near ground level. 叶子通常密集呈辐射状排列在地面或近地面上。

Rosulate 莲座状的 With the leaves arranged in basal rosettes, the stem very short or lacking. 叶基生莲座状排列,茎干极短或无。

Sinistrorse 左旋的 Turned to the left or spirally arranged to the left, as in the leaves on some stems. 向左转或向左螺旋排列,如某些茎上着生的叶。

Verticillate 轮生的 Arranged in verticils; whorled. 成轮排列;轮生。

Whorled 轮生的 With parts arranged in whorls, as in a leaf arrangement with three or more leaves arising from a node. Same as **verticillate**. 各部分成轮排列,如同在一节上发出 3 片或更多叶子。等同**轮生的**。

叶排列方式检索表

1 Leaves positioned at the base of the stem 叶着生在茎干的基部 ………………………… **Basal** 基生的

1 Leaves positioned on an elongated stem (**Cauline**) 叶着生在伸长的茎干上(**茎生的**)

  2 Leaves one per node 每节上具 1 叶 ………… ………………………… **Alternate** 互生的

  2 Leaves two or more per node 每节上具 2 或更多叶

    3 Leaves two per node 每节上具 2 叶 ……… ………………………… **Opposite** 对生的

    3 Leaves three or more per node 每节上具 3 或更多叶 ………………… **Whorled** 轮生的

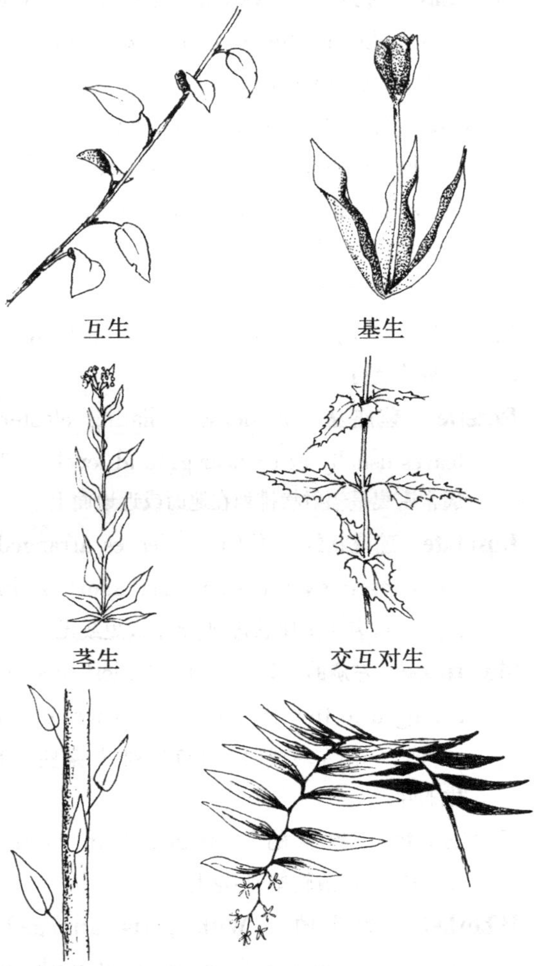

图 1604a

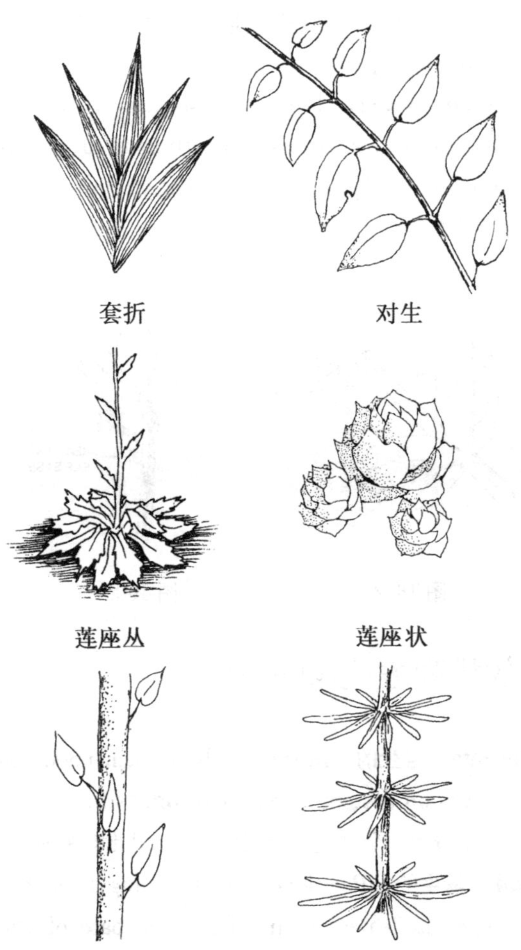

图 1604b

叶的相关术语

Circinate **拳卷的** Coiled from the tip downward, as in the young leaves of a fern. Figure 1605. 从顶端向下卷曲,如真蕨的幼叶(图 1605)。

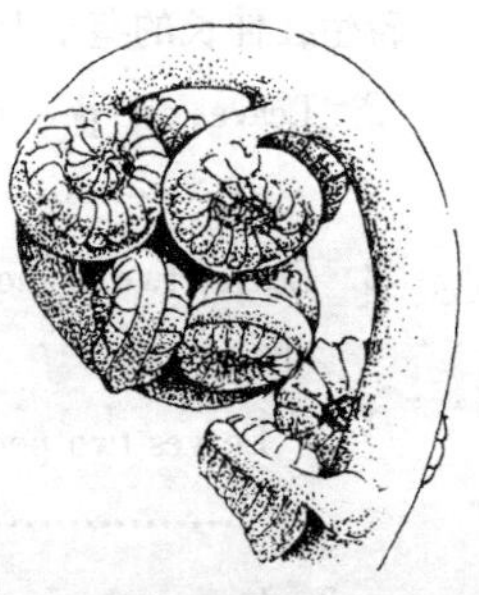

图 1605

Cirriferous **具卷须的** Bearing a tendril. Figure 1606. 具有卷须(图 1606)。

Complicate **摺叠的** Folded together. Figure 1607. 折叠在一起(图 1607)。

图 1606

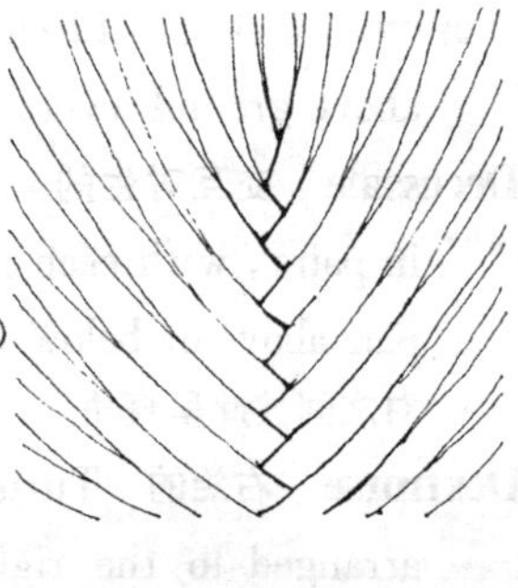

图 1607

Conduplicate **对折的** Folded together lengthwise with the upper surface within, as the leaves of many grasses. Figure 1608. 上表

面沿长轴折叠在一起,如许多禾草叶(图 1608)。

Deciduous 脱落的 Falling off, as leaves from a tree; not evergreen; not persistent. 凋落,如叶从树上脱落;不常绿;不宿存。

Estipulate 无托叶的 Without stipules. Figure 1609. 没有托叶(图 1609)。

图 1608

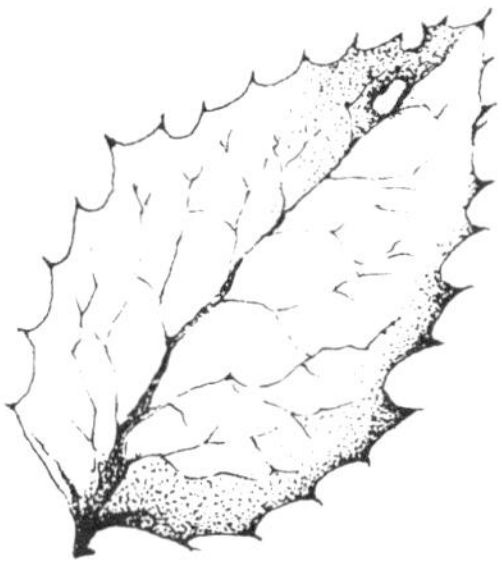

图 1609

Evergreen 常绿的 Having green leaves through the winter; not deciduous. 在冬季也具绿色的叶子;非落叶的。

Exstipulate 无托叶的 等同无托叶的(**estipulate**)。

Frond 叶(蕨类,棕榈,苏铁类) A large, divided leaf; a fern or palm leaf. Figure 1610. 大而分裂的叶;真蕨或棕榈叶。图 1610。

Gamophyllous 联生叶的 With the leaves united, usually by the margins. 叶联生,通常在叶缘相联。

Heterophyllous 具异形叶的 With different kinds of leaves on the same plant. Figure 1611. 同一植物上具有不同类型的叶子(图 1611)。

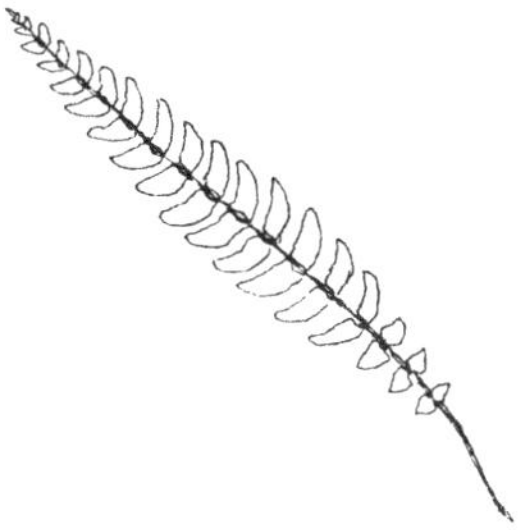

图 1610

图 1611

Limbate 具异色边的 Bordered, as in a leaf or flower in which one color forms an edging or margin around another. Figure 1612. 具边,如叶或花中一种颜色形成的边围绕着不同颜色的其他部分(图 1612)。

Macrophyll 大型叶 The relatively large, expanded leaf of higher vascular plants. Figure 1613. 高等维管植物中相对大而伸展的叶(图 1613)。

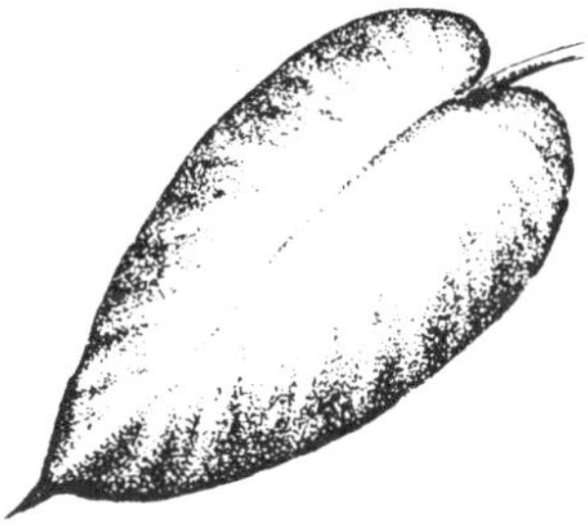

图 1612

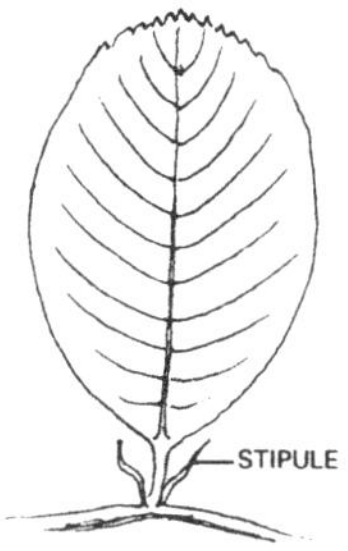

图 1613

Marcescent 凋存的 Withering but persistent, as the sepals and petals in some flowers or the leaves at the base of some plants. Figure 1614. 凋而不落,如某些花的萼片和花瓣或某些植物基部的叶片(图 1614)。

Marginate 具边的 With a distinct margin. 具有明显的边缘。

Phyllopodic 基生叶茂盛的 With the lowest leaves well developed, not reduced to scales. Figure 1615. 最基部的叶发育良好,不退化为鳞片(图 1615)。

图 1614

图 1615

Stipulate 具托叶的 Bearing stipules. Figure 1613. 具有托叶(图 1613)。

Succulent 肉质的,多汁的 Juicy and fleshy, as the leaves of *Aloe*. Figure 1616. 多汁且肉

质，如芦荟属的叶片(图 1616)。

Venation **脉序** The pattern of veining on a leaf. Figure 1617. 叶脉的式样(图 1617)。

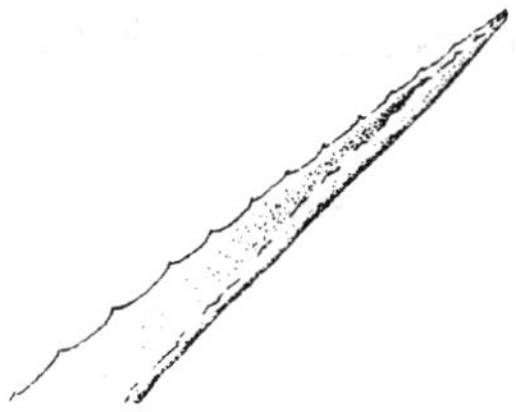

图 1616

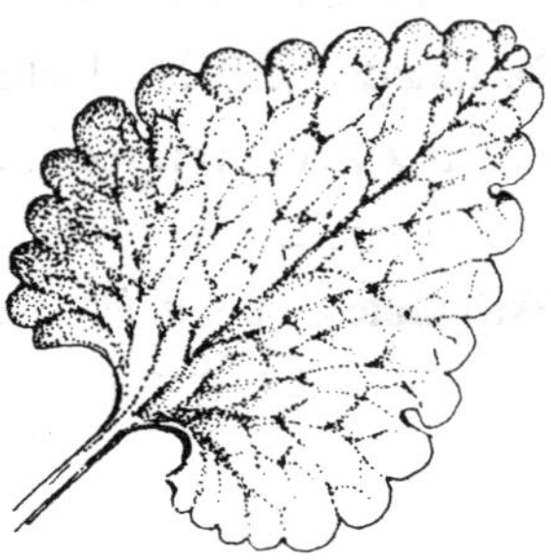

图 1617

表　　面

Surfaces of leaves, stems, fruits, and other organs.
叶、茎、果实和其他器官的表面。

Aculeate **具皮刺的** Prickly; covered with prickles. Figure 1618. 具皮刺的;被覆皮刺。图1618。

Aculeolate **①被小刺的 ②稍具皮刺的** Minutely prickly; covered with tiny prickles. Figure 1619. 具小皮刺的;被覆着小皮刺。图1619。

图 1618

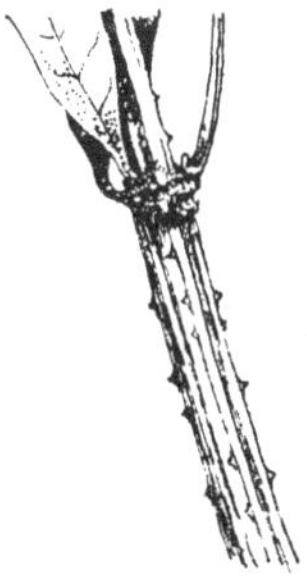

图 1619

Alveolar **蜂窝状的** 见蜂窝状的(**alveolate**)。

Alveolate **蜂窝状的** Honey-combed, with pits separated by thin, ridged partitions. Figure 1620. 蜂窝状,窝孔被薄的脊状隔壁分隔(图1620)。

图 1620

Aperturate **有孔的** With one or more openings or apertures. In pollen grains, these apertures may be only thin spots rather than actual perforations. Figure 1621. 具一个或多个开口或孔。在花粉粒中,这些孔可能仅仅是薄的区域,而不是真正的穿孔(图1621)。

Arachnoid **具蛛丝状毛的** Bearing long, cobwebby, entangled hairs. Figure 1622. 具有长的、蛛网似的缠结在一起的毛(图1622)。

Argenteous **银灰色的** Silvery. 具银色光泽的。

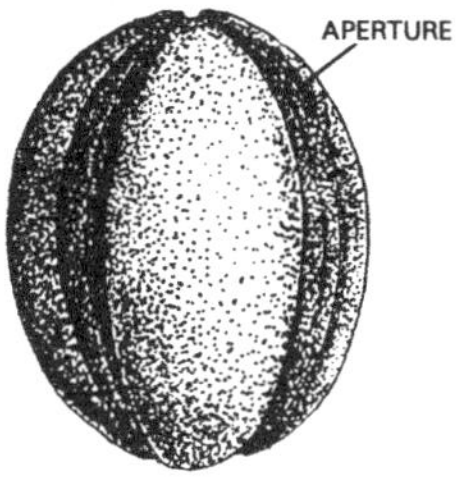

图 1621

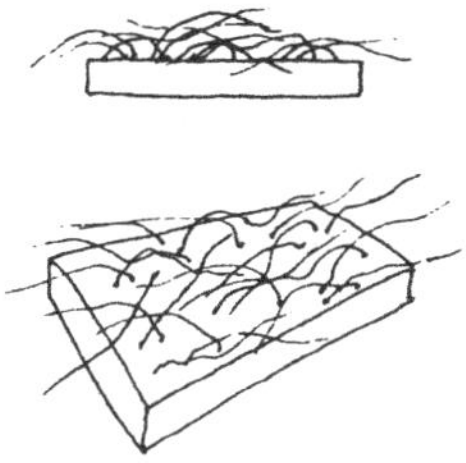

图 1622

Armed **具刺的** Bearing thorns, spines, barbs, or prickles. 具棘、刺、倒钩或皮刺。

Asperous **粗糙的** Rough to the touch. 手感粗糙。

Barbellate **具短硬毛的,具倒刺毛的** With short, stiff hairs or barbs. Figure 1623. 具短而硬的毛或倒刺毛(图1623)。

Barbellulate **具小短硬毛的,具小倒刺毛的** With very tiny short, stiff hairs or barbs. Figure 1624. 具非常小的短硬毛或倒刺毛(图1624)。

图 1623

图 1624

Bullate **具泡状隆起的** With rounded, blistery projections covering the surface. Figure 1625. 表面被覆圆形的泡状突起物(图1625)。

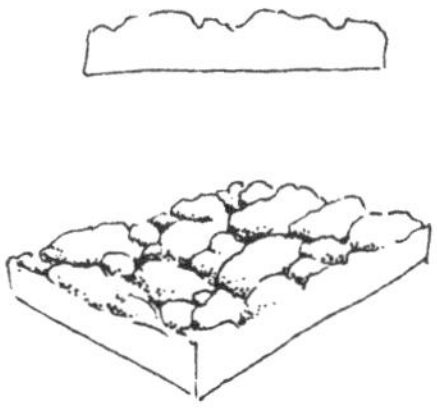

图 1625

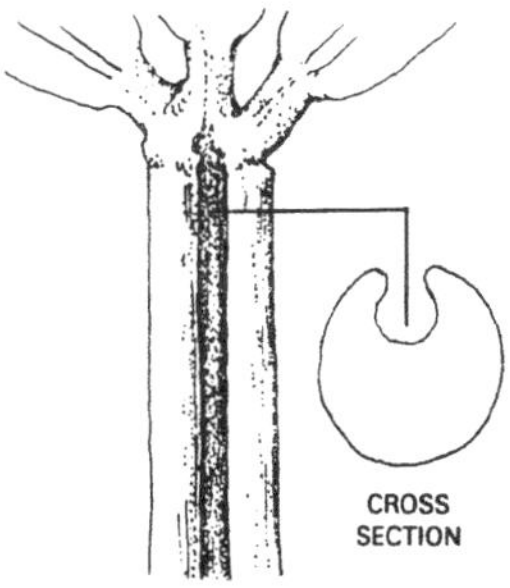

图 1626

Canaliculate **具沟的** With longitudinal channels or grooves. Figure 1626. 具有纵向的沟或槽(图 1626)。

Cancellate **格状的** Latticed with a fine, regular, reticulate pattern. Figure 1627. 具有细小、呈规则网状的格(图 1627)。

Canescent **变灰白的** Gray or white in color due to a covering of short, fine gray or white hairs. Figure 1628. 由于被覆短而细的灰色或白色毛呈灰色或白色(图 1628)。

图 1627

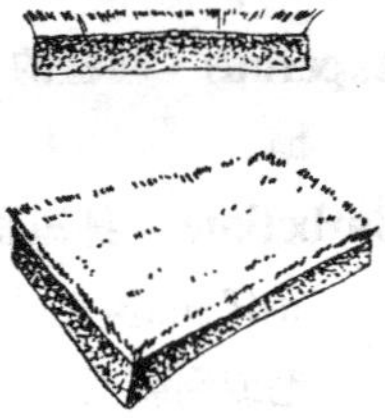

图 1628

Channeled **具沟的** With one or more deep longitudinal grooves. Figure 1629. 具有一条或多条深的纵沟(图 1629)。

图 1629

Ciliate **具缘毛的** With a marginal fringe of hairs. Figure 1630. 边缘具有流苏状毛(图 1630)。

Ciliolate **具短缘毛的** With a marginal fringe of minute hairs. Figure 1631. 边缘具有流苏状小毛(图 1631)。

Cinereous **灰色的** Ash-colored; grayish due to a covering of short hairs. 灰色的;由于被覆短毛而呈灰色。

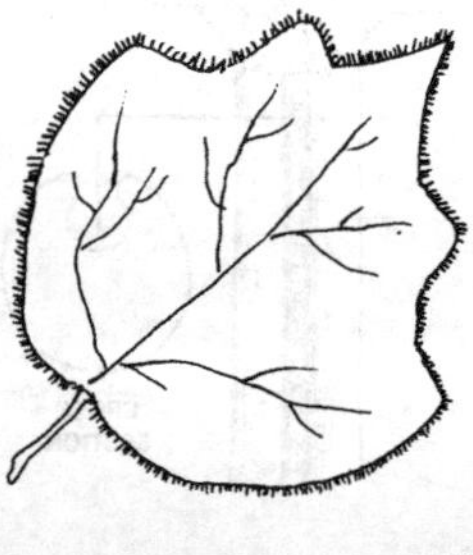

图 1630

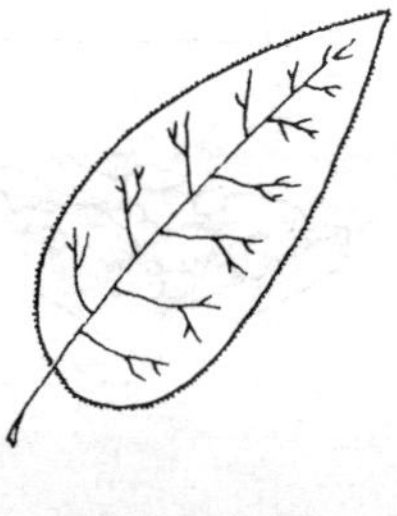

图 1631

Coriaceous **革质的** With a leathery texture. 具有皮革般的质地。

Corrugated **具皱褶的** Wrinkled or folded into alternating furrows and ridges. Figure 1632. 起皱或折叠成交错的沟和脊(图 1632)。

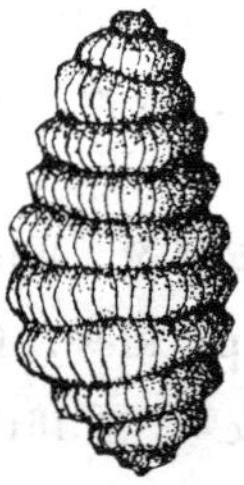

图 1632

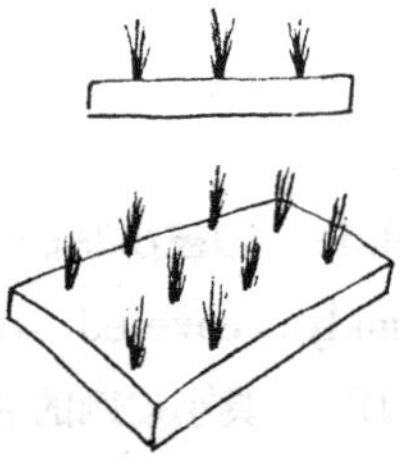

图 1633

Crinite **具长柔毛的** With tufts of long, soft hairs. Figure 1633. 具簇生的长而软的毛(图 1633)。

Echinate **具刺的** With prickles or spines. Figure 1634. 具皮刺或刺(图 1634)。

Echinulate **具小刺的** With very small prickles or spines. Figure 1635. 具有很小的皮刺或刺(图 1635)。

图 1634

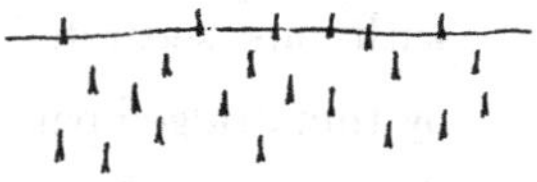

图 1635

Faceted **具小平面的** With many plane surfaces, like a cut gem, as in some seeds. Figure 1636. 具有多个平的表面,像切割过的宝石,如某些种子(图 1636)。

Farinose **被粉的** Covered with a mealy, powdery substance. Figure 1637. 被覆粉状物(图 1637)。

Faveolate **蜂窝状的** Honeycombed or pitted; alveolate. 蜂窝状的或具凹痕;多小孔的。

Favose **蜂窝状的** 见蜂窝状的(**faveolate**)。

Fenestrate **具窗孔的** With window-like perfora-

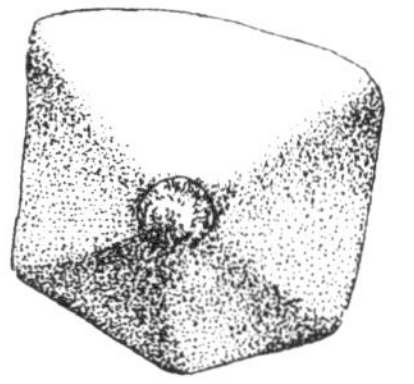
图 1636

图 1637

tions, openings, or translucent areas. Figure 1638. 具窗形的穿孔、开口或透明的区域(图 1638)。

Fimbriate **流苏状的** Fringed, usually with hairs or hair-like structures (fimbrillae) along the margin. Figure 1639. 流苏状,通常由毛或毛状物沿边缘形成(图 1639)。

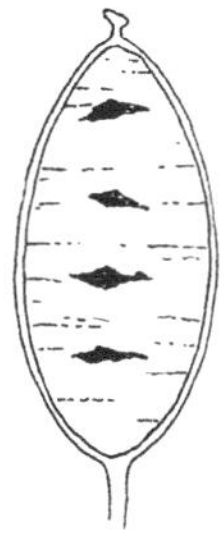
图 1638

图 1639

Floccose **被丛卷毛的** Bearing tufts of long, soft, tangled hairs. Figure 1640. 具有成丛的长软而缠结的毛(图 1640)。

Flocculent **被短丛卷毛的** Bearing tufts of very fine woolly hairs; floccose. 具有成丛的细小绵状毛;被丛卷毛的。

Fluted **具沟的** With furrows or grooves. Figure 1641. 具沟或槽的(图 1641)。

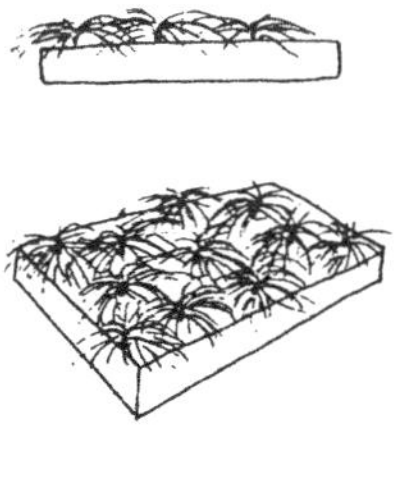
图 1640

图 1641

Foveate **具孔穴的** With foveae; pitted. Figure 1642. 具孔穴;具凹坑。图 1642。

Foveolate **①具小孔穴的 ②蜂窝状的** With foveolae; minutely pitted. Figure 1643. 具小穴;具小凹坑(图 1643)。

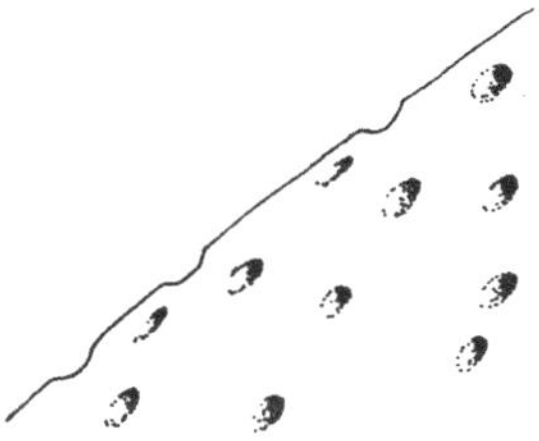
图 1642

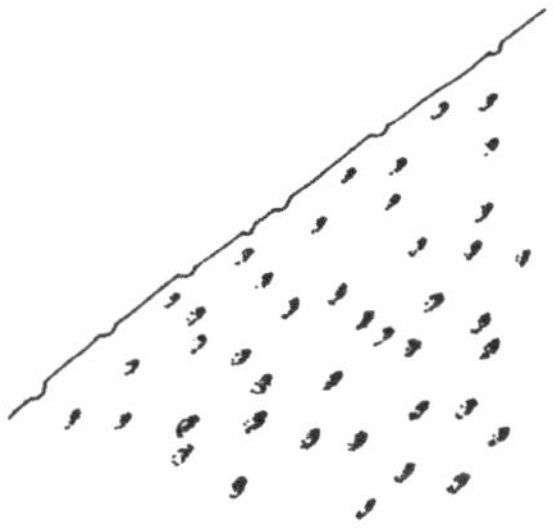
图 1643

Fringed **具流苏的** With hairs or bristles along the margin. 沿边缘具毛或刚毛。

Furfuraceous **软鳞片状的** Scurfy; branlike; flaky. Figure 1644. 皮屑状的;糠秕状的;薄片状的。图 1644。

Glabrate **脱毛的** Becoming glabrous; almost glabrous. 变无毛;几近无毛。

Glabrescent **变无毛的** 见脱毛的(**glabrate**)。

Glabrous **①光滑的 ②无毛的** Smooth; hairless. 光滑;无毛。

Glandular **具腺的** Bearing glands. Figure 1645. 具有腺体(图 1645)。

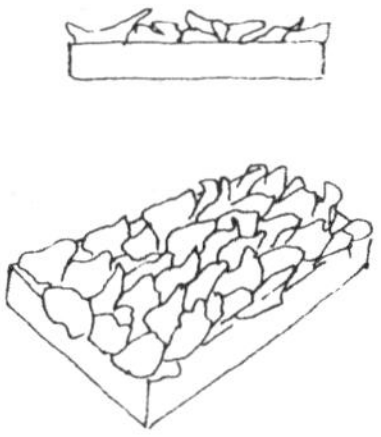
图 1644

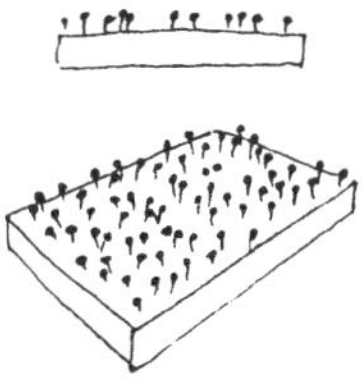
图 1645

Glaucescent **带白霜的** Somewhat glaucous; becoming glaucous. 微具白霜;呈苍白色。

Glaucous **有白霜的** Covered with a whitish or bluish waxy coating (bloom), as on the surface of a plum. 被覆白色或蓝色的蜡质粉霜层,如李子的表面。

Glochidiate **具倒刺的** Barbed at the tip. Figure

1646. 顶端具倒刺(图 1646)。

Glutinous 胶黏的 Gluey; sticky; gummy; covered with a sticky exudation. 胶质的;黏性的;被覆黏的分泌物。

Hirsute 具长硬毛的 Pubescent with coarse, stiff hairs. Figure 1647. 具有粗糙而坚硬的毛(图 1647)。

图 1646

Hirsutulous 具微糙硬毛的 Pubescent with very small, coarse, stiff hairs. Figure 1648. 具有非常小的粗糙而坚硬的毛(图 1648)。

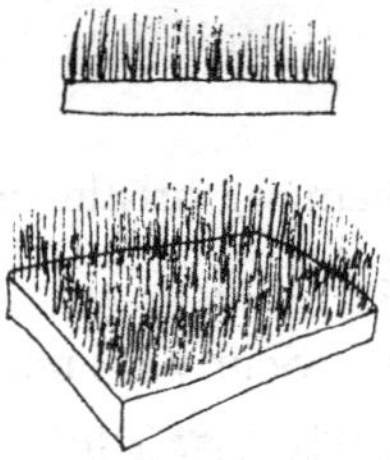

图 1647

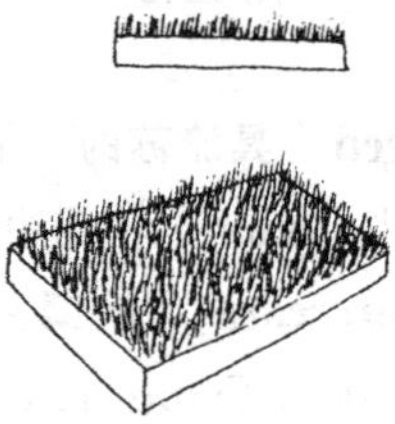

图 1648

Hirtellate 具微糙硬毛的 等同具微糙硬毛的(**hirsutulous**)。

Hirtellous 具微糙硬毛的 等同具微糙硬毛的(**hirsutulous**)。

Hispid 具糙硬毛的 Rough with firm, stiff hairs. Figure 1649. 粗糙具坚硬的毛(图 1649)。

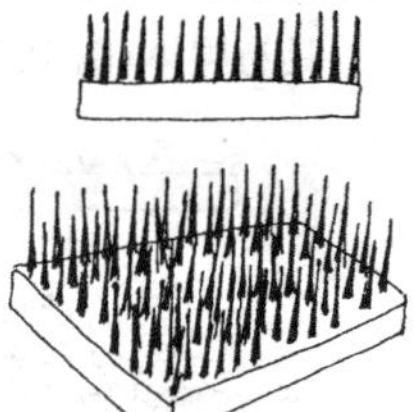

图 1649

Hispidulous 具短硬毛的 Minutely hispid. Figure 1650. 细小的硬毛(图 1650)。

Hoary 具灰白毛的 With gray or white short, fine hairs. Figure 1651. 具灰色或白色的短细毛(图 1651)。

Holosericeous 被细绢毛的 Covered with fine, silky hairs. 被覆细的丝状毛。

Incanous 被灰白毛的 With a whitish pubescence. 具发白的柔毛。

Inermous 无刺的 见无刺的(**unarmed**).

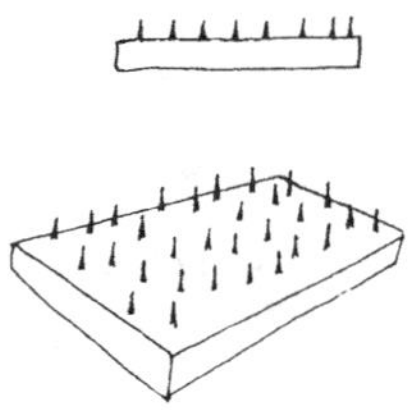

图 1650

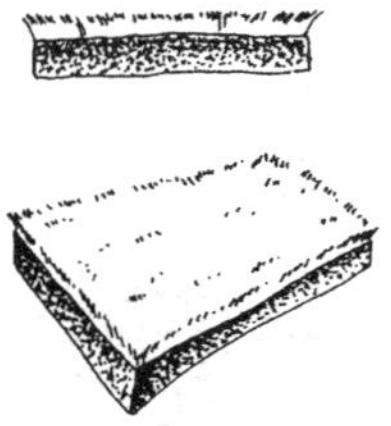

图 1651

Innocuous ①无害的 ②无刺的 Harmless; lacking thorns or spines. 无害;缺乏棘或刺。

Laevigate 光滑的 Lustrous; shining. 有光泽的;发亮的。

Lanate 具绵状毛的 Woolly; densely covered with long tangled hairs. Figure 1652. 具绵状毛;密被长卷毛。图 1652。

Lanuginose 被绒毛的 见被绒毛的(**lanuginous**)。

Lanuginous 被绒毛的 Downy or woolly; with soft downy hairs. Figure 1653. 绒毛状的或绵毛状的;具软的绒毛。图 1653。

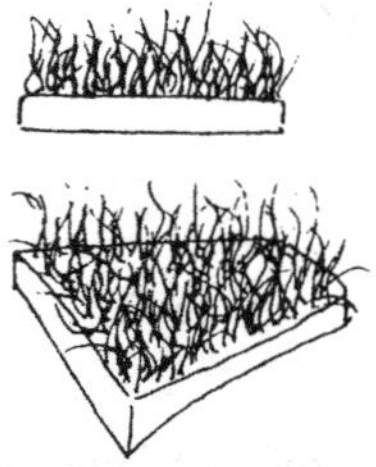

图 1652

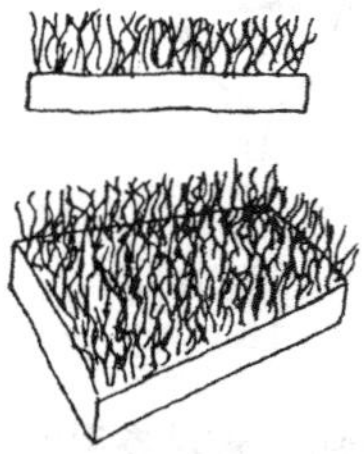

图 1653

Lanulose 短绵状毛的 Diminutive of lanate; minutely woolly. Figure 1654. 细小的绵状毛;小绵毛状。图 1654。

Lepidote 具鳞片的 Covered with small, scurfy scales. Figure 1655. 被覆小的屑状鳞片(图 1655)。

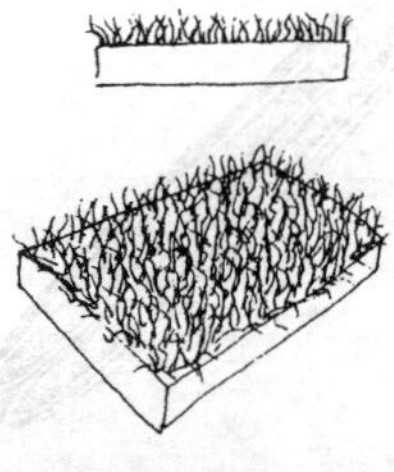

图 1654

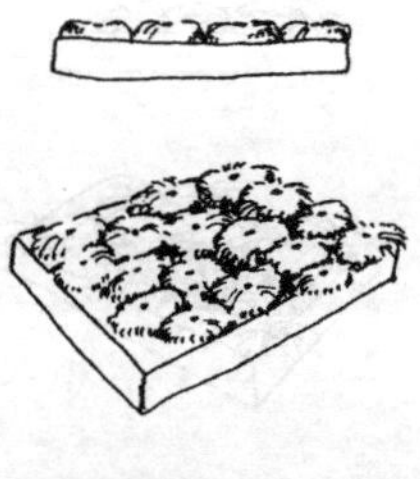

图 1655

Lucid 有光泽的 Luminous; shining. 明亮的;发亮的。

Lustrous 有光泽的 Shiny or glossy. 发亮的或有光泽的。

Mammillate 具乳突的 With nipple-like protuberances. Figure 1656. 具乳头状突起(图1656)。

Manicate 具毡状毛的 With a thick, interwoven pubescence. Figure 1657. 具有厚的相互交织的柔毛(图1657)。

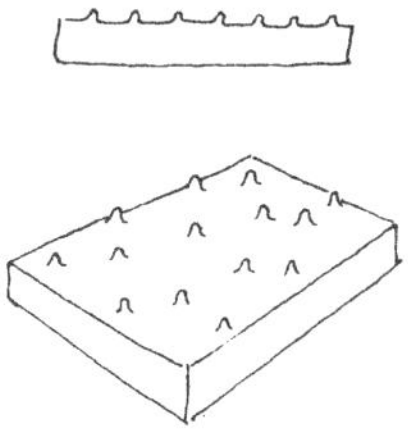

图 1656

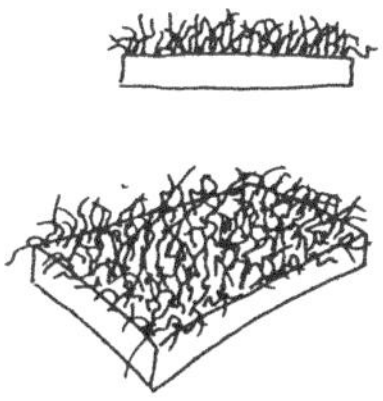

图 1657

Mealy 粉状的 With the consistency of meal; powdery dry, and crumbly. Figure 1658. 连续被粉;粉状,干而易碎。图1658。

Muricate 粗糙的 Rough with small, sharp projections or points. Figure 1659. 具小而尖的突起(图1659)。

图 1658

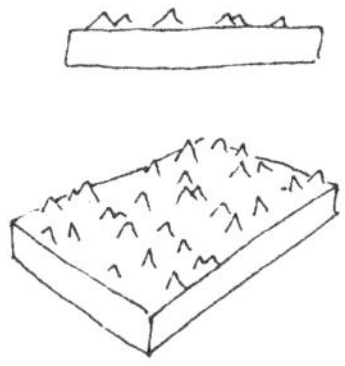

图 1659

Muriculate 微糙的 Very finely muricate. Figure 1660. 略粗糙(图1660)。

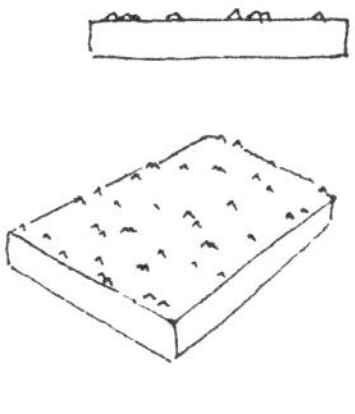

图 1660

图 1661

Nacreous 具珍珠光泽的 With a pearly luster; pearlescent. 具有珍珠般的光泽;珍珠般的。

Nitid 有光泽的 Lustrous; shining. 有光泽的;发亮的。

Notate 具斑〔点〕的 Marked with lines or spots. Figure 1661. 具有线斑或点斑(图1661)。

Paleaceous 糠秕状的 Chaffy; with chaffy scales. Figure 1662. 糠秕状的;具糠秕状的鳞片。图1662。

Pannose 毡毛状的 Covered with a short, dense, felt-like tomentum. Figure 1663. 被覆短而密的毡状绒毛(图1663)。

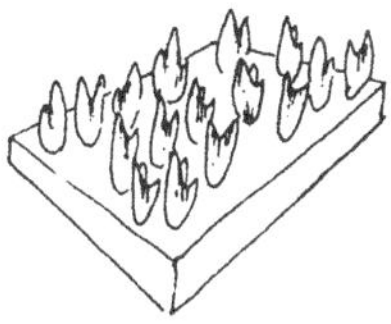

图 1662

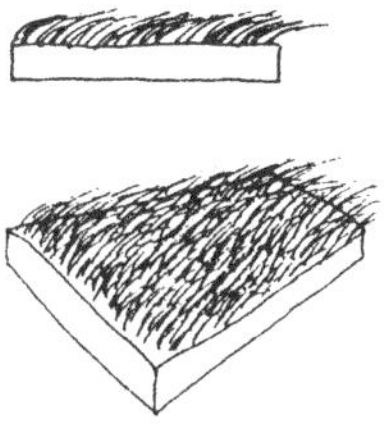

图 1663

Papillate 具乳突的 Having papillae. Figure 1664. 具乳突(图1664)。

Papillose 具小乳突的 Having minute papillae. Figure 1665. 具小的乳突(图1665)。

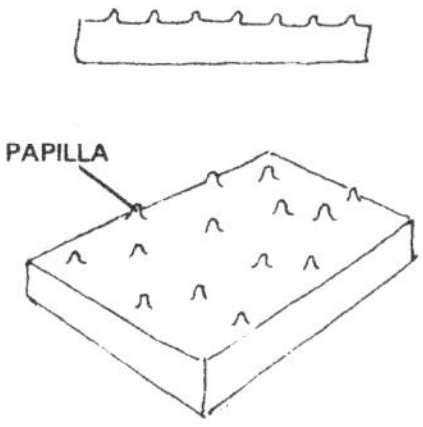

图 1664

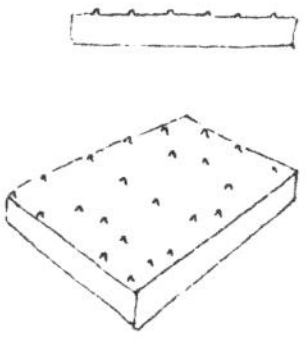

图 1665

Papillose-hispid 乳突状硬毛的 With stiff hairs borne on swollen, nipple-like bases. Figure 1666. 具膨大、基部乳突状的硬毛(图1666)。

Papyraceous 纸质的 Papery in texture and usually color. 质地通常似纸。

Pellucid 透明的 Transparent or translucent. 透明或半透明。

Perforate 具孔的 With holes or perforations. Figure 1667. 具孔或穿孔(图1667)。

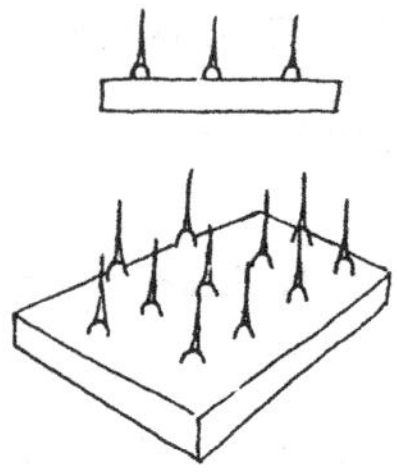

图 1666

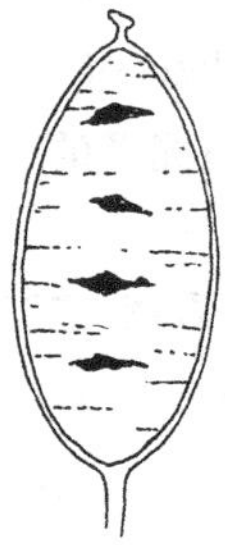

图 1667

Pilose　具柔毛的　Bearing long, soft, straight hairs. Figure 1668. 具长、软、直的毛(图 1668)。

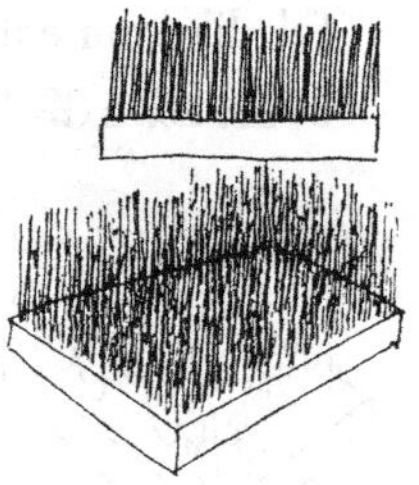

图 1668

Pilosulose　具小柔毛的　Bearing minute, long, soft, straight hairs. Figure 1669.　具小的长、软、直的毛(图 1669)。

Pilosulous　具小柔毛的　见具小柔毛的(**pilosulose**)。

Pitted　具洼点的　With small pits or depressions. Figure 1670.　具小孔穴或凹陷(图 1670)。

Plumbeous　铅色的　Lead-colored.　铅色。

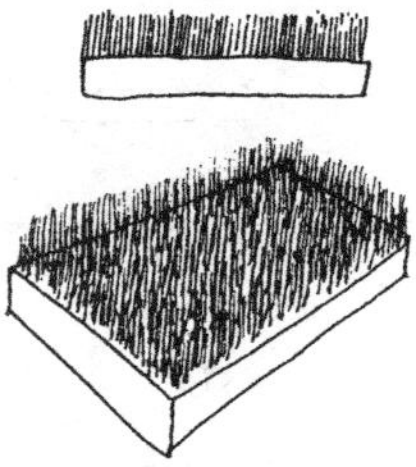

图 1669

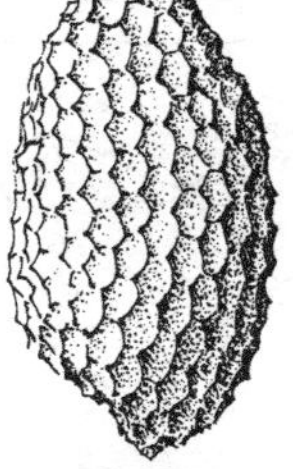

图 1670

Pruinate　具粉霜的　见具粉霜的(**pruinose**)。

Pruinose　具粉霜的　With a waxy, powdery, uaually whitish coating (bloom) on the surface; conspicuously glaucous, like a prune. 表面被蜡质的白粉;明显具粉,如梅干明显具白霜。

Puberulent　被微柔毛的　Minutely pubescent; with fine, short hairs. Figure 1671.　具细小的绒毛;具细小短毛。图 1671。

Puberulous　被微柔毛的　见被微柔毛的(**puberulent**)。

Pubescent　被短柔毛的　Covered with short, soft hairs; bearing any kind of hairs. Figure 1672. 被覆短而软的毛;被毛。图 1672。

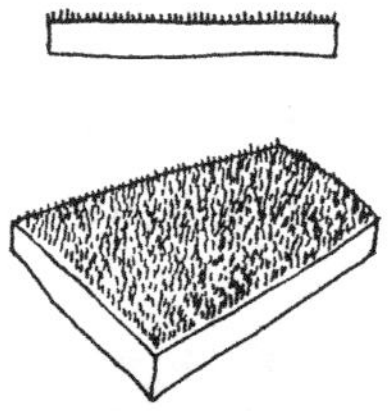

图 1671

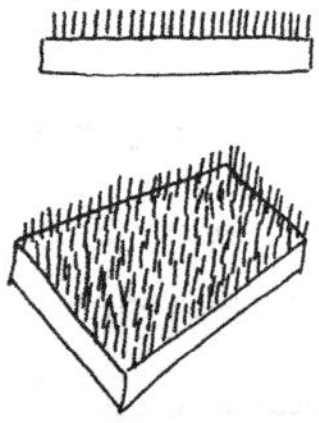

图 1672

Pulverulent　粉状的　Appearing dusty or powdery.　呈粉末状或粉状。

Punctate　具点的　Dotted with pits or with translucent, sunken glands or with colored dots. Figure 1673.　由凹陷或半透明下陷的腺体或色斑形成斑点(图 1673)。

Puncticulate　具小点的　Minutely punctate. Figure 1674.　小的斑点(图 1674)。

图 1673

图 1674

Pustular　疱状突起的　见疱状突起的(**pustulose**)。

Pustulate　疱状突起的　见疱状突起的(**pustulose**)。

Pustuliferous　疱状突起的　见疱状突起的(**pustulose**)。

Pustulose　疱状突起的　With small blisters or pustules, often at the base of a hair. Figure 1675.　通常在毛的基部具小的疱疹状突起(图 1675)。

Ramentaceous　具小鳞片的　With flattened, scaly outgrowths, as on the epidermis of the stem and leaves of some ferns. Figure 1676.　具有扁平的鳞片状突起,如某些蕨类植物茎和叶的表皮

(图 1676)。

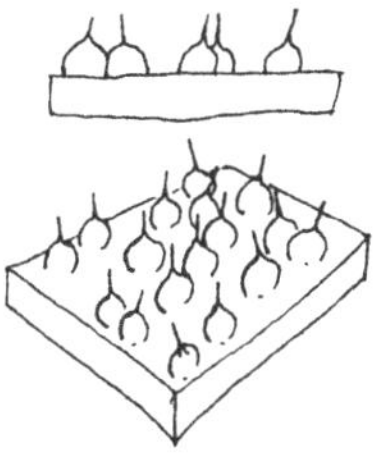

图 1675

图 1676

Roridulate 露湿状的 With a covering of waxy platelets, appearing moist. 被覆看似湿润的蜡质小板状覆盖层。

Rugate 有皱的 见有皱的(**rugose**)。

Rugose 具皱的 Wrinkled. Figure 1677. 起皱(图 1677)。

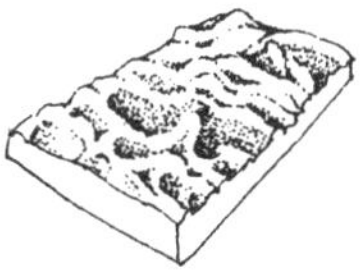

图 1677

Rugulose 微皱的 Slightly wrinkled. Figure 1678. 稍起皱(图 1678)。

Ruminate 嚼烂状的 Roughly wrinkled, as if chewed. Figure 1679. 粗糙地褶皱,好像被嚼烂过似的(图 1679)。

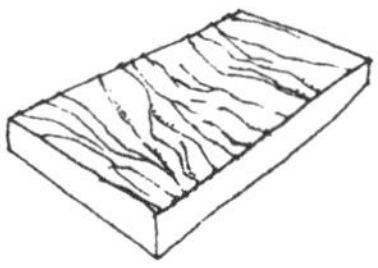

图 1678

图 1679

Scaberulent 微糙的 见微糙的(**scaberulose**)。

Scaberulose 微糙的 Slightly rough to the touch, due to the structure of the epidermal cells, or to the presence of short stiff hairs. Figure 1680. 由于表皮细胞的结构或存在短刚毛,手感稍糙(图 1680)。

Scaberulous 微糙的 见微糙的(**scaberulose**)。

Scabrellate 微糙的 同微糙的(**scaberulose**)。

Scabrid 粗糙的 Roughened. 粗糙。

Scabridulous 微糙的 Minutely roughened. 微粗糙。

Scabrous 粗糙的 Rough to the touch, due to the structure of the epidermal cells, or to the presence of short stiff hairs. Figure 1681. 由于表皮细胞的结构或短刚毛,手感稍糙(图 1681)。

图 1680

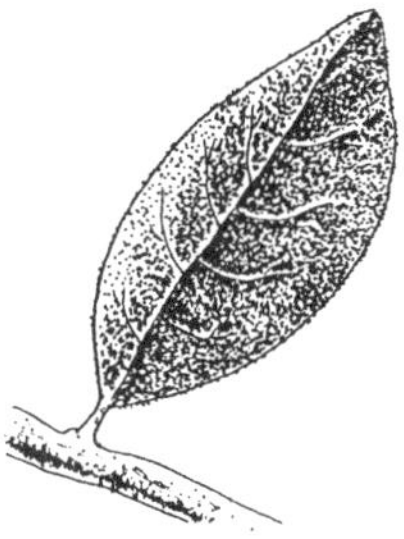

图 1681

Scurfy 具鳞屑的 Covered with small, bran-like scales. Figure 1682. 被覆小的糠秕状的鳞片(图 1682)。

Sericeous 被绢毛的 Silky, with long, soft, slender, somewhat appressed hairs. Figure 1683. 丝质的,具毡状细软的长毛(图 1683)。

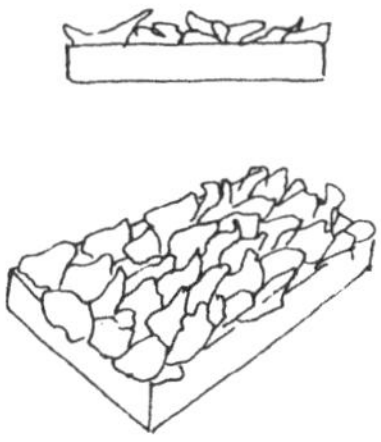

图 1682

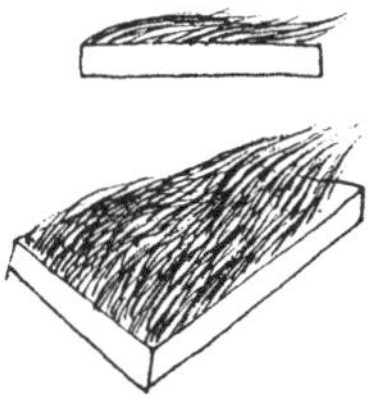

图 1683

Setose 具刚毛的 Covered with bristles. Figure 1684. 被覆刚毛(图 1684)。

Setulose 具小刚毛的 Covered with minute bristles. Figure 1685. 被覆小的刚毛(图 1685)。

Silky 绢状的 Silk-like in appearance or texture; sericeous. 外观或质地丝状;被绢毛。

Smooth 平滑的 With an even surface; not rough to the touch. 表面平;手感不糙。

Spiniferous 具刺的 见具刺的(**spinose**)。

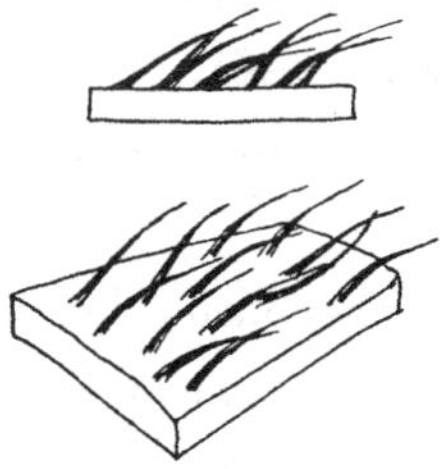

图 1684

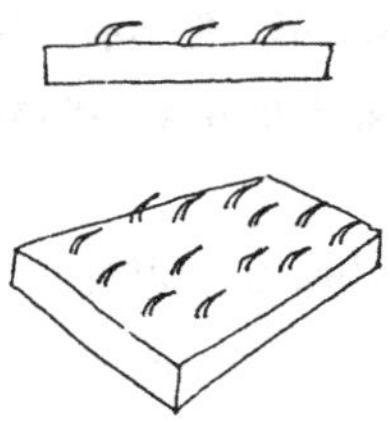

图 1685

Spinose　具刺的　Bearing spines.　具刺。

Spinous　具刺的　见具刺的(**spinose**).

Spinulose　具微刺的　Bearing spinules.　具微刺。

Spiny　具刺的　With spines.　具刺。

Squamate　具鳞片的　Covered with scales (squamae). See illustration for **scurfy**.　被覆鳞片。见具鳞屑的的插图。

Squamulose　具小鳞片的　With minute squamellae.　具小的鳞片。

Stellate　星状的　Star-shaped, as in hairs with several to many branches radiating from the base. Figure 1686.　星形,如从基部辐射状分出多枝的毛(图 1686)。

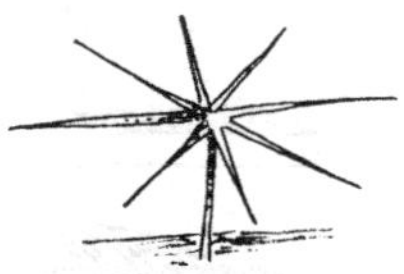

图 1686

图 1687

Striate　具条纹的　Marked with fine, usually parallel lines or grooves. Figure 1687.　具有细的通常是平行的线条或沟(图 1687)。

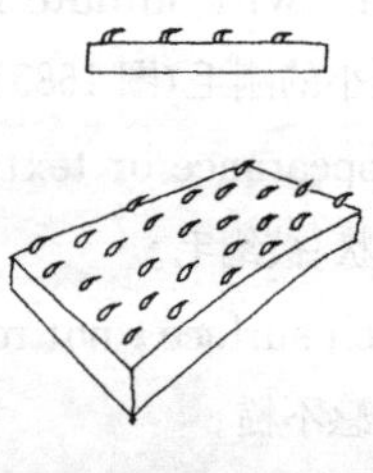

图 1688

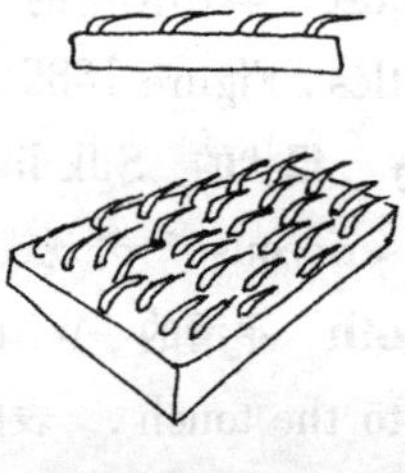

图 1689

Strigillose　具短糙伏毛的　Minutely strigose. Figure 1688.　具小的毛(图 1688)。

Strigose　具糙伏毛的　Bearing straight, stiff, sharp, appressed hairs. Figure 1689.　具直而坚硬的毡状毛(图 1689)。

Strigulose　具短糙伏毛的　见具短糙伏毛的(**strigillose**)。

Strumose　瘤状的　With a covering of cushion-like swellings; bullate. Figure 1690.　具垫状隆起的盖层;泡状。图 1690。

Sulcate　具槽的　With longitudinal grooves or furrows. Figure 1691.　具纵向的沟或槽(图 1691)。

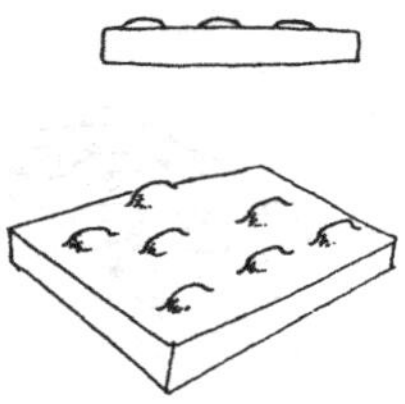

图 1690

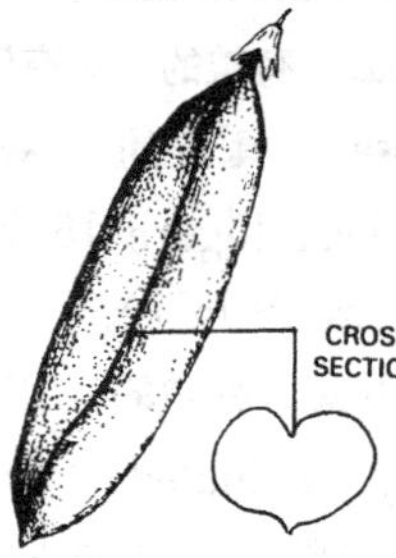

图 1691

Tesselate　具方格斑纹的　With a checkered pattern. Figure 1692.　具有棋盘格状的式样(图 1692)。

Tomentellous　被短绒毛的　见被微绒毛的(**tomentulose**)。

Tomentose　被绒毛的　With a covering of short, matted or tangled, soft, wooly hairs; with tomentum. Figure 1693.　被覆短垫状或缠结的软绵状毛;具绒毛(图 1693)。

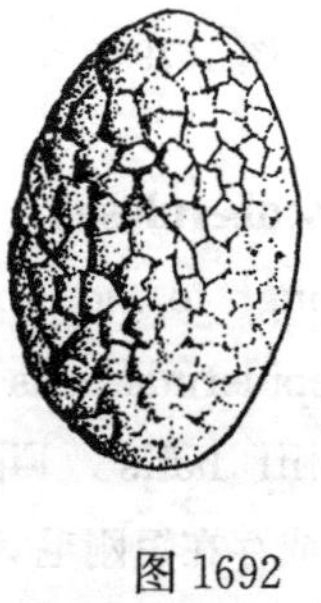

图 1692

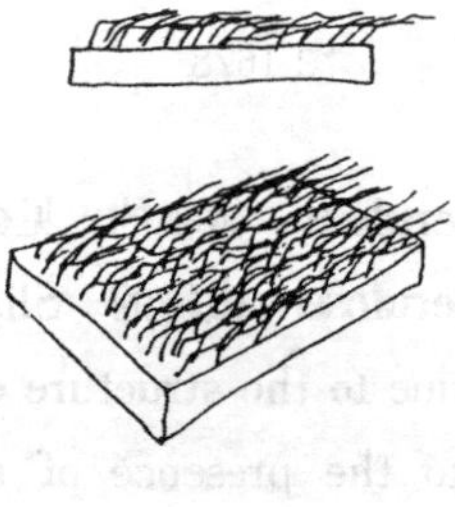

图 1693

Tomentulose　被微绒毛的　Slightly tomentose.

Figure 1694. 稍具绒毛(图 1694)。

Translucent **半透明的** Almost transparent. Figure 1695. 几乎透明(图 1695)。

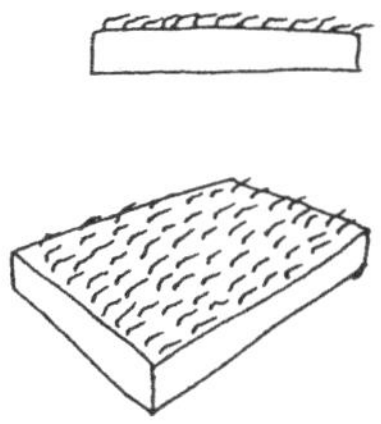

图 1694

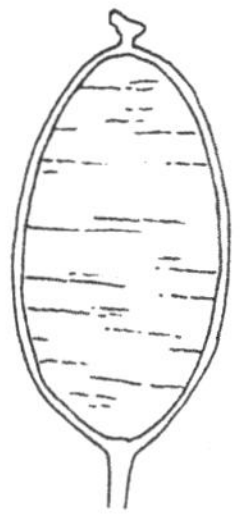

图 1695

Unarmed **无刺的** Lacking spines, prickles, or thorns. 无皮刺或棘。

Uncinate **具钩的** Hooked at the tip. Figure 1696. 顶端具钩(图 1696)。

Urent **刺人的** Stinging. Figure 1697. 螫人的(图 1697)。

图 1696

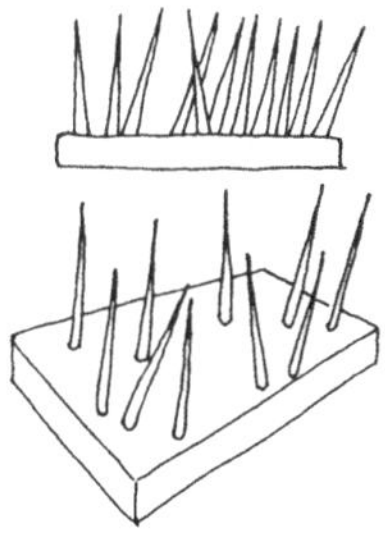

图 1697

Velutinous **被短绒毛的** Velvety; covered with short, soft, spreading hairs. Figure 1698. 被茸毛的;被覆散生的、柔软的短毛。图 1698。

Verrucose **疣状的** Warty; covered with wart-like elevations. Figure 1699. 有疣的;被覆疣状突起。图 1699。

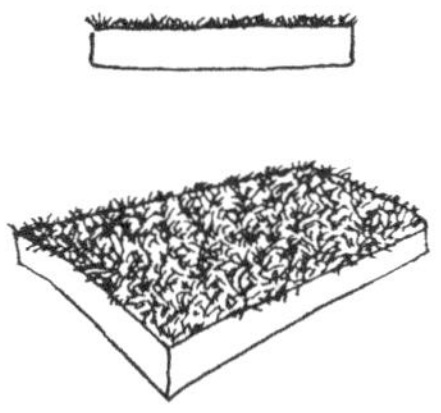

图 1698

图 1699

Villose **具长柔毛的** 等同具长柔毛的(**villous**)。

Villosulous **微柔毛的** Diminutive if villous. 小柔毛。

Villous **具长柔毛的** Bearing long, soft, shaggy, but unmatted, hairs. Figure 1700. 具蓬松的非垫状长软毛(图 1700)。

Viscid **黏的** Sticky or gummy. 黏性的或胶性的。

Viscidulous **微黏的** Slightly sticky. 稍黏。

Woolly **具绵状毛的** With long, soft, entangled hairs; lanate. Figure 1701. 具缠结的长软毛;绵状毛的。图 1701。

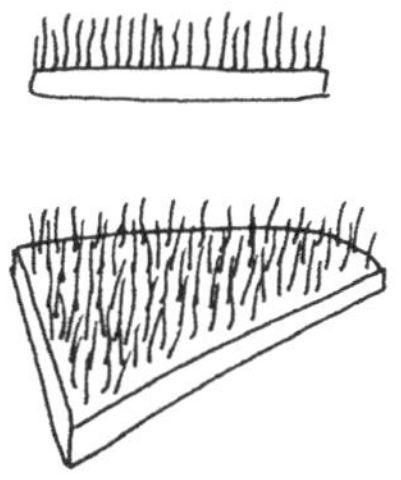

图 1700

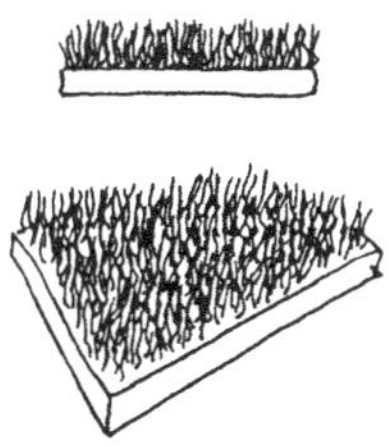

图 1701

表面(类型)检索表

1 Surface lacking hairs, grooves, scales, glands, pits, perforations, or projections; smooth 表面无毛、沟槽、鳞片、腺体、孔穴、穿孔、或突起物;平滑

  2 Surface sticky to the touch 触摸表面手感发黏 ………………………………… **Viscid, Glutinous** **黏的,胶黏的**

  2 Surface not obviously sticky to the touch 触摸表面手感不明显发黏

    3 Surface covered with a whitish or bluish waxy coating 表面被覆有白色或兰色的蜡质外层 ……………………………………………………………………………… **Glaucous, Pruinose** **具白霜的,具粉霜的**

    3 Surface lacking a whitish or bluish waxy coating 表面无白色或兰色的蜡质外层

      4 Surface covered with a mealy, powdery substance 表面被粉状物 ………………… **Farinose** **被粉的**

4 Surface not covered with a mealy, powdery substance 表面无粉状物……………… **Glabrous** 平滑的

1 Surface with hairs, grooves, scales, glands, pits, perforations, or projections 表面具毛,沟槽,鳞片,腺体,凹痕,穿孔,或突起物

5 Surface with hairs 表面具毛

6 Hairs limited to the margins of the surface 毛限于表面的边缘……………………………………………………………………… **Ciliate, Fimbriate, Fringed** 具缘毛的,流苏状的,具流苏的

6 Hairs not limited to the margins of the surface 毛不限于表面的边缘

7 Hairs not evenly spread over the surface, occurring in tufts 毛不均匀地分布于表面,成簇分布 ……………………………………………………………… **Floccose, Crinite** 被丛卷毛的,具长软毛的

7 Hairs evenly spread over the surface 毛均匀分布在表面

8 Hairs with hooks or barbs 毛具钩或倒刺

9 Hairs hooked at the tip 毛在顶端具钩……………………………………… **Uncinate** 具钩的

9 Hairs barbed 毛具倒刺

10 Hairs barbed from apex to base 毛从顶到基具倒刺………… **Barbellate** 具倒刺毛的

10 Hairs barbed only near the apex 毛只在近顶端具倒刺 ……………………………………………………………………………… **Glochidiate** 具倒刺毛的

8 Hairs lacking hooks or barbs 毛不具钩或倒刺

11 Hairs bearing glands 毛具腺体 ……………………………………… **Glandular** 具腺的

11 Hairs lacking glands 毛无腺体

12 Hairs with several branches radiating from a central point 毛从一中心点辐射出几个分支 ……………………………………………………… **Stellate** 星状的

12 Hairs simple or forked, but not with several branches radiating from a central point 毛分叉或不分叉,但不从一中心点辐射形成分支

13 Hairs straight, not interwoven or entangled 毛直,不交织或缠结

14 Hairs stiff and sharp 毛硬而尖

15 Hairs borne on swollen, nipple-like bases 毛着生在膨大,乳突状的基部上 …………………………………… **Papillose-hispid** 乳突状硬毛的

15 Hairs not borne on swollen, nipple-like bases 毛不着生在膨大,乳突状的基部上

16 Hairs appressed 毛贴伏 …………………… **Strigose** 具糙伏毛的

16 Hairs not appressed 毛不贴伏

17 Hairs very short 毛非常短 ……………… **Scabrous** 粗糙的

17 Hairs longer 毛较长

18 Hairs stiff enough to break the skin 毛的硬度足以刺破皮肤 ……………………………… **Hirsute** 具长硬毛的

18 Hairs not stiff enough to break the skin 毛的硬度不能刺破皮肤……………………………… **Hispid** 具糙硬毛的

14 Hairs soft and flexible 毛软而易弯曲

19 Hairs long 毛长

20 Hairs appressed 毛贴伏 …………………… **Sericeous** 被绢毛的

20 Hairs not appressed 毛不贴伏 ………………… **Pilose** 具柔毛的

19 Hairs short 毛短

21 Hairs very short and dense, producing a whitish appearance 毛非常短而密,外观呈白色 ……………………… **Canescent** 变灰白的

21 Hairs somewhat longer, not producing a whitish appearance 毛长些,

外观不呈白色 ……………………………… **Pubescent** **被短柔毛的**

13 Hairs curly or wavy and usually interwoven or entangled 毛弯曲或波曲,且通常交织或缠结

22 Hairs long 毛长

23 Hairs dense, so that the leaf surface is obscured 毛密集,遮蔽叶片表面 …………………………………………………… **Lanate, Woolly** **具绵状毛的**

23 Hairs less dense, the leaf surface not obscured 毛不很密集,未遮蔽叶片表面 ………………… **Villous, Holosericeous** **具长柔毛的,被细绢毛的**

22 Hairs short 毛短

24 Hairs matted 毛缠结 ……………………………… **Tomentose** **被绒毛的**

24 Hairs not matted 毛不缠结 ………………… **Velutinous** **被短绒毛的**

5 Surface with grooves, scales, glands, pits, perforations, or projections 表面具沟槽,鳞片,腺体,孔穴,穿孔或突起物

25 Surface with projections 表面具突起物

26 Surface with prickles or spines 表面具皮刺或刺 …………… **Aculeate, Echinate** **具皮刺的,具刺的**

26 Surface lacking prickles or spines 表面无皮刺或刺

27 Projections rounded and blistery 突起物圆形而且呈疱状 …………………………………………………………………… **Bullate, Strumose** **具泡状隆起的,瘤状的**

27 Projections nipple-like 突起物乳突状 ……………………… **Papillate, Mammillate** **具乳突的**

25 Surface with grooves, scales, glands, pits, or perforations 表面具沟槽,鳞片,腺体,孔穴,或穿孔

28 Surface with glands 表面具腺体 …………………………………………………… **Punctate** **具点的**

28 Surface with grooves, scales, pits, or perforations 表面具沟槽,鳞片,孔穴,或穿孔

29 Surface with scales 表面具鳞片………… **Lepidote, Squamate, Scurfy** **具有鳞片的,具鳞屑的**

29 Surface with grooves, pits, or perforations 表面具沟槽,孔穴,或穿孔

30 Surface with perforations 表面具穿孔 ………… **Fenestrate, Perforate** **具窗孔的,具孔的**

30 Surface with grooves or pits 表面具沟槽或孔穴

31 Surface pitted 表面具孔穴

32 Pits separated by thin ridges 孔穴被薄脊所分隔 …………………………………………………………………………… **Alveolate, Faveolate** **蜂窝状的**

32 Pits not separated by thin ridges 孔穴不被薄脊所分隔 …………………………………………………………………………… **Foveate** **具孔穴的**

31 Surface grooved 表面具沟槽…………………… **Canaliculate, Channeled** **具沟的**

花　　序

The flowering part of a plant ; a flower cluster ; the arrangement of the flowers on the flowering axis .

植物的开花部分;花簇;花在花轴上的排列方式。

花序的组成

Bract　**苞片**　A reduced leaf or leaf-like structure at the base of a flower or inflorescence . Figure 1702 .　在花或花序基部的退化的叶或叶状结构(图 1702)。

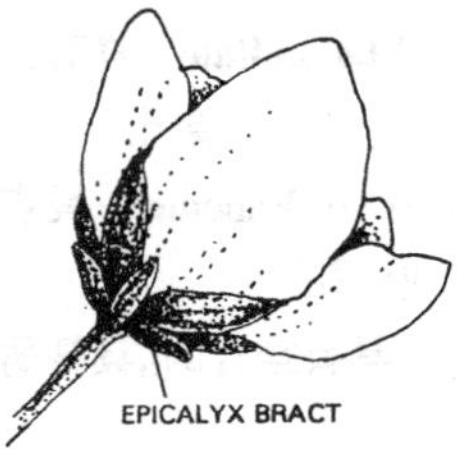

图 1702

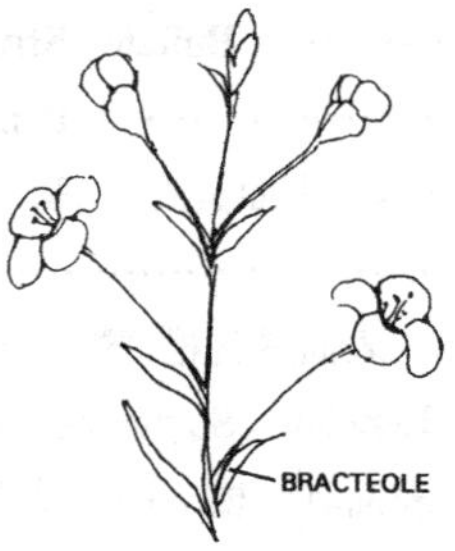

图 1703

Bracteole　**小苞片**　A small bract borne on a peduncle . Figure 1703 .　着生于花序梗上的小的苞片(图 1703)。

Bractlet　**小苞片**　见小苞片(**bracteole**)。

Cupule　**壳斗**　A cup-shaped involucre , as in an acorn . Figure 1704 .　杯状总苞,如槲果(图 1704)。

Disk　**花盘**　In the Compositae (Asteraceae), the central portion of the involucrate head bearing tubular or disk flowers . Figure 1705 .　菊科具总苞的头状花序上着生管状花或心花的中央部分(图 1705)。

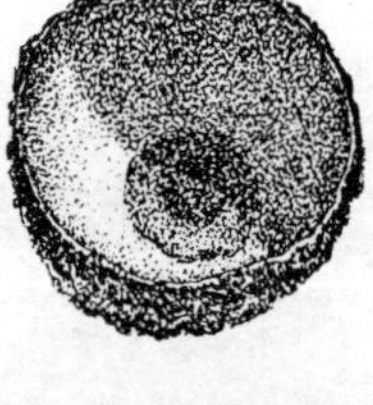

图 1704

图 1705

Epicalyx　**副萼**　An involucre which resembles an outer calyx , as in *Malva* . Figure 1702 .　与外轮花萼相似的总苞,如锦葵属(图 1702)。

Floret　**小花**　A small flower ; an individual flower within a dense cluster , as a grass flower in a spikelet , or a flower of the Compositae (Asteraceae) in an involucrate head . Figures 1706 and 1707 .　小的花;密集花簇中的单个花,如禾草小穗中的一朵花,或者菊科头状花序中的一朵花。图 1706 和图 1707。

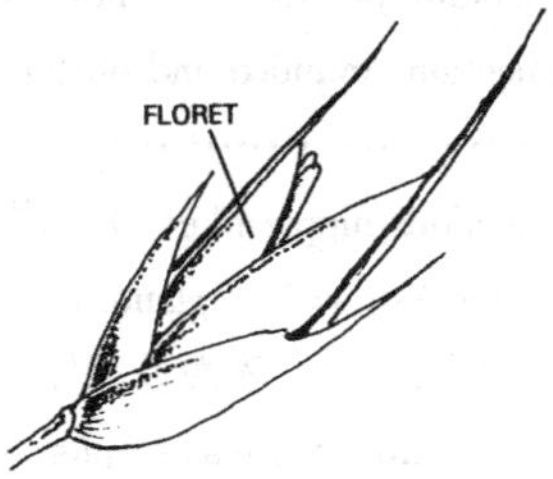

图 1706

图 1707

Flower　**花**　The reproductive portion of the plant , consisting of stamens , pistils , or both , and usually including a perianth of sepals or both sepals and petals . Figure 1708 .　植物体的生殖部分,具雄蕊或雌蕊,或二者兼备,通常还包括由萼片或者由萼片和花瓣组成的花被(图 1708)。

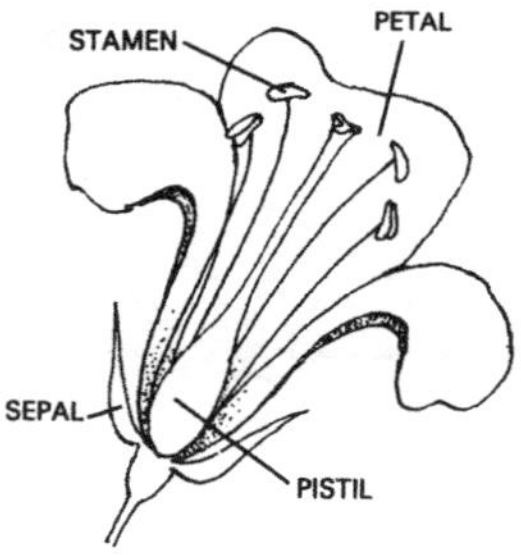

图 1708

Involucel　**小总苞**　A small involucre ; a secondary involucre , as in the bracts of the secondary umbels in the Umbelliferae (Apiaceae) . Figure 1709 .　小型的总苞;二级总苞,如伞形科二级伞形花序的苞片。图 1709。

Involucre　**总苞**　A whorl of bracts subtending a flower or flower cluster . Figure 1710 .　包被

花或花簇的一轮苞片(图 1710)。

Involucrum (pl. **involucra**) **总苞** 见总苞(**involucre**)。

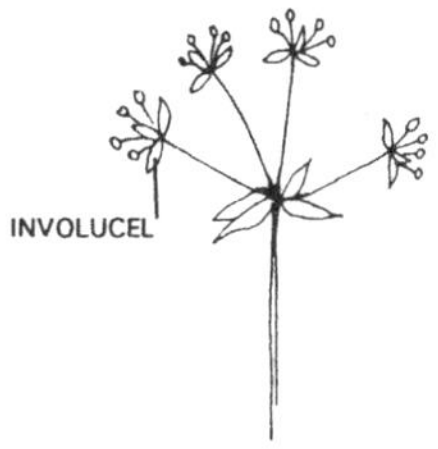

图 1709

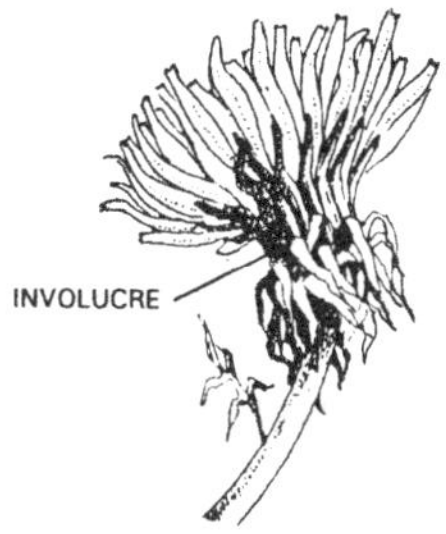

图 1710

Ocreola (pl. **ocreolae**) **托叶鞘** A minute stipular sheath around the secondary divisions of the inflorescence in some members of the Polygonaceae. 某些蓼科植物中,围绕花序次级分枝的托叶状小鞘。

Pedicel **花梗** The stalk of a single flower in an inflorescence, or of a grass spikelet. Figure 1711. 花序中单朵花的柄,或禾草小穗的柄(图 1711)。

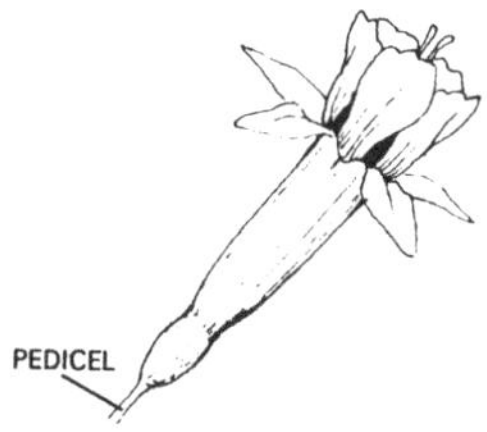

图 1711

Peduncle **花序梗** The stalk of a solitary flower or of an inflorescence. Figures 1712 and 1713. 单生花或整个花序的柄(图 1712 和图 1713)。

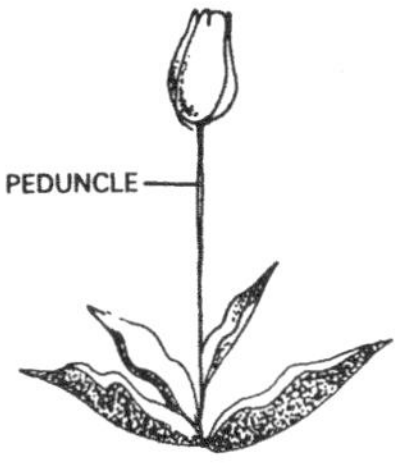

图 1712

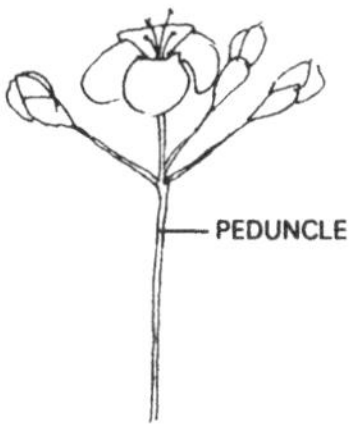

图 1713

Perigynium (pl. **perigynia**) **雌器苞** A scale-like bract enclosing the pistil in *Carex*. Figure 1714. 薹草属中,包被雌蕊的鳞片状苞片(图 1714)。

Phyllary **总苞片** An involucral bract of the Compositae (Asteraceae). Figure 1715. 菊科总苞的苞片(图 1715)。

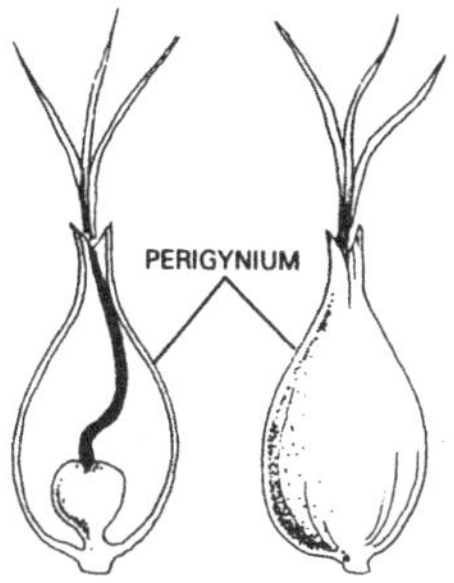

图 1714

Rachilla **小穗轴** The axis of a grass or sedge spikelet; a small rachis. Figure 1716. 禾草或莎草小穗的轴;小轴。图 1716。

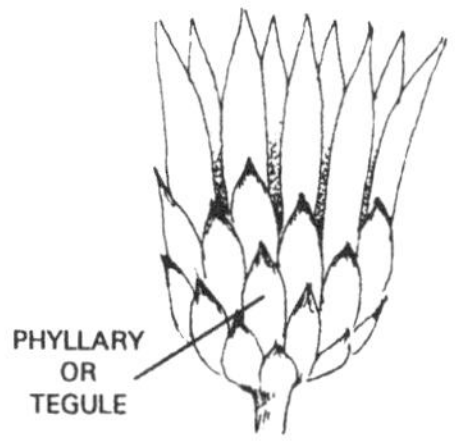

图 1715

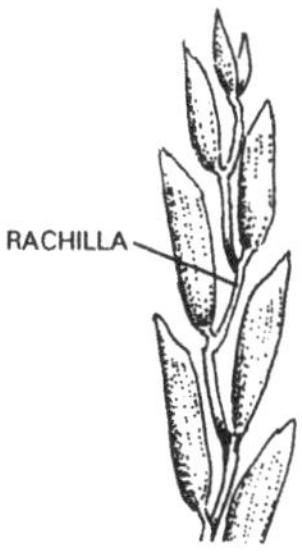

图 1716

Rachis **花序轴** The main axis of an inflorescence. Figure 1717. 花序的主轴(图 1717)。

Ray **伞辐** An inflorescence branch in an umbel. Figure 1718. 伞形花序的花序分枝(图 1718)。

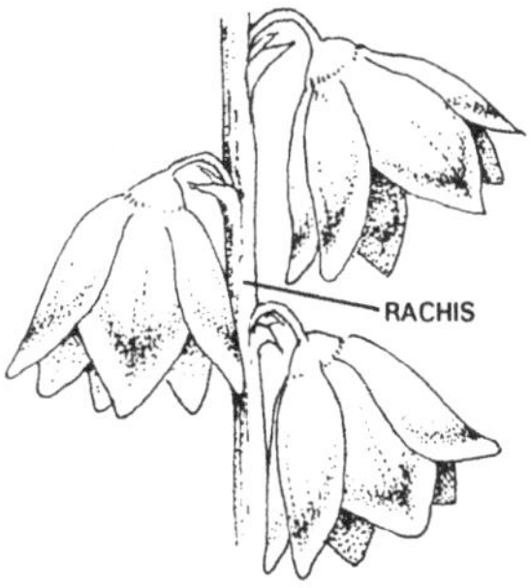

图 1717

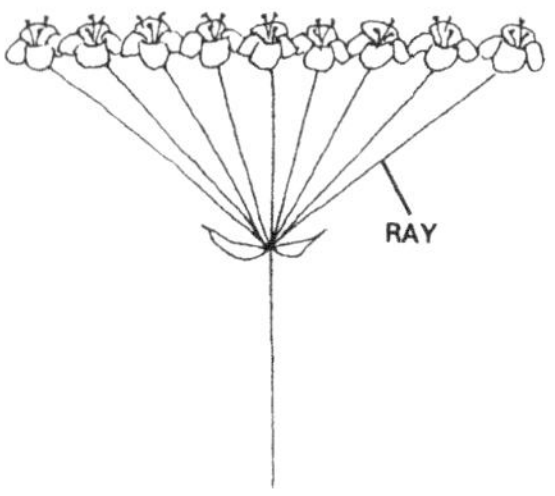

图 1718

Scape **花葶** A leafless peduncle arising from ground level (usually from a basal rosette) in acaulescent plants. Figure 1719. 无茎植物从地表(通常自基生莲座)抽出的无叶花序梗(图 1719)。

Secondary peduncle 副花梗 An inflorescence branch. Figure 1720. 花序分枝(图 1720)。

Spathe 佛焰苞 A large bract or pair of bracts subtending and often enclosing an inflorescence. Figure 1721. 侧展并半包围或全包花个的一片或一对大苞片(图 1721)。

图 1719

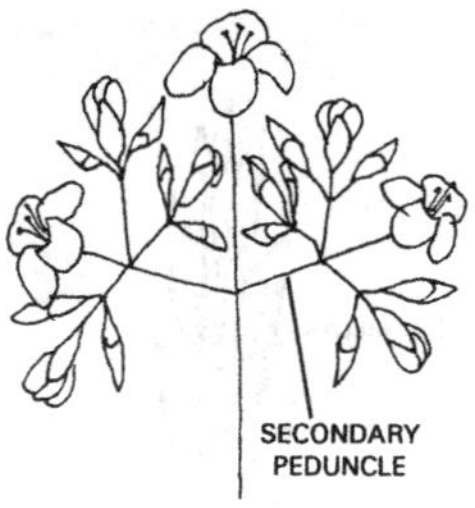

图 1720

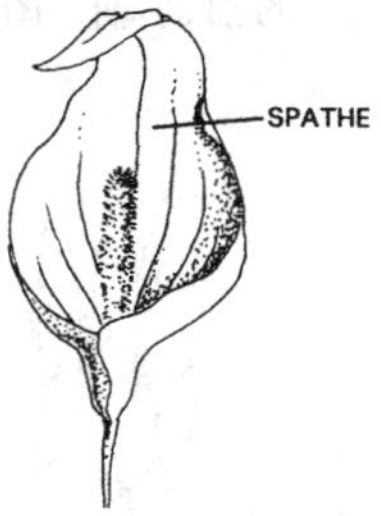

图 1721

Tegule 总苞片 One of the bracts of the involucre in the Compositae (Asteraceae). Figure 1715. 菊科总苞的一枚苞片(图 1715)。

花序的类型(图 1722)

Ament 柔荑花序 见柔荑花序(**catkin**)。

Capitulum 小头状花序 A small flower head. 小的头状花序。

Catkin 柔荑花序 An inflorescence consisting of a dense spike or raceme of apetalous, unisexual flowers, as in Salicaceae and Betulaceae; an ament. 由无被单性花组成的密集的穗状或总状花序,如杨柳科和桦木科。

Cincinnus 蝎尾状聚伞花序 A dense helicoid cyme with the pedicels short on the developed side. 密集的螺旋状聚伞花序,花梗在花序发育一侧渐短。

Corymb 伞房花序 A flat-topped or round-topped inflorescence, racemose, but with the lower pedicels longer than the upper. 顶部平或圆的花序,总状,但下部花梗长于上部花梗。

Cyathium (pl. **cyathia**) 杯状聚伞花序 The inflorescence in the genus *Euphorbia*, consisting of a cup-like involucre containing a single pistil and male flowers with a single stamen. 大戟属由杯状总苞组成的花序,总苞中包含单枚雌蕊和多朵单雄蕊雄花。

Cyme 聚伞花序 A flat-topped or round-topped determinate inflorescence, paniculate, in which the terminal flower blooms first. 顶部平或圆的有限花序,圆锥状,顶端花先开放。

Cymule 小聚伞花序 A small cyme or a small section of a compound cyme. 小的聚伞花序或复合聚伞花序的一小部分。

Dichasium 二歧聚伞花序 A cymose inflorescence in which each axis produces two opposite or subopposite lateral axes. 每个花分为两条相对或近相对的侧轴的聚伞花序。

Glomerule 团伞花序 A dense cluster; a dense, head-like cyme. 密集的花簇;头状密集的聚伞花序。

Head 头状花序 A dense cluster of sessile or subsessile flowers; the involucrate inflorescence of the Compositae (Asteraceae). 无柄或近无柄的花密集成簇而成的花序;菊科的具总苞花序。

Helicoid cyme 螺卷聚伞花序 A one-sided cymose inflorescence coiled like a spiral or helix. 一侧发育而卷曲如螺旋的聚伞花序。

Hypanthodium 隐头花序 An inflorescence with flowers borne on the walls of a capitulum, as in *Ficus*. 由着生于头状花序壁上的花组成的花序,如榕属的花序。

Intercalary inflorescence 居间花序 An inflorescence type in which the main vegetative axis of the plant continues to elongate after the flowers are produced. 花形成以后营养主轴依然延长的花序。

Mixed inflorescence 混合花序 An inflorescence with both racemose and cymose portions. 具有总状部分和聚伞状部分的花序。

Monochasium 单歧聚伞花序 A type of cymose

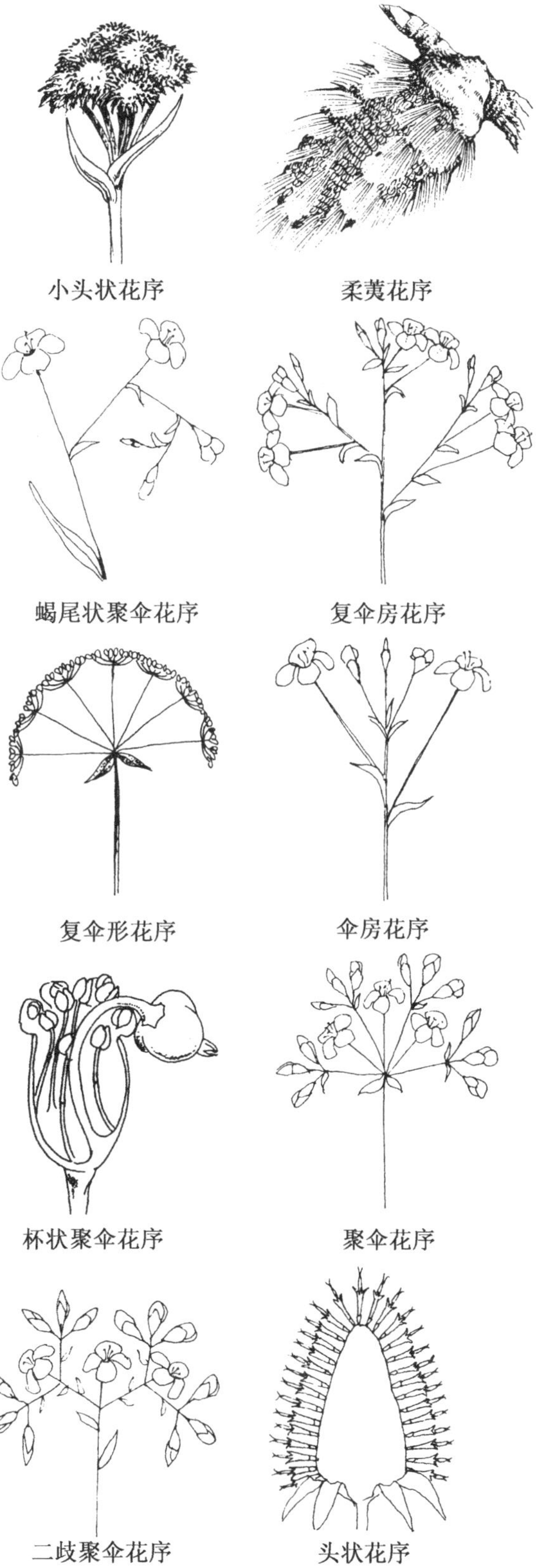

图 1722a

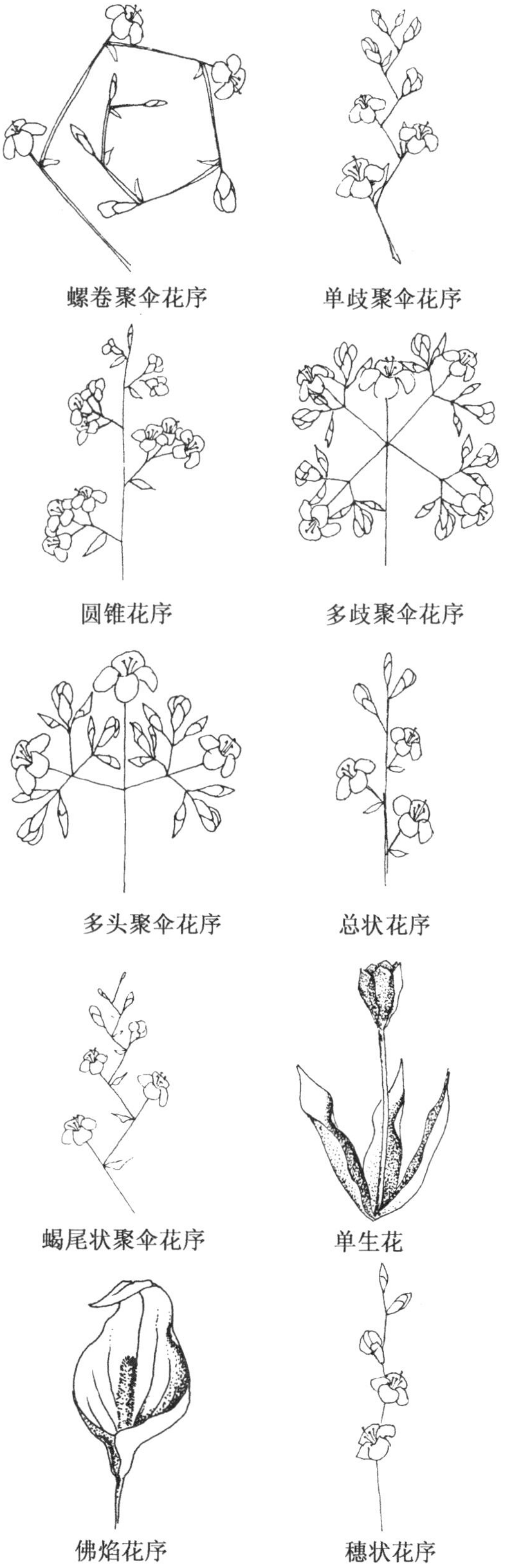

图 1722b

图 1722c

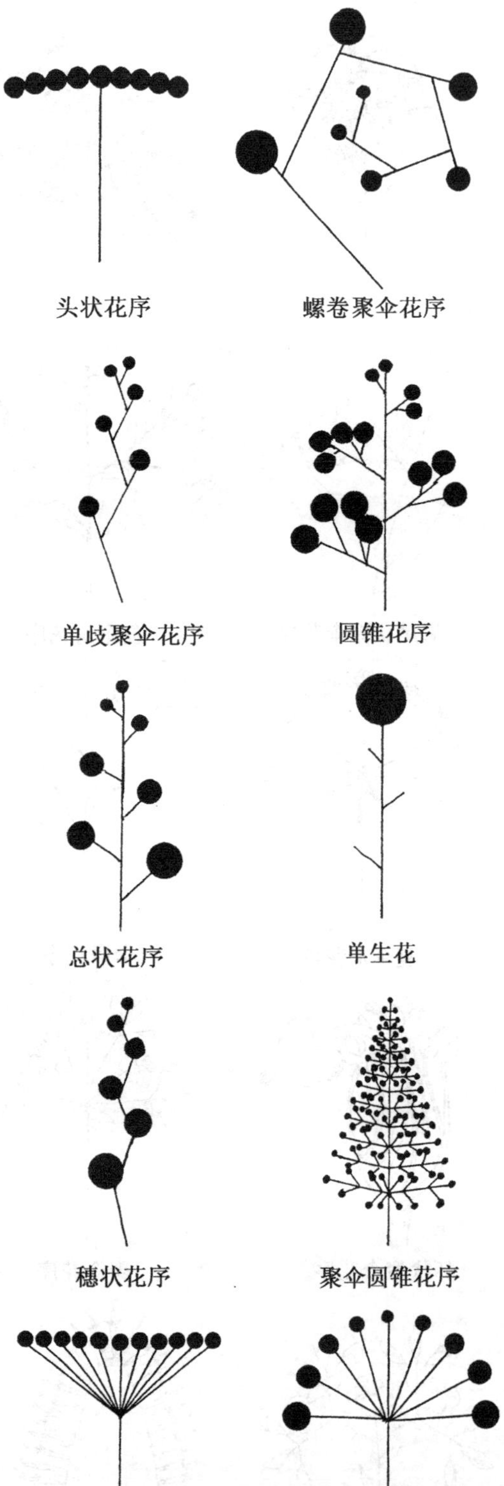

图 1722d

inflorescence with only a single main axis. 具有单一主轴的聚伞花序类型。

Panicle **圆锥花序** A branched, racemose inflorescence with flowers maturing from the bottom upwards. 花自基部向上依次成熟、具分枝的总状花序。

Pleiochasium **多歧聚伞花序** A cymose inflorescence with more than two branches from the main axis. 从主轴分出两个以上分枝的聚伞状花序。

Polychasium **多头聚伞花序** A cymose inflorescence in which each axis produces more than two lateral axes. 每个轴具两个以上侧轴的聚伞花序。

Pseudanthium **假单花花序** A compact inflorescence of many small flowers which simulates a single flower. 由许多小花密集而成,外观像一朵花的花序。

Raceme **总状花序** An unbranched, elongated inflorescence with pedicellate flowers maturing from the bottom upwards. 花具柄,由基向上渐次成熟,长而不分枝的花序。

Scorpioid cyme **蝎尾状聚伞花序** A determinate cymose inflorescence with a zigzag rachis. 花序轴"之"字形弯曲的有限花序。

Solitary **单生花** Flowers occurring singly and not borne in a cluster or group. 花单朵出现而不是一簇或一群。

Spadix **佛焰花序,肉穗花序** A spike with small flowers crowed on a thickened axis. 小花密集生于肥厚的轴上的穗状花序。

Spike **穗状花序** An unbranched, elongated inflorescence with sessile or subsessile flowers or spikelets maturing from the bottom upwards. 花或小穗花具柄,由基向上渐次成熟,长而不分枝的花序。

Spikelet **小穗** A small spike or secondary spike; the ultimate flower cluster of grasses and sedges, consisting of one to many flowers subtended by two bracts (glumes). 小型的穗状花序或次级穗状花序;由两片枚片(颖片)包裹的一至多花组成的禾草和莎草的末级花穗。

Strobile **球穗花序** A cone or an inflorescence resembling a cone. 球果或者像球果的花序。

Thyrse **聚伞圆锥花序** A compact, cylindrical, or ovate panicle with an indeterminate main axis and cymose subaxes. 主轴无限,侧轴聚伞状、圆柱状或卵形的密集圆锥花序。

Umbel **伞形花序** A flat-topped or convex inflorescence with the pedicels arising more or less from a common point, like the struts of an umbrella; a highly condensed raceme. 平顶或凸顶,花梗伞撑状,小花梗从同一点分出呈伞辐状的花序;高度密集的总状花序。

Umbellet **小伞** An ultimate umbellate cluster of a compound umbel. 复伞形花序的末级伞状簇。

Verticillaster **轮状聚伞花序** A pair of axillary cymes arising from opposite leaves or bracts and forming a false whorl. 从对生叶或苞片腋部伸出的假轮生的聚伞花序。

常见花序类型检索表

1 Flowers sessile 花无柄

  2 Inflorescence elongate 花序伸延长

    3 Flowers very small and densely clustered, obscuring the inflorescence axis 花很小、密集成簇,遮蔽花序轴

      4 Perianth reduced to paired bracts 花被简化为成对的苞片 ………………………… **Spikelet 小穗**

      4 Perianth not reduced to paired bracts 花被不简化为成对的苞片

        5 Inflorescence usually erect, bisexual, with a thickened axis 花序常直立,两性,轴肥厚 ………… ………………………………………………………… **Spadix 佛焰花序,肉穗花序**

        5 Inflorescence usually pendulous, unisexual, lacking a thickened axis 花序常下垂,单性,轴不肥厚 ………………………………………………………… **Catkin, Ament 柔荑花序**

3 Flowers not very small and densely clustered, not obscuring the inflorescence axis 花较大,不密集成簇,不遮蔽花序轴

6 Perianth reduced to paired bracts 花被简化为成对的苞片 ……………… **Spikelet 小穗**

6 Perianth not reduced to paired bracts, often showy 花被不简化为成对的苞片,常明显 ……………… **Spike 穗状花序**

2 Inflorescence not elongate 花序不延长

7 Flowers enclosed within the walls of a concave capitulum 花生于头状构造凹陷部分的内壁上 ……………… **Hypanthodium 隐头花序**

7 Flowers borne on a flat or convex receptacle 花生于平顶或凸顶的花序托上 ……………… **Head, Capitulum 头状花序**

1 Flowers pedicellate 花具柄

8 Inflorescence unbranched 花序不分枝

9 Pedicels arising from a common point, like the struts of an umbrella 花梗伞辐状自同一点分出 ……………… **Umbel 伞形花序**

9 Pedicels not arising from a common point 花梗不从同一点分出

10 Inflorescence determinate, the central or terminal flower developing first 有限花序,中央或顶生花先开放 ……………… **Cyme 聚伞花序**

10 Inflorescence indeterminate, the lateral or basal flowers developing first 无限花序,两侧或基部花先开放

11 Inflorescence flat-topped or rounded 花序平顶或圆顶 ……………… **Corymb 伞房花序**

11 Inflorescence elongate 花序延长 ……………… **Raceme 总状花序**

8 Inflorescence branched 花序分枝

12 Inflorescence flat-topped or rounded 花序平顶或圆顶

13 Inflorescence branches arising from a common point, like the struts of an umbrella 花序分枝伞撑状自同一点分出 ……………… **Compound umbel 复伞形花序**

13 Inflorescence branches not arising from a common point 花序分枝不从同一点分出

14 Inflorescence determinate, the central or terminal flower developing first 有限花序,中央或顶生花先开放 ……………… **Compound cyme 复聚伞花序**

14 Inflorescence indeterminate, the lateral or basal flowers developing first 无限花序,两侧或基部花先开放 ……………… **Compound corymb 复伞房花序**

12 Inflorescence elongate 花序延长

15 Flowers densely clustered in a compact, cylindrical or ovate inflorescence 花密集成簇,花序紧凑、圆柱状或卵形 ……………… **Thyrse 聚伞圆锥花序**

15 Flowers less densely clustered in a more open inflorescence 花较疏松成簇,花序较开张 ……………… **Panicle 圆锥花序**

花序的形态

Androgynous 雄雌同序的 An inflorescence with both staminate and pistillate flowers, the staminate flowers borne above the pistillate, as in some *Carex* species. (compare **gynaecandrous**) 同时具有雄花和雌花的花序,雄花着生部位高于雌花,如薹草属的某些种(对比**雌雄同序的**)

Axillary 腋生的 Positioned in or arising in an axil. Figure 1723. 着生于或发自腋部(图1723)。

Capitate 头状的 Head-like, or in a head-shaped cluster, as the flowers in the Compositae (Asteraceae). Figure 1724. 头状或头状成

簇,如菊科的花(图 1724)。

图 1723

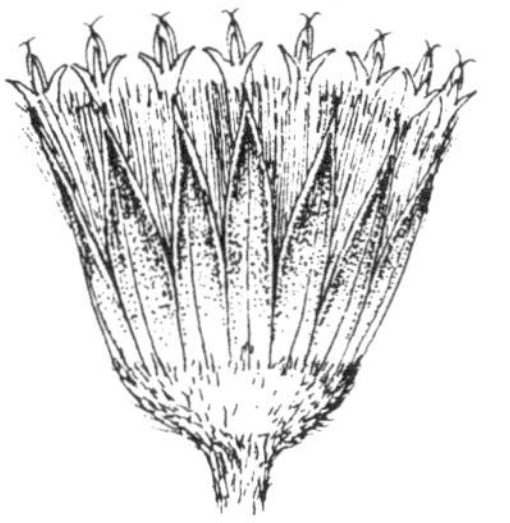

图 1724

Capitellate **小头状的** With small head-like structures, or with parts in very small head-shaped clusters. Figure 1725. 具小的头状结构或多个非常小的头形簇(图 1725)。

Centrifugal inflorescence **离心花序** A flower cluster developing from the center outward, as in a cyme. Figure 1726. 自中心向外开放的花簇,如聚伞花序(图 1726)。

图 1725

图 1726

Centripetal inflorescence **向心花序** A flower cluster developing from the edge toward the center, as in a corymb. Figure 1727. 自边缘向中心开放的花簇,如伞房花序(图 1727)。

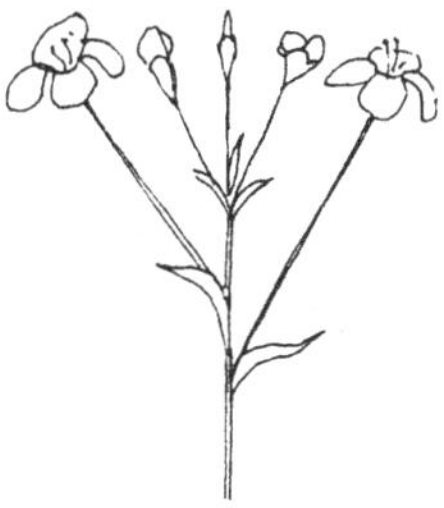

图 1727

Corymbiform **伞房花序状的** An inflorescence with the general appearance, but not necessarily the structure, of a true corymb. 形似伞房花序,但结构不一定是真正的伞房花序。

Corymbose **伞房状的** Having flowers in corymbs. The term is sometimes used in the same sense as **corymbiform**. Figure 1727. 花排列成伞房花序。此术语有时等同**伞房花序状的**(图 1727)。

Cyathiform **杯状的** With the form of a cyathium; cup-shaped. 具杯状聚伞花序;茶杯状。

Cymose **聚伞状** With flowers in a cyme. Figure 1726. 花排列成聚伞花序(图 1726)。

Determinate **有限的** Describes an inflorescence in which the terminal flower blooms first, halting further elongation of the main axis. Figure 1726. 用来描述端花先开,阻止主轴进一步延伸的花序(图 1726)。

Glomerate **团集的** Densely clustered. Figure 1728. 密集成簇(图 1728)。

图 1728

图 1729

Glomerulate **团伞状的** Arranged in very small, dense clusters. Figure 1729. 成非常小的密集簇排列(图 1729)。

Gynaecandrous **雌雄同序的** An inflorescence with the pistillate flowers borne above the staminate, as in some *Carex* species. (compare **androgynous**) 雌花着生部位高于雄花的花序,如薹草属的某些种。(对比**雄雌同序的**)

Helicoid **螺卷状的** Coiled like a spiral or helix, as in some one-sided cymose inflorescences in the Boraginaceae. Figure 1730. 螺旋状卷曲,如紫草科的某些单侧聚伞花序(图 1730)。

Indeterminate **无限的** Describes an inflorescence in which the lower or outer flowers bloom first, allowing indefinite elongation of the main axis. Figure 1727. 用来描述基部或外侧花先开放,主轴得以无限延伸的花序(图

图 1730　　图 1731

1727)。

Monochasial **单歧聚伞状的** With the form of a monochasium. Figure 1731. 具单歧聚伞花序的形式(图 1731)。

Paniculate **圆锥状的** Having flowers in panicles. Figure 1732. 花排列成圆锥花序(图 1732)。

Paniculiform **圆锥花序状的** An inflorescence with the general appearance, but not necessarily the structure, of a true panicle. 形似圆锥花序,但结构不一定是真正的圆锥花序。

Racemiform **总状花序状的** An inflorescence with the general appearance, but not necessarily the structure, of a true raceme. 形似总状花序,但结构不一定是真正的总状花序。

Racemose **总状的** Having flowers in racemes. The term is sometimes used in the same sense as **racemiform**. Figure 1733. 花排列成总状花序。此术语有时和**总状花序状的**同义(图 1733)。

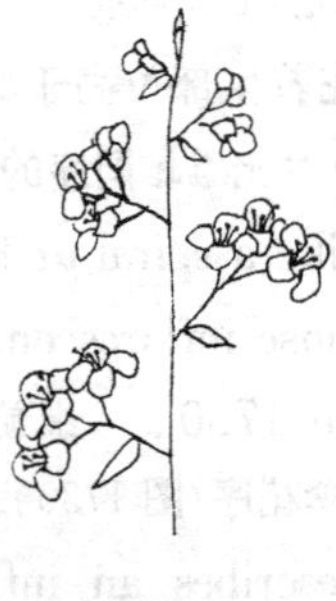

图 1732　　图 1733

Scorpioid **蝎尾状的** A determinate cymose inflorescence with a zigzag rachis. Figure 1734; often used in the same sense as **helicoid**. 花序轴"之"字形弯曲的有限聚伞花序(图 1734);常等同**螺卷状的**。

Secund **偏向的** Arranged on one side of the axis only. Figure 1735. 仅排列在轴的一侧(图 1735)。

图 1734　　图 1735

Spathaceous **佛焰苞的** Spathe bearing; spathe-like. Figure 1736. 具佛焰苞;佛焰苞状。图 1736。

Spicate **穗状的** Arranged in a spike. Figure 1737. 成穗排列(图 1737)。

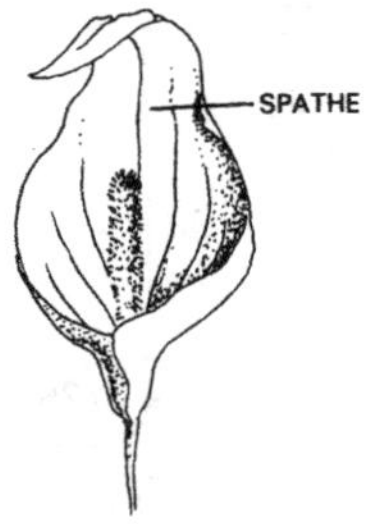

图 1736　　图 1737

Spiciform **穗状花序状的** An inflorescence with the general appearance, but not necessarily

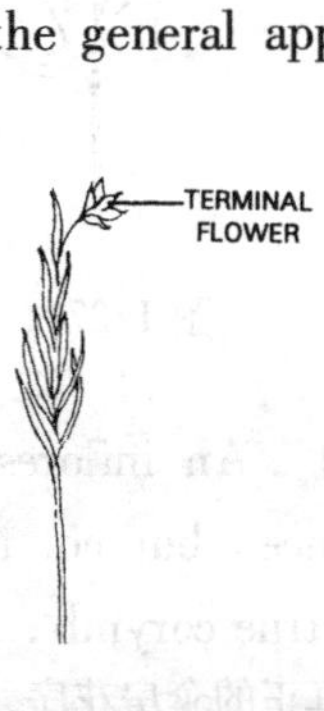

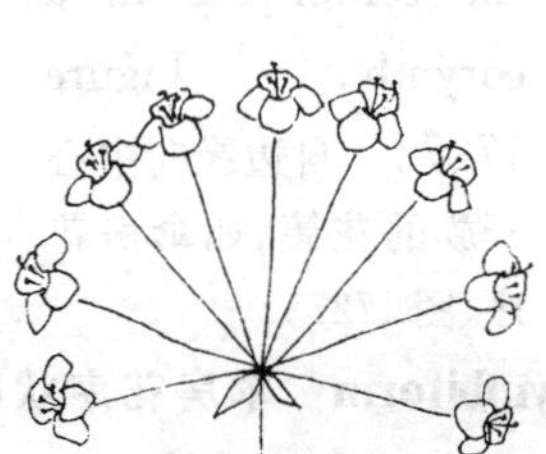

图 1738　　图 1739

the structure, of a true spike. 形似穗状花序,但结构不一定是真正的穗状花序。

Terminal **顶生的** At the tip or apex. Figure 1738. 位于在顶端或顶部(图 1738)。

Thyrsoid **聚伞圆锥状的** Thyrse-like. 聚伞圆锥花序状。

Umbellate **伞形的** In umbels; umbel-like. Figure 1739. 排列成伞形花序;伞形花序状。图 1739。

Umbelliform **伞形花序状的** An inflorescence with the general appearance, but not necessarily the structure, of a true umbel. The term is often applied to inflorescences which are condensed cymes rather than condensed racemes. 形似伞形花序,但结构不一定是真正的伞形花序。此术语常密集的聚伞花序而不是密集的总状花序。

花

The reproductive portion of the plant, consisting of stamens, pistils, or both, and usually including a perianth of sepals or both sepals and petals.

植物的生殖部分,具雄蕊、雌蕊或二者兼有,通常还包括由萼片或萼片和花瓣组成的花瓣。

花的组成

Androecium **雄蕊群** All of the stamens in a flower, collectively. Figure 1740. 一朵花内所有雄蕊的总称(图 1740)。

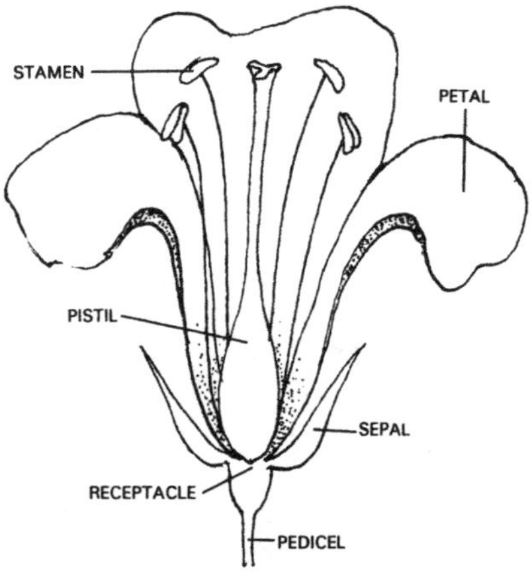

图 1740

Calyx (pl. **calyces**, **calyxes**) **花萼** The outer perianth whorl; collective term for all of the sepals of a flower. Figure 1740. 外轮花被;一朵花内所有萼片的总称。图 1740。

Carpel **心皮** A simple pistil formed from one modified leaf, or that part of a compound pistil formed from one modified leaf; megasporophyll. Figure 1741. 组成单雌蕊或复合雌蕊的变态叶;大孢子叶。图 1741。

Corolla **花冠** The collective name for all of the petals of a flower; the inner perianth whorl. Figure 1740. 一朵花内所有花瓣的总称;内轮花被。图 1740。

Floral envelope **花被** A collective term for the calyx and corolla. (same as **perianth**) 花萼和花冠的总称。(等同**花被**)。

Gynecium **雌蕊群** 见雌蕊群(**gynoecium**)。

Gynoecium **雌蕊群** All of the carpels or pistils of a flower, collectively. Figure 1740. 一朵花内所有心皮或雌蕊的总称(图 1740)。

Nectar gland **蜜腺** 见蜜腺(**nectary**)。

Nectary **蜜腺** A tissue or organ which produces nectar. Figure 1742. 产生花蜜的组织或器官(图 1742)。

Pedicel **花梗** The stalk of a single flower in an inflorescence. Figure 1740. 花序中单朵花的柄(图 1740)。

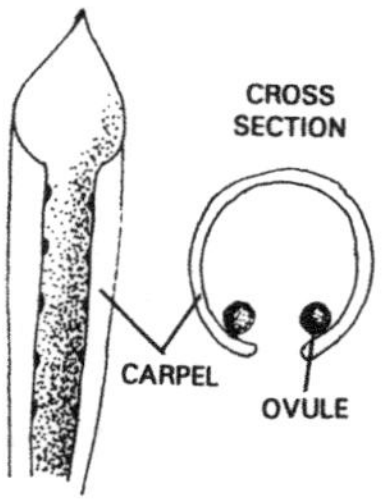

图 1741

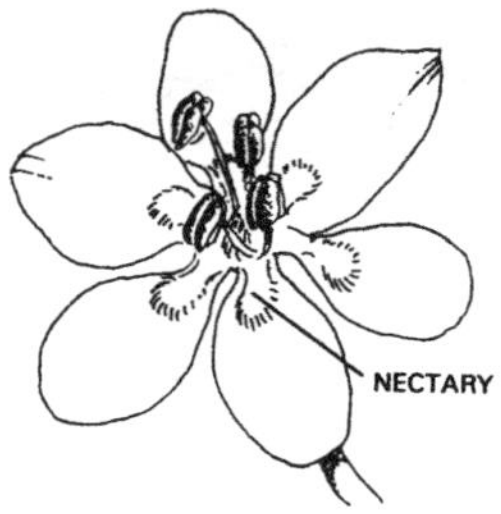

图 1742

Peduncle **花序梗** The stalk of a solitary flower or of an inflorescence. Figure 1743. 单生花或整个花序的柄(图 1743)。

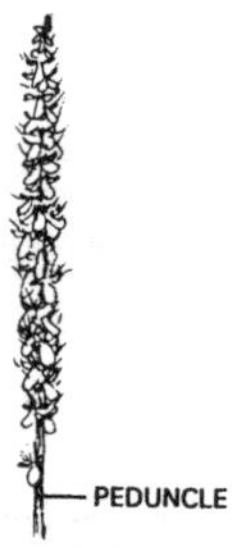

图 1743

Perianth **花被** The calyx and corolla of a flower, collectively, especially when they are similar in appearance. Figure 1744. 花的花萼和花冠的总称,尤指二者外形相似时(图 1744)。

Petal **花瓣** An individual segment or member of the corolla, usually colored or white. Figure 1740. 花冠的单个裂片或部分,常有色或白色(图 1740)。

Pistil **雌蕊** The female reproductive organ of a

flower, typically consisting of a stigma, style, and ovary. Figure 1740. (compare **gynoecium**) 花的雌性生殖器官,典型地由柱头、花柱和子房组成(图 1740)。(对比**雌蕊群**)。

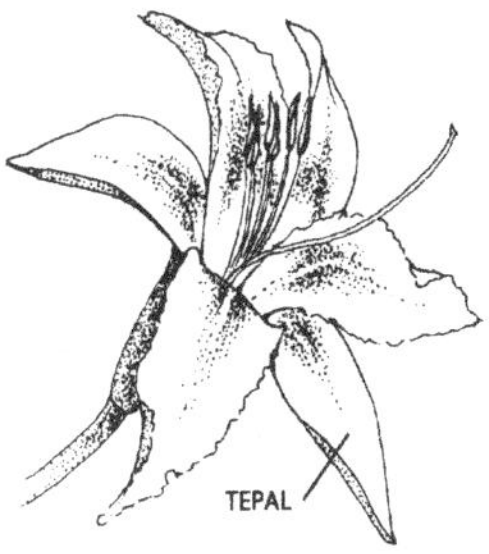

图 1744

Receptacle **花托** The portion of the pedicel upon which the flower parts are borne; in the Compositae (Asteraceae), the part of the peduncle where the flowers of the head are borne. Figures 1740 and 1745. 着生花部器官的花梗部分;菊科中着生头状花序花的花序梗部分。图 1740 和图 1745。

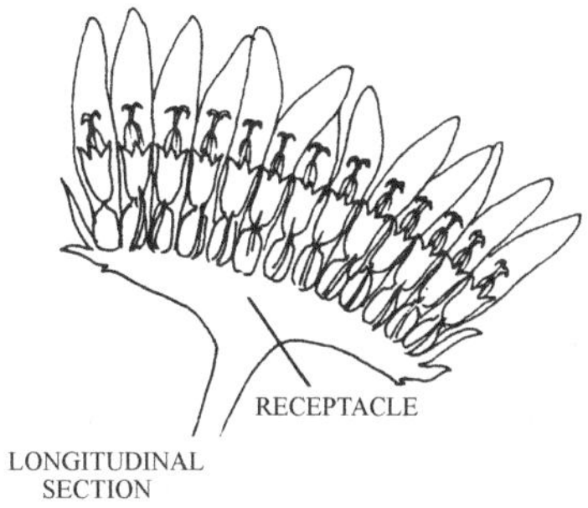

图 1745

Sepal **萼片** A segment of the calyx. Figure 1740. 花萼的裂片(图 1740)。

Stamen (pl. **stamens**, **stamina**) **雄蕊** The male reproductive organ of a flower, consisting of an anther and filament; the angiosperm microsporophyll. Figure 1740. 花的雄性生殖器官,由花药和花丝组成;被子植物的小孢子叶。图 1740。

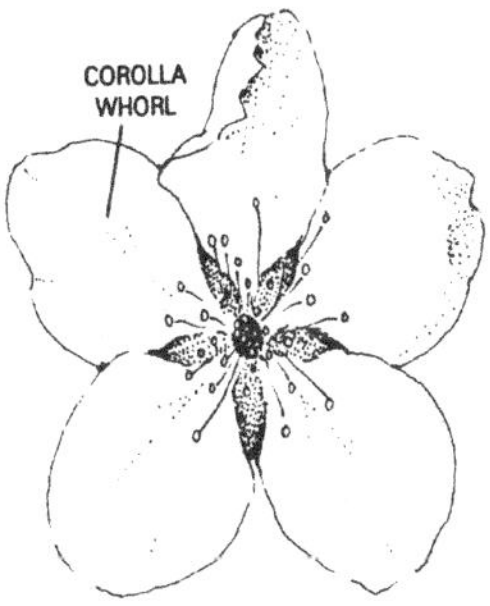

图 1746

Tepal **花被片** A segment of a perianth which is not differentiated into calyx and corolla; a sepal or petal. Figure 1744. 无花萼和花冠之分的花被片;萼片或花瓣。图 1744。

Torus (pl. **tori**) **花托** 见花托(**receptacle**)。

Whorl **轮生** A ring-like arrangement of similar parts arising from a common point or node; a verticil. Figure 1746. 自同一点或节上长出的相似部分的环状排列形式;环生。图 1746。

花的对称性

Actinomorphic **辐射对称** Radially symmetrical, so that a line drawn through the middle of the structure along any plane will produce a mirror image on either side. Figure 1747. 辐射状对称,通过结构中央的任一平面都能将其分成互为镜像的两部分(图 1747)。

Actinomorphous **辐射对称** 见辐射对称(**actinomorphic**)。

Irregular **不整齐的** Bilaterally symmetrical; said of a flower in which all parts are not similar in size and arrangement on the receptacle. Figure 1748. 两侧对称;指花各部分的大小及其在花托上的排列方式均不相似(图 1748)。

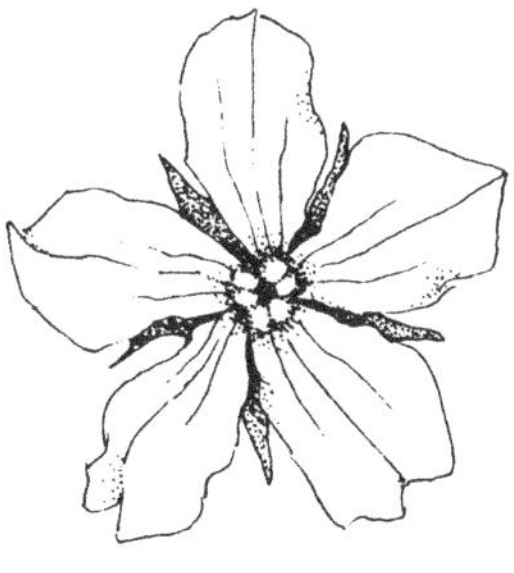
图 1747

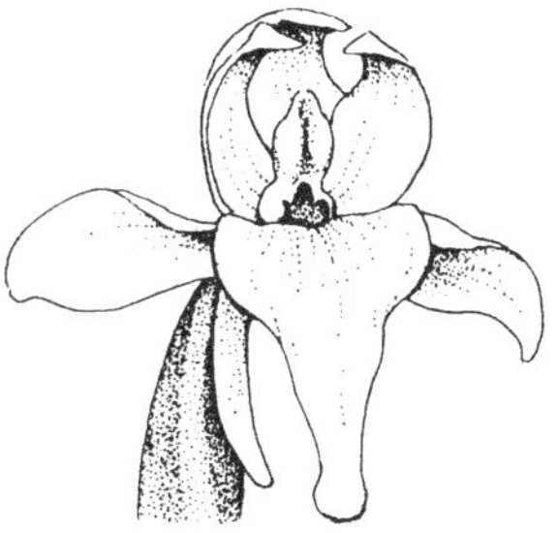
图 1748

Monosymmetrical **单面对称的** Bilaterally symmetrical; zygomorphic. Figure 1748. 两侧(面)对称;左右对称。图 1748。

Peloria **反常整齐的** Radial symmetry in flowers normally bilaterally symmetrical. 两侧对称花中异常的辐射对称类型。

Regular **整齐的** Radially symmetrical; said of a

flower in which all parts are similar in size and arrangement on the receptacle. Figure 1747. 辐射对称；花各部分的大小及其在花托上的排列方式均相似。图 1747。

Stereomorphic 立体对称的 Radially symmetrical, so that a line drawn through the middle of the structure along any plane will produce a mirror image on either side; essentially the same as **actinomorphic**. Figure 1747. 辐射对称，通过结构中央的任一平面都能将其分成互为镜像的两部分；基本等同**辐射对称**（**actinomorphic**）。图 1747。

Zygomorphic 左右对称 Bilaterally symmetrical, so that a line drawn through the middle of the structure along only one plane will produce a mirror image on either side. Figure 1748. 两侧对称，通过结构中央仅有一个平面能将其分成互为镜像的两部分（图 1748）。

Zygomorphous 左右对称的 见左右对称的（**zygomorphic**）。

花部的着生方式

Epigynous 上位的 With stamens, petals, and sepals attached to the top of the ovary, the ovary inferior to the other floral parts. Figure 1749. 雄蕊、瓣片和萼片着生于子房上部，子房位置低于其他花部（图 1749）。

Hypogynous 下位的 With stamens, petals, and sepals attached below the ovary, the ovary superior to the other floral parts. Figure 1750. 雄蕊、瓣片和萼片着生于子房下部，子房位置高于其他花部（图 1750）。

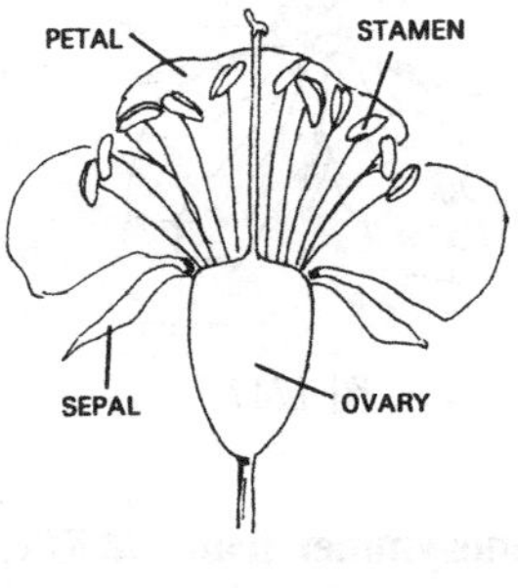

图 1749

Perigynous 周位的 With stamens, petals, and sepals borne on a calyx tube (hypanthium) surrounding, but not actually attached to, the superior ovary. Figure 1751. 雄蕊、瓣片和萼片着生于花萼筒上（托杯），花萼筒环绕但并不真正接触上位子房（图 1751）。

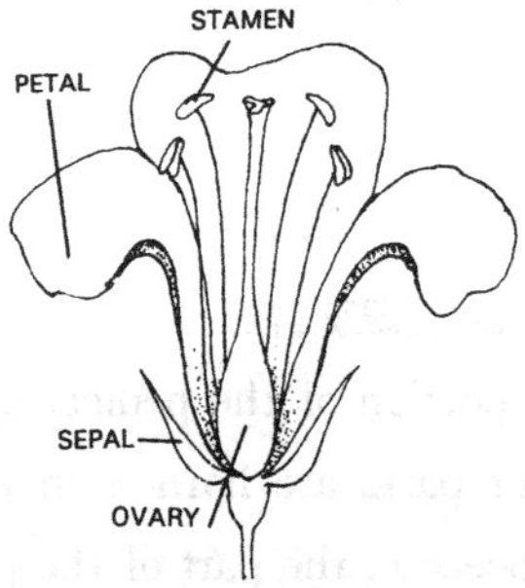

图 1750

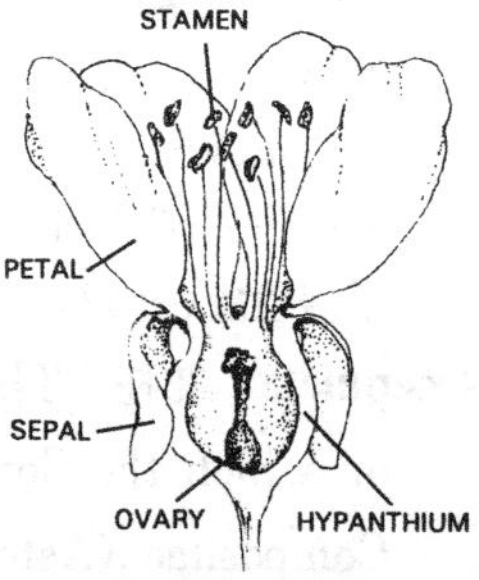

图 1751

传粉系统

Anemophilous 风媒的 Wind pollinated; producing wind-borne pollen. 靠风传粉；产生风媒性花粉。

Chasmogamous 开花受精的 Applied to flowers which open before fertilization and are usually cross-pollinated. (compare **cleistogamous**) 常指异花传粉的花在受精前开放。（对比**闭花受精的**）。

Cleistogamous 闭花受精的 Said of flowers which self-fertilize without opening. (compare **chasmogamous**) 指在未开放时进行自花受精的花。（对比**开花受精的**）。

Dichogamic 雌雄蕊异熟的 见雌雄异熟的（**dichogamous**）。

Dichogamous 雌雄异熟的 With the pistils and stamens maturing at different times to prevent self-fertilization. (compare **homogamous**) 雌蕊和雄蕊在不同时间成熟以避免自花受精（对比**雌雄同熟**）。

Entomophilous 虫媒的 Insect pollinated. 靠昆虫传粉。

Geitonogamous 同株异花受精的 Pollinated by flowers of the same plant. 同一植株的花相互传粉。

Homogamous **雌雄同熟的** With the pistils and stamens maturing at the same time, allowing self-fertilization. (compare **dichogamous**) 雌蕊和雄蕊同时成熟以便自花受精。(对比**雌雄异熟的**)。

Kleistogamous **闭花受精的** 见**闭花受精的**(**cleistogamous**)。

Metandrous **雌花先熟的** With the female flowers maturing before the male flowers; protogynous. 雌花先于雄花成熟;雌蕊先熟的。

Ornithophilous **鸟媒的** Pollinated by birds. 靠鸟传粉。

Outcrossing **异花传粉** Transferring pollen from the anthers of the flowers of one plant to the stigma of the flower of another plant. 一个植株花药的花粉传送到另一植株花的柱头上。

Protandrous **雄蕊先熟** With the anthers releasing pollen before the stigma is receptive. 在柱头可以受粉前花药释放花粉。

Proterandrous **雄蕊先熟的** 见**雄蕊先熟的**(**protandrous**)。

Proterogynous **雌蕊先熟的** 见**雌蕊先熟的**(**protogynous**)。

Protogynous **雌蕊先熟的** With the stigma receptive before the anthers release pollen. 柱头在花药释放花粉前即可受粉。

Self-pollinating **自花传粉** Transferring pollen from the anthers to the stigma of the same flower or to the stigma of another flower on the same plant. 花药中的花粉传送到同一朵花的柱头上或同一植株其他花的柱头上。

花的性别

Andro-dioecious **雄全异株,雄花两性花异株** With staminate and perfect flowers on separate plants. 雄花和完全花分别在不同的植株上。

Andro-monoecious **雄全同株,雄花两性花同株** 见**雄全同株,雄花两性花同株**(**andro-polygamous**)。

Andro-polygamous **雄全同株,雄花两性花同株** With staminate and perfect flowers on the same plant. 雄花和完全花在同一植株上。

Bisexual **两性的** With both male and female reproductive organs (stamens and pistils). (same as **perfect**) 同一朵花内具有雄性和雌性生殖器官(雄蕊和雌蕊)。(等同**完全的**)

Diclinous **雌雄异花的** With the stamens and pistils in separate flowers; imperfect. 雄蕊和雌蕊位于不同的花中;不完全的。

Dioecious **雌雄异株的** With imperfect flowers, the staminate and pistillate flowers borne on different plants. (compare **monoecious**) 具不完全花,雄花和雌花分别在不同的植株上。(对比**雌雄同株的**)

Dioicous **雌雄异株的** 见**雌雄异株的**(**dioecious**)。

Diecious **雌雄异株的** 见**雌雄异株的**(**dioecious**)。

Gyno-dioecious **雌全异株的,雌花两性花异株** With pistillate and perfect flowers on separate plants. 雌花和完全花分别在不同的植株上。

Hermaphroditic **两性的** With pistils and stamens in the same flower; bisexual; monoclinous; perfect. 在一朵花内具雄蕊和雌蕊;两性的;雌雄蕊同花的;完全的。

Heterogamous **具两类花的** With flowers of differing sex. 具有不同性别的花。

Imperfect **不完全的** With either stamens or pistils, but not both; unisexual. 一朵花内仅具有雄蕊或雌蕊;单性的。

Monecious **雌雄同株的** 见**雌雄同株的**(**monoecious**)。

Monoclinous **雌雄蕊同花的** With pistils and stamens in the same flower; perfect. 一朵花内具雄蕊和雌蕊;完全的。

Monoecious **雌雄同株的** Flowers imperfect, the staminate and pistillate flowers borne on the same plant. (compare **dioecious**) 不完全花,雄花和雌花长在同一个植株上。(对比**雌雄异株**)。

Perfect **完全的** With both male and female reproductive organs (stamens and pistils); bisexual. 同一朵花内具有雄性和雌性生殖器官(雄蕊和雌蕊);两性的。

Pistillate 雌蕊的 Bearing a pistil or pistils, but lacking stamens. (compare **staminate**) 具有一个或多个雌蕊,但无雄蕊。(对比**雄蕊的**)。

Polygamo-dioecious 杂性异株的 Mostly dioecious, but with some perfect flowers. 以雌雄异株为主,夹杂完全花。

Polygamo-monoecious 杂性同株的 Mostly monoecious, but with some perfect flowers. 以雌雄同株为主,杂完全花。

Polygamous 杂性的 With unisexual and bisexual flowers on the same plant. 单性花和两性花在同一植株上。

Staminate 雄蕊的 Bearing stamens but not pistils, as a male flower which does not produce fruit or seeds. (compare **pistillate**) 具有雄蕊,但不具雌蕊,如不产生果实和种子的雄花。(对比**雌蕊的**)

Triecious 单全异株,单性花完全花异株 见单全异株,单性花完全花异株(**trioecious**)。

Trioecious 单全异株,单性花完全花异株 With male, female, and bisexual flowers on different plants. 雄花、雌花和两性花生于不同的植株上。

Unisexual 单性的 With either male or female reproductive parts, but not both. 一朵花内仅具雄性或雌性生殖部分。

开花时间

Diurnal 昼开性的 Occurring or opening in the daytime. 在白天发生或开放。

Equinoctial 定时开花的 With flowers that open regularly at a particular hour of the day. 花有规律地在一天中的特定时间开放。

Hibernal 冬季开花的 Flowering in the winter. 在冬季开放。

Matutinal 晨开性的 Opening in the morning. 在早晨开放。

Nocturnal 夜开性的 Opening at night. 在夜间开放。

Nyctanthous 夜间开花的 Night-flowering. 夜间开花。

Nyctigamous 夜开的 Opening at night. 在夜间开放。

Precocious 先有花的 With the flowers developing before the leaves. 花发育早于叶。

Proteranthous 先有花的 With the flowers developing before the leaves. 花发育早于叶。

Semperflorous 四季开花的 Flowering throughout the year. 整年都开花。

Serotinous 迟季开花的 Flowering late; with flowers developing after the leaves are fully developed. 晚开花;花在叶充分发育后开放。

Vernal 春季开花的 Flowering in the spring. 在春季开花。

Vespertine 暮开性的 Opening in the evening. 在傍晚开放。

花结构数

Anisomerous 不同数的 With a different number of parts (usually less) than the other floral whorls, as in a flower with five sepals and petals, but only two stamens. Figure 1752.

花部某些轮的数目不同于(通常少于)其他轮的数目,如一朵花具有五枚萼片和花瓣,却只有两枚雄蕊(图 1752)。

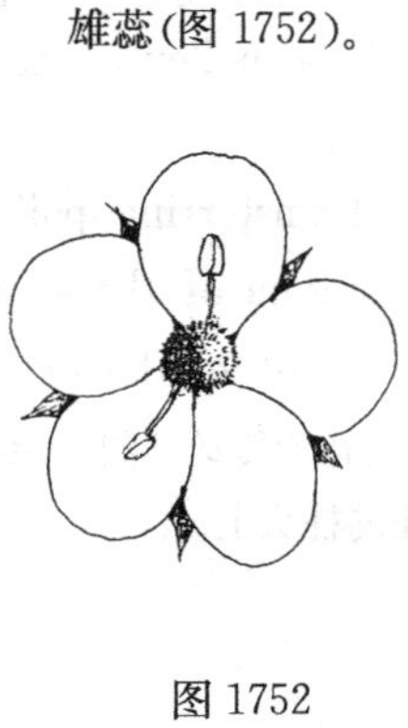

图 1752

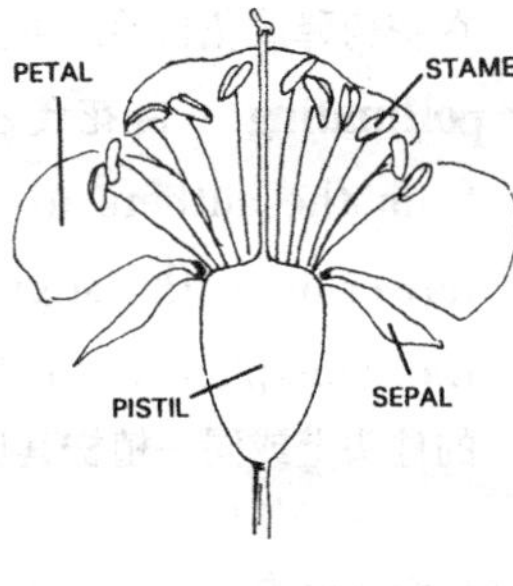

图 1753

Complete 完全的 With all of the parts typically belonging to it, as a flower with sepals, petals, stamens, and pistils. Figure 1753. 花部齐全,如一朵花具有萼片、花瓣、雄蕊和雌蕊(图 1753)。

Dicyclic 二轮列的 With two whorls. 具两轮。

Dimerous 二基数的 With parts arranged in sets

or multiples of two. 以二的倍数成组排列。

Heteromerous 异基数的 With a variable number of parts, as in a flower with a different number of members in each floral whorl. Figure 1754. 各花部组成数目有变化,如一朵花各轮的数目彼此不同(图 1754)。

图 1754

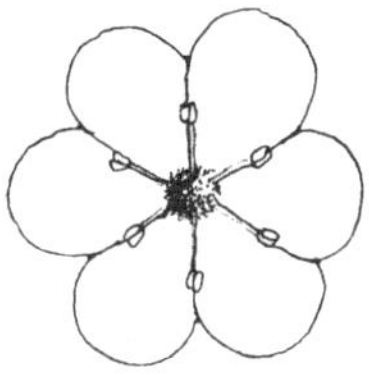

图 1755

Hexamerous 六基数的 With parts arranged in sets or multiples of six. Figure 1755. 以六的倍数成组排列(图 1755)。

Incomplete 不完全的 Lacking an expected part or series of parts, as in a flower lacking one of the floral whorls (i.e. sepals, petals, stamens, or pistils). 缺少某个或多个花部结构,如一朵花缺少一轮花部结构(萼片、花瓣、雄蕊或雌蕊)。

Isomerous 等基数的 With an equal number of parts, as in a flower with an equal number of members in each floral whorl. 各花部组成数目相等,如一朵花各轮的数目彼此相等。

Monocyclic 单轮的 With a single whorl. Figure 1756. 仅具一轮(图 1756)。

Monomerous 单基数的 With a single member, as in a floral whorl with only one part. Figure 1756. 仅具一个成员,如花轮仅具一个部分(图 1756)。

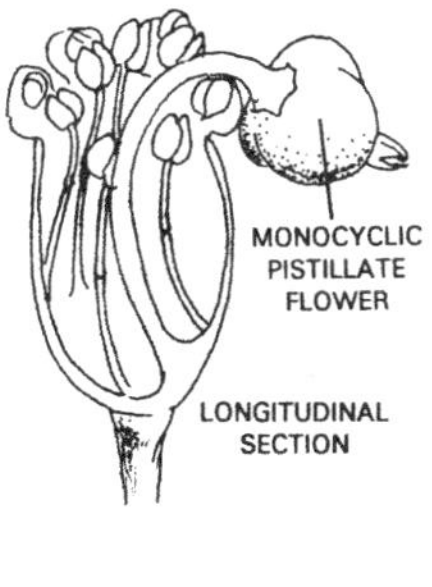

图 1756

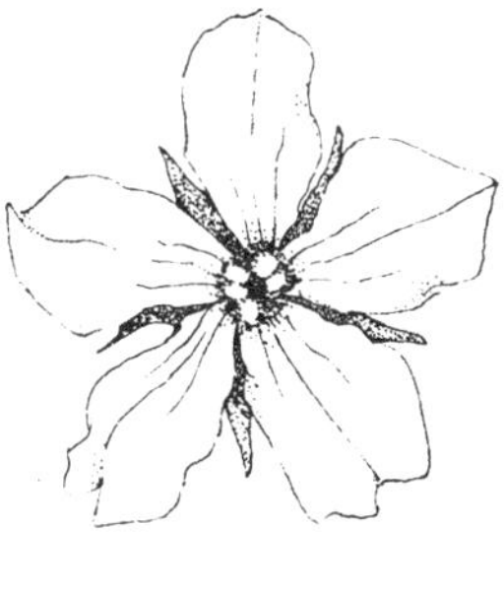

图 1757

Pentacyclic 五轮的 With five whorls. 具五轮。

Pentamerous 五基数的 With parts arranged in sets or multiples of five. Figure 1757. 以为五的倍数成组排列(图 1757)。

Polycyclic 多轮的 With many whorls. 具多轮。

Polymerous 多基数的 With many parts, as in a floral whorl with many members. 具多个组成部分,如一花轮中具多个成员。

Symmetric 相等的 Said of a flower having the same number of parts in each floral whorl. Figure 1758. 花部各轮数目相同(图 1758)。

Tetramerous 四基数的 With parts arranged in sets or multiples of four. Figure 1758. 以四的倍数成组排列(图 1758)。

Trimerous 三基数的 With parts arranged in sets or multiples of three. Figure 1759. 以三的倍数成组排列(图 1759)。

图 1758

图 1759

花被

花被的组成

Ala (pl. **alae**) 翼瓣 One of the two lateral petals of a papilionaceous corolla. Figure 1760. 蝶形花冠的两侧花瓣(图 1760)。

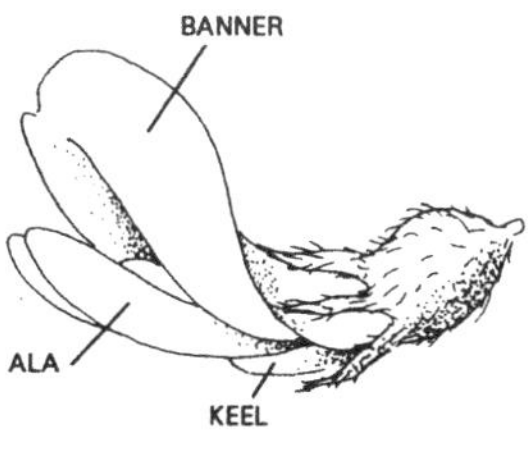

图 1760

图 1761

Anterior lip or lobe　**前唇瓣**　The lower lip of a bilabiate corolla. Figure 1761. (compare **posterior**)　唇形花冠的下方唇瓣(图 1761)。(对比**后唇瓣**)

Banner　**旗瓣**　The upper and usually largest petal of a papilionaceous flower, as in peas and sweet peas. Figure 1760.　蝶形花冠的上方通常最大的花瓣,如豌豆和香豌豆(图 1760)。

Blade　**瓣片**　The broad part of a petal. Figure 1762.　花瓣宽展的部分(图 1762)。

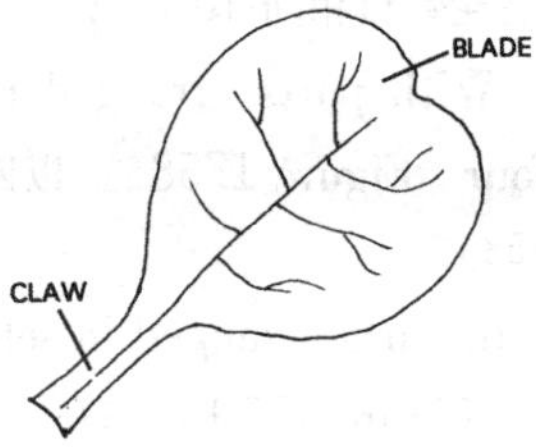

图 1762

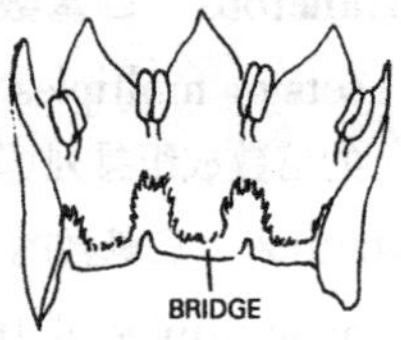

图 1763

Bridge　**鳞桥**　A band of tissue connecting the corolla scales, as in *Cuscuta*. Figure 1763. 连接花冠鳞片的带状结构组织,如菟丝子属(图 1763)。

Calcar　**瓣距**　A spur or spurlike appendage. Figure 1764.　距或距状附属物(图 1764)。

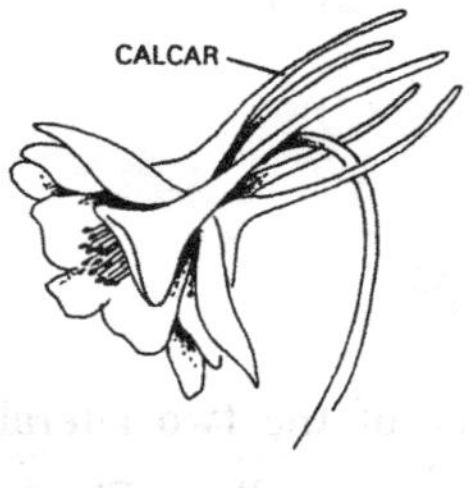

图 1764

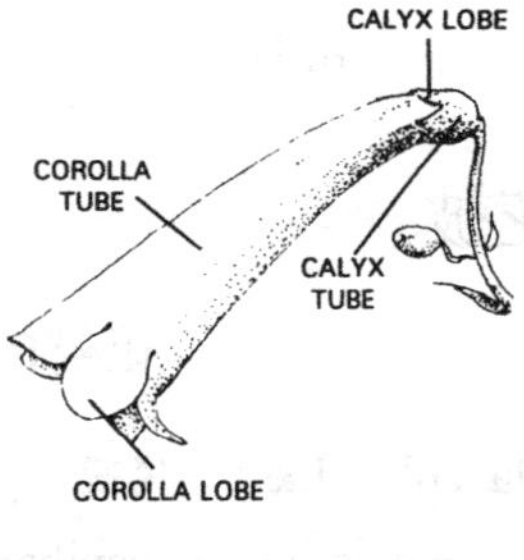

图 1765

Calyx limb　**萼檐**　见萼裂片(**calyx lobe**)。

Calyx lobe　**萼裂片**　One of the free portions of a calyx of united sepals. Figure 1765.　合生萼片的分离部分(图 1765)。

Calyx tooth　**萼齿**　见萼裂片(**calyx lobe**)。

Calyx tube　**萼筒**　The tube-like united portion of a clayx of united sepals. Figure 1765.　合生萼的筒状联合部分(图 1765)。

Carina　**①龙骨瓣 ②龙骨状突起**　A keel or ridge. Figure 1760.　龙骨状突起或脊(图 1760)。

Claw　**瓣爪**　The narrowed base of some petals and sepals. Figure 1762.　某些花瓣或萼片变窄的基部(图 1762)。

Corolla lobe　**花冠裂片**　One of the free portions of a corolla of united petals. Figure 1765.　合生花冠的分离部分(图 1765)。

Corolla tube　**花冠筒**　The hollow, cylindric portion of a corolla of united petals. Figure 1765.　合生花瓣的柱状、中空部分(图 1765)。

Corona　**副花冠**　Petal-like or crown-like structures between the petals and stamens in some flowers; a crown. Figure 1766.　某些花中,花瓣和雄蕊之间的瓣状或冠状结构(图 1766)。

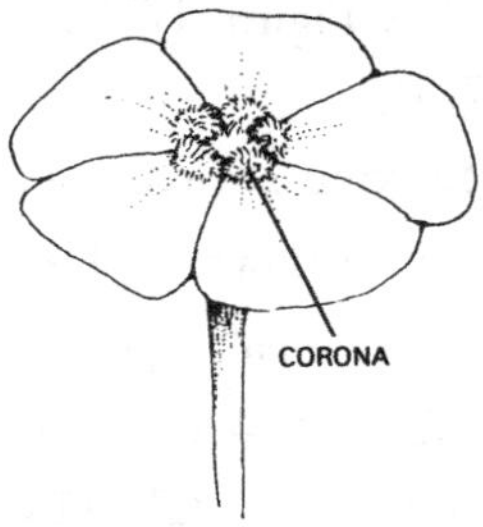

图 1766

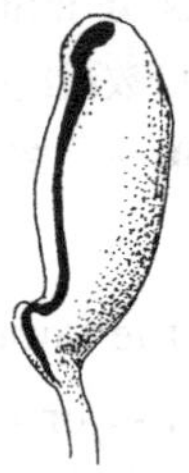

图 1767

Crest　**鸡冠状突起**　An elevated ridge or rib.　隆起的脊或肋状凸起。

Crown　**副花冠**　见副花冠(**corona**)。

Cucullus　**盔瓣**　A hood. Figure 1767.　兜状瓣(图 1767)。

Epicalyx　**副萼**　An involucre which resembles an outer calyx, as in *Malva*. Figure 1768.　类似外层花萼的总苞,如锦葵属(图 1768)。

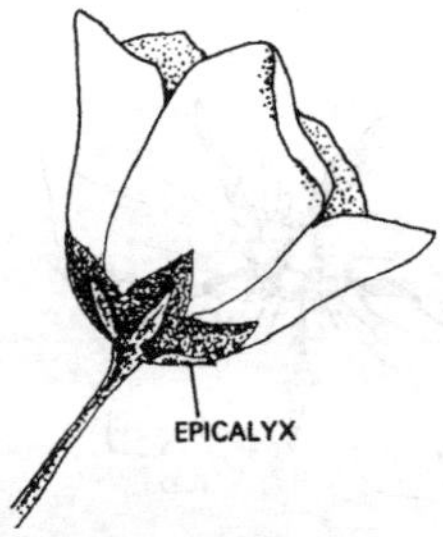

图 1768

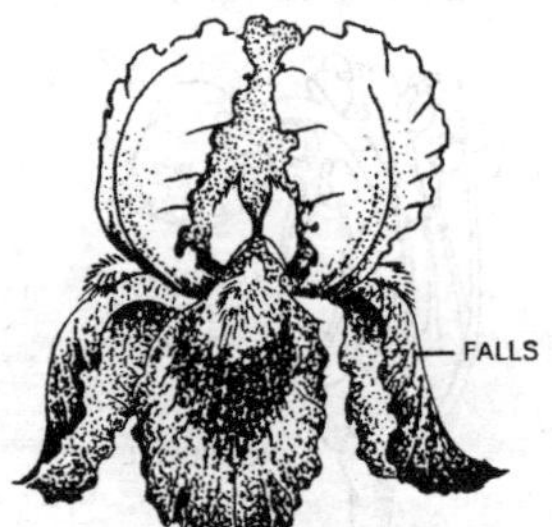

图 1769

Falls **下垂萼片** The sepals of an *Iris*. Figure 1769. 鸢尾属的萼片(图 1769)。

Floral tube **花被管** An elongated tubular portion of a perianth. See illustration for **corolla tube**. 花被筒状伸长的部分。参看**花冠筒**的插图。

Fornix (pl. **fornices**) **冠筒鳞片** One of a set of small crests or scales in the throat of a corolla, as in many of the Boraginaceae. See illustration for **corona**. 花冠喉部着生的多个小突隆起或鳞片,如紫草科。参看**副花冠**的插图。

Fringe **流苏** Hairs or bristles along the margin. Figure 1770. 沿边缘的毛或刚毛(图 1770)。

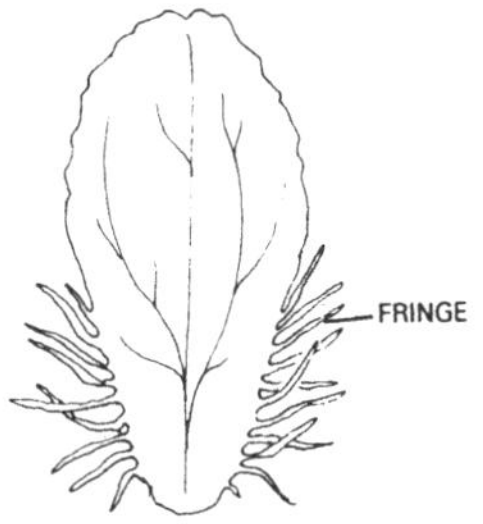

图 1770

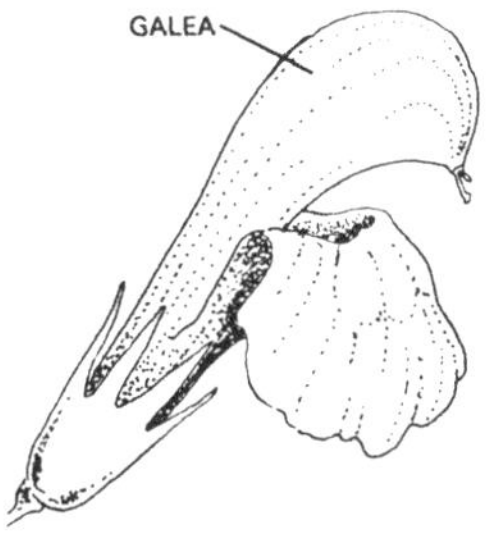

图 1771

Galea **盔瓣** The helmet-shaped or hood-like upper lip of some two-lipped corollas. Figure 1771. 两个唇瓣的花冠盔状或兜状的上唇瓣(图 1771)。

Gibbosity **隆凸** A swelling or protuberance; the state of being gibbous. Figure 1772. 囊状膨大或隆起;隆起状态。图 1772。

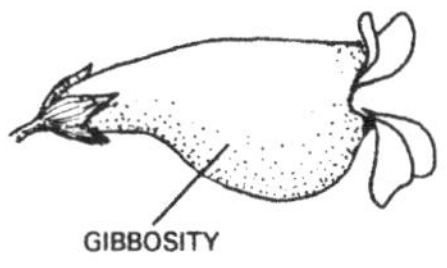

图 1772

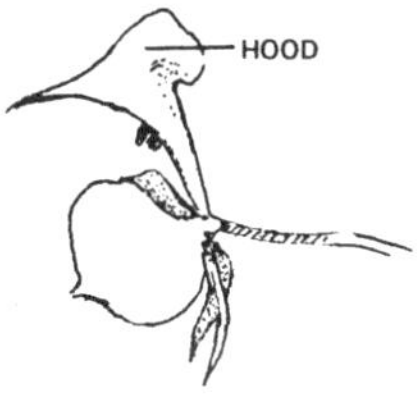

图 1773

Helmet **盔瓣** 见兜状瓣(**hood**)。

Hood **兜状瓣** A hollow, arched covering, as the upper petal in *Aconitum*. Figure 1773. 拱曲中空的被片,如乌头属的上方花瓣(图 1773)。

Horn **角状突起** A tapering projection resembling the horn of a cow. Figure 1774. 像牛角一样渐尖的突起(图 1774)。

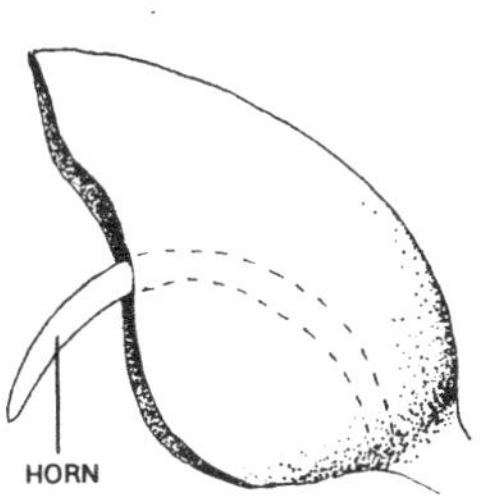

图 1774

Keel **龙骨瓣** The two lower united petals of a papillonaceous flower. Figure 1760. 蝶形花下部的两枚基部联合的花瓣(图 1760)。

Labellum **唇瓣** Lip; the exceptional petal of an orchid blossom. Figure 1775. 唇;兰花特化的花瓣。图 1775。

Labium (pl. **labia**) **下唇瓣** The lower lip of a bilabiate corolla. Figure 1776. 唇形花冠的下唇(图 1776)。

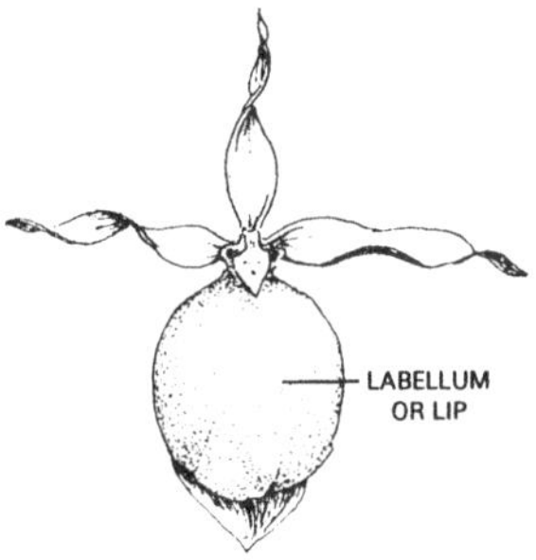

图 1775

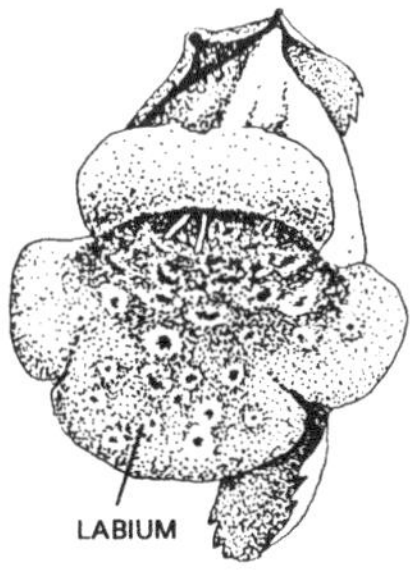

图 1776

Lamella (pl. **lamellae**) **副花冠裂片** An erect scale inserted on the petal in some corollas and forming part of the corona. See illustration for **corona**. 着生在某些花冠的花瓣上并参与副花冠形成的直立的鳞片。参见**副花冠**插图。

Lamina **片** The expanded portion, or blade, of a petal. Figure 1762. 叶或花瓣的宽展部分

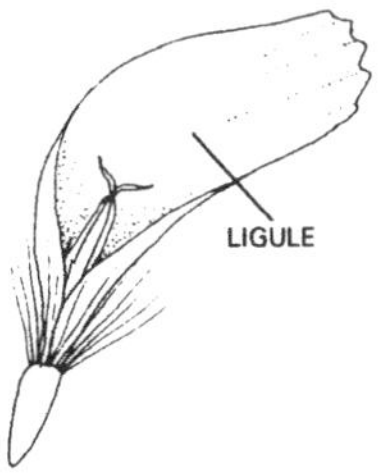

图 1777

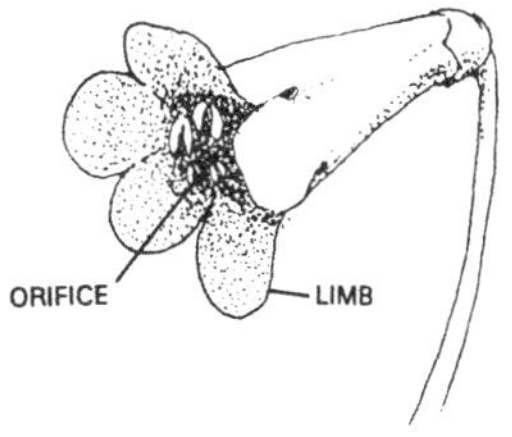

图 1778

(图 1762)。

Lepanthium 腺瓣 A petal with a nectary. 具腺体的花瓣。

Ligula 舌瓣 见舌瓣(**ligule**)。

Ligule 舌瓣 The flattened part of the ray corolla in the Compositae (Asteraceae). Figure 1777. 菊科边花花冠的扁平部分(图 1777)。

Limb 冠檐 The expanded part, or blade, of a petal. Figure 1762; the expanded part of a sympetalous corolla. Figure 1778. 花瓣的开张部分或瓣片 (图 1762);合瓣花冠的开张部分(图 1778)。

Lip 唇 One of the two projections or segments of an irregular, two-lipped corolla or calyx; a labium. Figure 1776; the exceptional petal of an orchid blossom. Figure 1775. 不规则二唇形花冠或花萼的突起或裂片;下唇瓣 (图 1776);兰花特化的花瓣(图 1775)。

Lodicule 浆片 Paired, rudimentary scales at the base of the ovary in grass flowers. Figure 1779. 禾草花子房基部成对的未发育鳞片(图 1779)。

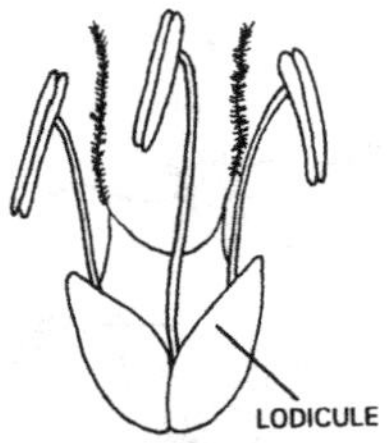

图 1779

Orifice 口 An opening or mouth, as the mouth-like opening of a tubular corolla. Figure 1778. 开口如管状花冠的口状张开(图 1778)。

Palate 喉凸 A raised appendage on the lower lip of a corolla which partially or completely closes the throat. Figure 1780. 花冠下唇上隆起的部分或完全堵塞的附属物(图 1780)。

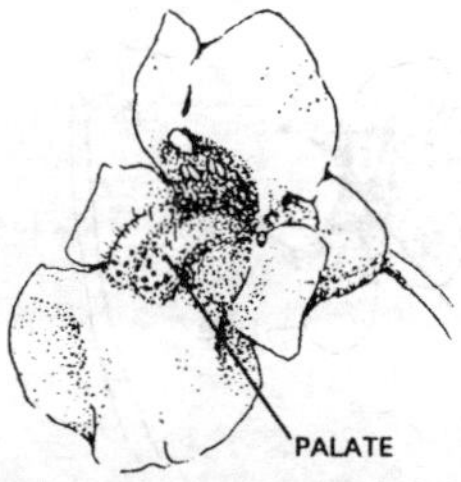

图 1780

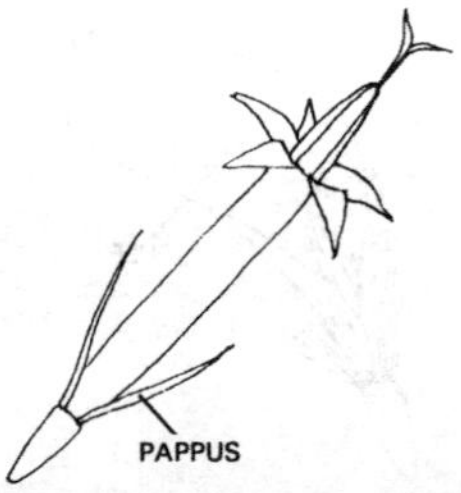

图 1781

Pappus 冠毛 The modified calyx of the Compositae (Asteraceae), consisting of awns, scales, or bristles at the apex of the achene. Figure 1781. 菊科的变态花萼,由着生于瘦果顶部的芒、鳞片或刚毛组成(图 1781)。

Petal 花瓣 An individual segment or member of the corolla, usually colored or white. Figure 1782. 花冠的单个裂片或组分,通常有色或白色(图 1782)。

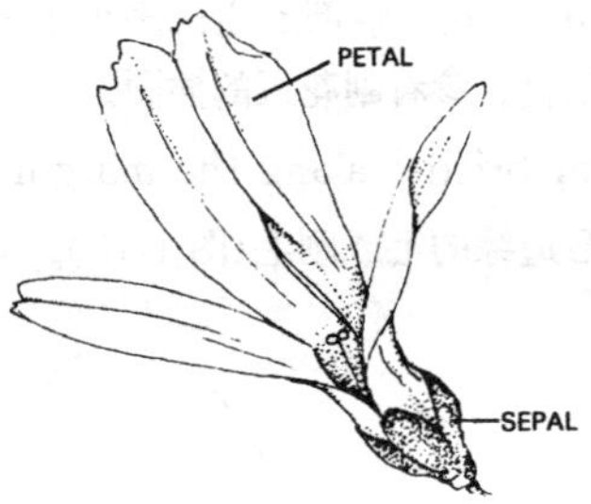

图 1782

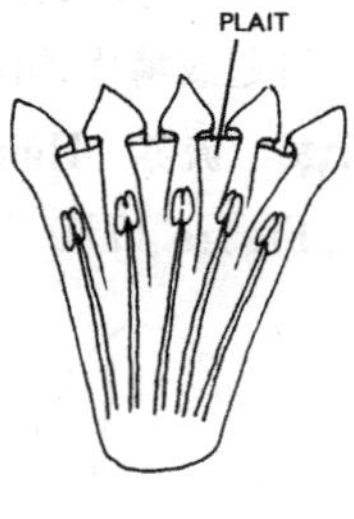

图 1783

Plait 褶 A fold or pleat, as in some corollas. Figure 1783. 叠或褶如某些花冠(图 1783)。

Posterior 后唇瓣 The upper lip of a bilabiate corolla. Figure 1784. (compare **anterior**) 二唇形花冠的上唇(图 1784)。(对比**前唇瓣**)

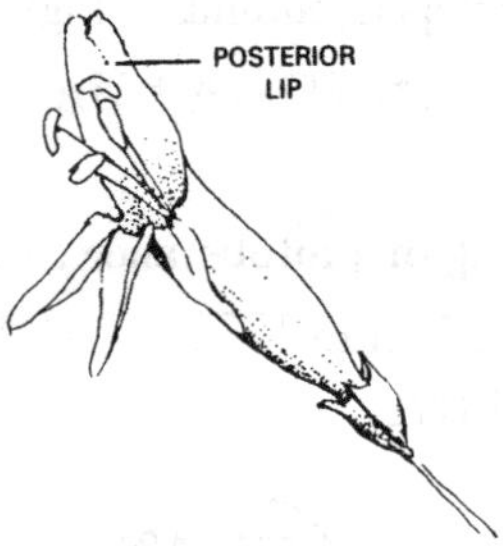

图 1784

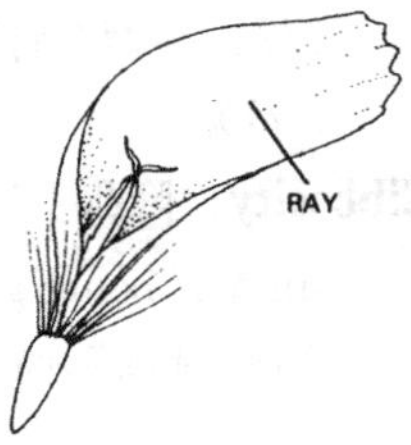

图 1785

Ray 边花 The strap-like portion of a ligulate flower (or the ligulate flower itself) in the Compositae (Asteraceae). Figure 1785. 菊科舌状花的舌形部分(或舌状花本身)(图 1785)。

Sac 囊 A bag-shaped structure. Figure 1786. 袋状结构(图 1786)。

Scale 鳞片 Any thin, flat, scarious structure. Figure 1787. 任何薄而扁平的膜质结构(图

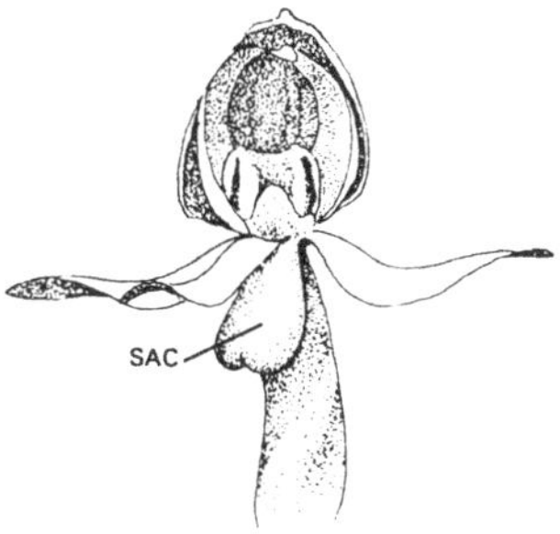

图 1786

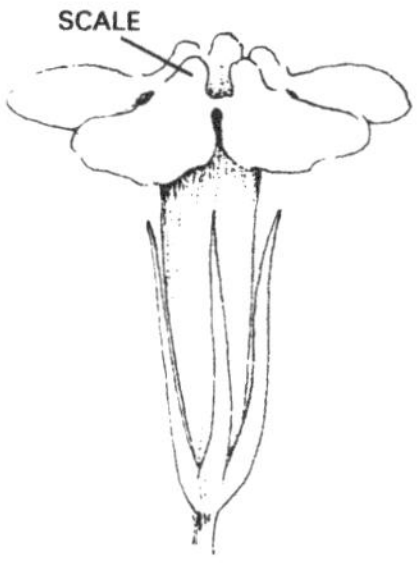

图 1787

1787)。

Sepal 萼片 A segment of the calyx. Figure 1782. 花萼的一个裂片(图 1782)。

Sinus 凹缺 The cleft, depression, or recess between two lobes of a petal. Figure 1788. 花瓣两裂片之间的裂缺、凹陷或缺口(图 1788)。

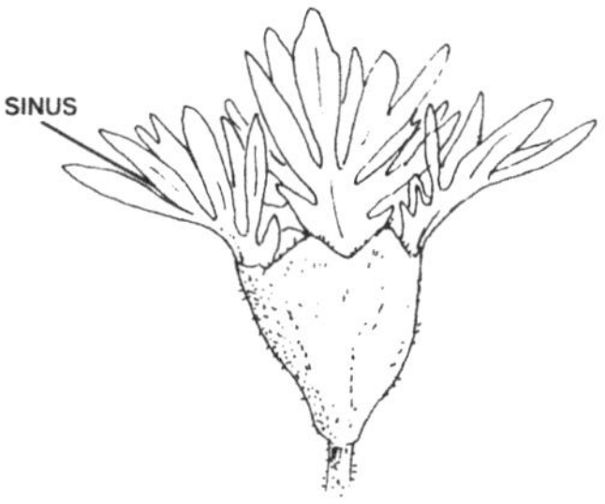

图 1788

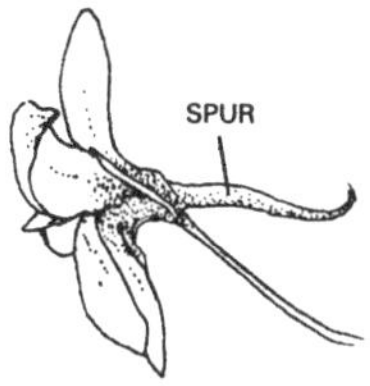

图 1789

Spur 距 A hollow, slender, sac-like appendage of a petal or sepal, or of the alyx or corolla. Figure 1789. 萼片或花瓣、花萼或花冠上的、细小的、囊状、中空的附属结构(图 1789)。

Squama(pl. **squamae**) 鳞片 A scale, as in some types of pappus in the Compositae (Asteraceae). Figure 1790. 一种鳞片,如菊科冠毛的某些类型(图 1790)。

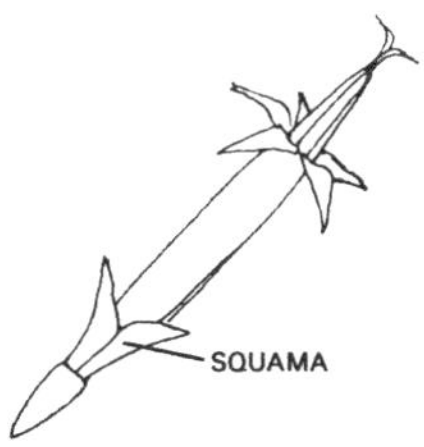

图 1790

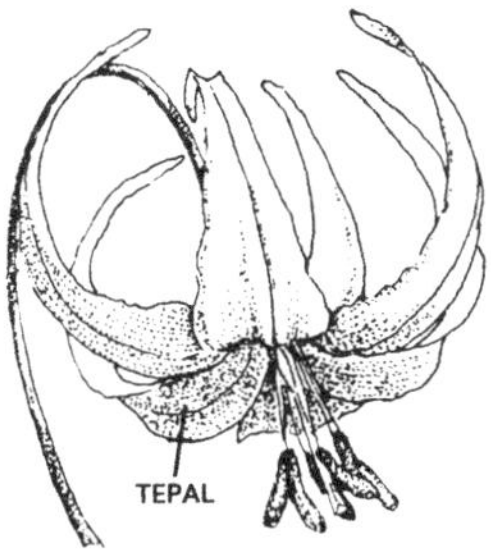

图 1791

Standard 旗瓣 见旗瓣(**banner**)。

Tepal 花被片 A segment of a perianth which is not differentiated into calyx and corolla. Figure 1791. 无花萼和花冠之分的花被裂片(图 1791)。

Throat 喉 The orifice of a gamopetalous corolla or gamosepalous calyx. Figure 1792; the expanded portion of the corolla between the limb and the tube. Figure 1793. 合花冠或合生萼的开口(图 1792);冠筒与冠檐之间花冠的宽展部分(图 1793)。

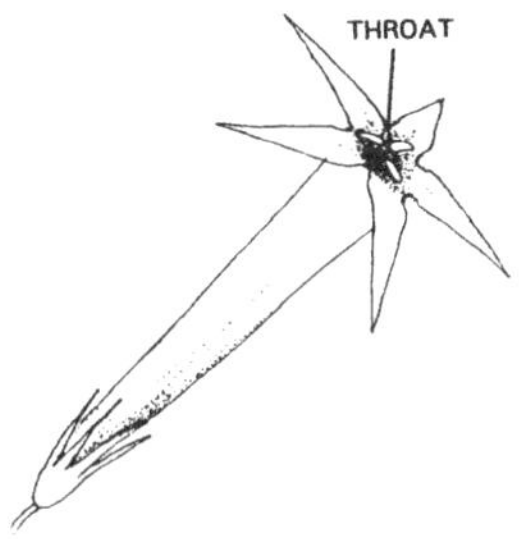

图 1792

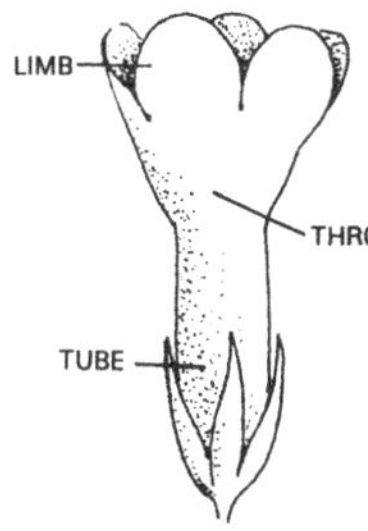

图 1793

Vexillum 旗瓣 The upper and usually largest petal of a papilionaceous flower, as in peas and sweet peas; banner. Figure 1794. 如蝶形花冠上方通常最大的花瓣,如豌豆和香豌豆;旗瓣。图 1794。

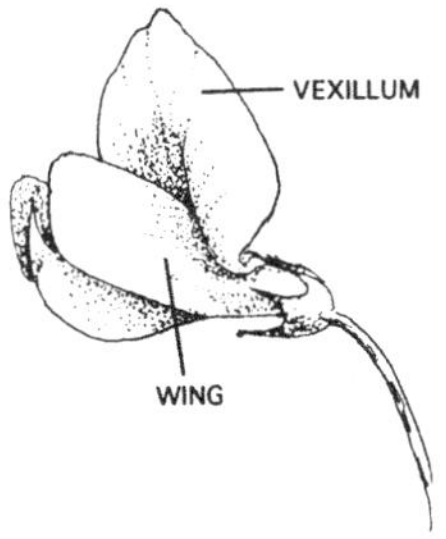

图 1794

Wing 翼瓣 One of the two lateral petals of a papilionaceous corolla. Figure 1794. 蝶形花冠两侧的花瓣(图 1794)。

花被的类型

Achlamydeous 无花被的 Lacking a perianth. Figure 1795. 花被缺失(图 1795)。

Apetalous 无花瓣的 Without petals. 花瓣缺失。

Apopetalous 离瓣的 With separate petals. Figure 1796. 花瓣分离(图 1796)。

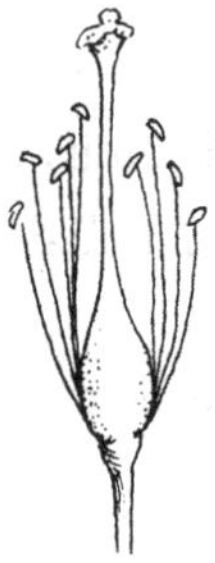

图 1795

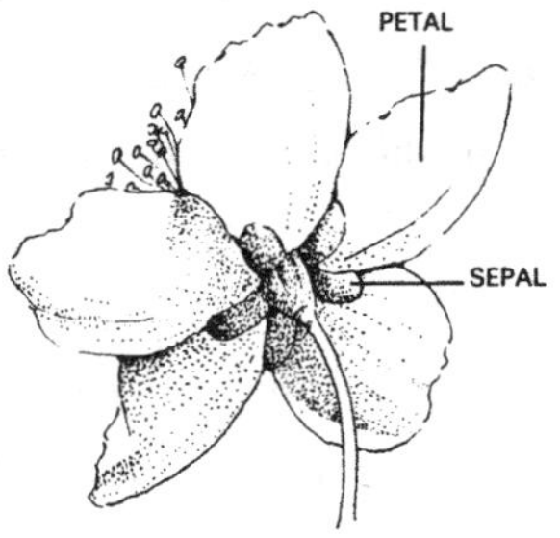

图 1796

Aposepalous 离萼片的 With separate sepals. Figure 1796. 萼片分离(图 1796)。

Asepalous 无花萼的 Without sepals. 萼片缺失。

Bipetalous 具双瓣的 With two petals. 花瓣两枚。

Calyculate 副萼的 With small bracts around the alyx, as if possessing an outer calyx. Figure 1797. 具环绕花萼的小苞片,如同外层的花萼(图 1797)。

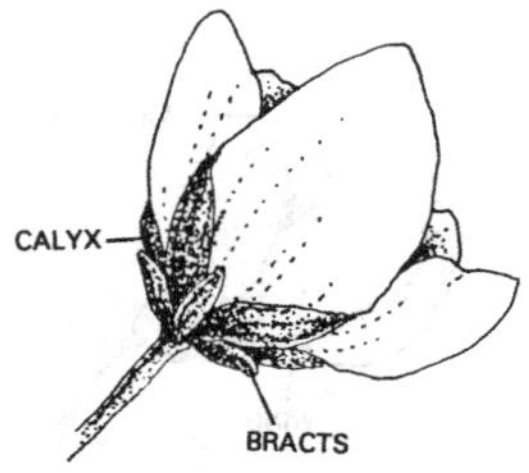

图 1797

图 1798

Chlamydeous 单被的 With a floral whorl. 具一轮花被。

Choripetalous 离瓣的 见离瓣的(**apopetalous** 或 **polypetalous**)。

Dichlamydeous 两被的 With two types of perianth whorls, i.e., calyx and corolla. Figure 1796. 具两轮不同类型的花被,即花萼和花冠(图 1796)。

Dipetalous 两瓣的 见具双瓣的(**bipetalous**)。

Double 重瓣的 Having a larger number of petals than usual. 花瓣数目较通常多出许多。

Epappose 无冠毛的 Without a pappus. Figure 1798. 冠毛缺失(图 1798)。

Gamopetalous 合瓣的 With the petals united, at least partially. Figure 1799. 具联合或至少部分联合的花瓣(图 1799)。

Gamosepalous 合萼的 With the sepals united. Figure 1800. 萼片联合(图 1800)。

图 1799

图 1800

Monochlamydeous 单被的 With only one type of perianth member. Figure 1801. 仅具花被组分的一种(图 1801)。

Monopetalous 合瓣的 见合瓣的(**sympetalous** 和 **gamopetalous**)。

Octopetalous 八瓣的 With eight petals. 具八枚花瓣。

Octosepalous 八萼的 With eight sepals. 具八枚萼片。

图 1801

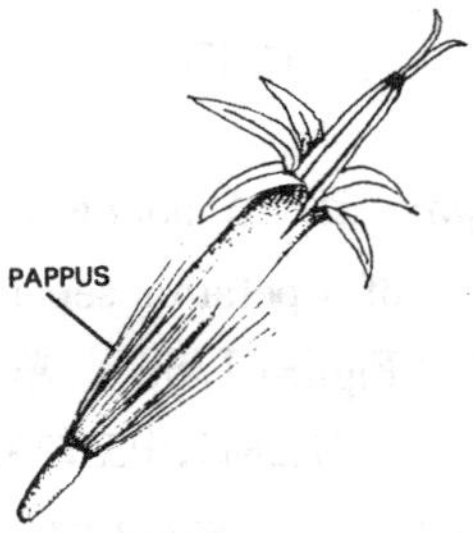

图 1802

Pappiferous 具冠毛的 见具冠毛的(**pappose**)。

Pappose 具冠毛的 Pappus-bearing. Figure 1802. 有冠毛(图 1802)。

Petaliferous 具花瓣的 Bearing petals. 有花瓣。

Petalous 具花瓣的 With petals. 有花瓣。

Polypetalous 离瓣的 With a corolla of completely separate petals. Figure 1803. 具有由完全分离的花瓣组成的花冠(图 1803)。

Polysepalous 离萼的 With a calyx of separate

sepals. Figure 1803. 具由分离的萼片组成的花萼(图 1803)。

Sympetalous **合瓣的** With the petals united, at least near the base. Figure 1804. 花瓣联合,至少在近基部联合(图 1804)。

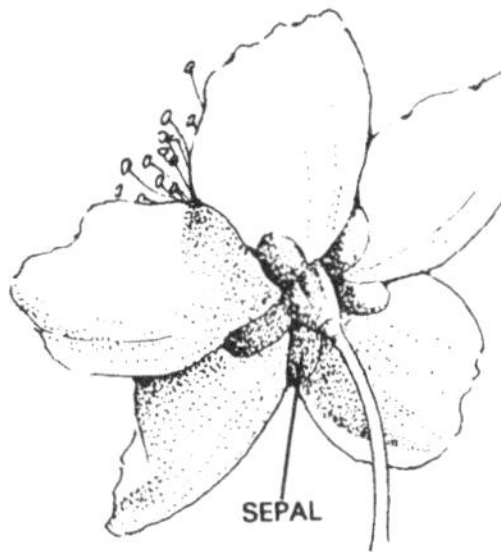

图 1803

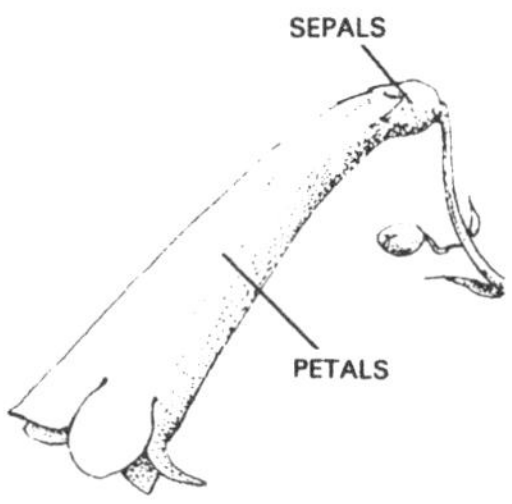

图 1804

Synsepalous **合萼的** With united sepals. Figure 1804. 萼片合生(图 1804)。

Tetrapetalous **四瓣的** With four petals. 具有四枚花瓣。

Tripetalous **三瓣的** With three petals. 具有三瓣枚瓣。

Unipetalous **单瓣的** With only a single petal. 仅具有一枚花瓣。

花被的形态(图 1805)

Accrescent **渐增的,花后膨大的** Becoming larger with age, as a calyx which continues to enlarge after anthesis. 逐渐增大,如花期后花萼继续增大。

Alate **具翅的** Winged. 有翅。

Ampliate **膨大的** Enlarged or expanded. 增大或扩展。

Bilabiate **二唇形的** Two-lipped, as in many irregular flowers. 具二唇,见于许多不整齐花中。

Calcarate **具距的** With a calcar; spurred. 具距;有距。

Calceolate **鞋状的** Shoe-shaped or slipper-shaped, as the labellum of some orchids. 鞋状或拖鞋状,如某些兰花的唇瓣。

Campanulate **钟状的** Bell-shaped. 钟形。

Carinate **具龙骨状隆起的** Keeled. 龙骨状。

Corniculate **具小角状突起的** With small horn-like protuberances. 具有小的角状突起物。

Cornute **具角状突起的** Horned. See illustration for **corniculate**. 具角。见**具小角状突起的**的插图。

Coroniform **冕形冠状的** Crown-shaped. 冠形。

Cruciate **十字形的** 见十字形的 (**cruciform**)。

Cruciform. **十字形的** Cross-shaped. 十字交叉形。

Cucullate **兜状的** Hooded or hood-shaped. 有罩盖或兜帽形。

Explanate **平展的** Spread out flat. 平向外展。

Funnelform **漏斗状的** Gradually widening from base to apex; funnel-shaped. 自基部向端部逐渐变宽;像漏斗。

Galeate **盔状的** Helmet-shaped; with a galea. 头盔形;具有盔瓣。

Galeiform **盔状的** 见盔状的(**galeate**)。

Gibbous **浅囊状的** Swollen or enlarged on one side; ventricose. 单侧膨起或增大;一面膨的。

Inflated **膨大的** Swollen or expanded; bladdery. 膨起或膨胀;膀胱状的。

Infundibuliform **漏斗状的** Funnel-shaped. See illustration for **funnelform**. 漏斗形。见**漏斗状的**插图。

Keeled **龙骨状的** Ridged, like the keel of a boat. 具脊,像船的龙骨

Labiate **唇形的** Lipped; with parts which are arranged like lips or shaped like lips. 唇状;排列成唇形或呈唇形。

Ligulate **舌状的** Strap-shaped. 舌形。

Liguliform **舌状的** 见舌状的(**ligulate**)。

Paleolate **具浆片的** With a lodicule. 具浆片。

Papilionaceous **蝶形的** Butterfly-like, as the irregular corolla of a pea, with a banner petal, two wing petals, and two fused keel petals. 像蝴蝶,如豌豆的不整齐花冠,具有一枚旗瓣、两枚翼瓣和两枚龙骨瓣。

Personate **假面状的** Two-lipped, with the throat closed by a prominent projection (palate). 具二唇,喉部被显著的突起(喉凸)封闭。

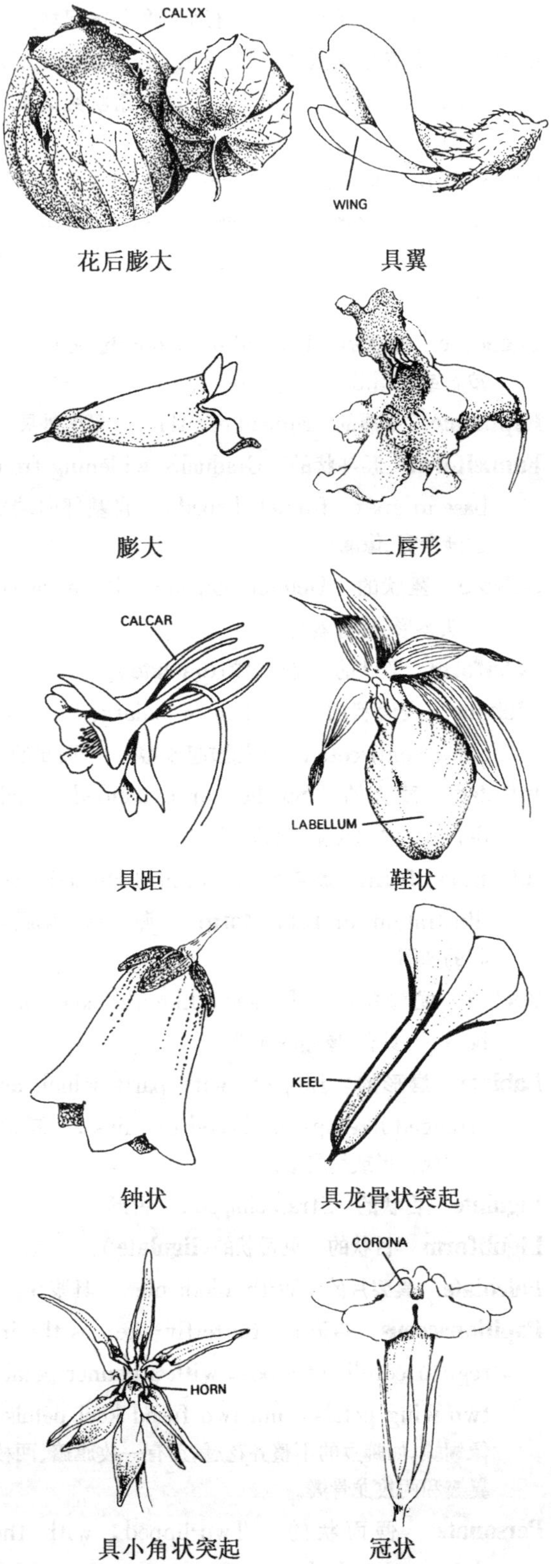

图 1805a

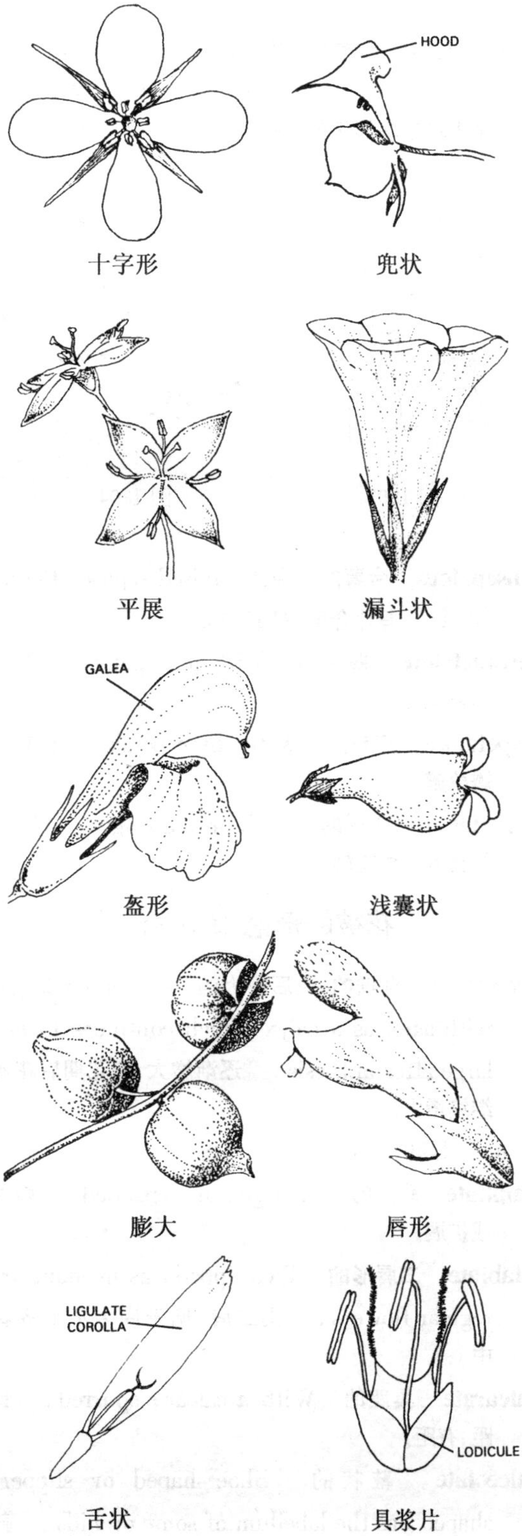

图 1805b

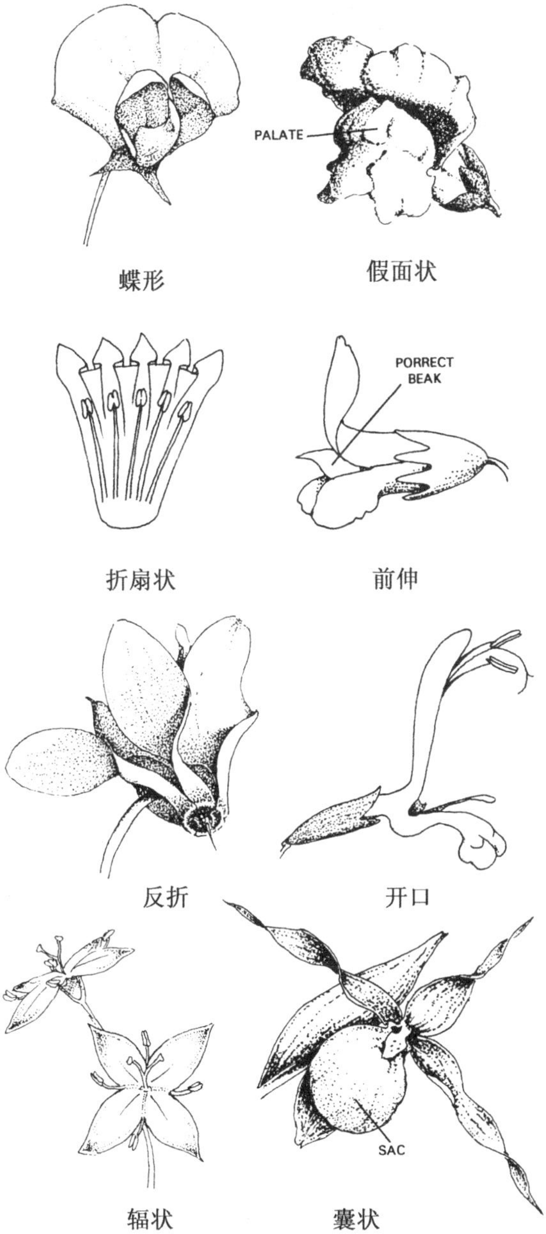

图 1805c

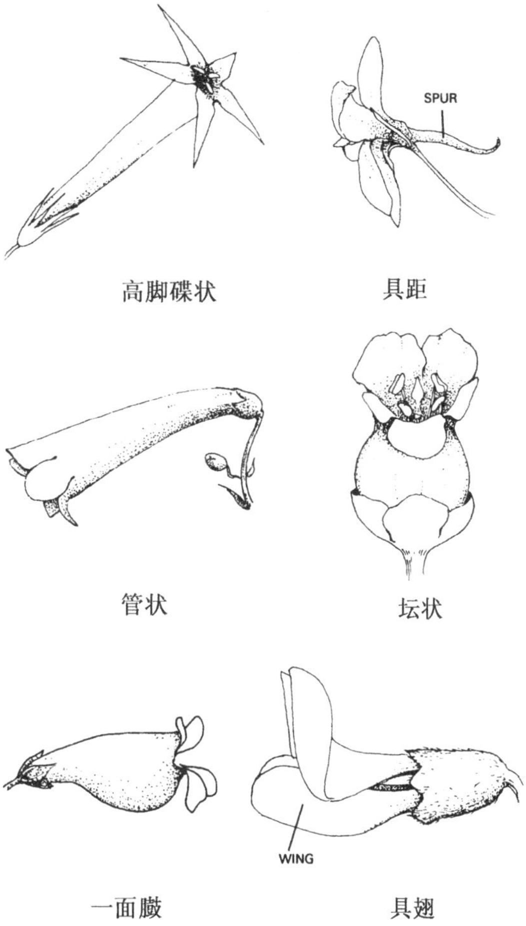

图 1805d

Plicate **折扇状的** Plaited or folded, as a folding fan. 折或叠如折扇。

Porrect **前伸的** Extended forward; resembling a parrot beak. 向前延伸;类似鹦鹉的喙。

Reflexed **反折的** Bent backward or downward. 向后或向下弯曲。

Ringent **开口的** Gaping; with widely spreading lips, as in some corollas. 张开的;具宽张的唇瓣,如一些花冠。

Rotate **辐状的** Disc-shaped; flat and circular, as a sympetalous corolla with widely spreading lobes and little or no tube. 盘形;平坦而圆,如合瓣花冠裂片平展,冠筒很短或无。

Saccate **囊状的** With a sac, or in the shape of a sac. 具囊或呈囊形。

Salverform **高脚碟状的** With a slender tube and an abruptly spreading, flattened limb. (花

冠)筒细长,上部扁平的冠檐陡然开展。

Spurred 具距的 Bearing a spur or spurs. 具一枚或多枚距。

Strap-shaped 舌状的 Elongated and flat. 平而伸展。

Tubular 管状的 With the form of a tube or cylinder. 形状如管或圆柱。

Urceolate 坛状的 Pitcher-like; hollow and contracted near the mouth like a pitcher or run. 像水罐;中空、口部缢缩如水罐或瓮。

Urn-shaped 坛状的 见坛状的(**urceolate**)。

Ventricose 一侧膨的 Inflated or swollen on one side only, as in some corollas, especially in the genus *Penstemon*. 仅在一侧膨大或鼓起,如某些花冠,尤其钓钟柳属。

Winged 具翅的 Possessing wings. 具有翅。

雄蕊群

The male reproductive parts of a flower.
花的雄性生殖部分。

雄蕊群的组成

Androgynophore 雌雄蕊柄 Stalk supporting the androecium and gynoecium in some flowers. Figure 1806. 某些花中着生雄蕊和雌蕊的柄(图 1806)。

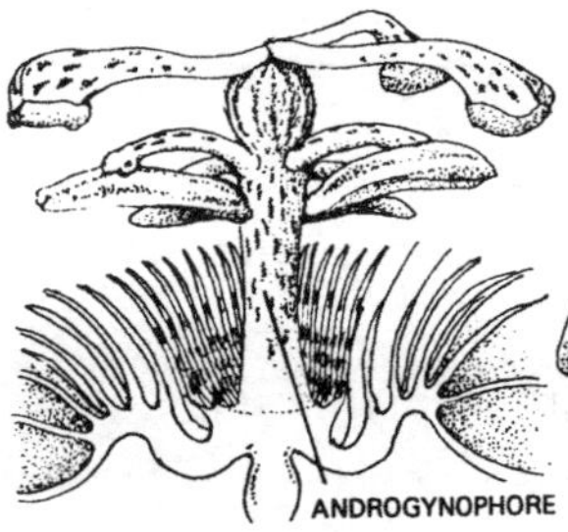

图 1806

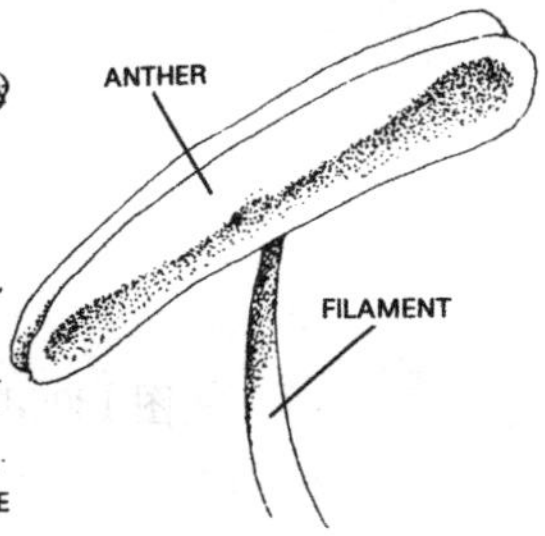

图 1807

Androphore 雄蕊柄 Stalk supporting a group of stamens. 着生一组雄蕊的柄。

Anther 花药 The expanded, apical, pollen bearing portion of the stamen. Figure 1807. 雄蕊顶端产生花粉的膨大部位(图 1807)。

Anther sac 药囊 One of the pollen bearing chambers of the anther. Figure 1808. 花粉中产生花药的小室(图 1808)。

Cell 室 A hollow cavity or compartment within a structure, as the cavity of the anther containing pollen. Figure 1808. 结构内的空腔或小室,如容纳花粉的花药室(图 1808)。

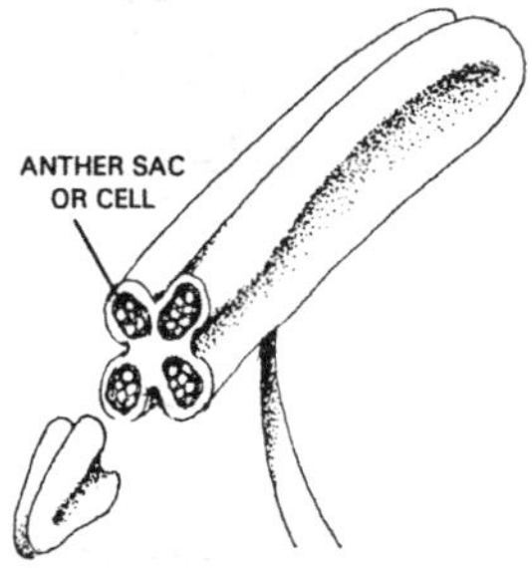

图 1808

Column ①柱 ②蕊柱 A structure formed by the union of staminal filaments. Figure 1809; the united filaments and style in the Orchidaceae. Figure 1810. 雄蕊花丝联合形成的结构(图 1809);兰科植物中花丝和花柱的联合体(图 1810)。

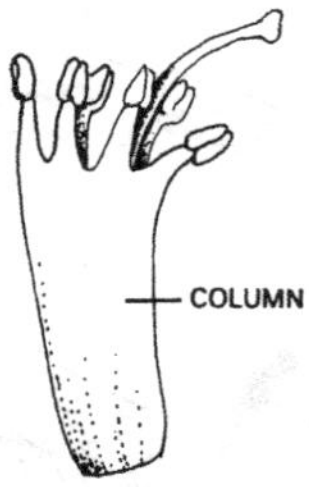

图 1809

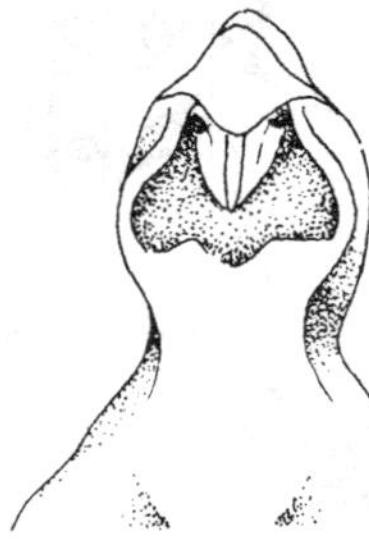

图 1810

Connective 药隔 The portion of the stamen connecting the two pollen sacs of an anther. Figure 1811. 雄蕊上连接花药两个花粉囊的部分(图 1811)。

Filament 花丝 The stalk of the stamen which

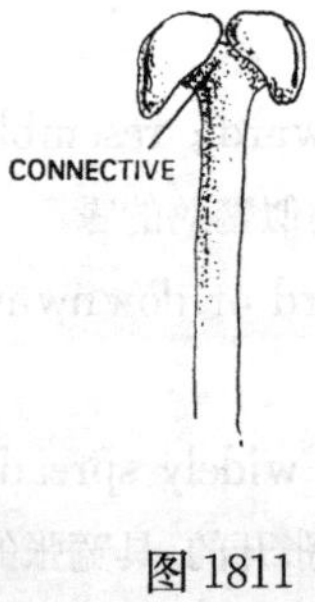

图 1811

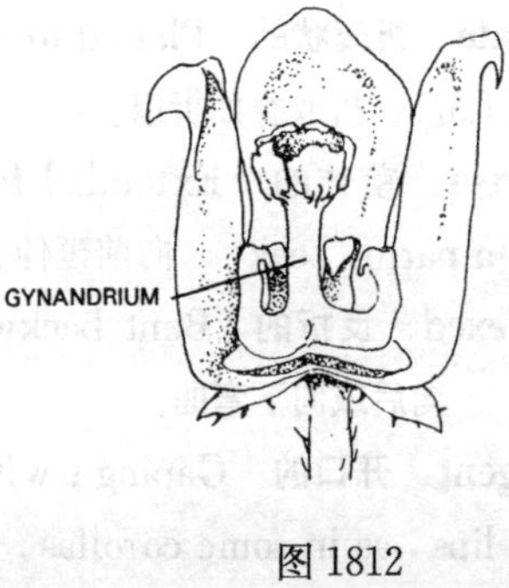

图 1812

supports the anther. Figure 1807. 雄蕊中支撑花药的柄(图 1807)。

Gynandrium **合蕊柱** A column bearing stamens and pistils. Figures 1810 and 1812. 着生雄蕊和雌蕊的柱状结构(图 1810 和图 1812)。

Phalange **雄蕊束** Two or more stamens joined by their filaments. Figure 1813. 由花丝联合在一起的两枚或多枚雄蕊(图 1813)。

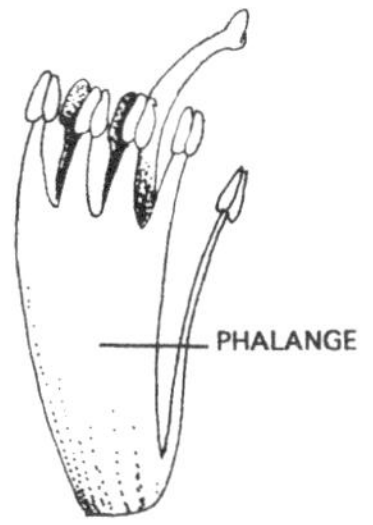

图 1813

Phalanx **雄蕊束** 见**雄蕊束(phalange)**。

Pollen **花粉** The mature microspore or developing male gametophyte of a seed plant, produced in the microsporangium of a gymnosperm or in the anther of an angiosperm. Figure 1814. 由裸子植物的小孢子囊或被子植物的花粉产生的成熟小孢子或正在发育的雄配子体(图 1814)。

Pollinium (pl. **pollinia**) **花粉块** A mass of waxy pollen grains transported as a unit in many members of the Orchidaceae and Asclepiadaceae. Figure 1815. 在许多兰科和萝藦科植物中,作为传粉单位的蜡质花粉粒团(图 1815)。

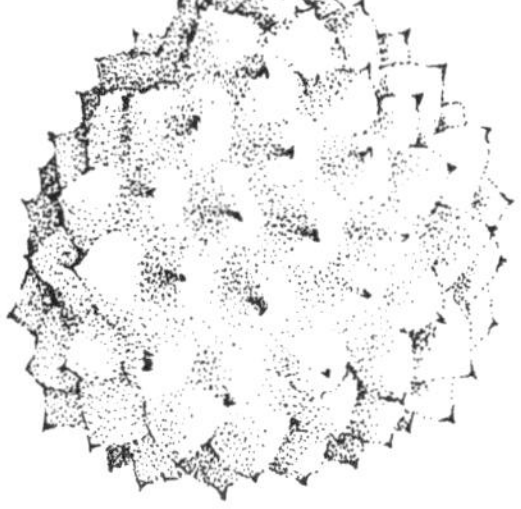

图 1814

图 1815

Sac **囊** A bag-shaped-compartment, as the cavity of an anther. See **anther sac**. 袋状小室,如花药室。见**花药室**。

Stalk **花丝** 见**花丝(filament)**。

Stamen(pl. **stamens, stamina**) **雄蕊** The male reproductive organ of a flower, consisting of an anther and filament. Figure 1807. 花的雄性生殖器官,由花药和花丝组成(图 1807)。

Staminode (pl. **staminodia**) **退化雄蕊** A modified stamen which is sterile, producing no pollen. Figure 1816. 不育的、不产生花粉的变态雄蕊(图 1816)。

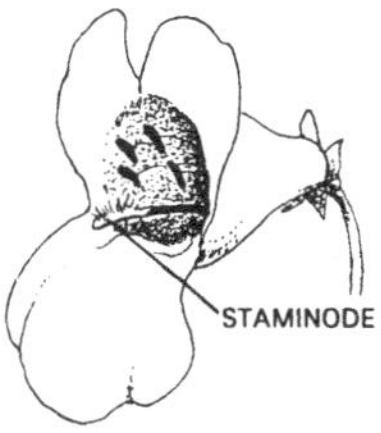

图 1816

Staminodium **退化雄蕊** 见**退化雄蕊(staminode)**。

Suture **缝** The line of dehiscence of an anther. Figure 1817. 花药的开裂线(图 1817)。

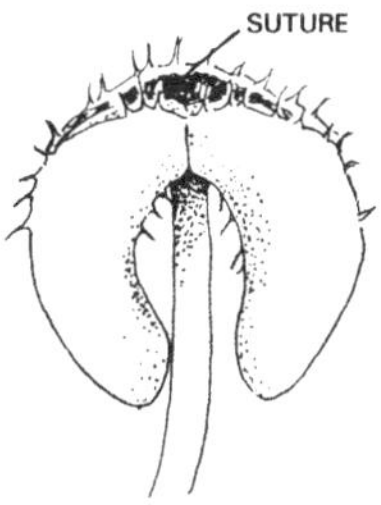

图 1817

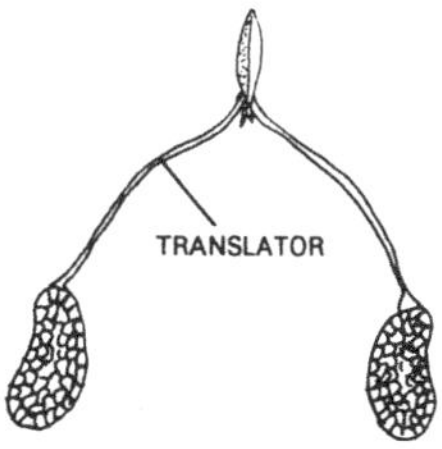

图 1818

Theca(pl. **thecae**) **①囊 ②室** A pollen sac or cell of the anther. See **anther sac**. 花粉囊或花药室。见**花药室**。

Translator **载粉器** The connecting structure between the pollinia of adjacent anthers in the Asclepiadaceae. Figure 1818. 萝藦科植物相邻花药的花粉块之间的连接结构(图 1818)。

雄蕊的类型

Abortive **败育的** Not fully or properly developed; rudimentary. Figure 1819. 发育不充分或不正常的;不发育的。图 1819。

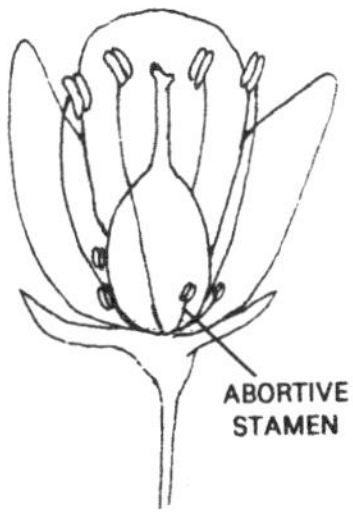

图 1819

Fertile **能育的** Capable of bearing seeds; capable of bearing pollen. 能产生种子;能产生花粉。

Filantherous 显花丝和花药的 Of a stamen with a distinct anther and filament. Figure 1820. 雄蕊具有明显花丝和花药(图 1820)。

Infertile 不育的 Sterile or inviable. See **abortive**. 不育或不能生存。见**不育的**。

Petalantherous 瓣状雄蕊的 Of a stamen with a petaloid filament. See **petaloid**. 具瓣状花丝的雄蕊。见**瓣状的**。

Petaloid 瓣状的 Petal-like in appearance. Figure 1821. 外形花瓣状(图 1821)。

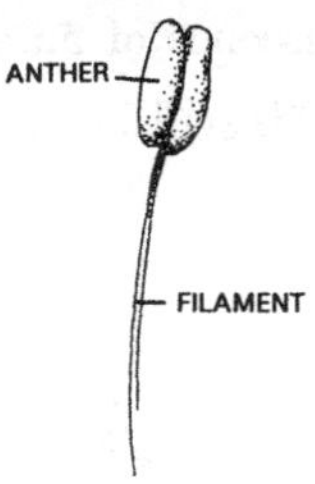

图 1820

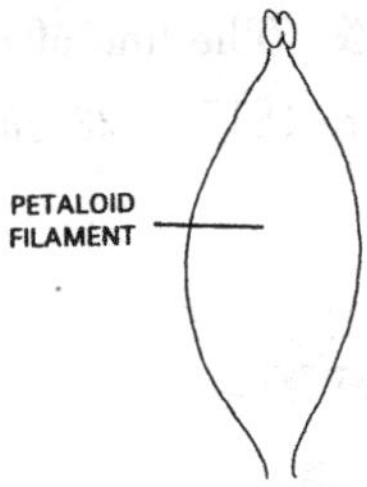

图 1821

Polliniferous 具花粉的 Bearing pollen. 有花粉。

Rudimentary 不发育的 Imperfectly developed; vestigial. See **abortive**. 发育不全的;退化的。见败育的。

Sterile 不育的 Infertile, as a stamen that does not bear pollen. See **abortive**. 不育,如不产生花粉的雄蕊。见败育的。

雄蕊的数目

Anandrous 无雄蕊的 Without stamens; lacking an androecium. Figure 1822. 没有雄蕊;无雄蕊群(图 1822)。

Astemonous 无雄蕊的 Without stamens. Figure 1822. 没有雄蕊(图 1822)。

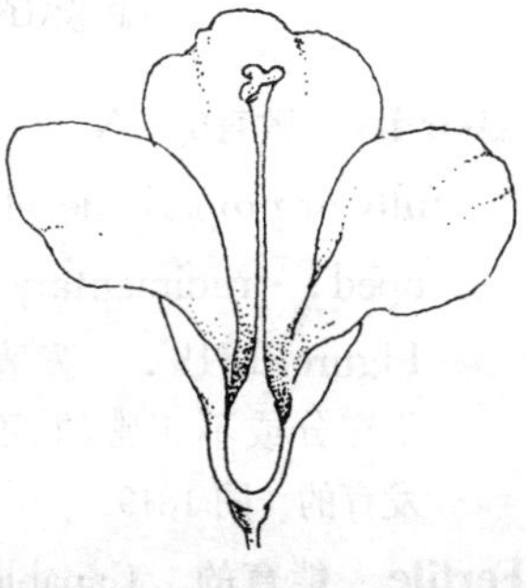

图 1822

Diandrous 两雄蕊的 With two stamens. 具有两枚雄蕊。

Haplostemonous 单轮雄蕊的 With as many stamens as petals. Figure 1823. 雄蕊与花瓣数目相同(图 1823)。

Monandrous 单雄蕊的 With a single stamen. 具有单枚雄蕊。

图 1823

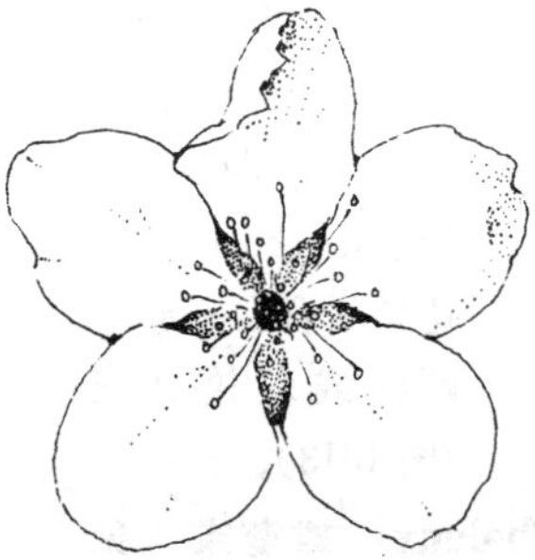

图 1824

Octandrous 八雄蕊的 With eight stamens. 具有八枚雄蕊。

Octostemonous 八雄蕊的 With eight stamens. 具有八枚雄蕊。

Oligandrous 少雄蕊的 With few stamens. 没有几枚雄蕊。

Pentandrous 五雄蕊的 With five stamens. 具有五枚雄蕊。

Polyandrous 多雄蕊的 With many stamens (usually more than ten). Figure 1824. 具有多枚雄蕊(通常多于十)(图 1824)。

Polystemonous 多雄蕊的 With many stamens. Figure 1824. 具有多枚雄蕊(图 1824)。

雄蕊的排列方式

Alternate 互生的 Stamens borne between the petals. Figure 1825. (compare **opposite**) 雄蕊生于花瓣之间(图 1825)。(对比**对生的**)

Antepetalous 对瓣的 Directly in front of (opposite) the petals. Figure 1826. (雄蕊)正对着花瓣着生(图 1826)。

Antesepalous 对萼的 Directly in front of (opposite) the sepals. Figure 1825. (雄蕊)正对着萼片着生(图 1825)。

Antipetalous 对瓣的 见对瓣的(**Antepetalous**)。

Antisepalous 对萼的 见对瓣的(**Antesepalous**)。

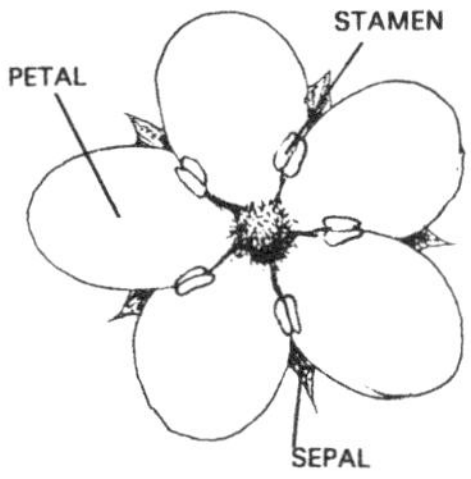

图 1825

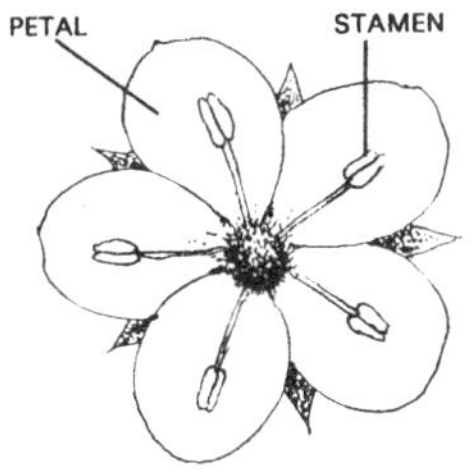

图 1826

Didynamous **二强雄蕊的** With two pairs of stamens of unequal length; occurring in pairs. Figure 1827. 具有两对不等长的雄蕊;成对出现的。图 1827。

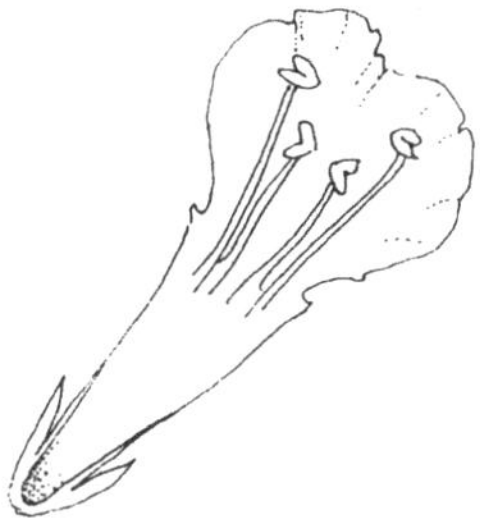

图 1827

Diplostemonous **具外轮对萼雄蕊的** With two series of stamens, the outer series opposite the sepals and the inner series opposite the petals; with twice as many stamens as petals. Figure 1828. 具有两轮雄蕊,外轮对着萼片,内轮对着花瓣;雄蕊数是花瓣数的二倍(图 1828)。

Excurved **外曲的** Curving outward, away from the axis. Figure 1829. 离轴,向外弯曲(图 1829)。

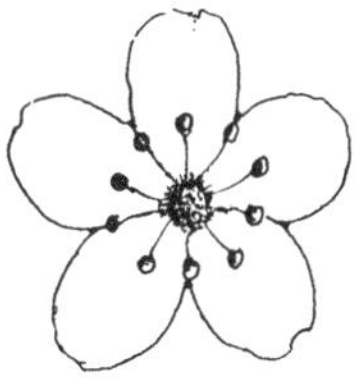

图 1828

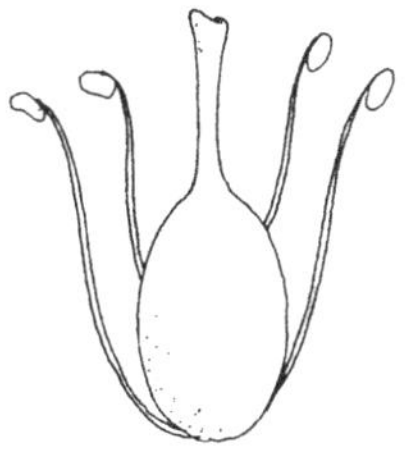

图 1829

Exserted **突出的** Stamens protruding from the corolla. Figure 1830. 雄蕊突出于花冠(图 1830)。

Extrorse **外向的** Turned outward, away from the axis. Figure 1829. (compare **introrse**) 离轴,朝向外侧(图 1829)。(对比**内向的**)

Haplostemonous **具单轮雄蕊的** With one series of stamens. Figure 1831. 具一轮雄蕊(图 1831)。

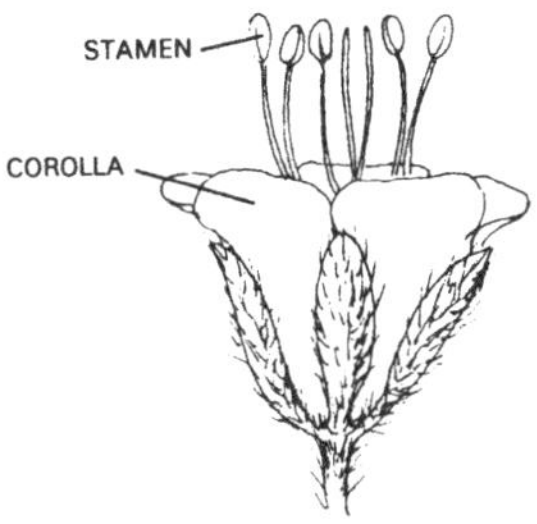

图 1830

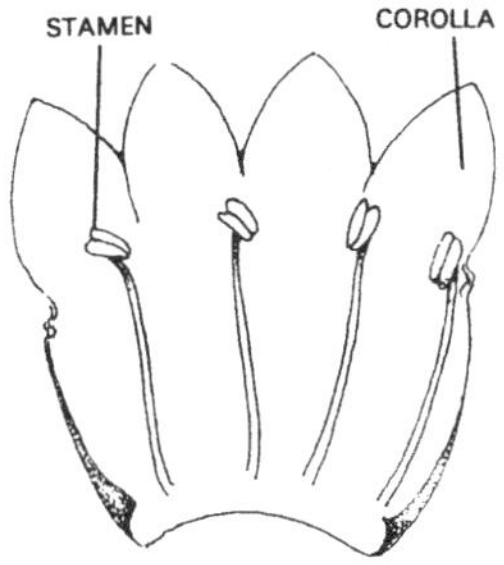

图 1831

Included **内藏的** Stamens not projecting beyond the corolla. Figure 1832. 雄蕊不伸出花冠(图 1832)。

Incurved **内弯的** Curving inward, toward the axis. Figure 1833. 向内弯曲,朝向轴面(图 1833)。

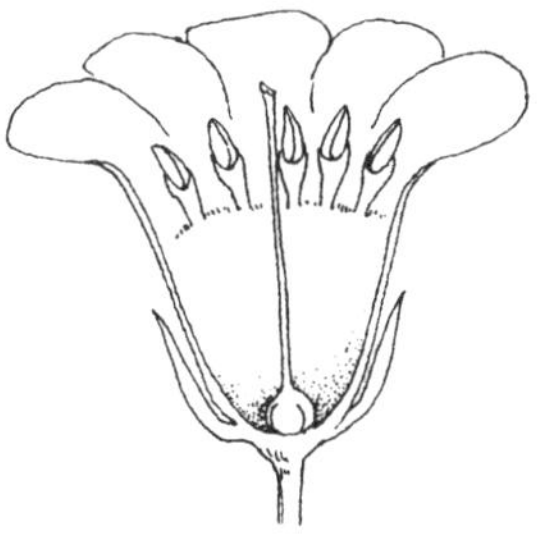

图 1832

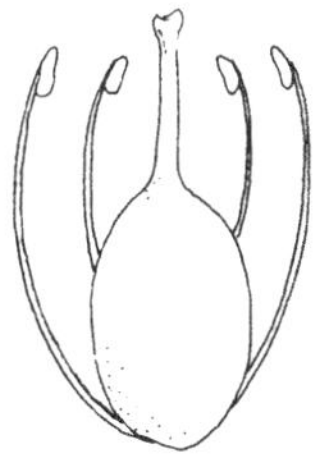

图 1833

Introrse **内向的** Turned inward, toward the axis. Figure 1833. (compare **extrorse**) 向轴,朝向内侧(图 1833)。(对比**外向的**)

Obdiplostemonous **具外轮对瓣雄蕊的** Having two whorls of stamens, the outer whorl opposite the petals and the inner whorl opposite the sepals. Figure 1834. 具有两轮雄蕊,外轮对着花瓣,内轮对着萼片(图

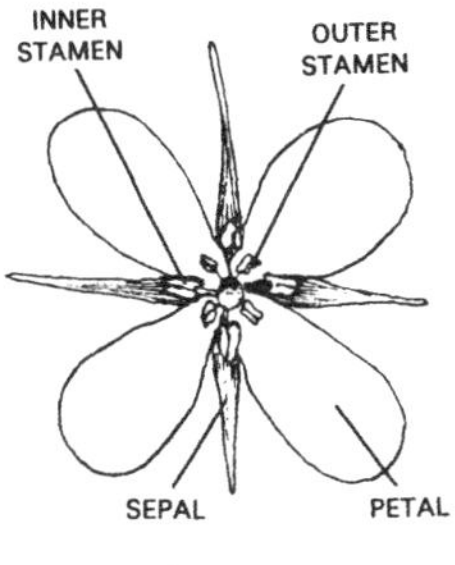

图 1834

1834)。

Opposite 对生的 Stamens borne on the same radius as the petals. Figure 1826.(compare **alternate**) 雄蕊与花瓣着生在同一半径轴上(图1826)。(对比**互生的**)

Phaenantherous 显雄蕊的 With stamens exserted from the corolla. Figure 1830. 具伸出花冠的雄蕊(图1830)。

Polyadelphous 多体的 Borne in several distinct groups. Figure 1835.(compare **monadelphous** and **diadelphous**) 具有几束离生的雄蕊(图1835)。(对比**单体的**和**二体的**)

Tetradynamous 四强雄蕊的 Having four long and two short stamens, as in most of the Cruciferae (Brassicaceae). Figure 1836. 具有四枚长雄蕊和两枚短雄蕊,如大多数十字花科植物(图1836)。

图1835

图1836

Tridynamous 三强雄蕊的 With stamens arranged in two groups of three. 具两束雄蕊,每束三枚。

雄蕊的聚合方式

Adherent 附着的 Sticking together of unlike parts, as the anthers to the style. The attachment is not as firm or solid as adnate. 不同的部分粘附在一起,如花药粘附于花柱上。结合程度不如**贴生的**牢固。

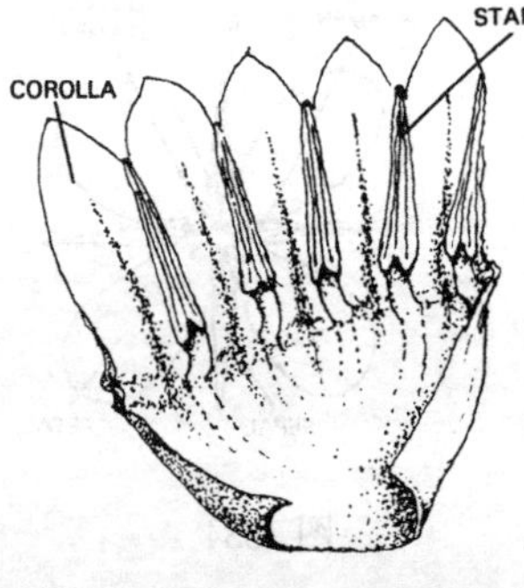

图1837

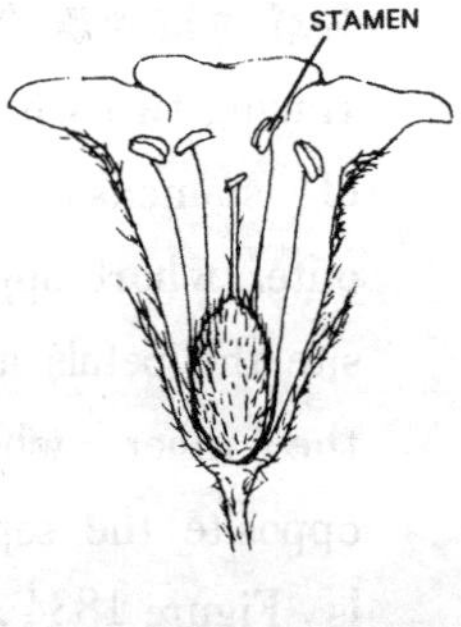

图1838

Adnate 贴生的 Fusion of unlike parts, as the stamens to the corolla. Figure 1837.(compare **connate**). 不同的部分愈合在一起,如雄蕊贴生于花冠上(图1837)。(对比**合生的**)

Apostemonous 离生雄蕊的 With separate stamens. Figure 1838. 具离生的雄蕊(图1838)。

Appressed 贴伏的 Pressed close or flat against another organ. 紧压或平靠另一器官。

Approximate 紧靠的 Borne close together, but not fused. 紧密生长在一起,但并不结合。

Coalescent 愈合的 United together to form a single unit. Figure 1839. 联合在一起形成一个单位(图1839)。

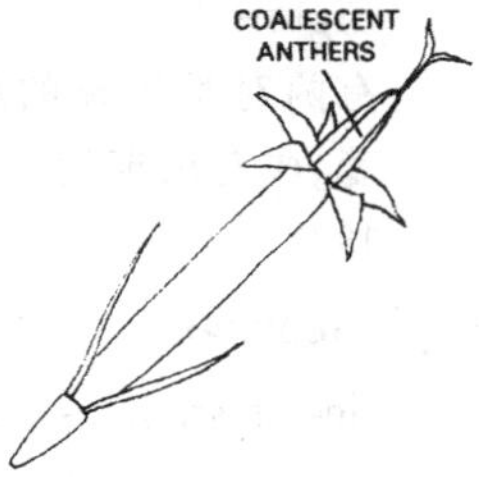

图1839

Coherent 连着的 Sticking together of like parts. The attachment is not as firm or solid as **connate**. 相似的部分黏在一起。其结合程度不如**合生的**牢固。

Connate 合生的 Fusion of like parts, as the fusion of staminal filaments into a tube. Figure 1840.(compare **adnate**). 相似部分的结合,如雄蕊的花丝合生成筒(图1840)。(对比**贴生的**)

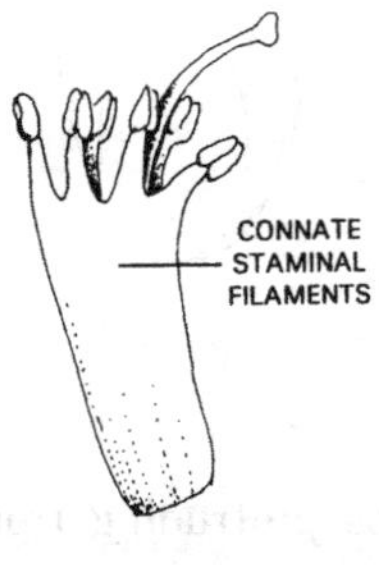

图1840

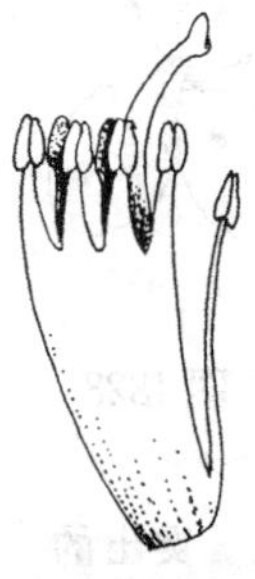

图1841

Connivent 靠合的 Converging, but not actually fused or united. 聚合,但并非真正结合或联合。

Diadelphous **二体雄蕊的** Stamens united into two, often unequal, sets by their filaments. Figure 1841. 雄蕊由花丝联合成通常数目不等的两束(图 1841)。

Distinct **离生的** Separate; not attached to like parts. Figure 1838. (compare **connate**). 分离;不与相似的部分相连。图 1838。(对比**合生的**)。

Epipetalous **花冠上着生的** Attached to the petals. Figure 1842. 着生在花瓣上(图 1842)。

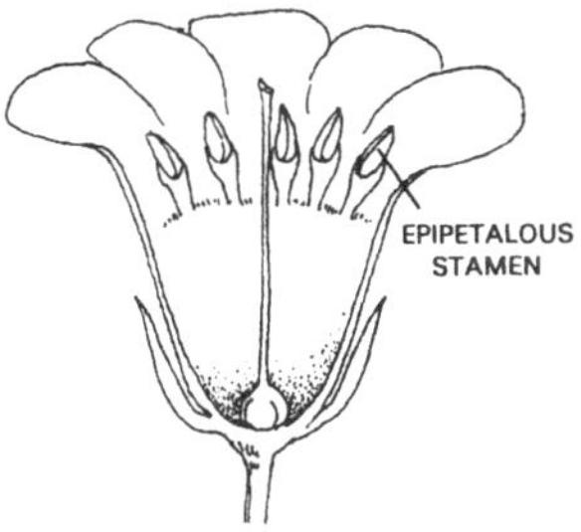

图 1842

Free **分离的** Not attached to other organs. Figure 1838. 不与其他器官相连(图 1838)。

Gynandrous **雌雄蕊合体的** With the stamens adnate to the pistil. Figure 1843. 雄蕊贴生于雌蕊上(图 1843)。

Gynostemial **雌雄蕊合体的** 见**雌雄蕊合体的**(**gynandrous**)。

Monadelphous **单体雄蕊的** Stamens united by the filaments and forming a tube around the gynoecium. Figure 1844. 雄蕊的花丝联合,形成围绕雌蕊群的管(图 1844)。

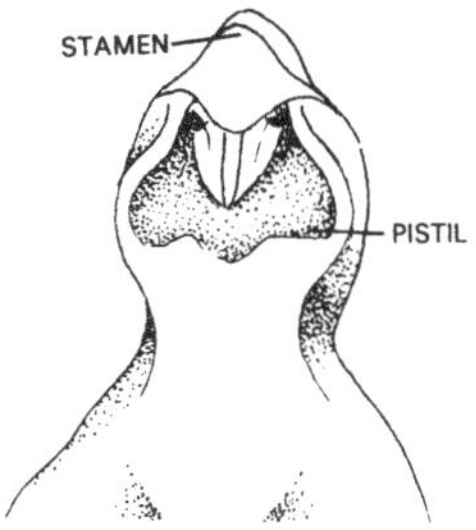

图 1843

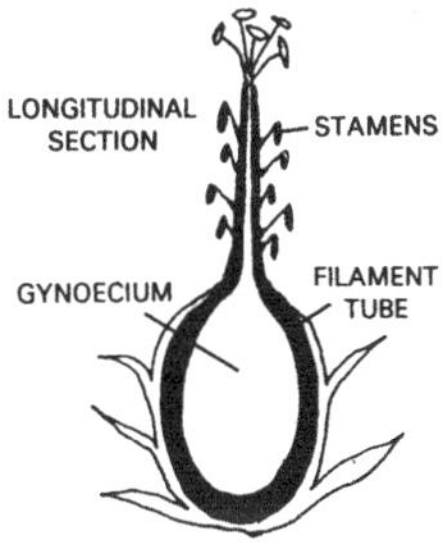

图 1844

Petalostemonous **雄蕊附着花冠的** With the staminal filaments fused to the corolla and the anthers free. Figure 1845. 雄蕊花丝与花冠结合,花药与花冠分离(图 1845)。

Polyadelphous **多体的** Borne in several distinct groups, as the stamens of some flowers. Figure 1846. 分离成几束着生,如某些花的雄蕊(图 1846)。

Synandrous **聚药的** With united anthers. Figure 1839. 具联合的花药(图 1839)。

Syngenesious **聚药的** With stamens united by their anthers. Figure 1839. 具花药联合的雄蕊(图 1839)。

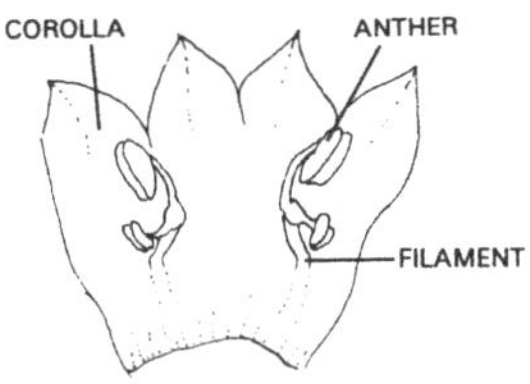

图 1845

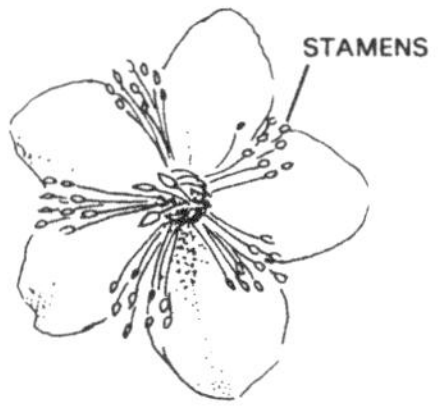

图 1846

花药的着生方式

Basifixed **基着的** With the anther attached by the base. Figure 1847. 花药以基部着生(图 1847)。

Dorsifixed **背着的** With the anther attached at the back. Figure 1848. 花药背部着生(图 1848)。

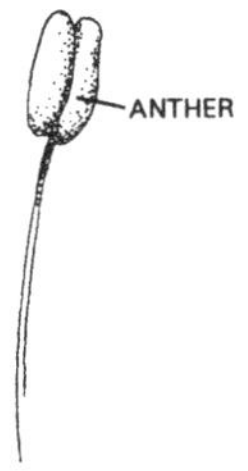

图 1847

Versatile **丁字着的** With the anther attached near the middle rather that at one end. Figure 1849. 花药以近中部而非端部着生(图 1849)。

图 1848

图 1849

花药的开裂方式

Longitudinal **纵裂的** Dehiscing along the long

axis of the anther. Figure 1850. 沿着花药长轴开裂(图 1850)。

Poricidal 孔裂的 Dehiscing through a pore. Figure 1851. 通过一个孔开裂(图 1851)。

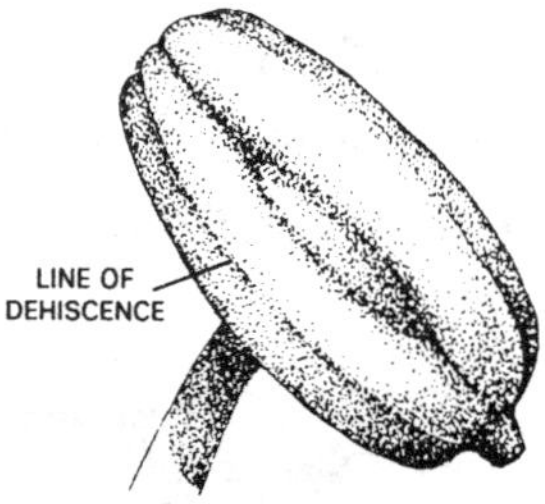

图 1850

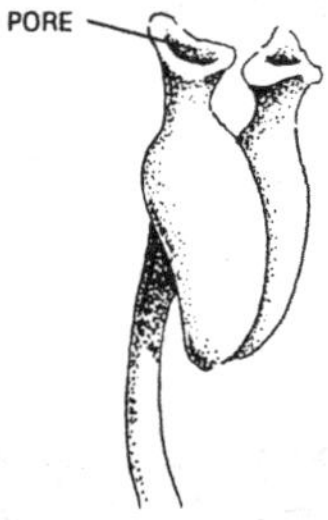

图 1851

Transverse 横裂的 Dehiscing at a right angle to the long axis of the anther. Figure 1852. 沿着与花药长轴成直角的方向开裂(图 1852)。

Valvular 瓣裂的 Dehiscing through flap-covered pores. Figure 1853. 通过瓣下的小孔开裂(图 1853)。

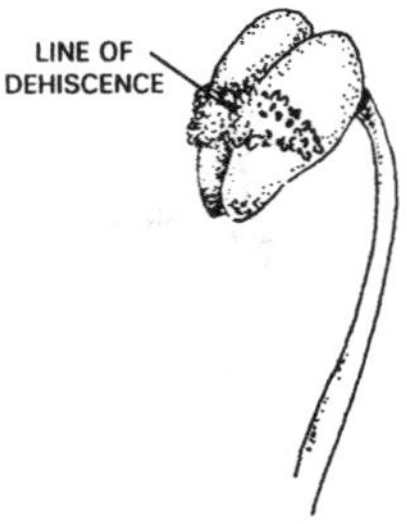

图 1852

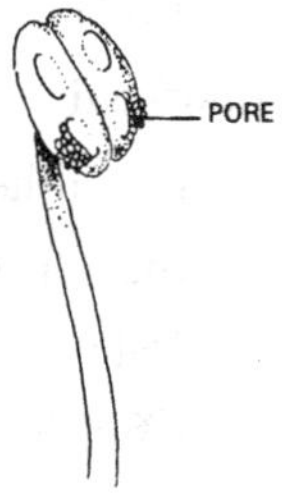

图 1853

雌蕊群

The female reproductive parts of a flower.
花的雌性生殖部分。

雌蕊群的组成

Androgynophore 雌雄蕊柄 Stalk supporting the androecium and gynoecium in some flowers. Figure 1854. 某些花中着生雄蕊和雌蕊的柄(图 1854)。

Carpel 心皮 A simple pistil formed from one modified leaf, or that part of a compound pistil formed from one modified leaf. Figure 1855. 组成单雌蕊或复合雌蕊的变态叶(图 1855)。

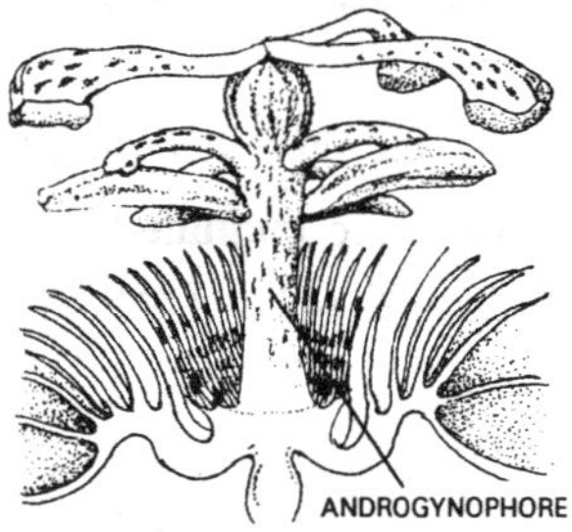

图 1854

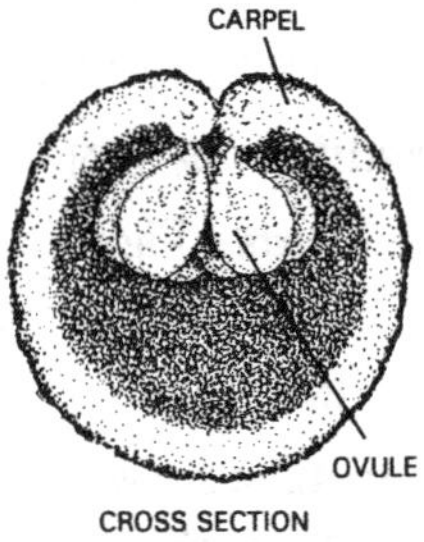

图 1855

Carpopodium 果柄 A stipe supporting an ovary. Figure 1856. 着生子房的柄(图 1856)。

Cell 室 A hollow cavity or compartment within an ovary; a locule. Figure 1857. 子房中的空腔或室;小室。图 1857。

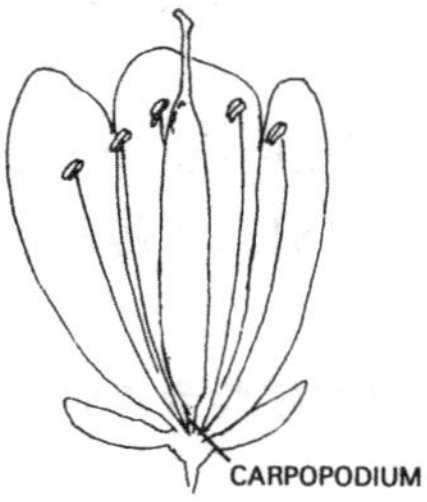

图 1856

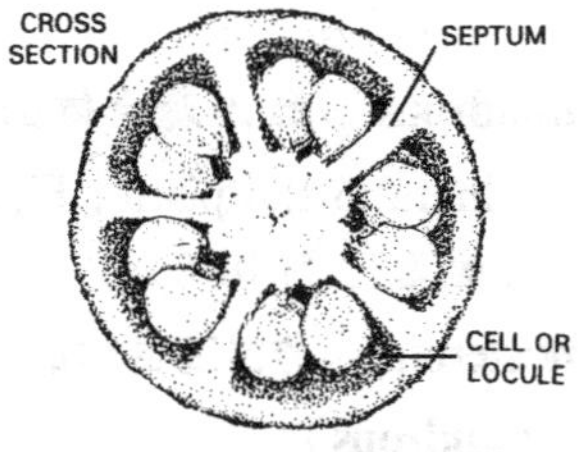

图 1857

Chalaza 合点 The part of an ovule or seed where the integuments are connected to the nucellus, at the opposite end from the micropyle. Figure 1858. 胚珠或种子中珠被和珠心联合的部位,与珠孔相对(图 1858)。

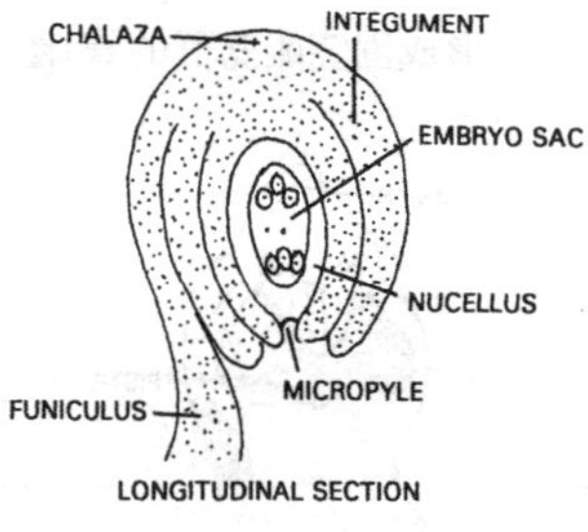

图 1858

Dissepiment 隔膜 见隔膜 (**septum**)。

Embryo sac 胚囊 The megagametophyte within the ovule of a flowering plant. Figure 1858. 有花植物胚珠内的雌配子体(图 1858)。

Funicle 珠柄 见珠柄(**funiculus**)。

Funiculus (pl. **funiculi**) 珠柄 The stalk connecting the ovule to the placenta; the stalk of a seed. Figure 1858. 连接胚珠与胎座的柄;种子的柄。图 1858。

Gynandrium 合蕊柱 A column bearing stamens and pistils. Figure 1859. 着生雄蕊和雌蕊的柱状结构(图 1859)。

图 1859

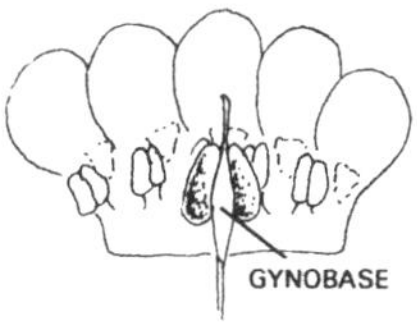

图 1860

Gynobase 雌蕊基 An elongation or enlargement of the receptacle, as in the flowers of the Boraginaceae. Figure 1860. 花托的伸长或膨大,如紫草科的花(图 1860)。

Gynophore 雌蕊柄 An elongated stalk bearing the pistil in some flowers. Figure 1861. 某些花中着生雌蕊的伸长的柄(图 1861)。

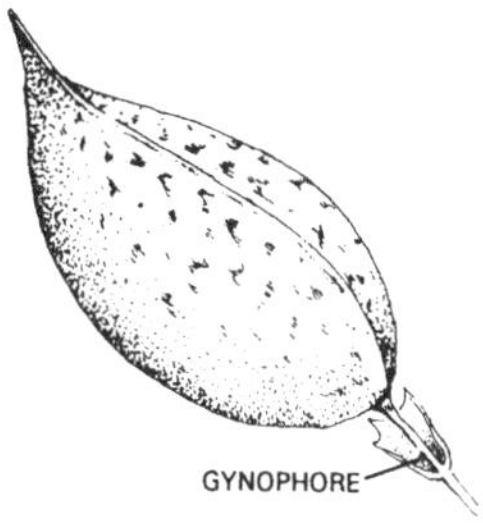

图 1861

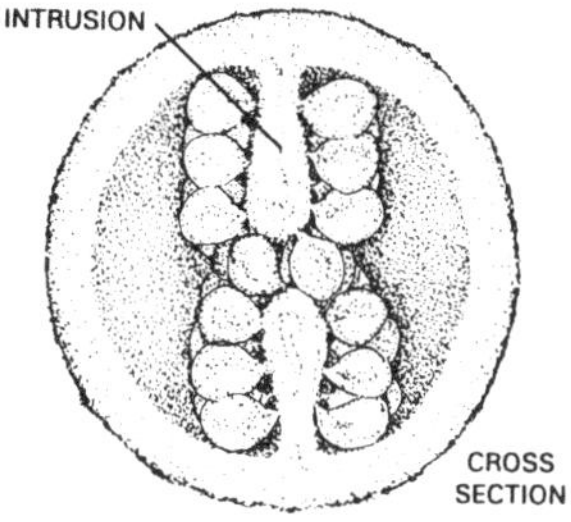

图 1862

Integument 珠被 The covering of the ovule which will become the seed coat. Figure 1858. 胚珠的被层,将来发育成种皮(图 1858)。

Intrusion 侵入 Protrusion into, as placentae into the cell of an ovary. Figure 1862. 向内突入,如胎座突入子房室)(图 1862)。

Kernel 珠心 见珠心(**nucellus**)。

Locule 子房室 The chamber or cavity of an ovary containing the ovules. Figure 1857. 子房中包含胚珠的腔或室(图 1857)。

Loculus (pl. **loculi**) 小室 见子房室(**locule**)。

Micropyle 珠孔 The opening in the integuments of the ovule. Figure 1858. 胚珠珠被上的开口(图 1858)。

Nucellus 珠心 The part of the ovule just beneath the integuments and surrounding the female gametophyte. Figure 1858. 胚珠中紧邻珠被下方并包围雌配子体的部分(图 1858)。

Ovary 子房 The expanded basal portion of the pistil that contains the ovules. Figure 1863. 雌蕊膨大的基部,内含胚珠(图 1863)。

Ovule 胚珠 An immature seed; the megasporangium and surrounding integuments of a seed plant. Figure 1858. 未成熟的种子;种子植物的大孢子囊及其周围的被层。图 1858。

Pistil 雌蕊 The female reproductive organ of a flower, typically consisting of a stigma, style, and ovary. Figure 1863. 花的雌性生殖器官,典型的花由花柱、柱头和子房组成(图 1863)。

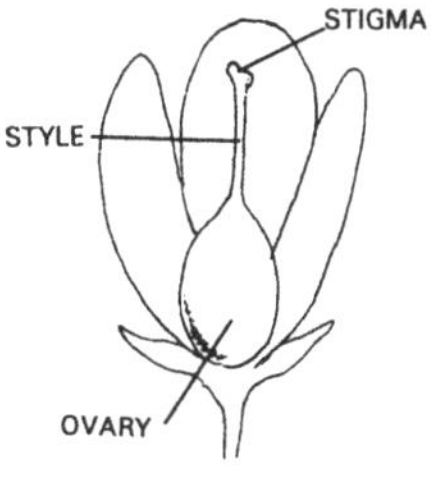

图 1863

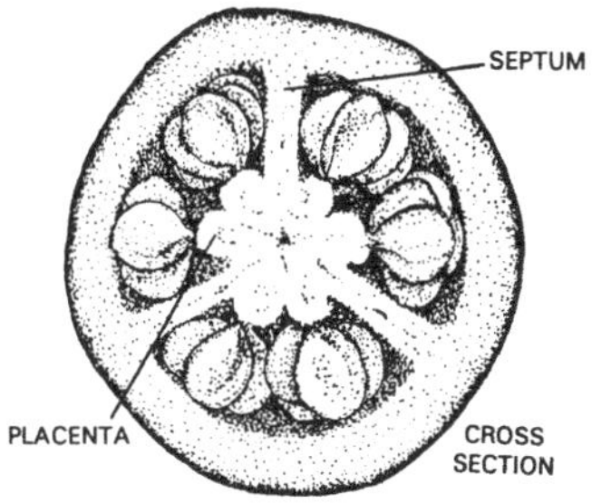

图 1864

Placenta (pl. **placentae**) 胎座 The portion of the ovary bearing ovules. Figure 1864. 子房中着生胚珠的部分(图 1864)。

Podogyne 果柄 见果柄(**carpopodium**)。

Rostellum ①小喙 ②蕊喙 A small beak; an extension from the upper edge of the stigma in orchids. Figure 1865. 小的喙;兰科柱头上边缘的一个突起。图 1865。

Septum (pl. **septa**) 隔膜 A partition, as the

partitions separating the locules of an ovary. Figures 1857 and 1864. 隔，如子房室中的隔(图 1857 和图 1864)。

Stigma 柱头 The portion of the pistil which is receptive to pollen. Figure 1863. 雌蕊接受花粉的部位(图 1863)。

Stipe 柄，梗 A stalk supporting a structure, as the stalk attaching the ovary to the receptacle in some flowers. Figure 1866. 支撑某个结构的柄或梗，如某些花中连接子房与花托的柄(图 1866)。

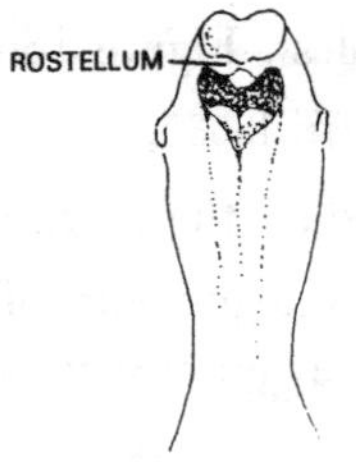

图 1865

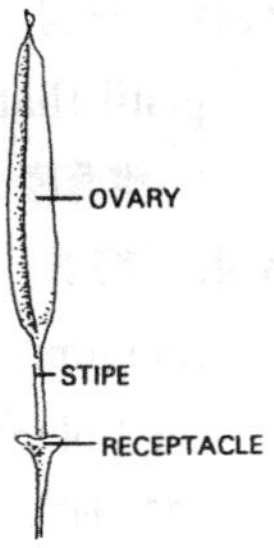

图 1866

Style 花柱 The usually narrowed portion of the pistil connecting the stigma to the ovary. Figure 1863. 雌蕊中连接柱头和子房的通常部分(图 1863)。

Stylopodium 〔花〕柱基 A disk-like expansion or enlargement at the base of the style in the Umbelliferae (Apiaceae). Figure 1867. 伞形科植物花柱基部盘状膨大的结构(图 1867)。

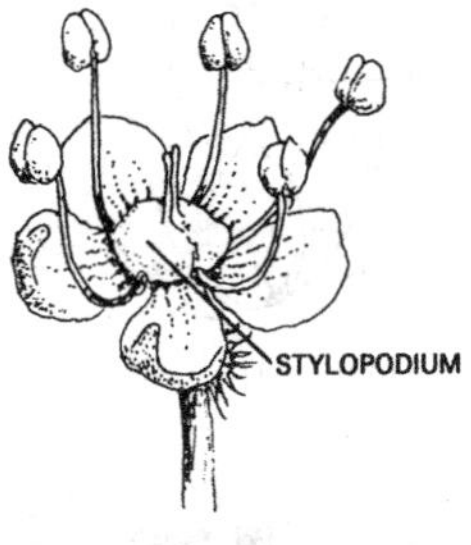

图 1867

心皮的类型

Astylocarpellous 心皮无柱无柄的 Lacking a style and a stipe. Figure 1868. 无花柱以及连接子房与花托的柄(图 1868)。

Astylocarpepodic 心皮无柱有柄的 Without a style, but with a stipe. Figure 1869. 无花柱，但子房与花托之间有柄(图 1869)。

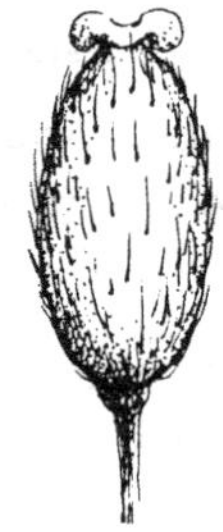

图 1868

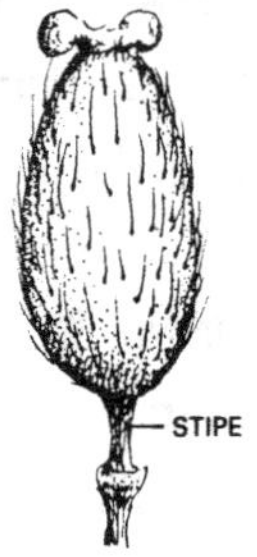

图 1869

Astylous 无花柱的 Without a style. Figure 1870. 没有花柱(图 1870)。

Eccentric 偏心的 Off-center; not positioned directly on the central axis. Figure 1871. 偏离中心；不位于中轴上。图 1871。

图 1870

图 1871

Stipitate 具柄的 Borne on a stipe or stalk. Figure 1872. 着生在柄或梗上(图 1872)。

Stylocarpellous 心皮有柱无柄的 With a style, but without a stipe. Figure 1873. 具花柱，但子房与花托之间无柄(图 1873)。

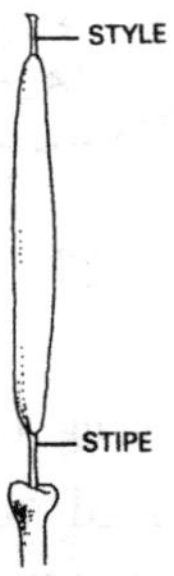

图 1872

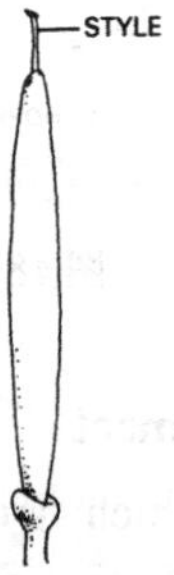

图 1873

Stylocarpepodic 心皮有柱有柄的 With a style and a stipe. Figure 1872. 有花柱，且子房与花托之间有柄(图 1872)。

心皮的数目

Acarpous 无心皮的 Without carpels. Figure 1874. 没有心皮(图1874)。

Bicarpellate 双心皮的 With two carpels. Figure 1875. 具两个心皮(图1875)。

图1874

图1875

Dicarpellate 具两心皮的 见双心皮的(**bicarpellate**)。

Digynous 具二离心皮的 With two pistils. Figure 1876. 具两枚雌蕊(图1876)。

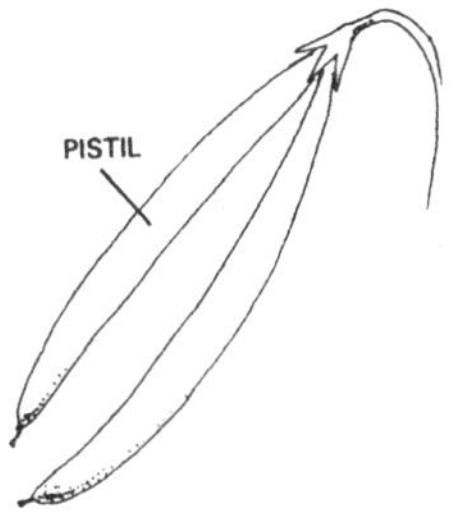

图1876

Monocarpous 具单心皮的 With one carpel. Figure 1877. 具一个心皮(图1877)。

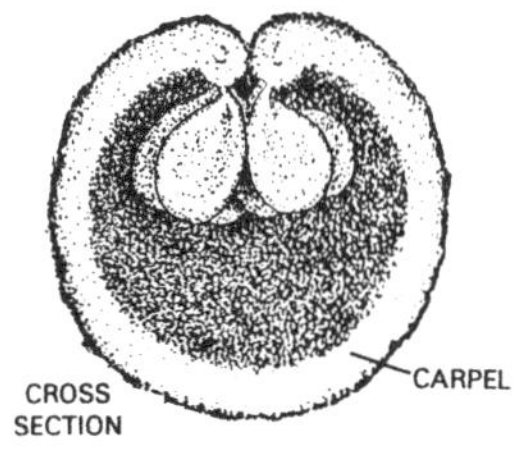

图1877

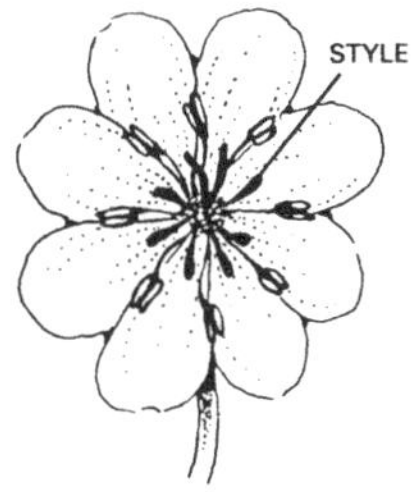

图1878

Monogynous 具单雌蕊的 见具单心皮的(**monocarpous**)。

Octogynous ①八雌蕊的 ②八花柱的 With eight pistils or styles. Figure 1878. 具八个雌蕊或花柱(图1878)。

Polycarpous 多心皮的 With many carpels. Figure 1879. 具多个心皮(图1879)。

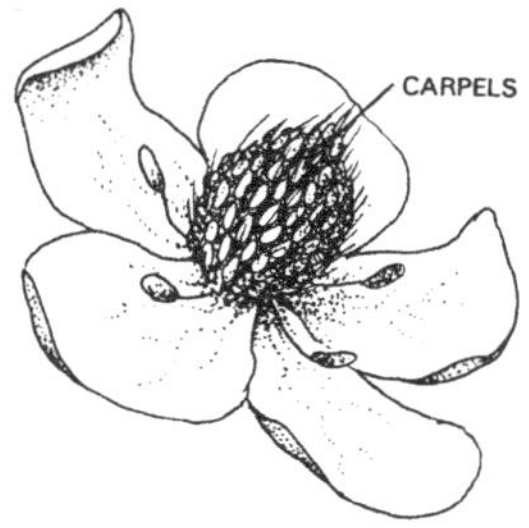

图1879

Polygynous ①多雌蕊的 ②多花柱的 With many pistils or styles. Figure 1879. 具多个雌蕊或花柱(图1879)。

Pseudomonomerous 假单基数的 A structure which appears to be simple, though actually derived from the fusion of separate structures, as a pistil which appears to be composed of a single carpel, though actually composed of two or more carpels. 实由离生结构愈合而成却看似单一的结构,如一些看似单心皮的雌蕊,实为两个或多个心皮组成。

Stylodious 单心皮的 见单心皮的(**unicarpellous**)。

Tricarpellary 三心皮的 With three carpels. Figure 1880. 具三个心皮(图1880)。

Unicarpellous 单心皮的 With a single, free carpel. Figure 1881. 具单单个离生的心皮(图1881)。

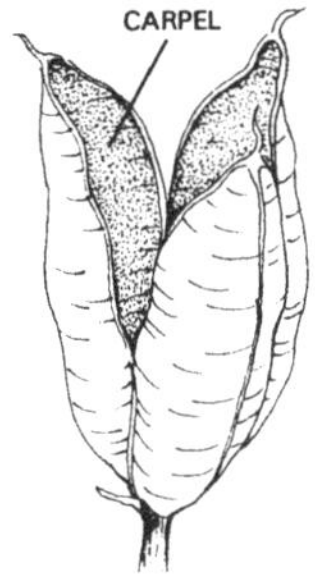

图1880

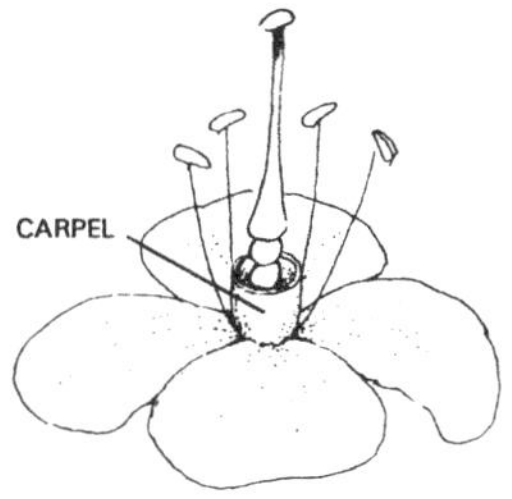

图1881

心皮的聚合方式

Apocarpous 离心皮的 A flower with carpels forming separate pistils, as in a buttercup. Figure 1882. (compare **syncarpous**). 花中的心皮形成离生的雌蕊,如毛茛科植物(图1882)。(对比**合心皮的**)

Compound ovary　复〔合〕子房　An ovary of two or more carpels. Figure 1880.　由两个或多个心皮组成的子房(图 1880)。

Free　分离的　Not attached to other organs. Figure 1883.　不与其他器官相连(图 1883)。

图 1882

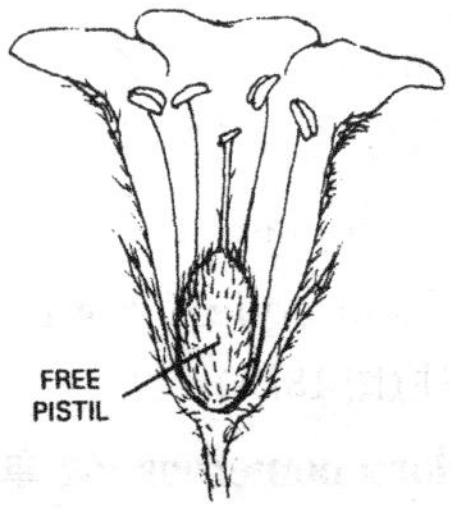

图 1883

Gynandrial　雌雄蕊合体的　见雌雄蕊合体的(**gynandrous**)。

Gynandrous　雌雄蕊合体的　With the stamens adnate to the pistil. Figure 1884.　雄蕊贴生在雌蕊上(图 1884)。

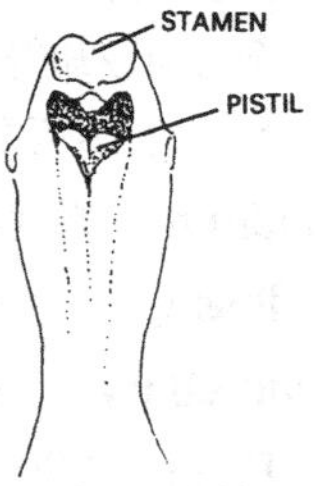

图 1884

Gynostemial　雌雄蕊合体的　见雌雄蕊合体的(**gynandrous**)。

Semicarpous　半离心皮的　With ovaries of carpels partly fused, the styles and stigmas separate. Figure 1885.　具心皮部分地结合,花柱和柱头分离的子房(图 1885)。

Simple ovary　单子房　An ovary composed of only one carpel. Figure 1881.　子房只由一个心皮构成(图 1881)。

Syncarpous　合心皮的　With united carpels. Figure 1886.(compare apocarpous).　具联合的心皮(图 1886)。(对比**离心皮的**)

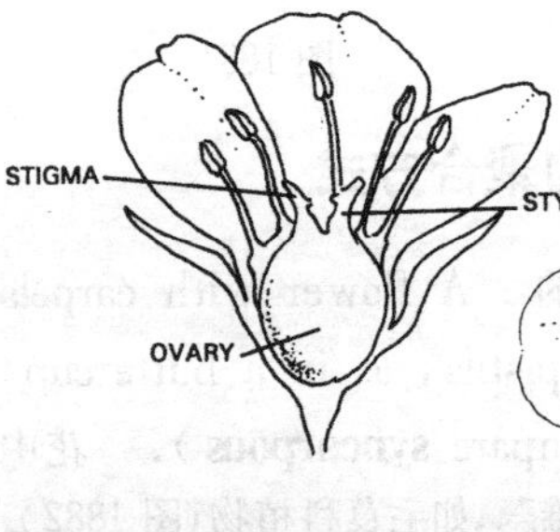

图 1885

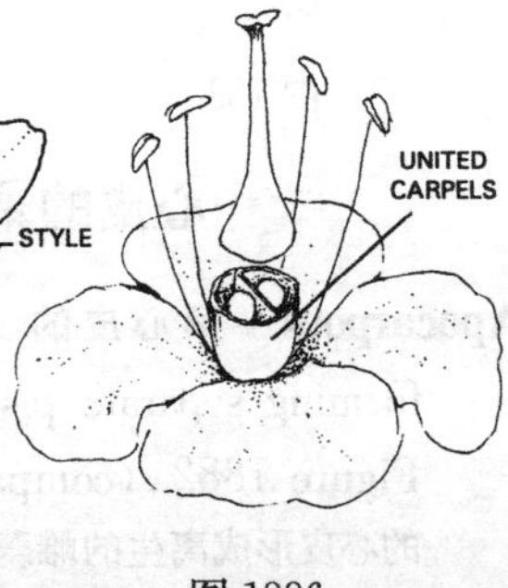

图 1886

子房的位置

Half-inferior　半下位的　Attached below the lower half, as a flower with a hypanthium that is fused to the lower half of the ovary, giving the appearance that the other floral whorls are arising from about the middle of the ovary. Figure 1887.　在下半部分着生,如具托杯的花,托杯与子房的下半部分合生,其他花轮看似由子房的近中部发出(图 1887)。

Inferior　下位的　Attached beneath, as an ovary that is attached beneath the point of attachment of the other floral whorls which appear, therefore, to arise from the top of the ovary. Figure 1888.　在下面着生,如着生在其他花轮着生点以下的子房,这些花轮看似由子房顶部发出(图 1888)。

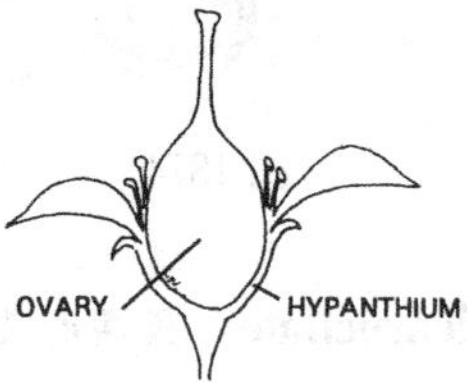

图 1887

Superior　上位的　Attached above, as an ovary that is attached above the point of attachment of the other floral whorls. Figure 1889.　在上面着生,如着生在其他花轮着生点以上的子房(图 1889)。

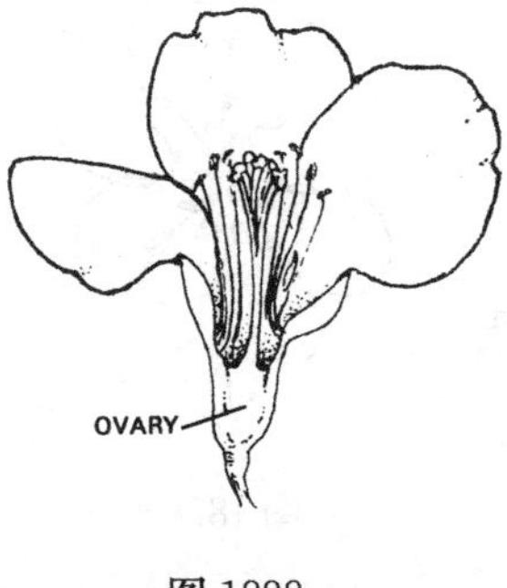

图 1888

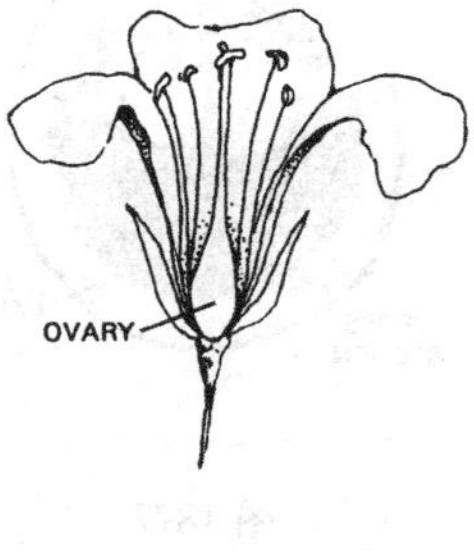

图 1889

花柱的形态

Astylous　无花柱的　Without a style. Figure 1890.　没有花柱(图 1890)。

Bifid **二深裂的** Deeply two-cleft or two-lobed, usually from the tip. Figure 1891. 通常从顶部二深裂(图 1891)。

图 1890

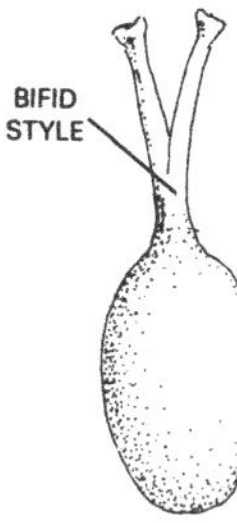

图 1891

Eccentric **偏心的** Off-center; not positioned directly on the central axis. Figure 1892. 偏离中心;不位于中轴上。图 1892。

Gynobasic style **基着式花柱** A style which is attached to the gynobase as well as to the carpels. Figure 1893. 既着生于心皮上又着生于雌蕊基上的花柱(图 1893)。

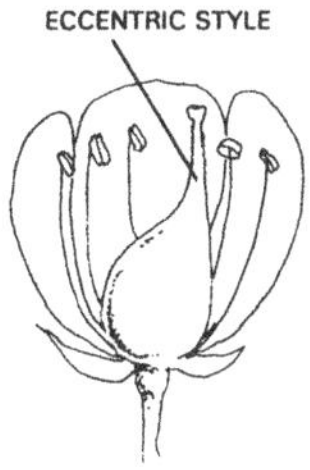

图 1892

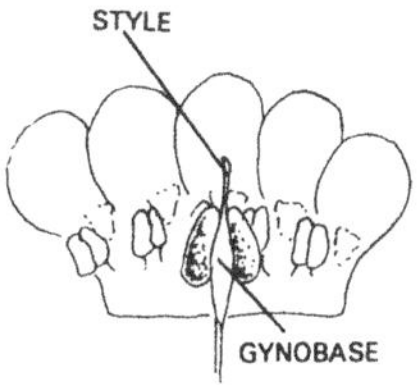

图 1893

Heterostylic **花柱异长的** With styles of different lengths in flowers of the same species. Figures 1894 and 1895. 同一种植物的花具有长度不等的花柱(图 1894 和图 1895)。

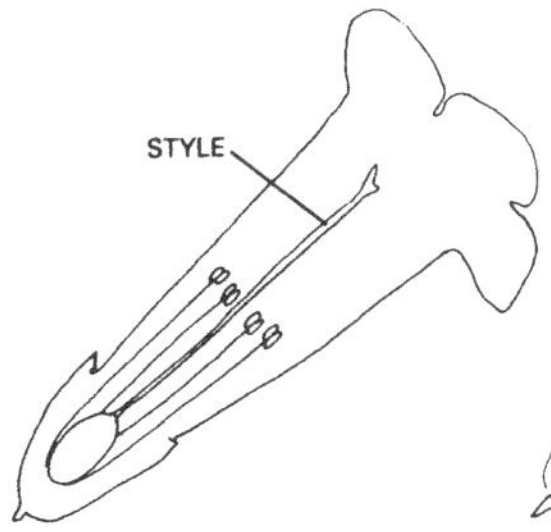

图 1894

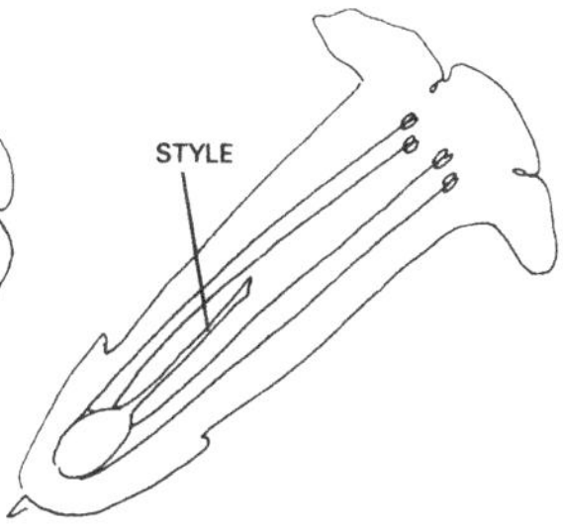

图 1895

Heterostylous **花柱异长的** 见花柱异长的(**heterostylic**)。

Homostylic **花柱同长的** With styles of more or less constant length in flowers of the same species. 同一种植物花的花柱长度基本一致。

Homostylous **花柱同长的** 见花柱同长的(**homostylic**)。

Macrostylous **长花柱的** With a long style. Figure 1894. 具长的花柱(图 1894)。

Monostylous **单花柱的** With a single style. Figure 1894. 仅有一个花柱(图 1894)。

Stylopodic **具〔花〕柱基的** With a stylopodium. Figure 1896. 具花柱基(图 1896)。

Tristylous **三花柱的** With three styles. Figure 1897. 具三个花柱(图 1897)。

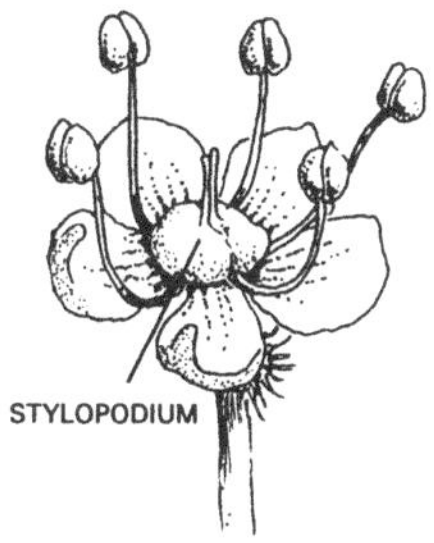

图 1896

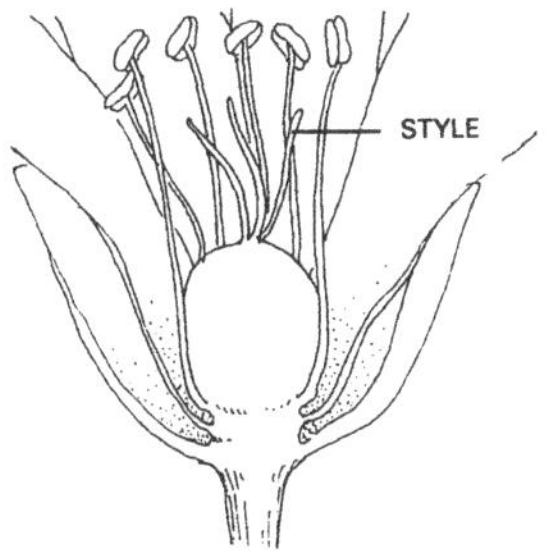

图 1897

胎座式

Axile placentation **中轴胎座式** Ovules attached to the central axis of an ovary with two or more locules. Figure 1898. 胚珠着生在二室或多室子房的中轴上(图 1898)。

Basal placentation **基生胎座式** Ovules positioned at the base of a single-loculed ovary. Figure 1899. 胚珠着生于单室子房的基部(图 1899)。

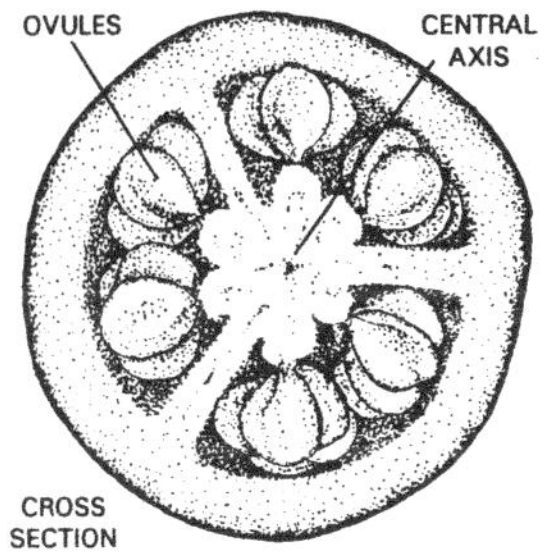

图 1898

Free-central placentation **特立中央胎座式** Ovules attached to a free-standing column in the center of a unilocular ovary. Figure 1900. 胚珠着生在单室子房中央一直立的柱上(图 1900)。

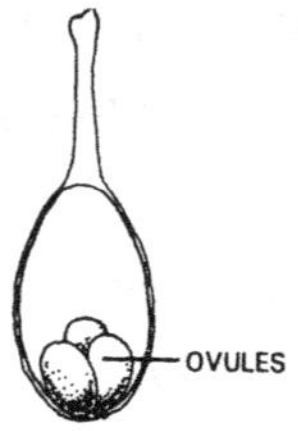

图 1899

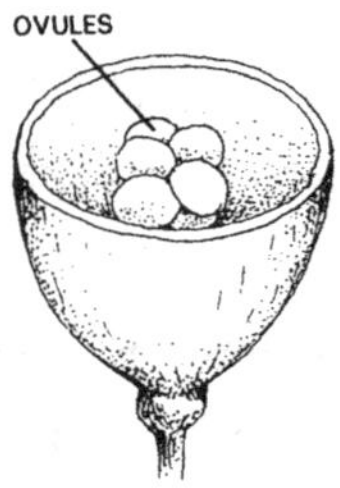

图 1900

Marginal placentation 边缘胎座式 Ovules attached to the juxtaposed margins of a simple pistil. Figure 1901. 胚珠着生在单心皮的腹缝线上(图 1901)。

[译者按:此词的原文解释有误,胚珠着生于子房壁上的胎座情形很多,只有"胚珠着生在相邻心皮的腹缝线上"的类型才称为"侧膜胎座式"]

Parietal placentation 侧膜胎座式 Ovules attached to the walls of the ovary. Figure 1902. 胚珠着生于子房壁上(图 1902)。

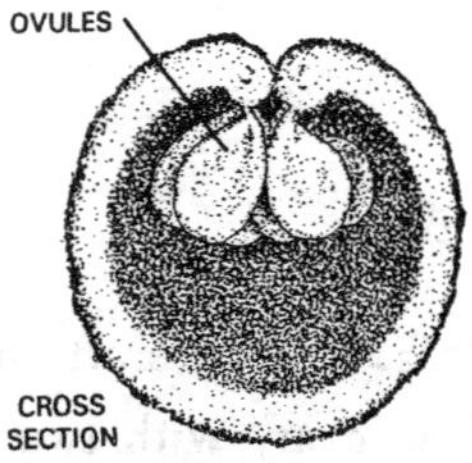

图 1901

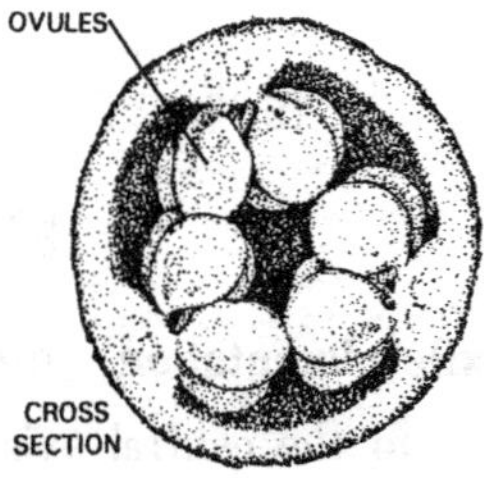

图 1902

胚珠的类型

Amphitropous ovule 横生胚珠 An ovule which is half-inverted and straight, with the hilum lateral. Figure 1903. 直且半倒置,种脐位于侧面的胚珠(图 1903)。

Anatropous ovule 倒生胚珠 An ovule which is inverted and straight with the micropyle situated next to the funiculus. Figure 1904. 直且倒置,珠孔紧邻珠柄的胚珠(图 1904)。

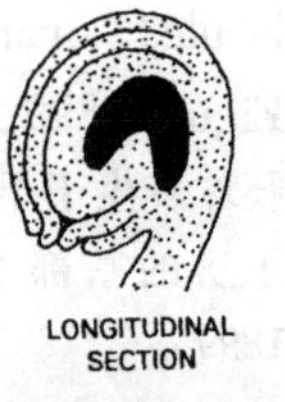

图 1903

Campylotropous ovule 弯生胚珠 An ovule which is curved so that the micropyle is positioned near the funiculus and the chalaza. Figure 1905. 珠孔邻近珠柄和合点的弯曲的胚珠(图 1905)。

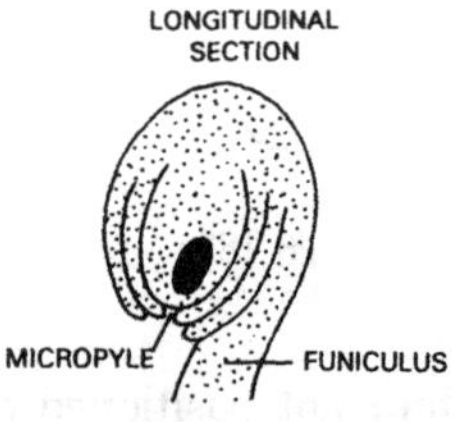

图 1904

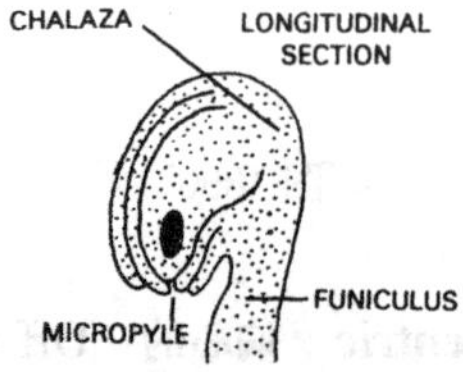

图 1905

Hemianatropous ovule 横生胚珠 见横生胚珠(**hemitropous ovule**)。

Hemitropous ovule 横生胚珠 An ovule which is half-inverted so that the funiculus is attached near the middle with the micropyle at a right angle. Figure 1906. 胚珠半倒置,珠柄着生近胚珠中部,与珠孔成直角(图 1906)。

Orthotropous ovule 直生胚珠 An ovule which is straight and erect. Figure 1907. 竖直的胚珠(图 1907)。

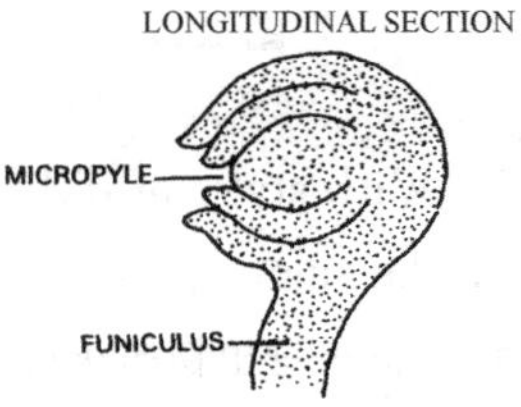

图 1906

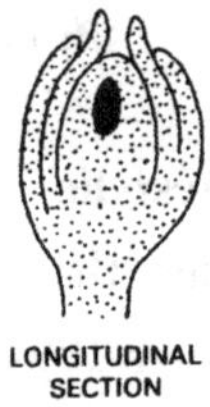

图 1907

果　　实

A ripened ovary and any other structures which are attached and ripen with it.
成熟的子房及与其相连并伴随其成熟的其他结构。

果实的组成

Article　**节**　Section of a fruit separated from others by a constricted joint. Figure 1908.　果实上相邻缢缩之间的部分(图 1908)。

Carpophore　**果瓣柄**　A slender prolongation of the receptacle between the carpels as a central axis, as in the fruits of some members of the Umbelliferae (Apiaceae) and the Geraniaceae. Figure 1909.　花托在两个心皮间的细长延伸,作为中轴,如某些伞形科和牻牛儿苗科植物的果实(图 1909)。

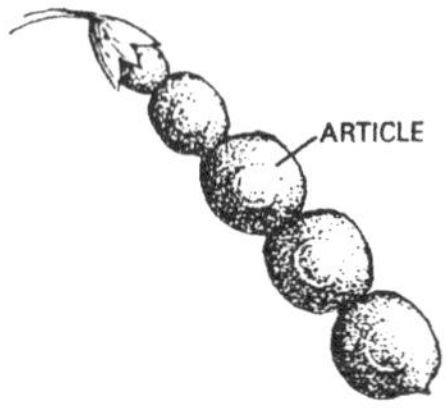

图 1908

Cell　**室**　A hollow cavity or compartment within an ovary containing ovules; a locule. Figure 1910.　子房中包含胚珠的空腔或小室;小腔。(图 1910)。

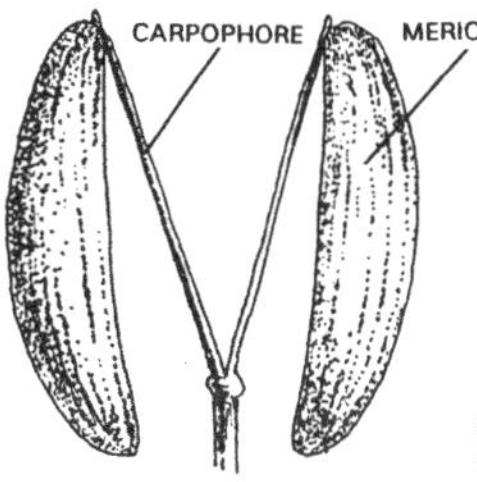

图 1909

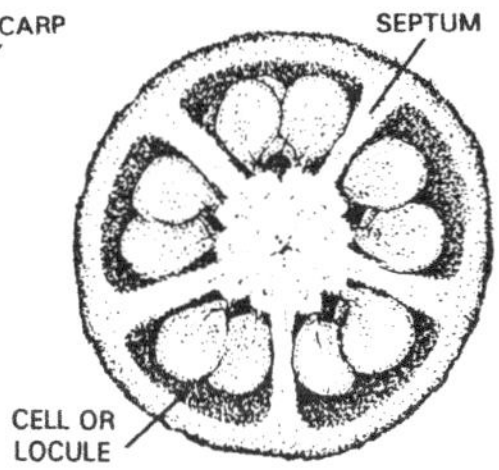

图 1910

Commissure　**接着面**　The face by which two carpels join one another, as in the Umbelliferae (Apiaceae). Figure 1911.　两个心皮彼此连接的面,如伞形科植物(图 1911)。

Cupule　**壳斗**　A cup-shaped involucre, as in an acorn. Figure 1912.　杯状总苞,如槲果(图 1912)。

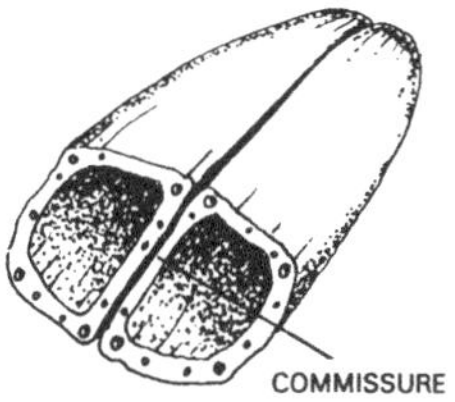

图 1911

图 1912

Dissepiment　**隔膜**　见隔膜(**septum**)。

Endocarp　**内果皮**　The inner layer of the pericarp of a fruit. Figure 1913. (compare **mesocarp** and **exocarp**).　果实果皮的内层(图 1913)。(对比中果皮和外果皮)

Epicarp　**外果皮**　同外果皮(**exocarp**)。

Exocarp　**外果皮**　The outer layer of the pericarp of a fruit. Figure 1913. (compare **mesocarp** and **endocarp**)　果实果皮的外层(图 1913)。(对比中果皮和内果皮)

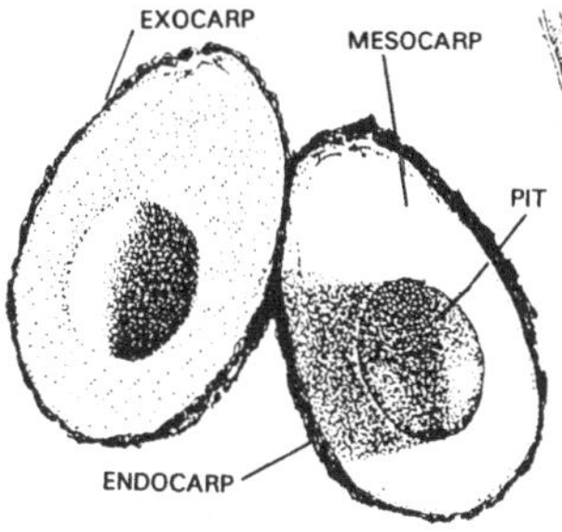

图 1913

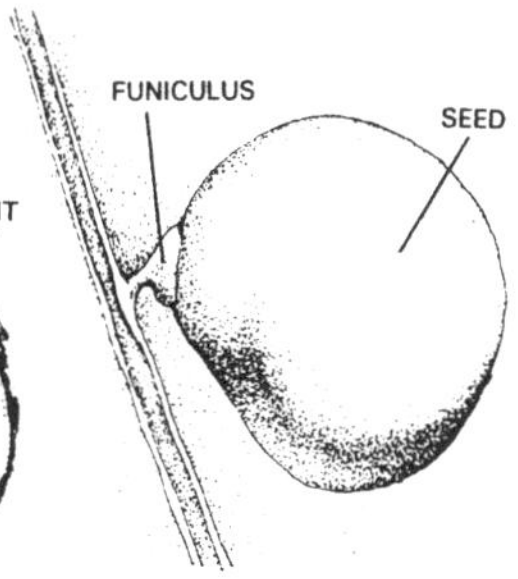

图 1914

Funiculus (pl. **funiculi**)　**珠柄**　The stalk of a seed. Figure 1914.　种子的柄(图 1914)。

Gynophore　**雌蕊柄**　An elongated stalk bearing the pistil in some flowers.　某些花中着生雌蕊的伸长的柄)。

Hypanthium　**托杯,被丝托**　A cup-shaped extension of the floral axis usually formed from the union of the basal parts of the calyx, corolla, and androecium, commonly surrounding or enclosing the pistils. Figure 1915. 花轴的杯状延伸部分,常由花萼、花冠和雄蕊群的基部联合而成,通常包围或包裹着雌蕊(图1915)

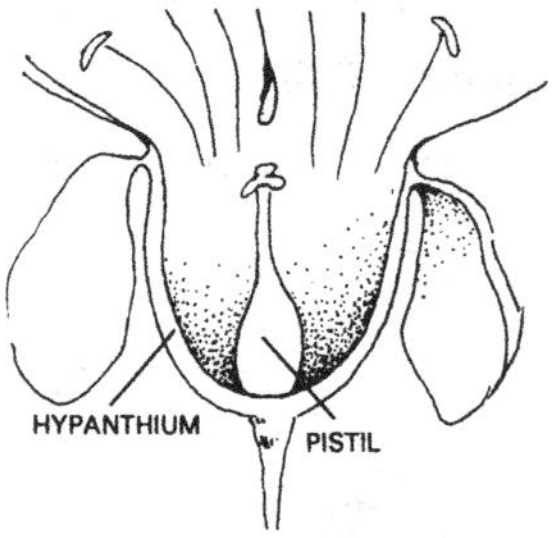

图 1915

Locule **子房室**

The chamber or cavity of an ovary containing the seed. Figure 1910. 包含种子的子房室或腔(图 1910)。

Loculus(pl. **loculi**) **小室** 见子房室(**locule**)。

Mericarp ①**分果爿** ②**悬果爿** A section of a schizocarp; one of the two halves of the fruit in the Umbelliferae (Apiaceae). Figure 1909. 分果的一部分;伞形科植物果实的两瓣之一。图1909。

Mesocarp **中果皮** The middle layer of the pericarp of a fruit. Figure 1913. (compare **endocarp** and **exocarp**) 果实果皮的中层(图 1913)。(对比**内果皮**和**外果皮**)

Operculum **盖** A small lid, such as the deciduous cap of a circumscissile capsule. Figure 1916. 小的盖,如周裂蒴果的脱落盖(图 1916)。

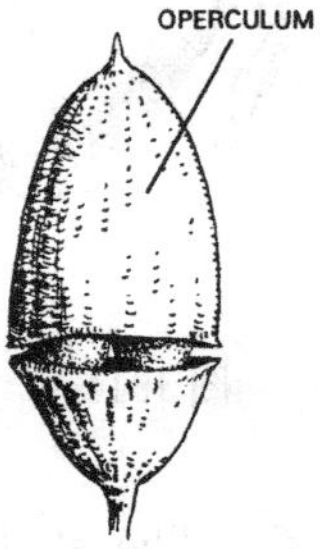

图 1916

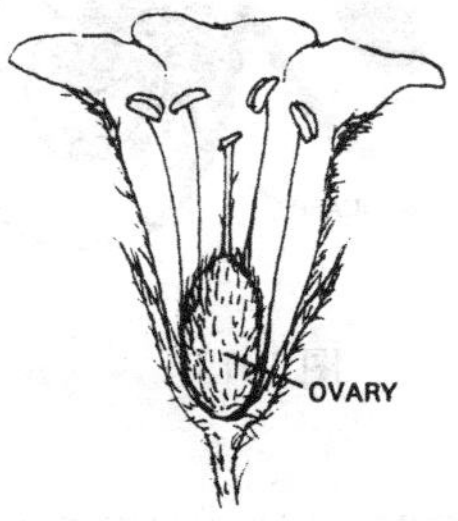

图 1917

Ovary **子房** The expanded basal portion of the pistil that contains the ovules; the immature fruit. Figure 1917. 雌蕊膨大的基部,内含胚珠;未成熟的果实。图 1917。

Pericarp **果皮** The wall of the fruit. Figure 1918. 果实的壁(图 1918)。

Pit **果核** The stony endocarp of a drupe, as in a peach or cherry. Figure 1913. 核果的石质内果皮,如桃和樱桃(图 1913)。

Replum **胎座框** Partition or septum between the two valves or compartments of silicles or siliques in the Cruciferae (Brassicaceae). Figure 1919. 十字花科短角果或长角果中一室两心皮(假二室)之间的隔膜(图 1919)。

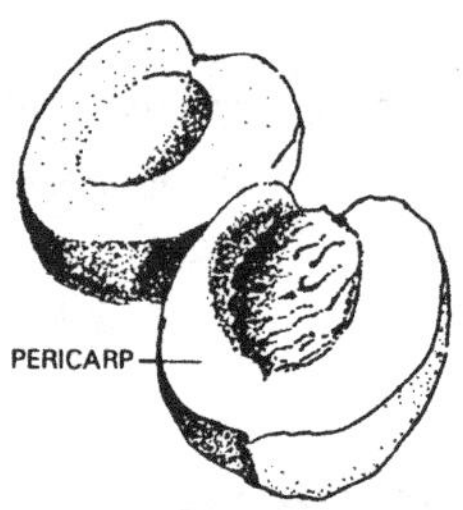

图 1918

Seed **种子** A ripened ovule. Figure 1914. 成熟的胚珠(图 1914)。

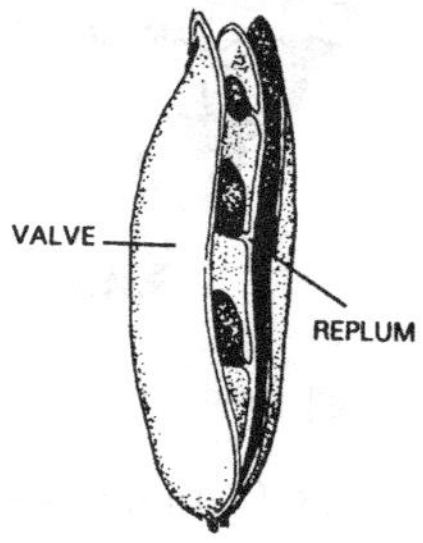

图 1919

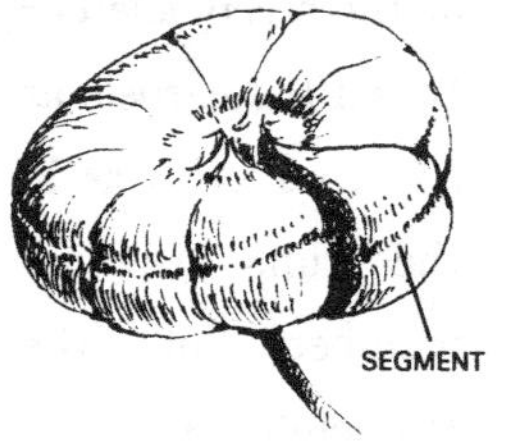

图 1920

Segment **果瓣** A section of a fruit. Figure 1920. 果实的一部分(图 1920)。

Septum(pl. **septa**) 隔膜 A partition, as the partitions separating the locules of an ovary. Figure 1910. 隔,如子房室之间的隔(图 1910)。

Stipe **柄** A stalk attaching the fruit to the receptacle. Figure 1921. 连接果实到花托的柄(图 1921)。

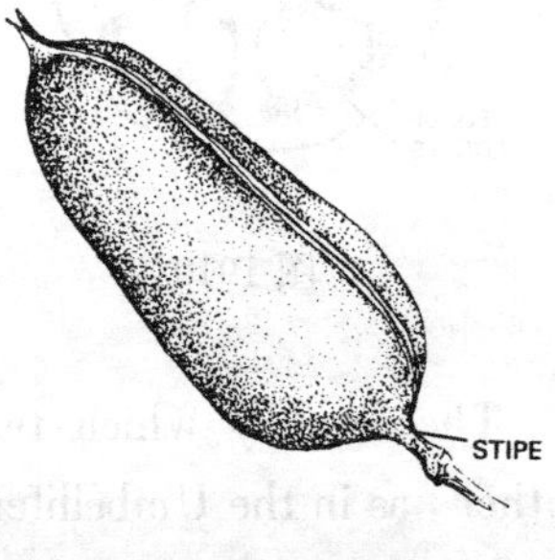

图 1921

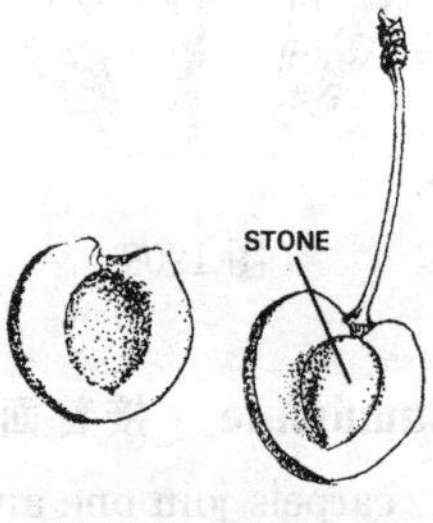

图 1922

Stone 核 The hard, woody endocarp enclosing the seed of a drupe. Figure 1922. 核果中包裹种子的木质、坚硬内果皮(图 1922)。

Stylopodium 〔花〕柱基 A disk-like expansion or enlargement at the base of the style in the Umbelliferae (Apiaceae). Figure 1923. 伞形科植物花柱基部的盘状膨大(图 1923)。

Suture 缝 A line of fusion; the line of dehiscence of a fruit. Figure 1924. 愈合线;果实的开裂线。(图 1924)。

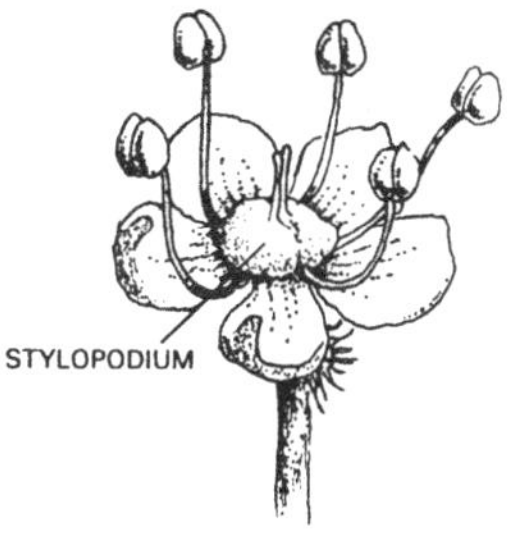

图 1923

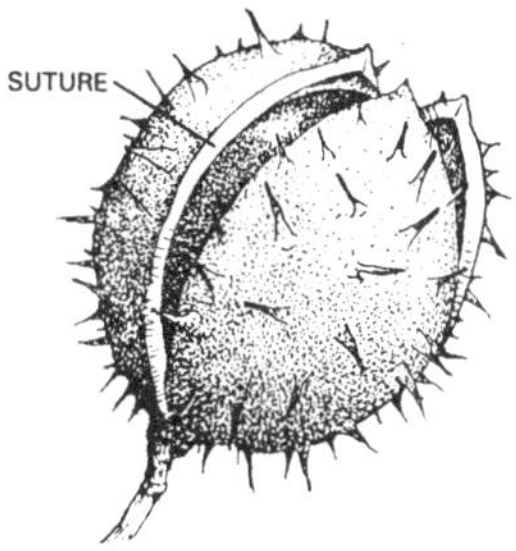

图 1924

Valve 瓣 One of the segments of a dehiscent fruit, separating from other such segments at maturity. Figure 1925. 裂果的一个果瓣片,成熟时与其他果瓣片分离(图 1925)。

Vitta(pl. **vittae**) 油道 An oil tube in the carpel walls of the fruits of the Umbelliferae (Apiaceae). Figure 1926. 伞形科植物果实心皮壁上的油管(图 1926)。

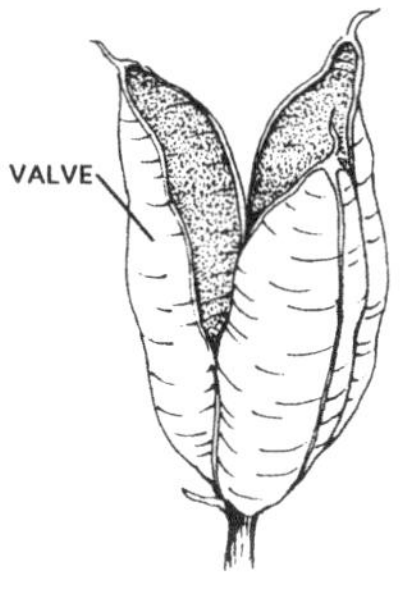

图 1925

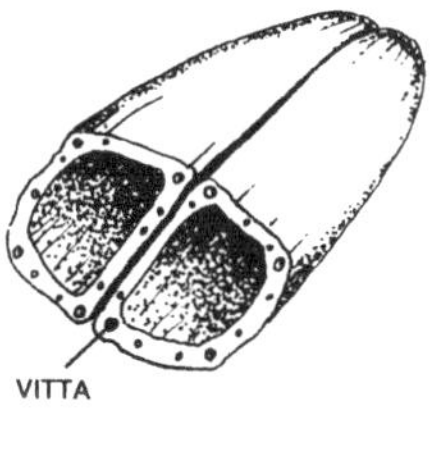

图 1926

果实的类型(图 1927)

Accessory fruit 附果 A fleshy fruit developing from a succulent receptacle rather than the pistil. The ripened ovaries are small achenes on the surface of the receptacle, as in the strawberry. 由多汁花托而不是由雌蕊发育成的肉质果实。成熟子房为花托表面的小瘦果,如草莓。

Achene 瘦果 A small, dry, indehiscent fruit with a single locule and a single seed, and with the seed attached to the ovary wall at a single point, as in the sunflower. 单室、单种子的不开裂小干果,种子仅在一点与子房壁相连,如向日葵。

Acorn 槲果 The hard, dry, indehiscent fruit of oaks, with a single, large seed and a cuplike base. 橡树的不开裂坚硬干果,具单枚大的种子和杯状基部。

Aggregate fruit 聚合果 Usually applied to a cluster or group of small fleshy fruits originating from a number of separate pistils in a single flower, as in the clustered drupelets of the raspberry. 通常指由单花的许多离生雌蕊形成的一簇或一组小型肉质果,如悬钩子的簇生小坚果。

Akene 瘦果 见瘦果(**achene**)。

Anthocarp 掺花果 A fruit with some portion of the flower besides the pericarp persisting. 除果皮外,还有花的某些部分共同参与形成的果实。

Aril 假种皮 A fleshy thickening of the seed coat which resembles a true fruit, as in *Taxus*. 种皮的肉质加厚,形似真正的果实,如红豆杉属植物。

Berry 浆果 A fleshy fruit developing from a single pistil, with several or many seeds, as the tomato. Sometimes applied to any fruit which is fleshy or pulpy throughout, i.e. lacking a pit or core. 由单枚雌蕊发育成的肉质果实,具有几个或多个种子,如番茄;有时也泛指通体肉质或多汁的果实,即无果核。

Bur 刺果 A fruit armed with often hooked or barbed spines or appendages. 常具钩、倒刺或附属物的果实。

Capsule 蒴果 A dry, dehiscent fruit composed of more than one carpel. 由两个或多个心皮形成的开裂干果。

Cariopsis 颖果 见颖果(**caryopsis**)。

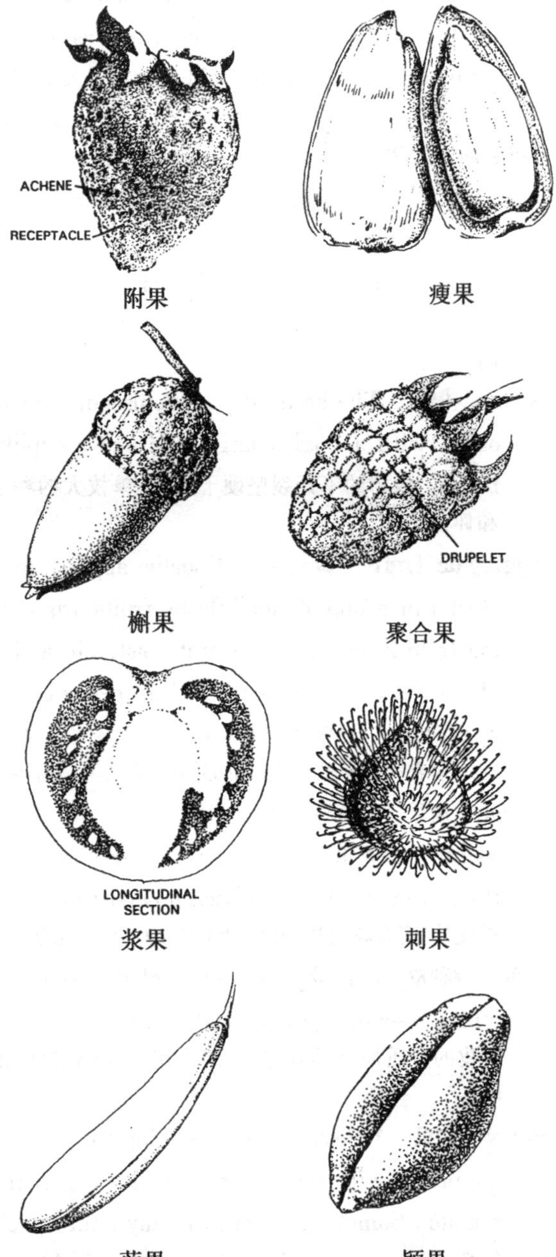

图 1927a

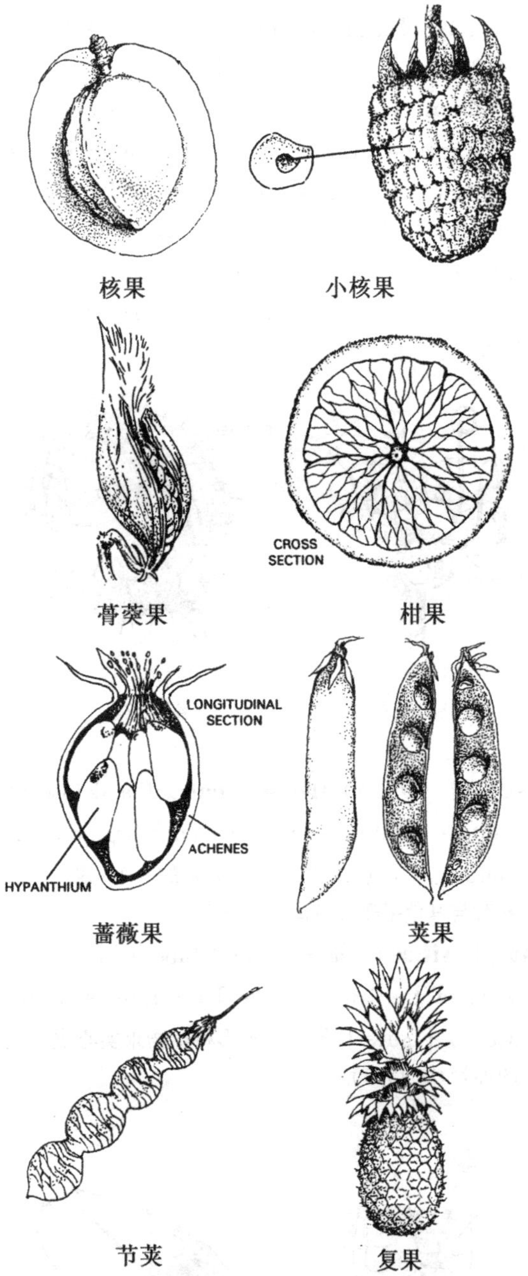

图 1927b

Caryopsis　颖果　A dry, one-seeded, indehiscent fruit with the seed coat fused to the pericarp, as in the fruits of the grass family; a grain. 种皮和果皮愈合,具一枚种子的不开裂干果,如禾本科植物的果实;谷粒。

Circumscissile capsule　周裂蒴果　A capsule dehiscing along a transverse circular line, so that the top separates like a lid. 沿横向环线开裂的蒴果,其顶部分离呈盖状。

Cremocarp　分果　见分果(**schizocarp**)。

Drupe　核果　A fleshy, indehiscent fruit with a stony endocarp surrounding a usually single seed, as in a peach or cherry. 不开裂的肉质果实,通常具单个种子并由石质内果皮包围,如桃子

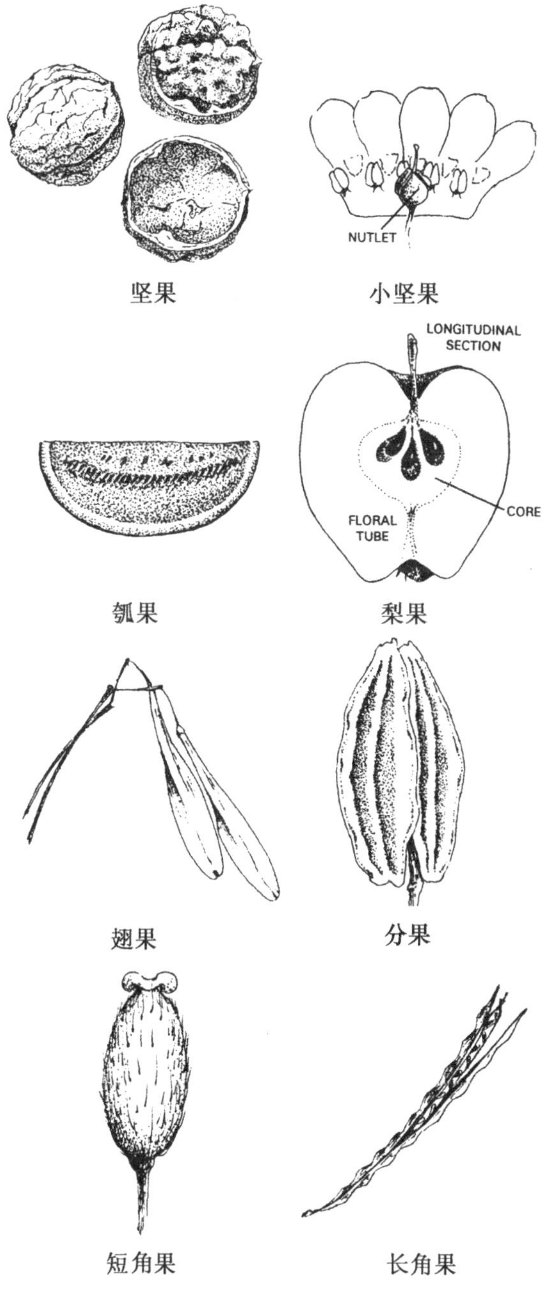

图 1927c

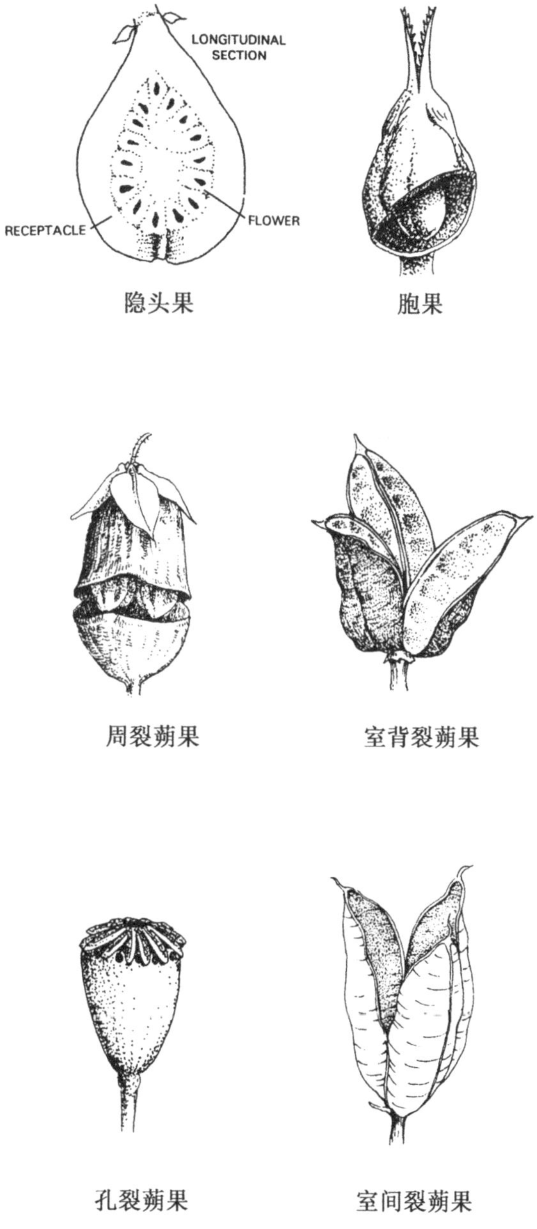

图 1927d

或樱桃。

Drupelet **小核果** A small drupe, as in the individual segments of a raspberry fruit. 小的核果,如悬钩子果实中的单个果。

Follicle **蓇葖果** A dry, dehiscent fruit composed of a single carpel and opening along a single side, as a milkweed pod. 由单个心皮形成的沿一侧开裂的干果,如马利筋。

Grain **①种子状结构 ②颖果** A seed-like structure, as in the fruit of some *Rumex* species; a caryopsis. 类似种子的结构,如酸膜属的果实;颖果。

Hesperidium **柑果** A fleshy berry-like fruit with a tough rind, as a lemon or orange. 具坚韧果

皮的浆果状肉质果实，如柠檬或柑橘。

Hip **蔷薇果** A berry-like structure composed of an enlarged hypanthium surrounding numerous achenes. 由膨大的托杯包围多数瘦果形成的浆果状结构。

Legume **荚果** A dry, dehiscent fruit derived from a single carpel and usually opening along two lines of dehiscence, as a pea pod. 由单个心皮形成的通常沿两条缝开裂的干果，如豆荚。

Loculicidal capsule **室背裂蒴果** A capsule dehiscing through the locules of a fruit rather than through the septa. (compare **septicidal** and **poricidal**). 沿果室而不是沿隔膜开裂的蒴果。(对比**室间开裂**和**孔裂的**)。

Loment **节荚** A legume which is constricted between the seeds. 在种子之间缢缩的荚果。

Lomentum (pl. **lomenta**) **节荚** 见节荚 (**loment**)。

Multiple fruit **复果，聚花果** A fruit formed from several separate flowers crowded on a single axis, as a mulberry or pineapple. 由聚集在单个花轴上的几个分离花形成的果实，如桑葚和菠萝。

Nut **坚果** A hard, dry, indehiscent fruit, usually with a single seed. 不开裂的，通常具单个种子的坚硬干果。

Nutlet **小坚果** A small nut; one of the lobes or sections of the mature ovary of some members of the Boraginaceae, Verbenaceae, and Labiatae (Lamiaceae). 小的坚果；某些紫草科、马鞭草科和唇形科植物成熟子房的裂瓣之一。

Pepo **瓠果** A fleshy, indehiscent, many-seeded fruit with a tough rind, as a melon or a cucumber. 具坚韧果皮和多数种子的不开裂肉质果实，如甜瓜或黄瓜。

Pod **荚〔果〕** Any dry, dehiscent fruit, especially a legume or follicle. 任何开裂的干果，尤指荚果或蓇葖果。

Pome **梨果** A fleshy, indehiscent fruit derived from an inferior, compound ovary, consisting of a modified floral tube surrounding a core, as in an apple. 由下位复合子房形成的不开裂肉质果实，由围绕果核的变态花筒组成，如苹果。

Poricidal capsule **孔裂蒴果** A capsule opening by pores, as in a poppy. 由多个小孔开裂的蒴果，如罂粟。

Pseudocarp **假果** A fruit which develops from the receptacle rather than the ovary, as in a pome. 由花托而不是由子房发育成的果实，如梨果。

Pyxidium **盖果** 见盖果(**pyxis**)。

Pyxis **盖果** A circumscissile capsule, the top coming off as a lid. 周裂的蒴果，其顶端呈盖状脱落。

Samara **翅果** A dry, indehiscent, winged fruit. 具翅的不开裂的干果。

Schizocarp **分果** A dry, indehiscent fruit which splits into separate one-seeded segments (carpels) at maturity. 不开裂的干果，成熟时分开成为数个含一个种子的果瓣(心皮)。

Septicidal capsule **室间裂蒴果** A capsule dehiscing through the septa and between the locules. (compare **loculicidal** and **poricidal**) 沿隔膜和室间开裂的蒴果。(对比**室背开裂的**和**孔裂的**)

Silicle **短角果** A dry, dehiscent fruit of the Cruciferae (Brassicaceae), typically less than twice as long as wide, with two valves separating from the persistent placentae and septum (replum). 十字花科的一种开裂干果，果长小于二倍果宽，两个心皮瓣片从宿存的胎座和隔膜(假隔膜)处分开。

Silique **长角果** A dry, dehiscent fruit of the Cruciferae (Brassicaceae), typically more than twice as long as wide, with two valves separating from the persistent placentae and septum (replum). 十字花科的一种开裂干果，果长大于二倍果宽，两个心皮瓣片从宿存的胎座和隔膜(假隔膜)处分开。

Syconium **隐头果** The fruit of a fig, consisting of an entire ripened inflorescence with a hollow, inverted receptacle bearing flowers internally. 无花果的果实，由具中空内陷花序托的整个成熟花序形成，花着生在花序托内部。

Syncarp **合心皮果** A multiple fruit. 复果。

Utricle **胞果** A small, thin-walled, one-seeded,

more or less bladdery-inflated fruit. 果皮薄, 含单个种子,多少呈膀胱状膨胀的小的果实。

常见果实类型检索表

1 Fruit formed from more than one flower 果实由两枚或多枚花形成

2 Fruit consisting primarily of receptacle tissue, the ripened ovaries borne inside of the hollow, inverted receptacle 果实主要由花序托组织组成,成熟的子房着生在中空、内陷的花序托内 ……………… **Syconium** 隐头果

2 Fruit consisting of many tightly clustered ripened ovaries 果实由许多紧密簇生在一起的成熟的子房组成 ……………… **Multiple** 聚花果,复果

1 Fruit formed from a single flower 果实由单花形成

3 Fruit of more than one ovary 多子房的果实

4 Carpels enclosed, borne on the wall of a globose hypanthium 心皮被包围,着生在球形托杯的壁上 ……………… **Hip** 蔷薇果

4 Carpels not enclosed, not borne on the wall of a hypanthium 心皮不被包围,不着生在托杯壁上

5 Pistils developing into fleshy drupelets on a non-fleshy receptacle 雌蕊在非肉质的花托上发育成肉质的小核果 ……………… **Aggregate** 聚合果

5 Pistils developing into achenes on a fleshy receptacle 雌蕊在肉质的花托上发育成瘦果 ……………… **Accessory** 附果

3 Fruit of a single ovary 单子房的果实

6 Fruit dry at maturity 果实成熟时干燥

7 Fruit dehiscent at maturity 果实成熟时开裂

8 Fruit composed of more than one carpel 果实由多于一个的心皮组成

9 Carpels two, separated by a persistent, translucent septum 心皮两枚,被一枚宿存的(半)透明隔膜分隔

10 Fruit less than twice longer than wide 果长小于2倍果宽 ……………… **Silicle** 短角果

10 Fruit more than twice linger than wide 果长大于2倍果宽 ……………… **Silique** 长角果

9 Carpels two or more, not separated by a persistent, translucent septum (**Capsule**) 心皮两枚或多个,不被宿存的半透明隔膜分隔(蒴果)

11 Capsule opening along a transverse circular line, the top separating like a lid 蒴果沿横向环开裂,顶部裂开呈盖状 ……………… **Circumscissile capsule** 周裂蒴果

11 Capsule opening along longitudinal lines or by pores 蒴果沿纵线或孔开裂

12 Capsule opening by pores 蒴果由孔开裂 ……………… **Poricidal capsule** 孔裂蒴果

12 Capsule opening along longitudinal lines 蒴果沿纵线开裂

13 Capsule dehiscing through the locules 蒴果通过果室开裂 ……………… **Loculicidal capsule** 室背开裂蒴果

13 Capsule dehiscing through the septae 蒴果通过隔膜开裂 ……………… **Septicidal capsule** 室间开裂蒴果

8 Fruit composed of a single carpel 果实由单心皮组成

14 Fruit opening along a single line of dehiscence 果实沿单缝开 ……………… **Follicle** 蓇葖果

14 Fruit opening along two lines of dehiscence 果实沿两条缝开裂

15 Fruit not obviously constricted between the seeds 果实在种子间不明显缢缩 ……………… **Legume** 荚果

15 Fruit obviously constricted between the seeds 果实在种子间明显缢缩 ……………… **Loment** 节荚

7 Fruit indehiscent at maturity 果实成熟时不开裂

16 Fruit splitting at maturity, but carpels not dehiscing to release seeds 果实成熟时分开,但心皮不

开裂，种子不散出 ………………………………………… **Schizocarp** 分果

16 Fruit not splitting at maturity 果实成熟时不分开

17 Fruit winged 果实具翅 ………………………………………… **Samara** 翅果

17 Fruit not winged 果实无翅

18 Seed inseparably fused to the ovary wall 种子和子房壁愈合，不可分 ………………………………………… **Caryopsis, Grain** 颖果

18 Seed not inseparably fused to the ovary wall 种子和子房壁不愈合，可分

19 Fruit wall bladdery-inflated 果壁膀胱状膨胀 ………………………………………… **Utricle** 胞果

19 Fruit wall not bladdery-inflated 果壁不膀胱状膨胀

20 Fruit wall hard and tough 果壁坚韧

21 Fruit very small 果实很小 ………………………………………… **Nutlet** 小坚果

21 Fruit larger 果实较大 ………………………………………… **Nut** 坚果

20 Fruit wall not particularly hard and tough 果壁不特别坚韧 ………………………………………… **Achene** 瘦果

6 Fruit fleshy at maturity 果实成熟时肉质

22 Seed one 种子一枚

23 Fruit very small 果实很小 ………………………………………… **Drupelet** 小核果

23 Fruit larger 果实较大 ………………………………………… **Drupe** 核果

22 Seeds more than one 种子多枚

24 Fruit surrounded by the fleshy receptacle 果实由肉质花托包围 ………………………………………… **Pome** 梨果*

24 Fruit not surrounded by the receptacle 果实不由肉质花托包围

25 Fruit with a tough rind 果实具坚韧果皮 ………………………………………… **Pepo** 瓠果

25 Fruit lacking a tough rind 果实无坚韧果皮 ………………………………………… **Berry** 浆果

*译者按：梨果(pome)的肥厚肉质部分是花受精后增大的被丝托(hypanthium)，而被丝托是由花托的部分、花萼、花冠和雄蕊的基部共同形成的。因此，这里只是说肉质的花托(fleshy receptacle)而不称肉质的被丝托(fleshy hypanthium)不符合实际情况。

中英词汇对照表

s 形的　sigmoid
β 花青素　betacyanin

[A]

矮林　coppice, copse
安石榴果　balausta
岸栖的　riparian, riparious
暗褐色的　fuscous
暗色木材　melanoxylon
凹的　concave
凹缺　sinus
凹入的　excavated
凹凸的　concavo-convex
凹凸面的　meniscoid
凹陷的　impressed
凹穴　pit

[B]

八瓣的　octopetalous
八雌蕊的　octogynous
八萼的　octosepalous
八辐射的　octoradiate
八花柱的　octogynous
八列的　octostichous
八室的　octolocular
八雄蕊的　octandrous, octostemonous
白化的　etiolated
白天开花的　diurnal
柏树球果　galbulus
败育　abortion
败育的　abortive
斑　macula
斑点　macula
瘢痕　cicatrice, cicatrix
板根的　buttressed
半扁球状的　hemispheroidal
半灌木　subshrub, undershrub
半灌木的　suffruticulose, suffruticose
半灌木状的　suffrutescent
半果　hemicarp
半离心皮的　semicarpous
半裂的　cleft
半球形的　hemispheric, hemispherical
半透明的　diaphanous, translucent
半下位的　half-inferior
瓣　valve
瓣的　valvular
瓣距　calcar
瓣裂的　valvate, valvular
瓣片　blade
瓣爪　claw
瓣状的　petaloid
瓣状雄蕊的　petalantherous
棒状果的　rhabdocarpous
包被　investing
包住的　invaginated
包着　subtend
苞片　bract
苞片的　bracteal
苞片化　bracteody
苞片显著的　bracteose
苞片状的　bracteiform
孢囊柄　sporangiophore
孢子　spore
孢子果　sporocarp
孢子囊　sporangium
孢子体　sporophyte
孢子叶　sporophyll
孢子叶球　cone, strobile, strobilus
孢子周壁　perispore
胞果　utricle
胞芽　gemma
抱茎的　amplectant, amplexicaul, clasping
爆裂的　dissilient
杯形的　cupuliform
杯状的　calathiform, caliciform, cupulate, cyathiform
杯状聚伞花序　cyathium
北方的　boreal
北极的　arctic
背侧的　dorsal
背腹扁的　depressed
背腹的　dorsiventral, dorsoventral
背面的　dorsal
背生的　dorsiferous
背倚子叶　incumbent cotyledons
背着的　dorsifixed

被丛卷毛的 floccose
被短丛卷毛的 flocculent
被短绒毛的 tomentellous ,velutinous
被短柔毛的 pubescent
被粉的 farinose
被灰白毛的 canescent ,incanous
被绢毛的 sericeous
被绵毛的 lanuginose ,lanuginous
被绒毛的 tomentose ,lanuginose ,lanuginous
被乳突的 thelephorous
被丝托 hypanthium
被微柔毛的 puberulent ,puberulous ,tomentulose
被细绢毛的 holosericeous
被小刺的 aculeolate
被子植物 angiosperm
本地产的 indigenous
笔直的 strict
闭花受精 cleistogamy
闭花受精的 cleistogamou ,kleistogamous
闭花受精植物 cleistogene
篦齿状的 ctenoid ,pectinate
臂形细胞 arm-cell
边材 sapwood
边花 ray flower
边缘 margin
边缘胎座式 marginal placentation
鞭状的 flagelliform
扁化的 fasciated
扁平的 applanate ,complanate ,deplanate
扁球形的 oblate
变红的 rubescent ,rufesscent
变灰白的 canescent
变灰色的 incanescent
变绿 virescence
变绿的 veirscent ,viridescent
变色的 versicolor
变为天蓝色的 coerulescent
变无毛的 glabrescent
变种 variety
变紫色的 purpurescent
表被 vestiture ,vesture ,
表层 coat
表面的 facial
表面生的 epigenous
表膜 pellicle
表皮 epidermis
柄 stalk ,stipe
柄基纤维网 mattula
柄状的 petioliform ,stipitiform
并生的 collateral
波状的 sinuous ,undate ,undulate
捕虫囊 ampulla
捕握的 prehensile
不等侧的 inequilateral
不定的 adventitious
不对称的 asymmetric ,paleomorphic
不发育的 rudimentary
不分枝的 eramous
不开裂的 nucamentaceous
不裂的 indihiscent
不耐荫的 intolerant
不同的 anisomerous
不完全的 imperfect ,incomplete
不育的 abortive ,infertile ,sterile
不育心皮 paracarpium
不育雄蕊 parastemon
不育子房 paracarp
不整齐的 irregular

[C]

参差羽状的 interruptedly pinnate
残迹的 vestigial
糙伏毛 striga
草本 herb
草本的 herbaceous
草本植物群 herbage
草原 steppe
草质的 herbaceous
侧的 lateral
侧膜胎座式 parietal placentation
侧生的 lateral
侧向纵裂的 latrorse
层 lamella
层状的 lamellar ,lamellate ,lamellose
叉状的 forked
查帕拉尔群落 chaparral
掺花果 anthocarp
缠结的 implicate ,intricate
缠绕的 twining
产蜡的 ceriferous ,cerogenous
产雄器孢子 androspore
产油的 oleaginous
长侧枝聚伞花序 anthela
长匐茎 sarment
长匐茎的 saumentose
长花柱的 macrostylous
长角果 silique
长角裂片 assumentum

长柔毛 villus
长柔毛的 villous
长形的 elongate
长圆盾状的 scutate
长圆形的 oblong
常绿的 evergreen
沉水的 immersed,submersed
晨开性的 matutinal
成层的 laminate
成对的 binate,conjugate,geminate,jugate
成列的 ranked,seriate
成片的 laminate
成熟的 ripe
成双的 didymous
呈黑色的 atratous
迟季的 serotinal,serotinous
迟季开花的 serotinous
持续两个月的 bimestrial
匙形的 spathulate,spatulate
齿 tooth
齿蚀状 praemorse
齿状 dentation
齿状的 dentiform,dentoid
翅 wing
翅果 samara
翅果状的 samaroid
翅状伸张的 surcurrent
冲〔淤〕积的 alluvial
虫媒的 entomophilous
虫瘿 cecidium,gall
臭的 fetid,mephitic
出水的 emersed
出土的(指子叶) epigaeous,epigeous
出芽生殖 gemmation
初级的 primary
初生的 primary
触须 tentacle
传粉 pollination
船形的 scaphoid
窗孔 fenestra
垂直的 vertical
春季开花的 vernal
唇 lip
唇瓣 label,labellum
唇瓣基 hypochil,hypochilium
唇口 rictus
唇形的 labiate
雌〔蕊〕的 pistillate
雌花两性花同株的 gynomonoecious
雌花两性花异株的 gynodioecious
雌花先熟 metandry
雌花先熟的 metandrous
雌器苞 perigynium,urceolus
雌全同株的 gynomonoecious
雌全异株的 gynodioecious
雌蕊 pistil
雌蕊被柔毛的 hebegynous
雌蕊柄 gynophore
雌蕊的 pistillate
雌蕊基 gynobase
雌蕊群 gynaeceum,gynaecium,gynecium,gynoecium
雌蕊先熟 protogyny
雌蕊先熟的 proterogynous,protogynous
雌雄〔蕊〕同熟 homogamy
雌雄〔蕊〕同熟的 homogamous,synanthesis
雌雄〔蕊〕异花的 diclinous
雌雄〔蕊〕异熟 dichogamy
雌雄〔蕊〕异熟的 dichogamic,dichogamous
雌雄蕊柄 androgynophore
雌雄蕊合体的 gynandrous,gynostemial,gynandrial
雌雄蕊同花的 monoclinous
雌雄同序的 gynaecandrous
雌雄同序的 gynaecandrous,synoecious
雌雄同株 hermaphrodite
雌雄同株的 monecious,monoecious
雌雄异花的 diclinous
雌雄异株的 diecious,dioecious,dioicous,triecious
次级小叶 secondary leaflet
刺 acantha,armature,spine,thorn
刺果 bur
刺球状花序 bur
刺人的 urent
丛卷毛 floccusflocci
丛卷毛状的 flocculose
丛毛的 comatose
丛生的 caespitose,cespitose,tufted
粗糙的 asperous,muricate,scabrid,scabrous
粗糙果的 trachycarpous
粗糙种子的 trachyspermous
粗锉状的 scobinate
粗面的 aciculate
粗筛孔状 clathrate
粗枝的 pachycladous
簇生的 conglomerate,tufted

[D]

大孢子 macrospore,megaspore
大孢子囊 macrosporangium,megasporangium

大孢子叶　macrosporophyll ,megasporophyll
大量的　copious
大头羽裂的　lyrate
大型叶　macrophyll
大型叶的　macrophyllous
带白霜的　glaucescent
带黑色的　nigrescent
带黄色的　flavescent ,lutescent
单瓣的　unipetalous
单倍体　haploid
单被的　chlamydeous ,haplochlamydeous ,monochlamydeous
单鞭毛的　monotrichous
单侧的　unilateral
单层花瓣的　haplopetalous
单翅的　monopterous
单出聚伞状的　uniparous
单雌蕊的　monogynous
单的　simple
单分体　monad
单隔膜的　uniseptate
单花的　monanthous ,uniflorous
单花柱的　monostylous
单基数的　monomerous
单茎的　haplocaulis
单孔的　uniaperturate
单列的　monostichous ,uniseriate
单轮的　monocyclic
单轮雄蕊的　haplostemonous
单芒的　uniaristate
单面对称的　monosymmetrical
单胚珠的　uniovulate
单歧聚伞花序　monochasium
单歧聚伞状的　monochasial
单腔的　monolocular
单全异株　trioecious ,triecious
单色的　monochromatic
单生的　solitary
单生花　solitary
单室的　monolocular ,unilocular
单穗序的　monostachous
单态的　monomorphic
单体雄蕊的　monadelphous
单心皮的　stylodious ,unicarpellate ,unicarpellous
单形的　monomorphic
单型的　monomorphic ,monotypic
单性的　imperfect ,unisexual
单性花完全花异株　triecious ,trioecious
单性结实　parthenocarpy
单雄蕊的　monandrous
单叶的　unifoliate ,simple
单一主脉的　unicostate
单枝的　simple
单种的　monotypic
单种子的　monospermous
单轴　monopodium
单轴的　monopodial ,uniaxial
单子房　simple ovary
单子叶的　monocotyledonous
单子叶植物　monocotyledon
淡黄色的　ochroleucous ,xanthic
淡紫色的　mauve
弹裂蒴果　regma
弹丝　elater
刀片状的　cultrate
导管　vessel
导管分子　vessel element ,vessel member
倒刺毛　glochid
倒棍棒形的　obclavate
倒金字塔形的　obpyramidal
倒卵球形的　obovoid
倒卵形的　obovate
倒披针形的　oblanceolate
倒生胚珠　anatropous ovule
倒椭圆形的　obelliptic or obelliptical
倒向的　retrorse
倒向羽裂的　runicinate
倒心形的　obcordate ,obcordiform
倒圆锥形的　obconic or obconical
倒正三角形的　obdeltoid
倒置的　inverted ,resupinate
蓇葖的　follicular
灯心草形的　junceous
灯心草状的　junciform ,rush-like
等基数的　isomerous
等雄蕊的　isandrous
低出叶　cataphyll
底着的　basifixed ,innate
地表的　surficial
地面扩散的　humifuse
地面生的　epigeous
地上芽植物　chamaephyte
地下的　subterranean ,subterraneous
地下水湿生植物　phreatophyte
点状的　punctiform
垫状的　polsterform ,pulviniform ,pulvinate
垫状的　pulvinate
凋存的　marcescent
碟状的　cotyliform

蝶形的 papilionaceous
丁字着的 versatile
顶端 apex
顶端的 apical
顶端具钩的 hamate
顶基扁的 depressed
顶生的 acrogenous,terminal
顶生植物 acrogen
顶枝 leader
定时开花的 equinoctial
冬出的 hibernal
冬季开花的 hibernal
冬性二年生植物 winter annual
冬芽 winter bud
动物传粉的 zoophilous
兜状瓣 hood
兜状的 cucullate
豆科的 leguminous
豆科植物 legume
豆绿色的 pisaceous
短匐茎 offset
短尖头 mucro,mucronate
短角果 silicle
短绵状毛的 lanulose
短绒毛层 velumen
短柔毛 pubescence
短生的 ephemeral
短枝 brachyblast,spur
对瓣的 antepetalous,antisepalous
对称的 symmetric
对萼的 antesepalous,antisepalous
对开的 dimidiate
对生的 opposite
对生花〔序〕梗的 oppositiflorous
对生连基抱茎的 connate-perfoliate
对生叶的 oppositifolious
对折的 conduplicate
钝的 muticous,obtuse
盾 shield
盾片 scutellum
盾形的 peltate
盾状半裂的 peltafid
盾状苞片 pelta
盾状的 peltate,peltiform
盾状鳞片 pelta
盾状体 scutum
多苞片的 bracteose
多倍体 polyploid
多边形的 polygonal
多出的 multiparous
多雌蕊的 polygynous
多萼片的 pleiosepalous
多隔膜的 multiseptate
多灌丛的 dumose
多花瓣的 pleiopetalous
多花的 florid,multiflorous,polyanthous
多花柱的 polygynous,polystyllous
多回复出的 decompound
多回复叶 decompound
多回深裂的 multipartite
多基数式 pleiomery,polymerous
多肋的 multicostate
多列的 pluriseriate,polystichous
多裂的 dissected,multifid
多轮的 polycyclic
多毛的 polytrichous
多年生的 multiperennial
多年生植物 perennial
多疱状突起的 pustular,pustulate
多胚珠的 pluriovulate
多歧聚伞花序 pleiochasium,polychasium
多色的 polychrome
多射线的 multiradiate
多室的 pluricellular,plurilocular
多数的 numerous
多穗状花序的 polystachyous
多态的 polymorphic,polymorphous
多体的 polyadelphous,polyadelphous
多头的 multicipital,pluricipital,polycephalous
多头聚伞花序 polychasium
多纤毛的 multiciliate
多小脉的 venulose,venulous
多小枝的 ramulose
多心皮的 polycarpous
多雄蕊的 polyandrous,polystemonous
多叶的 multifoliate
多育的 proliferous
多褶的 multiplicate
多汁的 succulent
多枝的 ramous,romose
多种子的 pleiospermous
多柱头的 polystigmous

[E]

恶臭的 malodorous
恶性的 pernicious
萼齿 calyx tooth
萼的 calyculate

萼裂片　calyx lobe
萼囊　mentum ,perule
萼内的　intracalycine
萼片　sepal
萼片状的　sepaloid
萼上的　episepalous
萼筒　calyx tube
萼檐　calyx limb
耳形的　auriculate ,eared
耳状抱茎　auriculate-clasping
耳状的　auriculate
耳状突起　enation
耳状物　auricle
二倍体　diploid
二叉的　bifurcate
二唇形的　bilabiate
二分体　dyad
二回三出的　biternate
二回羽状的　bipinnate
二回羽状裂的　bipinnatifid
二回羽状全裂的　bipinnatifid
二回掌状的　bipalmate
二基数的　dimerous
二棱的　anicipital
二联体　dyad
二列的　bifarious ,distichous
二裂的　bifid ,bisected
二轮列的　dicyclic
二年生植物　biennial
二岐的　dichotomous
二歧的　dichotomous
二歧聚伞花序　dichasium
二强雄蕊的　didynamous
二全裂的　bisected
二色的　bicolored
二深裂的　bipartite ,bifid
二室花药　dithecal anthers
二熟的　biferous
二体雄蕊的　diadelphous
二形的　dimorphic ,dimorphous
二纵列的　two-ranked

[F]

发出的　emergent
发污的　sordid
发育不全的　depauperate
发状的　capillary
繁殖体　propagule
反常整齐花　peloria
反叠的　replicate
反弯的　retrocurved
反折的　reflexed ,retroflexed
方形的　quadrate
芳香的　sapor ,suaveolent
纺锤形的　fusiform ,spindle-shaped
非典型的　atypical
非禾草类草本植物　forb
非轮列的　acyclic
废退的　obsolete ,vestigial
分布区　range
分布区不重叠的　allopatric
分叉的　divergent ,forked ,furcate
分果　cremocarp ,hemicarp ,schizocarp
分果瓣　mericarp
分果爿　coccus ,mericarp
分核　ossiculus ,pyrene
分级的　graduate
分开的　graduate
分类群　taxon
分离的　free
分泌蜜汁的　nectariferous
分泌物　exudate
分蘖　tiller
分蘖的　tillering
分生组织　meristem
分生组织的　meristematic
分室的　chambered
分枝　limb
分枝花柱　stylodiumstylodia
分枝式　ramification
分株　offshoot
粉红的　roseate ,mealy
粉质的　farinaceous
粉状的　pulveraceous ,pulverulent
丰富的　copious
风媒的　anemophilous
枫叶状的　aceriform
蜂窝状的　alveolar ,alveolate ,faveol ,favose
蜂窝状小窝　alveola ,alveole ,alveolus
缝　suture
佛焰苞　spathe
佛焰苞的　spathaceous
佛焰苞状的　spathiform
佛焰花序　spadix
佛焰花序的　spadiceous
稃状的　paleaceous
伏地的　humistrate
浮游的　natant

辐射对称的　actinomorphic ,actinomorphous
辐射状的　radial ,radiant ,radiate
辐状的　rotate
斧形的　dolabriform
俯垂的　cernuous ,drooping ,nutant
腐生生物　saprobe
腐生植物　saprophyte
附果　accessory fruit
附生植物　epiphyte
附属物　appendage
附着的　adherent ,appendiculate
复〔合〕子房　compound ovary
复果　multiple fruit
复合的　compound
复叶　compound leaf
副萼　calycle ,calycule ,epicalyx
副花梗　secondary peduncle
副花冠　corona ,crown
副花冠裂片　lamella
副芽　accessory bud
腹面的　ventral
覆盖层　tectum
覆瓦状的　imbricate

[G]

钙生植物　calcicole
盖　operculum
盖果　pyxidium ,pyxis
盖果基　amphora ,urn
干草原　steppe
干膜质的　scarious
肝色的　hepaticous
柑果　hesperidium
秆　cane ,culm
感夜性的　nyctitropic
橄榄色的　olivaceous
刚毛　bristle ,setasetae
刚毛状的　setaceous ,setiform
高脚碟状的　salverform
高山矮曲林　krummholz
高山的　alpine
睾丸状的　testiculate
革质的　coreaceous ,coriaceous
格状的　cancellate
隔膜　dissepiment ,septum
隔丝　paranema ,paraphysis
隔障　phragma ,dissepiment ,septum
根　root
根被　velamen
根出的　radicicolous
根出条　sobol ,sobole ,sucker
根出条繁殖的　surculose-proliferous
根颈　crown
根瘤　tubercule
根生的　radical
根生花的　rhizanthous
根膝　knee
根序　rhizotaxis ,rhizotaxy
根株　stool
根状的　rhizomorphous
根状茎　rhizome ,rootstock
根状茎的　rhizomatous
梗　stipe
拱垂　reclinate
拱垂的　reclining ,sprawling
沟槽　sulcus
钩毛　glochid
钩头状的　hamate
孤雌生殖　parthenogenesis
骨质的　osseous
骨质化的　ossified
关节　articulation ,joint ,knee
冠毛　pappus
冠筒鳞片　fornix
冠檐　limb
冠状的　coroniform
管　tube
管胞　tracheid
管状的　fistulous ,tubular
管状花的　tubuliflorous
贯顶的(指茎)　excurrent
灌木　arbuscula ,bush ,frutex ,shrub
灌木的　suffruticose
灌木状的　dumetose ,frutical ,fruticose
光滑的　glabrous ,laevigate
广布的　ubiquitous
广适性花　allotropous flower
广椭圆形的　oval
龟裂的　rimose ,rimous
硅质的　siliceous
棍棒状的　clavate ,claviform
蓇葖果　follicle
果瓣　pip ,segment
果瓣柄　carpophore
果柄　carpopodium ,podogyne
果核　ossiculus ,pit
果扭曲的　streptocarpous
果皮　pericarp ,rind

果肉　sarcocarp
果实　fruit
果实被柔毛的　hebecarpous
果实狭隔的　angustiseptate
果实异型的　heterocarpous

[H]

海岸的　littoral
海岸生的　maritime
海绵质的　spongiose
含硒的　seleniferous
含叶绿素的　chlorophyllous
含油的　oleiferous
旱生的　xeric
旱生结构的　xeromorphic
旱生植物　xerophyte
禾草节间单元　phytomere
合瓣的　gamopetalous ,monopetalous ,sympetalous
合点　chalaza
合萼的　gamosepalous ,monosepalous ,synsepalous
合蕊冠　gynostegium
合蕊柱　column ,gynandrium ,gynostemium
合生　symphysis
合生的　connate
合心皮的 syncarpous
合心皮的　syncarpous
合心皮果　syncarp
合轴　sympodium
合轴的　sympodial
核　putamen ,stone
核果　drupe ,stone fruit
核果肉　naucum
核果状的　drupaceous ,pruniform
核果状坚果　tryma
核壳　putamen
核型　karyotype
褐黄的　lurid
褐黄色的　testaceous ,tawny
褐色的　brunescent
黑色的　ebeneous
痕　scar
横的　transverse
横隔的　trabecular
横隔片　trabecula
横裂的　transverse
横生胚珠　amphitropous ovule ,hemianatropous ovule ,hemitropous ovule
横卧的　recumbent
横皱缩的　transcorrugated
红棕色　rufous ,rufus
虹彩色的　iridescent
喉　fauces ,throat
喉的　faucal
喉凸　palate
后唇瓣　posterior
后面的　posterior
厚果皮的　pachycarpous
厚叶的　pachyphyllous
弧形的　arcuate
胡萝卜素　carotene
湖生的　lacustrine
槲果　acorn ,glans
互生的　alternate
互似的　consimilar
瓠果　gourd ,pepo
花　bloom ,blossom ,floscle ,flower
花瓣　petal
花瓣被柔毛的　hebepetalous
花瓣的　petaline
花瓣化　petalody
花瓣上着生的　epipetalous
花瓣雄蕊贴生花萼的　calycifloral ,calyciflorate ,calyciflorous
花瓣状的　petaline ,petaloid
花被　floral envelope ,perianth
花被管　floral tube
花被卷叠式　aestivation
花被片　tepal
花部排列次序　anthesmotaxis
花簇　anthemia ,anthemy
花萼　calyx
花萼瓣化的　calycanthemous
花萼状的　calycinal ,calycine ,calyciform ,calycoid
花粉　pollen
花粉块　pollinium
花粉块柄　caudicle
花粉小块　massula
花梗　pedicel ,pedicle ,pediculus
花冠　corolla
花冠柄　anthophore
花冠裂片　corolla lobe
花冠上着生的　epipetalous
花冠筒　corolla tube
花冠状的　corolliform ,coroloid
花喉　gorge
花后膨大的　accrescent
花黄素　anthoxanthin
花开期　sponsalia
花蜜　nectar

花蜜指示标 nectar guides
花盘 disc ,disk
花期 efflorescence
花蕊同长 homogony
花蕊同长的 homogonous
花蕊异长 heterogony
花蕊异长的 heterogonous
花色素苷 anthocyanin
花丝 nema ,filament ,stalk
花丝柱 synema
花葶 scape
花葶状的 scapiform
花托 receptacle ,thalamous ,thalamus ,torus
花外的 extrafloral
花先生现象 proteranthy
花序 inflorescence
花序梗 peduncle
花序列 anthotaxy
花序托 clinanthium ,clinanthus ,clinium
花序轴 rachis
花药 anther
花药状的 antheroid
花叶同放的 coetaneous
花叶同现的 synanthious ,synanthous
花柱 style
花柱的 stylar
花柱等长的 homostylic ,homostylous
花柱同长的 homostylic ,homostylous
花柱异长的 heterostylic ,heterostylous
环带 annulus
环形物 annulus
环轴背荚 plococarpium
环状的 annular ,annulate
黄瓜形的 cucumiform
黄褐色的 fulvous
黄色的 luteous
灰白毛 canescence
灰白色的 pallid
灰色的 cinereous
汇合的 confluent
会聚的 convergent
喙 beak ,rostrum
混合花序 mixed inflorescence
混合芽 mixed bud

[J]

鸡冠状的 cristate
鸡冠状突起 crest
基部的 basal
基部合生的 synobasic
基出脉的 basinerved
基底 sole
基盘 callus
基生的 basal
基生胎座式 basal placentation
基生叶茂盛的 phyllopodic
基生叶退化的 aphyllopodic
基着的 basifixed
基着式花柱 gynobasic style
极叉开的 divaricate
急尖的 acute
集群的 colonial
几废退的 obsolescent
几无毛的 glabrescent
脊 crest ,rhaphe
脊的 raphal
戟形的 halberd-shaped ,hastate ,hastiform
〔脉〕迹 trace
寄生物 parasite
寄主 host
荚的 leguminous
荚果 legume ,pod
荚状的 leguminous
假簇生的 pseudofasciculate
假单花花序 pseudanthium
假单基数的 pseudomonomerous
假隔膜 phragma ,replum
假根 rhizoid
假果 pseudocarp
假果的 anthocarpous
假花瓣 petalode
假花葶 pseudoscape
假茎 cauloid
假鳞茎 pseudobulb
假轮生的 pseudoverticillate
假面状的 masked ,personate
假种皮 aril
假种皮状的 arilliform
尖突 cusp
坚果 mast ,nut ,nux
间断的 disjunct ,interrupted
碱性的 alkaline
剑形的 ensiform ,gladiate
渐尖头 acumen ,acuminate
渐狭 attenuate
渐增的 accrescent
箭头形的 sagittate
箭头状的 sagittiform

浆果　berry ,coccus
浆果状的　baccate
浆片　lodicule ,paleola
交互对生的　decussate
交互三出的　tricussate
交织的　implicate
胶黏的　glutinous
胶质的　gelatinous
角质层　cuticle
角质的　corneous
角状体　cornet
角状突起　horn
接着面　commissure
节　article ,joint ,node ,nodule
节的　nodal
节荚　loment ,lomentum
节荚状的　lomentaceous ,lomentiform
节间　internode
节片　segment
节状的　nodose
结多次果的　polycarpic
结果期　fructescence
结节状的　nodiform
结实　fructification
截根苗　ratoon
截形的　truncate ,
金字塔形的　pyramidal
紧靠的　approximate
紧缩的　contracted
紧贴的　adpressed
锦葵型的　malvaceous
近边缘内的　intramargincal
近端的　proximal
近根状茎状的　subrhizomatous
近灌木状的　frutescent
近花葶状的　subscapose
近基部的　sub-basal
近基的　proximal
近尖的　subacute
近尖端的　subapical
近木质的　sublignous
近念珠状的　torulose
近球形的　spheroidal
近全缘的　subentire
近伞房状的　subcorymbose
近穗状的　subspicate
近头状的　subcapitate
近无毛的　subglabrate
近心形的　subcordate
近叶状的　subfoliaceous
近圆筒状的　cylindroid ,subcylindric
近圆形的　suborbicular
近圆柱状的　subteret
近轴的　adaxial
茎　caulis ,stem
茎穿叶的　perfoliate
茎基　caudex
茎生的　cauline
茎生花的　cauliflorous
茎生花现象　cauliflory
茎状的　cauliform
经常开花的　aianthous
精子器　antherid ,antheridium antheridia
颈　neck
颈卵器　archegone ,archegonium
居间花序　intercalary inflorescence
巨形叶的　megaphyllous
具〔花〕柱基的　stylopodic
具〔近〕无柄腺体的　atomate ,atomiferous
具暗绿色叶的　melanophyllous
具白霜的　glaucous
具斑〔点〕的　notate
具斑点的　blotched ,maculate ,mottled
具苞片的　bracteate
具孢子的　sporiferous
具胞果的　utricular
具胞芽的　gemmate
具边的　marginate
具鞭状匐枝的　flagellate
具柄的　cauliferous ,stipitate
具柄果　podocarp
具柄腺体的　stipitate-glandular
具残留部的　induviate
具糙伏毛的　strigose
具糙鳞的　squarrose
具糙硬毛的　hispid
具槽的　sulcate
具长侧枝聚伞花序的　anthelate
具长匐茎的　sarmentose
具长柔毛的　crinite ,villose ,villous
具长硬毛的　hirsute
具长枝的　macrocladous
具齿的　toothed ,dentate
具翅的　alate ,winged
具翅果的　pterocarpous
具翅花梗的　pterygopous
具翅茎的　pterocaulous
具翅种子的　pterospermous

具触须的 tentacular
具窗孔的 fenestrate
具刺的 armed,echinate,spinescent,spiniferous,spinose,spinuous,spiny
具丛毛的 comose
具大托叶的 stipulose
具单雌蕊的 monogynous
具单轮雄蕊的 haplostemonous
具单强雄蕊的 monodynamous
具单头状花序的 monocephalous
具单心皮的 monocarpous
具倒刺的 barbed,glochidiate
具倒刺毛的 barbellate,glochidiate
具点的 punctate
具短糙伏毛的 strigillose,strigulose
具短绒毛的 downy
具短硬毛的 barbellate,hispidulous
具短缘毛的 ciliolate
具多年生茎的 caulocarpic
具多数头状花序的 polycephalous
具萼的 calicate,calycate
具萼囊的 perulate
具二齿的 bidentate
具二离心皮的 digynous
具二室的 bilocular,biloculate
具方格斑纹的 tesselate
具粉的 farinaceous
具粉霜的 pruinate,pruinose
具副萼的 calyculate
具副花冠的 coronate
具盖的 operculate,pileate,pyxidate
具刚毛的 bristly,setiferous,setose
具隔的 septate,septiferous
具根出条的 soboliferous,surculose
具沟的 canaliculate,channeled,fluted
具钩的 aduncate,hamose,hamous,hooked,uncate,uncinate
具关节的 jointed
具冠毛的 pappiferous,pappose
具冠筒鳞片的 fornicate
具管状花的 tubulous
具光泽的 vernicose
具果的 fructiferous
具核果的 drupaceous,drupiferous
具横隔的 trabeculate
具花瓣的 petaliferous,petalous
具花的 floriferous
具花梗的 pedicellate
具花冠的 corollate,corolliferous
具花色素的 anthocyanic
具花葶的 scapose
具花葶花的 scapiflorous
具花序梗的 pedunculate
具花药的 antheriferous,polliniferous
具花柱基的 stylodic
具环纹的 zonate
具黄花的 chrysanthine,chrysanthous
具灰白毛的 hoary
具喙的 beaked,rostrate
具鸡冠状突起的 crested
具脊的 crested
具假种皮的 arillate
具坚果的 nuciferous
具浆片的 paleolate
具角状突起的 cornute
具节的 jointed,nodiferous
具节荚的 lometaceous
具金色果的 chrysocarpous
具茎的 caulescent,cauliferous
具距的 calcarate,spurred
具卷须的 capreolate,cirrate,cirrhiferous,cirriferous,cirrose,clavic-ulate
具颗粒的 granuliferous
具孔的 perforate
具孔穴的 foveate
具宽隔膜的 latiseptate
具盔的 galeate
具肋的 costate,ribbed
具棱的 angulate
具离生雄蕊的 chorisantherous
具两分室的 bilocellate
具两类花的 heterogamous
具两心皮的 dicarpellary,dicarpellate,digynous
具两雄蕊的 diandrous
具两叶的 bifoliate
具两种果实的 amphicarpous
具两种头状花序的 heterocephalous
具鳞根出条 turion
具鳞茎的 bulbiferous
具鳞片的 lepidote,perulate,squamate,squamose,squamous
具鳞脐的 umbonate
具鳞屑的 scurfy
具流苏的 fringed
具瘤的 tuberculate,tuberiferous
具六叶的 hexaphyllous
具龙骨状隆起的 carinal,carinate
具绿花的 chloranthous
具脉的 venose
具芒的 aristate,awned

具毛撮的 pencilled,penicillate
具毛的 piliferous
具绵毛叶的 dasyphyllous
具绵状毛的 lanate,lanose,woolly
具膜被的 tunicate
具膜片的 chaffy,paleaceous
具囊群盖的 indusiate
具黏腺毛的 clammy-pubescent
具泡状隆起的 bullate
具胚乳的 albuminous
具胚珠的 ovulate,ovuliferous
具皮刺的 aculeate
具皮孔的 lenticellate
具匍匐茎的 stoloniferous
具气孔的 stomatiferous
具鞘的 sheathing,vaginate,vaginiferous
具球果的 coniferous
具球茎的 cormatose,cormous
具缺刻的 incised,notched
具髯毛的 barbate,bearded
具柔毛的 pilose
具柔荑花序的 amentaceous,julaceous
具乳突的 mammillate,mammose,papillate
具乳突状硬毛的 papillose-hispid
具乳汁的 lactiferous,laticiferous
具三槽的 trisulcate
具三对小叶的 trigeminate,trigeminous,trijugate
具三脉的 trinervate,trinerved
具三小叶的 trifoliolate
具三叶的 trifoliate
具三种花的 trigamous
具伞形花序的 umbelliferous
具深波状的 sinuate
具十萼片的 cecasepalous
具十个种子的 decaspermial
具十花瓣的 decapetalous
具十花药的 decantherous
具十雄蕊的 decandrous
具十叶的 decaphyllous
具十种子的 decaspermous
具树脂的 resiniferous
具双瓣的 bipetalous
具双齿的 bidentate
具双翅的 dipterous
具双尖头的 bicuspidate
具双种子的 dispermous
具丝状体的 filiferous
具四翅的 tetrapterous
具四萼的 tetrasepalous
具四穗的 tetrastachyous
具蒜味的 alliaceous
具条纹的 striate
具同型孢子的 homosporous
具托叶的 stipulate
具托叶鞘的 ochreate,ocreate
具洼点的 pitted
具外轮对瓣雄蕊的 obdiplostemonous
具外轮对萼雄蕊的(指雄蕊群) diplostemonous
具外轮对萼雄蕊的 diplostemonous
具豌豆的 pisiferous
具网格斑纹的 tesselate
具网隙的 areolate
具微糙硬毛的 hirsutulous,hirtellate,hirtellous
具微刺的 spinulose
具尾的 tailed
具五室的 pentacamerous
具五心皮的 pentacarpellary
具细刺的 spicular,spiculose
具细刚毛的 setulose
具细尖的 apiculate
具细纤维的 fibrillose
具细牙齿的 denticulate
具细圆齿的 crenulate
具先出叶的 prophyllate
具纤维的 fibrous
具线沟的 valleculate
具线纹的 lineate
具腺的 glandular
具腺体的 adenophorous,glanduliferous
具小苞片的 bracteolate
具小刺的 echinulate
具小倒刺毛的 barbellulate
具小点的 puncticulate
具小短尖的 mucronulate
具小刚毛的 setulose
具小喙的 rostellate
具小角状突起的 corniculate
具小节的 nodulose
具小糠秕状的 squarrulose
具小孔穴的 foveolate
具小裂片的 lobulate
具小鳞片的 ramentaceous,squamellate,squamulose
具小鳞脐的 umbonulate
具小流苏的 fimbrillate,fimbriolate
具小瘤的 nodulose
具小芒的 aristulate
具小疱状突起的 pustuliferous,pustulose
具小皮刺的 aculeolate

具小平面的　faceted
具小柔毛的　pilosulose ,pilosulous
具小乳突的　papillose
具小托叶的　stipellate
具小托叶鞘的　ocreolate
具小网眼的　scrobiculate
具小叶柄的　petiolulate
具小叶的　foliolate ,foliolose
具小总苞的　involucellate
具心皮的　carpellate
具星状毛的　stelipilous
具牙齿的　dentate
具芽的　gemmiferous
具叶柄的　petiolate ,petioled
具叶出根的　rhizophyllous
具叶的　frondose ,foliate
具叶状柄的　phyllodic
具一对小叶的　unijugate
具一小叶的　unifoliolate
具一叶的　monophyllous
具异色边的　limbate
具异形叶的　heterophyllous
具异型孢子的　heterosporous
具翼的　aliferous
具印痕的　impressed
具硬突起的　exasperate
具油道的　vittate
具圆齿的　crenate
具缘的　bordered
具缘毛的　ciliate
具毡状毛的　manicate
具珍珠光泽的　nacreous
具中脉的　costate
具种阜的　caruncul ate
具种子的　seminiferous
具重圆〔锯〕齿的　bicrenate
具皱的　rogose
具皱纹的　rugate
具皱褶的　corrugated
具珠柄的　funiculate
具蛛丝状毛的　arachnoid
具柱头的　stigmatiferous
具爪的　unguicular ,unguiculate ,ungulate
具总苞的　involucrate
具总状花序的　racemiferous
具座鳞的　aphyllopodic
距　calcar ,spur
锯齿　serra
锯齿式　serration
锯屑状的　scobiform
聚合果　aggregate fruit ,conocarp ,coenocarpium
聚合果的　coenocarpous
聚合核果　drupecetum
聚花果　multiple fruit
聚伞花序　cyme
聚伞圆锥花序　thyrse ,thyrsus
聚伞圆锥状的　thyrsoid
聚伞状的　cymose
聚生的　aggregate
聚药的　synandrous ,synantherous ,syngenesious
卷须　cirrus ,clavicle ,pampinus ,tendril
卷须羽状复叶　tendril-pinnate
卷须状的　cirrhous ,cirrose ,pampiniform
卷压的　obvolute
绢状的　silky
孑遗　relict
蕨根状茎　surculum
蕨状的　filical
嚼烂状的　ruminate
菌根　mycorrhiza
菌根营养的　mycotrophic
菌瘿　cecidium

[K]

开花　efflorescence
开花期　anthesis ,efflorescence
开花受精　chasmogamy
开花受精的　chasmogamous
开口的　ringent
开裂　dehiscence
开裂的　dehiscent
开展的　patent
糠秕状的　squarrose ,paleaceous
靠合的　connivent
颗粒状的　granular ,granulate ,granulose
壳斗　cupule ,mast
壳质的　crustaceous
壳状的　crustose
可食的　esculent
空槽　socket
空管的　fistular ,fistulose
空花现象　cenanthy
孔　orifice ,pore
孔裂的　poricidal
孔裂蒴果　poricidal capsule
孔穴　fovea
孔药的　porandrous
口　orifice

跨褶的 obvolute
块根 tuberoid
块茎 tuber
块茎状的 tuberiform ,tuberous
块状根 tuberoid
盔瓣 cucullus ,galea ,helmet
盔帽 cucullus
盔状的 galeate ,galeiform
扩大的 ampliate
阔叶的 latifoliate ,latifolious

[L]

蜡被 bloom
蜡质 ceraceous
蓝色〔的〕 coerulean
肋 costa ,rib
肋的 costular
肋间的 intercostal
类胡萝卜素 carotenoid pigment
棱缘 acies
棱柱状的 prismatic
离瓣的 apopetalous ,choripetalous ,dialypetalous ,polypetalous
离雌蕊的 agynic
离萼的 chorisepalous ,dialysepalous ,polysepalous
离萼片的 aposepalous
离果瓣的 dialycarpic
离基三出脉的 triple-nerved ,triplinerved
离生的 distinct
离生果实 dialycarpel
离生心皮的 dialycarpous
离生雄蕊的 apostemonous ,dialystaminous
离生叶的 dialyphyllous
离心花序 centrifugal inflorescence
离心皮的 apocarpous
离心皮果 apocarp
梨果 pome
梨果的 pomaceous
梨形的 pyriform
梨状的 piriform
立体对称的 stereomorphic
栗色的 castaneous
连萼瘦果 cypsela
连合的 commissural
连续的 continuous
连着 cohesion
连着的 coherent
莲座丛 rosette
莲座状的 rosulate
联生花 synanthy
联生叶的 gamophyllous
镰刀形的 falcate
镰刀状的 falciform
镰形的 drepaniform ,seculate
两瓣的 dipetalous
两瓣裂的 bivalvular
两被的 dichlamydeous
两侧不等的 inaequilateral
两侧的 bilateral
两侧相等的 aequilateral ,equilateral
两次开花的 biflorous
两花瓣的 dipetalous
两棱的 ancipital ,digonous
两轮同数的 isadelphous
两栖的 amphibious
两浅裂片的 bilobate ,bilobed
两天寿命的 biduous
两性的 bisexual ,hermaphroditic
两雄蕊的 diandrous
两叶的 bifoliate
亮红色 grenadine
量杯状的 crateriform
列 rank
裂瓣的 schizopetalous
裂缝的 rimose ,rimous
裂开的 scissile
裂爿 valve
裂片 lobe ,segment
裂生的 schizogenous
邻接的 contiguous
鳞盾 apophysis
鳞茎 bulb
鳞茎皮 tunic
鳞茎状的 bulbose ,bulbous ,bulbus
鳞片 scale ,squama scale ,squama
鳞片的 squamaceous
鳞片状的 lepidoid ,squamiform
鳞桥 bridge
鳞屑 scurf
菱形的 rhombic
留土的 hypogaeal ,hypogaeous ,hypogeal ,hypogeous
流苏 fimbriation ,fringe
流苏状的 fimbriate
流纹状的 rivulose
硫磺色的 sulfureous
瘤 nodule ,tubercule ,wart
瘤突 struma
瘤状的 strumose ,tubercular ,verrucose
六倍体 hexaploid

六雌蕊的 hexagynous
六对的 sejugous
六花瓣的 hexapetalous
六基数的 hexamerous
六雄蕊的 hexandrous
龙骨瓣 carina ,keel
龙骨状的 keeled
龙骨状突起 carina ,keel
隆凸 gibbosity
漏斗形的 infundibular ,infundibulate
漏斗状的 funnelform ,infundibuliform
芦苇状的 arundinaceous
陆生的 terrestrial
露湿状的 roridulate
卵球形的 ovoid
卵形的 ovate
卵圆形的 oval
〔花〕绿叶化 chloranthy
略叉开的 divergent
轮 verticil ,whorl
轮列的 cyclic
轮生 whorl
轮生的 verticillate ,whorled
轮状聚伞花序 thyrsula ,verticillaster
螺卷的 cochleate
螺卷聚伞花序 helicoid cyme
螺卷状的 helicoid
螺壳状的 nautiloid
螺旋状荚果 strombus
螺状丝 spiricle
裸的 denudate
裸茎的 nudicaul
裸露的 naked ,nude
裸芽 naked bud
裸子植物 gymnosperm
落花的 deflorate
落叶 defoliation

[M]

马尔皮基毛 malpighiaceous hair ,malpighian hair
马蹄形的 hippocrepiform
麦秆色的 stramineous
麦秆质的 stramineous
脉 nerve ,vein
脉的 costular
脉间 internerve
脉间的 intercostal ,intervenous
脉间区 areola ,areole
脉序 nervation ,venation
脉肿的 varicose
脉状的 nerviform ,venous
蔓生的 trailing
芒 arista ,awn
芒状的 aristiform
毛撮 penicil
毛果的 trichocarpous
毛状的 piliform
毛状体 trichome
毛状外被 indument
帽状的 galericulate
帽状体 calyptra
煤黑色 anthracine
萌生林 coppice ,copse
朦胧的 nebulose
密集的 coarctate ,confert ,congested
密叶的 foliose
蜜腺 nectar gland ,nectary
绵毛 lanugo
棉絮状的 gossypine
冕形冠状的 coroniform
苗 shoot
敏感的 sensitive
模式标本 type
膜被 tunic
膜的 membranous
膜片 chaff
膜片状的 chaffy
膜质的 membranaceous ,membranous
膜状的 membranaceous
磨帆状的 molendinaceous
末级 ultimate
木馏油 creosote
木栓 phellem ,suber
木质部 xylem
木质的 ligneous ,lignose
木质化的 lignified
牧场的 nomophilous
牧场植物 nomad
暮开性的 vespertine

[N]

奶油色的 ochroleucous
南方的 austral
南极的 antarctic
囊 bladder ,bursicle ,sac ,theca
囊的 thecate
囊群 sorus
囊群盖 indusium

囊状的　bladderlike, bladdery, bursiform, gibbous, saccate, sacciform, scrotiform
内壁　intine
内藏的　included
内稃　pale, palea, palet, spathellula
内果皮　endocarp
内卷的　inrolled, involute
内生的　endogenous
内弯的　incurved
内向的(指花药)　introrse
内向的　intorose
内向镊合状的　induplicate
内折的　inflexed
内珠被　secundine
能育的　fertile
拟假种皮的　arillode
黏的　mucilaginous, viscid
黏盘　cement disk, viscidium
黏土的　argillaceous
黏性的　viscid
黏液的　mucilaginous
黏液毛　colleter
念珠状的　moniliform, torose
鸟喙状的　coracoid
鸟媒的　ornithophilous
鸟足状的　pedate
鸟足状裂的　pedatifid
啮蚀状的　erose, praemorse
镊合状的　valvate
柠檬黄色的　citreous
扭曲的　contorted, tortuous

[O]

偶数羽状的　abruptly pinnate, paripinnate, even-pinnate

[P]

排水器　hydathode
攀援的　scandent, clambering, climbing
盘花　disk flower
盘状的　disciform, discoid
泡　bladder
泡沫状的　spumose
泡囊　vesicle
泡状的　vesicular
泡状隆起　bullation
泡状细胞　bulliform cells
疱状突起的　pustular, pustulate, pustuliferous, pustulose
胚　embryo
胚柄　suspensor
胚根　radicle
胚根鞘　coleorhiza
胚囊　embryo sac
胚乳　albumen, endosperm
胚芽　plumule
胚芽鞘　coleoptile
胚珠　ovule
配子体　gametophyte
膨大的　ampliate, dilated, inflated, intumescent
膨胀的　distended, turgescent, turgid
披针形的　lanceolate
皮层　cortex
皮层的　cortical
皮刺　prickle
皮的　dermal
皮孔　lenticel
片　lamella, lamina
〔叶,瓣〕片　blade, lamina, limb
片状剥落的　exfoliate
片状的　lamellar, lamellate, lamellose, laminar
偏向的　secund
偏斜的　oblique
偏心的　eccentric, excentric
胼胝体　callosity, callus
胼胝质的　callose
胼胝状的　callous
平扁的　plano-compressed
平滑的　smooth
平面的　plane
平坦面　pagina
平凸的　plano-convex
平卧的　procumbent, prostrate
平行脉的　parallelodromous, parallel-veined
平展的　effuse, explanate, spreading
苹果　pippin
瓶状的　ampullaceous
瓶状体　urceolus, urceus
破裂的　ruptile
铺散的　diffuse
匍匐的　creeping
匍匐茎　stolon
匍匐茎状的　stoloniform
匍匐生根的　repent, reptant
葡萄酒色的　vinaceous, vinicolor

[Q]

七出的　septenate
七基数的　heptamerous
七叶的　septifolious
奇数羽状的　imparipinnate, odd-pinnate, unequally pinnate

歧散的 deliquescent
脐 hilum, umbilicus
〔鳞〕脐 umbo
脐状的 umbilicate
旗瓣 banner, standard, vexillum
气孔 stoma, stomate
气生的 aerial
器官 organ
铅色的 livid, plumbeous
前〔面,部,端〕的 anterior
前唇瓣 anterior lip, anterior lobe
前后扁的 obcompressed
前伸的 porrect
钳状的 forcipate
浅波状的 repand
浅蓝色的 caerulescent, cerulescent
浅裂的 lobate, lobed
浅囊状的 gibbous
浅啮蚀状的 erosulate
腔隙 lacuna
腔中的 nidulent
蔷薇果 cynarrhodium, hip
乔木 tree
乔木的 arboreal
乔木状的 arboreous, arborescent
鞘 sheath
侵入 intrusion
倾斜的 inclined
秋花的 autumnal
秋生的 autumnal
球果 cone, strobilus
球果的 strobilaceous
球花 cone
球茎 corm
球穗花序 strobile
球形的 spherical, globose, globular
全裂的(指叶) divided
全年生的 perennate
全缘的 entire
拳卷的 circinate
拳卷叶芽 crosier
雀斑状的 lentiginous

[R]

染色体组 genome
热带的 tropical
韧皮部 bast, phloem
绒毛层 tomentum
溶生的 lysigenous
柔韧枝的 vimineous
柔叶的 malacophyllous
柔荑花序 ament, amentum, catkin, nucamentum
柔荑花序的 amentiferous
柔荑花序状的 amentaceous, nucamentaceous
肉红色的 incarnate
肉茎的 sarcocaulous, sarcous
肉色的 carneous
肉穗花序 spadix
肉穗花序的 spadiceous
肉质的 carnose, fleshy, sarcous, succulent
蠕虫形的 vermicular, vermiform, vermiformous
乳头状突起 mammilla
乳突 papilla
乳突状的 papillary
乳突状硬毛的 papillose-hispid
乳汁 latex
乳汁管 laticifer
乳状的 mammiform
软骨质的 cartilaginous
软鳞片状的 furfuraceous
蕊柄盘 limen
蕊喙 rostellum
锐尖的 argute, pungent
锐裂的 incised

[S]

三瓣的 tripetalous
三叉的 trifurcate
三齿的 tridentate
三翅的 tripterous
三出的 ternate
三出掌状的 tridigitate
三对的 tergeminate
三分体 triad
三分小瘦果 triachaenium
三花瓣的 tripetalous
三花柱的 tristylous
三回三出的 triternate
三回羽状半裂的 tripinnatifid
三回羽状的 tripinnate
三回掌状的 tripalmate
三基数 ternary, trimerous
三脊的 tricarinate
三棱的 triangulate, trigonal, trigonous, triquetrous
三列的 three-ranked, tristichous
三裂的 trifid
三裂片的 trilobate
三轮生的 tricyclic

三芒的　triaristate
三歧聚伞花序　trichasium
三歧式　trichotomous
三强雄蕊的　tridynamous
三色　tricolor
三深裂的　tripartite
三室的　trilocular
三体雄蕊的　triadelphous
三小室的　tricamarous
三心皮的　tricarpellary
三形的　trimorphic
三性花同株的　trimonoecious
三雄蕊的　triandrous
三叶的　triphyllous
三种子的　trispermous
伞房的　corymbose
伞房花序　corymb
伞房花序状的　corymbiform
伞房状的　corymbose
伞辐　ray
伞盖状的　umbraculiferous
伞形的　umbellate ,umbraculate
伞形花序　umbel
伞形花序状的　umbelliform
伞状的　umbraculiform
沙生的　arenaceous ,arenicolous
沙生植物　psammophyte
沙质的　arenaceous
筛状的　cribriform ,cribrose ,cribrous
山地的　montane
山地生的　orophilous
山上生的　montane
珊瑚状的　coralloid
扇形的　flabellate ,flabelliform
扇形聚伞花序　rhipidium
上胚轴　epicotyl
上升的　adscendent ,adsurgent ,ascendent ,ascending ,assurgent
上位的　epigynous ,superior
上位式　epigyny
稍具皮刺的　aculeolate
稍透明的　hyalescent
稍咸的　brackish
少果的　oligocarpic ,oligocarpous
少基数的　oligomerous
少雄蕊的　oligandrous
少叶的　oligophyllous
少种子的　oligospermous
舌瓣　ligula ,ligule
舌片　ligule ,strap
舌状的　ligulate ,liguliform ,linguiform ,lingulate ,lorate ,strap-shaped
舌状花　ray
舌状花冠　ray
舌状器官　ligule
麝香味的　moschate
伸展的　patent
深红色的　puniceous
深裂的　parted
肾形的　nephroid ,reniform
椹果　sorose ,sorosis
生草丛　tussock
生地上　epigaeal
生根的　radicant ,rhizogenic
生花茎　floricane
生境　habitat
生态型　ecotype
湿生的　mesic
十二雌蕊的　dodecagynous
十二基数的　dodecamerous ,dodecandrous
十数的　decamerous
十字对生的　brachiate
十字形的　cruciate ,cruciform
石榴汁色　grenadine
食虫的　entomophagous ,insectivorous
适钙的　calciphilous
适酸植物　oxylophyte
室　cell ,locule ,loculus ,theca
室背开裂　loculicidal
室背裂蒴果　loculicidal capsule
室的　cellular ,locular ,thecate
室间开裂的　septicidal
室间裂蒴果　septicidal capsule
室轴开裂的　septifragal
嗜酸的　acidophilous
收敛的　astringent
收缩的　contracted
瘦果　achene ,akene
疏花的　spananthus
疏松的　lax
鼠色的　myochrous
束状的　fasciculate
束族　fascicle
树干　bole ,trunk
树冠　coma ,crown
树冠的　comal
树胶　balsam
树胶状的　balsamiferous
树木状的　dendroid
树皮　bark ,phloem ,rind

树枝状的 dendritic
树脂的 resinous
树状的 dendriform
竖琴状的 lyrate
栓质的 suberose ,suberous
双凹的 biconcave ,concavo-concave
双列的 biserial ,biseriate
双瘦果 achenodium
双凸的 biconvex
双心皮的 bicarpellate ,bicarpellary
双悬果 cremocarp
双锥形 biturbinate
双子叶的 dicotyledonous
水生的 aquatic
水生植物 hydrophyte
顺向的 antrorse
蒴果 capsule
蒴果的 capsular
丝状的 filamentous ,filiform
丝状附器 stegium
丝状体 filament
撕裂状的 lacerate
四瓣的 tetrapetalous
四倍体 tetraploid
四边的 quadrilateral
四分体 tetrad
四分体时期的 tetradinous
四分同裂的 tetrahedral
四花瓣的 tetrapetalous
四回羽状裂的 quadripinnatifid
四基数的 tetramerous
四季开花的 semperflorous
四角的 tetrangular
四棱的 quadrangular ,quadrangulate ,tetragonal
四列的 tetrastichous
四轮生的 tetracyclic
四强雄蕊的 tetradynamous
四室的 tetradymous
四雄蕊的 tetrandrous
四叶的 quadrifoliate
似低出叶的 cataphylloid
似豆的 faboid
似肥皂的 saponaceous
似蕨的 filicoid
似兰花的 orchioid
似木贼的 equisetoid
似球果的 strobilaceous
似球茎的 cormoid
似乳突的 thelephoroid
似乌木的 ebeneous
似芽苞叶的 cataphylloid
似羊茅的 festucoid
似叶状体的 thalloid
似罂粟的 papaveraceous
松鼠尾状的 sciuroid
宿存的 persistent
宿萼瘦果 scleranthium
宿根的 rhizocarpic ,rhizocarpous
髓 pith
穗丝 silk
缝缘 fimbria
穗状的 spicate
穗状花序 spike
穗状花序的 spicate
穗状花序状的 spiciform
缩减的 reduced

[T]

胎生的 viviparous
胎座 placenta
胎座框 replum
胎座式 placentation
坛状的 urceolate ,urn-shaped
桃红色的 persicicolor
套折的 equitant
特立中央胎座式 free-central placentation
特有的 endemic
藤本植物 liana ,vine
梯状的 scalariform
提琴形的 pandurate ,panduriform
体细胞的 somatic
体型 habit
甜菜黄素 betaxanthin
甜菜拉因 betalain
条裂的 laciniate
条纹 striastriae
条纹状的 banded
条形的 linear
贴伏的 appressed
贴生的 adnate
铁锈色的 ferruginous
同色的 concolored ,homochromous
同形的 homogeneous ,homomophous ,homomorphic
同形雄蕊的 homoeandrus
同性花的 homogamous
同域的 sympatric
同源的 isogenous
同种的 conspecific

同株异花传粉　geitonogamy
同株异花受精的　geitonogamous
筒状的　quilled,tubular
头状的　capitate
头状花序　head
头状花序托　phoranthium
透镜形的　lentiform
透镜状的　lenticular
透明的　hyaline,pellucid,perspicuate,perspicuous,vitreous
凸出的　projected
凸的　convex
凸起的　salient
凸缘　flange,rim
突出〔物〕　protuberance
突出的　prominent,exserted
突出体　excrescence
突起　process,protuberance,tubercle
突然的　abrupt
土壤的　edaphic
团集的　agglomerate,glomerate
团聚的　constipate
团伞花序　glome,glomerule
团伞状的　glomerulate
退化雌蕊　pistillode
退化的　reduced
退化雄蕊　staminode,staminodium
托苞　pale,palea,palet
托杯　hypanthium
托盘状的　hypocrateriform
托叶　paraphyllum,stipule
托叶的　stipular
托叶鞘　ochreaochreae,ocrea,ocreola
托叶下的　infrastipular
托叶状的　stipuliform
拖鞋状的　calceiform,calceolate
脱节的　disarticulating
脱离　abscission
脱落的　deciduous
脱毛的　glabrate
陀螺状的　turbinate
椭圆体形的　ellipsoid
椭圆形的　elliptic,elliptical

[W]

外壁　exine
外稃　lemma
外果壳　husk
外果皮　ectocarp,epicarp,exocarp
外卷的　revolute
外壳　husk
外来的　adventive,exotic
外露的　exserted
外胚乳　perisperm
外胚叶　epiblast
外倾的　decumbent
外曲的　excurved
外生的　exogenous
外弯的　excurved
外向的　extrorse
外向镊合状　reduplicate
外形性的　exomorphic
外缘的　peripheral
外折的　deflexed
外周的　peripheral
外珠被　primine
弯生胚珠　campylotropous ovule
弯种子的　coelospermous
豌豆状的　pisiform
完全的　complete,perfect
网　reticulum
网结的　anastomosing
网隙　areola,areole
网状　reticulation
网状的　netted,reticulate,webbed
网状脉的　net-veined
微凹的　retuse
微被绒毛的　tomentulose
微糙的　muriculate,scaberulent,scaberulose,scaberulous,scabridulous,scbrellate
微刺　asperity
微毛的　villosulous
微黏的　viscidulous
微缺的　emarginate
微柔毛　puberulence
微柔毛的　villosulous
微芽　gemmule
微皱的　rugulose
围以鞘的　invaginated
维管的　vascular
维管束　vascular bundle
维管束痕　bundle scar
尾状的　caudate
萎黄病的　chlorotic
萎软状的　flaccid
温带的　temperate
纹孔　pit
无苞片的　ebracteate
无孢子生殖　apospory

无柄的 estipitate, sessile
无齿的 edentate
无翅的 apterous
无唇瓣的 achilary
无雌蕊的 agynic
无刺的 inermous, innocuous, unarmed
无定形的 amorphous
无根的 arhizous
无冠毛的 epappose
无规则型气孔 anomocytic stomata
无果实的 acarpic, acarpous
无害的 innocuous
无花瓣的 apetalous
无花被的 achlamydeous
无花的 ananthous
无花萼的 asepalous
无花茎 primocane
无花柱的 astylous
无茎的 acaulescent
无毛的 glabrous
无萌发孔(花粉) inaperturate
无胚乳的(指种子) exalbuminous
无配子生殖 apogamy
无配子生殖的 apogamous
无配子种子生殖 agamospermy
无气味的 inodorous
无融合生殖 apomixis
无融合生殖的 apomictic
无融种 agamospecies
无头的 acephalous
无托叶的 estipulate, exstipellate, exstipullate
无味的 insipid
无限的 indeterminate
无限花序的 indeterminate
无腺体的 eglandular
无小苞片的 ebracteolate
无小托叶的 estipellate
无小叶柄的 epetiolulate
无心皮的 acarpous
无性的 asexual
无性系 clone
无性种 agamospecies
无雄蕊的 anandrous, astemonous
无叶柄的 epetiolate
无叶的 afoliate, aphyllous
无叶绿素的 achlorophyllous
无叶片的 elaminate
无中脉的 ecostate
无种子的 apyrene
无子叶的 acotyledonous
芜菁根形的 rapiformis
芜菁状的 napaceous, napiform, rapiformis
五边形的 pentagonal
五翅的 pentapterous
五雌蕊的 pentagynous
五的 quinary
五对的 quinquejugate
五萼片的 pentasepalous
五花瓣的 pentapetalous
五花柱的 pentagynous
五基数的 pentamerous
五列的 pentastichous, quincuncial, quinquefarious
五轮列的 pentacyclic
五脉的 quinquenerved
五深裂的 quinate, quinquepartite
五室的 quinquelocular
五体雄蕊的 pentadelphous
五雄蕊的 pentandrous
五叶的 quinquefoliate
五指状的 pentadactylous
五中脉的 quinquecostate
雾状的 nebulose

[X]

吸器 haustorium
吸湿的 hygroscopic
膝曲的 geniculate
习性 habit
席卷的 convolute
喜旱的 xerophilous
喜沙的 ammophilous
喜硒植物 selenophyte
细刺 spicula, spicule, spiculumspiculae
细刺的 spiculate
细刺状的 spiculiform
细刚毛 setule
细尖 apicula, apiculation, apiculus
细尖突 subula
细锯齿式 serrulation
细脉 veinlet, venule
细脉序 venulation
细圆齿 crenulation
狭瓣的 stenopetalous
狭叶的 stenophyllous
下垂的 nodding, nutant, pendent, pendulous
下垂萼片 falls
下唇瓣 labium
下胚轴 hypocotyl

下倾的 declinate
下弯的 declined ,decurved ,recurved
下位的 inferior ,hypogynous
下斜的 descending
下延的 decurrent
夏季的 aestival ,estival
夏眠 estivation
夏性一年生植物 summer annual
先出叶 prophyll ,prophyllum
先落的 fugacious
先有花的 hysteranthous ,precocious ,proteranthous
纤匐茎 runner
纤毛 cilium cilia
纤丝 fibril ,fibrilla
纤维状的 fibriform ,fibrous
纤细的 tenuous
鲜红色的 phoeniceous
嫌钙植物 calcifuge
显果的 phaenocarpous
显花丝和花药的 filantherous
显花植物 phanerogam
显脉的 nervose
显雄蕊的 phaenantherous
线沟 vallecula
线沟的 vallecular
线式型〔花〕 thrum
线形的 linear
线状的 filamentose
腺瓣 lepanthium
腺的 glandular
腺毛的 piloglandulose
腺体 gland
腺体的 glandulose
乡土的 indigenous
相等的 symmetric
香肠状的 botuliform
向顶的 acropetal
向基的 basipetal
向上的 acroscopic ,antrorse
向上卷的 volute
向下的 basiscopic
向心花序 centrpetal inflorescence
象牙色的 eburneous
小苞片 bracteole ,bractlet
小孢子 microspore
小孢子囊 microsporangium
小孢子叶 microsporophyll
小齿 denticle ,denticulation
小齿状突出物 denticle
小刺 spinule
小佛焰苞 spathella
小根 rootlet
小灌木状的 fruticulose
小棍棒状的 clavellate
小核果 drupel ,drupelet ,drupeole ,ossiculus
小花 floret ,floscule ,pip
小喙 rostellum
小鸡冠状的 cristulate
小坚果 nutlet ,pyrene
小聚伞花序 cymule
小颗粒 granule
小孔穴 foveola
小裂片 lobule
小鳞茎 bulbule
小鳞片 ramentum ,squamella ,squamule
小流苏 fimbrilla
小瘤 tubercle ,tuberculation
小瘤状的 verruculose
小膜片 paleola
小囊 bursicule ,saccule ,sacculus
小囊状的 bursiculate ,sacculate
小盘状 patelliform
小泡 vesicle
小疱状突起 pustule
小球果 conelet ;cormel
小伞〔形花序〕 umbellet ,umbellule
小室 loculus
小穗 locusta ,spikelet
小穗轴 rhachilla ,scobina
小头状的 capitellate
小头状花序 capitulum
小突起 murication
小托叶 stipel ,stipellule
小托叶鞘 ocreola
小纤维 fibril ,fibrilla
小纤维的 fibrillate
小新月形的 lunulate
小型叶 microphyll
小叶 label ,leaflet
小叶柄 petiolule
小叶枕 pulvinule
小羽片 pinnule
小枝 branchlet ,twig
小珠芽 bulblet
小总苞 involucel
楔形的 cuneate ,cuneiform ,sphenoid
楔形叶的 cuneifoliate
蝎尾状的 scorpioid

蝎尾状聚伞花序　cincinnus, scorpioid cyme
斜方形的　rhomboid, rhomboidal
鞋状的　calceolate
心材　heartwood
心皮　carpel
心皮柄　carpophore
心皮无柱无柄的　astylocarpellous
心皮无柱有柄的　astylocarpepodic
心皮有柱无柄的　stylocarpellous
心皮有柱有柄的　stylocarpepodic
心形的　cordate, cordiform
辛辣的　acrid, pungent
新生的　nascent
新生枝　innovation
新月形的　crescentic, lunate
星散的　scattered, sporadic
星状的　stellate, stelliform
形成层　cambium
雄〔蕊〕的　staminate, staminiferous
雄雌同序的　androgynous
雄花两性花同株　andro-monoecious, andro-polygamous
雄花两性花异株　andro-dioecious
雄全同株　andro-monoecious, andro-polygamous
雄全异株　andro-dioecious
雄蕊　microsporophyll, stamen
雄蕊柄　androphore
雄蕊的　staminal, stamineal
雄蕊附着花冠的　petalostemonous
雄蕊化　staminody
雄蕊内藏的　cryptanthous
雄蕊内的　intrastaminal
雄蕊群　androecium
雄蕊上的　epistemonous
雄蕊束　phalange, phalanx
雄蕊外的　extrastaminal
雄蕊下的　infrastaminal
雄蕊先熟　protandry, proterandry, proterogyny
雄蕊先熟的　protandrous, proterogynous
雄蕊异长的　heterandrous
雄穗　tassel
锈红色的　rubiginose, rubiginous
须根　fibrous roots
许多　many
序缨　coma
序缨的　comal
悬果爿 mericarp
旋花式　speiranthy
旋转的　contorted, convolute
雪白的　niveous
血红色　sanguie, sanguineous
驯化的　naturalized

[Y]

压扁的　compressed
牙齿　dentation
芽　bud, gemma
芽苞叶　cataphyll
芽鳞　bud scales, perula, perule
亚高山的　subalpine
亚尖的　subacute
亚热带　semitropical, subtropical
延伸的　excurrent
岩生的　epipetric
沿岸的　litoral, littoral
盐生植物　halophyte
眼状斑　ocellus
药隔　connective
药囊　anther sac
药窝　androclinium, clinandrium
叶(蕨类，棕榈，苏铁类)　frond
叶　foliage, foliation, foliature, leaf
叶柄　petiole
叶柄的　petiolar
叶柄间的　interpetiolar
叶簇　foliature
叶的　foliar
叶痕　leaf scar
叶花〔果〕梢　spray
叶黄素　xanthophyll
叶基　base
叶尖　apex
叶颈　collar
叶卷叠式　foliation
叶绿素　chlorophyll
叶脉　nerve
叶脉型　venation
叶片　blade, limb
叶鞘　leaf sheath
叶鞘箨　vagina
叶肉　mesophyll
叶舌　ligula, ligule, tongue
叶舌的　ligulate
叶舌上的　supraligular
叶性附属物　fulcrum
叶性器官　phyllome
叶序　phyllotaxis, phyllotaxy
叶缘　margin
叶枕　pulvinus

叶轴　peridroma ,rachis ,rhachis
叶状柄　phyllode ,phyllodium
叶状的　foliaceous ,foliate ,foliated ,frondose ,phylloid
叶状枝　cladode ,cladodium ,cladophyll ,phylloclad ,phylloclade
叶足　phyllopode
叶座　sterigma
夜间开花的　nyctanthous
夜开的　nyctigamous
夜开性的　nocturnal
液　sap
腋　axil
腋上的　inferiorsupra-axillary ,superaxillary
腋生的　axillary
腋外生的　extra-axillary
腋下生的　infra-axillary
一侧臌的　belly ,bellying ,ventricose
一次结果的　monocarpic
一次开花的　hapaxanthic
一次性开花结实的　pliestesial
一基数的　monomerous
一年生的　annotinal
一年生植物　annual
一心皮的　monocarpous
异常的　aberrant
异花传粉　outcross ,outcrossing
异花受粉　xenogamy
异花受精　allogamy
异花受精的　allogamous
异基数的　heteromerous
异面的　bifacial
异形的　heteromorphic ,heteromorphous
异形花被的　heterochlamydeous
异性花性　heterogamy
溢泌物　exudate
缢缩的　constricted
翼瓣　ala ,wing
翼状体　ala
阴性的　tolerant
银灰色的　argenteous
引进的　introduced
隐花植物　cryptogam ,cryptophyte
隐失的　evanescent
隐头果　syconium
隐头花序　hypanthodium
营养体　herbage
营养体的　vegetative
颖果　caryopsis ,grain
颖片　glume
颖状的　glumaceous
硬化　rigescent ,sclerosis
硬化的　indurate ,scleroid ,sclerotic ,sclerous
硬叶　sclerophyll
硬叶的　sclerophyllous
硬质的　rigid
油道　vitta
油管　oil tube
油脂的　unctuous
油脂状的　sebaceous
油质的　oleaginous
疣状的　verrucose
游动精子　antherozoid
有暗影的　clouded
有白霜的　glaucous
有斑点的　lentiginous
有毒的　venenose ,venomous
有耳的　eared
有光泽的　lucid ,lustrous ,nitid ,nited
有节的　articulate ,nodose
有锯齿的　serrate
有卷须的　cirrose
有孔的　aperturate ,porose
有气味的　odoriferous
有雀斑的　lentiginose
有色的　suffused
有细锯齿的　serrulate
有限的　determinate
有香味的　sapid
有皱的　rugate
右旋的　dextrorse
幼茎　caulicle
幼叶卷叠式　foliation ,vernation
羽片　pinna
羽状　pinnation
羽状半裂的　pennatifid ,pinnatifid
羽状的　pennate ,pinnate ,plumose
羽状脉的　penni-parallel ,penniveined ,pinninerved
羽状浅裂的　pinnatilobate
羽状全裂的　pinnatisect
羽状深裂的　pinnatipartite
羽状掌状的　pinnipalmate
愈合　coalescence ,coalescent
原生中柱　protostele
原叶体　prothallium ,prothallus
原植体　thallus
圆齿　crena ,crenation ,crenature
圆盾状的　scutellate ,scutelliform
圆裂片　lobe
圆裂片状的　lobate

圆盘状的 orbiculate
圆筒状的 cylindric ,cylindrical
圆形的 rotund ,rounded ;orbicular ,orbiculate
圆形突出 boss
圆叶的 rotundifolious
圆柱状的 terete
圆锥花托 conopodium
圆锥花序 panicle
圆锥花序状的 paniculiform
圆锥形的 conic
圆锥状的 conical
圆锥状的 conoidal ,paniculate
缘膜 velum
缘倚子叶 accumbent cotyledons
远基的 distal
远离的 remote
远轴的 abaxial ,distal

[Z]

杂斑的 variegated
杂草 weed
杂草的 ruderal
杂酚油 creosote
杂色的 parti-colored
杂性的 polygamous
杂性同株的 polygamo-monoecious
杂性异株的 polygamo-dioecious
杂种 hybrid
杂种群 hybrid swarm
栽培品系 cultivar
载粉器 translator
早春的 prevernal
早春开花的 prevernal
早落的 caducous
早熟的 precocious
增厚的 incrassate
毡毛状的 panniform ,pannose
粘联 coalescence
展开的 patulous
掌状-羽状分裂的 palmate-pinnate
掌状的 palmate
掌状复出的 digitate
掌状裂的 palmatifid
掌状全裂的 palmatisect
〔瓣〕爪 claw
沼地生的 paludose
沼生的 palustrine
折扇状的 plicate
摺叠的 complicate
赭色的 ochraceous
褶叠的 complicate
褶皱 plait
针 acicula
针式型花 pin
针叶 needle
针状的 acerose ,acicular ,aciculate
枕状的 pulvinate
蒸腾 transpiration
整齐的 regular
整齐地 regularly
整齐花的 isanthous
正三角形的 deltate ,deltoid
正圆形的 orbicular
之字形的 flexuose ,flexuous
支持根 crampon ,prop root
汁 sap
枝 branch
枝被柔毛的 hebecladous
枝条的 ramal ,rameal
枝叶同落的 cladoptosic
枝状的 ramiform
直翅的 orthopterous
直根 taproot
直角的 quadrate
直立的 erect
直列的 orthostichous
直生的 orthotropic
直生胚珠 atropous ovule ,orthotropous ovule ,orthotropous
直枝的 orthocladous
植物标本室 herbarium
纸质的 chartaceous ,papyraceous
指状的 digitate
指状分裂 digitation
指状突起 digitation
致痒的 prurient
中部以下的 inframedial
中果皮 mesocarp
中间的 medial ,median
中空种子的 coelospermous
中裂片 midlobe
中脉 costa ,midnerve ,midrib ,midvein
中胚轴 mesocotyl
中生植物 mesophyte
中性的 neuter ,neutral
中央的 medial ,median
中轴胎座式 axile placentation
中柱 stele
钟状的 campanulate ,mitriform

肿胀的 tumescent, tumid
种柄 seed stalk
种阜 caruncle, strophiole
种阜的 caruncular
种脊 raphe
种皮 coat, seed coat, testa testae
种脐 hilum
种缨 coma
种缨的 comal
种质渗入 introgression
种子(用于苹果和梨) pip
种子 pippin, seed, semen
种子植物 spermatophyte, spermophyte
种子状结构 grain
重瓣的 double
重叠的 multiplicate
重对的 bigeminate, bijugate, bijugous
重锯齿的 biserrate, double-serrate
重新生叶 refoliate
舟形的 navicular
舟状的 cymbiform
周壁的 parietal
周翅的 peripterous
周裂的 circumscissile
周裂蒴果 circumscissile capsule
周位的 perigynous
周缘的 parietal
轴 axial, axis axes, rachis, rhachis
轴的 axile
帚状的 fastigiate, virgate
昼开性的 diurnal
皱 ruga
皱襞 plicaplicate
皱波状的 crispate, crisped
皱曲的 crinkled
皱褶 corrugation
骤尖的 cuspidate
骤折的 refracted
珠被 integument
珠柄 funicle, funiculus
珠孔 micropyle
珠孔塞 obturator
珠心 nucellus, kernel
珠芽 bulbel, bulbil
蛛丝状的 arachnoid
蛛网状的 araneose
柱 column
〔花〕柱基 stylopodium
柱帽 clavuncle
柱头 stigma
柱头的 stigmatic
柱状的 columnar
专性的 obligate
锥形的 awl-shaped
着粉腺 corpusculum, retinaculum
着生的 inserted
着生面 areola
子房 ovary
子房室 locule, loculus, locule
子叶 cotyledon, seed leaf
紫黑色的 atropurpurea
紫罗兰色的 amethystine, violaceous
自花传粉 self-pollination
自花结实果 autocarp
自花受精 autogamy
自花受精的 autogamous
自花授粉的 autophilous
自养的 autophytic, autotrophic
纵裂的 longitudinal
纵向的 longitudinal
总苞 involucre, involucrum, periclinium
总苞的 involucral
总苞片 phyllary, tegule
总苞外弯的 machaerantheroid
总状的 racemose
总状花序 raceme
总状花序状的 racemiform
组织 tissue
钻形的 subulate
左旋的 sinistrorse
左右对称 zygomorphic, zygomorphous